上肢康复机器人设计

喻洪流　孟巧玲　等著

东南大学出版社
·南京·

图书在版编目(CIP)数据

上肢康复机器人设计 / 喻洪流等著. —南京 : 东南大学出版社,2023.4

(康复工程系列精品丛书)

ISBN 978-7-5766-0718-5

Ⅰ.①上… Ⅱ.①喻… Ⅲ.①上肢—康复训练—专用机器人—结构设计 Ⅳ.①TP242.3

中国国家版本馆 CIP 数据核字(2023)第 053908 号

责任编辑:丁志星 **责任校对**:韩小亮 **封面设计**:余武莉 **责任印制**:周荣虎

上肢康复机器人设计

著　　者	喻洪流　孟巧玲等
出版发行	东南大学出版社
社　　址	南京市玄武区四牌楼 2 号(210096)
网　　址	http://www.seupress.com
经　　销	全国各地新华书店
印　　刷	江苏凤凰数码印务有限公司
开　　本	787mm×1092mm　1/16
印　　张	34
字　　数	785 千字
版　　次	2023 年 4 月第 1 版
印　　次	2023 年 4 月第 1 次印刷
书　　号	ISBN 978-7-5766-0718-5
定　　价	98.00 元

东大版图书若有印装质量问题,请直接与营销中心联系。电话(传真):025－83791830

前　言

光阴荏苒，自2010年我们与东南大学出版社合作设立“康复工程精品丛书”出版工程，转眼已经十多年过去了，目前已经出版了《康复工程学概论》《假肢矫形器原理与应用》《上肢肌电假肢控制技术》《康复器械技术及路线图规划》等多本康复工程相关教材及参考书。2008年汶川地震发生后，康复服务的需求促使中国康复医学及康复器械行业快速地发展。然而作为康复医学重要支撑的康复工程人才严重不足，其时只有上海理工大学设置了康复工程本科专业方向，专业教育刚刚露出一缕曙光，直到2020年上海理工大学才开始设置了国内首个康复工程本科专业。自那时起，康复工程的专业教材及参考书又上升到一个新的阶段。为了适应康复工程本科及研究生专业人才培养的迫切需要，同时为了适应现代康复工程向着自动化、智能化方向发展的趋势，行业急需康复机器人或智能康复设备的教材及相关书籍作为基础知识的支撑。

上肢康复机器人是康复医学特别是神经康复领域中应用最广的康复机器人，也是康复工程领域研究最早的典型康复机器人。上海理工大学康复工程与技术研究所自2010年开始进行上肢康复机器人的研究，先后获得了国家重点研发计划项目、国家自然科学基金、上海市重点科技攻关项目、科技支撑项目以及产学研合作项目等系列纵向项目的支持，后又与多家行业龙头企业开展了相关技术的横向合作，研发了10多种上肢康复机器人，其中多个项目实现了产业化。作为国内目前研发上肢康复机器人最早、研发品种及产业化最多的团队之一，积累了一些技术基础与资料，特别是在培养研究生的过程中，我们强调理论研究与实际应用相结合，很多硕士博士的学位论文是与企业合作研究的理论与应用成果。因此，为了行业发展，愿意与行业同仁分享我们前期研究的技术成果及经验，尽管这些成果中有些是探索性的，作为产品设计可能还不够成熟，但鉴于目前我国此类书籍的空缺，我们还是愿意出版此书，一方面可以用作相关专业本科生及研究生教材或参考书，另一方面也可以与国内外同行交流此领域的信息与成果，共同推动行业技术发展与进步。

本书的上肢康复机器人主要是指上肢康复训练机器人或具有康复训练功能的上肢康复机器人，按照驱动方式主要包括关节驱动式与中央驱动式，按照与人体的作用方式可以分为外骨骼式与末端驱动式。本书共分为六章，第一章为绪论，后面五章分别阐述了五种典型上肢康复机器人的设计。全书由喻洪流负责统稿，由喻洪流、孟巧玲共同组织编写，其中第一、二、三、四、五章由喻洪流负责，第六章由孟巧玲负责。本书第二章的齿轮中央驱动式上肢康复机器人、第三章的索控式上肢康复机器人、第四章的关节直驱式上肢康复机器人都属于末端驱动式，第五章的基于轮椅平台的上肢康复机器人则属于关节驱动的外骨骼式。第六章介绍了上肢外骨骼机械手，包括刚性外骨骼手与柔性外骨骼手两部分，其中柔性外骨骼手作为目前研究热点的柔性上肢外骨骼康复机器人的典型案例，以期作为读者这方面设计的参考。

本书是在作者近10年来开展的系列上肢康复机器人科研项目积累的资料基础上撰写而成，参与所涉及项目的主要博士及硕士研究生包括罗胜利、简卓、易金花、李继才、王峰、王露露、方又方、张颖、黄小海、余杰、雷毅、秦佳城、聂志洋、张慧、沈志家、陈忠哲等。在本书编写过程中得到团队石萍、李素姣、胡冰山、王多琎、杜妍辰、王明辉、孙太任、贺晨、杨建涛、张宇玲等老师的支持与帮助，在资料整理过程中得到贺婉莹、程铭、段崇群、陈立宇、姜明鹏等研究生的协助。此外，程铭、贺婉莹、罗胜利、胡杰、岳一鸣、孟欣、殷音、喻雪琴、张鑫、周琦、龚玲凯、朱玉迪、朱书静等研究生参与了本书的部分文字校核工作，在此一并对这些同学的辛勤付出表示感谢。本书是目前国内第一本有关上肢康复机器人设计的专著，主要是以设计案例为主线介绍典型上肢康复机器人机械、电气及人机交互系统的设计过程。尽管作者所在实验室研发的很多上肢康复机器人最终实现了产业化，但这里介绍的主要是实验室原理样机的设计，并不是工程样机的完整设计。

本书可以作为大专院校研究生、本科生教材以及作为企事业单位从事上肢康复机器人研发的工程技术人员的参考用书。考虑到作为教材的需要，本书在讲述典型上肢康复机器人时，均采用了创新设计案例来阐述其工作原理与设计方法，旨在更好地培养学生的创新思维与创新能力。由于本书旨在作为高等学校相关专业教材的同时，也为行业工程技术人员提供参考，以期对推动我国康复机器人技术与产业发展有些许裨益，因此本书尽力在体现一定理论学术性的同时，重点体现上肢康复机器人系统基本设计方法与过程。由于本书编写时间及作者水平有限，里面一定有很多不足甚至错误之处，恳请读者批评指正！

著者
2023年3月于上海

目 录

第一章　绪　论

第一节　上肢康复机器人基本概念

一、康复机器人定义

康复机器人是康复器械的重要内容及未来主要研发趋势之一，目前尚未有标准的定义。在此我们先简单地将其定义为“用于康复的机器人”，要理解这一概念，首先应分别了解康复与机器人的定义。

1. 康复的定义。世界卫生组织（WHO）对康复（rehabilitation）的最新定义为，康复是“旨在针对出现健康状况的个体，优化其在与环境相互作用过程中的功能发挥并减少其功能障碍的一系列干预措施”。《世界残疾报告》还指出，“康复一词涵盖了这两类干预”，即个体干预和环境干预都是康复，而这两种干预显然都离不开康复器械的介入。对于个体干预，一方面可通过医用类康复器械（包括评估、训练与物理因子治疗类器械等）进行康复治疗来实现功能恢复，另一方面则可以借助辅助类康复器械进行功能代偿与增强；环境干预主要是指建立无障碍环境以适应功能障碍者的生活与社会参与，主要包括物理环境与社会环境的干预，其中无障碍物理环境的实现需要应用环境改造辅助器具，如无障碍厕所、无障碍电梯等。

2. 机器人的定义。对于机器人的定义，国内外也有很多不同的说法，比较公认的是国际机器人联合会（IFR）对机器人的定义：“一种能够通过编程和自动控制来执行诸如作业或移动等任务的机器。”

3. 康复机器人的定义。根据上述康复与机器人的定义，我们可以把康复机器人定义为：“一种用于康复的机器人，即能够通过编程和自动控制来帮助功能障碍者进行康复治疗或功能辅助的机器。”

21 世纪以来，随着计算机、物联网、虚拟现实与机器人等技术的发展，基于康复工程开发的康复设备逐渐进入康复机器人时代。

二、康复机器人分类

康复机器人根据功能分为三大类型。

（一）康复治疗机器人

康复治疗机器人是指用于康复训练及物理因子治疗等康复治疗工作的机器人，主要包括两种类型。

1. 康复训练机器人：主要是指用于关节活动度、步态和肌力训练等运动康复训练的机器人，包括上肢、下肢及脊柱训练机器人等。按照使用对象，又可以分为神经康复机器人和骨科康复机器人等。

2. 物理治疗机器人：主要是指具有基于机器人自动操作功能的理疗设备，包括物理因子治疗机器人、牵引/推拿机器人及中医康复机器人等。

（二）功能辅助机器人

功能辅助机器人在国际机器人联合会（IFR）的机器人分类中也称为助老助残机器人，在国内还被称为日常生活辅助机器人或康复护理机器人，一般包含八种类型。

1. 移动辅助机器人：是指帮助功能障碍者身体移动的机器人，如移位机器人、智能助行器、智能轮椅等。

2. 护理床机器人：是指由微电脑控制，具有可以辅助长期卧床功能障碍者进行自动姿势改变、翻身或康复训练等功能的电动护理床。有的护理床机器人还具有床椅全自动分离与对接、健康检测等功能。

3. 助餐机器人：是指辅助功能障碍者进食的机器人。

4. 洗浴辅助机器人：是指帮助功能障碍者洗澡、洗头等个人身体清洁卫生的机器人。

5. 二便护理机器人：是指帮助卧床的功能障碍者自动处理大小便的机器人。

6. 导盲机器人：是指引导盲人或弱视力患者进行行走的导航辅助机器人。

7. 情感陪护机器人：是指陪伴老人或需要者进行聊天及情感交流的智能机器人。有的情感陪护机器人也集成了健康、生活服务等功能。

8. 健康与安全监测机器人：是指对居家老人或功能障碍者进行健康及行为安全监测的机器人。

（三）智能假肢与智能矫形器

尽管国际机器人联合会（IFR）及很多书籍把智能假肢与智能矫形器（外动力外骨骼康复机器人，简称外骨骼康复机器人）也归入日常生活辅助机器人（助老助残机器人），但在国际康复医学界，大多认同把智能假肢与智能矫形器（外骨骼康复机器人）分别作为单独类型的康复机器人，例如在 Delisa 等美国著名物理医学与康复专家所编写的《物理医学——理论与实践》一书中，将康复机器人分为四类：康复辅助机器人、康复治疗机器人、智能假肢与智能矫形器。

鉴于智能假肢与智能矫形器具有如下两个共同特性，也可以把它们归为一大类。

1. 辅助与治疗复合功能：智能假肢的功能代偿性兼具了功能辅助与治疗的双重功能，而智能矫形器（外骨骼机器人）也具有功能辅助与训练的复合功能。

2. 可穿戴性:事实上智能假肢与智能矫形器作为典型的移动式可穿戴设备,具有人体穿戴式机器人这一共同特性。因此,智能假肢及智能矫形器(外骨骼机器人)也可以称为可穿戴康复机器人。

由于康复机器人种类繁多,对于康复治疗机器人,这里我们只介绍典型的上肢运动康复训练机器人。

三、上肢康复机器人基本概念

根据上述康复机器人的定义与分类,上肢康复机器人包括了上肢康复训练机器人(主要以康复训练机器人为主)、上肢功能辅助机器人及上肢智能假肢与智能矫形器。本书阐述的上肢康复机器人主要是以上肢康复训练机器人为主,同时介绍了作为典型智能矫形器的穿戴式手功能外骨骼康复机器人。

运动康复是物理治疗的一种,也是目前康复医学的重要康复手段。脑卒中、偏瘫、脑瘫、脊髓损伤等功能障碍主要是通过科学的运动进行康复。运动康复主要包括治疗师手法运动治疗、患者自主运动训练及设备辅助运动训练三种形式,其中设备辅助运动训练在现代临床康复医学中的运用越来越多,而这种手段的基本支撑就是运动康复训练器械。

上肢康复机器人是典型的运动康复训练器械,是以康复医学为基础、运用工程技术方法设计的、用于替代或部分替代治疗师对患者进行运动康复训练的设备,一般包括机械结构、测量与控制模块及功能评估模块,很多康复训练机器人也包括虚拟现实以及物联网模块等。与传统的人工康复治疗相比,康复训练机器人的学习能力更强、训练模式更多、训练动作更精准、工作时间更持久,现已广泛应用于患者的康复治疗。如图 1-1-1 所示为两种常见的用于上肢的康复训练机器人。

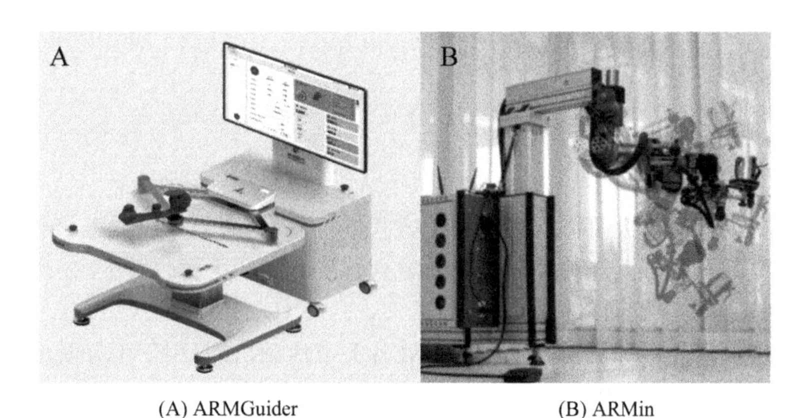

(A) ARMGuider　　(B) ARMin

图 1-1-1　上肢康复训练机器人

在康复机器人研究的起步阶段(20 世纪 80 年代),美国、英国和加拿大在康复机器人方面的研究处于世界领先地位。1990 年以前,全球的 56 个康复机器人研究中心分布在 5 个工业区内:北美、英联邦、加拿大、欧洲大陆和斯堪的纳维亚半岛及日本。1990 年以后康复机器人的研究进入全面发展时期。

90年代初期MIT-Manus上肢康复训练机器人问世，该设备采用了五连杆机构，末端阻抗较小，利用阻抗控制实现训练的安全性和平顺性，可用于病人的肩、肘运动康复训练，具有辅助或阻碍手臂的平面运动的功能。1999年Reinkensmeyer等人研制了可用于测定患者上肢的活动空间的ARMGuider，并于一年后对其进行改良，使其可用于辅助治疗和测量脑损伤患者上肢运动功能。

2009年是上肢康复训练机器人快速发展的一年，荷兰、意大利、日本、瑞士、加拿大等国在上肢康复设备领域均有突破，成果颇丰。ARMin Ⅲ是ARMin系列的第三代外骨骼式上肢康复训练机器人，它的安全性得到了进一步的提升，机器人系统置入了电流、速度以及碰撞检测算法，当监测到异常事件发生时，会立即切断电机驱动器的电源，从而保护患者不受伤害。2013年瑞士Keller等人针对脑瘫儿童患者提出的Pascal末端引导式上肢康复训练机器人，可帮助治疗改善患者手臂的运动功能。2019年瑞士Zimmermann等人提出的ANYexo是一种基于低阻抗转矩可控系列弹性执行器的多功能外骨骼式上肢康复机器人。ANYexo基于力矩控制的高保真交互力跟踪新方法实现了强大的相互作用力控制，更好地模拟了治疗师的手法并实现了准确的触觉交互。2020年德国Elisa等人提出了一种双侧上肢康复训练机器人ALEx-RS，由两个镜像对称的6自由度上肢外骨骼组成，由低惯性传输系统驱动，其运动范围覆盖了92%的上肢工作空间。国内上肢康复机器人的发展相对于国际起步较晚，但从近十年的发展情况来看，国内在上肢康复机器人方面的研究进入了一个空前繁荣的时期。

第二节　上肢康复机器人分类与设计原则

一、上肢康复机器人主要类型

(一) 按训练方式分类

上肢康复训练机器人可以按照不同的方法进行分类，若是按照能否移动可以分为固定式上肢康复训练机器人及移动式上肢康复训练机器人两大类，如图1-2-1。

1. 固定式上肢康复训练机器人

固定式上肢康复训练机器人是基于上肢各关节活动机制，用于引导及辅助具有功能障碍的患者进行上肢康复训练的康复设备，但其既不能达到生活辅助功能，也不能起到功能增强作用。由于固定式上肢康复训练机器人的体积庞大且结构复杂，一般设有固定放置地点，使用者需在特定的指定点使用。

根据作用机制不同，固定式上肢康复训练机器人可分为末端引导式、悬吊式和外骨骼式上肢康复训练机器人，分类详见图1-2-1。

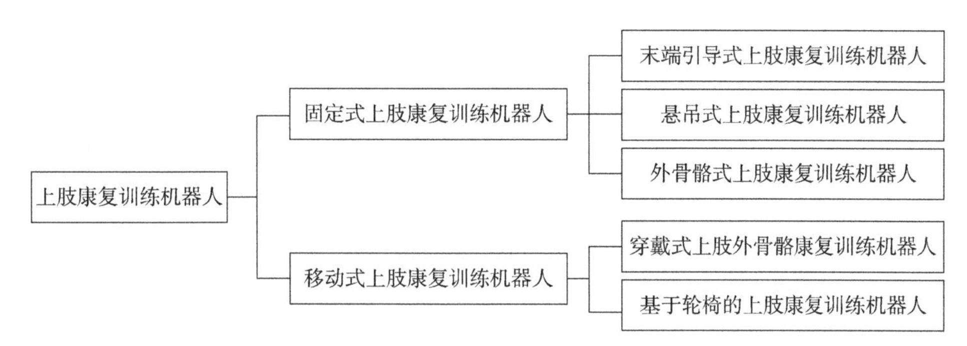

图 1-2-1 上肢康复训练机器人分类

(1) 末端引导式上肢康复训练机器人:是一种以普通连杆机构或串联机构为主体机构,通过对上肢功能障碍患者的上肢运动末端进行支撑,使上肢功能障碍患者可按预定轨迹进行被动训练或主动训练,从而达到康复训练目的的康复设备。末端引导式上肢康复训练机器人可根据末端训练的维度分为平面末端引导上肢训练机器人和空间末端引导上肢训练机器人。

ARMGuider 上肢康复机器人(图 1-1-1A)是一种具备上肢力反馈运动控制训练系统的典型的平面末端引导式上肢康复训练机器人。基于力反馈等核心技术,ArmGuider 可模拟出各种实际生活中的力学场景,为使用者提供多样的目标导向性训练。该平台旨在增强上肢功能的神经可塑性,可用于中枢或外周神经系统疾病患者的康复,包括中风、创伤性脑损伤、多发性硬化和脊髓损伤,以及肌肉骨骼和心肺功能障碍。此外,ArmGuider 还可加强康复过程的执行和管理,使患者积极参与康复,提高治疗的有效性。

ARMGuider 上肢康复机器人让患者沉浸在游戏般的运动训练中,使用基于奖励机制的互动游戏来激励他们不断重复具备治疗性的、以任务为导向的动作,以便在不同的康复阶段取得进展。该平台使用触觉技术来检测病人的动作,并提供辅助力量来帮助他们完成任务。该平台还为治疗师提供治疗练习的客观评估,以及患者进展的用户友好报告。这些报告在每次治疗后自动生成和存储,包括关于运动范围、肌肉强度和运动轨迹的数据。

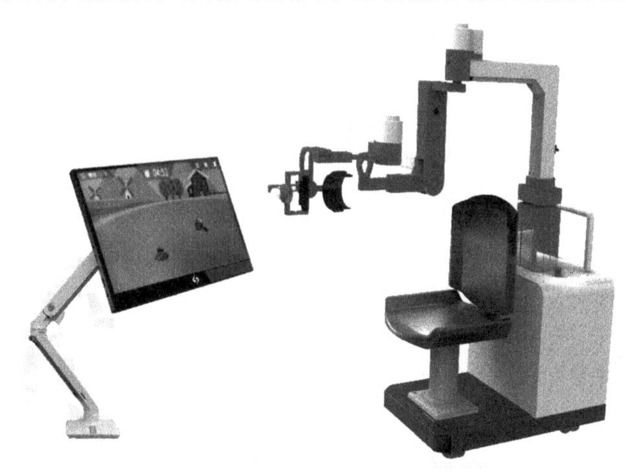

图 1-2-2 iDraw 上肢康复机器人

iDraw 上肢康复机器人(图 1-2-2)是国内第一台产品化的空间多自由度末端引导式上肢康复机器人,由上海理工大学与苏州好博医疗器械有限公司联合研发。该机器人配置了三个驱动关节和两个欠驱动关节,实现了辅助患者完成单臂 6 个自由度运动的训练要求,其中腕部尺偏/桡偏和掌屈/背伸共用了机器人腕部机构的一个关节。为提高患者的康复效果,满足患者在主动康复训练中与机器人的力交互柔顺性需求,同时改善力交互过程中柔顺性差的问题,研发机构结合现代控制技术、伺服电机控制技术、意图识别技术和康复理论,研究设计了一种上肢康复机器人力交互控制系统,通过采用多传感器意图检测方式及阈值法触发方案,实现交互过程对轻微的触发力矩的力补偿,满足患者在康复训练中的力交互柔顺性需求,提高了患者参与度和康复质量。

(2) 悬吊式上肢康复训练机器人:是一种以普通连杆机构及绳索机构为主体机构,依靠电缆或电缆驱动的操纵臂来支持和操控患者的前臂,可使上肢功能障碍患者的上肢在减重的情况下实现空间任意角度位置的主、被动训练的康复设备。

NeReBot 悬吊式康复训练机器人(图 1-2-3)采用三根柔索带动包裹着患者上肢的上臂托进行平缓、舒适的三维空间的运动(具有肩关节内收/外展,肘关节屈曲/伸展 2 个自由度),从而辅助患者进行上肢被动训练。该机器人配有一个带轮的基座以便于移动,还可根据不同患者调整训练模式,以满足患者的个性化使用需求。临床试验显示 NeReBot 对脑卒中后病人康复有着良好的效果。

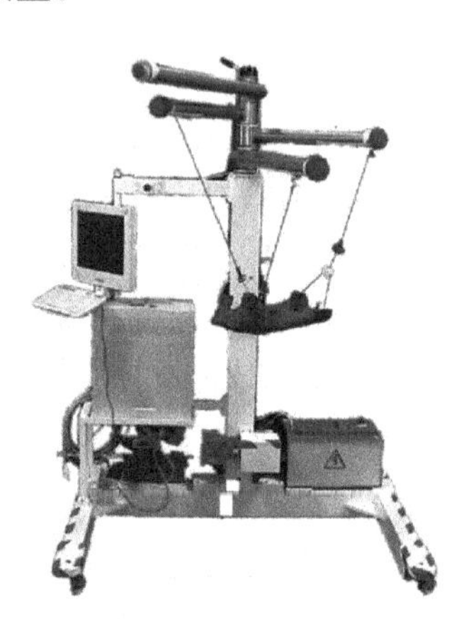

图 1-2-3 NeReBot 训练场景

(3) 外骨骼式上肢康复训练机器人:是一种基于人体仿生学及人体上肢各关节运动机制而设计的,用于辅助上肢功能障碍患者进行康复训练的康复辅助设备,根据其特殊的机械结构紧紧依附于上肢功能障碍患者的上肢,带动上肢功能障碍患者进行上肢的主、被动训练的康复设备。

瑞士苏黎世大学和苏黎世联邦理工学院联合研发的 ARMin 上肢康复训练机器人,如图 1-1-1(B)所示,是一款能够提供密集的手臂治疗,并定量评估状态和监测训练期间的变化,专门为手臂的神经康复训练而设计的机器人,具有低惯量、低摩擦、可反向驱动的特性。该装置具有 6 个自由度(4 个主动,2 个被动)及 4 种运动模式,其中预定轨迹模式为医生指导患者手臂运动,并记录下轨迹,其后由机器人以不同速度对该轨迹进行重复的运动模式;预定义治疗模式是指在预定的几种标准治疗练习中进行选择训练;在点到达模式中,预定到达点通过图像显示给患者,由机器人对患者肢体进行支撑和引导以完成训练;患者引导力支持模式中,运动轨迹由患者确定,利用测得的位置、速度信息通过系统的机械模型来预测所需力与力矩的大小,并通过一个可调辅助因子来提供一部分力和力矩。

2. 移动式上肢康复训练机器人

移动式上肢康复训练机器人是一种穿戴于人体上肢的、可随穿戴者移动的外部的康复设备,通常是外骨骼式康复机器人,广义上装在轮椅车上的上肢康复训练机器人也属于移动式上肢康复训练机器人。通过引导上肢功能障碍患者的患肢关节做周期性运动,有助于恢复上肢关节的运动功能并促进神经康复，加速关节软骨及周围韧带和肌腱的愈合和再生，从而达到上肢康复的目的。

（1）穿戴式上肢外骨骼康复训练机器人：通常为外骨骼式结构设计，穿戴于人体上肢，可以为使用者提供生活辅助。上肢外骨骼机器人系统在辅助人的过程中，需要保证上肢运动的准确与灵活性，这就要求安装大量的传感器、控制器以及驱动装置，并且要求上肢的驱动器体积小、动力大，测量元件灵敏性高，与人体双手的随动性能好。

Myo ProMotion-G 上肢外骨骼（图 1-2-4）使用了非侵入性传感器。这些传感器位于皮肤上，可以检测身体的肌电图（EMG）信号，从而识别用户上肢的运动意图，辅助用户完成弯曲手臂、抓取物体等动作。

图 1-2-4 Myo ProMotion-G 上肢外骨骼

（2）基于轮椅的上肢康复训练机器人：是一种能够安装在轮椅上、可以为上肢功能障碍患者提供早期康复训练的轻便式上肢外骨骼康复训练机器人。主要为解决现有上肢康复机器人由于体积庞大、移动不便导致上肢功能障碍患者难以在最佳时期介入康复治疗问题而出现。

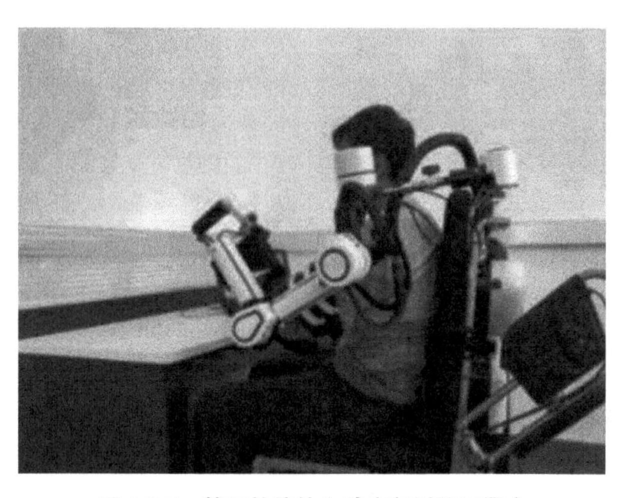

图 1-2-5 基于轮椅的上肢康复训练机器人

图 1-2-5 所示为一款基于轮椅的上肢康复训练机器人，采用外骨骼仿生原理设计，以轮椅为训练平台，有效克服了现有国内外上肢康复训练机器人体积庞大、不便移动、灵活性差以及可穿戴式上肢外骨骼质量难以符合标准等问题。该基于轮椅的上肢康复训练机器人根据康复医学理论、康复临床需求、机电一体化、传感器技术的相关理论基础设计，包括语音控制、肌电控制、远程康复等多种智能人机交互方式，以及包括主动训练、被动训练、助力训练、示教训练四种康复训练模式，可帮助脑卒中及创伤后的上肢功能障碍患者进行日常康复训练以及生活功能辅助。

（二）按驱动方式分类

上肢康复机器人的驱动方式多样，适用于不同的训练场景。一般地，按驱动方式可将上肢康复机器人分为电机驱动、气动驱动等。电机驱动又可以分为关节电机直接驱动（关节电机直驱）、绳索中央驱动、齿轮中央传动等。

1. 电机驱动

（1）关节电机直驱

在机器人的关节处安装电机直接驱动的方式，在上肢康复机器人的设计过程中常被优先考虑。其安装方式是将电机通过减速器直接安装在被驱动关节处。这种驱动方式最大的特点就是电机直接驱动关节运动，不经过传动机构，可以将能量损失降到最低，运动控制灵敏度及精确度高。但这种驱动方式会造成关节处结构复杂、体型庞大，在一定程度上也限制了上肢康复机器人小型化、家庭化推广普及的发展趋势。除此之外，驱动电机距离患者被训练关节较近也会存在低概率的辐射风险。

目前国际上对电机直驱式上肢康复机器人的研究超过了其他类型康复机器人数量总和。2019 年瑞士学者提出的 ANYexo 上肢康复训练机器人（图 1-2-6）是一款典型的电机直驱式，基于低阻抗转矩可控系列弹性执行器的多功能外骨骼式上肢康复训练机器人。该设备基于力矩控制的高保真交互力跟踪新方法，实现了包括靠近躯干、头部和背部姿势的大范围运动和强大的相互作用力控制，从而更好地模拟治疗师的手法，实现准确的触觉交互。

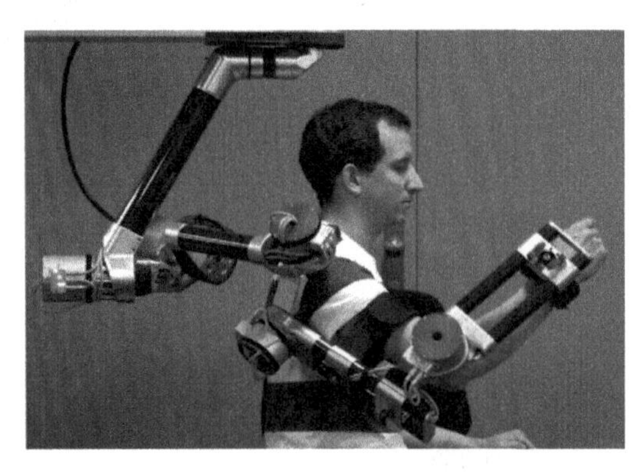

图 1-2-6　ANYexo 上肢康复训练机器人

（2）绳索中央驱动

绳索驱动在上肢康复机器人中也是一种较为常见的驱动方式，它的电机不会直接安装在被驱动关节处，而是集中安装在基座等位置，通过钢丝绳或同步带的传动方式将数个电机输出的扭矩传递至被驱动关节处，因此这种驱动方式也是中央驱动的一种，可以称为“绳索中央驱动”或“索控中央驱动”。这种驱动方式可以调整电机的相对位置，使电机远离患者手臂关节，降低了电机辐射的风险。此外，也可以通过这种方式实现电机集中放置，远离患者听觉系统，消除干扰训练的电机噪声。电机与被驱动关节距离较远是绳索驱动的特点，这就给控制的灵敏度及精度造成了较大的挑战。此外，松动、脱绳等也是绳索驱动方式中面临的一大挑战。

绳索驱动的案例非常多，颇具代表性的有美国的 CADEN-7，如图 1-2-7(A)所示，和国内上海理工大学研制的绳驱上肢康复机器人，如图 1-2-7(B)所示。CADEN-7 是一款绳驱 7 自由度的上肢康复机器人，通过钢丝绳索将电机产生的动力传递到上肢各个关节以完成肩、肘、腕多个关节的复合运动。绳索驱动方式可以减少转动惯量且让机械臂更为小巧和简单。其整体机械结构采用可逆驱动的设计方案，能够辅助患者自主自动地完成康复训练，同时监控和诊断康复训练的过程。上海理工大学研制的 Armbot 绳驱上肢康复机器人是国内首款基于绳索驱动的空间 3 自由度末端引导式上肢康复机器人。它结合了现代控制技术、伺服电机控制技术、意图识别技术和康复理论，通过多传感器意图检测方式及阈值法触发方案，实现交互过程对轻微的触发力矩的力补偿，满足了患者在康复训练中的力交互柔顺性需求。

(A) CADEN-7

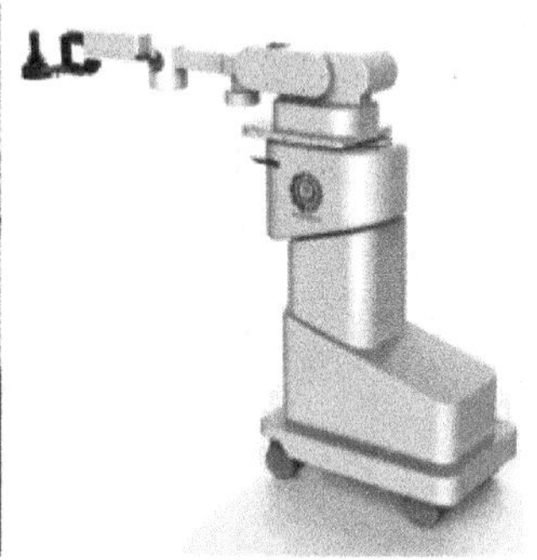

(B) Armbot绳驱上肢康复机器人

图 1-2-7　绳驱上肢康复机器人

(3) 齿轮中央传动

齿轮传动主要是通过直齿、锥齿或蜗轮蜗杆的相互配合将中央安装的数个电机输出的扭矩传递至被驱动关节处。这种设计方式下可以将电机安置在远离关节处，在简化机械臂结构的同时也可有效降低电机辐射等风险。但较长距离的传输也会影响到控制的灵敏度及精度，增大传递过程中的能量损耗。

上海理工大学在 2013 年成功研发了一种中央驱动式上肢康复训练机器人 Centrobot I(图 1-2-8)，其同时也是一台典型的齿轮传动型上肢康复机器人。该设备将三个驱动肩、肘关节运动的电机布置于同一基座，通过同步带传动系统将三个电机的动力源

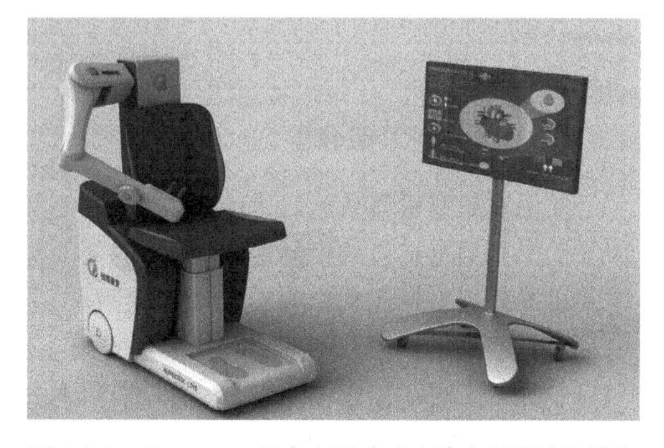

图 1-2-8　Centrobot Ⅰ中央驱动式上肢康复训练机器人

互不干扰地平行传出，再通过主传动杆和弧齿锥齿轮等传动部件进行动力换向，最终将动力传输至肩、肘关节处，实现肩关节内收/外展功能及肩、肘关节屈曲/伸展功能。其主控制系统基于一主三从式的结构，数据采集模块和姿态控制模块独立设计。此外，机器人辅助训练过程中的通信由设备将自身状态信息和患者训练过程中采集到的数据经过封装处理，通过内置无线模块与外界相连实现的。

2. 气动驱动

气动驱动是将压缩气体的内能转换为机械能并产生旋转运动，即输出转矩以驱动机构做旋转运动。气动驱动的特点是工作安全，不受振动、高温、电磁、辐射等影响，即便在高温、振动、潮湿、粉尘等不利条件下均能正常工作；使用空气作为介质，无供应上的困难，可集中供应，远距离输送；可在上肢康复机器人中作为动力源用于穿戴式外骨骼，但也存在气泵体积较大携带不方便、工作时噪声影响患者康复效果等问题。2008 年美国 Perez 等人曾提出一种以气动驱动为基础的穿戴式上肢康复机器人(RUPERT Ⅳ)(图 1-2-9)，其旨在协助患者完成与日常生活活动有关的重复性动作的治疗任务，帮助患者有效地恢复功能。该机器人的五个驱动关节均由气动肌肉执行器组成，可协助进行肩关节屈曲/伸展、上臂内/外旋转、肘关节屈曲/伸展、前臂支撑和腕关节屈曲/伸展，并在没有重力补偿的 3D 空间中进行训练，还原练习日常活动的自然环境。该设备可穿戴且重量轻，非常便携，允许患者站立或坐着执行治疗任务，以更好地模仿日常生活活动。RUPERT Ⅳ基于 PID 的反馈控制器和迭代学习控制器(ILC)的反馈实现了闭环控制，用于被动重复任务训练，这种控制方法有助于克服受控物的高度非线性，同时也能轻松适应不同的主体执行不同的任务。之后国内对气动驱动的方式也有研究，设计了以气动人工肌肉为动力源的穿戴式上肢康复机器人，在此不再赘述。

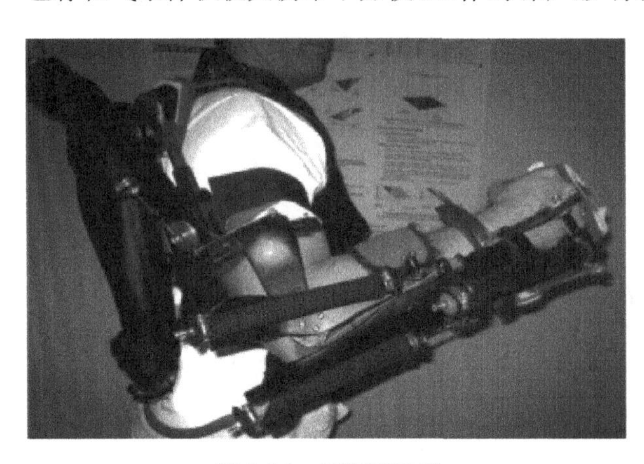

图 1-2-9 RUPERT Ⅳ

(三) 按控制策略分类

在上肢康复机器人的研发中，控制策略是核心技术，其科学性与人机融合性影响着康复效果。根据患者的康复治疗时期，定义了两类控制策略：一类是患者自身无法运动，需要机器人起引导运动作用的被动控制策略；另一类是患者自身具有一定运动能力，机器人起跟随运动作用的主动控制策略。针对不同患病阶段的患者，需要设计与其需求相对应的控制策略。当患者处于软瘫期时，肌肉张力消失或者不足，自身难以提供力量完成康复运动；当处于痉挛期时，肌肉张力有所恢复，但状态不稳定容易痉挛多发；当处于恢复期时，肌肉力量逐渐恢复，患者具有了一定的运动能力。因此，被动控制策略可以在康复治疗的全过程发挥作用,主动控制策略则更加适用于康复治疗过程中的恢复期。

1. 被动控制

被动控制策略适用于康复治疗的全过程,尤其在软瘫期与痉挛期发挥重要作用。在这两个时期,康复训练的主要目标是提高肌肉张力,诱发患肢的主动运动能力并消除可能由于痉挛造成的对人体的伤害。

(1) PID 控制

在对患者进行被动训练时,最常用的方法就是 PID 控制。这是由于上肢康复外骨骼机器人的模型复杂并难以获得,而 PID 控制具有动态特性可调、不依赖于被控对象的模型的特点,通过该方法调整系统参数可以获得满意的控制效果。为了实现良好的控制性能,在上肢康复机器人控制方法的选择上,研究员更偏好于将经典 PID 控制方法与其他方法相结合。如将 PID 控制与神经补偿结合使用,可以减小系统误差并提高系统适应性。

图 1-2-10 EXO-UL8

加州大学洛杉矶分校研发的 EXO-UL8(图 1-2-10)是一款 7 自由度双侧上肢康复机器人,与上一代设计不同的是用电机直驱的驱动方式代替了绳索驱动,这种设计方式可以实现更精确的低级控制,另外增加的扭矩输出可实现异常的运动校正和重力补偿。其控制系统是基于一种不需要系统动力学模型来设计的 PID 控制器,保证了机器人的渐近稳定性。除此之外,EXO-UL8 还实现了双臂间远程操作的对称镜像运动训练和交互式虚拟现实环境的非对称双边训练功能。

(2) 滑模控制

滑模控制属于非线性控制方法,凭借响应快速、鲁棒性强等优点被广泛使用。与 PID 控制方法不同,滑模控制可以在动态过程中,按系统当前状态有目的地发生变化,迫使系统按照预定滑动模态的状态轨迹运动。

(3) 模糊控制

模糊控制是具有逻辑推理的一种控制方法,适用于对难以建模的系统进行鲁棒控制,其控制形式简单、易于实现,属于“白箱”控制。在滑模控制方法中,最主要的缺点之一就是易产生抖振现象,为解决这一问题,需要将模糊控制与滑模控制相结合。

(4) 肌电信号控制

人体肌电信号包含了大量的人体运动信息,可以直接反映出神经肌肉的活动情况,因此被广泛应用于上肢康复外骨骼机器人的控制策略。对于上肢康复机器人这类设备来说,能够从用户的肌电信号中检测出人类的运动意图,分析其运动轨迹并触发控制是至关重要的。

BOTAS(图 1-2-11)是一个 6 自由度上肢外骨骼机器人,用于辅助整个手臂和手指运动,可以为患者提供康复训练和日常生活辅助。BOTAS 的控制系统是基于神经科学中的肌肉骨骼系统的数学模型,通过建立肌电信号与关节角度的公式关系,实现了基于肌电信号的实时控制。

图 1-2-11 BOTAS

2. 主动控制

当患者处于恢复期时,肢体肌肉力量增强,能够具有一定的运动能力。在这一时期,上肢康复机器人需要由初期的引导运动过渡到跟随运动,可以采用主动控制策略进行控制,包括阻抗/导纳控制、自适应控制、协调控制、智能控制等。

(1) 阻抗/导纳控制

阻抗控制可分为基于力的阻抗控制和基于位置的阻抗控制(即导纳控制),且两者对偶。阻抗控制通过分析机器人末端与环境之间的动态关系,将力控制与位置控制进行综合考虑,用相同的策略实现了力控制和位置控制。

在上肢康复机器人系统的设计中,为了实现被动训练与主动训练模式的自由切换,选用了基于模糊滑模的导纳控制的控制策略。由导纳控制建立出患者和设备之间的交互力以及康复训练轨迹调节量之间的动态关系,通过调整导纳参数,调节患者的训练过程,增强了人机交互的柔顺性,提高了患者治疗的参与程度。这种方法被广泛地应用于上肢康复机器人控制系统。此外,也可以利用生物信号对上肢康复机器人进行自适应阻抗控制,即通过建立人体上肢的参考骨骼肌肉模型,并进行实验校准,以匹配操作者的运动行为,再采用阻抗算法通过肌电信号传输人体刚度,设计出最优的参考阻抗模型。

(2) 自适应控制

在上肢康复机器人的控制任务中,会出现被控系统参数不确定或参数存在未知变化等问题,自适应控制方法可以通过参数在线校正或估计解决这类问题。一般可以采用辅助系统来处理输入饱和的影响,根据状态反馈和输出反馈的反馈误差在线估计不确定性参数,以此代替基于模型的控制。在上肢康复机器人的设计过程中,在给定前臂位置期望轨迹的情况下，可以利用自适应模糊逼近器估计人与机器人系统的动态不确定性，并利用迭代学习方法对未知时变周期扰动进行补偿。图 1-2-12 所示为北京科技大学设计的一款上肢外骨骼，其控制系统是通过干扰观测器，在线抑制未知干扰，从而实现轨迹跟踪。

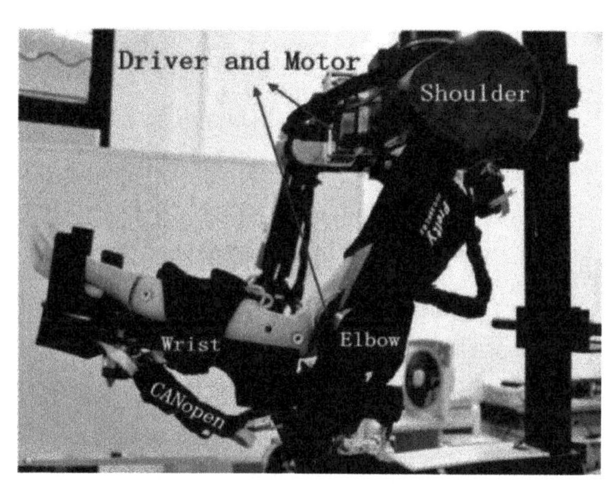

图 1-2-12 Exo-Robot

(3) 协调控制

协调控制方法的目标是响应被控对象性能随时间变化，提高人机交互的水平。上肢康复机器人的协调研究则是为了增强机器人的行为能力，解决其运动控制方面的问题。考虑到患者恢复过程运动能力不断增强，其主观运动意图明显，这时对控制的要求是调节运动过程中的协调效应，即控制各关节位置或相对于其他关节的速度，以保证上肢康复外骨骼机器人能够柔顺运动，不对人体造成二次伤害。

(4) 智能控制

智能控制通常用于难以建模的系统或非线性系统的控制。上肢康复机器人系统由于与人的密切交互，形成了一个典型的人机融合非线性耦合模型。一方面，人机交互中需要基于人工智能的运动意图感知，另一方面，需要适应不同人体上肢动力学或人机耦合动力学模型的智能控制。此外，在患者的功能评估与训练处方方面也可以引入人工智能技术进行自动化的功能智能评估与训练智能处方。

智能控制系统是控制参数自适应调节的，既不需要特定的期望轨迹，也不需要用户人体动力学物理模型，通过无模型强化学习来实现智能控制。一般除神经网络控制方法外也可以采用策略梯度类型的强化学习算法作为辅助机器人训练的核心，它的优势是可以选择对任务有意义的状态和策略，表示并合并领域知识，通常在强化学习过程中比基于值函数的方法需要更少的参数。

二、上肢康复机器人关键技术

根据上述康复机器人的特点，康复机器人关键共性技术主要包括如下七个方面。

1. 基于人体结构的仿生学设计：主要是能够适应人体上肢多自由度及关节仿生运动的机械结构设计技术，如结构设计能实现关节转动瞬心、运动自由度、人体肌肉作用等运动学及动力学特性的模拟，以及实现人体肌肉作用功能的模拟等。

2. 关键零部件轻量化技术：主要是穿戴式上肢康复机器人关键零部件的轻量化，涉及高强度轻型新材料技术、高功率密度动力驱动单元技术等。

3. 人机动力学耦合建模：主要是指上肢外骨骼或康复训练机器人的人机耦合动力学建模技术，用于研究康复机器人工作的动力学特性及控制方法。

4. 多模态感知及无障碍交互技术：包括基于视觉、触觉、语音及电生理等多模态信号的传感、信号处理、信息融合及交互技术。

5. 运动控制技术：上肢康复机器人一般采用位置控制、力控制或力/位混合控制等控制方式，以实现基于轨迹规划的控制或基于人机力交互的柔顺控制。此外，由于使用者的动力学特性不同，还需要采用基于人工智能技术的运动控制技术，以适应不同用户动力学模型以及控制目标和环境的动态变化。

6. 虚拟现实技术：主要是指基于闭环运动控制模型的神经反馈训练原理所设计的，用于康复训练交互的虚拟现实系统技术，可以使患者能更好地主动参与并获得多模态信息反馈，促进神经重塑。

7. 功能检测与评估技术：上肢康复机器人和其他康复机器人类似，需要模拟人工康复治疗的过程，这就使得康复评估成为其重要的功能组成部分之一。因此上肢康复机器人一般需要设计合理的运动参数在线检测传感系统，以检测上肢关节活动度、肌力等参数，并采用合适的算法对人体上肢功能进行有效的评估，以便评价康复训练效果或下一步应采用的训练方案。

三、上肢人体解剖及运动学基础

康复机器人学是一门康复医学与机器人学的交叉学科，是典型的医工交叉学科。因此，上肢康复机器人的设计需要人体医学基础作为支撑，其中需要以人体结构解剖学与关节运动学的基础知识作为机器结构与运动学设计的基础。这里简要介绍人体上肢解剖学结构及其运动

（一）人体上肢解剖学结构

人体上肢的骨骼结构示意图，如图 1-2-13 所示，人体上肢的动作是通过附着在骨骼上的肌肉牵引骨骼围绕上肢的三个关节复合体（腕关节、肘关节以及肩关节）运动而完成的，如图 1-2-14 所示。

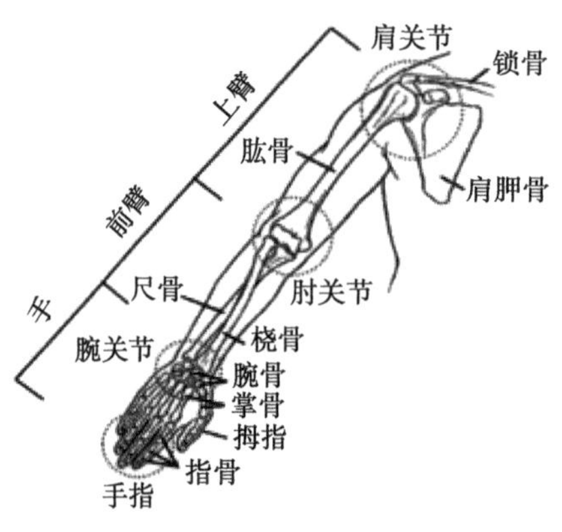

图 1-2-13　上肢骨骼结构

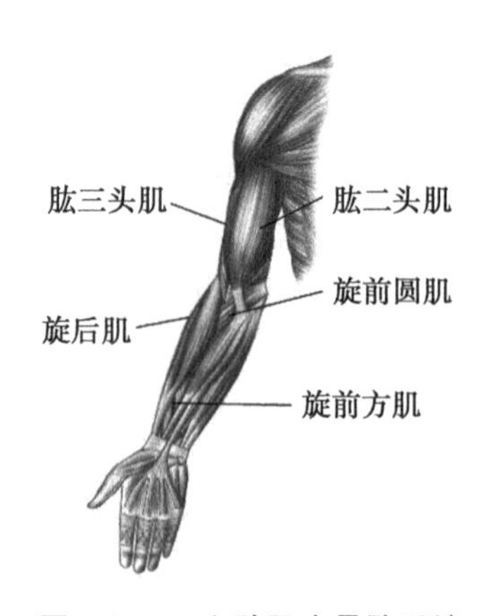

图 1-2-14　上肢肌肉骨骼系统

(二) 肩关节及其运动自由度

广义上的肩关节是一个复合体,称为肩关节复合体,由盂肱关节、肩锁关节、肩胛胸关节和胸锁关节共同组成的。它们之间协调配合运动,完成复杂而灵活的肩部运动。其中,盂肱关节即为狭义的肩关节,如图 1-2-15 所示,本书设计中提到的肩关节均为盂肱关节。盂肱关节是人体中最为典型的多轴球窝关节,是一个多关节复合体,由肩胛骨浅而小的关节盂和近视圆球的肱骨头构成。它能够绕着空间坐标内的三个坐标轴进行旋转,是人体较灵活的部分。此种骨结构形状在一定程度上增加了运动幅度,但同时也降低了关节的稳定性。所以,其周围的肌肉和韧带就起到了稳定的作用。盂肱关节运动学如图 1-2-16 所示。

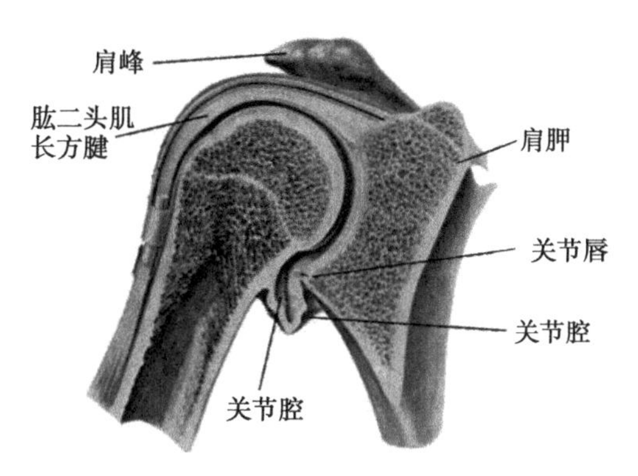

图 1-2-15 肩关节结构

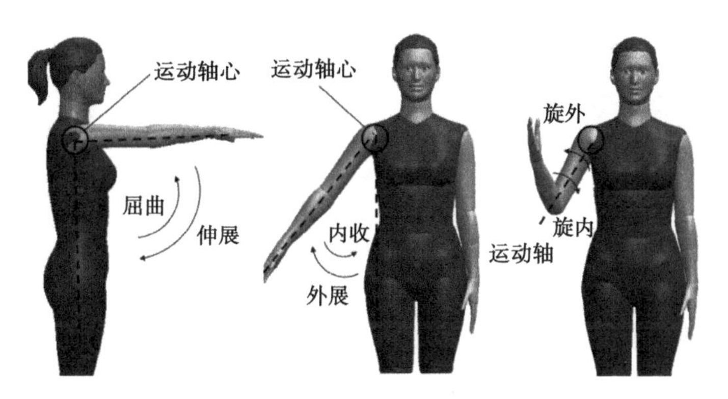

图 1-2-16 盂肱关节运动学

肩胛胸关节处的主要运动为抬高与压低、伸出与缩回以及上下旋转,是肩锁关节与胸锁关节互相配合的结果。

肩部运动时,肱骨头与关节盂之间存在一定的运动规律,称为盂肱节律。例如,在肩关节外展中,在达到外展角度 30°之后,每 3°的肩外展中盂肱关节外展 2°,肩胛胸关节向上旋转 1°,即 2∶1的盂肱节律,则 180°的全弧度肩外展是由 120°的盂肱关节外展和 60°的肩胛胸关节向上旋转产生的。

(三) 肘关节及其运动自由度

肘关节,是由肱骨下端与桡骨上端构成的复关节,如图 1-2-17 所示,其有关肌肉群主要包括有肱二头肌以及肱三头肌。肘关节运动学如图 1-2-18 所示。

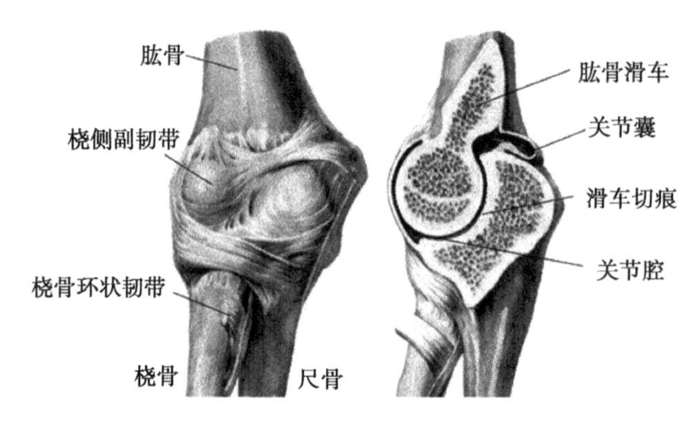

图 1-2-17　肘关节结构

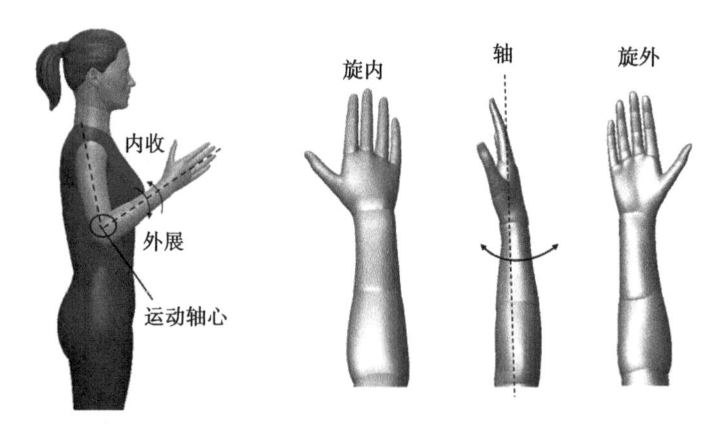

图 1-2-18　肘关节运动学

(四) 腕关节及其运动自由度

腕关节的主要关节包括桡腕关节和腕中关节，仅有 2 个自由度，即屈伸和外展内收，如图 1-2-19 所示。

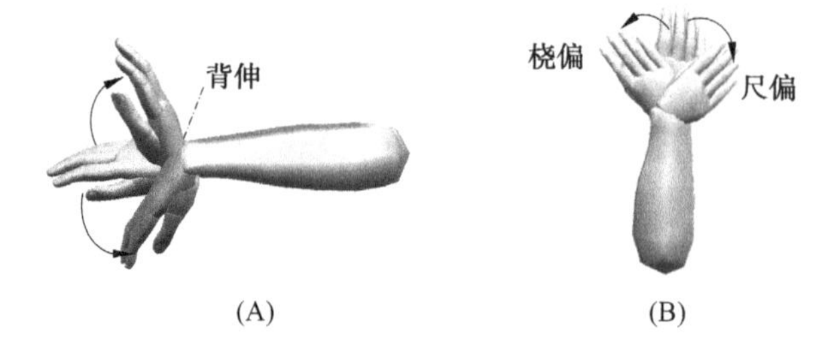

图 1-2-19　腕关节运动学

(五) 关节活动范围

上肢骨骼结构差异使得各部位允许的活动范围也各不相同，如表 1-2-1 所示。其中正常活动度是指解剖状态下所允许的活动度，功能活动度是日常生活动作所需关节活动度。

表 1-2-1　肘关节、前臂和腕关节活动度

部位	自由度	运动	正常活动度	功能活动度
肩关节	屈伸运动	前屈	0°～80°	0°～140°
		后伸	0°～150°	0°～45°
	收展运动	内收	0°～50°	0°～45°
		外展	0°～120°	0°～105°
	旋转运动	外旋	0°～(60°～70°)	
		内旋	0°～(75°～85°)	
肘关节	屈伸运动	前屈	0°～150°	0°～140°
		后伸	0°～10°	0°～5°
	旋转运动	旋前	0°～75°	0°～50°
		旋后	0°～85°	0°～50°
腕关节	屈伸运动	掌屈	0°～85°	
		背伸	0°～70°	
	收展运动	内收	0°～40°	
		外展	0°～20°	

四、上肢康复机器人设计原则

根据上述上肢康复机器人特点及关键技术，上肢康复机器人的设计一般需要遵循如下原则。

1. 系统性原则：康复机器人实际上是一个系统，应该根据康复机器人的特点设计完整的技术模块，例如护理机器人需要包括机械、控制及人机交互等系统模块，而神经康复机器人还需要在此基础上集成虚拟现实等模块，以便形成符合神经运动控制理论的康复功能。

2. 安全性原则：鉴于康复机器人使用过程中人机密切交互的特点，设计时应该把安全性放在第一位，这通常需要设计机械、电气及软件等多重保护。

3. 有效性原则：大部分康复机器人都属于医疗器械，特别是康复训练机器人，需要符合康复医学的循证医学原则，设计相关功能应符合神经重塑康复理论。例如，神经康复机器人需要有主动、助力、被动、阻抗等训练模式，特别是助力模式，以便激发患者参与训练的主动性，增加神经康复的有效性。

4. 个性化原则：由于康复机器人的主要使用者存在不同的功能障碍，且人机交互水平会很大程度上影响康复效果，因此产品设计时需要考虑对不同用户的个性化适应。例如智能膝上假肢的仿生膝关节需要设计成能自动适应不同患者的个性化动力学及步速的变化。所有康复训练机器人的结构都应该对高度或外骨骼机构的长度进行可调尺寸设计，以适应不同的患者等。

5. 无障碍原则:康复机器人的应用对象是功能障碍者,需要考虑患者无法正常操作设备的情况,因此在设计时要采用适当的无障碍人机交互技术,通过患者运动意图的精确识别使患者能与机器人进行“随意”的互动操作。

6. 经济性原则:由于很多康复机器人是设计成供个人使用的,如大部分功能辅助机器人及部分康复训练机器人是面向居家功能障碍者使用的,因此在设计时需要尽量控制机器人产品的成本,以保证其进入家庭使用所需要的经济性。

第三节　上肢康复机器人技术发展与趋势

一、国外研究现状

20 世纪 90 年代,麻省理工学院的 Hogan 和 Krebs 等人率先将机器人技术应用于运动康复领域,并成功研制出了 MIT-MANUS 上肢康复训练机器人系统,如图 1-3-1(A)所示。该系统主要由平面模块、连杆模块、手腕模块、控制模块以及显示模块等组成,采用了五连杆结构,通过末端牵引的方式实现水平面内肩、肘关节的二维康复辅助训练。此外,该系统还运用了先进的传感器技术和阻抗控制技术,能够针对康复的不同时期提供被动训练、助力训练以及阻抗训练等多种训练模式,同时配备人机交互系统,实时准确记录患者训练过程中关节的速度、位置、力等运动状态信息,并通过人机交互界面直接反馈给患者,增加了康复训练的趣味性。值得一提的是,2018 年 Bionik 公司通过收购 Interactive Motion Technologies(IMT)正式将 MIT-MANUS 技术商业化,并推出了基于 MIT-MANUS 的商业化上肢康复训练系统 InMotion ARM 系列,如图 1-3-1(B)。其具备多种康复训练模式,采用先进的力反馈控制技术,并结合强大的评估和报告系统,适用于包括脑卒中、脑瘫、脊髓损伤、帕金森症等在内的多种疾病后产生的运动功能障碍,已经在包括美国在内的 20 多个国家和地区投入使用,均取得了良好的康复训练效果。

(A) MIT-MANUS

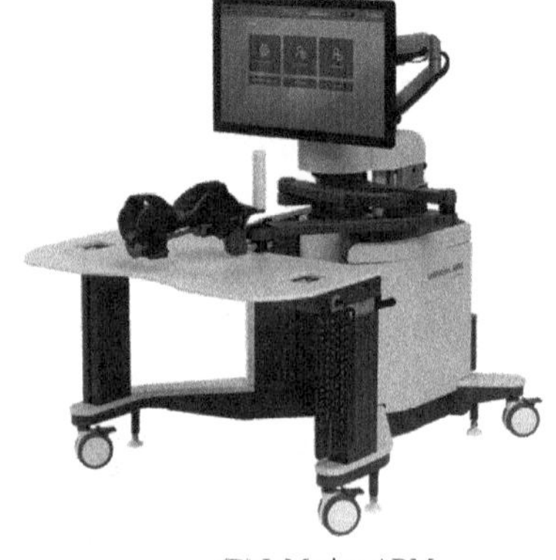

(B) InMotion ARM

图 1-3-1　上肢康复训练机器人

除了麻省理工学院，斯坦福大学也在积极探索机器人技术在康复医学领域的应用研究。2000 年，Charles Burgar 等人研制了一款基于 6 自由度 PUMA 工业机械臂的上肢助力装置 MIME(Mirror Image Motion Enabler)，如图 1-3-2。该装置以 PUMA560 工业机械臂为载体，在其末端加装手部支撑模块，相较于 MIT-MANUS，它不仅可以实现平面内的康复运动，还可以完成三维空间的复杂康复训练动作。此外，患者还可以自主选择单侧或双侧训练：在单侧模式下，该装置提供了主动、被动、主动—助力、主动—阻力等训练模式；在双侧模式下，系统利用安装在手部支撑模块上的传感器采集患者健侧肢体的运动信息，并通过机械臂引导患侧肢体完成镜像运动。

以色列 Motorika 公司研制了一款末端牵引式的上肢康复设备 ReoGo，其采用球面运动支撑结构，可灵活完成三维空间内任意方向的运动，如图 1-3-3。ReoGo 具有五种不同的康复训练模式(Guided、Initiated、Step Initiated、Follow Assist 以及 Free)，这五种训练模式的负荷和运动复杂性逐渐增加，因此可适用于不同康复时期的患者使用。另外 ReoGo 还自带具有全面评估和记录功能的高级软件系统，可以实时监视和跟踪患者的运动质量，导出康复训练评估报告，方便治疗师实时了解患者的康复进展，并针对患者的恢复情况设计个性化的治疗方案。大量临床实验证明患者在 ReoGo 的帮助下进行针对性的训练一段时间后，患者的运动范围、肌肉力量、运动平稳度以及运动精度均有所改善。

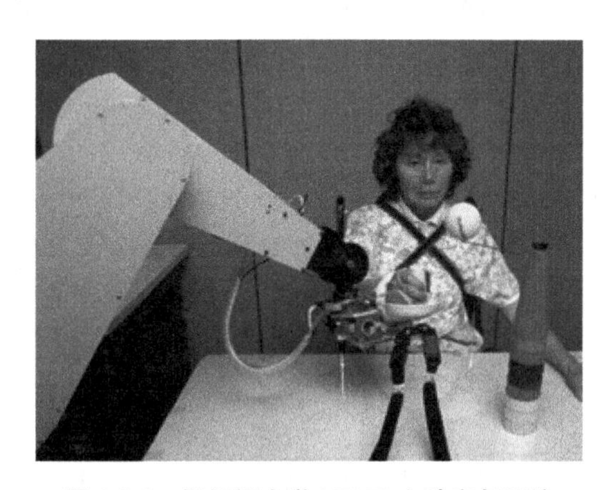

图 1-3-2 斯坦福大学 MIME 上肢康复系统

图 1-3-3 ReoGo 上肢康复系统

以上介绍的几类上肢康复机器人均为末端牵引式上肢康复机器人。2005 年，由瑞士苏黎世联邦理工学院的 Tobias Nef 和 Robert Riener 团队研制的 ARMin 系列外骨骼式上肢康复机器人的出现，打破了此前末端牵引式为主导的局面，开创了机器人技术与康复医学相结合的新方向——外骨骼式上肢康复机器人。直到现在 ARMin 系列上肢外骨骼康复机器人还一直在不断优化更新中，目前已经更新了 5 代样机 ARMin Ⅰ～Ⅴ，如图 1-3-4(A～E)，并推出了相应的商业化版本 Armeo Power，如图 1-3-4(F)所示。

初代样机 ARMin Ⅰ 共有 6 个自由度，包括 4 个主动自由度(肩部内收/外展、上臂转动、肩部内旋/外旋、肘部屈/伸)，2 个被动自由度(肩部屈/伸、前臂转动)，采用伺服电机驱动，具有多种康复训练模式，适用于不同的康复阶段。该机器人通过安装在各个关节

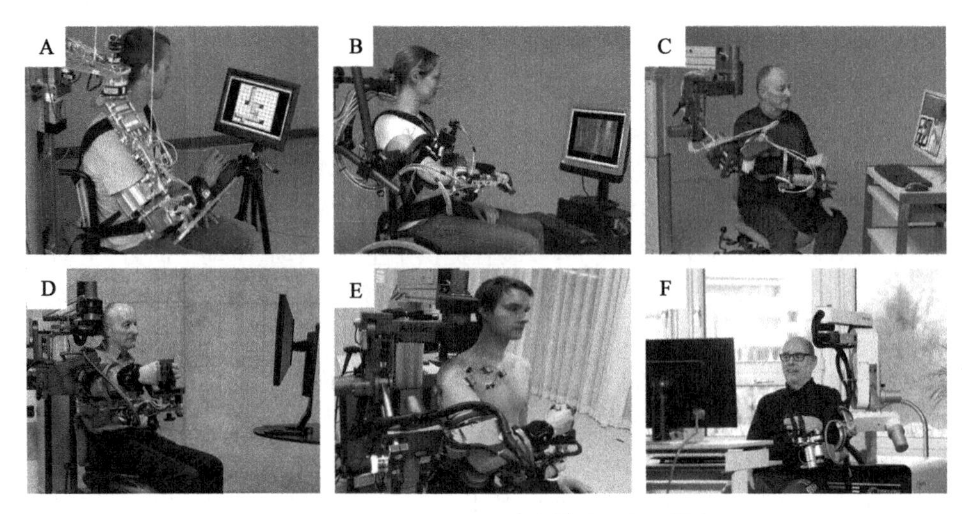

图 1-3-4　ARMin 系列上肢外骨骼康复机器人

处的力、位置及扭矩传感器实时监测关节运动数据，同时配备人机交互界面以及时评估和反馈康复训练效果。第二代 ARMinⅡ在第一代的基础之上增加了前臂内旋/外旋和腕关节屈/伸 2 个主动自由度，并通过改进肩关节结构，减小了在肩关节内收/外展康复训练中，由于人体盂肱关节与机器人肩关节运动不匹配而产生的不适感。ARMinⅢ～ARMinⅤ充分考虑了不同患者的适应性要求，增加了上臂及前臂长度调节功能，同时将整个外骨骼安装在一个具有升降功能的平台上，通过调节升降柱满足不同身高患者的使用需求。此外，与前两代不同的是，ARMinⅢ～ARMinⅤ移除了肩关节竖直方向上的自由度，设计了基于人体盂肱关节运动轨迹的自适应回转装置，优化肩关节转动中心，实现了人机协调运动。除了机械结构及自由度配置的优化升级之外，ARMinⅢ相较于 ARMinⅡ，对控制系统的鲁棒性、可靠性及用户体验方面均做出了进一步的改进。ARMinⅣ更换了精度更高的力、位置及扭矩传感器，提升了康复运动过程中关节测量数据的准确度，同时扩展了人机交互系统的软件功能。ARMinⅤ是 2017 年的最新研究成果，相较于之前的样机，其最重要的改进是增加了在线自适应补偿(OAC)，即机器人可以根据患者不同的上臂、前臂、身高、肩部角度等参数进行适当的调节，提升了患者的使用便捷性，也方便了康复治疗师的工作。Armeo Power 是 Hocoma 公司与瑞士苏黎世联邦理工学院合作推出的基于 ARMinⅢ的商用版本上肢外骨骼康复机器人，具有 7 个主动自由度，可以根据患者严重程度制定科学合理的康复训练方案，帮助患者完成特定的主动或被动训练，同时该系统还配备了独特的标准化评估工具，能精确分析评估患者的运动能力。此外该系统还结合了虚拟现实技术，设计了大量具有情景模拟反馈的激发性游戏，进一步提高了康复训练的效果。

但 ARMin 系列上肢外骨骼康复机器人普遍存在的问题在于肩关节只保留了盂肱关节的 3 个自由度运动，没有充分考虑肩胛骨关节的连带运动，因此肩关节的运动范围会受到一定的限制，甚至出现人机运动不协调的问题。针对这些问题，苏黎世联邦理工学院的学者们最近又研制了一种基于低阻抗扭矩控制的通用上肢外骨骼机器人

ANYexo，如图 1-3-5 所示。ANYexo 目前主要是作为一个研究平台，用以研究基于力矩控制的高精度交互力跟踪控制方法。其在肩关节部分设计有 5 个主动自由度，运动范围可以覆盖几乎所有的日常生活活动，同时采用了改进的模块化弹性执行机构和鲁棒力交互控制，能够准确地模拟出康复治疗师治疗时的顺应性和触觉交互，为康复机器人未来的设计方法和智能控制提供了思路。

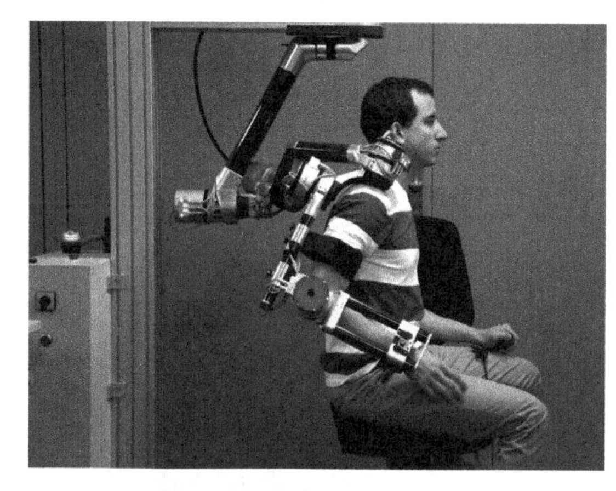

图 1-3-5 ANYexo 上肢外骨骼机器人

2007 年，美国华盛顿大学 Joel. C. Perry 等人研制了名为 CADEN-7（Cable-Actuated Dexterous Exoskeleton for Neurorehabilitation）的 7 自由度上肢外骨骼康复训练机器人，如图 1-3-6。该机器人采用基于“电机—钢丝绳—滑轮组”的驱动方案，减轻了机械臂的重量，降低了整体的功耗，同时使得机械臂末端的运动惯量大大减小，能够轻易实现肩、肘、腕关节的空间多自由度康复训练。

如图 1-3-7，是一款名为 MGA（Maryland-Georgetown-Army）的 6 自由度上肢康复外骨骼，其由美国马里兰大学和乔治城大学共同研制。该外骨骼采用电机直驱的串联式结构设计，肩关节部分主要由三个交叉的旋转关节组成，他们安装在环绕肩关节的环形连杆上，用以模拟人体盂肱关节的运动特性（肩外展/内收、肩屈/伸、肩内旋/外旋），同时肩部冠状面上还设有一个旋转关节，用来模拟肩部运动过程中肩胛骨关节的抬升/下降运动，保证了人机之间的运动协调。此外，肘关节设有 1 个主动自由度，前臂部分设有 1 个被动自由度。该外骨骼通过安装在关节处的角位移传感器和末端力传感器实现运动过程中的位置反馈和力反馈，并结合虚拟现实技术实现肩关节及肘关节的助力训练和阻抗训练。

图 1-3-6 CADEN-7 上肢外骨骼机器人

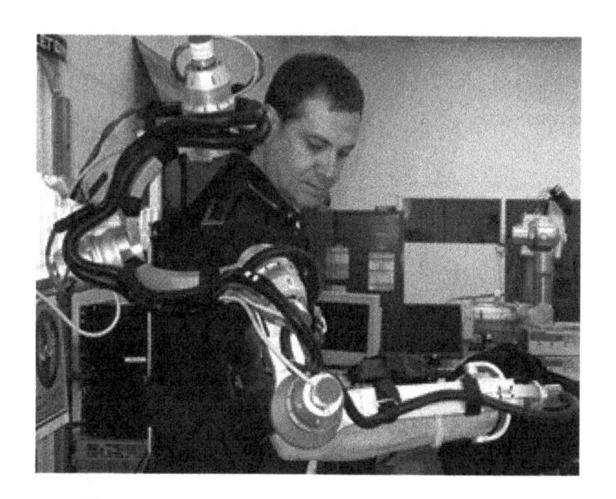

图 1-3-7 MGA 上肢外骨骼康复机器人

2007 年，英国索尔福德大学开发的 SRE 是基于气动肌肉驱动的 7 自由度上肢外骨骼机器人（如图 1-3-8 所示），可以实现帮助患者完成肩关节 2 自由度、肘关节屈曲伸展以及腕关节 3 自由度运动。相比于电机直驱的设计方式，气动驱动在简化机械臂结构、降低机械臂重量上有着得天独厚的优势，但气动驱动方式的难点在于气源问题。气泵工作时产生的噪音、空气杂质处理以及气泵本身体积庞大等问题成为限制气动肌肉在康复设备领域应用的关键。

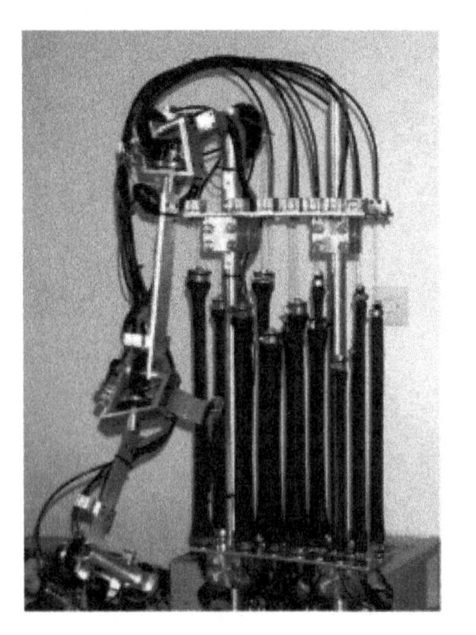

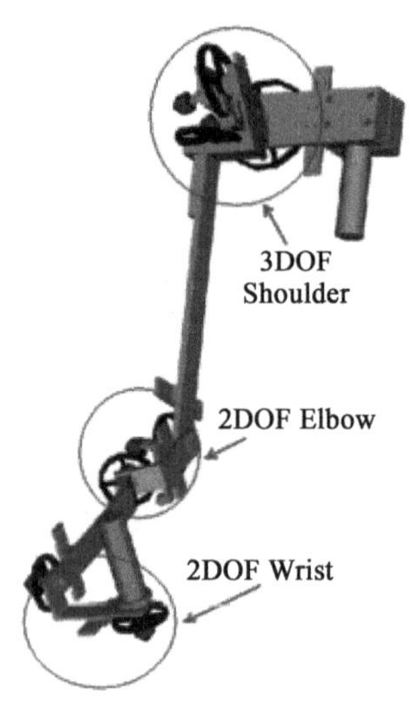

图 1-3-8　SRE 气动肌肉上肢外骨骼机器人

Cable-driven upper ARm EXoskeleton（CAREX）是一款绳驱式外骨骼上肢康复机器人，2012 年由美国哥伦比亚大学以 Ying Mao 为核心成员的研究团队研究开发，获得了美国国家医疗研究所国家综合研究所医学科学——NIGMS 的资助。与市面上常见的上肢康复机器人相比，其在机械结构上做了很大改进，如图 1-3-9 所示。由于连接机构和机械关节的存在，机械关节轴很难与人体的上肢关节轴精确对齐，而关节轴不对齐会在关节处引起较大的反作用力，严重的情况将会导致皮肤溃疡和软组织损伤。针对上述问题，CAREX 在外骨骼与人体接触的不同位置用轻质臂环替代了刚性连接。同时，这个改进也减少了患者佩戴时的尺寸调整时间以及运动惯性。

2014 年，一款由新西兰奥克兰大学的 Ho Shing Lo and Shane S Q Xie 设计研制的上肢康复机器人如图 1-3-10 所示。该款上肢康复机器人具备 4 个自由度，肩关节处的 3 个自由度用于肩部球形空间运动，包括肩关节的屈/伸、内收/外展、内旋/外旋，另 1 个自由度用于肘关节屈/伸。目前上肢外骨骼肩关节的设计普遍采用 3R 球形腕部机构。由于肩关节活动范围大，当肩关节两个旋转关节的旋转轴对准另一个旋转关节的旋转轴时，3R 机构会导致 1 个自由度的丢失，使得肩关节运动空间受限。针对这一问题，该上肢康复机器人针对肩关节处的设计提出了 4R 球形腕部机构。

2013 年，日本国家残疾人康复中心研究所设计研制的一款双臂机器人 BOTAS，在每个手臂上有 6 个自由度来协助各种上肢运动，包括肩关节 1 个屈伸自由度，肘关

图 1-3-9 CAREX 上肢康复机器人

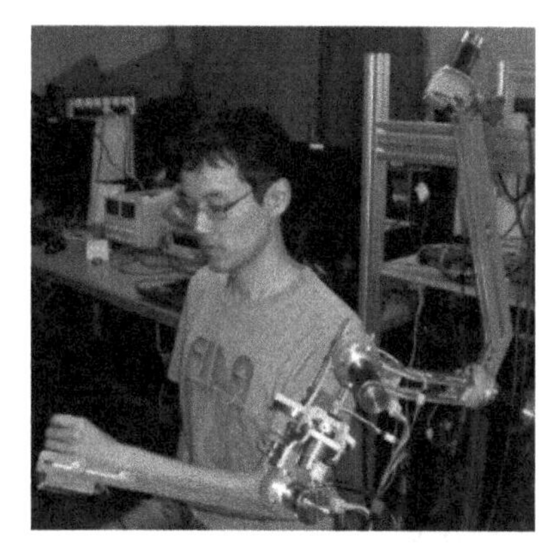

图 1-3-10 奥克兰大学上肢康复机器人

节 1 个屈伸自由度，腕关节 1 个内收外展自由度，以及手指关节的 3 个自由度，如图 1-3-11 所示。这 6 个自由度中，除了腕关节的 1 个自由度，其他 5 个自由度都采用直流电机驱动。其上臂、前臂和手指的连接长度都是可以调节的。该机器人可以通过两种方法控制：第一种方法是用指令控制特定的关节，按照指令要求可以完成任意角度的运动，如此一来在 BOTAS 帮助下，患者可以自由控制自己的姿势；第二种方法是事先在 BOTAS 系统中记录运动轨迹，之后机械上臂按照已记录的轨迹运动。系统最多可以记录 8 个运动轨迹。这种控制方法适用于需要反复、连续重复被动训练的康复患者。

2014 年法国巴黎设计的 ABLE 具有独特高效的机械传动机构，并且具有有别于其他外骨骼机器人的集成架构，如图 1-3-12 所示。第一版的 ABLE 一共有 4 个自由度：肩关节 3 个自由度，肘关节 1 个自由度。ABLE 的改进版则具有 7 个自由度，且每个自由度均能够反向驱动，高效且惯性低。其控制系统在不需要力传感器的情况下采用了位置—力混合控制。ABLE 能够对患者进行被动训练、助力训练，并且设计有用于与 VR 设备连接的 VR 接口，将康复训练与虚拟场景结合，使训练过程趣味化。

图 1-3-11 BOTAS 上肢康复机器人

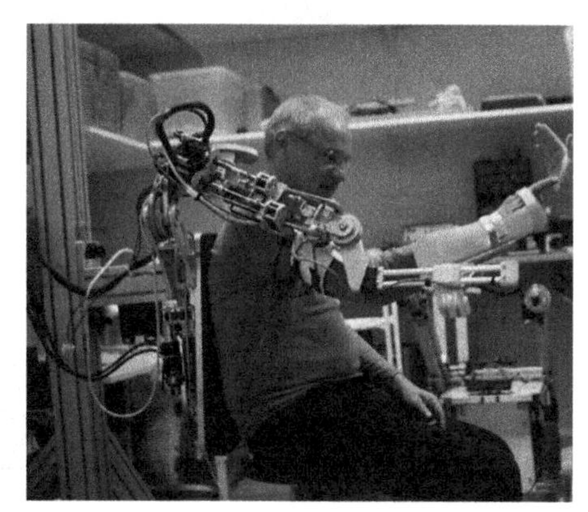

图 1-3-12 ABLE 上肢康复机器人

意大利比萨圣安娜高等研究院的 PERCRO 实验室同年研制了一款新型双臂上肢康复机器人 ALEx(Arm Light Exoskeleton)，如图 1-3-13 所示。该上肢康复机器人肩关节的3个自由度以及肘关节的1个自由度均为主动自由度，腕关节2个自由度为被动自由度。其设计的创新点在于利用一个较远的旋转中心模拟肩关节的运动学构型，使得机械臂关节轴与人体关节轴对齐，从而保证人机运动的协调性。另外将驱动肩、肘关节的4个伺服电机放置在了背部的机箱内，通过一个整体式的齿轮减速机和钢丝绳索将扭矩传递至相应的关节处，降低了由于电机自重对外骨骼运动产生的影响，同时简化了机械臂的结构，减小了机械臂的体积和机械臂末端的运动惯量。此外，钢丝绳索传动相较于齿轮传动，摩擦力更小，可以使得整个驱动系统运行更加平稳柔和，冲击力小，提高了系统的安全性能。同样是基于钢丝绳索传动，ALEx与美国华盛顿大学设计的CADEN-7所不同的是，ALEx对上肢各自由度进行了重新优化配置，比如去掉了日常生活中不常使用的上臂内旋/外旋自由度，增加了肩胛关节的自由度，同时将前臂内旋/外旋自由度整合到了腕关节处，因此整个机械臂结构较CADEN-7更加简单、小巧和灵活，其可以在没有奇异点的情况下达到人类手臂90%的自然工作空间。

2015年，得克萨斯大学基于人体左右部分的神经耦合理论，设计了一款名为Harmony的双臂上肢康复机器人，如图1-3-14所示。其肩关节处设计有5个自由度(盂肱关节3自由度、肩胛部2自由度)，很好地复现了人体肩关节及肩胛部的复杂运动。其中肩关节内收/外展、屈/伸以及内旋/外旋的转动轴线交于一点，反映了肩关节的主要构成关节盂肱关节的真实运动，而肩胛部的抬升/下降运动则通过冠状面的1个旋转自由度实现，回缩/前伸运动通过一个平行四边形机构复现，有效扩大了肩关节的运动范围，避免了由于肩胛部运动而导致的人机运动不协调问题。同时该系统采用先进的控制算法，可以根据患者真实情况提供重力补偿、助力训练、阻抗训练等多种训练模式。

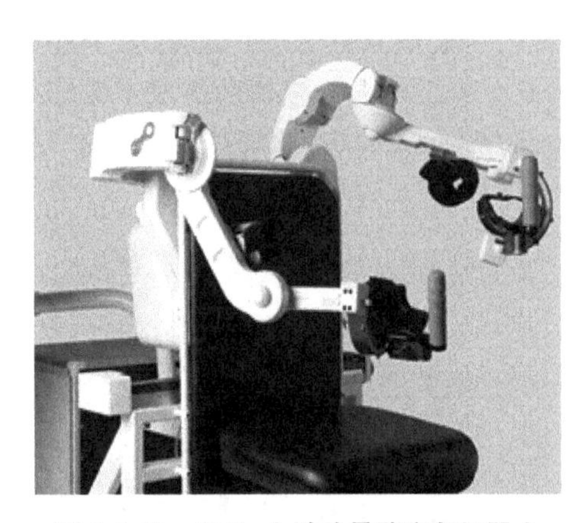

图1-3-13　ALEx上肢外骨骼康复机器人

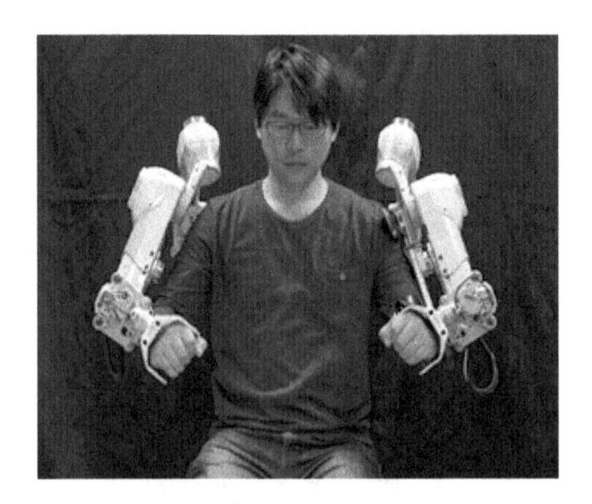

图1-3-14　Harmony双臂上肢康复机器人

除了以上介绍的，国外还有很多高校和企业在积极探索康复机器人领域，并取得了相应的研究成果，如加州大学欧文分校的BONES，如图1-3-15(A)所示，亚利桑那州立大学的PURERT，如图1-3-15(B)所示，哥伦比亚大学的Pneu-WREX，如图1-3-15(C)所示，荷兰特文特大学的LIMPACT，如图1-3-15(D)所示，巴黎高等技术学院的ETS-MARSE，如图1-3-15(E)所示，意大利比萨大学的L-EXOS，如图1-3-15(F)所示等，在此不再一一详细介绍。

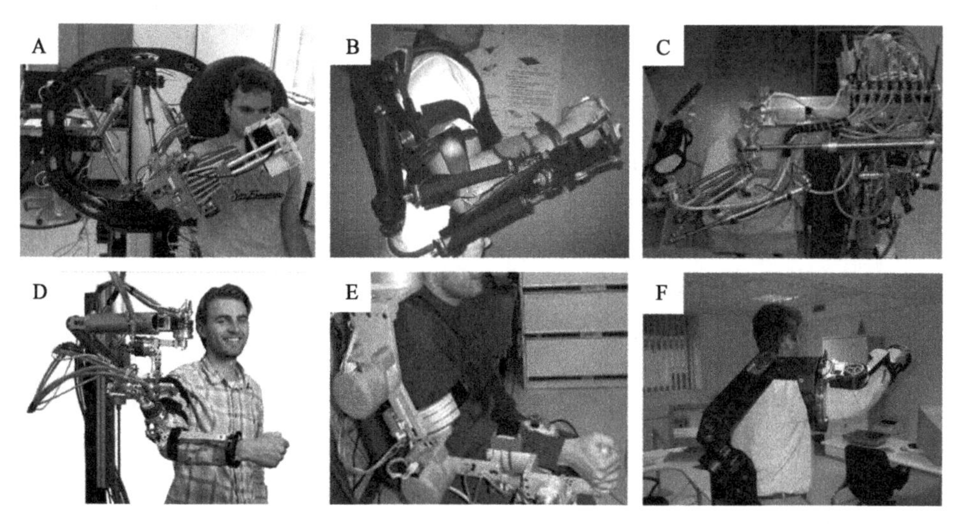

图 1-3-15 上肢康复机器人国外其他研究成果

二、国内研究现状

国内在上肢康复机器人领域的研究要稍晚于国外。但是近年来由于国内偏瘫患者的数目与日俱增,我国正在不断加大对上肢康复机器人研究领域的支持和投入,先后启动了一批重大和重点项目。在这些项目的支持下,国内很多高校和企业都对康复机器人展开了各具特色的研究。

华中科技大学研制了多种不同形式的上肢康复机器人,图 1-3-16(A)是一款 10-DOF 的气动上肢康复机器人,该机器人以气动人工肌肉为动力源,采用基于气动肌肉—钢丝绳—导轮的动力输出装置,实现了 8 个主动自由度,2 个被动自由度的运动。该机器人充分考虑了人机运动的协调性,在肩关节处设计了额外的 3 个主动自由度来模拟肩关节运动时肩胛带的运动。但是由于气动肌肉本身存在非线性等原因,该机器人的位置

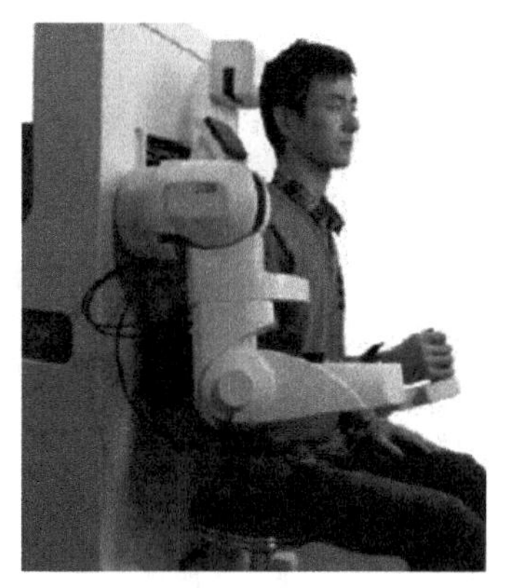

(A) 气动上肢外骨骼

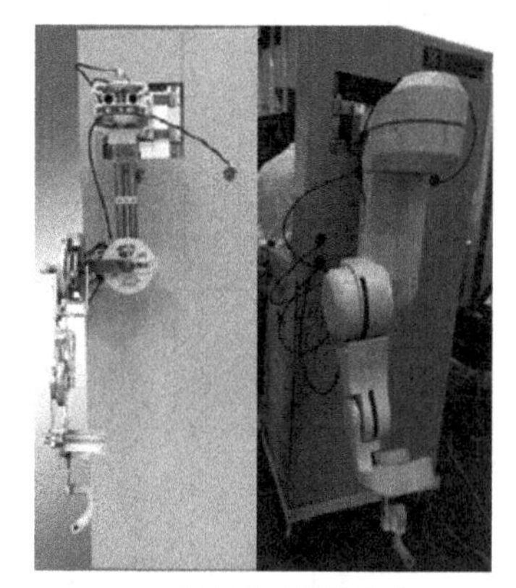

(B) 欠驱动上肢外骨骼

图 1-3-16 华中科技大学上肢康复机器人研究成果

控制精度较低。图 1-3-16(B)是最新研制的一款欠驱动上肢外骨骼机器人，该机器人基于人体上肢运动协同特性，通过关节分组机械耦合的设计方式，简化了机器人的传动机构设计，实现了多关节少驱动的设计理念。同时采用线驱动的方式，由步进电机作为动力源，牵引钢丝绳以完成各关节的运动。

上海理工大学于 2012 年研制了国际上第一款基于齿轮传动的中央驱动式 4 自由度上肢康复机器人 Centrobot，如图 1-3-17 所示。该机器人在结构设计上有较大的创新性，其将肩、肘关节的驱动电机以及传感器、电机驱动器等电子元件集中放置在基座内，并由弧齿锥齿轮及同步带传动机构实现肩肘关节的动力传输，腕关节屈/伸则采用了微型驱动器直接驱动。这样的设计一方面减小了机械臂的体积和重量，降低了系统的功耗，同时使得机械臂末端的运动惯量得以减小，另一方面可以有效避免电机噪声及辐射对患者康复训练的影响。该系统拥有独立的机械传动系统和底层电气控制系统，能够将驱动机械臂完成肩关节与肘关节上 3 自由度的康复训练动作，适用于肌力在 2～5 级的轻度偏瘫患者。同时采用磁粉离合器驱动，有效实现了上肢机器人各关节输出的传递转矩的动态调节。该系统能够保证上肢康复机器人在一个安全的范围内带动患者上肢进行康复训练，保护患者不受伤害。此外，该系统将虚拟现实康复训练游戏引入到康复训练系统中，协助患者进行康复训练治疗。患者在康复训练设备的协助下，能够在计算机生成的虚拟游戏场景中完成指定的任务。游戏任务的制定可以根据患者的具体康复需求来决定。针对不同障碍等级、不同康复需求的患者，只需要选择不同的游戏或者不同的游戏任务，便能够对其进行针对性的康复训练治疗。在虚拟现实康复训练游戏过程中的游戏数据是患者在康复过程中恢复状况的直观表现，该系统同时提供游戏数据分析的功能，以帮助更好地了解患者的恢复状况和优化康复训练计划的制订，使康复训练的效率更高。

华南理工大学智能系统控制工程技术研究中心研制了一款可穿戴式外骨骼康复机器人，如图 1-3-18 所示，该机器人由双机械臂组成，每个操作臂各有 6 个自由度，均采用伺服电机＋谐波减速器的形式直接驱动。机械臂末端安装有 6 轴力矩传感器，用于检测人机交互力，同时利用阻抗控制技术，估算人体运动意图，根据力和运动的关系实时调整阻抗参数，使机械臂拥有像人手一样的阻抗调节机制，从而保证了机械臂在与未知环境发生交互时的稳定性。

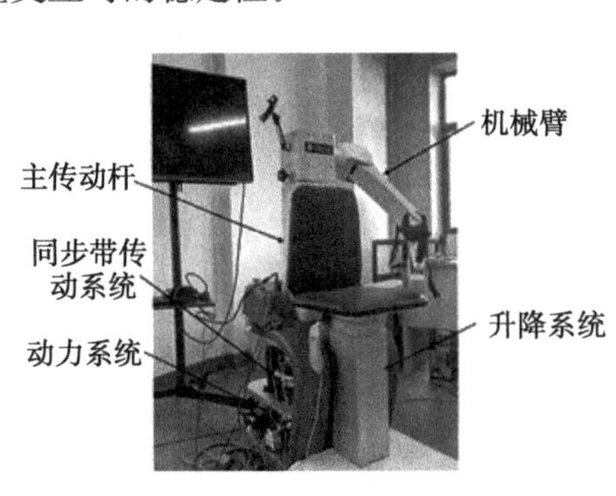

图 1-3-17　上海理工大学中央驱动式上肢康复机器人 Centrobot

图 1-3-18　华南理工大学外骨骼机器人

2014—2016年，上海理工大学先后研制了两款基于轮椅的上肢康复机器人。一款是基于模块化设计理念设计的4-DOF上肢康复机器人，如图1-3-19(A)所示，可进行多自由度的上肢肩关节、肘关节、腕关节的上肢康复训练，也可实现左右手互换。该机器人采用模块化背包式结构设计，可以任意拆卸安装在不同轮椅上使用，方便患者直接在轮椅上进行上肢康复训练，且不影响轮椅的正常使用。另一款则是基于轮椅平台的上肢康复训练与辅助机器人，如图1-3-19(B)所示。该装置是国际上第一款具有康复训练与功能辅助复合功能的轮椅式上肢康复机器人，可以进行左右手互换，同时在不使用时可以收放至轮椅后面。

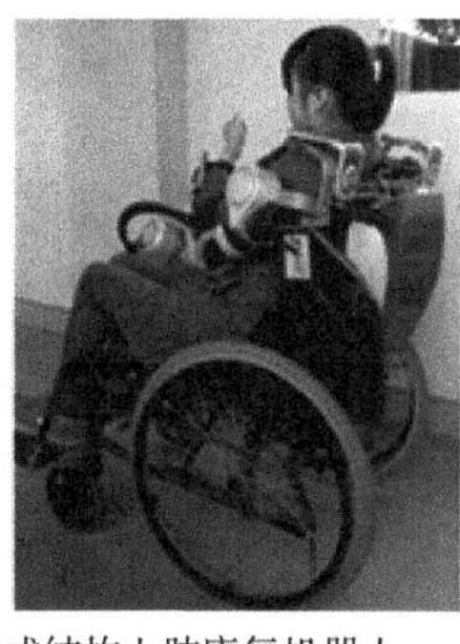
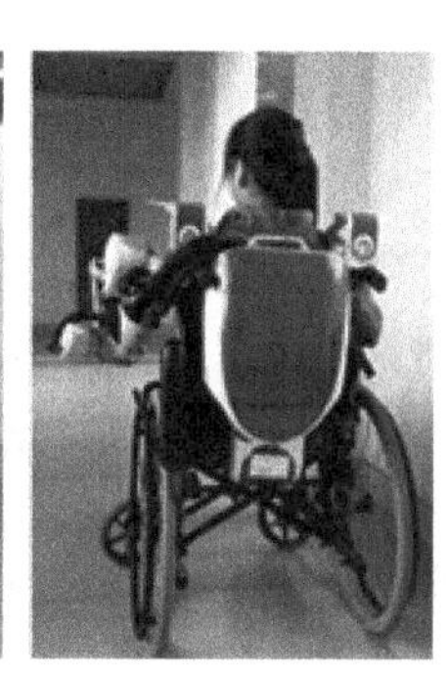

(A) 模块化背包式结构上肢康复机器人

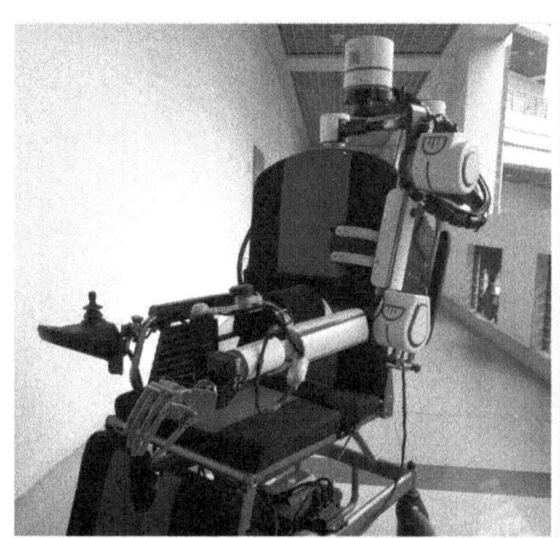
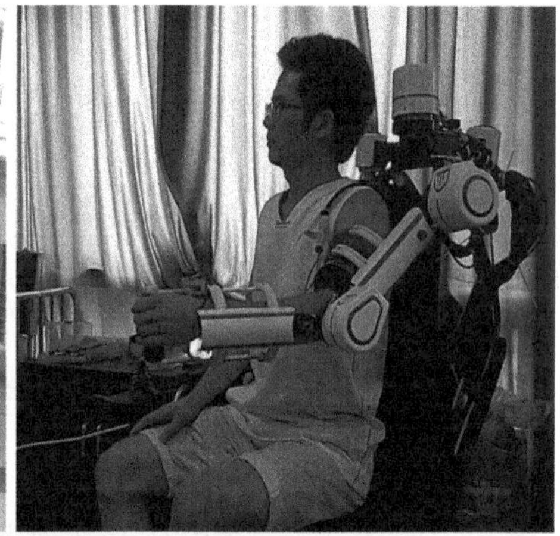

(B) 基于轮椅的多功能上肢康复训练/辅助机器人

图1-3-19 上海理工大学基于轮椅的上肢康复机器人

除上述介绍的几所高校外，国内还有很多高校在上肢康复机器人领域取得了不错的研究成果，如浙江大学、东北大学、东南大学、上海大学、江苏大学、哈尔滨工程大学等，由于篇幅限制，在此不做详细介绍。总体来说，高校的研究一般还只是停留在原理样机阶段，距离产品化还有一段很远的距离。值得一提的是，国内已经有几家康复机器人公司推出了较为成熟的商业化上肢康复机器人，目前上海理工大学已经有多款上肢康复机器人技术分别在四家企业实现了产业化。

上海卓道医疗科技有限公司研制的末端牵引式上肢康复机器人 ArmGuider，如图 1-1-1(A)所示，采用 5 连杆结构，可以实现平面内任意轨迹的自由运动。该机器人通过独特的力学引导式辅助训练技术，并结合实时准确的数据采集功能，可以根据患者的实际情况，为患者提供科学专业的训练模式和评估方案。

图 1-3-20 是安阳神方的“灵动”上肢康复机器人，该机器人每个关节均由伺服电机直接驱动，共有 6 个主动自由度，具有多种训练模式，并自带几十种康复运动轨迹，康复治疗师可以根据患者的实际情况为患者选择合适的训练轨迹或创建个性化训练轨迹。同时该机器人还具有痉挛识别功能，可以有效保护训练过程中患者的安全。另外，该机器人进行了图形用户界面交互和虚拟现实交互设计，增加了康复训练的趣味性，提高了患者的主动参与度，并能够依据平衡功能评定等方法分析训练数据，为临床医生进行康复效果评估提供数据支持。

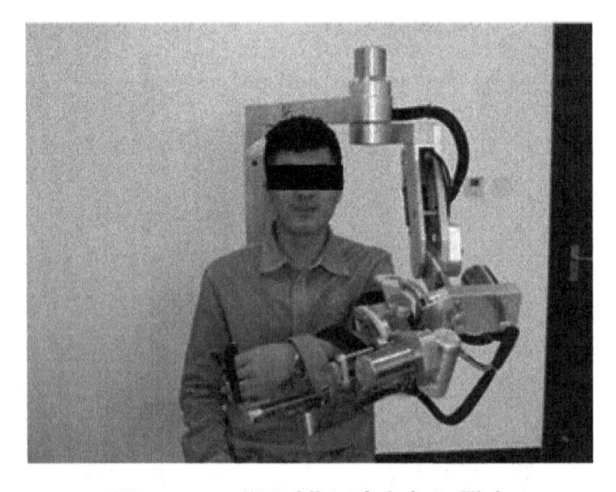

图 1-3-20 “灵动”上肢康复机器人

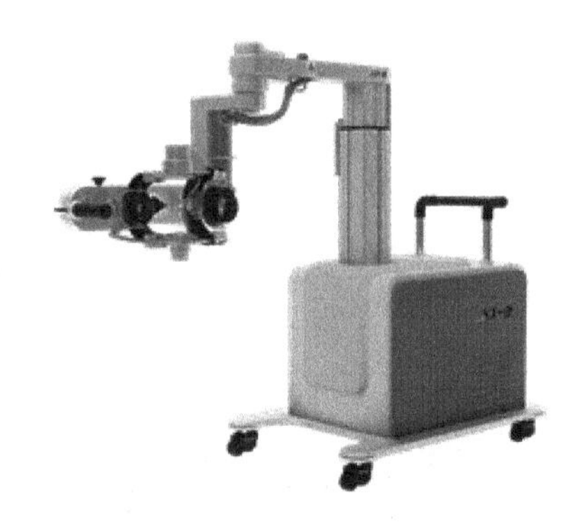

图 1-3-21 A6 上肢康复机器人

图 1-3-21 是广州一康生产的 A6 上肢康复机器人训练与评估系统。A6 采用电机直驱的串联式结构设计，具有 6 个主动自由度，能够在多个维度实现上肢的被动运动与主动运动，而且结合了情境互动、训练反馈信息和强大的评估系统，即使是完全零肌力的患者也可以进行康复训练，加速了患者康复训练的进程。具有 5 种不同的康复训练模式，可以满足不同恢复时期的患者使用。同时还配备了激光校准、自动换臂等实用功能，方便了患者的使用，提高了治疗师的工作效率。

2013 年上海理工大学康复工程与技术研究所提出了一款末端引导式中央驱动上肢康复训练机器人，该设备通过齿轮传动实现了驱动电机集中放置，避免了电机辐射对患者造成二次伤害的潜在威胁，后续章节也将以该设备为例进一步阐述上肢康复机器人设计原理。

2019年，上海卓道医疗科技有限公司研发上市了一款自带上肢力反馈运动控制训练系统的平面式上肢康复机器人ArmGuider。2020年，上海傅利叶智能科技有限公司上市了一款名为Fourier M2的平面式上肢康复训练机器人。上述两款产品都具有力交互和反馈功能，分别通过电机电流监测和装置在末端执行器的多维力传感器实时监测末端执行器的力方向，并根据患者主动力的大小而动态调整力矩输出辅助量，从而实现主动训练中的助力、抗阻等运动模式。上海电气智能康复医疗科技有限公司自2014年开始与上海理工大学合作研发具有自主知识产权的多自由度上肢康复机器人，2020年上肢康复训练与评估系统FLEXO-Arm 1获得注册证正式上市销售。2021年苏州好博医疗器械有限公司与上海理工大学合作研发了iDraw上肢康复机器人，是一款末端引导式上肢康复机器人，也是国内第一台商业化的空间多自由度末端引导式上肢康复机器人。该设备采取多传感器意图检测方式及阈值法触发方案，从而实现交互过程对轻微的触发力矩的力补偿，满足了患者在康复训练中的力交互柔顺性需求。

三、上肢康复机器人技术发展趋势

综上所述，在科研领域，康复机器人已经成为近年来多学科交叉发展的重要研究方向。而在临床应用中，康复机器人已经被广泛应用在各类康复训练中，并得到了广大康复医师工作者们的一致良好反馈。通过前面对国内外上肢康复机器人研究进展的分析比较，我们不难发现早期对于上肢康复机器人的探索多为自由度较少的末端引导式，结构相对简单，容易控制，但存在与人体上肢关节运动不匹配的问题，使得其康复训练效果不佳，因此此处对于上肢康复机器人关键技术发展趋势的探讨主要针对的是外骨骼式上肢康复机器人。虽然上肢康复机器人已经历经数十载的发展，但由于上肢康复机器人系统多学科交叉的研究特点，目前上肢康复机器人系统的发展依然面临着多而复杂的关键技术，更多的机器人技术会随着临床应用需求的增加而不断完善，而相关理论和技术研究仍需深入。上肢康复机器人的发展趋势总结为如下五点。

1. 脑机接口技术的发展，使“意念控制”走进现实

神经接口可以创造一个像人类肢体一样灵活的、与大脑融为一体的智能假肢，也可以让像渐冻症患者那样重度肢体障碍者用想象控制上肢康复辅助机器人。未来的新型神经接口技术将为日常生活护理、助行、训练等上肢康复机器人的发展和应用为肢体功能障碍者提供一个崭新的途径。随着新型无创脑电传感技术的突破，脑机神经接口技术日趋成熟，未来只需在脑海中想象运动的动作，让上肢康复机器人直接感知到大脑或脊髓运动神经元发出的电信号，便能完成所想即所得的动作。

2. 新材料、新能源、智能控制及新驱动技术的突破

目前大多数外骨骼式上肢康复机器人采用的电机直驱的方式，不可避免地增加了机械臂的体积和重量以及机械臂运动过程中的功率损耗，因此上肢外骨骼机器人驱动器在保证响应快、低惯性、高精度传动的同时，还需要具有最大输出功率重量比、体积小、功耗低的特点。同时由于机械结构和成本控制，目前上肢康复机器人所采用的材料大多重量较重，且机械结构庞大，推广使用困难。在新材料、新能源、智能控制及新驱动技术的突

破下，上肢康复机器人有望进一步集成。高功率密度驱动单元及电池、人机共融控制等技术将使其在轻便及顺应性上会有大大的提高。更有利于推广至小型康复机构甚至家庭使用。

3. 生物传感器技术发展，“机器感觉”构建多通道神经刺激

根据中枢神经系统可塑性理论，患者对于康复训练的主动参与性将直接影响康复训练的效果。因此对于人体生物信号、神经信号机理的研究将是关键。通过对人体生物信号、神经信号的采集、处理和辨识，获取患者的运动意图及生理状况的监测信息，从而促进患者与康复机器人系统在感知层和决策层的耦合，更好地反映患者的康复状态，并能通过智能算法对患者训练情况进行实时调控，优化康复训练。上肢康复机器人系统需要多种传感器来获取来自外部环境、外骨骼机械臂本体以及患者上肢的不同反馈信息，这些反馈信息将有助于“人机一体化”控制策略的研究，对于上肢康复机器人更好地服务于功能障碍者至关重要。同时“机器感觉”可以通过感觉神经刺激实现对人体感觉反馈通路的干预，通过机器人传感单元将触觉等信息传递到感觉神经或者通过刺激大脑来模拟触觉感受，实现多模态神经刺激促进神经康复重建。未来的上肢康复机器人将会像正常肢体一样有感觉功能，实现多模态的人体感觉反馈，从不同角度刺激功能障碍者进行康复训练。

4. 柔性上肢康复机器人技术

柔性材料的应用促进了柔性上肢康复机器人的发展。柔性上肢康复外骨骼机器人具有更好的可穿戴性、人机耦合性、轻量化、运动柔顺性等优点，适用于具有部分肌力及一定上肢活动能力的肢体功能障碍者。穿上柔性上肢外骨骼“机械服”可使用户拥有更强的身体机能、更灵活的运动能力等。未来优化柔性上肢康复外骨骼机器人的组织结构材料，使其具有更高刚度、力量传递效率和响应特性，从而不断提升系统的结构性能和使用舒适性，实现患者与机器人在执行层的有效耦合。

5. 上肢关节全自由度上肢康复机器人技术

人体上肢包括 27 个自由度，其中大关节有 7 个自由度。一般的上肢康复机器人主要是训练大关节为主，或者是肩、肘两个关节为主。然而，真实人体上肢运动时还需要肩胛带运动的协同配合，因此理想的上肢完全模拟需要考虑增加肩胛带的 3 个自由度。否则单纯模拟肩肘腕关节自由度的上肢康复训练机器人，将难以实现自由的上肢全方位运动，人体肩胛带运动与机器人关节的不匹配也会给患者带来运动限制，使人体在运动过程中产生非上肢的身体代偿运动。即使大关节训练可以简化机械结构的设计，但并非一个理想的、完全模拟上肢运动的方式。因此，设计能够模拟包括肩胛骨带运动的全自由度上肢康复机器人是一种技术趋势。

目前功能障碍者的康复训练需求呈现了巨大的缺口，机器人技术发展正将康复从一对一的人力资源密集型治疗转变为技术驱动型治疗，国家政策的大力支持必将促进康复机器人的蓬勃发展。视频游戏、虚拟现实、脑机触觉接口、智能人机交互等激励元素的整合使得康复治疗过程不再枯燥无味，这些技术的进一步发展和革新会使治疗师能够更有效地提供康复服务，并使患者能够更好地获得康复体验。未来，康复机器人在我国会成为康复养老的重要一环，低成本装置提供的远程康复也会有效和高效地将康复训练带入

家庭和社区中。

参考文献

[1] 杨启志，曹电锋，赵金海. 上肢康复机器人研究现状的分析[J]. 机器人，2013，35(5)：630—640.

[2] 喻洪流. 康复机器人：未来十大远景展望[J]. 中国康复医学杂志，2020，8：900—902.

[3] 喻洪流. 康复工程学概论[M]. 南京：东南大学出版社，2022.

[4] Proietti T，Crocher V，Roby-Brami A，et al. Upper-limb robotic exoskeletons for neurorehabilitation：A review on control strategies[J]. IEEE Reviews in Biomedical Engineering，2016，9：4—14.

[5] 顾腾，李传江，詹青. 卒中后上肢康复机器人应用研究进展[J]. 神经病学与神经康复学杂志，2017，13(1)：44—50.

[6] Molteni F，Gasperini G，Cannaviello G，et al. Exoskeleton and end-effector robots for upper and lower limbs rehabilitation：Narrative review[J]. PM&R，2018，10(9)：S174—S188.

[7] 黄小海，喻洪流，王金超，等. 中央驱动式多自由度上肢康复训练机器人研究[J]. 生物医学工程学杂志，2018，35 (3)：452—459.

第二章　齿轮中央驱动末端式上肢康复机器人

上肢康复机器人是一种为上肢功能障碍患者的上肢提供康复训练的服务性机器人，主要分为末端牵引式、悬吊式和外骨骼式。其中末端牵引式上肢康复机器人通过对患者手臂末端进行牵引实现对上肢全自由度的训练，结构简单，易于操作应用，是一种非常好的机器人辅助训练方式。末端牵引式上肢康复机器人的驱动实现既可以设计为如上一章所讲述的关节直接驱动的方式，也可以采用中央驱动式为主，包括连杆传动、齿轮传动、带传动及绳索传动等方式。传统的关节直驱式上肢康复机器人具有体积庞大、有噪声辐射、康复效果不佳等缺陷，在训练过程中会对患者带来不利影响，而中央驱动式上肢康复机器人采用将动力元件统一安置在远离患者关节处的机箱内设计，能极大地避免上述关节直驱式上肢康复机器人的缺陷。因此，设计一种能够实现左/右手臂互换使用、中央驱动系统结构的新型多自由度上肢康复机器人，对提高上肢功能障碍患者的上肢康复水平、促进我国上肢康复训练设备的创新与产业发展均具有重要意义。

这里以一种基于齿轮传动的新型中央驱动式上肢康复机器人的设计为案例进行介绍。

第一节　总体方案设计

首先进行设备的总体方案设计，包括机械结构和电气控制系统两部分。

一、机械结构总体设计方案

本案例设计的是一种基于中央驱动式传动结构、能够实现左/右手臂互换使用的新型3自由度上肢康复机器人。该机器人的主要功能要求如下：

1. 要求机器人机械臂结构紧凑、集中，因此计划将所有的动力元件集中放置，并能通过中央驱动式传动系统进行动力传输；

2. 为帮助上肢功能障碍患者更好地进行上肢康复，要求该机器人能通过中央驱动式的传动系统带动上肢功能障碍患者进行肩关节2个自由度和肘关节1个自由度的康复训练运动，其中肩关节屈/伸运动的活动范围为$-45°\sim180°$，肩关节内收/外展运动的活动范围为$-45°\sim90°$，肘关节屈/伸运动的活动范围为$0°\sim120°$；

3. 该机器人要求能通过转动机构实现机械臂$0°\sim180°$的旋转功能，以满足不同上肢功能障碍患者的左手或右手的上肢康复训练需求。

根据总体目标与要求，为实现中央驱动式的新型3自由度上肢康复机器人设计，提出一种齿轮传动式机构，机构方案如下：首先通过轴套及齿轮，将集中放置的动力系统相互无干扰地平行传出，然后通过连杆与锥齿轮将动力进行换向，最终将动力输出到上肢的肘关节与肩关节处，完成运动所需的肘关节1个自由度（屈/伸），肩关节2个自由度（屈/伸，内收/外展）的外动力运动。该中央驱动式上肢康复机器人运动结构简图如图2-1-1所示。

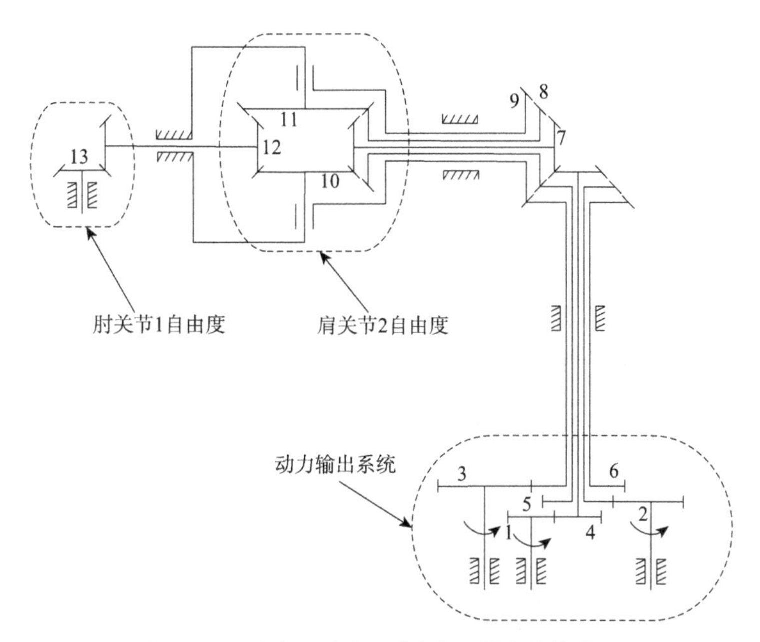

图 2-1-1　中央驱动式上肢康复机器人结构简图

作为空间自由链，其自由度计算公式为：

$$F = 6n - (5p_5 + 4p_4 + 3p_3 + 2p_2 + p_1) \tag{2-1-1}$$

式中，n 为活动链中的活动构件总数，p_5、p_4、p_3、p_2、p_1 分别为机构所含Ⅴ、Ⅳ、Ⅲ、Ⅱ、Ⅰ级运动副的数目。

根据图2-1-1可知，活动构件 $n=13$。由于13个活动构件只能进行齿轮转动传动，因此 $p_5=13$，$p_1=10$，则：

$$F = 6n - (5p_5 + 4p_4 + 3p_3 + 2p_2 + p_1) = 6 \times 13 - 5 \times 13 - 10 = 3$$

说明该运动链能产生3个独立的自由度，满足设计要求。

由图2-1-1可知，该设计方案将复杂的电机、减速器等动力输出装置和控制系统都集中放置在动力输出系统中，不仅能很好地控制患者视野范围内的设备体积，还能预留出较大空间对系统的高噪声、高辐射进行屏蔽处理，从而减小电机噪声、辐射等不良因素对上肢功能障碍患者在康复训练过程中的影响，进而提高上肢功能障碍患者的康复训练舒适性与康复治疗效果。同时，动力输出系统通过齿轮将动力传输至机器人的肩关节和肘关节，实现在外动力驱动下的上肢3自由度运动。

二、电气控制系统总体设计方案

上肢康复机器人的控制网络包括机器人、患者以及康复医师。康复机器人是控制网络中的被控主体，患者是机器人的服务群体，而康复医师则是康复机器人的操作主体。在医院科室、康复社区或患者家庭等多种康复训练场景的要求下，康复医师既要可以在现场对设备进行操作，也要可以通过互联网进行远程设备操作。因此，要求康复机器人所在的现场具备网络环境，设备作为客户端通过路由器接入互联网，从而构成了完整的物理通信链路。设备通过互联网直接和具有公网 IP 地址的专用服务器进行数据和命令交换，其基本网络结构图如图 2-1-2 所示。

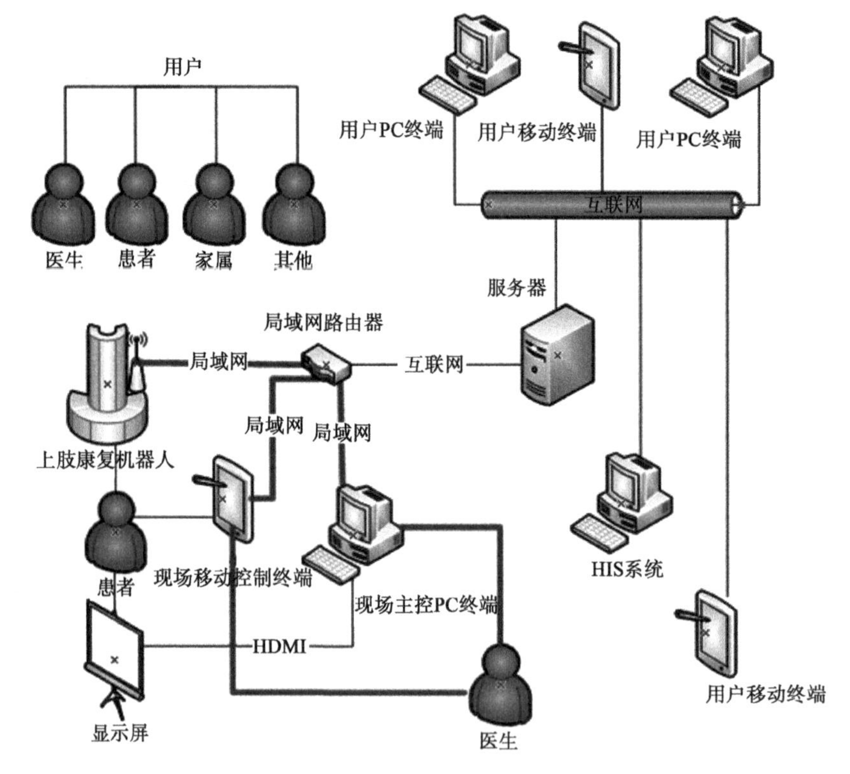

图 2-1-2　网络通信图

对于本案例中的中央驱动式上肢康复机器人，根据其机械结构的特点以及使用的电气部件，构造出底层动力系统的基本框架结构如图 2-1-3 所示。电气系统主要可分为驱动系统、控制系统以及供电系统。驱动系统主要完成步进电机和磁粉离合器的驱动；供电系统负责将接入的工频交流电按照需求分配给驱动器和控制系统；控制系统则是整个底层动力系统的核心部分，它需要完成对三个关节的编码器信号的采集与处理、对三个电机调速、对三个磁粉离合器调节励磁电流，同时还要完成相应的通信功能以实现数据和指令的交换。处于传动链中的传动减速机构则承担着动力传输的任务，其传动速比对于控制系统来说至关重要。

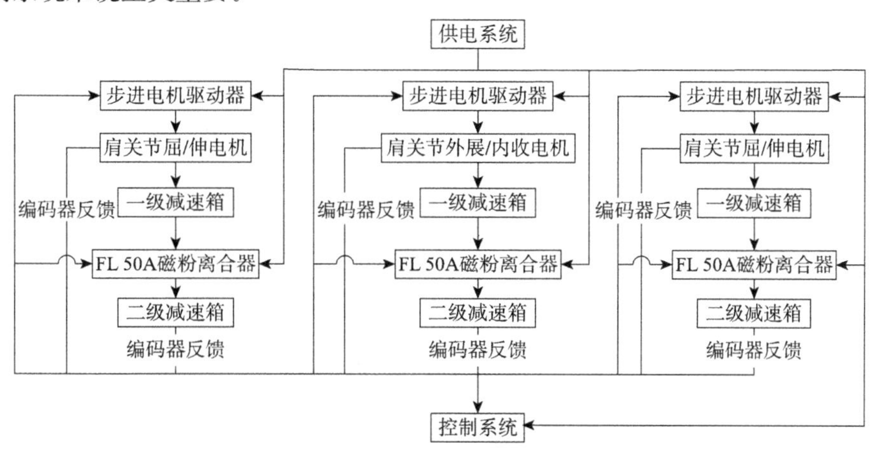

图 2-1-3　底层驱动系统基本组成

根据上述分析，控制系统需要和服务器等外部设备通信，接受控制指令并返回设备的相关数据，同时还要控制机械臂的正常运转。机械臂的运动是一个 3 自由度的复合运动，考虑到程序编写以及功能划分的问题，控制系统在调速的同时还要协调机械臂的三个关节。在硬件结构方面，将控制系统规划成一主三从的结构，三个从机分别对应三个不同的关节进行电机的调速、磁粉励磁电流控制以及电机的速度反馈，而主机则作为机器的协调单元，负责对机械臂的空间解耦以及位置闭环控制，并且实现相应的康复训练功能。通过 CAN 总线将对应关节的执行命令下发至各个从机，同时使用网络通信和服务器交换机器人的状态信息、训练数据以及控制命令。据此设计出控制系统的结构如图 2-1-4 所示。

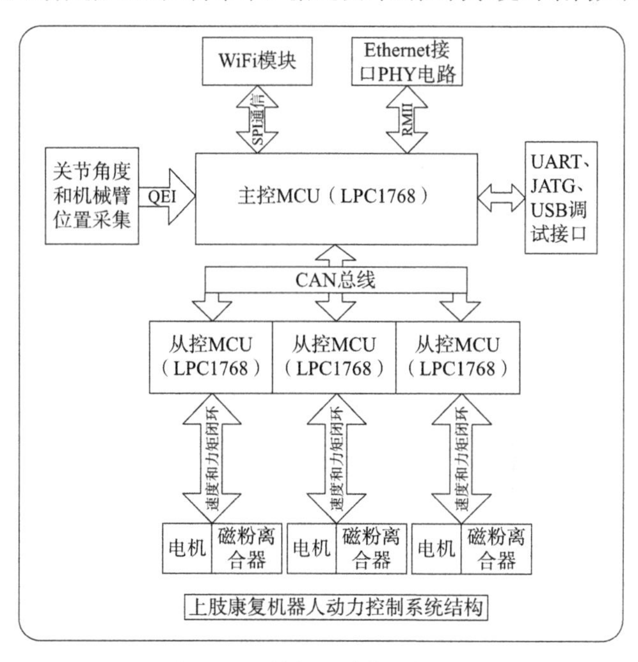

图 2-1-4　控制系统的总体结构

第二节　机械系统设计

根据上述机械结构总体设计要求以及结构简图(图 2-1-1)的结构方案,需要对中央驱动式上肢康复机器人进行如下三个部分的具体结构设计:

(1) 中央驱动式动力系统设计,包括动力系统中电气元件的选型及其动力的输出设计;

(2) 中央驱动式 3 自由度传动系统设计,包括对传动系统的结构设计和 3 自由度机械臂的结构设计;

(3) 用于实现左/右手单独训练的左右手互换结构设计。

一、中央驱动式动力系统设计

(一) 动力系统组成及传输

中央驱动式上肢康复机器人最主要的特点是中央驱动式的动力系统结构,而动力系统中各元件的选用是影响机器人动力输出最主要的因素,因此,在确定总体方案后,首先需要确定动力系统的组成。

动力系统的供电电源由隔离变压器输入,动力由驱动电机提供,动力调节功能则由磁粉离合器提供。动力系统需要完成 3 个自由度的主、被动训练,所以动力输出单元中设计有三台驱动电机,分别用于实现肩关节的内收/外展、肩关节屈曲/伸展运动以及肘关节屈曲/伸展运动。三台驱动电机输出的动力经过各自的减速器减速增扭后输出。由于本案例设计的机器人要实现对力的控制,因此,本案例选用三台磁粉离合器进行力矩的输出控制。驱动电机经减速器产生的动力通过磁粉离合器的调节输出给末端执行单元,进而带动上肢功能障碍患者的各关节运动。中央驱动式上肢康复机器人动力系统输出图如图 2-2-1 所示。

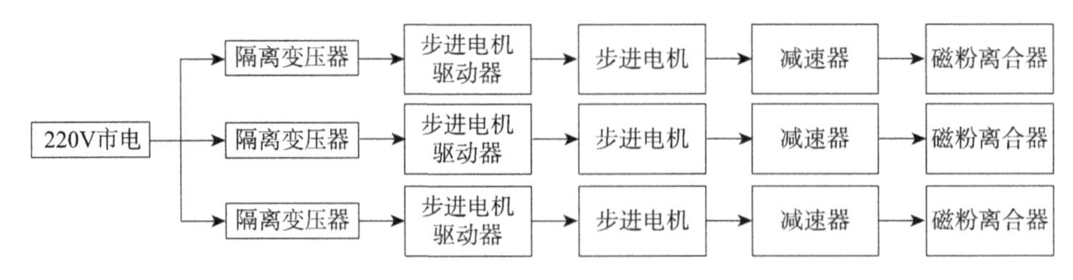

图 2-2-1　中央驱动式上肢康复机器人动力系统输出图

(二) 动力系统元件选型

根据图 2-2-1 所示的中央驱动式上肢康复机器人动力系统输出图可知,动力由驱动电机提供,动力调节功能则由磁粉离合器提供。因此,只需根据设计要求对步进电机与磁粉离合器进行选型。隔离变压器与步进电机驱动器均为步进电机提供动力，只要确定了步进电机的型号就能选择相应的隔离变压器与步进电机驱动器。减速器是连接步进电机与磁粉离合器的闭式传动装置，由于连接步进电机与磁粉离合器的尺寸为非标准尺寸，因此该减速器选择自制。

1. 步进电机选型

步进电机是将电脉冲信号转变为角位移或线位移的开环控制元件。它的旋转是以固定的角度（称为“步距角”）一步一步运行的，可以通过控制脉冲个数来控制角位移量，从而达到准确定位的目的。步进电机的特点是没有累计误差，所以广泛应用于各种开环控制。本案例设计的中央驱动式上肢康复机器人主要用于脑卒中偏瘫患者的上肢康复训练，所需的训练速度低，控制精度要求较高，因而本案例选用步进电机作为动力源。

根据 GB 10000—1988 可知，90％男性前臂长 253 mm，大臂长 333 mm。由多次实验可得，男性前臂重量约 1.5 kg，上肢重量约 3.5 kg。由于上肢重量包括机械臂的重量和患者手臂的重量，假设机器人上肢重量与男性相同，则可以根据公式(2-2-1)计算得到各关节所需的最大运动力矩：

$$T = F \times l \tag{2-2-1}$$

肘关节屈/伸运动最大力矩为：

$$T_1 = F \times l = 1.5 \times 10 \times 2 \times 0.253/2 = 3.795\ (\mathrm{N \cdot m})$$

肩关节屈/伸运动力矩为：

$$T_2 = F \times l = 3.5 \times 10 \times 2 \times (0.253 + 0.333)/2 = 20.51\ (\mathrm{N \cdot m})$$

肩关节内收/外展力矩为：

$$T_3 = F \times l = 3.5 \times 10 \times 2 \times (0.253 + 0.333)/2 = 20.51\ (\mathrm{N \cdot m})$$

由于康复训练的速度较慢，设定上肢各关节的康复运动速度最快不超过 90 (°)/s，则各关节转速为 15 r/min，同时假定减速器减速比在 20～30 范围内，则步进电机转速在 300～450 r/min。

根据计算得到的各关节运动力矩，取减速器减速比得最小值为 20，则可以计算得到所需电机的最大输出力矩。

驱动肘关节屈/伸运动的最大力矩为：

$$T = T_1/20 = 0.190\ (\mathrm{N \cdot m})$$

驱动肩关节屈/伸运动的最大力矩为：

$$T = T_2/20 = 1.026\ (\mathrm{N \cdot m})$$

驱动肩关节内收/外展运动所需的最大力矩与驱动肩关节屈/伸运动的最大力矩相同。

根据以上条件，在保证电机力矩余量的前提下尽可能地降低功率，本案例选用型号为 86BYGH450B-的两相步进电机(如图 2-2-2 所示)用以驱动肩关节运动和型号为 86BYGH450A-的两相步进电机用以驱动肘关节运动。86BYGH450B-步进电机的步距角为 1.8°,供电电压为 2.8 V,最大电流为 4.5 A,最大输出力矩为 5.0 N·m。86BYGH450A-步进电机的步距角为 1.8°,供电电压为 4.4 V,最大电流 3 A,最大输出力矩为 3.0 N·m。

图 2-2-2　两相步进电机

2. 磁粉离合器选型

为更好地控制本案例设计的中央驱动式上肢康复机器人,实现康复训练所需的助力训练与阻抗训练,本案例选用磁粉离合器来控制输出到各关节力矩。

磁粉离合器是根据电磁原理和利用磁粉传递转矩的。其激磁电流和传递转矩基本成线性关系。在同滑差无关的情况下能够传递一定的转矩,具有响应速度快、结构简单、无污染、无噪音、无冲击振动和节约能源等优点,是一种多用途、性能优越的自动控制元件。

由于计算得到的肘关节屈/伸运动所需的最大力矩为 3.795 N·m,肩关节屈/伸运动与内收/外展运动所需的最大力矩为 20.51 N·m,同时考虑到本案例设计的中央驱动式上肢康复机器人将会设计有助力训练模式,除了抵抗自身的重力之外,还要带动患者上肢进行训练,因而本案例选用海安兰菱机电设备有限公司生产的型号为 FL 25A(最大输出力矩 25.0 N·m)和 FL 50A(最大输出力矩 50.0 N·m)的磁粉离合器来调控动力系统的输出力矩,FL 型磁粉离合器如图 2-2-3 所示。

图 2-2-3　FL 型磁粉离合器

本案例的动力系统主要是完成 3 个自由度的训练,因此,设计将两台 86BYGH450B-步进电机在经过减速器后分别对应连接两台 FL 50A 型磁粉离合器,用于实现肩关节屈/伸运动和内收/外展运动,另一台 86BYGH450A-步进电机则经减速器后对应连接一台 FL 25A 型磁粉离合器,用于实现肘关节曲/伸运动。

(三) 减速器设计

减速器是原动机和工作机之间独立的闭式传动装置,用来降低转速和增大转矩,以满足工作需要。目前,国内减速机的主要类型包括齿轮减速器、蜗杆减速器、齿轮—蜗杆减速器和行星齿轮减速器等,而行星齿轮减速器以其传动效率高,传动比范围广等特点广泛应用于工业生产中。因此,为得到适合中央驱动式上肢康复机器人所需减速比的减速器,本案例将专门设计满足需求的二级行星减速器。

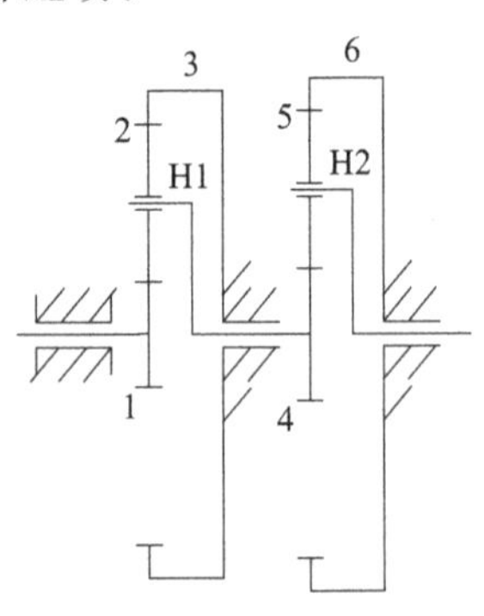

图 2-2-4　减速器结构简图

为得到 20～30 减速比的二级行星减速器,本案例将根据通用的二级行星减速器的结构(结构简图如图 2-2-4 所示)，以及选用的步进电机和磁粉离合器输入输出轴的尺寸，设计适合中央驱动式上肢康复机器人的二级行星减速器。

1. 减速比及正确啮合条件

根据机械原理，二级行星减速器的减速比计算公式为：

$$R=\left(1+\frac{z_6}{z_4}\right)\times\left(1+\frac{z_3}{z_1}\right) \tag{2-2-2}$$

两个直齿圆柱齿轮正确啮合的条件为：

$$\begin{cases}\alpha_1=\alpha_2=\alpha \\ m_1=m_2=m\end{cases} \tag{2-2-3}$$

即两齿轮模数和压力角分别相等。根据国家规定，齿轮分度圆上的压力角为标准值，即 $\alpha=20°$，因此本案例设计的齿轮压力角均为 20°。

2. 二级行星减速器设计

由于肩关节曲/伸和内收/外展运动与 50 N·m 磁粉离合器相连，减速器所需传递的力矩较大，因而选择减速器内所有齿轮的模数 $m=1.5$。肘关节曲/伸运动与 25 N·m 磁粉离合器相连，因而选择减速器内所有齿轮的模数 $m=1$。为简化设计，本案例将模数 $m=1$ 与模数 $m=1.5$ 的两种模数的二级行星减速器中齿轮齿数设计相等。

在确定模数和压力角之后，根据行星减速器的传动比条件、同心条件以及装配条件，即二级行星减速器中各齿轮满足：

$$\begin{cases}z_3=(R-1)\times z_1 \\ z_3=2\times z_2+z_1 \\ z_3+z_1=k\times N \\ z_6=(R-1)\times z_4 \\ z_6=2\times z_5+z_4 \\ z_6+z_4=k\times N\end{cases} \tag{2-2-4}$$

根据公式(2-2-4)，对二级行星减速器中的各齿轮齿数进行计算确定，取 $z_1=22$，$z_2=29$，$z_3=80$，$z_4=21$，$z_5=30$，$z_6=81$，由公式(2-2-2)得到二级行星减速器的减速比为：

$$R=\left(1+\frac{z_6}{z_4}\right)\times\left(1+\frac{z_3}{z_1}\right)=\left(1+\frac{81}{21}\right)\times\left(1+\frac{80}{22}\right)=22.5$$

一般说来，齿宽的大小是根据小齿轮分度圆直径与齿宽系数来确定的。即：

$$B=d\times\psi_a \tag{2-2-5}$$

对于闭式齿轮传动，齿宽系数 $\psi_a=0.3\sim0.6$，常用 0.4。对于开式齿轮传动，齿宽系数 $\psi_a=0.1\sim0.3$。

其中，齿轮分度圆直径的计算公式为：

$$d = mz \tag{2-2-6}$$

确定减速器中所有齿轮的齿数之后，得到最小齿数的齿轮齿数为 21，因此，对于模数为 1 的小齿轮来说，分度圆直径为 $d = mz = 1 \times 21 = 21$ (mm)。由于减速器为闭式齿轮传动，因此，取 $\psi_a = 0.4$，则 $B = d \times 0.4 = 21 \times 0.4 = 8.4$ (mm)，本案例取 $B = 10$ mm。

同样，对于模数为 1.5 的小齿轮来说，分度圆直径为 $d = mz = 1.5 \times 21 = 31.5$ mm，则 $B = d \times 0.4 = 31.5 \times 0.4 = 12.6$ (mm)，本案例取 $B = 15$ mm。

因此，对于模数为 1 的减速器来说，里面直齿轮的齿宽均为 10 mm。对于模数为 1.5 的减速器来说，里面直齿轮的齿宽均为 15 mm。

3. 强度校核

在确定齿宽之后，还需对减速器中的齿轮进行强度校核。本案例设计的齿轮材料均选为 45 号钢，根据 45 号钢的材料特性可知，屈服应力 $\sigma_s = 355$ MPa，由于 45 号钢属于塑性材料，则许用应力为：

$$[\sigma] = \frac{\sigma_s}{n} = \frac{355}{2} = 177.5 \text{ (MPa)}$$

其中，n 为大于 1 的安全系数，对于塑性材料，安全系数 n 通常取 1.5～2。

对于齿轮，齿面挤压应力计算公式为：

$$\delta = \frac{F}{s} = \frac{T \div (d \div 2)}{(\pi \times \frac{m}{2}) \times B} \tag{2-2-7}$$

其中，T 为磁粉离合器最大输出力矩，d 为小齿轮分度圆直径，m 为小齿轮模数。由公式(2-2-7)可知，齿轮直径越小，齿面的挤压应力越大，因此，仅需验证在两种模数下的最小齿数的齿轮是否满足强度要求。

当 $m = 1$ 时，由公式(2-2-7)可以计算得到：

$$\delta = \frac{F}{s} = \frac{T \div (d \div 2)}{(\pi \times \frac{m}{2}) \times B} = \frac{25 \div (21 \div 2)}{(\pi \times \frac{1}{2}) \times 10} \times 10^3 = 151.6 \text{ (MPa)} < [\sigma] = 177.5 \text{ (MPa)}$$

当 $m = 1.5$ 时，由公式(2-2-7)可以计算得到：

$$\delta = \frac{F}{s} = \frac{T \div (d \div 2)}{(\pi \times \frac{m}{2}) \times B} = \frac{50 \div (31.5 \div 2)}{(\pi \times \frac{1.5}{2}) \times 15} \times 10^3 = 89.8 \text{ (MPa)} < [\sigma] = 177.5 \text{ (MPa)}$$

均满足强度条件。

经过以上计算，得到二级行星减速器的基本参数。在 $m = 1$ 的二级行星减速器中，$z_1 = 22$，$z_2 = 29$，$z_3 = 80$，$z_4 = 21$，$z_5 = 30$，$z_6 = 81$，$B = 10$ mm。在 $m = 1.5$ 的二级行星减速器中，$z_1 = 22$，$z_2 = 29$，$z_3 = 80$，$z_4 = 21$，$z_5 = 30$，$z_6 = 81$，$B = 15$ mm。

4. 减速器三维建模及仿真验证

为验证本案例设计二级行星减速器的可行性及其传动比的正确性，本案例利用

SolidWorks 对其进行三维建模，然后通过 SolidWorks 中的 Motion 模块对其进行运动仿真。

根据计算得到的齿数，将设计的二级行星减速器在 SolidWorks 中进行建模，三维建模图如图 2-2-5 所示，然后利用 SolidWorks 中的 Motion 模块，设定输入轴旋转马达转速为 30 RPM，时间为 2 s，完成对二级行星减速器的运动仿真。Motion 仿真分析结束后，得到二级行星减速器输出轴的输出角位移一时间曲线图如图 2-2-6 所示。

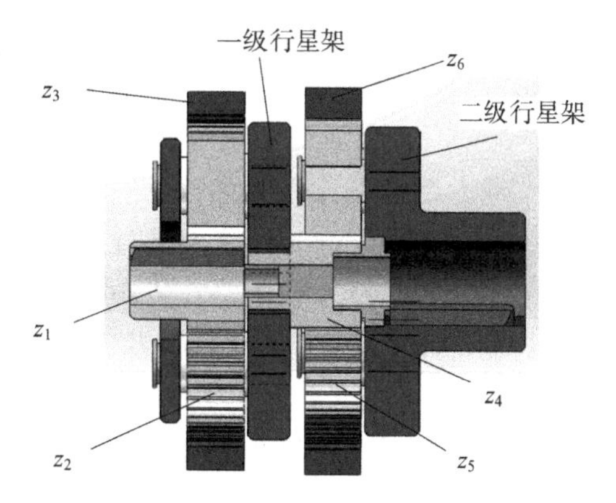

图 2-2-5　二级行星减速器三维图

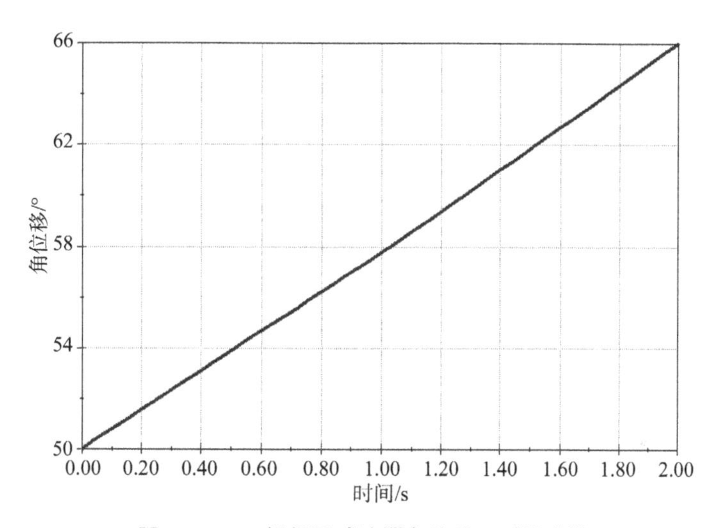

图 2-2-6　二级行星减速器角位移一时间曲线

由图 2-2-6 可知，在 SolidWorks 中建立的二级行星减速器三维模型在设定条件能按照设定要求进行传动，验证了本案例设计的二级行星减速器的可行性。

由图 2-2-6 可计算得到输出轴的转速为：

$$r_1 = \frac{\theta}{t} = \frac{(66-50)}{2} = 8(°/\text{s}) = 8.376\ (\text{r/min})$$

已知输入轴转速为 30 r/min，可以计算得到传动比：

$$R_1 = \frac{30}{r_1} = 3.58$$

与通过公式计算得到的减速比理论值 R 一致，验证了本案例设计的二级行星减速器的合理性。

二、中央驱动式 3 自由度传动系统结构设计

动力系统设计完成之后，根据机械设计基础，可以开始对中央驱动式 3 自由度传动系统进行结构设计。传统的具有三维空间运动功能的电动上肢康复训练机器人多数将关节驱动电机及其减速器安装在对应的上肢关节处，这类设计明显增大了患者视野范围内的设备体积，往往会增加患者训练时的心理压力，使患者对康复训练产生抵触情绪。同时，由于电机这类大功率设备距离患者较近，使得其噪音与电磁辐射对患者的不良影响增大。为了克服驱动电机安置在关节处对患者造成的不良影响，减小康复机器人机械臂的体积，本案例设计了一款中央驱动式的 3 自由度上肢康复机器人。

该机器人采用套筒及锥齿轮形式传动，将动力从三个独立的动力源互不干扰地传到肩关节和肘关节，实现肘关节 1 个自由度（曲/伸），肩关节 2 个自由度（内收/外展，曲/伸）的运动。该机器人总体结构如图 2-2-7 所示，主要包含四个部件，分别是动力系统部件、主杆传力系统部件、肩关节 2 自由度部件和肘关节 1 自由度部件，下面将分别进行结构设计。

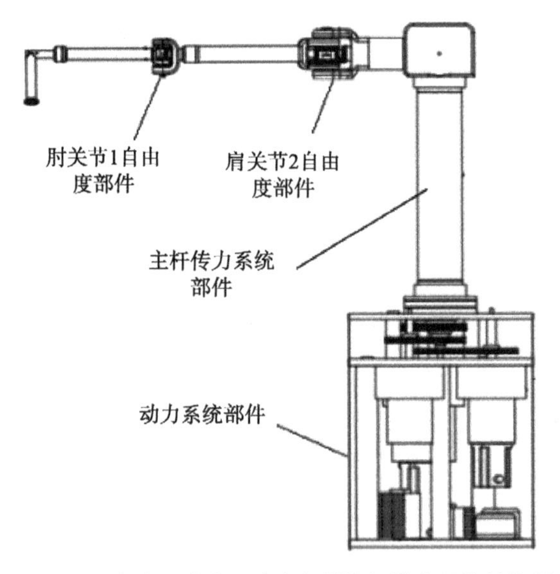

图 2-2-7　中央驱动式上肢康复训练机器人总体结构图

（一）动力系统部件结构设计

根据图 2-2-1 所示的中央驱动式上肢康复机器人动力系统输出图，整个动力系统将包含变压器、步进电机、减速器、磁粉离合器等动力驱动元件，还将有步进电机驱动器、磁粉离合器驱动器等驱动元件。因此，在动力系统部件结构设计中，本案例主要是将这些元件在设备底座中合理布局，在减小体积的前提下，设计动力系统的支撑及安装。

由图 2-2-1 可知，动力系统主要包含三个步进电机、三个减速器、三个磁粉离合器、三个隔离变压器和三个步进电机驱动器，还有一些控制元器件。在控制时，每个步进电机分别与一个减速器、一个磁粉离合器相连，称为一个动力系统源。本案例采用铝质底座与上部端盖，设计三个直齿轮与三个磁粉离合器输出轴相连，实现三个动力系统源通过磁粉离合器在上部端盖上平行输出。在动力系统部件中，与驱动肩关节曲/伸运动相连的直齿轮为大一直齿轮，与驱动肩关节内收/外展运动相连的直齿轮为中一直齿轮，与驱动肘关节曲/伸运动相连的直齿轮为小一直齿轮。

三个变压器与三个步进电机驱动器安装在下块铝板上。上下块铝板之间用三根钢柱来支撑。动力系统部件图如图 2-2-8 所示。

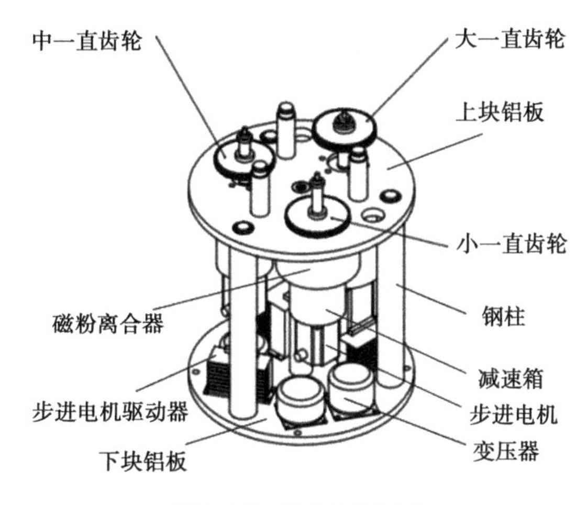

图 2-2-8 动力系统部件

(二) 主杆传力系统部件结构设计

动力由动力系统部件中大一直齿轮、中一直齿轮、小一直齿轮传出。为使三个平行动力系统源互不干扰地向上传递，本案例设计大杆、中杆、小杆三根连杆，三根连杆之间用轴承来保证相互之间的转动互不影响。在三根传递动力的连杆外有一根主杆用来支撑整个重量。将与大一直齿轮、中一直齿轮、小一直齿相同的三个直齿轮(称为大二直齿轮，中二直齿轮和小二直齿轮)分别与大杆、中杆、小杆的下端相连，为保证安装方便，设计将小二直齿轮、中二直齿轮、大二直齿轮由上到下依次排列。同时，将动力系统部件中大一直齿轮、中一直齿轮、小一直齿轮分别与大二直齿轮、中二直齿轮和小二直齿轮啮合，实现三个动力系统源由动力系统部件到主杆传力系统部件的竖直传递。

为将同轴输出的三个动力系统源分别传送至肩关节与肘关节，本案例利用锥齿轮来改变动力传输的方向。将大杆、中杆、小杆的上端分别设计与主杆大锥齿轮、主杆中锥齿轮以及主杆小锥齿轮相连。同时，主杆小锥齿轮设计能安装在主杆中锥齿轮中间，主杆中锥齿轮同样设计能安装在主杆大锥齿轮中间，且三个锥齿轮中间利用轴承保证相互转动互不影响。结构设计图如图 2-2-9 所示。

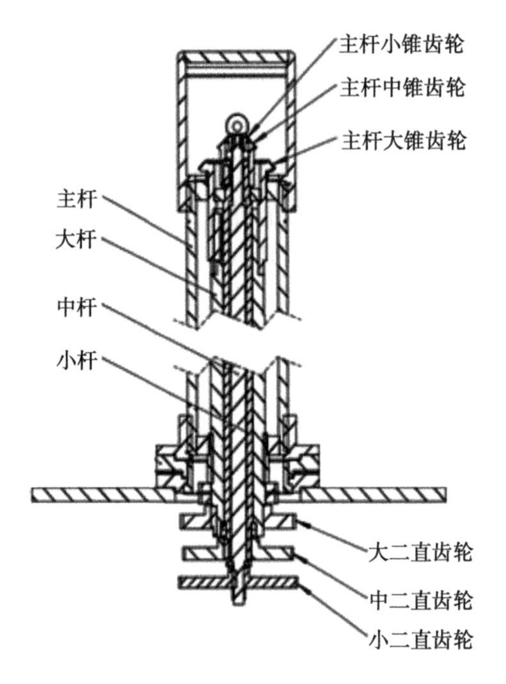

图 2-2-9　主杆传力系统部件

主杆传力系统部件的设计为本案例设计的中央驱动式上肢康复机器人整体结构设计的基础，因此在确定主杆传力系统部件的结构构型后，还需要对部件中的传力零件尺寸进行确定，下面分别进行计算。

1. 大二直齿轮、中二直齿轮和小二直齿轮尺寸确定

为使得动力系统部件中的三个磁粉离合器在结构上互不干扰且安装方便，在设计过程中需要使得主杆传力系统部件中的大二直齿轮，中二直齿轮和小二直齿轮从上到下依次排列且尺寸由大到小。本案例根据 2 台 FL 50A 型磁粉离合器和 1 台 FL 50A 型磁粉离合器的尺寸参数，设计大二直齿轮与大一直齿轮的中心距离为 139.5 mm，中二直齿轮和中一直齿轮的中心距离为 135 mm，小二直齿轮和小一直齿轮的中心距离为 130 mm。

根据两直齿圆柱齿轮正确啮合的条件为两齿轮模数和压力角分别相等，将大二直齿轮与大一直齿轮，中二直齿轮和中一直齿轮，小二直齿轮和小一直齿轮的齿数和模数设计为均相同，压力角均为 20°。本案例将根据三对齿轮之间的距离，以及材料力学基础，计算得到各直齿轮的齿数和齿厚。

(1) 齿数确定

大一直齿轮与中一直齿轮最大传递力矩为 50 N·m，设计这两对直齿轮模数为 1.5，再根据大一直齿轮与大二直齿轮之间的距离为 139.5 mm，中一直齿轮与中二直齿轮之间的距离为 135 mm，由公式(2-2-6)，分别得到大一直齿轮与大二直齿轮的齿数为：

$$z=\frac{d}{m}=\frac{139.5}{1.5}=93$$

中一直齿轮与中二直齿轮的齿数为：

$$z=\frac{d}{m}=\frac{135}{1.5}=90$$

小一直齿轮最大传递 25 N・m 的力矩，设计直齿轮模数为 1，再根据小一直齿轮与小二直齿轮之间的距离为 130 mm，由公式(2-2-6)，得到小一直齿轮与小二直齿轮的齿数为：

$$z=\frac{d}{m}=\frac{130}{1}=130$$

(2) 齿宽确定

根据公式(2-2-5)，可以计算得到直齿轮的齿宽。由于主杆传力系统部件为开式齿轮传动，因此取 $\psi_a=0.1$。

对于大一直齿轮与大二直齿轮，齿宽为：

$$B=d\times\psi_a=139.5\times0.1=13.95\ (\mathrm{mm})$$

对于中一直齿轮与中二直齿轮，齿宽为：

$$B=d\times\psi_a=135\times0.1=13.5\ (\mathrm{mm})$$

对于小一直齿轮与小二直齿轮，齿宽为：

$$B=d\times\psi_a=130\times0.1=13\ (\mathrm{mm})$$

(3) 强度校验

在确定分度圆直径和齿宽后，根据公式(2-2-7)对三对直齿轮分别进行强度验证。由于是开式齿轮，主要校核其表面接触强度。

对于大一直齿轮和大二直齿轮：

$$\delta=\frac{F}{s}=\frac{T\div(d\div2)}{(\pi\times\frac{m}{2})\times B}=\frac{50\div(139.5\div2)}{(\pi\times\frac{1.5}{2})\times13.95}\times10^3=21.8\ (\mathrm{MPa})\leqslant[\sigma]=177.5\ (\mathrm{MPa})$$

对于中一直齿轮和中二直齿轮：

$$\delta=\frac{F}{s}=\frac{T\div(d\div2)}{(\pi\times\frac{m}{2})\times B}=\frac{50\div(135\div2)}{(\pi\times\frac{1.5}{2})\times13.5}\times10^3=23.3\ (\mathrm{MPa})\leqslant[\sigma]=177.5\ (\mathrm{MPa})$$

对于小一直齿轮和小二直齿轮：

$$\delta=\frac{F}{s}=\frac{T\div(d\div2)}{(\pi\times\frac{m}{2})\times B}=\frac{25\div(130\div2)}{(\pi\times\frac{1}{2})\times13}\times10^3=18.8\ (\mathrm{MPa})\leqslant[\sigma]=177.5\ (\mathrm{MPa})$$

均满足齿轮齿面强度。

2. 大杆、中杆、小杆尺寸确定

由图 2-2-9 可以看到，大杆、中杆、小杆为传力的关键。由于连杆设计较长，因此在传递动力时，连杆不仅要满足强度条件，还需要满足刚度条件。

(1) 强度条件

圆柱扭转时的应力计算公式给出的条件为：

$$\tau_{\max}=\frac{T}{W_{\mathrm{p}}}\leqslant[\tau] \tag{2-2-8}$$

式中，T 为扭转时最大力矩，W_{p} 为抗扭截面模量，$[\tau]$为许用切应力。

(2) 刚度条件

扭转刚度条件是将单位长度的扭转角限制在一定允许的范围内，即：

$$\theta=\frac{T}{GI_{\mathrm{p}}}\leqslant[\theta] \tag{2-2-9}$$

式中，G 为材料的切变模量，I_{p} 为截面对圆心的极惯性矩，$[\theta]$为连杆的许用单位长度扭转角((°)/s)。

根据材料力学，对于实心圆截面有：

$$I_{\mathrm{p}}=\int_A\rho^2\mathrm{d}A=\int_0^{\frac{D}{2}}2\pi\rho^3\mathrm{d}\rho=\frac{\pi D^4}{32} \tag{2-2-10}$$

$$W_{\mathrm{p}}=\frac{I_{\mathrm{p}}}{R}=\frac{\pi D^4}{32}\times\frac{2}{D}=\frac{\pi D^3}{16} \tag{2-2-11}$$

其中，I_{p} 为极惯性矩。

对于空心圆截面有：

$$I_{\mathrm{p}}=\int_A\rho^2\mathrm{d}A=\int_{\frac{d}{2}}^{\frac{D}{2}}2\pi\rho^3\mathrm{d}\rho=\frac{\pi(D^4-d^4)}{32}=\frac{\pi D^4}{32}(1-\alpha^4) \tag{2-2-12}$$

$$W_{\mathrm{p}}=\frac{I_{\mathrm{p}}}{R}=\frac{\pi D^4}{32}(1-\alpha^4)\times\frac{2}{D}=\frac{\pi D^3}{16}(1-\alpha^4) \tag{2-2-13}$$

其中，$\alpha=\dfrac{d}{D}$，为空心连杆的内外径之比。

根据上式，确定连杆直径需要满足强度条件与刚度条件，即：

$$\begin{cases}\text{强度条件}:D\geqslant\sqrt[3]{\dfrac{16\times\tau_{\max}}{\pi\times(1-\alpha^4)\times[\tau]}}\\ \text{刚度条件}:D\geqslant\sqrt[4]{\dfrac{32\times\tau_{\max}}{G\times\pi\times(1-\alpha^4)\times[\theta]}\times\dfrac{180}{\pi}}\end{cases} \tag{2-2-14}$$

(3) 连杆尺寸计算

由于小杆设计较细,小杆材料选用 45 号钢,中杆和大杆材料选用 6063。

对于塑性材料 6063,$\sigma_s=170$ MPa,因此,可得 6063 的许用应力$[\sigma]=85$ MPa,$[\tau]=42.5$ MPa,切变模量 $G=26.5$ GPa,弹性模量 $E=70$ GPa;对于 45 号钢,$[\sigma]=177.5$ MPa,$[\tau]=88.75$ MPa,切变模量 $G=80$ GPa,弹性模量 $E=206$ GPa。小杆与 25 N·m 磁粉离合器相连,中杆、大杆与 50 N·m 磁粉离合器相连。要求 6063 和 45 号钢在单位长度内扭转角小于 1.5°。

由公式(2-2-14)可以得到大杆、中杆、小杆的直径。

对于小杆:

$$\begin{cases}\text{强度条件}:D\geqslant\sqrt[3]{\dfrac{16\times\tau_{\max}}{\pi\times(1-\alpha^4)\times[\tau]}}=\sqrt[3]{\dfrac{16\times25}{\pi\times88.75}}=11.3\ (\text{mm})\\ \text{刚度条件}:D\geqslant\sqrt[4]{\dfrac{32\times\tau_{\max}}{G\times\pi\times(1-\alpha^4)\times[\theta]}\times\dfrac{180}{\pi}}=\sqrt[4]{\dfrac{32\times25}{80\times10^9\times\pi\times1.5}\times\dfrac{180}{\pi}}=18.6\ (\text{mm})\end{cases}$$

则取 $D_{\text{小杆}}=19$ mm。

对于中杆,由于小杆直径为 19 mm,则设计中杆内径为 20 mm,由于 α 大小不确定,在计算过程中,先假定 $\alpha=0.5$,计算如下:

$$\begin{cases}\text{强度条件}:D\geqslant\sqrt[3]{\dfrac{16\times\tau_{\max}}{\pi\times(1-\alpha^4)\times[\tau]}}=\sqrt[3]{\dfrac{16\times50}{\pi\times(1-0.5^4)\times42.5}}=18.6\ (\text{mm})\\ \text{刚度条件}:D\geqslant\sqrt[4]{\dfrac{32\times\tau_{\max}}{G\times\pi\times(1-\alpha^4)\times[\theta]}\times\dfrac{180}{\pi}}\\ \qquad=\sqrt[4]{\dfrac{32\times50}{26.5\times10^9\times\pi\times(1-\alpha^4)\times1.5}\times\dfrac{180}{\pi}}=29.7\ (\text{mm})\\ \alpha=\dfrac{d}{D}=0.5\end{cases}$$

取 $D_{\text{中杆}}=40$ mm,$d_{\text{中杆}}=20$ mm。

对于大杆,由于中杆外径为 40 mm,则设计大杆内径为 41 mm,先假定 $\alpha=0.5$,计算如下:

$$\begin{cases}\text{强度条件}:D\geqslant\sqrt[3]{\dfrac{16\times\tau_{\max}}{\pi\times(1-\alpha^4)\times[\tau]}}=\sqrt[3]{\dfrac{16\times50}{\pi\times(1-0.5^4)\times42.5}}=18.6\ (\text{mm})\\ \text{刚度条件}:D\geqslant\sqrt[4]{\dfrac{32\times\tau_{\max}}{G\times\pi\times(1-\alpha^4)\times[\theta]}\times\dfrac{180}{\pi}}\\ \qquad=\sqrt[4]{\dfrac{32\times50}{26.5\times10^9\times\pi\times(1-0.5^4)\times1.5}\times\dfrac{180}{\pi}}=29.7\ (\text{mm})\\ \alpha=\dfrac{d}{D}=0.5\end{cases}$$

取 $D_{\text{大杆}}=82$ mm,$d_{\text{大杆}}=41$ mm。

3. 主杆大锥齿轮、主杆中锥齿轮以及主杆小锥齿轮尺寸确定

前面根据公式(2-2-14)计算得到了大杆、中杆、小杆的尺寸，主杆大锥齿轮、主杆中锥齿轮以及主杆小锥齿轮将根据大杆、中杆、小杆的尺寸来设计。

(1) 正确啮合条件

由于一对直齿锥齿轮的啮合相当于一对当量圆柱齿轮的啮合，因此其正确啮合条件如公式(2-2-3)所示，即两个锥齿轮的模数和压力角分别相等。根据国家规定，锥齿轮 $\alpha=20°$。

(2) 传动比

对于轴交角为 90°的一对一锥齿轮传动，其减速比为：

$$i_{12}=\frac{z_2}{z_1} \tag{2-2-15}$$

由于在整个的传动系统中，未设计减速结构，因此，锥齿轮减速比也为 1。

(3) 锥齿轮尺寸计算

由大杆传给主杆大锥齿轮的最大力矩为 50 N·m，中杆传给主杆中锥齿轮的最大力矩为 50 N·m，小杆传给主杆小锥齿轮的最大力矩为 25 N·m。因此，设计主杆大锥齿轮和主杆中锥齿轮的模数为 1.5，主杆小锥齿轮的模数为 1，压力角均为 20°，ψ_a 取 0.2。根据公式(2-2-5)、公式(2-2-6)，可以得到主杆大锥齿轮、主杆中锥齿轮和主杆小锥齿轮的尺寸。

对于主杆小锥齿轮，为使主杆小锥齿轮安装在小杆上，同时考虑小杆直径为 19 mm，则齿数和齿宽设计为：

$$\begin{cases} z=\dfrac{d}{m}=\dfrac{19}{1}=19 \\ B=d\times\psi_a=19\times0.2=3.8\ (\text{mm}) \end{cases}$$

因此，主杆小锥齿轮参数为 $m=1, z=19, B=3.8$ mm。

对于主杆中锥齿轮，由于中杆外径为 40 mm，为使主杆中锥齿轮内能安装在中杆上，则齿数和齿宽设计为：

$$\begin{cases} z=\dfrac{d}{m}=\dfrac{40}{1.5}=26.7 \\ B=d\times\psi_a=40\times0.2=8\ (\text{mm}) \end{cases}$$

因此，主杆中锥齿轮参数为 $m=1.5, z=27, B=8$ mm。

对于主杆大锥齿轮，由于大杆外径为 82 mm，为使主杆大锥齿轮内能安装在大杆上，则齿数和齿宽设计为：

$$\begin{cases} z=\dfrac{d}{m}=\dfrac{82}{1.5}=54.7 \\ B=d\times\psi_a=82\times0.2=16.4\ (\text{mm}) \end{cases}$$

因此，主杆大锥齿轮参数为 $m=1.5, z=55, B=16.4$ mm。

(4) 强度验证

根据公式(2-2-7)分别验证主杆大锥齿轮、主杆中锥齿轮和主杆小锥齿轮的齿面强度。

对于主杆大锥齿轮，有：

$$\delta=\frac{F}{s}=\frac{T\div(d\div2)}{(\pi\times\frac{m}{2})\times B}=\frac{50\div(90\div2)}{(\pi\times\frac{1.5}{2})\times3.8}\times10^{3}=124.1\ \text{MPa}\leqslant[\sigma]=177.5\ \text{MPa}$$

对于主杆中锥齿轮，有：

$$\delta=\frac{F}{s}=\frac{T\div(d\div2)}{(\pi\times\frac{m}{2})\times B}=\frac{50\div(45\div2)}{(\pi\times\frac{1.5}{2})\times8}\times10^{3}=118.0\ \text{MPa}\leqslant[\sigma]=177.5\ \text{MPa}$$

对于主杆小锥齿轮，有：

$$\delta=\frac{F}{s}=\frac{T\div(d\div2)}{(\pi\times\frac{m}{2})\times B}=\frac{25\div(28\div2)}{(\pi\times\frac{1}{2})\times16.4}\times10^{3}=67.1\ \text{MPa}\leqslant[\sigma]=177.5\ \text{MPa}$$

计算结果表明均满足强度条件。

以上计算完成了对主杆传力系统部件中直齿轮、连杆及锥齿轮的尺寸确定。对于本案例的肩关节 2 自由度部件和肘关节 1 自由度部件，其传动锥齿轮按照如下原则设计：① 针对肩关节曲/伸运动的锥齿轮，均设计与主杆大锥齿轮相同；② 针对肩关节内收/外展运动的锥齿轮，均设计与主杆中锥齿轮一样；③ 针对肘关节曲/伸运动的锥齿轮，均设计与主杆小锥齿轮一样。同时，对于与各锥齿轮相连的传递动力的连杆，也均分别设计与大杆、中杆、小杆尺寸一致，长度参考 GB 10000—1988 来确定。因此，以下结构设计将不做各零件的尺寸计算及强度校核，仅为结构设计分析。

(三) 肩关节 2 自由度部件结构设计

1. 肩关节曲/伸运动的结构设计

肩关节 2 自由度部件结构设计如图 2-2-10 所示。三个动力系统源分别由主杆大锥齿轮、主杆中锥齿轮以及主杆小锥齿轮传出。设计与主杆大锥齿轮、主杆中锥齿轮以及主杆小锥齿轮相同的三个齿轮(称为大锥齿轮，第一中锥齿轮，第一小锥齿轮)分别与主杆大锥齿轮、主杆中锥齿轮以及主杆小锥齿轮啮合，使得动力由竖直方向传动变成了水平方向上传动。由于主杆大锥齿轮与大锥齿轮啮合传动，使得动力传至大锥齿轮上，同时，大锥齿轮与大 U 形筒螺纹相连，带动大 U 形筒转动，实现了肩关节的曲/伸运动。

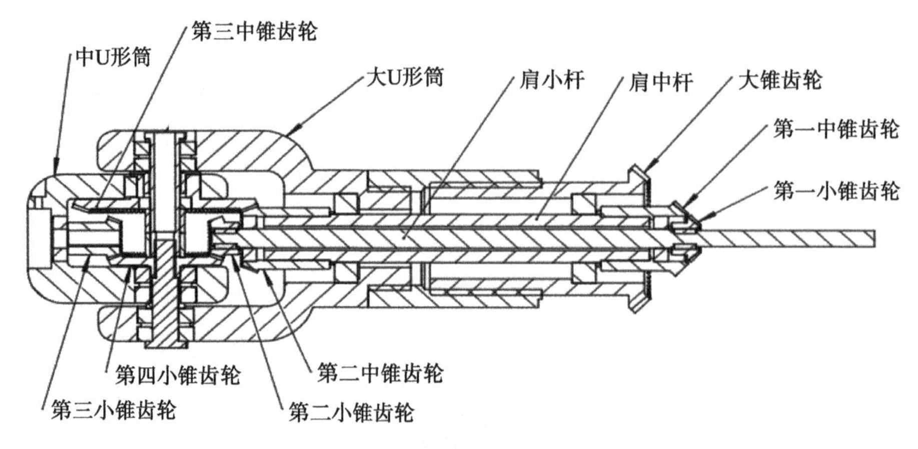

图 2-2-10　肩关节 2 自由度部件

2. 肩关节内收/外展运动的结构设计

第一中锥齿轮与第二中锥齿轮之间使用平键分别与肩中杆相连。第一小锥齿轮与第二小锥齿轮之间使用平键分别与肩小杆相连。肩中杆与肩小杆之间设计有轴承，能够保持相对的转动。第二小锥齿轮通过第四小锥齿轮，将动力传至第三小锥齿轮上。第二中锥齿轮与第三中锥齿轮啮合，第三中锥齿轮与中 U 形筒之间通过平键相连，带动中 U 形筒转动，从而实现肩关节的内收/外展运动。

(四) 肘关节 1 自由度部件结构设计

肘关节 1 自由度部件结构如图 2-2-11 所示。肘关节动力系统源在肩关节 2 自由度部件中传至第三小锥齿轮上，本案例设计将第三小锥齿轮与第五小锥齿轮通过平键与大臂内杆相连，第五小锥齿轮与第六小锥齿轮垂直啮合，将动力传至与第六小锥齿轮通过平键相连的 U 形筒上，带动 U 形筒的转动，实现了肘关节的曲/伸运动。

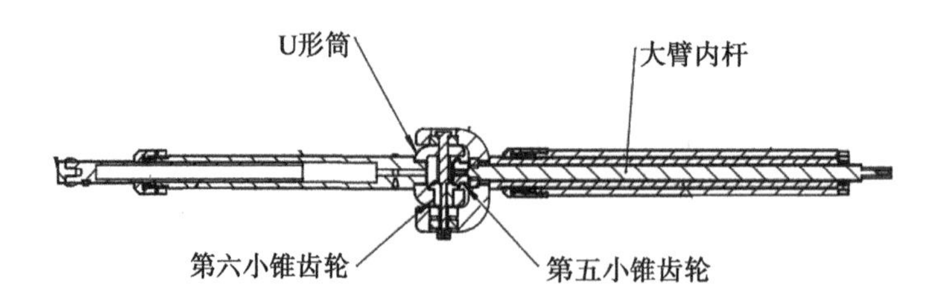

图 2-2-11　肘关节 1 自由度部件

三、左右手单独训练的旋转结构设计

为实现左、右手均能单独进行训练的旋转结构，本案例在中央驱动式传动系统的基础上，利用铜与铁之间良好的滑动摩擦，使主杆传力系统部件中的主杆通过滑动摩擦进行转动，进而带动机器人机械臂的转动，这样的设计既实现了转动功能，又保证了稳定性，实现了左、右手均能进行康复训练的功能。左、右手单独训练结构图如图 2-2-12 所示。

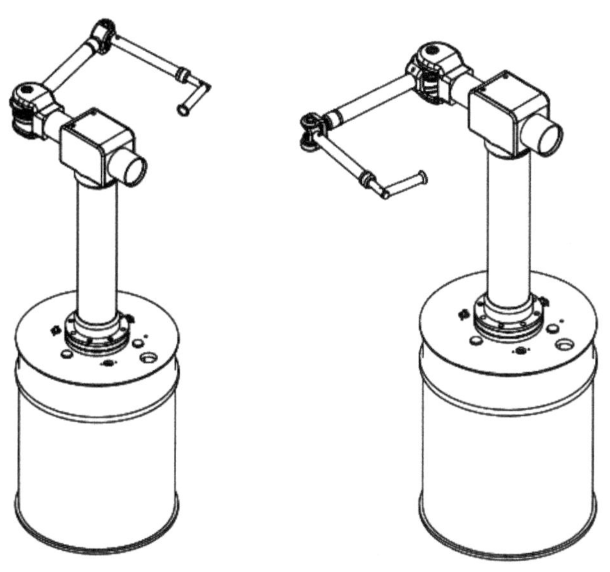

图 2-2-12　左、右手单独训练结构图

上面对 3 自由度中央驱动式上肢康复机器人的结构设计进行了详细的介绍，完成了本案例的机器人基本结构设计。考虑该机器人的完整性及实用性，本案例除了设计机器人的动力系统部件、主杆传力系统部件、肩关节 2 自由度部件和肘关节 1 自由度部件这四个主要的功能部件外，还进行了辅助部件的设计，包括控制箱、电脑的安装架及患者座椅等。经过对中央驱动式上肢康复机器人的分析、计算与设计，最终在三维建模软件 SolidWorks 中得到了本案例设计的中央驱动式上肢康复机器人的三维模型，如图 2-2-13 所示。

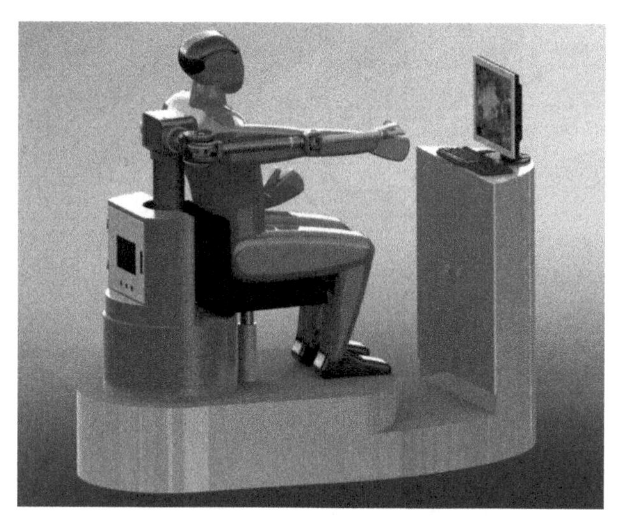

图 2-2-13　中央驱动式上肢康复训练机器人三维模型

第三节　运动学分析与轨迹规划

运动模型的建立是控制系统设计的基础,控制系统的数学模型是描述系统内部变量之间的数学表达式,无论是经典控制理论中传递函数建立的数学模型,还是现代控制理论中通过状态方程建立的数学模型,其目的都是要找出系统输入与输出之间的映射关系。对于本章设计的中央驱动式上肢康复机器人来说,模型的建立主要是为了找出关节活动的角度与末端执行器位置之间的关系,规划出康复训练轨迹,为上肢功能障碍患者提供有效的康复训练。

本节将建立中央驱动式上肢康复机器人的运动学模型,基于运动学模型推导出机械臂各关节活动角度与末端手柄位置之间的关系,并规划康复训练轨迹。

一、运动学方程

根据本章第二节中的机械结构设计可知,该机器人属于关节式机器人,且其 3 个关节都是转动关节,因而可以运用 D-H 表示法对机器人进行运动学分析。其变换矩阵是关于关节变量 θ_i 的函数,该函数将各关节的运动与变换矩阵联系起来。将各关节间的变换矩阵相乘,得到机器人机械臂手柄相对于基座坐标系的变换矩阵,即为该机器人机械臂手柄的位姿关于各关节运动变量 θ_i 的运动学模型。本案例以第二节中的机械结构为参考,根据 D-H 表示法,为每一个连杆指定坐标系,得到各连杆坐标系如图 2-3-1 所示,各连杆和关节参数的表格见表 2-3-1。

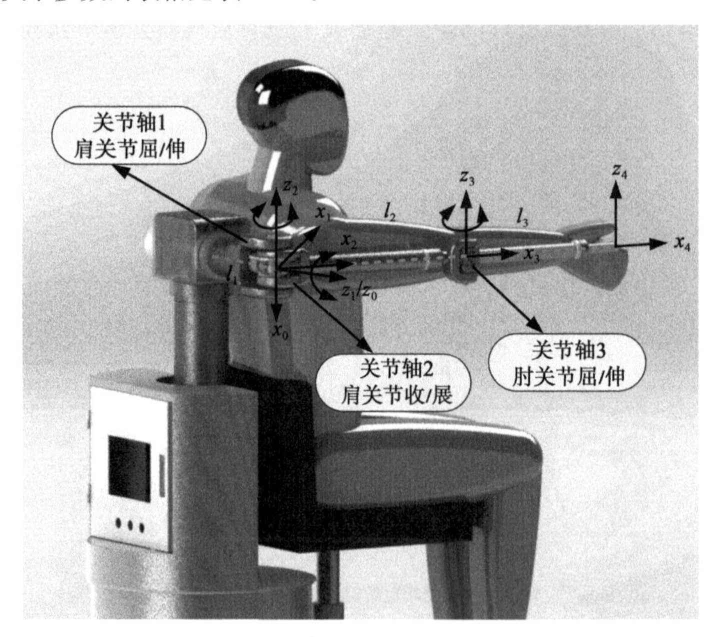

图 2-3-1　中央驱动式上肢康复机器人的连杆坐标系

图 2-3-1 中，l 表示关节之间的距离，坐标系{0}为基座坐标系，坐标系{1}为肩关节屈/伸运动坐标系，坐标系{2}为肩关节收/展坐标系，坐标系{3}为肘关节屈/伸坐标系，坐标系{4}为机械臂手柄坐标系。

表 2-3-1　中央驱动式上肢康复机器人连杆—关节参数表

i	θ_i	d_i	a_{i-1}	α_{i-1}	θ_i 的取值范围
1	θ_1	0	0	$0°$	$\theta_1 \subseteq [-\frac{\pi}{4}, \pi]$
2	θ_2	0	0	$-90°$	$\theta_2 \subseteq [-\frac{\pi}{2}, \frac{\pi}{4}]$
3	θ_3	0	l_2	$0°$	$\theta_3 \subseteq [0, \frac{\pi}{2}]$
4	$0°$	0	l_3	$0°$	0

表 2-3-1 中，a_{i-1} 表示沿 x_{i-1} 轴，从 z_{i-1} 移到 z_i 的距离；α_{i-1} 表示沿 x_{i-1} 轴，从 z_{i-1} 旋转到 z_i 的角度；d_i 表示沿 z_i 轴，从 x_{i-1} 移到 x_i 的距离；θ_i 表示沿 z_i 轴，从 x_{i-1} 旋转到 x_i 的角度。

对于上肢康复机器人，其机器人机械臂手柄为运动末端，因而对于本案例设计的中央驱动式上肢康复机器人，其运动学模型为建立机器人机械臂手柄与基座之间的运动关系，即坐标系{4}相对于坐标系{0}的变换关系，表示为${}^0_4\boldsymbol{T}$。

（一）正运动学方程

前面已经得到了中央驱动式上肢康复机器人的连杆坐标系，并给出了连杆一关节参数表，下面将计算得到该机器人的运动学方程。各连杆变换矩阵如下：

$$
{}^0_1\boldsymbol{T}=\begin{bmatrix} c\theta_1 & -s\theta_1 & 0 & 0 \\ s\theta_1 & c\theta_1 & 0 & 0 \\ 0 & 0 & 1 & 0 \\ 0 & 0 & 0 & 1 \end{bmatrix} \quad
{}^1_2\boldsymbol{T}=\begin{bmatrix} c\theta_2 & -s\theta_2 & 0 & 0 \\ 0 & 0 & 1 & 0 \\ -s\theta_2 & -c\theta_2 & 0 & 0 \\ 0 & 0 & 0 & 1 \end{bmatrix}
$$

$$
{}^2_3\boldsymbol{T}=\begin{bmatrix} c\theta_3 & -s\theta_3 & 0 & l_2 \\ s\theta_3 & c\theta_3 & 0 & 0 \\ 0 & 0 & 1 & 0 \\ 0 & 0 & 0 & 1 \end{bmatrix} \quad
{}^3_4\boldsymbol{T}=\begin{bmatrix} 1 & 0 & 0 & l_3 \\ 0 & 1 & 0 & 0 \\ 0 & 0 & 1 & 0 \\ 0 & 0 & 0 & 1 \end{bmatrix}
$$

然后根据公式${}^0_N\boldsymbol{T}={}^0_1\boldsymbol{T}{}^1_2\boldsymbol{T}{}^2_3\boldsymbol{T}\cdots{}^{N-1}_N\boldsymbol{T}$ 可求出中央驱动式上肢康复机器人坐标系{4}相对于坐标系{0}的变换矩阵为：

$$
{}^0_4\boldsymbol{T}={}^0_1\boldsymbol{T}{}^1_2\boldsymbol{T}{}^2_3\boldsymbol{T}{}^3_4\boldsymbol{T}=\begin{bmatrix} c\theta_1 c\theta_{23} & -c\theta_1 s\theta_{23} & -s\theta_1 & l_3 c\theta_1 c\theta_{23}+l_2 c\theta_1 c\theta_2 \\ s\theta_1 c\theta_{23} & -s\theta_1 s\theta_{23} & c\theta_1 & l_3 s\theta_1 c\theta_{23}+l_2 s\theta_1 c\theta_2 \\ -s\theta_{23} & -c\theta_{23} & 0 & -l_3 s\theta_{23}-l_2 s\theta_2 \\ 0 & 0 & 0 & 1 \end{bmatrix}
$$

坐标系{4}相对于坐标系{0}的位姿用 $\boldsymbol{F}$ 表示，为：

$$
{}_4^0\boldsymbol{F}=\begin{bmatrix} n_x & o_x & a_x & p_x \\ n_y & o_y & a_y & p_y \\ n_z & o_z & a_z & p_z \\ 0 & 0 & 0 & 1 \end{bmatrix}=\begin{bmatrix} c\theta_1 c\theta_{23} & -c\theta_1 s\theta_{23} & -s\theta_1 & l_3 c\theta_1 c\theta_{23}+l_2 c\theta_1 c\theta_2 \\ s\theta_1 c\theta_{23} & -s\theta_1 s\theta_{23} & c\theta_1 & l_3 s\theta_1 c\theta_{23}+l_2 s\theta_1 c\theta_2 \\ -s\theta_{23} & -c\theta_{23} & 0 & -l_3 s\theta_{23}-l_2 s\theta_2 \\ 0 & 0 & 0 & 1 \end{bmatrix} \tag{2-3-1}
$$

其中，n、o、a 表示坐标系{4}相对于坐标系{0}的姿态，p 表示坐标系{4}相对于坐标系{0}的位置。

因而，得到中央驱动式上肢康复机器人的正运动学方程为：

$$
\begin{cases} n_x=c\theta_1 c\theta_{23} \\ n_y=s\theta_1 c\theta_{23} \\ n_z=-s\theta_{23} \\ o_x=-c\theta_1 s\theta_{23} \\ o_y=-s\theta_1 s\theta_{23} \\ o_z=-c\theta_{23} \\ a_x=-s\theta_1 \\ a_y=c\theta_1 \\ a_z=0 \\ p_x=l_3 c\theta_1 c\theta_{23}+l_2 c\theta_1 c\theta_2 \\ p_y=l_3 s\theta_1 c\theta_{23}+l_2 s\theta_1 c\theta_2 \\ p_z=-l_3 s\theta_{23}-l_2 s\theta_2 \end{cases} \tag{2-3-2}
$$

由公式(2-3-2)可以在已知各关节运动角度的情况下，计算出机器人机械臂手柄的位姿。

(二) 逆运动学方程

在机器人的控制过程中，往往不是通过各关节的运动角度来计算机器人机械臂手柄的位姿，而是需要先设定机械臂手柄位置的运动轨迹，再计算各时刻各关节的运动角度，最后利用计算机对电机进行控制，以实现对机械臂末端手柄运动位置的控制。该问题可以简化为已知各时刻机器人机械臂手柄的位置坐标，求各关节角度的问题，为求上文介绍的正运动学方程的逆解问题。对于本案例设计的中央驱动式上肢康复机器人，表示机器人的位姿的正运动学方程如公式(2-3-2)所示。

根据公式(2-3-2)中的 10、11 项，有：

$$
\begin{cases} p_x=l_3 c\theta_1 c\theta_{23}+l_2 c\theta_1 c\theta_2 \\ p_y=l_3 s\theta_1 c\theta_{23}+l_2 s\theta_1 c\theta_2 \end{cases} \tag{2-3-3}
$$

两式相除后可推导出：

$$\theta_1=\arctan(\frac{p_y}{p_x})$$
$$\theta_1=\theta_1+180^\circ$$

根据公式(2-3-2)中的 10、11、12 项,有:

$$\begin{cases} p_x=l_3c\theta_1c\theta_{23}+l_2c\theta_1c\theta_2 & \text{(a)} \\ p_y=l_3s\theta_1c\theta_{23}+l_2s\theta_1c\theta_2 & \text{(b)} \\ p_z=-l_3s\theta_{23}-l_2s\theta_2 & \text{(c)} \end{cases} \tag{2-3-4}$$

将公式(2-3-4)的左、右平方相加得到:

$$p_x^2+p_y^2+p_z^2=(l_3c\theta_1c\theta_{23}+l_2c\theta_1c\theta_2)^2+(l_3s\theta_1c\theta_{23}+l_2s\theta_1c\theta_2)^2+(l_3s\theta_{23}+l_2s\theta_2)^2 \tag{2-3-5}$$

整理得到:

$$l_3^2+l_2^2+2l_2l_3c\theta_3=p_x^2+p_y^2+p_z^2 \tag{2-3-6}$$

即得:

$$\theta_3=\arccos\left(\frac{p_x^2+p_y^2+p_z^2-l_3^2-l_2^2}{2l_2l_3}\right)$$

将公式(2-3-4)中的$\frac{(c)}{\sqrt{(a)^2+(b)^2}}$,得到:

$$\frac{l_3s\theta_{23}+l_2s\theta_2}{l_3c\theta_{23}+l_2c\theta_2}=-\frac{p_z}{\sqrt{p_x^2+p_y^2}} \tag{2-3-7}$$

令$-\frac{p_z}{\sqrt{p_x^2+p_y^2}}=k$,则:

$$s\theta_2(l_3c\theta_3+l_2+kl_3s\theta_3)=c\theta_2(kl_3c\theta_3-l_3s\theta_3+kl_2) \tag{2-3-8}$$

即得:

$$\theta_2=\arctan\left(\frac{k(l_3c\theta_3+l_2)-l_3s\theta_3}{l_3c\theta_3+l_2+kl_3s\theta_3}\right)$$

通过以上计算,已知机械臂手柄的位置条件,得到的三个关节的角度值分别为:

$$\begin{cases} \theta_1=\arctan(\frac{p_y}{p_x})\text{ 和 }\theta_1=\theta_1+180^\circ \\ \theta_2=\arctan\left(\frac{k(l_3c\theta_3+l_2)-l_3s\theta_3}{l_3c\theta_3+l_2+kl_3s\theta_3}\right)\text{ 和 }\theta_2=\theta_2+180^\circ\text{,其中 }k=-\frac{p_z}{\sqrt{p_x^2+p_y^2}} \\ \theta_3=\arccos\left(\frac{p_x^2+p_y^2+p_z^2-l_3^2-l_2^2}{2l_2l_3}\right) \end{cases} \tag{2-3-9}$$

公式(2-3-9)的三个方程,给出了中央驱动式上肢康复机器人在任意时刻的期望位姿对应的关节角度值。

二、运动学分析验证

为验证前面得到的运动学方程的准确性,本小节基于第二节得到的中央驱动式上肢康复机器人三维模型,利用 SolidWorks 的 Motion 模块,对上肢康复机器人机械臂手柄在设定的运动轨迹下进行运动仿真。由于机械臂手柄在设定的轨迹下运动使得机械臂手柄的位置坐标在不断变化,因而 3 个关节的角度值都将发生变化。

基于 Motion 模块的仿真可得到各关节的角度信息和机器人机械臂手柄的位置信息,但由于在运动过程中无法得到机械臂手柄的姿态信息,因而在后面的验证过程中,只对机械臂手柄的位置方程进行验证。在预设运动轨迹下的起始和停止位置如图 2-3-2 所示。

图 2-3-2　运动三维图

(一) 正运动学方程验证

正运动学方程的验证主要对通过正运动学方程计算得到的机器人机械臂手柄位置与在仿真中直接测量得到的机器人机械臂手柄位置进行对比。

根据 GB 10000—1988 可知,90%男性前臂长 253 mm,大臂长 333 mm,90%男性最大肩宽为 460 mm。通过在 SolidWorks 中进行三维建模,设定中央驱动式上肢康复机器人 $l_1=230$ mm,$l_2=333$ mm,$l_3=253$ mm。将仿真过程中提取到的各关节角度值代入公式(2-3-2)中的 10、11、12 项中,计算得到机器人末端执行器的 p_x、p_y、p_z 大小。将计算得到的 p_x、p_y、p_z 的大小与直接通过 SolidWorks 获得的相对于基座坐标系的机器人机械臂手柄的位置在 MATLAB 分析软件中进行比较,得到其位置一时间曲线如图 2-3-3 所示。在 x 轴上的位移一时间曲线对比图如图 2-3-3(A)所示,在 y 轴上的位移一时间曲线对比图如图 2-3-3(B)所示,在 z 轴上的位移—时间曲线对比图如图 2-3-3(C)所示,三维运动轨迹的位移—时间曲线对比图如图 2-3-3(D)所示。

由图 2-3-3 可以看出,通过正运动学方程计算得到的机器人机械臂手柄的位置与利用 SolidWorks 直接获得的末端执行器位置基本重合,误差小于 3 mm。验证了正运动学方程的准确性。经分析，误差是由 MATLAB 的计算精度与在 SolidWorks 中的测量精度共同产生的。

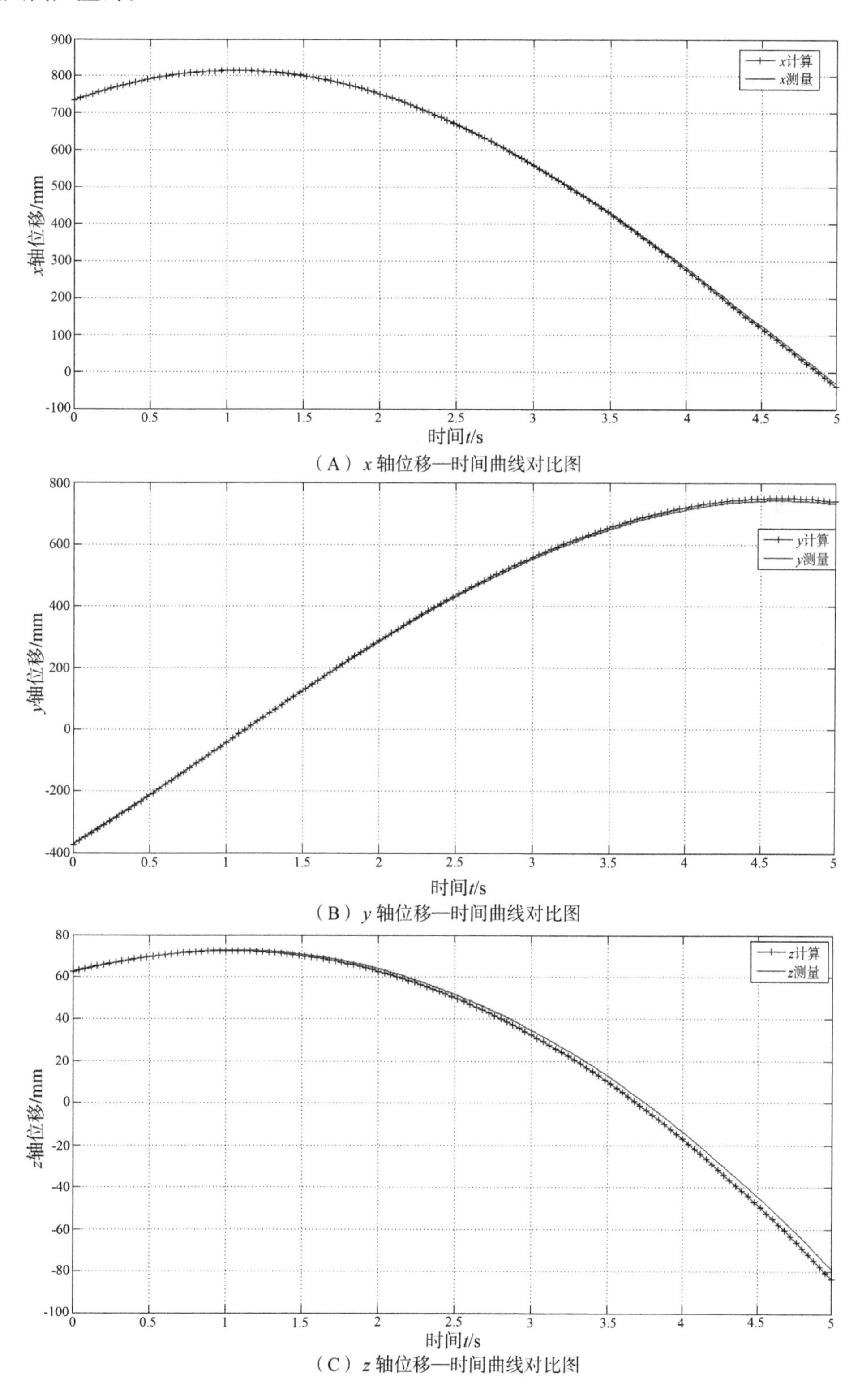

（A）x 轴位移—时间曲线对比图

（B）y 轴位移—时间曲线对比图

（C）z 轴位移—时间曲线对比图

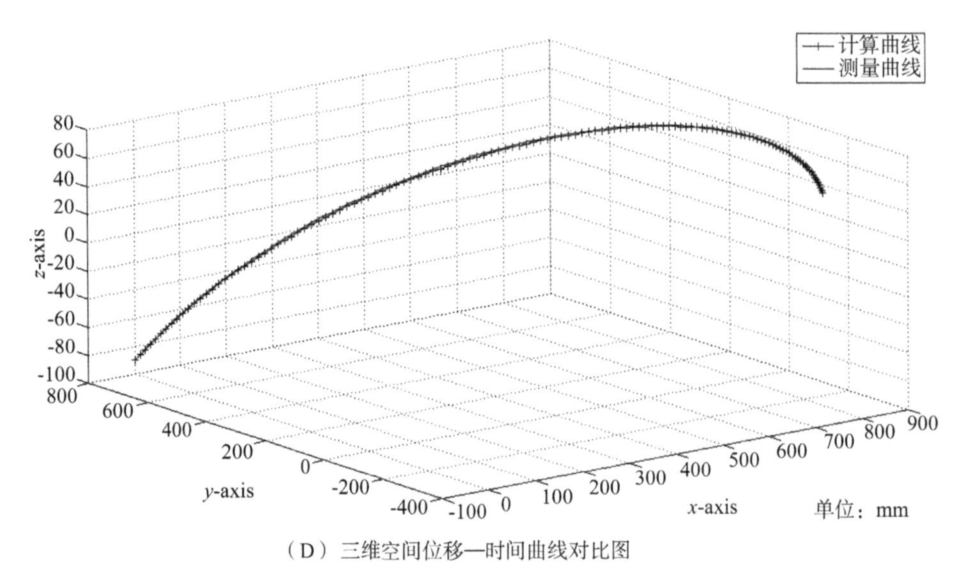

（D）三维空间位移—时间曲线对比图

图 2-3-3　计算得到的与测量得到的机器人末端执行器位置对比图

（二）逆运动学方程验证

逆运动学方程的准确性将继续利用在 SolidWorks 建模软件下对中央驱动式上肢康复机器人进行的运动仿真进行验证。它主要为对通过逆运动学方程计算得到的各关节角度与在仿真中测量得到的各关节角度进行对比。

已知 $l_1=230$ mm，$l_2=333$ mm，$l_3=253$ mm。在机器人进行运动仿真时，提取各时刻机器人末端执行器的 p_x、p_y、p_z 的位置大小，将其代入公式(2-3-9)中，求出各关节角度大小。将求出的各角度大小与在运动仿真中测量得到的各关节角度大小进行比较，比较结果如图 2-3-4 所示。由肩关节屈/伸运动产生的角度值(θ_1)—时间曲线对比图如图 2-3-4(A)所示；由肩关节内收/外展运动产生的角度值(θ_2)—时间曲线对比图如图 2-3-4(B)所示；由肘关节屈/伸运动产生的角度值(θ_3)—时间曲线对比图如图 2-3-4(C)所示。

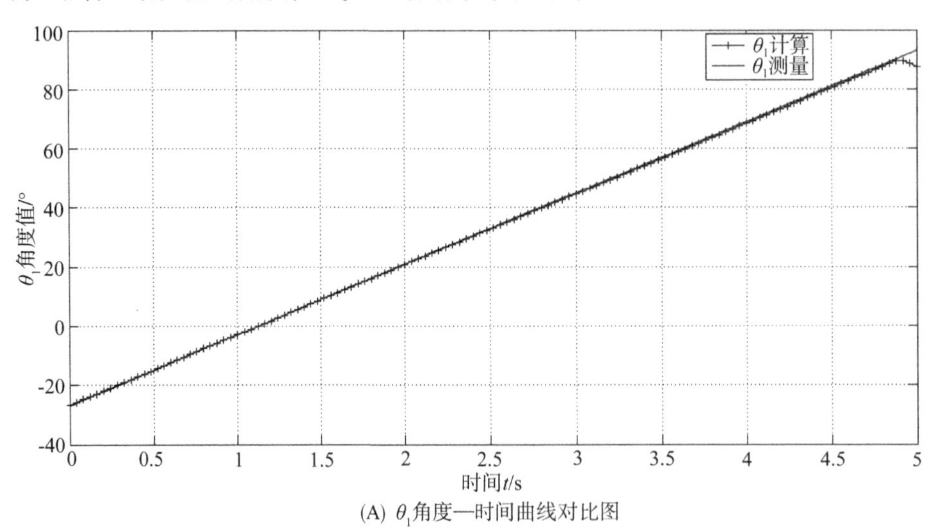

(A) θ_1角度—时间曲线对比图

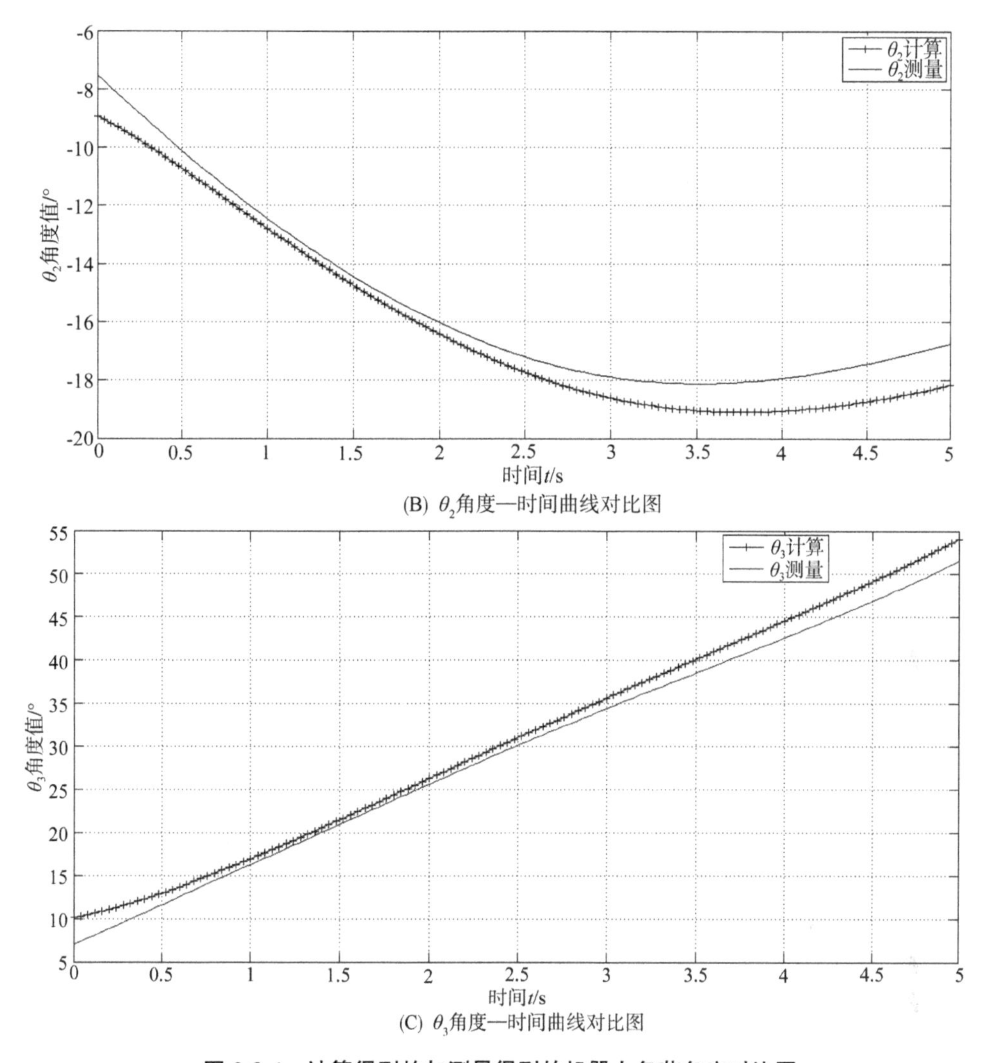

(B) θ_2角度—时间曲线对比图

(C) θ_3角度—时间曲线对比图

图 2-3-4　计算得到的与测量得到的机器人各节角度对比图

从图 2-3-4 可以看到，θ_1 的运动范围在$-40°$到 $100°$之间，满足 $\theta_1\subseteq[-\frac{\pi}{4},\pi]$的活动范围。$\theta_2$ 的运动范围在$-20°$到$-6°$之间，满足 $\theta_2\subseteq[-\frac{\pi}{2},\frac{\pi}{4}]$的活动范围。$\theta_3$ 的运动范围在 $5°$到 $55°$之间，满足 $\theta_3\subseteq[0,\frac{\pi}{2}]$的活动范围。由图 2-3-4(A)、图 2-3-4(C)可以看出，通过逆运动学方程计算得到的 θ_1、θ_3 与通过 SolidWorks 直接得到的各关节角度基本相同，运动角度—时间曲线拟合度好。由公式(2-3-9)可知，θ_2 在 θ_3 的基础上计算得到，因此会有累积误差，但从图 2-3-4(B)可以看出，θ_2 计算得到的角度值与测量得到的角度值最大误差不超过 $3°$，验证了逆运动学方程的准确性。

三、雅可比矩阵

本小节将在运动学分析的基础上，进行速度分析，研究操作空间速度和关节空间速度之间的线性映射关系——雅可比矩阵（简称雅可比）。

（一）最后关节雅可比矩阵表示

求解机器人的雅可比矩阵是建立在运动坐标系概念的基础上的，机器人最后一个关节的线速度 v 和角速度 ω 与各关节的速度 $\dot{q}_i$ 有关，q 为关节变量。

对于移动关节 i 来说，假设移动速度为 v_i，则它对机器人最后一个关节产生线速度为 v_i，角速度为 0。因此有：

$$\dot{x}=\begin{bmatrix}v\\ \omega\end{bmatrix}=\begin{bmatrix}v_i\\ 0\end{bmatrix}=\begin{bmatrix}z_i\\ 0\end{bmatrix}\dot{q}_i,\boldsymbol{J}=\begin{bmatrix}z_i\\ 0\end{bmatrix} \tag{2-3-10}$$

式中，z_i 是坐标系 i 的 z 轴单位向量在基坐标系{0}中的表示。

对于旋转关节 i 来说，假设转动速度为 ω_i，它对机器人最后一个关节产生的线速度为 $\omega_i \times p_{in}$，产生的角速度为 ω_i。因此有：

$$\dot{x}=\begin{bmatrix}v\\ \omega\end{bmatrix}=\begin{bmatrix}\omega_i \times p_{in}\\ \omega_i\end{bmatrix}=\begin{bmatrix}z_i \times p_{in}\\ z_i\end{bmatrix}\dot{q}_i,\boldsymbol{J}=\begin{bmatrix}z_i \times p_{in}\\ z_i\end{bmatrix} \tag{2-3-11}$$

式中，p_{in} 表示机器人最后一个关节坐标系$\{n\}$相对坐标系$\{i\}$的位置矢量。

因此，对于机器人最后一个关节，其运动速度的综合影响可表示为：

$$\dot{x}=\begin{bmatrix}v\\ \omega\end{bmatrix}=\begin{bmatrix}z_i + z_i \times p_{in}\\ z_i\end{bmatrix}\dot{q}_i,\boldsymbol{J}=\begin{bmatrix}z_i + z_i \times p_{in}\\ z_i\end{bmatrix} \tag{2-3-12}$$

将公式(2-3-12)展开，

$$\boldsymbol{v}=\begin{bmatrix}z_1 + z_1 \times p_{1n} & z_2 + z_2 \times p_{2n} & \cdots\end{bmatrix}\begin{bmatrix}\dot{q}_1\\ \dot{q}_2\\ \vdots\\ \dot{q}_n\end{bmatrix} \text{即：}\boldsymbol{v}=\boldsymbol{J}_v\dot{\boldsymbol{q}} \tag{2-3-13}$$

$$\boldsymbol{\omega}=\begin{bmatrix}z_1 & z_2 & \cdots & z_n\end{bmatrix}\begin{bmatrix}\dot{q}_1\\ \dot{q}_2\\ \vdots\\ \dot{q}_n\end{bmatrix} \text{即：}\boldsymbol{\omega}=\boldsymbol{J}_\omega\dot{\boldsymbol{q}} \tag{2-3-14}$$

因此，机器人最后一个关节的雅可比矩阵可以表示为：

$$\boldsymbol{J}=\begin{bmatrix}\boldsymbol{J}_v\\ \boldsymbol{J}_\omega\end{bmatrix} \tag{2-3-15}$$

含有 n 个关节的机器人，其雅可比矩阵 $\boldsymbol{J}(q)$ 是一个 $6\times n$ 阶矩阵。对于 $\boldsymbol{J}_v$ 的求解，可以对机器人最后一个关节的位置求导来实现。即：

$$\boldsymbol{v}=\begin{bmatrix}\dot{x}\\ \dot{y}\\ \dot{z}\end{bmatrix}=\dot{x}_p=\frac{\partial x_p}{\partial q_1}\cdot\dot{q}_1+\frac{\partial x_p}{\partial q_2}\cdot\dot{q}_2+\cdots+\frac{\partial x_p}{\partial q_n}\cdot\dot{q}_n \tag{2-3-16}$$

则 $\boldsymbol{J}_v$ 根据式(2-3-16)可以表示为：

$$\boldsymbol{J}_v=\begin{bmatrix}\frac{\partial x_p}{\partial q_1} & \frac{\partial x_p}{\partial q_2} & \cdots & \frac{\partial x_p}{\partial q_n}\end{bmatrix} \tag{2-3-17}$$

上文介绍的雅可比矩阵可以相对于任意的参考坐标系，但一旦选定参考坐标系，矩阵中的任意项都应该相对于选定的参考坐标系。本案例计算的雅可比矩阵选定基坐标系为参考坐标系，因此，雅可比矩阵 $\boldsymbol{J}$ 在基坐标系{0}中表示为：

$${}^0\boldsymbol{J}=\begin{bmatrix}\frac{\partial^0 x_p}{\partial q_1} & \frac{\partial^0 x_p}{\partial q_2} & \cdots & \frac{\partial^0 x_p}{\partial q_n}\\ {}^0z_1 & {}^0z_2 & \cdots & {}^0z_n\end{bmatrix} \tag{2-3-18}$$

根据向量的坐标变换，只需左乘相对于基坐标系{0}的旋转矩阵即可得到 ${}^0z_i$，即：

$${}^0z_i={}^0_iR\,{}^iz_i \tag{2-3-19}$$

对于本案例设计的中央驱动式上肢康复机器人，其三个运动关节均是转动关节，相对基坐标的雅可比矩阵表示为：

$${}^0\boldsymbol{J}_3=\begin{bmatrix}\frac{\partial^0 x_p}{\partial\theta_1} & \frac{\partial^0 x_p}{\partial\theta_2} & 0\\ {}^0z_1 & {}^0z_2 & {}^0z_3\end{bmatrix}$$

通过运动学建模中得到各连杆变换矩阵为：

$${}^0_1\boldsymbol{T}=\begin{bmatrix}c\theta_1 & -s\theta_1 & 0 & 0\\ s\theta_1 & c\theta_1 & 0 & 0\\ 0 & 0 & 1 & 0\\ 0 & 0 & 0 & 1\end{bmatrix}\quad {}^1_2\boldsymbol{T}=\begin{bmatrix}c\theta_2 & -s\theta_2 & 0 & 0\\ 0 & 0 & 1 & 0\\ -s\theta_2 & -c\theta_2 & 0 & 0\\ 0 & 0 & 0 & 1\end{bmatrix}$$

$${}^2_3\boldsymbol{T}=\begin{bmatrix}c\theta_3 & -s\theta_3 & 0 & l_2\\ s\theta_3 & c\theta_3 & 0 & 0\\ 0 & 0 & 1 & 0\\ 0 & 0 & 0 & 1\end{bmatrix}\quad {}^3_4\boldsymbol{T}=\begin{bmatrix}1 & 0 & 0 & l_3\\ 0 & 1 & 0 & 0\\ 0 & 0 & 1 & 0\\ 0 & 0 & 0 & 1\end{bmatrix}$$

其坐标系{3}相对于基座坐标系{0}的变换矩阵为：

$$
{}^0_3\boldsymbol{T}={}^0_1\boldsymbol{T}{}^1_2\boldsymbol{T}{}^2_3\boldsymbol{T}=\begin{bmatrix} c\theta_1 c\theta_{23} & -c\theta_1 s\theta_{23} & -s\theta_1 & l_2 c\theta_1 c\theta_2 \\ s\theta_1 c\theta_{23} & -s\theta_1 s\theta_{23} & c\theta_1 & l_2 s\theta_1 c\theta_2 \\ -s\theta_{23} & -c\theta_{23} & 0 & -l_2 s\theta_2 \\ 0 & 0 & 0 & 1 \end{bmatrix}
$$

根据式(2-3-17)可计算得到${}^0\boldsymbol{J}_3$中的各项，即得：

$$
{}^0\boldsymbol{J}_3=\begin{bmatrix} \dfrac{\partial x_{p3}}{\partial q_1} & \dfrac{\partial x_{p3}}{\partial q_2} & \dfrac{\partial x_{p3}}{\partial q_3} \end{bmatrix}=\begin{bmatrix} -l_2 s\theta_1 c\theta_2 & -l_2 c\theta_1 s\theta_2 & 0 \\ l_2 c\theta_1 c\theta_2 & -l_2 s\theta_1 s\theta_2 & 0 \\ 0 & -l_2 c\theta_2 & 0 \end{bmatrix} \tag{2-3-20}
$$

为求出z_i在基座坐标系{0}的表达式，需要根据求得的各连杆变换矩阵，得到各连杆相对于坐标系{0}的变换，分别为：

$$
{}^0_1\boldsymbol{T}=\begin{bmatrix} c\theta_1 & -s\theta_1 & 0 & 0 \\ s\theta_1 & c\theta_1 & 0 & 0 \\ 0 & 0 & 1 & 0 \\ 0 & 0 & 0 & 1 \end{bmatrix}
$$

$$
{}^0_2\boldsymbol{T}={}^0_1\boldsymbol{T}{}^1_2\boldsymbol{T}=\begin{bmatrix} c\theta_1 c\theta_2 & -c\theta_1 s\theta_2 & -s\theta_1 & 0 \\ s\theta_1 c\theta_2 & s\theta_1 s\theta_2 & c\theta_1 & 0 \\ -s\theta_2 & -c\theta_2 & 0 & 0 \\ 0 & 0 & 0 & 1 \end{bmatrix} \tag{2-3-21}
$$

$$
{}^0_3\boldsymbol{T}={}^0_1\boldsymbol{T}{}^1_2\boldsymbol{T}{}^2_3\boldsymbol{T}=\begin{bmatrix} c\theta_1 c\theta_{23} & -c\theta_1 s\theta_{23} & -s\theta_1 & l_2 c\theta_1 c\theta_2 \\ s\theta_1 c\theta_{23} & -s\theta_1 s\theta_{23} & c\theta_1 & l_2 s\theta_1 c\theta_2 \\ -s\theta_{23} & -c\theta_{23} & 0 & -l_2 s\theta_2 \\ 0 & 0 & 0 & 1 \end{bmatrix}
$$

旋转矩阵中的第三列向量即为z_i在基座坐标系{0}的表达。

因此，式(2-3-20)和式(2-3-21)组成本案例设计的中央驱动式上肢康复机器人坐标系{3}相对于基座坐标系{0}的雅可比矩阵，表示为：

$$
{}^0\boldsymbol{J}_3=\begin{bmatrix} -l_2 s\theta_1 c\theta_2 & -l_2 c\theta_1 s\theta_2 & 0 \\ l_2 c\theta_1 c\theta_2 & -l_2 s\theta_1 s\theta_2 & 0 \\ 0 & -l_2 c\theta_2 & 0 \\ 0 & -s\theta_1 & -s\theta_1 \\ 0 & c\theta_1 & c\theta_1 \\ 1 & 0 & 0 \end{bmatrix}
$$

（二）机器人手柄雅可比矩阵表示

由于在机器人的控制过程中，主要是对机械臂手柄的速度进行控制，因而，还需要计算机械臂手柄相对于基座坐标系{0}的雅可比矩阵，且机械臂手柄的雅可比矩阵需要根据坐标系{3}相对于基座坐标系{0}的雅可比矩阵求得。

假设机械臂手柄的线速度用${}^{0}v_4$表示，角速度用${}^{0}\omega_4$表示，则：

$$\begin{cases} {}^{0}v_4 = {}^{0}v_3 + {}^{0}\boldsymbol{P}_{34} \times {}^{0}\omega_3 \\ {}^{0}\omega_4 = {}^{0}\omega_3 \end{cases} \tag{2-3-22}$$

写成矩阵形式为：

$$\begin{bmatrix} {}^{0}v_4 \\ {}^{0}\omega_4 \end{bmatrix} = \begin{bmatrix} \boldsymbol{I} & -{}^{0}\hat{\boldsymbol{P}}_{34} \\ \boldsymbol{0} & \boldsymbol{I} \end{bmatrix} \begin{bmatrix} {}^{0}v_3 \\ {}^{0}\omega_3 \end{bmatrix} \tag{2-3-23}$$

其中，$\boldsymbol{I}$为单位矩阵，${}^{0}\hat{\boldsymbol{P}}_{34}$为机器人坐标系{4}相对坐标系{3}的位置矢量的反对称矩阵。

则坐标系{4}相对于基坐标系{0}的雅可比矩阵可以表示为：

$${}^{0}\boldsymbol{J}_4 = \begin{bmatrix} \boldsymbol{I} & -{}^{0}\hat{\boldsymbol{P}}_{34} \\ \boldsymbol{0} & \boldsymbol{I} \end{bmatrix} {}^{0}\boldsymbol{J}_3 \tag{2-3-24}$$

由各连杆变换矩阵可以得到${}^{0}_{3}\boldsymbol{T}$和${}^{0}_{4}\boldsymbol{T}$为：

$${}^{0}_{3}\boldsymbol{T} = \begin{bmatrix} c\theta_1 c\theta_{23} & -c\theta_1 s\theta_{23} & -s\theta_1 & l_2 c\theta_1 c\theta_2 \\ s\theta_1 c\theta_{23} & -s\theta_1 s\theta_{23} & c\theta_1 & l_2 s\theta_1 c\theta_2 \\ -s\theta_{23} & -c\theta_{23} & 0 & -l_2 s\theta_2 \\ 0 & 0 & 0 & 1 \end{bmatrix}$$

$${}^{0}_{4}\boldsymbol{T} = \begin{bmatrix} c\theta_1 c\theta_{23} & -c\theta_1 s\theta_{23} & -s\theta_1 & l_2 c\theta_1 c\theta_2 + l_3 c\theta_1 c\theta_{23} \\ s\theta_1 c\theta_{23} & -s\theta_1 s\theta_{23} & c\theta_1 & l_2 s\theta_1 c\theta_2 + l_3 s\theta_1 c\theta_{23} \\ -s\theta_{23} & -c\theta_{23} & 0 & -l_2 s\theta_2 - l_3 s\theta_{23} \\ 0 & 0 & 0 & 1 \end{bmatrix}$$

则${}^{0}\boldsymbol{P}_{34} = \begin{bmatrix} l_3 c\theta_1 c\theta_{23} \\ l_3 s\theta_1 c\theta_{23} \\ -l_3 s\theta_{23} \end{bmatrix}$，${}^{0}\hat{\boldsymbol{P}}_{34} = \begin{bmatrix} 0 & l_3 s\theta_{23} & l_3 s\theta_1 c\theta_{23} \\ -l_3 s\theta_{23} & 0 & -l_3 c\theta_1 c\theta_{23} \\ -l_3 s\theta_1 c\theta_{23} & l_3 c\theta_1 c\theta_{23} & 0 \end{bmatrix}$

因此，得到本文设计的中央驱动式上肢康复机器人机械臂手柄相对于基坐标系的雅可比矩阵${}^{0}\boldsymbol{J}_4$，为：

$${}^{0}\boldsymbol{J}_4 = \begin{bmatrix} \boldsymbol{I} & -{}^{0}\hat{\boldsymbol{P}}_{34} \\ \boldsymbol{0} & \boldsymbol{I} \end{bmatrix} {}^{0}\boldsymbol{J}_3 = \begin{bmatrix} -l_2 s\theta_1 c\theta_2 - l_3 s\theta_1 c\theta_{23} & -l_2 c\theta_1 s\theta_2 + l_3 c\theta_1 s\theta_{23} & -l_3 c\theta_1 s\theta_{23} \\ l_2 c\theta_1 c\theta_2 + l_3 c\theta_1 c\theta_{23} & -l_2 s\theta_1 s\theta_2 - l_3 s\theta_1 c\theta_{23} & -l_3 s\theta_1 s\theta_{23} \\ 0 & -l_2 c\theta_1 - l_3 s\theta_1{}^2 c\theta_2 - l_3 c\theta_1{}^2 c\theta_{23} & -l_3 s\theta_1{}^2 c\theta_2 - l_3 c\theta_1{}^2 c\theta_{23} \\ 0 & -s\theta_1 & -s\theta_1 \\ 0 & c\theta_1 & c\theta_1 \\ 1 & 0 & 0 \end{bmatrix}$$

得到了机器人机械臂手柄坐标系{4}相对于基座坐标系{0}的雅可比矩阵，就可以在实际控制过程中，根据机器人各关节的速度求得机械臂手柄的速度。即为：

$$\begin{bmatrix} {}^0v_4 \\ {}^0\omega_4 \end{bmatrix} = \begin{bmatrix} -l_2s\theta_1c\theta_2 - l_3s\theta_1c\theta_{23} & -l_2c\theta_1s\theta_2 + l_3c\theta_1s\theta_{23} & -l_3c\theta_1s\theta_{23} \\ l_2c\theta_1c\theta_2 + l_3c\theta_1c\theta_{23} & -l_2s\theta_1s\theta_2 - l_3s\theta_1c\theta_{23} & -l_3s\theta_1s\theta_{23} \\ 0 & -l_2c\theta_1 - l_3s\theta_1{}^2c\theta_2 - l_3c\theta_1{}^2c\theta_{23} & -l_3s\theta_1{}^2c\theta_2 - l_3c\theta_1{}^2c\theta_{23} \\ 0 & -s\theta_1 & -s\theta_1 \\ 0 & c\theta_1 & c\theta_1 \\ 1 & 0 & 0 \end{bmatrix} \begin{bmatrix} \dot{\theta}_1 \\ \dot{\theta}_2 \\ \dot{\theta}_3 \end{bmatrix}$$

四、轨迹规划

针对本案例设计的中央驱动式上肢康复机器人，轨迹规划仅用于被动训练，即完全由机器人带动上肢功能障碍患者按照规划的康复轨迹进行上肢康复训练。由于需要的上肢康复机器人运动速度较慢，且在该机器人中没有用于探测机械臂手柄位置的传感器，即不能直接得到机器人机械臂手柄的位置信息和加速度信息。针对以上情况，本案例选用关节空间描述方法中的三次多项式轨迹规划方法来对设计的中央驱动式上肢康复机器人进行轨迹规划，且根据上肢康复现状，选用康复过程中常用的指鼻动作和画菱形动作来进行康复轨迹规划。对于康复机器人，其康复轨迹要求具有缓慢性、重复性和稳定性，因此，设计的康复轨迹路线要能重复进行。为了降低 CPU 运算的难度，本案例将每个康复动作设置成 6 段，其中，第 1 段为机器人上电找各关节角度传感器零位的过程，剩余 5 段为从初始位置回到初始位置的过程。由于在机器人机械臂手柄末端没有位置传感器，但为了得到机器人机械臂手柄类似指鼻和画菱形运动的轨迹，本案例将根据健康人在该机器人上进行指鼻动作和画菱形动作，通过各关节角度传感器记录各关节运动角度，计算得到三次多项式的系数。在下述的两种轨迹规划中，θ_1 表示肩关节屈/伸运动的角度，θ_2 表示肩关节内收/外展运动的角度，θ_3 表示肘关节屈/伸运动的角度。最终求得的轨迹规划方程组为关节角度关于时间的函数。

（一）三次多项式轨迹规划

关节空间描述的轨迹规划方法是以关节角度的函数描述机器人轨迹的，因此，在对机器人进行轨迹规划时，需要给定机器人各关节起始点和终点的角度、速度信息。同时，对于上肢康复机器人，要求机器人机械臂手柄的路径是唯一的，也就是要求所设定的轨迹通过设定的无数个路径点。为了保证路径的平稳，就要求经过这些路径点的时候速度不为零。

取两个相邻路径点间的一段轨迹，该轨迹函数用 $\theta(t)$ 表示。为了实现各关节的平稳运动，轨迹函数 $\theta(t)$ 至少满足四个约束条件。其中两个约束条件是该段轨迹的起始和终止时对应的关节角度：

$$\begin{cases} \theta(t_a) = \theta(a) \\ \theta(t_b) = \theta(b) \end{cases} \tag{2-3-25}$$

为了满足速度的连续性，则另外两个约束条件为该段轨迹的起始和终止时对应的关节速度：

$$\begin{cases}\dot{\theta}(t_a)=\dot{\theta}(a)\\ \dot{\theta}(t_b)=\dot{\theta}(b)\end{cases} \tag{2-3-26}$$

上述四个约束条件唯一的确定了一个三次多项式：

$$\theta(t)=a_1+a_2t+a_3t^2+a_4t^3 \tag{2-3-27}$$

将式(2-3-25)和式(2-3-26)代到式(2-3-27)中，得到了关于 a_1、a_2、a_3、a_4 的四个线性方程：

$$\begin{cases}a_1+a_2t_a+a_3t_a^2+a_4t_a^3=\theta_a\\ a_1+a_2t_b+a_3t_b^2+a_4t_b^3=\theta_b\\ a_2+2a_3t_a+3a_4t_a^2=\dot{\theta}_a\\ a_2+2a_3t_b+3a_4t_b^2=\dot{\theta}_b\end{cases} \tag{2-3-28}$$

求解上述方程组可以得到三次多项式的系数：

$$\begin{cases}a_1=\theta_a-a_2t_a-a_3t_a^2-a_4t_a^3\\ a_2=\dot{\theta}_a-\dfrac{\dot{\theta}_a-\dot{\theta}_b}{t_a-t_b}+3t_at_ba_4\\ a_3=\dfrac{(\dot{\theta}_a-\dot{\theta}_b)-3(t_a^2-t_b^2)}{2(t_a-t_b)}a_4\\ a_4=\dfrac{(\theta_a-\theta_b)+(\dot{\theta}_a-\dot{\theta}_b)-(t_a-t_b)\dot{\theta}_a}{(t_a-t_b)^3+(t_a-t_b)(\dot{\theta}_a-\dot{\theta}_b)}\end{cases} \tag{2-3-29}$$

将求得的四个系数代入三次多项式中，描述了具有任意给定位置和速度的起始点和终止点的运动轨迹。

（二）指鼻动作轨迹规划

本案例根据健康人在中央驱动式上肢康复机器人上进行指鼻动作，得到了机器人机械臂的运动情况。设置第 1 段时间为 3 s，将机器人机械臂手柄从原点位置移动到初始位置，在这个时间段内，仅 θ_1 运动 30°；第 2 段时间设置为 1 s，各关节均保持不动；第 3 段时间设置为 6 s，θ_1 运动 60°，θ_2 运动 15°，θ_3 运动 70°，到达运动终点位置；第 4 段时间设置为 2 s，各关节均保持不动；第 5 段时间设置为 6 s，θ_1 运动−60°，θ_2 运动−15°，θ_3 运动−70°，重新到达运动起点位置；第 6 段时间设置为 2 s，各关节均保持不动；重复第 2 段到第 6 段，由于动作缓慢，设置各段初始和末尾速度为零，实现指鼻动作。由公式(2-3-29)可以计算得到每一段时间内的三次多项式系数，各关节的轨迹规划方程为：

$$\theta_1(t)=\begin{cases}10\times t^2-2.222\times t^3 & (0\leqslant t\leqslant 3)\\ 30 & (3<t\leqslant 4)\\ 145.556-66.667\times t+11.667\times t^2-0.556\times t^3 & (4<t\leqslant 10)\\ 90 & (10<t\leqslant 12)\\ -1\,590+360\times t-25\times t^2+0.556\times t^3 & (12<t\leqslant 18)\\ 30 & (18<t\leqslant 20)\end{cases}$$

$$\theta_2(t)=\begin{cases}0 & (0\leqslant t\leqslant 3)\\ 0 & (3<t\leqslant 4)\\ 28.889-16.667\times t+2.917\times t^2-0.139\times t^3 & (4<t\leqslant 10)\\ 15 & (10<t\leqslant 12)\\ -405+90\times t-6.250\times t^2+0.139\times t^3 & (12<t\leqslant 18)\\ 0 & (18<t\leqslant 20)\end{cases}$$

$$\theta_3(t)=\begin{cases}0 & (0\leqslant t\leqslant 3)\\ 0 & (3<t\leqslant 4)\\ 1\,340.815-77.778\times t+13.611\times t^2-0.648\times t^3 & (4<t\leqslant 10)\\ 70 & (10<t\leqslant 12)\\ -1\,890+420\times t-29.167\times t^2+0.648\times t^3 & (12<t\leqslant 18)\\ 0 & (18<t\leqslant 20)\end{cases}$$

根据各关节的运动方程，在 MATLAB 中绘制出各关节角度一时间曲线图如图 2-3-5 所示。由正运动学方程计算得到机器人机械臂手柄的指鼻动作运动轨迹如图 2-3-6 所示。

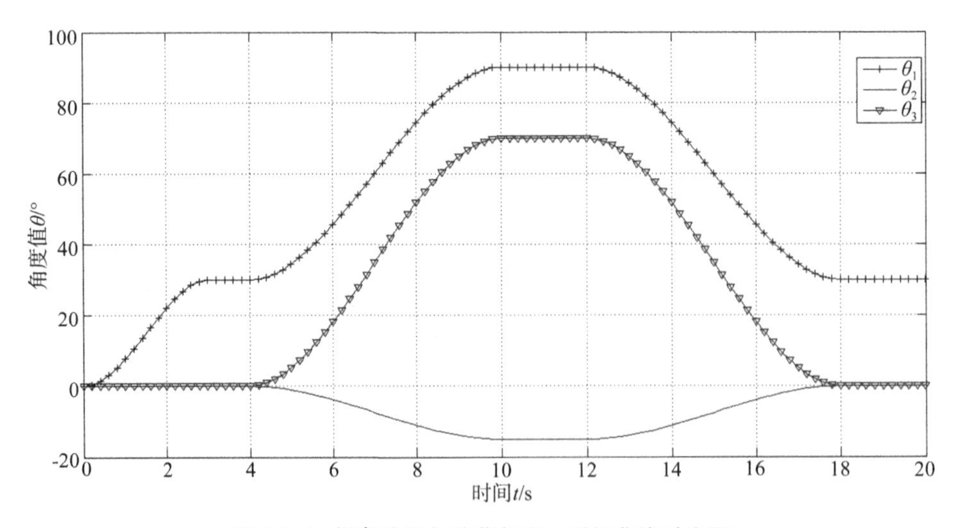

图 2-3-5　指鼻动作各关节角度一时间曲线对比图

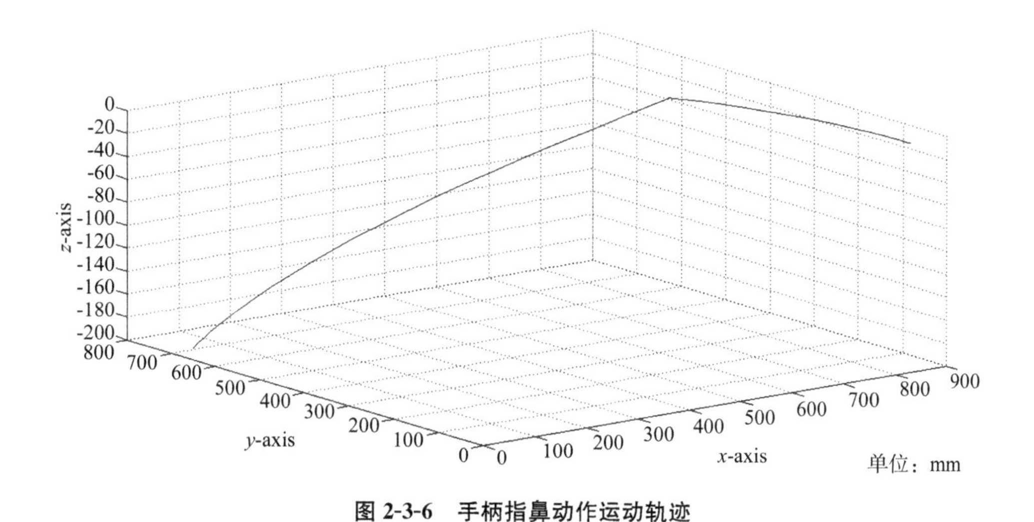

图 2-3-6　手柄指鼻动作运动轨迹

由图 2-3-6 可以看出，如果各关节按照设计的轨迹运动，将能完成机器人机械臂手柄的指鼻动作。

（三）画菱形动作轨迹规划

本案例根据健康人在中央驱动式上肢康复机器人上进行画菱形动作，得到了机器人机械臂的运动情况。将第 1 段时间设置为 6 s，将机器人机械臂手柄从原点位置移动到初始位置，该位置为菱形最右侧的一点，在这个时间段内，θ_1 运动 80°，θ_2 运动 30°，θ_3 运动 20°；第 2 段时间设置为 2 s，各关节均保持不动；第 3 段时间设置为 2 s，θ_1 继续运动 20°，θ_2 运动−15°，θ_3 运动−15°，该位置为菱形最上面一点；第 4 段时间设置为 2 s，θ_1 运动−20°，θ_2 运动−15°，θ_3 运动 30°，该位置为菱形最左侧一点；第 5 段时间设置为 2 s，θ_1 运动−20°，θ_2 运动 15°，θ_3 运动−30°，该位置为菱形最下面一点；第 6 段时间设置为 2 s，θ_1 运动 20°，θ_2 运动 15°，θ_3 运动 15°，该位置为菱形最右侧一点回到初始位置；重复第 2 段到第 6 段，由于动作缓慢，设置各段初始和末尾速度为零，实现画菱形动作。由公式(2-3-29)可以计算得到每一段时间内的三次多项式系数，各关节的轨迹规划方程为：

$$\theta_1(t)=\begin{cases}6.667\times t^2-0.741\times t^3 & (0\leqslant t\leqslant 6)\\ 80 & (6<t\leqslant 8)\\ 3\,600-1\,200\times t+135\times t^2-5\times t^3 & (8<t\leqslant 10)\\ -6\,400+1\,800\times t-165\times t^2+5\times t^3 & (10<t\leqslant 12)\\ -10\,720+2\,520\times t-195\times t^2+5\times t^3 & (12<t\leqslant 14)\\ 16\,720-3\,360\times t+225\times t^2-5\times t^3 & (14<t\leqslant 16)\end{cases}$$

$$\theta_2(t)=\begin{cases}2.5\times t^2-0.278\times t^3 & (0\leqslant t\leqslant 6)\\ 30 & (6<t\leqslant 8)\\ -2\,610+900\times t-101.25\times t^2+3.75\times t^3 & (8<t\leqslant 10)\\ -4\,860+1\,350\times t-123.75\times t^2+3.75\times t^3 & (10<t\leqslant 12)\\ 8\,100-1\,890\times t+146.25\times t^2-3.75\times t^3 & (12<t\leqslant 14)\\ 12\,510-2\,520\times t+168.75\times t^2-3.75\times t^3 & (14<t\leqslant 16)\end{cases}$$

$$\theta_3(t)=\begin{cases}1.667\times t^2-0.185\times t^3 & (0\leqslant t\leqslant 6)\\ 20 & (6<t\leqslant 8)\\ -2\,620+900\times t-101.25\times t^2+3.75\times t^3 & (8<t\leqslant 10)\\ 9\,755-2\,700\times t+247.5\times t^2-7.5\times t^3 & (10<t\leqslant 12)\\ -16\,165+3\,780\times t-292.5\times t^2+7.5\times t^3 & (12<t\leqslant 14)\\ 12\,500-2\,520\times t+168.75\times t^2-3.75t^3 & (14<t\leqslant 16)\end{cases}$$

根据各关节的运动方程，在 MATLAB 中绘制出各关节角度—时间曲线图如图 2-3-7 所示。由正运动学方程计算得到机器人机械臂手柄的画菱形动作运动轨迹如图 2-3-8 所示。

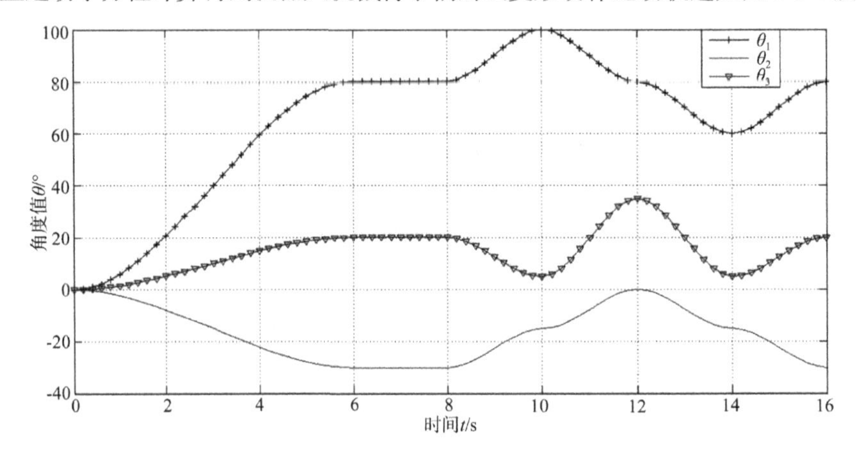

图 2-3-7　画菱形动作各关节角度一时间曲线对比图

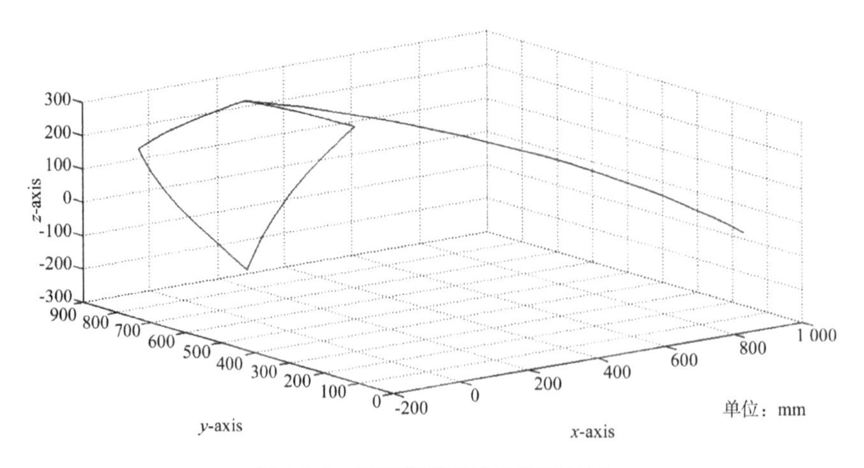

图 2-3-8　手柄画菱形动作运动轨迹

由图 2-3-8 可以看出，如果各关节按照设计的轨迹运动，将能完成机器人机械臂手柄的画菱形动作。

第四节　控制系统硬件设计

电气控制系统硬件平台是根据系统的实际需要量身定做的，是控制系统的重要组成部分，同时也是控制系统能够正常工作的前提。电气控制系统硬件平台主要分为三大部分，即供电系统、主控系统以及驱动系统，每一个部分都要根据实际的工程需求进行相应的设计。本节根据第一节中的总体设计方案，主要讲解齿轮中央驱动末端式上肢康复机器人案例中控制系统硬件的设计。

供电系统需要将工频 220 V 交流电经过分配或变换，输送至各个子模块，采用传统的交流接触器、工频变压器、开关电源等部件进行设计。主控系统使用一主三从的分层控制方案。主控电路硬件方面的任务是对三个关节的位置和速度实时采集，对肌电采集模块输入的两路模拟信号进行采集和处理，实现肌电信号触发的助力训练，网络通信以及串口通信实现 MCU 和上位机的数据交换，串口调试功能便于查找编程过程中的问题，CAN 通信用来向子控板下发控制命令，SPI 通信功能以方便使用 SPI-flash 或者 SD 卡来支持文件系统，或者使用 SPI 通信和 WiFi 模块数据交换以实现无线网络通信。主控 MCU 的主要功能是和服务器通信，并且实时采集关节的位置和速度信息，同时根据服务器发送过来的指令，解析不同的训练模式。此外，MCU 作为 CAN 通信的主节点，向三个关节控制子系统发送控制指令，并接收子系统反馈的信息。子控板电路硬件方面的任务是作为 CAN 总线的从机，和主控 MCU 之间进行数据交互，同时根据接收到的指令，控制相应关节电机的速度和位置，以适应不同的训练模式，并对本关节中处于磁粉离合器之前的电机驱动器发送速度和方向信息。此外，还采集电机轴端反馈用编码器的数据，控制磁粉离合器驱动电路的输出并采集励磁电流值，同时配置使能接口。另外，串口调试电路和 SPI-flash 文件系统与主控电路完全一致，CAN 通信功能用来接收主控机的命令和参数。为了便于进行硬件设计，对主板和子板做了兼容性处理。

本案例选用 ARM-cortexM3 内核的 LPC1768 作为 MCU 主控芯片，该款芯片具有专用的正交编码器采集外设 QEI 模块，但只能采集一个通道，在本案例中并不适合，因此使用 Timer 捕获功能，使用 M 法测量光电编码器采集到的角度和速度信息。另外，为了提高编码器采集的准确性和可靠性，设计了具有辨向倍频功能的硬件去抖电路，为了提高模拟量采集的准确性，减小因 ADC 模块的漂移造成的偏差，设计了相应的校正电路。在 CAN 通信的接口电路设计中，单独增加了节点编号接口以适应多从机的情况。至于是使用 SPI-flash 还是 SD 卡作为文件系统的载体，则可以在焊接时进行选择，而在设计过程中亦做了兼容性处理。

在驱动系统中，由于本案例采用了步进电机及配套的驱动器产品，故只需设计好接口电路并做好隔离即可，而磁粉离合器作为一个特殊的电气部件，则需要专门设计驱动电路，并设计输出调节接口以及励磁电流反馈电路和过载保护电路，以保证设备的可靠运行。下面将对各个子模块进行详细的设计与分析。

一、供电系统的设计

(一) 设备供电系统的设计

主电源采用单相 220 V 三线制接入,低压断路器作为第一道切断隔离开关,同时具备短路保护功能。交流接触器 KM 作为通断电源的主电器,使用其辅助触点、启动停止开关以及面板电源指示灯以构成起停保护电路。使用保险丝作为主回路和控制回路的过流保护元件,经过交流接触器之后将电源均匀分配到三个电机变压器和磁粉离合器变压器,并且输送到风机以及开关电源部分。电机变压器 HDB-100 将 220 V 工频交流转换为 16 V/0.5 A 输出,送入型号为 DL-025MAC 的步进电机驱动器,磁粉离合器变压器 HDB-100 将 220 V 工频交流转换为 45 V/4 A 的交流以供磁粉离合器驱动电路使用,两个开关电源分别产生直流 9 V 和 12 V 电源供主控系统以及肌电采集模块使用,使用一个 220 V 交流风机对电气配电箱散热,配电系统的基本电路图如 2-4-1 所示。

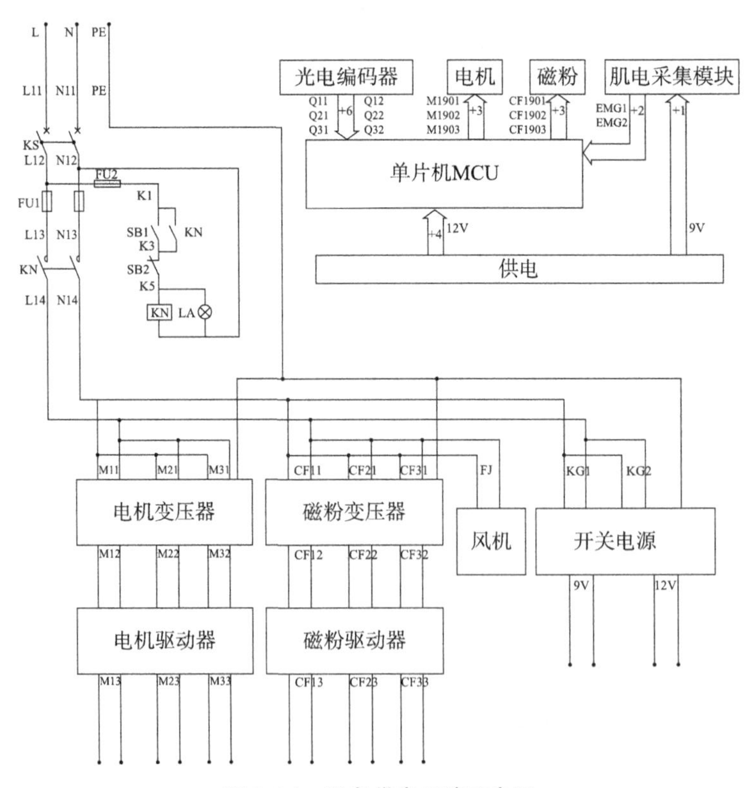

图 2-4-1 设备供电系统配电图

在该配电系统中，电机变压器和磁粉变压器是主要功率元件，在选择低压断路器和交流接触器的过程中，对各个电气负载进行负荷估计，按每个磁粉离合器的最大负荷约 100 W，每个步进电机按照最大速度 200 r/min 的条件估算，最大负荷约 150 W，因为在该系统中各个元件的同时系数较高，考虑其他部分的负荷，按照经验值还须留有 1.5～2 倍的余量，估算其功率约 1 500 W，另外考虑启停过程的尖峰电流，故在选择低压断路器、主回路保险丝以及交流接触器的额定电流时，必须大于 10 A。

除了以上的配电要求之外，接地是十分重要的环节。图 2-4-1 中的 PE 线即是接地保护线，该接地线是通过楼层的配电系统直接接到实际的接地体上的，是真正的“大地”。在电工操作规范中规定，凡是带有金属外壳以及可能产生静电的设备外壳，均需要通过接地线接入大地，且 PE 线不允许经过任何的开关设备。本案例的上肢康复机器人本体材料大多采用钢材或者铝材，接地对保证安全性更加重要。在图 2-4-1 中并没有全面地表示出所有的接地部分，但布线时必须将设备本体以及其他可能分离的金属部分接地。

(二) PCB 电路板供电系统设计

经过开关电源产生的 12 V 直流电压送至主控电路板时，还需要再次进行电压变换，才能获取适合各种芯片使用的电压等级。在 PCB 电路板中，对电源的纹波要求较高，且需要做好隔离，否则可能会导致电路不工作。

直流电压在变换过程中，主要有两种方式，一种是 DC-DC 斩波的方式，另外一种是 LDO 的线性稳压方式。在各种电路系统中，这两种电路都有着广泛的应用。LDO 线性稳压电源的工作原理是通过采样和反馈网络控制调整管的压降来稳定电压，从而使调整管工作在线性放大状态，而 DC-DC 稳压电源的工作原理是利用采样反馈网络来控制开关管的开通和关断的占空比，从而使得输出电压趋于稳定。LDO 的优点是结构简单、纹波小、静态电流小、成本低，但是对输入和输出电压之间的压差有要求，压差过大时功耗非常大，转换效率低下，发热量大，甚至会导致芯片损坏，而压差过小时则可能无法工作。开关电源则可以克服以上缺点，具备效率高、发热小、功耗小、升降压可选等特点，且开关频率较高时可以有效地减小滤波器的体积，输入输出电压范围宽，输出功率较大。但其缺点是纹波较大，静态电流较大，成本较高，PCB 布线时要求比较严格，而且噪声处理不好时易干扰其他电路的正常运行。

在实际应用中，需要结合两者的特点来选择，本案例使用两种稳压电路结合的方式，根据实际电路的负载特点，5 V 电压等级主要给电机驱动接口电路和编码器采集电路供电，同时作为下一级电源的输入，要求的功率比 3.3 V 的电压等级要大，对纹波并不是十分严格，且和输入电压之间压差较大，故第一级采用 LM2576 芯片做 DC-DC 变换，获取 5 V 电压等级。3.3 V 电压等级则主要提供给 MCU 主芯片以及其他的外围接口电路使用，对纹波要求较高，考虑到 LDO 体积也比较小，故第二级采用 AMS1117-3.3 芯片来获取 3.3 V 电压等级。供电部分电路原理图如图 2-4-2 所示。

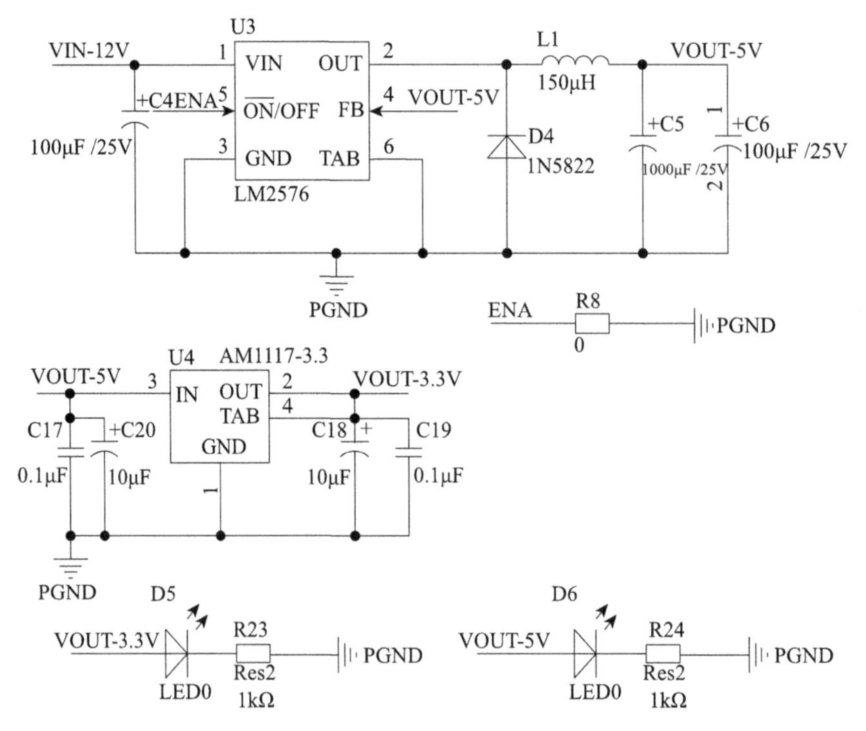

图 2-4-2 供电电路原理图

另外,在 PCB 布线时,地线和电源线也需要做好隔离,不同的地平面需要分开覆铜并单点连接,电源部分应合理安排 PCB 的布局结构,晶振电路应尽可能靠近芯片,引线尽量短以降低噪音和干扰,此外 DC-DC 部分还要注意防止开关干扰串入附近其他的电路,应尽可能地利用导线本身的电阻、电感以及寄生电容来降低噪声。在电路板的其他有模拟信号的部分,也需要单独隔离并做好滤波处理,在数字信号芯片的供电端添加退耦电容以防止开关信号的高频分量进入电源。对于有金属外壳的接插件,应当在外壳和地线之间连接阻容吸收电路,因为 PCB 板中的地线并不是真正的大地,而是电源的负极,是整个电路板的参考零电位,不可直接接到大地。在电路板的安装孔附近,也要做好隔离,防止电路板中的电源线和地线直接接到设备外壳。

二、MCU 最小系统设计

本控制系统采用了 LPC1768 作为主控 MCU 芯片,该芯片以 ARM-Cortex M3 为内核,最高主频可达 100 MHz,拥有 512 KB 片内 Flash、64 KB RAM、Ethernet MAC 和 USB 接口,同时还具有 4 个通用 UART,2 个通道 CAN,2 个 SSP 外设,1 个 SPI 接口,3 个 I2C 接口,一个 8 通道的 12 位 ADC 和单通道的 10 位 DAC,以及丰富的 PWM、QEI、Timer 等适合电机控制的外设模块。此外,该芯片还具有 I2S 和 DMA 控制器等功能,十分适合嵌入式应用。在构成该 MCU 的最小系统中,时钟、电源、复位和下载是几个必备的电路单元,只有这几个电路单元正常,MCU 才能正常工作。电源部分在前面已经详细说明，这里绘制出除电源部分以外的其他最小系统电路如图 2-4-3 所示，其中，JTAG 接口是方便程序下载和调试使用的。JTAG 是一种边界扫描技术，大多主流的 ARM、DSP 和 FPGA 以及其他的某些芯片都支持该技术，接口有 14 针和 20 针的模式，但其中有些是空闲不连接的，本案例中的接口采用简化的 10 针接口模式。

对于晶振时钟部分的电路，在布线时应当将元器件尽可能贴近主控 MCU，走线不宜过长，且晶振底部不得有其他信号线经过；此外，两个负载电容布局对称，以减小因走线和 PCB 层间杂散电容对时钟的影响。

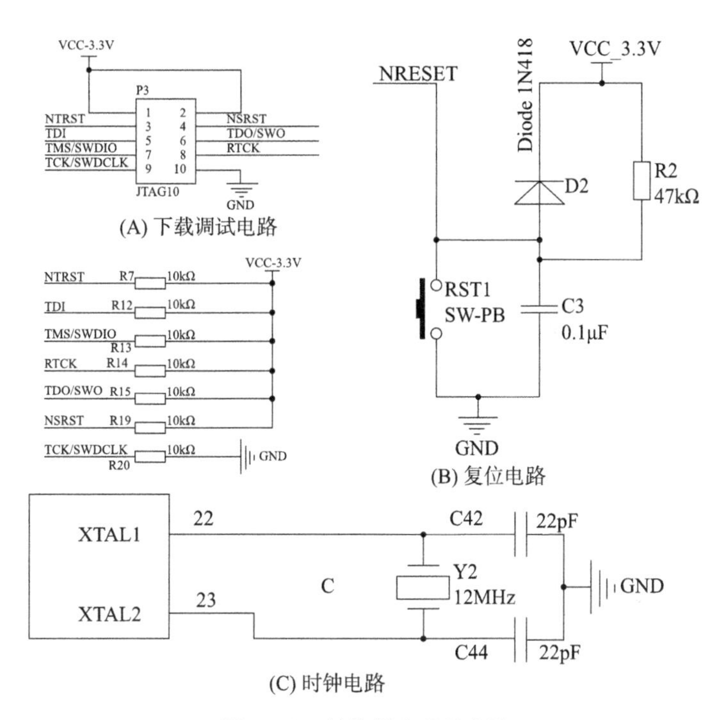

图 2-4-3 其他最小系统电路

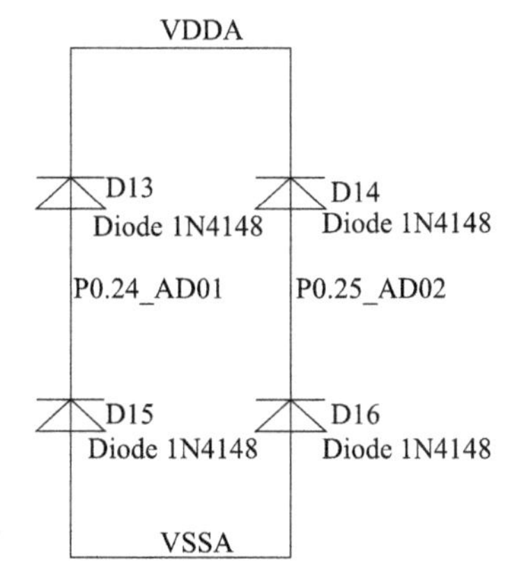

图 2-4-4 钳位电路和限幅电路

三、AD 采集校正电路的设计

在本案例中,主控板需要利用 ADC 模块采集肌电信号,子控板也需要利用 ADC 模块采集来自磁粉离合器驱动电路反馈的负载电流大小。对于 LPC1768 而言,本身有内置的 ADC 外设。通常衡量 AD 转换器的指标有分辨率、量化误差、采样速率、线性度、偏移误差和满刻度误差等,采用内置 ADC 时,前面四个指标取决于硬件本身,而偏移误差和满刻度误差则可以通过某种方式减小对测量结果的影响。

本书设计了一种 AD 采集校正电路,考虑到项目的实际需求以及 IO 资源的有限,使用了 ADC 的四个通道,其中两个通道用作校正输入,另外两个则用作采集外界模拟信号的输入端。外界模拟信号可能存在尖峰干扰而超过 ADC 模块的最大输入电压,为了保护 MCU 端口不被损坏,故在该输入端接入钳位电路和限幅电路,如图 2-4-4 所示。

校正电路采用两路输入通道,其基本思想是认为 ADC 的线性度是满足要求的,通过基准电源产生两路准确的电压值,利用两点确定一条直线的原理,内部 AD 采集到的这两路校正源的寄存器值和实际的电压值一一对应,据此计算出直线的斜率和截距,而采集其他两路外界模拟信号时,则根据此直线方程来计算出实际的电压值,从而可以有效地避免偏移误差对测量结果的影响。其基本电路图如图 2-4-5 所示。

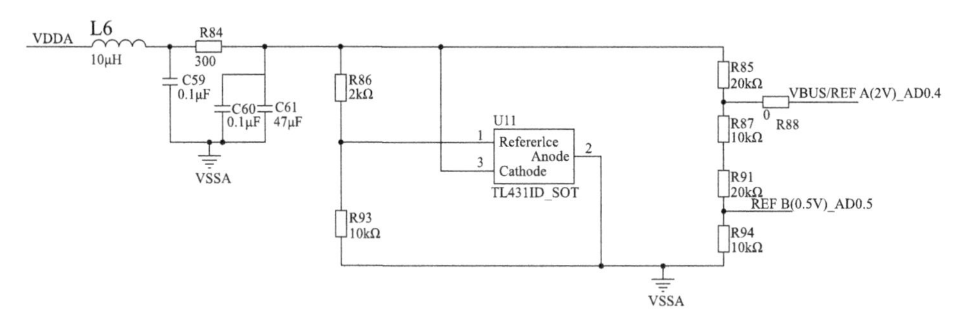

图 2-4-5　ADC 校正源

校正源采用基准电压源芯片 TL431,输入采用 3.3 V 电压,经过滤波隔离之后,稳压到一个固定值 V_{out}。通过查找 TL431 芯片数据手册,该值可通过式(2-4-1)计算:

$$V_{out}=(1+R_{86}/R_{93})V_{ref} \tag{2-4-1}$$

式(2-4-1)中,V_{out} 为图 2-4-5 中 U11 的三脚稳压输出,V_{ref} 为 TL431 的参考输出值,根据手册中的说明,该值取 2.5 V。

本次设计将 V_{out} 设定为 3 V,后面经过分压电阻获取 2.0 V 和 0.5 V 两个基准电压值。根据实际电路测试,获取的 AD 采集寄存器值分别为 2 462 和 610,据此计算出校正用的直线方程为:

$$V_{ADC}=0.81R_V+5.94 \tag{2-4-2}$$

式(2-4-2)中,R_V 为采集寄存器的值,V_{ADC} 为当前通道对应的实际电压值,单位为毫伏。

当采集其他两路外界模拟信号时，只需要利用式(2-4-2)计算实际电压即可获得相对准确的值。AD采集单元电路均是模拟信号，故在布线时需要将电源线和地线做好滤波和隔离处理，且不得让其他数字信号线穿绕该部分电路。

四、增量式光电编码器硬件去抖电路设计

本案例中角度和速度的反馈采用增量式光电编码器，增量式光电编码器具有精度高、成本低、信号传输距离较长和可靠性高等优点，在数控系统中得到了广泛的应用。其输出信号的特点是每一个脉冲对应一个增量位移，可以测量出相对于某个基准点的相对位置增量，但不能直接检测出轴的绝对位置信息。本次案例选用的增量式光电编码器为1 000线且带有Z相脉冲，安装过程中将机械臂的零位固定在Z相的附近，可为后续的角度计量提供基本参考，同时机械臂的位置计算也以此零位为基准点，从而实现测量值和实际值的统一，避免了因增量式编码器无法获取绝对位置带来的诸多问题。

增量式光电编码器的基本结构如图2-4-6所示，它主要由光源、码盘、鉴相器、光学系统以及光电传感器构成，A、B两相的光电传感器在空间分布上相隔1/4节距，从而保证了输出的A、B两相脉冲相差90°电角度，Z相脉冲则当编码器转过一圈出现一次，以表示此处为相对零位。编码器的精度越高，则码盘上的光栅越密，编码器每转过一周输出的脉冲个数也越多，但是制造难度也随之增大，成本也随之增加。经过实验以及调查分析，发现编码器的输出波形存在抖动，这是因为编码器无锁定装置，其旋转轴容易受外力的影响而晃动，有的晃动则是因为机械振动本身随着传动轴传递到编码器中，且编码器的自身精度越高，发生抖动的可能性和抖动频率就越大。由此可知，编码器的精度也并非越高越好，另外由于可以通过电路的方式将输出脉冲进行倍频而提高精度，故在选择编码器精度时可以综合多方面因素考虑。

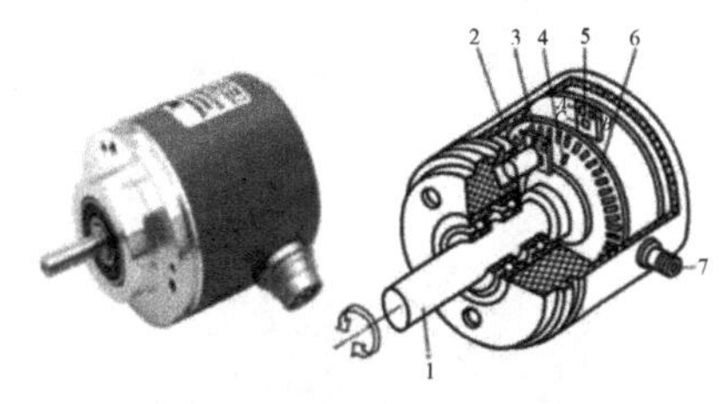

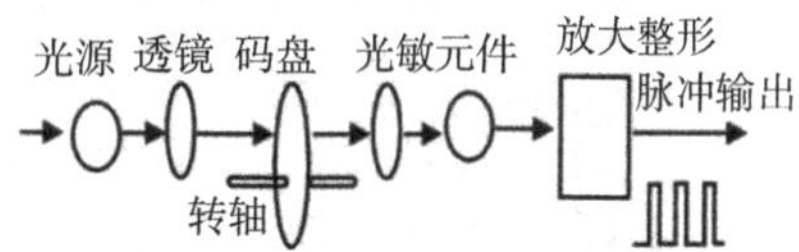

图2-4-6　增量式光电编码器基本机构

通常，增量式光电编码器的输出脉冲如图2-4-7所示，A相和B相都是占空比为50%的方波脉冲，但A相和B相的相位相差90°电度角，故增量式编码器又称之为正交编码器。假设A相超前B相代表正转，则当脉冲中B相超前A相时代表反转，根据脉冲模型的特征，假设高电平为1，低电平为0，正转时，A相的上升沿处B相均是低电平，且A相跳变沿的后一时刻，A相和B相电平为1、0或者0、1；反转时，A相的上升沿处B相

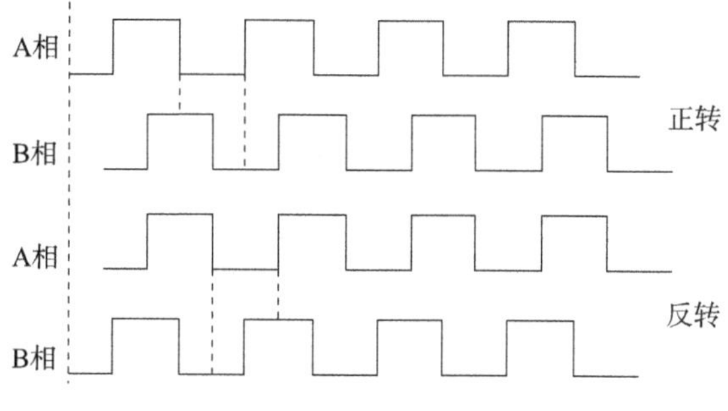

图2-4-7　编码器输出脉冲示意图

均是高电平，且A相跳变沿的后一时刻，A相和B相电平都为1或者都为0。根据此特征可以在电路或者程序中对编码器的旋转方向进行判定，同时，在图2-4-7中可以看出，A相和B相各有两个边沿且不重合，如果能够同时检测出四个边沿，则相当于对脉冲进行了4倍频，从而可以提高测量精度。

本案例中，对于子控板，只需要采集一路编码器数据即可，而主控板则需要同时采集三路编码器数据，考虑主板和子板的硬件兼容性问题，则不可使用QEI模块来读取编码器数据，这在前面已经作了说明。本次设计采用Timer的捕获中断来采集编码器的数据，针对脉冲信号进行捕获，并且在捕获的边沿处判断旋转方向，Z相则使用IO中断的功能来实现对零位的判断与处理。

在编码器信号进入MCU之前，为了去除脉冲中的抖动，需要设计相应的处理电路。本书针对抖动问题，对编码器脉冲作了详细的分析，图2-4-7中，沿着一个方向转动的正常编码器信号中，其中一相脉冲的两个相邻跳变沿，另一相的电平必然是相反的，如果此时编码器出现了正常的换向，则仅会出现一次电平相同的情况，换向完成后脉冲又变成正常的状态。而一旦干扰脉冲出现，则会在其中一相电平保持不变期间，另一相出现高频抖动，该频率会比编码器正常频率高很多，利用示波器捕获到的干扰脉冲如图2-4-8所示。

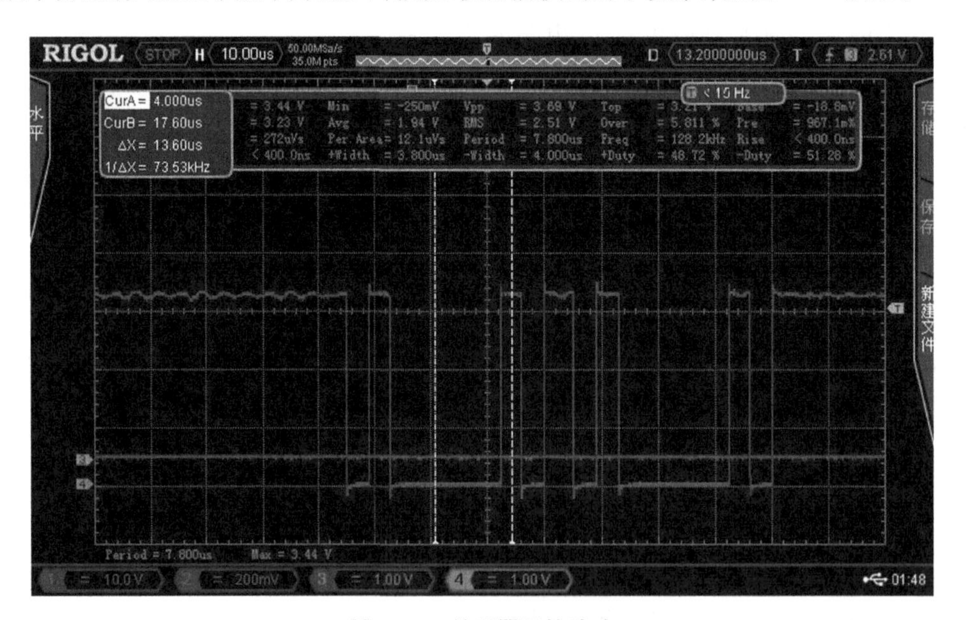

图2-4-8 编码器干扰脉冲

测试过程中编码器轴的转速为200 r/min，由于是1 000线编码器，则正常的输出脉冲频率为200×6/0.36≈3.3 kHz，图2-4-8中的干扰脉冲约为100～200 kHz，比正常脉冲频率高很多。根据上述分析，设计了以下硬件去抖电路，如图2-4-9所示，图中示出了其中一个通道，由于Z相脉冲一周只会出现一次，不会对测量精度和准确性造成影响，故在去抖电路中不对Z相做特殊处理而仅仅使用低通滤波器去除高频毛刺即可。图2-4-9中，硬件去抖电路的基本思路为，利用积分电路和异或门，提取出A相和B相的跳变沿，在该跳变沿处，利用D锁存器锁存另一相的电平，从而去除在一相电平保持期间另一相的高频抖动，后面再使用一个 D 锁存器来判定编码器的旋转方向，利用异或门和 A、B 两相的脉冲获取 4 倍频的脉冲信号，脉冲信号则直接进入 MCU 的定时捕获端口，方向信号接入 IO 口，该硬件电路的去抖逻辑关系分析如图 2-4-10 所示。

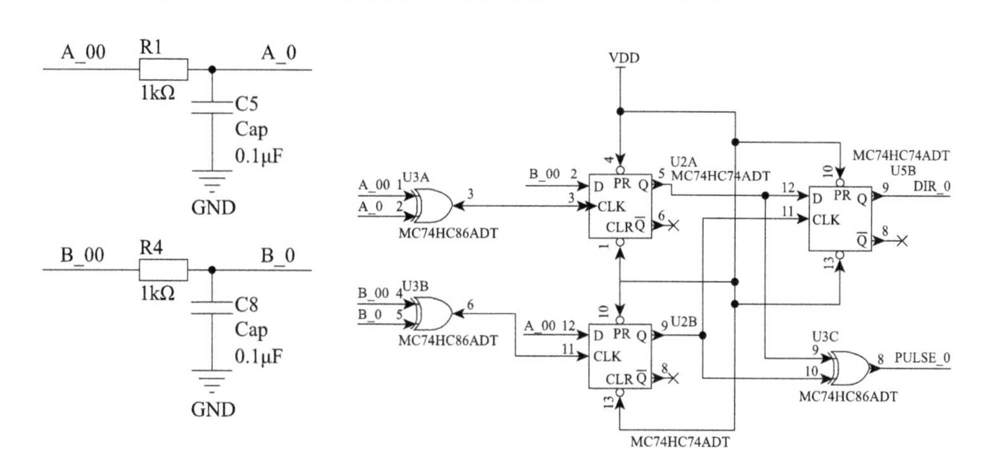

图 2-4-9　编码器硬件去抖电路

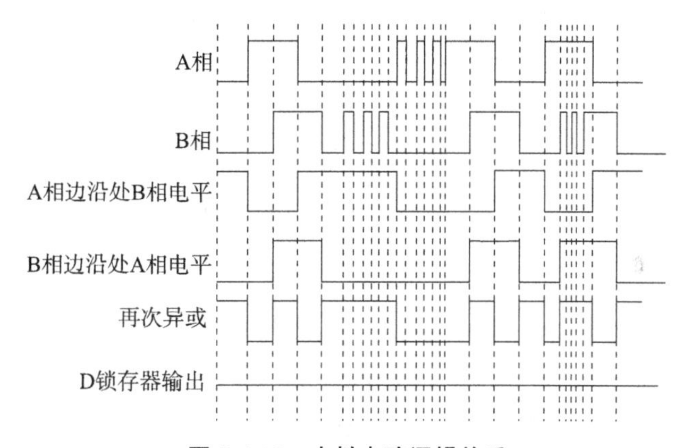

图 2-4-10　去抖电路逻辑关系

根据之前的分析，在这里假设高频抖动脉冲出现在 A 相和 B 相脉冲，如图 2-4-10 所示，积分电路的特性是使得方波的边沿变缓，利用这个变缓的边沿和原始信号异或取出方波的边沿脉冲信号作为第一级 D 锁存器的时钟，故在 A 相的上升沿和下降沿均有一次 B 相电平的输出。根据这个原理，画出 A 相或者 B 相的跳变沿处另外一相的电平，如图 2-4-10 第三和第四行波形所示，可以看出，A 相跳变沿处 B 相的电平波形和原始 A 相波形反相，而 B 相跳变沿处 A 相的电平波形和 B 相波形相同，但是高频的抖动脉冲就没有出现在 D 锁存器的输出脉冲中，从而达到了消除抖动的目的。将该处理过的脉冲信号再次使用异或门时，输出的脉冲复现了两路脉冲全部的跳变沿，从而实现了倍频的目的。如果使用 MCU 采集时只捕获上升沿或者下降沿，则是 2 倍频关系，如果双边沿均捕获，则是 4 倍频关系，如果将这两路去抖之后的脉冲再使用 D 锁存器则可以获得编码器的旋转方向。这里需要注意的是，这两路脉冲使用哪一路作为第二级 D 锁存器的时钟，只是逻辑的变化，并不影响最后判定结果。经过第一级D锁存器之后的两路脉冲之间的相位和原始A、B两相脉冲相比，相位的超前滞后关系发生了变化，但是这也不会影响最终方向判断的结果。

前面介绍中针对旋转方向保持不变的正常脉冲的分析过程中，得出了其中一相的两个相邻跳变沿，另一相的电平必然是相反的结论。若编码器是正常的变换方向，则会出现其中一相的两个相邻跳变沿，另一相的电平保持一致的现象，但这种现象只会在变相的边界出现一次，之后又会输出正常的脉冲。现在假设编码器从正转变为反转，针对这种情形，将编码器脉冲经过以上去抖电路后的逻辑关系分析如图2-4-11所示。

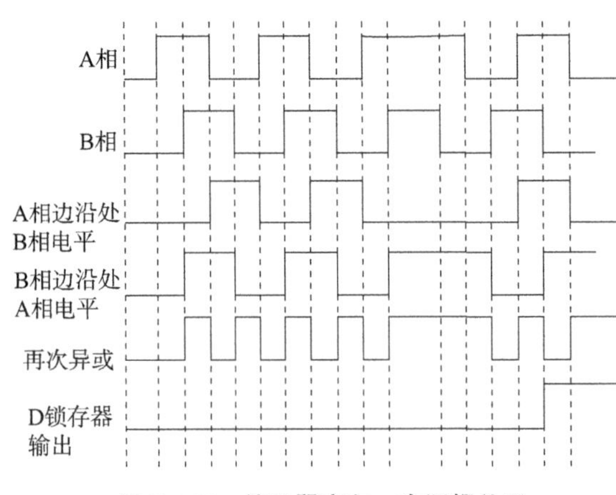

图2-4-11　编码器变向一次逻辑关系

从图中可以看出，经过第一级D锁存器之后的波形在A相超前区间和A相滞后区间有明显的区别，最终经过异或门的倍频信号仍然保持正确的倍频关系，第二级判向用的D锁存器也能正确地读出方向的变化，判断时刻则滞后了一个周期。由此可见，上述去抖电路在提高抗干扰能力的同时在方向判断时间上有所牺牲，编码器旋转速度越快，对判断滞后的时间影响就越小，这是在可以接受的范围之内的。当抖动干扰的频率较小而接近编码器正常旋转的频率时，则可能无法区分是正常换向还是发生了抖动，此时可以使用软件去抖的算法进一步减小这种现象对采集结果的影响。

五、串口通信及ISP下载电路设计

串口通信是嵌入式系统中使用十分广泛的一种通信方式，是全双工异步串行通信的一种，传输波特率一般在固定的波特率如9 600、115 200、256 000、460 800、921 600等中选择，信号电平有RS232电平、TTL电平以及CMOS电平等。经过收发器处理后也可以使用RS485通信，而RS485通信采用差分电平传送方式，传输距离最远，在工业现场总线方面应用十分广泛。是否采用TTL电平或CMOS电平取决于使用的MCU的特性，RS232电平则需要使用MAX232之类的专用芯片将TTL电平或者CMOS电平进行转换获得。本案例中采用的LPC1768是CMOS电平，而在本次设计中，串口通信是用来和PC上位机进行数据交互的，故使用USB转串口电路最为方便，这样可以直接越过CMOS/TTL电平和RS232电平之间的转换，本案例选用PL2303HXD芯片来完成USB和UART之间的转换。PL2303HXD是Prolific Technology公司的一款高性能USB转串口产品，支持USB 1.1和USB 2.0全速模式，采用TSSOP28的小型贴片封装，内置3.3 V稳压输出功能，支持RS232、RS485和RS422多种串口形式，CMOS/TTL电平方式下，最大波特率高达12 Mb/s，同时还可以在1.8～3.3 V范围内调节串口的电平以适应不同的设备。该芯片和 PL2303HXA 最大的不同是，它在不改变封装大小和性能的情况下，使用内部的 96 MHz 时钟发生器代替外部晶振，从而有效地减小了电路板面积，并且通信时钟的准确性也得到了很大的提高，芯片运行更加稳定。本次基于 PL2303HXD 的串口通信电路如图 2-4-12 所示。

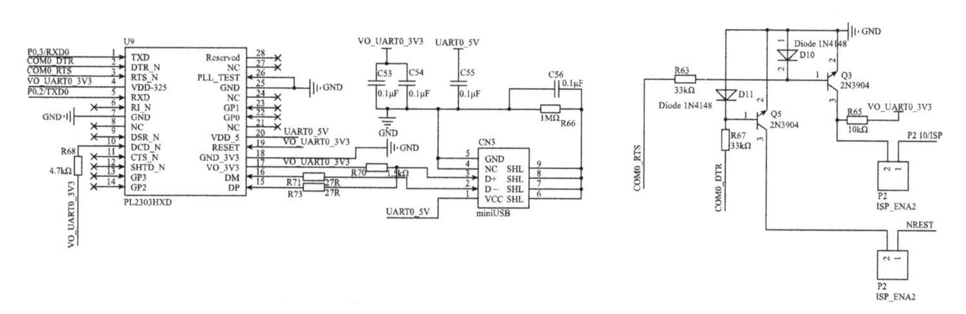

图 2-4-12　串口通信及 ISP 下载电路

图中针对 USB 转串口芯片的供电问题，做了相应的处理，使得该电路模块直接使用 USB 的 5 V 电源供电，而不依赖于控制板的电源。利用 PL2303HXD 本身集成的 3.3 V 稳压输出功能，将芯片外围和串口通信相关的元件全部使用该 3.3 V 电源供电，和主控 MCU 之间除了信号线的连接之外，只做共地处理而不使用主控板的电源，从而有效地增强了该电路的独立性，使 PC 端安装驱动的过程不依赖于底层控制板的供电。

ISP 是 In-System-Programming 的缩写，代表在系统编程的含义，目前很多主流 MCU 都支持在系统编程功能，而 LPC1768 则支持通过串口 0 对片内 Flash 进行在系统编程，该功能是由一段固化在 Boot ROM 中的代码实现的，在 MCU 复位时，首先会执行该段引导程序，如果对应的引脚 P2.10 为低电平，则说明要进入 ISP 模式，进入 ISP 模式后运行自动波特率程序，进而接收数据并完成对 Flash 的编程，擦写完毕后再次复位则可以执行新的程序。图 2-4-12 中，使用标准 RS232 中的 RTS 和 DTR 两条信号线来完成对 P2.10 的配置以及 MCU 的复位操作，PC 上位机作为 RS232 通信中的 DTE，准备就绪并传送数据时会将 DTR 和 RTS 置高电平，从而使得 MCU 进入 ISP 模式。这种编程方式不需要过多的外部电路便可实现，为芯片的编程擦写提供了便利。

六、CAN 总线通信电路设计

CAN 总线是控制器局域网（Controller Area Network）的简称，是 ISO 国际标准化的串行数据通信协议。CAN 总线是一种现场总线，它的出现为分布式控制系统实现各节点之间实时、可靠的数据通信提供了强有力的技术支持，CAN 总线有两个国际标准，高速标准属于闭环总线，最大长度 40 m/1(Mb/s)，通信速率范围 125 K～1 Mb/s；低速通信标准属于开环总线，最大长度 1 km/40(Kb/s)，通信速率范围 10 K～125 (Kb/s)。CAN 总线标准对物理层和数据链路层都做了规定，可完成通信数据的成帧处理，因此也被誉为自动化领域的计算机局域网。CAN 的物理层使用差分电平传送，用显性电平和隐性电平表示逻辑 0 和逻辑 1，闭环总线需要接终端电阻防止信号反射，一般典型值取 120 Ω，总线的通信速率和总线长度以及使用的传输线种类有关。此外，对数据帧的规定也有两种版本，2.0 A 中规定的标准数据帧使用 11 位的 ID 标识符，而 2.0 B 中规定的扩展数据帧使用 29 位的 ID 标识符，支持 2.0 B 的设备都兼容 2.0 A 的标准。

CAN 总线是多主从结构，每个节点都可以成为主机向总线发送数据，总线控制器会根据发送的 ID 进行仲裁以防止数据错乱，这使得总线的速率和利用率得到了有效的提高。由于 CAN 属于异步串行通信的一种，故涉及位同步和帧同步问题，CAN 通信则对位时间进行了较为严格的定义，便于进行位同步，一般将 CAN 的位时间按照时钟周期的整数倍划分成时间片，如图 2-4-13 所示，主要分成同步段、传输段、相位段 1 和相位段 2，传输过程中在同步段进行硬同步，在相位段 1 和相位段 2 区间进行可调整的再同步，再同步过程中的时间调节单位称之为同步跳转宽度。在配置 CAN 控制器的过程中，需要首先确定 CAN 网络的通信速率，从而计算出每个位周期的时间，然后再根据需要设置以上各个不同段和同步跳转宽度的时间片大小。

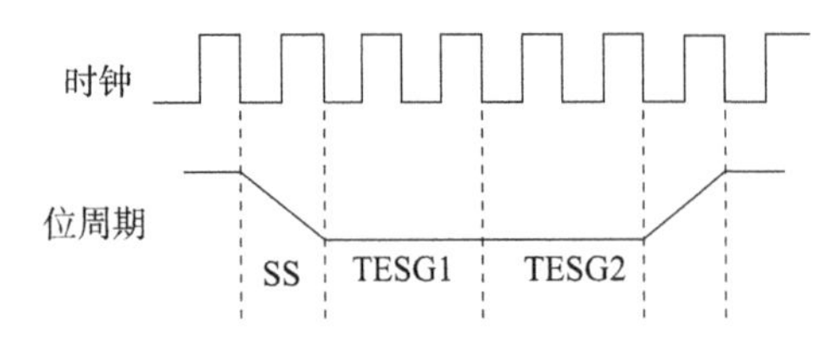

图 2-4-13　CAN 帧的位时间构成

本案例选用的 LPC1768 芯片，内部集成了 CAN 控制器外设，可以直接配置寄存器以设置需要的通信速率和对应的位时间，其端口电平为 3.3 V 标准，需要使用 CAN 收发器以匹配 CAN 总线对物理层的要求，根据 CAN 通信的基本特征，设计出收发电路如图 2-4-14 所示。

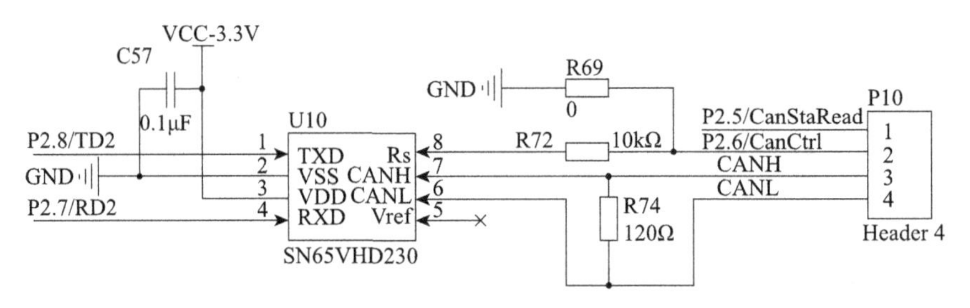

图 2-4-14　CAN 通信接口电路

图中增加了两个 IO 口，并对接口电路进行了改进，便于实现一种节点管理机制。CAN 通信是基于 ID 标识符的，即总线上的每个设备都有一个自己的 ID 号，同时还具备一个 ID 标识符验收滤波器，该滤波器的作用是只允许特定 ID 的数据帧进入该设备。如果按照通常的做法，只用两根线，则需要在软件方面对几个不同的设备作区分，而且硬件系统也不能相互通用，从而和本案例的兼容性设计思想相违背。增加这两个接口的目的是用来实现主机对从机的自动编号，1 号节点的 P2.6 接到 2 号节点的 P2.5，依次类推，从而使得设备的编号只和总线的连接关系有关，而与本身的硬件无关。这种节点管理机制还需要相应的软件代码配合，在这种方式下，节点的编号是程序在运行过程中获得的，获取编号之后再设置自身的ID标识符和验收滤波器，使得编号更加灵活。

七、网络通信接口电路设计

随着计算机和互联网技术的不断发展，网络通信的应用也越来越广泛。在“互联网+”的社会大背景下，为了实现远程康复的布局，网络通信是康复设备必须具备的功能。嵌入式系统中，设备联网是一个十分热门的话题，网络通信是一种开放式互联通信，需要遵从相应的标准才可以正常地进行数据交换。国际标准化组织提出了一个世界范围内网络通信标准的参考框架，即开放式通信系统互联参考模型(Open System Interconnection Reference Model)。该模型定义了网络通信协议的层次结构、层次之间的相互关系以及各层之间的任务，它将网络分为7层，从上到下依次为应用层、表示层、会话层、传输层、网络层、数据链路层和物理层，但一般在实际应用中则是按照5层标准来执行的，将最上面的3层应用层、表示层和会话层统一合并成应用层，而这一层也是最具备多样性和扩展性的一层。尽管对网络通信进行了相应的规定，但具体的实现方案也是多种多样的。对于嵌入式系统而言，物理层使用双绞线和射频无线模块是比较多见的，而康复设备是直接和人相互接触的，为了防止通信受到干扰而影响到患者的人身安全，故本案例选用RJ45类型的双绞线作为物理媒介。由于嵌入式处理器的多样性，以RJ45为接口的通信接口电路也有多种方案可供选择，对于ARM11和Cortex-A8之类的芯片则多数选择以太网控制器和物理信号处理集成于一体的芯片。网络控制器芯片和主CPU之间通过并行总线交换数据，通信数据量大且速度快。本案例选用的LPC1768是Cortex-M3内核，其内部集成了以太网MAC控制器，外部接口电路只需使用PHY芯片来处理数据和物理信号的转换即可，PHY芯片和MCU之间使用RMII接口交换数据，这种方式能够有效地节省MCU的IO资源，PCB布线相对简单，且方案实现周期相对较短，是一种性价比较高的方式。本案例选用DP83848作为物理层PHY芯片，同时为了减小电路板体积，选择内置网络变压器的RJ45接口HR91105A，设计的电路如图2-4-15所示。

从图2-4-15中可以看出，该芯片使用外部50 MHz有源晶振作为时钟基准，频率较高，故在布线时要十分注意，时钟部分应尽可能地靠近芯片引脚，且中间和底部不得有其他信号线穿过。另外，从RJ45接口到PHY芯片，以及从PHY芯片到MCU的数据通路，也需要谨慎布线，避免受到干扰，同时对接插件的外壳和PCB电路板的地线之间做好隔离和连接。本案例将网络通信部分单独设计成一个通信模块，因为在本案例的上肢康复机器人控制系统中，一主三从的控制系统结构下仅主机需要网络通信和服务器之间交换数据与命令，模块化设计应该与主控板和子控板之间硬件的兼容性要求相符合。

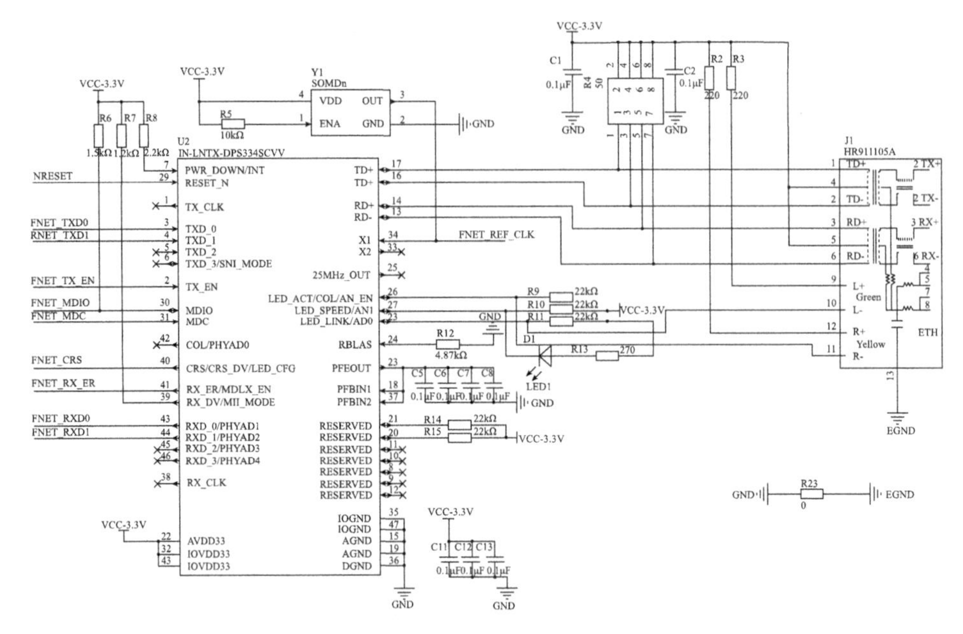

图 2-4-15　网络通信接口

经过以上各个步骤的设计之后得到的控制板实物图如图 2-4-16 所示。

图 2-4-16　控制板实物图

八、磁粉离合器驱动电路设计

磁粉离合器是本案例中十分重要的一个电气元件，其功能是通过控制系统的调节，使得磁粉离合器的传递转矩发生变化，从而实现动态调节机械臂传递转矩的功能。通过磁粉离合器的用户手册可知，其传递转矩和激磁电流具有一定的数学关系，如图 2-4-17 所示。

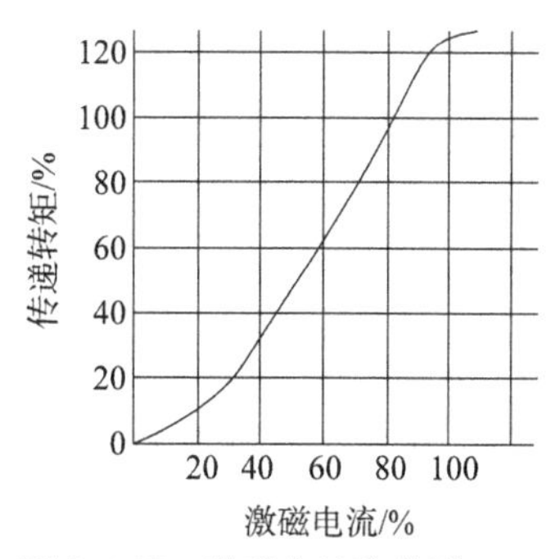

图 2-4-17 激磁电流和传递转矩的关系

从图 2-4-17 中可以看出，磁粉离合器为直流负载，且传递转矩随着激磁电流的增大而增大，在激磁电流较小和较大的区间则呈现一定的非线性。图 2-4-17 所示，激磁电流和传递转矩的关系只表明了变化趋势。实际上，磁粉离合器在使用中还需要测试其具体的参数，便于程序中根据所需传递转矩计算励磁电流。为了实现预期的功能，需要设计一款转换效率高、输出励磁电流可调且可监测负载电流的磁粉离合器驱动电路。基于以上需求，本案例利用电力电子技术相关知识设计了一款降压可调电路作为驱动器，利用电压源以及负载电流闭环回路来完成对励磁电流的设定，实现了基本的功能要求，下面将对具体的设计过程进行详细的分析。

(一) 主电路拓扑结构选取及参数计算

本案例设计的控制系统使用交流 220 V 供电，经过变压器之后仍是交流电源，为了获取可供磁粉离合器使用的可变直流电源，则一般有以下几种方式：第一种是使用相控整流方式；第二种是工频交流降压之后进行全波整流，再进行线性稳压；第三种是全波整流后进行 DC-DC 斩波。单相交流供电条件下，第一种方式因为需要使用 4 个晶体管而使得成本和体积大大增加。第二种线性稳压的方式下，晶体管工作在放大状态，当输出电压较低时晶体管需要承担较大的压降，从而使功耗非常大，转换效率低下，需要安装较大的散热器，而本案例中需要对输出电压进行动态调节，调节范围较宽，考虑到电气箱的温升等因素，故该方式也不适合，从而选择第三种 DC-DC 斩波的方式。在这种方式下，晶体管工作在开关状态，其固有损耗可以做到很小，从而其效率比较高。鉴于 DC-DC 的变换方式也有多种，本案例选择 BUCK 降压变换拓扑方式，其主电路原理如图 2-4-18 所示。

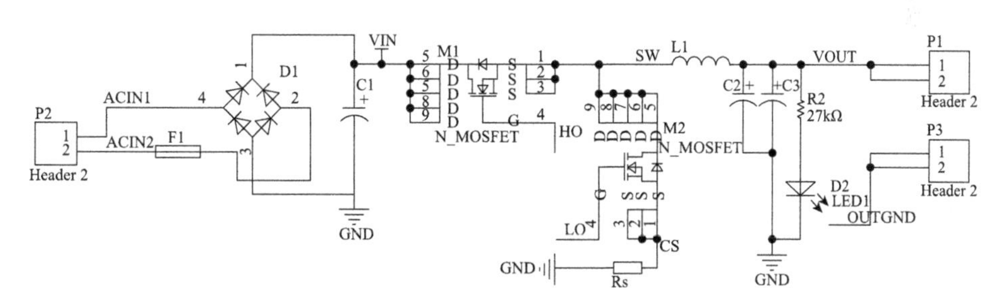

图 2-4-18 磁粉驱动电路主电路拓扑结构

图 2-4-18 中利用一个整流桥将变压器的交流电压变换成脉动的直流电压，经过电容 C1 滤波之后再进行 DC-DC 变换。后端的 BUCK 降压结构采用 MOSFET 来替代续流二极管以构成同步降压电路，选择 TI 公司的 LM5116 作为 PWM 控制器使输出电压稳定。该种方式下，电路的开关频率取决于 LM5116 的设置，开关频率越高，越可以有效减小滤波器的体积并降低成本，但频率过高时，由于开关管的开关损耗会显著增大，PCB 布线要求也随之提高，对周围设备的电磁辐射的可能性也增大，故对开关频率的设置需

要综合考虑。本案例选定开关频率为 260 kHz,根据 LM5116 的设计手册可知,该开关频率下设置对应的电阻值应该按照式(2-4-3)来计算:

$$R_{\mathrm{T}} = (T - 450\mathrm{ns})/284\mathrm{pF} \tag{2-4-3}$$

式中,T 代表开关周期,R_{T} 为设置开关频率用的电阻。

通过该式计算的 R_{T} 为 11.96 kΩ,取整为 12 kΩ,从而使得实际的开关频率约为 259 kHz。

在图 2-4-18 中,对输出的要求为最大负载条件下,输出电压 36 V,负载电流 3 A,因使用 BUCK 降压变换,考虑 MOSFET 驱动相关的因素,输入端的直流电压为 45 V 左右较为合适。本案例中磁粉离合器选用的变压器二次侧额定电压为 45 V/4 A,经过整流桥全波整流以及电容滤波之后,脉动直流电压平均值的取值范围为 $(0.9\sim\sqrt{2})U_{\mathrm{ac}}=40.5\sim63.6$ V,其中 U_{ac} 为交流电压有效值,仅当整流输出空载且无滤波电容时才取 0.9 倍,故选择 45 V/4 A 变压器足以满足需求。

结合图 2-4-17 和实际测量可知,当励磁电流为额定电流的 20%以下时,传递转矩小于额定转矩的 10%,此时磁粉几乎无传动作用,此时对应的端电压约为 5 V。故对于驱动电路而言,调节输出电压为 5 V 左右即可实现磁粉主动轴和从动轴的分离,从而将驱动电路输出的电压设定为 5～36 V。对于 BUCK 降压电路而言,其占空比应按照式(2-4-4)计算:

$$D = V_{\mathrm{o}}/V_{\mathrm{s}} \tag{2-4-4}$$

当输出 $V_{\mathrm{o}}=5$ V 时,占空比取值范围为 $D=5/(40.5\sim63.6)\approx0.08\sim0.12$,当输出 $V_{\mathrm{o}}=36$ V 时,占空比取值范围为 $D=36/(40.5\sim63.6)\approx0.57\sim0.89$,电感中的纹波电流按照额定电流的 20%计算。本案例选用的磁粉离合器在端电压为 36 V 时,负载电流为 3 A;端电压为 5 V 时,负载电流为 0.5 A。在图 2-4-18 中 MOS 管的最大峰值电流根据式(2-4-5)计算:

$$i_{\max} = I_{\mathrm{L}} + \frac{1}{2}\Delta I \tag{2-4-5}$$

据此计算出 MOS 管的最大峰值电流为 3.3 A,该最大峰值电流也适用于电感。MOS 管承受的最大正向电压和最大反向电压均为 V_{s},从前面介绍可知,V_{s} 最大取值为 64 V,按照经验参数考虑电压和电流的裕量,应取计算值的 1.5 倍。从而选择 Texas Instruments 的 MOS 管 CSD19534,其额定参数为 100 V/75 A,足够满足要求,而整流桥则选择 KBU1005,其额定参数为 100 V/5 A,也能够达到设计要求。

在 BUCK 降压变换中,电感是一个非常重要的元件,电感的额定电流必须大于上文计算的最大峰值电流,此处取为 5 A,电感量则按照 20%纹波电流的需求来计算,其公式如(2-4-6)所示:

$$L = \frac{V_0}{\Delta I} \cdot \frac{1-D}{f_{\mathrm{sw}}} \tag{2-4-6}$$

式中,$\Delta I=0.2I_{\mathrm{L}}$,为了选取一个合适的电感使其符合不同的负载输出以及不同的运行工况，需要将各个情况分开计算并取最大值。当输出 $V_o=5$ V 时，额定负载电流 $I_1=0.5$ A，此时最小占空比为 0.08，从而计算出电感量 $L=177.6$ μH；当输出$V_o=36$ V 时，额定负载电流 $I_1=3$ A，此时最小占空比为 0.57，从而计算出电感量 $L=99.6$ μH。综上所述，选取电感量为 $L=180$ μH 的电感足以满足要求。

另外，为了降低输出纹波分量，需要按要求设计输出滤波电容，一般选择铝电解电容用做输出滤波，由于实际的电容并非是理想的，而是存在等效的串联电阻(ESR)和电感(ESL)，对于低频纹波电流，等效串联电感的影响可以忽略，输出纹波主要由电容和等效串联电阻决定。一般而言，输出电容和 ESR 的乘积接近一个常数，取值范围为 $50\times10^{-6}\sim80\times10^{-6}$ Ω · F，等效串联电阻可按照式(2-4-7)计算：

$$R_0=V_{rr}/\Delta I \tag{2-4-7}$$

由此式可知，当 R_0 越小时电容值越大，为取得一个适合不同输出条件的滤波电容，需要选取最大值，而 R_0 越小，则需要 V_{rr} 越小，同时 ΔI 越大。假设输出纹波电压为输出电压的 1%，计算输出为 36 V 和 5 V 两种条件下的电容值分别为 83.3 μF 和 100 μF，故利用 100 μF 和 47 μF 组合为 147 μF 电容作为输出滤波，这种方式能有效降低输出电容的等效串联电阻。

确定好以上主电路各部分的参数之后，则需要对反馈控制电路进行设计。前文已经提到使用 TI 公司的 LM5116 作为 PWM 控制器，该芯片是一款宽电压范围的同步 BUCK 控制器，输入电压可达 100 V，工作频率最高可以设置为 1 MHz，输出电压可以在 1.215～80 V 范围内选择。电流控制模式使用模拟电流斜坡来进行补偿，斜坡信号的基线高度和采样得到的电感电流成正比，同时还具备低电压保护功能，芯片内部供电可采用外部电源供电方式以减小内部稳压电路的功耗，对上管的驱动也采用自举电路实现，设计的控制回路如图 2-4-19 所示。

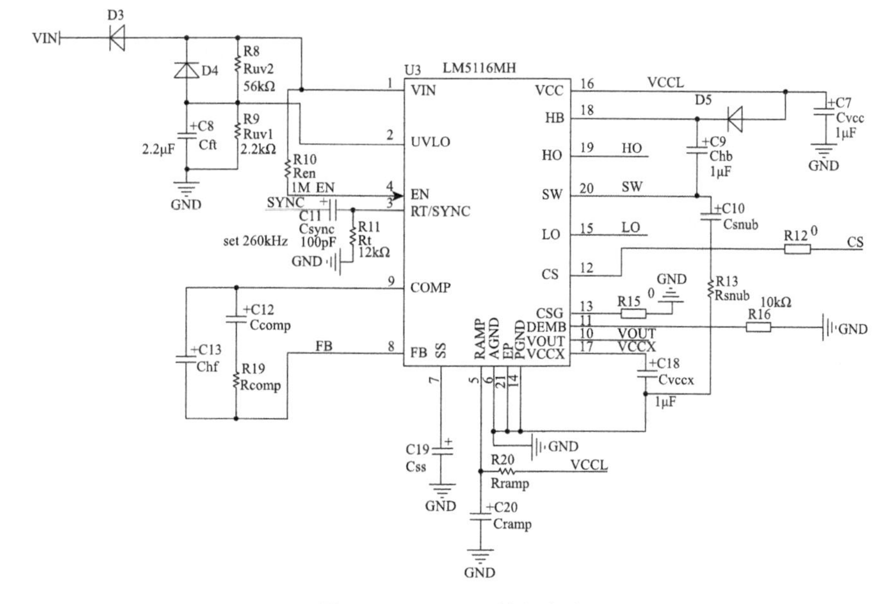

图 2-4-19 PWM 控制电路

图 2-4-19 中为了防止电压过低造成磁粉传动转矩不够，设置的低电压保护值为 32 V，采用内置稳压器对芯片供电。由于 LM5116 具备电流控制模式，故在下端 MOS 管回路串接了一个电流检测电阻，该电阻和芯片设定的峰值电流有关，其关系式如式(2-4-8)所示：

$$I_{PEAK}=1.1/(AR_s) \tag{2-4-8}$$

式中，A 代表 LM5116 内部电流检测放大电路的增益，取 10，此处设置峰值电流为 5 A，从而计算得出 $R_s=22\ m\Omega$。

一般而言，工作在电流控制模式下的开关电源，其斜坡信号应该来自电路的开关电流信号，但是这样存在较大的开关尖峰干扰，且有一定的传输延迟，因此限制了电路工作的最小占空比。而 LM5116 则采用一种斜坡发生器，对需要的电流信号进行重建，该重建的信号中既包含和电感电流成比例的直流分量，又包含设定的电流斜坡信号，当输入和输出固定且开关频率确定的情况下，斜坡峰值和外接电容大小有关，电容大小的计算公式如式(2-4-9)所示：

$$C_{RAMP}=(g_m L)/(AR_s) \tag{2-4-9}$$

g_m 代表斜坡发生器的跨导，取 5 μA/V，A 代表电流检测放大器增益，取 10，根据式(2-4-9)计算，并取最接近的实际标准值，从而得出应当设定的斜坡电容值为 $C_{RAMP}=4.7\ nF$。

(二) 电感参数计算与设计

电感是 BUCK 降压电路中的重要元件，如果无法选出完全匹配的标准值，则需要根据实际情况进行设计，电感的磁芯形状、磁芯材料、绕线线径以及绕线圈数都对电感的参数有着不同程度的影响。电感常用的磁芯种类有 E 形、环形以及工字棒状磁芯，针对 BUCK 降压电路的特点，参考经验设计思路，本案例选用环形磁芯。用做磁芯的材料也有很多种，如锰锌铁氧体、镍锌铁氧体、铁硅铝磁粉芯、铁镍钼磁粉芯、铁硅磁粉芯、铁粉芯、钼坡莫合金、铁铝硼合金、铁镍合金以及高磁通磁芯等不同的材料，饱和磁通和磁导率都有差异，且随着工作频率的变化，磁芯材料的损耗特性也有显著的差别，若选型不善，可能使得磁芯损耗过高而使得电感发热严重，从而导致电感失效，其中磁粉芯在很多开关电源输出电感中应用十分广泛，有效气隙均匀分散在材料体内，具有消除磁路突然断续的优点，但该种材料磁芯在频率较高的情况下，磁芯损耗非常厉害，大约是铁氧体的 65 倍，约 2 000 mW/cm^2，本案例设定电路的开关频率为 260 kHz，频率较高，故不适合选用铁粉芯材料。而铁氧体的饱和磁通密度则是所有材料中最低的，约为 0.35T，同等条件下较容易饱和，其磁导率很高，通常需要引入气隙来改变磁场强度，从而增大其可承受的直流偏置电流。通过分析对比，铁硅铝磁粉芯比较适合用作高频条件下开关电源的输出电感，其饱和磁通密度介于铁粉芯和铁氧体之间，磁芯损耗也比铁粉芯小 10 倍。

设计电感时，最常用的方法是 AP 法，需要的电感参数为 180 μH/5 A，从而根据式(2-4-10)计算出电感储存的能量为 2.25 mJ。

$$W=\frac{1}{2}LI^2 \tag{2-4-10}$$

根据环形铁硅铝磁环的参数手册，假设温升不超过 30 ℃，则根据磁芯需要储存的能量值查表得出对应磁芯的 AP 约为 1 cm^4，本案例选用浙江科达 KDM 公司的环形铁硅铝磁环，根据其产品手册，最接近以上 AP 值的是 KS106125A。该型号磁芯的相应参数为A_e=0.654 cm^2，A_w=1.56 cm^2，从而 $AP=A_e A_w=1.02$ cm^4，其初始相对磁导率为125，由于磁性材料的非线性，当直流磁场强度发生变化时，其相对磁导率也会发生变化，故需要计算出直流磁场强度，该参数根据式(2-4-11)计算：

$$H=\frac{0.4\pi NI}{l_e} \tag{2-4-11}$$

式中，N 为初始匝数，l_e 为有效磁路长度，单位为 cm，手册给出该值为 6.35 cm，初始匝数则需要根据初始磁导率和 A_L 值计算，匝数计算公式如式(2-4-12)所示：

$$N=\sqrt{\frac{L}{A_L}} \tag{2-4-12}$$

式中的 A_L 值经过查找产品手册可知为 A_L=157 nH/匝，从而利用式(2-4-12)计算出初始匝数为 34 匝。由于本次设计中电感最大额定电流为 3 A，且一般情况下工作在最大输出的状态并不十分常见，故此处为了减小电感体积和重量，设定电感通过的最大额定电流为 3 A，再根据式(2-4-11)计算出直流磁场强度为 20.18 T，从而根据此值查找环形铁硅铝材料的磁导率百分比与 DC 磁化力关系曲线。可知相对磁导率下降为初始磁导率的 85%，因此 A_L 值同比下降，在根据新的 A_L 值利用式(2-4-12)计算修正后的匝数为 37 匝。

接下来则需要计算绕电感用的导线线径，由于圆导线的填充系数为 40%，环形磁芯需要留出 30%的内径空间以方便绕线，故实际可用的窗口面积为 $0.7\times0.4A_w$= 43.68 mm^2，从而每匝导线的最大线径截面积为 1.18 mm^2。同样由于本电路工作于最大额定电流的工况并不十分常见，为了减少重量和降低成本，选择截面可按 80%计算即可，根据导线规格，选择最接近的导线截面为 0.95 mm^2，铜线电阻按照经验参数 13.5 Ω/km 计算，结合磁环的尺寸结构，计算出导线总长约 1.65 m，总电阻为 26.9 mΩ。按照通过电流 3 A 计算铜耗 $P_{Cu}=3^2\times26.9\times10^{-3}=242$ mW。根据上述参数，代入式(2-4-13)中计算磁芯损耗：

$$B_{ac}=(Vt_{off})/(NA_e) \tag{2-4-13}$$

式中，V 为输出电压，为了估算最大的磁芯损耗，取输出电压为 36 V，占空比取当前工况的最小值，从而得出峰值交流应力为 233 G，在单端应用场合下，有效峰值应除以 2，即为 116.5 G，据此查找环形铁硅铝磁芯的损耗曲线，得出损耗约为 60 mW/cm^3，本次选用的磁芯体积为 4.15 cm^3，故磁芯总损耗约为 249 mW，由此可知磁芯损耗和铜耗近似相同，从而设计出的电感效率符合要求。磁芯损耗和铜耗的总和为 0.49 W，通过查找环形磁芯的温升、总损耗以及 AP 的关系，温升小于 20 ℃，和之前假设的温升不超过 30 ℃的条件对比，满足了设计要求。

由于前面介绍中选择的绕线截面略粗，故在绕制电感时可以使用两根截面减半的导线并绕，以降低绕线难度。

（三）可调稳定环路设计

为了获得稳定的输出电压，需要采取措施，即当网压输入或负载发生变化时，仍然能使输出电压稳定在设定的范围内。在开关电源设计中，负反馈环路的稳定是极其重要的内容。在BUCK降压变换电路中，电压反馈环路主要由LC滤波器、采样网络、误差放大器和脉宽调制器构成，其中脉宽调制器的增益与频率无关，LC滤波网络如果考虑ESR的影响，则会增加一个零点，采样网络是不受频率影响的部分，但误差放大器部分则有多种形式。对于LM5116而言，采用Ⅱ型补偿网络的误差放大器，在图2-4-19中，C12、C13和R19是相应的参数，该网络的传递函数（忽略极性）如式(2-4-14)所示：

$$G(s)=\frac{1}{R_{\mathrm{FB2}}}\times\frac{R_{\mathrm{COMP}}C_{\mathrm{COMP}}s+1}{C_{\mathrm{COMP}}C_{\mathrm{HF}}R_{\mathrm{COMP}}s^{2}+(C_{\mathrm{COMP}}+C_{\mathrm{HF}})s} \tag{2-4-14}$$

该传递函数的零点频率为 $f_{z}=\frac{1}{2}\pi R_{\mathrm{COMP}}C_{\mathrm{COMP}}$，极点频率为 $f_{p}=(C_{\mathrm{COMP}}+C_{\mathrm{HF}})/2\pi R_{\mathrm{COMP}}C_{\mathrm{COMP}}C_{\mathrm{HF}}$，为了保证系统的稳定，穿越频率在这两个频率之间取值，同时还必须满足总开环相移小于360°，并且留有一定的相位裕量。经上述分析，在电压环路中，产生相移的只有LC滤波器和误差放大器两部分，LC滤波器的截止频率为4 $f_{0}=\frac{1}{2}\pi\sqrt{L_{0}C_{0}}=979$ Hz，考虑到滤波电容并非理想元件，其ESR对输出的影响较为显著，在电压反馈回路中，相当于添加了一个零点，该零点频率为 $f_{\mathrm{esr}}=1/(2\pi R_{\mathrm{esr}}C_{0})$，一般而言，$R_{\mathrm{esr}}C_{0}$ 为常数，在前面已论述其取值范围，在此处取 50×10^{-6}，从而零点频率为3.18 kHz，该零点对LC滤波器的相移起到了相位超前的作用，其参考计算公式为：

$$\theta_{\mathrm{lc}}=180^{\circ}-\arctan(f_{\mathrm{co}}/f_{\mathrm{esr}}) \tag{2-4-15}$$

同理，选定比值 $f_{\mathrm{co}}/f_{z}=f_{p}/f_{\mathrm{co}}=K$，由于误差放大器的零点和极点对本环节相位的影响，可由式(2-4-16)给出：

$$\theta_{\mathrm{err}}=270^{\circ}-\arctan K+\arctan 1/K \tag{2-4-16}$$

根据上述公式，选定穿越频率 $f_{\mathrm{co}}=19.08$ kHz，误差放大器环节的零点频率 $f_{z}=5.45$ kHz，极点频率 $f_{p}=66.78$ kHz，从而使得穿越频率处幅频特性斜率为−1，相移小于360°且留有45°的相位裕量，保证了电压反馈环路的稳定性。根据选定的误差放大器零极点频率，再结合式(2-4-14)的结果，进而计算出Ⅱ型误差放大器的相应参数。

本案例中，为了便于MCU动态调节磁粉驱动电路的输出，需要对反馈环路进行一些调整。如果直接在电压反馈环路中进行调节，则会给环路的稳定性设计带来更多的困难，故此处使用一个简单的三端采样网络替换原有的分压采样网络，将MCU的DA模块输出的电压经过跟随器后接入三端网络，以此来影响纯输出电压在反馈信号中的分量，从而实现对输出电压的调节，具体电路如图 2-4-20 所示。

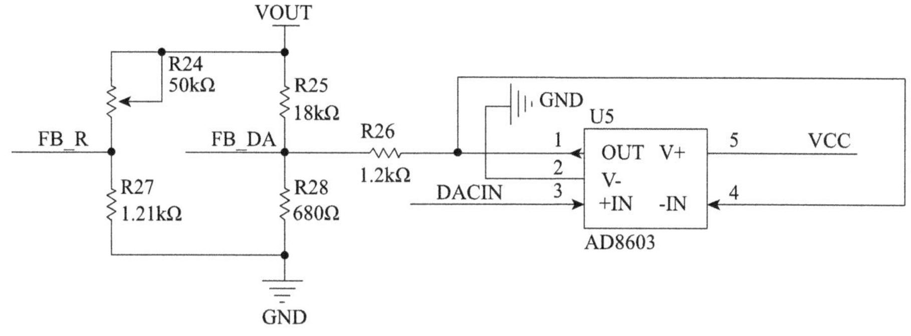

图 2-4-20　可调三端采样网络

图 2-4-20 中左侧分压方式作为备用对比方案，右侧的三端网络中，在 DA 输出电压和驱动电路输出电压的共同作用下产生反馈电压信号，此反馈信号进入误差放大器对输出电压进行调节。在该电路中，如果 DA 端的电压较高使得反馈电压较大时，反馈回路会减小占空比以降低输出电压。由此可见 DA 输出电压对输出电压的影响是反比例关系。根据手册可知 LM5116 构成的 BUCK 降压变换电路因受最小占空比以及脉宽调制器的参考电压限制，使得最小输出电压至少为 1.215 V，而 DA 端的电压是来自 MCU 的外设，故输出电压范围为 0～3.3 V，环路稳定时反馈端电压 $V_{FB}=1.215$ V，由此可知，当 $V_{DA}=3.3$ V 时，$V_{out}=1.215$ V；当 $V_{DA}=1$ V 时，$V_{out}=36$ V。利用该条件以及三端网络的 KCL 方程，求得 DA 输出电压和驱动电路输出电压的关系如式(2-4-17)所示：

$$K_1V_{out}+K_2V_{DA}=V_{FB} \tag{2-4-17}$$

式中，$K_1=\dfrac{R_{26}R_{28}}{R_{25}R_{26}+R_{25}R_{28}+R_{26}R_{28}}=0.024$

$$K_2=\frac{R_{25}R_{28}}{R_{25}R_{26}+R_{25}R_{28}+R_{26}R_{28}}=0.353$$

（四）过载保护和负载电流反馈电路设计

在前面的设计要求中已经明确，磁粉驱动电路需要具备励磁电流反馈功能，且当负载电流过大时能够切断输出进行保护。故本案例选用 ACS712 作为电流检测芯片，串接在主电路的输出回路中，如图 2-4-21 所示。因本案例采集的负载电流是直流量，故应设置低通滤波器去除高频干扰。根据该芯片的设计手册可知，当电流为 0 时，输出电压恒定为 2.5 V，电流增大则输出电压也线性增加，电流增大到 5 A 时，输出电压约为 3.5 V，由此可见输出电压的动态范围仅有 1 V，这不便于对该信号进行 AD 采集，也难以设置过流临界点，故使用运算放大器，将动态范围扩大，并使其从 0 V 开始变化，从而使后续的处理变得更加简便。图 2-4-21 中的运放芯片 U2A 输入和输出的关系如式(2-4-18)所示：

$$V_o=(1+R_3/R_6)V_i-R_3/R_6\,V_{pot} \tag{2-4-18}$$

式中，V_{pot} 是指滑动变阻器 R_5 中间抽头的调节电压值，使用这种方式是为了使输出电压从 0 开始变化。本次设计中，当 $V_i=2.5$ V 时，$V_o=0$ V，当 $V_i=3$ V 时，$V_0=3.6$ V，从而设定 R_3 和 R_6 的阻值如图 2-4-21 所示。将 R_5 的抽头电压调节至 2.92 V，使得输出电压符合预期的范围。经过放大处理后的电压信号和负载电流成正比，可将该值直接接入 MCU 的 AD 采集通道，从而实现对负载电流的监测。本案例中不仅将该信号直接接入 MCU，同时还将后一级工作在饱和状态的运算放大器用作比较器，结合 D 锁存器，构成硬件过载保护电路。即当负载电流增大时，经过第一级运放同相放大后的电压值也会大于某个阈值，该阈值通过调节R_{18} 的中间抽头来设定，此时第二级作为比较器输出低电平，从而对 D 锁存器的异步清零端清零，以实现对 LM5116 的禁能关断，从而切断输出。此时虽然 D 锁存器的清零信号解除，但由于 D 锁存器的存在，LM5116 仍处于关断状态，必须使用 MCU 的端口对输入端操作才能解除禁能信号，这有效地防止了驱动电路在过流时的抖动，有效地保证了患者的安全。

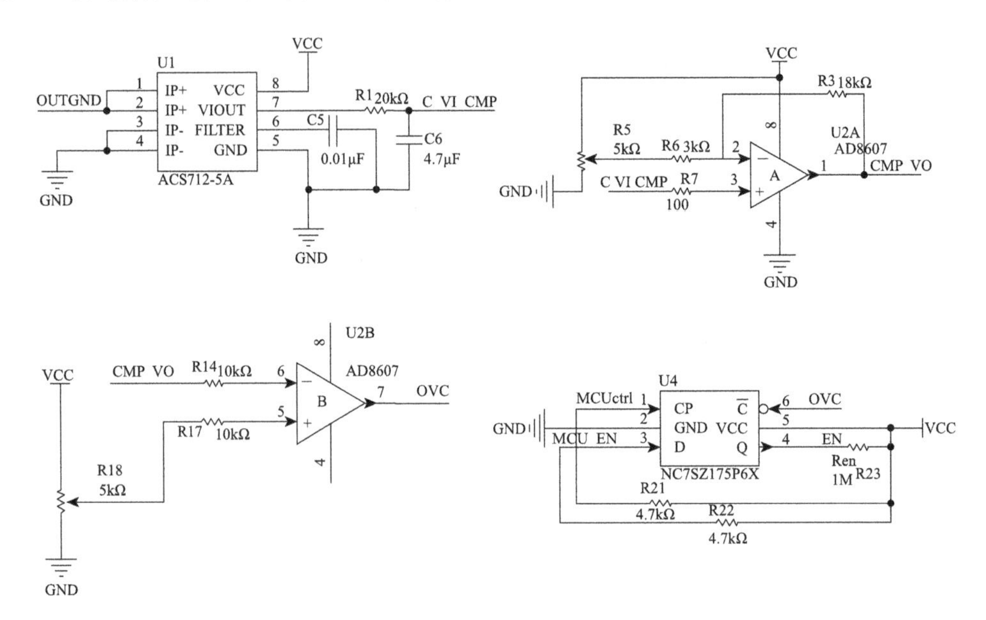

图 2-4-21　负载电流反馈以及过载保护电路

根据本小节的分析，可得出负载电流和采集电压之间的关系如式(2-4-19)所示：

$$V_o=1.3125I_L \tag{2-4-19}$$

故将 R_{18} 的中间抽头电压设置在 4.6 V，将负载电流限制在最大 3.5 A，超过该值会进入保护状态，在此范围内，可利用 MCU 的 AD 外设对该电压进行采集，采集之前使用一个分压器，分压比要小于 0.72，使得上述电路的输出电压范围为 0～4.6 V 时，仍然能被 3.3 V 的 AD 正确采集。

经过以上的分析与设计，最终完成了磁粉离合器驱动电路的设计，经过布线和调试，制作出的驱动电路实物如图 2-4-22 所示。电路板采用四层板设计，有效地降低了开关噪声，并且采用大面积填充来布线，降低了驱动电路本身的功耗，有效地利用了铜层的散热功能，减小了驱动电路中散热器的体积，使得电路的主要热量通过整流桥的散热器向外释放。电路实现了指定的驱动功率要求，同时还设计了输出电压可控接口、使能接口、过载保护电路以及负载电流反馈采集电路，使得本驱动电路和项目的使用需求更加匹配。

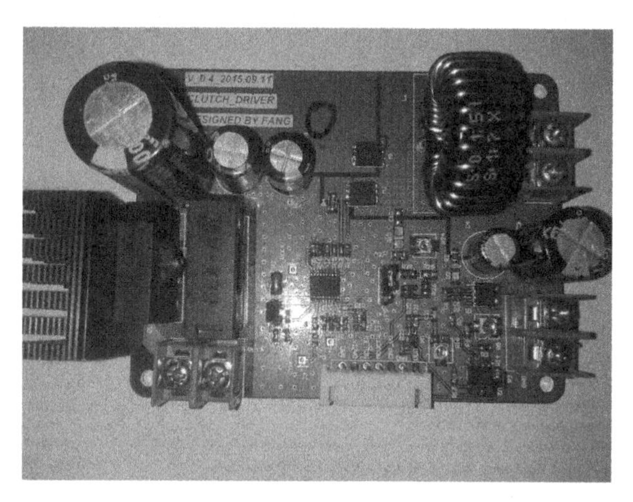

图 2-4-22　磁粉离合器驱动电路实物图

第五节　控制系统软件设计

控制系统的软件系统是建立在硬件系统完整且正常工作的基础之上的，和硬件系统不同的是，软件系统具有很大的可塑性和灵活性，是控制系统的思想和灵魂所在。一个优秀的软件系统能够和硬件系统紧密配合，并将硬件单元的功能全部发挥出来，从而实现共同的控制目标。而面向已有的上肢康复训练机器人设计合理的人机交互系统，可以帮助医生和患者更为直接和便捷地操作机器人设备。

在前面我们简要分析了本案例控制系统的主要任务。由于任务众多，且本控制系统是直接为上肢康复机器人服务的，故对系统的实时性要求比较高。本次设计采用了一款嵌入式实时操作系统，在该操作系统的框架下，编写外设驱动，进行编码器的信号采集，控制磁粉输出，实现主控板和子控板以及主控板和上位机的通信。在这些基本功能实现的基础上，设计了机器人有限状态机，并实现了相应的康复训练功能。下面将对各个部分进行详细的分析与设计。

一、实时操作系统移植和外设驱动程序设计

RT_Thread 是一款由中国开源社区主导开发的开源嵌入式实时操作系统，它遵循 GPLv2 许可协议。该操作系统的开发团队承诺永久不对 RT_Thread 内核收费，用户只需保留其 LOGO 即可以免费使用。这款操作系统也是产品级别的实时操作系统，目前

已经被国内多家企业采用，是一款能够持续稳定运行的操作系统。该系统包含的组件有实时操作系统内核、TCP/IP 协议栈、文件系统、shell 命令行、库函数接口以及图形界面等，内核具备非常优异的实时性、稳定性和可裁剪性。在进行最小配置时，内核体积的占用可以小到 3 kB ROM 和 1kB RAM，而图形用户界面 GUI 的部分商用时则需要和服务公司联系，购买稳定的版本。该操作系统是面向对象、类 UNIX 的编程风格，按照软件体系结构主要分为三个层次：内核、组件和分支。内核是操作系统的核心和根本，也最能体现操作系统本身的特征；分支支持某个芯片和 CPU 的部分代码，这部分涉及底层移植和驱动层，是与硬件密切相关的，该层的作用是把硬件平台、内核以及组件区分开来，使得上层的应用可以不因底层硬件的变化而改动；组件层则可以根据需要进行裁剪，相对比较灵活。该操作系统的软件结构如图 2-5-1 所示。

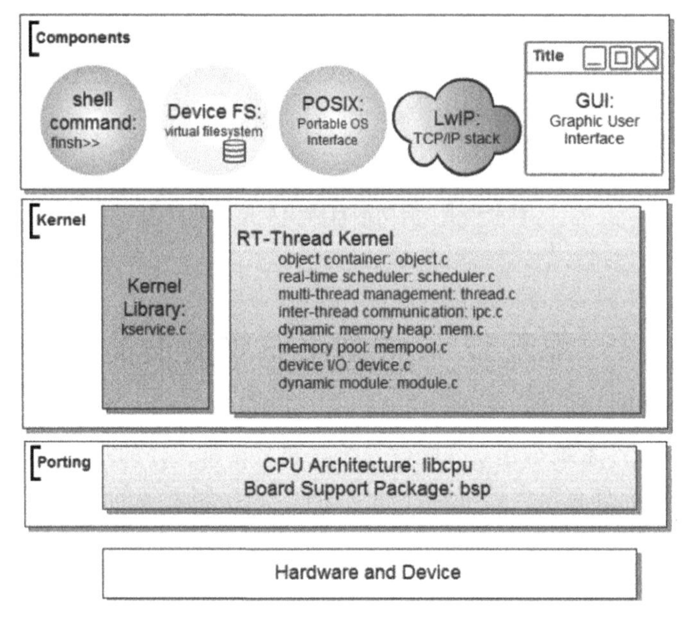

图 2-5-1　RT_Thread 操作系统软件结构

对于选用该操作系统的用户而言，需要根据自己的案例需求，按照硬件平台的相关设计，对操作系统软件进行移植，移植部分主要内容集中在分支这一层，移植之前，需要调查该操作系统支持的芯片种类，如果不需要硬件平台的分支，则要根据 CPU 的特点自行移植。这种移植方式难度较大，需要对 CPU 的结构非常了解，且要求能够使用该 CPU 的汇编语言编程，即使是采用同种内核的 CPU，如果生产厂商不同，则也有各自不同的特色，这对移植也提出了更高的要求。本案例采用的 MCU 是 LPC1768，其内核是 ARM-Cortex M3 内核，经过查阅 RT_Thread 的编程手册和源代码可知，该操作系统支持该款芯片，从而为移植带来很大方便。

尽管可以使用现有的芯片分支，但如果需要将该系统运用到具体的工程项目中，还有许多工作要完成。其中驱动程序的编写是很重要的部分，它的作用是根据操作系统的设备管理框架和规定，实现对各个外设模块以及添加的其他设备的统一化。RT_Thread

具有一套自有的IO设备管理框架，它将设备作为一种对象，将其纳入了对象管理器的范畴，每个设备对象都是由基对象派生而来，从而每个设备都可以继承其父类对象的属性，并派生出私有属性。在私有属性中，包含了该设备的种类、开关标志和设备ID等，同时还利用函数指针的形式，规定了操作设备的初始化、打开、关闭、读出、写入以及控制设备等相关的函数，并且提供了回调函数接口。在编写设备驱动程序时，需要根据设备的具体特征，划分设备的不同种类，在RT_Thread中，设备的主要种类有字符设备、网络设备、块设备、I2C总线设备、SPI总线设备、CAN设备以及USB设备等多种。

设备驱动程序的编写，主要工作集中在如何实现初始化、打开、关闭、读入、写出以及控制设备等功能。在硬件初始化过程中，如果使用了该设备，则需要将对应的功能函数赋值到设备对象的私有属性中，并且在系统内核注册。只有完成了这些工作，在其他地方才允许使用该设备。以AD转换的外设模块为例，其硬件初始化注册函数如下所示：

```
void rt_hw_adc_init(void)
{
    rt_adc_lpc * adc;
    // get adc device
    adc = &adc_device;
    adc->dev_name = adcName;
    adc->dev_flag = RT_DEVICE_FLAG_RDONLY;
    // device initialization /
    adc->parent.type = RT_Device_Class_Char;
    // device interface /
    adc->parent.init       = rt_adc_init;
    adc->parent.open     = rt_adc_open;
    adc->parent.close         = rt_adc_close;
    adc->parent.read     = rt_adc_read;
    adc->parent.write       = rt_adc_write;
    adc->parent.control    = rt_adc_control;
    adc->parent.user_data = RT_NULL;
    // device register
    if(rt_device_register(&adc->parent, adc->dev_name, adc->dev_flag) =
= RT_EOK)
    {
      rt_kprintf("System Message: %s registered ok! <----> in funciton ->
%s(), at Line %d \\n", adc->dev_name, __FUNCTION__, __LINE__);
    }
}
```

在实现该函数之前，需要在对应的头文件中将ADC设备对象定义好，同时在对各个函数指针变量赋初值之前，需要对相应的函数进行声明并定义。根据AD的特征，每次转换完成后只需读取当前通道的值即可，故定义为字符设备。在设备读出转换值时，只需指定设备名称、通道编号，以及转换结果的保存变量即可，在需要该转换值时通过调用统一的设备读出接口，即可获取该 AD 设备转换的结果。

在上面所示的需要完成功能的函数中，设备初始化函数主要完成对各个外设模块寄存器的初始化配置，设置时钟分频，使对应的外设在调用该函数之后即处于可用的状态；打开和关闭函数则实现对该设备的启用和停止；读写函数是其他应用代码和设备之间进行数据交换的接口；控制函数则是对该设备功能的切换配置。这几个接口函数并非所有的设备都按照相同的规则来编写，而是要根据实际情况来完成相应的功能，对各个设备的操作一般要遵循注册、查找、打开、使用、关闭的基本过程。本案例根据自身需要，按照以上的驱动程序框架格式，完成了对 ADC、DAC、按键、QEI、RIT 定时器、MotorPWM、Timer 定时器、编码器以及 CAN 设备的驱动编写工作，其中编码器驱动是建立在 QEI 模块和 Timer 模块功能完善的基础之上的。

当驱动程序编写完成，则应用程序和底层硬件设备之间沟通的桥梁就建立起来了。但实际的应用程序往往多种多样，和操作系统内核代码一起，构成了比较庞大的工程文件结构。如果需要对某些文件进行增删裁剪，例如需要增加或删除当前工程不必要的组件时，手动更改工程文件目录工作量就比较大，且容易出错。RT_Thread 则采用了一种方便的构建工具 Scons，这是一套由 Python 语言编写的开源构建系统，类似于 Linux 系统中使用的 GNU Make 工具，它可以根据一定的规则或指令，将源代码组织成文件，在每个目录的子文件夹中一般都有一个 SConscript 文件，Scons 工具根据这个文件里面的语句来检测文件的组织结构和相互依赖关系，执行相应的指令后即可完成对整个工程文件的构建。Scons 工具支持 Windows 平台下使用，可以适应 Keil MDK、ARM GCC 和 IAR 等多种编译环境。使用之前，需要在 Windows 中设置好编译器、RT_Thread 根文件目录和源代码目录的环境变量，并在 rtconfig. py 文件中进行正确的配置，这些工作完成后才可以在 Windows 命令行中运行相应的命令来完成工程文件的构建和编译。

本次工程文件中，将 GUI 界面和文件系统等组件裁剪掉，仅保留内核、TCP/IP 协议栈和 shell 命令行的功能，并建立了用于本案例上肢康复机器人的相关代码文件目录，从而构成一个完整的工程。

二、编码器角度采集及软件去抖程序设计

在第四节中，已经对增量式光电编码器的基本原理作了说明，并设计了硬件去抖电路，在软件中则需要根据编码器的信号特征计算出采集到的转轴角度和速度。在本案例中，由于主控板需要同时采集三个编码器的角度，仅使用 QEI 模块无法完成，故选择 Timer 模块的引脚边沿捕获功能来完成此任务，即将编码器硬件处理电路的输出脉冲信号接到定时器捕获引脚，将定时器设置在捕获状态，当该引脚处有脉冲信号产生时，则定时器会进入捕获中断，在中断服务函数中读取方向信号，并且对脉冲计数值累加或者累减，从而完成对角度信号的采集。在这种方式下转速越快则产生的捕获中断越频繁，由于本系统中转速并不高，为了降低芯片的中断频率，故只对信号上升沿捕获，即进行 2 倍

频采集。在第四节中，分析了增量式光电编码器抖动产生的原因，如果不对抖动信号进行处理，则会对测量结果造成影响，在软件采集程序中也会因为方向抖动而发生错误的动作。故在前面提到的硬件去抖的基础之上，软件方面也进行了相应的去抖处理。软件去抖的基本思路为，在几个连续边沿处，读取方向信号，并判断当前方向和前一次方向是否发生改变，改变则认为抖动一次，当抖动次数大于 1 时，则认为发生了抖动，在总计数值中将抖动值剔除，如果抖动次数等于零则是正常的信号，如果抖动次数等于 1，则认为是编码器发生了正常换向，而不是抖动信号，从而达到去抖的目的，软件去抖的基本思路如图 2-5-2 所示。

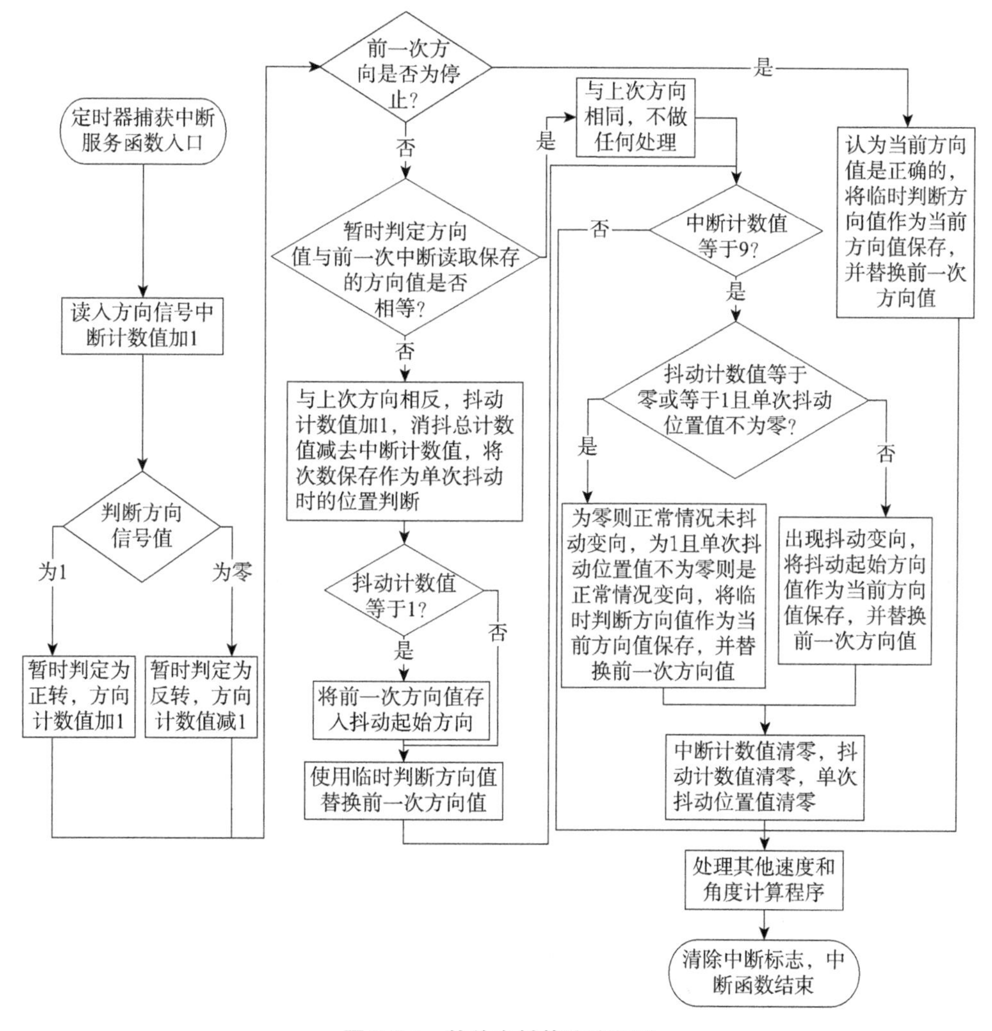

图 2-5-2 软件去抖算法流程图

根据以上的去抖思路，实现去抖算法的实际代码如下所示：

```
if(DIR_STA_ONE)
{
```

```
tempDir = N_DIR_NEG;
motorAngEnc[0]->curCnt--;
}
else
{
tempDir = N_DIR_POS;
motorAngEnc[0]->curCnt++;
}
if(motorAngEnc[0]->preDir == N_DIR_STOP)
{// if previous direction is stop, use current direction as the correct direction instead
    motorAngEnc[0]->curDir = tempDir;
    motorAngEnc[0]->preDir = tempDir;
}
else
{
    if(motorAngEnc[0]->preDir != tempDir)
    {//direction changed this times
        shake_count++;
        cnt_pos = debounce_cnt - int_count;//if shaked only once,indicates the position
      if(shake_count == 1)
      {//if this is the first time to shake,should record the previous direction
        startDir = motorAngEnc[0]->preDir;
        }
        motorAngEnc[0]->preDir = tempDir;
}
if(int_count == debounce_cnt)
{// if "debounce_cnt" times interrupt has been occured, should jugde the direction shake is normal or jam
      if((shake_count == 0) || ((shake_count == 1) && (cnt_pos != 0)))
      {//shake_count ==0 indicates that direction kept unchanged, shake_count ==1 indicates that
        //direction changed only once,this is normal dir change
        motorAngEnc[0]->curDir = tempDir;
        motorAngEnc[0]->preDir = tempDir;
      }
      else
```

```
        {//shake_count is other value except 0 and 1, this dir change is caused by
jam,should ignore it
          //in this case,we should judge the direction carefully,
          motorAngEnc[0]->curDir = startDir;   //use the sart dir instead
          motorAngEnc[0]->preDir = startDir;   //update the previous dir
        }
        int_count = 0;
        shake_count = 0;
        cnt_pos = 0;
      }
    }
  motorAngEnc[0]->curAngle = motorAngEnc[0]->anglePerCnt  * motor-
AngEnc[0]->curCnt;
```

上述详细描述了对编码器角度的采集以及去抖的过程。在此思路中，判断抖动是在9个连续边沿捕获中断中进行的，该数值9可以根据实际测试结果作调整，设置太小可能无法达到去抖效果，设置太大则会导致方向判断和角度测量不及时，从而造成测量滞后的不良影响，一般设置为5～9比较合适。根据实际情况分析可知，编码器不仅是用来采集角度，判断旋转方向的，还需用来测量转轴的速度。根据物理知识，角速度是角位移的一阶导数，因此在数字系统中，测量角度的方法有多种。固定采集时间计算采集的脉冲数从而得到角速度的方法称为M法，而固定采集N个脉冲计算共占用的时间差来计算角速度的方法称为T法。本案例是利用脉冲的边沿触发定时器的捕获中断来进行采集，故采用T法较为合适，即利用定时器中的捕获寄存器保存的外设时钟周期个数来计时，再结合角度采集过程中采集到的编码脉冲个数来计算速度值。

三、步进电机变速程序设计

本案例中使用步进电机作为动力输出装置，对于步进电机来说，由于其本身构造的特殊性，其输出转速和定子绕组的通电方式有关，通电频率越高，转速越快，此外，其与转子齿数和通电拍数也有关，其数学表达式如式(2-5-1)所示：

$$n = 60\,f/Z_r N \tag{2-5-1}$$

式中，f代表通电频率，Z_r代表步进电机的转子齿数，N指通电拍数。在这几个影响因素中，转子齿数在电机制造完成时已固定为某个常数，无法更改，通电频率和通电拍数则可以通过驱动电路的设计来进行调整。步进电机在一个通电周期内，转子转过一个固定的角度，称之为步距角，而步距角也和转子齿数以及通电拍数有关，其数学表达式如式(2-5-2)所示：

$$\theta_s = 360\,°/Z_r N \tag{2-5-2}$$

步距角的单位为度，由此可知，当转子齿数越多，通电拍数越多时，步距角越小，从而电机输出轴的停顿感越弱。但是转子齿数受制造工艺和成本的限制无法无限增大，故通过改变通电拍数能有效地减小步距角，同时也改变了转速和通电频率的关系。

在驱动器中改变通电拍数减小步距角并影响转速和频率的关系称之为细分驱动控制原理。细分驱动能够使电磁转矩增加，转矩波动减小。本案例选用的步进电机固有步距角为1.8°，将驱动器设置为40细分，而其实际运行的步距角为0.045°，代入式(2-5-1)求得转速和通电频率的关系为 $n=7.5\times10^{-3}f$。

一般而言，用电机拖动机械装置时，都应满足转矩平衡方程，反映到电机侧，则是电机的机械特性，亦即电机输出电磁转矩和转子转速之间的数学关系。但对于步进电机而言，其输出转矩和通电频率之间存在非线性关系，通电频率在一定范围内输出转矩恒定，超过该临界值则输出转矩急剧减小，与此同时，频率的增大将直接导致转子旋转磁场转速的等比增大。如果电机拖动轴的惯性较大，则可能在电磁转矩作用下转子加速的速度无法跟上磁场的速度，使得失调角增大，从而导致步进电机不稳定。故在电机变速过程中需要设计变速曲线来完成电机的变速，从而保证动力输出的稳定可靠。

本案例使用成熟的7段S曲线来完成电机的变速，在控制程序中，根据给定速度和当前速度，按照设定的加加速、匀加速、减加速或者减减速、匀减速、加减速的不同区间函数，绘制出加速和减速曲线，并将参数保存在相应的数组中，同时启动RIT定时器，在固定时间内取出参数数组中的值，再按照式(2-5-1)计算出PWM外设寄存器的值并写入，从而完成对电机的变速过程。在计算S曲线参数过程中，为了减小计算量，将变速过程分成三段，共计200步，其中匀速段100步，另外两段各50步，每步之间假设时长为2 ms，计算速度参数的代码段如下：

```
for(i=1;i<50;i++)
{
  vTemp[i] = v0 + 30 * vam * t * t;
  t +=0.002;
}
for(i=50;i<150;i++)
{
  vTemp[i] = v0 + 60.0 * (vam * (0.1 * t - 0.005));
  t +=0.002;
}
for(i=150;i<200;i++)
{
  vTemp[i] = v0 + 60.0 * (vam * (0.025 - (t * (0.5 * t - 0.4) + 0.075)));
  t +=0.002;
}
if(! vdest) vTemp[n-1]=0;
```

RIT定时器的定时值的设置和步进电机转轴的转矩平衡方程的参数密切相关，设置合理才能保证步进电机不失步，在本案例中，由于传动链较长且机械臂随着位置的不同而使飞轮矩发生变化，难以计算出准确的参数，故通过实验的方式将定时值设置为 50 μs，经测试达到了预期的变速效果。

四、磁粉离合器调节程序设计

第四节详细介绍了磁粉离合器硬件驱动电路的设计过程，得出了最终的 DA 输出电压与驱动电路输出电压的关系式，以及负载电流和反馈采集电路的关系式，并且给出了控制使能接口，这对于软件调节程序的设计至关重要。通过式(2-4-17)可知，DA 输出电压与驱动电路输出电压成反比关系，增大 DA 输出时驱动电路输出也相应减小。由于磁粉离合器是直流阻性负载，故相应的励磁电流也会减小，与此同时通过 AD 采集反馈回路的值来判断励磁电流是否达到给定值，由此构成一个励磁电流闭环控制回路，可以有效避免因磁粉离合器本身放置的原因导致等效阻值的变化。但为了便于实现相应的代码，故利用实验数据测得的等效阻值作为其初始阻值来计算电压和电流的关系。实现磁粉离合器励磁电流调节的程序如下所示：

```
void RB_Clutch_Drive(float current)
{
  rt_int32_t ADC_Data1 =0,ADC_Buf1 = 0;
  float R_current,Kp=0.5,Rlclutch=15.8,voltage,Vrefn=0.0,Vrefp=3.0;
  rt_uint32_t dacvalue;
  for(i=0;i<10;i++)
  {
      rt_device_read(rb_adc_device,RT_NULL,(void *)&ADC_Buf1,
ADC_CHN_ONE);
    ADC_Data1 += ADC_Buf1;
  }
  ADC_Data1 = (ADC_Data1 / 10);
  ADC_Data1 = (ADC_Data1 * 3300)/4096;
  R_current = ADC_Data1/1.3125;
  voltage = (50.63-(current + (current - R_current) * Kp) * Rlclutch)/
14.71;
  dac_value=(rt_uint32_t)((voltage-Vrefn) * 1024/((Vrefp-Vrefn) *
1000));
  rt_device_write(dac_device,RT_NULL,(void *)dac_value,1);
  RB_Clutch_Enable();
}
```

在上述代码中，首先读取 AD 采集到的值，取 10 次均值滤波，将这个值转换成实际励磁电流值，并与给定电流值作差，然后乘以比例系数后再与给定电流值叠加。利用磁粉驱动电路的调节关系，求出 DA 模块输出的电压值，从而计算出寄存器的值并写入，最后使能磁粉驱动电路。

五、通信协议制定及代码实现

为了实现图 2-1-4 所示的控制系统结构，需要利用多种通信方式将不同的模块连接起来。底层动力控制系统的一主三从结构，需使用 CAN 通信连接，而底层主机和上位机之间的通信，则设计了两种不同的方案。一种是串口通信方案，另一种则是支持远程康复功能的网络通信方案。不同模块之间的连接有其特殊的含义，且由于采用的通信方式不同而各有差异，故需要根据具体情况制定合适的通信协议。下面将对这三种不同的通信方式进行具体的应用协议设计。

1. CAN 总线通信协议制定及代码实现

CAN 总线的物理特性在第四节已经有了详细说明，在设计好的硬件平台上实现 CAN 总线通信，需要充分利用硬件的特征。在本案例中，为了使得从机的软硬件实现兼容，在通用的 CAN 总线的基础上实现了一种自动编号的节点管理机制，新的总线连接结构如图 2-5-3 所示。

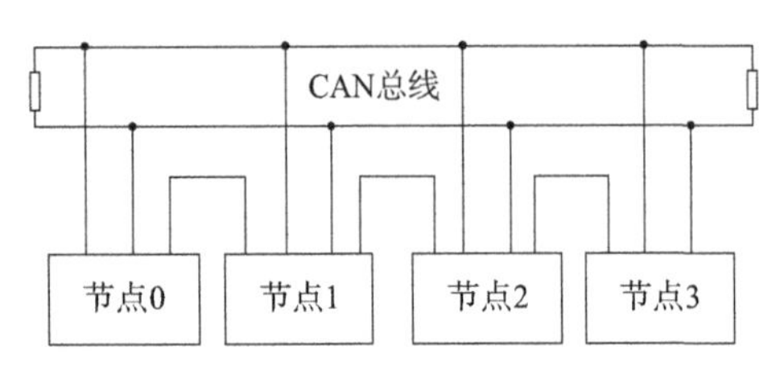

图 2-5-3　CAN 总线连接结构

图 2-5-3 中的中间节点，除了需要留出通用的 CAN 总线接口外，还增加了一个输入口和一个输出口。按照以上顺序，只有当前一个节点对后一个节点使能时，后一个节点才能正常接收到 CAN 的消息帧。对于主机节点 0 而言，对 CAN 通信外设初始化完成之后，便需要执行节点管理程序。在该程序段中，首先使能节点 1，接着发送节点 1 编号数据帧，此时只有节点 1 被使能，故节点 1 会接收到该帧数据，同时通过 CRC 和 ACK 校验返回一个应答帧，确定收到数据后使能节点 2，当主机接收到节点 1 的应答回复时将编号值加 1 并发送，此时节点 1 因为已经编过号，故不对该编号帧做任何处理，而节点 2 接收到该帧数据，执行同之前节点 1 类似的过程。在这个过程中，应编号的节点数只需根据实际的总线连接顺序和主机中发送编号帧的节点数来确定，与各个从机无关，这样便实现了 3 个从机之间软件和硬件的一致性和兼容性。与此同时，主机在发送节点编号数据帧时，如果当前节点并没有立即回复应答帧，则会重新发送，从而提高了节点编号程序的可靠性。节点管理程序的流程图如图 2-5-4 所示，编号节点最大值根据实际的连接子节点数设置即可，本案例中使用一主三从式结构，故子节点为 3 个。

以上的节点编号程序执行完成之后，各从机就拥有了各不相同的编号值。CAN 通信中的 ID 标识符则用来识别不同种类的帧信息，而需要发送的目标节点编号值则存放在数据区中，从而将不同节点的收发信息区分开来。CAN 的数据帧有两种格式，即标准帧和扩展帧。这两种帧格式的定义略有不同，但其数据区的位数是一致的，即一个 CAN 数据帧可以允许携带 0～8 字节的数据。在 LPC1768 中，有一个专门的寄存器来存放这对应的 8 字节数据，且发送区和接收区是分开的，为了能够将 CAN 通信应用到本案例

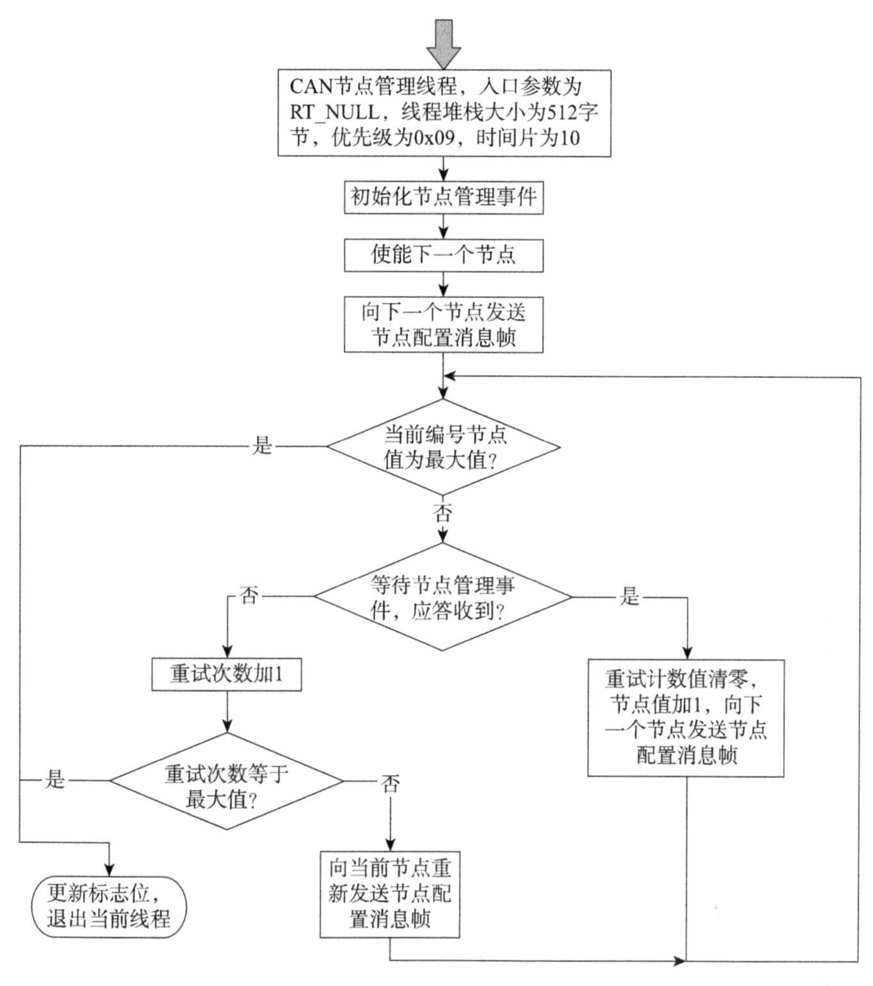

图 2-5-4　节点管理程序流程图

中，需要对这 8 个字节的内容进行合理的规划。为了充分利用 CAN 数据帧的各个区，将 ID 标识符设计为不同的帧类别，如启动、停止、速度更新、多帧数据发送、节点参数配置等。启动和停止帧中，只需使用一个字节表示指向的子节点；速度更新帧中，使用 7 个字节，每两个字节构成 16 位代表一个节点的速度，高两位表示方向，另取一个字节和启动、停止帧保持一致，代表节点编号；节点参数配置帧中，需要使用两个字节，一个字节代表节点编号，另一个字节代表主机下发的设置帧或子节点返回的应答帧；同时，为了适应多帧数据的打包发送，则将 8 个字节全部填满，一个字节代表节点编号，另取一个字节代表多帧数据的帧编号，方便在接收端根据此参数进行帧重组。此外，在多帧数据的第一帧，设置一个字节代表全部的字节数，剩余空间填充有效数据。

2. 串口通信协议制定及 PC 控制方式实现

串口通信是应用最为广泛的一种异步串行通信方式，尤其是在嵌入式系统和上位机之间的通信中占有较大的比例。在现有的 PC 中，由于传统的 RS232 串口已经不再保留，而是广泛使用 USB 接口。故在本案例中，使用了 PL2303HXD 作为 USB 转串口的芯片，实现和上位机的串口通信。串口通信在本案例中作为一种过渡通信方案而存在，是为了适应PC端软件控制界面对底层机器人的控制而设置，在上位机软件中，使用的串口设置窗口如图2-5-5所示。

图2-5-5　串口配置窗口

为了配合上位机软件通信，同样需要对通信协议进行规划。本案例按照“帧头＋数据位长度＋指令类型＋指令内容＋CRC校验码＋帧尾”的帧格式来制定通信协议，帧头和帧尾使用固定的字节和代码，不随协议内容的改变而改变，数据位长度和CRC校验码则需要根据实际的数据帧实时计算之后再填充。按照实际通信需求，将指令类型划分为控制命令、关节数据和反馈指令三种，其中控制命令是指全部由PC向下发送的指令，反馈指令则是底层接收到对应的控制命令后给上位机的反馈应答，关节数据是底层接收到数据请求命令后将机器人当前的关节速度和角位移等信息上传。其中控制命令的内容最丰富，包括开始运行、停止、复位、归零、加速、减速、数据请求以及训练计划设置等。训练计划设置时，可以根据需要将机器人设置为被动训练、方向助力训练和肌电助力训练等多种模式。为了提高通信实时性，将串口通信波特率设置为921 600 b/s，8位数据位，1位停止位，无流控制和奇偶校验，经测试发现运行良好，底层对PC下发指令的解码情况如图2-5-6所示。

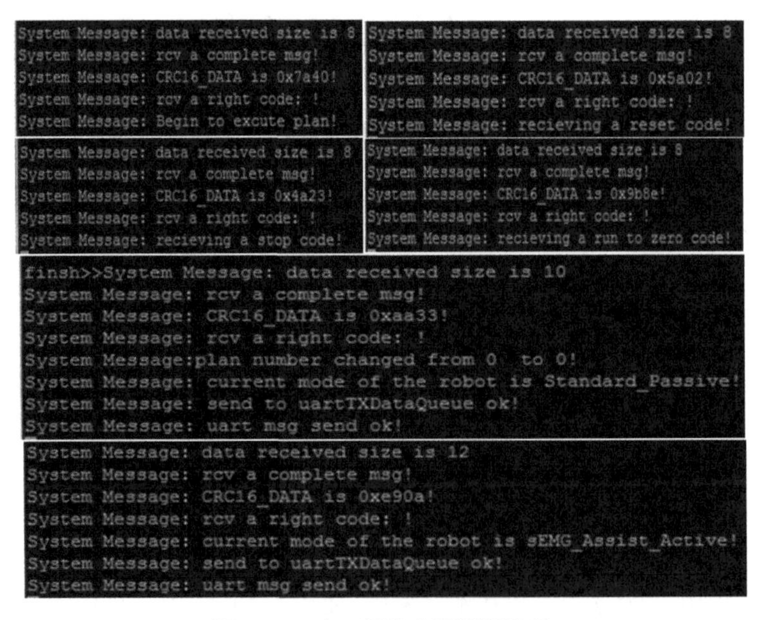

图2-5-6　串口通信底层解码情况

3. 网络通信的数据格式制定及远程控制实现

网络通信是本案例的一个关键部分，是实现远程康复必备的功能，只有让设备联网，才能充分利用互联网这个有效的工具，为医生和患者服务。第四节设计的硬件结构是网络通信的基础，但仅仅只有硬件是不够的，网络通信由于过程十分复杂，离开软件的支持则无法正常工作，而网络通信协议需要遵循 TCP/IP 协议规范，由于 TCP/IP 协议是分层的结构，故将实现 TCP/IP 协议的代码称之为协议栈。本次网络通信功能是基于 LwIP 协议栈实现的，该协议栈是一款适用于嵌入式系统的开源 TCP/IP 协议栈，资源占用小，结构精简。在协议栈的源代码中，并不遵循严格的分层，而是在不同层之间共享内存，这使得处理速度有效提高。由于层间内存拷贝较少从而占用更少的内存，非常适用于嵌入式系统。

LwIP 协议栈既适合在无操作系统下运行，也可以在操作系统框架下运行，本案例选用的 RT_Thread 嵌入式实时操作系统便将该协议栈作为其默认协议栈，并在底层的协议栈系统模拟层做好了相关的接口和移植工作，故使用起来十分方便。一般而言，协议栈已经实现了 TCP、UDP、DNS、DHCP、ARP、IP、SNMP、IGMP 和 ICMP 等相关的功能。对于实际的项目而言，只需将底层移植即可使用这些功能，从而实现所需应用程序。当无操作系统支持时，使用 LwIP 协议栈则需要运用 raw/callback API 函数来进行编程，在这种方式下，程序运行效率高，和协议栈内核结合紧密，但缺点是需要对协议栈内核实现的机制比较熟悉，才能编出高效的程序，故难度较高；当有操作系统的支持时，便可以使用 sequential API 来进行编程了，如果能够结合 raw/callback API 和 sequential API 的优点混合编程，则是最佳的方式。另外，在操作系统支持下，还可以使用 socket 编程，但是对于 LwIP 协议栈而言，socket API 是在 sequential API 的基础上实现的，且有些标准 socket 库中的某些函数还无法实现，故使用 socket API 并不是一个合适的方式。

应用于本案例的协议栈，在 RT_Thread 的支持下有效地降低了开发难度，使用 sequential API 实现了 HTTP 客户端的功能，能够和既定的服务器之间进行数据传输。由于 HTTP 协议本身包含的内容比较多，实现全部功能则比较复杂，对于嵌入式系统而言没有必要，故本案例只针对 HTTP 协议携带 JSON 格式数据的方式下，实现了远程通信。

网络通信存在两种方式，即客户服务器方式（C/S）和对等连接方式（P2P）。无论在何种方式下工作，都需要双方具有一个独一无二的公网 IP 地址，但是由于当前的互联网中，使用的 IPv4 地址是 32 位的分类地址，随着互联网的快速发展，IPv4 地址已几乎耗尽，无法为所有联网设备分配公网 IP 地址，虽然新一代 IP 地址即 IPv6 已经出现，但短期内无法让数量庞大的网络设备全部升级为 IPv6 地址，现阶段是两种地址并存的时期。为了解决 IPv4 地址短缺问题，目前广泛使用局域网和网络地址转换（NAT）技术，使得局域网内部的主机可以互联，而要同公网相连的主机通信时，局域网内部的所有设备共用 1 个或几个公网 IP 地址，并且局域网内部的主机需要工作在客户端模式才可以，否则外部主机无法主动找到局域网内部的某台主机并与其建立网络连接。在本案例中，假如机器人工作在服务器状态，则需要在使用时单独为其申请一个公网 IP，这将带来额外的经济支出，且造成了 IP 地址浪费，操作起来也不方便，故将其设置为客户端工作模式，机器人定期向服务器发送状态反馈信息，以保持这条连接，当服务器需要给该设备发送指令时，通过响应报文的方式将命令下发至设备，这种方式有效地避免了以上问题，且十分符合当前的网络连接方式和用户习惯。

当发送请求报文和接收响应报文时，数据区使用 JSON 格式表示报文含义，定义了三个键值对，格式如{“devUID”: xx, “command”: “xx”, “data”: xx }所示。由于 JSON 格式支持嵌套，故其中任何一个子键值均可使用一个新的 JSON 对象表示。当客户端向服务器发送数据时，主要有在线状态发送、数据更新以及指令反馈三种命令，前两种命令采用定时发送的方式，当前设定为 500 ms 一次。当服务器需要发送控制命令时，则是在底层向服务器发送上述任何一种报文时，在响应报文中将相应的命令发送至机器人。服务端下发的命令比较丰富，包括训练计划设置、开始、停止、暂停、归零、就位和加速减速等命令内容，多数指令的数据字段需要利用子 JSON 对象来描述。根据以上的分析和协议规划，在程序中将发送和接收利用两个线程分别完成，并且共用同一个 TCP 连接，从而协同完成 HTTP 客户端的功能，设计的发送线程和接收线程流程图如 2-5-7 和 2-5-8 所示。

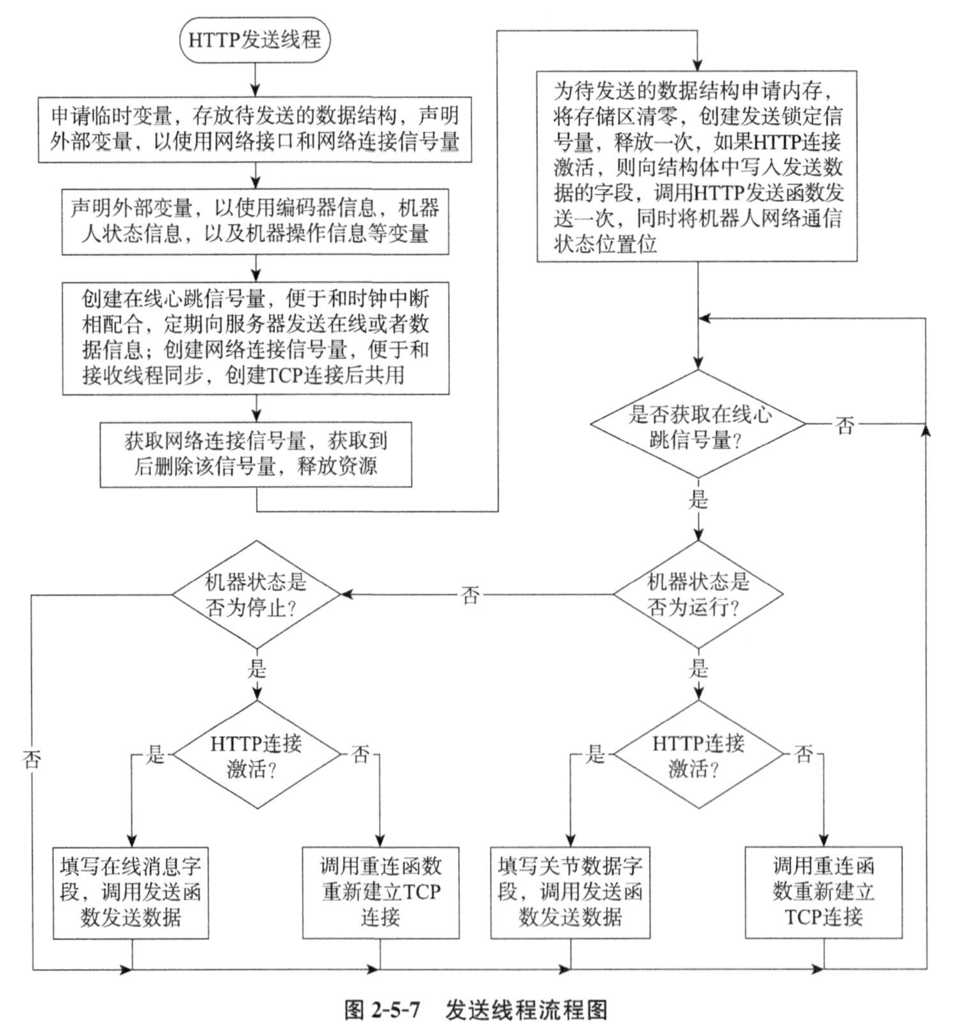

图 2-5-7　发送线程流程图

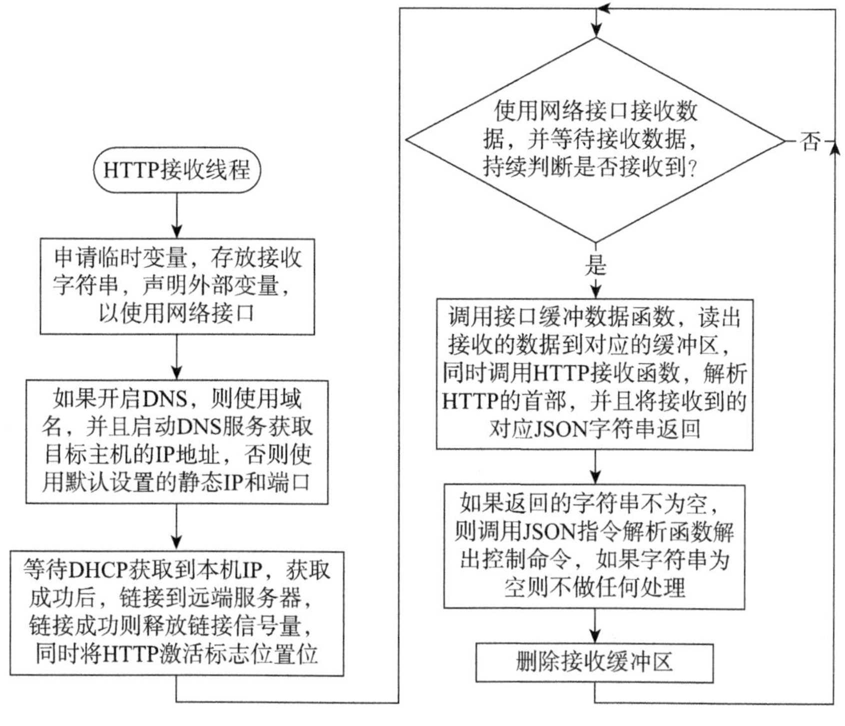

图 2-5-8　接收线程流程图

在 RT_Thread 中使用 LwIP 协议栈时，需要在 rtconfig. h 文件中，开启 UDP、TCP、DNS 和 DHCP 等功能，使用动态主机配置 DHCP 时，从最近开启 DHCP 服务的路由器处获取当前设备在局域网中的子网 IP 地址，使用 DNS 解析出目标服务器 www. nofate. net. cn 的 IP 地址，然后再创建 TCP 连接以实现数据的收发。在上述两张图中，发送和接收同一个 TCP 连接，利用了操作系统信号量机制，在其中一个线程中创建信号量，在另一个线程中建立 TCP 连接，完成后释放该信号量，从而在本线程中才可以继续使用该 TCP 连接，实现了两个线程共用同一个 TCP 连接的同步。另外，在 HTTP 客户端实现的过程中，为了保证 TCP 有效连接的持久性，故在无数据更新和指令反馈需求时，定时向服务器发送在线状态报文，并在检测到 TCP 连接超时断开或由于服务器或网络环境问题而断开时，对 TCP 连接进行断开重连操作，以保证连接的有效性。通过以上的思路分析，编写代码并实现了相应的功能。底层控制系统接收到相应的指令后进行解码，对开始运行、停止、就位、归零、被动训练和肌电助力等几个指令的解析结果如图 2-5-9 所示。

当底层控制系统完成上述功能之后，便具备了远程康复的技术基础，使得设备能够被互联网中的其他主机访问。当用户使用任何一种智能终端如 PC、平板或手机时，使用浏览器访问并登录服务器，从而拥有不同的权限来对本设备进行相应的操作。患者或家属可以查看康复训练量表，医生则可以通过服务器上的网络平台来为患者制订康复计划，并实时跟踪康复训练的效果。

```
System Message:response data is {"devUID":"sz-centrobot-0001","command":"st
art","data":0}
System Message:Device UID:sz-centrobot-0001!
System Message:Command:start!
System Message:Data is null,Robot should start now!
System Message:response data is {"devUID":"sz-centrobot-0001","command":"st
op","data":0}
System Message:Device UID:sz-centrobot-0001!
System Message:Command:stop!
System Message:Data is null,Robot should stop now!
System Message:response data is {"devUID":"sz-centrobot-0001","command":"to
Position","data":{"armAngle":50.0,"shoulderAngle":10.0,"elbowAngle":20.0,"t
ime":6}}
System Message:Device UID:sz-centrobot-0001!
System Message:Command:toPosition!
System Message:go to position arm angle:double 50.000000!
System Message:go to position shoulder angle:double 10.000000!
System Message:go to position elbow angle:double 20.000000!
System Message:go to position time:double 6.000000!
System Message:response data is {"devUID":"sz-centrobot-0001","command":"to
Zero","data":{"time":6}}
System Message:Device UID:sz-centrobot-0001!
System Message:Command:toZero!
System Message:go to zero time:double 6.000000!
System Message:response data is {"devUID":"sz-centrobot-0001","command":"pl
anContents","data":{"trainingType":"Passive","trainingSubType":"standard","
trainingNum":1,"trainingTimes":5,"trainingPeriod":2,"trainingForceRange":"l
arge","trainingForce":4.1}}
System Message:Device UID:sz-centrobot-0001!
System Message:Command:planContents!
System Message:training type is passive!
System Message:sub training type is standard!
System Message:training number:double 1.000000!
System Message:plan number changed from 0  to 0!
System Message:trainning force range is large!
System Message:training force:double 4.100000!
System Message:response data is {"devUID":"sz-centrobot-0001","command":"pl
anContents","data":{"trainingType":"Active","trainingSubType":"EMGAssist","
trainingNum":0,"trainingTimes":3,"trainingPeriod":2,"trainingForceRange":"l
arge","trainingForce":4.2,"forceOrientation":"vertical"}}
System Message:Device UID:sz-centrobot-0001!
System Message:Command:planContents!
System Message:training type is active!
System Message:sub training type is emg assist!
System Message:training count:double 3.000000!
System Message:training time period:double 2.000000!
System Message:trainning orientation is vertical!
System Message:trainning force range is large!
```

图 2-5-9　网络通信底层解码

六、上肢康复训练机器人的有限状态机设计

无论采用上述的 PC 端软件和串口通信方式，还是采用浏览器以及服务器结合网络通信的方式来控制本案例的上肢康复机器人，都需要将机器人设置在合理的状态，并能根据控制指令将机器从一个状态变换到另一个状态，包括开始运行、停止、归零和就位等几个基本状态，以及被动训练、肌电助力（肌电触发助力）、方向助力、自由训练（主动训练）以及阻抗训练等训练模式，这些状态之间都存在着转移关系。根据机器人本身的运

行特征，将其有限状态划分如图 2-5-10 所示。

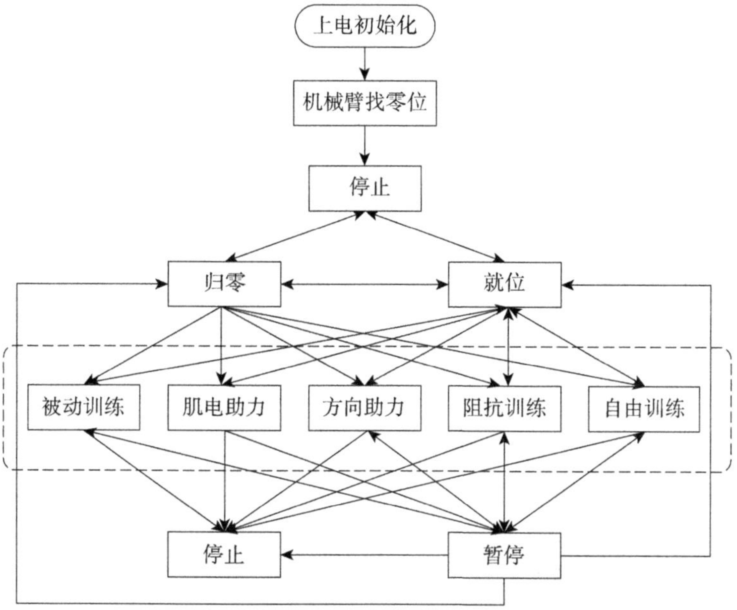

图 2-5-10　上肢康复训练机器人有限状态划分

在图 2-5-10 中，两个停止状态为同一个状态。虚线框中的几个状态都是开始运行之后的某一种模式，几种模式不可能也不允许同时运行。机械臂上电找零完成后，应当处于停止状态，此后可以转换到归零或者就位状态。如果需要开始运行，则必须先就位，接收到开始运行指令后开始运行。如果此时机器人的训练计划和运动模式已经设定完毕，则可以对应设定的状态运行，如果没有设置，则默认为自由训练状态。图中单方向箭头，表明该方向的状态转移不可逆，其他双向箭头，则表明该方向可相互转换。同时，当设备处于暂停状态时，仍可以单方向转换到归零或者就位状态。图 2-5-10 中将停止和暂停两个状态进行了区分，是因为当机器人正在进行训练时，如果进入暂停状态，则再次接收到开始运行命令后仍可以沿着之前的中断点继续运行，此时如果需要定时向服务器上传数据，则仍然是连续的；而如果进入的是停止状态，则必须重新就位再开始训练，这个过程中之前的训练数据全部丢弃，所有动作以及上传数据重新开始计算。图中就位状态的存在是为了便于实际操作而设定，由于机械臂归零时设置为完全竖直向下的状态，此时在座位上的患者手臂离机械臂还有很远的距离，不适合系绑带，开始训练之前先进入就位状态便于护理人员操作，且这个就位点可以根据患者的实际需要调整，通过浏览器修改对应的就位点参数并发送到机器人底层控制系统中即可。

七、康复训练相关功能实现

经过前面介绍的硬件系统和软件系统设计，机器人便具备了最基本的可控功能，但最终的目的是要让这台设备根据医生的设定来帮助患者进行康复训练。本案例在设计好的软硬件平台的基础上，实现了机械臂的自动寻零功能，利用二次多项式的轨迹规划，实现了被动训练，通过采集拮抗肌的双通道表面肌电信号，实现了肌电助力训练，利用光电编码器实现了方向助力训练，下面将分别将这些功能进行详细的说明。

1. 自动寻零程序实现

在进行康复训练之前，必须使得机械臂处于一个初始位置，且该位置和理论计算时所取的坐标原点保持一致，但当机器上电时，对于控制系统来说并不知道实际的零位在何处，故需要设计相应的程序来找到这个初始位置。本案例使用光电编码器的 Z 相来定位机械臂的零位，当控制系统探测到 Z 相脉冲并产生中断时则认为零位到来，将机械臂摆放在理论计算零位时，同时将关节采集所用编码器的 Z 相位置固定在此处，固定完毕后编码器的 Z 相便和机械臂的初始位置对应起来了。上电之后，机械臂可能在零位附近的某个位置，但肯定不会刚好在零位，而对电机进行初始化时，需要设定初始速度和方向，这便带来了一个问题，如果设定的初始方向使得机械臂向着远离实际零位的方向运动，则无法找到零位，这给后续的工作带来了很大的不便。根据对实际情况的分析，当机器断电后，机械臂由于重力的作用会自然下垂，不一定会刚好停在设计的零位，但是会落在零位附近的某个范围之内。假如使机械臂按照一定的初始速度和方向进行一次找零，并且设定一个搜索范围，当超过这个范围仍然无法找到零位，则将初始方向反向，向另外一个方向寻找，如果搜索范围的大小设定恰当，且对反向寻零次数进行合理的设置，则按常理是一定可以找到初始位置的。按照这个思路，进行了相应的程序设计，通过多次试验获取实际机械臂可能停靠的范围，并适当调整反向找零次数，以其中的一个关节一个方向为例，其具体的实现代码如下所示：

```
    if((motorAngEnc[1]->zPassed! =RT_TRUE)&&((int)motorAngEnc[1]->curAngle == (int)motorAngEnc[1]->initAngPosLim)&&(motorAngEnc[1]->initPosArvd==RT_FALSE)&&(motorAngEnc[1]->initchgdircnt<3))
    {// Positive Angle limit arrived
    motorAngEnc[1]->initPosArvd = RT_TRUE;
    motorAngEnc[1]->initNegArvd = RT_FALSE;
    InitialSpeed[1] = (~InitialSpeed[1] + 1);
    motorAngEnc[1]->initchgdircnt++;

CAN_Send_Msg=(CAN_Send_info_t)rt_malloc(sizeof(structCAN_Send_info));
    if(CAN_Send_Msg ! = RT_NULL)
    {//change second motor direction
      for(i=0;i<3;i++)
      {
        CAN_Send_Msg->speed[i] = InitialSpeed[i];
      }
      CAN_Send_Msg->codetype = N_SYS_CTRL_V_UPDATE;
      CAN_Send_Msg->motorNum = N_SECOND_MOTOR;
```

```
        RB_Send_CAN_Msg(CAN_Send_Msg);
        rt_free(CAN_Send_Msg);
        CAN_Send_Msg = RT_NULL;
    }
}
```

在嵌入式操作系统的框架下，将自动寻零程序单独设计为一个条件退出线程，当其他外设初始化完毕后进入该线程，启动自动寻零过程，将初始化速度和运转方向下发到三个从机，自此开始在设定的范围内搜索零位，一旦三个关节的零位全部找到，则将相应的标志位置位，同时退出该线程，并且删除线程所占的内存空间。经过程序代码调试并上机联调，最终实现了对机械臂的自动寻零。

2. 轨迹规划程序以及被动训练实现

康复机器人进行被动训练时，需要按照一个固定的轨迹运动，故需要先计算出一条理论空间曲线，在控制系统中结合机械结构的特征，驱动电机使其沿着该理想轨迹运行，设计该理想轨迹曲线的过程称之为轨迹规划。在本案例中，利用关节角度变量来描述机器人手柄的位置信息，采用三次多项式方程来描述曲线特征，通过设定某段轨迹的初始速度和角位移以及终点速度和角位移，便可以确定这条轨迹的全部参数，其约束方程的通用表达式如式(2-5-3)所示：

$$\theta(t)=C_0+C_1t+C_2t^2+C_3t^3 \tag{2-5-3}$$

假设初始速度和角位移以及终点速度和角位移分别为：$\theta_a=\theta(t_a)$，$V_a=\dot{\theta}(t_a)$，$\theta_b=\theta(t_b)$，$V_b=\dot{\theta}(t_b)$，利用公式(2-5-3)及其导函数的关系，计算出公式(2-5-3)中四个系数的表达式如公式(2-5-4)所示：

$$\begin{cases} C_0=\dfrac{(t_b-t_a)(\theta_b t_a^2+\theta_a t_b^2)+2t_a t_b(\theta_b t_a-\theta_a t_b)-t_a t_b(t_b-t_a)(V_b t_b+V_a t_a)}{(t_b-t_a)^3} \\ C_1=-\dfrac{6t_a t_b(\theta_b-\theta_a)-(t_b-t_a)[(t_b+t_a)(V_a t_b+V_b t_a)+t_a t_b(V_b+V_a)]}{(t_b-t_a)^3} \\ C_2=\dfrac{3(t_b+t_a)(\theta_b-\theta_a)-(t_b-t)[(V_a t_b+V_b t_a)+(t_b+t_a)(V_b+V_a)]}{(t_b-t_a)^3} \\ C_3=\dfrac{(t_b-t_a)(V_b+V_a)-2(\theta_b-\theta_a)}{(t_b-t_a)^3} \end{cases} \tag{2-5-4}$$

从式(2-5-3)和(2-5-4)可以看出，在曲线的起点和终点的速度、角位移、时间点都已知的情况下，可以唯一的确定一条三次样条曲线。假如要将机械臂的空间运动设计成一条完全圆滑的任意曲线，则仅用以上的一条三次曲线是无法达到要求的。为了降低计算量，采用多段三次曲线来连接成某个训练动作的曲线，同时保证在连接点处角位移对时间的函数是连续的。本案例将一个动作分成了 6 个小段，由于是采用关节空间来描述机械臂位置，故对于一个康复动作而言，将需要 6 个小动作段，每个动作段需要 3 个电机及各自的轨迹参数，每个轨迹参数共需要式(2-5-4)中的4个参数，假如需要设置多个训练动作，则相应的参数需要成倍增加，为了保存并管理这些参数，定义了相应的结构体如下：

```
struct path_par_result
{
    rt_uint8_t attribute;
    rt_uint8_t planNum;
    rt_uint8_t planSector;
    float t[3][7];
    float Path_Par[3][6][3][4];
};
```

当机器运转起来之后，需要利用式(2-5-3)实时计算理论轨迹的位置，并和实际测量的位置作差，重新修正机械臂的位置，而此时如果式(2-5-3)中的四个参数也要实时计算，则计算量太大，甚至直接影响机器人的实时性。故在程序设计过程中，将这两部分参数的计算进行分离。对于预定义的被动训练轨迹，其起点和终点等参数信息已在内存中，故在初始化的过程中首先利用式(2-5-4)将(2-5-3)中的几个参数全部计算完毕，存放在上述结构体中，当机器人需要执行对应的动作时，则根据当前机械臂所处的段在结构体中查找需要的参数，再利用式(2-5-3)计算出理论的轨迹点，从而有效提高了实时性。在计算轨迹的过程中，还需要利用三个自由度相互影响的公式及其逆关系，并且考虑机械传动链中的变速比，才能计算出机械臂实际的空间位置。在进行被动训练的过程中，利用了比例闭环功能来修正机械臂的运行轨迹，使用光电编码器实时采集当前机械臂的实际位置，同时利用上述公式计算理论的轨迹位置。如果出现了偏差，则在下一个周期将相应的位置偏差调整回来，这个过程中，使用了一个定时器作为被动训练的时间基准，定时器的更新周期越短，则轨迹越精细，但是对轨迹参数计算的实时性要求就更高。对于被动康复训练而言，轨迹并不需要十分精细，故可将时间参数设置稍长一些。

3. 多关节助力训练实现

通过被动训练的设计可知，控制系统具备将机械臂驱动到设计运动范围内的空间任意一点的能力，这为助力训练的设计打下了坚实的基础。由于本案例设计的上肢康复机器人，其目标用户群体为上肢偏瘫患者，而根据医学理论基础可知，偏瘫患者的症状处于不同时期时，需要采用不同的康复策略。当肌肉处于完全软瘫期，患者完全无主动意识，需要机器的帮助进行纯被动训练，随着患者的逐渐康复，肌纤维有了一定程度的恢复之后，为了进一步促进其康复效果，需要进行半主动训练，此时机器需要探测患者的运动意图，并给予一定的助力，同时患者本身也有一定的力量，在两者的共同作用下进行康复训练，这将有效地防止肌肉萎缩。故本案例设计了两种助力训练，一种助力训练是采用表面肌电电极采集患者手臂拮抗肌的一对肌电信号，根据肌电信号的强弱和相互关系来判断患者运动意图；另一种助力训练则是利用了机械臂的间隙以及磁粉离合器的配合使用，将编码器作为运动意图探测的传感器，由此来为患者进行助力训练。

无论是肌电助力模式还是方向助力模式，助力的基本思路是一致的，只是驱动信号源不同。故在本次设计中将其用一个线程来同时实现，但两种助力训练模式不可同时进行，这在图 2-5-10 中已经体现出来，具体进行何种模式的助力训练需要根据网络通信接收到的指令来设置。助力训练模式下，将助力的过程分段进行，即每达到助力触发的级别，则助力一段时间后停止，在该线程中将不断判断助力训练触发的条件，一旦满足则会重置定时器并进行助力，如果到了定时时间仍不满足助力的条件，则停止助力。进行助力训练的程序流程图如 2-5-11 所示。

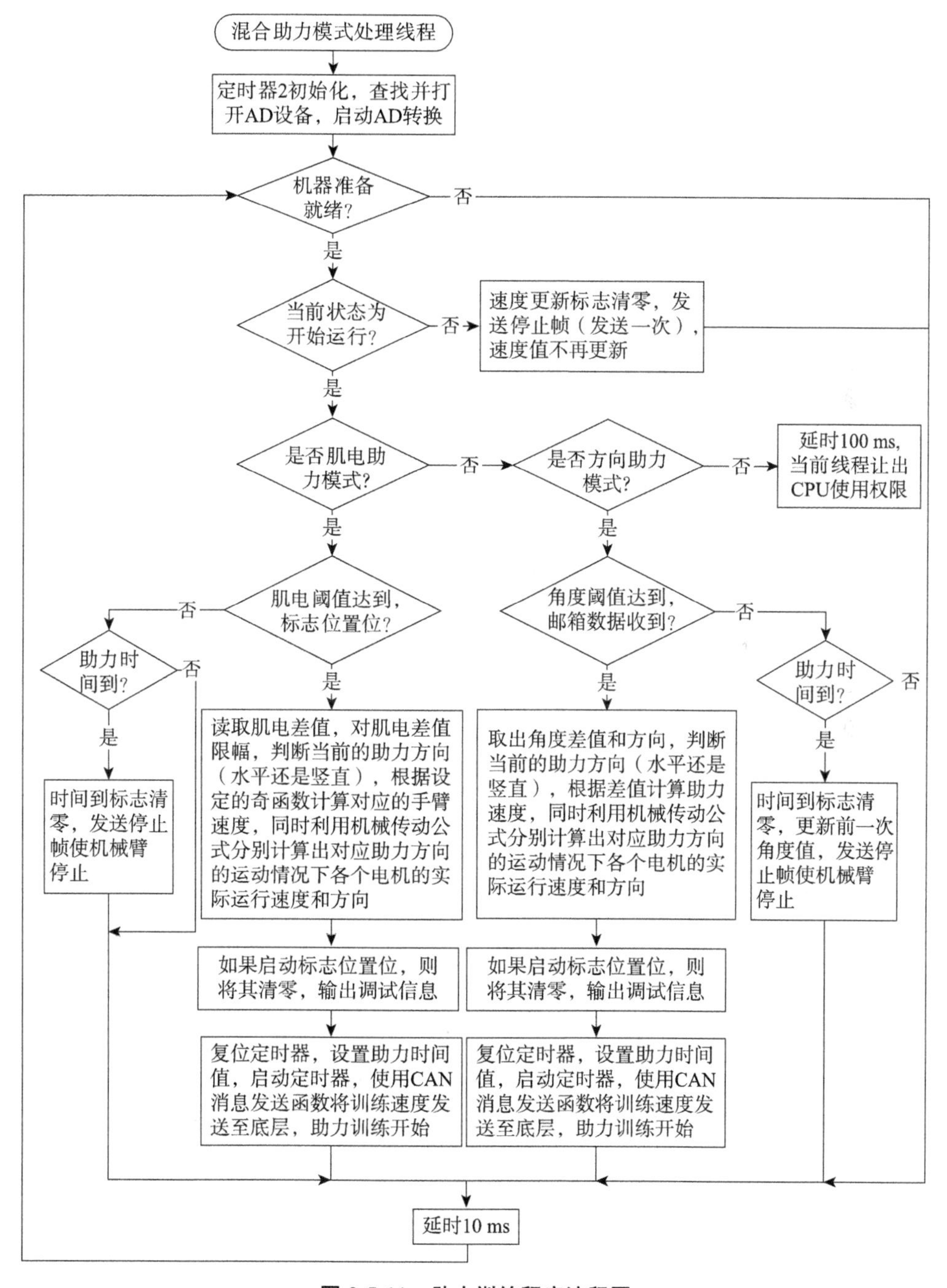

图 2-5-11　助力训练程序流程图

图 2-5-11 中，在肌电助力模式下，需要在本线程中不断读取肌电采集模块的电压值，并进行均值滤波处理，同时，还需要进行触发阈值判断，如果达到触发阈值，则开启助力；在方向助力模式下，助力触发的信号源来自光电编码器，当患者带动机械臂在一定范围内轻微移动时，编码器如果探测到该主动运动的信息，则通过操作系统的邮箱机制发送到当前的助力训练处理线程，在该线程中重置助力定时器并启动机械臂助力。无论在何种助力模式下，启动助力之前，需要设置机械臂的运动轨迹，此处的运动轨迹可效仿被动训练模式的做法。为方便起见，将助力训练的轨迹固定为两条特殊路径，即矢状面竖直运动和水平面水平运动，同样也需要根据三个自由度相互影响的关系以及机械传动链中的变速比来计算机械臂末端的真实角位移。助力训练过程中的助力时间可以根据需要设置，对于肌电触发的阈值以及方向助力的阈值，可根据多次试验的结果得出一个合理的值。

第六节　人机交互界面软件设计

本案例从实际的需求出发，分别基于嵌入式平台和通用计算机平台设计了两套独立的人机交互系统，完成了基于 Qt 的图形用户界面(Graphical User Interface，GUI)、基于 SQLite 的数据库存储模块以及基于 SPI 总线的通信模块的开发。其中，在嵌入式计算机交互系统的设计中，采用嵌入式 Linux 操作系统作为开发平台，带有 7 寸触摸屏的手持式平板作为显示和操作的终端设备，并设计了以 SI4432 芯片为核心的射频无线通信模块，以实现医生、患者、机器人之间远程无线通信和远程控制。通用计算机桌面交互系统则是在 Windows 系统下使用 QtCreator 集成开发环境完成的应用程序的设计，结合层次化设计的理念，在表示层使用 QML 语言设计交互界面，在逻辑层、数据层使用 C++语言框架的 Qt Widget 组件进行开发，实现了用户信息管理，康复训练计划订制，康复训练计划执行，参数曲线绘制，康复训练游戏和量表评估等功能模块，将复杂的设备控制操作转化成为简单的图形用户界面的操作。

一、基于嵌入式计算机的人机交互界面系统设计

1. 总体设计

嵌入式系统(Embedded System)是一种“完全嵌入受控器件内部，为特定应用而设计的专用计算机系统”。同时根据英国电器工程师协会的定义，嵌入式系统是控制、监视或辅助设备、机器或用于工厂运作的设备。与通用计算机系统不同，嵌入式系统通常执行的是带有特定要求的预先定义的任务。而嵌入式系统的应用范围非常广泛，覆盖航天、航空、交通、网络、电子、通信、金融、智能电器、智能建筑、仪器仪表、工业自动控制、数控机床、手持终端设备、智能卡片、医疗以及军事等领域。

嵌入式系统的发展方向及潜力如下：

(1) 与人工智能、机器学习、模式识别技术结合；

(2) 延续高性能、高可靠性、低功耗的系统需求；
(3) 具备模块化、移动计算能力；
(4) 它是成为大数据时代物联网行业的关键技术。
目前常用的嵌入式软硬件技术如图 2-6-1 所示。

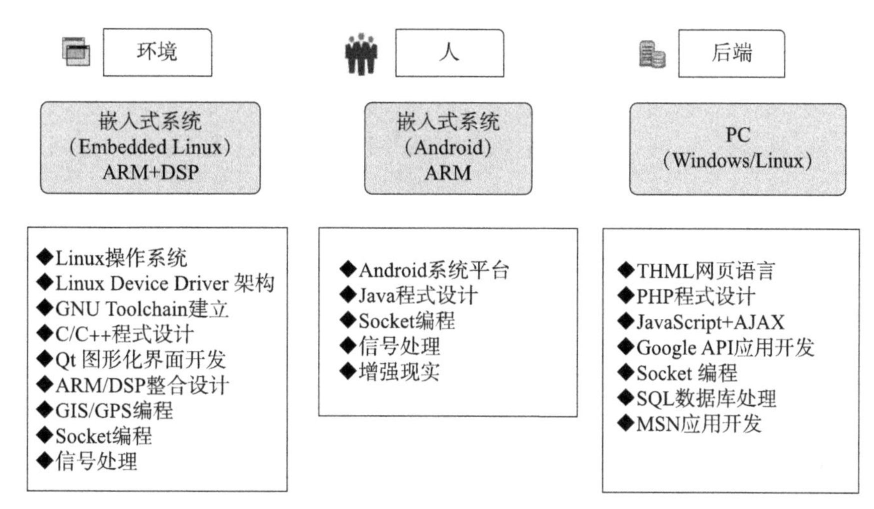

图 2-6-1　常用嵌入式软硬件技术

本案例嵌入式计算机软件系统的开发是在“Embedded Linux” + “ARM” + “Qt”的环境下进行的。嵌入式 GUI 要求直观、可靠、简单、占用资源少并且反应速度快，以适应嵌入式系统有限的硬件资源条件。此外，由于嵌入式系统硬件具有自身可自由配置的特点，嵌入式图形用户界面应具备可移植性和可裁剪性，以适应不同的硬件条件和使用场合。

依据人机交互的图形用户界面的设计原理，进行了基于 Qt 的嵌入式应用程序开发：共设计了 12 个交互主界面，包括用户登录、信息管理、康复计划订制、管理中心、设备参数查看和康复游戏等功能界面，它们之间的逻辑关系和执行顺序如图 2-6-2 所示；针对不同的使用者给出不同的操作查看界面，为患者对机器人的控制和数据信息的管理提供了良好的接口；同时，在 Qt 编程技术上针对不同功能模块选择性地进行分析，例如数据库存储，曲线界面的绘制等，为后续模块开发提供了技术参考；将触屏操作和远程便携式控制的技术作为与康复机器人的交互手段，给予医生和患者更为直接和便捷的操作体验，配合显示屏显示作为视觉反馈，更好地体现了“以用户为中心”的人机交互系统设计理念。

嵌入式硬件系统的系统框图如图 2-6-3 所示，控制系统硬件部分采用 S5PV210 微处理器作为主控芯片，此外主机上采用 Linux 操作系统作为 Qt 应用程序的开发环境，在手持终端上采用嵌入式 Linux 系统作为应用程序运行的环境，进行了内核移植，文件系统移植和驱动移植，实现 si4432 无线模块和主控板的连接通信以及上位机和下位机之间的高效数据传输。

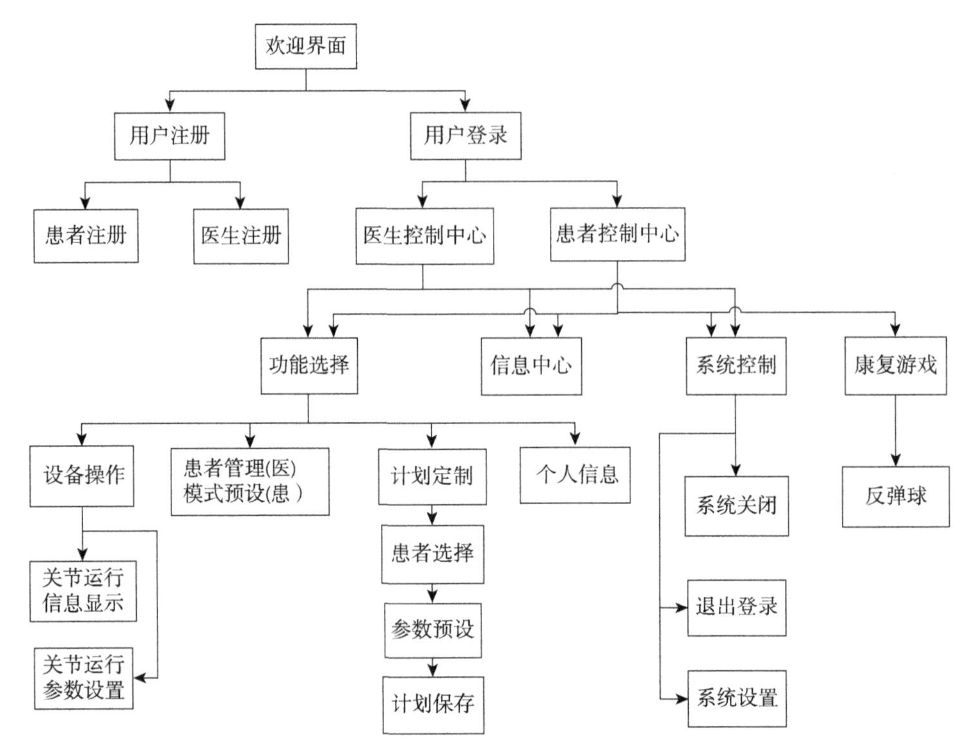

图 2-6-2　嵌入式方案 GUI 子界面划分示意图

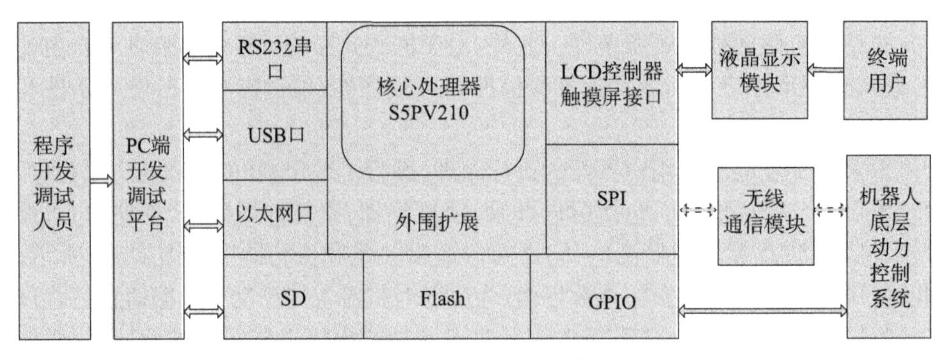

图 2-6-3　硬件资源系统框图

2. Qt 图形用户界面的制定

图形用户界面设计(GUI, Graphical User Interface)是嵌入式系统软件开发的重要内容。本案例选用了嵌入式 Linux 的主流 GUI 系统之一 Qt/Embedded 作为操作系统。Qt/Embedded 以原始 Qt 为基础,通过 Qt API 与 Linux I/O 设施直接交互,采用帧缓(buffer frame)作为底层图形接口,将外部设备抽象为键盘和鼠标的输入事件。本案例所使用的 Qt 开发工具版本为 Qt4. 8. 4。

说起 GUI,就不得不提到 WIMP,即窗口 Windows、图标 Icons、菜单 Menus、指点设备 Pointers。其中前 3 个概念都是用户常见并熟练使用的,本文中重点描述的是指点设备。常见的指点设备是鼠标，通常搭配 PC 和键盘使用，而对于便携式手持设备来说，手写笔和按键是主要的指点设备。当前大多数触摸交互设备都可以直接用手指作为指点设备，并且向着手势控制的方向发展。本文所使用的平板终端为电容屏，直接用手指触摸，便于不同医生和患者在进行康复训练时对康复训练机器人进行操作。

为了提高控制器的便携性，案例中使用的平板尺寸为 7 寸，从界面布局上来讲，可用范围并不大，因此需要对系统功能进行划分组合，以尽可能符合人的主观常识。各功能模块应合理地分布到各个子界面，界面的输入控件应根据不同的控件特点进行选择，既要方便用户的触摸操作，也要保持界面的清晰明了。大多数触屏设备的输入方式是虚拟键盘输入，操作烦琐且效率低下，界面上最好使用可选择项而不是要求重新输入数据，且不应过多使用滑动条 Slider 和单选按钮 Radio Button 这样触控点小、不易操作的控件，而要选择图标 Icon 和滚动区 ScrollArea 这样目标明显的控件，可以起到扩大界面可用范围的作用。下面将根据功能模块对各子界面进行介绍。

(1) 用户信息管理功能

嵌入式平板控制终端的主要使用者是康复医生、康复技师和进行康复训练的患者。这三者登录系统后将分别进入不同的主控界面，根据各自权限的不同可以进入不同的子界面查看并操作，其中康复医生和康复技师在本系统中的权限是相同的。以康复医生(包括康复技师，以下仅以康复医生指代这两类用户)身份登录系统后，进入医生控制中心，控制中心界面划分为左、中、右 3 个部分：左上侧显示登录用户的头像和基本信息，左下侧为系统控制区，4 个图标按键分别代表“重新启动”“关机”“退出登录”“进入调试”的指令；中间区域为信息显示区，显示患者信息、计划安排和设备信息；右侧为功能选择区，4 个图标分别对应“设备操作”“计划定制”“患者管理”“我的资料”4 个子功能模块，点击图标后可以进入各个子功能界面。以康复患者身份登录后，左侧区域同样是基本信息和系统控制区，中间的信息显示区显示的内容是即将执行的 3 条预定计划，右侧功能选择区的 4 个图标中，“设备操作”和“我的资料”两部分与医生端相同，而另外 2 个子功能则替换成了“康复评估”和“康复游戏”。

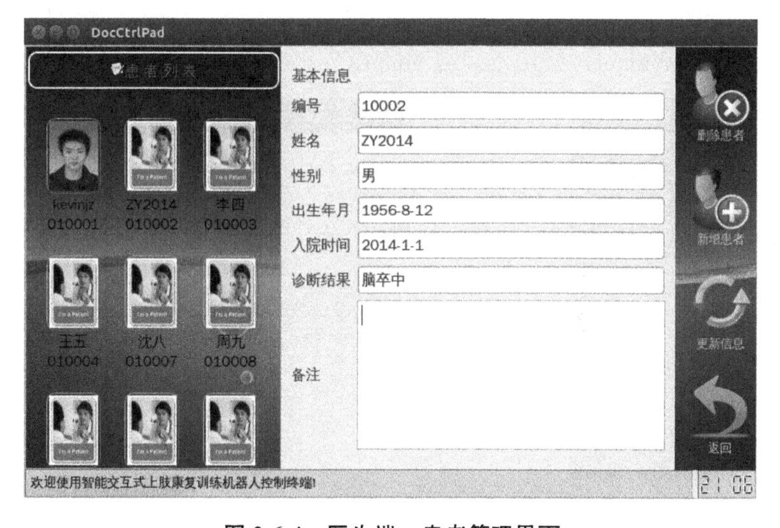

图 2-6-4　医生端—患者管理界面

医生端的患者管理界面分为患者列表、详细信息、患者管理 3 个区域(如图 2-6-4),为了在固定尺寸的界面区域显示所有患者的信息,患者列表使用 QScrollArea 类实现,列表区域可以跟随患者数量自动增加长度。当鼠标在患者列表中拖动时,所有头像随之上滑或下滑,从而扩展界面的实际可见域。当点击某一患者头像时,基本信息区域可以显示储存在数据库中的患者详细信息。基本信息区既是信息的显示区域,也是信息的编辑区域。

QScrollArea 关键代码如下:

```
if(leftButtonPressed){
  int temp = event->y()-startY;
  if((temp > 5) || (temp < -5) || scrollEna){
      scrollEna = true;
      scrollBar->setValue(scrollBar->value()-temp);
      startY = event->y();
      emit Sig_UpdateNow();
  }
}
```

在这里继承了原有的 QScrollArea 类,在自定义的类中重新实现鼠标拖动事件 mouseMoveEve,判断鼠标左键按下拖动时,获取当前鼠标的 Y 坐标值并与按下点的 Y1 值进行比较,当差值超过 5 时,设置界面滚动条 scrollbar 的值为最大值减去差值,同时发送界面更新的信号,该信号对应的槽函数随执行界面的重绘,整个滚动区就会随滚动条 Value 值变化而呈现上下移动的效果。

患者端自我管理界面除了显示患者的基本信息以外,还显示了训练计划的详细信息以及康复评估、康复游戏的记录,所有显示条目的内容均来自界面加载时对数据库表格的读取。其中康复训练计划按照日期划分为"已训练计划"和"待训练计划"两类,显示的信息包括"计划名称""关节动作""训练模式""关节活动范围下限""关节活动范围上限""运动速度""辅助力量大小""起始运动方向"以及"动作重复次数"。康复评估结果和康复游戏得分包含的信息相对少一些,只有"名称""患者姓名""得分"和"日期",它们共用一个标签类(QTabWidget),使用不同视图的 QTabView 加以区分(如图 2-6-5)。

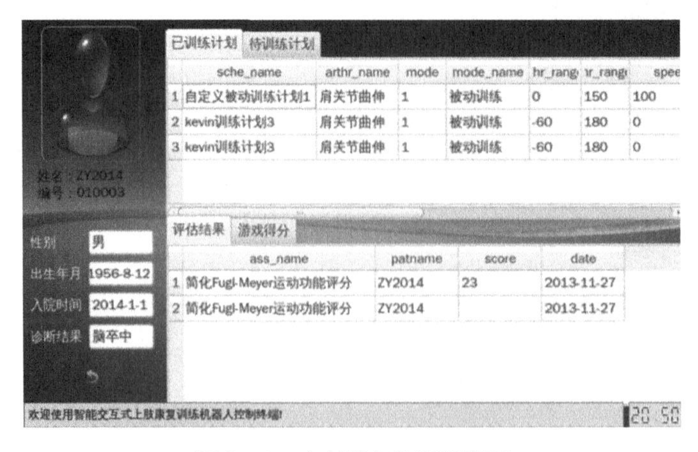

图 2-6-5 患者端自我管理界面

在 Qt 的标签视图体系中，视图-模型（View-Model）的框架同样适用，这里仅以表格模型为例来说明怎样将数据库表格条目中的内容组建成一个模型显示在界面视图中。首先要声明并定义一个数据库表格查询模型，用于存储数据项，然后选择一个合适的视图部件，这里选择的是表格视图 TableView，以横行纵列的形式显示。所有的标准视图都提供了一个默认的 QStyleItemDelegate 委托——用于该类显示视图中的各个项，并为可编辑的项提供一个合适的编辑器。在程序中 Delegate 无需设置，开发者只需关心 View 和 Model 的属性设置。关键代码如下：

```
assessment_model = new QSqlTableModel(this);
assessment_model->setEditStrategy(QSqlTableModel::OnFieldChange);//所有改变会立即执行到数据库中
...
assessment_model->setTable("patient"); //确定表名(获得字段名)会显示全表!
assessment_model->select();                //加载整个表的所有条目
assessment_view = new QTableView;
...
assessment_view->setModel(assessment_model);        //对应视图与模型
...
```

（2）数据采集与曲线绘制功能

界面参数曲线绘制使用到了 Qwt 插件，Qwt（ Qt Widgets for Technical Applications）是 Trolltech 公司开发的可用于 Qt GUI 应用程序框架的图形插件，它提供了丰富的 2D 绘图类，可生成多种曲线图、统计图等。本案例使用的 qwt 版本为 qwt—6.0.1，需要手动下载 qwt—6.0.1.tar.gz 压缩包，在终端执行 qmake，make，make install 进行安装。程序中主要用到了 QwtPlot 和 QwtPlotCurve 两个类。QwtPlot 类是一个二维绘图部件，但严格来说，它只是一个视图窗口，同样适用画布上显示不限数量的图元项（plot items）。这些图元项可以是曲线（QwtPlotCurve）、标签（QwtPlotMarker）或网格（QwtPlotGrid）真正的绘制设备是它的中心部件 QwtPlotCanvas 类，所有图元（QwtPlo-

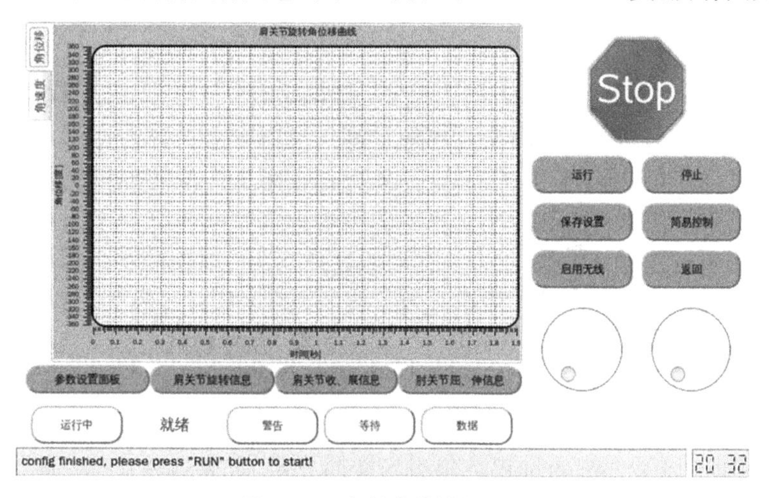

图 2-6-6　参数曲线绘制界面

tItem)的绘制都是源于 QwtPlotCanvas 类的 paintEvent()函数。

需要说明的是,在编译应用程序的工程文件 *.pro 中,必须要添加以下语句,以确保系统能根据环境变量正确找到 qwt 模块的头文件和库文件:

```
INCLUDEPATH += /usr/local/qwt-6.0.2/include
LIBS += -L"/usr/local/qwt-6.0.2/lib" -lqwt
```

参数曲线绘制界面(如图 2-6-6)用于显示关节运动的参数,主要是底层动力系统 3 个光电编码器采集到的机械臂各个关节的角位移和角速度,实际上同时绘制的曲线有 6 条。

```
curve = new QwtPlotCurve();
QPen curvePen(Qt::red);
curvePen.setWidth(2);
curve->setPen(curvePen);
//在图表上要显示的数据未填满时,在图表上显示数据
if(yData->recentDataCount <= yData->recentDataSize){
//printf("CurvePad : yData->recentDataHeadNum = %d ! \\n", yData->recentDataHeadNum);
//printf("CurvePad : yData->recentDataCount = %d ! \\n", yData->recentDataCount);
//填充图表数据缓冲
int i=0;
for(i=0;i<yData->recentDataCount;i++)
tempY[i] = yData->angleData->dataBuffer[i];
curve->setRawSamples(xData, tempY,yData->recentDataCount);
canvas()->replot();
}
```

(3) 康复训练计划定制功能

对于上肢功能障碍患者,尤其是脑卒中引起的偏瘫患者来说,上肢功能的康复是一个长期的过程,需要经过长达几个月甚至若干年的持续康复训练才能恢复运动功能。所以,康复医师需要根据患者的具体康复情况制订相应的康复计划,并定期进行康复评估,根据康复评估的结果修正或重新制订康复计划。当前康复训练的记录主要依赖医生的口头嘱咐和纸质单据,很少有电子版的记录,往往在康复训练完成后就丢弃了所有的记录或是评估结果。使用系统软件建立患者的康复训练数据库有利于医生和患者便捷地回顾之前的康复过程,帮助下一步训练计划的展开甚至为其他同类患者的康复训练提供参考范本,维持康复训练的长期性和稳定性。提前为患者制订计划节省了患者上机等待的时间,甚至康复医生不在场的情况下也可以根据医嘱,在技师的帮助下执行训练。而且对于医生来说,电子化的操作效率更高,避免了因口头叮嘱而产生的错误传达。因此,制订和保存康复训练计划的功能是十分必要的,在整个系统功能的实现中占据着重要的地位。

在本案例中,计划定制的过程采用引导性的流程:首先选择患者,如图 2-6-7 所示;

接着选择训练模式，如图 2-6-8 所示；最后为计划设定详细参数，如图 2-6-9 所示。显示界面随着用户操作逐次跳转，帮助用户完成复杂的计划制订过程。

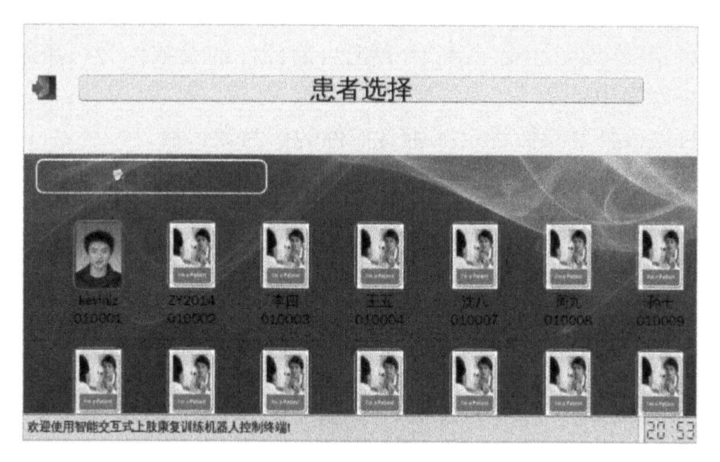

图 2-6-7　康复训练计划定制—患者选择界面

图 2-6-8　康复训练计划定制—模式选择界面

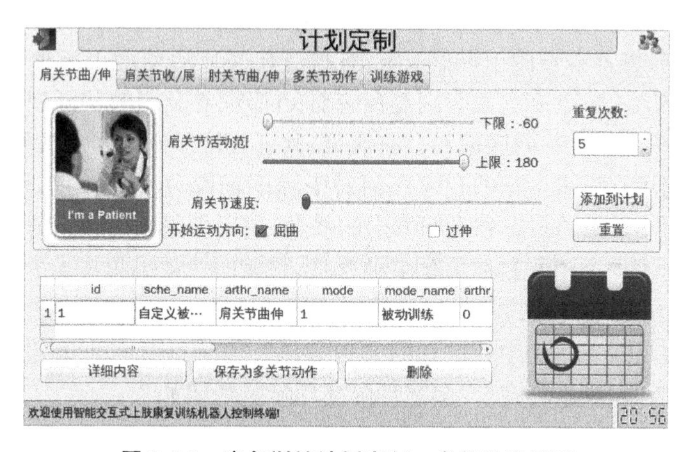

图 2-6-9　康复训练计划定制—参数设定界面

对于康复训练计划定制参数设定界面的说明：

上方为参数设定区，下方左侧为计划详细内容显示区，可以显示当前所有已制订患者训练计划，下方右侧为日期选择区；

参数设定区中“添加到计划”控件代表把当前控件的参数作为一条新的训练计划的参数添加到数据库当中；

“重置”控件代表恢复参数设定区所有控件的值为默认值；

“详细内容”代表把内容显示区中列表选中的条目参数反映到参数设定区。如果没有选中的条目，则不改变显示；

“保存为多关节动作”代表选中多条单关节动作可组合成一个多关节动作，目前功能待添加；

“删除”代表删除内容显示区列表选中的条目，如果没有选中的条目，则不改变显示；

日期选择区的操作方法为单击弹出日历(Calendar)控件，选择计划执行的日期，默认为当前日期。

在康复训练计划定制一参数设定界面的搭建过程中，首先遇到的问题是参数内容的划分与组合。根据训练模式，康复训练可以分为被动训练(即机械臂带动患者手臂一起运动，患者无需做出任何主观努力)和主动训练(需要患者产生一定的移动，机械臂探测到患者的运动意图后才响应)。主动训练又可分为助力训练、阻力训练和自由训练。助力训练运动是机械臂在患者上肢的运动方向上提供辅助力量，帮助患者运动；阻力训练运动是机械臂在患者上肢的运动方向上施加阻力，阻碍患者运动；自由训练运动介于两者之间，既不提供助力也不提供阻力，跟随患者上臂的自由运动。按照动作的自由度，康复训练又可分为单自由度动作训练和多自由度动作训练；按照运动关节划分，则可分为肩关节收展运动训练，肩关节屈伸运动训练及肘关节屈伸运动训练，其中肩关节为 2 个自由度，肘关节为 1 个自由度。实际上在一个空间坐标内的连续动作可以视为 3 个自由度的动作的组合。本书中使用训练模式作为一级划分标准，分为 4 个类别；把运动关节作为二级划分标准，分为 3 个类别，体现在界面设计和程序中。

每一种模式需设定的参数类型不完全相同，如被动训练过程中就需要设置某一关节自由度的上下限值，防止因过度牵引导致肌肉拉伤，造成二次伤害；而主动训练中则完全不需要设置限制，患者本身的上肢运动范围就是其关节活动度上下值的极限。其他参数，如训练的日期，动作重复次数等则是所有计划都需要设置的共同项。对于界面布局来说，可以在视图中划分共同区域和自有区域，共同区域罗列相同参数的控件，自有区域根据所需参数的不同设定各自的控件。而对于程序来说，这就是比较麻烦的一个问题。在这里套用了 C++中的多态和晚期绑定的概念，使用虚函数方法来解决。

多态性是指为一个函数名称关联多种含义，是面向对象编程技术的核心内容。将一个函数设为 Virtual(虚函数)，相当于告知编译器“这个函数如何使用现在还不清楚，在程序运行时可以从对象实例中获取它的实现方法”；等到运行时再确定一个过程的具体实现，这种技术就是“晚期绑定”。多态性的使用示范代码如下：

```
class ARGTab : public QWidget {
    Q_OBJECT
```

```
public:
    ARGTab(int arthr, int mode, QWidget *parent = 0);
    virtual ~ARGTab(){};
    virtual void widgetSetPart(int){};      //虚函数
    virtual void layoutSetPart(){};
    virtual void connectSetPart(int,int){};
};
```

首先构造一个基类，即实现一个“关节标签”的模板类，在这个类中实现所有子类的公有部分，定义公有函数，这里包括了控件设置“widgetSetPart()”函数、布局设置“layoutSetPart()”函数以及信号槽连接设置“connectSetPart(int,int)”函数。

```
class JQSTab : public ARGTab  {
    Q_OBJECT
public:
    JQSTab(int arthr, int mode, QWidget *parent = 0);
virtual ~JQSTab(){};
int mode;
//对象分类,共同的:1 单被动的:2 单主动的:3
QString arthrname;  //1
QLabel *Label5;     //1
QPushButton *btn_Add;     //1
QPushButton *btn_Reset;  //1
QLabel *lab_Pic;          //1
QLabel *lab_Move;         //1
QSpinBox* spin_times;    //1
scheduleInfo_p schedule_info_p; //1
scheduleInfo_a schedule_info_a; //1
virtual void widgetSetPart(int);
virtual void layoutSetPart(){};
virtual void connectSetPart(int,int);
virtual void update_Sel_Row(int){};
virtual scheduleInfo_p update_Tab_Info(){};
public slots:
void MoveLabelVal(int);
virtual void btn_Add_Clicked(){};
virtual void btn_Reset_Clicked(){};
void SliderPressed();
void SliderReleased();
  virtualvoid reset_Argument(QSqlRecord){};
```

```
private slots:
    void spin_Change_Value(int);
};
```

然后所有的“单关节”标签继承 ARGTab 类，具体实现各自的 3 个函数部分内容，并提供自己的虚函数 update_Sel_Row{}，由 JQSTab 的子类来填充实现。

```
class JQSTab_P : public JQSTab
{
        Q_OBJECT
public:
    JQSTab_P(int arthr, int mode, QWidget *parent = 0);
    virtual ~JQSTab_P(){};
    QLabel *Label1;      //2,3
    QLabel *Label2;      //2
    QLabel *Label3;      //2
    QLabel *Label4;      //3
    QSlider *slider1;          //2
    DoubleSetSlider *dslider1;     //2
    QCheckBox *poscheckbox1;   //2
    QCheckBox *poscheckbox2;   //2
    virtual void widgetSetPart(int);
    virtual void layoutSetPart();
    virtual void connectSetPart(int,int);
    virtual void update_Sel_Row(int);
    virtual scheduleInfo_p update_Tab_Info();
public slots:
    virtual void btn_Add_Clicked();
    virtual void btn_Reset_Clicked();
    virtualvoid reset_Argument(QSqlRecord);
    void CheckboxChanged1(int);
    void CheckboxChanged2(int);
};
    class JQSTab_A : public JQSTab
{
        Q_OBJECT
public:
    JQSTab_A(int arthr, int mode, QWidget *parent = 0);
    virtual ~JQSTab_A(){};
    QLabel *Label1;      //2,3
```

```
    …
    virtual void update_Sel_Row(int);
private:
    QLabel *Label_p_time;
    QLabel *Label_p_ass;
    virtual void widgetSetPart(int);
    virtual void layoutSetPart();
    virtual void connectSetPart(int,int);
public slots:
    virtual void btn_Add_Clicked();
    virtual void btn_Reset_Clicked();
    virtualvoid reset_Argument(QSqlRecord);
};
```

进一步构造 JQSTab 类的子类，即被动运动训练类 JQSTab_P 类和主动运动训练类 JQSTab_A，这两个类可以再派生为各关节的子类，如主动运动的肩收展动作类和被动运动的肩收展动作类，依次还有肩屈伸动作类、肘屈伸动作类。这样做的好处在于当各关节动作具有相同属性时，可以使用共同的接口函数 API，各关节属性不同时可以建立仅属于自己的成员函数，父类无需对子类全部负责，从而提高了代码的重用性，也符合实际应用的需求。

(4) 量表评估功能

上肢的康复评估根据评估目标的不同大致包括关节活动度(Range of Motion, ROM)评估，肌肉功能(肌力)评估以及肌张力评估。根据上肢康复机器人的应用特点，选择关节活动度作为主要评估目标。针对脑卒中患者的常用评定量表有卒中患者运动评估量表(Motor Assessment Scale, MAS)，Fugl-Meyer 运动功能评分法(FM/FMA)及其简化评分法，日常生活活动评定量表(Activities of Daily Living, ADL)，手臂动作调查测试量表(Action Research Arm Test, ARAT)。其中 MAS 中坐位上肢功能的只有两项，ADL 和 ARAT 中大多测试是需要辅助器材的，更适用于虚拟现实游戏评估。因此本案例选择简化 FM 量表作为康复评估的主要内容。简化 FM 量表中关于上肢功能测评的共有 15 题，每题有 3 个选项，3 个选项对应 3 个分数值，评估结果是所有选项得分值的总和。

下面对界面进行说明，如图 2-6-10 所示，点击“开始测试”后所有选择项将恢复默认设置，可重新选择。页面视图每次显示 3 题，选择完毕后点击向后箭头图标切换到后 3 题。同样，点击向前箭头切换到前 3 题，在做前 3 题时选择向前无效，在做后 3 题时选择向后无效。所有选项都是单选，并且可以更改，选择完毕后点击“完成测试”，程序将自动检查所有选项的选择情况，如果有未选择的题则提示“有 X 题未选择”，如果所有题都已选择，则统计最终得分并将此次评估的分数写入数据库。

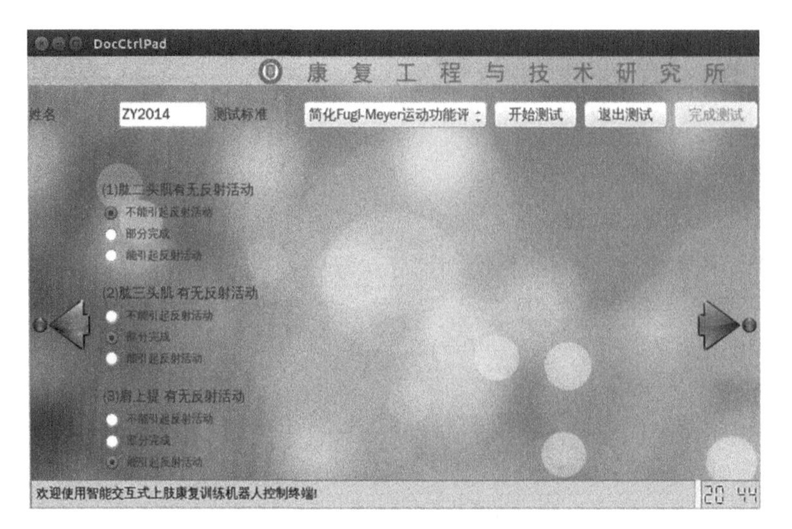

图 2-6-10　康复量表评估界面

(5) 患者简易操作面板

对于使用平板终端的患者来说，除了查看当前自我信息以及观察运动数据曲线以外，还需要有一个对设备操作的入口，以体现其交互主体的地位。获取信息和数据只是视觉反馈的一部分，触摸控制还可以帮助患者实现以简单的方式对设备操控的目的。为患者设计的简易操作面板如图 2-6-11 所示，共有 7 个操作区域，分别实现“显示水平面轨迹图”“显示垂直面轨迹图”“显示侧视面轨迹图”“紧急停止”“加快速度”“减慢速度”以及“返回”7 个功能。界面以色块区分，简单清晰，尽可能放大各个图标，增加触摸信号的接收面积，方便操作。

图 2-6-11　患者平板操作面板

由于该界面的图标大多是使用手动绘制的，因此在实现过程中，需要捕捉各绘图区域鼠标点击事件并对坐标位置加以判断。每一个操作区域都是一个 QGraphicsEllipseItem 元素，通过 QRadialGradient 类对其颜色和样式进行渲染。其实现代码如下：

```
QRadialGradient radialGrad1(QPointF(-200, -20), 100); //QPointF(0, 0)调整 radio 中心位置,应设置为 EllipseItem(x+100,y+100)
    radialGrad1.setColorAt(0, Qt::white);
    radialGrad1.setColorAt(1, Qt::blue);
QGraphicsEllipseItem * round1 = new QGraphicsEllipseItem(-300, -120, 180, 180);
```

```
round1->setBrush(QBrush(radialGrad1));
round1->setPen(QPen(Qt::blue,1,Qt::SolidLine,Qt::RoundCap));
```

在界面捕捉到鼠标事件的时候，进入 mousePressEvent 函数进行信号的处理，首先判断是否为左键单击事件，然后获取单击位置在视图中的 x，y 坐标位置，依据判断函数 PosJudge()的返回值 b 执行相应的界面跳转操作或指令发送操作等。

```
void PatDeviceCtrl::mousePressEvent(QGraphicsSceneMouseEvent * event){
    if(event->button() == Qt::LeftButton){
    bool leftButtonPressed;
    leftButtonPressed = true;
    QPointF  pos2 = event->buttonDownScenePos(Qt::LeftButton);
    QPointF p(pos2.x(),pos2.y());
    Int b = PosJudge(p);      //点击的控件序号
    switch(b){
      case 1: //执行动作 1
      case 2: ……
    }
  }
  QGraphicsScene::mousePressEvent(event);
}
```

在函数 PosJudge 中，首先需要确定 QGraphicsEllipseItem 元素的中心点(xcc，ycc)及半径值 R，求出元素所在范围的面积并与鼠标单击位置匹配，若结果匹配则返回元素相应的序号值。

```
R = 90;xcc = -210;ycc = -30;
int square =qPow((p.x()-xcc),2) + qPow((p.y()-ycc),2);
if ((xcc-R)<p.x() && p.x()<(xcc+R) && (ycc-R)<p.y() && p.y
()<(ycc+R) && square< R*R){
  r_val = 1; return(1); exit(1);
}
else{…}
```

3. 远程无线交互功能的实现

(1) 应用程序与串口通信协议的制定

应用程序与串口通信通常由上位机主导发起一次无线通信的对话。例如，在上位机的应用程序中，“肩关节 1 开始运动”的命令被触发，应用程序会将命令转化成一个数据帧，交由无线模块打包发送。无线模块以无线射频信号的方式将信号发送出去，在一定空间范围内，下位机(位于底层动力驱动板)中一直处于接收状态的无线通信模块检测到这个无线射频信号之后，接收数据包将数据帧部分交由下位机的应用程序处理，同时，接收成功后反馈发送一个应答信号，完成一次指令的发送和接收。同理，下位机向上位机发送指令或数据时，也是通过无线射频信号的方式。两个无线模块的地位是对等的，并没有主次的区别，当一个无线模块处于发送状态时，通常另一个无线模块正处于接收状态，当没有数据或者指令需要发送时，两个无线模块都处于等待接收的状态。无线模块主要起到传递和转化的作用，应用程序将控制指令、数据内容或者反馈指令按照规定格式发送给无线模块，由无线模块主控制器负责打包发送；同理，接收数据包也需要应用程序将无线模块配置成接收模式，从接收到的包中取出数据帧，还原指令。

(2) 无线模块控制芯片 SI4432

无线通信模块采用的控制芯片是 SI4432，这是 Silicon Labs 公司推出的一款高集成度、多频段、低功耗的集成无线收发芯片，支持 240～930 MHz 无线频段，数据传输率从 0.123 至 256 Kb/s 可调。该芯片发送和接收各有 64 Byte 的先入先出缓冲器(FIFO buffer)，便于程序将数据打包发送与接收。在实际的配置过程中，将无线通信模块的中心工作频段设定在 433 MHz(＋/－30DB)，信号的调制设置为 GFSK(高斯频移键控调制 Gauss frequency Shift Keying)，限制信号频谱宽度，使其在发送/接收过程中以较高速率传输时保持更高的稳定性。另外需搭配天线开关芯片和 EEPROM 存储芯片一起使用，共同组成无线模块。根据 SI4432 的编程指导手册，SI4432 芯片可以以 SPI(Serial Peripheral Interface)总线协议与处理器通信，外加一个 nIRQ 引脚连接向处理器发送中断信号。SPI 总线协议是一种常用的四线全双工的同步总线，包括 MOSI、MISO、SCLK 和 SCN 四根数据线，分别是主设备数据输出线，从设备数据输出线，时钟线和片选线。SPI 协议的引脚时序图如图 2-6-12 所示。

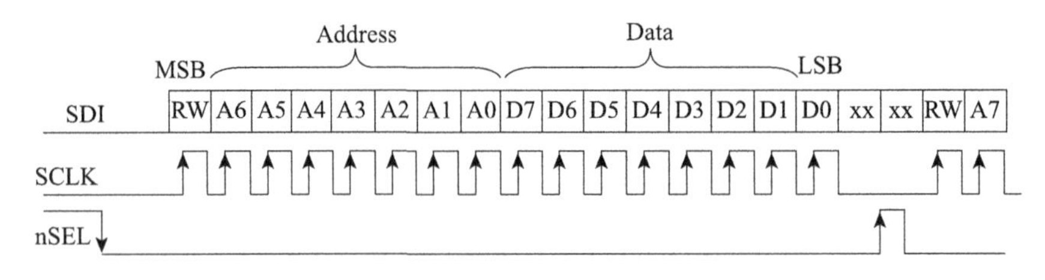

图 2-6-12　SPI 协议的引脚时序图

对于下位机来说，无线模块作为外部设备和 LPC17xx 系列处理器进行通信；对于上位机来说，无线模块通过一组 SSP 外设引脚和 S5PV210 处理器通信。

SI4432 共设 128 个寄存器，其中大部分的寄存器可以读写配置，通过对这些寄存器的访问和修改实现对其通信流程的控制；设置天线分频、调制模式、无线频段及偏移等硬件相关配置；以及发送/接收模式，前导码、校验码等软件相关的配置。这些配置都在 SI4432 的初始化过程中执行。

图 2-6-13　无线通信模块

在实际的应用中，我们采用的是该芯片的 B1 版本(经测试比 V2 版本更为稳定)，工作中心频段设在 433 MHz。实际的无线通信模块硬件部分如图 2-6-13 所示。

SI4432 发送程序的流程如图 2-6-14：

① 填充数据包长度；

② 填充要发送的数据到 FIFO 缓冲区；

③ 打开发送中断，屏蔽其他中断；

④ 启动发送，发送完之后清空 FIFO；

⑤ 等待发送中断到来，收到发送中断后发送完毕。

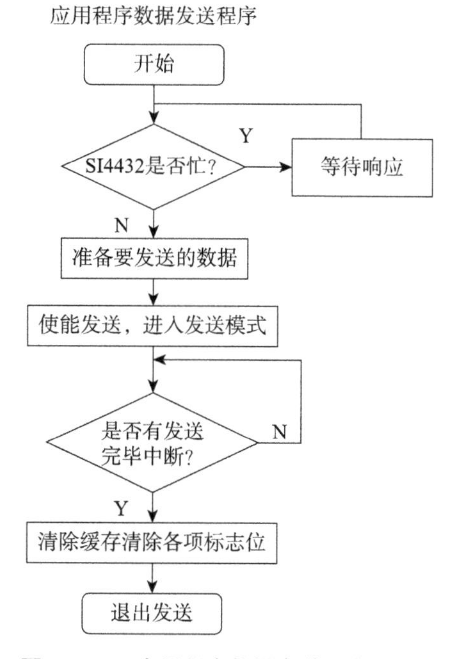

图 2-6-14　应用程序数据发送程序流程图

由于 SPI 是一个全双工的双向通信方式，数据接收的过程实际上和发送的过程相同，如图 2-6-15 所示，填充到发送 FIFO 的数据可以是任意的数据，只是需要读取对应的接收寄存器。

(3) 无线模块的硬件驱动

在嵌入式用户控制系统中，主控芯片 S5PV210 的 SPI 外设口负责与无线通信模块通信，进行数据收发，需要分别在 Linux 内核和外设驱动程序中添加相应的驱动程序。

在 Linux 内核空间中，SPI 的传输要根据 spi bus 给出的方法来进行。在 spi bus 总线中，Linux 将 spi 要传输的数据归纳为两个主要的数据结构：spi_transfer 和 spi_message。其中 spi_transfer 是指一个输入输出的缓冲对，它执行一次完整的 SPI 传输。这指的是 CSn 电平从高到低再到高的过程，对于 SI4432 来说这个过程传输 2 个字节，第一个字节表示读写及地址，第二个字节写的时候表示要写的数据，读的时候为伪数据，可以是 0x00，用于引起传输并读取 FIFO。在传输过程中，用户程序要向驱动提供待写数据所在的缓存地址、读入数据存放的缓存地址，以及当前读写的尺寸，并且可以在单个 transfer 过程中改变 spi 配置，如传输速度、传输的位数等。spi_message 则是多个 tras-

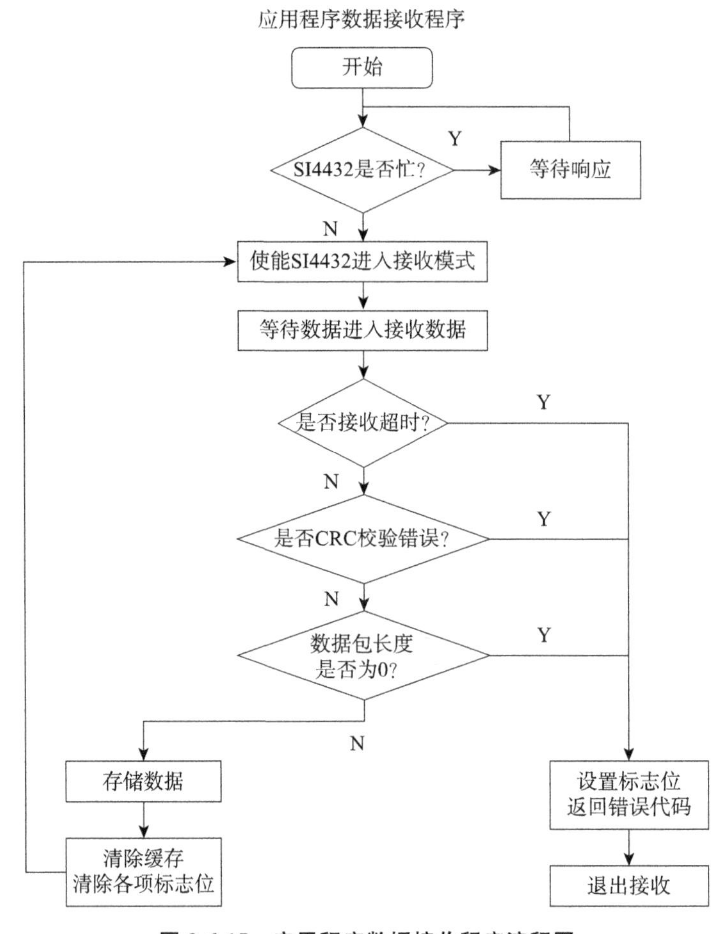

图 2-6-15　应用程序数据接收程序流程图

fer 的集合。spi_message 记录了一个 transfer 的链表,用来链接所有属于这个 message 的 transfer。需注意一个 spi_message 的执行是"原子性"的,即当一个从设备使用一个主控制器进行传输的时候,另一个从设备想用这个主控制器传输数据,必须等前一个 spi_message 传输完成。一个 message 通常会交由 dma 来一次性完成。多个 message 会被加入工作队列中,按次序完成传输。当用户向驱动程序提交了 message 后只要等待其完成返回即可。

在 Linux 用户空间中,内核空间中定义的 spi_driver(SPI 驱动的数据结构)定义了 spi_device(SPI 设备的数据结构)具体的操作方法,这个驱动与一般的字符驱动类似,定义了与用户空间交互的函数,如 open、close、ioctl 等。用户程序使用 ioctl 与 spi_driver 沟通,所有的 IO 命令在 spi_driver 的头文件中定义,每次用户程序向 spi_driver 发送 IO 命令在 spi_driver 中都会进行合法性检查。IO 中有读取 spi 设置信息的指令,使用 _put_user 来向用户空间传递数据,也有设置 SPI 参数的指令,使用_get_user 函数获得用户空间数据。首先调用 spi_si4432_message(si4432dev, ioc, n_ioc)函数将所有的 transfer 转换 spi core 定义的 spi_transfer 数据类型并组成 spi_message。函数将所有的

transfer 填充完之后会调用 spi_si4432_sync()函数。spi_si4432_sync()函数首先会申明一个 completion 变量，然后将传入的 message 中的 complete 回调函数设置为 spi_driver 中提供的 spi_si4432_complete()函数。经由 spi core 中的 psi_async()判断 spi 传输模式（三线模式、micro wave 模式等）后，调用 spi_master 指定的 transfer 回调函数 s3c64xx_spi_transfer()将该次传入的 message 的链表项挂接到相应设备数据结构维护的链表尾，并把该设备的工作项添加到工作队列上指定 s3c64xx_spi_work()函数执行工作队列处理。根据是否启用 DMA 通道，程序流程将调用不同函数，在 handle_msg()以及 wait_for_xfer()函数中判断并设置不同的寄存器，填充不同的缓存区。在判断是否传输成功后作出相应处理，传输成功则调用 complete(msg－＞context)唤醒等待传输结束的进程（也就是请求传输的进程），最后的操作则是把成功接收到的数据返回给用户程序并返回收到的数值量。

在编译内核镜像文件时，已将无线模块作为一个单独的模块编译，生成 spi_si4432.ko，spidev.ko 文件，可通过 insmod spi_si4432.ko 手动加载该模块。图 2-6-16 为 SI4432 模块在终端启动显示的信息，经系统测试，该驱动模块工作正常，可保证无线传输数据通过处理器进行有效的传输处理。

```
755 [    1.236918] 0x000000e00000-0x000040000000 : "system"
756 [    1.422907] s3c64xx-spi: now regist the spi master!
757 [    1.423015] SPI: bus_num = 0!
758 [    1.423107] SPI_MASTER: BusName OF MASTER = platform
759 [    1.423259] s3c64xx-spi: now regist the spi master!
760 [    1.423362] SPI: bus_num = 1!
761 [    1.423447] SPI_MASTER: BusName OF MASTER = platform
762 [    1.426218] s3c64xx-spi: spi->modalias = spidev
763 [    1.430655] SI4432: now in spi_si4432_probe !
764 [    1.435078] s3c64xx-spi: spi->modalias = spi_si4432
1091 [   13.282374] s3c64xx-spi: spi->modalias = spidev
1092 [   13.282423] s3c64xx-spi: spi->modalias = spi_si4432
1093 [   13.282480] SI4432: now in spi_si4432_probe !
1094 [   13.291596] SI4432: si4432 module initd successfully !
1095
1096 Please press Enter to activate this console. MainApp::MainApp()
```

图 2-6-16　SI4432 设备驱动模块启动信息

4. 系统应用测试

在应用程序测试之前，需要在开发板上完善其运行的环境，包括在开发环境搭建中提到的 U-boot 通用加载引导程序映像的烧写，用以引导嵌入式操作系统存放到内存，然后加载 Linux 内核并运行。在此基础上，烧写已编译好的 Yaffs 格式文件系统，组织设备上存贮的各类文件。待系统正常启动之后开始用户空间的准备，包括触摸屏驱动模块的加载、无线模块的加载、系统环境变量的设置、应用程序 font 字库的安装、jpg\png\svg 等类型图片库的安装等。最后，将编译好的应用程序通过网络文件系统 NFS 挂载到开发板上运行测试，待测试通过之后将应用程序和相关的库文件、资源文件复制到开发板文件系统的固定目录下，在 rcS 启动文件中添加执行应用程序的指令，以实现开机后应用程序的自动启动运行功能。

如图 2-6-17 所示，应用程序编辑的工具使用的是 GVim，该文本编辑工具具有多种编辑与查勘模式，可自由配置各种快捷键，并能实现自动补全与语法高亮。在实际的项目开发包括源码的编写及程序调试过程中，根据各个子模块描述的功能分别构建单独的文件夹，首先确保有一个.h 文件与一个.cpp 文件组成的小型 pro 工程能够正常运行，然后将该文件合并到整个 pro 工程框架中再调试。使用 Vim 工具为这种分步调试方法带来了极大的便利。

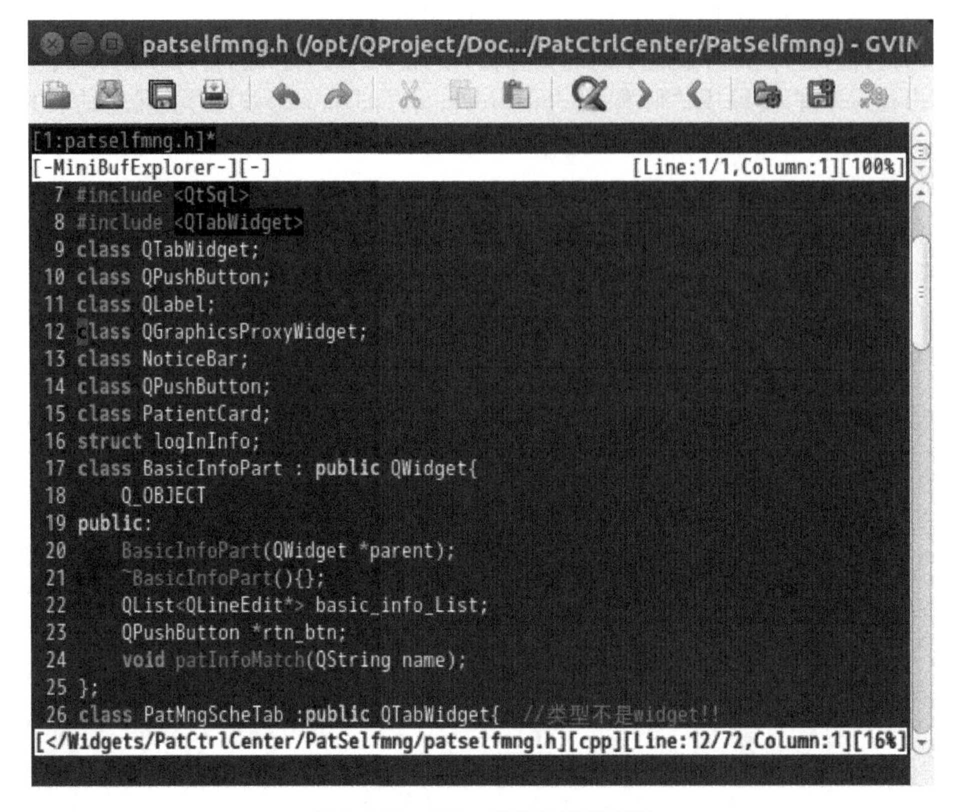

图 2-6-17　GVim 编辑器编辑页面

整个应用程序涉及的主要功能项已在本节的各功能模块实现中给出，这里仅描述无线通信模块的功能测试部分。无线模块接收到的数据需要通过 Linux 设备驱动程序读取到应用程序中，由 ioctl 函数负责获取 spi_transfer 数据结构中得到的指令与底层关节角度相关的数值。如图 2-6-18 所示，uTXSfer[]数组表示需要向下发送的指令数据帧的内容，tx_buf 表示将无线通信模块配置成“发送”模式的缓冲区位，如打印的调试信息“ena tx success”所示，应用程序能够成功将无线通信模块的工作方式更改“发送”；打印“PCK_SENT SUCCESS”表示能成功地将数据包发送出去，并得到一个发送中断号。同理可将芯片配置为“接收”模式，此时得到的中断表示已接收到一个数据包，可从接收缓存 uRXBuffer 中读取接收到的数据内容。经测试，应用程序中曲线绘制界面在打开无线设备运行相关函数段时能够正常的运行，无线模块在发送端与接收端距离 400 m 范围以内能实现 95%以上的准确传输。

```
158 si4432_test : num of transfers: 9
159 si4432_test : add of pre_uSfer : 416e58
160 si4432_test : uTXSfer[0].tx_buf : 1
161 si4432_test : uTXSfer[1].tx_buf : 1d
162 si4432_test : uTXSfer[2].tx_buf : 1f
163 si4432_test : uTXSfer[3].tx_buf : 5
164 si4432_test : uTXSfer[4].tx_buf : 0
165 si4432_test : uTXSfer[5].tx_buf : 0
166 si4432_test : uTXSfer[6].tx_buf : 0
167 si4432_test : uTXSfer[7].tx_buf : 9
168 si4432_test : ena tx success!
169 si4432_test : got the Int !
170 si4432_test : received value is 24
171 si4432_test : received value is 2
172 si4432 : int1Stat = 24
173 Int2Stat = 2
174 si4432 : PCK_SENT SUCCESS !
175 si4432 : got the tx Int !
176 DCC : tx ok!
177 si4432_test : add of pre_uSfer : 183318
178 si4432_test : uTXSfer[0].tx_buf : 1f
179 si4432_test : uTXSfer[1].tx_buf : 1d
180 si4432_test : uTXSfer[2].tx_buf : 5
181 si4432_test : uTXSfer[3].tx_buf : 3
182 si4432_test : uTXSfer[4].tx_buf : 0
183 si4432_test : uTXSfer[5].tx_buf : 0
184 si4432_test : uTXSfer[6].tx_buf : 0
185 ena tx success!
```

图 2-6-18　数据发送成功串口调试输出信息

二、基于通用计算机的人机交互系统设计

1. QML 图形用户界面的制定

首先简要地介绍一下通用计算机桌面交互系统的图形用户界面开发工具 Qt Quick (Qt User Interface Creation Kit)。Qt Quick 是描述性的 UI 开发技术，从 Qt 4.7.0 开始发布并随着新版本的发布不断增加新的功能模块。它的开发语言是 QML(Qt Meta-Object Language)，提供面向触屏和面向桌面的 UI 解决方案，是一款功能强大的开发工具。使用 Qt Quick 开发图形用户界面的开发效率比使用 Qt Widget 更高，因为 QML 是一种结构化的语言，对于用户接口来说，是被封装好的一个一个的元素，在后端由 C++类库支持。它能够定义对象属性及对象之间如何交互，在传统的代码中改变属性和行为使用的是面向过程的语句，而 QML 则直接将属性和行为的改变集成到对象的定义中。开发者在使用的时候可以将更多的精力集中在界面的完整和美观上，由 C++来负责系统的稳定可靠。如图 2-6-19 所示，QML 框架首先划分为多个.qml 文件，QML 源码(即可视化元素)通过文件被描述性的引擎加载，本地定义的扩展也能被引擎加载。

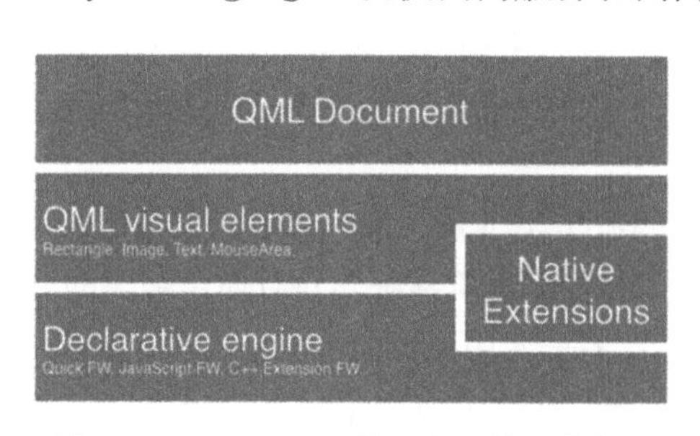

图 2-6-19　Qt Quick 的开发组件层次框架

系统的主界面分为 4 个主要区域：标题栏、信息栏、功能引导区和功能选择区。登录

系统后的各个子界面均在主显示界面内显示。

(1) 用户注册与登录

打开"Centrobot 上肢康复训练系统"应用程序之后，首先跳出的是一个登录界面，用户需要凭自己的用户名和密码进入系统，首次使用的用户需要注册新用户，注册成功后才能进入系统。注册用户名和密码不能为空，这是对系统操作的一层安全保护。用户类型根据实际情况可选择"医护人员"或者"患者"，两者具有不同的操作权限。医生可以查看所有负责的患者信息，并对患者进行管理，制订康复训练计划等。患者只能查看并修改自身的信息，查看自己的康复训练记录，不能查看其他患者或医生的详细情况。

Qt Quick 与 Qt Widget 混合编程实现用户登录的程序流程如图 2-6-20 所示，在表示层登录页面中完成用户名和密码文本框的输入后，点击"确认登录"按键进入登录确认程序。登录确认程序首先判断输入文本的合理性，是否为空，是否符合规定的用户名字符数限制要求，如果不符合判断条件则弹出对应的错误提示消息框；若符合判断条件则进入 C++逻辑层，搜索数据库记录并进行信息的匹配，若用户名、密码、权限(用户身份)均与用户名的查找结果匹配，则根据匹配结果对外发送一个带参数的信号(signal)，表示层接收到信号并在信号绑定的槽函数(slot)中对参数进行判断后弹出对应的提示消息框；如果返回参数为 0，则表示登录信息完全匹配，界面切换到主功能菜单，否则依据返回参数在登录界面给出"无该用户""密码错误"或是"请确认用户身份"的错误提醒信息。点击"取消"按键可清除文本框输入内容及用户身份选择的单选框选项。同理，用户注册的过程也是一样。系统登录成功后，在逻辑层与数据层加载与该登录用户的所有信息相关设置，并在信息栏显示"欢迎您+用户名"的字样，显示当前登录的用户信息。点击信息栏右上角的"退出"图标可实现用户的退出功能，由主功能菜单界面切换回系统登录界面。

在登录功能的实现中最为关键的是 Qt Quick(QML)与 Qt Widget(C++)混合编程技术。QML 引擎虽然由 C++实现，但 QML 对象的运行环境和 C++对象的上下文环境是不同的，是平行的两个世界。如果要在 QML 中访问 C++对象必须要找到两个运行环境之间的"专用通道"。Qt 提供了两种在 QML 中使用 C++对象的方式：① 在 C++中实现一个类，注册到 QML 环境中，并在 QML 中使用该类型创建的对象；② 在 C++中构造一个对象，将这个对象设置为 QML 的上下文属性，在 QML 中直接使用这个属性。

需要注意的是这两种方法都需要从 QObject 的派生类继承，并且在对象的定义中使用 Q_OBJECT 宏，这样做的目的是让这个类进入 Qt 的元对象系统。只有使用强大的元对象系统，类的方法和属性才能通过字符串形式的名字来调用，从而具备在 QML 中被访问的基础。本案例中使用的是第 1 种方法，即在 C++主文件中添加注册类，代码如下：

```
qmlRegisterType<LoginDatabase>("LoginDatabase", 1, 0, "LoginDatabase");
```

在 QML 文件中导入类型：

```
import LoginDatabase 1.0
```

(2) 数据采集与曲线绘制

使用 Canvas 可以在 QML 中绘制复杂图形，其用法类似于 C++中 QPainter API。

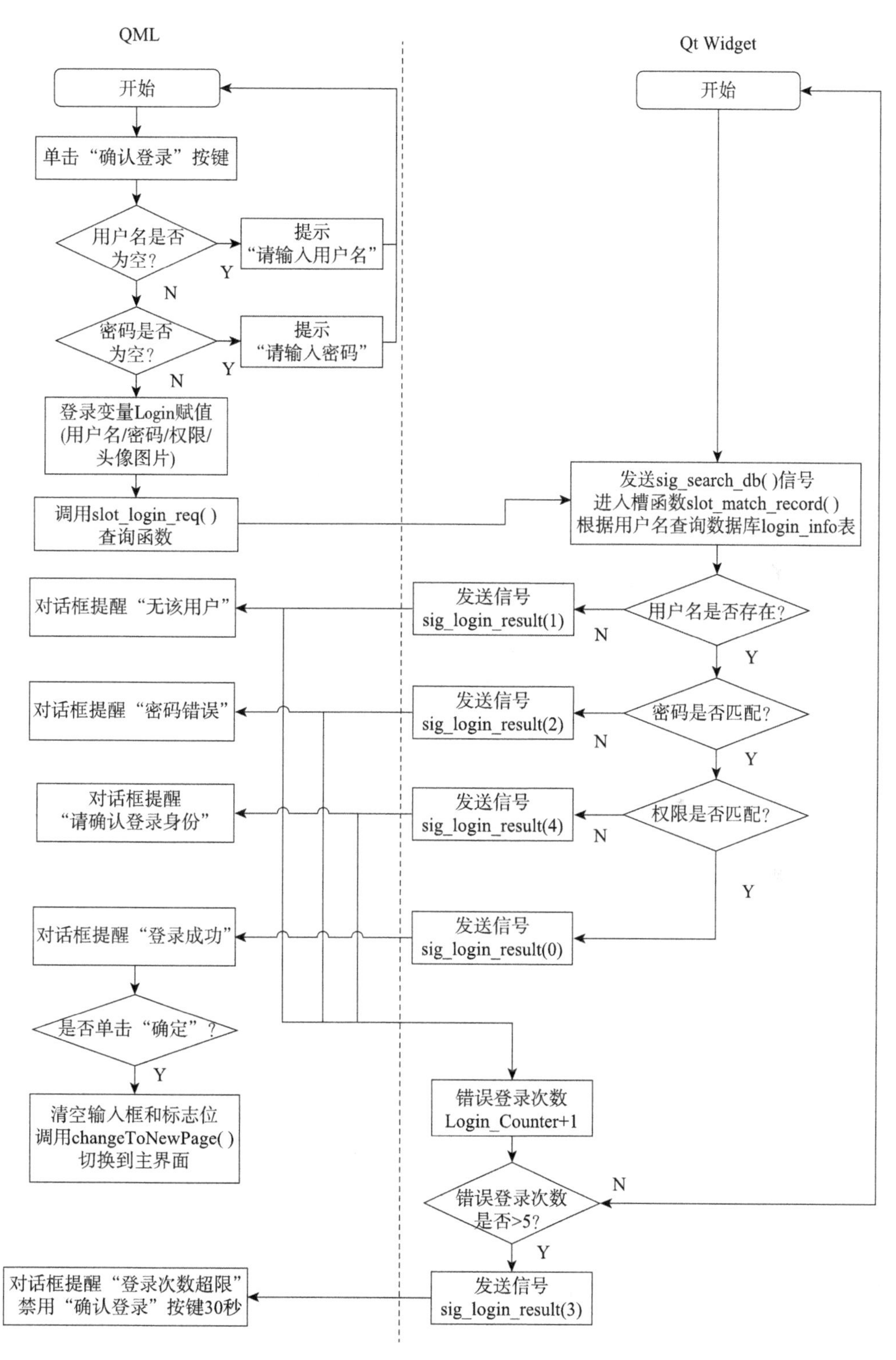

图 2-6-20　Qt Quick 与 Qt Widget 混合编程实现用户登录程序流程图

Canvas 元素作为一个绘图的容器，其本身会提供一个二维的笛卡儿坐标系，坐标系以左上角作为(0,0)原点，X 轴方向向左，Y 轴方向向下。绘图需要在 onPaint 事件处理器中进行，可以使用 JavaScript 在 onPaint()函数中编写图形曲线的绘制代码，这些代码同时兼容 HTML5 Canvas API。绘制一段路径的典型操作顺序如下：① 建立一个 2D context 对象；② 建立(初始化)stroke(画笔)和/或 fill(填充)；③ 建立路径；④ 执行 stroke 和/或 fill。

针对 2D context 对象可以轻松地进行绘制线条、色块，填充渐变色、阴影、图片，以及剪裁、旋转、缩放、平移等操作。save()和 restore()方法是绘制复杂图形必不可少的方法，它们分别是用来保存和恢复 Canvas 状态的。Canvas 状态是以“堆”(stack)的方式保存的，每一次调用 save 方法，当前的状态就会被推入“堆”中保存起来。这种状态包括：当前应用的变形(即移动，旋转和缩放)，strokeStyle，fillStyle，globalAlpha，lineWidth，lineCap，lineJoin，miterLimit，shadowOffsetX，shadowOffsetY，shadowBlur，shadowColor，globalCompositeOperation 的值，可以调用任意多次 save 方法。每一次调用 restore 方法，上一个保存的状态就从堆中弹出，所有设定都恢复。

在本案例中，主要的绘制对象和数据来源是手柄终端在空间坐标系中的坐标值，是由底层动力控制系统得到的三个关节自由度各自的角度和角速度的值经过运动学分析换算得到的。在界面中央曲线绘制面板区域，5 个标签分别对应 5 个视图，从左至右分别为“正视面视图”“水平面视图”“侧视面视图”“各关节角度视图”和“各关节速度视图”，如图 2-6-21 所示，其中，

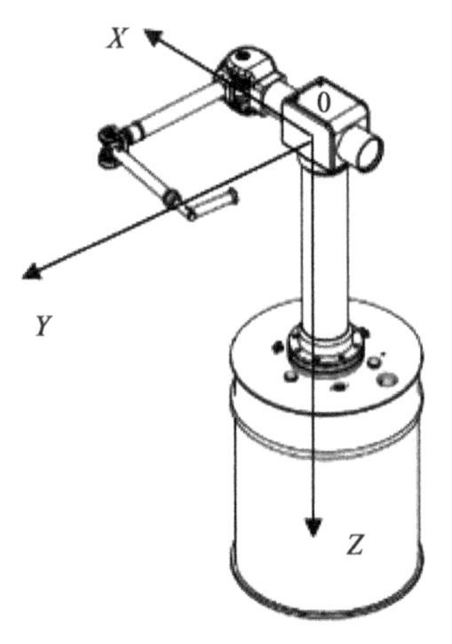

图 2-6-21　手柄末端空间坐标系

正视面视图：横轴取手柄末端 X 坐标值，纵轴取手柄末端 Z 坐标值；

水平面视图：横轴取手柄末端 X 坐标值，纵轴取手柄末端 Y 坐标值；

侧视面视图：横轴取手柄末端 Y 坐标值，纵轴取手柄末端 Z 坐标值；

各关节角度视图：横轴取时间值为坐标，纵轴取角度值为坐标，3 条关节角度曲线在同一坐标轴中显示；

各关节角度视图：横轴取时间值为坐标，纵轴取角速度值为坐标，3 条角速度曲线在同一坐标轴中显示。

主要的绘图函数有：function drawBackground(ctx) {}，function drawPanel(ctx, date, color, points){}，function drawPainPoint(ctx, color, painpoints) {}，分别用于绘制背景、动态曲线和痛点。背景绘制主要是坐标系的绘制，动态曲线绘制在不同面板有不同的绘制方式，痛点绘制用于在面板特定的坐标点绘制一个红色的原点，以表示患者在运动到该坐标点位置产生疼痛。由于目前的机械机构并没有在手柄末端位置安装用于接收患者疼痛信号的传感器，所以该函数暂时用不到，可能在后续的开发中加以运用。

在 QML 曲线绘制文件 PathDrawingPanel. qml 中，连接 angledata 类的 Sig_coordinateChanged 信号与 Sig_coordinateChanged 信号，表示每当有新的坐标参数接收到后，

就会进入 onPaint:{}事件处理器,由事件处理器决定调用哪些函数。

```
onPaint: {
        var ctx = canvas.getContext("2d");
        ctx.globalCompositeOperation = "source-over"; //后画的覆盖在先画的
        ctx.lineWidth = 1;
        drawBackground(ctx);  //绘制坐标背景
points.push ({ y: (angledata.timePosval[1]/2 + canvas.width/2), z: (canvas.height-angledata.timePosval[2]/2)});   //参数加载及坐标位移
        drawPanel(ctx, date, "black", points);  //绘制参数曲线
          }
```

在背景绘制的弧形坐标绘制用到了 ctx.arc()函数,如下所示:

```
function drawBackground(ctx) {
    ctx.save();
...
        ctx.beginPath();
        for (var i = 0; i < 15; i++) {
        ctx.arc((canvas.width/2), (canvas.height/2), (i * canvas.yGridStep), 0, Math.PI * 2, true);
          }
          ctx.closePath();
          ...
ctx.stroke();
...
ctx.restore();
}
```

在 PathDrawingPanel.qml 中以 X 为横坐标,Y 为纵坐标的空间位置曲线轨迹绘制的关键代码为:

```
for (var i = 0; i < end; i += pixelSkip) {
    var x = points[i].x
    var y = points[i].y
    if (i == 0){
        ctx.moveTo(x,y);
    }
    else{
        ctx.lineTo(x,y);
    }
}
```

(3) 康复训练计划定制功能

该界面实现特定患者的运动训练计划管理功能,包括了训练计划的查看、增加和删除。左侧“患者列表”可以选择为哪位患者制订训练计划,右侧“训练模式/参数设置”区域中可以选择训练的日期、训练执行的次数、确定训练的类型(主动训练或被动训练,根据患者的肌力等级以及康复状况而定)。为当前选择患者制订的所有康复训练计划都会在下方“患者当前计划详情”列表显示。主动训练和被动训练需设定不同的参数,可能的设置流程如下:

被动训练⟶预定义动作⟶预定义被动训练动作 1 ⟶预定义被动训练动作 2…(表示还有预定义动作 3、4、5 等);

被动训练⟶轨迹跟随⟶录制轨迹跟随动作;

主动训练⟶助力训练⟶预定义助力训练动作 1/2/…⟶施力大小设置⟶识别灵敏度设置;

主动训练⟶阻力训练⟶预定义阻力训练动作 1/2/…⟶施力大小设置⟶识别灵敏度设置。

该界面的实现难点在于 Qt Quick 中的场景切换:康复训练计划列表需要随着选择患者的变化而变化,参数设置子面板也需要根据不同“训练模式”相应变化。本书的实现方法是,继承 QSqlQueryModel 类建立一个数据库查询类,该类留出 SQL 查询语句的接口,可以直接访问数据库任何一张表格中的任意字段,并将查询到的结果作为一个 SQL 模型对象。在 QML 中继承 QObject 对象(为了能让 QML 访问),建立新的 QmlModel-Confirm 类,该类中包含了所有的 QML 界面所需的 QSqlQueryModel 数据模型对象,并提供了修改这些实例化对象的槽函数接口,函数参数即为数据表格查询的字段或是条件。当有来自 QML 界面合适的信号时,C++槽函数响应并传递参数,由 QmlModel-Confirm 类型的一个全局变量负责改变对应的 SQL 模型对象。最后,在 QML 中发送界面重绘的信号,刷新界面显示。在 QML 中,患者列表通过 ListView 组件实现,该组件需要数据模型(model)来提供要显示的数据。模型可以是静态的,也可以动态的,其来源可以是 QML 内建类型如 ListModel 或 XmlListModel,也可以是继承自 QAbstractItem-Model 或 QAbstractListModel 的自定义 C++模型类。一个 ListView 只能对应一个数据模型,所以当需要改变 ListView 显示内容时,必须更改数据模型,即之前提到过的 SQL 模型对象。同时需要为模型中的每一项数据生成一个实例的代理组件(delegate component),确定其显示的样式和单击时执行的函数。

在 C++中向 QML 注册 patinfomodel 类的关键代码如下:

```
QQmlApplicationEngine engine;
engine.load(QUrl(QStringLiteral("qrc:///main.qml")));
engine.rootContext()->setContextProperty("patinfomodel",Confirm->get_pat_info_model());
```

在 scheduleset.qml 中设置 ListView 的属性和方法:

```
ListView {                    /* 患者列表 */
        id: pat_listview
```

```
            width: parent.width
            height: parent.height * 480/510
            anchors.top: parent.top
            anchors.topMargin: parent.height * 5/510
            anchors.left: parent.left
            anchors.leftMargin: 0
    delegate: contactsDelegate    //delegate是显示的组件及样式
            highlight: Rectangle { color: "lightsteelblue"; radius: 5 }
            focus: true
            model: patinfomodel//model是数据来源
        }
```

(4) 康复游戏功能

在康复训练游戏中，使用了VR(Virtual Reality)技术，通过建立一个虚拟的游戏场景，将患者手柄终端的位置作为场景中一个虚拟主体所在的位置，在空间内手柄终端的位置的移动将带动虚拟主体运动，从而完成游戏制定的任务。患者在进行康复训练游戏的时候，运动模式为主动运动，由患者主动带动机械臂进行运动。在开始游戏之前可以根据患者的肌力等级程度，自由选择游戏的难易程度并根据屏幕的大小选择显示的分辨率。在本系统中，使用Unity 3D开发了两种避障游戏。其中，肌力等级的设置划分依据是肌力等级Lovett分级，游戏的难易程度主要体现在障碍物的大小、多少以及移动速度上。

康复游戏增强了训练代入感，可以使得患者在无意识的情况下全身心投入训练过程中。当患者所扮演的虚拟主体在游戏中撞到障碍物时，游戏自动结束，根据选择游戏的难易程度以及游戏持续的时间得出一个综合得分，在游戏结束以后显示在屏幕上。虽然这个得分不能作为任何康复评估的依据，但是患者可以通过比较自己前几次游戏的得分，判断是进步了还是退步了，起到辅助判断的效果。目前有2个康复游戏可以选择，分别是“快乐小鸟”避障游戏以及“海底世界”定向游戏，均可以进行虚拟现实环境下的上肢单自由度主动运动的训练。

在代码中使用QProcess类来加载非Qt本身的应用程序，在C++中关键代码为：

```
switch(i){
    case 1:
        program = "E:\\\\Gmaes\\\\gameBirfd\\\\playbird.exe";break;//选择游戏1
    case 2:
        program = "E:\\\\Gmaes\\\\gamePlane\\\\populi.exe";break;//选择游戏2
    default:
        break;
    }
    QProcess *myProcess = new QProcess();
```

myProcess－＞startDetached(program，arguments)；　　//调用应用程序

2. 独立线程串口通信功能的实现

(1) 通信协议制定

串口通信是实现可靠数据传输的保障。在 PC 端，用户控制指令通过 RS232 串口下发，由底层控制系统对应的串口模块接收；同样，底层控制系统的数据和反馈信息在接收到指令之后，及时响应上传，从而实现串口的双向通信。控制指令和反馈指令需要按一定的格式组成数据帧，首先需要保证指令和数据的可靠性，避免接收到错误的指令和数据；其次也要确保发送方和接收方能按照确定的方式去解析数据帧，读出指令中所需的信息。现在采用的通信协议格式为“帧头＋数据位长度＋指令类型＋指令内容＋CRC 校验位＋帧尾”。通信协议中传输的指令划分为 3 种类型，分别是控制指令、关节数据帧和反馈指令。由 PC 端应用程序向下位机发送的统一归类为控制指令，包括“开始运行”“停止运行”“复位”“计划内容”“反馈请求”“加快/减慢速度”及“增加/减少辅助力量”。由下位机向上发送的为关节数据帧和反馈指令。关节数据帧响应上位机发送的“反馈请求”指令，每当有一个请求指令到来，即以数据帧格式组织当前采集的关节数据并发送。反馈指令响应其他的控制指令，例如接收到“开始运行”指令并处理后反馈一个“已开始运行”的反馈指令，告知上位机已经执行成功。

(2) 独立线程串口类的配置与读写实现

串口类 QSerialPort 提供了大量访问串口的函数。辅助该类使用的另外一个常用类是 QSerialPortInfo，该类可以帮助获取当前可用串口的信息。要正确地定位一个串口，需要设置它的端口号、波特率、数据位、停止位、校验位以及流控制这几项，对应的方法分别为 setPortName()、setBaudRate()、setDataBits()、setParity()、setStopBits() 和 setFlowControl()。在端口准备好读写的条件下，可以使用 read() 方法和 write() 方法读写串口内容，使用 open() 和 close() 打开或关闭串口。

在本系统中，为了提高系统界面响应的及时性，同时保证串口类读写的独立性与可靠性，单独为该串口读写功能开辟了一个线程(thread)，使用继承自 QThread 类的 ComThread 类来对 QSerialPort 类操作。串口配置的界面如图 2-6-22 所示，波特率和端口号可以通过界面设定，其他参数由系统设置，不可更改。波特率越高，串口的通信效率就越高，在保证稳定通信的基础上应尽可能提高波特率的设置。经过测试，当波特率在 921 600 b/s 时，2 m 范围内仍可保证有效通信。在应用程序的后续测试中，默认设置波特率 921 600 b/s，8 位数据位，1 位停止位，无流控制和奇偶校验。在进入系统后，默认串口为关

图 2-6-22　应用程序中串口设置界面

闭状态，选择好端口号和波特率后，单击“打开串口”按键，打开对应端口，同时指示灯变亮，按键名变为“关闭串口”；单击“关闭串口”，端口关闭，指示灯变暗，按键名重新变为“打开串口”。

3. 系统实验与结果

(1) 应用程序的打包与发布

经测试，通用计算机的应用程序能稳定地运行，整个系统界面的图标和各个子面板可以根据主窗体的大小自动改变适应，不会出现显示不全的现象，各个子功能界面的跳转和切换流畅。在用户登录系统之后，能根据当前用户信息加载数据库中相关的内容反映到各个界面显示，能够与数据库进行良好的衔接，实现各种数据条目的增删改查。在各个子界面也能完成对应的基本功能，帮助医生和患者实现对上肢康复训练机器人的操作。在所有应用程序开发完毕后，可以发布该 Qt 应用程序，最终生成一个 exe 可执行文件，使用 hap-depends 工具打开应用程序，可查看其执行依赖的动态链接库、图片库、数据库驱动等插件，在 Qt 安装路径下找到这些库和插件并复制到应用程序所在目录，最后使用打包工具压缩 dll 文件并封装，至此应用程序打包完毕。打包后的文件可以直接在其他计算机上直接运行，无需安装开发环境。

(2) 试验样机的康复训练游戏实验

实验内容为通过软件系统的“康复游戏”界面选择对应游戏图标进入虚拟现实游戏。患者手臂末端腕关节处绑有一个三轴姿态传感器，该传感器可以采集当前的姿态数据，并以蓝牙通信的方式发送到 PC 端，在 PC 端 USB 接口插入专门的蓝牙适配器采集姿态数据。应用程序获取传感器句柄后，以传感器句柄作为设备标识，决定游戏中虚拟角色在 2D 空间的运动方向。姿态数据是以四元数形式保存，以四阶浮点型数组 $Q(x, y, z, w)$ 表示，其中 x、y、z 为旋转轴，w 为旋转的角度，依此计算出传感器绕水平轴、垂直轴转动的角度，作为患者在冠状面内水平方向、垂直方向的位移量的数据来源。

通过与 3 自由度上肢康复机器人的实验平台对接，运行 PC 机中打包后的应用程序并通过高清数字线(HDMI)转接到大屏显示器上显示，在应用程序中选择并打开康复游戏，进行实验对象的上肢康复训练测试。系统软件界面如图 2-6-23、2-6-24 所示，实验平台情况如图 2-6-25 所示。待游戏结束后界面显示得分并重新返回到图 2-6-23 所示的游

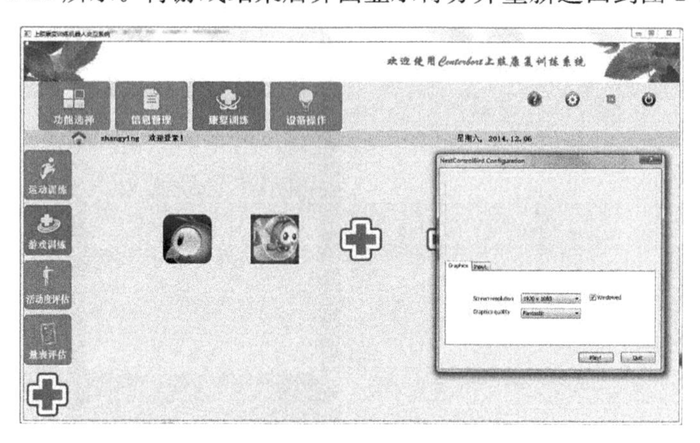

图 2-6-23　康复游戏选择界面

戏选择界面。应用程序会自动向数据库中添加相应的游戏训练记录，包括患者姓名、训练开始时间、训练结束时间、得分情况等。选择不同的游戏或者重复运行多次游戏均不会影响跳转前后应用程序的正常运行。

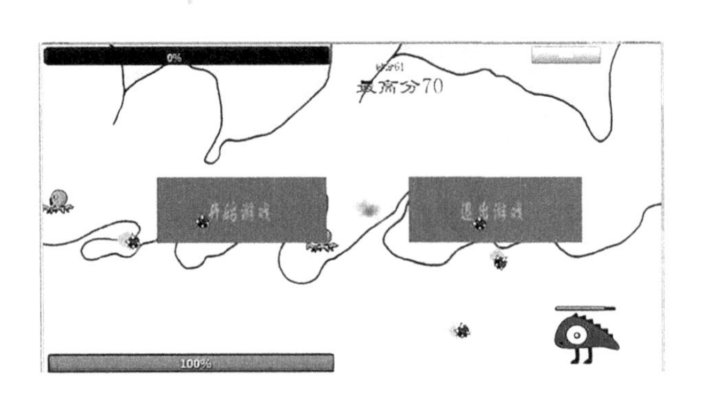

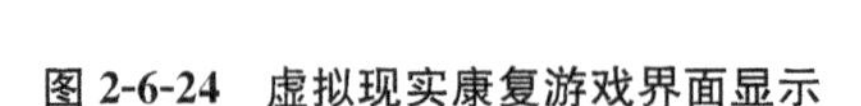

图 2-6-24　虚拟现实康复游戏界面显示

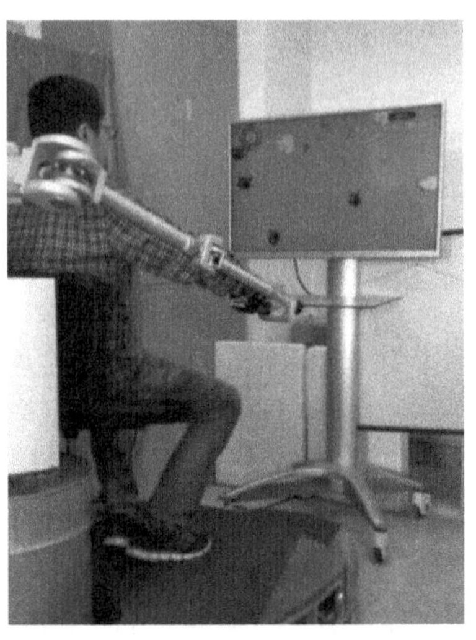

图 2-6-25　虚拟现实游戏中主动运动训练

(3)手机客户端 App 获取应用程序信息的实验

为方便医生和患者实时查看和了解康复治疗结果，弥补桌面系统无法远程移动操作的弊端，设计了一套在 Android 手机上运行的 App，通过相同的用户名和账号，可以登录系统的手机客户端，查看对应信息。目前已实现的功能有：在医生用户的客户端能查看自我信息，查看患者信息，查看自己制订的所有康复运动训练计划，并且能够制订新的训练计划；在患者用户的客户端能够查看自我信息，查看责任医生的信息，以及查看医生为自己制订的康复训练计划。登录界面和主要的康复计划查看(或定制)界面如图 2-6-26 所示。

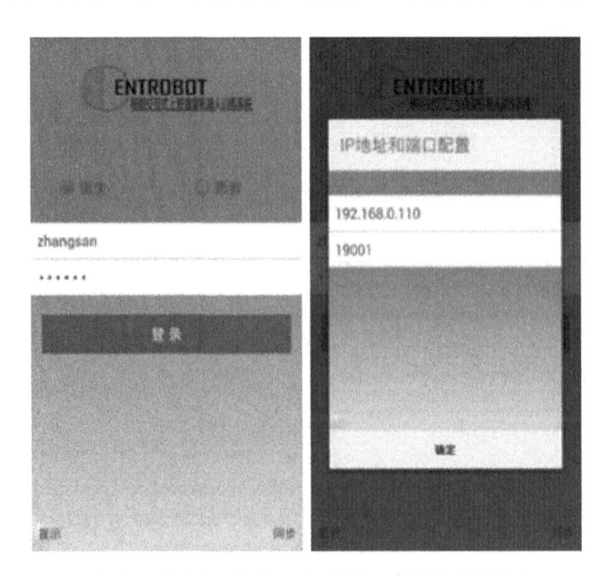

图 2-6-26(a)　Android 手机客户端登录界面

图 2-6-26(b)　主要的康复计划查看(或定制)界面

为保证数据来源的一致性以及在当前平台上的数据更改能够及时更新到另外一个平台上，这里采用了对同一个数据库进行操作的方法，即无论是 PC 平台还是 Android 平台，两者对于数据的更改都是在 E:/根目录下的 robot. db 中执行的，且需要确定两者能够连接到同一个网络，保证手机客户端能够访问作为服务器端的 PC 机。如图 2-6-26 中第二张图所示，客户端应用程序在运行前必须进行 IP 地址和端口的配置。所有的执行流程都已经在手机端的说明中给出，并帮助用户实现快速配置。无论是桌面系统还是手机 App，在启动后都会重新从数据库读取数据信息，保证数据的有效性和可靠性。

第七节　系统集成与测试

本节将对前文设计的中央驱动式上肢康复机器人分别进行系统集成与测试，包括样机测试和控制系统测试。

样机试制整体图如图 2-7-1 所示。

图 2-7-1　中央驱动式上肢康复机器人实验样机

一、单自由度运动控制实验

中央驱动式传动系统为本案例机械结构设计的核心，为验证本案例设计的中央驱动式传动系统的合理性及可行性，本案例设计了单自由度运动控制实验。

单自由度被动训练实验主要是为了验证中央驱动式传动结构的合理性和各个关节单独运动的可行性。本案例通过上肢功能正常的实验者在中央驱动式上肢康复机器人实验样机上进行被动训练实验。设定肩关节屈/伸运动范围为－45°～180°，肩关节内收/外展运动范围为－45°～90°，肘关节屈/伸运动范围为0°～90°，运动速度均设为2 r/min，得到肩关节屈/伸运动图如图2-7-2所示，肩关节内收/外展运动图如图2-7-3所示，肘关节屈/伸运动图如图2-7-4所示。

图 2-7-2　肩关节屈/伸运动图

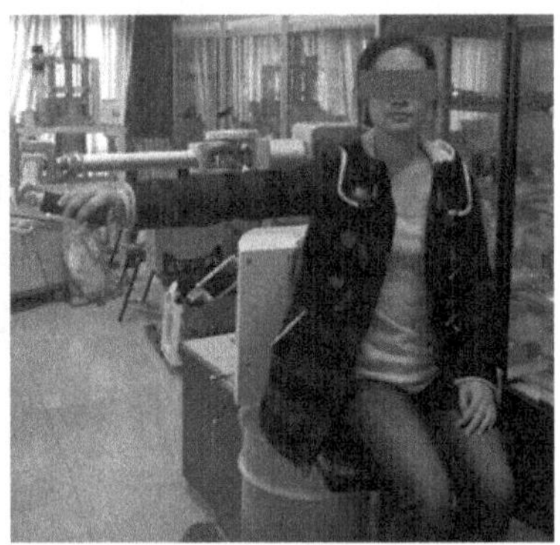

图 2-7-3　肩关节收/展运动图

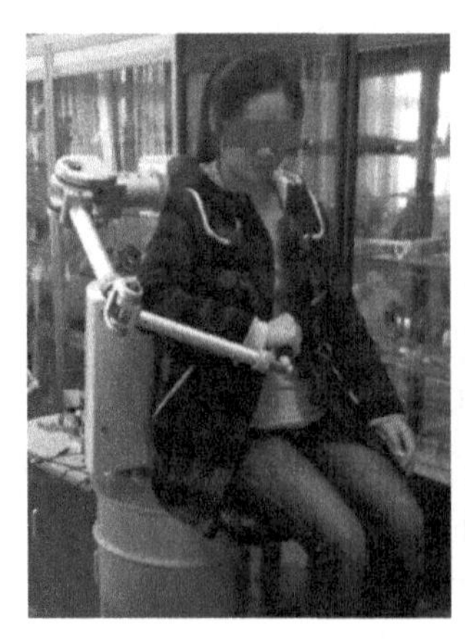

图 2-7-4　肘关节屈/伸运动图

从图 2-7-2 到 2-7-4 可以看出，实验者在本案例设计的中央驱动式上肢康复机器人实验样机上进行单自由度被动训练时，各关节均能按照设定的速度达到设定的位置，验证了本案例设计的中央驱动式传动系统的合理性和各个关节单独运动的可行性。

二、左、右手单独训练实验

根据第二节的左、右手单独训练结构设计，该机器人不仅能帮助上肢功能障碍患者进行一侧手臂的康复，还能使机械臂从一侧转动到另一侧，实现左、右手臂的单独训练功能，这将大大提高本案例设计的中央驱动式上肢康复机器人的利用率。为验证该机器人左、右手的单独训练功能，本案例将通过设计的转动结构，完成机器人机械臂从左手到右手的变换。左、右手单独训练的实验样机如图 2-7-5 所示。

由图 2-7-5 可以看出，该中央驱动式上肢康复机器人实验样机实现了机械臂从左手到右手的变换，很好地验证了左、右手单独训练的旋转结构的可行性。

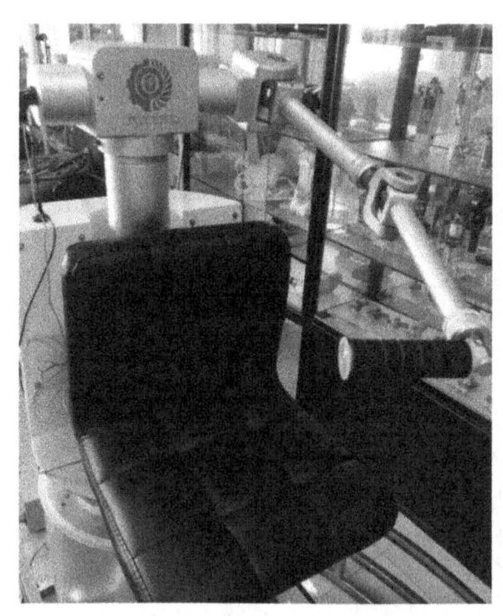

图 2-7-5　左、右手单独训练实验样机

三、多自由度轨迹控制实验

在机器人的康复治疗中，对于上肢肌力较弱的患者，机器人机械臂带动上肢功能障碍患者上肢进行训练的被动训练显得尤为重要。在进行被动训练时，机器人机械臂需要在保证患者安全的前提下进行康复训练，这就需要在训练前进行上肢康复的轨迹规划，来完成对患者的上肢进行锻炼，逐渐实现上肢的康复。本案例根据本章第三节中对指鼻动作和画菱形动作进行的轨迹规划，将此规划运用在软件设计中，程序流程如图 2-7-6 所示。

本案例设计的中央驱动式上肢康复机器人实验样机在上电后通过光电编码器找零点，然后在接收到顶层嵌入式用户控制系统的指令后，执行对应指令的轨迹命令，机器人在运动 5 min 后或接收到顶层嵌入式用户控制系统的停止命令后停止运动。

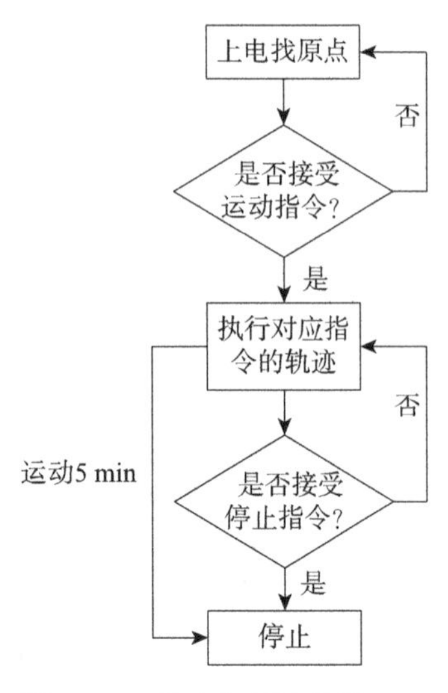

图 2-7-6　轨迹规划流程图

由于底层的光电编码器采集的数据只会通过无线传给顶层嵌入式用户控制系统，但为了从电脑上得到进行指鼻动作和画菱形动作的实验数据，本案例将 PC 与顶层嵌入式用户控制系统通过串口相连，设定数据传输频率为 10 Hz。由于这两个动作均需要各个关节进行运动，因而将从串口得到三个关节的角位移信息。根据得到的指鼻动作和画菱形动作的实验数据，就能利用正运动学方程计算得到机械臂手柄的运动轨迹，从而对多自由度轨迹控制实验的可行性进行验证。

(一) 指鼻动作实验

根据本章第三节中指鼻动作的轨迹规划方程，在程序中完成对各参数的设定。本案例选用上肢功能正常的实验者在中央驱动式上肢康复机器人实验样机上进行指鼻动作实验，得到的指鼻动作实验图如图 2-7-7 所示。

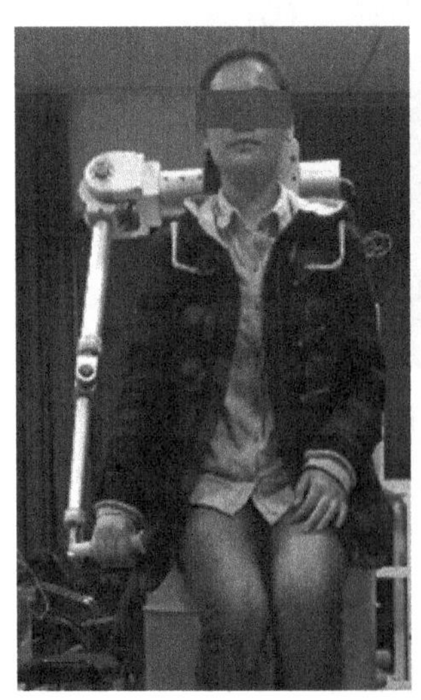

图 2-7-7　指鼻动作实验图

由于实验数据较多，本案例仅截取两个循环的动作数据供分析。根据串口得到的实验数据并运用正运动学方程，可计算得到机器人机械臂手柄在进行指鼻动作的位置信息。将通过计算得到的机器人机械臂手柄的位置曲线与本章第三节得到的指鼻动作运动轨迹在 MATLAB 中进行对比，对比图如图 2-7-8 所示。

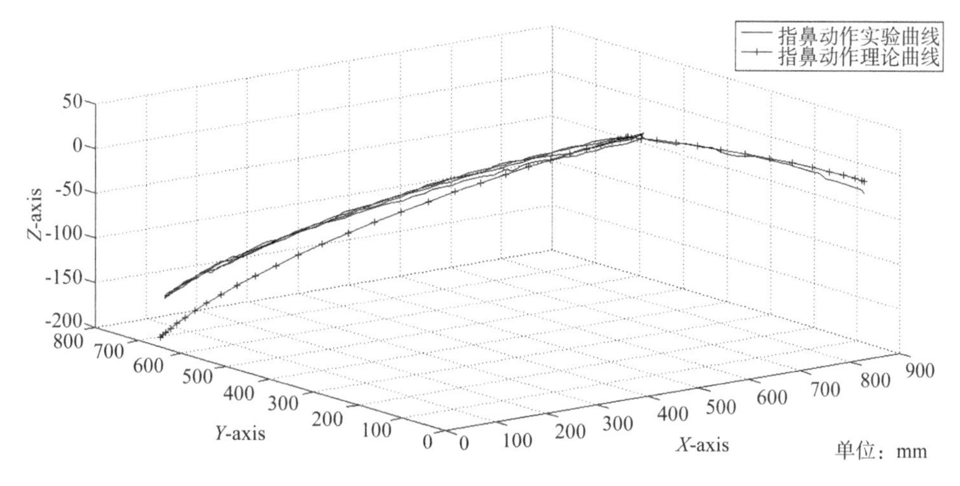

图 2-7-8　指鼻动作实验一理论对比曲线图

由图 2-7-8 可以看出，该中央驱动式上肢康复机器人实验样机能按照设定的指鼻运动轨迹进行运动，且动作重复性较好。但与理论曲线进行对比，指鼻动作的实验曲线与理论曲线存在一定偏差。

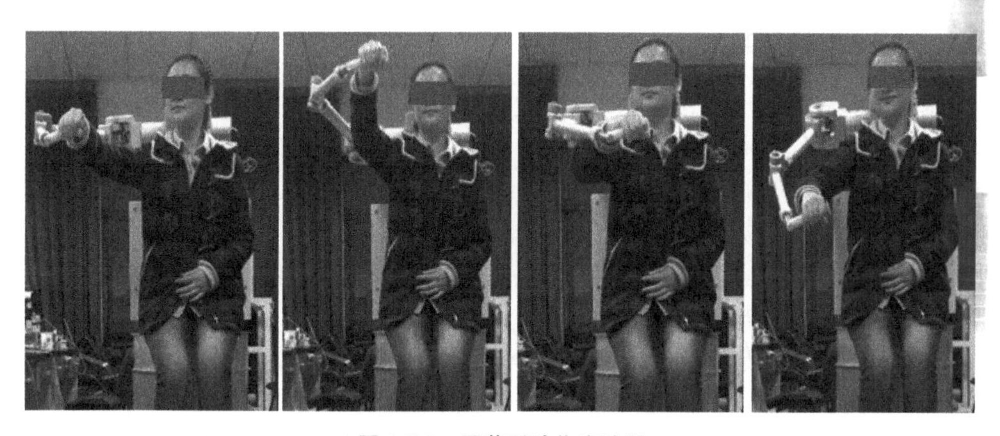

图 2-7-9　画菱形动作实验图

（二）画菱形动作实验

在完成指鼻动作实验之后，本案例还设计了画菱形动作实验来进一步验证轨迹规划的可行性。根据本章第三节中画菱形动作的轨迹规划方程，在程序中完成对各参数的设定。本案例选用上肢功能正常的实验者在中央驱动式上肢康复机器人实验样机上进行画菱形动作实验，得到的画菱形动作实验图如图 2-7-9 所示。

同样，本案例仅截取两个循环的动作数据供分析。根据串口得到的实验数据和运用正运动学方程，可以得到对应时刻的机器人机械臂手柄的位置信息，将得到的实验曲线与本章第三节得到的画菱形动作理论曲线在 MATLAB 中进行对比，对比图如图 2-7-10 所示。

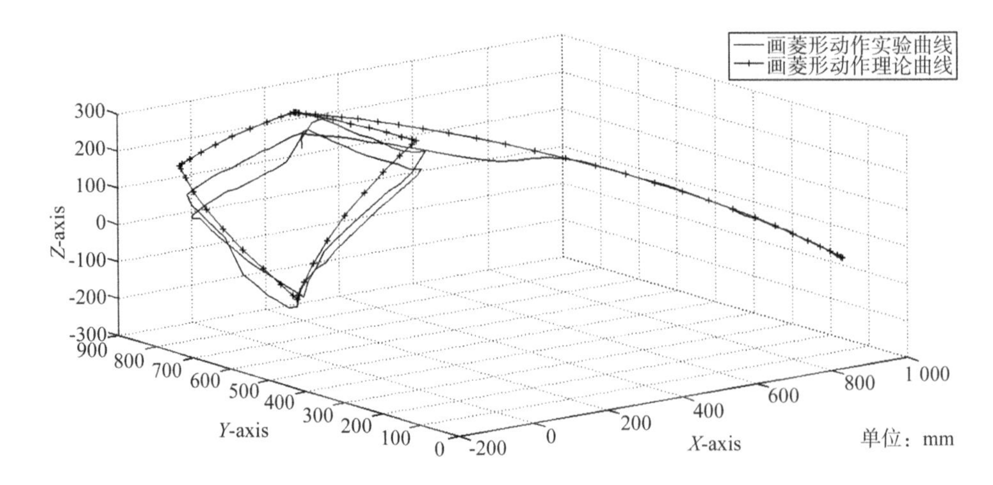

图 2-7-10　画菱形动作实验一理论对比曲线图

由图 2-7-10 可以看出，画菱形动作的实验曲线和理论曲线存在一定偏差，且实验曲线存在一定的抖动，但在程序的设定下，该中央驱动式上肢康复机器人实验样机还是能带动实验者上肢完成画菱形的动作，且具有一定的重复性。

(三) 轨迹控制实验总结

通过在本案例设计的中央驱动式上肢康复机器人实验样机上进行指鼻动作和画菱形动作实验，由图 2-7-8 和 2-7-10 可以看出，该中央驱动式上肢康复机器人实验样机能带动实验者进行指鼻训练和画菱形训练。由图 2-7-9 和图 2-7-10 可以看出，该机器人能带动实验者上肢完成轨迹规划的动作，且具有一定的重复性。但由实验数据可以看出，机器人机械臂手柄的运动轨迹与其理论值曲线的重合度不高且轨迹不均匀，经过分析，原因主要为以下两个方面。

(1) 系统动力的传动结构采用齿轮传动和平键连接的方式，由于齿轮的加工存在误差，平键的配合也存在一定误差，因而会影响动力传输的准确性。在每条动力系统中，齿轮越多，间隙误差越大，在本案例设计的 3 自由度动力传输过程中，肘关节的运动动力传输得最远，因而由齿轮和平键等因素产生的间隙最大，误差也就越大。同时，在程序设计中没有实现对关节运动的闭环控制，因此，机器人不能快速有效地自适应调整运动轨迹，导致轨迹出现了一定偏差。这是实验过程中导致重合度不高的主要原因。

(2) 本案例选用两相步进电机为动力源，由于步进电机是接收到一个脉冲走一步，因而如果想要整个机械臂在运动过程中运动平稳，就必须在程序中设定步进电机驱动的运动曲线以及换向的调速曲线。且机器人机械臂手柄的轨迹需要三个关节的驱动电机协同进行，因而对软件的要求比较高。这是实验过程中导致轨迹不均匀的主要原因。

虽然由指鼻动作和画菱形动作得到的实验曲线与理论曲线有一定的差距，但在一定程度上反映出了中央传动系统及轨迹规划的有效性，验证了本案例设计的中央驱动式上肢康复机器人结构设计的有效性及可行性。

四、光电编码器去抖效果对比实验

光电编码器作为本案例中关节角位移和速度采集的传感器，其测量准确性对控制系统的执行效果有着显著的影响。在前面分别设计了硬件去抖电路和软件去抖算法，去抖硬件实物图如图 2-7-11 所示。这两种方式的目的均是为了提高测量的准确性，为了验证这两种方式对抖动消除的效果，设计了对比实验。根据物理常识可知，无论编码器的精度如何，其转动轴每转过 1 圈必定是 360°，基于这种思路，将编码器的 Z 相作为圈数计数标志，每发生一次 Z 相中断表明编码器转过一圈，这时计算测量的角度结果，分别在无信号干扰、人为加入干扰、缺陷编码器自身干扰三种条件下分别测量 10 次，结果如表 2-7-1 至 2-7-6 所示。

图 2-7-11　编码器硬件去抖实物图

表2-7-1　无信号干扰时角度测量结果

实验组别		A	B	C	D
测试条件	软件去抖	无	有	无	有
	硬件去抖	无	无	有	有
每转过一圈的角度值/°	1	359	359	359	359
	2	359	359	359	359
	3	359	359	359	359
	4	359	359	359	359
	5	359	359	359	359
	6	359	359	359	359
	7	359	359	359	359
	8	359	359	359	359
	9	359	359	359	359
	10	359	359	359	359
	均值	359	359	359	359
准确率		99.72%	99.72%	99.72%	99.72%

在表 2-7-1 中，由于编码器本身精度较高，1 000 线编码器且经过四倍频之后的值进入 MCU 中，测量精度进一步提高，程序在计算时存在舍入误差，故采集到的每圈角度值为 359°。

表 2-7-2　人为加入干扰时角度测量结果

实验组别		A	B	C	D
测试条件	软件去抖	无	有	无	有
	硬件去抖	无	无	有	有
每转过一圈的角度值/°	1	354	359	358	359
	2	354	358	358	358
	3	354	358	359	358
	4	354	356	359	358
	5	354	356	358	358
	6	354	356	358	358
	7	354	358	358	359
	8	354	358	358	358
	9	354	357	358	359
	10	354	356	358	358
	均值	354	357.2	358.2	358.3
准确率		98.33%	99.22%	99.50%	99.53%

表 2-7-3　缺陷编码器自身干扰时角度测量结果

实验组别		A	B	C	D
测试条件	软件去抖	无	有	无	有
	硬件去抖	无	无	有	有
每转过一圈的角度值/°	1	352	352	354	354
	2	352	354	354	354
	3	352	353	354	354
	4	353	352	354	354
	5	353	352	354	354
	6	354	351	353	354
	7	354	352	353	355
	8	353	353	354	354
	9	353	352	354	355
	10	352	352	353	355
	均值	352.8	352.3	353.7	354.3
准确率		98.00%	97.86%	98.25%	98.42%

通过表 2-7-1 至 2-7-3 可知，随着去抖方式的增加，无论是针对人为加入的干扰，还是有缺陷的编码器自身的干扰，角度采集的准确率均稳步提高。只有软件去抖方式时，准确率略微下降，这是因为软件去抖算法的主要目的是为了保证方向判断的准确性，这个过程中牺牲了一定的精度，通过后面的表 2-7-4 至 2-7-6 可以看出这种规律。

在方向判断实验中，也是在编码器轴转动一周的过程中进行测量的，在没有硬件去抖的情况下是二倍频，有硬件去抖则是四倍频。

表2-7-4　无信号干扰时方向判断结果

实验组别		A	B	C	D
测试条件	软件去抖	无	有	无	有
	硬件去抖	无	无	有	有
每转过一圈的方向识别错误次数	1	0	0	0	0
	2	0	0	0	0
	3	0	0	0	0
	4	0	0	0	0
	5	0	0	0	0
	6	0	0	0	0
	7	0	0	0	0
	8	0	0	0	0
	9	0	0	0	0
	10	0	0	0	0
	均值	0	0	0	0
准确率		100.00%	100.00%	100.00%	100.00%

表2-7-5　人为加入干扰时方向判断结果

实验组别		A	B	C	D
测试条件	软件去抖	无	有	无	有
	硬件去抖	无	无	有	有
每转过一圈的方向识别错误次数	1	17	0	0	0
	2	16	0	0	0
	3	16	0	0	0
	4	15	0	0	0
	5	15	0	0	0

续表 2-7-5

实验组别		A	B	C	D
每转过一圈的方向识别错误次数	6	16	5	0	0
	7	16	0	0	0
	8	16	0	0	0
	9	15	0	0	0
	10	16	0	0	0
	均值	15.8	0.5	0	0
准确率		99.21%	99.98%	100.00%	100.00%

表 2-7-6 编码器自身缺陷干扰时方向判断结果

实验组别		A	B	C	D
测试条件	软件去抖	无	有	无	有
	硬件去抖	无	无	有	有
每转过一圈的方向识别错误次数	1	20	0	0	0
	2	25	0	0	0
	3	20	0	0	0
	4	23	0	0	0
	5	20	0	0	0
	6	20	0	0	0
	7	25	0	0	0
	8	16	0	0	0
	9	20	0	0	0
	10	17	0	0	0
	均值	20.6	0	0	0
准确率		98.97%	100.00%	100.00%	100.00%

在本章第五节所述的步进电机变速过程中，是需要判断当前电机旋转方向的，如果判断错误，将导致相反的结果，后果十分严重，故在软、硬件去抖的过程中将方向判断作为首要考虑因素，实验结果也证明了这一点。表 2-7-4 至 2-7-6 的结果表明无论是人为加入的干扰还是编码器自身缺陷造成的干扰，软件去抖方式和硬件去抖方式都对方向误判的纠正效果十分明显，混合使用时有效地提高了方向判断的准确性。

在本实验中，人为加入干扰的过程中，使用了另外一块单片机间断地产生串口时序，波特率为 256 000 b/s，而编码器本身以不超过 50 r/min 的速度旋转，假设在四倍频情况下，产生的编码信号频率约为 3.3 kHz。故利用逻辑门电路叠加时，产生的串口时序以

256 kHz 的高频干扰出现，以此来模拟编码器的脉冲抖动。

五、磁粉离合器励磁电流调节实验

针对本案例设计的磁粉离合器驱动电路，设计了励磁电流调节实验，以实际真实的磁粉离合器作为负载，通过调节驱动器的控制端电压，测量实际的励磁电流值，同时获得电流采集电路输出电压值，其实物连接图如图 2-7-12 所示，将测得的数据列表如表 2-7-7 所示。

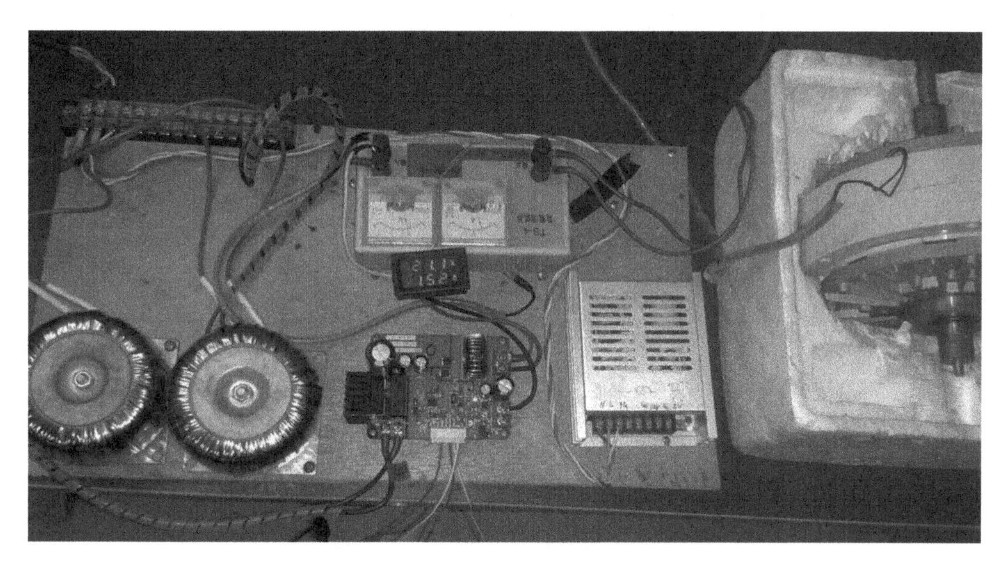

图 2-7-12 磁粉离合器驱动电路测试平台

表 2-7-7 励磁电流随控制端电压的变化情况

序号	控制端电压/V	输出电压/V	励磁电流/A	反馈电压/V
1	3.1	4.23	0.29	0.45
2	2.91	6.72	0.47	0.61
3	2.79	8.62	0.61	0.73
4	2.67	10.6	0.75	0.85
5	2.5	13	0.92	0.99
6	2.36	15.1	1.07	1.12
7	2.24	17	1.2	1.23
8	2.08	19.4	1.36	1.35
9	1.94	21.7	1.5	1.48
10	1.79	24.1	1.65	1.6
11	1.62	26.7	1.8	1.73

续表 2-7-7

序号	控制端电压/V	输出电压/V	励磁电流/A	反馈电压/V
12	1.44	29.2	1.94	1.85
13	1.28	32	2.09	1.98
14	1.11	35.3	2.23	2.08
15	0.91	38.9	2.38	2.15

根据测得的结果，将控制端电压和输出电压的关系画图如图 2-7-13 所示，将励磁电流和反馈电路输出电压的关系画图如图 2-7-14 所示。

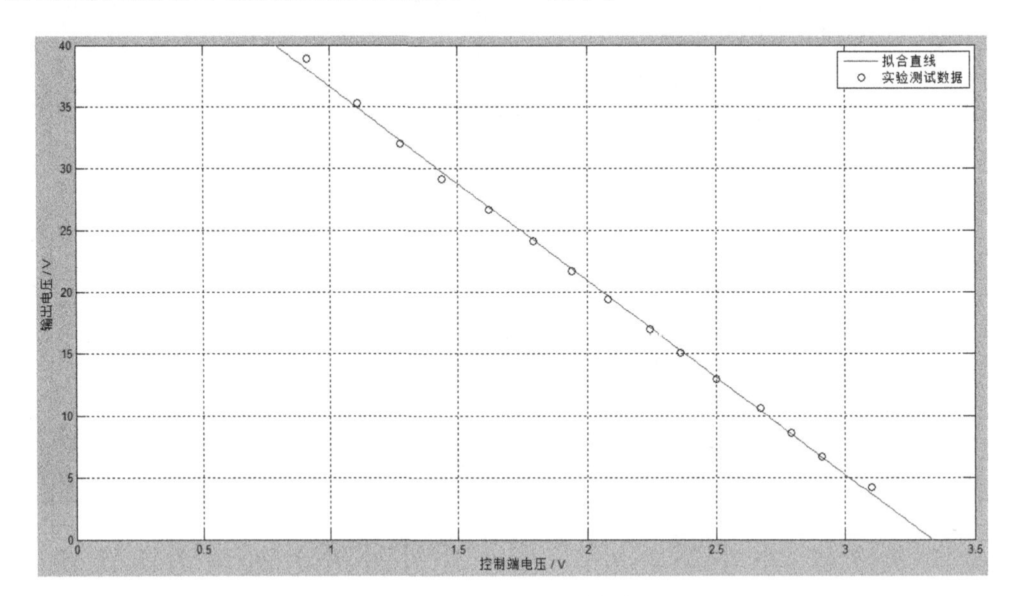

图 2-7-13　调节控制电压与输出电压的关系

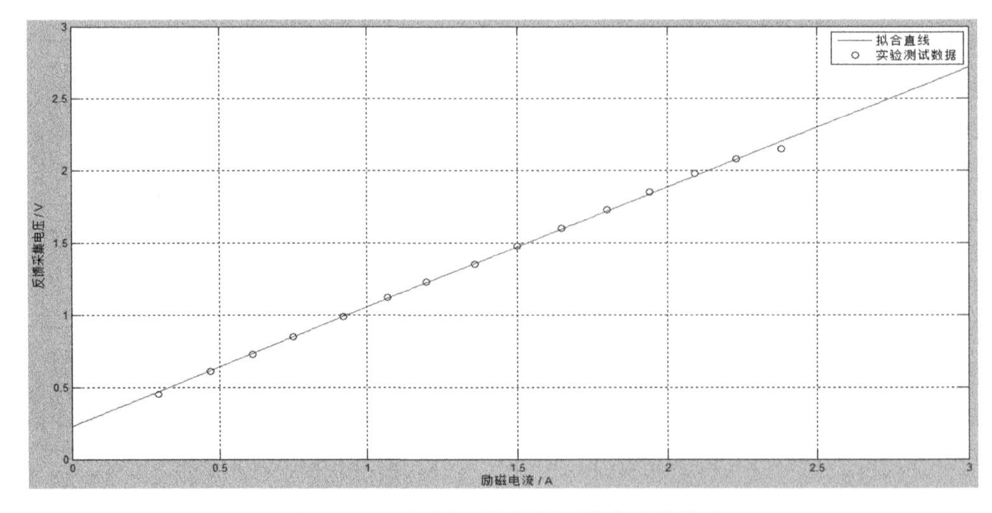

图 2-7-14　励磁电流与测量反馈电压的关系

从图 2-7-14 中可以看出，磁粉离合器驱动电路具备了连续可调功能，且使得输出的励磁电流连续变化，并且能够将励磁电流反馈至控制单元。图中直线斜率和之前计算的公式略有出入，这是由于实际电路中所使用的元器件参数并非完全理想的，且电路板本身的等效参数也会对结果有影响，带负载情况与理论计算也稍有差别，但这并不影响对磁粉离合器的控制，程序中利用相应的数学关系式时可按照实验测得的值替换即可。

六、被动训练模式下比例闭环控制实验

被动训练是本案例设计的上肢康复训练机器人的一个重要的功能，在本章第三节中对其进行了轨迹规划，设计了菱形动作和指鼻动作两条轨迹，并且利用比例闭环的思路来控制机械臂的运动，因此设计了相应的验证实验。以菱形被动动作为例，在原始开环控制系统中，机械臂基本能够按照设定的轨迹曲线运动，但偏差较大，两个周期内的轨迹也相差较远。而在本书设计的闭环控制系统中，针对机器人的被动训练，可以根据上位机设置的轨迹节点，自动计算轨迹参数，并且控制机器按照相应轨迹运动。在之前已经提到，为了便于将患者手臂和机械臂固定在一起，故设定了就位动作，从而所有其他的被动训练均是以就位点为基准的，经过重新设计并修正参数后的菱形动作理论曲线如图 2-7-15 所示。

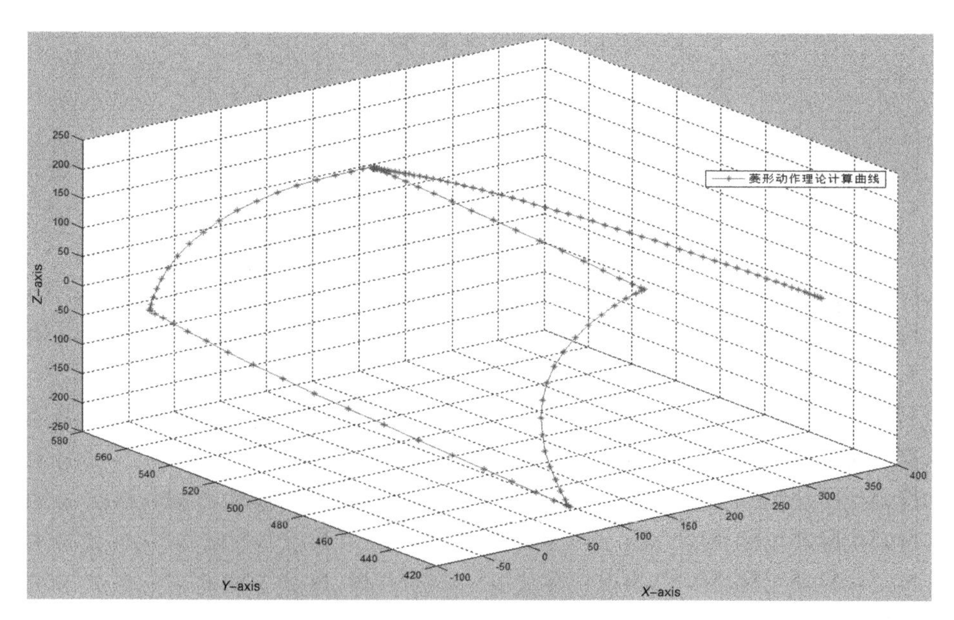

图 2-7-15　修正参数后的菱形动作理论曲线

在新的菱形动作中，对几个边界点和起始点进行了修改，MCU 在初始化过程中计算出轨迹参数，更新轨迹的周期取 100 ms。每个周期将编码器采集的位置信息和理论计算参数进行比较，并调整机械臂的位置，经过这个比例闭环控制的过程后，定期地向服务器传送轨迹参数信息，该定时发送周期也为 100 ms，将服务器中保存的数据重新进行绘图，选取数据中的 7 组数据，每组数据有若干个运动周期，在 MATLAB 中对菱形动作

的轨迹复现如图 2-7-16 所示。

从图 2-7-16 中可以看出，在闭环控制系统的作用下，多个周期的运动轨迹重合度非常高，只有少数区域出现微量的偏移。相比于原始开环控制系统，轨迹的可重复性和准确性得到了很大的提高，由此可说明闭环控制系统对轨迹偏移的纠正能力是显著的，这种精度对于康复机器人而言，已经能够达到要求。

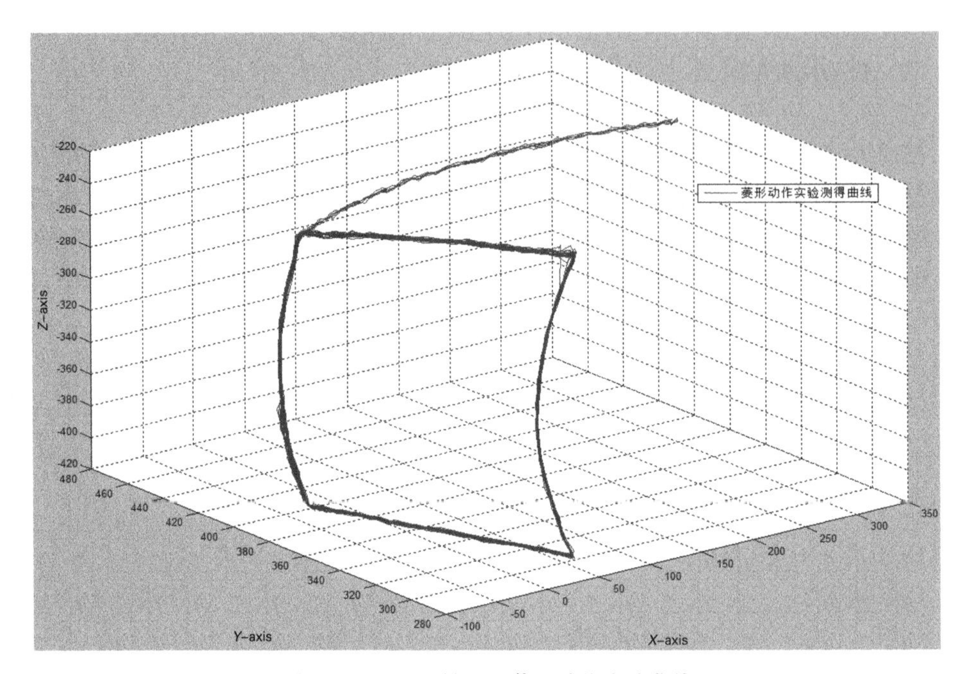

图 2-7-16　闭环控制下菱形动作实验曲线

对比图 2-7-15 和 2-7-16 可知，实验曲线和理论曲线的形状发生了一定的变化，无法完全达成一致。这是由于机械系统中加工和装配等原因带来的误差，使得传动系统的间隙增大，且逐级累积，造成了实际曲线和理论曲线的偏差。另外，在计算的过程中，采用 MCU 对浮点数进行处理，描述机械传动关系的减速比也均是浮点数，舍入误差经过逐级计算后误差累积，从而使得最终的实际轨迹出现了一定的偏移。在第五节中针对机械臂初始化到零位的部分进行了详细描述，这个功能实现的前提是，将编码器的 Z 相调节到机械臂实际零位的对应位置，这个调零校准的过程并不是十分精确，从而使得实际的计算零位和机械系统中设计的理想零位有一定的差异，这也会对轨迹的最终形状造成影响。

参考文献

[1] 宋亚秋，宿亚楼. 电机噪声产生的原因及减小噪音的设计方法[J]. 电工技术，2009(8)：64—65.

[2] 易金花. 中央驱动式上肢康复机器人结构设计及轨迹规划[D]. 上海：上海理工大学，2015.

[3] Yu H L, Yi J H, Hu X, et al. Study on teeth profile modification of cycloid reducer based on non-Hertz elastic contact analysis[J]. Mechanics Research Communications, 2013, 48(1):87—92.

[4] 易金花，喻洪流，张颖，等. 中央驱动式上肢康复机器人运动学建模与分析[J]. 生物医学工程学杂志，2015，32(6):1196—1201.

[5] 方又方. 上肢康复机器人嵌入式动力控制系统研究[D]. 上海：上海理工大学，2016.

[6] 方又方，喻洪流，官龙，等. 基于肌电触发的上肢康复训练机器人的实现[J]. 上海理工大学学报，2015，37(4):355—361.

[7] 张颖. 面向上肢康复机器人的人机交互系统研究[D]. 上海：上海理工大学，2015.

[8] 易金花，张颖，简卓，等. 基于嵌入式计算机的上肢康复机器人虚拟现实训练系统研究[J]. 中华物理医学与康复杂志，2014，36(8):641—644.

[9] 张颖，易金花，张晓玉，等. 基于嵌入式 Linux 的上肢康复机器人用户系统研究[J]. 电子技术应用，2014，40(5):14—17.

[10] 孙乐义. 线性稳压器 LDO 的原理和应用[J]. 集成电路应用，2014(6):34—37.

[11] 周洁敏，赵修科，陶思钰. 开关电源磁性元件理论及设计 [M]. 北京：北京航空航天大学出版社，2014.

[12] 郭力峰，伍小杰，姜建国，等. 增量式编码器的脉宽误差分析及新型补偿算法[J]. 电气传动，2013，43(3) :77—80.

[13] 李茂军，刘鼎邦. 步进电机细分驱动电磁转矩分析[J]. 控制工程，2013，20(2) :243—245.

[14] 官龙，易金花，李继才，等. 握速可调式肌电假手的系统研究[J]. 中国生物医学工程学报，2013，32 (4):471—476.

[15] 黄建明. 基于嵌入式的肌力肌电测试软件系统的研究[D]. 上海：上海理工大学，2012.

[16] 布兰切特(Jasmin Blanchette)，萨默菲尔德(Mark Summerfield). C++ GUI Qt4 编程[M]. 闫锋欣，曾泉人，张志强，译. 北京：电子工业出版社，2013.

[17] Walter Savitch. C++面向对象程序设计[M]. 周靖，译. 北京：清华大学出版社，2007.

[18] 怯肇乾，陈永超，ARM-Linux 下 SPI 设备的添加与驱动实现[J]. 单片机与嵌入式系统应用，2012，12(4)：80—81.

[19] 霍亚飞. Qt Creator 快速入门(第 3 版)[M]. 北京：北京航空航天大学出版社，2017.

第三章 索控中央驱动末端式上肢康复机器人

现有的大多数平面运动型的上肢康复训练设备往往无法对患者肩关节的旋转、屈伸功能进行训练，而少数具有三维运动空间的上肢康复训练设备大多采用串联机构，并以电机驱动为主。将电机和齿轮机构安装在机器人的各个关节处，使得每一关节的电机不仅需要提供支持本关节运动的力矩，而且还需克服上一关节的电机及齿轮重量，导致此关节处必须使用驱动力矩或功率更大的电机以及减速比更大的传动齿轮，这将会大大增大机械臂的体积，增加其重量，同时降低了机器人的有效负载能力。此外，这类机械装置多数是将关节驱动电机安装在对应的上肢关节处，增加了使用者视野范围内设备的体积，这不仅加大了使用者的心理压力，而且加重了电机噪音与电机辐射对使用者的不良影响。

目前，国际上研发了多种能够三维空间运动的多自由度康复机器人。瑞士苏黎世大学研发的 ARMin 新型上肢康复机器人现已发展到第五代，包括肩部 3 个自由度，肘部 1 个自由度及 2 个腕部主动自由度，总共 6 自由度。为了能够在训练过程中为肩部的空间运动和肘部屈伸运动提供力伺服控制，从而实现主动训练、被动训练、助力训练、阻尼训练 4 种训练模式，该机器人在每个自由度上均安装有位置传感器及 6 维力矩传感器，这样虽然便于控制但增加了整个机械臂的体积和重量。美国华盛顿大学的 Perry J C 等人研发了 CADEN(Cable-Actuate Dexterous Exoskeleton for Neuro-rehabilitation)上肢康复机器人系统。该机器人采用了绳驱外骨骼结构设计，利用绳索和滑轮实现 7 自由度的全面辅助训练，能够实现复杂运动的上肢康复训练。肩肘关节驱动电机集中放置可以减轻机械臂自身重力，但环形内外旋设计增大了机械臂的整体体积，且由于采用了大量滑轮和同步带，该机器人整体质量、体积和惯性较大。随着气动和液压驱动方式的快速发展，英国索尔福德大学开发了名为 SRE 的上肢康复设备，是一款基于气动肌肉驱动的 7 自由度上肢外骨骼机器人。相比于电机直驱的设计方式，气动驱动在简化机械臂结构、降低机械臂重量上有着得天独厚的优势，但气动驱动方式的难点在于气源问题的解决方面。除此之外，气泵工作时产生的噪音、空气杂质处理以及气泵本身体积庞大等问题均成为限制气动肌肉在康复设备领域应用的关键。

为改善现有上肢康复机器人产品体积庞大、有噪音辐射、康复效果不佳等缺陷对患者训练带来的不利影响，科研人员开始研究高效率绳索传动系统，用以设计索控式上肢康复机器人。这种康复机器人结构简洁，采用中央驱动式设计将动力元件统一安置在远离患者关节处的机箱内，能极大减轻现有主流康复机器人电机带来的噪音及辐射问题，新型的高效率绳索传动系统能极大地简化传动链而减轻机器人的重量。整体结构采用模块化设计理念，机器人机械结构由中央驱动总成系统模块、机械臂模块和绳索驱动模块三个主要部分组成，易于后期结构优化及维修。但索控传动式设计也有不利的因素，如绳索驱动绕线复杂且容易出现绳索松动的现象等。此外，驱动电机集中放置虽然有效地减轻了上肢康复机器人末端重量，但也增加了绕线的复杂程度。

本案例将以上海理工大学康复工程与技术研究所研发的索控式中央驱动上肢康复机器人 Armbot 为例，从整体设计方案、机械系统设计、运动学与动力学分析、控制系统硬件设计、软件系统设计、系统集成与测试六个方面介绍其设计过程。

第一节　总体设计方案

一、功能与安全性设计要求

1. 功能设计要求

平面末端支撑式上肢康复机器人结构相对简单、易于控制。此类机器人虽可模拟完成上肢的平面运动，但由于其与患者患肢不贴合、使用时每个患者的各关节位置不相同等原因，导致其不能实现人体多关节的三维空间康复训练，且对患者施加的牵引力无法精确地施加于患肢。在此情况下，产生了如今应用较为广泛的上肢外骨骼康复机器人。外骨骼式相对于末端支撑式上肢康复机器人来说有其独特的优势，但目前外骨骼机械臂普遍比较庞大，每个关节甚至每个自由度的运动均需要关节处的电机来驱动，且对不同人体的适应性较差，不具亲和力，不利于上肢康复机器人的推广和使用。

随着上肢康复机器人关节和自由度的增多，对多关节多自由度的外骨骼机构的动力传动结构的设计要求不断增高，外骨骼机械臂的设计中越来越多地考虑到与人体的相互适应性、传动机构的稳定性以及机械系统与传感器的集成特性。本案例综合平面末端支撑式与多自由度外骨骼式上肢康复机器人的优缺点，拟设计一款索控式中央驱动的三维空间运动上肢康复机器人。此款康复机器人利用中央驱动式的索控结构来辅助患者实现肩关节内收/外展、肩关节屈曲/伸展以及肘关节屈曲/伸展的 3 个驱动自由度的被动训练。同时，当患者患肢拥有一定的肌力时，则可利用末端霍尔操纵杆实现 6 个自由度的主动训练（包括助力训练与阻抗训练）。

2. 安全性设计要求

上肢康复训练设备的设计不仅要满足患者的功能训练需求，还要保证设备运行过程中的平稳性和安全性，以防对患者产生二次伤害。且脑卒中偏瘫患者相对于正常人而言，其患肢活动范围更小、运动速度和频率更加缓慢，因而对于训练过程中的平稳性以及安全性有着更高的要求。本案例总体机械设计方案从尺寸设定、关节活动范围确定以及关节运动速度等几个方面综合考虑，确保患者在训练过程中的安全性。

（1）尺寸设计

由于上肢康复机器人是直接作用于人体手臂的设备，所以机械臂的舒适度与合理性是影响康复训练结果好坏的重要原因，因而机械臂的尺寸应严格根据人体上肢的参数进行设计。根据国家标准 GB/T 10000—1988《中国成年人人体尺寸》，了解到人体尺寸如表 3-1-1 所示。

表 3-1-1　中国成年人体尺寸

测量项目	18～60 岁(男)							18～55 岁(女)						
身高/mm	1 543	1 583	1 604	1 678	1 754	1 775	1 814	1 449	1 484	1 503	1 570	1 640	1 659	1 697
体重/kg	44	48	50	59	71	75	83	39	42	44	52	63	66	74
上臂/mm	279	289	294	313	333	338	349	252	262	267	284	303	308	319
前臂/mm	206	216	220	237	253	258	268	185	193	198	213	229	234	242
占比/%	1	5	10	50	90	95	99	1	5	10	50	90	95	99

相关研究表明，上肢偏瘫患者大多为 40 岁以上人群，男性的发病率大于女性，结合表中上臂长和前臂长尺寸，本案例选取前臂长度为 300 mm，设置 40 mm 的可调余量。选取上臂长度为 300 mm。

(2) 关节活动范围确定

在了解机械结构设计要求，选取必要的自由度之后，结合康复训练的要求，确定了选取的运动自由度的活动范围，如表 3-1-2 所示。

表 3-1-2　各运动自由度活动范围

部　位	自由度	运　动	功能活动度
肘关节	屈曲/伸展运动	屈曲	135°
		伸展	0°(前臂伸展为 0°)
肩关节	屈曲/伸展运动	屈曲	−135°(向下)
		伸展	90°(向上)
	水平内收/外展运动	内收	−45°(向内)
		外展	90°(向外)

(3) 关节运动速度

上肢康复机器人运行时，为了确保安全性，需满足运转平稳、低速的要求。查《瘫痪肢体肌力检查及康复指导》可知，关节运动速度应满足表 3-1-3 中的限定。

表 3-1-3　上肢康复机器人各关节运动速度范围

活动关节	关节运动速度
肩关节内收/外展	≤28 °/s
肩关节屈曲/伸展	≤17 °/s
肘关节屈曲/伸展	≤30 °/s

(4) 电气安全要求

上肢康复机器人在运行时需要进行电气安全保护，可以参考 GB/Z 41046－2021《上肢康复训练机器人：要求和试验方法》，其中主要包括如下两方面：① 通用电气安全要求按照 GB 9706.1－2020《医用电气设备　第 1 部分：基本安全和基本性能的通用要求》；② 上肢康复训练机器人的急停、过载保护及患者痉挛保护等要求。

二、机械结构方案设计

1. 驱动方式选择

上肢康复机器人的驱动方式按动力源一般可分为液压、气动以及电动三大类。这三类驱动方式均有各自的特性和适用范围。

液压驱动方式是一种较为成熟的技术。液压传动具有可输出较大的推力或转矩、无极调速范围广、传动平稳、反应速度快以及可以实现频繁换向等优点，且能自行润滑，元件的使用寿命长。但是，由于液压驱动可能存在油液泄漏等情况而导致无法保证精确的传动比。除此之外，常规液压油对油温较为敏感，不宜在高温或低温环境下工作。气动驱动方式由于实现伺服控制较为困难，多用于程序控制的设备中。电动驱动方式具有低惯量、大转矩等优点，其中直流伺服电机及其配套的伺服驱动器在机器人设计中被广泛采用。

综合上述三种驱动方式的优缺点，本案例选用无刷直流伺服电机驱动方式。不同于市面上已有的将电机直接安置于各关节处的上肢康复机器人，本案例通过绳索传动系统将集中安装的电机动力传递至各关节处，有效地减小了机械臂的体积。

2. 传动方式选择

机械传动在上肢康复机器人中应用非常广泛，其中主要应用于上肢康复机器人的传动方式有四种。

(1) 齿轮传动

齿轮传动的传动比准确且效率高，工作可靠性高、寿命长，可实现平行轴、任意角相交轴和任意角交错轴之间的传动。但制作成本高、价格昂贵且安装精度高。

(2) 带传动

带传动适用于中心距较大的动力传动，结构简单、成本低廉。但长时间使用可能会出现同步带松动情况，需张紧装置，而且易发生打滑现象，带的使用寿命较低。

(3) 链传动

链传动的制造和安装精度要求较低，传递中心距较大时其传动结构简单。但是其传动平稳性较差，一般不适用于精密传动场合。

(4) 钢丝绳传动

钢丝绳传动是一种利用摩擦力来进行动力传输的传动方式。其抗拉强度高，能承受较大的拉力，柔性好、弹性大，能承受较大的载荷，且高速运转中没有噪声。但由于绳带传动易出现打滑或者松动的情况，导致传动精度不高。

本案例旨在设计一款机械臂小巧、传动效率高、质量轻的上肢康复机器人，综合比较以上机械传动的优缺点，本案例选用适用于轴间距大且传动平稳的同步带传动、传动简单且抗拉强度高的钢丝绳传动以及工作性能高的直齿轮传动实现机械臂的关节驱动。

三、控制系统设计方案

控制系统是本案例设计的上肢康复机器人核心组成部分之一，是实现康复机器人各种训练功能以及多种运动模式的基础。控制系统必须保证康复训练的活动范围保持在安全范围以内，康复训练过程平稳，患者与设备的人机交互性良好，且需防止训练过程对患肢造成二次伤害。

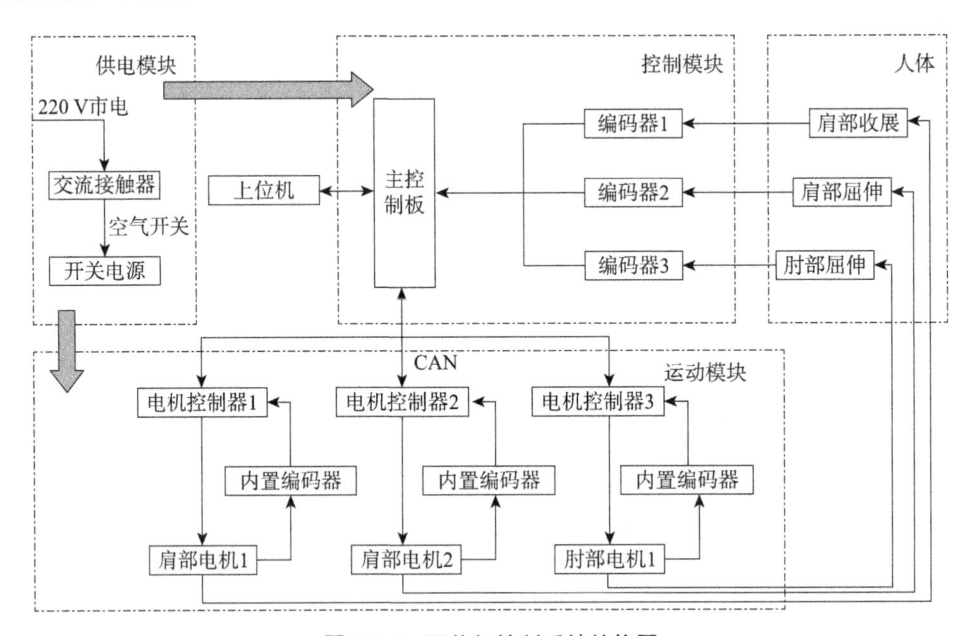

图 3-1-1　下位机控制系统结构图

本案例的控制系统硬件部分主要包括交流接触器、空气开关、开关电源、控制肩关节2个自由度的两个无刷直流电机、控制肘关节1个自由度的步进电机、3个电机控制器、3个编码器、1个 *XY* 二轴霍尔操纵杆以及一个主控制板。将各个器件按照功能分为供电模块、运动(驱动)模块和控制模块。为了保证控制过程的准确性、实时性以及康复过程的舒适性，3个驱动自由度处的动力驱动采用直流电机，且3个自由度都具有反向驱动能力。具体控制系统结构图如图 3-1-1 所示。

控制模块和运动模块以 CAN 现场总线为基础实现通信。CAN 协议具有多主控制、系统的柔软性、通信速度较快、通信距离远和连接多节点的特点，并具有错误检测、错误通知和错误恢复的功能。CAN 现场总线这些特点使得控制模块中的主控制板与运动模块中的3个电机控制器进行主从通信的控制方案得以实现。主控制板与3个电机控制器通过双绞线连接，主控制板通过 CAN 现场总线向电机控制器发送控制指令，电机控制器经由 CAN 现场总线向主控制板反馈应答信号。此外，CAN 报文的数据结构短，传输时间短，抗干扰能力强，检错效果好，保证了传输数据的准确性，这是保证康复训练安全进行的必备前提。

控制系统硬件部分的供电模块包括交流接触器、空气开关以及开关电源；控制模块主要包括 1 个主控制板和 3 个编码器；运动模块包括 3 个电机（肩部/肘部）以及 3 个电机控制器（电机驱动器）。

1. 系统供电模块

供电模块的作用是将 220 V 三线工频交流电转换为下位机各个部件所需要的工作电压，如图 3-1-2。整个系统的电源从 220 V 三线工频交流电引入，采用单相三线的输送形式。220 V 三线工频交流电接入后，首先经过两极空气开关，其主要作用是接通和断开前后级电路，并且能在电路系统发生短路、严重过载以及欠电压等情况时保护电路。后级电路中设置有用于短路保护的熔断器 FU1 和 FU2。交流接触器 KM 控制开关电源的电源输入。启动按钮 SB2，停止按钮 SB1 以及急停按钮 SB3 与接触器 KM 组成点动控制线路，以确保上肢康复机器人训练过程中患者患肢的安全性。

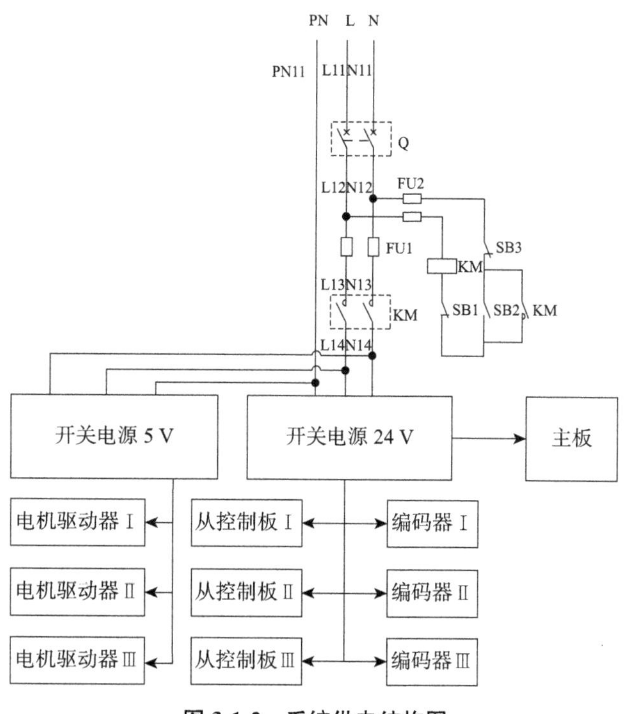

图 3-1-2　系统供电结构图

系统还必须要做到保护接地。保护接地是医用电气设备采用的一种重要的防电击安全措施。图 3-1-2 中的 PE 线就是系统的接地保护线。这根接地线与建筑物中的供电设施相连，然后经由保护接地导体与大地连接。按照电工操作规范，PE 线与系统中所有不带电金属相连的线路上不允许接入任何开关器件。按照医用设备电气安全通用参数及安全要求，接地电阻不宜超过 0.2 Ω，确保整个系统的安全接地性。

2. 系统控制模块

控制模块的主要工作包括给电机驱动器下发指令、采集记录 3 个自由度的运动信息以及计算输出下一个运动角度。主控制板是整个下位机控制系统的核心，包括很多部件，主要有控制芯片 STM32F103 ZET6 及其最小系统、用于主控制板和驱动器通信需要的 CAN 通信电路、将康复训练和上位机虚拟现实游戏结合的串口通信电路、用于存储运动参数的 EEPROM 存储电路以及采集 3 个自由度运动信息的编码器采集电路。

本案例设计的上肢康复人预期完成三种模式的康复训练，包括被动训练模式、主动训练模式以及助力训练模式。其中，被动训练又可以分为固定轨迹被动训练与示教被动训练。三种训练模式的实现方式可参考控制模块流程(图 3-1-3)，下面以被动训练模式的具体实现方式为例进行介绍。

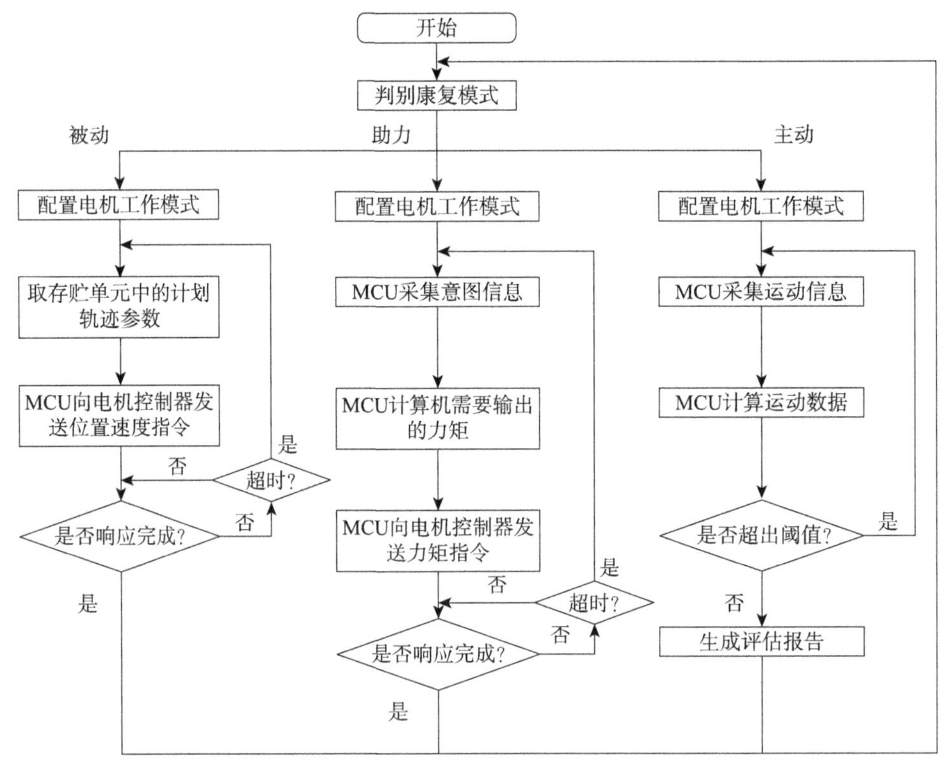

图 3-1-3　控制模块流程

进行固定轨迹被动训练时，主控制芯片在接收到上位机的训练模式指令后，即可控制上肢康复机器人进入固定轨迹被动训练模式。主控芯片根据上位机设定好的康复轨迹，通过 CAN 总线发送至电机驱动器处，从而电机可按照所选定的康复训练轨迹带动患者患肢进行康复训练。同理，进行示教被动训练时，主控制芯片首先接收相应指令，控制机器人进入示教被动训练模式。然后各关节处编码器采集运动轨迹信息并反馈到主控制芯片。最后，主控制芯片将采集得到的运动信息导入存储芯片中，以便主控芯片从 EEPROM 中读取之前录入的轨迹信息，控制上肢康复机器人辅助患者进行康复训练。

3. 系统运动模块

上肢康复机器人训练动作主要是依赖电机输出动力带动各关节自由度运动而完成的。因而电机的选择是运动模块中最为重要的环节，本案例所选用的电机为控制电机，在训练过程中具有对机器人进行执行、检测以及解算等功能。满足系统设计要求。在为本上肢康复机器人选择电机时，综合考虑了系统结构的传动特点、提供力矩大小以及价格成本等因素，比较了各种控制电机的优缺点，本案例选用无刷直流电机进行动力输出。

如在进行意图识别训练过程中，扭矩传感器可以检测到力矩的突变从而辨识患者的运动意图并反馈到主控板处，此时，运动控制模块需要根据系统设定的需求，及时提供相应力矩，以确保患者训练过程中的安全性与有效性。

第二节 机械系统设计

根据总体目标和要求，为实现上肢康复机器人的具体功能，这里采用能带动使用者在三维空间内进行康复运动的绳索（钢丝绳）驱动方式。这种索控式上肢康复机器人采用了中央驱动的形式，其复杂的电机、减速箱等动力提供装置和控制系统都安装在设备底座上，能够很好地在控制机械臂体积的同时留出较大的空间对这些高噪声、高辐射的系统进行屏蔽处理。由同步带或钢丝绳将动力互不干扰地平行传递到机械臂的各个关节处。下面以索控式中央驱动上肢康复机器人为例，介绍机械系统的设计过程。

根据总体结构方案，将所要设计的上肢康复机器人各主要部分具体化设计，整体外观如图 3-2-1 所示，设计机械结构内容如下：

1. 动力系统元器件选型以及结构布局；
2. 上肢康复机器人机械臂结构设计；
3. 动力传动系统设计；
4. 左右手臂互换设计以及升降系统设计。

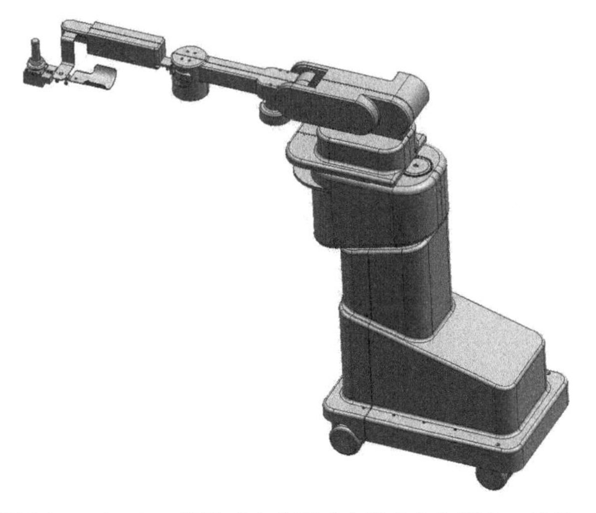

图 3-2-1 Armbot 索控式中央驱动上肢康复机器人三维模型

一、动力系统元器件选型以及结构布局

（一）动力系统的设计

按照总体设计目标，本案例所设计索控式中央驱动上肢康复机器人具备三组动力传输系统，包括肩关节屈曲/伸展、内收/外展以及肘关节屈曲/伸展驱动系统。

动力系统由变压器、电机驱动器、电机（两个盘式直流无刷电机、一个步进电机）、减速箱、编码器五个元件组成（如图 3-2-2 所示）。220 V 市电经过变压器转化电压，通过电机驱动器控制电机的输出，电机输出的动力再经过减速箱减速增扭，将电机输出动力转化为带动患者各关节被动训练所需的动力。

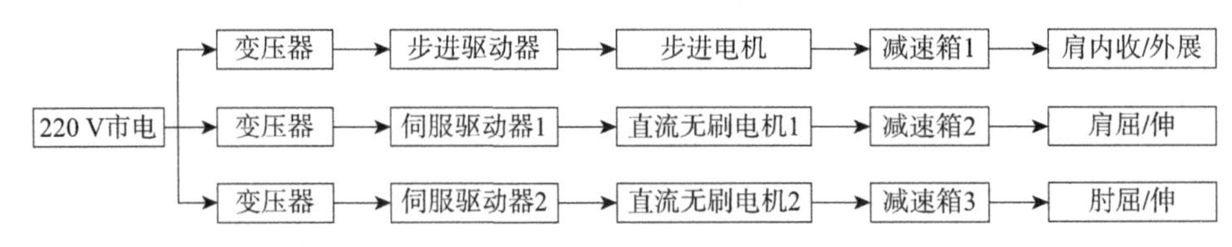

图 3-2-2　动力系统输出图

（二）结构布局

为避免电机直接安装于关节处造成的不利影响，本案例设计的上肢康复训练机器人采用的是中央驱动式设计，即将肩、肘关节驱动系统集中安装于远离机械臂的双层转盘上或者基座上。动力源通过动力传递机构带动机械臂运动，从而实现肩、肘关节的运动。综合上述设计要求，采用图 3-2-3 中的双层转盘（上、下转盘）作为中央驱动式布局结构。将肩关节内收/外展作为机器人的第一关节，由内收/外展电机提供动力，通过同步带传动，带动肩关节内收/外展轴转动，从而完成肩内收/外展动作。

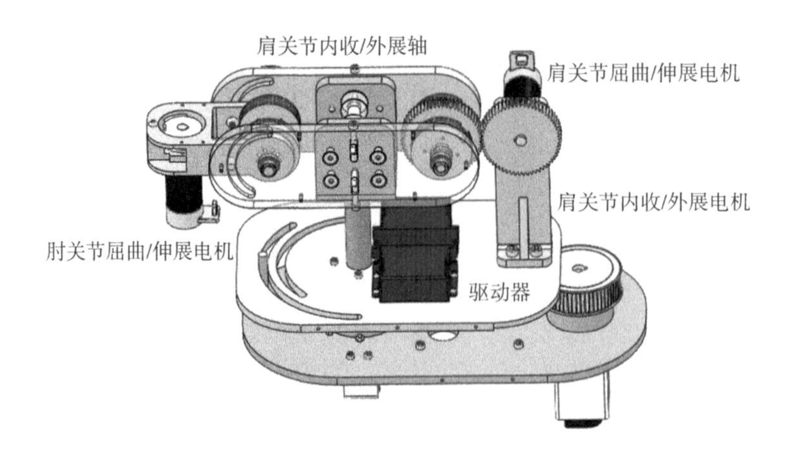

图 3-2-3　结构布局

因为肩关节做内收/外展运动时，人体肩关节屈曲/伸展、肘关节屈曲/伸展 2 自由度轴相对于肩关节内收/外展轴是固定不变的，所以肩关节屈曲/伸展以及肘关节屈曲/伸展 2 自由度轴需跟随机器人肩关节内收/外展轴作相同角度的转动，故在肩关节内收/外展轴下端固定下转盘，将肩关节屈曲/伸展、肘关节屈曲/伸展两电机安装于上层转盘上，则可保证相对位置保持不变。再将三个电机的驱动器也安装于双转盘上，使得整体布局更为紧凑。肩关节屈曲/伸展电机通过二级传动（直齿轮传动和钢丝绳传动）将动力平行传递至机械臂肩关节处，驱动机械臂做屈曲/伸展运动。肘关节屈曲/伸展电机通过二级传动（钢丝绳传动）平行传递动力，带动肘关节完成屈曲/伸展运动。

（三）电机选型

由设计目标可知，本案例所设计的索控式中央驱动上肢康复机器人具有 3 个驱动自由度，需电机提供动力，以下将分别计算驱动各关节运动所需的最大扭矩，以此来确定电机选型。

1. 肩关节屈曲/伸展驱动电机型号要求

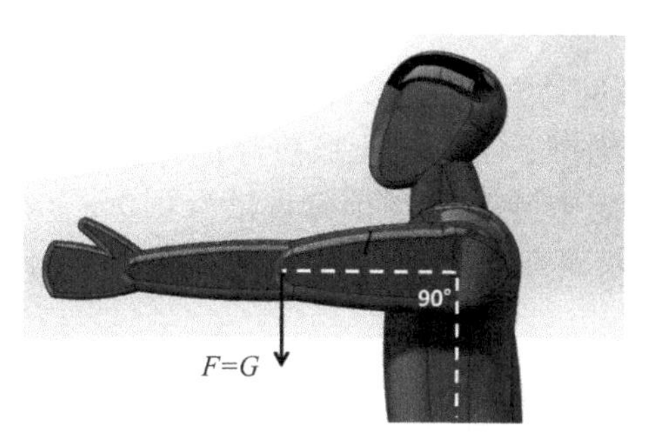

图 3-2-4　肩关节屈曲/伸展动作扭矩图

如图 3-2-4 可知，当人体上肢达到水平位置时，其所需平衡的扭矩最大，此时电机需提供的驱动力矩达到最大。取机械臂重量为 3 kg，人体上肢重量取 5 kg，则所需平衡的总重量为 8 kg，力臂长度取为人体上肢总长度的一半约为 300 mm，根据扭矩计算公式：

$$T = F \times l \tag{3-2-1}$$

$$T_{肩屈曲/伸展} = F \times l = (8 \times 9.8) \times 300 \div 1\,000 = 23.52\ (\text{N} \cdot \text{m})$$

2. 肩关节内收/外展驱动电机型号要求

本案例所设计的肩关节内收/外展运动扭矩计算公式如下：

$$T = T_{惯} + T_{摩擦} \tag{3-2-2}$$

$$T_{惯} = J \times \xi \tag{3-2-3}$$

$$J = m \times r^2 / 2 \tag{3-2-4}$$

公式中 J 为转动惯量，m 为圆盘及所承受物体质量总和约为 20 kg，r 为圆盘半径约为 200 mm，代入式(3-2-4)得：

$$J = 20 \times \frac{0.2^2}{2} = 0.4\ (\text{kg} \cdot \text{m}^2)$$

角加速度 ξ 设定为电机启动后 2 s 达角度为 60°，可得 $\xi = \pi/12$ rad/s，代入式(3-2-3)后可得：

$$T_{惯} = J \times \xi = 0.4 \times \frac{\pi}{12} = \frac{\pi}{30}\ (\text{N} \cdot \text{m})$$

$$T_{摩擦} = F \times r \tag{3-2-5}$$

公式中 F 为摩擦力，轻量化、小型化是本案例所设计的康复机器人的宗旨之一，所以仿生机械臂选用材料大部分为 6061 铝合金，摩擦系数 μ 取 0.3，求得：

$$F = \mu m g = 0.3 \times 20 \times 10 = 60\ (\text{N})$$

$$T_{摩擦} = F \times r = 60 \times 0.2 = 12\ (\text{N} \cdot \text{m})$$

代入式(3-2-2)可得：

$$T_{肩内收/外展} = T_{惯} + T_{摩擦} = 0.1 + 12 = 12.1\ (\text{N} \cdot \text{m})$$

3. 肘关节屈曲/伸展驱动电机型号要求

肘关节屈曲/伸展运动扭矩计算，当上肢前臂处于水平位置时，其所需平衡的扭矩最大，人体上肢结构参数测定中可得，人体前臂重量为 0.968 kg，长度为 258 mm，则力臂长度约为 130 mm，设定机器人机械臂前臂总重量为 1.5 kg，代入式(3-2-1)可得肘关节屈曲/伸展时最大扭矩为：

$$T_{肘屈曲/伸展} = F \times l = (0.968 + 1.5) \times 9.8 \times 130 \div 1\,000 \approx 3\ (\text{N} \cdot \text{m})$$

肩关节屈/伸电机选取 MaxonEC45flat70W 盘式无刷电机，电机额定转速 6 110 rad/min，额定转矩为 0.128 N・m，额定电压 24 V。配 GP42C156∶1减速箱，电机经过减速增扭输出扭矩可达 20 N・m，与后续设计的可调卷簧结合可提供扭矩达 25～30 N・m，25 N・m>23.52 N・m，满足肩关节屈曲/伸展的康复训练要求。

肩关节内收/外展选取 NanotecST6018x3008 步进电机，步进电机的力矩曲线不同于一般的电机没有确定的比例关系及额定电压。配 GPLE60-1S-10 减速箱，其减速比为 10，可提供 15 N・m 扭矩，15 N・m>12.1 N・m，满足肩关节内收/外展驱动使用要求。

同理，肘关节屈曲/伸展电机选取 MaxonEC45flat50W 盘式直流无刷电机，电机额定转速 5240 rad/min，额定转矩为 0.0834 N・m，额定电压 24 V。配置 GP42C66∶1减速箱使用，可使得电机经过减速箱减速增扭输出扭矩达到 5.5 N・m，5 N・m>3 N・m，满足肘关节屈曲/伸展的康复训练要求。

（四）编码器选型

为了更好地保证康复训练效果，需要精确地获取康复训练过程中关节角度信息及力矩等信息，可以通过附加相应的编码器的形式实现。

康复机器人各关节的运动是通过电机驱动实现的，附加的编码器能及时、准确地反馈电机运行时的电流、速度等信息，与伺服电机及其驱动器构成了闭环控制，保证了电机的平稳运行。本案例设计所选择的 Mile 1024 线编码器，如图 3-2-5，集成于电机内，节约了体积。编码器每圈可达计数为 1 024，角度分辨率可达 0.36°，且允许最大转速为 10 000 r/m，能够满足设计需求。

图 3-2-5　Mile 1024 线编码器

图 3-2-6　FB 型角度传感器

与电机集成的 Mile 1024 线编码器可以检测电机运转位置，如图 3-2-6，利用检测到的位置可以推算出关节的运动角度（相较于预设零位）。但因本案例中的驱动方式为绳索驱动，而并非传统的刚性结构驱动，无法避免少量的误差；同时绳索传动电机的运行在不满一圈的固定范围内摆动，非持续性转动，而电机的频繁换向可能会出现绳索打滑等情况，影响利用电机位置推算的关节运动角度的准确性。故在被驱动关节处安装角度传感器检测关节的实际运动角度，本案例设计中选用佛朗克集团（德国）的 FB 型角度传感器，该传感器可以将机械转动或角位移转化为电信号。除此之外，此传感器有多种输出形式，便于后期实验数据的采集和分析。

图 3-2-7　M2210A 扭矩传感器

同时，为了更好地帮助患者进行主动训练，可以用扭矩传感器检测不同肩关节屈曲/伸展角度下平衡机械臂自重所需重力，并利用电机输出相应力矩。本案例设计选用 SRI 公司 M2210A 扭矩传感器，如图 3-2-7。此传感器最大可测量力矩 50 N·m，大于机械臂在任何角度下重力力矩，且测量误差小于 0.04 N·m，完全满足本案例设计的上肢康复机器人的设计目标。

二、机械臂结构设计

机械臂作为上肢康复机器人最重要的组成部分，其设计的合理性将直接影响康复训练的效果。为进一步缩小机械臂的体积，减少患者的心理负担，机械臂将采用与人体上肢最接近且最简单的连杆结构，整体机械臂结构如图 3-2-8 所示。

前臂杆与上臂杆的长度参照本章第一节案例总体方案设计中人体尺寸结构为设计基准，即设定上臂杆长度为 300 mm，前臂杆长度为 300 mm。图中前臂杆是一个尺寸可调机构，直线导轨的可调节范围为 40 mm，可适用绝大多数臂长的患者使用，其前端处安装有手托和霍尔操作杆，手托配合绑带可固定患者的前臂，霍尔操作杆可供病人手掌抓握以及辅助人体前臂完成相应运动。

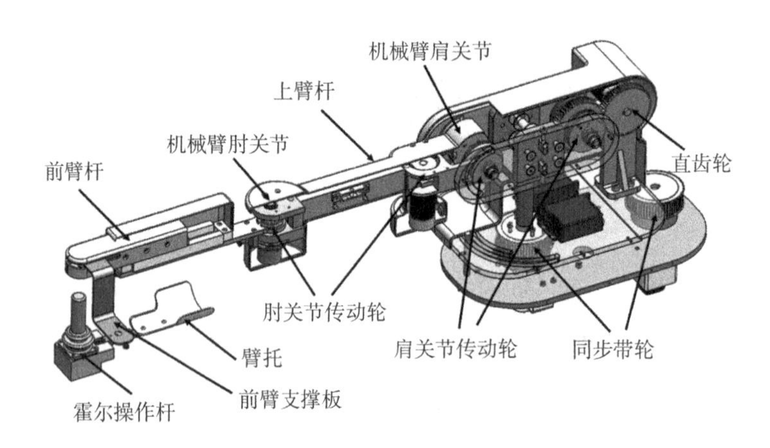

图 3-2-8　机械臂结构示意图

(一) 转轴尺寸设计

该案例索控式中央驱动上肢康复机器人的机械臂机械结构与连杆机构相类似，关节的转动主要是依靠电机带动关节处的转动轴运动，因此在设计时需对三个驱动关节的关节轴进行计算定型。本案例索控式上肢康复机器人动力传输均由各电机经过各种不同传动方式带动相应的转动轴运动而完成的。

查阅机械设计手册，轴的强度条件为：

$$\tau = \frac{T}{W_T} = \frac{9.55 \times 10^6 \dfrac{P}{n}}{0.2d^3} \leqslant [\tau] \tag{3-2-6}$$

式中：

τ——转矩 T 在轴上产生的切应力，MPa；

$[\tau]$——材料的许用切应力，MPa；

T——转矩，N · mm；

W_T——抗扭截面系数，mm^3；

P——轴传递的功率，kW；

n——轴的转速，r/min；

d——计算截面处轴的直径，mm。

当转轴既需要传递转矩又需要承受弯矩的时候，可采用公式(3-2-7)对轴的尺寸进行设计，但必须适当降低轴的许用切应力[τ]（表 3-2-1），以此来补偿由于弯矩的存在对轴产生的影响，将降低后的许用应力代入式(3-2-6)并改写为设计公式：

$$d \geqslant \sqrt[3]{\frac{5 \times 9.55 \times 10^6 P}{[\tau_T] n}} = C\sqrt[3]{\frac{P}{n}} \text{ (mm)} \tag{3-2-7}$$

式中 C 为轴的材料系数，如表 3-2-1 所示。

表 3-2-1　常用材料的[τ]值和 C 值

轴的材料	Q235、20	Q275、35	45	40Cr、35SiMn
[τ]/MPa	12～20	20～30	30～40	40～52
C	160～135	135～118	118～107	107～98

对于肩关节屈曲/伸展轴，考虑到能量损失与键槽的存在，根据前面电机选型部分取轴可传递扭矩 T 为 30 N·m，代入式(3-2-7)中：

$$d \geqslant \sqrt[3]{\frac{5 \times 9.55 \times 10^6 P}{[\tau_T] n}} = C\sqrt[3]{\frac{P}{n}} = C\sqrt[3]{\frac{T}{9\ 550}} = 16 \text{ (mm)}$$

与其他装配零件综合考虑后取肩关节屈曲/伸展轴直径为 28 mm。

同理，对于肩关节内收/外展轴，取轴可传递扭矩 T 为 15 N·m，代入式(3-2-7)中：

$$d \geqslant \sqrt[3]{\frac{5 \times 9.55 \times 10^6 P}{[\tau_T] n}} = C\sqrt[3]{\frac{P}{n}} = C\sqrt[3]{\frac{T}{9\ 550}} = 13 \text{ (mm)}$$

与其他装配零件综合考虑后取肩关节内收/外展轴直径为 18 mm。

同理，对于肘关节屈曲/伸展轴，取轴可传递扭矩 T 为 5 N·m，代入式(3-2-7)中：

$$d \geqslant \sqrt[3]{\frac{5 \times 9.55 \times 10^6 P}{[\tau_T] n}} = C\sqrt[3]{\frac{P}{n}} = C\sqrt[3]{\frac{T}{9\ 550}} = 9 \text{ (mm)}$$

与其他装配零件综合考虑后取肘关节屈曲/伸展轴直径为 12 mm。

（二）关节限位的结构设计

患者在进行康复训练的过程中，安全性是必须考虑的首要因素，所以对 3 个关节自由度设置机械限位是极其必要的，即使训练过程中出现机器失控等情况，也可以确保患者自身的安全。本案例针对 3 个运动自由度设置了三处机械限位，包括肩关节屈曲/伸展机械限位、肘关节屈曲/伸展机械限位以及肩关节内收/外展机械限位。各自由度限位结构示意图如图 3-2-9 所示，确保了患者在安全范围内进行康复训练。

（三）前臂调节的结构设计

由于不同患者的上臂长度有差异，所以为了适应不同臂长，索控式上肢康复机器人设计有前臂尺寸调节机构。前臂杆的长度可通过直线导轨调节，待找到合适患者的最佳位置处，通过拧紧装置进行锁死，该调节机构简单且易于操作，便于患者在最短的时间内找寻最佳训练位置,如图 3-2-10。

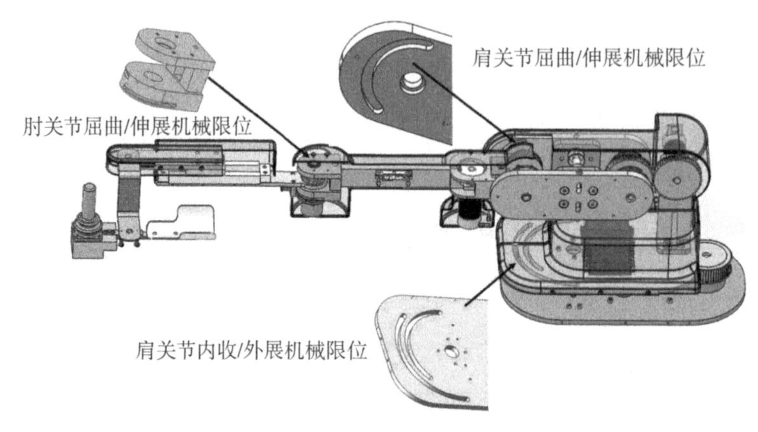

图 3-2-9　机械臂各关节机械限位结构

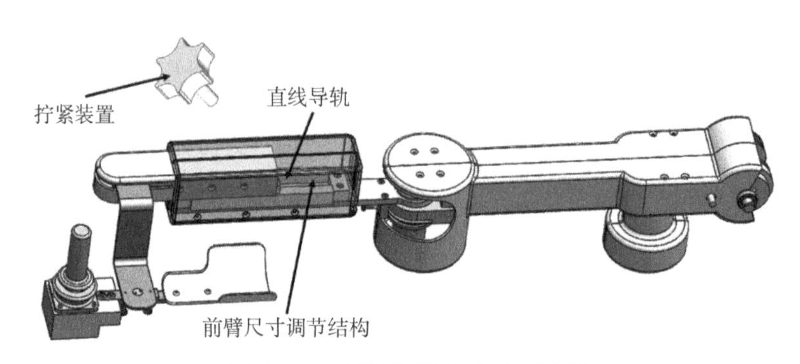

图 3-2-10　前臂尺寸调节机构示意图

(四) 减重装置设计

综合考虑到上肢功能障碍的患者在康复训练过程中不宜承受过多额外的重力及外骨骼机械臂的重量,故本文需要设计减重装置来抵消机械臂的自身重力与训练者前臂的部分重力,与此同时,减重装置的设计也能在一定程度上提高电机的使用效率,达到节约能源的目的。

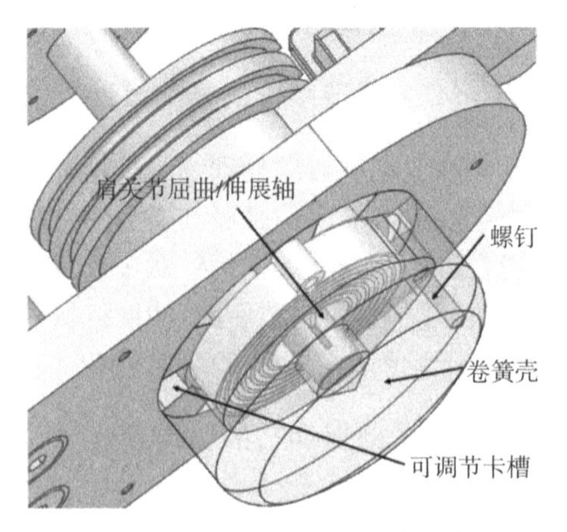

图 3-2-11　平面涡卷弹簧的安装

本案例采用在肩关节屈曲/伸展转动轴处设置平面涡卷弹簧的方式实现机械臂重力平衡,以保证患者的训练效果。如图 3-2-11 所示,弹簧的外圈(设置有螺钉孔)通过螺钉固定于平面涡卷弹簧壳内,弹簧内钩则卡于肩关节屈曲/伸展转动轴内。在机械臂的重力作用下,使得弹簧产生弹性变形，产生反向扭转。当机械臂做肩关节伸展动作的时候，弹簧回缩积累能量；做屈曲动作的时候，弹簧收紧释放能量，可以平衡一部分机械臂重力。除此之外，过渡板上设置有凹型卡槽，平面涡卷弹簧壳上设有凸型齿，凸型齿与凹型卡槽成对配合，根据不同程度康复的需求，可通过左右旋转卷簧壳来控制弹簧形变大小与产生扭力的大小，以此来控制平衡机械臂的程度。

本案例所设计的索控式上肢康复机器人当机械臂达到水平位置时产生的力矩最大，取机械臂的重量 3 kg，力臂长度设置为 350 mm，代入力矩公式 $T=F\times l$ 求得最大力矩为 10.5 N·m，即完全平衡机械臂的重力，平面涡卷弹簧所需产生的扭矩至少达到 10.5 N·m。

对卷簧型号进行计算，设计过程主要包括卷簧厚度 h 以及长度 l，可通过以下公式(3-2-8)、(3-2-9)计算得到：

$$h=\sqrt{\frac{6k_2T}{b[\sigma]}} \tag{3-2-8}$$

$$l=\frac{Ebh^3\varphi}{12k_1T} \tag{3-2-9}$$

已知卷簧所需提供的扭矩为 10.5 N·m，变形角为 $\varphi=1.6$ rad，允许安装宽度为 $b=8$ mm，外端回旋式固定系数 $k_1=1.25$，$k_2=2$，选取材料为弹簧钢，其许用应力为 $[\sigma]=1\ 000\ \text{N/mm}^2$。代入上式进行计算：

$$h=\sqrt{\frac{6k_2T}{b[\sigma]}}=\sqrt{\frac{6\times2\times10\ 500}{8\times1\ 000}}=3.96\ (\text{mm})$$

$$l=\frac{Ebh^3\varphi}{12k_1T}=\frac{200\ 000\times8\times3.96^3\times1.6}{12\times1.25\times10\ 500}=1\ 009\ (\text{mm})$$

根据以上要求，取卷簧厚度为 3.96 mm，长度为 1 009 mm，材料为弹簧钢。

三、动力传动系统设计

(一) 同步带传动机构设计

根据本案例索控式中央驱动上肢康复机器人的总体设计方案，本案例肩关节内收/外展动力传输采用同步带传动方式。

根据力矩要求，对比图 3-2-12 所示不同类型的同步带的助力，本案例选用的同步带型号为 S5M-A 型(齿距：5.0 mm)。

当带轮转速低于 900 rad/min 时，根据表 3-2-2 所列出的不同同步带型号的齿数表，S5M 型同步带轮最小齿数为 14，结合表 3-2-2 的最小齿数表及机械结构整体设计规划，取肩关节内收/外展的同步带传动机构齿数为 60，拟定各同步带传动机构的轴间距为 $C'=250$ mm。

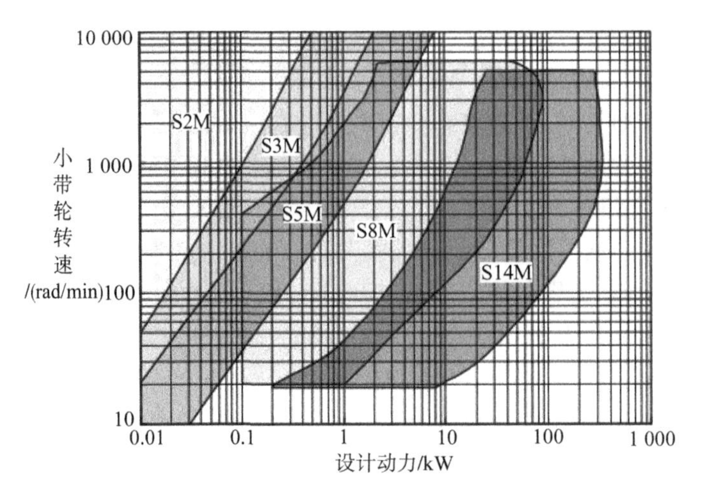

图 3-2-12　同步带选型图

表 3-2-2　同步带齿数表

带轮转速 ω/(rad/min)	皮带型号及最小齿数			
	S2M	S3M	S5M	S8M
ω<900	14	14	14	22
900≤rad/min<1 200	14	14	16	24
1200≤rad/min<1 800	16	16	20	26
1 800≤rad/min<3 600	18	18	26	28
3 600≤rad/min<4 800	20	20	28	30
4 800≤rad/min≤10 000	20	20	30	—

在设计同步带的过程中，本案例通过拟定轴间距 C' 和大带轮直径 D_p 以及小带轮直径 d_p 的方法，来估算皮带周长 l'，选出实际带长 L'，从而计算出实际轴间距 C，公式(3-2-10)为皮带周长计算公式：

$$L'=2C'+\frac{\pi(D_p+d_p)}{2}+\frac{(D_p-d_p)^2}{4C'} \tag{3-2-10}$$

1. 确定同步带轴间距

已知拟定轴间距 C' 为 250 mm，同步带传动机构中 $D_p=d_p=\frac{P_b\times z}{\pi}=95.49$ (mm)。代入式(3-2-10)得 $L'=800$ mm。

据常见同步带尺寸规格型号，选取同步带长度 $L_p=800$ mm。

在同步带选型设计中，可通过皮带周长计算轴间距，其计算公式如下所示：

$$C=\frac{b+\sqrt{b^2-8(D_p-d_p)^2}}{8}\qquad(b=2L_p-\pi(D_p+d_p)) \tag{3-2-11}$$

经计算得同步带传动机构中轴间距 $C=250$ mm。

2. 确定同步带宽度

已知同步带宽度计算公式如下：

$$B_w=\frac{P_d}{P_s \cdot K_m}\times W_P \tag{3-2-12}$$

其中，P_d 为设计动力，P_s 为基准传动容量，K_m 为啮合补偿系数，W_P 为基准皮带宽度。查表得到取 S5M 的基准带宽为 $W_p=10$ mm，$P_s=30$ W。

计算同步带轮之间相互啮合齿数的公式如式(3-2-13)所示：

$$Z_m=\frac{Z_d \cdot \theta}{360°} \tag{3-2-13}$$

$$\theta=180°-\frac{57.3(D_p-d_p)}{C} \tag{3-2-14}$$

根据公式(3-2-13)、(3-2-14)计算可得出同步带传动机的啮合齿数 $Z_m=30$，因为啮合齿数为 6 以上，查表从而得出啮合补偿系数 $K_m=1.0$。

肩关节进行内收/外展的驱动电机经过减速箱对扭矩进行放大，转速降低之后，得到的输出扭矩 $T_1\leqslant 24.1\ \text{N}\cdot\text{m}$，转速 $n_1=10$ r/mim。

$$P=nT/9\ 550 \tag{3-2-15}$$

由公式(3-2-15)中扭矩及转速的计算关系式可知：

$$P=\frac{Tn}{9\ 550}=\frac{24.1\times 10}{9\ 550}=2.52\times 10^{-2}(\text{kW})$$

则有

$$P_d=25.2\ (\text{W})$$

$$B'_w=\frac{P_d}{P_s \cdot K_m}\times W_p=\frac{25.2}{30}\times 10=8.4\ (\text{mm})$$

综合考虑工程余量、结构布局以及同步带使用寿命后取皮带宽度为 25 mm。综上可知，肩关节同步带传动机构选择 S5M 带轮，小带轮齿数取 60，大带轮齿数则取为 60，从而确定同步带长度为 800 mm，轴间距为 250 mm。

因为预紧力的必然存在，带轮经过长时间的运转后，就会由于各种变形或者损耗而变得不如以往一样紧绷。为了保证带传动能够持续运行，后期还需要采用张紧装置来维持带的张紧设计。

（二）直齿轮传动机构设计

由前面动力系统元器件选型以及结构布局可知，肩关节屈曲/伸展电机经过减速箱减速增扭后输出的扭矩 $T_{屈曲/伸展}\leqslant 29\ \text{N}\cdot\text{m}$，因而直齿轮的弯曲强度至少大于或者等于

29 N·m。以此为设计基准，综合上肢康复机器人的整体布局以及需求(长时间重复性训练)，选取传动比为1:1的一对高频淬火直齿轮(轮齿研磨型)，模数 $m=2$，压力角 $\alpha=20°$，齿数 $z=60$，齿厚 $B=15$ mm，可容许传递力达 90 N·m，远大于 29 N·m，满足设计要求。

四、左右手臂互换方案以及升降系统设计

为了提高上肢康复机器人的使用效率与实用价值，本案例设计了简单且便于操作的左、右手臂互换方案，通过双旋转机构实现左、右手臂互换单独训练。除此之外，为满足患者的不同身高和不同体姿(坐立或站立)，本案例还设计了升降系统，通过调节升降柱的高低，满足患者的不同需求，以此寻求舒适的训练姿态，提高康复训练的效果。

(一) 左、右手臂互换方案设计

本案例的左/右手臂互换方案是基于前臂支撑板而设计的，通过拔起前臂支撑板两端的旋转柱塞(弹簧定位销)，将手臂模块与前臂调节杆分别围绕前臂支撑板旋转 180°，然后插入两端的旋转柱塞，即可完成左右手臂互换，不用任何的拆卸安装。快速切换，简单便捷。左、右手臂互换方案如图 3-2-13 所示。

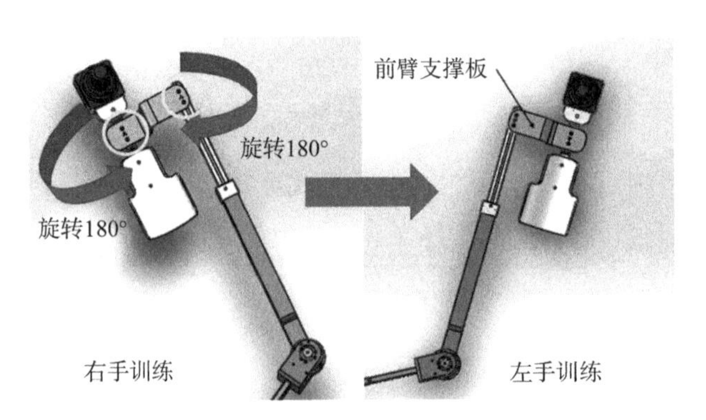

图 3-2-13　左、右手臂互换方案

(二) 升降系统设计

本案例研究的上肢康复机器人是通过升降机器人主体结构，来实现机器人整体高度的调节，以实现对患者不同身高和不同体姿态的适用，确保达到患者舒适的训练位置。本案例选用的医用升降柱的行程为 680 mm，如图 3-2-14，其速度和行程均可按照需求调节，安全稳定，满足设计要求。

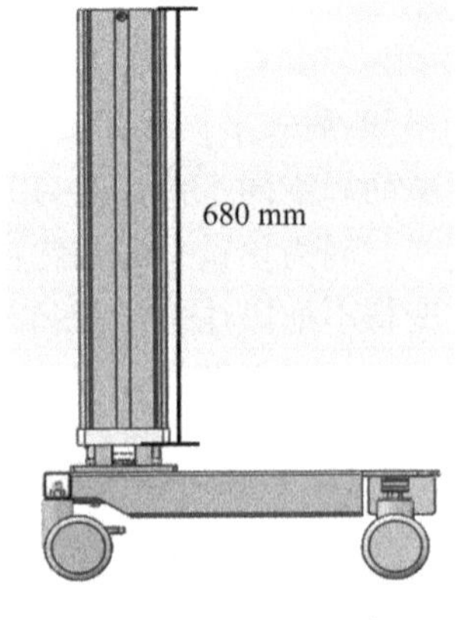

图 3-2-14　升降系统

五、钢丝绳传动和同步带传动优化设计

本案例三个关节的动力传输主要采用同步带传动以及

钢丝绳传动的方式，但是这两种传动方式都有其不可避免的缺点。钢丝绳在动力传输过程中易发生表面磨损（长时间使用或者施加载荷过大，均有可能导致钢丝绳拉长直径变小和圆周表面钢丝绳磨平或者断裂的情况，导致钢丝绳的承载能力下降）、变形（变形指的是钢丝绳由于冲击、碰撞或者机器震动产生的力而导致钢丝绳局部发生形变的一种现象，此种情况会导致钢丝绳传动不稳定以及机械间隙增大的情况发生）以及内部磨损（内部磨损是指钢丝绳在传递动力过程中，由于钢丝绳未做到平行传递动力，导致不同股的钢丝之间相互摩擦，久而久之，会降低钢丝绳的强度）等情况，而导致钢丝绳出现松动、打滑或者断裂。同样，同步带传动机构长时间使用，会产生机械疲劳，导致同步带松动，影响动力传递精度。针对以上问题，本案例提出以下修整方案，以保持动力传输的精确性以及设备的耐用性。

（一）钢丝绳传动优化设计

1. 肩关节屈曲/伸展以及肘关节屈曲/伸展处的钢丝绳传递均为平行传递，即相应电机的转向与各自关节处传动轮的转向保持一致，不会出现钢丝绳弯折、干涉等情况，有效减小了钢丝绳自身的摩擦；

2. 为了增加钢丝绳的寿命和尽可能地减少钢丝绳的形变量，在钢丝绳表面可喷涂铁氟龙，铁氟龙喷涂作用十分强大，它不仅可以增加钢丝绳表面的耐磨性和耐腐蚀性，而且可以增强钢丝绳的耐热性，使得钢丝绳在康复训练中即使频繁地换向，也可以保持很好的工作性能，大大提高了钢丝绳的使用效率；

3. 针对钢丝绳长时间使用会不可避免地出现钢丝绳松动的情况，本案例设计了如图 3-2-15、图 3-2-16 的张紧装置，通过调节螺钉的位置，进行钢丝绳的张紧。

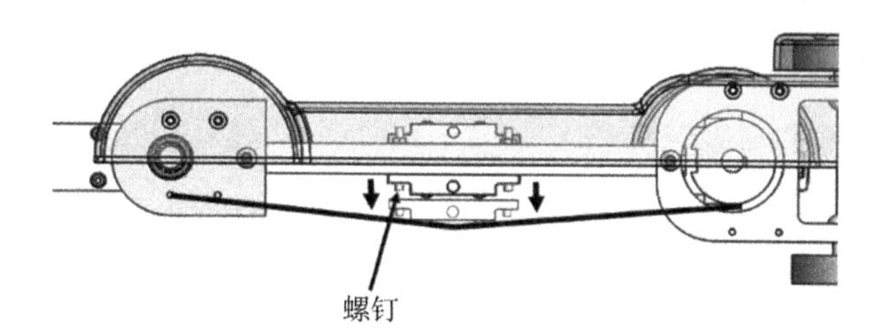

图 3-2-15　肘关节屈曲/伸展处张紧设置

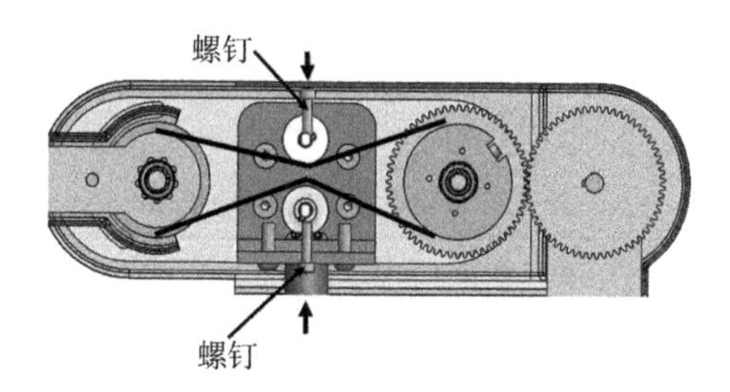

图 3-2-16　肩关节屈曲/伸展处张紧设置

(二) 同步带传动张紧机构设计

针对同步带长时间使用会出现疲劳或松动的情况,本案例在选用了性能优越的同步带的基础上设计了如图 3-2-17 所示的张紧装置,通过调节螺钉的位置,进行同步带的张紧。

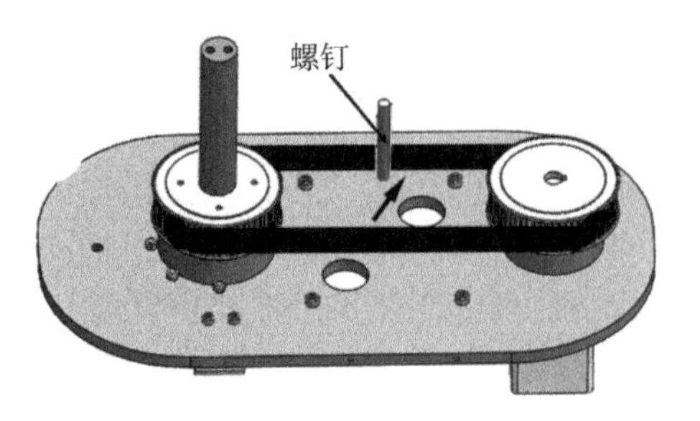

图 3-2-17　肩关节内收/外展处张紧设置

六、关键零部件的应力应变位移校核

(一) 应用分析软件选取

基于设计好的上肢康复机器人三维模型,选取 ANSYS 软件对关键零部件进行有限元分析。ANSYS 软件是功能十分强大且齐全的大型有限元分析软件,选用此软件可以很方便地分析零件在施加载荷的情况下其应力、应变以及位移的变化情况,从而判断零件选材以及尺寸设计是否合理。

(二) 关键零件的有限元分析

本案例采用的是中央驱动式的动力传递方式,为验证所设计的上肢康复机器人的可靠性和稳定性,将对主要承受载荷的关键零部件作有限元分析。采用对各部件施加在机器人使用过程可能承受的最大载荷的方法来确保设备的合理性与安全性。

在初步设计阶段,因本案例设计的总体目标之一是尽可能缩小机械臂的体积与质量,确保患者良好的训练舒适度与体验感,所以选取的材料在具有一定强度的同时也要满足质量轻、体积小的要求。通过初步的选择比较,将 45 钢和 6061 铝合金作为机器人关键零部件的主要材料,其主要材料特性如表 3-2-3、3-2-4 所示。

表 3-2-3　45 号钢材料特性表

屈服强度/(N/m^2)	张力强度/(N/m^2)	弹性模量/(N/m^2)	泊松比	质量密度/(kg/m^3)	抗剪模量/(N/m^2)
3.55e+008	6.25e+008	2.05e+011	0.29	7 850	8e+010

表 3-2-4 6061 合金材料特性表

屈服强度/(N/m²)	张力强度/(N/m²)	弹性模量/(N/m²)	泊松比	质量密度/(kg/m³)	抗剪模量/(N/m²)
5.51485e+007	1.24084e+008	6.9e+010	0.33	2 700	2.6e+010

1. 肩关节过渡板的有限元分析校核

肩关节过渡板是整体上肢最主要的承重部位，且两块过渡板呈对称安装。设定板件材料为 6061 合金，夹具选择固定几何体，肩关节过渡板主要需承受人体手臂以及上肢康复机器人机械臂的重量。当患者手臂伸直且运动到水平位置时，力臂最长，肩关节过渡板所要承受的扭矩最大。根据前面电机选型部分可知此时扭矩约为 23.52 N·m，为确保安全性留有一定的工程余量，故总扭矩设定为 30 N·m，即单个肩关节过渡板所需承受的最大扭矩为 15 N·m。

设置完毕后，划分网格，运行软件，得到肩关节过渡板的有限元分析结果。如图 3-2-18 所示。

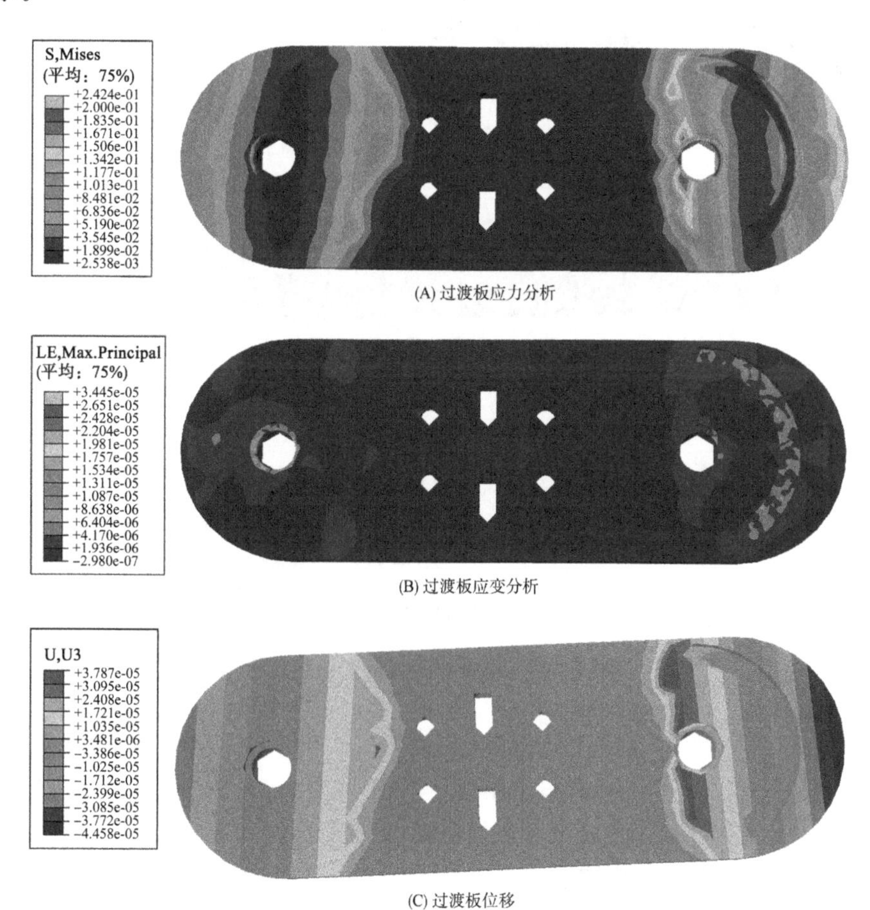

图 3-2-18 过渡板应力应变位移分析

由图 3-2-18 可看出，过渡板所受最大应力为 2.424e+005 N/m^2，远小于该材料的屈服强度 5.514 85e+007 N/m^2。最大位移 3.781e−005 mm，最大应变为 3.445e−005，几乎无变形量，在允许的范围，因此可判断该零件强度及选材合理，满足所需设计要求。

2. 前臂杆的有限元分析校核

前臂杆与过渡板是上肢主要的承重部位，前臂杆主要需承受人体手臂以及机械臂前臂的重量。设定杆件材料为 45 钢，夹具选择固定几何体，当患者手臂伸直且运动到水平位置时，力臂最长，前臂杆所要承受的载荷最大。为确保安全性留有一定的工程余量，取 60 N。

设置完毕后，划分网格，运行软件，得到肩关节过渡板的有限元分析结果。如图 3-2-19 所示。

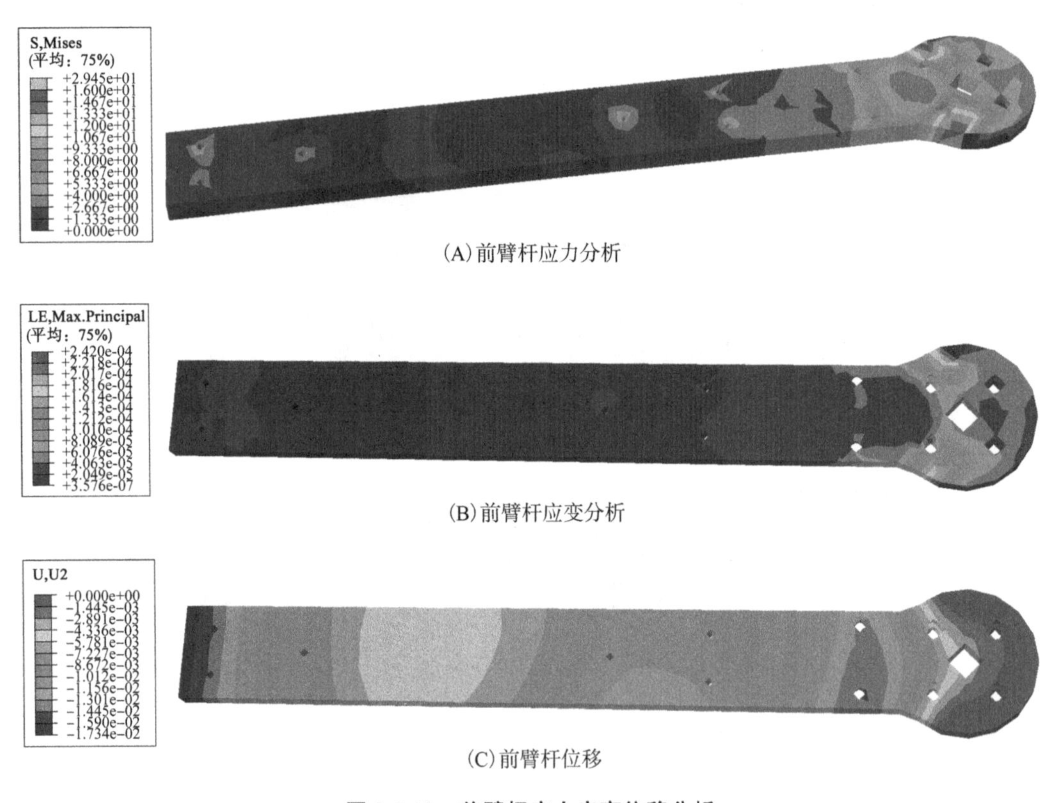

(A) 前臂杆应力分析

(B) 前臂杆应变分析

(C) 前臂杆位移

图 3-2-19　前臂杆应力应变位移分析

由图 3-2-19 可看出，前臂杆所受最大应力为 2.945e+007 N/m^2，远小于该材料的屈服强度 3.55e+008 N/m^2。位移量忽略不计，最大应变为 2.42e−004，变形量较小，在允许的范围，因此可判断该零件强度及选材合理，满足所需设计要求。

3. 旋转板的有限元分析校核

旋转板安装有肘关机屈曲/伸展电机以及减速箱、肩关节屈曲/伸展电机以及减速箱，直齿轮以及传递轮。除此之外，当机械臂做肩关节屈曲/伸展时，还会受到电机座的作用力，故需要对旋转板进行有限元分析来确保训练过程中其承载能力。根据传动板所受载荷及自身重力要求，设定 6061 合金为应用材料，夹具设定为固定几何体及固定铰链，经计算可能承受的最大载荷取 50 N。

设置完毕后，划分网格，运行软件，得到肩关节过渡板的有限元分析结果。如图 3-2-20 所示。

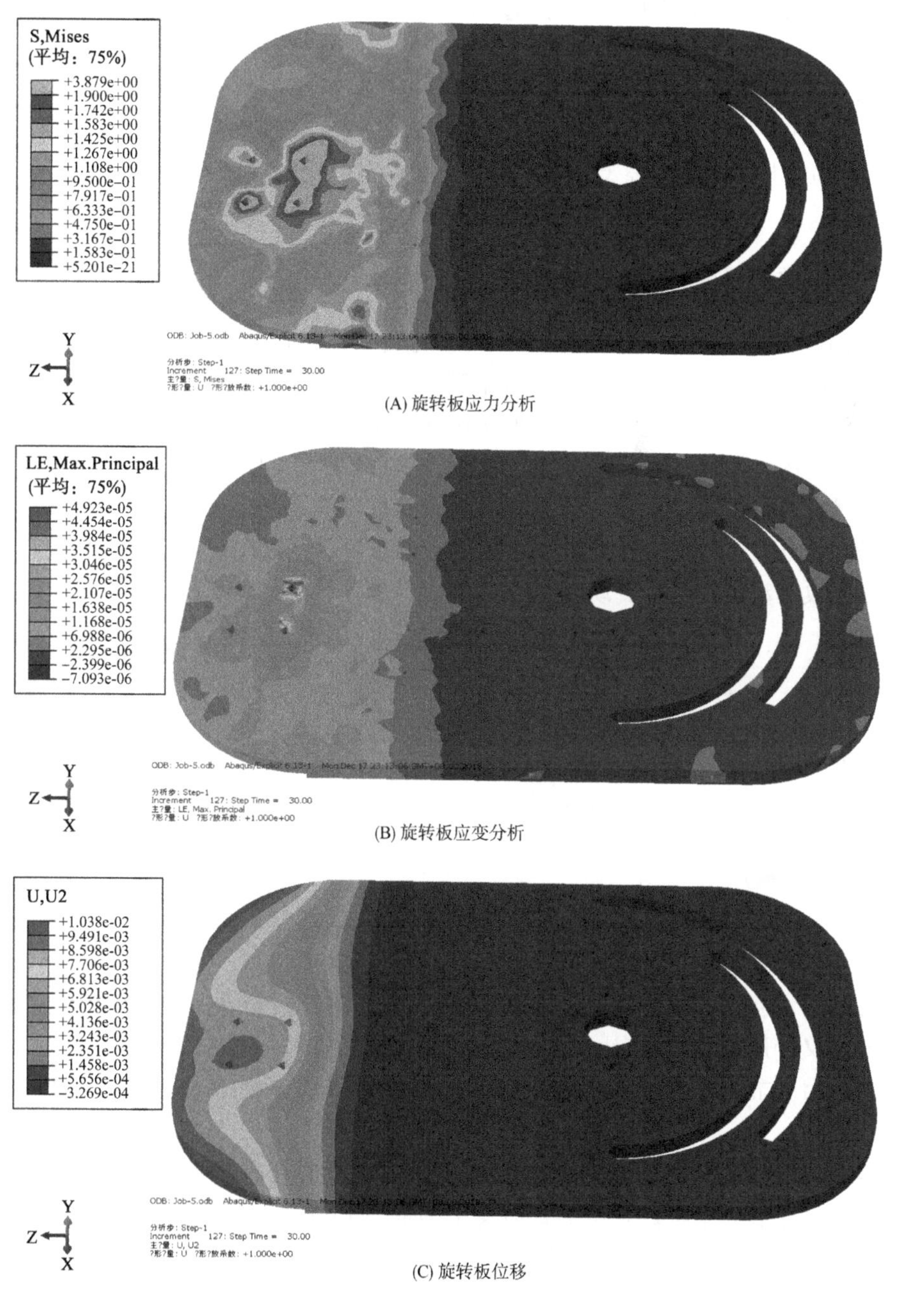

(A) 旋转板应力分析

(B) 旋转板应变分析

(C) 旋转板位移

图 3-2-20　旋转板应力应变位移分析

由图 3-2-20 可看出，前臂杆所受最大应力为 3.879e+000 N/m²，远小于该材料的屈服强度 5.514 85e+007 N/m²。最大位移 1.038e−02 mm，最大应变为 4.923e−05，几乎无变形量，在允许的范围内，因此可判断该零件强度及选材合理，满足所需设计要求。

七、上肢康复机器人运动学仿真

为了验证索控式上肢康复机器人各个关节在电机驱动下运动的效果，本案例利用 Solidworks 中的 Motion 模块对已经建立好的机器人三维模型进行分析，其中 Solidworks Motion 是一个虚拟原型机仿真工具，用来帮助设计人员判断设计是否能够达到预期目的。

（一）肩关节屈曲/伸展动作

首先本案例利用 Solidworks 的 Motion 仿真分析模块，以肩关节为坐标原点，添加一个虚拟旋转马达，设置马达的运动为振荡，位移角度为 90°，频率为 0.25 Hz。在马达驱动下，对机械臂完成一次肩关节屈曲/伸展动作进行仿真，其屈曲仿真过程如图 3-2-21 所示，伸展为图中的逆过程，图示过程说明了该机械装置可以很好地完成设定的康复训练动作。如在过程中出现任何干涉或错误，解算器会自动停止解算，并在弹出对话框中指出错误的原因，以帮助修正错误；如果未出现错误，在解算完毕后弹出的仿真对话框中，可以播放运动过程的仿真动画。

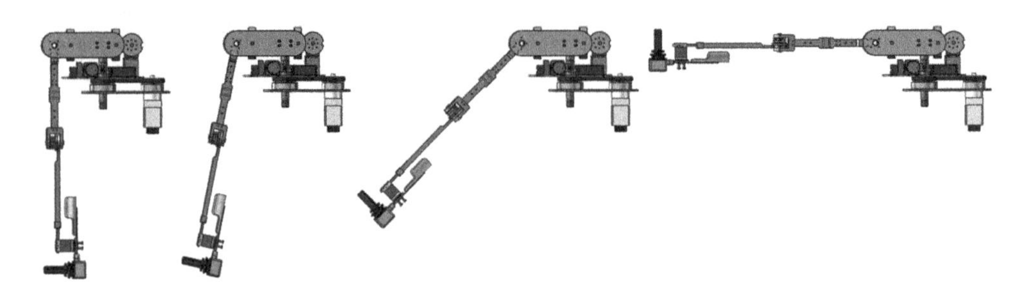

图 3-2-21　肩关节屈曲/伸展运动仿真过程

此外，为了验证肩关节屈曲/伸展动作过程中整体机械臂运动是否平稳，在运动仿真的基础上，又利用 Motion 模块中的结果和图解功能，选择生成所需的肩关节屈曲/伸展的角位移、肘关节的线性位移曲线及腕关节的线性位移随时间的变化曲线（图 3-2-22、图 3-2-23）。

从图 3-2-22、3-2-23 中可以明显地看出，三条曲线均没有产生较大的振动或突变且连续，仿真结果表明了机器人机械臂肩关节屈曲/伸展运动过程中运动平稳。验证了完成此动作时机构设计的合理性以及运动的平稳性。

（二）肩关节内收/外展动作的运动学仿真

在对肩关节内收/外展进行运动仿真中，设置与案例总体方案设计和机械臂结构设

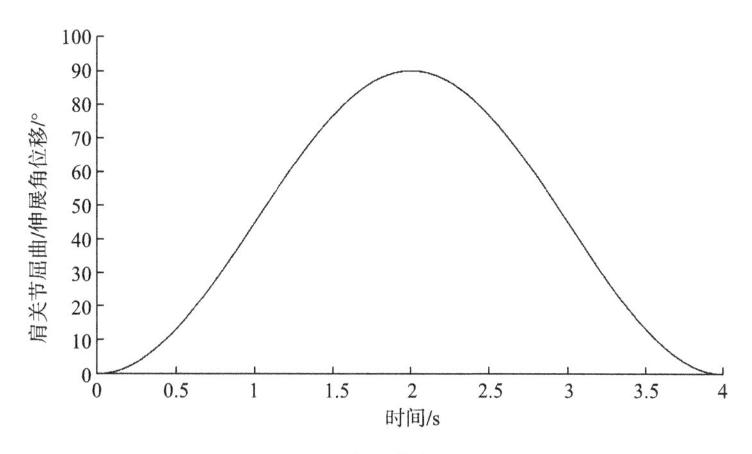

图 3-2-22　肩关节角位移曲线

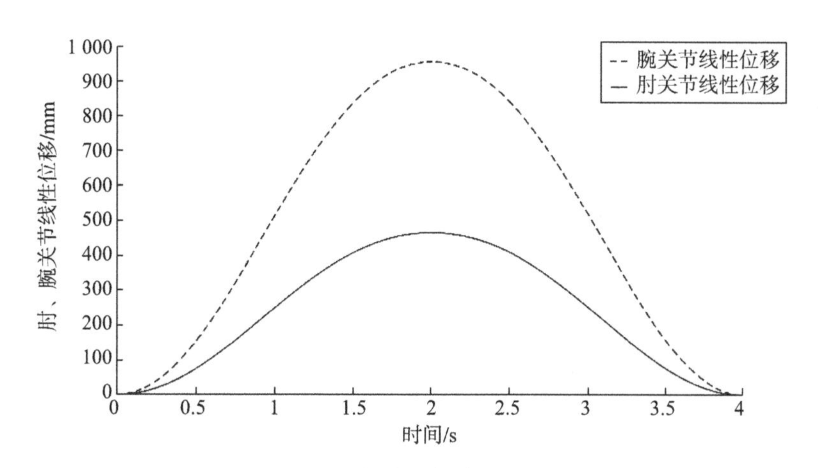

图 3-2-23　肘、腕关节的线位移曲线

计的参数。内收仿真过程如图 3-2-24 所示,外展为图 3-2-24 中的逆过程,图示过程说明了该机械装置可以按照指定的参数完成相应的训练动作。同理,将生成的数据导入 MATLAB 软件中,生成肩关节内收/外展的角位移、肘关节的线性位移及腕关节的线性位移随时间的变化曲线(图 3-2-25、图 3-2-26)。

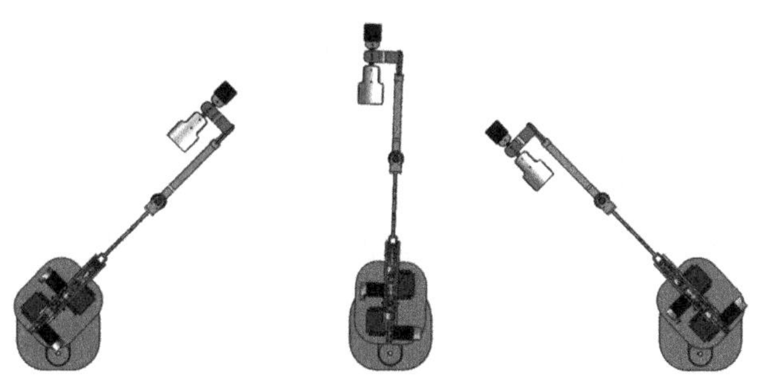

图 3-2-24　肩关节内收/外展运动仿真过程

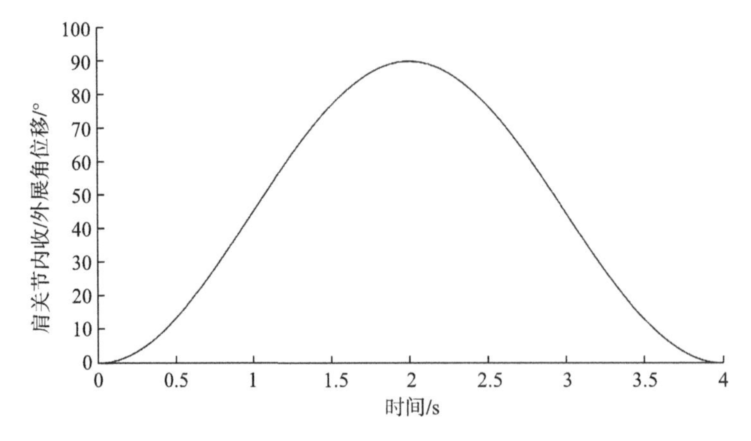

图 3-2-25　肩关节角位移曲线

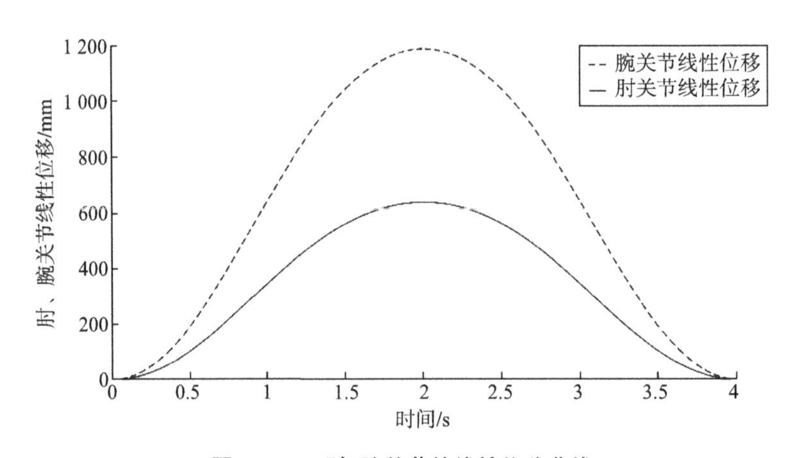

图 3-2-26　肘、腕关节的线性位移曲线

由图 3-2-25、3-2-26 可知，三条曲线均平滑且连续，验证了完成此动作时机构设计的合理性以及运动的平稳性。

(三) 肘关节屈曲/伸展动作的运动学仿真

利用 Solidworks 的 Motion 仿真分析模块，以肘关节为坐标原点，添加一个虚拟旋转马达，设置马达的运动为振荡，位移角度为 120°，频率为 0.25 Hz。在 Motion 模块中对前臂在马达驱动下完成一次肘关节屈伸/伸展动作进行运动仿真，屈曲仿真过程图如图 3-2-27 所示，伸展为图中的逆过程。图示过程说明了该机械装置可以很好地完成指定的训练动作。

此外，为了验证运动过程中前臂运动是否平稳，在运动仿真结束后，将生成的数据导入 MATLAB 软件中，生成肘关节屈曲/伸展的角位移以及腕关节的线性位移随时间的变化曲线(图 3-2-28、图 3-2-29)，三条曲线平稳且圆滑，从而验证了机器人肘关节处机械结构设计的合理性以及平稳性。

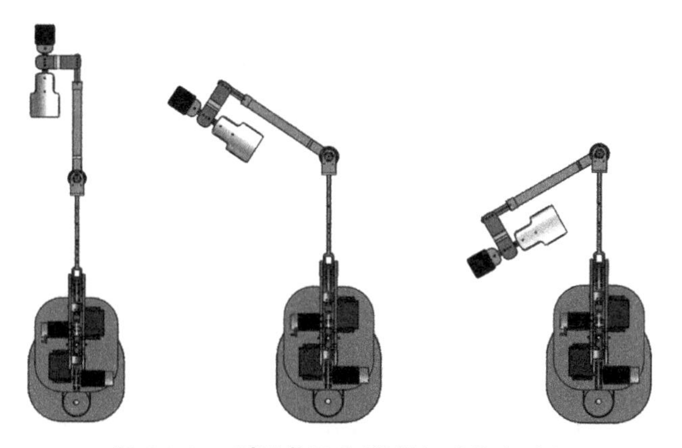

图 3-2-27　肘关节屈曲/伸展运动仿真过程

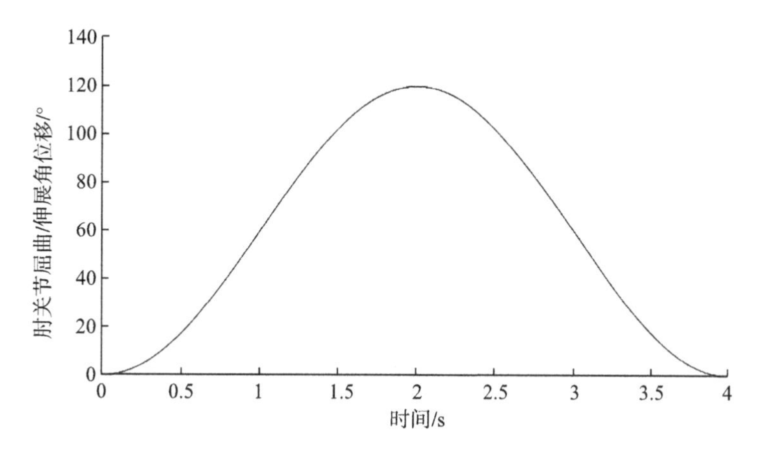

图 3-2-28　肘关节角位移曲线

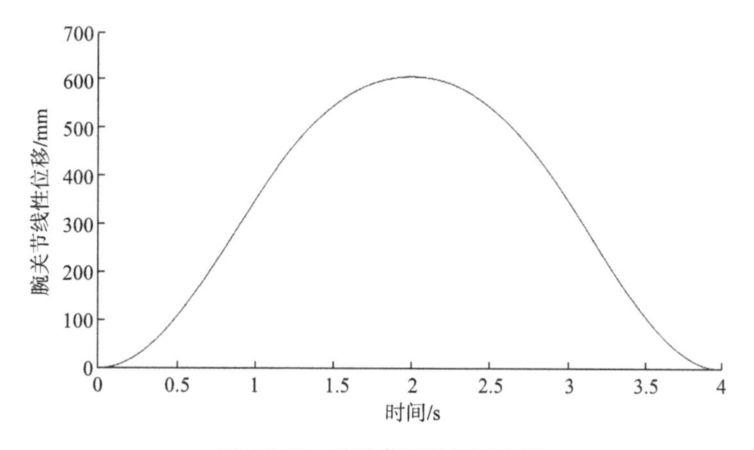

图 3-2-29　腕关节线性位移曲线

(四) 肩、肘关节联动动作(模拟进食动作)的运动学仿真

经过大量临床试验证明,对患者患侧肢体进行重复性训练能增强神经突触作用。尽早进行康复训练,不仅可以防止患者患肢功能退化及发生痉挛等情况,而且还可以改善患者患肢的功能性,甚至可以恢复一定的运动功能,让患者重新走进正常人的生活。

为了模拟肩肘关节联动,这里设计了一种日常生活的进食动作作为训练的运动轨迹方案。按照前文参数分别设置肩关节和肘关节的参数,在 Motion 模块中对机械臂在两个马达驱动下完成一次进食动作进行运动仿真,其仿真过程如图 3-2-30 所示。将生成的数据导入到 MATLAB 软件中,生成一次模拟进食动作中肘关节和腕关节的线性位移随时间的变化曲线(图 3-2-31)。

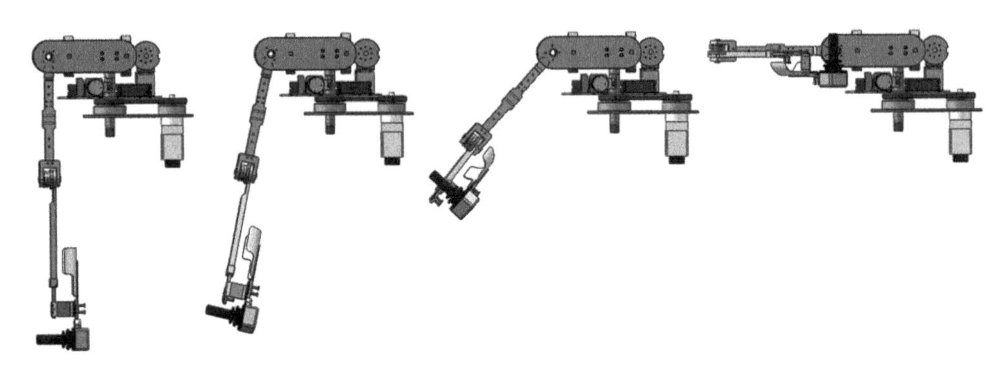

图 3-2-30　进食动作运动仿真过程

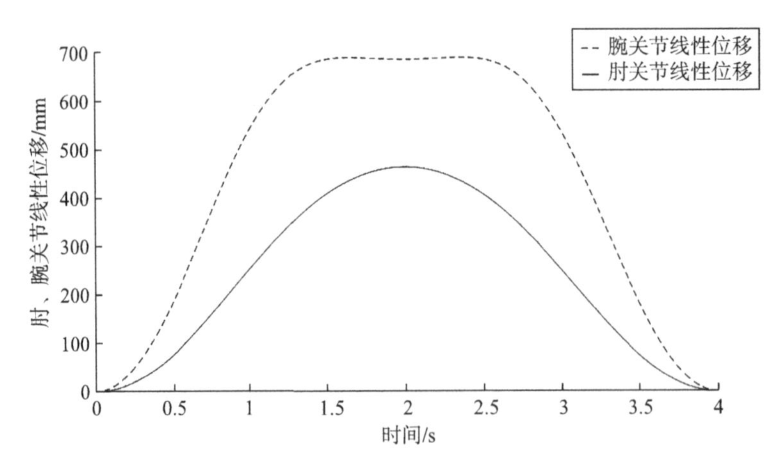

图 3-2-31　肘、腕关节线性位移曲线

从图 3-2-31 可以看出,两条曲线平稳且圆滑,验证了进食动作实现的机械运动可行性及机械臂结构的合理性。

第三节　运动学分析及其轨迹规划

机械结构只是机器人实际运用的基础与框架，若需真正执行功能还需进行运动学、动力学、轨迹规划等后续工作。与一般的工业机器人不同，对上肢康复机器人而言，机械臂的运动特性（即如何在正确的范围内带动患者上肢运动）比机械臂运动和使之运动而施加的力和力矩之间的关系更重要。下面将以索控式中央驱动上肢康复机器人为例着重进行索控式上肢康复机器人的运动学分析。分析方法主要为两种：一种是将已知的机械臂关节变量作为自变量，描述机械臂末端手柄的位置和姿态与基座参考坐标系之间关系的正运动学；另一种是将已知的机械臂末端手柄相对于基座参考坐标系的期望位置和姿态坐标系，描述满足期望要求的关节角的逆运动学。

轨迹是指质点在运动过程中的位移、速度和加速度等，轨迹规划是根据执行任务的要求，确定机器人的末端或关节在起点、终点间所走过的路径，在各路径点的速度、加速度，计算出预期的运动轨迹。上肢康复机器人是将康复治疗手法与机器人技术相结合的产物，其设计初衷是帮助患者更好、更高效地进行上肢康复训练，机械臂的运动轨迹就是其带动患者患肢的运动轨迹，所以规划出几条康复效果好、使用过程安全性高的机器臂运动轨迹也是上肢康复机器人设计中的重中之重。上肢康复机器人与一般的工业用机器人不同，具有缓慢性、重复性、运动范围需在固定值内等特性，同时设计的每条曲线都要具有一定的独特性与针对性，从而达到不同的康复效果，而非效率低的重复治疗。故本案例针对不同阶段的康复适用人群设计了不同的康复轨迹来体现康复治疗的特点，着重对被动训练中的多关节复合运动进行轨迹规划，即患者可通过上肢康复机器人设定的固定轨迹完成一些复杂的多关节被动训练。

下面以索控式中央驱动上肢康复机器人为例，对索控式上肢康复机器人的正逆运动学分析以及轨迹规划方法及过程进行深入研究。

一、推算变换矩阵及建立 D-H 坐标系

（一）机器人广义变换矩阵

D-H 表示法的核心便是将一个参考坐标系变换到下一个参考坐标系，从而获得关节活动角度与末端手柄之间的关系。换句话说，可以将参考坐标系 $x_n - z_n$，通过各标准变换运动，变换到下一个参考坐标系 $x_{n+1} - z_{n+1}$，以此类推可以得到 $x_{n+2} - z_{n+2}$。具体标准变换运动步骤如下：

1. 绕轴 z_n 旋转 θ_{n+1}，使得 x_n 和 x_{n+1} 相互平行，因为 a_n 和 a_{n+1} 都垂直于 z_n 轴，因此可通过绕 z_n 轴旋转，使 x_n 和 x_{n+1} 平行；

2. 沿 z_n 轴平移距离 d_{n+1}，把 x_n 移到与 x_{n+1} 同一直线上，因为 x_n 和 x_{n+1} 已平行并且平行于 z_n，则沿着 z_n 移动可使它们相互重叠在一起；

3. 沿已知旋转过的 x_n 平移 a_{n+1} 的距离，使得两坐标原点重合；

4. 将 z_n 轴绕 x_{n+1} 轴旋转 α_{n+1}，使得 z_n 轴和 z_{n+1} 轴共线。

重复以上变换的操作步骤，可以完成相邻坐标系之间的变换。本案例将用 ${}^{n}\boldsymbol{T}_{n+1}$（称为 $\boldsymbol{A}_{n+1}$）表示为关节 n 到关节 $n+1$ 的变换矩阵，${}^{n}\boldsymbol{T}_{n+1}$ 表示为 4 个运动变换矩阵的乘积。则有：

$$
{}^{n}\boldsymbol{T}_{n+1}=\boldsymbol{A}_{n+1}=\mathbf{Rot}(z,\theta_{n+1})\times\mathbf{Trans}(0,0,d_{n+1})\times\mathbf{Trans}(a_{n+1},0,0)\times\mathbf{Rot}(x,\alpha_{n+1})
$$

$$
=\begin{bmatrix} C\theta_{n+1} & -S\theta_{n+1} & 0 & 0 \\ S\theta_{n+1} & C\theta_{n+1} & 0 & 0 \\ 0 & 0 & 1 & 0 \\ 0 & 0 & 0 & 1 \end{bmatrix}\times\begin{bmatrix} 1 & 0 & 0 & 0 \\ 0 & 1 & 0 & 0 \\ 0 & 0 & 1 & d_{n+1} \\ 0 & 0 & 0 & 1 \end{bmatrix}\times\begin{bmatrix} 1 & 0 & 0 & a_{n+1} \\ 0 & 1 & 0 & 0 \\ 0 & 0 & 1 & 0 \\ 0 & 0 & 0 & 1 \end{bmatrix}\times\begin{bmatrix} 1 & 0 & 0 & 0 \\ 0 & C\alpha_{n+1} & -S\alpha_{n+1} & 0 \\ 0 & S\alpha_{n+1} & C\alpha_{n+1} & 0 \\ 0 & 0 & 0 & 1 \end{bmatrix}
$$

则有变换通式：

$$
{}^{n}\boldsymbol{T}_{n+1}=\boldsymbol{A}_{n+1}=\begin{bmatrix} C\theta_{n+1} & -S\theta_{n+1}C\alpha_{n+1} & S\theta_{n+1}S\alpha_{n+1} & a_{n+1}C\theta_{n+1} \\ S\theta_{n+1} & C\theta_{n+1}C\alpha_{n+1} & -C\theta_{n+1}S\alpha_{n+1} & a_{n+1}S\theta_{n+1} \\ 0 & S\alpha_{n+1} & C\alpha_{n+1} & d_{n+1} \\ 0 & 0 & 0 & 1 \end{bmatrix} \tag{3-3-1}
$$

若把每个关节变换定义 $\boldsymbol{A}_{n+1}$，则可以得到机器人末端相对于基坐标系总变换矩阵：

$$
{}^{R}\boldsymbol{T}_{\mathrm{H}}={}^{R}\boldsymbol{T}_{1}{}^{1}\boldsymbol{T}_{2}{}^{2}\boldsymbol{T}_{3}\cdots{}^{n}\boldsymbol{T}_{n+1}=\boldsymbol{A}_{1}\boldsymbol{A}_{2}\boldsymbol{A}_{3}\boldsymbol{A}_{4}\cdots\boldsymbol{A}_{n} \tag{3-3-2}
$$

其中 n 是关节数。对于具有 3 个运动自由度的索控式上肢康复机器人而言，就有 3 个 $\boldsymbol{A}$ 矩阵。

（二）D-H 坐标系的建立

基于机器人三维模型，本案例建立的 D-H 法坐标系如图 3-3-1 所示。

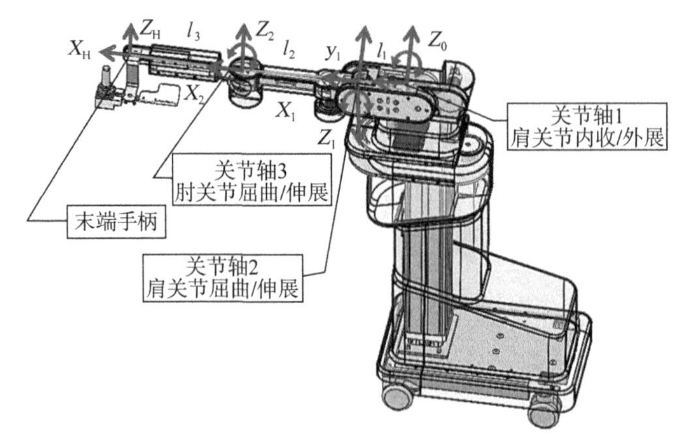

图 3-3-1　索控式上肢康复机器人的 D-H 坐标系

依据建立的坐标系可列出 D-H 法参数表，如表 3-3-1 所示。

表 3-3-1 D-H 法参数表

	θ_i	d	a	α	关节运动范围 θ_i
0-1	θ_1	0	l_1	$-\frac{\pi}{2}$	$\theta_1 \subseteq [-\frac{\pi}{4}, \frac{\pi}{2}]$
1-2	θ_2	0	l_2	$\frac{\pi}{2}$	$\theta_2 \subseteq [-\frac{\pi}{2}, \frac{\pi}{4}]$
2-H	θ_3	0	l_3	0	$\theta_3 \subseteq [0, \frac{\pi}{2}]$

（三）机器人模型的建立与验证

基于 D-H 参数表，通过 MATLAB 软件，对机器人模型进行验证。从图 3-3-2 中可以看出，3 个驱动自由度均可以按照指定的转轴进行运动，表明机器人模型创建正确。

```
L1=link([-pi/2 100 0 0 0],'standard');
L2=link([pi/2 100 0 0 0],'standard');
L3=link([0 100 0 0 0],'standard');
r=robot({L1 L2 L3});
r.name='上肢外骨骼康复机器人';%模型的名称
drivebot(r)
```

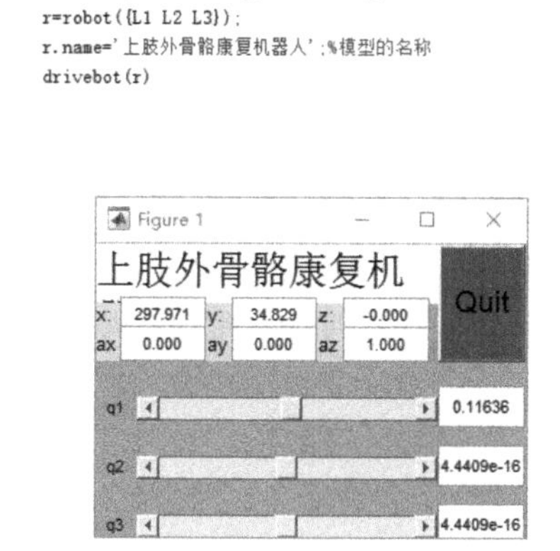

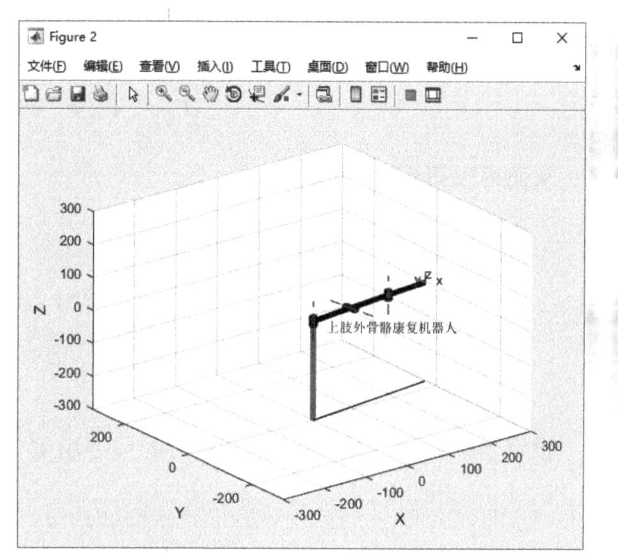

图 3-3-2 机器人模型的创建

二、上肢康复机器人正、逆运动学方程的求解

（一）正运动学方程

根据关节矩阵变换公式以及根据 D-H 法建立的关节参数表，可求得各连杆变换矩阵如下：

$$
{}^{0}\boldsymbol{T}_1=\begin{bmatrix} C\theta_1 & 0 & -S\theta_1 & l_1C\theta_1 \\ S\theta_1 & 0 & C\theta_1 & l_1S\theta_1 \\ 0 & -1 & 0 & 0 \\ 0 & 0 & 0 & 1 \end{bmatrix}
$$

$$
{}^{1}\boldsymbol{T}_2=\begin{bmatrix} C\theta_2 & 0 & S\theta_2 & l_2C\theta_2 \\ S\theta_2 & 0 & -C\theta_2 & l_2S\theta_2 \\ 0 & 1 & 0 & 0 \\ 0 & 0 & 0 & 1 \end{bmatrix}
$$

$$
{}^{2}\boldsymbol{T}_{\mathrm{H}}=\begin{bmatrix} C\theta_3 & -S\theta_3 & 0 & l_3C\theta_3 \\ S\theta_3 & C\theta_3 & 0 & l_3S\theta_3 \\ 0 & 0 & 1 & 0 \\ 0 & 0 & 0 & 1 \end{bmatrix}
$$

根据总变换公式有：

$$
{}^{0}\boldsymbol{T}_{\mathrm{H}}={}^{0}\boldsymbol{T}_1{}^{1}\boldsymbol{T}_2{}^{2}\boldsymbol{T}_{\mathrm{H}} \tag{3-3-3}
$$

从而可以得到：

$$
{}^{0}\boldsymbol{T}_{\mathrm{H}}=\begin{bmatrix} C_{123}-S_{13} & -C_3S_1-C_{12}S_3 & C_1S_2 & l_1C_1+l_2C_{12}-l_3S_{13}+l_3C_{123} \\ C_1S_3+C_{23}S_1 & C_{13}-C_2S_{13} & S_{12} & l_1S_1+l_2C_2S_1+l_3C_1S_3+l_3C_2S_1 \\ -C_3S_2 & S_{23} & C_2 & -l_2S_2-l_3C_3S_2 \\ 0 & 0 & 0 & 1 \end{bmatrix}
$$

设定坐标系{H}相对于坐标系{0}的位姿用 $\boldsymbol{F}$ 表示，为：

$$
{}^{0}\boldsymbol{F}_{\mathrm{H}}=\begin{bmatrix} n_x & o_x & a_x & p_x \\ n_y & o_y & a_y & p_y \\ n_z & o_z & a_z & p_z \\ 0 & 0 & 0 & 1 \end{bmatrix} \tag{3-3-4}
$$

其中，n、o、a 表示了坐标系相对于坐标系{0}的姿态，p 表示了坐标系{4}相对于坐标系{0}的位置。

综上，正运动学方程为：

$$
\begin{cases}
n_x = C_{123} - S_{13} \\
n_y = C_1 S_3 + C_{23} S_1 \\
n_z = -C_3 S_2 \\
o_x = -C_3 S_1 - C_{12} S_3 \\
o_y = C_{13} - C_2 S_{13} \\
o_z = S_{23} \\
a_x = C_1 S_2 \\
a_y = S_{12} \\
a_z = C_2 \\
p_x = l_1 C_1 + l_2 C_{12} - l_3 S_{13} + l_3 C_{123} \\
p_y = l_1 S_1 + l_2 C_2 S_1 + l_3 C_1 S_3 + l_3 C_{23} S_1 \\
p_z = -l_2 S_2 - l_3 C_3 S_2
\end{cases}
\tag{3-3-5}
$$

由以上公式可以根据给定的机器人关节变量的取值，计算确定出末端执行器的位置和姿态。

(二) 逆运动学方程

正运动学是通过各关节变量来确定机械臂末端的位置和姿态，而逆运动学求解过程即是正运动学的逆向求解问题。即通过末端的位置和姿态求解得到各关节变量。在此基础上，机器人可通过记录到的末端轨迹，得到各个关节的变量，从而更好地引导患者做指定示教被动训练。进行逆运动学求解过程如下：

(1) 求解关节角 θ_1

由 $n_y = C_1 S_3 + C_{23} S_1$，$a_z = C_2$，$p_y = l_1 S_1 + l_2 C_2 S_1 + l_3 C_1 S_3 + l_3 C_{23} S_1$，得：

$$\theta_1 = \arcsin\left(\frac{p_y - l_3 n_y}{l_2 a_z + l_1}\right) \tag{3-3-6}$$

根据反正弦函数在$-45°\sim 90°$区间的单调性可知，θ_1 的解有且只有一个。

(2) 求解关节角 θ_2

由 $n_z = -C_3 S_2$，$p_z = -l_2 S_2 - l_3 C_3 S_2$ 得：

$$\theta_2 = \arcsin\left(\frac{l_3 n_z - p_z}{l_2}\right) \tag{3-3-7}$$

因 $\theta_2 = -90° \sim 45°$，根据反正弦函数在$-90°\sim 45°$区间的单调性可知，θ_2 有且只有一个解。

(3) 求解关节角 θ_3

由 $a_x = C_1 S_2$，$a_y = S_{12}$，$p_x = l_1 C_1 + l_2 C_{12} - l_3 S_{13} + l_3 C_{123}$，$p_y = l_1 S_1 + l_2 C_2 S_1 + l_3 C_1 S_3 + l_3 C_{23} S_1$ 得：

$$\theta_3 = \arcsin\left[\frac{S_2 (p_y a_x - p_x a_y)}{l_3 ({a_x}^2 + a_y S_{12})}\right] \tag{3-3-8}$$

因(1)、(2)结果可得，$S_1=\frac{p_y-l_3n_y}{l_2a_z+l_1}$，$S_2=\frac{l_3n_z-p_z}{l_2}$，所以

$$\theta_3=\arcsin\left\{\frac{(p_ya_x-p_xa_y)\cdot(l_2a_z+l_1)\cdot(l_3n_z-p_z)}{l_3[l_2a_x{}^2(l_2a_2+l_1)+a_y(l_3n_z-p_z)(p_y-l_3n_y)]}\right\} \tag{3-3-9}$$

因 $\theta_3=0°\sim90°$，根据反正弦函数在 0°～90°区间的单调性可知，θ_3 的解有且只有一个。综上可得索控上肢康复机器人的逆运动学解为：

$$\begin{cases}\theta_1=\arcsin(\frac{p_y-l_3n_y}{l_2a_z+l_1})\\ \theta_2=\arcsin(\frac{l_3n_z-p_z}{l_2})\\ \theta_3=\arcsin\left\{\frac{(p_ya_x-p_xa_y)\cdot(l_2a_z+l_1)\cdot(l_3n_z-p_z)}{l_3[l_2a_x{}^2(l_2a_2+l_1)+a_y(l_3n_z-p_z)(p_y-l_3n_y)]}\right\}\end{cases} \tag{3-3-10}$$

三、运动学分析小结

本章首先结合上肢康复机器人三维模型，确定好机械臂的初始位置，并在此基础上建立了 D-H 坐标系。然后，通过 MATLAB 中的机器人工具箱，对建立好的 D-H 坐标系的正确性进行了验证。最后，根据 D-H 法建立了基于索控式上肢康复机器人的正、逆运动学方程。

四、机器人轨迹规划概述

轨迹是描述机械臂在空间中的一种设定或期望的运动。对于上肢康复训练机器人而言，轨迹规划一般指对机械臂末端行走的轨迹曲线进行规划。

上肢康复机器人在训练过程中，急速的运动不仅可能会造成病人的不适感和二次伤害，而且会加剧机械臂的磨损，从而导致机械臂的抖动和共振。通常为了得到机械臂的运动是平稳且顺滑的，我们需要定义一个连续的且具有一阶时间导数的光滑函数，有时为了达到特定的要求，还需要此函数的二阶导数也是连续的。

轨迹规划可分为关节空间规划方法和笛卡儿空间规划方法，比较两种规划方法的适用范围，由于关节空间规划方法可以获得运动过程中各中间点的期望位姿，且较笛卡儿空间轨迹方法，关节空间规划方法路径描述更简单且便于计算，而笛卡儿空间规划更多用于确定路径点之间的空间路径形状。综上，再结合上肢康复机器人运动具有缓慢、重复且关节范围限定等特点，因此本案例选用关节空间描述方法中的三次多项式轨迹规划方法来对所设计的索控式上肢康复机器人进行轨迹规划。

五、三次多项式插值法

三次多项式轨迹规划是基于多项式插值法进行的轨迹规划，通过各关节处时间关于

角度的函数来表现机器人末端的运行轨迹。设定角度函数为 $\theta(t)$。为了实现各关节平稳的运动，至少需要满足以下约束条件：

对于初始位置及终点位置关节角度需满足以下两个约束条件：

$$\begin{cases}\theta(0)=\theta_0\\ \theta(t_f)=\theta_f\end{cases}\tag{3-3-11}$$

为保证各关节速度的连续性，设定初始位置及终点位置关节速度为零，满足以下两个约束条件：

$$\begin{cases}\dot{\theta}(0)=0\\ \dot{\theta}(t_f)=0\end{cases}\tag{3-3-12}$$

式(3-3-11)、(3-3-12)中共有 2 组约束方程，可确定唯一的三次多项式，形式如下：

$$\theta(t)=c_0+c_1t+c_2t^2+c_3t^3\tag{3-3-13}$$

从而可得关节速度与加速度如下：

$$\dot{\theta}(t)=c_1+2c_2t+3c_3t^2\tag{3-3-14}$$

$$\ddot{\theta}(t)=2c_2+6c_3t\tag{3-3-15}$$

把式(3-3-11)、(3-3-12)中的 2 组约束方程代入式(3-3-13)、(3-3-14)、(3-3-15)中可得：

$$\begin{cases}\theta_0=c_0\\ \theta_f=c_0+c_1t_f+c_2t^2+c_3t^3\\ 0=c_1\\ 0=c_1+2c_2t_f+3c_3t_f^2\end{cases}\tag{3-3-16}$$

从而获得 a_i 的代数式：

$$\begin{cases}c_0=\theta_0\\ c_1=0\\ c_2=\dfrac{3}{t_f^2}(\theta_f-\theta_0)\\ c_3=-\dfrac{2}{t_f^3}(\theta_f-\theta_0)\end{cases}\tag{3-3-17}$$

代入式(3-3-13)，可得：

$$\theta(t)=\theta_0+\frac{3}{t_f^2}(\theta_f-\theta_0)t^2-\frac{2}{t_f^3}(\theta_f-\theta_0)t^3\tag{3-3-18}$$

由式 3-3-18 可得关节角速度和角加速度的表达式为：

$$
\begin{aligned}
\dot{\theta}(t) &= \frac{6}{t_f^2}(\theta_f - \theta_0)t - \frac{6}{t_f^3}(\theta_f - \theta_0)t^2 \\
\ddot{\theta}(t) &= \frac{6}{t_f^2}(\theta_f - \theta_0) - \frac{12}{t_f^3}(\theta_f - \theta_0)t
\end{aligned}
\tag{3-3-19}
$$

根据任意两点的位置和速度，分别代入式(3-3-17)中，即可求得式(3-3-18)中四个系数值，从而可求得机器人末端任意两点间关于初始位置和终点位置的三次多项式轨迹规划。

六、上肢康复机器人轨迹规划

康复训练的最终目的是帮助患者独自完成日常生活。本书结合正常人抬臂展收、手臂环绕两个常用动作，设计了两个模拟日常生活上肢运动相类似的运动轨迹。训练这两个动作时，患者各个关节角度能与正常人运动范围相匹配，从而更好地调动患者康复积极性及参与性，切实为患者的生活带来便利和希望，以促进偏瘫侧上肢运动功能及日常生活活动能力进一步提高。在上述的两种轨迹规划中，原点位置均为正常人端坐时双手下垂时的状态，θ_1 表示肩关节内收/外展运动的角度，θ_2 表示肩关节屈曲/伸展运动的角度，θ_3 表示肘关节屈曲/伸展运动的角度。

(一) 抬臂展收动作轨迹规划

抬臂展收动作是最为常用的人体上肢活动动作，因此抬臂展收动作的训练不仅可以锻炼偏瘫患者的上肢活动能力，而且可以增强患者的自信心，提高患者的自理能力，为他们重新步入正常人的生活奠定坚实基础。本案例将一次完整的抬臂展收动作规划为以下 6 个阶段：

第 1 阶段是使机器人机械臂运动至初始位置，以帮助各传感器寻找零点，时间设置为 3 s，仅 θ_2 转动 $-30°$；

第 2 阶段作为运动的间歇期，时间设置为 2 s，各关节角度均保持不变；

第 3 阶段时间设置为 5 s，θ_1 转动 15°，θ_2 转动 60°，θ_3 转动 60°，使机械臂末端重新到达运动终点位置；

第 4 阶段为运动间歇期，时间设置为 3 s，各关节角度均保持不变；

第 5 阶段时间设置为 5 s，θ_1 转动 $-15°$，θ_2 转动 $-60°$，θ_3 转动 $-60°$，使机械臂末端重新到达运动起始位置；

第 6 阶段时间设置为 2 s，各关节均保持不动。

综上，一次完整的抬臂展收动作总时长为 20 s，由于康复训练动作具有重复性的特点，一次动作完成后可重复第 2 阶段到第 6 阶段的过程，以保证康复训练动作的连续性。各关节角度随时间变化值如表 3-3-2 所示。

表 3-3-2 抬臂展收动作各关节角度变化值

时间	θ_1	θ_2	θ_3
0～3 s	0°	−30°	0°
3～5 s	0°	0°	0°
5～10 s	15°	60°	60°
10～13 s	0°	0°	0°
13～18 s	−15°	−60°	−60°
18～20 s	0°	0°	0°

由公式(3-3-17)可以计算得到每个关节相应时间段内的三次多项式的各项系数值，从而最终求得各关节的运动轨迹方程组(时间关于角度的函数)如下：

$$\theta_1(t)=\begin{cases}0 & (0\leqslant t\leqslant 3)\\ 0 & (3<t\leqslant 5)\\ 75-36t+\dfrac{27}{5}t^2-\dfrac{6}{25}t^3 & (5<t\leqslant 10)\\ 15 & (10<t\leqslant 13)\\ -\dfrac{20\,412}{25}+\dfrac{4\,212}{25}t-\dfrac{279}{25}t^2+\dfrac{6}{25}t^3 & (13<t\leqslant 18)\\ 0 & (18<t\leqslant 20)\end{cases} \tag{3-3-20}$$

$$\theta_2(t)=\begin{cases}-10t^2+\dfrac{20}{9}t^3 & (0\leqslant t\leqslant 3)\\ -30 & (3<t\leqslant 5)\\ 270-144t+21.6t^2-\dfrac{24}{25}t^3 & (5<t\leqslant 10)\\ 30 & (10<t\leqslant 13)\\ -\dfrac{82\,398}{25}+\dfrac{16\,848}{25}t-\dfrac{1\,116}{25}t^2+\dfrac{24}{25}t^3 & (13<t\leqslant 18)\\ -30 & (18<t\leqslant 20)\end{cases} \tag{3-3-21}$$

$$\theta_3(t)=\begin{cases}0 & (0\leqslant t\leqslant 3)\\ 0 & (3<t\leqslant 5)\\ 300-144\times t+21.6\times t^2-\dfrac{24}{25}t^3 & (5<t\leqslant 10)\\ 60 & (10<t\leqslant 13)\\ -\dfrac{81\,648}{25}+\dfrac{16\,848}{25}t-\dfrac{1\,116}{25}t^2+\dfrac{24}{25}t^3 & (13<t\leqslant 18)\\ 0 & (18<t\leqslant 20)\end{cases} \tag{3-3-22}$$

根据各关节的运动方程组，分别绘制出抬臂展收动作的角度—时间曲线图（如图3-3-3、3-3-4、3-3-5）。包括肩关节屈曲/伸展角位移曲线、肩关节内收/外展角位移曲线以及肘关节屈曲/伸展角位移曲线。

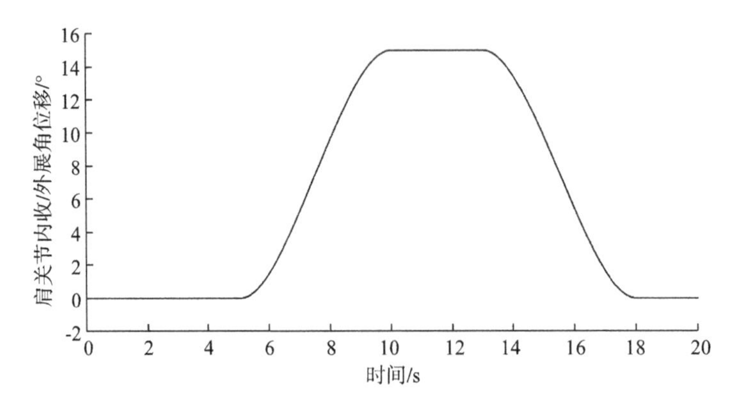

图 3-3-3　肩关节内收/外展角位移曲线

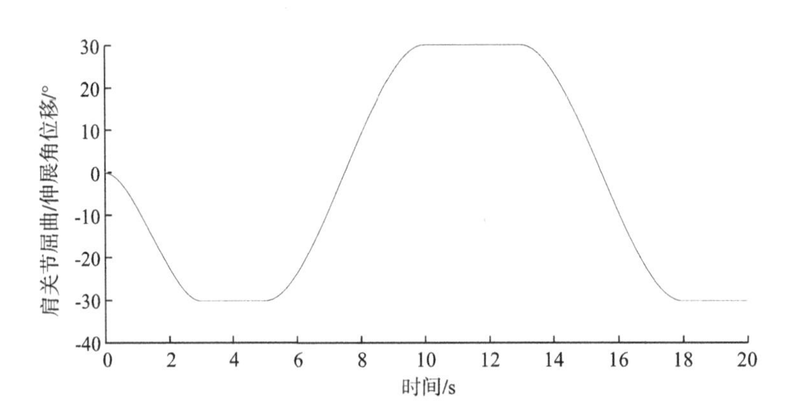

图 3-3-4　肩关节屈曲/伸展角位移曲线

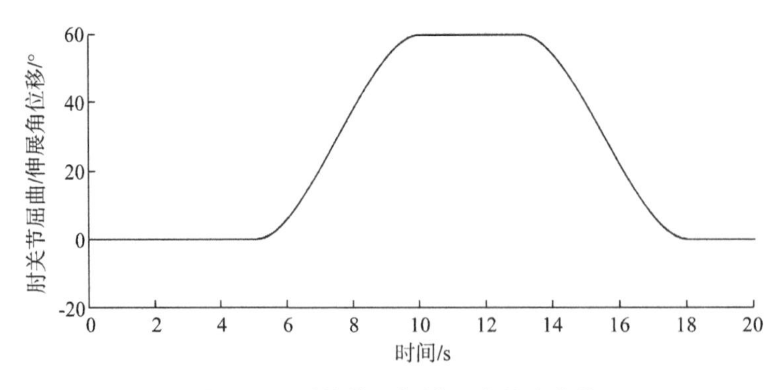

图 3-3-5　肘关节屈曲/伸展角位移曲线

根据上述角度与时间的关系,分别代入运动学分析中求得正运动学方程,从而可以得到抬臂展收动作的运动轨迹图(如图 3-3-6)。由图 3-3-6 可知,机械臂可以按照设定的轨迹运动,且所得运动曲线光滑连续,证明了抬臂展收动作轨迹规划的正确性。

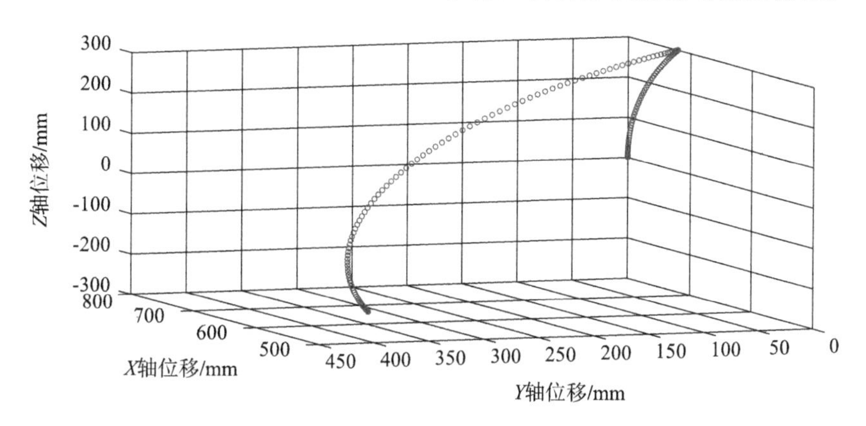

图 3-3-6　抬臂展收动作运动轨迹

(二) 手臂环绕动作轨迹规划

手臂环绕动作较抬臂展收动作更加复杂,这是一类似于人体伸懒腰的动作,涉及肩、肘关节 3 个自由度的角度连续变换,是一个可以锻炼到人体上肢所有关节活动度的动作。本案例将一次完整的手臂环绕动作规划为以下 6 个阶段:

将第 1 阶段时间设置为 5 s,将机器人机械臂手柄从原点位置移动到初始位置,该位置为多边形最右侧的一点,在这个时间段内,θ_1 运动 30°,θ_2 运动 30°,θ_3 运动 30°;

第 2 阶段时间设置为 2 s,各关节均保持不动,为运动间歇期;

第 3 阶段时间设置为 2 s,θ_1 继续运动−15°,θ_2 运动 30°,θ_3 运动−15°,该位置为多边形最上面一点;

第 4 阶段时间设置为 2 s,θ_1 运动−15°,θ_2 运动−30°,θ_3 运动 30°,该位置为多边形最左侧一点;

第 5 阶段时间设置为 2 s,θ_1 运动 15°,θ_2 运动−30°,θ_3 运动−30°,该位置为多边形最下面一点;

第 6 阶段时间设置为 2 s,θ_1 运动 15°,θ_2 运动 30°,θ_3 运动 15°,该位置为多边形最右侧一点回到初始位置。

综上,一次完整的手臂环绕动作总时长为 15 s,同抬臂展收动作,一次动作完成后可重复第 2 阶段到第 6 阶段的过程,以确保康复训练动作的连续性。各关节角度随时间变化值如表 3-3-3 所示。

表 3-3-3　各关节角度变化值

时间	θ_1	θ_2	θ_3
0～5 s	30°	30°	30°
5～7 s	0°	0°	0°
7～9 s	−15°	30°	−15°
9～11 s	−15°	−30°	30°
11～13 s	15°	−30°	−30°
13～15 s	15°	30°	15°

由式(3-3-17)可以计算得到每个关节相应时间段内的三次多项式的各项系数值，从而最终求得各关节的运动轨迹方程组(时间关于角度的函数)如下：

$$\theta_1(t)=\begin{cases}\dfrac{18}{5}t^2-\dfrac{12}{25}t^3 & (0\leqslant t\leqslant 5)\\ 30 & (5<t\leqslant 7)\\ -705+\dfrac{1\ 085}{4}t-\dfrac{65}{2}t^2+\dfrac{5}{4}t^3 & (7<t\leqslant 9)\\ -3\ 630+\dfrac{4\ 455}{2}t-112.5t^2+\dfrac{15}{4}t^3 & (9<t\leqslant 11)\\ \dfrac{12\ 705}{2}-\dfrac{6\ 435}{4}t+135t^2-\dfrac{15}{4}t^3 & (11<t\leqslant 13)\\ 10\ 155-\dfrac{8\ 775}{2}t+\dfrac{315}{2}t^2-\dfrac{15}{4}t^3 & (13<t\leqslant 15)\end{cases}\tag{3-3-23}$$

$$\theta_2(t)=\begin{cases}\dfrac{18}{5}t^2-\dfrac{12}{25}t^3 & (0\leqslant t\leqslant 5)\\ 30 & (5<t\leqslant 7)\\ 1\ 500-\dfrac{1\ 058}{2}t+65t^2-\dfrac{5}{2}t^3 & (7<t\leqslant 9)\\ -7\ 230+\dfrac{4\ 455}{2}t-225^2t+\dfrac{15}{2}t^3 & (9<t\leqslant 11)\\ -12\ 675+\dfrac{6\ 435}{2}t-270t^2+\dfrac{15}{2}t^3 & (11<t\leqslant 13)\\ 20\ 280-\dfrac{8\ 775}{2}t+315t^2-\dfrac{15}{2}t^3 & (13<t\leqslant 15)\end{cases}\tag{3-3-24}$$

$$
\theta_3(t)=\begin{cases}
\frac{18}{5}\times t^2-\frac{12}{25}t^3 & (0\leqslant t\leqslant 5)\\
30 & (5<t\leqslant 7)\\
-705+\frac{1\ 085}{4}t+\frac{65}{2}\times t^2+\frac{5}{4}t^3 & (7<t\leqslant 9)\\
7\ 305-\frac{4\ 455}{2}t+225t^2-\frac{15}{2}t^3 & (9<t\leqslant 11)\\
-12\ 660+\frac{6\ 435}{2}t-270t^2+\frac{15}{2}t^3 & (11<t\leqslant 13)\\
10\ 155-\frac{8\ 775}{4}t+\frac{315}{2}t^2-\frac{15}{4}t^3 & (13<t\leqslant 15)
\end{cases} \tag{3-3-25}
$$

根据各关节的运动轨迹方程组，分别绘制出手臂环绕动作的角度—时间曲线图（如图 3-3-7、3-3-8、3-3-9）。包括肩关节屈曲/伸展角位移曲线、肩关节内收/外展角位移曲线以及肘关节屈曲/伸展角位移曲线。

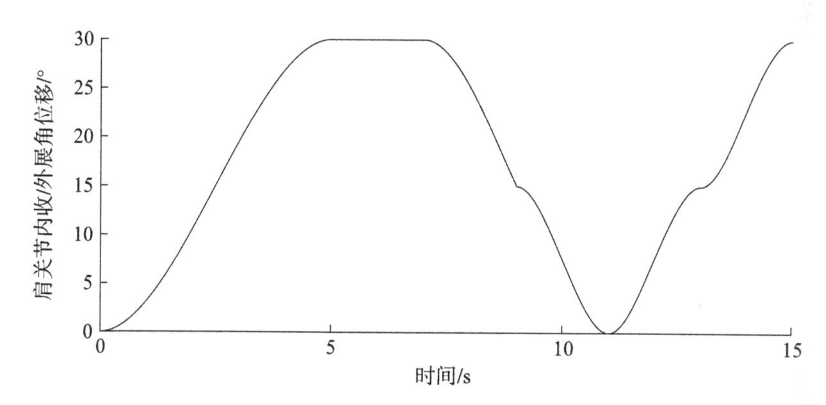

图 3-3-7　肩关节内收/外展角位移曲线

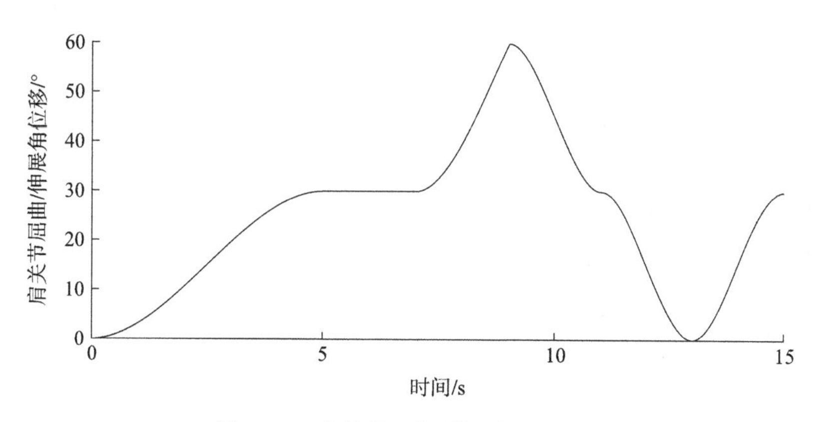

图 3-3-8　肩关节屈曲/伸展角位移曲线

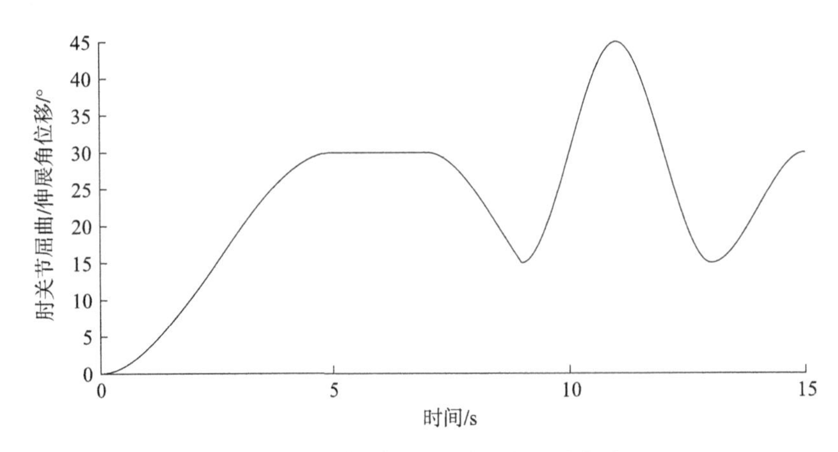

图 3-3-9　肘关节屈曲/伸展角位移曲线

根据上述角度与时间的关系,分别代入正运动学方程,从而可以得到手臂环绕动作的运动轨迹图(如图 3-3-10)。由图 3-3-10 可知,所得曲线光滑连续且实现了规定轨迹,证明了手臂环绕动作轨迹规划的正确性。

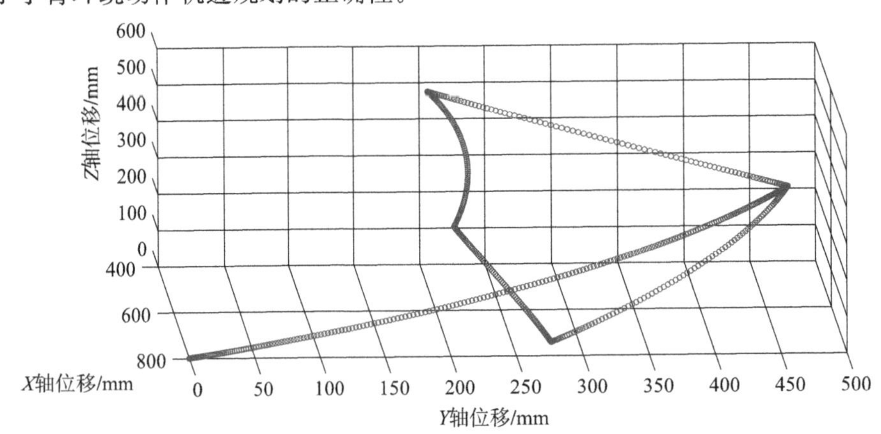

图 3-3-10　手臂环绕动作运动轨迹

本节综合了几种常用的机器人轨迹规划方法,结合训练过程中的运动特点(满足四个约束条件),选用了基于关节空间的三次多项式插值法,对设计的索控式上肢康复机器人进行两种轨迹的规划。然后,结合了正常人抬臂展收与手臂环绕两个动作设计了两个与之类似的动作,并求得各关节角度随时间的变化关系。最后,结合正运动学方程,绘制了设计的轨迹曲线,所得曲线连续且平滑,验证了轨迹的正确性。

第四节　控制系统硬件设计

索控式上肢康复机器人控制系统的硬件平台是整个系统的基础,是传感器数据采集、软件算法等实现的必要环境。硬件平台的设计首先根据系统设计目标评估主控芯片的运算需求并选型，在确定主控芯片型号后根据系统各部件的参数要求设计系统供电系统，以保证系统稳定和安全用电。此外，硬件平台的搭建还包括其他负责与外部通信的模块的选型与设计。下面介绍索控式上肢康复机器人控制系统硬件平台的搭建。

一、控制板供电模块

本案例中的供电系统通过开关电源输出 5 V 电压为控制板供电，并将 5 V 电压降至 3.3 V 工作电压为主控芯片 STM32F103 提供所需的工作电压。

直流电压降压芯片主要有两种，直流一直流(DC-DC)降压芯片和低压差稳压器(LDO, Low Dropout Regulator)线性降压芯片。DC-DC 降压芯片以开关的方式实现一种幅值的直流电压变到另一种固定幅值直流电压。它的基本原理是控制电力电子器件的通断，将直流电压断断续续地加到负载上，通过改变占空比来改变输出电压的平均值。其特点是封装小、转换效率高、无明显发热、可进行 PWM 脉宽调制。同时 DC-DC 降压芯片也存在不足，如输出电压纹波以及开关噪声较大、成本高等。LDO 的工作原理可视为一个电阻分压器。其电压转换过程中能量损耗大，且降压的压差越大，芯片的发热越明显。这类芯片为了便于散热，常常具有较大的封装。其优点是成本低、噪声低、静态电流低，只需要很少的外部元件便可搭建应用电路，往往应用在输入电压和输出电压非常接近的场合，这样可以达到很高的转换效率。

考虑到需求是将 5 V 电压降至 3.3 V，压差很小。并且单片机的功耗很小，但是对电源的稳定性要求较高。所以选择 LDO 降压芯片为单片机输出 3.3 V 工作电压。控制板供电模块电路原理如图 3-4-1 所示，从接口 1 处接入 5 V 电源，经过 AMS1117-3.3 这一 LDO 降压芯片后得到 3.3 V 电源。在 3.3 V 输入到单片机供电之前需经过由电容 C10 和 C12 组成的退耦电路。退耦电路能够提高瞬态电流的响应速度，是解决电源噪声问题的主要方法。在 PCB 板布局时，退耦电容必须尽量靠近电源。LED0 光电二极管用于指示芯片供电电源是否正常。

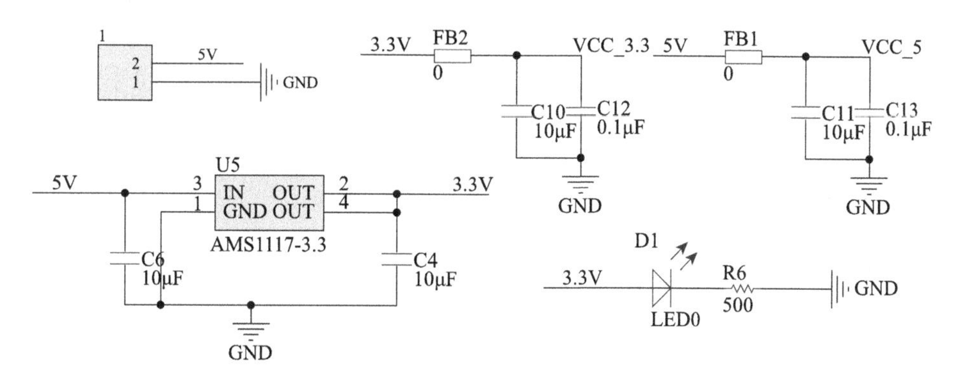

图 3-4-1　控制板供电模块原理图

二、主控芯片最小系统

本案例所设计的控制板采用STM32F103ZET6作为主控芯片。STM32F103ZET6是STM32F1系列Cortex M3芯片中的大容量产品，FLASH容量为512 KB。STM32F1的优势体现在五个方面：第一，价格低，STM32的价格与八位单片机相差无几，但性能却高出数倍；第二，片上资源丰富，STM32具有丰富的外设接口，包括：FSMC、IIC、CAN、ADC、DMA等，保证了STM32的多领域应用；第三，实时性高，其16个中断优先级确保了STM32相应外部中断的实时性，其所有的引脚几乎都可作为中断触发引脚；第四，功耗低，STM32每个外设都有自己独立的时钟控制逻辑，当不需要某个模块工作时，可以关掉相应的外设时钟来降低功耗；第五，开发成本低，STM32不需要昂贵的下载器，只需一个串口即可。可支持SWD和JTAG两种端口调试，其中，SWD方式只需两个IO端口便可实现仿真调试。

单片机的最小系统是单片机正常工作的必备条件。最小系统由五部分构成，第一部分是电源部分，这一部分已经在上一小节做了详细介绍。第二部分是时钟电路，单片机是一种基于时序进行工作的芯片，必须通过振荡器为其提供一个基准时钟方能正常工作。单片机内部有内部晶振，但是精度不高，所以本案例采用8 MB外部晶振为单片机提供工作时钟信号。晶振电路如图3-4-2中的(A)部分所示，在布线时应当将元器件尽可能贴近MCU对应的管脚，走线不宜过长，且晶振底部不得有其他信号线经过，两个负载电容布局尽量对称，减小因走线和PCB层间杂散电容对时钟的影响。第三部分是复位系统，复位电路如图3-4-2中(B)部分所示。在按下按键后，RESET引脚的电平被拉低，当RESET引脚出现2个机器周期以上低电平时，单片机复位，程序从头开始运行。第四部分是程序下载电路，程序下载电路有两种接口方式，JTAG接口和SWD接口。SWD接口模式相较于JTAG接口模式需要更少的引脚，并且在高速模式下更加可靠。本案例选用SWD接口模式，电路连接如图3-4-2中的(C)部分所示。第五部分是启动配置电路。STM32F103实现了一个特殊的机制，系统不但可以从FLASH存储器启动，也可以从系统存储器或内置SRAM启动。启动方式通过改变BOOT0和BOOT1引脚的连接方式选择。本案例选择从FLASH存储器启动，将BOOT0、BOOT1拉低，电路图连接如图3-4-2的(D)部分所示。

三、CAN总线通信电路

STM32自带有基本扩展CAN(bxCAN)控制器，要实现CAN现场总线的功能还需要CAN收发器的配合。CAN控制器用于将要发送和接收的信息组装成CAN帧，并利用CAN收发器将CAN帧以二进制码的形式发送到总线上。其主要职责是在组装CAN帧的过程中进行位填充、添加CRC校验、应答检测等操作。在接收到二进制码后，接收器对二进制码进行解析，在这一过程中负责收发比对、去位填充、CRC校验等操作。此外，还需要负责冲突判断、错误处理和许多其他任务。CAN收发器是CAN控制器和

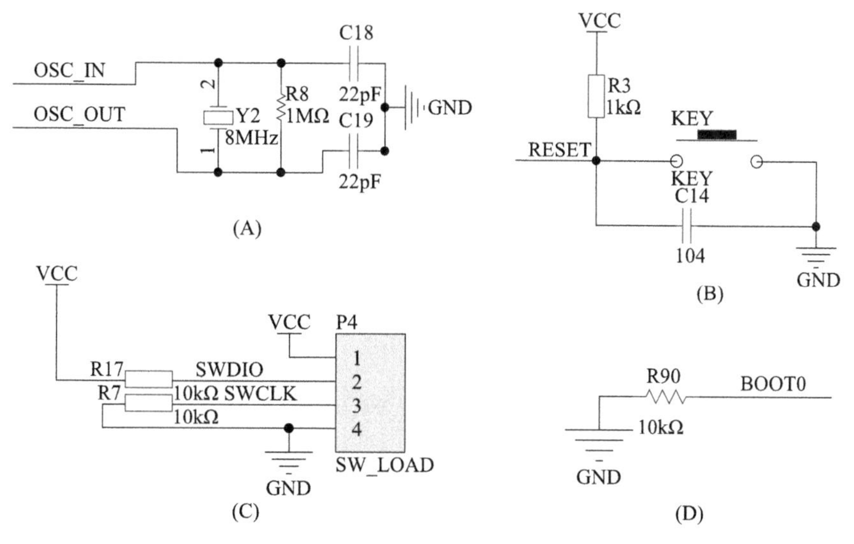

图 3-4-2 主控芯片最小系统

物理总线之间的数据交互接口,其作用是将二进制码转换为差分信号发送,或将接收的差分信号转换为二进制码。

因为本案例采用的 STM32F103ZET6 中带有一个 CAN 控制器,所以在 CAN 现场总线的电路设计中只需要接入 CAN 收发芯片。TJA1050 是本案例选用的 CAN 收发芯片,CAN 通信模块电路如图 3-4-3 所示。芯片的引脚 1 和引脚 4 是数据收发引脚,与 STM32F103ZET6 的 CAN 模块数据输入输出引脚相连。引脚 8 为模式控制引脚用于控制收发器的工作模式,将引脚 8 置低,进入普通模式,反之,进入高速模式。引脚 6 和引脚 7 引出两条双绞线与 CAN 总线网络相连,用于数据传送。在 CAN 总线的两端各接入 120 Ω 的终端电阻作为阻抗匹配以此来减少总线中的回波反射。

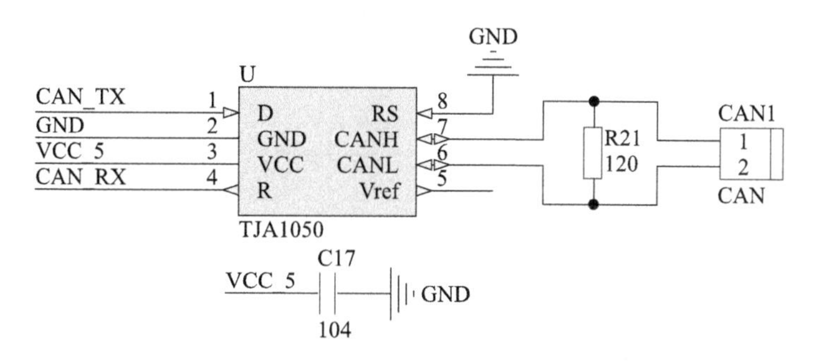

图 3-4-3 CAN 通信模块电路原理图

四、串口通信电路

本案例的康复训练指令、康复训练参数都是通过电脑端上位机下发给下位机控制系统。机器人控制板的逻辑电平是 TTL 电平，电脑端为 RS232 电平，存在电平不匹配问题。考虑到单片机上有串口这一外部接口，使用串口转 USB 电路最为方便，这样可以直接越过 TTL 电平和 RS232 电平之间的转换。本案例采用 PL2303HXD 这一串口－USB 接口转换器。PL2303HXD 作为 USB/串口双向转换器，一方面从电脑端接收 USB 数据并将其转换为串口信息流格式发送给控制芯片；另一方面从控制芯片接收数据转换为 USB 数据格式传送回电脑端。基于 PL2303HXD 的串口通信电路串口转 USB 电路原理如图 3-4-4 所示。

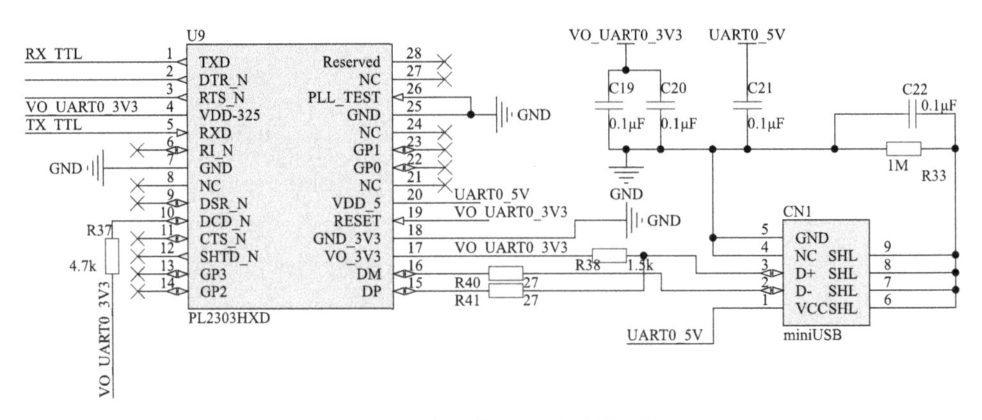

图 3-4-4　串口转 USB 电路原理图

除了通过电脑端的上位机控制康复训练过程，本案例还设计有蓝牙传输模块，为后期加入无线控制做准备。蓝牙通信是一种点对点的短距离无线通信技术。在蓝牙模块上电后会主动查找其他蓝牙设备并与之建立连接，连接建立后模块自动进入就绪状态。本案例采用的 HC-05 蓝牙模块是一款高性能主从一体蓝牙串口模块，能够把串口输出的数字信号转换成模拟信号以便在空间中传输，并将从空间中接收到的模拟信号转换成数字信号通过串口送回到控制板。HC-05 模块电路连接如蓝牙模块电路原理图 3-4-5 所示。

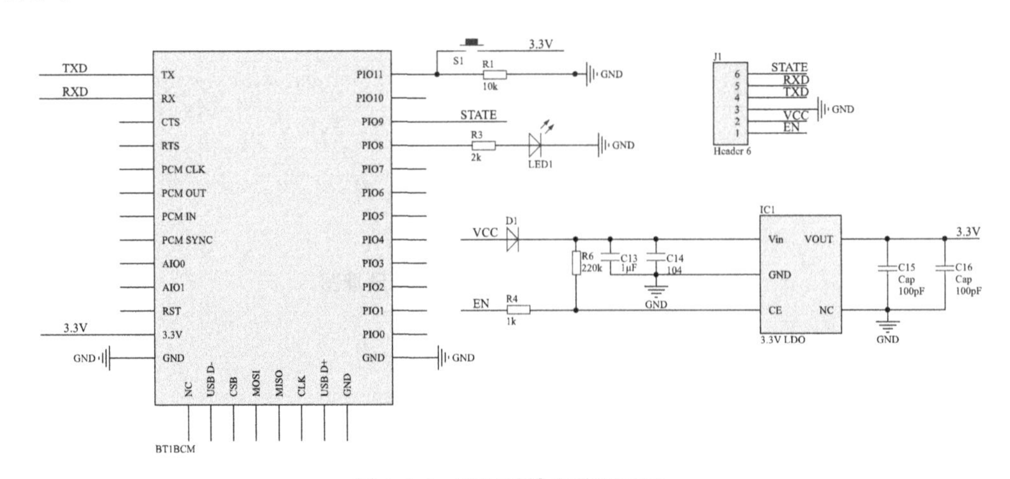

图 3-4-5　蓝牙模块电路原理图

模块的 TX 引脚和 RX 引脚通过接口 J1 与主控芯片 STM32F103ZET6 的串口相连接。PIO11 引脚是 AT 指令设置脚。当按下按键 S1，该引脚接高电平，蓝牙模块进入 AT 指令模式。如果设置该蓝牙模块为蓝牙主机，按下 S1 按键后可清除本机已记录的从机地址。PIO9 引脚是模块连接指示灯输出引脚。在蓝牙模块建立连接前，引脚输出保持低电平。当两个模块间连接后，该引脚输出保持高电平。PIO8 引脚是模块状态输出引脚，与 LED 灯相连，直观反应该模块的连接状态。如果该蓝牙模块是蓝牙主机，在建立连接前，若主机未记录从机地址，LED 灯快闪，若主机已记录从机地址，则 LED 灯慢闪；在主从机建立连接后，LED 灯两闪一停。如果该蓝牙模块是蓝牙从机，在建立连接前，LED 灯快闪；建立连接后，LED 灯两闪一停。如果模块进入 AT 指令模式，LED 灯每 2 s 亮 1 s。

五、EEPROM 存储电路

在康复训练过程中，有些数据需要存储起来以便在下一次康复过程中仍可被调用。比如在示教被动训练中，按照患者情况设定的康复轨迹需要使用一段时间，而不是在每天开始训练前重新规划。这就需要存储芯片在系统掉电之后仍然能够保存数据。本案例采用 24C02 电可擦除可编程存储器(EEPROM)，最大存储容量为 256 字节，与 I2C 标准完全兼容。24C02 存储器接口方便、体积小、数据掉电不丢失等优点使其在电子通信、自动化等领域得到了广泛的应用。24C02 存储器电路如图 3-4-6 所示。

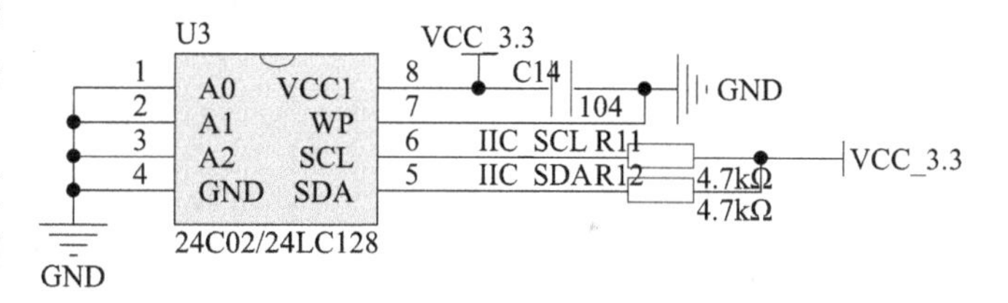

图 3-4-6　24C02 存储电路原理图

24C02 存储模块的工作电压与 STM32F103ZET6 供电电压同样都为 3.3 V。引脚 1 至引脚 3 是器件地址线，用于设置 7 位器件选择码中的 3 个最低有效位(b3，b2，b1)。因为本案例只使用了一个存储器，所以不需要区分存储器编号。这三个引脚可以统一接到 VCC 或接到 GND 端。引脚 4(WP)为写保护引脚，开启保护模式后可以保护内存内容不受错误的擦除/写入周期影响。引脚 5(SDA)为数据双向传输引脚，用于传输数据进出内存，与 STM32F103ZET6 中 IIC 模块的双向数据引脚(IIC-SDA)连接。引脚 6(SCL)为串行时钟输入引脚，用于同步所有数据进出内存，与 STM32F103ZET6 中 IIC 模块的同步时钟引脚(IIC-SCL)连接。需要注意的是引脚 5 与引脚 6 都需要通过上拉电阻上拉到 3.3 V。

六、增量式编码器运动信息采集电路

增量式光电编码器是一种广泛应用于现代伺服系统的位置传感器，其主要作用是对角位移或角速度进行测量并将测试轴的角位移转换为二进制码或一系列脉冲进行输出。

光电编码器分为绝对式和增量式两种，绝对式位置传感器能够直接获取当前所在的绝对位置，而增量式光电编码器只能测量相对于参考点增量位置，不能直接获取绝对位置信息。本案例选用增量式光电编码器分辨率为 1 000 线，带有 Z 相脉冲，以此对各自由度运动的角度进行反馈。与绝对值编码器相比，具有体积小、精度高、性能稳定等优点。安装过程中将编码器 Z 相的高脉冲输出位置固定在机械臂的零位的附近，因为机械臂只在 360° 内旋转，从而实现测量值和实际值的统一，为后续的角度测量提供基准参考。

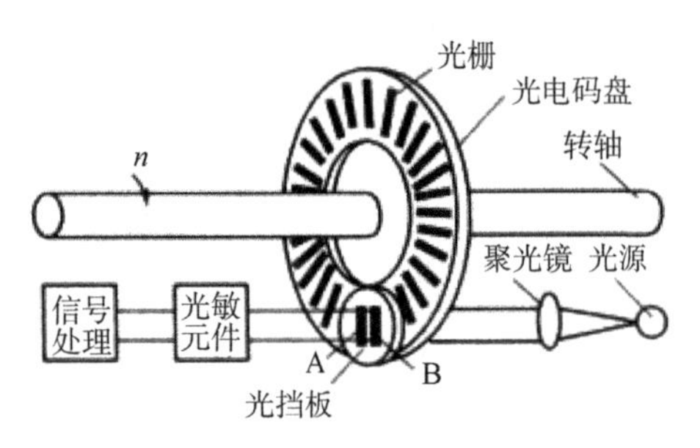

图 3-4-7　光电编码器结构图

增量式光电编码器的基本结构如图 3-4-7 所示，它由光源、码盘、鉴相盘、光学系统和光电转换器组成。码盘外围刻有等间距的径向狭缝，形成均匀分布的透明区域和不透明区域。鉴向盘和码盘平行放置，并刻有彼此错开 1/4 间距的两组 a、b 透明狭缝，使得两个光电转换器 A 和 B 的输出信号的相位相差 90°电角度。编码器每旋转一圈，Z 相脉冲会出现一次，以此来指示相对零点。编码器的精度越高，码盘上的光栅密度越大，编码器每圈的输出脉冲越多。

增量式光电编码器的输出脉冲如图 3-4-8 所示，A 相和 B 相分别是占空比为 50%的方波脉冲，但 A 相和 B 相的相位相差 90°电角度，故增量式编码器又称之为正交编码器。

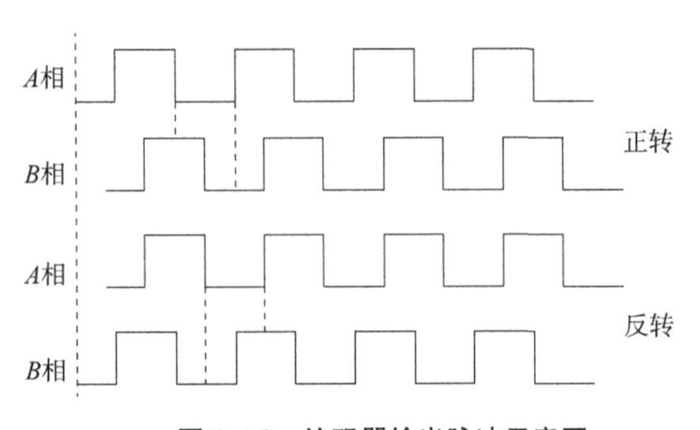

图 3-4-8　编码器输出脉冲示意图

假设 A 相超前 B 相代表正转，则当脉冲中 B 相超前 A 相时代表反转，根据脉冲模型的特征，假设高电平为 1，低电平为 0。正转时，A 相的上升沿处 B 相均是低电平，且 A 相跳变沿的后一时刻，A 相和 B 相电平为 1、0 或者 0、1；反转时，A 相的上升沿处 B 相均是高电平，且 A 相跳变沿的后一时刻，A 相和 B 相电平都为 1 或者都为 0。根据此特征可以在电路或者程序中对编码器的旋转方向进行判定，同时，在图中可以看出，A 相和 B 相各有两个边沿且不重合，如果能够同时检测出四个边沿，则相当于对脉冲进行了 4 倍频，从而可以提高测量精度。

本案例利用 STM32F103 采集编码器输出的角位移信息。STM32F103 系列单片机内部定时器模块可配置为编码器接口模式，定时器的通道 1 与通道 2 能够直接采集处理编码器输出的 A、B 相信息，将 Z 相信号接入外部中断引脚。经过实验分析，发现编码器的输出波形存在抖动，这是因为编码器无锁定装置，其旋转轴容易受到外力的影响而晃动，还有部分晃动则是因为机械振动本身随着传动轴传递到编码器中，且编码器的自身精度越高，发生抖动的可能性和抖动频率就越大。经过测试，干扰脉冲约为 100～200 kHz，编码器信号噪声如图 3-4-9 所示。测试过程中编码器轴的转速为 200 rad/min，由于是 1 000 线编码器，则正常的输出脉冲频率为 $200\times1\ 000/60\approx3.3$ kHz，干扰脉冲比正常脉冲频率高很多。

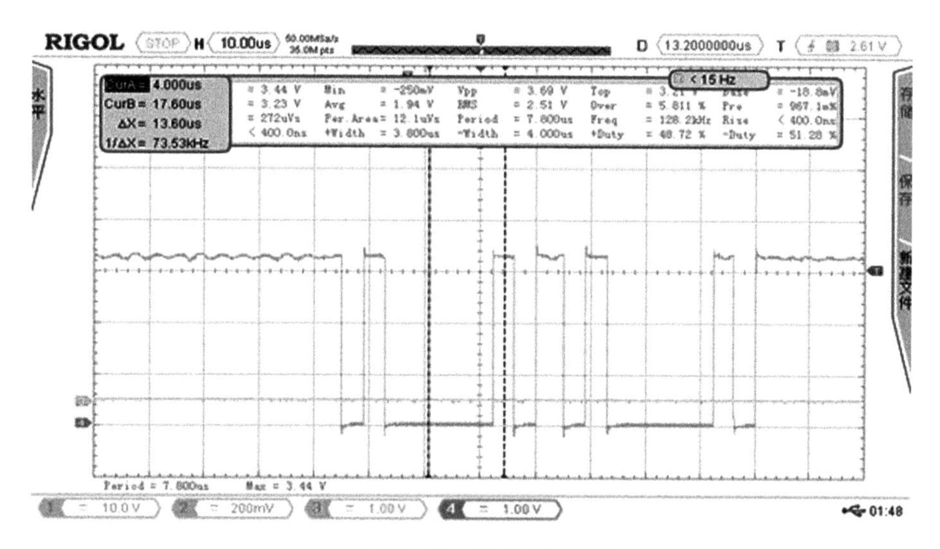

图 3-4-9 编码器信号噪声图

为了滤除高频干扰信号，在 A、B、Z 相信号进入通道之前加入了低通滤波器。如图 3-4-10 所示。图中所示为 RC 低通滤波器，当输入信号频率高于截止频率时，会被大幅衰减。

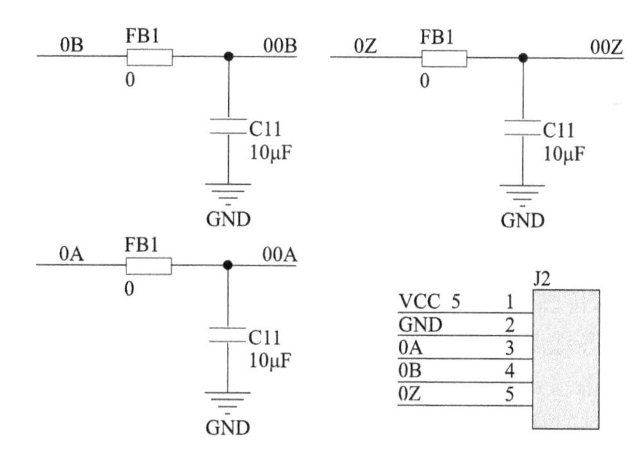

图 3-4-10 编码器信号滤波电路原理图

七、无刷直流电机驱动器电路

无刷直流电机和无刷直流电机驱动器结构如图 3-4-11 所示。本案例中的电机驱动器采用三相全桥式驱动方式。绕组连接为星形连接，如电机绕组星形连接如图 3-4-12 所示。无刷直流电机由转子(旋转永磁体)和定子(三组均匀分布的绕组线圈)组成，当给电机线圈绕组通以一定时序的电流时，电流流过电机线圈产生磁场，三组由电流引起的磁场叠加最终形成一个矢量磁场。分别控制三组线圈上的电流，可以使定子产生任意方向和大小的磁场。同时，利用定子与转子间的相互吸引和排斥，可自由地控制电机的速度和力矩。根据无刷直流电机内部转子的位置信号，改变电枢各相绕组的通断电情况产生合适的磁场，这是控制电机运转的基本思路。本案例将采用 STM32F103 系列单片机作为主控单元实现无刷直流驱动器的基本功能。

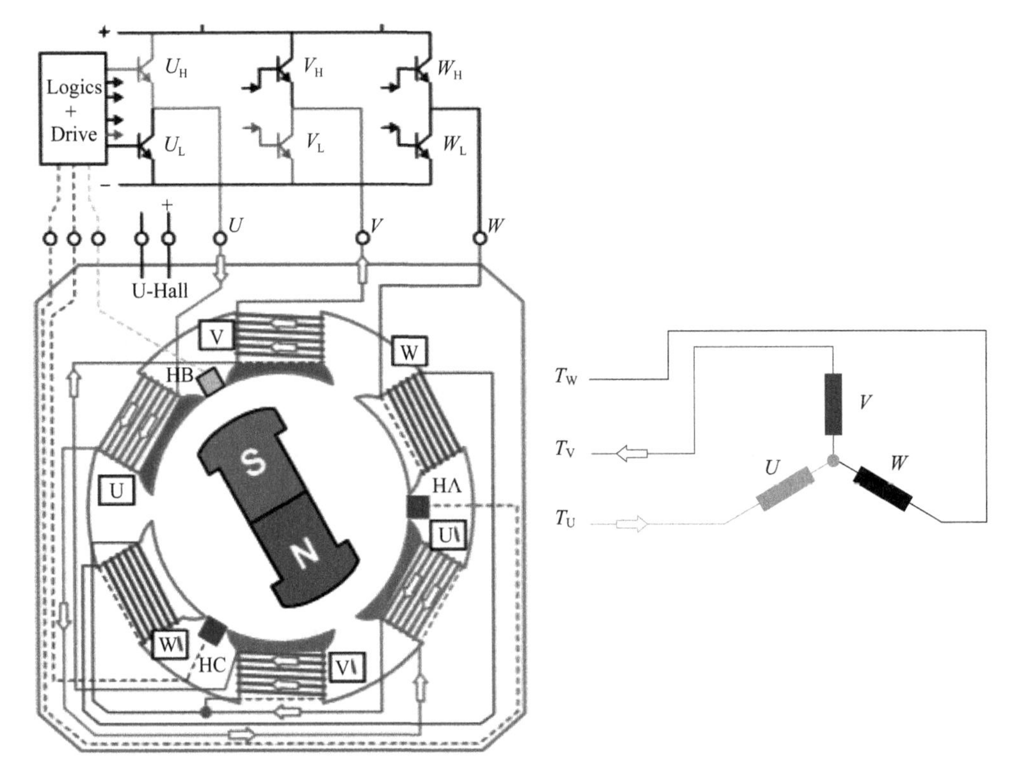

图 3-4-11　无刷直流电机和无刷直流电机驱动器结构　　**图 3-4-12　电机绕组星形连接图**

本案例采用霍尔传感器获取电机内部转子的位置信息。霍尔传感器以其精度高、线性度好、测量范围宽等优点广泛应用于工业自动化、交通运输等领域。霍尔传感器基于霍尔效应，是一个由霍尔元件及其附属电路组成的集成式传感器。霍尔电压会随磁场强度的变化而变化，磁场越弱，电压越低，霍尔电压就越小，通常只有几毫伏，经由放大器放大，霍尔电压将被放大到符合 TTL 逻辑电平的电信号，用以检测磁场的变化。

由 STM32F103RCT6、IPM 电路、霍尔传感器等构成整个无刷直流电机驱动器。驱动方式采用三相全桥中的星形连接二二导通方式。在三相六状态导通方式下，驱动直流无刷电机的 PWM 调制方式有五种最常用的方式：H_ON-L_PWM、ON_PWM、PWM_ON、H_PWM-L_ON、H_PWM-L_PWM。在上桥臂和下桥臂换相时，不同的 PWM 调制方式会产生不同的续流回路。不同的续流回路产生的转矩脉冲不同。本案例采用 H_ON-L_PWM 调制方式。电机驱动器结构图如图 3-4-13 所示。

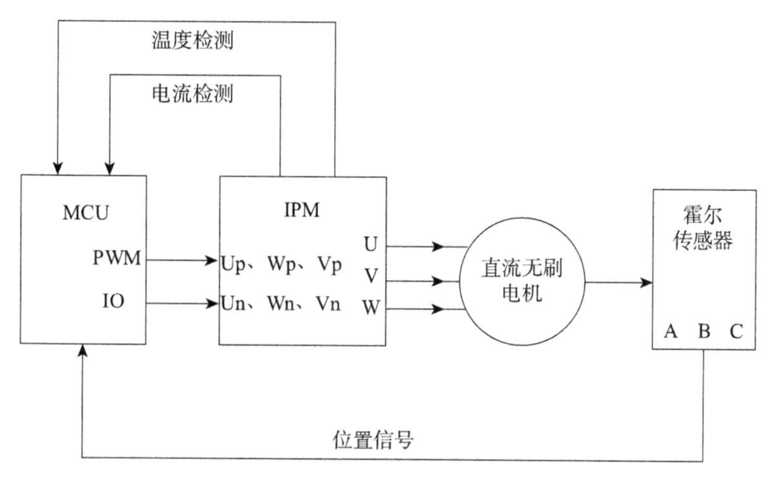

图 3-4-13　电机驱动器结构图

霍尔传感器根据电机转子的位置，在 A、B、C 三线上输出不同的高低电平组合。MCU 采集霍尔传感器输出的位置信息，输出电机控制信息，其中控制信号有两种形式，一种以 PWM 波的形式输出到电机控制的上桥臂，一种从 IO 口输出高低信号到电机控制的下桥臂。IPM 得到 MCU 输出的控制信号后驱动电机运转。IPM 中的过流保护电路，过热保护电路信号反馈回 MCU 进行监测，在信号到达某一阈值时使电机停转。

1. 智能功率控制模块 IPM

本案例对无刷直流电机采用三相全桥式驱动方式，并采用了智能功率控制模块 IPM，以提高驱动电路的可靠性。IPM 是随着绝缘栅双极晶体管 IGBT 应运而生的功率模块，被广泛应用于伺服控制器等设备上。IPM 不仅集成了功率开关器件和驱动电路，而且内部还设计有过压、过流和过热等故障检测保护电路，并能够把这些信号送给单片机处理。它由一个高速低功耗芯片、一个优化的门级驱动器以及快速保护电路组成。即使在发生负载事故或误操作的情况下，IPM 自身也可以免受损坏。IPM 的功率开关器件一般采用 IGBT，并集成有电流传感器和驱动电路的一体化结构。IPM 具有门极驱动、过温保护、过流保护、欠压锁定等功能，正凭借其体积小、开发周期短、开发成本低等优势在越来越多的领域内获得广泛应用。IPM 内的 IGBT 芯片都选用高速型，而且驱动电路紧靠 IGBT 芯片，驱动延时小，所以 IPM 开关速度快，损耗小。本案例选用的 IPM 型号为三菱 PSS20S92F6。该模块主要应用于低功率电机控制。

IPM 模块的外围电路如图 3-4-14 所示。模块通过 BOOT 接口接收单片机 STM32F103RCT6 发出的控制信号，Up、Vp、Wp 与 STM32F103RCT6 的 PWM 输出引脚相连，Un、Vn、Wn 与 STM32F103RCT6 I/O 口的高低电平输出引脚连接。U、V、W 三个引脚与直流无刷电机的三相相连，不同的续流回路将产生旋转磁场使电机转子旋转。FO 引脚是模块的反馈引脚，输出电压信号，方便监测模块的工作状态。当输出信号大于 0.48 V 时，需要控制电机停止转动。

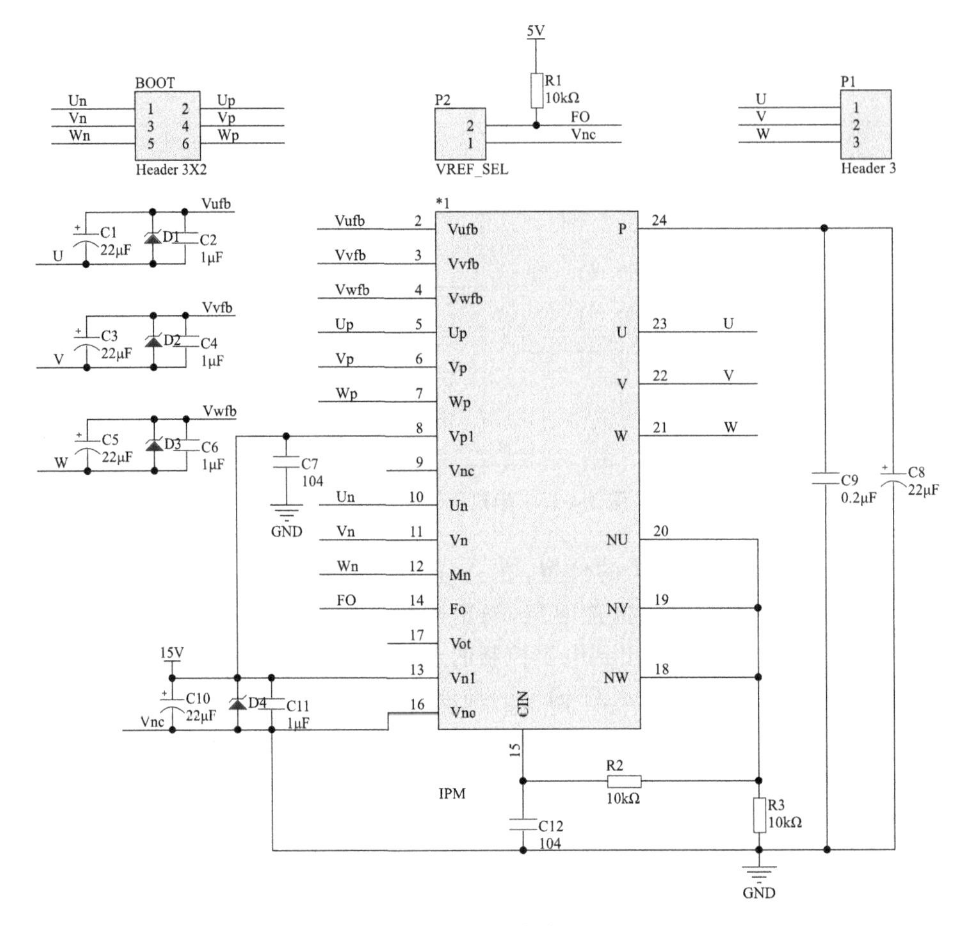

图 3-4-14　IPM 电路原理图

2. 前后级信号隔离电路

为了避免前一级信号对后一级信号产生影响,采用光电耦合器来传递前后级信号。由于光电耦合器的输入输出端口之间相互隔离,信号传输具有单向的特点,因此具有良好的电绝缘性和抗干扰能力。光耦的主要优点是信号传输单向性、输入输出信号完全隔离、运行稳定、传输效率高等。本案例所用的光电耦合器选用东芝的 TLP785,适用于办公设备、家用电器、固态继电器、开关电源和各种控制器等不同电压电路之间的信号传输。

本案例设计的电机驱动器带有外部启停按钮,为了避免按钮端对 MCU 采集信号带来噪声影响,在按钮端与 MCU 信号采集端之间加入一个光电耦合器。电路设计如图 3-4-15 所示,光电耦合器两端的工作电源分别由两部分电源供给。需要注意的是为了可靠保证前后两级的信号绝对隔离,这两部分电源是不共地的。在光电耦合器的输入端,工作电源通过 Header2 接口从外部接入,经过 LM7805 将 15 V 电压降压至光电耦合器所需的 5 V 工作电压。在光电耦合器的输出端,工作电源是和 MCU 同源的 5 V 电源。P5、P6、P7 是两头的接口,外接常开按钮。当 P5 接口处的按钮被按下后,P5 的 1 引脚和 2 引脚短接,IF3 处为高电平,光电耦合管 U5 的发光二极管被点亮。在发光二极管被点亮后，光敏三极管导通，在 POS 端输出高电平。这一高电平信号代表按钮被按下。P6、P7 和 P5 的作用相同。

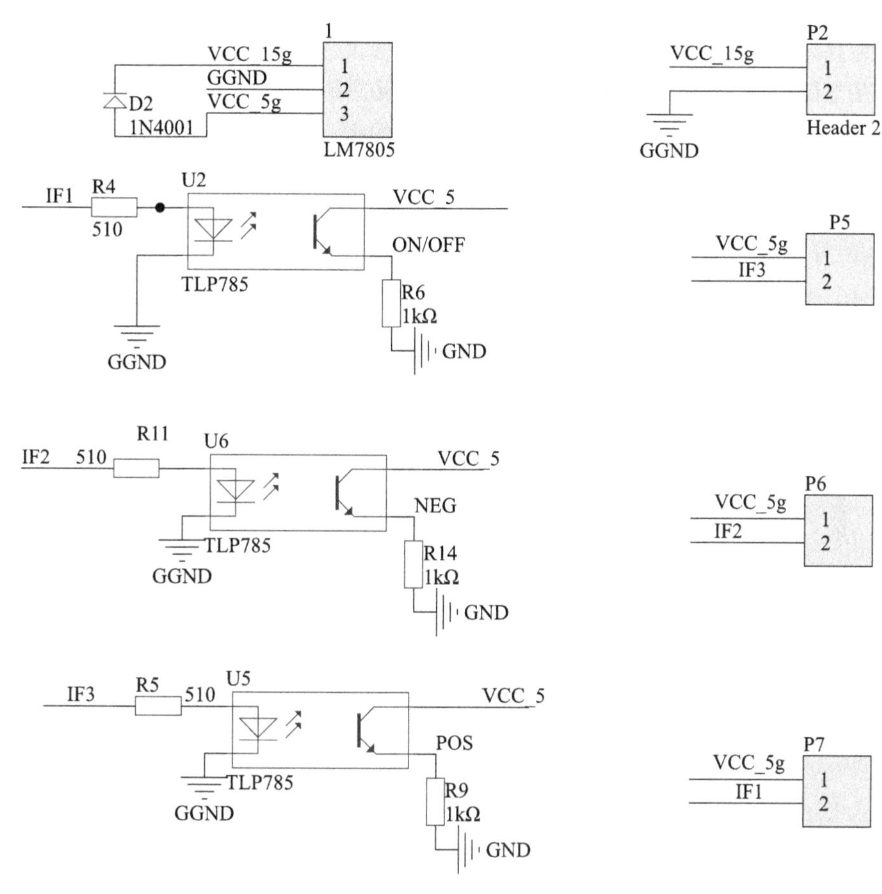

图 3-4-15 信号隔离电路原理图

3. 驱动器与电脑端通信电路

本案例设计的电机驱动器设计有与电脑端通信的功能以方便获取驱动器端的信息并下发指令，如速度信息、位置信息等。在工业控制场合，RS485 总线因其接口简单、组网方便、传输距离远等特点而得到广泛应用。考虑到 RS485 总线的通用性和稳定性，本案例选择 RS485 总线实现驱动器与电脑通信。

RS485 是半双工、多点通信的总线，具有接口电平低、传输速率高、抗干扰能力强、传输距离远的特点。采用屏蔽双绞线传输电压差值来表示传递信号。为了保证数据的纯净性，数据前后级传递同样采用光电耦合器件，这些器件可以阻挡高压和隔离接地，同时防止数据总线或其他电路上的噪声电流进入本地并干扰或损坏敏感电路。本案例选用德州仪器的 ISO7221，其将输入的二进制信号被调制成平衡信号，然后通过电容屏障进行区分。跨越过电容屏障之后，差分比较器接收逻辑转换信息，然后相应地设置或复位触发器和输出电路。ISO7221 是双通道数字隔离器，内部含有逻辑输入和与输入分离的输出缓存。输入端均采用 3.3 V 电源供电，所有输出电流均为 4 mA。

RS485通信电路原理如图3-4-16所示，本案例采用MAX485低功耗收发器用于RS-485通信。MAX485包含一个发射器和一个接收器，收发速率最高能达到2.5 Mb/s。DE引脚输入高电平使能发射器，RE引脚输入高电平使能接收器。禁用时，发射器和接收器输出为高阻抗。MAX485仅支持半双工通信，所以在同一时刻只能使能发射器或接收器。在电路设计上，将DE引脚和RE引脚取反后短接在一起，这样就能实现同一时刻仅有一引脚收到高电平。DE引脚和RE引脚的控制信号由MCU发出，为了保证通信的稳定性，同样在MCU端和MAX485加入光电耦合器。120 Ω电阻是RS-485匹配电阻，用于抑制通信中的回波干扰。RS-485是差分电平通信，在距离较长或速率较高时，线路存在回波干扰，存在“节电容”现象，此时需要在通信线路首末两端并联120 Ω匹配电阻，用于消耗回波。上拉电阻R15和下拉电阻R12用于纠错，确保总线空闲时两条线保持稳定的高低电平。

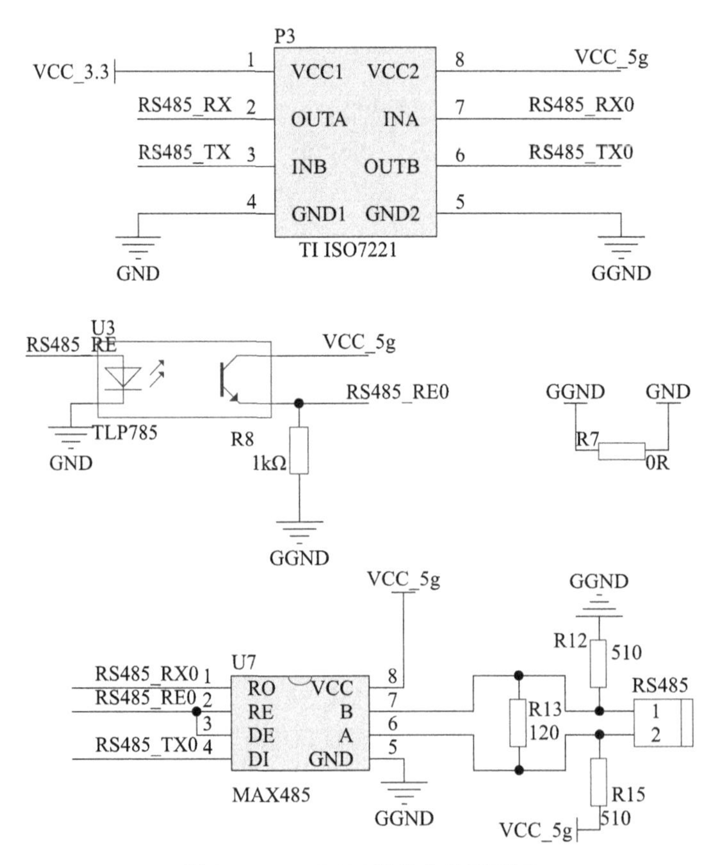

图3-4-16　RS-485通信电路原理图

第五节　控制系统软件设计

在完善的硬件系统上进行合理的软件设计，能最大限度地发挥硬件性能和保证系统顺畅运行。本节在硬件平台搭建的基础上设计控制软件，包括用于索控式上肢康复机器人控制的底层力交互控制系统和上位机康复训练软件系统。这里重点介绍力交互控制系统，其对多任务的并发执行能力要求非常高，拟以嵌入式实时操作系统为基础，搭建整个软件系统的架构。软件系统的设计不仅包括系统与外部固件之间的通信、康复训练轨迹规划和力交互柔顺控制算法的设计，还包括传感器数据的采集与处理、电机驱动算法在系统中的应用等。

一、数据通信模块设计

力交互柔顺控制系统的运行需要各硬件模块之间的密切配合，而各模块之间的数据通信则是功能实现的基础。主控系统作为中间媒介，不仅需要负责与关节处电机的通信、各模块之间的通信，还要完成与上位机的通信等。

基于对本系统基本硬件条件和目前主流通信技术的优缺点情况的综合考量，选择了CAN通信协议作为主控单元与电机驱动器之间的通信方式，对外接口上搭配串口RS232通信技术使用。在软件设计层面，定义了一种串口CAN的通信机制，主要负责通信协议的解析算法和数据包解析算法。

1. CANopen通信协议介绍

CAN (Controller Area NetWork)，是ISO国际标准化的最早的、最广泛应用的现场总线串行通信协议，CAN现场总线技术是集众多现代先进控制和通信技术等于一体的，正在被应用于汽车组件和运行控制、飞机电气控制、印刷技术、电子研发和生产等领域，具有较高的性能和准确性。CANopen是自动化CAN用户和制造商协会CiA(CAN in Automation)定义的最成功的在应用层的CAN协议。

CAN通信利用高(CAN_H)和低(CAN_L)两根双绞线进行数据信号的传输，两根线上的电平组成差分信号，根据电平的变化来表示数据。可以同时连接多个通信单元，在通信距离小于40 m时，CAN通信的最高通信速率可达1 Mkb/s。本案例中，虽在硬件布局方面，各部件之间的位置都较靠近，但为保证系统通信达到最高效率，所有使用CANopen协议的通信方式，通信速率均设定为1 Mkb/s。

CAN总线协议规定的报文类型共包括数据帧、远程帧、错误帧、过载帧。根据识别符ID的位数的不同又可将数据帧和远程帧分为标准格式和扩展格式。本案例在设计中所使用的是数据帧的标准格式，共包括7个段，其帧格式图如图3-5-1所示。

帧起始和帧结束分别标志着该条数据帧的开始和结束；仲裁段用于表示该帧数据的优先级，仲裁段在标准格式下共包含11位，用于标识数据是否为远程帧的RTR位，RTR=1时代表为远程帧，RTR=0时代表数据帧；控制段用于表示数据段内的字节数和保留位;数据段内存储整个数据帧要传输的内容,每一帧最多发送8个字节的数据;最后CRC段和ACK段分别用于检测数据帧传输时的校验和数据帧正常接收状态的应答。

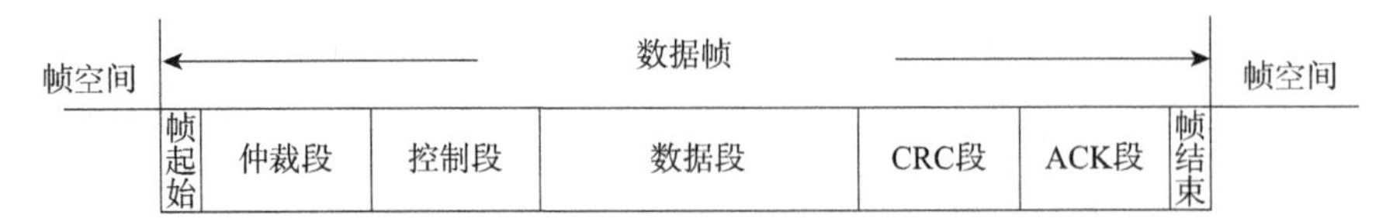

图 3-5-1 CAN 通信数据帧格式示意图

CANopen通信是CAN通信协议的应用层协议,其必然遵循最基本的CiA301协议。除此之外,在CiA301协议的基础上扩展的诸如CiA401协议和CiA402协议,分别规定了可为I/O端口模块和伺服驱动系统提供支持的相关规则,也都对CANopen通信有效。标准的CANopen设备内部组成结构模型如图3-5-2所示。

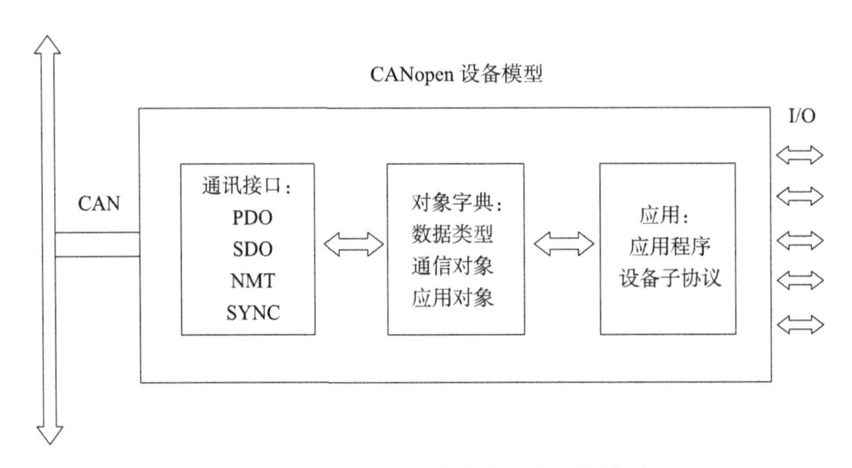

图 3-5-2 CANopen 设备内部组成结构模型

2. CANopen在力交互控制系统中的应用

本案例中的主控系统在CANopen网络中充当主机的作用,关节处的三台电机在网络中充当从机,故整个网络中共包含4个节点,各个节点的Node_ID如表3-5-1所示。

表 3-5-1 节点 ID 分配表

控制器名称	主控系统	肩关节电机 1	肩关节电机 2	肘关节电机
节点名称	节点 1	节点 2	节点 3	节点 4
Node_ID	0x01	0x02	0x03	0x04

本案例在使用CANopen通信的过程中,主要用到的通信对象有服务数据对象(SDO)、过程数据对象(PDO)和网络命令报文(NMT)。首先利用网络管理对象NMT将从站的运行状态由pre-operation切换至operation;在对电机进行具体控制时,主控系统要根据实际情况不断改写电机驱动器对象字典中的参数,因此选用基于服务器/客户端(Server/Client)模型的服务数据对象SDO通信,通过点对点的方式完成对电机驱动

器对象字典的改写。同时，为实时接收电机霍尔传感器传输的数据，使用以生产者/消费者(Producter/Consumer)模型的过程数据对象 PDO。

下面就分别对两种通信模式进行介绍。

(1) SDO 通信模式

SDO 模型在上肢康复机器人上的对应为三台电机驱动器作为被访问对象充当服务器端，主控系统作为主动访问对象充当客户端。主控系统每一次请求访问电机驱动器，都囊括两条报文：一条是请求报文，一条是应答报文，即请求与应答模式。模型如图 3-5-3 所示。

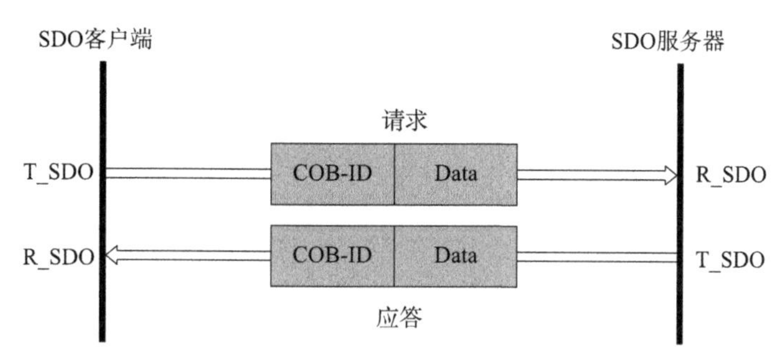

图 3-5-3　SDO 通信模型图

SDO 通信的请求报文格式如表 3-5-2 所示。COB-ID 的组成为：600＋ServNodeID(节点号)，此为 CiA 官方规定的格式。SDO 在读和写状态的数据位 0 的值不同，DATA[0]的值为 40 时，代表为 R_SDO(读 SDO)，发送请求主动要求读取数据；DATA[0]的值为 2F、2B、27 和 23 时，代表为 W_SDO(写 SDO)，代表向客户端写数据，长度分别为 1 至 4 个字节。DATA[1:2]存放的是被访问对象对象字典的主索引，长度为 2 个字节，主索引往往都代表着某些大型的功能。DATA[3]存放的是被访问对象对应对象字典的子索引，子索引是在主索引下对功能的进一步划分。DATA[4:7]存放的是要向被访问对象对应对象字典中写入的数据，DATA[4:7]的长度决定了 W_SDO 下 DATA[0]的值。

表 3-5-2　SDO 请求报文格式表

类型	COB-ID	DATA[0]	DATA[1:2]	DATA[3]	DATA[4:7]
读	600＋ServNodeID	40	OD 索引	OD 子索引	数据内容
写	600＋ServNodeID	2F,2B,27,23	OD 索引	OD 子索引	数据内容

SDO 的响应报文格式如表 3-5-3 所示，基本组成结构和发送报文的相同，响应报文的 COB-ID 的组成为 580＋ServNodeID。在使用 R_SDO 读操作时，服务器端在接收到请求报文后，如能成功响应，响应报文中返回的 DATA[1:2]和 DATA[3]的值与请求报文中的内容保持一致，DATA[4:7]为接收到请求报文时的数据，DATA[0]的值根据 DATA[4:7]中数据的长度显示为 4F、4B、47 或 43，代表长度为 1～4 个字节。如响应失败，响应报文中 DATA[0]的值为 80，DATA[1:2]和 DATA[3]的值依然与请求报文中的内容保持一致，DATA[4:7]存放错误代码，根据此代码能通过查表找到错误

原因。

在使用 W_SDO 写操作时，服务器端在接收到请求报文后，若能成功响应，响应报文中 DATA[0]的值为 60，返回的 DATA[1:2]和 DATA[3]的值与请求报文中的内容保持一致，DATA[4:7]中存放的值均为 00；若响应失败，响应报文中 DATA[0]的值为 80，DATA[1:2]和 DATA[3]的值依然与请求报文中的内容保持一致，DATA[4:7]用于存放错误代码，根据此代码能通过查表找到错误原因。

表 3-5-3　SDO 响应报文格式表

帧类型	COB-ID	DATA[0]	DATA[1:2]	DATA[3]	DATA[4:7]
读成功	580+ServNodeID	4F,4B,47,43	OD 索引	OD 子索引	数据内容
读失败	580+ServNodeID	80	OD 索引	OD 子索引	数据内容
写成功	580+ServNodeID	60	OD 索引	OD 子索引	数据内容
写失败	580+ServNodeID	80	OD 索引	OD 子索引	数据内容

(2) PDO 通信模式

本案例中利用 CANopen 通信协议中另一种通信 PDO 传输，获取电机霍尔传感器采集的电流、位置、速度等信息。PDO 采用的是生产者/消费者模型，分为 TPDO(传输 PDO)和 RPDO(接收 PDO)，每个节点上的设备都可以独立的运行。本案例中，各节点上的电机驱动器充当生产者角色，将传感器采集到的信息通过 TPDO 发送到 CAN 总线；主控系统充当消费者角色，通过 RPDO 读取 CAN 总线上的信息并储存在映射参数中。以肩关节内收/外展自由度电机驱动器的 TPDO1 作为生产者，给主控系统的 RPDO1 发送数据为例说明 PDO 的通信过程。

电机驱动器要使用 TPDO1，需要对 TPDO1 的对象字典配置，包括通信对象、映射对象和数据内容。伺服驱动器的发送应用对象要根据驱动器的手册来配置，TPDO 的发送应用对象为实际位置(0x6064)和实际电流(0x6078)。如肩关节内收/外展电机 TPDO1 要发送的电机位置信息(Actual Position Value)和速度信息(Actual Speed Value)在对象字典中的定义如表 3-5-4 所示。

表 3-5-4　肩关节内收/外展电机的 TPDO1 发送应用对象在对象字典中的定义

索引	子索引	名称	类型	值	权限
6064h	00h	实际位置	UNS32	Torque_Actual_Value	RW
6078h	00h	实际电流	UNS32	Current_Actual_Value	RW

肩关节内收/外展电机的 TPDO1 的通信对象在对象字典中的定义如表 3-5-5 所示。1800h 是设置 TPDO1 通信参数的条目，子索引 00h 用于说明 1800h 索引支持多少条子索引。本协议设计支持 5 条子索引条目；子索引 01h 用于存放本条 TPDO 报文的 COB-ID；子索引 02h 存放的值用于标记该报文的写传输类型，本案例考虑数据的实时性，选择基于事件发送的异步传输方式，即 6 064h 的值发生改变，节点主动地触发 PDO 发送，设置子索引 02h 的值为 FFh；子索引 03h 约束 TPDO1 发送的最小间隔，数据有间隔的发

送可以避免因传输的数据变化速度太快而导致的 CAN 总线负载增加，在这里间隔发送时间单位为 0.1 ms，本案例设置的约束时间为 500 ms；子索引 05h 设置事件定时器触发的时间，因本案例中的事件触发方式为异步触发，故设置事件定时器触发时间为 0。

表 3-5-5　肩关节内收/外展电机的 TPDO1 的通信对象在对象字典中的定义

索引	子索引	TPDO1	数据类型	值	权限
1800h	00h	入口数目	UNS8	05h	RO
	01h	COB-ID	UNS32	0x181	RW
	02h	传输类型	UNS8	FFh	RW
	03h	禁止时间	UNS16	1388h	RW
	04h	Reserved	UNS8	—	RW
	05h	Event_Timer	UNS16	0	RW

肩关节内收/外展电机的 TPDO1 的映射对象在对象字典中的定义如表 3-5-6 所示。1A00h 是设置 TPDO1 映射参数；子索引 00h 表示该 TPDO1 映射的数量，因包含实际位置和实际速度两个映射对象，故 00h 的值设置为 02h；子索引 01h 和子索引 02h 分别对应两个映射的对象，实际位置和实际电流大小；通过 TPDO1 发送的是对象字典中索引 6064h 子索引 00h 中的值，这个值是一个 32 位的数据。20h 代表这个数据是 32 位数据、16 位数据用 10h 代表、8 位数据用 08h 代表。

表 3-5-6　肩关节内收/外展电机的 TPDO1 的映射对象在对象字典中的定义

索引	子索引	TPDO1	数据类型	值	权限
1A00h	00h	PDO 映射数目	UNS8	02h	RO
	01h	实际位置	UNS32	0x60640020	RW
	02h	实际速度	UNS32	0x60780020	RW

如图 3-5-4 是 TPDO1 的通信配置流程图，包括对 TPDO1 的通信对象和映射对象的初始化和配置，本例中使用了四个字节。配置完成后，电机驱动器实时地将 TPDO 数据发送至 CAN 总线上，等待与之 COB-ID 相匹配的 RPDO 接收。

完成对电机驱动器的 TPDO 配置即可实现 PDO 的发送，同时主控系统也需要配置 RPDO 来接受驱动器的 TPDO。需要注意的是，主控系统要成功接受 TPDO1，它的 RPDO1 的 COB-ID 必须与 TPDO1 的保持一致。主控系统的 RPDO1 需要包括对应的通信对象、映射对象和数据存储空间。主控系统的 RPDO1 通信对象在对象字典中的定义如表 3-5-7 所示，索引 1400h 下各个子索引的作用与 TPDO 中相同，在对 RPDO 进行配置时需要保证子索引 01h 中存放的 COB-ID 的值与对应 TPDO 的 COB-ID 相同即可。

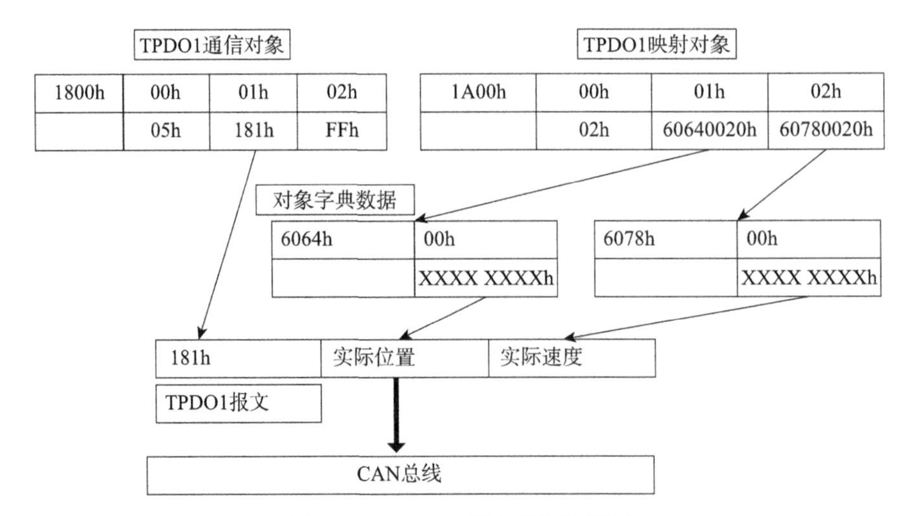

图 3-5-4　TPDO1 报文组装流程图

表 3-5-7　主控系统的 RPDO1 通信对象在对象字典中的定义

索引	子索引	RPDO1	数据类型	值	权限
1400h	00h	入口数目	UNS8	05h	RO
	01h	COB-ID	UNS32	0x181	RW
	02h	传输类型	UNS8	FFh	RW
	03h	禁止时间	UNS16	—	RW
	04h	Reserved	UNS8	—	RW
	05h	Event_Timer	UNS16	—	RW

主控系统的 RPDO1 映射对象在对象字典中的定义如表 3-5-8 所示，主控系统将接收到的数据存放在索引 1600h 下的各个子索引中。

表 3-5-8　主控系统的 RPDO1 映射对象在对象字典中的定义

索引	子索引	RPDO1	数据类型	值	权限
1600h	00h	PDO 映射数目	UNS8	02h	RO
	01h	肩关节屈/伸实际位置	UNS32	0x60640120	RW
	02h	肩关节屈/伸实际速度	UNS32	0x60780120	RW

主控系统在接收到 TPDO 报文后，会将 PDO 报文中的 COB-ID 与自身 RPDO 通信参数中的 COB-ID 进行比对，如果一致，会根据 RPDO 的映射对象寻找到映射地址，并将获得的应用对象放入对应的地址中，其对 PDO 报文的接收解析过程如图 3-5-5 所示。

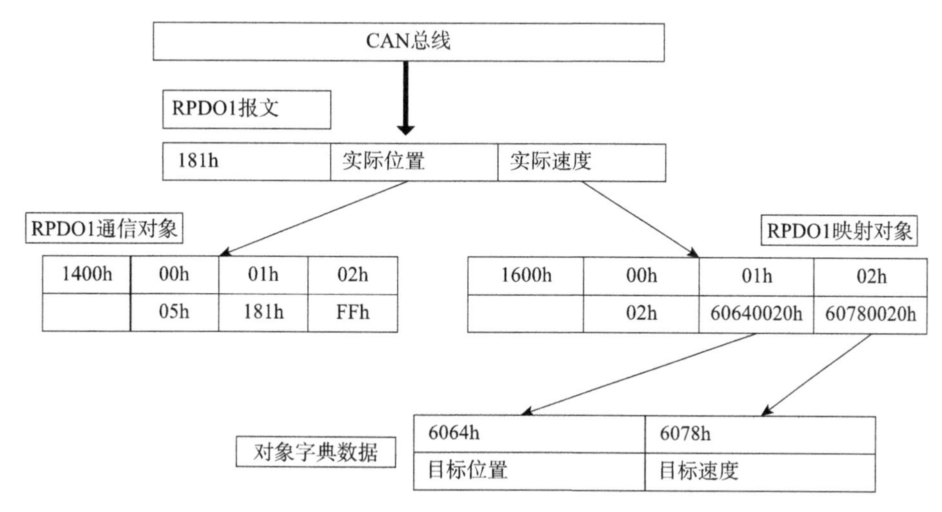

图 3-5-5　报文接收解析流程图

(3) 上下位机通信协议研究

上肢康复机器人提供了多种操作方式，其中，通过上位机界面的操作是最主要的控制方式。为了使上位机与下位机之间的通信更稳定、高效，将对通信协议的内容进行规划。本案例中的通信协议格式为“帧头＋数据长度＋指令类型＋数据内容＋CRC 校验”，其通信协议架构如表 3-5-9 所示。

表 3-5-9　通信协议架构表

数据块	1	2	3	4	5
定义	帧头	数据长度	指令类型	数据内容	CRC 校验
数据长度	16 位	8 位	8 位	依据内容定长	16 位

为使下位机正确识别来自上位机的控制命令，设置了不易与其他命令数据相冲突的帧头为 5A、A5，程序在接收并识别到帧头后，开始下一步的解析。此格式同样也适用于下位机给上位机发送的数据内容。

数据长度包括了指令类型、数据内容及 CRC 校验的全部长度，在程序中可以自动识别并添加。

指令类型包括了上肢康复机器人运行过程中各种操作指令和数据传输命令，如：收发心跳包、开始评估指令、发送评估数据、开始训练、结束训练等，每种指令都涉及有不同的数值与之对应，如表 3-5-10 所示。

表 3-5-10　指令类型数据内容表

序　号	指令名称	数据帧	说　明
1	发送心跳包	0x00	上位机发送
2	接收心跳包	0x01	下位机接收

续表 3-5-10

序　号	指令名称	数据帧	说　明
3	开始评估	0x02	上位机发送命令
4	接收评估数据	0x03	下位机发送评估数据
5	结束评估	0x04	上位机发送命令
6	开始训练	0x05	上位机发送命令
7	接收训练数据	0x06	下位机发送实时数据
8	结束训练	0x07	上位机发送命令

下面，将具体介绍本次通信协议中的内容：索控式上肢康复机器人运动控制命令设计。

本案例中的上肢康复机器人共设有四种康复训练模式，分别为被动训练、主动训练、助力训练和示教训练。在每种训练模式下，还设计了针对单个运动关节的训练和多关节的联合训练。各种训练模式对应的指令代码配置如表 3-5-11 所示。

表 3-5-11　康复训练模式选择指令表

序号	指令名称	数据帧
1	示教训练	0x01
2	被动训练	0x02
3	主动训练	0x03
4	助力训练	0x04

图 3-5-6　被动训练模式初始化界面

以被动训练为例，下位机在成功识别帧头后开始进一步的命令解析，触发被动训练的控制命令是在指令类型的数据为0x05的基础上编写的。如图3-5-6所示，在被动训练模式的选择界面上，包括对在训练过程中允许运动的关节的选择、患者痉挛灵敏度的设置及电机最大数据力矩的设置，需要将这些参数的配置集成到一条指令中去，以保证通信的实时性。

本案例中的上肢康复机器人共有3个自由度，每个关节的自由度都可进行独立或联合关节运动，故训练过程中允许运动的关节的选择共有7种可能性，将这7种情况分别对应，如表3-5-12所示。

表3-5-12　运动关节选择指令表

序　号	指令名称	数据帧
1	肘关节	0x0001
2	肩关节屈伸	0x0010
3	肩关节内收外展	0x0100
4	肩关节屈伸＋肘关节	0x0011
5	肩关节内收外展＋肘关节	0x0101
6	肩关节屈伸＋内收外展	0x0110
7	三个自由度联合运动	0x0111

另外，患者痉挛灵敏度及电机最大数据力矩的设置参数将作为一个可输入的变化值，嵌入上位机的指令中发送出去。至此，一条完整的被动训练的控制指令就大致编写完成，如："0x5A 0xA5 0x0110 0x05 0x01 0x0111 0x2260 0x2424"。下位机接收到命令解析完成后，即控制电机驱动器及电机完成相应的动作。

二、康复训练轨迹规划

在偏瘫恢复的急性期和早期，患者的恢复主要依赖被动治疗，主要目的是促进肌体张力的恢复。依据神经可塑性理论，尽早接受康复训练有助于患者恢复运动功能。目前传统的康复治疗方式是由康复治疗师帮助患者训练，而上肢康复机器人的出现可以逐步解放康复治疗师的双手。在功能上，被动康复训练模式与康复治疗师的训练治疗过程是最契合的，包括固定训练轨迹的被动训练和个性化轨迹的被动训练即示教模式训练。本节将对康复训练的轨迹规划进行研究和设计。

1. 被动训练轨迹规划

被动训练即上肢康复机器人按照系统中预设好的轨迹带动患者进行训练。因此，首先要对上肢康复机器人机械臂末端在整个运行空间内运行的轨迹进行计算和规划。本案例中的上肢康复机器人按传动方式划分应属于末端牵引式，这种传动方式相较于外骨骼式的上肢康复机器人，有体积小、噪音小等优势，也能最大限度地模拟康复医师帮助患者达到的最大可活动角度。它具有三个关节处的自由度，因此轨迹不仅要保证多关节联动的训练，也要各个独立关节也能单独完成康复训练。

考虑上肢康复机器人的康复治疗过程是不断重复的，整个运行过程较为缓慢，对每个时间节点对应关节位置的定位要求都比较高。关节空间规划的方法经过简单的计算能得到整个运动过程中各个独立点位上的理想姿态，本案例选用关节空间描述法中的三次多项式法来对上肢康复机器人的固定轨迹康复训练的轨迹进行轨迹规划。

在实际控制中，对上肢康复机器人运行状态的控制是通过控制关节角度来实现，所以要将计算出来的机械臂的位置参数转换成角度参数，依据 D-H 坐标描述法对上肢康复机器人的三维模型建立坐标系，如图 3-5-7 所示。

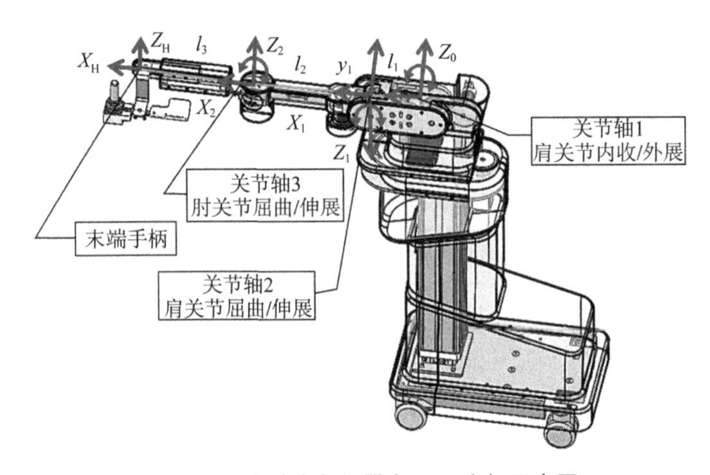

图 3-5-7　上肢康复机器人 D-H 坐标示意图

通过正运动学计算，能得到关节末端位置和姿态的计算值；通过逆运动学计算，利用已知的位置和姿态求解该状态下各关节的角度等参数。

通过正、逆运动学计算得到如下结果。

$$\begin{cases}\theta_1=\arcsin(\dfrac{p_y-l_3n_y}{l_2a_z+l_1})\\ \theta_2=\arcsin(\dfrac{l_3n_z-p_z}{l_2})\\ \theta_3=\arcsin\left\{\dfrac{(p_ya_x-p_xa_y)\cdot(l_2a_z+l_1)\cdot(l_3n_z-p_z)}{l_3[l_2a_x^2(l_2a_2+l_1)+a_y(l_3n_z-p_z)(p_y-l_3n_y)]}\right\}\end{cases}$$

利用三次多项式轨迹规划法，进行多轴联动的轨迹规划。以抬臂展收动作为例，将抬臂展收动作分为 6 个运动阶段，经过计算可得到各关节在各个阶段内动作的三次多项式，将结果组合最终得到整个动作的轨迹方程如下：

$$\theta_1(t)=\begin{cases}0 & (0\leqslant t\leqslant 3)\\ 0 & (3<t\leqslant 5)\\ 75-36t+\frac{27}{5}t^2-\frac{6}{25}t^3 & (5<t\leqslant 10)\\ 15 & (10<t\leqslant 13)\\ -\frac{20\ 412}{25}+\frac{4\ 212}{25}t-\frac{279}{25}t^2+\frac{6}{25}t^3 & (13<t\leqslant 18)\\ 0 & (18<t\leqslant 20)\end{cases} \tag{3-5-1}$$

$$\theta_2(t)=\begin{cases}-10t^2+\frac{20}{9}t^3 & (0\leqslant t\leqslant 3)\\ -30 & (3<t\leqslant 5)\\ 270-144t+21.6t^2-\frac{24}{25}t^3 & (5<t\leqslant 10)\\ 30 & (10<t\leqslant 13)\\ -\frac{82\ 398}{25}+\frac{16\ 848}{25}t-\frac{1116}{25}t^2+\frac{24}{25}t^3 & (13<t\leqslant 18)\\ -30 & (18<t\leqslant 20)\end{cases} \tag{3-5-2}$$

$$\theta_3(t)=\begin{cases}0 & (0\leqslant t\leqslant 3)\\ 0 & (3<t\leqslant 5)\\ 300-144\times t+21.6\times t^2-\frac{24}{25}t^3 & (5<t\leqslant 10)\\ 60 & (10<t\leqslant 13)\\ -\frac{81\ 648}{25}+\frac{16\ 848}{25}t-\frac{1\ 116}{25}t^2+\frac{24}{25}t^3 & (13<t\leqslant 18)\\ 0 & (18<t\leqslant 20)\end{cases} \tag{3-5-3}$$

上述三个公式分别对应上肢康复机器人 3 个自由度，整个动作以 20 s 为一个周期，共分为 6 个阶段，每个阶段都由一个一元三次方程表示。程序运行过程中计算每个时刻电机的角度，换算成电机相对于零位置的位置值，作为控制参数指令发送到驱动器，驱动器即驱动电机转动到指定位置。三台电机联合运动，就完成了对整个动作的模拟；这些公式也能单独使用，以实现单关节的康复训练。

其他训练动作的轨迹方程也可依据上述过程计算后得到，轨迹方程存放在主控系统，可以通过指令调用不同，解算运行被动康复训练。

2. 示教模式轨迹规划

预设轨迹的被动康复训练能满足大部分患者的基本训练要求，但也因为它的运动轨迹的局限性，缺乏针对不同运动能力患者的个性化定制能力。相较于预设轨迹的康复训练，示教康复训练具有更高的灵活性和可适用性，康复治疗师能根据每个患者自身的实际恢复情况等，为患者定制个性化的训练轨迹；还能避免使用上肢康复机器人的患者因自身实际运动能力达不到预设轨迹而在康复训练中可能受到的二次伤害。

示教训练的操作流程是康复治疗师首先依据患者自身的训练特性和需求，定制其专门的康复训练动作；患者在上肢康复机器人上完成固定后，进行示教训练模式，由康复治疗师带动机械臂完成定制好的动作；机器人实时记录这一过程中的所有电机参数，包括运行时间点、位置等信息，并将这些数据保存；最终利用保存的数据作为电机的控制参数，控制电机动作，从而实现对该康复训练动作的复现，其流程图如图 3-5-8 所示。

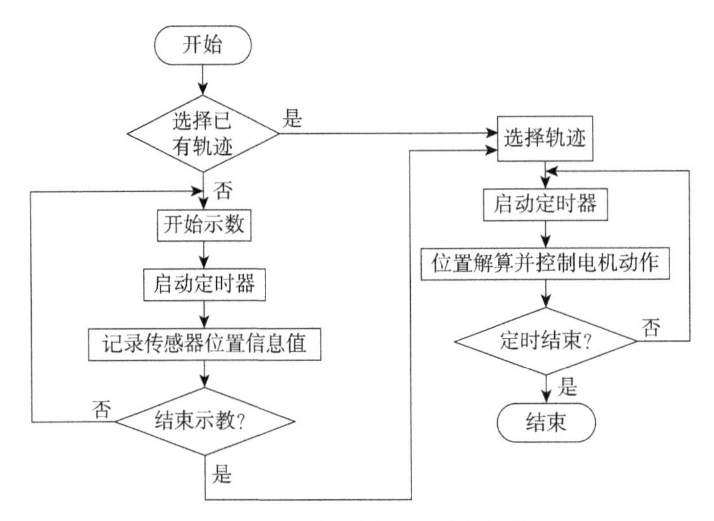

图 3-5-8　示教被动训练流程框图

在康复治疗师带动上肢康复机器人机械臂按个性化定制轨迹运动的时候，电机需要提供一定的力，以帮助平衡机械臂和患者的重力。如果仅靠康复治疗师其自身的力量完成整个过程，可能造成康复动作的变形、失位等后果，甚至可能对患者造成损伤。这里就用到了主动训练中的相关算法，这部分会在下一小节中详细介绍。

在上一小节中，分析了上肢康复机器人的轨迹规划主要针对的是机械臂末端运动位置的运动分析。在示教被动训练模式中，这一分析基础依然成立，但不同的是，预设轨迹被动训练末端的运动过程是用一组运动角度与时间的一元三次方程组表示的。而在示教模式中，训练的轨迹是从外界“输入”的，康复治疗师带动机械臂运动的过程，其实就是在完成定制运动轨迹公式计算的“固定轨迹”的各个运动参数，机器人的作用是数据的采集、处理和复现。本案例中的上肢康复机器人在各个关节处都有相对应的电机提供动力，将康复治疗师“输入”的数据拆解到每个时间间断内的每个电机上，即为在一个时间范围内电机需要运行的距离或需要转动的角度。这就为示教模式的实现提供了理论上的支持。

整个过程中数据点的选取就极为重要，不仅要尽可能地简化整个运动过程，也要保证精确度，保证还原后的运动轨迹与康复治疗师设计的训练轨迹极大程度地相吻合。

对轨迹重现的过程使用马克松电机的位置补插模式，除了模式初始化时需要配置的速度、加速度、阈值电流等参数外，需要输入的参数为电机运行的终点位置。在位置补插模式中，一般以电机当前位置作为起始位置，向驱动器输入终点位置后，电机将自适应地解算出从起点到终点过程中所有动作并运行到该位置，还会将此位置作为下一次运行的起始位置，等待下一条运动指令的发出，即形成了位置闭环。由于系统对示教过程中每个末端关节的数据采集都是同时的，所以在轨迹复现时向电机驱动器输入的位置的时间间隔也是相同的，不会出现延迟等情况造成示教轨迹混乱。在实际使用过程中，系统按照设定时间间隔将采集到的位置信息依次发送到电机驱动器，控制电机完成往复运动，实现对示教轨迹的复现。

为了验证采集示教轨迹中关键位置极值点的方法对示教模式下康复训练动作轨迹还原的可靠性，提取示教模式原始轨迹和经过还原轨迹实际的位置信息进行对比，其结果如图 3-5-9 所示。

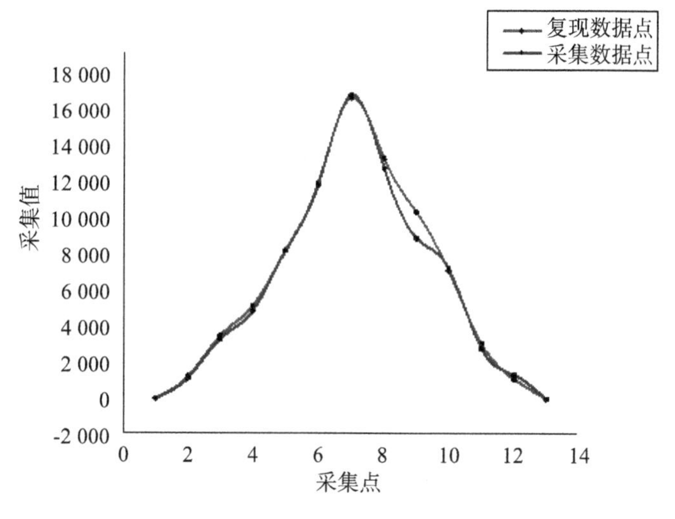

图 3-5-9　示教模式轨迹对比图

通过提取示教模式原始轨迹与经过还原轨迹实际的位置信息进行比对，可验证采集示教轨迹中关键位置极值点的方法对示教模式下康复训练动作轨迹还原的可靠性，而机械结构和数据采集过程则会带来误差影响轨迹还原。

三、力交互柔顺控制算法与应用

除被动训练模式之外，主动和助力训练模式是上肢康复机器人实现力交互的关键技术。力交互即上肢康复机器人能正确、迅速地捕捉到患者的患肢肌肉张力变化情况、患者的运动意图和趋势等，并在自行计算、处理后提供合适的反馈和力补偿。力交互首先要对机械臂重力平衡算法研究，还包括传感器对数据的采集和处理、主控单元对数据的处理和力交互柔顺算法的实现方式等。本小节将对力交互柔顺控制算法的研究与应用展开讨论。

1. 机械臂重力平衡方法

上肢康复机器人对于患者的作用相当于一个外穿在身体上的骨骼，其作用就是支撑患者进行一系列的康复动作，并在必要的时候提供一些助力补偿。但上肢机器人本身就是由电机、连接杆件等部分组成的，自身就具有一定的质量，为了避免上肢康复机器人自身的重力对患者的康复训练过程产生影响，需要对机械臂的重力进行实时的补偿。

传统的重力补偿是通过添加辅助部件来平衡装置所承受的重力作用，实现在重力场中保持任意姿态的平衡稳定。这种方式是从引入辅助装置或者增加传动机构出发，虽然能够达到平衡重力的效果，但使机械臂结构更为复杂，对能量消耗、机器整体工作效率均有一定程度的负面影响。另一种重力补偿的方法是利用机械臂各关节处的电机，计算机械臂在任意位置时的重力大小，控制电机输出重力大小相等、方向相反的力矩，达到机械臂重力平衡的效果。这种方法利用了上肢康复机器人本身具有的结构原件，没有再额外增加结构零件，同时还具有低延迟、高精度的特点。故本小节采用电机输出力矩的方式实现上肢康复机器人的重力平衡。

首先，利用霍尔传感器采集电机当前位置值，换算为角度值，将上肢康复机器人机械臂的参数代入公式，通过静力学计算得出每个自由度上的电机需要输出的补偿力矩的大小，由电机输出力矩，完成对上肢康复机器人的机械臂以及患者患肢的重力平衡，如图 3-5-10 所示。

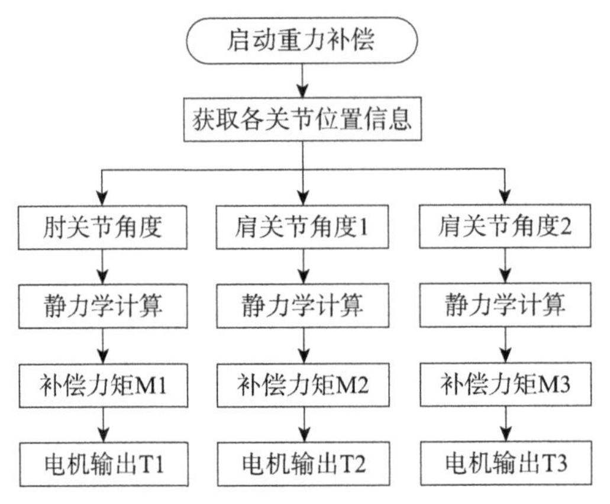

图 3-5-10　重力补偿流程示意图

对上肢康复机器人的机械结构进行建模，如图 3-5-11 所示。

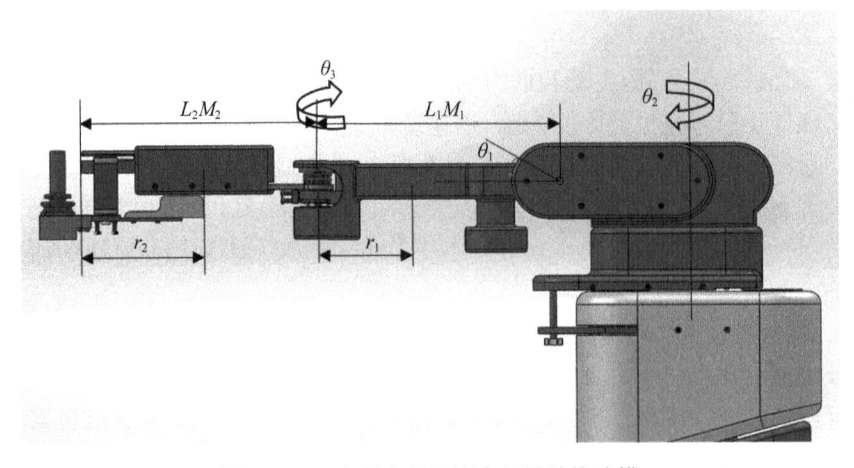

图 3-5-11　上肢康复机器人机械结构建模

取肩关节内收/外展自由度为 0°，剩余的两个关节为活动自由度，建立静力学等效模型如图 3-5-12 所示。其中，θ_1、θ_2、θ_3 分别为肩肘关节各个方向上的旋转自由度。L_1 和 L_2 分别为上臂和前臂长度，r_1 和 r_2 分别是上臂和前臂的质心距离关节转动中心的距离。

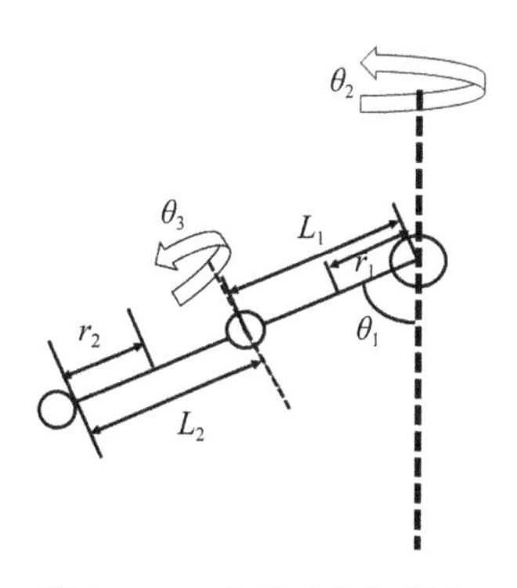

图 3-5-12　上肢康复机器人等效模型图

对上肢康复机器人的三个动力关节建立动力学模型，对机器人关节的动力学分析的一般通用方程为

$$M(q)\ddot{q}+C(q,\dot{q})\dot{q}+G(q)=T_0-\tau_f \quad (3\text{-}5\text{-}4)$$

在式(3-5-4)中，q、$\dot{q}$、$\ddot{q}$ 分别代表上肢康复机器人各关节对应电机的角度、角速度、角加速度等，即等价于该关节的角度、加速度等；$M(q)$代表正对称惯性矩；$C(q,\dot{q})\dot{q}$ 代表非线性耦合项，其中包括包含柯氏力、离心力等；$G(q)$是代表机械臂重力力矩；T_0 是电机的实际输出力矩；τ_f 是摩擦力力矩。

在式(3-5-4)中，只有在电机的角度 q 和角速度 $\dot{q}$ 值较小的情况下，上肢康复机器人才能保证低速运行和平稳运行，故 $M(q)\ddot{q}$、$C(q,\dot{q})\dot{q} \ll G(q)$。在实际训练和使用过程中，机械臂的阻力力矩、摩擦力力矩和其他如惯性力矩、离心力力矩等值均较小，能对患者的训练产生较大影响的是机械臂的重力力矩。故本案例在综合考虑后，仅对上肢康复机器人机械臂的重力矩做主要研究，对式(3-5-4)左右两端的值进行理论替代。如摩擦力 τ_f 为从电机配加的减速箱到关节末端的力，经过理论计算得到其值近似等于 $0.03T_0$，故取 $\tau_f=0.03T_0$。即式(3-5-4)可以简化为

$$G(q)=0.97T_0 \quad (3\text{-}5\text{-}5)$$

在肩关节屈曲/伸展的自由度上的重力矩为 G_1，按式(3-5-5)，重力矩 G_1 与该关节上电机应输出的力矩 T_{01} 的公式关系为 $G_1=0.97T_{01}$。而

$$G_1=M_1gr_1\sin\theta_1+M_2g(L_1\sin\theta_1+r_2\cos\theta_3) \quad (3\text{-}5\text{-}6)$$

其中 M_1 和 M_2 分别为机械臂的大臂和前臂的重量。即对于肩关节屈曲/伸展自由度上的电机，用于实现重力机械臂平衡的实际力矩为 $G_1/0.9$。

在肩关节内收/外展自由度上，机械臂是在水平平面上旋转，整个过程不涉及垂直平面上的分力，故不需要考虑这个关节自由度上摩擦力克服重力的力矩，可能造成影响的只有摩擦力。利用库伦摩擦力模型对此自由度上的力进行建模，得到 $G_2=\lambda G_1=0.97T_{02}$。其中，$\lambda$ 为摩擦系数，T_{02} 是肩关节内收/外展自由度上电机需要输出的力矩。

在肘关节屈曲/伸展自由度上，前臂的重力力矩 G_3 与电机实际输出的力 T_{03} 的关系为：

$$G_3=Mgr_2\cos\theta_3=0.97T_{03} \quad (3\text{-}5\text{-}7)$$

基于以上重力平衡的计算，各个关节处的电机能够独立地输出力矩以实现对上肢康

复机器人的重力平衡。

2. 力交互的实现方法研究

上肢康复机器人的主动训练和助力训练，是由上肢康复机器人提供帮助，但患者有意识的、主动参与的训练过程。这一有意识地“支配”训练的方式，最重要的是能正确感知患者的患肢运动意图，并相应地提供一定的力的反馈和补偿，即力交互技术。

力交互技术表示的是上肢康复机器人不仅能平衡患者手臂自身抬起时的重力，让患者保持一种相对“无重力”的状态；又能正确、迅速地捕捉到患者的患肢肌肉张力变化情况、患者的运动意图和趋势等，并在自行计算、处理后提供合适的反馈和力补偿，帮助患者顺畅地完成主动康复训练的过程。

基于前文对重力平衡技术的研究，本段将着重讨论患者运动意图的提取和反馈。现在国内外主流的对患者运动意图识别的方式主要包括脑电信号的采集与运用、人体表面肌电信号的采集与使用、关节处扭矩传感器检测力矩变化、末端安装多维力传感器采集的方式等。

本案例使用电机自带的霍尔传感器检测电机的电流变化情况，反映患者的运动意图变化，以及在机器人运动关节处加装盘式扭矩传感器的方式，采集电机实际输出力矩与机械臂所受到的作用力的差值，借此反映患者的训练过程中主动施加的力的变化情况。

本案例中的上肢康复机器人模式所选用的电机为马克松无刷直流伺服电机，其内置的霍尔传感器能精确采集到电机的位置、电流、速度等信息。直流无刷伺服电机的输出力矩大小是和电机的电流呈对应关系的，如式(3-5-8)所示。其中，T_0 为电机的输出力矩；I 为电机运行时的电流，单位为 A；K_T 为电机的转矩常数，单位是 N/A，在电机的参考使用手册中标定；电机配加的减速箱的传递效率为 η；n 为减速箱的减速比。

$$T_0 = K_T I \eta n \tag{3-5-8}$$

伺服电机的输入电压恒定为 24 V，电机的转矩常数、传递效率和减速箱的减速比均为定值，由式(3-5-8)，在电机的输入电压恒定不变的前提下，伺服电机的输出力矩 T_0 与电机的电流 I 成正比关系。设置电机的运行模式为电流模式，伺服电机、霍尔传感器和驱动器形成闭环控制，通过改变电机电流的大小间接改变期望电机输出的力矩大小。

基于以上对电机电流与输出力矩关系的研究，首先讨论的是利用检测到的电机电流来判断患者运动意图的方法。

假设患者的患肢已经在上肢康复机器人的机械臂上固定妥当，且经过电机的力矩输出已经实现了重力平衡。患者在试图运动患肢时，会与固定的机械臂发生接触，极其细微的动作都将会引起电机电流的变化。如果能利用电流的变化情况反映患者力的变化，就能实现对患者运动意图的识别。但运用此方法还需要考虑误触的可能性，以免对患者造成二次伤害。

患者运动的意图表现在机械臂上是对机械臂的瞬间触碰和力的施加，会导致电机电流的瞬间突变，这一过程中的电机电流的变化过程应是，由提供重力平衡状态下的恒定电流瞬间改变至某一值，而后保持下一个重力平衡状态下的电流大小。因此，对这一阶段的电流变化情况进行拆解分析。其具体实现步骤如图 3-5-13 所示：

这一过程是在不断循环进行的，且凭借本案例中采用的 STM32F407 系列芯片的卓越计算能力，整个算法的运算速率完全能够满足实际使用中对电机电流数据的接收和处理。

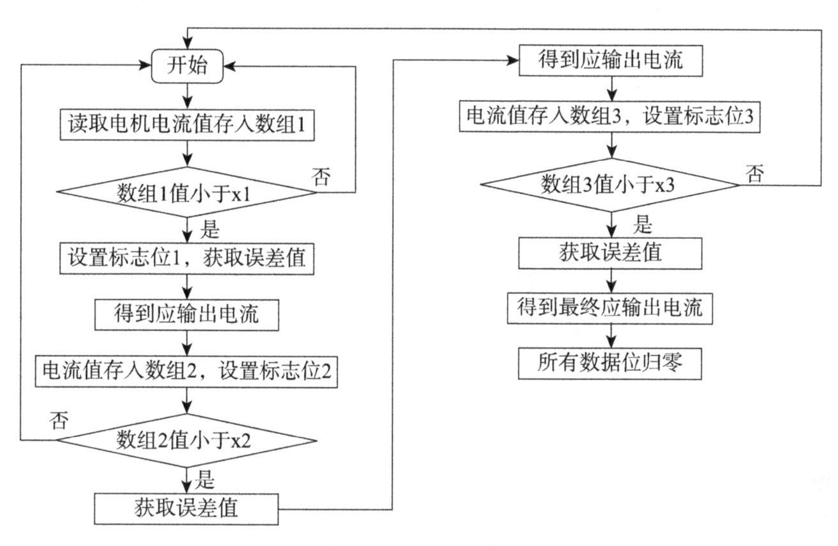

图 3-5-13　电流法意图识别步骤算法流程图

首先要获取电机传感器采集到的电流值 Current，利用一个数组 last[x]（x=0，1，2…）储存。将循环中某任意时刻的电流值 Current 存入数组 last[0]，如果 last[0]的值小于 x1，则设置标志位 flag 为 1；此时误差 bias 为当前电机电流值 Current1 减去 last[0]，应输出电流 Current2 为放大系数 s1 乘以 bias 再加上一时刻电流值 Current1；同时令 last[1]= Current2，设 flag 为 2。再进行下一步运算，如 last[1]的值小于 x2，且标志位 flag 为 2，误差 bias 为当前电机电流值减去 last[1]，应输出电流 Current3 为放大系数 s2 乘以 bias 再加上一时刻电流值 Current2；同时取 last[2]= Current3，设 flag 为 3。进入取第三个时刻电流值的循环，如 last[2]的值小于 x3，且标志位 flag 为 3，误差 bias 为当前电机电流值减去 last[2]，应输出电流 Current4 为放大系数 s3 乘以 bias 再加上一时刻电流值 Current3。Current4 即为经过运算后电机应输出的，对患者提供的助力力矩大小。至此，一个意图识别的循环流程结束，将此前用到的 flag 置 0，数组 last[x]（x=0，1，2…）中所有储存的数据归 0。只有在一个循环阶段内收集到所有电机电流值均能满足上述算法中的条件，循环才会被执行下去，并输出补偿力矩；否则此次循环将跳出，开始进入下一个循环。

运用电机自带的霍尔传感器检测到的电流变化情况对患者运动意图的识别，需要不断调试，以对算法中各项参数不断优化。如每个阶段中不同的放大系数 s 的取值，数组 last[x]（x=0，1，2…）的上限值 x 等。

运用电流变化情况对患者运动意图识别的方式确实能够在一定程度上实现，但是因其精确识别能力不足，存在较大的误差、局限性和危险性。因此，考虑引入扭矩传感器检测的方式，更加精确地对患者的运动意图进行采集。

下面，就将介绍利用扭矩传感器检测力矩变化的方式完成对患者的运动意图识别。硬件部分主要由扭矩传感器和信号放大器构成，搭配伺服电机使用。

由第四节传感器采集的硬件部分可知，经过简单处理的传感器信号值不能直接用于系统，因为主控芯片 AD 采集到的信号包含了一系列干扰和噪声信号。在普通的物理滤波的基础上，还需要对这些系统抖动和纹波干扰等进行进一步处理。在信号处理上，比较常见的方式有中位值滤波法、算术平均滤波法、中位值平均滤波法、低通滤波算法等。通过文献资料的查阅，发现上述算法的运行大多都是在一个区间时间段内，收集到大量数据的基础上进行的，对于上肢康复机器人这种实时性要求严格的控制策略，都因存在较大滞后性的问题而不太适用。但是，可以在以上滤波方法的基础上对算法进行改进，只考虑当前采样值和滤波后前次采样值的关系，从而达到提高采集数据的精确度的目的。改进的算法执行过程如下。

(1) 获取系统 ADC 采样的数据；

(2) 设置变量 value、last_value，分别用于保存 ADC 采集的数据滤波后的值和上一次滤波后的值；

(3) 用两次采集的数据的差值 Δ 除以加权权值 i，所得到的值与 value 相加并保存到 value 中；

(4) 返回当前滤波结果 value，并将 value 的值赋给 last_value，准备用于下一次循环计算。

```
static double value;
    static double last_value;
double value_Filter (double count, unsigned int i)
{
    value = count;
    last_value = count;
    if(i==0)
    {
    return value;
    }
    value += (count - last_value)/i;
    last_value = value;
    return value;
```

由以上滤波算法，扭矩传感器的测量电压由 ADC 采集并经过滤波后的值为 V_{outi} ($i=1,2,3$)，由此可以计算出扭矩传感器实际采集到的力矩值为 T_{deti} ($i=1,2,3$) 和各关节电机为保持重力平衡输出的力矩 G_i ($i=1,2,3$)。为实现对患者运动的助力，还需要在重力平衡的基础上额外输出一段力矩 T_i，额外输出的力矩值应是实时变化的，在检测到满足补偿力矩输出条件时才输出，根据软件的运算循环而不断运行、计算。在本案例中，取 $T_i=K(T_{deti}-G_i)$，K 是一个可调节的变量，为放大系数，默认值为 1，可根据上位机界面设置的补偿倍数调整为不同的值。则各关节电机实际应输出的力矩大小应

为 $T_A = G_i + T_i$。

主动训练模式下触发力矩补偿的程序如下：

```
if (detect_Torque - compensate_ Torque - support_ Torque) >= Threshold_
Torque)
{
direction= positive;
support_ Torque = k * value_Filter (detect_Torque - compensate_ Torque,
10);
}
if(detect_Torque - compensate_ Torque - support_ Torque) <= (-Threshold
_Torque))
{
direction= negative;
support_ Torque = k * value_Filter (detect_Torque - compensate_ Torque,
10);
}
if (abs(support_ Torque)<=0.01)
{
    support_ Torque =0;
}
```

每个关节处的 Threshold_Torque 值均不相同，Threshold_Torque 的值越小则触发灵敏度越高，但也不可避免地存在受其他因素影响，造成误判的情况，所以 Threshold_Torque 的值要根据实际情况灵活设置。

在上述程序设计的基础上，还需要对电机的目标力矩 T_A 进行 PID 调节。本案例中拟采用增量式 PID 控制算法，该算法的输出量是控制量的增量，控制式如式(3-5-9)。

$$u(k) = k_p e(k) + k_i \sum_{j=0}^{k} e(j) + k_d [e(k) - e(k-1)] \tag{3-5-9}$$

控制量为 T_{deti}，输出量为目标力矩 T_A。以肩关节屈曲/伸展自由度为例，具体代码如下：

```
float kp;
float ki;
float kd;
float PID_CTL(float target_value, float feedback)
{
    float ep; ei; ed;
    float bias=0, bias1=0 , bias2=0;
    bias = target_value - feedback;
```

```
    ep = bias - bias2;
    ei= bias;
    ed = (bias - bias1)-( bias1- bias2);
    bias2 = bias1;
    bias1 = bias;
    out = kp * ep + ki * ei + kd *ed + output;
    output = out;
    return out;
}
```

其中 kp、ki、kd 的值依据不同的关节活动自由度做出响应的调整。将输出的结果值代入公式(3-5-8)中可求出对应的目标电流值,将之发送至电机驱动器即可。

四、FreeRTOS 操作系统应用

上肢康复机器人主控系统采用的 MCU 集数据采集、数据分析、算法计算、系统通信等众多任务于一体,这就要求 MCU 具备多任务同时进行和处理的能力,为更好地帮助系统提高计算能力和性能,提高运算的实时性,本案例在现有 MCU 上移植实时操作系统。

1. FreeRTOS 操作系统概述

RTOS(Real Time Operating System),中文名为实时操作系统,是保证在一定时间限制内完成特定功能的操作系统。MCU 核心在某一时刻只能允许一个任务运行,而操作系统的任务是决定这个时刻运行的是哪个最重要的任务,进行资源调度和迅速的任务切换。FreeRTOS(Free Real Time Operating System),是众多 RTOS 操作系统中的一种,其优势是免费、配置文件数量较少,通常情况下内核只占用 4～9 kB 的空间,已经被广泛移植到很多不同型号的微处理器上,且 FreeRTOS 的社会占有率高,能被广大用户接受。与 Unix 操作系统不同的是,FreeRTOS 的任务调度器是可预测的,在实时环境中能对事件做出响应,它通过给任务分配任务优先级的方式,由任务调度器根据优先级决定下一个执行的任务是哪一个(图 3-5-14)。

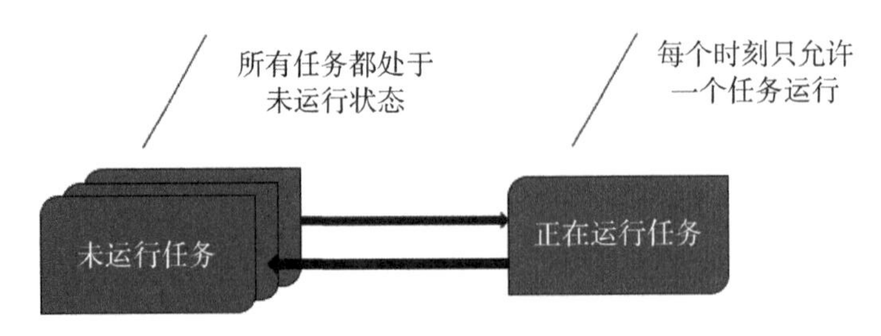

图 3-5-14 顶层任务状态转移示意图

FreeRTOS 的内核支持抢占式、合作式和时间片调度,并可以提供用于低功耗设计的 Tickless 模式,可支持实时任务和协程(co-routines),在任务和任务、任务与中断之间

可以使用任务通知、消息队列、二值信号量、数值型信号量、递归互斥信号量和互斥信号量进行通信和同步，同时也支持软件定时器、跟踪执行功能、堆栈溢出检测功能，且操作系统的任务数量和任务优先级都不受限制。

由触发中断完成任务处理的系统，被称为单任务系统，也被称为前后台系统。这样的系统实时性差，系统中各个任务都是一个接着一个依次轮流执行，即所有任务的优先级都是一致的。而多任务系统的出现则将一个亟待处理的大任务划分成很多个小任务，按顺序依次处理。每个任务执行的时间很短，以至于系统运行时每个小任务看上去像是同时执行的。在 RTOS 中，完成任务调度，赋予任务优先执行权的，称为任务调度器，任务调度器的职责就是重复开启、关闭任务。

在 FreeRTOS 中的任务有运行态、就绪态、阻塞态和挂起态，每个状态之间有相应的 API 接口函数负责切换。运行态代表某一任务正在运行，该任务就是当前正在使用处理器的任务。就绪态代表任务已经准备就绪，随时可以切换至运行态；如某一任务处于就绪态，则一定有一个与该任务优先级相同或者优先级高于它的任务正在运行。阻塞态代表某一任务正在等待外部事件触发，进入阻塞态的任务都有超时时间，一旦任务的等待时间超过超时时间就会立即退出阻塞态。挂起态也是在等待外部事件触发，但挂起态没有等待事件。各个任务状态之间的切换关系如图 3-5-15 所示。

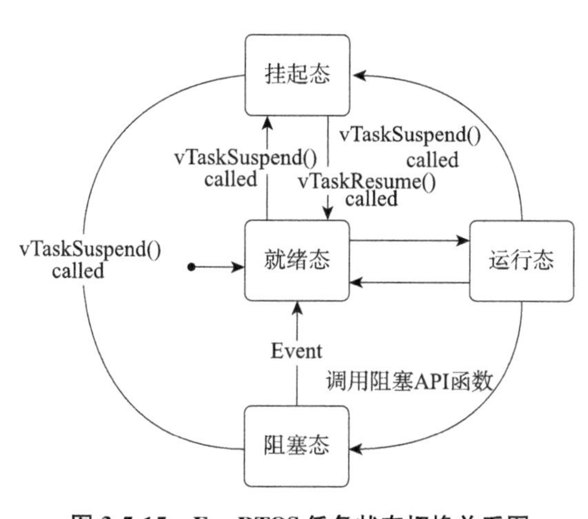

图 3-5-15　FreeRTOS 任务状态切换关系图

在使用 FreeRTOS 系统的过程中，需要给每一个任务都分配一个任务优先级，优先级跨度从 0 至 configMAX_PRORITIES-1。configMAX_PRORITIES 需要在 FreeRTOSConfig.h 文件中定义，且最大值为 32，即 FreeRTOS 下优先级不能超过 32 级，一般情况下 configMAX_PRORITIES 值的选择最好是满足应用的最小值。优先级数字越小则代表任务优先级越低，0 代表优先级最低，configMAX_PRORITIES-1 的优先级最高，空闲任务的优先级为 0。

FreeRTOS 系统在运行时，各任务之间按照优先级的划分先后执行，各任务共享处理器分配的时间，各任务之间的时间分享和切换如图 3-5-16 所示。底部横轴代表 FreeRTOS 系统的任务执行时间，从 t_0 时刻开始执行，每隔 t 时间切换至下一个任务。

在涉及 FreeRTOS 系统中的任务优先级切换时，系统要从一个正在执行的任务切换到下一个优先级更高的任务，调度器在每个时间片结束时刻运行自己本身，切换至下一个任务，如图 3-5-17 所示。第一行的任务 1 表示系统本身内核正在运行的任务，直线箭头代表任务为由正在执行的切换至优先级更高的任务，系统先切换至中断(任务 2)，再由中断切换至高优先级的任务(任务 3)。

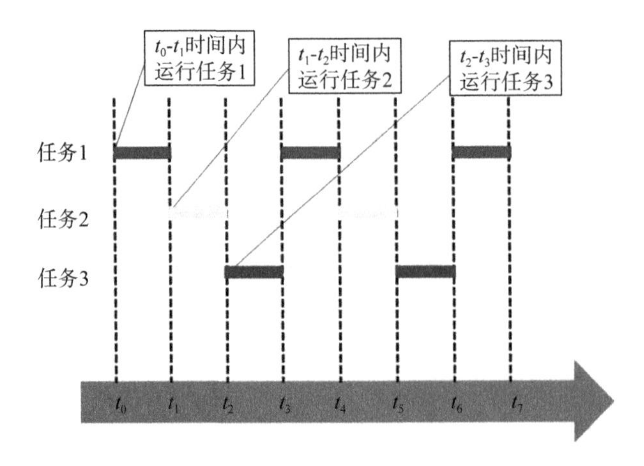

图 3-5-16　FreeRTOS 内部执行流程

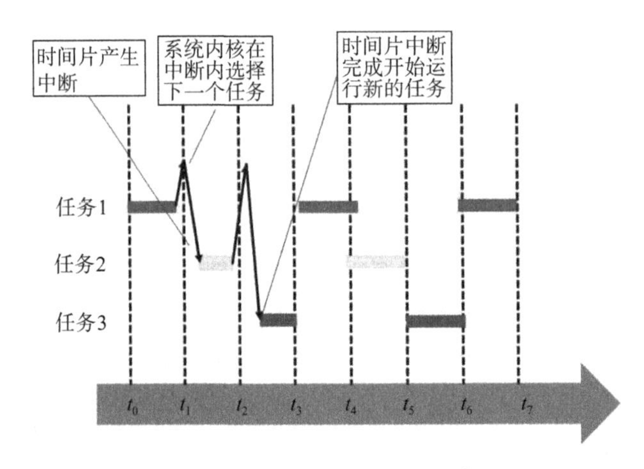

图 3-5-17　任务优先级切换示意图

2. FreeRTOS 操作系统在系统中的应用

主控系统需同时处理的任务有传感器信息的采集和处理、电机的控制、上位机软件的通信、主程序的运行，故开放 4 个线程。共需要 3 个中断分别处理以上线程，分别为语音识别中断、串口 CAN 通信中断和上位机通信中断。3 个定时器分别为解算轨迹方程的定时器、数据传输的定时器和 CANopen 通信时间管理的定时器。整个 FreeRTOS 操作系统的工作示意图如图 3-5-18 所示。

在实际的项目使用情境中，经常需要一个任务与另一个任务之间的“沟通交流”，这实际上就是消息的传递过程，在 FreeRTOS 中提供了一种称为“队列”的机制。队列也称为消息队列，可以在任务与任务、任务与中断之间传递消息，并且具有储存少量数据项目的能力。FreeRTOS 在使用队列传递消息的时候用的是数据拷贝，但同样可以用来传递消息，只需要往队列中发送指向消息的地址指针即可。本案例中，利用结构体的形式储存系统的工作状态和传感器采集的数据信息等，在各任务之间需要发生信息传递的时候将定义的结构体放入队列中即可，实际上结构体就是发挥了指针的效果，再通过解析

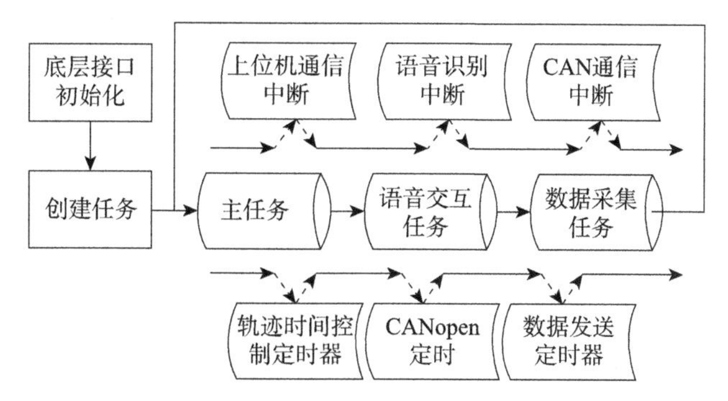

图 3-5-18　系统工作示意图

结构体中的内容获得真实的数据，这样就利用消息队列建立了 FreeRTOS 系统中各任务或中断之间的通信。

另外，为保证语音交互的方式对系统控制的实时性，语音交互的任务需一直保持运行，不能被其他任务或中断打断。因此为其开辟临界保护区，在该保护区内只有临界段的代码都停止运行并退出后才会触发中断，不会被其他任何情况打断。

整个控制系统的软件实现是基于 FreeRTOS 系统开发，有效地提高了控制系统软件的实时性能和稳定性能。

五、软件实现方法研究

1. 康复训练功能软件流程设计

主控系统是整个力交互系统的核心，肩负着整个系统训练模式、传感器数据采集、上下位机通信等重要功能运算，整体控制流程如图 3-5-19 所示。

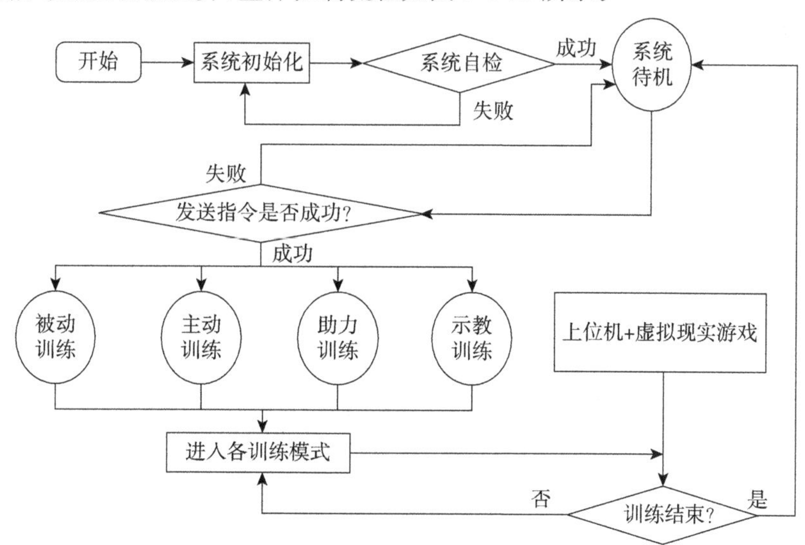

图 3-5-19　整体控制流程图

控制系统整体运行流程大体分为 4 个部分，第一部分，系统各模块初始化；第二部分，系统自检，没有故障则进入等待状态；第三部分，接收控制命令，并执行；第四部分，发送和接收数据，与上位机通信。

系统初始化的模块包括系统各警示灯、系统定时器、RS232 串口、蓝牙通信模块、CANopen 通信等，其中 CANopen 的初始化包括对通信协议自身的状态配置和与电机驱动器之间的通信连接。为保证安全，系统每次重启开机都必须要自检。在 CANopen 初始化完成后，主控系统与电机驱动器建立通信，指令电机运行到机械允许的最大位置，如能成功到达则认为自检成功，驱动各关节运动到零位置；在自检或找零过程中出现任何关节报错均视为系统故障，向上位机发送提示信息并开始重新初始化。自检完成后进入等待状态，等待控制命令，解析并做出响应。

在软件中定义以下几种控制模式：

```
Typedef modenum
    {
      ActiveMode = 1,//主动训练模式
      PassiveMode = 2, //被动训练模式
      StatusSwitchMode = 3, //状态切换模式
      HomingMode = 4, //回零模式
      TeachINMode = 5, //示教训练模式
      Error = 6, //错误状态
      AddMode = 7, //助力训练模式
    } RehabMode;
```

通过结构体储存系统中所有模式，每一种模式都代表系统在运行过程的状态，各状态之间的切换由上位机控制命令负责，切换机制如图 3-5-20 所示。

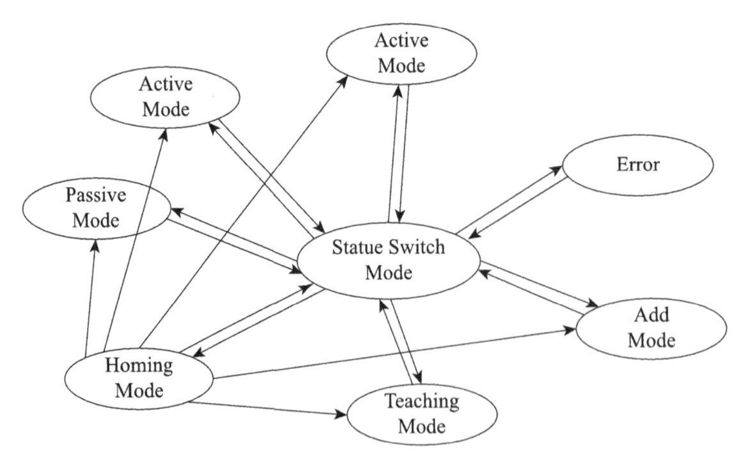

图 3-5-20　系统状态切换机制示意图

在系统状态中，以等待切换状态为核心状态，系统在运行时由等待切换状态切换至相应工作状态。

2. 被动训练功能软件实现方法

被动训练开始前，要根据患者的实际情况设定限制参数，因上肢康复机器人的传动单元是电机，所以设定的限制参数值实际对应的就是电机位置模式中的限制参数，包括最大位置、最大运动速度、最大电流等，电机位置模式配置逻辑如图 3-5-21 所示。

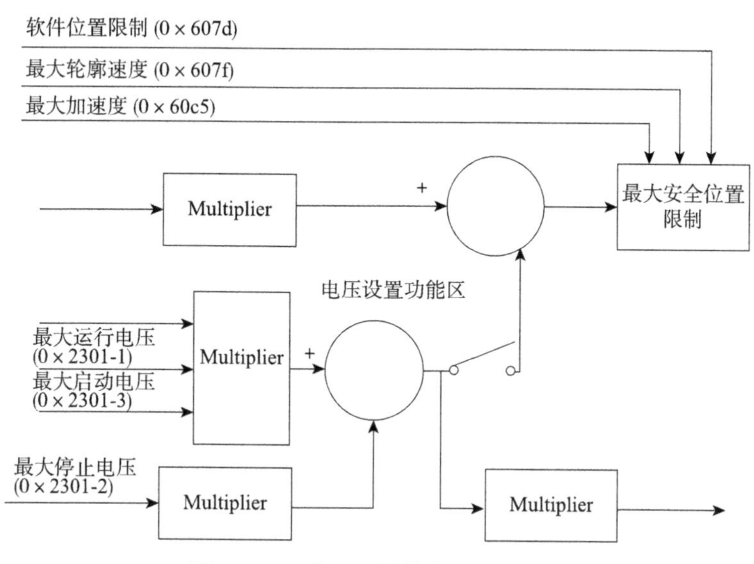

图 3-5-21　电机位置模式配置逻辑图

被动训练模式的软件实现就是将轨迹规划小节中计算好的轨迹方程在每个时刻的关节角度实时计算出来，作为控制驱动器的指令发送，电机驱动器接收主控运算指令后执行并完整实现整个康复过程。设定定时器的时间间隔为 100 ms，每 100 ms 计算一次电机的角度值。

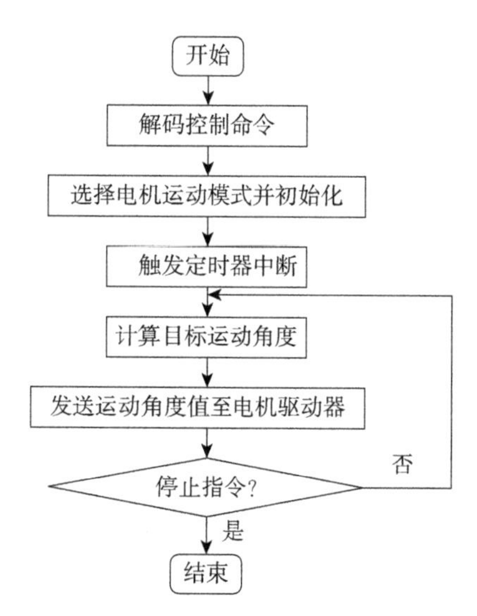

图 3-5-22　被动康复训练流程图

本案例的上肢康复机器人共有三个电机，所使用的电机驱动器型号一致，对电机的配置过程和方法也一致，在软件程序编写时不需要重复，可利用函数调用的方式；另外，在电机位置模式的运行过程中，不是每一次向电机驱动器发送位置都要对模式重新配置，只需将电机驱动器的节点号 NodeID 和电机目标位置 TargetValue 作为变量，在中断程序内调用发送即可。

被动康复训练软件实现是在主控系统定时器产生的时间中断中进行的，流程图如图 3-5-22 所示。

从图 3-5-22 流程图中可以看出，系统在接收到启动被动康复训练命令后，首先对控制命令进行解码，得到系统数据库中现有的训练轨迹序号；随后对电机模式和相关参数进行配置和初始化。前期准备工作完成后，初始化定时器并触发定时器中断，按照预设的初始时间和累加时间依次累加，并在每一个 t 时刻取轨迹函数中的对应方程，计算关节电机目标角度值，将之换算成电机目标位置值后作为控制参数指令发送到电机驱动器。在一个循环周期完成之后，上肢康复机器人应已经回到刚开始训练时的初始位置，定时器时间 t 归零，准备开始第二个循环的被动训练。同时，系统还将实时监听随时下达的停止指令，在接收到停止指令后，定时器关闭，电机立即停止动作，主控系统和电机驱动器处于待机状态。

3. 主动训练功能软件实现方法

主动训练模式主要功能是检测患者运动意图并控制上肢康复机器人进行跟随运动，在软件实现上，首先要克服上肢康复机器人机械臂自重和患者患肢自重；其次，要能正确、精确地检测患者的运动意图，控制上肢康复机器人做跟随运动，同时能够具有痉挛检测功能。

对于第一个目标重力平衡的实现，重力平衡算法已经在力交互柔顺控制算法小节中详细描述，实现重力平衡的关键参数是机械的自重、各关节力矩长度、各关节旋转角度等，这些均为上肢康复机器人的固定参数，还有患者自身的体征如身高、体重、手臂长度等，需要在开启主动训练前向系统输入。最终经过一系列的算法运算，得到电机需要输出的扭矩大小，将之换算成相对应的电机电流值通过电机驱动器控制电机输出扭矩。

第二个目标实现对患者运动意图的正确识别，主要依赖扭矩传感器采集到的数据，在力交互柔顺控制算法小节中已经对如何将传感器采集到的数据再处理进行了详尽的分析。但在软件实现上，还需要对利用主控系统的 ADC 采集数据进行配置。因系统中有多路传感器数据需要采集，故开启主控芯片的 DMA 对各个通道采集的数据进行管理，对各通道 ADC 采集的初始化程序如下所示。

```
ADC_RegularChannelConfig(ADC1, ADC_Channel_0, 1, SampleTime_480Cycles);
ADC_RegularChannelConfig(ADC1, ADC_Channel_1, 2, SampleTime_480Cycles);
ADC_RegularChannelConfig(ADC1, ADC_Channel_4, 3, SampleTime_480Cycles);
ADC_RegularChannelConfig(ADC1, ADC_Channel_5, 4, SampleTime_480Cycles);
ADC_RegularChannelConfig(ADC1, ADC_Channel_6, 5, SampleTime_480Cycles);
ADC_RegularChannelConfig(ADC1, ADC_Channel_7, 6, SampleTime_480Cycles);
```

系统采用 STM32 芯片 ADC1 中的第 0、1、4、5、6、7 通道完成对数据的采集，采样周期为 480 个时钟周期，由 ADC 转换时间的换算公式可计算得到 ADC 的总转换时间为 23.5 μs。式(3-5-10)中，21 MHz 为 ADC 时钟频率，12.5 为 ADC 信号转换时间。

$$T_{vec}=(480+12.5)/21\ \text{MHz} \tag{3-5-10}$$

开启 ADC 初始化和 DMA 初始化后如图 3-5-23 所示。

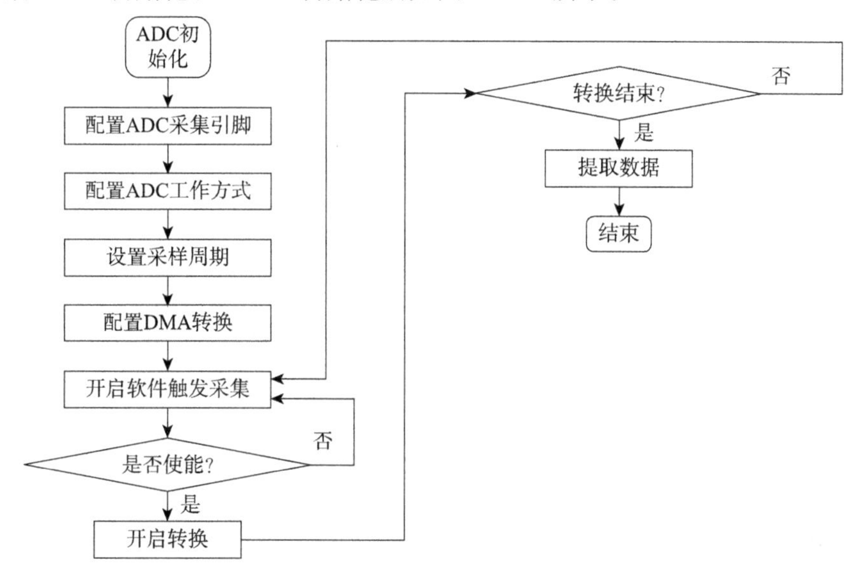

图 3-5-23　数据采集控制流程图

将 ADC 采集到的数据存放在数组 GetADCValue[ ]中，系统调用以下函数开启 ADC 采集开始读取数据。

```
u16 Get_Adc_Average(u8 num,u8 times)
{
    u32 value=0;
    u8 t;
    for(t=0;t<times;t++)
    {
        value+=GetADCValue[num];
      delay_ms(5);
      }
    return ((value/times) * 100 * 3.3/4095);
}
```

函数中 num 和 times 为可即时输入的两个变量，num 为系统采集数据的通道号，times 为采集数据求平均值的次数。采集得到的数据再进入滤波程序经过处理后继续下一步处理。

主动训练模式下所有功能的实现依赖于对电机的控制指令，要将计算出的理论力矩变成电机实际输出的扭矩，将采用电机的电流模式作为主动训练模式的主要电机控制方式。电机电流模式下对电机驱动器的如目标电流、限制电压、限制速度等的配置逻辑如图 3-5-24 所示。

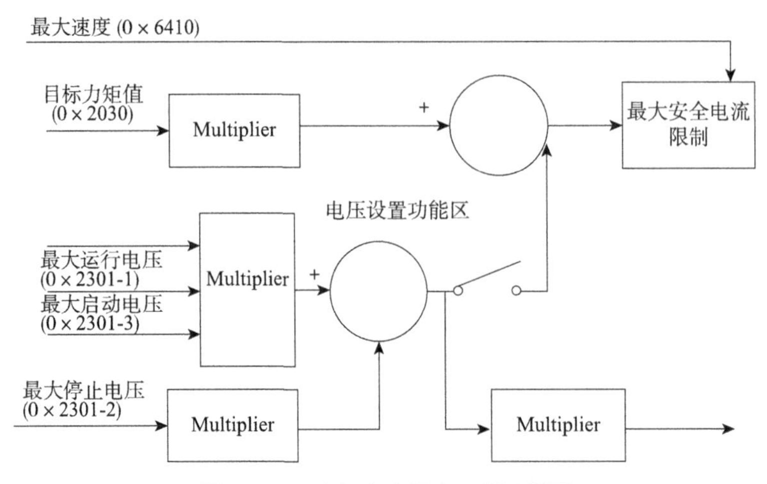

图 3-5-24　电机电流模式配置逻辑图

主动训练模式下对电机的具体配置和实现程序如下：

```
void Current_mode(u8 NodeID, u32 TargetCurrent)
{
SDO_sent(CANObject, NodeID,0x6060, 0x00,1, 0,0xfD,0);
SDO_sent(CANObject, NodeID,0X6410, 0x01,2, 0,2000,0);
SDO_sent(CANObject, NodeID,0X6410, 0x04,4, 0,8000,0);
SDO_sent(CANObject, NodeID,0X6410, 0x05,2, 0,40,0);
SDO_sent(CANObject, NodeID,0x6040, 0x00,2, 0,6,0);
SDO_sent(CANObject, NodeID,0x6040, 0x00,2, 0,15,0);
SDO_sent(CANObject, NodeID,0X2030, 0x00,2, 0,TargetCurrent,0);
```

在主函数中，有两个参数是以变量的形式存在的，分别是 NodeID 代表电机驱动器节点号，TargetCurrent 代表电机目标电流，即目标力矩。这样利用函数调用的方式，能减少对同类型电机配置时的重复代码。在主动训练模式运行中，主控系统会不断地向电机驱动器发送 TargetCurrent 值，上述函数配置也不需要每次被调用，只需要执行向电机驱动器发送目标值的函数语句发送 TargetCurrent 值即可。

4. 助力训练功能软件流程设计

助力训练是在主动训练的基础上进一步功能的升级，除了对患者运动意图的检测和提供重力平衡之外，还将为患者在其运动意图的方向上提供一定的助力。

所以助力训练的软件实现与主动训练软件实现过程相近，都采用电机的电流模式，通过实时控制目标电机的输出电流实现。但助力训练模式还需要在主动训练的理论力矩的基础上，增加助力的力矩。额外助力的力矩已经在第三章第五节中介绍，经过计算得到的力矩是电机总共输出的，包括提供重力平衡和助力等。

经过换算，将电机需要输出的力矩值转换为电机的电流值，作为控制参数发送至电机驱动器，调用的依然是电机的电流模式，通过定时器设置每 100 ms 发送一次计算的电流值，目标电流值传入 TargetCurrent，实现助力训练模式下的电机助力功能。代码如上一小段。

5. 示教训练功能软件流程设计

示教训练模式在软件设计上，系统首先要采集康复治疗师带动机械臂做的动作轨迹，然后才是将“记住”的动作复现出来。示教训练模式的软件设计同样也是在主控系统定时器产生的时间中断中进行的，具体流程图如图 3-5-25 所示。

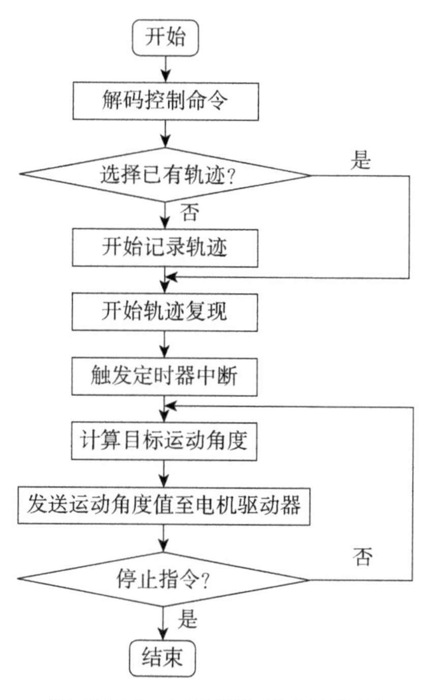

图 3-5-25　示教训练模式流程图

从流程图中可以看出，系统在接收到启动示教训练模式命令后，首先提示选择载入已有的轨迹文件还是进入新的轨迹示教阶段。如选择载入已有轨迹文件，则直接进入轨迹的复现阶段，其软件实现过程和被动训练软件实现过程相似，这里就不再赘述；否则进入新的轨迹示教阶段。这一阶段中，控制系统按照一定的频率采集电机相对于初始零位置的位置值及对应的时刻，储存在 EEPROM 中，直至整个示教过程结束。该关节处电机轨迹记录的程序如下：

```
for(i=0;i<20;i++)
{
reUpRobot.Track_record.Tack_angle1[i]=Moter1_Current_state.CurrentPosition;
reUpRobot.Track_record.Tack_angle2[i]=Moter2_Current_state.CurrentPosition;
reUpRobot.Track_record.Tack_angle3[i]=Moter3_Current_state.CurrentPosition;
}
```

其中，reUpRobot_. Track_record1. Tack_anglex[i]用于存储该关节电机轨迹的值，i的数值在限制条件内逐渐增加。

选择示教轨迹重现后，系统首先会对电机进行模式和相关参数进行配置和初始化，配置电机为位置补插模式；随后，触发定时器中断，系统将按照时间变化的情况依次读取EEPROM中存储的电机位置信息值发送到电机驱动器，驱动电机运转，完成示教轨迹的重现。同时，系统还将实时监听随时下达的停止指令，在接收到停止指令后，定时器关闭，电机立即停止动作，主控系统和电机驱动器处于待机状态。

第六节　系统集成与测试

本节对索控式上肢康复机器人力交互柔顺控制系统进行实验测试。主要针对索控式上肢康复机器人的力矩响应、电机参数整定调节、重力补偿、力交互以及上位机通信实验对索控式上肢康复机器人性能进行测试。

一、系统集成

根据机械及控制设计要求试制出上肢康复机器人样机如图 3-6-1 所示，包括上肢康复机器人的三维数字模型和系统集成的工程样机。工程样机包括机器人机械结构主体、机械臂、主控系统模块和上位机等。

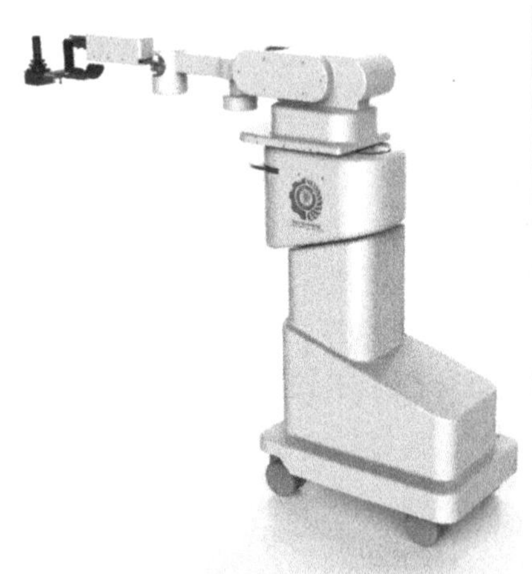

图 3-6-1　上肢康复机器人样机

按照设计要求，经过实验验证，工程样机的机械系统各零件在运行中无干涉情况，机械臂长度调节功能良好，左右手互换功能良好。传动结构中，转盘之间运转无干涉且顺滑程度较好，无异常抖动；传动钢丝绳张紧情况良好，传动效率可达设计预期。

主控系统、供电系统等外部元件安装在底座中，除电源线外接外，其余连接线均放置在外壳内，不与外部接触，在系统上电后即可使用。与上位机界面的通信和数据传输等通过无线方式，也不需要线连接。下面介绍力交互控制及上位机通信两个典型实验测试。

二、力交互柔顺控制实验

1. 力矩响应实验

电机的力矩输出情况会直接影响上肢康复机器人功能的实时性。本案例中，机械传动的方式为线传动和带传动，并不是将电机直接安置在关节处，可能会因为传动方式的原因影响电机力矩响应。因此，要通过实验对电机的力矩响应速度进行测试。

将电机及其驱动器与上位机软件连接，通过数据记录功能可以检测到电机参数的变化情况。设置电机运行模式为电流模式，依次设定电机的目标力矩为 1 N·m、3 N·m、5 N·m、10 N·m，在软件上读取电机响应的时间，整理结果如图 3-6-2 所示。

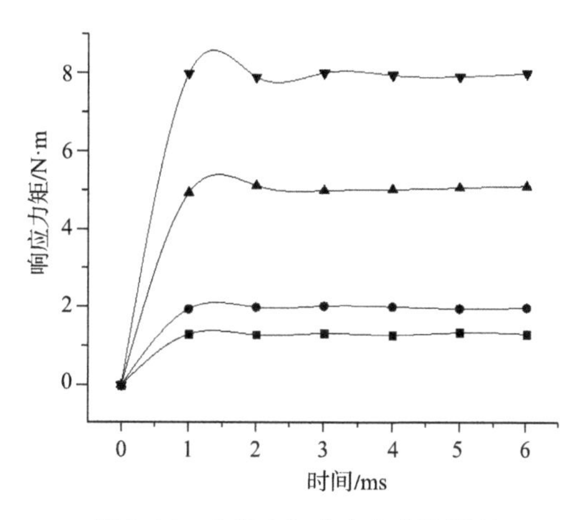

图 3-6-2　电机力矩响应实验结果图

由实验结果可以看出，电机从接收到目标指令到输出目标力矩的响应时间均在 1 ms 之内，且输出力矩能保持稳定，能满足上肢康复机器人的训练需求。

2. 电机参数整定调节实验

上肢康复机器人的各种训练模式分别使用了电机的不同运行状态，这些运行状态的改变受一个主要目标值的影响，其余参数由电机自主调节。因此，对各关节电机的电流、位置和速度闭环进行参数整定，是保证系统基本功能实现的前提。本实验以肩关节屈曲/伸展自由度为例进行电机三环参数整定实验。

电机 PID 整定调节的实验的实验环境为电机驱动器配套的上位机软件界面，以及组装完成的上肢康复机器人样机平台。

在电机及其驱动器输入电压恒定为 24 V 的前提下，对电机速度、位置、力矩等参数的有效控制都依赖于电机电流，因此电机的电流环控制是电机闭环控制的基础。电流环的调节机制是将输入的参数和霍尔传感器检测的相电流反馈参数进行对比，经过 PID

调节后通过控制电机项圈每相的相电流，进而调节输出目标电流。电流环的参数调整直接影响到速度环和位置环以及电机力矩输出的响应时间。

为准确地整定电流环的关键参数，要求实验在实验样机平台自然无负载状态下进行。最佳输入输出目标和实际响应曲线如图 3-6-3(A)所示。

速度环的参数整定实验环境和电流环的相同，但不同于电流环实验比例、积分处理的是，速度环的反馈参数是通过电机霍尔传感器采集的电机速度运算调节后得到的，速度环参数整定实验效果如图 3-6-3(B)所示。

位置环的参数整定主要通过比例增益，以外部脉冲作为输入参数，以霍尔传感器采集的电机运转的位置信息作为位置反馈值。位置控制是在速度环和电流环的基础上再控制的，所以系统响应速度相对较慢。位置环的参数整定效果如图 3-6-3(C)所示。

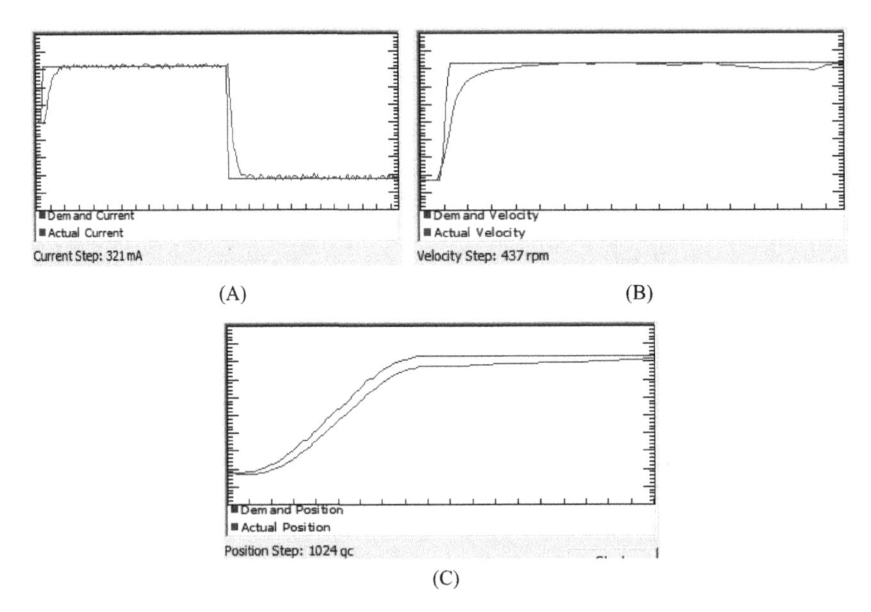

(A) (B)

(C)

图 3-6-3 电机参数整定实验效果图

3. 重力补偿性能实验

本案例中，主动训练、助力训练等训练模式都需要在机械臂重力平衡的基础上实现，因此设计实验验证在不同肩肘关节角度下，主控系统控制电机输出力矩以平衡重力的情况。

首先设置运动模式为主动模式，将肘关节的角度固定在零度即正常伸展状态，检测肩关节在不同屈曲/伸展角度下的重力平衡效果。肩关节屈曲/伸展角度从初始位置开始，逐步调节屈伸角度至 125°。实验效果如图 3-6-4 所示。

通过上位机软件记录上肢康复机器人机械臂在不同肩关节屈曲/伸展角度下处于静止情况时电机的力矩输出值，如图 3-6-5 所示。

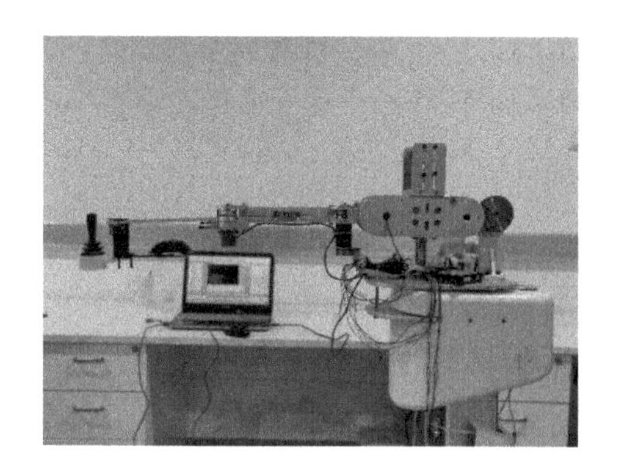

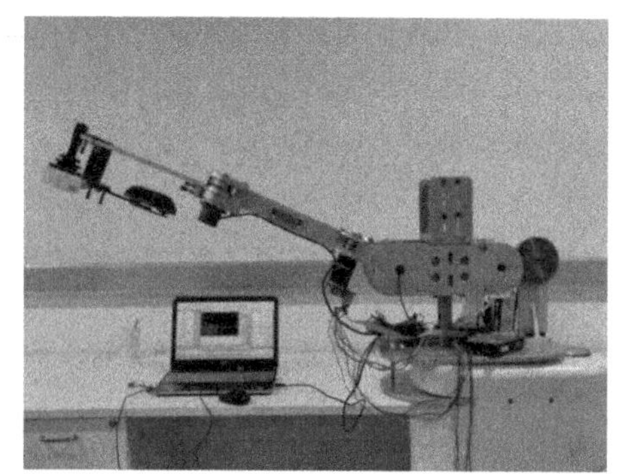

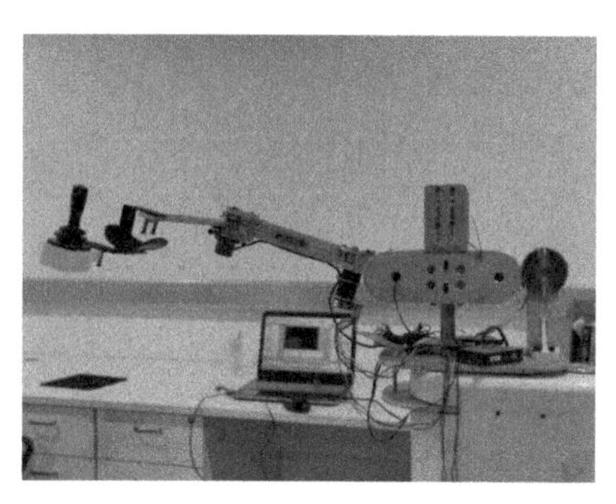

图 3-6-4　重力平衡实验效果图

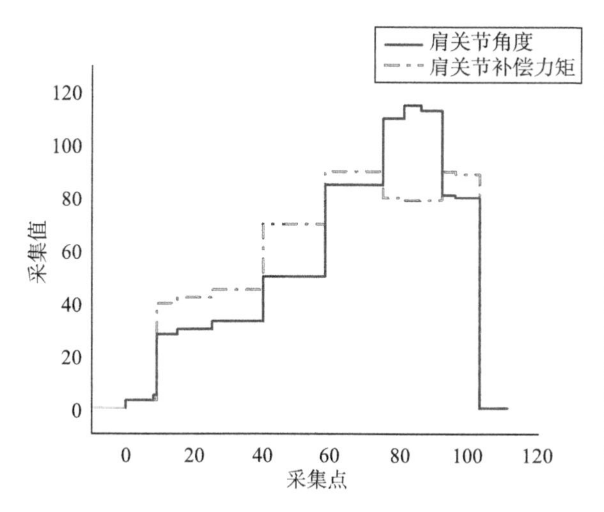

横坐标表示时间，纵坐标表示关节角度以及力矩值，1 nm≈10 kgf.m，8.96 nm≈89.6 kgf.m。当人体上肢抬到水平位置时，所需平衡的扭矩最大，这是关键所在。所以当机械臂的屈曲角度从0°（竖直向下）到90°（水平）时，力矩是逐渐增大的，90° 时所需平衡的扭矩最大，再从90° 到120° 时是逐渐减小的，随后进入肩关节屈曲角度从120° 逐渐减小到0° 的过程，肩关节屈曲角度从120° 到90° 的过程中，所需平衡力矩逐渐增大，当肩关节屈曲角度到90° 时，平衡力矩又变为最大，随后从90° 减小到0° 的过程中，所需平衡力矩又逐渐减小到0。此图用来体现肩关节补偿力矩随肩关节角度变化的规律。

图 3-6-5　重力平衡实验结果图

由图 3-6-5 可以看出，在肘关节角度保持为 0°时，电机输出用于机械臂重力平衡的力矩随着肩关节屈曲/伸展角度的变大而变大，在肩关节前屈角度 90°左右时，电机输出的力矩最大，为 8.96 N·m。在前屈角度 90°～ 120°范围内，机械臂是前伸上举的运动状态，中心偏移量减小，重力矩相对减小，电机输出力矩也随之减小。实际观测中，在不同关节角度时机械臂能保持稳定，说明机械臂的重力补偿效果较好。

在以上重力平衡实验的基础上，改变肘关节的关节角度，分别为 30°、45°、60°、90°，再次实验，分别检测在不同肘关节角度，不同肩关节屈曲/伸展角度下电机力矩输出情况，并记录整理如图 3-6-6 所示。

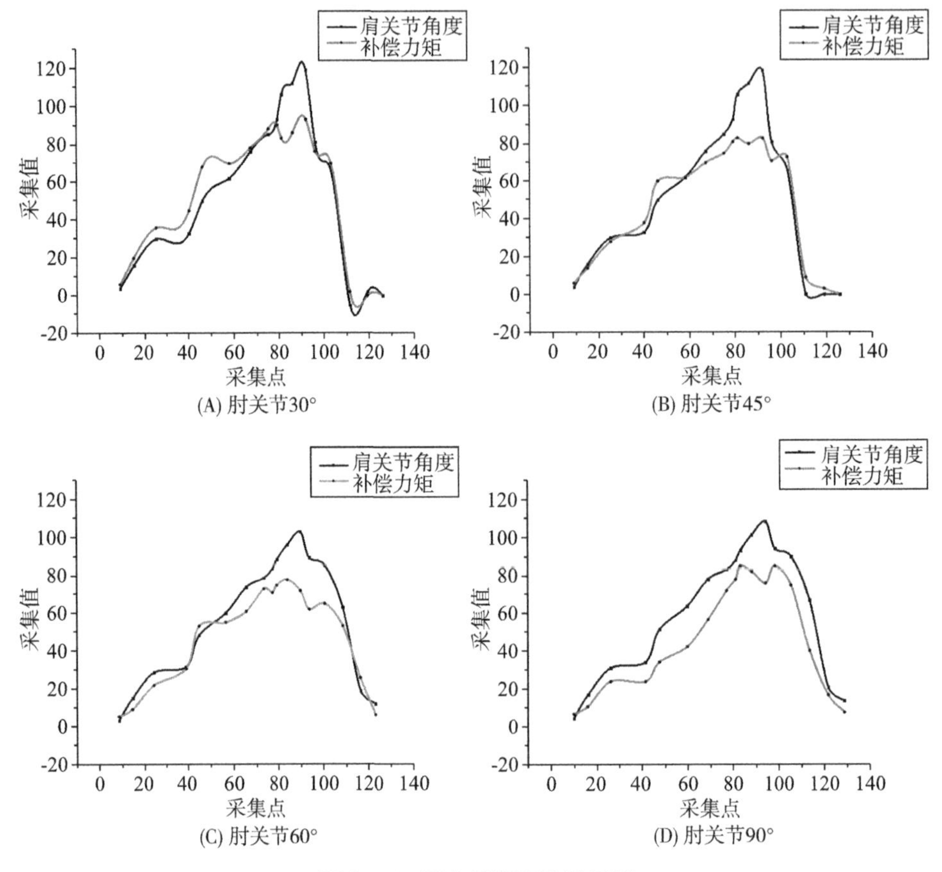

图 3-6-6　重力平衡实验结果图

综合以上实验结果，可以验证上肢康复机器人在不同肩关节屈曲/伸展和不同肘关节屈曲角度下，均能较好地完成对上肢康复机器人机械臂的重力平衡，但理论值和实际输出值仍存在一些误差，总体误差水平约为 3.83%。分析认为可能的原因是在较大关节角度下产生的噪声和干扰等因素会更多，使得电机输出的实际力矩误差增大。通过多次实验，所存在的误差导致的电机实际输出力矩偏差没有对重力平衡效果产生影响，因此本案例中的重力平衡方法满足要求。

4. 力交互实验

力交互是主控系统中最为复杂的交互功能之一，是在机械臂重力平衡的基础上，检测患者运动意图并为患者提供一定大小的力的辅助，以帮助患者进行助力康复训练的交互方式。本实验拟通过对机械臂施加不同大小和方向的外力，检测系统能否做出正确的反应。

力交互实验的实验平台为上肢康复机器人样机和上位机界面，首先设置上肢康复机器人的运动模式为助力模式，设置肩关节屈曲/伸展自由度上触发力矩值分别为 0.9 N·m、0.7 N·m、0.5 N·m、0.3 N·m，并调节肩关节前屈角度分为 30°、60°和 120°，在以上限制条件下分别进行实验，用拉力计施加外界助力，通过电机上位机软件记录电机的输出力矩，记录施加的外界助力值大小和电机输出助力力矩大小，并比较分析，实验示例如图 3-6-7 所示。

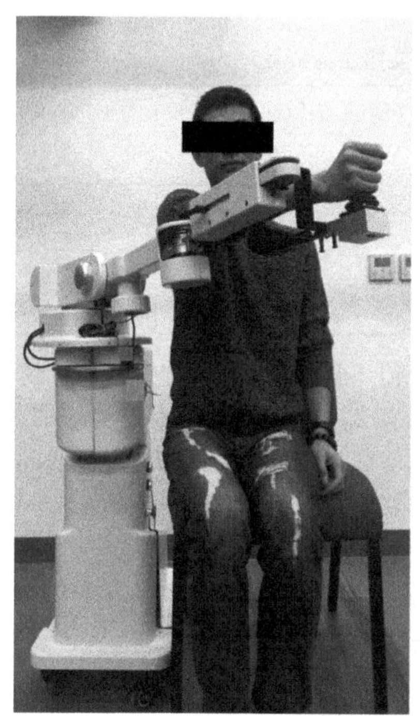
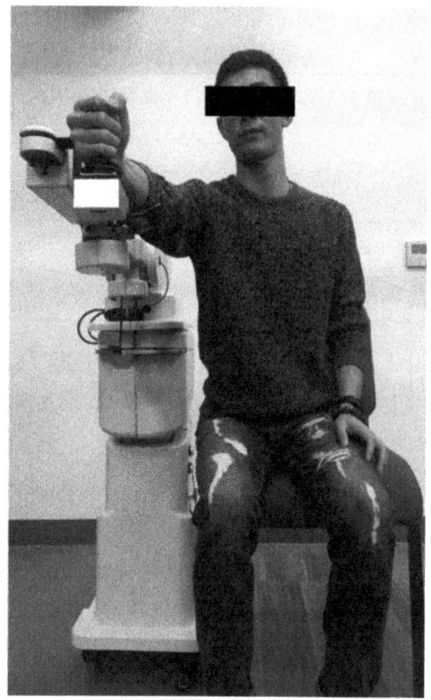

图 3-6-7　力交互实验示例图

首先在肩关节前屈角度为 30°，肘关节屈曲角度为 0°时，设置触发力矩为 0.5 N·m，对上肢康复机器人机械臂的肩关节施加外部助力，收集了肩关节电机的力反馈数据和助力值大小，结果如图 3-6-8 所示。

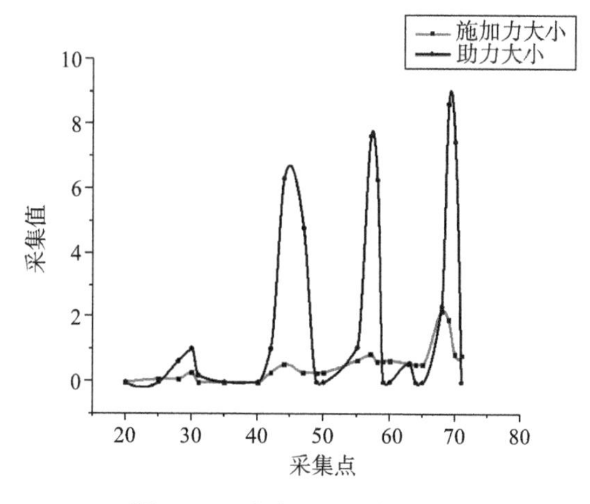

图 3-6-8　力交互实验数据曲线

由图 3-6-8 可知，在肩关节前屈角度为 30°，肘关节屈曲角度为 0°时，电机输出的重力平衡力矩为 0，在检测到外部施加的力后，力交互反馈机制运行，额外输出补偿力矩。在外部施加的力逐步减小到 0 时，电机向外额外补偿的力矩达到最大值，随后开始逐渐减小至零。实验过程中也出现了误判断的情况。随后，在同样的关节角度条件下，按实验计划设置不同的触发力矩，重复实验，以测试力交互实现情况，实验测试结果如表 3-6-1 所示。

表 3-6-1　力交互实验检测结果

触发力矩值/N·m	成功次数	失败次数	成功率/%
0.9	25	5	83.33%
0.7	24	6	80.00%
0.5	26	4	86.67%
0.3	22	8	73.33%

表 3-6-1 的实验结果可以看出，触发力矩值不同会影响力交互患者运动意图检测的成功率，随着触发力矩值的减小，成功率会提高，在设置触发力矩为 0.5 N·m 时，成功率最高，但在设置值为 0.3 N·m 时，成功率又下滑。分析认为，过低的触发力矩会导致系统误将噪声或者机械间隙带来的扰动判断为患者产生的运动意图，造成误判。

以同样的方法在其他肩关节角度下进行实验，得到实验结果如表 3-6-2 所示。

表 3-6-2　力交互实验检测结果

肩关节屈伸角度	状态	最大触发力矩/N·m	最大输出力矩/N·m	稳定时输出力矩/N·m
前屈 30°	肩关节外展	0.55	10.21	0.56
	肩关节内收	−0.46	−9.40	0.32
前屈 60°	肩关节外展	0.59	10.12	0.86
	肩关节内收	−0.54	−9.40	0.63
前屈 90°	肩关节外展	0.48	10.05	0.75
	肩关节内收	−0.44	−9.87	0.76
前屈 120°	肩关节外展	0.41	10.15	0.72
	肩关节内收	−0.48	−9.90	0.85

经以上数据可以认为，在助力康复训练时，肩关节在各前屈角度时为患者提供补偿的触发力矩约为 0.46 N·m，反向触发力矩为 0.55 N·m。

经过实验，认为本案例中的力交互符合基本设计要求，能满足实际训练中患者的使用需求。

三、上位机通信实验

上位机界面是对上肢康复机器人最直观的操控方式，不仅肩负着对系统的控制任务，还具有下位机传输数据的收集、处理并形成直观的图表的功能。因此，上位机对系统控制的响应速度也是系统中重要的一环，本实验将通过收发心跳包的形式，测试利用上位机图形界面控制时系统的响应速度等情况。图 3-6-9 为上位机实验测试图。

系统下位机主控系统中已经编辑好了上下位机之间测试的接收函数，在系统上电待机状态下，利用上位机向主控系统发送心跳包，内容为自定义的任意一段数据。下位机在接收到上位机发送的心跳请求后，经过解析识别出是来自上位机的心跳包，即调用响应的回复函数，向上位机发送回复的心跳包。上位机接收到后打印结果，测试结束。

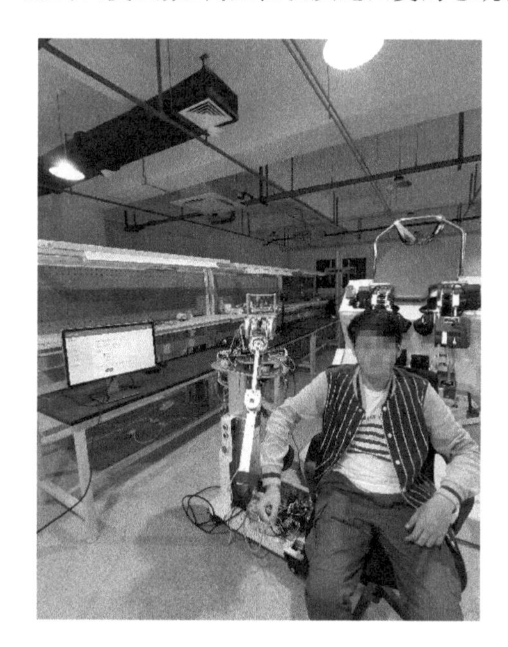

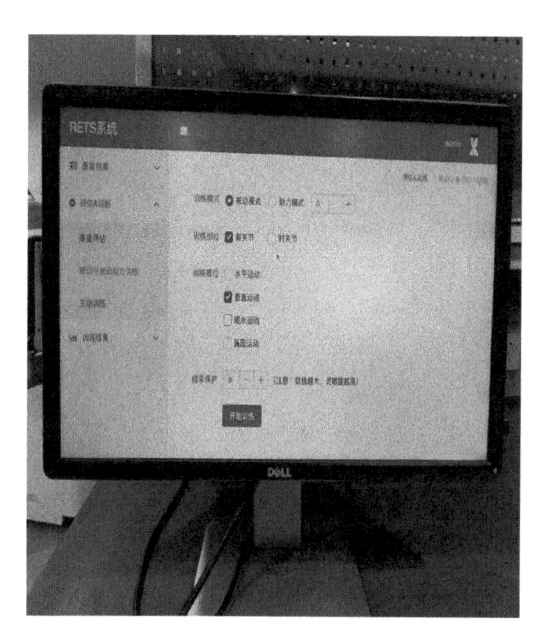

图 3-6-9　上位机实验测试图

同时，还对上位机图形界面中虚拟现实游戏与下位机主控系统之间的通信进行测试，在上位机系统中运行游戏，通过机械臂的操作，控制游戏中的交互内容，重复测试以验证通信效果是否存在较大延迟、明显方向错误等问题。

通过测试，虚拟现实游戏与上肢康复机器人之间配合良好，未出现明显位置误差或方向相异的问题，两者之间通信效果良好，能满足康复训练的要求。

参考文献

[1] 梁华玉. 68 例脑卒中瘫痪病人的早期康复护理[J]. 全科护理，2013,11(29)：2701—2702.

[2] Hara Y. Brain plasticity and rehabilitation in stroke patients[J]. Journal of

Nippon Medical School，2015，82(1)：4—13.

[3] 帅琴. 综合康复护理对脑血管病并发症和康复效果的影响[J]. 光明中医，2016，31(9)：1332—1334.

[4] 胡宇川，季林红. 从医学角度探讨偏瘫上肢康复训练机器人的设计[J]. 中国临床康复，2004，8(34)：7754—7756.

[5] 刘敏，祝亚平，徐欣. 虚拟现实技术在脑卒中患者上肢功能康复中的应用进展[J]. 分子影像学杂志，2018，41(3)：311—315.

[6] Held J P O，Luft A R，Veerbeek J M. Encouragement-induced real-world upper limb use after stroke by a tracking and feedback device：A study protocol for a multi-center，assessor-blinded，randomized controlled trial[J]. Frontiers in Neurology，2018，9：13.

[7] 王东岩，李庆玲，杜志江，等. 5 DOF 穿戴式上肢康复机器人控制方法研究[J]. 哈尔滨工业大学学报，2007，39(9)：1383—1387.

[8] 李妍姝，王生泽. 上肢康复机器人运动学分析与康复运动规划[J]. 机械传动，2012，36(7)：30—34.

[9] Frisoli A. Exoskeletons for upper limb rehabilitation[M]// Rehabilitation Robotics. Amsterdam：Elsevier，2018：75—87.

[10] 刘子贵. 基于关节空间工业机器人轨迹规划的研究与仿真[J]. 机械工程与自动化，2017(3)：59—61.

[11] 马书杰，吴佳佳，华续赟，等. 周围神经损伤及脑功能重塑研究进展[J]. 中国康复，2019，34(3)：165—168.

[12] 黄小海，喻洪流，张伟胜，等. 索控式中央驱动上肢康复机器人[J]. 北京生物医学工程，2018，37(5)：467-473.

[13] 黄小海，喻洪流，王金超，等. 中央驱动式多自由度上肢康复训练机器人研究[J]. 生物医学工程学杂志，2018，35(3)：452-459.

[14] 余杰. 上肢康复机器人力交互柔顺控制系统研究[D]. 上海：上海理工大学，2020.

[15] 余杰，喻洪流，黄小海. 一种上肢康复机器人机械臂重力平衡方法[J]. 生物医学工程与临床，2019，23(3)：247—251.

[16] 黄小海. 一种索控式上肢康复机器人研究[D]. 上海：上海理工大学，2019.

[17] 国家市场监督管理总局，国家标准化管理委员会. 上肢康复训练机器人要求和试验方法：GB/Z 41046—2021[S]. 北京：中国标准出版社，2021.

第四章　关节直驱末端引导式上肢康复机器人

从与人体的作用方式来分，上肢康复机器人包括外骨骼式与末端驱动式两种类型。从机器人本身的驱动方式来分，上肢康复机器人包括中央驱动式与关节驱动式。所谓关节驱动式是指上肢关节的动力驱动装置(电机)直接安装于关节部位，而重要驱动式的动力驱动装置(电机)则安装于基座或远离关节的位置，通过传动机构来驱动关节运动。外骨骼式与末端驱动式上肢康复机器人的驱动方式既可以是中央驱动式，也可以是关节驱动式，而关节驱动式是上肢康复机器人中最为常见的一种，其特征是动力源位于机器人各个关节处，直接提供驱动力矩。

这里以一种基于关节驱动的多自由度末端引导式上肢康复训练机器人实验原理样机为例，介绍一般关节直驱式上肢康复机器人的工作原理与设计方法。本上肢康复机器人由上海理工大学康复工程团队与企业合作研发，这里只介绍其原理样机的设计过程。

第一节　系统总体方案设计

一、上肢康复机器人设计需求分析

1. 换向需求分析

大部分上肢康复机器人为单一机械臂设计，通过换向操作完成对患者左右手臂的康复训练，因此换向是上肢康复机器人设计中的重点，无论是外骨骼式上肢康复机器人还是末端引导式上肢康复机器人一般都需要进行换向设计。具有代表性的换向上肢康复机人有意大利 Percro 实验室 Antonio F 等人开发的、L-EXOS、Rocco V 等人研发的 RehabExos 以及荷兰特温特大学设计的 Dampace 等。特别地，对于多维度的末端引导式上肢康复设备来说，由上海理工大学康复工程与技术研究所提出的一种索控式中央驱动上肢康复机器人结构具有对称性，在进行左右手臂交替训练时只需要将前臂手托部分进行换向即可。换向可以实现同一机械手臂对患者左右手臂单独训练的目的，这种设计方式不仅可以减小康复机器人的整体体积，同时也能够提高上肢康复机器人的使用率，因此，本案例中应加入左右手换向设计。

2. 机器人手臂自由度数量需求分析

上肢康复机器人的作用是辅助上肢运动功能障碍患者完成运动训练，因此，上肢康复机器人一般参照人体上肢自由度数量进行设计。除手指自由度外，人体上肢单侧自由度数量共7个，其中肩关节3个自由度、肘关节1个自由度以及腕关节3个自由度。目前，针对三维空间内具有关节驱动的上肢康复设备来说，以6自由度的上肢康复机器人最多。如表4-1-1为本文国内外几款主流上肢康复机器人的关节自由度情况。其中肩关节及肘关节均有驱动设计，结合末端引导式训练特点，本案例所涉及的多自由度末端引导式上肢康复机器人选择可辅助患者手臂完成6自由度的动作训练设计。

表4-1-1　国内外康复机器人关节自由度设计

设备名称	肩关节内收/外展	肩关节屈曲/伸展	肩关节内旋/外旋	肘关节屈曲/伸展	前臂内旋/外旋	腕关节掌屈/背伸	腕关节尺偏/桡偏
iPAM	√	√	—	√	√	—	—
MACARM	√	√	—	√	—	√	√
Umemura	√	√	—	√	√	√	√
SUEFUL-7	√	√	√	√	√	√	√
CADEN-7	√	√	√	√	√	√	√
A2-2	√	√	—	√	—	—	√
ARMin	√	√	√	√	√	√	—

3. 机器人关节活动范围需求分析

正常的人体关节都有一定的活动范围，严格控制各关节的角度活动范围是康复设备中最为重要的一项任务，对于患者来说，限制机械臂关节的活动角度范围可以避免在训练过程中过度拉伸对病人肢体造成二次伤害。因此，机器人设计的运动的最大范围应该参照人体正常运动的最大值，而在使用时应可以根据患者不同进行各关节运动范围的软件设置，此部分在绪论中提到过，在此不再赘述。

4. 机器人驱动方式分析

驱动方式在很大程度上决定了机械手臂的结构设计，在国内外研究中，应用于上肢康复设备的驱动方式主要有基于电机驱动的电机直驱、齿轮传递以及绳索驱动等主流驱动方式，表4-1-2展示了几种不同设备的驱动方式。

表4-1-2　不同设备的驱动方式比较

设备名称	电机直驱	齿轮传动	绳索传动	气压传动
“灵动”上肢康复机器人	√			
中央驱动上肢康复机器人		√		
索控式上肢康复机器人(上海理工)			√	
iPAM				√
Umemura				√

续表 4-1-2

设备名称	电机直驱	齿轮传动	绳索传动	气压传动
SUEFUL-7	√			
HARMONY	√			
ARMin	√			

表 4-1-3 中是几种不同驱动方式的对比分析。由于在当前技术手段下，气压及液压驱动方式因存在巨大的噪声、气体/液体泄漏等，不适合在智能康复设备领域运用，因此，本小节只分析比较电机驱动方式。

表 4-1-3　电机驱动方式对比分析表

驱动方式	电机直驱	齿轮中央传动	绳索中央传动
安装方式	直接将电机安装在被驱动关节处。	电机没有直接安装在被驱动关节处，而是通过直齿、锥齿或蜗轮蜗杆的相互配合将电机输出的扭矩传递至被驱动关节处。	电机没有直接安装在被驱动关节处，而是通过钢丝绳或同步带的传动方式将电机输出的扭矩传递至被驱动关节处。
传动特点	电机输出端直接作用于被驱动关节。	间接作用于被驱动关节，电机输出端需要通过齿轮传动才能作用于被驱动关节。	间接作用于被驱动关节，电机输出端需要通过绳索传动才能作用于被驱动关节。
能量损耗	低	稍高	稍高
优点	1. 电机直接驱动关节运动，不经传递可以将能量损失降到最低； 2. 不经过传动机构，运动控制灵敏度及精确度高。	1. 电机远离患者手臂关节，降低了电机辐射等风险； 2. 机械臂结构精简； 3. 可以实现将电机集中放置，消除电机噪声对训练影响。	1. 电机远离患者手臂关节，降低了电机辐射等风险； 2. 机械臂结构轻巧； 3. 可以实现将电机集中放置，消除电机噪声对训练影响。
缺点	1. 关节处结构复杂，体型庞大； 2. 距离患者被训练关节近，存在电机辐射风险。	1. 电机距离被驱动关节距离较远，控制灵敏度及精度较差； 2. 齿轮传递设备笨重，传递过程中能量损耗最大。	1. 电机距离被驱动关节距离较远，控制灵敏度及精度较差； 2. 绳驱结构容易发生松弛，存在脱绳风险。

在综合考虑驱动方式的特点，可知电机直驱的驱动方式可以将能量损耗降到最低且在控制上灵敏度及精度都占有优势，因此本案例选择电机在关节处直驱的驱动方式。

5. 前臂手托方式分析

一般的上肢康复机器人机械臂末端均设有手托结构，其目的是为了固定患者的手臂，防止在训练过程中手臂与机械臂分离，从资料文献中得到的前臂手托设计方式一般分为侧托式和下托式。国产外骨骼式关节电机直驱上肢康复机器人“灵动”、Flexo-Arm 以及国外产 CADEN-7、HARMONY 等采用的是侧托式设计，国产 Centrobot、ArmGuider 以及 Fourier M2 等末端引导式上肢康复机器人多采用下托式结构设计。

在实际的体验过程中下托式设计要优于侧托式设计，特别是对于末端引导式上肢康复机器人。另外，在实际的体验过程中发现手托对前臂的跟随性是影响用户体验度的关键因素，手托对前臂在训练过程中的跟随性越好，用户的体验度越高，因此在本案例中将考虑采用下托式设计并融入手托浮动设计。

二、功能设计方案

1. 移动功能设计

可移动功能是上肢康复机器人设计中的基础功能，体现了灵活性、适应性以及便捷性等。从研究的近况来看，相关设计大多采用基座安装万向轮的方式对上肢康复机器人进行空间转移，以实现上肢康复机器人的移动功能。

对上肢康复机器人来说，移动主要体现在设备的支撑底座。目前，相关上肢康复机器人的底座支撑设计分为杆式设计和平板设计两大类别，杆式设计一般表现为“星形”“大 H 形”“T 形”设计等，此类设计主要是将主机（包括控制机箱和机械手臂）置于杆件形心位置，如图 4-1-1（A）和（B）所示，平板式设计主要是将主机（包括控制箱、机械手臂）以及安全座椅直接安置在平板底座上，如图 4-1-1（C）所示。

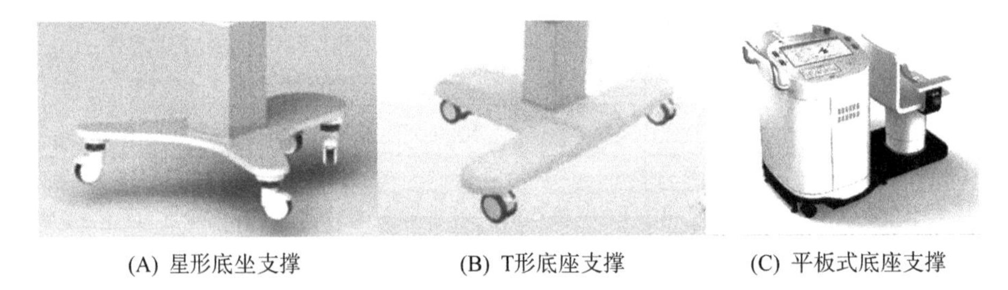

(A) 星形底坐支撑　　(B) T形底座支撑　　(C) 平板式底座支撑

图 4-1-1　上肢康复机器人的底座支撑设计

无论是杆式设计还是平板式设计，底座在设计过程中最重要的是需要考虑设备整体的稳定性，确保患者在训练过程中保持稳定不会因受力不平衡导致设备倾翻。增大中心位置到最近支撑点的距离是提高设备整体稳定性的关键，而通过增加配重来改变设备自重位置以及增大或加长底座尺寸都是提高设备稳定性的重要手段。在本案例中涉及的康复机器人主要考虑将座椅集成在底板支撑上，因此本案例主要考虑平板式设计。另外，考虑到患者实际情况，部分患者无法使用集成座椅，设备应能对使用轮椅的患者直接进行训练。因此对于底座的尺寸设计应满足以下两种情况：

（1）手臂水平前伸设备不倾覆；

（2）手臂侧向伸平设备不侧翻。

图 4-1-2 是末端引导式上肢康复机器人底板受力分析示意图。图中可以看出 O_1 为模型示意下的主要受力点，通过静力学分析可以得到设备稳定需满足以下条件：

$$\begin{cases} FL_0 + G_2L < G_1L_3 \\ FL_0 + G_2L < G_1L_4 \end{cases} \tag{4-1-1}$$

其中，F 表示患者手臂重量，G_1 表示设备整体重力，G_2 为机械臂的重力，L_3 和 L_4 描述了设备整体重心位置在底板支撑上的平面位置，L 表示机械臂的重心位置到支撑杆之间的距离。

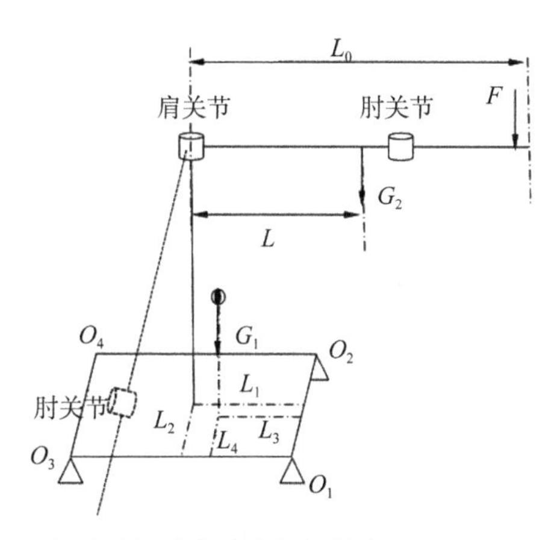

图 4-1-2　末端引导式上肢康复机器人底板受力分析示意图

2. 换向功能设计

换向功能是缩减上肢康复机器人整体体积以及提高设备整体使用率的关键。换向设计的方式有很多，如旋转换向、直线导轨与旋转混合换向（图 4-1-3），此外，患者自移动也可以实现换向。

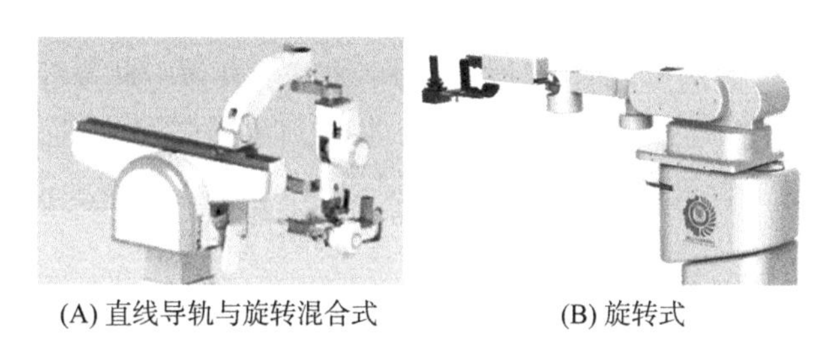

(A) 直线导轨与旋转混合式　　(B) 旋转式

图 4-1-3　换向方式举例

在多自由度末端引导式上肢康复机器人的设计中，换向设计是进一步缩减设备整体体积的重要手段，直线滑轨会增加设备的体积，移动患者不利于提高患者训练的体验度。因此，本案例所涉及的末端引导式上肢康复机器人将通过各关节的旋转变化实现左右手互换的目的，其换向原理如图 4-1-4 所示。

3. 安全性设计

对康复设备来说，除了要满足患者功能训练需求以外，设备的安全性设计极为重要。关节角度运动范围太小不利于患者康复，容易产生无效训练，关节角度运动范围过大则会造成二次过度拉伸损伤。因此，以健康人体正常关节运动范围为依据，以康复设备的关节运动范围上限不得大于正常人关节运动范围为准则，对其进行运动范围的安全性设计。

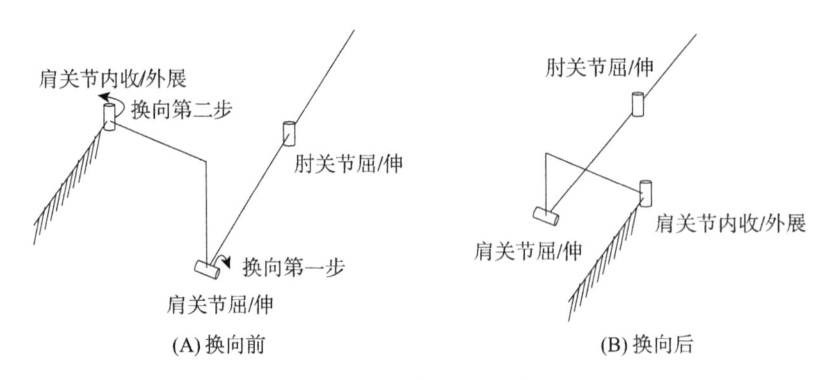

图 4-1-4 换向示意图

(1) 系统安全保护设计

患者训练过程中安全保护非常重要，因此设置了急停按钮、软件防护以及机械防护三重安全保护。急停按钮用于快速切断整机电源，让设备立即停止运转以保护患者免受伤害；软件防护包括角度限位以及痉挛保护，通过内置的算法，根据患者的实际情况将角度运动范围调整至合适状态，痉挛保护则是通过安装在各关节的扭矩传感器检测力值突变，判断是否停止训练；机械防护则是通过机械限位的方式将机器人关节活动范围限定在一定区间范围，从而保护患者不受伤害。在本案例中重点讨论机械防护在末端引导式上肢康复机器人中的实际应用。

(2) 尺寸设计

根据中华人民共和国国家标准 GB/T 13547—92《工作空间人体尺寸》中得到中国成年人人体尺寸信息，本案例主要引用该标准中坐姿下的人体上肢尺寸标准。

根据图 4-1-5 中成年人体上肢尺寸信息，本案例取前臂最大长度 280 mm，并设有 75 mm 的调节范围；上臂最大长度 400 mm，并设有 80 mm 的调节范围。表 4-1-4 为人体尺寸信息。

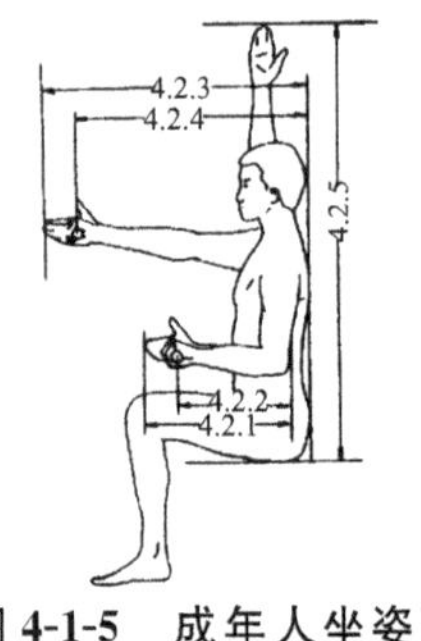

图 4-1-5 成年人坐姿下的人体上肢尺寸测量示意图

表 4-1-4 人体尺寸信息

测量项目	18~60岁						
4.2.1前臂加手前伸长	402	416	422	447	471	478	492
4.2.1前臂加手功能前伸长	295	310	318	343	369	376	391
4.2.3上肢前伸长	755	777	789	834	879	892	918
4.2.4上肢功能前伸长	650	673	685	730	776	789	816
4.2.5坐姿中指指尖上举高	1210	1249	1270	1339	1407	1426	1467
各长度百分位数	1	5	10	50	90	95	99

(3) 关节角度活动范围

关节角度运动范围是末端引导式上肢康复机器人的设计重点，结合人体正常关节角度运动范围以传统上肢康复设备对关节角度的机械限制范围为参考提出该末端引导式上肢康复机器人各关节角度运动范围限制如表 4-1-5 所示。

表 4-1-5　末端引导式上肢康复机器人各关节角度运动范围

部位	自由度	运动	关节活动度
肘关节	屈曲/伸展	前屈	0°～110°
		后伸	—
肩关节	屈曲/伸展	前屈	45°～135°
		后伸	—
	内收/外展	内收	0°～30°
		外展	0°～80°
腕关节	掌屈/背伸	掌屈	0°～70°
		背伸	0°～70°
	尺偏/桡偏	尺偏	0°～30°
		桡偏	0°～25°
	内旋/外旋(前臂)	内旋	0°～80°
		外旋	0°～80°

(4) 关节运动速度

关节运动速度对患者的训练非常重要，过快的运动速度会增加患者二次受伤的风险。因此，根据瘫痪肢体肌力检查及康复指导的相关说明，关节运动速度应保持一种低速状态，具体限速范围已在第三章第一节讨论过了，在此不再赘述。

三、机械结构设计方案

1. 总体方案

结合多自由度末端引导式上肢康复机器人系统设计方案，本案例的 3D 建模软件可以采用 Siemens NX 12.0(交互式 CAD/CAM 系统)，它功能强大，可以轻松实现各种复杂实体及造型的建构，如图 4-1-6 所示为多自由度末端引导式上肢康复机器人的整体外观。

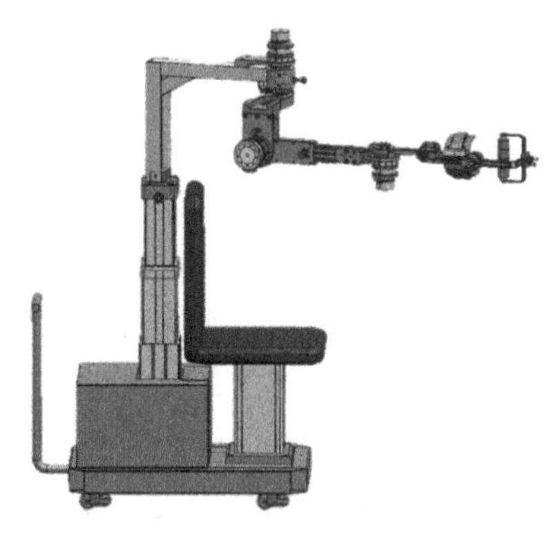

图 4-1-6　基于关节直驱的多自由度末端引导式上肢康复机器人模型

基于关节直驱的多自由度末端引导式上肢康复机器人包含 3 个驱动自由度和 2 个欠驱动自由度，3 个驱动自由度均设计了扭矩传感器和角度传感器，2 个欠驱动自由度设有角度传感器，且 2 个欠驱动自由度能够帮助患者完成腕关节 3 个自由度的动作训练。

机械臂上臂长度可以实现 320～400 mm 范围内的长度调节，前臂可以实现 210～280 mm 范围内的长度调节，能够覆盖到 95%以上的成年人人体尺寸。上臂和前臂的长度调节功能配合机械臂支撑柱的电动升降调节，可以为不同身高的患者提供更加舒适的训练姿态。

2. 驱动方式选择

上肢康复机器人中常用的驱动方式主要有直接式和间接式两种，从需求分析的情况来看，间接式驱动虽然可以将电机实现集中放置，但传动精度不高，执行单元响应延迟。关节直驱式设计虽然存在造成关节处结构复杂的风险，但其低能量损耗，高传动精度及快速响应的特点对防止患者在训练过程中出现二次伤害具有重要作用。因此，在本案例中将选用电机直驱的结构设计。

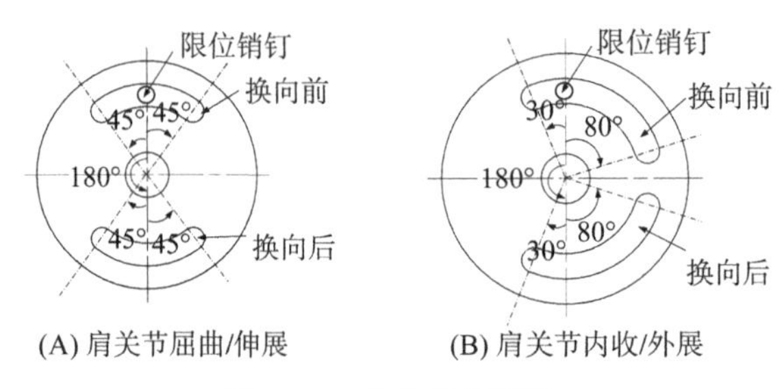

图 4-1-7　换向限位原理

3. 肩关节机械结构设计

根据设计需求分析，可以知道肩关节机械结构设计在确保安全的前提下需要注意：(1) 换向设计与换向前后限位；(2) 肩关节关节两自由度的对心设计。

换向设计主要与肩关节的 2 个自由度有关，通过肩关节内收/外展与肩关节屈曲/伸展的对称变换实现。其换向原理结合换向功能设计中换向示意，先后将肩关节屈曲/伸展自由度与肩关节内收/外展自由度旋转 180°即可完成换向。根据上肢康复机器人运动规律，换向前后均需要机械限位，使用同一限位销钉对机械臂换向前后进行机械限位具有操作简单、简化机械结构等优势，因此，换向设计原理如图 4-1-7 所示，该限位方式可实现换向前后保持限位合理。

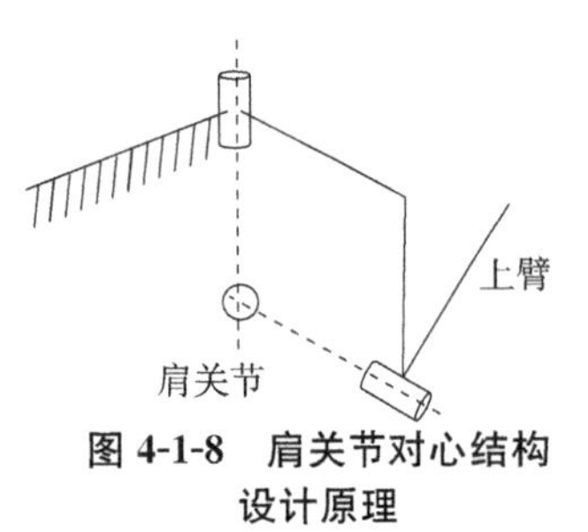

图 4-1-8　肩关节对心结构设计原理

人机关节旋转轴心重合度是影响肢体动作代偿的主要原因，对末端引导式上肢康复机器人来说，关节对心式设计不但可以减少训练过程中的肢体动作代偿，而且可以增加关节有效运动角度范围。本结构中肩关节对心式结构设计采用两条轴线空间正交的方式将旋转中心近似定位在患者训练侧肩关节部位，如图 4-1-8 所示。

4. 肘关节机械结构设计

肘关节的运动方式较为单一，主要完成屈曲/伸展动作，只有一个旋转轴心，且在换向前后角度限位不受影响，根据肩关节的需求分析结果对肘关节进行结构设计方案的制定，如图 4-1-9 所示。

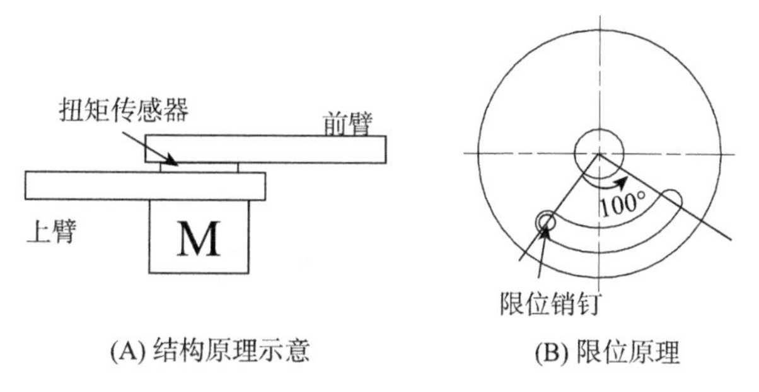

(A) 结构原理示意　　(B) 限位原理

图 4-1-9　肘关节结构设计方案

在肘关节的结构设计中机械臂上臂末端用于固定驱动电机，前臂通过扭矩传感器与电机输出端连接，限位设计为 0°～110°的固定限位设计。

5. 腕关节机械结构设计

腕关节作为手臂末端执行单元，具有自由度数量多，操作空间小等特点，在本案例中以简化机械结构为指导原则，以满足功能训练为目的对腕关节制定结构设计方案。

腕关节具有 3 个自由度，其中掌屈/背伸与尺偏/桡偏自由度可以共用一个旋转轴心，如图 4-1-10 所示。在本案例中将这 2 个自由度合二为一，即在结构设计中 2 个自由度共用一个旋转轴。

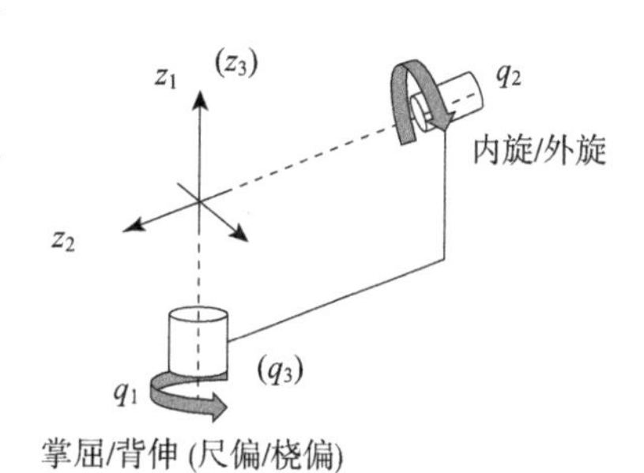

图 4-1-10　腕关节康复训练结构设计

在腕关节角度限位结构设计中，掌屈/背伸与尺偏/桡偏自由度共用一个旋转轴心，但两者角度运动范围并不一致，且掌屈/背伸角度活动范围是尺偏/桡偏角度活动范围的 2 倍以上，如图 4-1-11 所示。因此，无法使用同一限位槽，在该运动关节处使用两对限位装置，其中掌屈/背伸限位结构可采用固定式限位设计方式，尺偏/桡偏因其关节角度运动范围较小需采用自锁型弹销限位设计方式。根据机器人关节角度活动范围需求分析结果，腕关节内旋/外旋自由度限制在±80°。

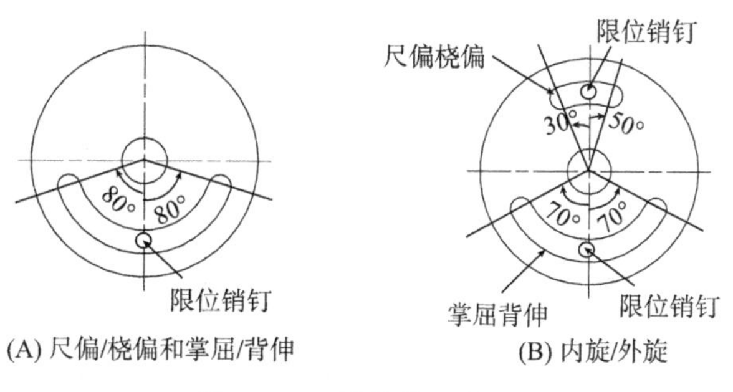

(A) 尺偏/桡偏和掌屈/背伸　　(B) 内旋/外旋

图 4-1-11　腕关节限位原理

第二节　机械系统设计

一、驱动关节运动分析

1. 肩关节运动分析

肩关节是由锁骨、肩胛骨、肱骨韧带以及肩袖肌群共同组成的复杂结构。肩关节是一个典型的球窝关节，绕额状轴可做屈曲/伸展运动，绕矢状轴可做内收/外展运动，绕身垂直轴可做内旋/外旋运动。

肩关节的主要解剖结构主要分为两个类别：静态稳定结构和动态稳定结构。静态稳定结构由关节囊、韧带和骨性结构组成，主要作用是支撑肩部。动态稳定结构主要依靠肩袖肌群维持，肩袖肌群包括冈上肌、冈下肌、小圆肌和肩胛下肌，冈上肌的拉力可以实现手臂的侧展动作，冈下肌和小圆肌都是外旋肌，与肩胛下肌配合可以确保内旋/外旋动作的稳定，肩袖肌群与韧带的共同作用下确保了手臂屈曲/伸展动作的稳定。

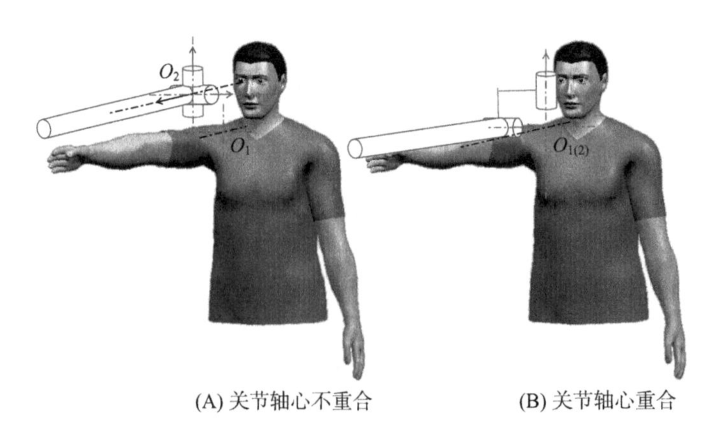

图 4-2-1　两种人—机肩关节运动方式

对末端引导式训练而言，人—机结合的训练方式有两种情况，一种是机械臂的肩关节旋转轴心与人体肩关节的旋转轴心不重合，如图 4-2-1(A)图所示；另一种是机械臂的肩关节旋转轴心与人体肩关节的旋转轴心重合，如图 4-2-1(B)图所示。

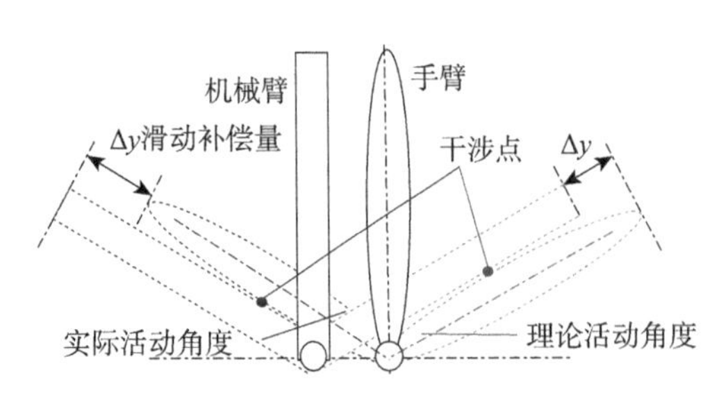

图 4-2-2　人—机关节轴心不重合分析

对机械臂的肩关节旋转轴心与人体肩关节的旋转轴心不重合进行分析，如图 4-2-2 所示，关节旋转轴心不重合会引起训练过程中出现滑动补偿，其次是造成实际能够训练的关节角度范围小于理论值，不利于患者的恢复。

2. 肘关节运动分析

在末端引导式上肢康复机器人设计中，肘关节与机械臂肘关节的旋转中心并不重合，在运动过程中肩关节会发生旋转对肘关节旋转角度进行补偿，同时患者腕部束缚点位可能会发生滑移，肢体代偿是脑卒中患者在术后康复治疗中快速恢复基本生存技能的常用方式，患者可通过健康或受损较轻的关节对功能性动作进行补偿，从而满足患者日常生存需要。滑移是训练过程中需要避免的无效训练，运动滑移不仅会影响患者在训练过程中的体验度，更重要的是运动滑移不利于患者恢复健康，因此在实际的训练过程中应当避免或尽量减少。

当机械前臂发生弯曲时会带动患肢前臂发生弯曲，同时患肢肩关节外展进行补偿，此时，患肢肘关节下移确保在运动过程中腕部束缚位置不产生滑移，通过建立理论模型分析可知肩关节补偿角度 θ 与机械臂轴线到患肢轴线距离 L 之间的关系为：

$$\sin\theta=\frac{L-L_3}{L_1} \tag{4-2-1}$$

由此可知

$$\cos\theta=\sqrt{1-\sin^2\theta}=\sqrt{1-\left(\frac{L-L_3}{L_1}\right)^2} \tag{4-2-2}$$

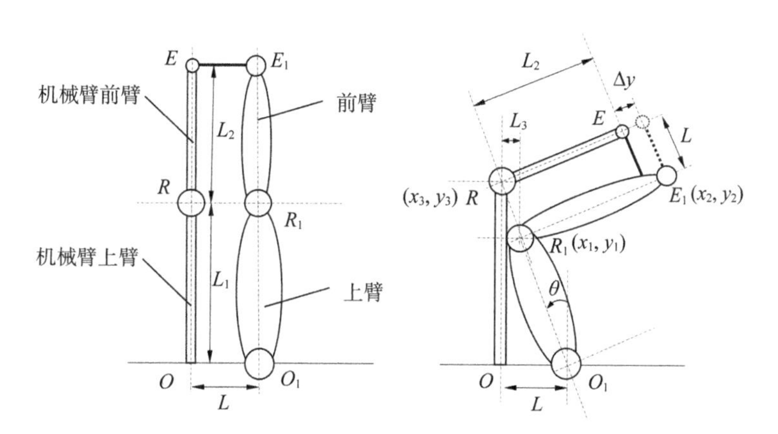

图 4-2-3　机械臂前臂滑动补偿原理图

如图 4-2-3 所示，设机械臂肩关节为坐标原点，在机械臂肩关节保持不动情况下，人体上肢肘关节弯曲 90°时机械臂前臂滑动补偿过程。由几何关系可知：

$$\begin{cases} x_1=L-L_1\sin\theta \\ y_1=L_1\cos\theta \end{cases} \tag{4-2-3}$$

$$\begin{cases} x_2=x_1+L_2\cos\theta \\ y_2=y_1+L_2\sin\theta \end{cases} \tag{4-2-4}$$

对于机械臂有 R 点位置坐标：

$$\begin{cases} x_3 = 0 \\ y_3 = L_1 \end{cases} \tag{4-2-5}$$

由几何关系可以得出机械臂滑动补偿量 Δy：

$$\Delta y \approx \sqrt{x_2^2 + (y_2 - y_3)^2} - \sqrt{L_2^2 + L^2} \tag{4-2-6}$$

将已知条件代入得：

$$\Delta y = \sqrt{\left(L_3 + L_2\sqrt{1-\left(\frac{L-L_3}{L_1}\right)^2} + L_1\sqrt{1-\left(\frac{L-L_3}{L_1}\right)^2} - L_1 + \frac{L_2(L-L_3)}{L_1}\right)^2} - \sqrt{L^2 + L_2^2} \tag{4-2-7}$$

假设上臂臂长为 40 cm，前臂臂长为 28 cm，手臂中心与机械臂贴合中心距为 10 cm，对初始手臂中心与机械臂中心距取值范围为 10 cm$\leqslant L \leqslant$20 cm。则通过 MATLAB 对函数进行分析得出如图 4-2-4 所示结果。

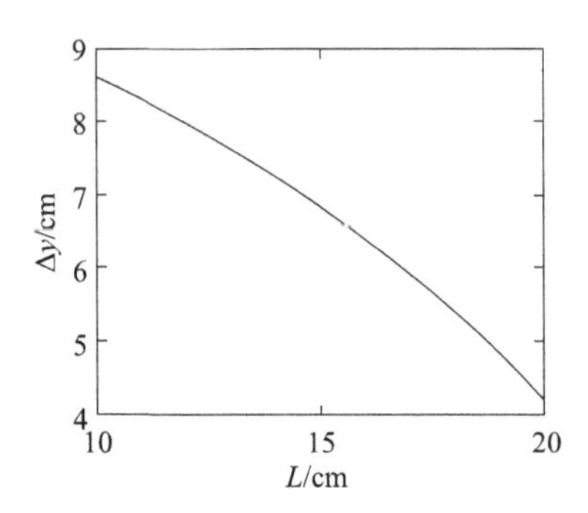

图 4-2-4　机械臂滑动补偿函数图像

从图 4-2-4 中可以看出，在机械臂与人体上肢关节轴心不重合情况下，训练过程中机械臂一定会产生滑动补偿，且这种补偿会随着初始手臂中心与机械臂中心距的增大而减小。

二、动力系统元件选择

1. 动力系统结构布局

根据上肢康复机器人整体设计要求，本案例涉及的末端引导式上肢康复机器人动力系统涉及三个关节和一个升降系统的驱动设计，三个关节帮助患者完成空间动作训练，而升降电机调节设备高度以适用于更多患者的需要。

驱动关节的动力系统是由 24 V 直流无刷电机、刹车(制动器)和减速器构成(如图 4-2-5 所示)。电源采用 220 V 市电经降压处理转换为 24 V，为直流无刷电机和常闭刹车供电，电机输出转速经减速器减速处理为符合安全要求的转速，同时增大输出扭矩带动人体上肢完成动作训练(如图 4-2-6 所示)。升降系统选择了技术较为成熟的升降柱，该升降柱分为三级展开由直线电机作为动力源配合方形壳体组成，由手持控制器控制设备整体高度。

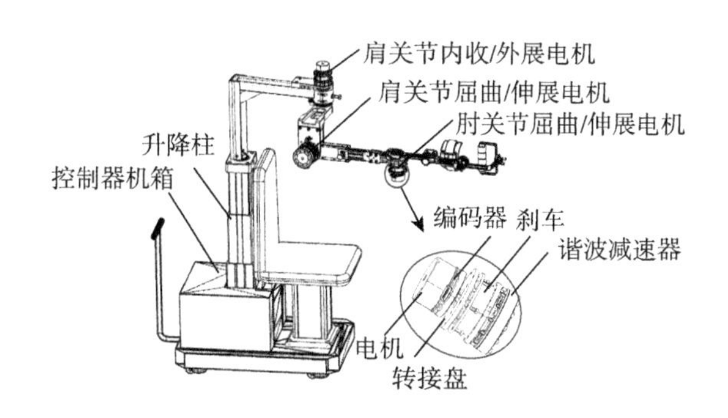

图 4-2-5 动力系统结构布局

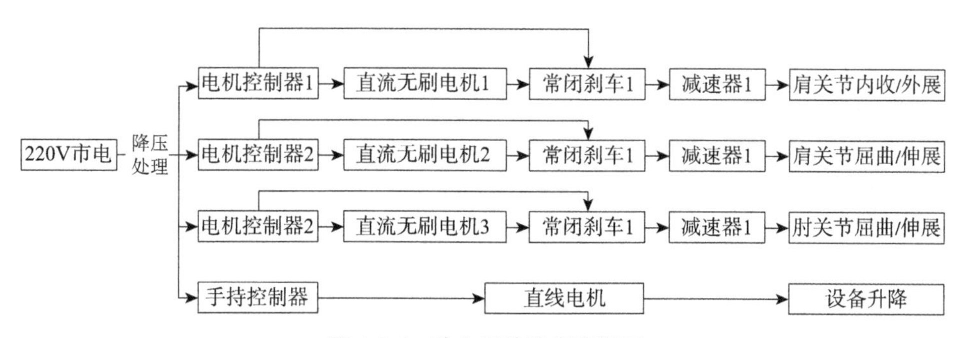

图 4-2-6 动力系统输出流程图

为尽量避免能量损失，本案例采用了电机直驱的驱动方式，将驱动电机经减速后直接安置在关节处。综合考虑人一机关节轴心重合度的影响并结合末端引导式的基本理念，本案例肩关节采用了旋转轴心重合式设计方案，而肘关节采用了平行式关节轴心，并配合直线滑动补偿机构来弥补关节旋转轴心不对称带来的负面影响。升降柱负责调节机械臂距离座位的整体高度，以此达到适用于不同身高患者的最佳训练高度。在被动训练过程中肩关节内收/外展电机将带动患者手臂进行内收/外展动作训练，肩关节屈曲/伸展电机将带动患者手臂进行屈曲/伸展动作训练，肘关节屈曲/伸展电机将带动患者手臂进行屈曲/伸展动作训练。在主动模式下肩关节内收/外展电机将跟随患者手臂完成内收/外展动作训练，并根据患者肌肉力大小提供适当的阻力或助力效果，肩关节屈曲/伸展电机将跟随患者手臂完成屈曲/伸展动作训练，并根据患者肌肉力大小提供适当的阻力或助力效果，肘关节屈曲/伸展电机将跟随患者手臂完成屈曲/伸展动作训练，并根据患者肌肉力大小提供适当的阻力或助力效果。

2. 电机选型

电机选型主要与机械臂的启动转矩以及机械臂重力产生的重力矩有关，在上肢康复机器人中，通常需要考虑人体上肢重量，假设患者完全失去肌力，人体上肢质量分布及中国成年人人体体重标准如表 4-2-1 所示：

表 4-2-1　中国成年人人体体重标准

百分位数/%	1	5	10	50	90	95	99
体重/kg	44	48	50	59	71	75	83

表 4-2-2　人体上肢质量分布

测量部位	男/%	女/%
双上肢	10.0	8.8
双上臂	5.3	5.1
双前臂	3.0	2.6
双手	1.8	1.2

以男女上肢各部分比例均值为基础，根据表 4-2-2 中数据可估算出 99%的人体上肢单侧臂质量约为上臂 2.15 kg、前臂质量约为 1.25 kg、手部质量约为 0.75 kg。机械臂自重可以通过软件计算获得，在软件中赋予简易模型结构零件相应材料，经软件模拟称重得到前臂 2.5 kg，大臂及前臂约 5.8 kg，肩部、大臂及前臂约 14 kg。设定患者在康复训练中的最大运动速度为 10 r/min，电机的启动时间为 0.2 s，见表 4-2-3。

表 4-2-3　电机选型参数表

	机械臂质量 m_1/kg	手臂质量 m_2/kg	半径 l/mm	电机转速 v/(r/min)	启动时间 t/s
肩内收/外展	14	4.15	820	10	0.2
肩屈曲/伸展	5.8	4.15	820	10	0.2
肘屈曲/伸展	2.5	4.15	450	10	0.2

(1) 肩关节内收/外展

肩关节内收/外展关节处不存在重力矩，即 $T_2=0$，电机主要提供电机启动时克服惯性扭矩的力，因此由计算公式：

$$\begin{cases} j=\dfrac{1}{3}(m_1+m_2)l^2 \\ \varepsilon=\dfrac{\pi n}{30t} \\ T_1=j\varepsilon \\ T=\dfrac{(T_1+T_2)k}{\eta_i} \end{cases} \tag{4-2-8}$$

可计算出惯性扭矩 $T_1=21.289$ N·m，通过适配减速比为 100 的谐波减速器，在 1.5 倍安全系数下得到电机输出扭矩峰值不小于 0.41 N·m。

根据计算结果，并查阅电机额定功率曲线，确定了电机在 1 000 rad/min 下的额定输出扭矩在 0.38 N·m，但根据电机允许短时过载(过载时扭矩可达 0.5 N·m)运行且可重复的特性，符合该机械臂的实际工况。

(2) 肩关节屈曲/伸展

肩关节屈曲/伸展关节处电机除提供克服惯性扭矩的力外还需要克服重力矩，在机械臂处于水平位置状态中，单侧上臂产生的重量完全作用于机械臂末端，测量得到受力点距离肩关节屈伸电机转轴距离为 700 mm，通过软件查找到机械臂中心位置与肩关节屈伸电机转轴距离为 420 mm，将电机选型参数表中的数据代入以下公式：

$$\begin{cases} J = \frac{1}{3}(m_1 + m_2)l^2 \\ \varepsilon = \frac{\pi n}{30t} \\ T_1 = J\varepsilon \\ T_2 = m_2 g l \\ T = \frac{(T_1 + T_2)k}{\eta_i} \end{cases} \tag{4-2-9}$$

可计算出惯性扭矩 T_1=11.671 N·m，重力矩 T_2=52.342 N·m。因此，驱动关节所需的最大力矩 T=64.013 N·m，通过适配减速比为 160 的谐波减速器，在 1.5 倍安全系数下得到电机输出扭矩峰值不小于 0.8 N·m。

肩关节屈曲/伸展的关节力矩是随着手臂动作交替变化，其峰值扭矩可以达到 64.013 N·m，在减速器的帮助下，电机的峰值扭矩需要满足不小于 0.8 N·m 的条件。通过查阅电机资料，发现 Maxon 24 V 供电电压下满足关节对扭矩输出的基本要求。电机的额定功率曲线，明确了电机在 1 600 rad/min 下的额定输出扭矩在 0.7 N·m，短时过载扭矩可达 0.91 N·m，根据电机允许短时过载运行且可重复的特性，符合该机械臂的实际工况。

(3) 肘关节屈曲/伸展

肘关节内收/外展关节处电机除了提供克服惯性扭矩的力，还需要克服机械臂前臂的重力分量，机械臂前臂的重力分量在肘关节产生的扭矩 T_2 与手臂倾角 θ 之间的关系如图 4-2-7 所示。

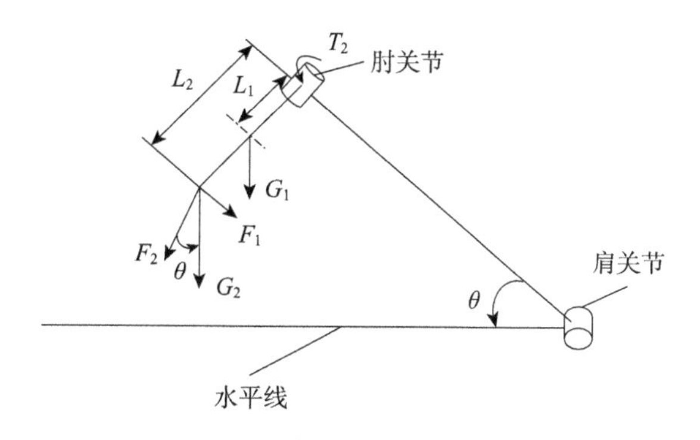

图 4-2-7　肘关节受力分析示意图

$$
\begin{cases}
j=\dfrac{1}{3}(m_1+m_2)l^2 \\
\varepsilon=\dfrac{\pi n}{30t} \\
T_1=j\varepsilon \\
T_2=L_2G_2\sin\theta+L_1G_2\sin\theta \\
T=\dfrac{(T_1+T_2)k}{\eta_i}
\end{cases}
\tag{4-2-10}
$$

式中，T_2 表示重力分量，可计算出惯性扭矩 $T_1=2.349$ N·m；重力分量产生的重力矩 T_2 约为 10.508 N·m，通过适配减速比为 100 的谐波减速器，在 1.5 倍安全系数下得到电机输出扭矩峰值不小于 0.24 N·m。

理论上，机械臂肘关节屈曲/伸展的关节的峰值扭矩需要达到 12.857 N·m 才能满足需求，在减速器的作用下，电机的峰值扭矩需要满足不小于 0.24 N·m 的条件。

3. 减速器选型

一般地，伺服系统几乎没有带着一定的负载连续运转状态。输入转速和负载转矩会发生变化，启动、停止时也会有较大的转矩作用。在减速器的选型中通常将这些变动的负载转矩换算成平均负载转矩进行型号的选定。减速器选型一般过程需要进行负载转矩模式确认，如图 4-2-8 所示。

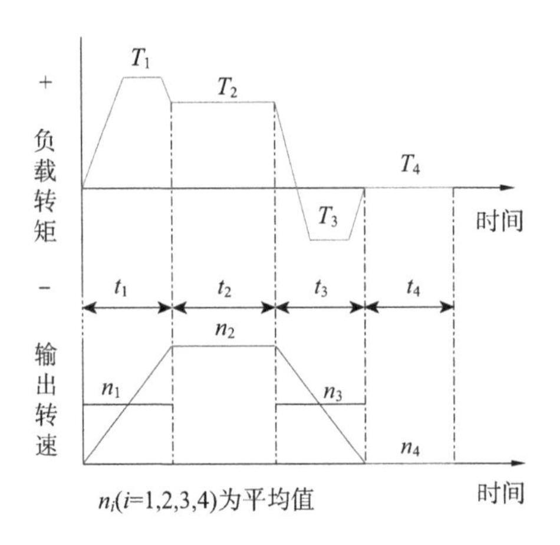

图 4-2-8　一般负载转矩模式

根据负载转矩模式计算出 Harmonic Drive 输出侧施加的平均负载 Tav(N·m)

$$
\mathrm{Tav}=\sqrt[3]{\frac{n_1t_1|T_1|^3+n_2t_2|T_2|^3+\cdots+n_it_i|T_i|^3}{n_1t_1+n_2t_2+\cdots+n_it_i}}
\tag{4-2-11}
$$

其中 $i=1,2,3,4$。

(1) 肩关节内收/外展减速器选型

根据肩关节内收/外展驱动模式下的一般运转模式，并根据电机选型资料可以确定电机在启动时，$T_1=22$ N·m，$t_1=0.3$ s，$n_1=5$ r/min；正常运转时以 10 r/min 的速度持续 3 s，此时的转矩$T_2=10$ N·m；在停止前经历均匀减速过程，$T_3=5$ N·m，$t_1=0.3$ s，$n_1=5$ r/min；最后经历 0.5 s 的停机时间，此时关节力矩 $T_4=0$ N·m。根据设计要求最高输出转速 $n_{o\_max}=10$ r/min，最高输入转速 $n_{i\_max}=1\ 000$ r/min，使用寿命按 5 年且每天工作 8 个小时计算，$L=9\ 600$ h。

代入输出侧施加的平均负载计算公式可得：

$$Tav=11.18\ (N\cdot m)$$

经查阅，型号为 SHD-17-100-2SH 平均负载转矩的容许最大值 27 N·m≥11.18 N·m，因此可以选择型号为 SHD-17-100-2SH 的谐波减速器。

根据上述电机的运行参数，此减速器平均输出转速：

$$n_{o\_av}=\frac{5\times 0.3+10\times 3+5\times 0.3}{0.3+3+0.3+0.5}=8.05\ (r/min)$$

确定减速比：

$$R=\frac{1\ 000}{8.05}=124.2\geqslant 100$$

根据平均输出转速(n_{o_av})和减速比 R，计算出平均输入转速：

$$n_{i\_av}=8.05\times 100=805\ (r/min)$$

根据最高输出转速(n_{o_max})和减速比 R，计算出最高输入转速：

$$n_{i\_max}=10\times 100=1\ 000(r/min)$$

$n_{i\_av}=805$ r/min≤3 500 r/min(型号 SHD-17-100-2SH 的容许平均输入转速)；$n_{i\_max}=1\ 000$ r/min≤7 300 r/min(型号 SHD-17-100-2SH 的容许最高输入转速)。

计算出减速器使用寿命：

$$L_{10}=7\ 000\left(\frac{16}{11.18}\right)^3\left(\frac{2\ 000}{805}\right)=50\ 934>L=9\ 600$$

根据上述结果，最终肩关节内收/外展减速器选定 Harmonic Drive 品牌，型号为 SHD-17-100-2SH 的谐波减速器。

(2) 肩关节屈曲/伸展减速器选型

根据肩关节屈曲/伸展驱动模式下的一般运转模式，和电机选型资料可以确定电机在气动时，$T_1=65$ N·m，$t_1=0.3$ s，$n_1=5$ r/min；正常运转时以 10 r/min 的速度持续 1.5 s 此时的平均转矩 $T_2=45$ N·m；在停止前经历均匀减速过程，$T_3=25$ N·m，$t_1=0.3$ s，$n_1=5$ r/min；最后经历 0.5 s 的停机时间，此时关节力矩 $T_4=0$ N·m。根据设计要求最高输出转速 $n_{o\_max}=10$ r/min，最高输入转速 $n_{i\_max}=1\ 600$ r/min，使用寿命 $L=9\ 600$ h。

代入输出侧施加的平均负载计算公式可得：

$$Tav=46.46\ (N\cdot m)$$

经查阅，型号为 SHD-25-160-2SH 平均负载转矩的容许最大值 75 N·m≥46.46 N·m，暂时选定型号为 SHD-25-160-2SH 的谐波减速器。

平均输出转速：

$$n_{o\_av}=\frac{5\times0.3+10\times1.5+5\times0.3}{0.3+3+0.3+0.5}=6.92\ (r/min)$$

确定减速比：

$$R=\frac{1\ 600}{6.92}=231\geqslant160$$

根据平均输出转速（n_{o_av}）和减速比 R，计算出平均输入转速：

$$n_{i\_av}=6.92\times160=1\ 107\ (r/min)$$

根据最高输出转速（n_{o_max}）和减速比 R，计算出最高输入转速：

$$n_{i\_max}=10\times160=1\ 600\ (r/min)$$

$n_{i\_av}=1\ 107$ r/min$\leqslant3\ 500$ r/min（型号 SHD-25-160-2SH 的容许平均输入转速）；$n_{i\_max}=1\ 000$ r/min$\leqslant5\ 600$ r/min（型号 SHD-25-160-2SH 的容许最高输入转速）。

计算出减速器使用寿命：

$$L_{10}=7\ 000\left(\frac{47}{46.46}\right)^3\left(\frac{2\ 000}{1\ 107}\right)=13\ 084>L=9\ 600$$

根据上述结果，最终肩关节屈曲/伸展减速器选定 Harmonic Drive 品牌，型号为 SHD-25-160-2SH 的谐波减速器。

(3) 肘关节屈曲/伸展减速器选型

根据肘关节屈曲/伸展驱动模式下的一般运转模式，并根据电机选型资料可以确定电机在气动时，$T_1=13$ N·m，$t_1=0.3$ s，$n_1=5$ r/min；正常运转时以 10 r/min 的速度持续 2 s，此时的转矩 $T_2=8$ N·m；在停止前经历均匀减速过程，$T_3=6$ N·m，$t_1=0.3$ s，$n_1=5$ r/min；最后经历 0.5 s 的停机时间，此时关节力矩 $T_4=0$ N·m。根据设计要求最高输出转速 $n_{o\_max}=10$ r/min，最高输入转速 $n_{i\_max}=1\ 000$ r/min，使用寿命按 5 年且每天工作 8 个小时计算，$L=9\ 600$ 。

代入输出侧施加的平均负载计算公式可得：

$$Tav=8.32\ (N\cdot m)$$

经查阅，型号为 SHD-17-100-2SH 平均负载转矩的容许最大值 27 N·m$\geqslant$8.32 N·m，因此，可选用型号为 SHD-17-100-2SH 的谐波减速器。

同肩关节减速器选型计算过程，最终肘关节屈曲/伸展减速器选定 Harmonic Drive 品牌，型号为 SHD-17-100-2SH 的谐波减速器。

三、上肢康复机器人机械结构设计

1. 肩关节 2 自由度结构设计

肩关节 2 自由度运动包括内收/外展和屈曲/伸展，在末端引导的情况下，腕关节内旋/外旋动作可以弥补肩关节内旋/外旋对机械臂末端姿态的影响，在本案例中采用了人—机关节轴心重合的设计方式，这是因为不重合的关节运动中心在运动过程中人—机末端连接位置会发生移动补偿，这种相对移动会严重影响训练过程的舒适度。

上肢康复机器人机械臂的肩部关节需要承受更大的驱动力矩，在运行过程中转动轴既要传递转矩又要承受弯矩，因此，选择合适的关节轴是确保机械臂平稳运行的关键。本案例中选用轴的材料为45钢，经调质处理，按扭转强度初估轴径，其轴的扭转强度条件为：

$$\tau = \frac{T}{W_t} = \frac{9.55 \times 10^6 \dfrac{P}{n}}{0.2d^3} \leqslant [\tau] \tag{4-2-12}$$

式中，τ——轴的扭转切应力(MPa)；T——轴所传递的扭矩(N·m)；W_t——抗扭截面系数(mm^3)；P——轴传递的功率(kW)；n——轴的转速(r/min)；d——截面处轴的直径(mm)；$[\tau]$——轴的许用扭转切应力(MPa)。

实心圆轴抗扭截面系数：

$$W_t = \frac{3.14d^3}{16} \tag{4-2-13}$$

轴的直径可以表示为：

$$d \geqslant \sqrt[3]{\frac{5 \times 9.55 \times 10^6 P}{[\tau_T]n}} = C\sqrt[3]{\frac{P}{n}} = C\sqrt[3]{\frac{T}{9\,550}} \tag{4-2-14}$$

式中，C是由材料和承载情况确定的常数，45钢的C值为118～107。

根据肩关节内收/外展的设计要求，需要传递22 N·m的扭矩。由此可以计算出肩关节内收/外展的轴径应满足$d \geqslant 15.6$ mm，综合考虑到能量损失与轴端需要开螺纹孔等因素后取肩关节内收/外展轴径为30 mm。

肩关节屈曲/伸展轴需要承受65 N·m的扭矩，因此，肩关节屈曲/伸展轴径应满足$d \geqslant 22.4$ mm，综合考虑到能量损失和结构设计需求，取其轴的直径为29 mm。

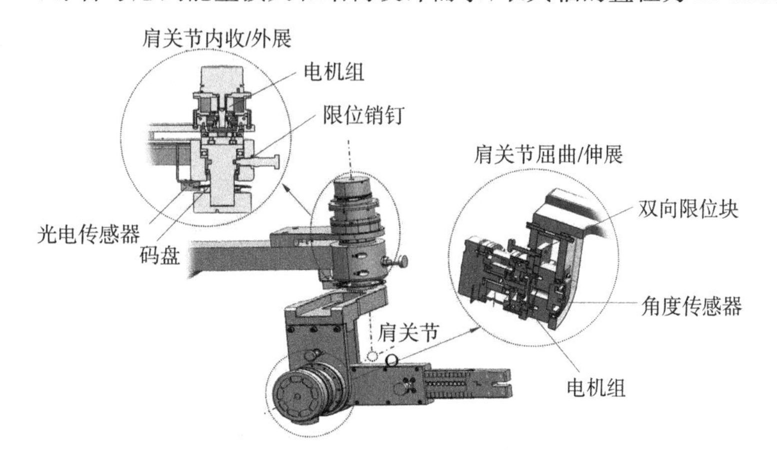

图4-2-9 肩关节结构模型

肩关节是人体上肢关节活动度最大的关节，在本案例中肩关节为驱动关节，根据结构设计方案肩关节采用了人—机关节轴心重合式设计，如图 4-2-9 所示机械臂的屈曲/伸展旋转轴心与内收/外展旋转轴心相交于 O 点，在实际应用过程中可以通过调节机械臂的整体高度将 O 点调整至与人体肩关节旋转位置重合。为确保安全，肩关节设置了机械限位，肩关节内收/外展通过弹簧限位销钉配合设置在转轴上的限位导槽进行限位，将其活动范围限制在人体正常活动范围。肩关节屈曲/伸展同样需要机械限位，该关节采用活动限位块的方式进行限位，设置为活动限位块的优势在于换向前后可以使用同一个限位块。

另外，增加电子限位不仅能够提高设备的安全系数，而且可以更好地保护机械结构不受破坏。配备了编码器的电机系统可以准确地记录运行过程中的位置信息，但为将单一故障影响降至最小，本案例为驱动关节增加了角度传感系统，通过判断编码器记录的位置与角度传感器测量的位置差来判断设备是否发生故障。当两者的位置差异常增大，设备将对驱动关机采取制动措施，并发出报警提醒医生排查故障。受结构的影响，肩关节内收/外展位置无法直接安装市面上常用的角度传感器，因此，通过使用两个光电传感器配合特制码盘记录关节旋转的位置信息。肩关节屈曲/伸展位置选择了非接触式磁感应角度传感器（如图 4-2-10 所示），相较于接触式的霍尔角度传感器体积更小、测量范围更广、旋转力矩更小、使用寿命更长。

图 4-2-10　非接触式磁感应角度传感器

2. 肘关节屈曲/伸展结构设计

前面已经对肘关节进行了运动分析，人—机关节轴心不重合会造成固定位置的移动补偿从而引起训练过程中舒适度降低，但这种不重合造成的问题可以通过改变机械臂杆件长度得到缓解。通过仿真得到初始手臂中心与机械臂中心距在 100～200 mm 范围内，机械臂的移动补偿量在 40～90 mm 之间，当手臂中心与机械臂中心距超过 150 mm 时，可以将移动补偿量控制在 70 mm 以内。

基于以上分析，本案例在肩关节设计过程中增加了 75 mm 的滑块机构，通过滑块的运动补偿因关节轴心不重合造成的固定位置移动问题。如图 4-2-11 所示为减轻近端关

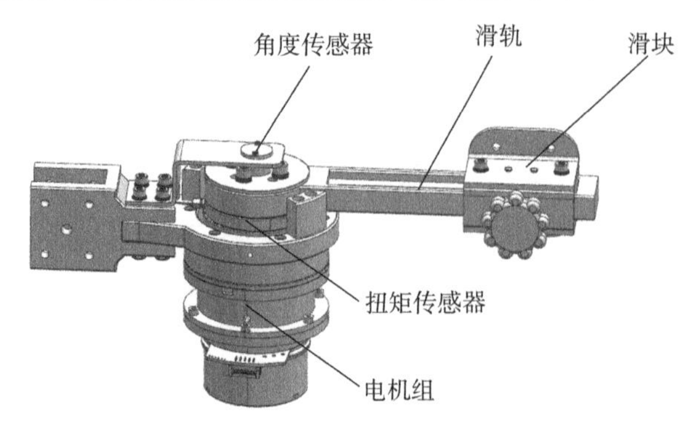

图 4-2-11　肘关节结构模型

节的负载，在对机械臂设计之初就尽量多的考虑选用性价比高且质量轻的航空铝材，简化肘关节结构节机械结构其目的仍然是通过减轻机械臂质量来减轻近端驱动关节的负载。肘关节采用了悬梁式结构设计，电机组输出动力直接通过扭矩传感器输送至执行器，滑轨和滑块共同组成了机械臂前臂机构，燕尾槽式滑轨既能够作为前臂的主要支撑又能够配合滑块补偿因关节轴心不重合造成的固定位置移动问题。

3. 腕关节3自由度结构设计

腕关节3自由度运动包括掌屈/背伸、尺偏/桡偏以及内旋/外旋运动，作为人体上肢末端的动作执行单元，抓取方式以及姿态变换都体现了腕关节功能完善的重要性。腕关节运动具有关节自由度数量多、角度运动范围大，以及可操作空间小等特点。因此在对腕关节进行结构设计中将掌屈/背伸与尺偏/桡偏动作设计为共用一个旋转轴心，训练方式是通过内旋/外旋切换90°方式实现，腕关节3自由度训练机构如图4-2-12所示。

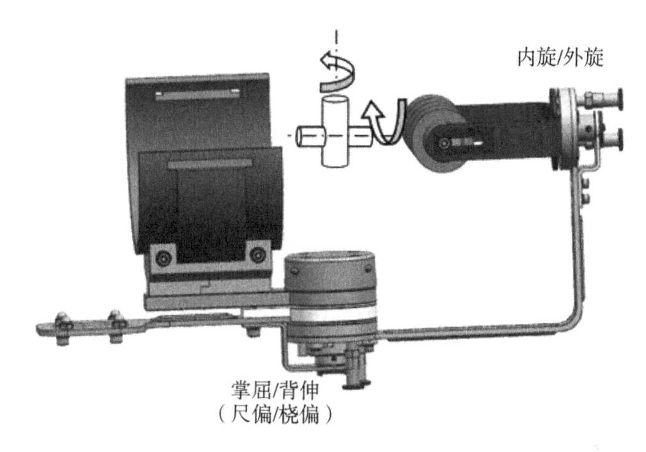

图4-2-12　腕关节3自由度训练模型图

肘关节双轴合一设计考虑了掌屈/背伸与尺偏/桡偏两个功能性运动因素，通过控制弹簧销钉的启用顺序实现2个自由度共用同一旋转轴心的目的，进一步地为满足手托浮动式设计要求，手托支架的旋转部分与腕关节旋转轴心重合，其结构如图4-2-13所示：

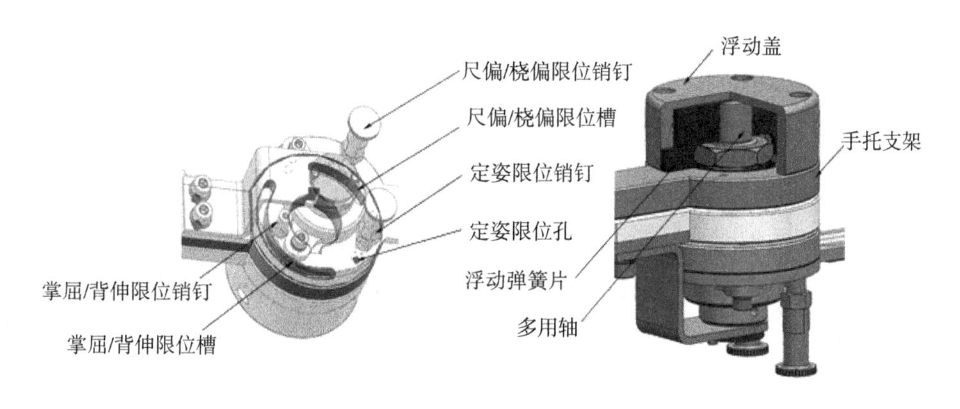

图4-2-13　腕关节多轴心结构设计图

图 4-2-13 左图所示结构为腕关节 2 自由度共用同一轴芯结构，尺偏/桡偏与掌屈/背伸的限位槽设计在同一限位块上，其中掌屈/背伸限位槽超出尺偏/桡偏限位槽角度范围 2 倍以上，且该关节处在满足功能条件下运动范围最大不超过掌屈/背伸限定角度范围，因此掌屈/背伸限位销钉可设计为固定式限位销钉，可置于结构内部，降低结构设计的复杂程度。定姿限位销钉的用途主要是用来固定腕部训练结构的姿态，防止肌无力患者使用时腕关节训练机构自然下垂影响患者正常使用。尺偏/桡偏限位销钉为自锁型弹簧柱塞销式设计，该设计方案是为了在不启用尺偏/桡偏训练模式的情况下不影响掌屈/背伸动作的正常进行。图 4-2-13 右图展示了手托浮动结构设计模型，在本案例中手托的设计方式为侧下托式设计，因此在浮动式设计中需要考虑初始姿态下手托所处位置，选用浮动弹簧片的目的是为了维持手托在换向前后受力均衡从而保持手托在初始状态下与机械臂手臂方向保持一致。

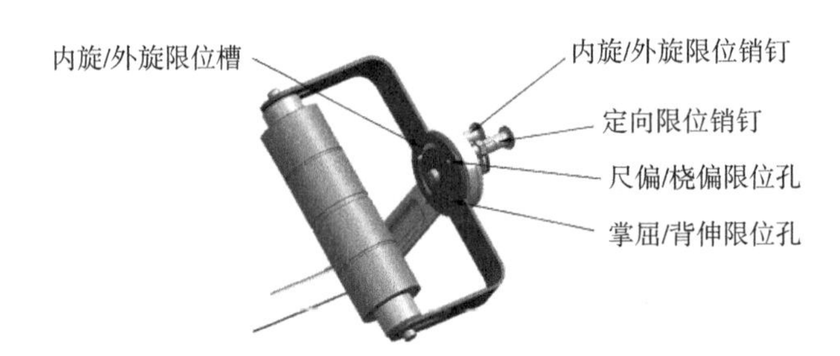

图 4-2-14　腕部内旋/外旋结构图

手柄装有压力传感器用于测量患者握力，手柄前后可以调节距离适用于手掌大小不同的患者，提供一个舒适的握姿，如图 4-2-14 所示。内旋/外旋限位销钉配合内旋/外旋限位槽使用确保训练过程中关节角度运动范围在安全范围之内。定向限位销钉用于配合掌屈/背伸和尺偏/桡偏动作使用，掌屈/背伸与尺偏/桡偏限位孔呈 90°圆形阵列分布，初始状态下通过将手柄从竖直状态切换至水平状态可实现腕部训练从尺偏/桡偏到掌屈/背伸动作的转换。腕部 2 轴结构实现了帮助患者完成腕部 3 自由度的训练要求，其训练模式切换如图 4-2-15 所示。

手托部分的设计关系到用户的体验度，传统的手托为束缚型结构设计，无法实现手臂旋转动作。在该结构中手臂通过绑带与手托固定，但设置在手托背弧面的圆形凹轨可通过滚珠与组合滑轨发生相对滚动，滚动摩擦降低了摩擦系数，大大提高了手托对手臂的跟随性，从而改善患者在训练过程中的体验度(图 4-2-16)。

4. 关节限位保护结构设计

训练对肢体功能性障碍患者的康复具有十分重要的意义，但对患者本身来说，运动范围较小或过度拉伸都不利于患者康复，特别是过度拉伸，很容易造成患者肌肉的二次损伤。因此，关节限位保护非常重要，特别是驱动关节的限位保护。

肩关节内收/外展采用了弹簧销钉配合限位导槽的限位方式，由于该关节除了需要限位外还承担着换向功能，换向前后限位特征呈镜像关系。因此，该关节限位采用两套限位导槽共用一个限位销钉的设计方式，既不影响换向需求，又满足了换向前后肩关节

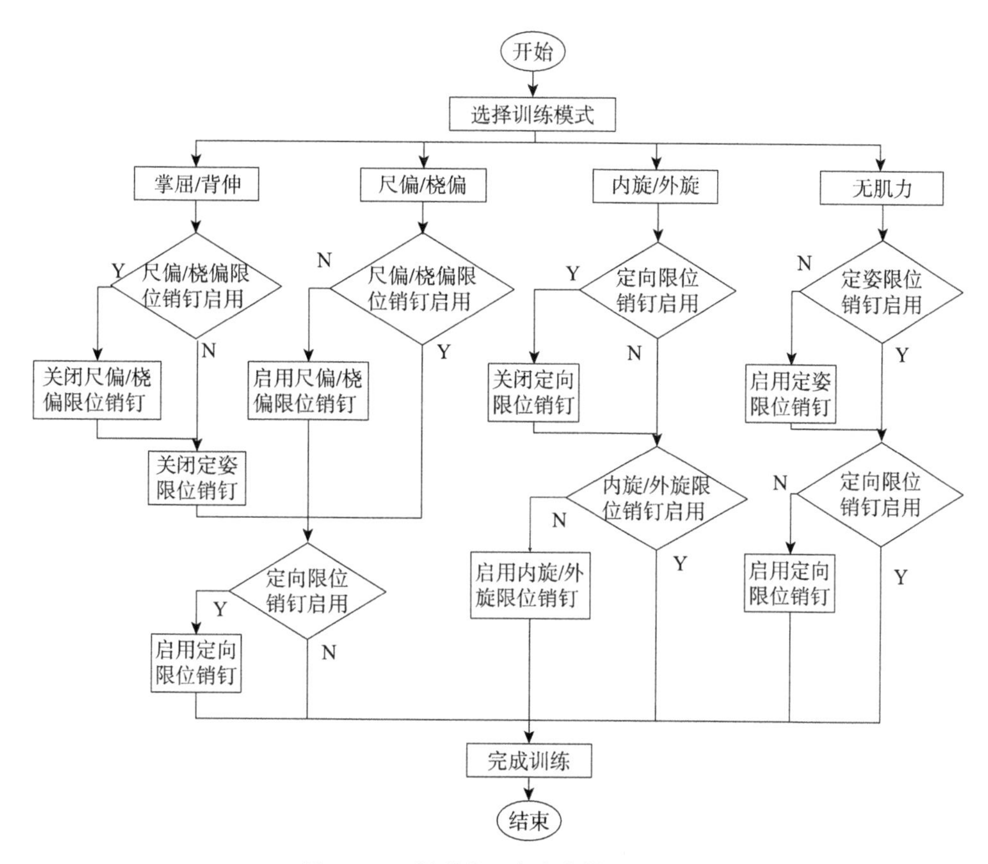

图 4-2-15　腕关节 3 自由度训练流程图

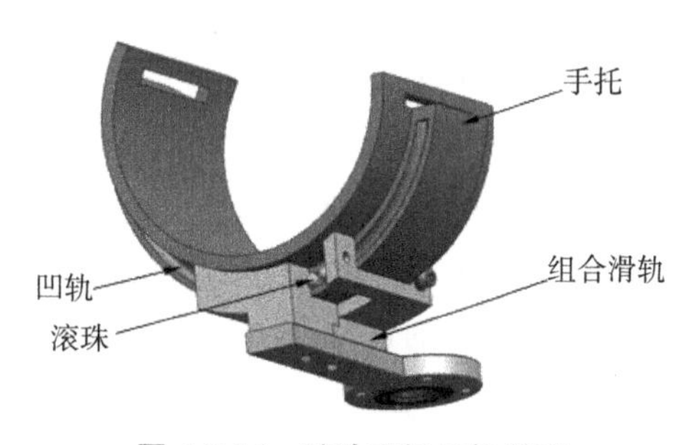

图 4-2-16　随动手托结构模型

内收/外展的限位需要。肩关节屈曲/伸展采用了限位滑块的设计方式，同样兼具了换向需求。因此，该关节采用了双向对称式限位设计，既能满足换向前屈曲、伸展的上下限位又能兼顾完成换向后手臂屈伸动作限位。肘关节的限位相对比较固定，不受换向前后的影响，因此，肘关节限位采用了固定的限位挡块，将肘关节活动范围限定在安全活动区域。腕关节 3 个自由度的限位不受换向影响，但腕部的掌屈/背伸和尺偏/桡偏共用了同一个旋转轴，因此，在该关节处设置了两个不同的限位导槽配合两个限位销钉形成两套限位系统，如图 4-2-17。

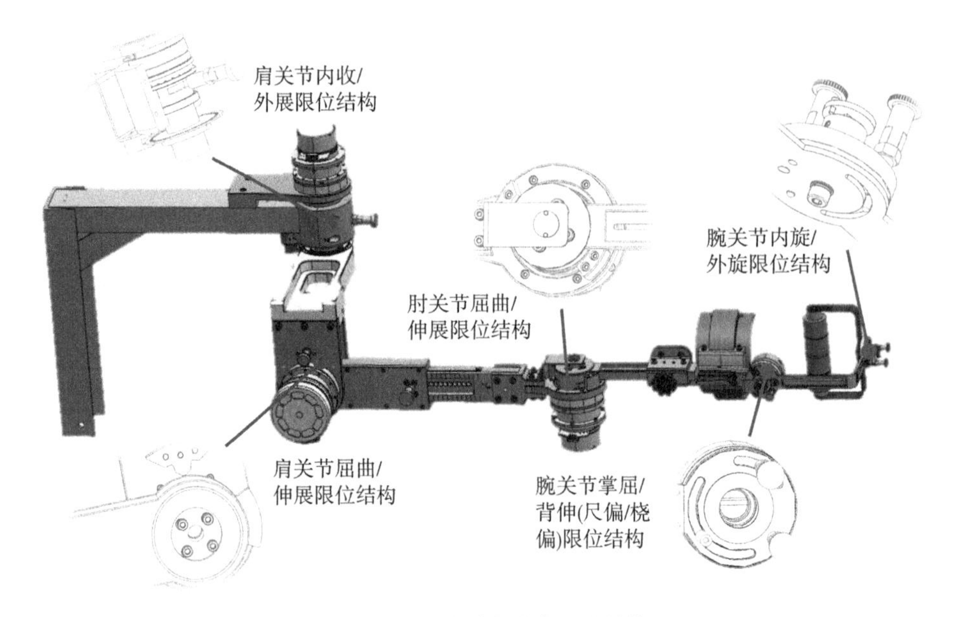

图 4-2-17 机械臂各关节限位结构

5. 手臂换向结构设计

换向设计是为了提高上肢康复机器人的使用率，具有手臂换向功能的上肢康复机器人能够实现同一机械臂对患者左、右手臂单独进行训练。

初始状态如图 4-2-18 所示，以右臂训练换左臂训练为例，详细描述换向步骤。

步骤 1：按压换向按钮，同时顺时针转动机械臂 180°。

步骤 2：复位换向按钮，完成机械臂后旋动作（换向按钮控制了肩关节屈曲/伸展位置的限位机构，关闭限位功能即可完成换向，换向结束后需检查并确保限位功能重启）。

步骤 3：拔出换向销钉，同时逆时针转动机械臂 180°。

步骤 4：复位换向销钉，完成机械臂左右换向动作（换向销钉的作用除了换向外还具有限位功能，因此，换向完成后需检查并确保限位功能重启）。

步骤 5：检查并调节机械臂上臂及前臂长度至合适位置。

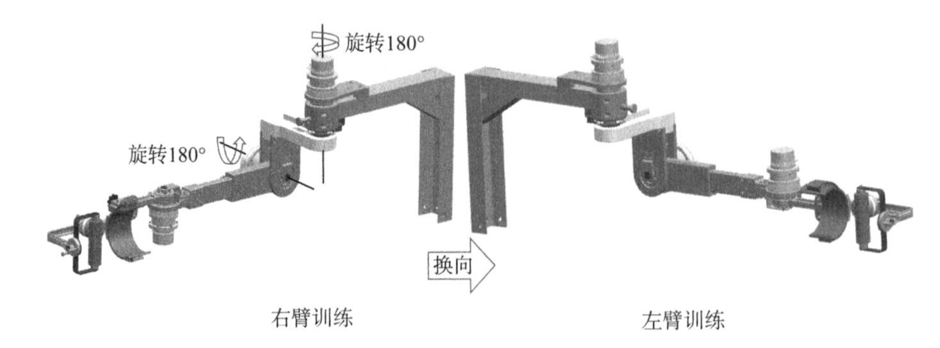

图 4-2-18 换向过程示意图

为进一步降低护理医生的工作强度，增加了智能换向功能，通过操作控制面板进行一键换向，护理医生只需要在换向前按下换向按钮并将换向销钉拔出，设备将自动完成换向，换向完成后将限位功能再次开启即可。

6. 升降系统与底部支撑结构设计

升降系统是连接机械臂与底部支撑结构的重点，如图 4-2-19(A)所示，升降柱既要承受机械臂与患者训练过程中的重力分量又需要承载动态偏载。升降系统选择了医疗多级电缸伸缩柱(CPMT 系列)，如图 4-2-19(C)所示，它拥有较低的安装高度、较大的升降范围(0～600 mm)和较高的负载能力(推压负载 5 000 N、牵引负载 4 000 N、静载推压 15 000 N、动态偏载 1 400 N·m)等优势，符合设计要求。底座支撑结构包括脚轮、座椅、电控箱以及升降台，脚轮采用了承重能力较强的福马轮(如图 4-2-19(B)所示)，与其他脚轮不同的是，这种脚轮结构不仅能够实现固定、移动以及调节高度等功能，还具有防尘作用。

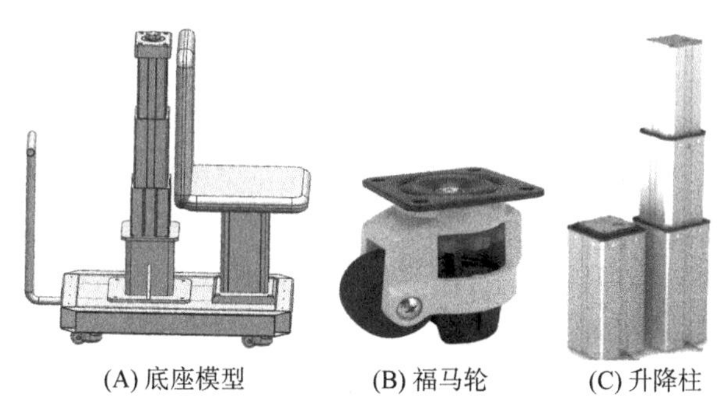

(A) 底座模型　(B) 福马轮　(C) 升降柱

图 4-2-19　升降系统与底部支撑结构

四、零件材料选择

本案例所涉及的末端引导式上肢康复机器人机械臂的结构精巧，因此，在选材方面除了要考虑材料的力学性能外还需要考虑材料密度，优先选用轻质且强度较高的材料。45 号钢凭借其良好的力学性能及极高的性价比，广泛应用于机械。考虑到 45 号钢的质量密度较大可作为机械臂的主体支撑。7075 合金铝质量密度小、易于加工且强度高，可用于机械臂的主要零件制作。304 具有良好的耐蚀性、冲压弯曲等性能可以用于制作机械臂上的钣金零件。

其他标准零件材料选用及标准如表 4-2-4 所示。

表 4-2-4　标准件材料选择及标准

名　称	材　料	标　准	等　级
内六角圆柱头螺钉	镀镍	GB/T70. 1_2008	10. 9 级
平垫圈	镀镍	GB/T97. 4_2002	
标准型弹簧垫圈	S30408	GB93-87	

续表 4-2-4

名　称	材　料	标　准	等　级
六角螺母	S30408-	GB/T 6170	
盖型螺母	S30408	GB 923	
内六角沉头螺钉	镀镍	GB/T70.3_2008	10.9 级
内六角平端紧定螺钉	镀镍	GB/T77_2007	10.9 级

五、力学性能仿真分析

有限元分析在机械设计中的应用十分广泛，通过有限元分析能够近似得知产品在实际工作中受力变形情况，并以此作为判断其是否达到设计要求，或相应的优化零件结构。本章节针对机械臂承受较大载荷的关键零部件进行有限元分析，从而验证上肢康复机器人的可靠性。

缩小机械臂的体积、减轻机械臂的整体重量是本案例的目标之一，同时为确保安全，零件选材上一定要综合考虑屈服强度和质量密度，选择高强度且密度小的材料。通过查阅资料确定了本案例研究所需材料主要为 45 不锈钢、304 不锈钢、7075-T651 铝合金以及 POM 等轻质材料，其物理特性如表 4-2-5所示。

表 4-2-5　金属材料物理特性

材料	抗拉强度	屈服强度	弹性模量	硬度	质量密度	泊松比
7075 铝合金	524 MPa	455 MPa	71 GPa	150 HB	2.81 g/ cm^3	0.33
304 不锈钢	515～1 035 MPa	≥205 MPa	193 GPa	≤201 HB	7.93 g/ cm^3	0.3
45 不锈钢	≥600 MPa	≥355 MPa	205 GPa	≤197 HB	7.85 g/ cm^3	0.29

1. 前臂延伸板综合力学性能分析

将前臂延伸板三维模型导入后，依次对模型零件赋予材料属性、划分网格、添加约束以及施加载荷，在施加载荷力的过程中需要确定好力的大小方向以及施加位置等关键信息，本项目综合考虑多种情况赋予零件 304 不锈钢材料，在零件末端安装孔位置施加与杆件垂直且大小为 100 N 的力，进一步得到图 4-2-20 中所示结果。

如图 4-2-20A1、B1、C1 所示为机械臂用于患者右侧手臂训练时设备在最大受力位置的力学性能分析，图 4-2-20A2、B2、C2 为机械臂用于患者左侧手臂训练时设备在最大受力位置的力学性能分析。

图 4-2-20A1、A2 所示结果表明在施加大小为 100 N 力的情况下，理论上换向前后前臂延伸连杆的最大形变量基本一致，均为 0.0415 mm，变形量微小；图 4-2-20B1、B2 所示结果表明零件在换向前后所产生的最大应力均为 34.97 MPa，远小于 304 不锈钢的屈服强度 $\sigma_{0.2}$≥205 MPa，最大应力均发生在弧面过度区域，对后续提高机构工作能力进而优化零件具有指导性意义；图 4-2-20C1、C2 所示结果表明零件最大应变约为

1.59525e－004，变形量极小且对系统正常运行无影响。整体上看固定位置仅有两个安装孔受力明显，其余两个几乎不受外力，理论上可以去除，但因设计的整体考虑，本项目中保留原有设计。

综上分析，该关键零件选材合理，零件尺寸外形设计合理，满足设计要求。

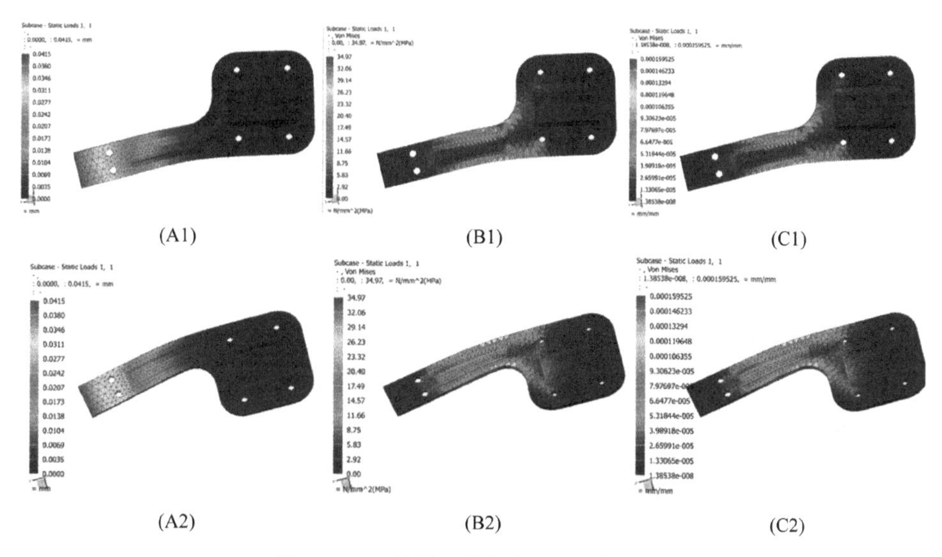

图 4-2-20　前臂延伸板有限元分析结果

2. 上臂组件综合力学性能分析

导入零件三维模型，依次对模型零件赋予材料属性、划分网格、添加约束以及施加载荷，在施加载荷力的过程中需要确定好力的大小方向以及施加位置等关键信息，本项目综合考虑多种情况赋予零件 7075 铝合金材料，在零件末端安装孔位置施加与杆件垂直且大小为 200 N 的力，进一步得到图 4-2-21 中所示结果。

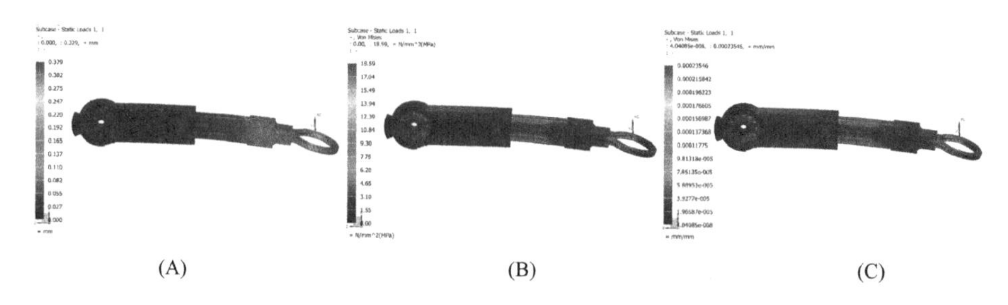

图 4-2-21　上臂组件有限元分析结果

如图 4-2-21 所示为机械臂大臂连杆在最大受力位置的力学性能分析。图 4-2-21(A)所示结果表明在施加大小为 200 N 力的情况下，理论上换向前后大臂连杆的最大形变量基本一致，均为 0.329 mm，变形量小于医疗器械形变量标准要求 1/150；图 4-2-21(B)所示结果表明零件在换向前后所产生的最大应力均为 18.59 MPa，远小于 7075 铝合金的屈服强度 $\sigma_{0.2} \geqslant 455$ MPa，最大应力发生在大臂末端的固定环上；图 4-2-21(C)所示结果表明零件最大应变约为 2.3546e−004 MPa，变形量极小且对系统正常运行无影响。整体上看固定位置安装孔受力不明显，设计强度远远超出理论分析所需零件结构强度，最大应力发生在大臂末端连接处，该处因零件受力方式的原因是整个机构中最易发生破损的关键零件，在无法改变零件本身尺寸条件下，可以选取力学性能更好的材料，但在该设计中，所选材料可以满足实际需求。

综上分析，该关键零件选材合理，零件尺寸外形设计合理，满足设计要求。

3. 肩关节横梁综合力学性能分析

导入零件三维模型，依次对模型零件赋予材料属性、划分网格、添加约束以及施加载荷，在施加载荷力的过程中需要确定好力的大小方向以及施加位置等关键信息，本项目综合考虑多种情况赋予零件 7075 铝合金材料，在零件末端安装孔位置施加与杆件垂直且大小为 300 N 的力，进一步得到图 4-2-22 中所示结果。

如图 4-2-22 所示为机械臂横接梁在最大受力位置的力学性能分析。图 4-2-22(A)所示结果表明在施加大小为 300 N 力的情况下，理论上换向前后横接梁的最大形变量基本一致，均为 0.291 mm，形变量小于医疗器械形变量标准要求 1/150；图 4-2-22(B)所示结果表明零件在换向前后所产生的最大应力均为 19.79 MPa，远小于 7075 铝合金的屈服强度 $\sigma_{0.2} \geqslant 455$ MPa，最大应力发生在横接梁与旋转轴的连接处；图 4-2-22(C)所示结果表明零件最大应变约为 2.50662e−004 Mpa，形变量极小且对系统正常运行无影响。整体上看零件结构的综合力学性能可以满足实际需求。

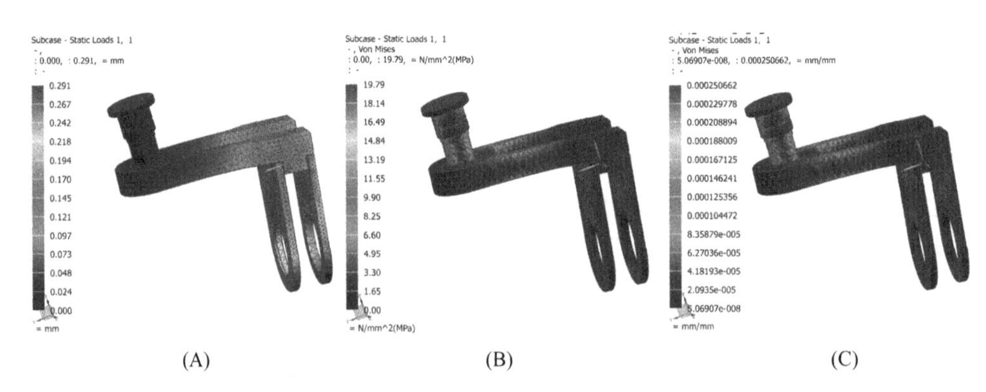

图 4-2-22　肩关节横接梁有限元分析结果

综上分析，该关键零件选材合理，零件尺寸外形设计合理，满足设计要求。

第三节　运动学与动力学分析

一、上肢康复机器人运动学分析

对多自由度末端引导式上肢康复机器人的运动学分析，可以采用机器人学中的 D-H 法则。首先对该机器人建立连杆坐标系，然后结合齐次变换矩阵的理论知识，将机器人末端空间位置姿态用 4×4 矩阵形式表示，最后将相邻两个连杆间的矩阵依次右乘得到机器人末端位置姿态矩阵。

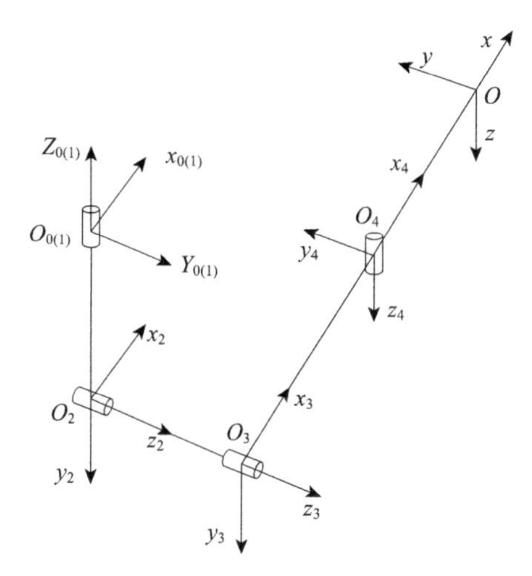

图 4-3-1　末端引导式上肢康复机器人 D-H 坐标系

1. 上肢康复机器人坐标系建立

上肢康复机器人共有 5 个自由度，但可以满足对人体手臂 6 个自由度的训练要求，其中肩关节和肘关节所涉及的 3 个旋转关节为动力驱动关节，腕部及手部设计为 3 个欠驱动关节，具有一定肌力的患者可以操控这 3 个欠驱动自由度，对于动力驱动关节来说需要建立 4 个坐标系。为简化坐标系的建立，本案例将关节 1 处的坐标系设为基础坐标系，根据机器人坐标系建立法则建立多自由度末端引导式上肢康复机器人坐标系如图 4-3-1 所示。

步骤 1：根据 D-H 法则将坐标系 1 转换到坐标系 2，需要经过一次旋转和一次平移进行变换矩阵建立在关节 1 处绕坐标系 1 的 x 轴逆时针旋转 90°得到，此时坐标系 1 与坐标系 2 的姿态保持一致；然后沿坐标系 1 的 z 轴负方向平移 0.14 m，使得坐标系 1 与坐标系 2 的原点重合。

步骤 2：根据 D-H 法则将坐标系 2 转换到坐标系 3，需要经过一次平移进行变换矩阵建立在关节 2 处沿坐标系 2 的 z 轴方向平移 0.16 m，使得坐标系 2 与坐标系 3 的原点重合，改变换过程中不需要旋转，初始与末位坐标系的姿态始终保持一致。

步骤 3：根据 D-H 法则将坐标系 3 转换到坐标系 4，需要经过一次旋转和一次平移进行变换矩阵建立在关节 3 处绕坐标系 1 的 x 轴逆时针旋转 90°得到，此时坐标系 3 与坐标系 4 的姿态保持一致；然后沿坐标系 1 的 x 轴方向平移 0.4 m，使得坐标系 3 与坐标系 4 的原点重合。

步骤 4：根据 D-H 法则将坐标系 4 转换到末端点坐标系，需要经过一次平移进行变换矩阵建立，在关节 4 处沿坐标系 4 的 x 轴方向平移 0.28 m，使得坐标系 4 与末端点坐标系的原点重合且姿态保持一致。

由上述坐标转换过程，得到末端引导式上肢康复机器人 D-H 参数如表 4-3-1 所示。

表 4-3-1　末端引导式上肢康复机器人 D-H 参数表

j	$\theta/°$	d/m	a/m	$\theta/°$	角度范围/°
1	θ_1	−0.14	0	90	−30～+80
2	0	0.16	0	0	0
3	θ_3	0	0.4	90	−45～+45
4	θ_4	0	0.28	0	0～+110

2. 上肢康复机器人运动学正解

根据已经建立好的上肢康复机器人的 D-H 模型，在齐次坐标变化的理论基础上讨论该机器人相邻坐标系间的矩阵变换，设相邻连杆齐次变换矩阵为 $\boldsymbol{A}_n$，如式(4-3-1)所示：

$$^{n}T_{n+1}=\mathrm{Rot}(x,\alpha_n)\,\mathrm{Trans}(x,a_n)\,\mathrm{Rot}(z,\theta_{n+1})\,\mathrm{Trans}(z,\theta_{n+1}) \tag{4-3-1}$$

则有变换通式：

$$^{n}\boldsymbol{T}_{n+1}=\begin{bmatrix} C\theta_{n+1} & -S\theta_{n+1}C\alpha_{n+1} & S\theta_{n+1}S\alpha_{n+1} & a_{n+1}C\theta_{n+1} \\ S\theta_{n+1} & C\theta_{n+1}C\alpha_{n+1} & -C\theta_{n+1}S\alpha_{n+1} & a_{n+1}S\theta_{n+1} \\ 0 & S\alpha_{n+1} & C\alpha_{n+1} & d_{n+1} \\ 0 & 0 & 0 & 1 \end{bmatrix} \tag{4-3-2}$$

根据 D-H 参数，得到相邻两连杆间坐标系变换过程。

$$^{0}\boldsymbol{T}_1=\begin{bmatrix} C_1 & 0 & S_1 & 0 \\ S_1 & 0 & -C_1 & 0 \\ 0 & 1 & 0 & -0.14 \\ 0 & 0 & 0 & 1 \end{bmatrix} \tag{4-3-3}$$

其中，$d_1=-0.14, a_1=0, \alpha_1=90°$；

$$^{3}\boldsymbol{T}_4=\begin{bmatrix} 1 & 0 & 0 & 0 \\ 0 & 1 & 0 & 0 \\ 0 & 0 & 1 & 0.16 \\ 0 & 0 & 0 & 1 \end{bmatrix} \tag{4-3-4}$$

其中，$d_2=0.16, a_2=0, \alpha_2=0°$；

$$^{3}\boldsymbol{T}_4=\begin{bmatrix} C_3 & 0 & S_3 & 0.4C_3 \\ S_3 & 0 & -C_3 & 0.4S_3 \\ 0 & 1 & 0 & 0 \\ 0 & 0 & 0 & 1 \end{bmatrix} \tag{4-3-5}$$

其中，$d_3=0, a_3=0.4, \alpha_3=90°$；

$$^{3}\boldsymbol{T}_4=\begin{bmatrix} C_4 & -S_4 & 0 & 0.28C_4 \\ S_4 & C_4 & 0 & 0.28S_4 \\ 0 & 0 & 1 & 0 \\ 0 & 0 & 0 & 1 \end{bmatrix} \tag{4-3-6}$$

其中，$d_4=0, a_4=0.28, \alpha_4=0°$；

末端引导式上肢康复机器人的运动学方程为：

$$\boldsymbol{T}={}^{0}\boldsymbol{T}_1{}^{1}\boldsymbol{T}_2{}^{2}\boldsymbol{T}_3{}^{3}\boldsymbol{T}_4=\begin{bmatrix} n_x & o_x & a_x & p_x \\ n_y & o_y & a_y & p_y \\ n_z & o_z & a_z & p_z \\ 0 & 0 & 0 & 1 \end{bmatrix} \tag{4-3-7}$$

式中：

$$n_x=S_1S_4+C_1C_3C_4, n_y=C_3C_4S_1-C_1S_4, n_z=C_4S_3$$
$$o_x=C_4S_1-C_1C_3S_4, o_y=-C_1C_4-C_3S_1S_4, o_z=-S_3S_4$$
$$a_x=C_1S_3, a_y=S_1S_3, a_z=-C_3$$

$p_x=0.16S_1+0.4C_1C_3+0.28S_1S_4+0.28C_1C_3C_4$，$p_y=0.4C_3S_1-0.16C_1-0.28C_1S_4+0.28C_3C_4S_1$，$p_z=0.4S_3+0.28C_4S_3-0.14$

其中，$S_i=\sin\theta_i, C_i=\cos\theta_i$。

3. 上肢康复机器人运动学逆解

在已知末端执行器中心点的位姿矩阵的基础上计算各关节需要转动的角度 θ_i，在工程应用领域，逆运动学具有更高的应用价值。因此，在该上肢康复机器人的研究过程中涉及逆运动学求解，本章机器人求逆解过程如下：

(1) 求解关节角 θ_1

将公式(4-3-7)两边分别左乘矩阵 ${}^{0}\boldsymbol{T}_1^{-1}$，可得：

$${}^{0}\boldsymbol{T}_1^{-1}\begin{bmatrix} n_x & o_x & a_x & p_x \\ n_y & o_y & a_y & p_y \\ n_z & o_z & a_z & p_z \\ 0 & 0 & 0 & 1 \end{bmatrix}={}^{1}\boldsymbol{T}_2{}^{2}\boldsymbol{T}_3{}^{3}\boldsymbol{T}_4 \tag{4-3-8}$$

展开式(4-3-8)左侧得矩阵：

$$\begin{bmatrix} n_xC_1+n_yS_1 & o_xC_1+o_yS_1 & a_xC_1+a_yS_1 & p_xC_1+p_yS_1 \\ n_z & o_z & a_z & p_z-d_1 \\ n_xS_1-n_yC_1 & o_xS_1-o_yC_1 & a_xS_1-a_yC_1 & p_xS_1-p_yC_1 \\ 0 & 0 & 0 & 1 \end{bmatrix} \tag{4-3-9}$$

展开式(4-3-8)右侧得矩阵：

$$\begin{bmatrix} C_{23}C_4 & -C_{23}S_4 & S_{23} & C_{23}(a_3+a_4C_4) \\ S_{23}C_4 & -S_{23}S_4 & -C_{23} & S_{23}(a_3+a_4C_4) \\ S_4 & C_4 & 0 & d_2+a_4S_4 \\ 0 & 0 & 0 & 1 \end{bmatrix} \tag{4-3-10}$$

矩阵(4-3-9)和矩阵(4-3-10)相等，观察可知矩阵(4-3-9)中元素仅含未知关节角 θ_1，观察可知矩阵(4-3-10)中第3行第1、4列元素仅含未知关节角 θ_4，建立二元一次方程组(4-3-11)，通过消元法可求得关节角 θ_1 的值。

$$\begin{cases} n_xS_1-n_yC_1=S_4 \\ p_xS_1-p_yC_1=d_2+a_4S_4 \end{cases} \tag{4-3-11}$$

消元得：

$$(p_x-a_4n_x)S_1+(a_4n_y-p_y)C_1=d_2 \tag{4-3-12}$$

使用三角代换公式，假设

$$\begin{cases} \rho\sin\phi=a_4n_y-p_y \\ \rho\cos\phi=p_x-a_4n_x \end{cases} \tag{4-3-13}$$

可以得到：

$$\rho=\sqrt{(a_4n_y-p_y)^2+(p_x-a_4n_x)^2} \tag{4-3-14}$$

同时由式(4-3-13)可以得出

$$\phi=\operatorname{atan2}(a_4n_y-p_y,p_x-a_4n_x) \tag{4-3-15}$$

把式(4-3-13)代入方程(4-3-12)中得：

$$\rho\cos\phi S_1+\rho\sin\phi C_1=d_2 \tag{4-3-16}$$

$$\sin(\phi+\theta_1)=\frac{d_2}{\rho}=\frac{d_2}{\sqrt{(a_4n_y-p_y)^2+(p_x-a_4n_x)^2}} \tag{4-3-17}$$

由此可得：

$$\cos(\phi+\theta_1)=\pm\sqrt{1-\frac{d_2^2}{\rho^2}} \tag{4-3-18}$$

通过式(4-3-17)和(4-3-18)可得：

$$\phi+\theta_1=\operatorname{atan2}\left(\frac{d_2}{\rho},\pm\sqrt{1-\frac{d_2{}^2}{\rho^2}}\right) \tag{4-3-19}$$

联合式(4-3-15)可以得出关节角 θ_1 的值为：

$$\theta_1=\operatorname{atan2}\left(\frac{d_2}{\rho},\pm\sqrt{1-\frac{d_2{}^2}{\rho^2}}\right)-\operatorname{atan2}(a_4n_y-p_y,p_x-a_4n_x)$$

(2) 求解关节角 θ_2

关节 2 在本模型中不参与运动解析,关节角 θ_2 的值在本案例中一直为零。

(3) 求解关节角 θ_3

关节角 θ_1 和关节角 θ_2 在上述过程中已经解出,观察可知矩阵式(4-3-10)中第 3 列第 1、2 行元素仅含未知关节角 θ_3,建立二元一次方程组,可得关于 θ_3 的方程组。

$$\begin{cases} a_x C_1 + a_y S_1 = S_{23} \\ a_z = -C_{23} \end{cases} \tag{4-3-20}$$

由式(4-3-20)可知:

$$\theta_2 + \theta_3 = \text{atan2}(a_x C_1 + a_y S_1, a_z)$$

上述可知 $\theta_2 = 0$,因此:

$$\theta_3 = \text{atan2}(a_x C_1 + a_y S_1, a_z)$$

(4) 求解关节角 θ_4

S_1(即 $\sin\theta_1$)与 C_1(即 $\cos\theta_1$)已知,观察可知矩阵式(4-3-10)中第 3 行第 1、2 列元素仅含未知关节角 θ_4,可得关于 θ_4 的方程组。

$$\begin{cases} n_x S_1 - n_y C_1 = S_4 \\ o_x S_1 - o_y C_1 = C_4 \end{cases} \tag{4-3-21}$$

由式(4-3-24)可知:

$$\theta_4 = \text{atan2}(n_x S_1 - n_y C_1, o_x S_1 - o_y C_1)$$

二、上肢康复机器人动力学分析

随着上肢康复机器人的快速发展,对用于康复训练的机械臂各种性能要求也更加严格,为实现机械臂的精准控制,了解其动态特性并对其进行动力学分析是最基本的办法。相关学者在这一方面进行了大量研究,其中包括如下几种方法:① 利用拉格朗日法建立了机械臂动力学模型,得到了机械臂同步电机的控制方案;② 利用 Newton-Euler 法对三轴并联机器人构建动力学模型并进行数值求解;③ 利用假设模态法和 Kane 方程对机械臂进行动力学建模分析。

为实现末端引导式上肢康复机器人的精准控制,这里将根据机械臂的实际工况建立动力学模型,并为重力平衡提供控制策略。Lagrange 法是解决动力学问题常用的方法之一,拉格朗日方程(L)被定义为系统的动能(K)和势能(P)之差。

$$L = K - P \tag{4-3-22}$$

系统动力学状态的 Lagrange 方程为:

$$\tau_i = \frac{\mathrm{d}}{\mathrm{d}_t}\left[\frac{\partial L}{\partial \dot{\theta}_i}\right] - \frac{\partial L}{\partial \theta_i} \tag{4-3-23}$$

式中，T_i 为作用在第 i 个坐标上的广义力矩；θ_i 为广义坐标；$\dot{\theta}_i$ 为广义速度。

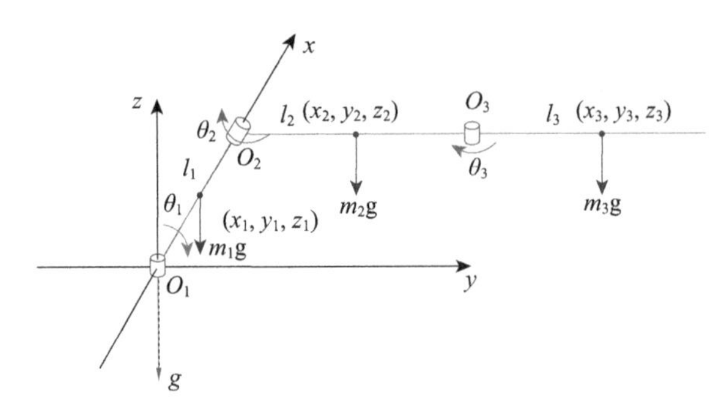

图 4-3-2　末端引导式上肢康复机器人广义坐标系

1. 肩关节内收/外展 Lagrange 方程

结合如图 4-3-2 所示的上肢康复机器人广义坐标系，以 O_1 为坐标原点，l_1 为第一旋转关节的长度，设旋转杆件为均质杆件，由 Lagrange 方程定义可知肩关节内收/外展的拉格朗日方程为：

$$L_1 = K_1 - P_1 = \frac{m_1}{2}\left(\frac{l_1}{2}\right)^2 \dot{\theta}_1 \tag{4-3-24}$$

式中，肩关节内收/外展的动能 $K_1 = \frac{m_1}{2}\left(\frac{l_1}{2}\right)^2 \dot{\theta}_1$，其位能 $P_1 = 0$，m_1 为第一旋转关节杆件质量。

2. 肩关节屈曲/伸展 Lagrange 方程

结合该末端引导式上肢康复机器人机械臂空间构型的几何特征，可得到第二旋转关节重心位置坐标为(x_2, y_2, z_2)

$$\begin{cases} x_2 = l_1\cos\theta_1 - \frac{l_2}{2}\cos\theta_2\sin\theta_1 \\ y_2 = l_1\sin\theta_1 + \frac{l_2}{2}\cos\theta_2\cos\theta_1 \\ z_2 = \frac{l_2}{2}\sin\theta_2 \end{cases} \tag{4-3-25}$$

式中，θ_1 为第一旋转关节角位移；θ_2 为第二旋转关节角位移；l_1 为第一旋转关节杆长；l_2 为第二旋转关节杆长（设为均质杆）。

由式(4-3-25)可求重心位置的速度 v_2：

$$v_2^2 = \dot{x}_2{}^2 + \dot{y}_2{}^2 + \dot{z}_2^2 \tag{4-3-26}$$

第二旋转关节的动能：$K_2=\frac{1}{2}m_2v_2^2$；位能：$P_2=m_2gz_2$。

肩关节屈曲/伸展的 Lagrange 方程为：

$$L_2=K_2-P_2 \tag{4-3-27}$$

3. 肘关节屈曲/伸展 Lagrange 方程

结合该末端引导式上肢康复机器人机械臂空间构型的几何特征，可得到第二旋转关节重心位置坐标为(x_3,y_3,z_3)

$$\begin{cases} x_3=l_1\cos\theta_1-l_2\cos\theta_2\sin\theta_1-\frac{l_3}{2}\cos\theta_3\cos\theta_2\sin\theta_1 \\ y_3=l_1\sin\theta_1+l_2\cos\theta_2\cos\theta_1+\frac{l_3}{2}\cos\theta_3\cos\theta_2\cos\theta_1 \\ z_3=l_2\sin\theta_2+\frac{l_3}{2}\cos\theta_3\sin\theta_2 \end{cases} \tag{4-3-28}$$

式中，θ_3 为第三旋转关节角位移；l_3 为第三旋转关节杆长（设为均质杆）。

由式(4-3-28)可求第三旋转杆件重心位置的速度 v_3

$$v_3^2=\dot{x}_3^2+\dot{y}_3^2+\dot{z}_3^2 \tag{4-3-29}$$

第三旋转关节的动能：$K_3=\frac{1}{2}m_3v_3^2$；位能：$P_3=m_3gz_3$。

肘关节屈曲/伸展的 Lagrange 方程为：

$$L_3=K_3-P_3 \tag{4-3-30}$$

4. 上肢康复机器人动力学方程求解

综上式可以得出上肢康复机器人的 Lagrange 方程为：

$$L=L_1+L_2+L_3 \tag{4-3-31}$$

结合系统动力学 Lagrange 方程可求各个关节的力矩 τ。

肩关节内收/外展驱动力矩τ_1：

$$\begin{aligned}\tau_1&=\frac{\mathrm{d}}{\mathrm{d}_t}\left(\frac{\partial L}{\partial\dot{\theta}_1}\right)-\frac{\partial L}{\partial\theta_1}\\ &=\frac{m_1l_1^2\ddot{\theta}_1}{4}+m_2l_1^2\ddot{\theta}_1+m_3l_1^2\ddot{\theta}_1+\frac{m_2l_2^2\ddot{\theta}_1\cos^2\theta_2}{4}+m_3l_2^2\ddot{\theta}_1\cos^2\theta_2-\frac{m_2l_1l_2\dot{\theta}_2{}^2\cos\theta_2}{2}-\\ &\quad m_3l_1l_2\dot{\theta}_2{}^2\cos\theta_2+\frac{m_3l_3^2\ddot{\theta}_1\cos^2\theta_2\cos^2\theta_3}{4}-\frac{m_2l_2^2\dot{\theta}_1\dot{\theta}_2\sin2\theta_2}{4}-m_3l_2^2\dot{\theta}_1\dot{\theta}_2\sin2\theta_2-\\ &\quad\frac{m_2l_1l_2\ddot{\theta}_2\sin\theta_2}{2}-m_3l_1l_2\ddot{\theta}_2\sin\theta_2-\frac{m_3l_1l_3\ddot{\theta}_2\cos\theta_3\sin\theta_2}{2}-\frac{m_3l_1l_3\ddot{\theta}_3\cos\theta_2\sin\theta_3}{2}-\end{aligned}$$

$$\frac{m_3 l_1 l_3 \dot{\theta}_2^2 \cos\theta_2 \cos\theta_3}{2} - \frac{m_3 l_1 l_3 \dot{\theta}_3^2 \cos\theta_2 \cos\theta_3}{2} + m_3 l_2 l_3 \ddot{\theta}_1 \cos^2\theta_2 \cos\theta_3 + m_3 l_1 l_3 \dot{\theta}_2 \dot{\theta}_3$$

$$\sin\theta_2 \sin\theta_3 - \frac{m_3 l_3^2 \dot{\theta}_1 \dot{\theta}_2 \cos\theta_2 \cos^2\theta_3 \sin\theta_2}{2} - \frac{m_3 l_3 \dot{\theta}_1 \dot{\theta}_3 \cos^2\theta_2 \cos\theta_3 \sin\theta_3}{2} - m_3 l_2 l_3 \dot{\theta}_1$$

$$\dot{\theta}_3 \cos^2\theta_2 \sin\theta_3 - 2m_3 l_2 l_3 \dot{\theta}_1 \dot{\theta}_2 \cos\theta_2 \cos\theta_3 \sin\theta_2$$

肩关节屈曲/伸展驱动力矩τ_2：

$$\tau_2 = \frac{\mathrm{d}}{\mathrm{d}_t}\left(\frac{\partial L}{\partial \dot{\theta}_2}\right) - \frac{\partial L}{\partial \theta_2} =$$

$$= \frac{m_2 l_2^2 \ddot{\theta}_2}{4} + m_3 l_2^2 \ddot{\theta}_2 + \frac{m_3 l_3^2 \ddot{\theta}_2 \cos^2\theta_3}{4} + \frac{m_2 g l_2 \cos\theta_2}{2} + m_3 g l_2 \cos\theta_2 + \frac{m_2 l_2^2 \dot{\theta}_1{}^2 \sin 2\theta_2}{8} +$$

$$\frac{m_3 l_2^2 \dot{\theta}\dot{\theta}\dot{\theta}_1^2 \sin 2\theta_2}{2} + \frac{m_3 g l_3 \cos\theta_2 \cos\theta_3}{2} - \frac{m_3 l_3^2 \dot{\theta}_2 \dot{\theta}_3 \sin 2\theta_3}{4} \; m_3 \; l_2 \; l_3 \; \ddot{\theta}_2 \cos \; \theta_3 \; -$$

$$\frac{m_2 l_1 l_2 \ddot{\theta}_1 \sin\theta_2}{2} - m_3 l_1 l_2 \ddot{\theta}_1 \sin\theta_2 + \frac{m_3 l_3^2 \dot{\theta}_1{}^2 \cos\theta_2 \cos^2\theta_3 \sin\theta_2}{4} - m_3 l_2 l_3 \dot{\theta}\ddot{\theta}_2 \dot{\theta}_3 \sin\theta_3 -$$

$$\frac{m_3 l_1 l_3 \ddot{\theta}_1 \cos\theta_3 \sin\theta_2}{2} + m_3 l_2 l_3 \dot{\theta}_1^2 \cos\theta_2 \cos\theta_3 \sin\theta_2$$

肩关节屈曲/伸展驱动力矩τ_3：

$$\tau_3 = \frac{\mathrm{d}}{\mathrm{d}_t}\left(\frac{\partial L}{\partial \dot{\theta}_3}\right) - \frac{\partial L}{\partial \theta_3}$$

$$= \frac{1}{4}(m_3 l_3 (l_3 \ddot{\theta}_3 - l_3 \ddot{\theta}_3 \cos^2\theta_3 + 2l_2 \dot{\theta}_2^2 \sin\theta_3 - 2g \sin\theta_2 \sin\theta_3 + \frac{l_3 \dot{\theta}_2^2 \sin 2\theta_3}{2} + \frac{l_3 \dot{\theta}_3^2 \sin 2\theta_3}{2}$$

$$+ 2l_2 \dot{\theta}_1{}^2 \cos^2\theta_2 \sin\theta_3 - 2l_1 \ddot{\theta}_1 \cos\theta_2 \sin\theta_3 + l_3 \dot{\theta}_1^2 \cos^2\theta_2 \cos\theta_3 \sin\theta_3))$$

三、机械臂重力平衡控制策略

1. 肩关节屈曲/伸展重力平衡

机械臂重力平衡在上肢康复设备中具有十分重要的意义，特别是辅助患者完成主动运动。根据肩关节屈曲/伸展的运动特点，在实际的训练过程中需要对肩关节屈曲/伸展做重力平衡控制，从而消除机械臂自身重力对患者训练造成负担。

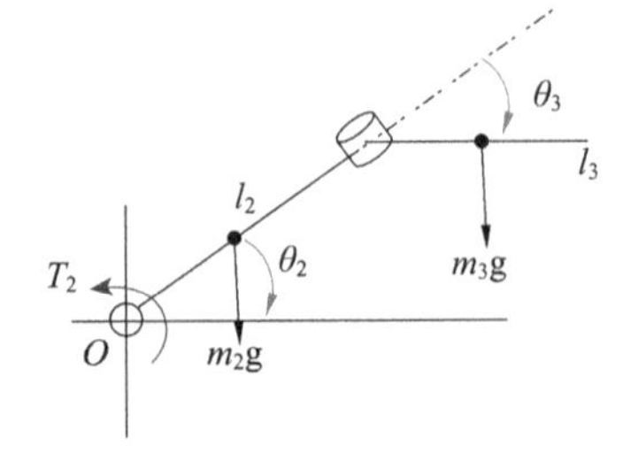

图 4-3-3　肩关节屈曲/伸展受力分析图

机械臂肩关节受重力影响最大，如图 4-3-3 所示。本案例基于动力学模型结合上肢几何构型分析静态机械臂自身重力矩与关节角度关系如下：

$$T_2 = \frac{1}{2}m_2 g l_2 \cos\theta_2 + m_3 g\left(l_2 + \frac{1}{2}l_3\cos\theta_3\right) \tag{4-3-32}$$

其中，T_2 为肩关节克服重力矩需要提供扭矩；m_i 为第 i 旋转关节杆件质量；l_i 为第 i 旋转关节杆件长度；θ_i 为第 i 旋转关节角位移。

根据机械臂的相关参数，空载时肩关节需要提供克服重力矩的驱动力矩 T_2 与肩关节屈曲/伸展角位移及肘关节屈曲/伸展角位移的关系如图 4-3-4 所示。

从图 4-3-4 中可以看出机械臂处于水平位置（即 $\theta_2=0$）且肘关节不发生屈曲（即 $\theta_3=0$）时需要克服的重力矩最大，并随着肘关节屈曲角度的增大而逐渐减小，这一变化规律恰好符合实际运动特征。由此可见，通过几何分析得到的重力平衡方程是合理的。

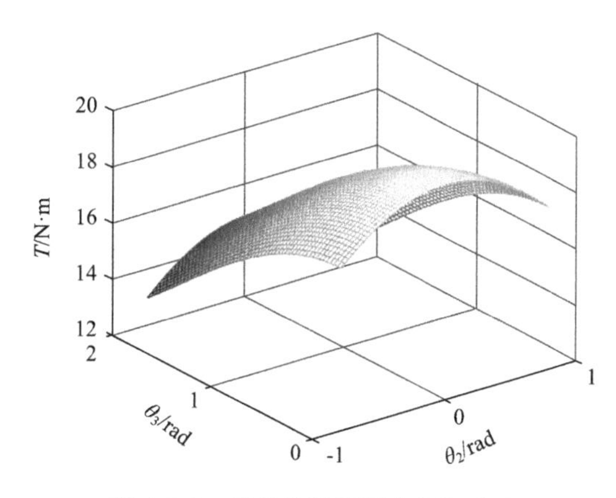

图 4-3-4　肩关节平衡重力扭矩分布

2. 肘关节屈曲/伸展重力平衡

肘关节在实际的训练过程中因重力分量产生的扭矩无法避免，但也常被相关研究人员忽略。肘关节产生重力分量与肩关节屈曲/伸展及肘关节屈曲/伸展相关，其几何关系可以描述为如图 4-3-5 所示：

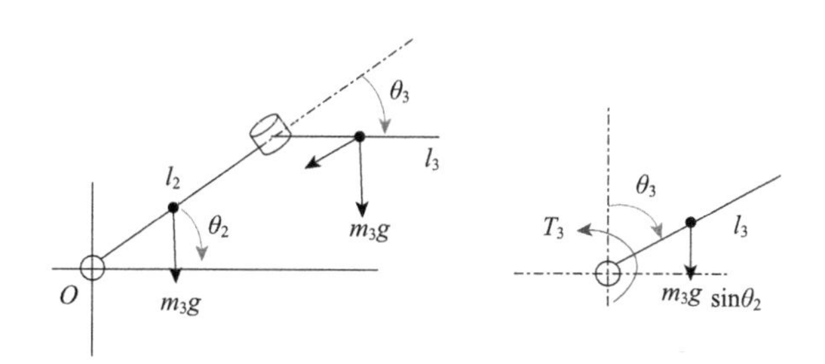

图 4-3-5　肘关节屈曲/伸展受力分析图

结合动力学模型，空载状态下机械臂需要克服机械臂前臂因重力分量在肘关节产生的重力矩 T_3：

$$T_3 = \frac{1}{2} m_3 g l_3 \sin\theta_2 \cos\theta_3 \tag{4-3-33}$$

其中，T_3 为肘关节克服重力矩需要提供扭矩；m_3 为肘关节旋转杆件质量；l_3 为肘关节旋转关节杆件长度；θ_i 为第 i 旋转关节角位移。

根据机械臂的相关参数，空载时肩关节需要提供克服重力矩的驱动力矩 T_3 与肩关节屈曲/伸展角位移及肘关节屈曲/伸展角位移的关系如图 4-3-6 所示。

从图 4-3-6(A)中可以看出机械臂处于水平位置(即 $\theta_2=0$)产生的重力矩为零，结合图 4-3-6(B)可以观察出当肘关节角位移为零时，肘关节不会产生重力矩。两幅图都表现出对称的规律性变化，这一规律与肩关节屈曲/伸展的交替性变化有关，符合机械臂的实际运动特征。由此可见，通过几何分析得到的肘关节重力平衡方程是合理的。

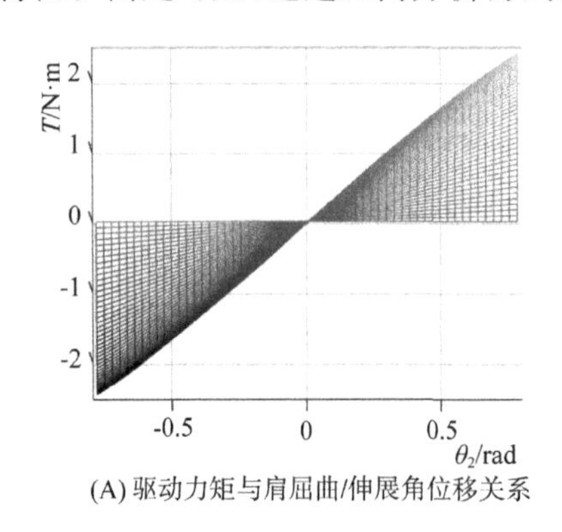

(A) 驱动力矩与肩屈曲/伸展角位移关系

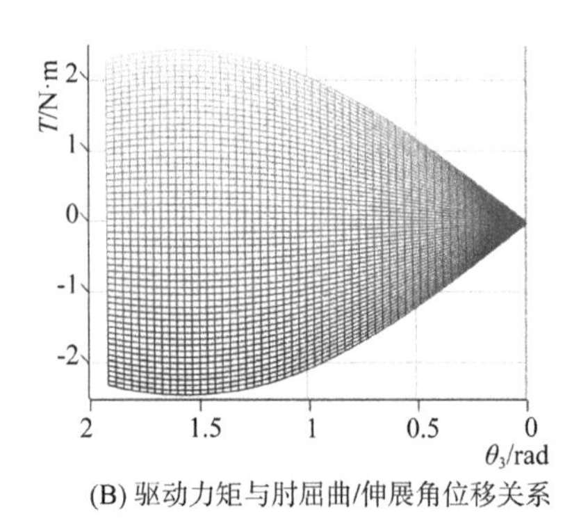

(B) 驱动力矩与肘屈曲/伸展角位移关系

图 4-3-6　肘关节平衡重力扭矩分布

四、基于 MATLAB 机器人工具箱的实验仿真

根据 D-H 参数表，在 MATLAB 中建立上肢康复机器人机械手臂模型。MATLAB 中的机器人工具箱是机器人研究中不可或缺的工具，特别是对机器人研究中的运动学、动力学以及轨迹规划等方面具有十分重要的意义。

1. 末端引导式上肢康复机器人模型建立

末端引导式上肢康复机器人的简化三维模型如图 4-3-7 所示。

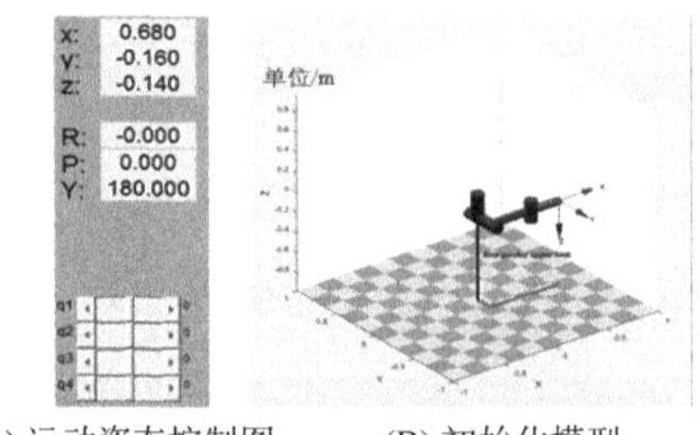

(A) 运动姿态控制图　　(B) 初始化模型

图 4-3-7　上肢康复机器人模型

2. 验证机器人模型建立的正确性

根据建立机器人三维模型的实际情况，在 MATLAB 中，简化模型不能直接从关节姿态呈现为关节 3 姿态，因此通过关节 2 作为模型中的连接关节，在实际的仿真中关节 2 的角度变化应该始终保持静止状态即关节 2 的角度增量变化为 0。

从图 4-3-8 的仿真结果可以看出本案例中建立的末端引导式上肢康复机器人简化三维模型符合实际情况。

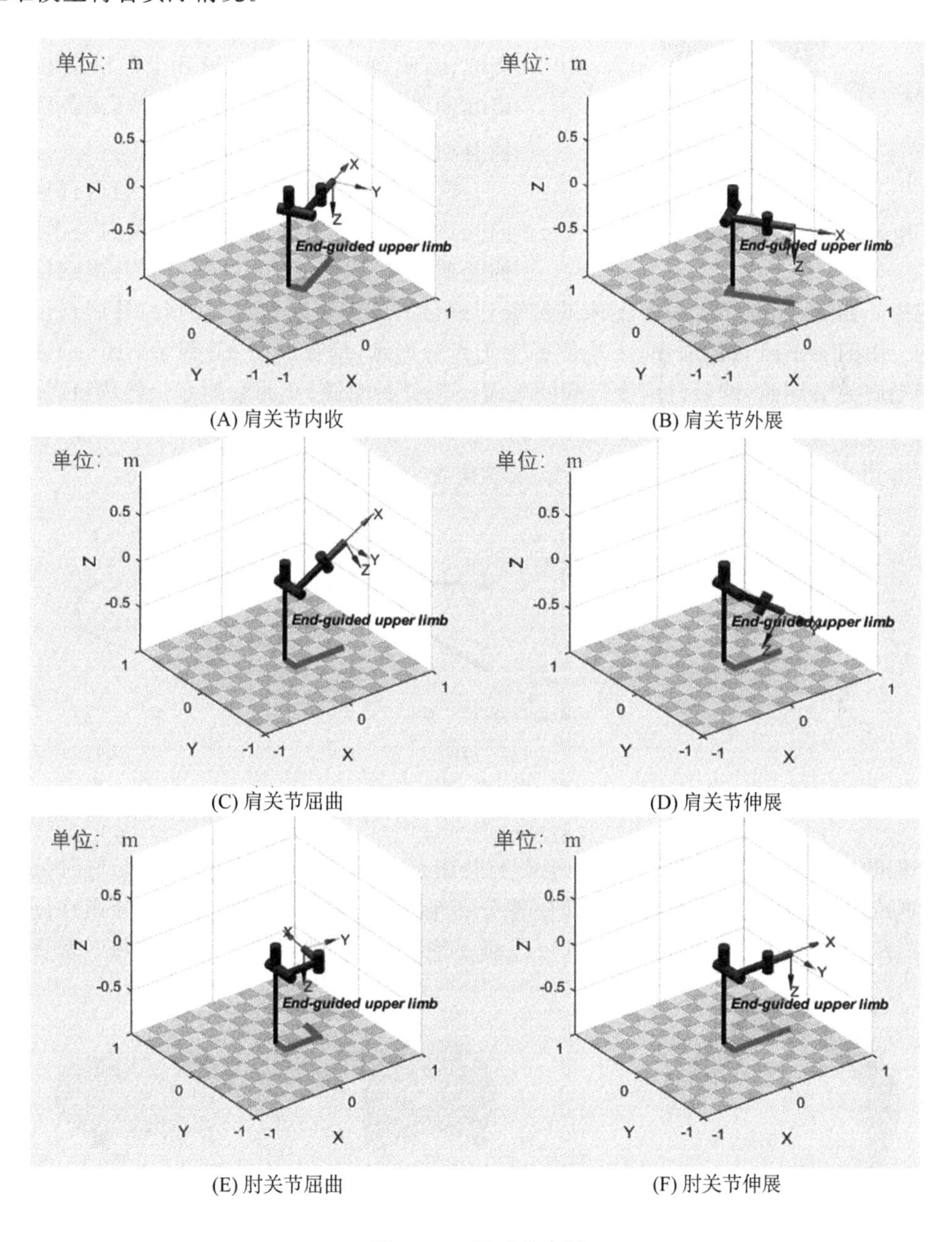

图 4-3-8　运动仿真图

3. 康复机器人有效运动范围仿真

将机器人模型导入 MATLAB,并对机器人各运动关节进行范围限制,在限定角度范围内产生 3 000 组随机点,并将其显示在空间坐标系中,形成末端引导式上肢康复机器人运动范围,如图 4-3-9。

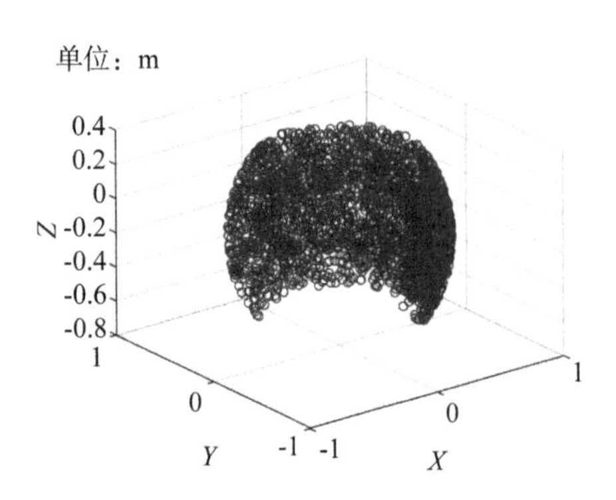

图 4-3-9 肢康复机器人运动范围

从三维图中机器人末端点位置的分布情况来看,整体上符合人体单侧上肢活动范围分布规律,由此可见该末端引导式上肢康复机器人可辅助患者完成单侧手臂在正常活动范围内的任意动作训练。

模型在初始状态下分别对模型进行肩关节内收/外展、肩关节屈曲/伸展以及肘关节屈曲/伸展动作进行逐一验证得到机器人末端位置分布规律。如图 4-3-10(A)所示的末端位置分布是由单独驱动肩关节内收/外展自由度得到的。由图 4-3-10 可以看出,末端位置变化光滑连续,呈弧线分布;图 4-3-10(B)表示单独驱动肩关节屈曲/伸展自由度得到的末端位置分布曲线,从曲线的变化趋势可以看出,运动过程连续没有突变情况,呈弧线分布;图 4-3-10(C)为单独驱动肘关节屈曲/伸展自由度得到的机器人末端位置分布曲线,末端位置变化光滑连续,呈弧线分布。

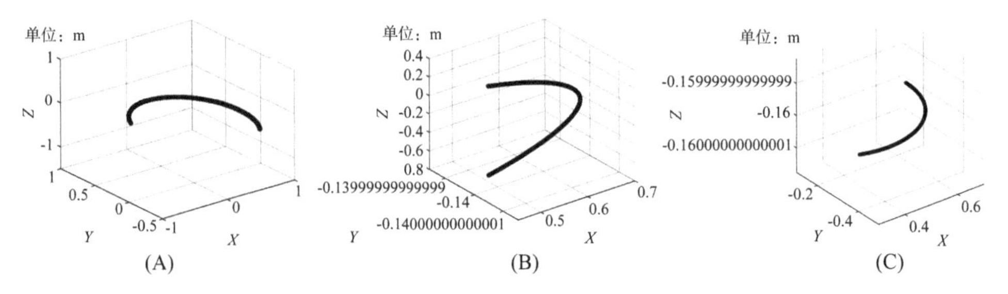

图 4-3-10 单关节运动末端有效位置分布图

如图 4-3-11(A)展示了末端引导式上肢康复机器人肩关节内收/外展与肘关节屈曲/伸展联合运动情况下机器人末端位置分布情况,机器人末端位置集中分布在同一平面内,表明该种关节组合型动作训练可以涵盖绝大多数的水平面内动作训练。如图 4-3-

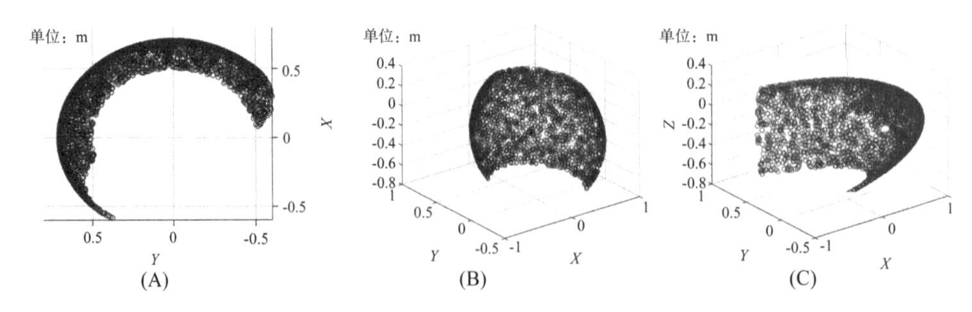

图 4-3-11 双关节运动末端有效位置分布图

11(B)展示了末端引导式上肢康复机器人肩关节屈曲/伸展与肘关节屈曲/伸展联合运动情况下机器人末端位置分布情况，机器人末端位置分散在空间内呈球面形状分布。如图 4-3-11(C)展示了末端引导式上肢康复机器人肩关节内收/外展与肩关节屈曲/伸展联合运动情况下机器人末端位置分布情况，机器人末端位置分散在空间内呈球面形状分布，其有效运动范围最大。

4. 康复机器人关节运动仿真

运动仿真实验不但可以验证机构设计的合理性，同时也能规避一些机构设计中暴露的如运动干涉等实际问题，本案例将机器人运动仿真实验分为单关节运动仿真实验和多关节运动仿真实验。

从图 4-3-12 仿真轨迹的连续性中可以看出，机器人在运动过程中没有出现卡顿，对机器人单关节运动来说，在正常角度范围内单关节运动连续。

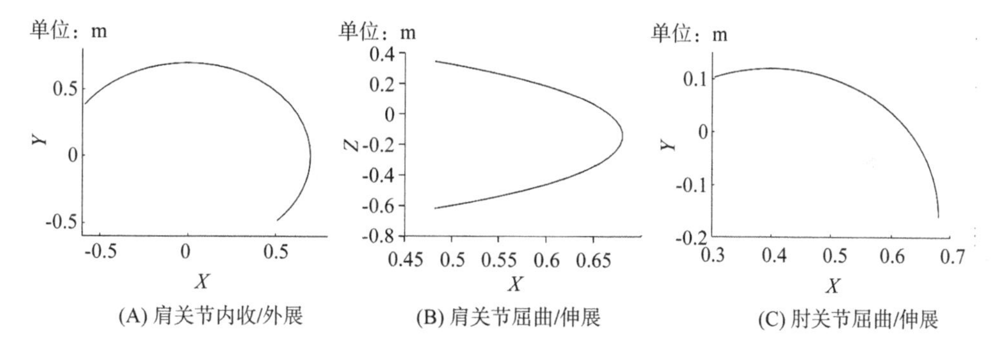

图 4-3-12 单关节运动仿真末端轨迹

图 4-3-13(A)所示为肩关节屈伸和肘关节屈伸同时进行时，机器人末端轨迹曲线，轨迹存在于三维空间内部，从轨迹光滑程度来看肩关节屈伸与肘关节屈伸运动互不干涉，运动过程较为顺滑。图 4-3-13(B)为肩关节屈伸和肘关节屈伸过程中角速度、角加速度变化曲线，图中正负值仅表示运动中的方向，从变化趋势来看两关节从初始位置按不同的变化速率逐渐增加，运动过程均经历了由小变大再减小的过程，加速度的增加和减小过程均为变加速过程，该种加速形式较为符合实际。

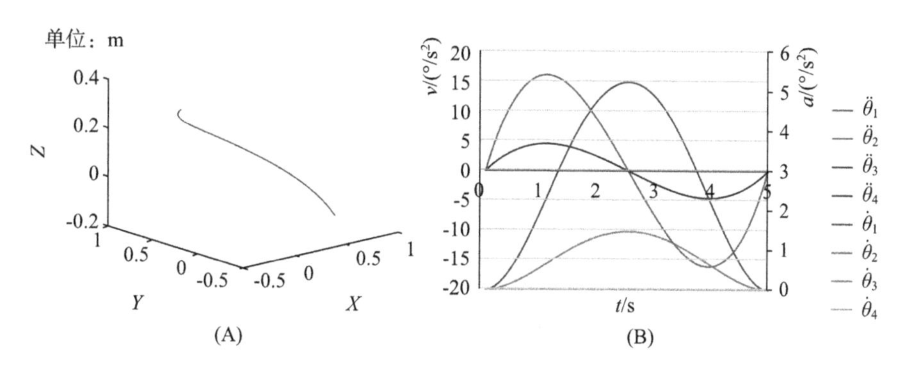

图 4-3-13 肩屈曲/伸展与肘屈曲/伸展综合运动仿真

图 4-3-14(A)所示为肩关节内收/外展与肘关节屈伸同时进行时，机器人末端轨迹，轨迹存在于平面二维空间内，从轨迹光滑程度来看肩关节屈伸与肘关节屈伸运动互不干涉，运动过程较为顺滑。图 4-3-14(B)为肩关节内收/外展与肘关节屈伸过程中角速度、角加速度变化曲线，图中负值仅表示运动中的方向，从变化趋势来看两关节的角度变化趋势大致相同，运动过程均经历了由小变大再减小的过程，角速度曲线光滑，加速度的增加和减小过程均为变加速过程，该种加速形式较为符合实际。

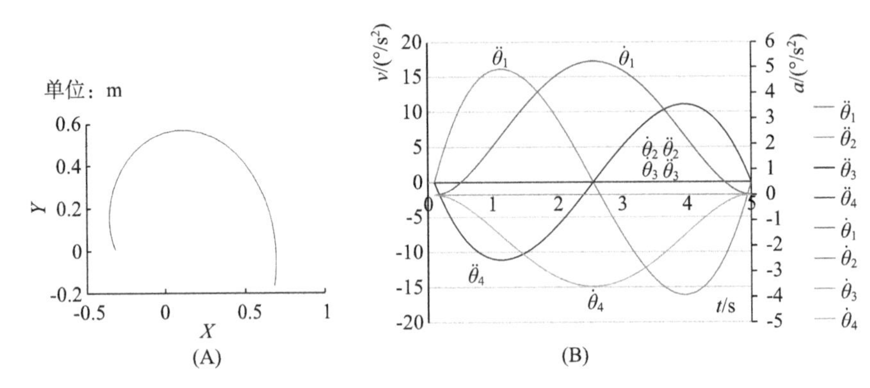

图 4-3-14　肩关节内收/外展与肘关节屈伸综合运动仿真

图 4-3-15(A)所示为肩关节内收/外展与肩关节屈伸同时进行时，机器人末端轨迹曲线，轨迹存在于三维空间内部，肩关节内收/外展与肩关节屈伸运动互不干涉，运动过程较为顺滑，从运动范围看，该组合在双关节组合运动中运动范围最大。图 4-3-15(B)为肩关节内收/外展与肩关节屈伸过程中角速度、角加速度变化曲线，从变化趋势来看两关节从初始位置按不同的变化速率逐渐增加，变化过程连续，两关节同时达到目标点，角速度变化曲线近似呈正态分布，在中间时刻运行达到最大角速度，加速度的增加和减小过程均为变加速过程，启动和停止阶段加速度变化趋势缓和，保证设备不会出现抖动运行。

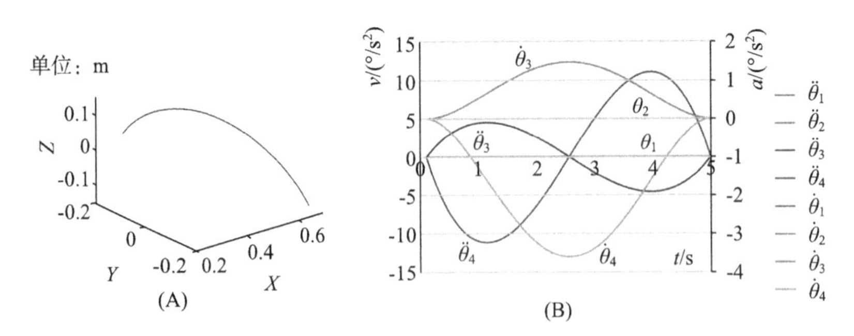

图 4-3-15　肩关节内收/外展与肩关节屈伸综合运动仿真

图 4-3-16(A)所示为末端引导式上肢康复机器人三自由度综合运动仿真条件下，机器人末端轨迹曲线，轨迹存在于三维空间内部，从轨迹光滑程度来看三个关节的运动互不干涉，运动过程较为顺滑，没有断点或突变情况发生。图 4-3-16(B)为三个关节运动过程中角度、角速度、角加速度变化曲线，从变化趋势来看三个关节从初始位置按不同

的变化速率逐渐增加，肘关节的角度变化趋势最为明显，从角速度变化趋势来看三个关节运动过程均经历了由小变大再减小的过程，运动初末位置的角速度均为零，加速度的增加和减小过程均为变加速过程，整体上加速度变化趋势缓和且连续，比较符合机器人实际训练过程中的动作要求。

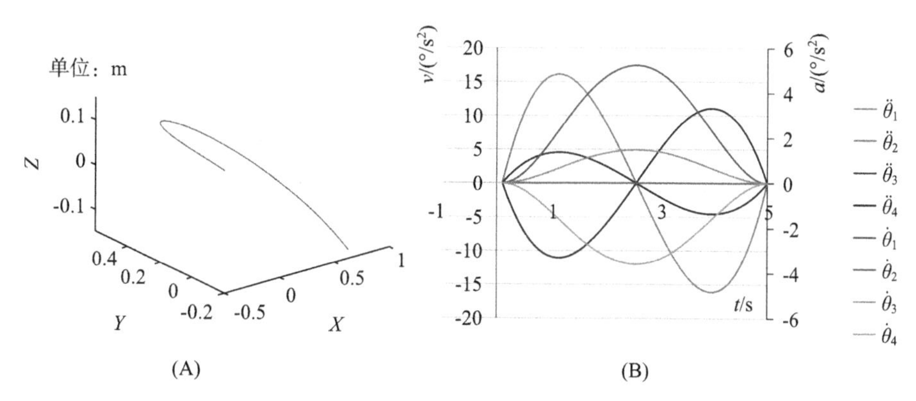

图 4-3-16　末端引导式上肢康复机器人 3 自由度综合运动仿真

五、上肢康复机器人轨迹规划

轨迹规划在上肢康复机器人中一般用于描述机器人末端与人体手臂固定位置的运动轨迹。本案例拟选用关节空间描述方法中的三次多项式对上肢康复机器人进行轨迹规划。

1. 三次插值法

三次插值法是一种多项式插值法，逐次以三次曲线 $\varphi_t = a_0 + a_1 t + a_2 t^2 + a_3 t^3$ 的极小点逼近寻求函数 $f(t)$的极小点的一种方法。关节空间轨迹规划主要有多项式插值法和样条插值法，其中多项式插值法简单实用，应用较多的主要是三次和五次多项式插值法。其中，三次多项式函数有 4 个系数，可以指定机械臂关节的起始位置、终点位置、起始速度和终点速度四个约束。

建立关节转动的角度和时间之间的函数关系式：

$$\begin{cases} q(t) = a_0 + a_1(t - t_0) + a_2(t - t_0)^2 + a_3(t - t_0)^3 \\ t_0 \leqslant t \leqslant t_1 \end{cases} \tag{4-3-34}$$

其中，t_0 是一段轨迹规划的起始时间，t_1 是结束时间。

多项式中四个常量参数的计算公式为：

$$\begin{cases} a_0 = q_0 \\ a_1 = v_0 \\ a_2 = \dfrac{3(q - q_0) - (2v_0 + v_1)T}{T^2} \\ a_3 = \dfrac{-2(q_1 - q_0) + (v_0 + v_1)T}{T^3} \end{cases} \tag{4-3-35}$$

式中，q_0 是起始点关节角度，v_0 是起始点的关节角速度，v_1 是结束点的关节角速度，$T=t_1-t_0$，$h=q_1-q_0$（q_1 是结束点的关节角度，q_0 是开始点的关节角度）。

$$q(t)=q_0+v_0(t-t_0)+\frac{3(q-q_0)-(2v_0+v_1)(t_1-t_0)}{(t_1-t_0)^2}(t-t_0)^2+\frac{-2(q_1-q_0)+(v_0+v_1)(t_1-t_0)}{(t_1-t_0)^3}(t-t_0)^3, t_0\leqslant t\leqslant t_1 \quad (4\text{-}3\text{-}36)$$

2. 屈臂扩胸动作轨迹规划

结合日常生活的康复训练动作有助于患者恢复，扩胸运动既可以锻炼到胸肩臂部的肌肉，又可以有效地消除肺部压抑感，增强心肺功能。扩胸动作分为很多，常见的扩胸动作有转体扩胸、屈臂扩胸、仰坐挺身、俯卧直臂挺胸等，结合患者的实际情况，屈臂扩胸动作比较适合患者利用机械臂进行训练。

屈臂扩胸的一般动作要领是将手臂屈肘置于胸前且平行于地面，然后用力向两侧摆臂，扩胸时吸气，屈臂时呼气。以患者手臂自然下垂位置为机械臂初始位置，按照屈臂扩胸的一般动作流程对上肢康复机器人进行轨迹规划，θ_1 表示肩关节内收/外展，θ_2 表示肩关节屈曲/伸展，θ_3 表示肘关节屈曲/伸展。以完成一次屈臂扩胸动作为例，对屈臂扩胸动作划分为 4 步。

步骤 1：机械臂各关节完成零点寻找后，固定患者手臂在臂托上，机械臂运动至初始位置（$\theta_1=0°$，$\theta_2=-45°$，$\theta_3=0°$），开始屈臂扩胸动作训练。

步骤 2：手臂屈肘置于胸前，与地面保持平行，机械臂带动手臂完成抬臂屈肘动作（$\theta_1=0°$，$\theta_2=0°$，$\theta_3=90°$）。

步骤 3：手臂用力向两侧扩开，并配合吸气、呼气，机械臂带动手臂完成摆臂动作（$\theta_1=80°$，$\theta_2=0°$，$\theta_3=90°$）。

步骤 4：恢复至步骤 2 手臂状态，机械臂带动手臂完成内收动作（$\theta_1=0°$，$\theta_2=0°$，$\theta_3=90°$）。

综合考虑患者自身运动能力因素，完成一次屈臂扩胸动作的总时长设置为 10 s。各步骤时长及对应的各关节角度变化如表 4-3-2 所示。

表 4-3-2　屈臂扩胸动作各关节角度变化

步　骤	时间/s	θ_1/°	θ_2/°	θ_3/°
1	2	0	−45	0
2	3	0	0	90
3	2	−80	0	90
4	3	0	0	90

依次将表 4-3-2 中的角度代入式(4-3-36)中得：

$$\theta_1(t)=\begin{cases}0 & 0\leqslant t\leqslant 2\\ 0 & 2<t\leqslant 5\\ 20(t-5)^2(t-8) & 5<t\leqslant 7\\ -(80(2t-11)(t-10)^2)/27 & 7<t\leqslant 10\end{cases} \quad (4\text{-}3\text{-}37)$$

$$\theta_2(t)=\begin{cases}-45 & 0\leqslant t\leqslant 2\\ -(5(2t-1)(t-5)^2)/3 & 2<t\leqslant 5\\ 0 & 5<t\leqslant 7\\ 0 & 7<t\leqslant 10\end{cases} \tag{4-3-38}$$

$$\theta_3(t)=\begin{cases}0 & 0\leqslant t\leqslant 2\\ -[10(2t-13)(t-2)^2]/3 & 2<t\leqslant 5\\ 90 & 5<t\leqslant 7\\ 90 & 7<t\leqslant 10\end{cases} \tag{4-3-39}$$

绘制如图 4-3-17 所示的屈臂扩胸动作的位移—时间曲线。

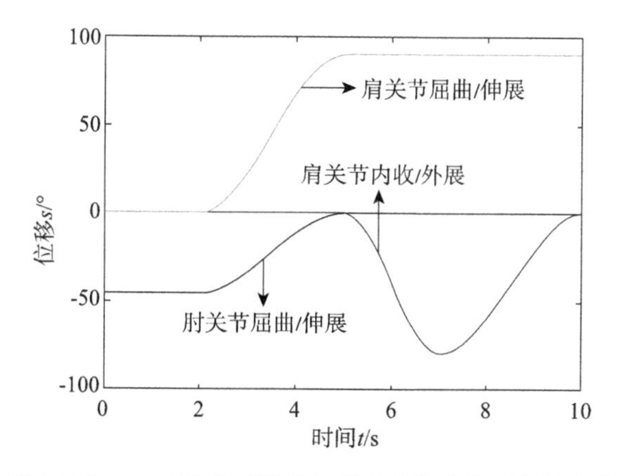

图 4-3-17 一个动作周期内各关节角位移随时间的变化

图中三个驱动关节的角位移曲线连续且光滑，证明采用三次插值法对屈臂扩胸动作规划是合理的。从各关节角位移的最大值可以看出，三个驱动关节的最大角度均在设定的安全角度范围内。

将动作代入运动学方程中，利用 MATLAB 进行仿真，进一步证实轨迹规划的合理性。图 4-3-18 为仿真结果，从轨迹的趋势来看机械臂能够按照设定的轨迹运动。

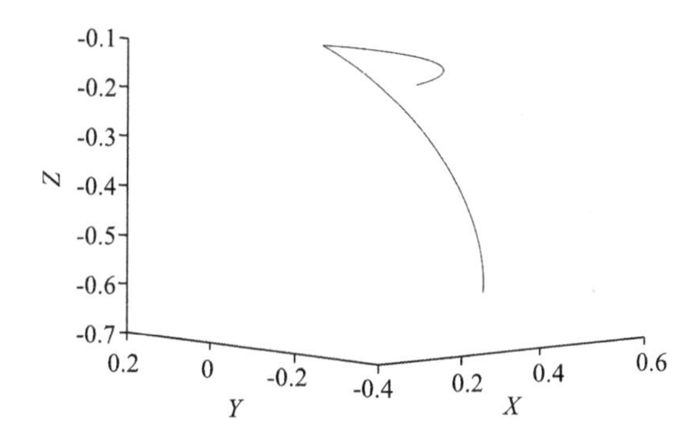

图 4-3-18 屈臂扩胸动作轨迹

第四节　控制系统设计

一、控制系统功能需求分析

根据上肢康复机器人对于安全性、稳定性、人机交互敏捷性等有着特别需求的特点和其满足多种康复训练模式的功能要求，上肢康复机器人控制系统一般须包含四种功能。

1. 数据采集

康复训练需要用到机械臂的每个关节的角度信息、力矩信息等。这些信息的数据采集，需要依靠角度、力矩等传感器实现，以便通过这些信息检测关节运动位置、速度等运动学信息，同时运动意图识别系统需要依靠由力矩传感器的力矩信息才能完成工作。

2. 被动训练控制

被动训练主要是针对上肢二级肌力以下的患者，被动训练控制策略是上肢康复机器人所必需的一套基本控制功能。上肢康复机器人由电机提供动力源以驱动机械臂来带动患者运动，患者依靠已经集成在上肢康复机器人程序内的运动轨迹规划来进行康复训练。从整个控制系统及患者本身角度来说，被动训练控制策略是一种开环的控制，工程师和康复治疗师事先在上位机内编写完被动训练的轨迹规划，然后由上位机将轨迹位置的数据发送给下位机，上位机实时的显示出下位机反馈回来的角度、力矩、速度、加速度等传感器信息，但是并不把这些传感器信息作为控制系统的反馈，不会影响到下位机对于电机和上肢康复机器人关节的控制。从下位机的控制角度来看，被动控制又处于位置控制的闭环内，下位机可以接受传感器上传信息数据的反馈与驱动相对应关节的电机组成一个闭环控制系统。

3. 主动训练控制

伴随着康复治疗师对于患者制订的康复训练计划的进行，脑卒中患者上肢肌肉力量和神经系统对于肌肉控制能力的慢慢恢复，康复训练的方式可以由被动康复训练逐渐转变成主动康复训练，由被动训练控制策略转变成主动康复策略。与被动训练控制策略完全不同的是，由于患者的神经系统对于肌肉有了一定的控制力，上肢康复机器人不再提供完全的康复训练轨迹规划，患者也不仅仅被动地执行被动康复训练，而是在患者能控制的、有利于患者康复的范围内，上肢康复机器人根据传感器采集出来的信息，判断患者的主动运动趋势，由患者来进行自主的控制。上肢康复机器人在主动训练的过程中，只是来判断患者的主动运动趋势并且由电机工作在力矩模式下来带动机械臂，伴随着患者的主动运动趋势而运动，根据设定在上肢康复机器人内的程序来提供给患者运动所需要的力矩，在这个基础之上，上肢康复机器人起到助力的作用。同时根据需要，控制系统也可以为肌力达到四级以上的患者进行抗阻训练控制，提供相应的运动阻抗。

实际上，主动训练控制是一种“人在回路”的控制，理想的控制策略是机器人根据患者的主动运动意图“按需助力”，以实现患者主动参与的神经康复训练。

4. 主被动训练控制

这种模式实际上是上述主、被动模式的复合模式。上肢康复机器人通过检测驱动关节的关节力矩变化自动切换训练模式，当关节处力矩高于设定力矩时以主动训练模式为主，当关节处力矩低于设定力矩时则切换回被动训练模式。这种控制模式可以自动适应不同肌力患者或者患者在不同阶段肌力的自动适应，从而提高训练效果，同时减轻治疗师操作设备的复杂度。

二、控制系统总体方案设计

本小节研究本案例末端引导式上肢康复机器人的主动、被动和主被动控制方法，并完成上肢康复机器人的控制系统方案。

多自由度末端引导式上肢康复机器人的总体控制策略如图 4-4-1 所示，康复机器人有三种模式可供选择，用户可根据需要选择主动训练、被动训练和主一被动训练。主动训练模式下，针对二级及以上肌力患者，可以选择训练等级。上肢康复机器人根据所选训练等级大小提供不同程度的助力，帮助患者完成以目标为导向的动作训练（助力训练），同时也可以在肌力达到四级以上时进行抗阻训练；被动训练模式下，患者功能障碍侧上肢被康复机器人牵引完成康复动作训练，主要针对二级肌力以下的患者；主被动模式下，上肢康复机器人通过检测驱动关节的关节力矩变化自动切换训练模式，当关节处的力矩高于设定力矩时可自动转换为主动训练模式，当关节处力矩低于设定力矩时则切换回被动训练模式。

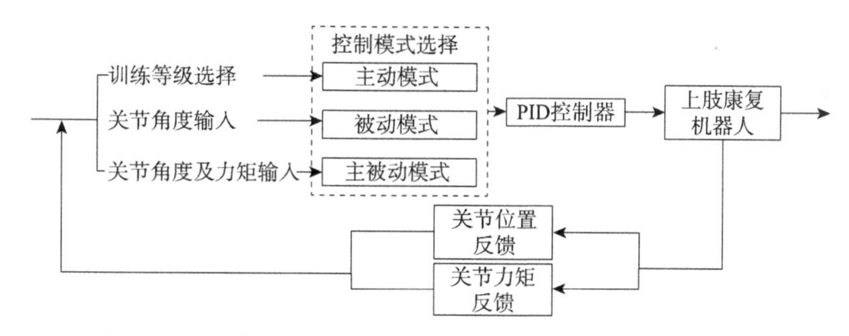

图 4-4-1　多自由度末端引导式上肢康复机器人的总体控制策略

1. 供电系统方案

本案例供电系统方案如图 4-4-2 所示。系统采用 220 V 交流电经开关电源分别给上位机、下位机以及电机供电。上位机与下位机之间通过蓝牙进行双向通信，下位机与电机组之间通过 CAN(Controller Area Network)总线的形式传递信息。

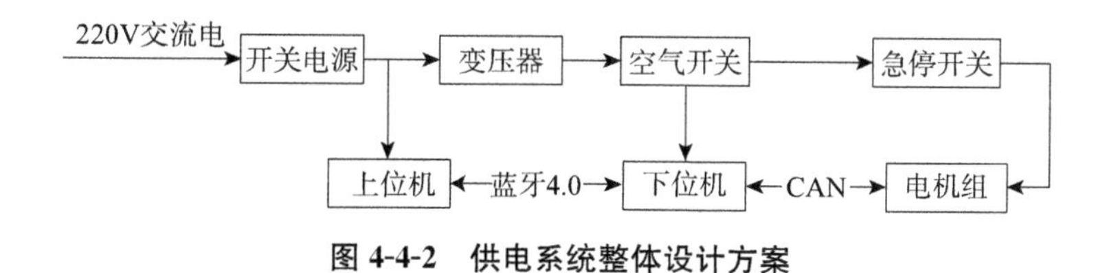

图 4-4-2　供电系统整体设计方案

为确保系统安全，系统需进行接地保护。特别是康复设备大多零件为金属材质，因此供电系统必须做接地保护处理。根据医用设备电气安全通用参数及要求，接地电阻不超过 0.2 Ω，以确保整个系统的安全性。

2. 总体控制系统方案

本案例设计总体控制系统方案如图 4-4-3 所示。控制系统涉及的反馈控制系统是通过设置在关节处的扭矩传感器与角度传感器将采集到的信息反馈到控制系统，再通过 CAN 通信将命令发送至电机控制器。本案例中涉及的电机控制器的型号为 EPOS2，是 Maxon 电机的模块化结构数字式定位控制器。它适用于带增量式编码器的 1 至 700 W 永磁直流电机。其运行模式多样并带有各种控制接口，可灵活用于自动化和机电一体化领域的各种驱动系统，配有 CANopen 或 EtherCAT 接口和插补位置模式。

采用 STM32F403ZET6 及其最小系统、通信电路以及信息采集电路等构成下位机控制系统的核心，用低功耗蓝牙模块实现与上位机之间的信息交换，CAN 通信电路实现电机控制，并与信息采集电路共同形成闭环回路控制。

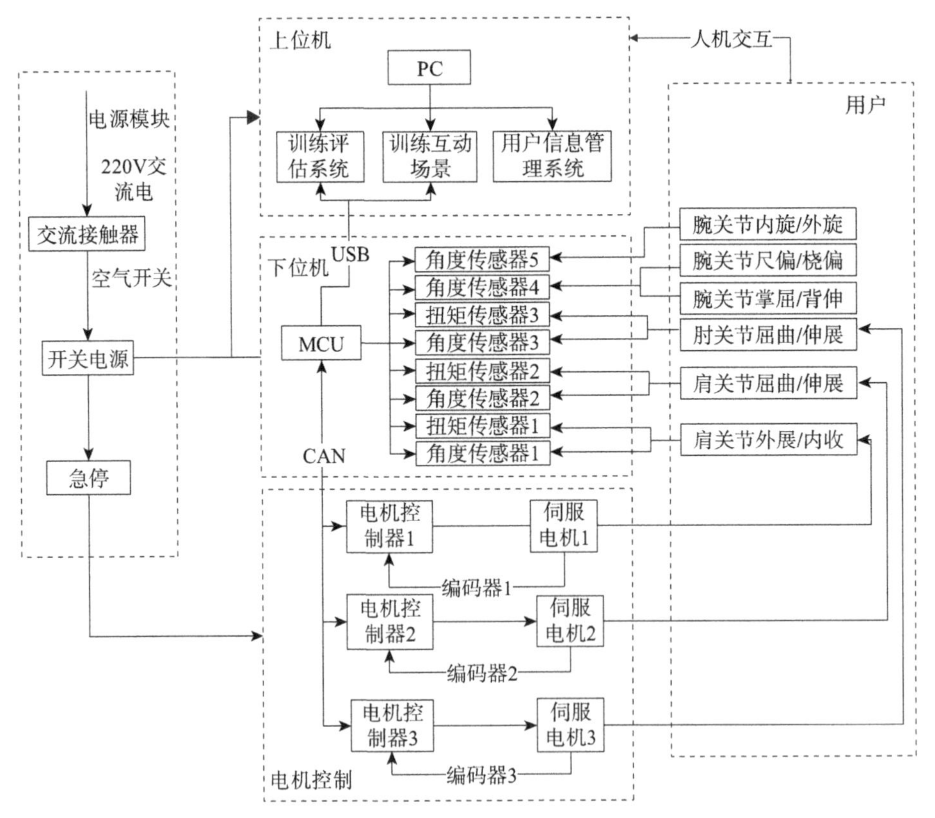

图 4-4-3　电机控制系统框图

3. 运动模式控制方案

本案例的机器人运动模式控制流程如图 4-4-4 所示，涉及的运动模式主要有三种（主动运动、被动运动和主被动运动）。在训练开始需要选择一种运动模式。被动运动模式相对比较简单，在被动运动模式启动时，主控制系统会调取存贮单元中的计划轨迹参数，并将该轨迹参数发送至电机控制器，从而使电机按照预设轨迹带动患者手臂进行训练。主动运动模式下电机系统不参与训练过程，分布在驱动关节的多源传感器会收集并记录患者的运动信息，并反馈给上位机。主动、被动训练模式中，系统设置有痉挛保护控制模式，当检测到运动异常时会启动痉挛保护机制。主被动运动模式相对比较复杂，控制系统会在训练全过程中监测驱动关节的力矩变化，当驱动关节的力矩超过规定的阈值时，电机的工作状态将由被动运动模式切换为主动运动；相反，当力矩低于设定阈值小值时，电机的工作状态将由主动运动模式切换为被动运动。

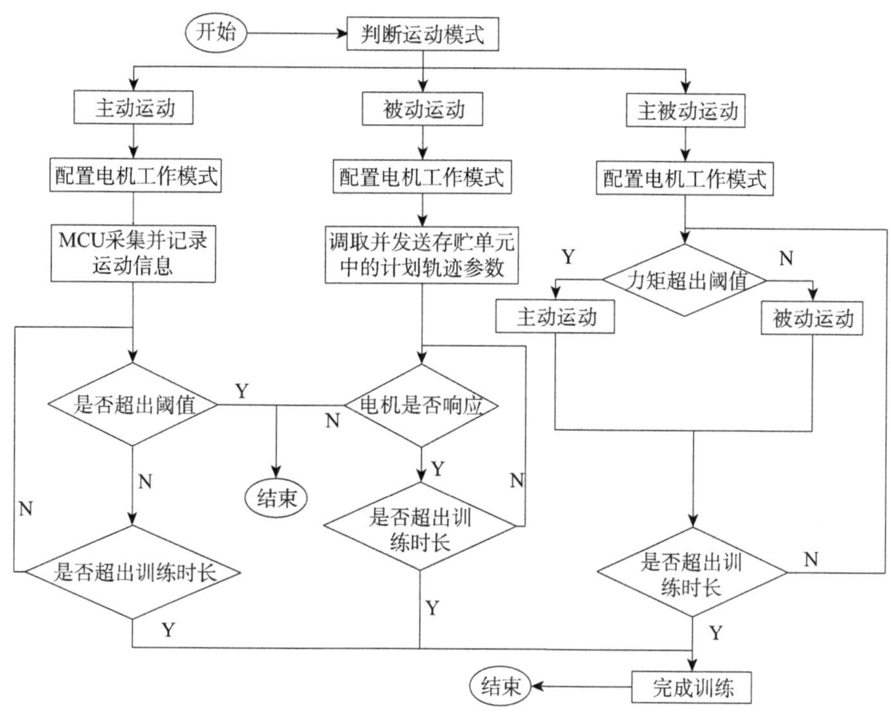

图 4-4-4　运动模式控制流程

三、控制系统硬件设计

（一）硬件选型

结合上文，整个上肢康复机器人控制系统的框架描述如图 4-4-5 所示。

整个上肢康复机器人的硬件设备由工控机、角度传感器、扭矩传感器、通信模块、伺服电机与驱动器组成。

（1）工控机：采用的是由 Qotom 公司生产的 Q190S-S01（如图 4-4-6 所示）。该工控机搭载英特尔赛扬处理器 J1900，基本频率为 2.0 GHz，最高频率为 2.42 GHz，具有 4 个内核心、2 MB 高速缓存，其低功耗、高性能的特点可以应用于工业场合。在板上资源方

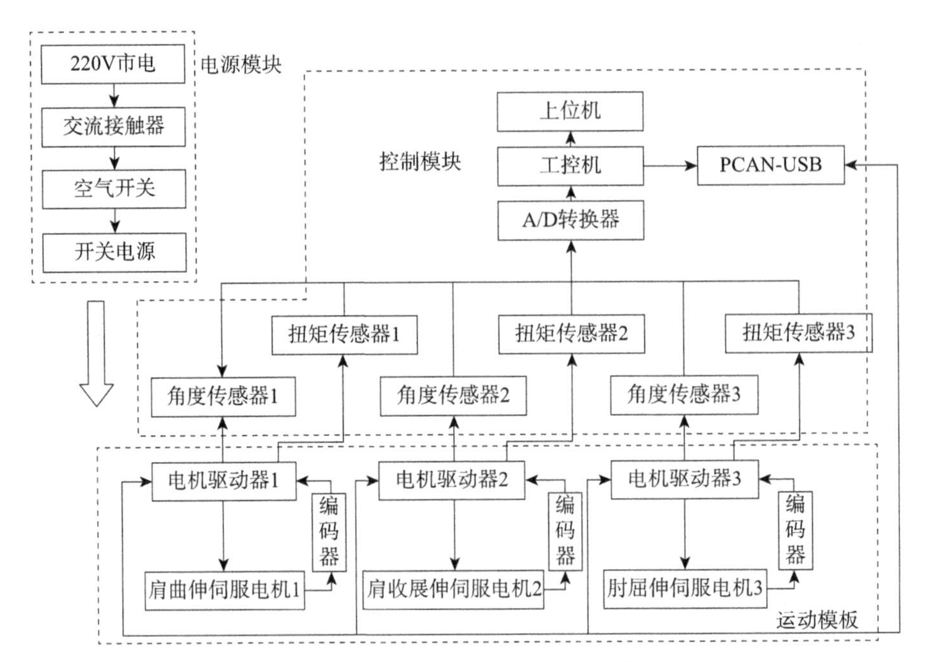

图 4-4-5　上肢康复机器人控制系统框架

图 4-4-6　Q190S-S01 示意图

面，Q190S-S01 搭配由 4 GB 运行内存、32 GB 固态硬盘 SSD、1 个 HDMI 接口、1 个 RS-232 接口、1 个 MINI PCI-E 接口、3 个 USB 2.0 接口、1 个 USB 3.0 接口，具有足够的资源可以满足工控机对于传感器信息的采集、上传以及电机与工控机之间通信的需求。硬件资源还具有 32 位定时器、直接内存存取(Direct Memory Access，DMA)单元、浮点运算单元(Float Point Unit，FPU)等硬件功能，这些资源极大地方便了控制程序的开发。

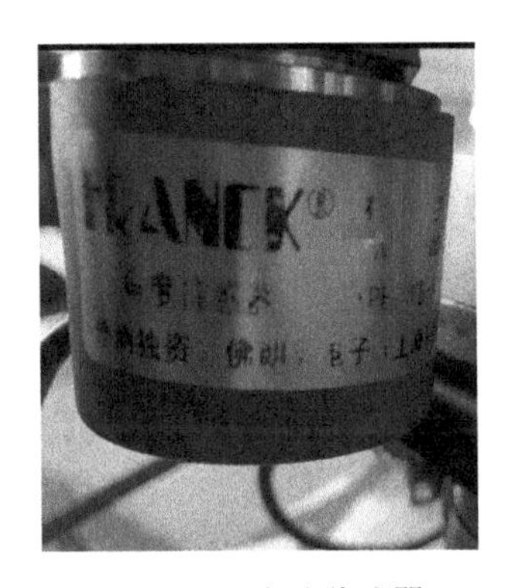

图 4-4-7　角度传感器

(2) 角度传感器：选择的是 FB-360-05-1-00 型号磁敏角度传感器来作为绝对位置传感器(如图 4-4-7 所示)。该角度传感器的分辨率为 0.022°，测量误差最大为±0.3°，温度漂移最大为±5 mV/℃。用于采集机械臂关节处的角度信号。

(3) 扭矩传感器：扭矩传感器选用的是合肥力智的 LZ-

N11 型扭矩传感器(如图 4-4-8 所示)。它体积小巧,便于安装,十分适合上肢康复机器人的控制系统的结构,不会发生器件之间干涉的情况。它是法兰式结构,采用合金钢和不锈钢材质为原材料制作,相比较于同类型产品来说精度高、稳定性能好。LZ-N11 型扭矩传感器的量程为 0～100 N・m,输出灵敏度为 2.0±10% mV/V,工作温度为－20 ℃～＋65 ℃,零点输出为 ±2% F・s,输出温度影响为 ±0.05 F・s/10℃。

图 4-4-8　扭矩传感器

(4) 通信模块:CAN 通信接口模块的选型为德国 PEAK-System 公司生产的 IPEH-002022 型 PCAN-USB(如图 4-4-9 所示)。PCAN-USB 接口使接入 CAN 网络非常容易,它的小巧紧凑的塑料外壳特别适合于随身携带,整套件还包含 CAN 监视器 PCAN-View,用于 Windows 和编程界面 PCAN-Basic。PCAN-USB 的比特率高达 1 Mbit/s,时间戳分辨率大约 42 μs,符合两种 CAN 规范即 2.0 A (11-bit ID)和 2.0B (29-bit ID),集成 NXP SJA1000 CAN 控制器及 NXP PCA82C251 CAN 收发器,时钟频率为 16 MHz。PCAN-USB 通过 D-Sub 的 9-引脚实现 CAN 总线连接 (遵守 CiA 102),焊接跳接线可连接 CAN 接口上的 5 V 电源用于外部收发器等。PCAN-USB 支持 USB 供电,为整套设备的电气部分提供了便利。

图 4-4-9　PCAN-USB

传感器数据通信模块选择的是上海云扬智能科技的 ZL-528 型 8 路模拟量采集模块(如图 4-4-10 所示),该模拟量采集模块可以采集 8 路 0～20 mA、4～20 mA、0～5 V 和 0～10 V 模拟量,RS485 和 RS232 双通信接口都可以使用,支持 MODBUS RTU 工业通信协议,每个输入、输出端口都可以通过软件去设置,可以和工控机之间进行双方通信,通信电路采用 3 000 V 隔离、防雷设计,各种信号之间也是进行相互隔离处理,有效地抑制了串、共模干扰,保证了所采集数据的精确度。

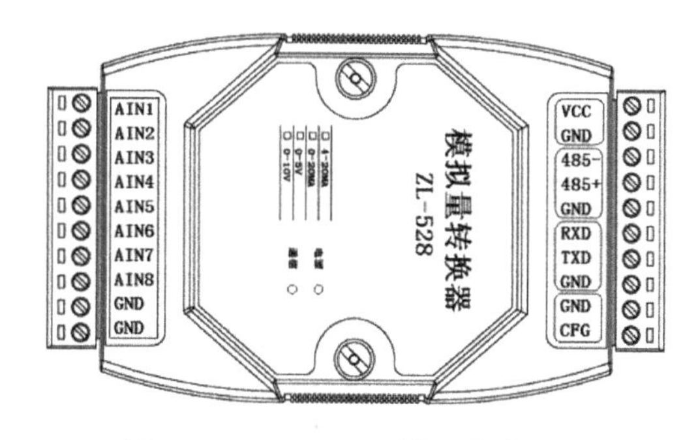

图 4-4-10　ZL-528 型模拟量转换器

图 4-4-11　无刷直流伺服电机

(5) 伺服电机与驱动器：肩关节屈曲/伸展所选电机型号为 EC 60flat-200W-V2(如图 4-4-11 所示)，适配哈默纳科减速比为 160 的谐波减速器，确保安全系数大于 1.5；肩关节内收外展所选电机型号为 EC 60 flat-150W-V2，适配哈默纳科减速比为 100 的谐波减速器，确保安全系数大于 1.5；肘关节屈曲伸展所选电机型号为 EC 60flat-—100W-V2，适配哈默纳科减速比为 100 的谐波减速器，确保安全系数大于 1.5。直流无刷伺服电机具有稳定、负载能力强的优点，配合减速箱可以带动整个机械臂的运动。

(二) 功能模块设计

1. 主控模块

工业个人计算机(Industrial Personal Computer，IPC)相比于普通个人计算机是一种加固自身结构型的功能增强型的通用型计算机，它适用于大多数工业场景去操控工业设备，支持工业设备能够在复杂的作业环境中去运行。在 20 世纪 80 年代前期，美国的一家名叫 AD 的公司就研发出了一款功能类似的工控机 IPC：MAC-150，紧接着美国 IBM 公司正式发布了一款工业个人计算机名叫 IBM7532。经过市场的考验，工控机 IPC 自身软件资源丰富、应用场景广泛、自身性能牢靠、性价比极高，所以工控机 IPC 被市场所接受，成为工业控制领域的后起之秀，抢占了很多工业设备控制领域的市场。随着时代的发展，工控机 IPC 已经在各个领域中扮演了各种不同类型的重要角色，例如国民、军民通信领域、工业设备控制领域、高速路桥收费领域、医疗器械领域、环保设备领域，已经深深地渗到人们生活中的各个方面。

本书采用的工控机(IPC)是由 Qotom 公司生产的 Q190S-S01(如图 4-4-6 所示)。该工控机采用了符合国际 EIA 标准的定制全钢化的工业机箱，极大地增强了该工控机 IPC 的抗电磁干扰的性能，并且采用总线构造以及模块化设计的设计理念，中央处理器 CPU、内存插条以及其他各种功能模块都采用金手指插板式设计，方便了工控机 IPC 进行设备维护和性能升级，同时用带有橡胶条的压条配合螺丝来进行硬件设备的固定，提高了工控机 IPC 抵抗冲击和外力强烈震荡的性能。在 Q190S-S01 工控机 IPC 的机箱内，设计人员进行了双风扇设计，两个风扇同时工作吹对流风，能够提高正压对流排风散热的功能。其自身的电源带有电子锁控制开关状态的功能，可以防止异常的电源开关机。Q190S-S01 工控机 IPC 拥有功能故障自动诊断功能，能根据产品的需求来选装合适的 I/O 模块。其还具有 watchdog 功能，如果发生程序跑飞的情况，可以在没有操作员复位的情形下进行自我复位。Q190S-S01 具有强大的开放性，各种不同版本的硬件都可以在 Q190S-S01 上兼容使用，具备了 PC 机全面的功能，可以直接运行个人计算机的全部软件。安装了实时操作系统，支持多任务多线程的控制系统要求。

Q190S-S01 在不安装光驱的情况下，可以安装多个硬盘来支持自身的内存扩充，拥有前置的 USB 接口和串口，如果有使用 KVM 切换显示器的情况，Q190S-S01 可以支持一台或者多台显示器和一套或者多套鼠标、键盘来同时操控 Q190S-S01 工控机。工控机

Com 口可以跳线设置为 RS-485、RS-232 接口，串口可以使用 HuB-USB 来进行扩展。

2. Linux 操作系统

从严格的定义上来说，Linux 表示的是 Linux 内核。但是，在一般行业从业人员的角度来说，Linux 代表的是基于 Linux 内核，同时使用 GNU 工程的各种软件工具以及各种各样的数据库的操作系统，GNU 工程是致力于通过让个人计算机用户使用自由软件来获取自由操作权力的自由软件运动。专家和工程师将这一类操作系统的名称定为 GNU/Linux 系统，这个定义名称的含义是基于 Linux 的 GNU 操作。Linux 内核是借鉴于 Unix 系统的硬件兼容性强、软件丰富、自由性强、开放源代码的个人计算机操作系统内核，根据开源软件协议 GPLv2 发布，任何个人计算机用户都可以在网络上基于开源软件协议 GPLv2 来下载 Linux 内核，并且在个人计算机上使用它。Linux 内核具有强大的兼容性，能够跨越多个平台，在不同的平台上去发挥它的作用。Linux 内核在多种不同类型的计算机设备中都可以完美地运行，例如手机、手持式游戏机、个人平板电脑、路由器、台式个人计算机和超级分布式计算机。Linux 的奠基者设计 Linux 的理念和系统性能都是很优秀和先进的。到现在为止，整个世界上运算处理速度最快的、性能最强悍的 10 台超级计算机都是使用 Linux 内核去创造的。1991 年的 10 月 15 日，Linux 内核由 Linux 的奠基者 Linus Torvalds 创立发布，经过数十年的发展，现在 Linux 内核由世界上各个不同地方的程序员工程师去一起运营和进行维护。

运用于工控机之上的 Linux 系统是根据机器人的具体应用需求，将 Linux 的内核进行裁剪，把不需要的功能都去掉，留下所必需的功能，这样可以使得工控机发挥它有限的资源来进行最高效的工作。在工控机的 X86 的平台上面可以完整的运行 Linux 操作系统，在其运行环境下面，我们可以即时对该上肢康复机器人的控制程序做修改，并且能够即时进行编译烧录进上肢康复机器人的操作系统中去。其开发和运行环境需要自己去搭建，工控机 Linux 操作系统的开发和运行环境搭建的步骤大体上包括：安装 GNU/Linux 操作系统、GCC、Canfestival 通信协议栈、程序编辑工具、串口/USB 调试程序、文件传输工具、网络工具等。

本案例所搭建的开发运行环境如图 4-4-12 所示。由于 Ubuntu 操作系统具备更加优秀的性能和更好的兼容性，所以在上肢康复机器人上安装了 GUN/Linux 操作系统 Ubuntu 16.04。而程序编辑的软件使用 Visual Code，这款程序编辑软件集成很多很方便的插件工具，适合去完成一些体量较大的项目，同时这款程序编辑软件也是一款开源软件，具备优秀的兼容特性。串口/USB 调试工具选择受众很广的 Minicom。

3. CAN 总线通信模块

本案例选用的无刷直流伺服电机基于 CANopen 协议来进行通信，所以必须在工控机与电机直接构建相对应的 CAN 通信硬件模块，使得电机与工控机之间进行通信。选择使用支持 CANopen 协议的电机，主要是因为 CAN 总线通信方式相比较其他的通信方式有如下的优势：成本较低；很高的总线利用率；最长传输距离范围能达到约 10 km；传输数据的速率可以达到 1 Mb/s；可以预先定义报文的 ID，然后根据 ID 来判断该报文的接收或屏蔽；有着严密的错误诊断机制和检查机制；当系统判断报文被破坏后，可以自动重新发送；报文的信息中不含有原始地址和目的地址，仅仅通过相应的标识符来定义

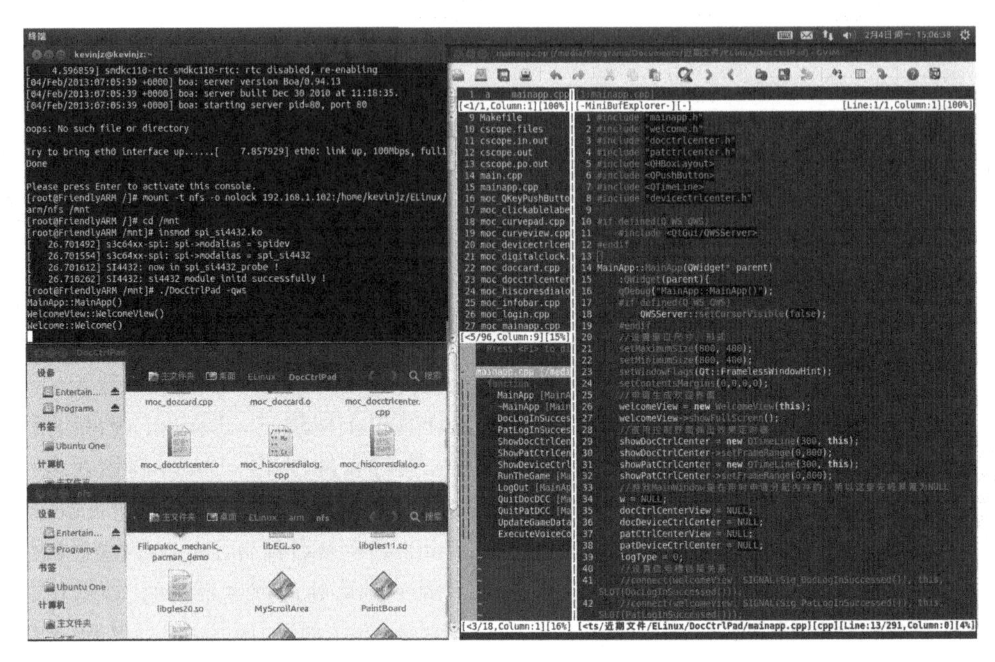

图 4-4-12　Linux 操作系统开发环境

报文中信息的功能指示和优先级信息；在一个由 CAN 总线搭建起来的网络中，从 CAN 协议定义来说可以拥有无数的节点，可拓展性、可利用性资源十分丰富。

在控制上肢康复机器人的过程中，CAN 通信模块在机器人机械臂各个关节的电机和工控机之间传递控制系统所下达的指令，并且采集伺服电机即时的各种状态信息，在采集的伺服电机的速度、加速度的基础上去对电机下达相应的指令，从而改善整个机械臂的控制性能。在整个上肢康复机器人运动控制的过程中，会出现很多错误的信息和系统自身的错误，这个时候 CAN 通信模块会通过内部自我检错的方式来反馈对应的错误信息和系统自身的问题，这样控制系统会根据反馈回的信息来调整机械臂的控制程序。在上肢康复机器人工作的任意时间段内，CAN 通信模块都可以发送很多的报文，由 CAN 通信模块自身定义的各个报文的优先级来进行操作，从而使得整个上肢康复机器人的各个部分都能通信畅通，各个部分稳定、高效地工作。

CAN 总线网络如图 4-4-13 所示。第一步将工控机与 CAN 控制器互相连接起来；第二步将由 CAN 控制器来担起收取要发的 CAN 报文的责任，以得到合乎 CAN 总线通信所要求定义的数据 CAN 帧；第三步发挥 CAN 收发器的作用，把收到的 CAN 数据帧转化成为二进制码的格式发布到 CAN 总线上面来进行数据信息的交互。为了防止收到错误的信息与系统自身导致的错误，CAN 控制器需要进行一系列的操作，例如位填充、添加 CRC 校验、ACK 检测、优先级仲裁、错误的检测、限制和处理等诸多操作。CAN 收发器是 CAN 控制器和物理总线之间的转换媒介，能够将 CAN 控制器输出的逻辑电平转换为 CAN 总线上的差分电平。

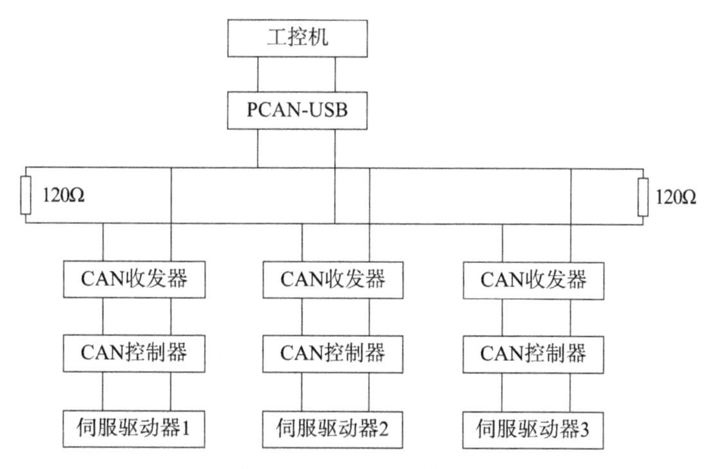

图 4-4-13 CAN 总线网络

本案例综合成本、质量以及技术适用性各方面的考虑，选用德国 PEAK-System 公司生产的 IPEH-002022 型 PCAN-USB 作为 CAN 总线通信模块。PCAN-USB 硬件模块使得整个控制系统的 CAN 总线网络能够较为容易地接入工控机中去。它精致小型的外壳使得它可以不占用上肢康复机器人控制底座较大的空间位置，更便于安装连接。PCAN-USB 的 CAN 口提供 500 V 电隔离，充分满足上肢康复机器人安全的需求，而且它还能和 Ubuntu Linux 操作系统完美适配。Ubuntu 操作系统可以提供相对应的驱动程序和编程 API 接口，十分便于工程师去编写控制系统的程序。

PCAN-USB 的 CAN 控制器是 NXP 恩智浦公司生产的 SJA100 型，CAN 收发器为 Philips 飞利浦公司所生产的 PCA82C251 型。通过 9 针 D-Sub 连接器连接高速 CAN 总线(ISO 11898-2)如图 4-4-14 所示，连接器引脚分配遵循 CiA © 102 规范。

Pin assignment 9-pole connector male:

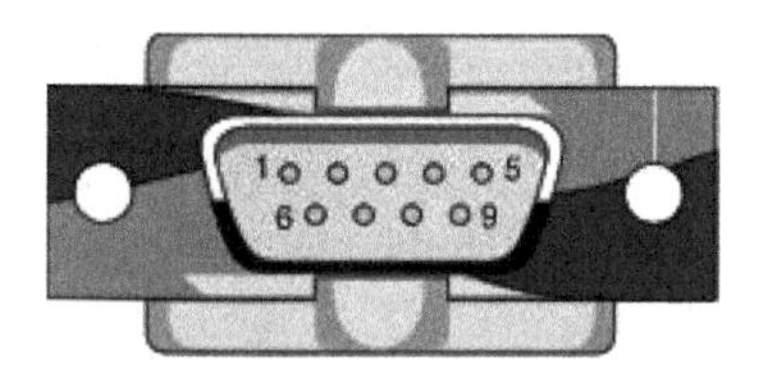

Pin	Configuration
1	+12V/+5V/Not connected
2	CAN-L
3	CAN-GND/Not connected
4	Not connected
5	Not connected
6	CAN-GND/Not connected
7	CAN-H
8	Not connected
9	+12V/+5V/Not connected

图 4-4-14 针 D-Sub 连接器接线图

4. A/D 转换器模块

A/D 转换的实际意义就是进行模数之间的转换，就是进行把模拟信号转化成数字信号的工作，其大部分的类型包括积分型、逐次逼近型、并行比较型、串行比较型、Σ-Δ 调制型、电容阵列逐次比较型以及压频变换型。

A/D 转换器是一种通过具有一定功能的电路将模拟量转化成数字量的一种仪器。模拟量一般是压力、温度、湿度、声音、位移等非电信号，也可以是电流和电压等电信号。

在要进行A/D转化工作之前，一些将要输入A/D转换器的信号，必须经过传感器的转化，由各种物理量转变成为可以输入A/D转换器的电压信号。

我们在选取A/D转换器的时候，主要从以下五个角度去综合考虑。

(1) A/D转换器的分辨率(Resolution)，分辨率通常是定义为当数字量在变化了一个基本的最小量时，模拟量信号跟随着数字量而变化的量度，是指满刻度和2的N次方之间的比值。分辨率一般被人们称为精度，数字信号的位数是表现这种精度的最好方式。

(2) A/D转换器的转换速率(Conversion Rate)，转换速率是指把一次模拟量信号转换为数字信号的过程所花费的时间的倒数。人们一般把进行一次A/D转换所需要的时间在毫秒级别的低速A/D转化器称为积分型A/D转换器；把进行一次A/D转换所需要的时间在微秒级别的中速A/D转化器称为逐次比较型A/D转换器；把进行一次A/D转换所需要的时间在纳秒级别的A/D转化器称为串并型A/D转换器。采样时间相比于转换速率来说是另外一种概念，人们把进行一次A/D转换与下一次A/D转换的时间间隔称为采样时间，只有当采样时间小于或者等于转换速率的倒数的时候，模拟量信号与数字量信号的转换过程才能完成。因为有了此根据，工程师可以把转换速率和采样速率理解为同一样事物。KSpS表示每秒采样千万次(Kilo Samples per Second)，MSpS表示每秒采样百万次(Kilo Samples per Second)。

(3) 量化误差(Quantizing Error)是指在当前情况下，A/D转换器因为其自身有限的分辨率，而引发一定程度上的误差，即处在理想情况下面的无限分辨率的AD的转移性曲线(直线)和有限分辨率的AD的阶梯状的转移特性曲线之间的最大的偏差。

(4) 偏移误差(Offset Error)是指当系统的输入信号的值为零的时候，而输出信号的值不等于零的时候，可以将外接电位器调至最小来避免此类误差。

(5) 满刻度误差(Full Scale Error)即为当满刻度输出的时候，系统相对应的输入信号的值和处于理想情况下的输入信号的值之差。

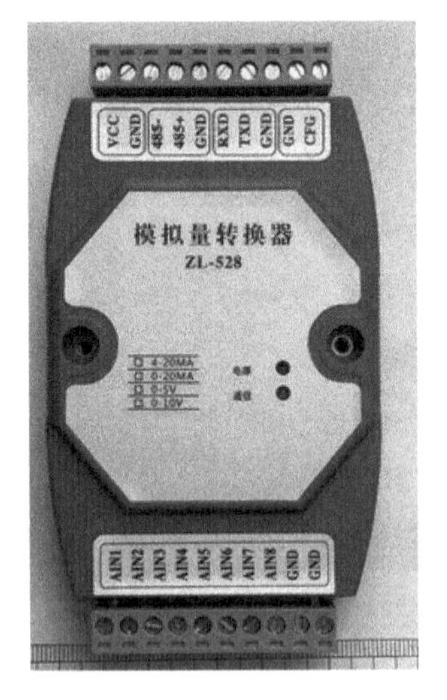

图 4-4-15　A/D转换器

本案例的A/D转换器选用的是上海云扬智能科技的ZL-528型8路模拟量采集模块(如图4-4-15所示)，该模拟量采集模块可以采集8路0～20 mA、4～20 mA、0～5 V和0～10 V模拟量，可以使用RS485和RS232双通信接口，支持MODBUS RTU工业通信协议，每个输入、输出端口都可以通过软件去设置，可以和工控机之间进行双方通信，通信电路采用3 000 V隔离、防雷设计，各种信号之间也是进行相互隔离处理，有效地抑制了串、共模干扰，保证了所采集数据的精确度。

在运用A/D转化器模块的时候，上肢康复机器人处于被监控的状态。通过对传感器采集上来的数据进行采样与保持处理，然后A/D转换器将采集上来的数据变为数字信号，接着把这些信号送入工控机的USB口中，工控机通过运行在X86平台上的Ubuntu 系统将串口内数字信号数据上传，因为传感器数量较多，所以应用了多路采集模块，通过模拟开关，再把各种数据信号传入 A/D 转化器中，如图 4-4-16 所示为 A/D 转换器接线法。

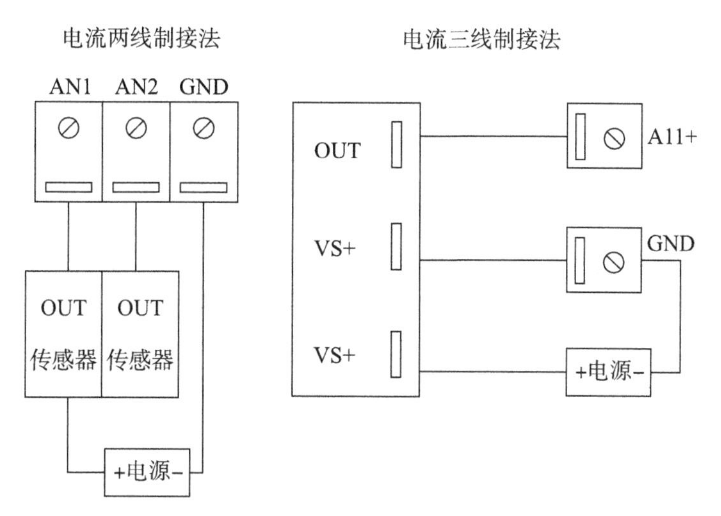

图 4-4-16　A/D 转换器接线法

5. 角度传感器运动信息采集模块

本案例选择的直流无刷伺服电机内已经安装有编码器，可以获得电机转子的实时位置、速度值，但是我们需要知道的是机械臂连杆的位置。从患者进行康复训练的角度，患者的康复安全控制、上位机图形用户界面操作以及 VR 康复游戏都需要上肢康复机器人提供相对应关节的角度。所以我们需要在 3 个自由度对应的关节的输出轴上面安装角度传感器。根据上肢康复控制系统的整体需求，主要有三种角度传感器的方案选择。

(1) 增量式光电编码器：增量式光电编码器(如图 4-4-17 所示)是将位移量转变成周

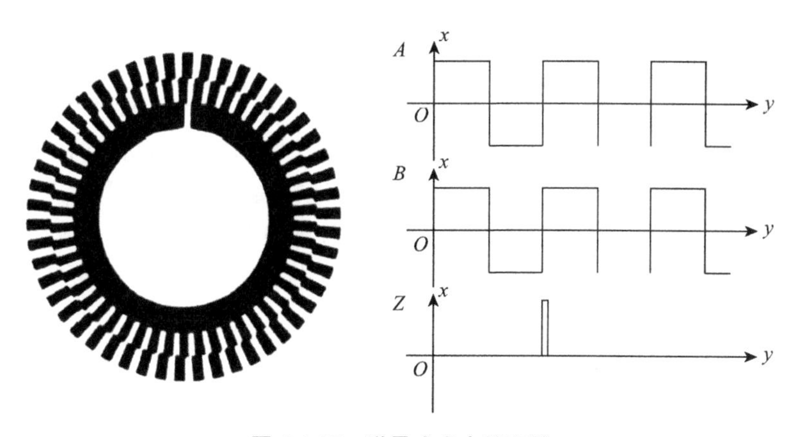

图 4-4-17　增量式光电编码器

期性的电信号,再把转变成的周期性的电信号转变成计数的脉冲,由此可以使用脉冲的个数来确定表示位移量的大小。它的主要特性是只要产生一个输出脉冲的信号,编码器就对应着一个增量位移,但是缺点是不能通过输出的脉冲信号来确定增量的位移发生在哪一个位置上。它可以产生一个与增量的位移等值的脉冲信号,它提供了一种对于连续性的位移进行离散化、增量化以及速度检测的传感器方法,唯一的不足是它仅仅是相对于某一个基准点变化的位移增量,不能够靠此检测出连杆的绝对位置。

(2) 绝对位置编码器:绝对位置编码器(如图 4-4-18 所示)上的每一个位置都对应着一个确定而且唯一的数字码,所以它显示的测量值只和测量的起始位置与终止位置有关,和测量过程中的任意一个环节都没有关系,它的位置是由输出来的数字码的大小数值来确定的。当电源被切断以后,绝对位置编码器仍然会保持当前的位置,不会和实际位置错开,当电源重新被打开以后,仍然也会保持当前的位置。

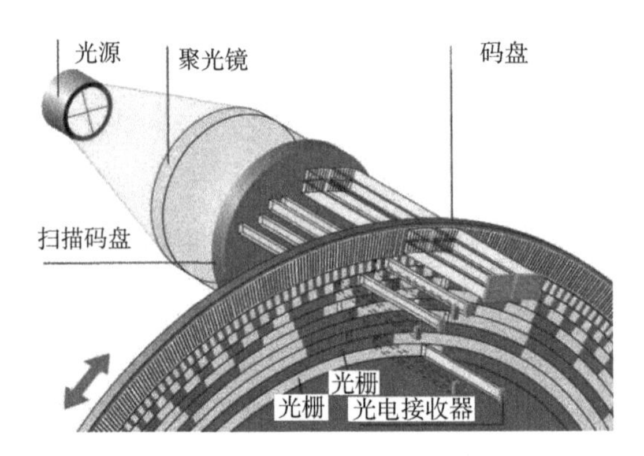

图 4-4-18 绝对位置编码器

绝对位置编码器能够进行数字量很大的输出,在它的码盘上面存在着很多个码道,码道的意义就是等于二进制数字,在它的所有码道都由透光和不透光的扇形状的区域所组成,通过运用自身的光电传感器来采集信号。光源和光敏元件安装在码盘的两侧,光敏元件起的作用就是通过检测是否存在光信号的通过来进行高低电平的转换,从而输出我们所需要的二进制数字,但是它关键的分辨率是由这些二进制数字来决定的。换句话说,它的精度全都取决于它的转换出来的二进制数字的位数。

(3) 磁敏感角度传感器:磁敏感角度传感器(如图 4-4-19 所示)是采用高性能的集成磁敏感元件制作而成的传感器,磁信号可以达到不接触而感应的功能特点,利用此功能特点,配合自身的微处理器来使用,将磁信号智能地转换处理制成位置信号,是新一代的角度传感器元件。它具有首尾位置自动去补偿、故障自我检测、非接触式位置检测功能等很多优点,能够满足大多数工业、医疗、航天等复杂工况下面的使用要求,是一种理想的角度传感器选择。

因为增量式光电编码器每一次开始的时候都需要找零,只能确定相对位置,不能确定绝对位置,会给上肢康复机器人的找零功能带来了很大的麻烦,而绝对位置编码器体积相对来说较大,结构复杂容易损坏,价格很昂贵。综上所述,从节省成本、合理利用工控机资源的角度出发,本案例选用佛朗克(德国)的 FB-360-05-1-00 型号磁敏感角度传感器作为绝对位置传感器(如图 4-4-19 所示),该角度传感器的工作温度为−40～150 ℃,分辨率为 12 bits,输出电流为 8 mA,输出电压为 0°～360°对应的 0～5 V DC,频率响应为 1 kHz。在该传感器的电源端与信号地之间接入 5 V 电压,输出轴的角度发生变化,则电压信号 V_i 也将随之变化,当前的绝对位置 θ 可以由式表示:

$$\theta = (V_i - V_0)/5 * 360 \tag{4-4-1}$$

图 4-4-19　FB-360-05-1-00 型磁敏感角度传感器

其中,V_0 是在空间绝对零位时的电压值,测量值 V_i 与绝对零位电压 $\Delta\theta$ 做差,获得变化角度 $\Delta\theta$ 所对应的电压,进而计算出实际角度 θ。需要注意的是该磁敏感角度传感器是多圈旋转式的,当正向旋转到 5 V 之后继续正向旋转,则电压会瞬间突变到 0 V。因此在安装旋转电位器时,上肢各自由度的活动范围需尽量避开 5～0 V 这段突变区间,落在 0～5 V 的正常线性电压范围内,角度值和输入电压的关系如图 4-4-20 所示。

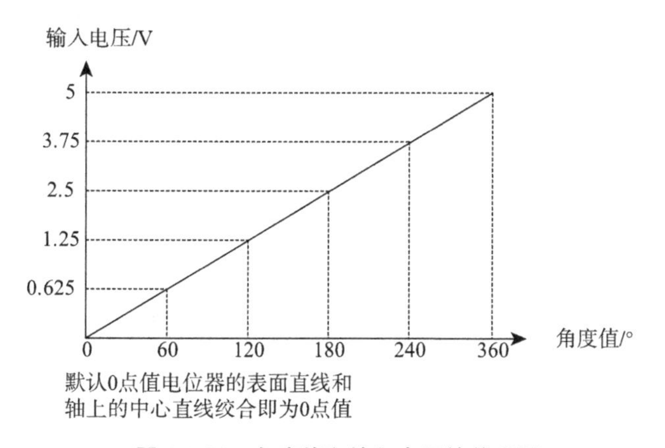

图 4-4-20　角度值和输入电压的关系图

6. 扭矩传感器运动意图识别模块

上肢康复机器人的运动意图识别方法的具体流程是,采用扭矩传感器测量出上肢康复机器人负载端施加的扭矩值,然后使用滤波放大电路对所述扭矩测量值进行滤波处理并放大,接着由 A/D 采集模块将扭矩传感器的力矩模拟量测量值进行模数转换成 A/D 采样值,最后工控机对于 A/D 采样值进行获取,得到力矩测量数字量值,通过该力矩测量数字量值根据上肢康复机器人控制系统内嵌在工控机内的算法得到上肢康复机器人的运动意图方向,传感器数据采集框架图如图 4-4-21 所示。

根据上肢康复机器人控制系统的特定要求,本案例选用的是合肥力智的 LZ-N11 型扭矩传感器,它体积小巧便于安装,十分适合上肢康复机器人的控制系统的结构,不会发生器件之间干涉的情况。它是法兰式结构,采用合金钢和不锈钢材质为原材料制作,相比较于同类型产品来说精度高、稳定性能好。LZ-N11 型扭矩传感器的量程为 0～100 N・m,输出灵敏度为 2.0±10% mV/V,工作温度为−20 ℃～+65 ℃,零点输出为

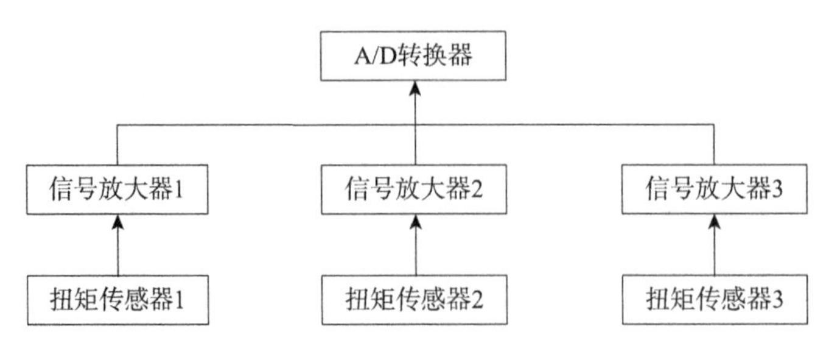

图 4-4-21　传感器数据采集框架图

±2% F·s，输出温度影响为±0.05 F·s/10℃。

LZ-N11 型扭矩传感器安装在上肢康复机器人底座中的关节输出端上，由于它的差分输出信号处于毫伏级别，信号微弱，在距离稍远的情况下，十分容易发生信号损耗，所以直接将信号放大器安装在扭矩传感器的旁边，这样扭矩传感器的差分输出信号一出来直接由信号放大器来进行放大，与此同时扭矩传感器的屏蔽层又能与信号放大器同时接地，这样做可以把电气噪声减小到最小的程度，电气所产生的噪声导入信号地里面。采用在关节输出端安装扭矩传感器的方式，相对于和其他采集患者身体表面肌电信号或者脑电信号的人机交互方式而言，省去了患者佩戴额外的设备的麻烦，能够通过直接采集患者的扭矩数据来获得患者的运动意图，且获得患者运动意图的精确程度会更高。

如图 4-4-22 所示，滤波放大电路包含第一滤波放大单元、第二滤波放大单元以及第三滤波放大单元。

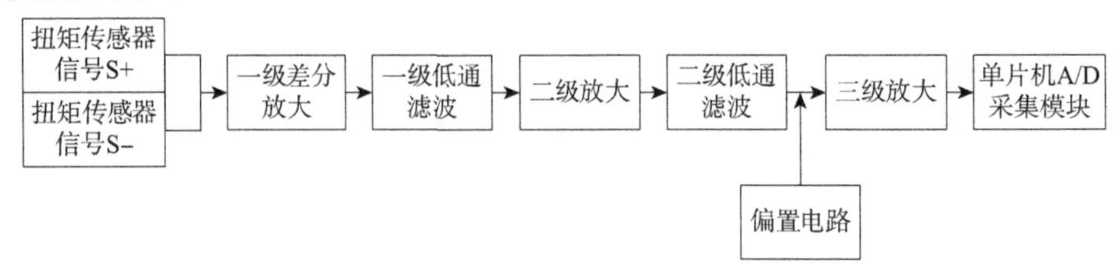

图 4-4-22　滤波放大电路原理图

如图 4-4-23 所示，第一滤波放大单元由滤波电容 C21、C24、第一运算放大器 AD620AR、反馈电阻 R6 组成。C21 一端接输入电压正极，一端接地，作用是滤除电源噪声。C24 一端接输入电压负极，一端接地，作用也是滤除电源噪声。第一运算放大器 AD620AR 的两个输入端 2、3 接入力矩传感器的两个信号端，端口 1、8 之间连接反馈电阻 R6。在本实施例中，反馈电阻 R6 的阻值选取遵循 $R_6=\frac{49.4}{G-1}$ kΩ 的关系，其中，G 为放大增益倍数，在实际应用中，可以根据使用者的放大需求对 R6 的阻值进行调整。

第二滤波放大单元由电阻 R12、电容 C23、第二运算放大器 AD8607、电阻 R9、反馈电阻 R4 组成。电阻 R12 的一端接第一级运放的输出，另一端接第二级运放的正极。电容 C23 的一端接第二级运放的正极，一端接地。R12 和 C23 组成了 RC 低通滤波电路，

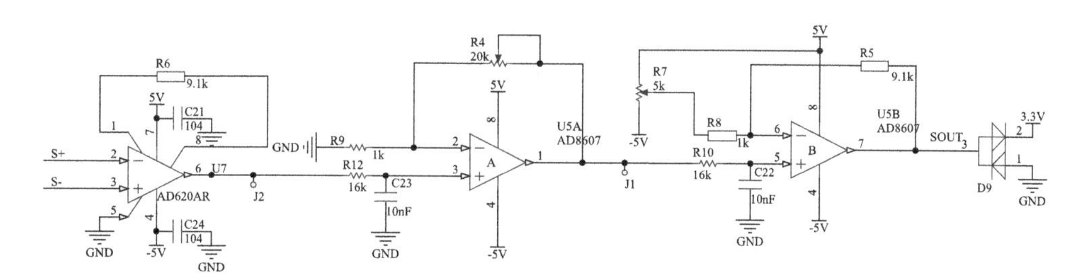

图 4-4-23　滤波放大电路图

用于滤除从第一级运放到第二级运放的 10 kHz 以上的高频噪声。R9 一端接地，另一端接第二级运放的负极。R4 一端与 R9 串联，接第二级运放的负极，另一端接第三级运放的正极。在本实施例中，反馈电阻 R4 的阻值选取遵循 $G=\frac{R_4}{R_9}+1$ 的关系，其中，G 为放大增益倍数，在实际应用中，可以根据使用者的放大需求对 R4、R9 的阻值进行调整。

第三滤波放大单元由电容 C22、电阻 R10、第三运算放大器 AD8607、电阻 R8、R7，反馈电阻 R5、钳位二极管 D9、D10 组成。电阻 R10 的一端接第二级运放的输出，另一端接第三级运放的正极。电容 C22 的一端接第三级运放的正极，另一端接地。R10 和 C22 组成了 RC 低通滤波电路，用于滤除从第二级运放到第三级运放的 10kHz 以上的高频噪声。R5 一端接在两个钳位二极管之间，另一端接在第三级运放的负极。R7 的定阻部分接在正负电源之间，变阻部分与 R8 串联接到第三级运放的负极。在本实施例中，反馈电阻 R5、R7 的阻值选取遵循 $G=\frac{R_5}{R_8+R'_7}+1$ 的关系，其中，G 为放大增益倍数，R'_7为电阻 R7 输出的变阻值。在实际应用中，可以根据使用者的放大需求对 R5、R7、R8 的阻值进行调整。第三级运放的输出端连接在钳位二极管 D9、D10 之间，用于限制输出电压的幅值在－0.7～ 4.0 V 之间。

四、控制系统软件设计

1. A/D 采集模块 Modbus 数据通信协议

上肢康复机器人的工控机作为控制系统的主控制器需要与 A/D 采集模块进行数据通信，A/D 采集模块需要通过 Modbus 通信协议将三个角度传感以及三个扭矩传感器采集上来的数据信息上传到工控机中。Modbus 通信协议是第一个应用于工业现场的总线协议，在工业界内应用十分广泛，libmodbus 是 Linux Ubuntu 操作系统下面的一个开源协议栈，本案例的 A/D 采集模块支持 modbus RTU 协议，将 A/D 采集模块和工控机用 RS485 串口相连接起来，用来把采集到的传感器数据上传到工控机上去。本小节将对 Mobus RTU 协议、RS485 串口和 libmodbus 协议栈展开详细论述。

(1) Modbus 协议与 RS485 串口概述

Modbus 协议定义了不同种类设备之间相互交换信息数据的方式以及传输信息的

格式，它属于 OSI 模型（如图 4-4-24 所示）的第七层的应用层通信协议，是一种基于主从通信的协议。Modbus 协议的工作流程大体上是走请求与应答两个步骤，当工作场景开始，第一步由主站开始通信给从站发送指令，或者是向从站进行广播，从站在接收到指令之后按照主站的要求来进行应答，若出现异常情况，则由从站报告异常。当主站不发送相对应的请求指令的时候，从站处于静默状态不会自己去上传发送数据，在 Modbus 协议中从站与从站之间不能相互通信。

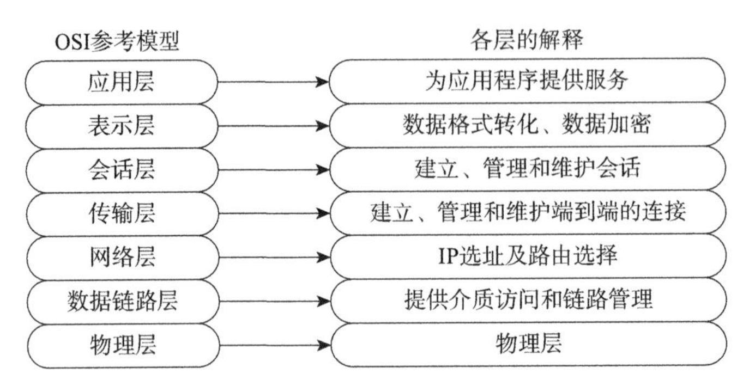

图 4-4-24　OSI 模型

Modbus 协议的数据帧的大体格式为报文表头＋定义的功能码＋数据区＋CRC 校验码。功能码和数据区都是根据协议自身来定的，即使是在不同类型的 Modbus 通信网络之中也是相同的。但是报文表头和 CRC 校验码会因为所在的不同类型的 Modbus 通信网络底层的实现方式的不同而产生不同。报文表头包含的信息有从站的地址，定义的功能码的作用是与从站进行通信，告知从站所要执行的任务，数据区则是报文自身包含的完整信息。如图 4-4-25 所示是主站与从站进行一次请求与应答的过程。

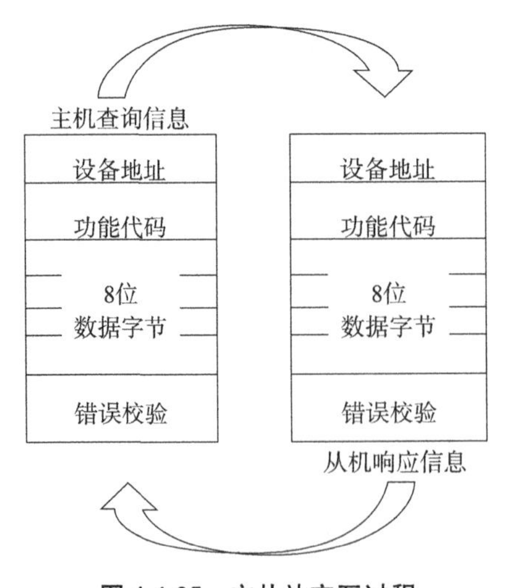

图 4-4-25　主从站交互过程

Modbus RTU 协议（如表 4-4-1 所示）是一种主从式的通信协议，它的底层物理层实现采用 RS485 接口网络。RS485 的串行通信规程中规定应用数据单元（Application

Data Unit,ADU)的最大长度为256个字节。在Modbus RTU协议中,从站地址占用1个字节,校验位占用2个字节,因此协议数据单元PDU(Protocol Data Unit)的最大长度为256－1－2＝253字节。

表4-4-1　Modbus RTU协议

起始位	设备地址	功能代码	数据	CRC检验	结束符
T1-T2-T3-T4	8 bit	8 bit	n个8 bit	16 bit	T1-T2-T3-T4

① 地址码:地址码占1个字节,为通信传送的第1个字节。这个字节表明由用户设定地址码的从机将接收由主机发送来的信息。每个从机都具有唯一的地址码,并且响应反馈均以各自的地址码开始。主机发送的地址码表明将发送到的从机地址,而从机发送的地址码表明回送的从机地址。

② 功能码:功能码占1个字节是通信传送的第2个字节。ModBus通信规约定义功能号为1到127。本仪表只利用其中的一部分功能码。作为主机请求发送,通过功能码告诉从机执行什么动作。作为从机响应,从机发送的功能码与从主机发送来的功能码一样,并表明从机已响应主机进行操作。如果从机发送的功能码的最高位为1(比如功能码大与此同时127),则表明从机没有响应操作或发送出错。

③ 数据区:数据区占N个字节,是根据不同的功能码而不同。数据区可以是实际数值、设置点、主机发送给从机或从机发送给主机的地址。

④ CRC码:CRC码为占2个字节的错误检测码。

RS-232是美国EIA(Electronic Ingustry Association)与BELL等公司一起开发的,于1969年公布的通信协议,也是工业控制中应用最广泛的一种串行接口,采取不平衡传输方式,即所谓单端通信,但是它的传输距离短,最大约为30 m,传输速率低,最高速率为20 kb/s,共模抑制能力差,抗噪声干扰性弱的缺点,所以RS-232只适合本地设备之间的通信。RS-485是EIA为了弥补RS-232通信距离短、传输速度低等不足之处,于1983年提出的一种串行数据接口标准,RS-485采用差分传输方式,也称作平衡传输,具有比较高的噪声抑制能力,最大传输距离约为1 200 m,最大传输速率为10 Mb/s,还增加了多点、双向通信能力,所以RS-485成为首选的串行接口。

相对于RS232接口,RS485新接口标准具备以下4个特点。

① 逻辑“1”以两线间的电压差为＋(2～6)V表示;逻辑“0”以两线间的电压差为－(2～6)V表示。接口信号电平比RS232降低了,不易损坏电路的芯片,且该电平与TTL电平兼容,可方便与TTL电路连接。

② RS485通信速度快,数据最高传输速率为10 Mb/s以上;其内部的物理结构,采用的是平衡驱动器和查分接收器的组合,抗干扰能力大大增加。

③ 传输距离最远可达到1 200 m左右,但传输速率和传输距离是成反比的,只有在100 kB/s以下的传输速率,才能达到最大的通信距离,如果需要传输更远的距离可以使用中继。

④ 可以在总线上进行联网实现多机通信,总线上允许挂多个收发器,从现有的RS485芯片来看,有可以挂32、64、128、256等不同个设备的驱动器。

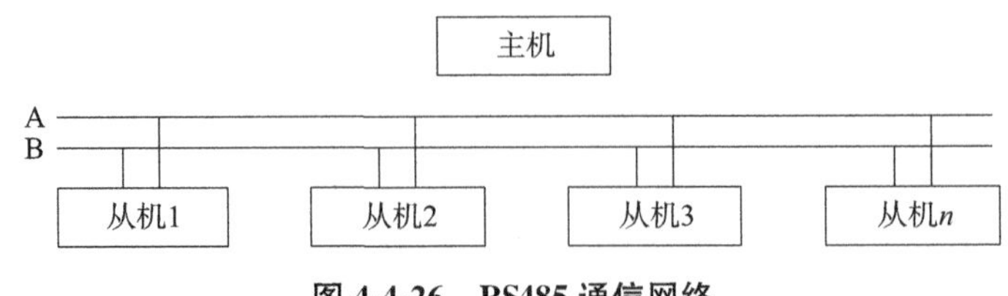

图 4-4-26　RS485 通信网络

RS485 有两线制和四线制，四线制只能实现点对点的通信方式，现已很少采用。两线制这种接线方式为总线式拓扑结构，在同一总线上最多可以挂接 32 个节点。在 RS485 通信网络(如图 4-4-26 所示)中一般采用的是主从通信方式，即一个主机带多个从机。

(2) libmodbus 协议应用

libmodbus 协议栈是一个属于第三方的免费开源性质的 Modbus 协议库。可以工作在多个操作系统平台下面。libmodbus 支持 Modbus RTU 模式和 Modbus TCP/IP 模式。本案例采用的 A/D 转换器使用的是 Modbus RTU 模式。在 Modbus RTU 模式中，对于主站 client/master、从站 server/slave 的解释定义方式：Modbus RTU 帧调用从站 server/slave 来处理 Modbus 请求的设备/服务以及发送请求的主站 client/master，通信始终由主站 client/master 来启动。由此可以得出结论：构建起来 RTU 数据帧的为从站 server/slave，响应 libmodbus 协议栈请求的也是从站 server/slave，发出 Modbus 网络上发起请求帧的为主站 client/master，最重要的一点是主站 client/master 与从站 server/slave 的通信总是由主站 client/master 发起的。在本案例中，工控机为主站 client/master，A/D 转换器为从站 server/slave。

本案例的 A/D 转换器与工控机之间采用 RS485 通信，采用串口参数为波特率 9600，数据位 8，停止位 1，无校验位。若要读取 A/D 转换器的数值，则工控机要往 A/D 转换器发送的请求帧 01 03 00 00 00 02 c4 0b。这里都是十六进制表示，01 表示 A/D 转换器的从站地址；03 是 Modbus 功能码，表示读取保持寄存器的值；00 00 是保持寄存器的地址；00 02 是读取寄存器的长度；c4 0b 是 CRC 校验位。正常情况下，A/D 转换器会返回给工控机 RTU 帧为 01 03 04 01 0F 02 16 CRCHCRCL。01 为从站地址；03 为 Modbus 功能码；04 为读取的数据字节长度；010F 为角度数据，换算成十进制后除以 10，得到真实的 A/D 转换器中的角度数字量值；0216 为扭矩数据，换算成十进制后除以 10，得到真实的 A/D 转换器的扭矩中数字量值。

使用 libmodbus 协议栈读取 A/D 转换器中传感器的数字量值，采用 Modbus RTU 模式的话一般要经过 5 个步骤。

① 创建一个 modbus_t 类型的 context，用来打开串口：

```
modbus_t *mb;
mb = modbus_new_rtu("/dev/ttyUSB0",9600,'N',8,1);
```

这里打开的串口是工控机的串口 0，波特率 9600，无校验，数据位是 8，停止位是 1。

② 建立和 A/D 转换器之间的连接：

```
modbus_connect(mb);
```

③ 设置超时时间：根据 libmodbus 协议栈定义，modbus_set_ response_ timeout() 函数应设置用于等待响应的超时间隔。如果在接收响应之前等待的时间长于给定的超时时间，则会引发错误。一旦超时就会发送错误码。

```
struct timespec interval;
interval. tv_sec=0;
interval. tv_nsec=500000000;
modbus_set_response_timeout(mb,&interval);
```

④ 设置从站 server/slave 的地址：

```
modbus_set_slave(mb, 0x01);
```

⑤ 读取保持寄存器的值：

使用 int modbus_read_registers(mb, addr, int nb, uint16_t * dest)这个协议栈中的函数来读取保持寄存器中的值，这个函数的作用为读取保持寄存器中的值，它所用的功能码是 0x03，在其中寄存器的起始地址放入 addr 参数，读寄存器的个数放入 nb 参数，读出的值放入 dest。若读取正确，返回值为读取的寄存器数，若读取错误，返回值为−1。

在本案例中，使用的函数为 int modbus_read_registers(mb, 1, 10, tab_reg)来读取 A/D 转换器中各个传感器的数字量值到 tab_reg[]数组中去，这样 tab_reg [0]～ tab_reg [5]内便存放有 3 个自由度的角度信息以及力矩信息。

- tab_reg [0]：肘关节扭矩
- tab_reg [1]：肩关节内收/外展扭矩
- tab_reg [2]：肩关节屈/伸角度
- tab_reg [3]：肩关节内收/外展角度
- tab_reg [4]：肘关节屈/伸角度
- tab_reg [5]：肩关节屈/伸力矩

2. CANOpen 通信协议

(1) CANOpen 通信协议概述

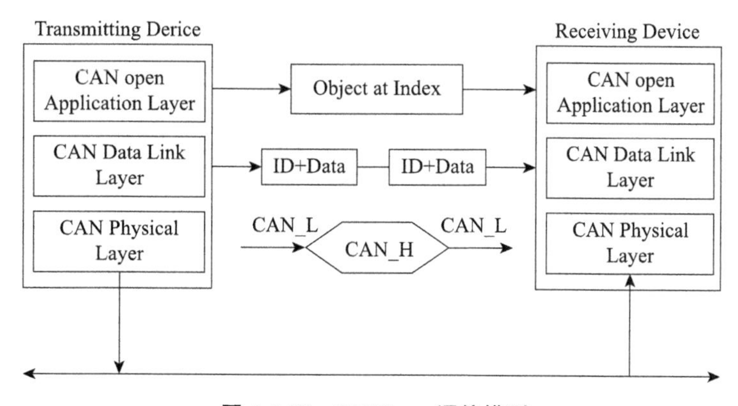

图 4-4-27　CANOpen 通信模型

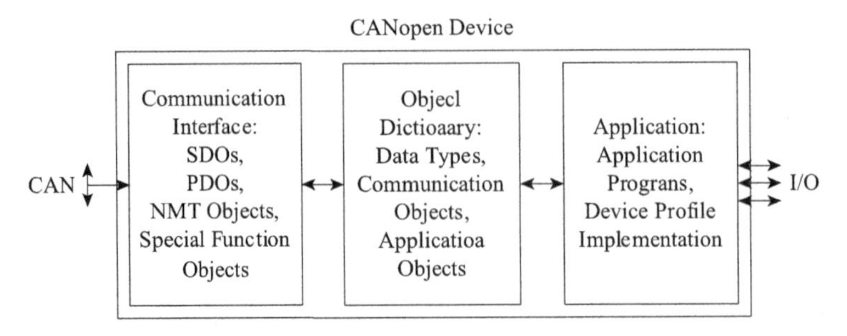

图 4-4-28 CANOpen 设备模型

CAN 协议只包括物理层和数据链路层两个底层协议，而 CANOpen 协议在其基础上规定了应用层协议，其通信模型如图 4-4-27 所示。在 CANOpen 的应用层，设备间通过相互交换通信对象进行通信，良好的分层和面向对象的设计使得通信模型较为清晰。CANOpen 设备分为三个部分，如图 4-4-28 所示。通信接口提供总线上的数据收发服务，定义了四类标准的通信接口：SDO（服务数据对象）、PDO（过程数据对象）、NMT（系统管理命令）和特殊对象，用以实现通信、网络管理和紧急情况处理等功能。

对象字典是 CANOpen 标准最核心的部分。以一个索引和子索引唯一确定对象字典的入口，通过对象字典的入口可以对设备的"应用对象"进行基本的网络访问。设备的"应用对象"可以是输入、输出、设备参数、设备功能和网络变量等。应用程序是连接 CANOpen 从站设备和主站的桥梁，以对对象字典的访问为手段。主站可以利用 SDO 对 CANOpen 的从站设备进行配置，或者可利用 PDO 与 CANOpen 的从站设备进行高速的数据交换，实现实时控制。

（2）通信协议机制设计

本案例中的上肢康复机器人控制通信系统采用 CANOpen 协议的 SDO 和 PDO 两种数据传输机制。SDO 采用客户/服务器通信方式，通过索引和子索引向应用程序提供了访问对象字典的客户接口。SDO 是一种需要请求和应答的点对点通信方式，允许任意长度的数据通信。平台控制采用 SDO 方式对电机驱动器参数进行配置，完成直流无数伺服电机驱动器的控制参数的配置和控制方式的切换等。PDO 采用生产者/消费者通信方式，数据从一个生产者传到一个或者多个消费者。数据长度必须限制在 8 个字节之内。PDO 通信没有协议规定，PDO 报文的内容是预定义的或者在网络启动时配置的，因此多用于实时数据传输。一个 PDO 由两个对象字典中的对象所描述，通信参数规定了该 PDO 所使用的 COB-ID、传输类型、抑制时间和定时器周期等参数；映射参数规定映射到该 PDO 中的对象字典中的对象。

工控机和三台无刷直流伺服电机驱动器的指令传输和运行数据的读取均以 PDO 方式完成。工控机主站和电机驱动器从站的数据交换由 PDO 映射决定，图 4-4-29 所示为工控机主站传输给电机驱动器从站的指令的 PDO 映射，如图 4-4-30 所示电机驱动器从站回送给工控机主站的运行数据的 PDO 映射。每个 PDO 映射都包含几个子索引，其中子索引 0 表示提供的数据接口数目。子索引 1 开始即为映射的数据对象，每个子索引包含 4 个字节，前 2 个字节表示数据对象的索引值，第 3 个字节表示数据对象的子索引值。

上述索引和子索引值对应了电机驱动器中的数据(如扭矩指令值、电机速度等)地址。最后 1 个字节表示数据对象的长度。以图 4-4-29 的子索引 1 中映射为例,索引 2F13h 和子索引 01h 确定了驱动器中扭矩指令的地址,20h 表示该扭矩指令 4 字节字长。

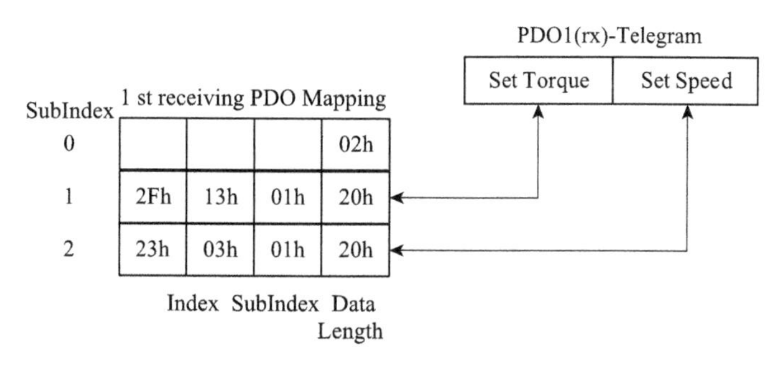

图 4-4-29 主站到从站 PDO 映射设置

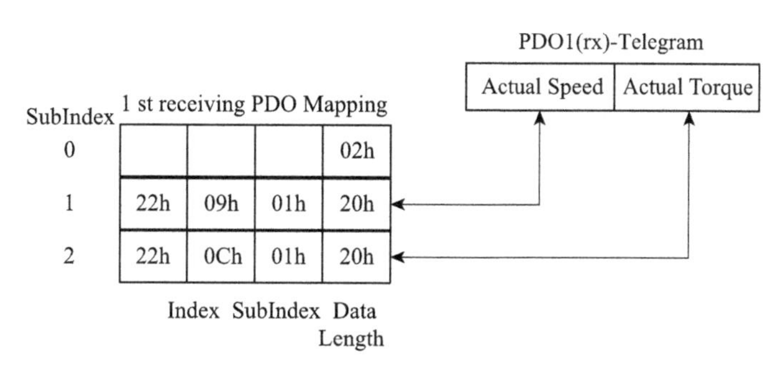

图 4-4-30 从站到主站 PDO 映射设置

在 CANOpen 通信过程中需要注意电机驱动器从站节点的状态,在不同状态下被允许的数据传输方式也不相同,其节点状态切换如图 4-4-31 所示。不同状态框下的字母表示该状态下所允许的网络操作,其中 a 为 NMT,b 为 Node Guard,c 为 SDO,d 为 E-

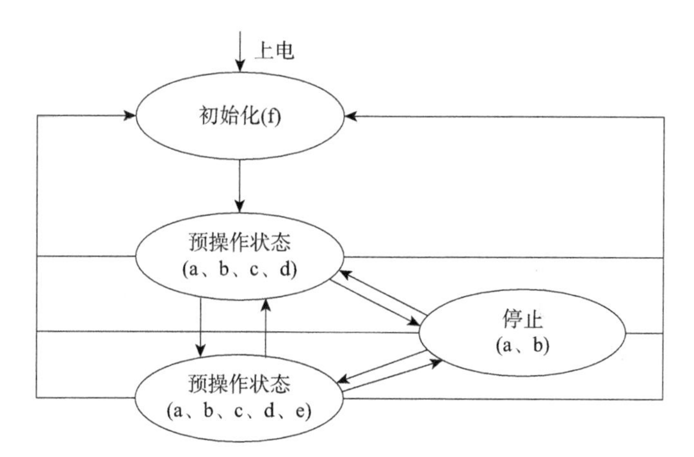

图 4-4-31 CANOpen 运行状态图

mergency，e 为 PDO，f 为 Boot-up。系统运行过程中，CANOpen 网络将在不同的状态下进行切换以满足不同的控制要求，如系统处于暂停时可将 CANOpen 网络调整到停止状态，此时 SDO 和 PDO 操作都是不被允许的，进入实时控制时一定要将 CANOpen 网络调整到操作状态。

(3) 实时通信程序设计

无刷直流伺服电机的通信程序设计流程如图 4-4-32 所示。首先进行工控机主站 CANOpen 接口配置，选择波特率为 115 200 b/s，完成 CANOpen 模块的初始化，将三台无刷直流伺服电机驱动器和工控机设置成为 CANOpen 网络的节点。然后，通过 SDO 读写无刷直流伺服电机从站的对象字典，对其进行修改。检验工控机主站和三台无刷直流伺服电机驱动器从站设备是否运行正常。接收到 NMT 报文后，系统进入操作状态，开始进行实时控制，工控机主站和三台无刷直流伺服电机驱动器从站采用 PDO 报文的同步周期方式，实现指令和运行信息的双向读取，同时通过数据保存功能可将工控机和三台无刷直流伺服电机驱动器的运行数据保存到文本中去，用于系统分析。CANOpen 工控机主站程序流程图如图 4-4-32 所示。

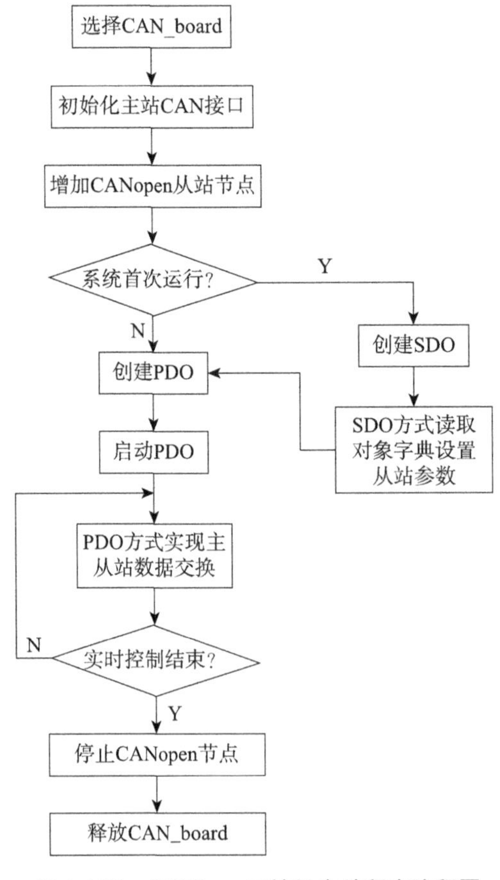

图 4-4-32　CANOpen 工控机主站程序流程图

3. Linux 操作系统串口驱动

(1) Linux 串口驱动概述

在 Linux 应用程序的开发中，我们常常需要面临与外围数据源设备通信的问题。计算机与外围设备都具有串行通信信口，可以设计相应的串口通信程序，完成两者之间的数据通信任务。串口端口的本质功能是作为 CPU 和串行设备间的编码转换器。当数据从 CPU 经过串口端口发送出去时，字节数据转换为串行的位。在接收数据时，串行的位被转换为字节数据。在 Linux 操作系统下，串口是系统资源的一部分，应用程序要使用串口进行通信，必须在使用之前向 Linux 操作系统提出资源申请要求——打开串口，通信完成之后必须释放资源——关闭串口。

串口通信的设计是一个非常重要的部分，虽然通用的串口驱动可以满足很多系统的需要，但在一些工业控制中，对串口信号的数据格式、波特率等都有着严格的限制，这就要求针对系统需求对串口进行重新开发。Linux 系统是通过设备文件访问串口的，在访问具体的串行端口时，只需要打开相应的设备文件即可。

串口的属性定义在结构体 struct termios 中，需要包含头文件<termbits. h>。termios 结构体定义如下：

```
Struct termios{
tcflag_t c_iflag;
tcflag_t c_oflag;
    tcflag_t c_cflag;
tcflag_t c_lflag;
cc_t   c_cc[NCCS];
}
```

termios 结构的这 5 个成员分别对应终端的输入方式、输出方式、控制方式、局部方式和特殊字符。其中：c_iflag 控制终端设备驱动程序的输入（剥离输入字符为 8、使奇偶校验生效等）；c_oflag 控制驱动程序的输出（执行输出处理、转换换行符等）；c_cflag 描述基本的终端硬件控制（忽略调制器状态线、停车位位数等）；c_lflag 影响驱动程序与用户之间的界面（打开或关闭输入回显、是否显示特殊信号等）；数组 c_cc 定义特殊控制字符、控制串口的元数个数。对串口终端访问的控制函数如表 4-4-2 所示。

表 4-4-2　终端 I/O 函数

通信对象	说　明
tcgetattr	获取终端属性（termios 结构）
tcsentattr	设置终端属性（termios 结构）
cfgetipeed	获取输入速率
cfgetospeed	获取输入速率
cfsetispeed	设置输入速率
cfgetospeed	设置输出速率
tcdrain	等待所有输出被传送

续表4-4-2

通信对象	说　　明
tcflow	暂停传输或接收
tcflush	丢弃队列中尚未传送或接收的数据
tcsendbradk	发送 BREAK 字符
tegetpgrp	获取前台进程组 ID

(2) 串口驱动设计

在 Linux 操作系统环境下编写串口通信驱动，在 Linux 中所有的设备被看成是文件，Linux 文件类型分为：网络设备、字符设备、块设备，串行口作为字符设备来进行处理的，使用文件操作对串行口进行处理。根据上肢康复机器人控制系统的具体要求，对串口驱动程序进行开发。

① 首先使用 open 函数打开设备文件。Open 函数将返回串口文件的 ID。Open (const char * pathname, int flags, mode_t mode)，其中 pathname 是指向串口的文件名，在 Linux 中串口 1 是"/dev/ttyS0"，串口 2 是"/dev/ttyS1"；可使用 flags 打开标志，O_NONBLOCK 标志表示 open 不等待并立即返回，O_RDWR 表示以读写方式打开。如果打开正确，则返回设备文件描述符；如果失败，则返回－1。

```
int open_port(void)
{
    int fd;
    fd=open("/dev/ttyS0",O_RDWR | O_NOCTTY | O_NODELAY);
    printf("fd=%d\\n",fd);
    if(fd==-1)
    {
        perror("Can't Open SerialPort");
    }
    return fd;
}
```

② 对串口进行配置初始化，串口初始化需要做以下工作：设置波特率、设置数据流控制、设置帧的格式(即数据位个数、停止位，校验位)，步骤如图 4-4-33 所示。

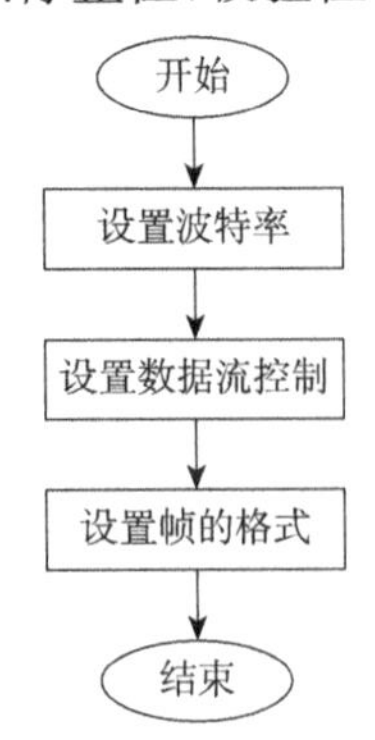

图 4-4-33　串口初始化

```
int set_opt(int fd,int nSpeed, int nBits, char nEvent, int nStop)
{
     struct termios newtio,oldtio;
newtio.c_cflag   |=   CLOCAL | CREAD;
newtio.c_cflag &= ~CSIZE;
newtio.c_cflag |= CS7;
newtio.c_cflag |= CS8;
        newtio.c_cflag |= PARENB;
        newtio.c_cflag |= PARODD;
        newtio.c_iflag |= (INPCK | ISTRIP);
        newtio.c_iflag |= (INPCK | ISTRIP);
        newtio.c_cflag |= PARENB;
        newtio.c_cflag &= ~PARODD;
        newtio.c_cflag &= ~PARENB;
        newtio.c_cflag &=  ~CSTOPB;
        newtio.c_cflag |=  CSTOPB;
newtio.c_cc[VTIME]  = 0;
newtio.c_cc[VMIN] = 0;
tcflush(fd,TCIFLUSH);
}
```

c_cflag 代表控制模式：

① CLOCAL 含义为忽略所有调制解调器的状态行，这个目的是保证程序不会占用串口；

② CREAD 代表启用字符接收器，目的是能够从串口中读取输入的数据；

③ CS5/6/7/8 表示发送或接收字符时使用 5/6/7/8 比特；

④ CSTOPB 表示每个字符使用两位停止位；

⑤ HUPCL 表示关闭时挂断调制解调器；

⑥ PARENB 启用奇偶校验码的生成和检测功能；

⑦ PARODD 只使用奇校验而不使用偶校验。

4. 主动康复训练功能实现

(1) 重力平衡算法研究

该上肢康复机器人共有 3 个驱动自由度，分别是肩关节屈/伸自由度、肩关节内收/外展自由度、肘关节屈/伸自由度。由于主动训练算法只针对电机进行控制，所以只对 3 个驱动自由度进行分析即可。以肩关节屈/伸自由度为原点建立如图 4-4-35 所示坐标系，θ_1 为肩关节屈/伸角度，θ_2 为肩关节内收/外展角度，θ_3 为肘关节屈/伸角度。杆长分别为 L_1、L_2、L_3，质心离关节转动中心的距离分别是 r_1、r_2、r_3。

图 4-4-34 中，连杆 L_2、L_3 始终在以 L_1 组成的平面 P 内运动。连杆 L_3 的重力在平面 p 内可以分解为切向力 f_3(有力矩)和法向(无力矩)，得出式(4-4-2)：

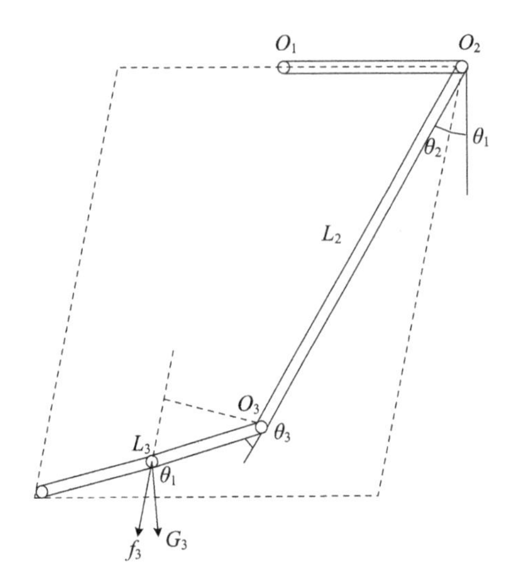

图 4-4-34　上肢康复机器人坐标图

$$f_3 = G_3 \cos\theta_1 \tag{4-4-2}$$

其中，力到转轴 L_3 的距离为 $r_3\sin(\theta_2+\theta_3)$，尤其得出连杆 L_3 重力产生的力矩为：

$$M_3 = G_3 r_3 \sin(\theta_2 + \theta_3)\cos\theta_1 \tag{4-4-3}$$

关节 2，即肩关节内收外展往下的关节，同时受连杆 L_2、L_3 的重力矩影响。其中连杆 L_2 对关节 2 产生切向力 f_2，得出式(4-4-4)：

$$f_2 = G_2 \cos\theta_1 \tag{4-4-4}$$

其中，力到转轴 L_2 的距离为 $r_2\sin\theta_2$，尤其得出连杆 L_2 对关节产生的力矩 M_{2-L2} 如式(4-4-5)：

$$M_{2-L2} = G_2 r_2 \sin\theta_2 \cos\theta_1 \tag{4-4-5}$$

连杆 L_3 对于关节 2 又会产生切向力 f_{2-L3}，得出式(4-4-6)：

$$f_{2-L3} = G_3 \cos\theta_1 \tag{4-4-6}$$

由此可得出连杆 L_3 对于关节 2 的力矩 M_{2-L3} 为：

$$M_{2-L3} = G_3 \cos\theta_1 \cdot [L_2 \sin\theta_2 + r_3 \sin(\theta_2 + \theta_3)] \tag{4-4-7}$$

综合式(4-4-5)和式(4-4-7)可得关节 2 的重力矩 M_2 为：

$$M_2 = (G_2 r_2 + G_3 L_2)\cos\theta_1 \sin\theta_2 + G_3 r_3 \cos\theta_1 \sin(\theta_2 + \theta_3) \tag{4-4-8}$$

关节 1，同时受 L_1、L_2、L_3 的影响，其中 L_1 在水平面运动，角度变化对力矩无影响，因此，此处考虑连杆 L_2、L_3 对于关节 1 的影响，如图 4-4-35 所示。

对于 L_2，力矩为 G_2，力臂为 $r_2\cos\theta_2\sin\theta_1$，产生的力矩 M_{1-L2} 为：

$$M_{1-L2} = G_2 r_2 \cos\theta_2 \sin\theta_1 \tag{4-4-9}$$

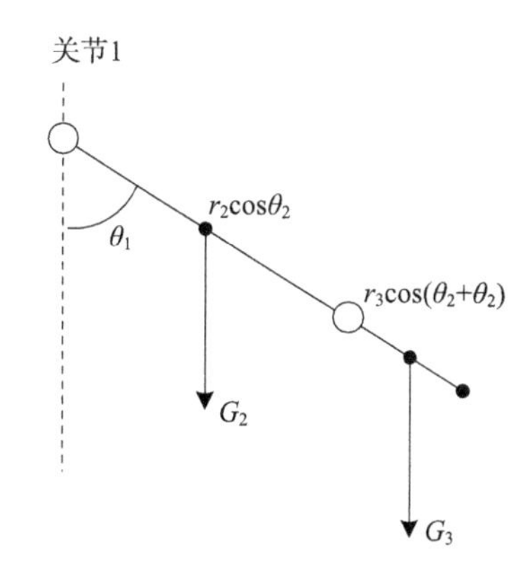

图 4-4-35　关节坐标图

对于 L_3，力矩为 G_3，力臂为 $[r_2\cos\theta_2 + r_3\cos(\theta_2+\theta_3)]\cdot\sin\theta_1$，产生的力矩 M_{1-L3} 为：

$$M_{1-L2} = G_3\sin\theta_1[L_2\cos\theta_2 + r_3\cos(\theta_2+\theta_3)] \tag{4-4-10}$$

综合式(4-4-9)与式(4-4-10)可得出关节 1 的重力矩 M_1 为：

$$M_1 = (G_2r_2 + G_3L_2)\sin\theta_1\cos\theta_2 + G_3r_3\sin\theta_1\cos(\theta_2+\theta_3) \tag{4-4-11}$$

得到机械臂的重力矩后，可以通过实验标定的方式，将电机需要给定的力矩与机械臂本身的重力矩通过 MATLAB 进行拟合，得出两者之间的关系式，如图 4-4-36 所示：

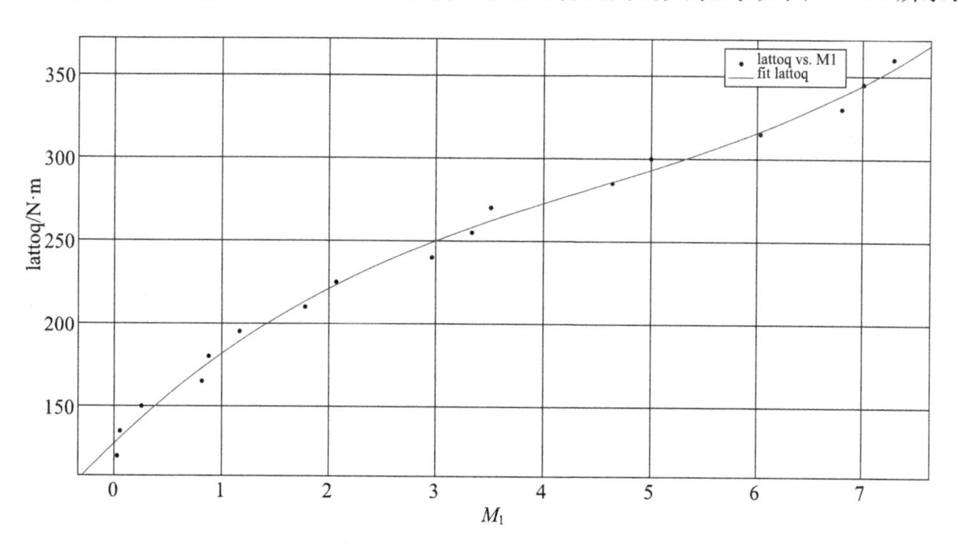

图 4-4-36　MATLAB 重力标定

该曲线的拟合公式为：

$$f(x) = p_1x^3 + p_2x^2 + p_3x + p_4 \tag{4-4-12}$$

其中，$p_1=0.691\,4$，$p_2=-9.363$，$p_3=62.64$，$p_4=127.6$。

式(4-4-12)得出的公式为电机的给定力矩抵消机械臂本身重力矩的拟合公式，只需在此基础上，将 p_4 的值增大或者减小，即可实现机械臂上抬或者下降的运动方式。

(2) 运动意图判断与助力程序

由扭矩传感器获得的电压值不能直接表示出机械臂的力矩，因为此时获得的电压值含有系统抖动以及电源纹波等噪声，需要对其进行软件滤波方能精确表示扭矩的大小。常见的滤波算法有中位值滤波法、算术平均滤波法、中位值平均滤波法、低通滤波算法等。考虑到上肢康复机器人控制实时性与稳定性的问题，此处采用了滑动中值滤波算法，通过连续采集前 6 次的扭矩采样值计算出扭矩平均值，降低了抖动与噪声的干扰。在程序中每 10 ms 获取一次 AD 采样值，调用滑动中值滤波算法对这些数据进行滤波，提高了采样值的精确度。滑动中值滤波算法对于单个通道的 AD 采集值进行滤波过程如下：

① 获取每个时刻的 AD 采样值；

② 将 AD 采样值保存在数组 filter[6]中，从第 0 个元素到第 5 个元素依次按时间的递增顺序保存，若到达第 5 个元素以后从第 0 个元素开始替换采样值，继续循环；

③ 将 filter[6]中的 6 个元素相加除以总数 6 得到当前状态的滤波平均值；

④ 返回当前滤波结果并更新采样数据。

为了实时地判断当前人的意图，从而改变电机的输出力矩大小和方向，此处从肩关节屈伸的 0 位置开始，通过控制系统每次给定递增的电机扭矩值，将 0°～90°的扭矩值记录，通过 MATLAB 拟合标定，x 轴为肩屈伸角，y 轴为对应的肩屈伸扭矩，可以得出如图 4-4-37 的曲线：

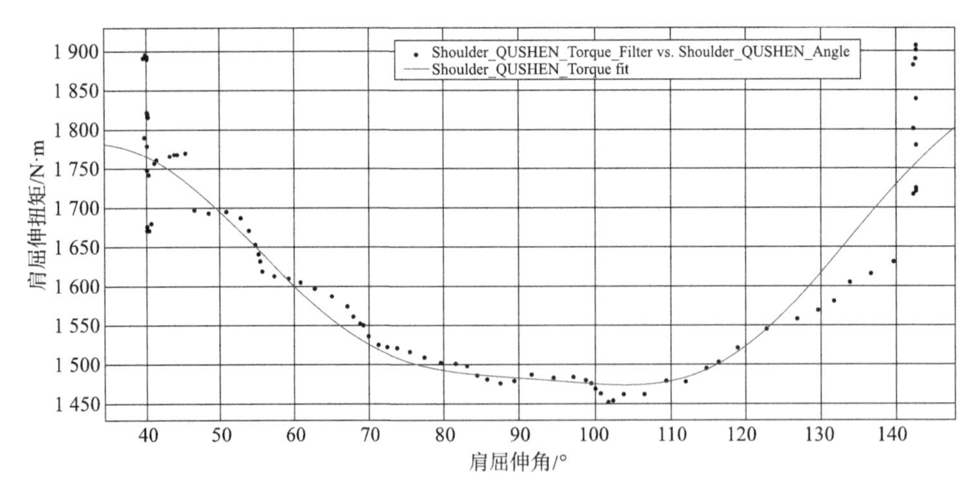

图 4-4-37 MATLAB 扭矩值拟合

该曲线的拟合公式为：

$$f(x)=a_1\sin(b_1x+c_1)+a_2\sin(b_2x+c_2)+a_3\sin(b_3x+c_3) \tag{4-4-13}$$

其中，$a_1=2\ 538$，$b_1=0.012\ 68$，$c_1=0.276\ 2$，$a_2=1\ 077$，$b_2=0.025\ 73$，$c_2=2.157$，$a_3=21.93$，$b_3=0.121\ 1$，$c_3=-3.417$。

最后，只需将标定的肩关节屈伸角与实际采集的肩关节屈伸角进行对比，即可判断人的运动意图与助力大小。限于篇幅，此处对于运动意图的判断只做了肩关节屈伸的范围，肩关节内收外展与肘关节屈伸未做运动意图判断，软件程序流程如图 4-4-38 所示。

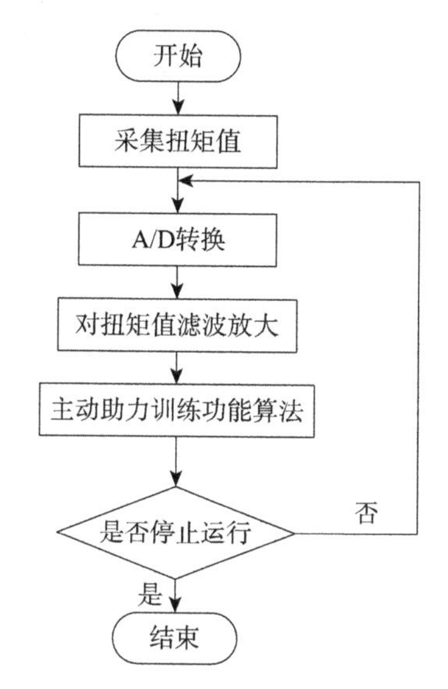

图 4-4-38　主动助力功能软件流程图

第五节　虚拟现实系统设计

一、康复训练游戏设计的主要目标

根据 2015 年国家计生委脑卒中防治工程工作报告，预计到 2030 年，中国将有 3 177 万脑卒中患者，其中大部分患者会留下后遗症，需要进行康复训练治疗以恢复肢体功能。然而枯燥的康复训练过程会减少患者对训练的参与度，降低康复训练效果，甚至会使患者拒绝继续训练。虚拟现实康复训练游戏的目的就是在上肢康复辅助训练设备的协同配合下，患者能够通过游戏的方式完成原本非常枯燥的训练过程，提高患者训练的积极性、参与度和训练效果。

本节建立了三个游戏，普通训练游戏、进阶训练游戏以及康复评估游戏作为康复训练系统的游戏部分，其各自的功能略有不同。普通训练游戏提供较为缓和的游戏模式，给功能状态较差或者年纪较大的老年患者康复训练使用；进阶训练游戏的设计采用了目前比较流行的横板飞行射击游戏模式，针对功能状态比较好并且较为年轻的患者进行康复训练；康复评估游戏通过游戏过程动态地对患者的关节活动度和关节运动的最大角速度进行测量，便于患者状态的评估。三款康复游戏的结合能够覆盖代表性患者人群，体现训练游戏的设计价值。

二、康复训练游戏设计原则与依据

理论表明，由于脑卒中或其他因素引起的肢体功能障碍是可以依靠有效的康复训练改善功能的。但是由于患者不配合、缺乏合理的训练方式等问题，导致大多数患者在急性期后半年内肢体功能更为恶化，因此设计虚拟现实康复训练游戏能在保证患者得到足够强度和效果的训练基础上提高患者进行康复训练的参与度，以实现神经康复理论中主动训练更有助于功能改善的目的。

虚拟现实康复训练游戏的主要目标患者是上肢功能障碍的患者，因此训练游戏需要根据患者的普遍状况来进行设计。本章虚拟现实康复训练游戏设计的功能评估标准主要参考英国医学研究理事会(the UK Medical Research Council)提出的 6 级肌力测定法和中华医学会手外科学会提出的上肢部分功能评定标准。

三、康复训练游戏设计具体分析

本小节将从患者特点、项目目的等方面，对康复训练游戏设计基本方案进行分析。

1. 训练意义

神经适应原理表明，患者通过康复训练设备辅助上肢进行康复，可以改善运动的局部和全身的身体状态，进行康复的训练作用主要有 5 点。

(1) 能够维持和改善患者运动器官的形态和功能：上肢康复训练能够促进身体血液循环，增加肌肉的血液供应，提高肌肉力量和耐力，改善和提高协调能力，促进关节滑液的分泌，维护和改善关节活动度，预防和延缓骨质疏松，避免出现挛缩。

(2) 促进患者上肢代偿功能的形成与发展：对于偏瘫后康复的患者，进行上肢康复训练能够促进患者上肢运动功能的重建，发展代偿能力，恢复丧失的功能。

(3) 增强患者心肺功能：进行上肢主动运动康复训练，能够提高肌肉的摄氧能力，改善人体平滑肌张力，能够调节血管的舒缩功能，改善心肺功能，达到增强心肌收缩力，提高心率、心排血量，调节血压，降低血管阻力，促进静脉血液回流等作用。

(4) 促进神经重塑：通过设计基于虚拟现实训练游戏的主动训练控制模式，可以促进患者受损大脑神经的重塑，加快神经及肢体功能的改善与恢复。

(5) 改善心理功能：在游戏环境下的上肢康复训练能够改善患者的心理状态，提高神经系统的调节能力。

通过对于 Brunnstrom 康复治疗技术的研究，偏瘫患者在康复过程中能够通过治疗学会控制肘关节的屈伸及共同运动，对于偏瘫康复初期的患者而言，在上肢康复训练机器人的辅助下进行助力运动训练对于患者的运动功能学习与恢复、改善心血管功能、防止肌肉萎缩、维持和改善运动器官的形态和功能等方面有着重要的意义。患者在上肢康复机器人的助力运动的辅助下，能够多次重复地进行患者能够接受的最大幅度的关节运动，通过自身状态控制力度和关节活动度，能够有效地缓解上肢关节挛缩等后遗症。

但是，因为康复训练不可避免地重复和在运动过程中容易产生疼痛感，导致患者降低训练积极性，从而降低训练的效果。虚拟现实康复训练游戏与患者在上肢康复训练设备的辅助下进行的康复训练动作相配合，能够有效地提高患者对于运动的感觉的学习以及对于康复训练的积极性，从而能够提高康复训练的效果，更为高效地完成康复训练。

2. 患者特点分析

因为游戏训练需要患者存在一定的肌力能够自主运动，所以设备面向的患者对象设定为 2 级以上肌力等级的上肢功能障碍患者，即需要康复训练的患者上肢肌力等级在 2～5 级之间。适用于最低 2 级肌力患者对象的训练游戏应该能够有效地支持所有的患者对象，患者可以依据自己的肌力等级自主选择该游戏的难度。

进行康复训练的上肢功能障碍的患者，在障碍肢体进行康复动作时，一般有着肢体运动缓慢、恢复周期长等问题，而且由于患者对于康复理论的不了解，在进行康复训练时通常需要康复医生的时刻指导，所以设计的虚拟现实康复训练游戏应当有能力对患者的康复训练进行引导，并且能够记录患者的各项训练数据，方便康复医生的分析和评估。

游戏的使用者是有康复训练需求的上肢功能障碍患者，大部分为老年人。通常老年人进行康复训练时需要注意运动相对缓慢，肢体容易造成二次损伤，不宜剧烈运动，可能存在一定的视力下降。而老年患者喜欢安静的环境，反应速度较慢，并且对电脑的了解和应用能力比较弱，应避免复杂的界面或者其他不利于患者独立进行康复训练游戏的设计。因此将普通训练游戏设计为辅助和引导患者进行主动上肢康复训练的简单游戏，游戏要求操作简单，存在一定的吸引机制，为了防止老年患者因为视力问题无法使用，游戏的颜色设计需要鲜明突出，风格上给患者一定的健康的心理暗示，并且游戏需要按照肌力等级划分难度来适应不同肌力状况下的患者。

另外两款评估训练游戏和进阶训练游戏的整体设计与简单游戏类似。进阶训练游戏由于需要吸引部分肌力水平更强、心态较为年轻的患者，设计为相对其他游戏来说难度更高、趣味性更强的游戏形式。

3. 游戏项目分析

为保证虚拟现实康复训练游戏能够满足患者预期的康复效果，设计的康复训练游戏除了给患者带来视觉和听觉上的反馈以外，还应包含如下 5 个特点。

(1) 操作简单。上肢功能障碍的患者通常都是老年人，对于计算机方面的知识通常十分匮乏，而且患者关注的是康复训练的效果，而康复医生关注的患者康复的运动数据，所以在训练游戏上尽量不要出现复杂的操作，由于此套设备用于患者进行上肢康复训练，所以游戏能够依靠患者上肢运动进行控制，做出正确的反馈即可。

(2) 颜色区分明显。由于老年人的视力功能障碍问题，所以游戏的颜色应有明显差异，保证患者能够准确地识别游戏状态、得分等问题。

(3) 能够通过传感器采集的姿态数据获得关节的角度状态，准确地控制游戏的进行。通过患者的障碍上肢进行一系列的运动，控制虚拟环境中的对象完成对应的运动。

(4) 准确记录游戏过程中的患者关节运动数据。虚拟现实康复训练游戏的设计目的是能够更好地服务患者和医生，游戏过程中的数据可以让医生能够从侧面了解到患者的康复状态,从而对患者的康复状态进行有效的评估并且对应地调整患者的训练计划,提高患者的训练效率。

(5) 能够将数据上传至云平台,保证患者的数据可以有效地保存并且能在任何需要的场合调用。

在虚拟现实康复训练游戏设计之前,需要熟练掌握 Unity3D 的时序。由于患者与训练游戏必须实时交互,需要设计患者在进行康复训练的训练游戏的程序、患者与传感器三者之间的同步机制,否则游戏会出现延迟、卡顿甚至程序崩溃等情况,严重影响患者的体验。Unity 程序运行时序如图 4-5-1 所示。

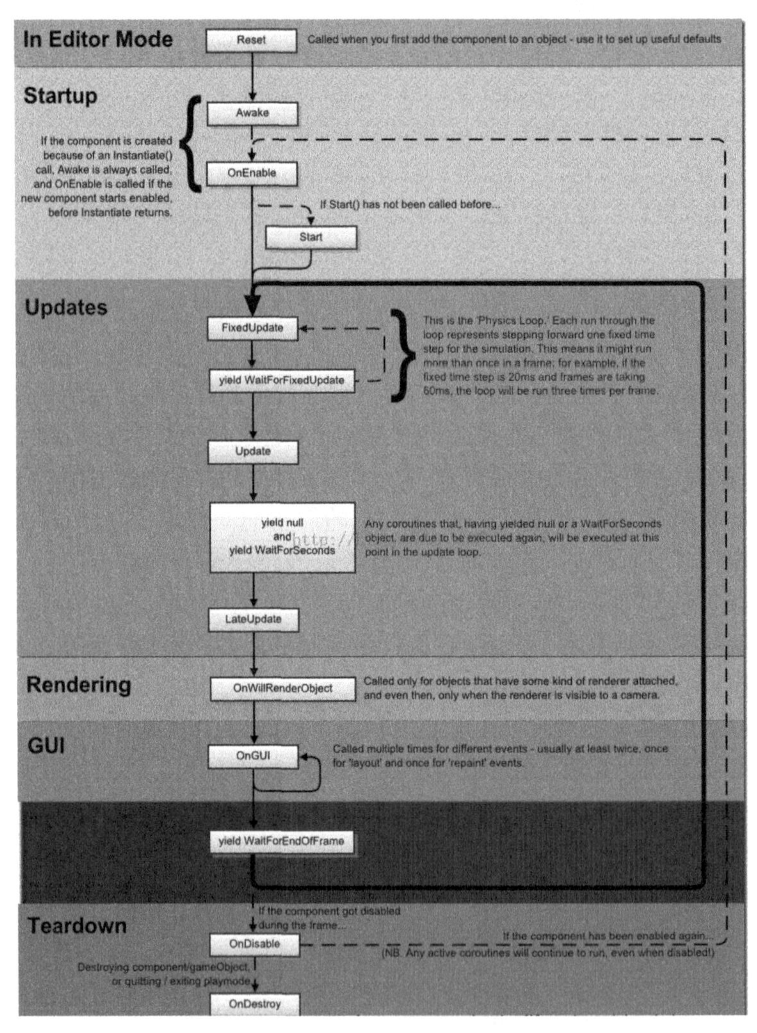

图 4-5-1　Unity 运行时序

总体而言,游戏程序在 Awake 和 Start 阶段进行程序初始化,为了便于交互,在此阶段需要初始化传感器的句柄和其他参数,在运行时,也就是在每帧循环一次的 update 函数运行过程以及渲染游戏更新阶段时,游戏程序需要动态地更新游戏中场景的画面,由于人眼的特殊性质，为了保证用户使用训练设备的流畅感，根据长期的使用经验至少需要保障游戏更新速度达到 30 帧，即每次运行完 update 中的代码时间不超过 33 ms。由于传感器的采集速率无法达到如此高的频率，为了保证程序的运行流畅性，将采集传感器数据的线程放在子线程中进行，这样避免了线程堵塞，保证程序进行的稳定性、流畅性，同时提高了 CPU 的使用效率。最后在游戏结束阶段，需要关闭游戏中的所有子线程，同时关闭传感器，释放系统内存，保证计算机能够流畅运行。在熟悉 Unity 程序的运行框架后，在此基础上进行虚拟现实康复训练游戏的方案设计。

游戏项目的总体设计方案均是患者在康复训练中通过 Nextgyro 无线三轴姿态传感器控制康复游戏的进行，康复游戏与传感器之间的数据交互流程图如图 4-5-2 所示，在游戏开始时游戏程序通过传感器的接口函数，尝试通过传感器物理地址访问到传感器，获得传感器的句柄，否则游戏程序会一直尝试获得传感器句柄直至成功获得。获得句柄后，以句柄作为传感器的设备标识以每秒 12 帧的频率通过句柄获得传感器的姿态数据。传感器向游戏程序发出的姿态数据是以 4 元数形式存在的，以一个 4 阶浮点型数组 $Q(x,y,z,w)$ 表示，其中 x、y、z 用来确定旋转轴，w 为旋转的角度，可以计算出传感器的绕水平轴、垂直轴转动的角度，通过前面提及并推导出的四元数处理方程能够有效地将四元数转换为直观的绕 x、y、z 轴转动的角度值，即可得出在康复训练过程中患者的关节运动的角度值。

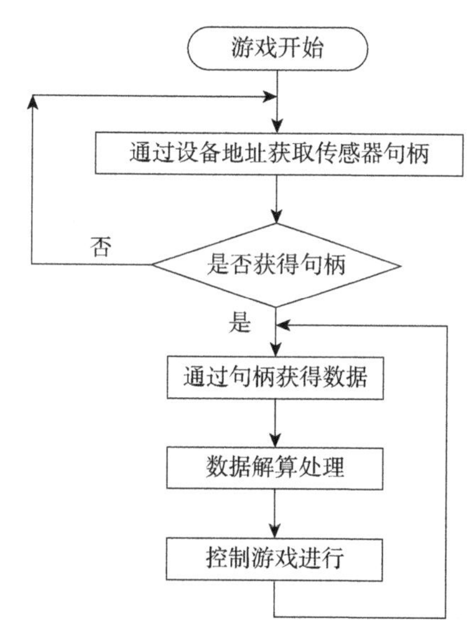

图 4-5-2　训练游戏与传感器数据交互流程

为了能够更为有效地提高患者的康复训练效果，在康复训练设备的基础上进行虚拟现实康复训练游戏系统的设计，康复游戏系统基于 Unity3D 引擎进行架构，能够通过三维姿态传感器捕捉患者的上肢状态，患者在穿戴上传感器设备后，能够进行康复游戏训练，在进行游玩的过程中同时对自己的障碍肢体进行有效的训练，整个游戏系统的流程框架如图 4-5-3 所示。

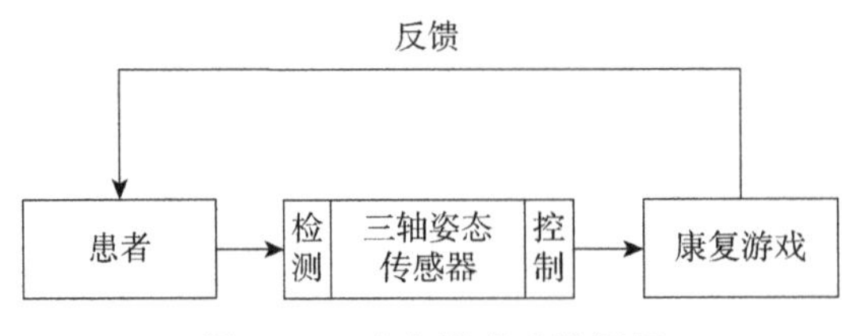

图 4-5-3　康复游戏系统框架

四、康复训练游戏的内容设计

康复训练游戏参考了市面上流行的 2D 卷轴动作游戏，患者需要通过障碍上肢的运动，控制虚拟游戏环境中角色的运动，患者需要控制角色躲避障碍物体并且接触得分物体使游戏进行下去，完成制订好的康复训练计划。

首先对虚拟游戏场景进行建立，场景中包括控制角色、障碍物、得分物体等。游戏逻辑则按照模块化的设计思想进行设计，将需要设计的游戏几个必要部分分离出来，三个游戏的独立部分包括游戏角色控制逻辑、游戏结束事件及逻辑和游戏得分事件及逻辑三部分。共同的程序模块包括数据上传、传感器数据交互、得分处理和数据存储等，这样设计的游戏有着相同的部分又能实现各自的功能。

根据研究表明，一个好的虚拟现实康复训练游戏应能提高患者的训练兴趣，游戏中应当包含有丰富的场景，明确的目的和一定的随机性，这样才能够避免患者产生枯燥感。结合康复训练的目标和减重设备的性能进行比较和分析，以卡通风格作为康复训练的主要基调。

先以功能模块比较集中的普通训练游戏为例进行讲解。在普通训练游戏中，患者控制一只飞鱼在空中飞行，拾取随机出现在空中的钻石获得游戏得分，并且要避免被小鸟击中导致游戏结束，游戏操作简单，又有一定的趣味性，正适合老年患者的使用。游戏的主要画面如图 4-5-4、图 4-5-5 所示。

图 4-5-4　游戏开始界面

图 4-5-5　游戏进行状态

整个普通训练游戏的运行框架如图 4-5-6 所示，在开始游戏时患者根据自己的标准肌力等级进行游戏难度选择，主要以三轴姿态传感器获得的患者肘关节的姿态信息作为参数控制游戏的进行，在游戏过程中会随机产生障碍物体，患者通过控制游戏角色进行捕捉产生的钻石获得游戏分数，避开产生的小鸟避免游戏结束，患者可以很轻易地上手游戏，并且游戏的挑战性能够刺激患者在游戏环境下更为专注地进行康复训练。

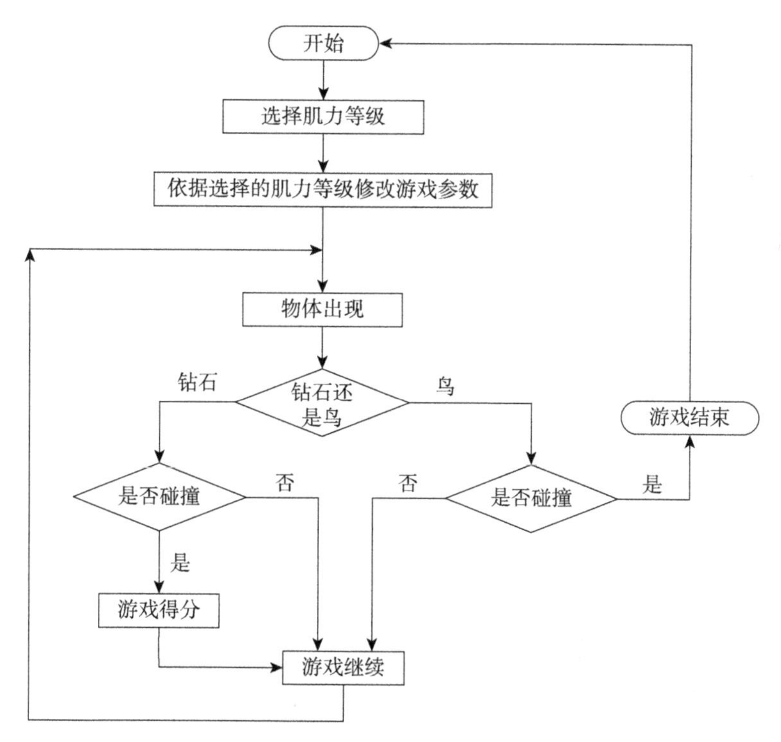

图 4-5-6　普通训练游戏运行框架

进阶训练游戏的设计思路与普通训练在大体上是一致的，通过设计一个卡通主题的飞行射击类游戏，降低患者训练时的压力，提高对应训练的趣味性，患者控制着游戏角色（飞机）躲避敌人的攻击并且射击敌人得分。为了保证患者的障碍肢体得到足够的训练，考虑设计为当患者的肩关节收展时，游戏角色对应地在屏幕的竖直方向运动，当患者的肘关节屈伸时，游戏角色切换攻击武器。这样在提高游戏趣味性的同时保证了患者的训练强度。进阶训练游戏的设计框架如图 4-5-7 所示。

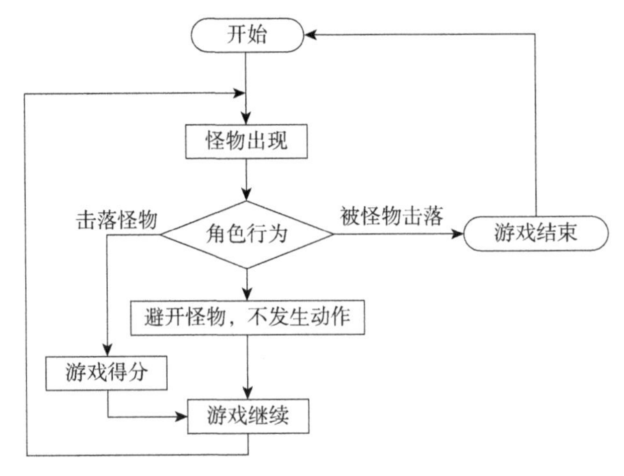

图 4-5-7 进阶训练游戏主要流程图

评估训练游戏的主要作用是测试患者的关节活动度和活动范围。为了能够准确有效地对患者的各项指标进行测量，需要在患者训练过程中给予适当压力，因此康复训练游戏为游戏者设定了 15 s 的游戏时限，患者在 15 s 内需要完成尽量多的拾取金币的任务，程序会根据在训练游戏过程中的患者运动情况，评估出患者训练的最大关节活动度和关节运动角速度，具体的流程图如图 4-5-8 所示。

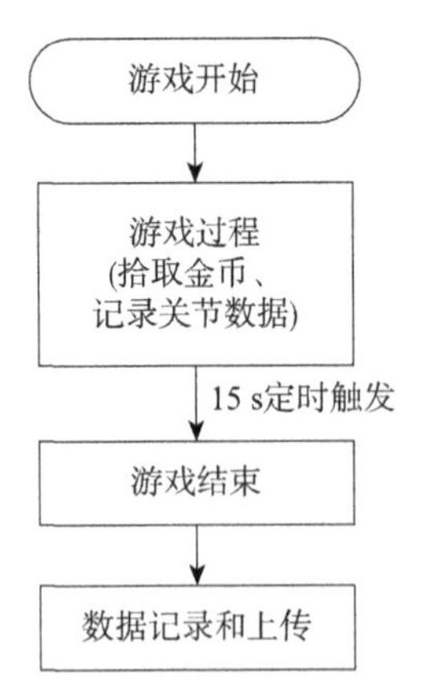

图 4-5-8 评估训练游戏流程图

在所有的游戏过程中，患者控制的角色运动与患者的关节运动有着直接的映射关系，在训练游戏程序和患者传感器的穿戴位置的共同作用下，能够实现当患者上肢关节进行绕冠状轴运动时，游戏角色会在屏幕坐标系下进行 Y 轴方向的运动；当患者上肢关节进行绕垂直轴运动时，游戏角色会在屏幕坐标系下进行相关的互动，在游戏中实现游戏角色屏幕 X 轴方向的位移或者开火射击的功能。这样使游戏的操作简单化，并且将游戏与康复训练运动有效地结合起来。

五、康复训练游戏具体实现

1. 参数确定

上肢康复训练系统适用于存在上肢功能障碍的患者，在此系统的患者参数设计基于英国医学研究理事会（the UK Medical Research Council）提出的 6 级测定法，其中包含 0 至 5 共六种肌力等级。

0 级：肌肉无任何收缩。

1 级：肌肉能够产生肌腱收缩，但是不足以产生关节运动。

2 级：患者可以产生关节运动，但是无法克服地心引力进行运动。

3 级：患者能够克服地心引力，但是无法做阻力运动。

4 级：患者能够进行阻力运动，但是比起正常肌力来说，克服的阻力较小。

5 级：正常肌力。

从中可以得知，由于虚拟现实康复训练游戏是面向患者的主动式训练系统，本身不会给患者带来助力，所以要求患者存在一定的肌肉力量，即虚拟现实康复训练游戏应当是面向 2 级以上肌力能力的患者设计的。

然后参照中华医学会手外科学会提出的上肢部分功能评定标准中的肩关节外展和肘关节屈伸的关节活动度评定标准以及参照设备硬件属性和肌力分级标准，将普通训练游戏分为三个难度等级，对应难度分别设计需要训练的关节活动度。

难度一：对应 2 级肌力难度训练，要求患者当前肌力等级在 2 级和 3 级之间，患者上肢无法在垂直方向上做任何运动，所以设计肩关节外展关节活动范围为 0，肘关节屈伸的活动范围为 0°到 95°。

难度二：对应 3 级肌力的难度训练，要求患者的肌力等级在 3 级和 4 级之间，通过调节上肢康复设备的阻抗，使患者能够在垂直方向上有运动能力，即可以开始进行肩关节外展活动训练，在这一难度下设计肩关节外展的活动范围为 0°到 65°，肘关节屈伸的活动范围为 0°到 120°。

难度三：对应 4 级肌力的难度训练，要求患者的肌力等级在 4 级以上，这时的患者是向着完全康复进行的，患者肌力较强，能够进行一定的阻抗训练，而且关节活动度较强，所以设定此难度下，肩关节外展的活动范围为 0°到 90°，肘关节屈伸的活动范围为 0°到 120°。

由于评估训练游戏是用来评测患者的关节活动度等康复参数，而进阶训练游戏是通过患者的关节参数动态调整难度的，所以在设计过程中需要参考上述的参数内容但是不需要给出完全的分级。

在虚拟现实康复训练游戏的正式建立之前，需要先将处理好的患者关节运动的角度信息和计算机坐标建立联系。在这里简单介绍真实坐标系、观察者坐标系和屏幕空间坐标系三个概念。真实坐标系通常指的是整个程序中涉及的物体和场景的统一参照系，其建立的规则和现实世界是一致的，在程序中模拟现实世界发生的如位移、加速度等物理过程都是在现实坐标系的基础上进行修改的，unity 引擎对于程序中物体的位置、大小等的描绘也是基于现实坐标系进行的；观察者坐标系是从观察者的角度对整个计算机对象进行定位和进行描述的坐标系，也被称为摄像机空间，在真实坐标系下的物体要出现在屏幕中必须按照一定的规则，具体来说就是观察者坐标系在真实坐标系中建立了一个剪裁视锥，只有位于视锥范围内的真实坐标系的物体才会投影在屏幕上；屏幕坐标系就是在计算机屏幕上显示的坐标位置，因为计算机屏幕是基于像素点描绘坐标位置的，其本身是一个 2 维的屏幕，所以不难理解为是真实坐标系下的物体在观察者位置下平面的投影。因为在设计中游戏是 2 维控制的，所以在真实坐标系下的所有游戏物体都是建立在平行于 *XOY* 平面的场景层中的位置，因为 Unity3D 引擎对于程序的封装比较完善，我们可以通过相关的 API 函数获得需要坐标信息，具体的通过关节运动的角度 degreeX 和 degreeY 获得对应的真实坐标系位置的函数如下所示：

```
public Vector3 Degree2WorldPos(float degreeX, float degreeY,float degreeXmax, float degreeYmax, float w)
{
int screenWidth = Screen. width;
int screenHeight = Screen. height;
Vector2 screenPoint = new Vector2(screenWidth / 2 + screenWidth * degreeX / degreeXmax, screenHeight/2+screenHeight * degreeY / degreeYmax);
Vector3 realworldPostion = Camera. main. ScreenToWorldPoint (new Vector3 (screenPoint. x, screenPoint. y, w));
return realworldPostion;
}
```

在程序中先通过 Screen. width 和 Screen. height 两条 API 参数取得显示窗口的屏幕尺寸，在按照比例缩放的原则选择患者控制的游戏物体在屏幕点的位置，因为患者在固定好设备传感器后开始训练时，关节运动的角度存在正负的情况，而且在初始状态时希望游戏物体存在屏幕的正中，所以通过 screenWidth / 2 + screenWidth * degreeX / degreeXmax、screenHeight/2+screenHeight * degreeY / degreeYmax 的方式换算出预期的屏幕坐标点，再利用 Camera. main. ScreenToWorldPoint 这个内置 API 进行矩阵变换取得对应的预期真实坐标，患者控制游戏物体位置的主要功能函数就这样建立起来了，所以在基本的参数设计和控制功能完成以后便可以开始具体的游戏建立。

2. 游戏建立

Unity3D 的游戏建立主要包括下面几个内容模块。

(1) 动态链接库(Dynamic Link Library 或者 Dynamic-link Library，DLL)内容，在 Unity 软件的设定中，需要将预先编译的 DLL 文件放置在 Unity 资源文件的 Plugins 文件夹下，这样才能够保证 Unity3D 能够成功识别外部扩展 DLL 文件，比如说传感器的数据获取 API 等功能函数才能够在游戏运行时正常被调用。

(2) 资源文件内容，游戏的表现内容如素材、音效等美术资源，需要在游戏设计是放置在 Unity 的 Resources 文件夹下，便于在场景过程中动态读取文件。

(3) 脚本文件，游戏过程中使用的逻辑代码，这里采用的是 C# 语言编写，脚本符合. net 的框架规范，能够实现. net6.5 的框架功能，通过调用 Unity3D 的内部功能函数，保证游戏能够在符合设计逻辑的前提下运行下去。

在这些内容模块的相互配合下，一个虚拟现实康复训练游戏的框架才能够实现。

由于游戏程序的很多程序模块逻辑类似能够经过封装后作用在其他游戏程序中进行复用，所以在此以普通训练游戏作为主要介绍内容，之后再对其他游戏的独特部分进行补充说明。

在开始建立普通训练游戏之前，明确了设计方案，是以卡通风格作为康复训练的主要基调，游戏的主要内容是患者控制一只飞鱼在空中飞行，拾取随机出现在空中的钻石获得游戏得分，并且要避免被小鸟击中导致游戏结束，逻辑上比较简单，所以首先需要准备资源文件，如图 4-5-9 所示资源文件部分来自互联网上的开源素材库。

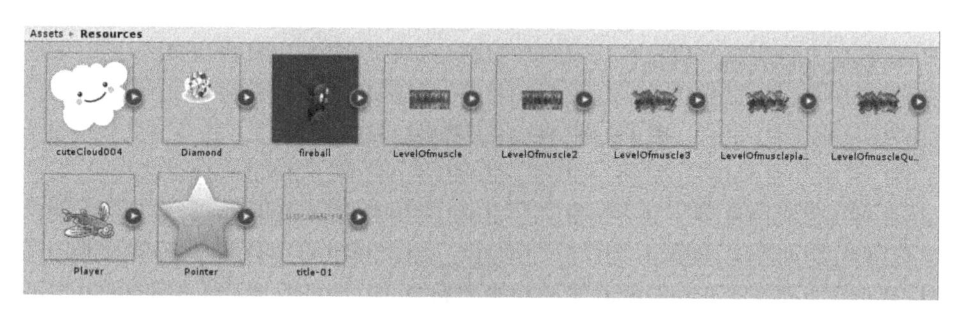

图 4-5-9 游戏运用的部分图形资源

动态链接库文件中主要加载有传感器的接口文件，SQLite 的 DLL 文件，以及自定义的 C# 语言和 C++ 语言的互操作中间件，因为传感器的接口文件是通过 C++ 编写的，所以需要利用. net 的跨平台特性进行完成。

关键的接口转换调用代码如下：

```
[DllImport("NextGyroFunc", EntryPoint = "OpenDevice")]
public static extern int OpenDevice(StringBuilder ID, int timeout);
[DllImport("NextGyroFunc", EntryPoint = "GetSensorData")]
public static extern int GetSensorData(int mDeviceHandle, float[] mQua, float[] mDataCalibration, float[] mDataRaw, int time);
[DllImport("NextGyroFunc", EntryPoint = "CloseDevice")]
public static extern int CloseDevice(int Ptr);
```

这里通过. Net 的互操作特性为传感器接口文件中用 C++ 语言编写的接口函数，OpenDevice(打开设备，获得传感器句柄)、GetSensorData(获得传感器数据)、CloseDevice(关闭传感器设备，释放系统资源)提供了能够在 Unity3D 的平台下，利用 C# 语言访问并且获得数据的入口。

而 SQLite 有着良好的. Net 下 C# 语言的支持，所以并不需要专门进行语言入口的设定，但是为了使用方便，以面向对象设计的方法制作了一个 SQLite 操作类。

采用常见的设计模式中的单例设计模式(Singleton)，通过单例模式可以保证整套游戏系统中的 SQLite 操作类只有一个实例而且该实例易于外界访问，从而能够方便地对 SQLite 操作类进行控制并节约系统资源。

图 4-5-10 是 SQLite 操作类的 UML 类图。

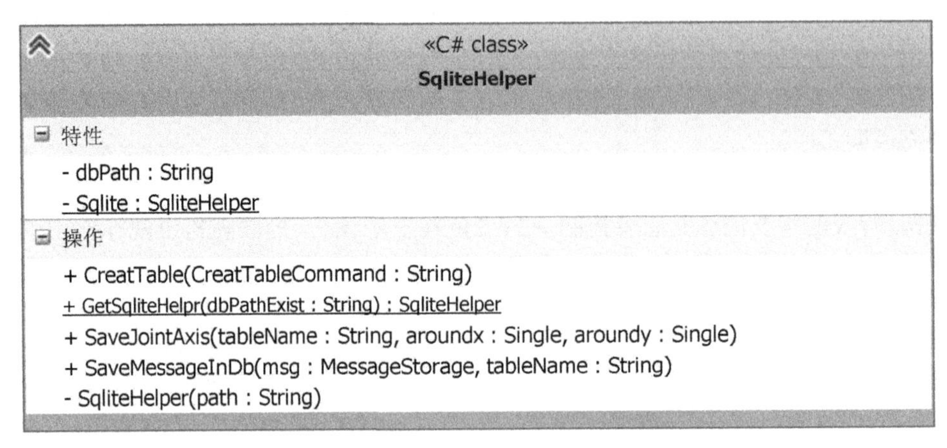

图 4-5-10　SQLite 操作类的 UML 类图

从 UML 类图的参数中可知，这个 SQLiteHelper 类是依据单例设计模式的原则建立的，在游戏启动时，以数据库文件保存地址(/game. db)为参数建立该类的唯一实例同时读取数据库文件，当游戏程序需要保存患者数据时，只需要调用 GetSqliteHelper()函数获得该类的唯一派生对象的句柄，然后调用 SaveJointAxis()和 SaveMessage()函数保存数据至数据库文件即可。文件保存完成后，康复医生便可以基于保存的数据文件了解患者的康复状态并改进训练方案的制定。获得的关节信息可以用于绘制运动曲线和进行其他的功能分析，方便患者对自身的训练进行评估。

游戏的所有运行逻辑都依赖脚本来进行，而脚本设计需要满足设计的运行逻辑。在进行脚本具体设计前，必须要明确游戏的主要流程和相关功能，按照已经建立好的设计，完成脚本文件的设计，最终实现建立虚拟游戏场景。游戏场景中包括控制角色、障碍物、得分物体等，患者需要通过障碍上肢的运动，控制虚拟游戏环境中角色的运动，患者需要控制角色躲避障碍物体并且接触得分物体使游戏进行下去，完成制订好的康复训练计划。

训练游戏是一个 2D 的横向游戏，所以游戏背景相对来说制作简单，不需要渲染任何复杂的三维地形和其他三维图形粒子效果。为了提高游戏的趣味性，2D 训练游戏的背景部分中加入了一个背景交替滚动的算法，让用户具有游戏在不断前进的视觉感受，避免了单一场景导致患者操作起来产生厌烦感。在游戏过程中，让训练游戏的背景不断地交替向后滚动，由于人眼存在视觉存留的特性，这样会让患者产生一种视觉上的错觉，认为自己控制的训练角色是一直在向前进的，从而训练注意力更加集中，训练效果更好。整个背景滚动算法流程框架如图 4-5-11 所示。

游戏开始时，患者按照自己的当前肌肉等级选择自己需要的康复训练难度，如果有

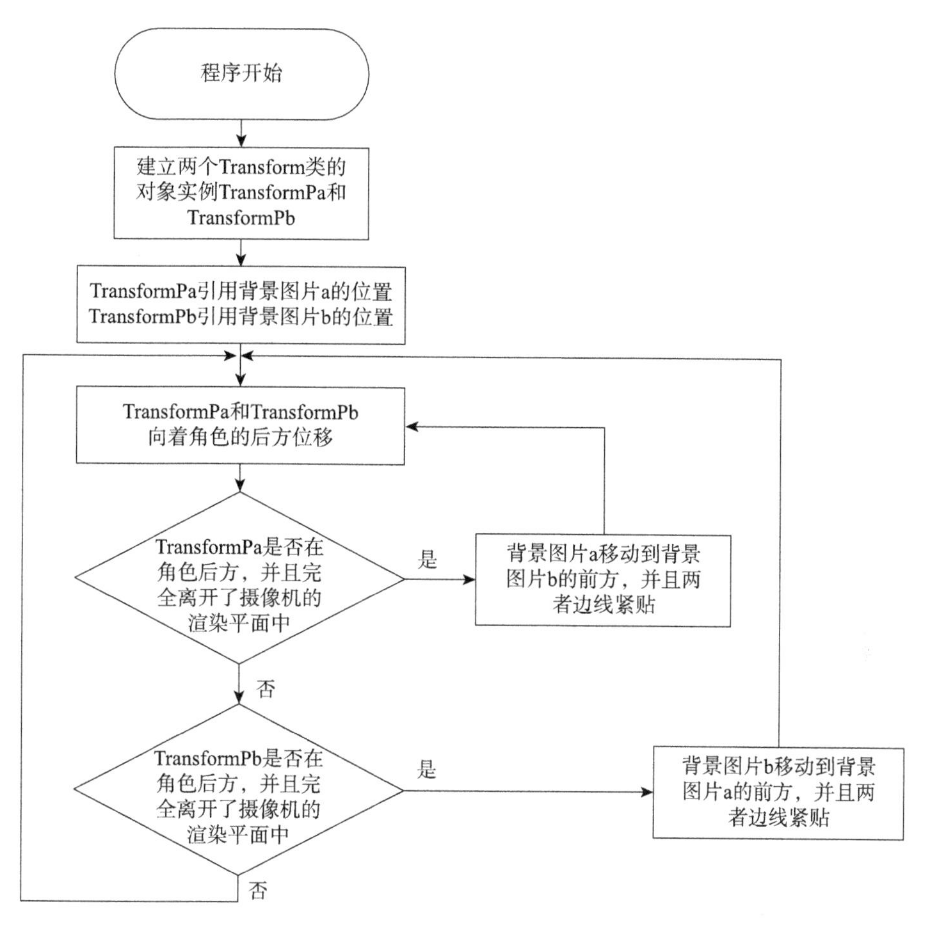

图 4-5-11　背景滚动算法流程

任何不适应，也可以改变游戏难度。选取游戏难度如图 4-5-12 所示。

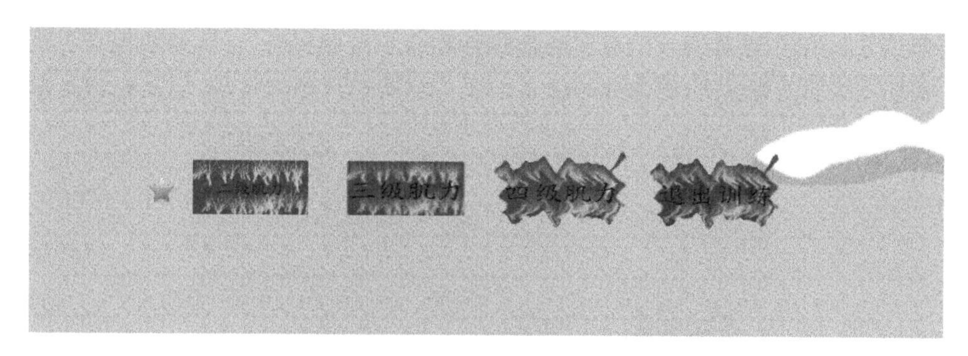

图 4-5-12　训练游戏难度选择

这里的难度选择程序逻辑采取的是简单的 factory 设计模式，通过选择不同的难度标准，程序会生成对应的枚举值，游戏的其他部分会根据产生的枚举值进行必要的改变和产生不同的参数。因为 2 级肌力患者可以产生关节运动，但是无法克服地心引力进行运动，而在悬吊减重设备下，患者障碍肢体只能在水平面上绕垂直轴进行运动，所以在 2

级肌力难度下，游戏程序只需要读取传感器绕垂直的转动数据。为了能够更为直观地表现患者对于游戏角色的控制，设定游戏角色在患者与水平面绕垂直轴移动自己的障碍肢体时会在屏幕的水平方向运动。因此障碍物和得分奖励的出现都是从上往下沿着垂直轴方向出现的，2 级肌力难度下的游戏场景如图 4-5-13 所示。

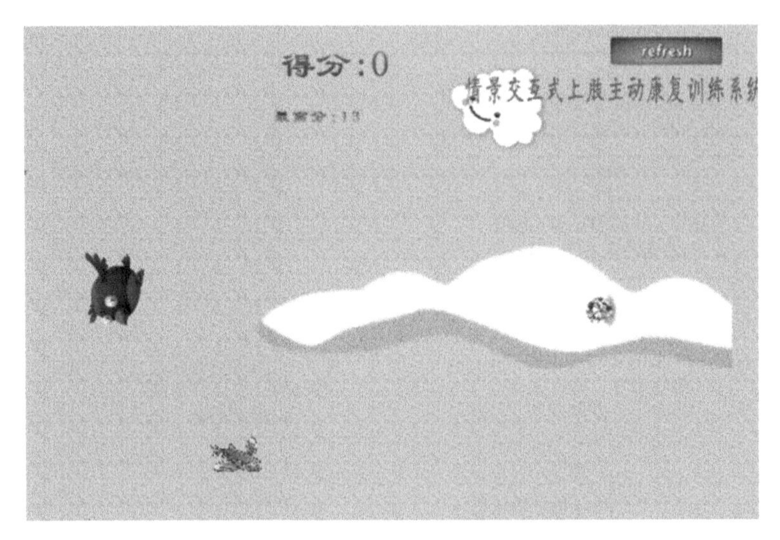

图 4-5-13　2 级肌力难度下的游戏场景

在 3 级肌力难度下，因为按照康复评定标准，患者在 3 级肌力时患者能够克服地心引力，但是无法做阻力运动。所以在悬吊减重设备的辅助下，患者的障碍肢体可以在水平面和矢状面运动，这样通过解析传感器数据获得绕额状轴和垂直轴转动的角度参数，便可以以此控制游戏角色的运动，具体表现为患者的障碍肢体在水平面上运动，游戏角色也就相应地在屏幕的水平方向运动；患者的障碍肢体在矢状面上运动时，游戏角色也会相应地在屏幕的竖直方向运动，所以游戏中的障碍物和等分奖励物体也会从水平方向或者竖直方向出现，整体游戏的难度和趣味性均有相应的提升，具体游戏场景见图 4-5-14。而在 4 级肌力难度下，因为此时患者的肌力能够进行阻力运动，但是比起正常肌力

图 4-5-14　3 级肌力难度下的游戏场景

来说，克服的阻力较小，在康复训练设备的辅助下，与 3 级肌力强度的患者的差距只在于障碍肢体的运动速度、运动幅度和运动准确度，故在 4 级肌力难度下，游戏形式与 3 级肌力难度相同，区别在于运动的参数改变，4 级肌力难度下，障碍物和得分物体出现的频率，出现的范围和移动的速度均比 3 级肌力难度下大，4 级肌力难度下的游戏场景见图 4-5-15。

图 4-5-15　4 级肌力难度下的游戏场景

在普通训练游戏过程中，患者需要控制游戏角色（飞鱼）躲避障碍物（蓝色大鸟）拾取得分物体（钻石），每当游戏角色拾取得分物体后得分加一，一旦撞上障碍物便会得分清零从头开始。游戏存在着最高分机制，患者可以不断挑战得分记录，提高自己的训练的乐趣。而且当患者的游戏角色撞上大鸟后，会重新出现难度选择菜单，这样可以避免患者在过高或者过低的难度中进行训练，有效提高患者的训练效率。

在进阶训练游戏中，患者的主要训练目标是通过射击消灭屏幕中出现的怪物，躲避怪物的射击。比较独特的就是射击和与敌人 AI 交互的过程了，用户通过运动肘关节和肩关节改变传感器的姿态参数，从而实现控制游戏角色的功能，游戏中所有角色的射击开火功能都是基于 Weapon 类实现的，游戏如图 4-5-16 所示，其 UML 类视图如图 4-5-17 所示。

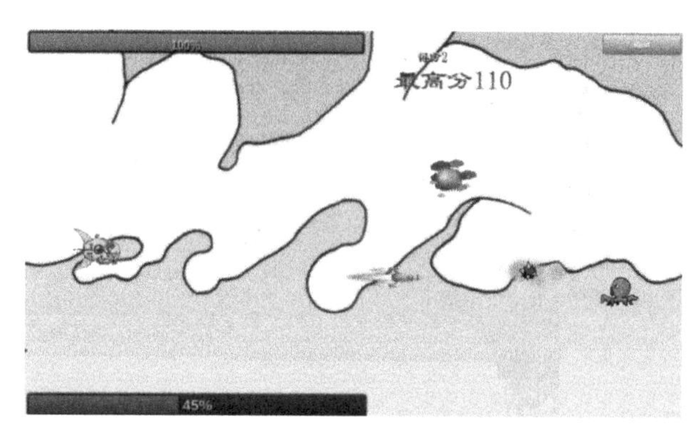

图 4-5-16　进阶训练游戏

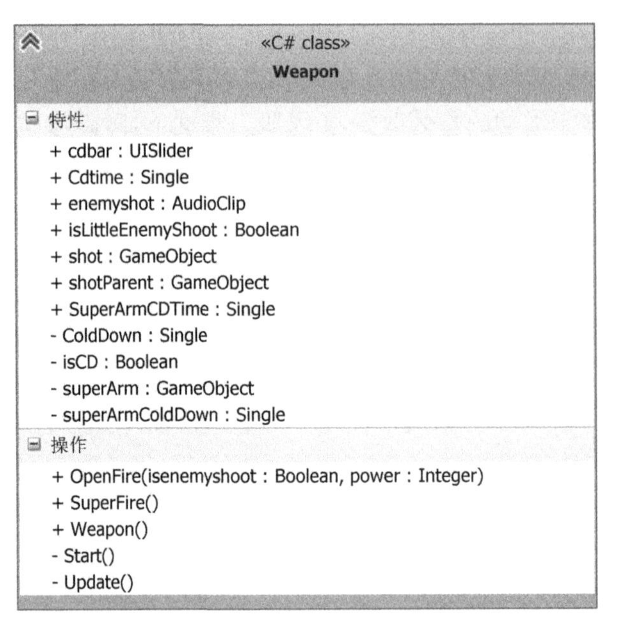

图 4-5-17 WeaponUML 类视图

通过调用 OpenFire 函数实现游戏中怪物角色和玩家的射击功能，函数中传递的参数 isenemyshoot 用来标识射击的对象，类中的成员变量 Cdtime 用来控制射击的冷却时间，避免出现连续射击无间隔等影响康复训练体验的设计问题。当患者程序解析到患者佩戴的姿态传感器的参数显示患者的肘关节运动到一定程度以上时，玩家角色调用 SuperFire 函数，改变射击模式，可以给游戏中的怪物造成更多的伤害，这种奖励机制可以有效增加患者训练的积极性。

训练游戏中主要游戏物体(GameObject)有五种，包括玩家、小型敌人、大型敌人、射击子弹、消灭敌人后得到的战利品。对于玩家和敌人来说，加入血量设计有助于提升游戏的趣味性，玩家和大型怪物共用 Life 类。Life 类的 UML 类视图如图 4-5-18 所示。

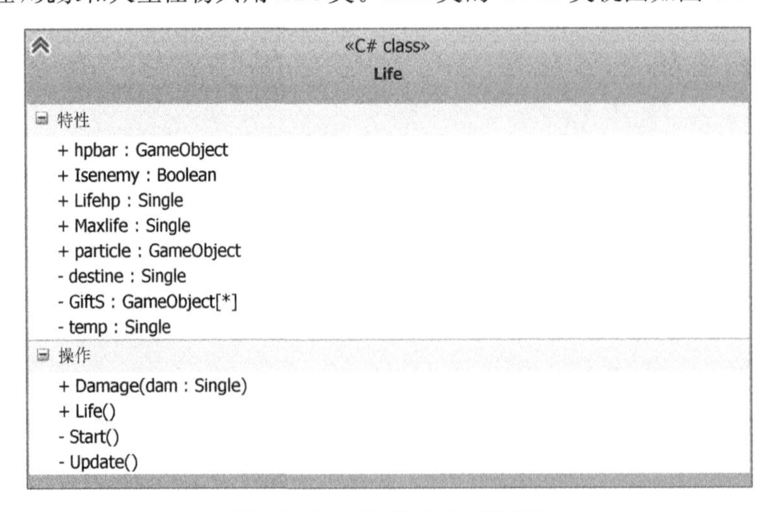

图 4-5-18 Life 类 UML 类视图

通过类成员变量 Isenmey 来区分是否当前 Life 的实例是玩家血量还是敌人血量，当挂载 Life 类成员的游戏对象被击中时会调用成员函数 Damage，Damage 函数的参数为受到的伤害值，作用就是扣除对应的生命值(Health Points，HP)，一旦 HP 小于等于 0 时，判定为当前挂在此 Life 对象的游戏对象死亡，不同游戏对象死亡导致的游戏结果是不一样的，对于玩家角色，死亡之后回到开始界面，得分清零，可以选择退出或者重新开始游戏；对于小型怪物，死亡之后给玩家加上少量的分数；对于大型怪物，死亡之后给玩家加上大量的分数并且给予玩家战利品奖励。

敌人怪物的行为基于 enemycontrol 类实现，UML 类视图如图 4-5-19 所示，其中的变量 Isboss 用来区分脚本的挂载对象是小型怪物还是大型怪物，两者的攻击方式和行动方式都是不一样的，程序通过调用 move 成员函数控制怪物敌人的运动和对玩家的攻击。敌人对于玩家的攻击会针对玩家的当前位置进行变化，避免游戏中出现玩家的安全死角，提高了游戏训练的趣味性和训练的主动性。

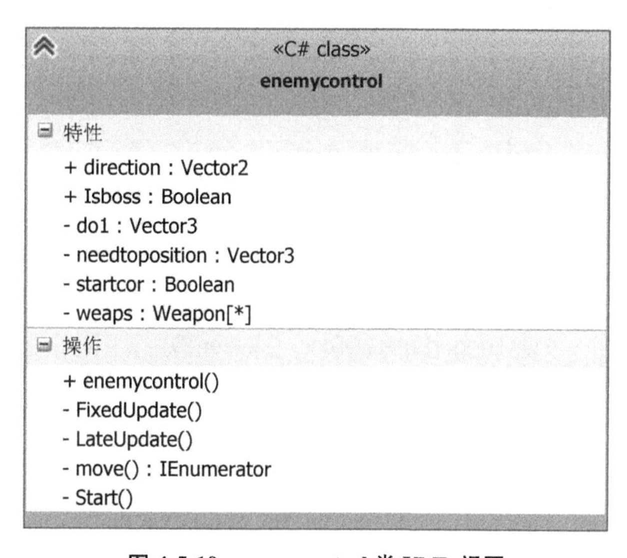

图 4-5-19　enemycontrol 类 UML 视图

GetGift 类是用来处理大型怪物被玩家击落后产生的战利品的类，出于游戏简单但同时提高趣味性的设计基础上，战利品分为两类，补充玩家角色血量的补给包和增强玩家火力的武器包。通过类的成员变量 Kind 来识别，当大型敌人被玩家击杀后，程序随机生成 Kind 的值。OnTriggerEnter2D 成员函数是继承自 Unity 的标准基础类库 MonoBehaviour 的功能函数，作用是当挂在有当前类脚本的游戏对象发生碰撞时，程序调用 OnTriggerEnter2D 函数，参数 col 就是碰撞来源。当游戏角色与战利品发生碰撞时，调用 OnTriggerEnter2D 函数，玩家角色血量恢复或者武器的火力增强，趣味性得以提升。其 UML 类视图如图 4-5-20。

射出来的子弹武器是游戏场景中最常见的物体，通过 ShotScript 类控制子弹的运动和造成伤害，脚本的 UML 类视图如图 4-5-21 所示。

OnCollisionEnter2D 成员函数也是继承自 Unity 的标准基础类 MonoBehaviour 的

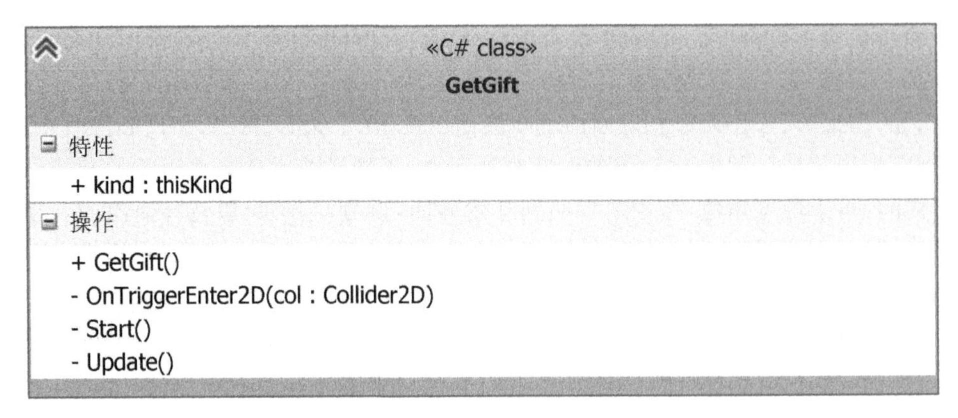

图 4-5-20　GetGift 类 UML 视图

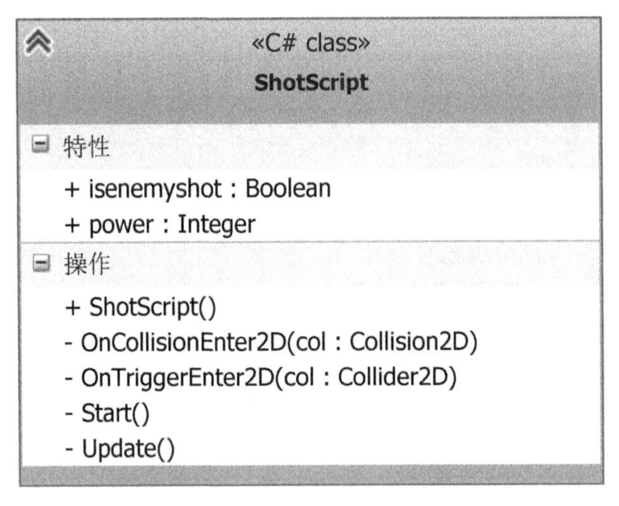

图 4-5-21　ShotScript 类 UML 视图

功能函数，作用是当挂在有当前类脚本的游戏对象发生刚体碰撞时，程序调用 OnCollisionEnter2D 函数，参数 col 就是碰撞来源，与之前的 OnTriggerEnter2D 不同的是，OnCollisionEnter2D 函数只有在游戏对象发生刚体碰撞才能调用，产生一定的物理效果，而 OnTriggerEnter2D 只要物体发生接触，就是在计算机中坐标有重叠就会被调用。当游戏角色或者怪物敌人与子弹武器发生碰撞时，调用 OnCollisionEnter2D 函数，玩家角色或者怪物对象上挂载的 Life 类对象就会调用 Damage 函数，产生对应的程序效果。

评估训练游戏的主要功能是进行患者的运动功能评估，评估主要是对于患者的关节活动范围和患者的关节运动速度进行最大值测量，患者需要控制一个吃豆人(Pac-Man)在 15s 的时间内尽快尽多地拾取完屏幕中的金币，在 15 s 后，游戏自动停止，弹出本次游戏过程中患者的最大关节活动度和关节运动角度，并且传入云端。游戏的截图如图 4-5-22 所示。

图 4-5-22　评估训练游戏截图

训练游戏过程中，程序需要处理的除了将患者的关节的运动位置转换为屏幕输出外，主要就是对于关节活动范围和最大关节运动角速度的测量，具体的程序流程如图 4-5-23 所示

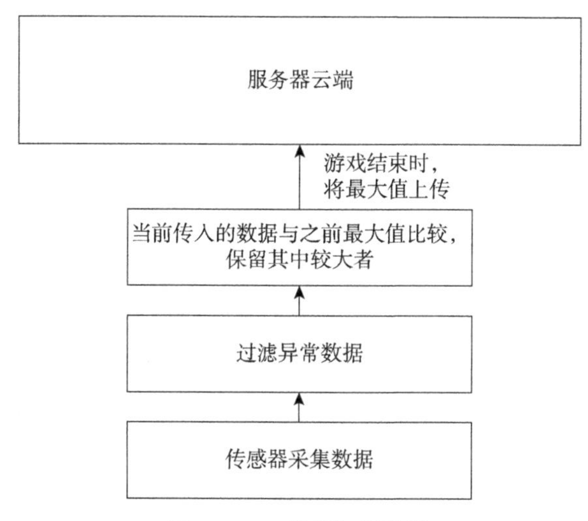

图 4-5-23　数据记录流程

在评估训练游戏程序进行时，传感器将会同步采集患者的关节数据状态，同时在内存中储存训练过程中的最大关节活动度和关节运动角速度，采取最大值覆盖的方式保持内存中一直存有患者本次训练评估的最大状态数据，最后当游戏结束时，将这些姿态数据上传至服务器端，实现数据固化和同步。

六、虚拟现实康复训练游戏系统的建立

1. 康复训练系统总体功能框架

整个康复系统可以拆分为三个大功能模块，服务端、管理程序、游戏，这三个部分有着各自独立的功能和模块之间的耦合。

由于康复训练周期较长的特点，患者进行康复训练所需要的时间跨度很大。从医院角度看，一台设备每天需要给大量的患者进行训练，所以在本地建立一个训练游戏管理程序管理不同患者的训练信息和相关记录是非常必要的。

服务器程序建立在云端能够实现数据的同步，由于患者的训练往往涉及多个不同的医疗机构，所以为了能够有效地将患者的数据在不同的医疗康复机构流通，避免了患者在不同机构做康复训练可能出现的过程重复、数据转移难等费事又费精力的问题，选择将数据通过云服务器平台存储，这样医生和患者可以通过康复游戏管理程序的客户端直接访问云服务器数据。这样既方便了医生和患者的数据交流，也避免了许多可能出现的例如 ID 冲突、数据被入侵、数据丢失等异常问题。

从游戏角度来讲，每一个游戏也是系统的一个功能模块，评估训练游戏是系统的评估功能模块，普通训练游戏是一种面向功能较弱患者的入门级训练模块，而进阶训练游戏是面向康复得较好患者的进阶训练模块。将系统的训练模块拆分对于程序的维护和拓展有着很大的帮助。康复训练游戏系统的功能框架如图 4-5-24 所示。

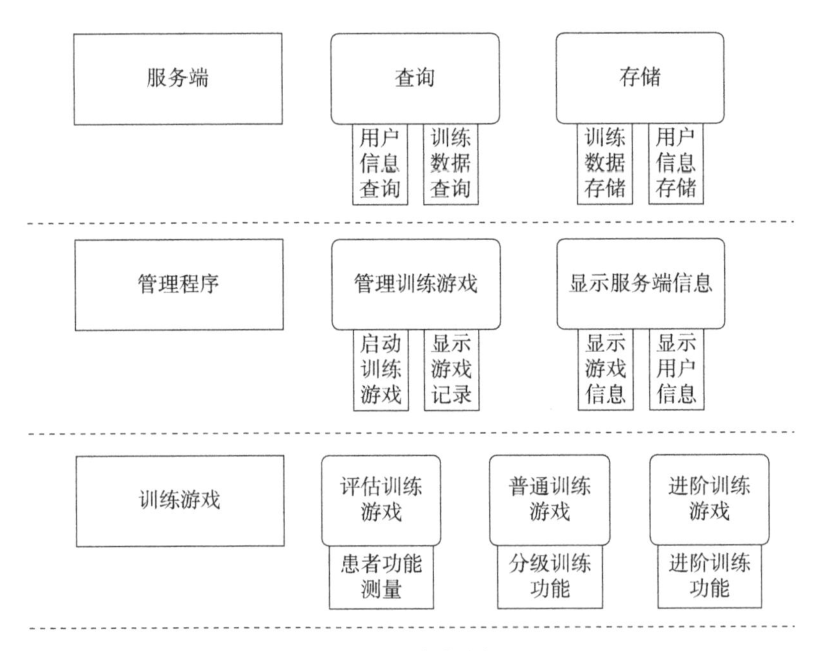

图 4-5-24　系统功能框架图

2. 系统流程框架设计

在进行进一步深入研究之前，首先需要确定整体程序的框架，管理程序负责的主要内容包括患者登录、登录查询反馈、启动游戏、展现患者数据这些方面的内容，云服务器负责的是记录患者数据以及按照管理程序的输入进行相应的反馈，游戏程序的功能就是在管理程序将其启动之后，代领患者进行主动的康复训练并将患者的训练信息上传至云服务器中。

整体框图如图 4-5-25 所示，康复训练游戏管理程序实现的功能包括启动本地康复训练游戏，管理本地康复训练游戏等功能，并且向云服务器请求访问患者的训练数据以及其他验证信息，康复训练游戏在运行时能够将训练数据主动地上传至服务器云端，交于本地训练游戏管理程序进行获取。

如图 4-5-25 所示，到此整个训练游戏管理系统的流程框架基本设计完毕，接下来以框架中比较重要的部分如登录验证、数据交互、训练量表等方面进行功能设计方案介绍。

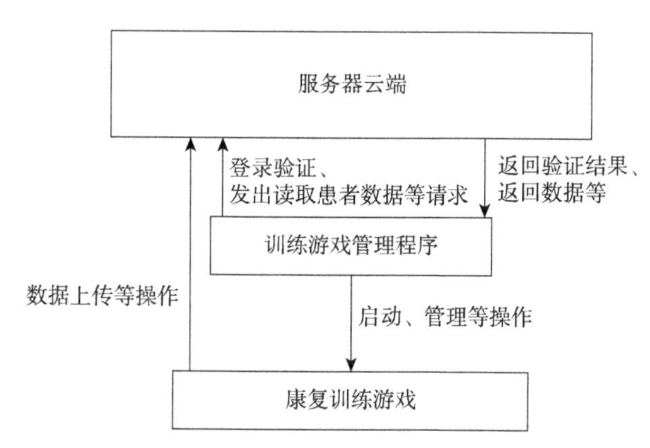

图 4-5-25　康复训练游戏管理程序框架图

3. 数据管理功能

由于整套系统是面向多患者，需要保证用户使用软件的安全性。其中，用户验证是非常重要的一部分，程序通过用户账户进行数据的交互同步，也防止信息的泄漏。从技术和安全等角度考虑，利用云服务器平台存储患者的账户信息是非常有效的方案。利用云服务器平台提供的 MySQL 数据库作为患者的用户账户储存位置，当用户通过管理程序注册时，可以将注册数据发送至服务器查询注册数据的有效性，服务器会返回对应的操作码(注册成功或者失败)并进行相应的操作，同时管理程序也会将对应的结果反馈给用户。登录功能的操作方式与注册功能类似，当患者输入的账户和密码与数据库存储的一致时，服务器才会返回登录成功的操作码，用户才能进入登录成功状态。当用户退出程序或者选择注销时，客户端将进入无用户状态，自动清除数据。

用户数据和服务器交互是整个管理程序部分的重点，其中包括用户账户数据、用户信息数据和训练数据三个。用户账户数据特指用户对应的账号密码和找回邮箱，采取 MySQL 数据库存储，由于安全方面考虑，密码采取 MD5 加密的方式保存，由于 MD5 密码不可逆的特性，即使数据库被窃取也能够保证用户账户数据，具体账号密码的存储形式图 4-5-26 所示。

account	password	email
act64dfq	7aee296662cfb03c185d8ef0a8683ac3	hh@qq.com
act64	30eee1688d886c910f102e7c084a973e	leiyi1993@foxmail.com
act6	17f893416c5c0106d6c215d53d615264	1@x.com

图 4-5-26　用户账户数据的保存形式

对于用户数据和训练记录而言，由于这两部分不涉及患者的隐私，而且为了便于查询和扩展程序，无需进行密文保存，采取当前网络中最为流行的JSON格式进行编码，一方面程序可以便利地读取和上传数据，另一方面可以为以后数据的共享和其他相关的程序开发做准备，用户信息数据保存形式如下示例：

{"name":"\\u96f7","userage":"15","degreemaxhor":"27","degreemaxver":"2","degreevel":"11"}

其中name项保存的是用户姓名采取Unicode的编码形式、userage保存的是患者的年龄、degreemaxhor保存的是关节在水平面的最大运动角度范围，degreemaxver是在矢状面最大的运动角度范围，degreevel保存的是在测量过程中患者关节的最大角速度。

同样下面给出部分患者的训练记录数据：

[{"score":"3","time":"2015－08－1005:25:59pm"},{"score":"2","time":"2015－08－1005:27:47pm"},{"score":"1","time":"2015－08－2010:47:24am"}

其中score项保存的是患者的一次训练获得的分数，time是训练结束的时间。这些训练数据在训练游戏结束时，游戏程序通过http协议访问在云服务端的数据存储的程序地址，通过get协议形式将数据提交到服务器中。当训练程序需要访问这些数据时，只需要直接通过http地址进行访问，之后康复训练游戏管理程序会将各个训练游戏的数据展示在用户面前，如图4-5-27、图4-5-28和图4-5-29所示，训练程序会采取患者的最近十次的训练数据进行成绩曲线绘制，这样患者和康复训练医生可以通过曲线直观地感受最近的训练情况，并且根据训练效果有效地修正训练强度和训练方案。

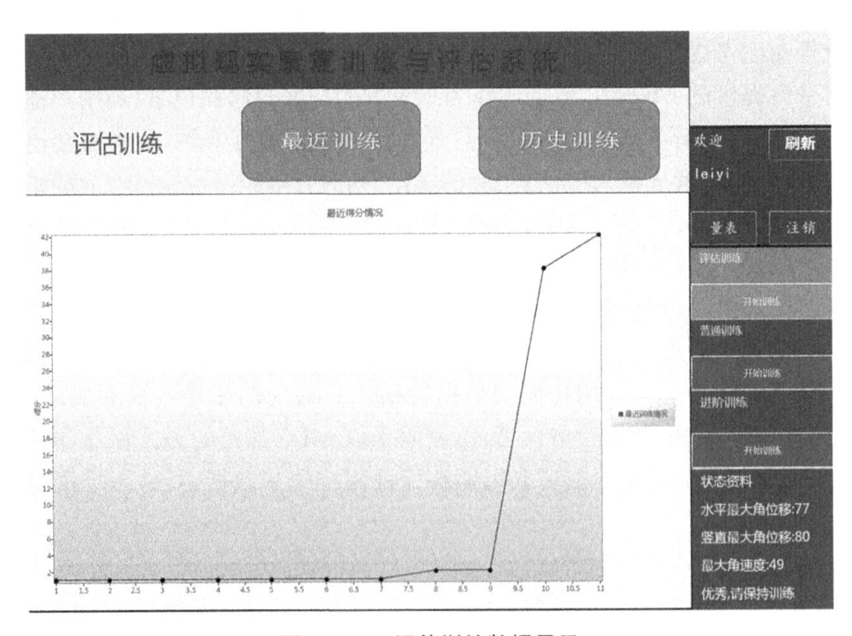

图 4-5-27　评估训练数据显示

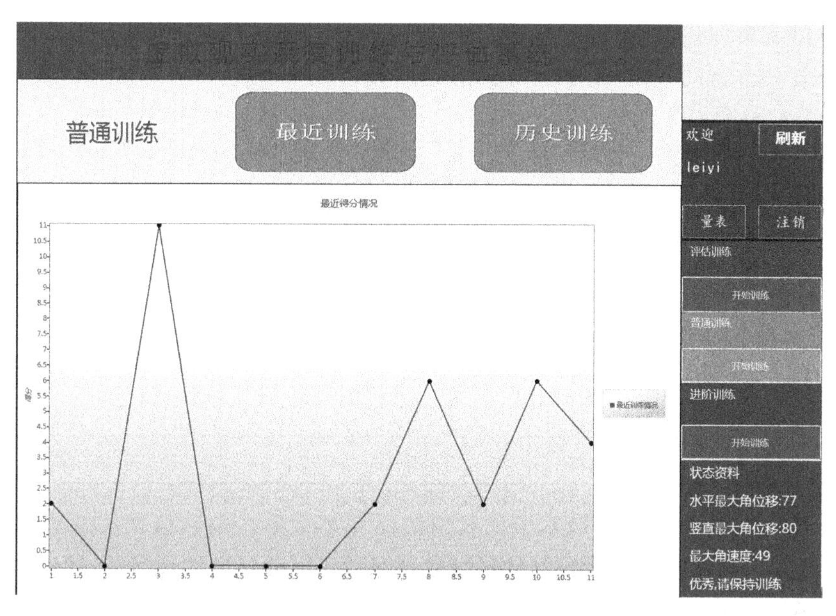

图 4-5-28　普通训练数据显示

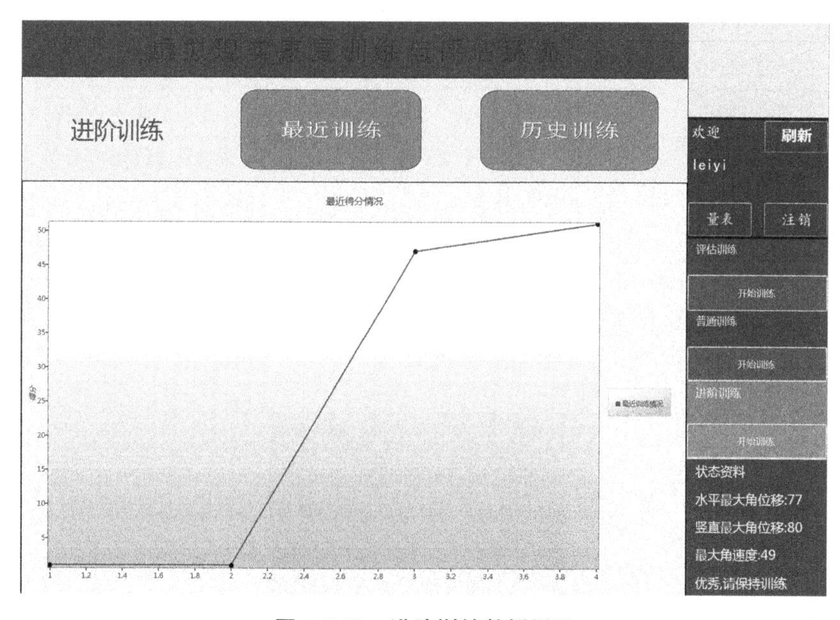

图 4-5-29　进阶训练数据显示

4. 康复评估功能

为了便于患者的康复训练，在康复训练管理程序设计中使用两种评估方案对患者的上肢功能进行评估，一种是基于中华医学会手外科学会上肢部分功能评定标准设计的自定义评估算法，另一种是基于 Fugl-Meyer 运动功能评定表上肢部分作为患者的康复评定量表。

对于自定义评估方案来说，基于上肢部分功能评定标准进行简化，以评估训练游戏采集的患者关节运动数据，基于关节的活动度设计出如下上肢功能得分算法，对应的关系如表 4-5-1 所示。

表 4-5-1　上肢功能判断标准

上肢水平最大角位移/°	上肢竖直最大角位移/°	得分
＞90	＞60	10
61～90	46～59	8
31～60	31～45	6
15～30	15～30	4
＜15	＜15	2

根据此算法，将患者的上肢水平最大角位移和竖直最大角位移相加能够计算出患者的上肢功能总分，患者的功能按总分可划分为四等，其中总分大于等于 16 为优，大于等于 12 小于 16 为良，大于等于 8 小于 12 为差，小于 8 为劣，具体的分数等级及显示标语如表 4-5-2 所示。

表 4-5-2　训练评价对应表

总分	等级	对应提示语
16～20	优	优秀，请保持训练
12～15	良	良好，需要强化训练
8～11	差	请坚持基础游戏训练
＜8	劣	请进行基础游戏训练

每次打开训练游戏管理程序，程序会自动从云端拉取患者最新的关节状态信息并更新数据，患者便可以在屏幕的右下角看见对应的提示语，如图 4-5-30 所示。

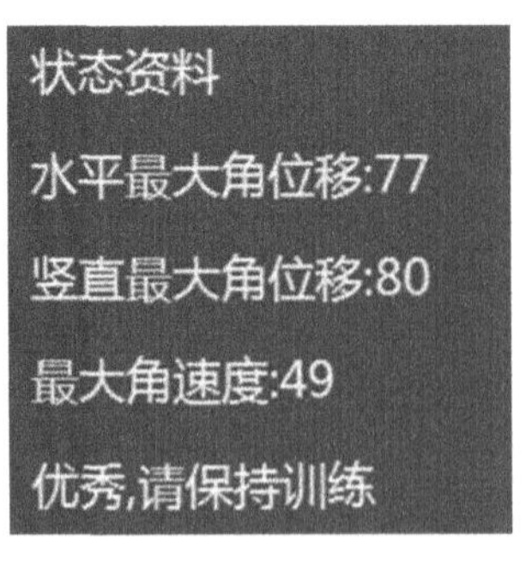

图 4-5-30　评估数据及提示语

在康复训练的过程中，通过量表评测患者的状态是非常常见的做法，为了便于患者自测以及医生的管理，在模块中选择加入以基于 Brunnstrom 功能评定法设计的 Fugl-Meyer 运动功能评定表上肢部分作为患者的康复评定量表，患者可以在训练游戏管理程序中进行状态自测和数据同步。Fugl-Meyer 运动功能评定表是由 Fugl-Meyer 等专家在 1975 年提出的用于脑卒中后患者的肢体功能评估量表，由于本康复游戏训练系统均是基于患者的上肢康复训练建立的，所以采取 Fugl-Meyer 运动功能评定表的上肢评定部分进行患者评估。整体上来说 Fugl-Meyer 运动功能评定表能够有效地测量和评估患者的上肢关节的运动、稳定、关节活动功能和耐力等方面数据，按照量表的内容实现评估功能模块示例如图 4-5-31 所示。

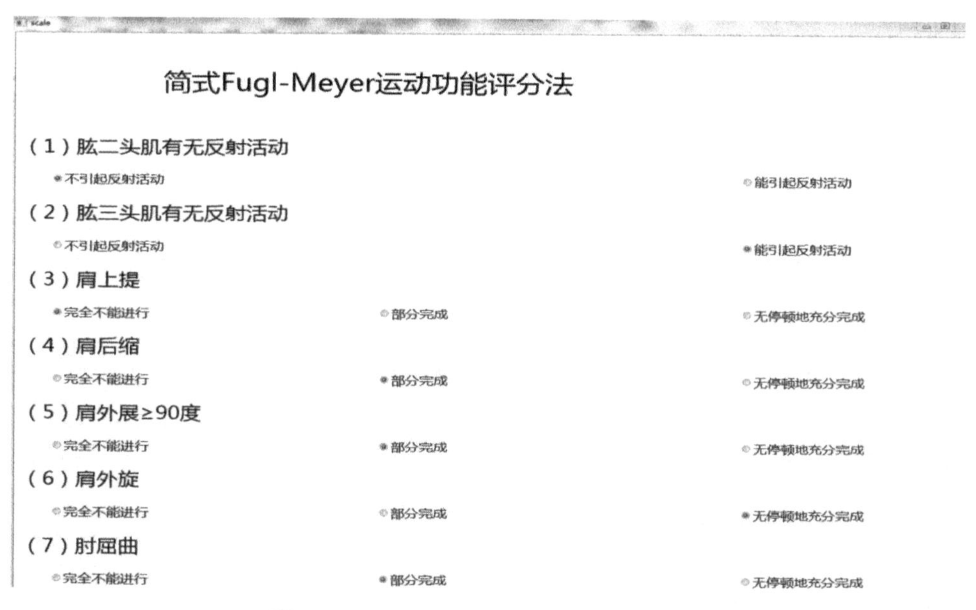

图 4-5-31　Fugl-Meyer 运动功能评定表示例

患者或者医生做评估时只需要依次按照实际情况选择患者的功能情况，最后点击确认按键，程序便会自动计算出患者的上肢功能状况，并且将数据保存至云端，如图 4-5-32 所示。基于云端数据的读取和存储，患者和医生可以随时随地查看和修改量表的数据。

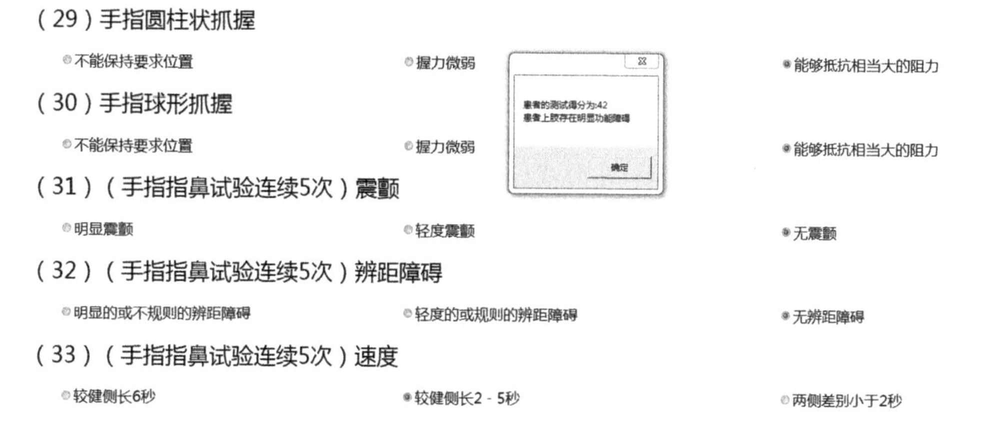

图 4-5-32　量表评测数据自动计算

训练游戏管理系统的游戏管理功能模块也是其中的一个重要内容，因为患者的训练数据依据游戏类型独立储存，所以采取目前前端页面设计中最为常用且效果最好的MVC(Model-View-Controller)架构设计，在显示患者训练记录时需要先点选右侧的游戏选项，这样程序作为 controller 通知左侧显示游戏结果的 view 做出改变，填充对应的训练数据并改变视图的形式，这样展现给患者的训练数据便会与训练游戏结果一一对应，实现功能模块的同时便于程序的扩展维护。具体的 MVC 控制流程如图 4-5-33 所示。

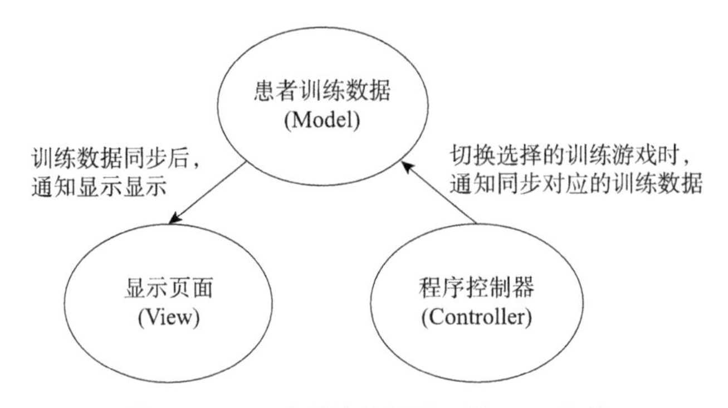

图 4-5-33　用户训练数据显示的 MVC 架构

在使用过程中视图数据切换效果如图 4-5-34 所示。

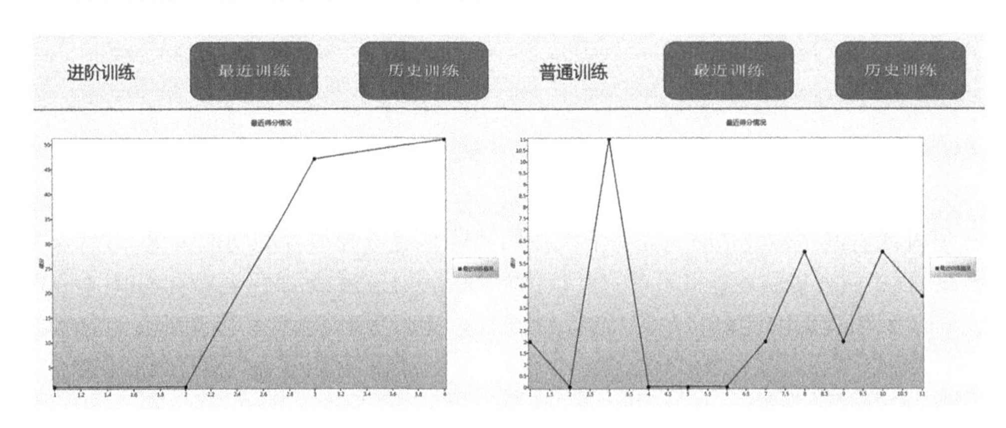

图 4-5-34　训练数据视图

康复训练游戏管理程序的管理功能除了包括通过 MVC 架构实现游戏数据分开查阅以外还有控制游戏的运行启动，在游戏打包发布为 exe 文件之后，将文件放置在管理游戏子目录下的 game 文件夹中，以 Process. Start 的方法通过路径访问便可以做到控制训练游戏打开和运行。

在上述功能模块的协同工作下，实现了便于用户使用的康复训练游戏管理程序。

5. 训练系统云服务端功能分析与设计

训练系统云服务端功能基于国内最为安全便捷的新浪 SAE 进行建立，当客户端需要将患者的数据上传至云端时，由于数据本身存在加密考虑使用的便捷性和数据传输的稳定性，客户端程序采取 http 协议通过 URL 地址索引服务端程序并将用户数据传输给服务端,云服务端利用 MySQL 数据库将数据保存在云端。当客户端需要查询数据时,采取同样的方式传输查询条件和查询程序地址,当查询成功时,服务端将查询结果写入响应流中,客户端可以通过读取流的数据进行数据的查询。由于客户端的使用可能发生多种异常包括参数错误、网络异常、存入的参数异常,所以当查询或者存储数据失败时,云服务端会响应对应的失败代码,便于客户端程序调试。整体云服务端的框架如图 4-5-35 所示。

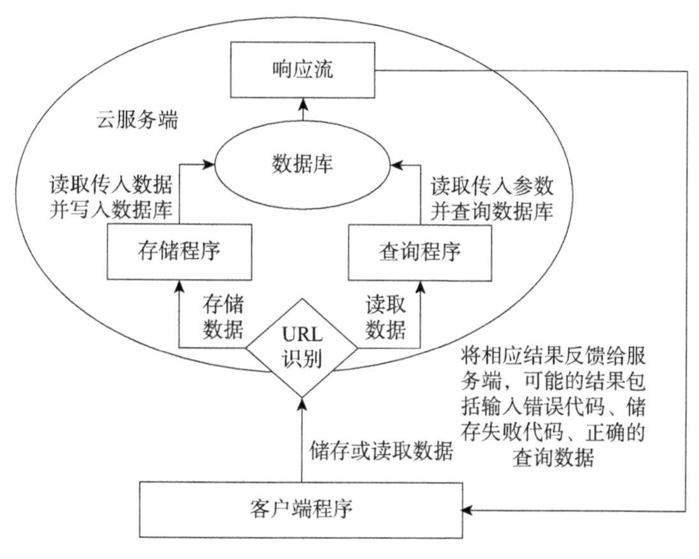

图 4-5-35　服务端程序框架

服务端的主要功能包括患者注册、训练数据查询和登录查询三个部分,由于 SAE 平台的要求和便于利用和扩展的考虑,采用 PHP 语言建立了这些功能函数。患者注册时,服务端通过 http 协议接收到患者注册的账户密码等信息,核对有效性后将其存入云服务端的 MySQL 数据库中。训练数据查询时,云服务端接收到查询的相关参数之后,以 JSON 的数据形式将患者的训练数据反馈给客户端。登录查询是指患者使用客户端时需要输入自己的账号密码进行登录,以保证数据的有效性和安全性,云服务端接收到患者用户的登录参数以及请求之后应进行账号有效性验证并进行包括返回患者数据或者返回错误提示等其他相应功能的操作。

第六节　系统集成与测试

一、实验平台介绍

关节直驱末端式上肢康复机器人实验样机主要集成了三个部分,机械结构系统、控制系统和安装有用户界面及虚拟现实系统的上位机系统,如图 4-6-1 所示。机械系统的核心是一条含 3 个驱动自由度和 2 个欠驱动自由的机械臂,3 个驱动自度可对人体肩关节 2 自由度和肘关节进行康复训练，2 个欠驱动自由度则辅助手臂末端腕关节完成康复训练。控制系统包括主控模块和外围电路，统一安装在上肢康复机器人的电气箱中，通过驱动各关节伺服电机将动力输出到末端执行器，进而完成康复机器人的运动控制。上位机系统为用户提供了更加友好的操控体验，用户通过上位机图形用户界面可以直接选择上肢康复机器人的工作模式，此外，结合虚拟现实技术的沉浸式游戏体验充分调动了用户主动参与康复训练的积极性，如图 4-6-2 所示。

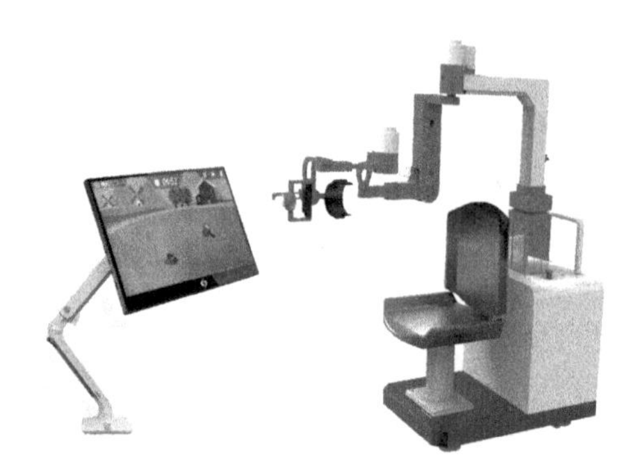

图 4-6-1　上肢康复机器人实验样机

图 4-6-2　虚拟现实系统

二、机械臂运动功能测试

机械臂的运动特性将直接影响上肢康复机器人的康复训练功能，因此样机试制完成后对其运动功能的测试非常必要。前面我们已经通过 MATLAB 软件对机器人取物动作进行了轨迹规划，仿真结果证实了上肢康复机器人结构设计合理，且能够有效协助患者完成多自由度的康复训练。样机测试过程中将根据取物动作的轨迹规划方程，设置各关节运动参数，进而完成取物动作，其运动过程如图 4-6-3 所示。在取物运动过程中，各关节的绝对式角度传感器将实时采集并反馈各关节的运动角度数据，并通过 MATLAB 软件得到机械臂末端执行器在取物动作过程中的实际运动轨迹，最后将理论取物动作轨迹规划与机械臂末端执行器的实验取物运动轨迹表达在同一个坐标系中进行拟合，结果如图 4-6-4 所示。

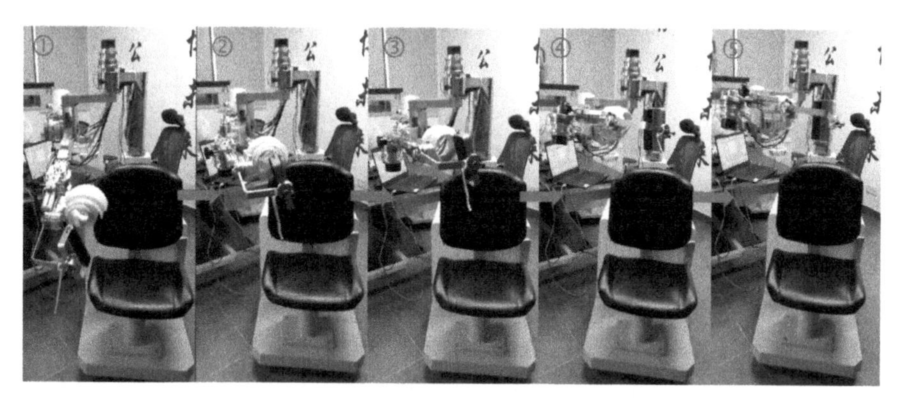

图 4-6-3　上肢康复机器人取物动作过程

从图 4-6-4 中可以看出，取物动作机械臂末端的理论运动轨迹与样机实际末端的运动轨迹拟合度较好，但仍然存在一定偏差，而造成偏差的主要原因可能是角度传感器安装时对同轴度要求较高，零件存在一定的加工误差导致角度传感器采集到的数据与实际存在偏差。但两条曲线在三维空间的总体运动趋势保持一致，说明样机能够协助偏瘫患者完成多自由度康复训练，同时进一步证明了取物动作轨迹规划的可靠性。

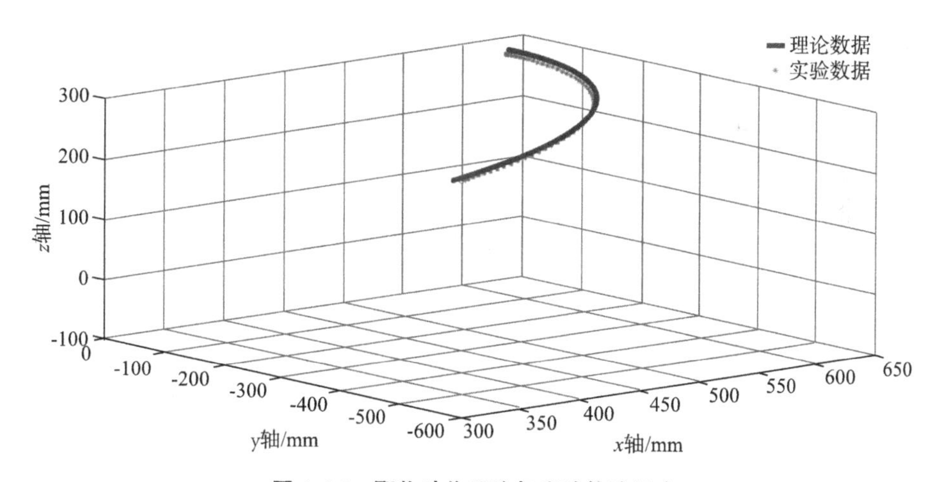

图 4-6-4　取物动作理论与实验轨迹拟合

三、力矩响应实验

为验证伺服力矩控制模块力矩响应的实时性，利用上位机向伺服力矩控制模块发送施加不同目标力矩的指令，即设定伺服电机中的电流分别为 0.25 A、0.5 A、0.75 A、1 A，通过测量伺服力矩控制模块的响应时间来评价响应的快速性和实时性，对测试结果进行统计整理得到如图 4-6-5 所示的力矩响应曲线图。

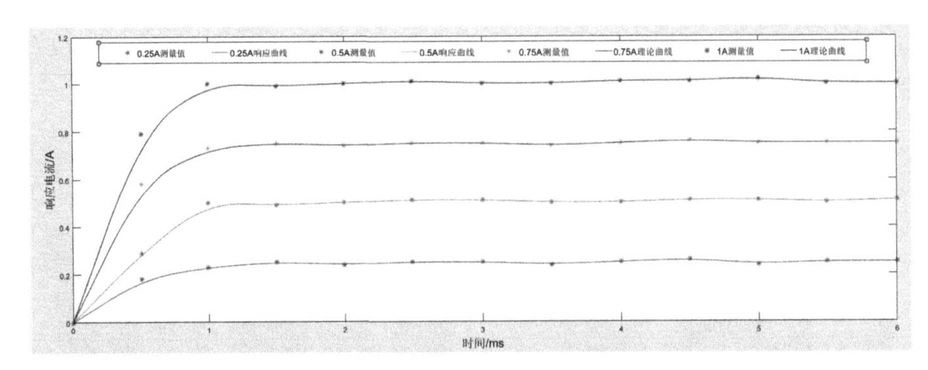

图 4-6-5　力矩响应实验测试结果

由力矩响应的实验结果可以得出，采用伺服力矩控制模块在目标力矩设定后，输出力矩在 1 ms 时间内能够达到设定的目标值并能够保持稳定，目标力矩响应的实时性良好。其主要原因是伺服电机和伺服驱动器通过精密电阻等传感器已经构成了电流的闭环控制，只要将电流环 PID 参数调整到合适的参数即可，本案例中电机自身的电流环参数设置为 $K_p=105$、$K_i=62$、$K_d=0$。同时主控制器每 10 ms 调用一次 PID 算法重新计算伺服力矩控制模块的目标力矩，从而保证了伺服力矩控制模块力矩响应的快速性、实时性。

四、运动意图检测实验

主动训练中，患者需要对机械臂施加一定的力矩方可触发上肢康复机器人的主动模式，本次实验主要测试肩关节屈/伸运动的主动训练中，使用者意图触发主动模式时，上肢康复机器人对运动意图的检测与误识别情况。实验过程中由实验对象对肩关节屈/伸自由度施加具有运动意图的力矩(如图 4-6-6)，对肩关节屈/伸的主动模式触发力矩阈值 Torq_Threshold 分别设置为 0.8 N·m、0.7 N·m、0.6 N·m、0.5 N·m、0.4 N·m，测试运动意图识别效果，每种力矩阈值分别进行 30 次实验，实验结果如表 4-6-1 所示。

图 4-6-6　运动意图检测实验

表 4-6-1　运动意图检测结果

主动模式触发力矩阈值/N·m	成功次数	失败次数	成功率/%
0.8	23	7	76.67%
0.7	25	5	86.33%
0.6	26	4	86.67%
0.5	25	5	86.33%
0.4	22	8	76.33%

由实验数据可以看出，随着触发主动模式的力矩阈值的减小，运动意图检测的成功率会相应增加，但是减小到 0.4 N·m 时，运动意图检测的成功率又会减小。导致这种现象的主要原因是触发主动模式的力矩阈值设置越小，使用者需要施加的触发力矩就越小，使用者触发主动模式便越容易，运动意图检测的成功率就越大，但是当阈值设定到 0.4 N·m时，由于阈值过小，会将系统噪声以及机械设计的间隙等因素判断为运动意图，造成运动意图的误识别，甚至会产生机械臂抖动的情况。

五、重力平衡实验

在本案例的设计中，主动训练模式是在平衡机械臂自身重力的基础上实现的。因此，伺服力矩控制模块根据机械臂姿态输出用于平衡机械臂自身重力的扭矩就显得尤为重要，为了验证平衡机械臂自身重力效果，设计以下重力平衡实验。本次实验测试肩关节屈/伸自由度的重力平衡问题，为了便于计算和统计，以肩关节屈/伸自由度垂直向下记为 0°，同时上臂和前臂保持伸直状态，在肩关节屈/伸 30°～150°的活动范围内，每 15°测量扭矩传感器的扭矩并与理论计算的扭矩进行对比，实验结果如图 4-6-7 所示。

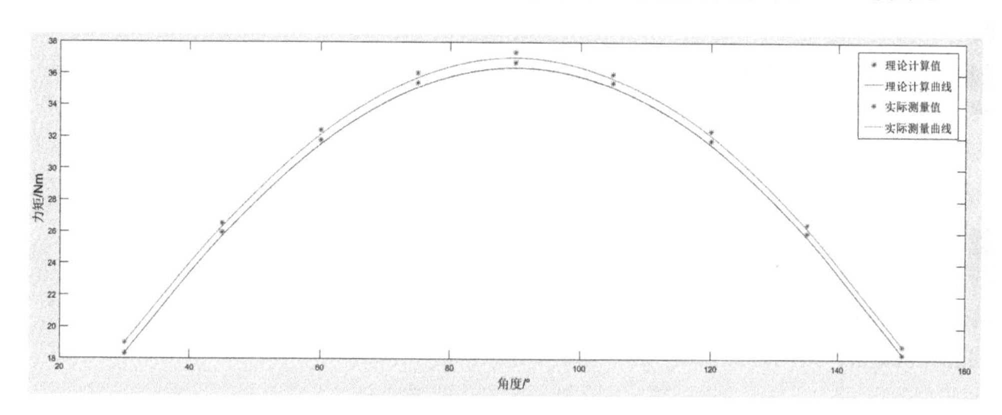

图 4-6-7　肩关节屈/伸自由度重力平衡实验结果

分析实验结果可以得出，伺服力矩控制模块能够较好地平衡机械臂的自身重力。力矩的误差随着角度的增加有增大的趋势，在 90°时误差最大。分析得出误差产生的主要原因：当屈/伸角度为 90°时，机械臂的上臂和前臂刚好为前伸状态，机械臂的重力施加在扭矩传感器上的影响为最大，带来的扰动和噪声也最大，使得重力平衡的误差增大。同时，输出力矩的平均误差为 0.37 N·m，所带来的影响是运动意图检测时，肩关节伸展方向的运动意图相较于屈曲方向的运动意图更为容易识别，在现有的重力平衡条件下，仍可以对运动意图进行准确识别。

参考文献

[1] Buströn E L, Sunnerhagen K S, Alt Murphy M. Movement kinematics of the lpsilesional upper extremity in persons with moderate or mild stroke[J]. Neurore-

habilitation and Neural Repair，2017，31 (4)：376—386.

[2] Shaw L，Bhattarai N，Cant R，et al. An extended stroke rehabilitation service for people who have had a stroke：The EXTRAS RCT[J]. Health Technology Assessment(Winchester，England)，2020，24 (24)：1—202.

[3] 董强，郭起浩，罗本燕，等. 卒中后认知障碍管理专家共识[J]. 中国卒中杂志，2017，12 (6)：519—531.

[4] 马丽媛，吴亚哲，王文，等.《中国心血管病报告 2017》要点解读[J]. 中国心血管杂志，2018，23 (1)：3—6.

[5] 丁玲，周阳，商士云，等. 综合康复护理干预措施对急性脑卒中偏瘫患者日常生活能力的影响[J]. 中外医学研究，2015，13 (28)：76—77.

[6] 王群，谢斌，黄真，等. 脑卒中偏瘫患者上肢运动功能障碍的生物力学机制研究[J]. 中华物理医学与康复杂志，2017，39 (10)：727—731.

[7] 陈承宇，吴嘉敏，严进洪. 体育运动训练增强肌肉可塑性和大脑可塑性[J]. 生理科学进展，2020，51 (4)：311—315.

[8] Hung C S，Lin K C，Chang W Y，et al. Unilateral vs bilateral hybrid approaches for upper limb rehabilitation in chronic stroke：A randomized controlled Trial [J]. Archives of Physical Medicine and Rehabilitation，2019，100 (12)：2225—2232.

[9] Dehem S，Gilliaux M，Stoquart G，et al. Effectiveness of upper-limb robotic-assisted therapy in the early rehabilitation phase after stroke：A single-blind，randomised，controlled trial[J]. Annals of Physical and Rehabilitation Medicine，2019，62 (5)：313—320.

[10] Rocco S C，Antonino N，Margherita R，et al. Shaping neuroplasticity by using powered exoskeletons in patients with stroke：A randomized clinical trial[J]. BioMed Central，2018，15 (1)：35—46.

[11] Juan C，Javier P，Enrique B，et al. E2Rebot：A robotic platform for upper limb rehabilitation in patients with neuromotor disability[J]. Advances in Mechanical Engineering，2016，8 (8)：61—64.

[12] Bang D H. Effect of modified constraint-induced movement therapy combined with auditory feedback for trunk control on upper extremity in subacute stroke patients with moderate impairment：Randomized controlled pilot trial[J]. Journal of Stroke and Cerebrovascular Diseases，2016，25 (7)：1606—1612.

[13] Molteni F，Gasperini G，Cannaviello G，et al. Exoskeleton and end-effector robots for upper and lower limbs rehabilitation：Narrative review[J]. PM&R，2018，10 (9)：S174—S188.

[14] 黄小海，喻洪流，张伟胜，等. 索控式中央驱动上肢康复机器人[J]. 北京生物医学工程，2018，37 (5)：467—473.

[15] 黄小海，喻洪流，王金超，等. 中央驱动式多自由度上肢康复训练机器人研究[J]. 生物医学工程学杂志，2018，35 (3)：452—459.

[16] Lencioni T, Fornia L, Bowman T, et al. A randomized controlled trial on the effects induced by robot-assisted and usual-care rehabilitation on upper limb muscle synergies in post-stroke subjects[J]. Scientific Reports, 2021, 11 (1): 5323—5337.

[17] 雷毅. 基于Unity3D的虚拟现实康复训练系统的设计与实现[D]. 上海:上海理工大学,2016.

[18] 秦佳城. 中央驱动式上肢康复机器人控制系统研究[D]. 上海:上海理工大学,2019.

[19] 秦佳城,张林灵,董祺,等. 基于伺服电机的上肢康复机器人力矩交互控制系统[J]. 北京生物医学工程,2019,38(1):75—81.

[20] 王峰. 一种基于轮椅平台的上肢康复训练与辅助机器人研究[D]. 上海:上海理工大学,2019.

[21] 罗胜利. 多自由度末端引导式上肢康复机器人研究[D]. 上海:上海理工大学,2021.

第五章　关节直驱外骨骼式上肢康复机器人

如前所述,上肢康复机器人按照机器作用于人体的方式可以分为末端牵引式与外骨骼式两大类。末端牵引式又可以按照动力传动方式分为中央驱动式与关节直驱式,而中央驱动式又可以分为齿轮中央驱动与绳索中央驱动等;外骨骼式也可以按照动力传动方式分为中央驱动式与关节直驱式。前面第二、三章分别介绍了末端牵引上肢康复机器人的齿轮中央驱动式与绳索中央驱动式,第四章介绍了关节直驱式。目前市场上典型与主流的产品是关节直驱外骨骼式上肢康复机器人,这里以一种基于轮椅平台的关节直驱外骨骼式上肢康复训练与辅助机器人(后面简称上肢康复机器人)为例,介绍关节直驱外骨骼式上肢康复机器人的设计方法。

虽然关节直驱外骨骼式上肢康复机器人已有部分产品投入市场,但多为台式产品,体积庞大,移动不便,不适用于移动不方便或长期需要在家庭日常康复的患者,然而90%的脑卒中患者和高位截瘫患者普遍存在下肢运动功能障碍或上肢运动功能障碍。由于下肢运动功能障碍,轮椅成为患者日常生活最常用的辅助器具,无论是室内移动还是日常出行,都离不开轮椅的辅助,且由高位截瘫引起上肢功能障碍的患者,为防止肌肉萎缩等并发症的情况发生,不仅需要上肢功能辅助日常生活(ADL),也需要进行一些适当的康复训练。此外,脑卒中所引起的后遗症在不同恢复时期需要进行不同方式的康复训练,而脑卒中康复周期一般都很长,发病后最佳治疗时间为 3 至 6 个月内,其间的治疗强度大。据统计,我国 90%的脑卒中患者都需要在家里完成后期的康复训练,因此上肢康复机器人的便携性对患者日常康复训练十分重要。

针对以上提到的老年人行动不便、脑卒中引起的后遗症康复训练,高位截瘫患者的功能辅助和转移,以及肢体功能障碍造成的残疾等社会难题,基于轮椅平台的上肢康复训练与辅助机器人可作为解决方案,上肢康复训练机器人与轮椅的结合,使患者可以随时随地进行康复训练。因此,这里设计一种基于轮椅车平台既具有生活辅助的辅助机械臂功能,同时又具有上肢康复训练功能的上肢康复机器人。

第一节　总体设计方案

一、机械系统总体设计方案

图 5-1-1 机器人是综合分析国内外多款上肢机器人,结合国家标准 GB 10000—88

《中国成年人人体尺寸》,设计基于轮椅平台的上肢康复训练机器人的两种机械总体结构方案,如图 5-1-1 所示。

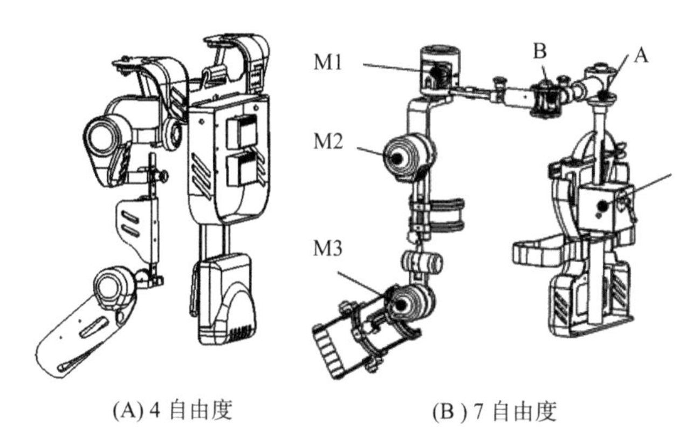

图 5-1-1　基于轮椅的上肢康复机器人整体结构图

为了减轻装置的重量,验证系统基于轮椅的上肢康复训练的可行性,第一代基于轮椅的 4-DOF(Degree of Freedom)上肢机器人,采用简化机构设计,肩关节设计了 3 个自由度,肘关节设计 1 个自由度,在肩关节和肘关节处各用一个电机驱动,如图 5-1-1(A),可以实现肩关节屈曲/伸展、肘关节屈曲/伸展及肩肘联动训练。该机器人采用背包式设计,肩宽可调,因此可以通过调节不同肩宽来适应不同尺寸的轮椅,可以通过背带和固定支架固定在轮椅背后,与轮椅很好地结合。由此设计的基于轮椅的 7-DOF 上肢机器人在 4-DOF 上肢机器人上进行了改进,第一代机器人只有两个驱动自由度,无法进行空间范围内的上肢被动康复,由于没有可升降平台,高度不可调,对于不同身高的患者,前代机器人具有一定的局限性。基于这些考虑,在肩关节处增加了一个驱动自由度,可以将平面运动扩展到一定范围内的空间运动,如图 5-1-1(B),并且在背部设计了蜗轮蜗杆齿轮齿条二级传动组成升降机构,增加了前后可调长度,能适应不同人体和不同轮椅的尺寸。此外,该机器可通过旋转关节 A、B 及肩关节的 M1 驱动关节实现左右手互换,具有良好的适用性。

二、控制系统总体设计方案

轮椅平台的外骨骼上肢康复机器人的控制系统采用模块化设计思想,主要分为六部分:数据采集单元、数据处理和控制单元、语音控制单元、数据传输单元、上位机控制单元和动力单元。控制系统总体架构如图 5-1-2 所示。

其中数据采集单元包括关节角度采集、握力采集、前臂和上臂肌电信号采集、关节运动趋势信息采集、电池电量采集。

数据处理和控制单元采用 Cortex-M4 内核的微控制器负责整个系统的数据处理、电机控制以及外围部件的驱动,其中具有 2 通道的 DMA 控制器,满足多路数据采集需求,自带 CAN 通信单元符合电机驱动通信协议,处理频率设置为 216 MHz 满足数据处理以

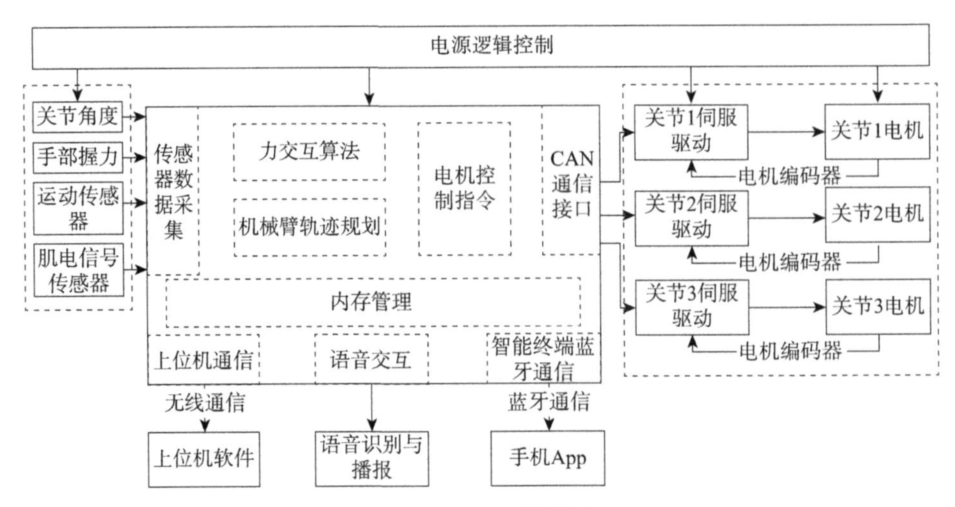

图 5-1-2　控制系统整体框图

及控制系统的要求。

语音控制单元采用非特定人语音识别与播报芯片，最大可存储 512 条控制指令，识别灵敏度和麦克风增益可调节，可完成远场和近场识别，满足上肢康复机器人语音控制需求。

数据传输单元支持串口、无线网络以及 CANOPEN 共 3 种通信协议，串口通信和无线网通信主要负责完成上位机与下位机数据传输。CANOPEN 通信协议负责与多功能康复手臂上各电机驱动通信。

上位机控制单元为基于 Visual studio 平台开发的客户端，可以远程完成上肢康复机器人的控制，获取康复训练数据和康复训练评估。

动力单元根据机械结构设计分析，选择马克松的盘式电机和配套的驱动器，可为上肢外骨骼康复机器人的肩、肘关节提供动力。

第二节　机械系统设计

本节主要以上节中的总体设计方案的 7 自由度上肢康复机器人为例，讲解基于轮椅车平台的关节直驱外骨骼式上肢康复训练机器人的机械系统设计。由于本机械系统是作用于人体，在康复训练时，机器人需要与肢体密切接触，安全性是考虑的首要因素，进行上肢康复机器人的结构设计时，需要在分析人体上肢结构和运动特性的基础上结合人机工程学及仿生技术进行设计。

一、基于轮椅的 7 自由度上肢康复机器人整体机械结构设计

设计的 7-DOF 上肢康复机器人整体结构如图 5-2-1 所示。该机器人主要有 7 个旋转自由度和 5 个长度可调自由度，其中有 3 个驱动自由度，因此可以将原有的平面被动

康复训练扩展到一定空间范围内的运动，增大了关节的活动范围。在4-DOF上肢康复机器人的基础上增加了腕部训练模块，在关节处增加了角度传感器，用于检测关节运动角度，该机器采用模块化设计方法，主要有腕部训练模块、肘部训练模块、放松抓握手模块、肩部训练模块、升降模块、控制模块等。

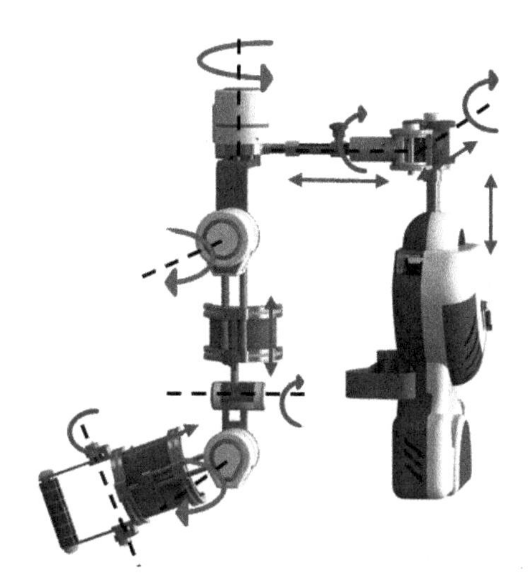

图 5-2-1　基于轮椅的 7-DOF 上肢康复机器人整体结构图

二、腕部及肘部训练模块外骨骼机械结构设计

基于轮椅的7-DOF外骨骼上肢康复机器人腕部和肘部训练模块如图5-2-2，腕部包括腕关节和手柄部分，腕关节的关节处装有角度传感器，可以检测患者腕关节的运动。肘部主要由肘部驱动模块、肘部卷簧模块、上臂模块及仿生前臂等部分组成。

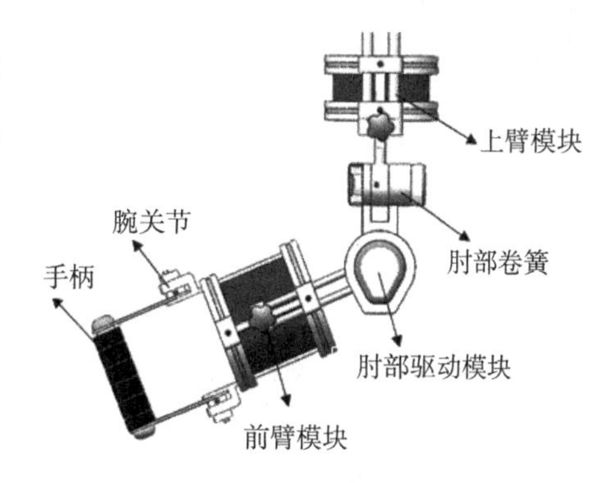

图 5-2-2　腕部和肘部训练模块结构图

(一) 肘部驱动模块

肘关节处增加了制动器和关节力矩传感器。当系统断电时，制动器可以实现抱闸自锁，使肘关节保持当前位置不变，保证患者的安全；关节力矩传感器可以检测关节力矩，可以检测患者的运动意图，实现助力训练。肘部电机采用maxon无刷直流电机，型号EC45flat，功率60 W；减速器选用谐波减速器SHD-14，减速比为1∶100；制动器选用maxon的AB40制动器；编码器选用maxon的2048线MILE编码器；驱动器选择maxon的EPOS2 24/5驱动器—CAN通信—完全封装；关节力矩传感器选用南宁宇立仪器有限公司的M2210A型力矩传感器，厚度约7 mm，重约0.09 kg，测量力矩可达50 N·m。

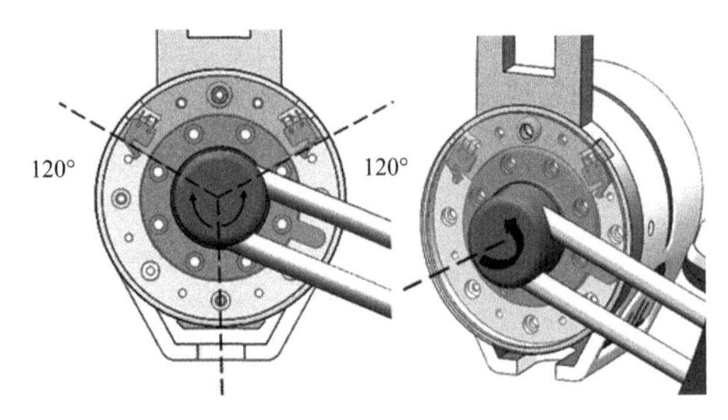

图 5-2-3 肘关节双侧限位机构

(二) 肘部关节限位模块

考虑到上肢康复训练中患者的安全，增加了关节活动限位机构。利用机械限位及程序控制进行双重限位，保证机构的安全性和可靠性。机械结构限位如图 5-2-3，利用微型限位开关对关节运动范围进行限位，此装置可实现左右互换，因此限位两侧对称，运动范围均限定在 0°～120°。

限位开关结合电机的绝对式编码器可以在机器人初始上电时，自动找零位，无需手动将机械臂归位。

三、末端仿生手模块

本案例设计的基于轮椅车平台的上肢康复机器人具有康复训练与日常生活辅助的复合功能，因此需要在机械臂末端增加一个机械仿生手(假手)可选部件，末端机械仿生手的结构设计如图 5-2-4 所示，仿生手总共有 3 个自由度，分别为控制腕部关节内外旋、伸屈和手指抓握。其中腕关节 2 个自由度采用数字舵机控制，运动范围为 0°～180°，角度控制精确到 1°，手指抓握功能采用直流有刷电机控制，可直接根据电流大小实现反馈控制，使抓握的性能更加优越。

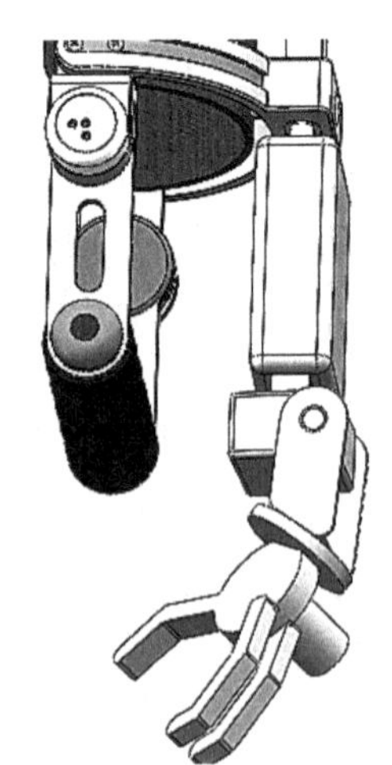

图 5-2-4 末端仿生手的机械结构设计图

四、肩部训练模块机械结构设计

人体肩关节具有 3 个运动自由度，为了简化机械结构及考虑上肢康复训练与辅助的需要，本案例的机械总体设计方案中，上肢康复机器人的肩关节设计了屈/伸与外展内收两个自由度。肩关节两个自由度的动力驱动模块均加了制动器、关节力矩传感器以及关节限位。经计算，肩关节的 2 个电机驱动部分均选择额定电压为 24 V，功率为 100 W 的 maxon 盘式无刷直流电机 EC60flat，减速器选用谐波(Harmonic)减速器 SHD-17，减速比为 1∶100；编码器选用 2048 线的 MILE 编码器；驱动器选择

EPOS2 24/5 驱动器—CAN 通信—完全封装，制动器选择 AB40 制动器；关节力矩传感器同样选用南宁宇立仪器有限公司的 M2210A 型力矩传感器。

五、背部升降模块结构设计

本次设计的基于轮椅的 7-DOF 上肢康复机器人具有升降可调特性，因为不同人体处于坐姿时其肩部高度不同，所以当人体进行上肢康复训练时需要保证人体肩关节的中心与机械臂的肩关节中心重合，根据这一特性设计了高度可调结构，采用蜗轮蜗杆和齿轮齿条传动组成的二级传动机构进行升降调节。升降模块由蜗轮蜗杆及齿轮齿条组成的传动模块、可折叠手柄模块组成，具体结构如图 5-2-5。

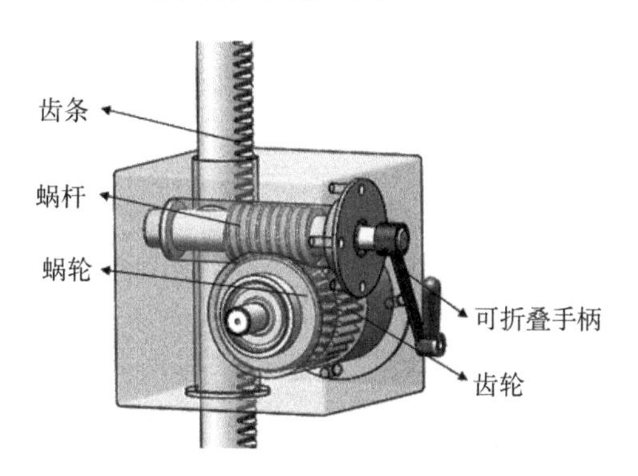

图 5-2-5　升降模块结构设计

六、与轮椅集成设计

此案例设计的基于轮椅的 7-DOF 上肢康复机器人采用了背包式的设计理念，将该机器人背负在轮椅后面，利用肩部支架、卡扣及绑带固定在轮椅上，集成效果如图 5-2-6 所示。

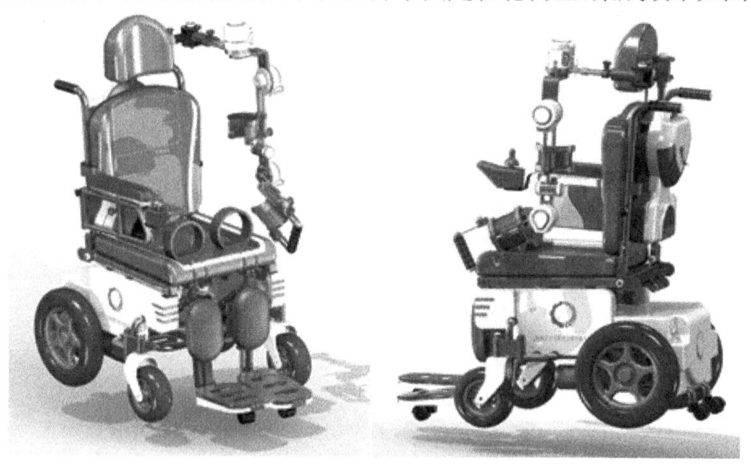

图 5-2-6　7-DOF 上肢康复机器人与轮椅结合效果图

七、关键零部件有限元分析

为了验证设计基于轮椅的7-DOF上肢机器人所选材料和结构强度是否满足需求，需要对机器人的关键零部件进行有限元分析。

（一）肘部电机连接座

当患者前臂从初始手臂自然下垂位置，运动90°到达水平位置时，肘关节前臂部分的力臂最长，此时前臂部分的零件所受力和扭矩最大，经计算，肘关节处电机连接座需要承受前臂、手的重量（包含人体及机械臂的前臂和手部分的重量）及肘部电机重量，计算得到受力最大值约为28 N，该零件材料为6061合金，设置夹具为固定几何体，选择固定该零件与减速器输出轴连接的端面，施加力矩，完成预设定后，对模型进行网格化处理，运行有限元分析求解，得到肘关节减速器输出轴的应力、应变以及位移，如图5-2-7所示。

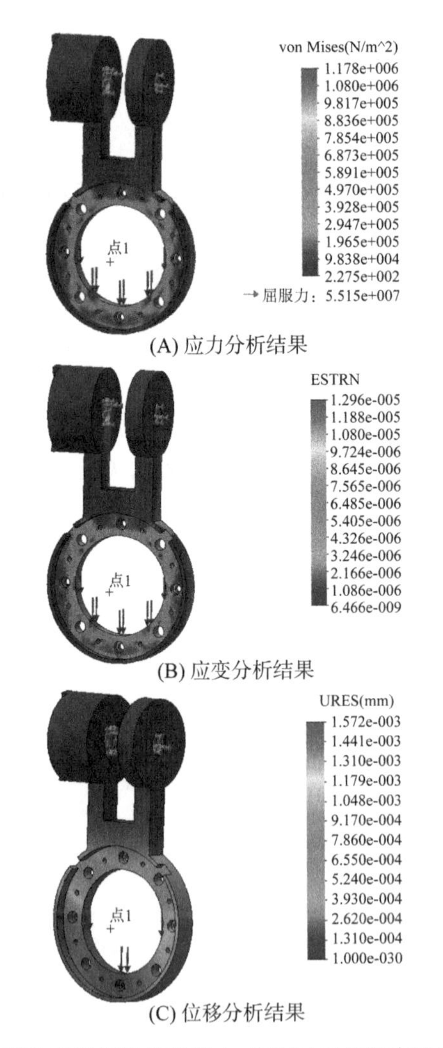

图5-2-7　肘部电机连接座的应力、应变以及位移有限元分析结果

由肘部电机连接座的有限元受力分析结果可得知：该连接座工作时的承受最大应力为 1.178 MPa，远小于该零件的屈服强度 55.15 MPa；最大应变为 1.296e−005，最大位移为 1.572e−003 mm，变形量较小，在允许的范围内。因此可判断该零件强度及选材合理，满足设计要求。

（二）肩关节2减速器输出轴

当患者上臂和前臂从初始手臂自然下垂位置，运动90°到达水平位置时，肩关节上臂部分的力臂最长，此时上臂部分的零件所受力和扭矩最大，因此选择对机械臂运动到此状态时进行有限元受力分析。经计算，在前臂处于水平位置时，肩关节2处减速器输出轴所受的扭矩达到最大值为 18.643 N·m，该零件材料为6061合金，进行有限元分析求解，得到肩关节2减速器输出轴的应力、应变以及位移，如图5-2-8所示。

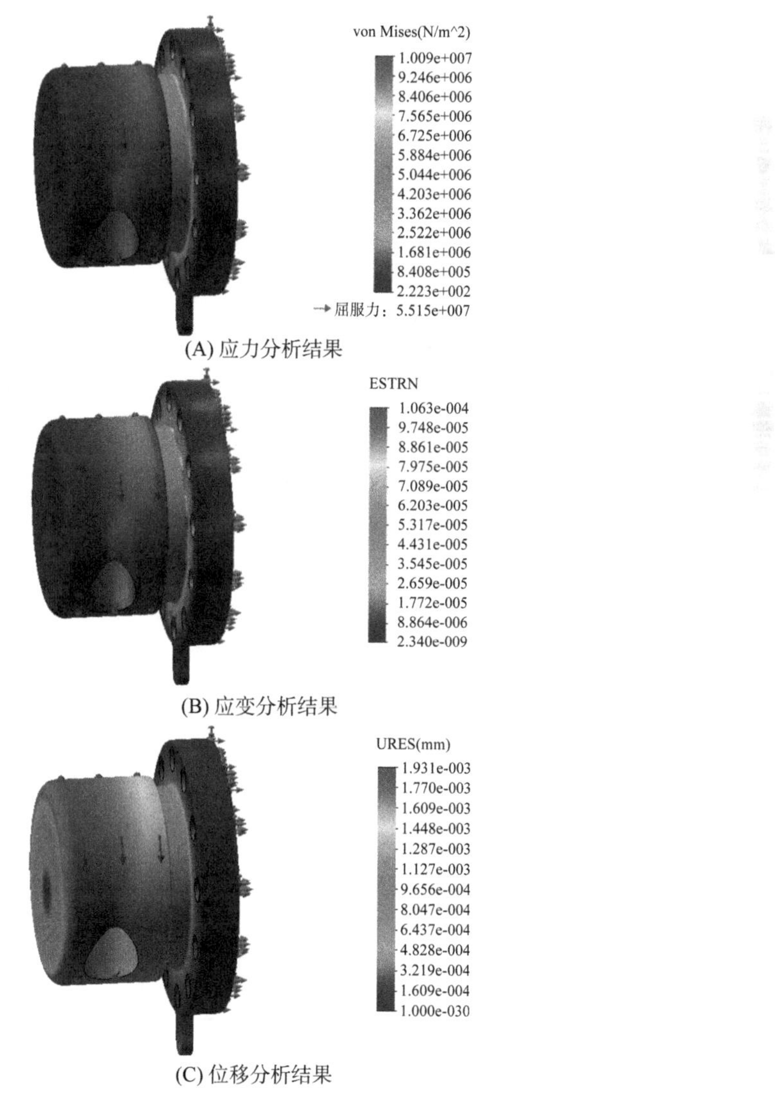

图5-2-8　肩关节2减速器输出轴的应力、应变以及位移有限元分析结果

由肩关节 2 减速器输出轴有限元受力分析结果可得知:该连接座工作时的承受最大应力为 10.09 MPa,远小于该零件的屈服力 55.15 MPa,最大应变为 1.063e－004,最大位移为 1.931e－003 mm,变形量较小,在允许的范围内,因此可判断该零件强度及选材合理,满足设计要求。

(三) 肩关节 2 电机连接座

肩关节 2 电机连接座需要承受上臂、前臂、手的重量(包含人体及机械臂的上臂、前臂和手部分的重量)及肘部电机 1 和肩部电机 2 的重量,计算得到其受力最大值约为 67.1N,该零件材料为 6061 合金,进行前面相同的分析,得到结果如图 5-2-9 所示。

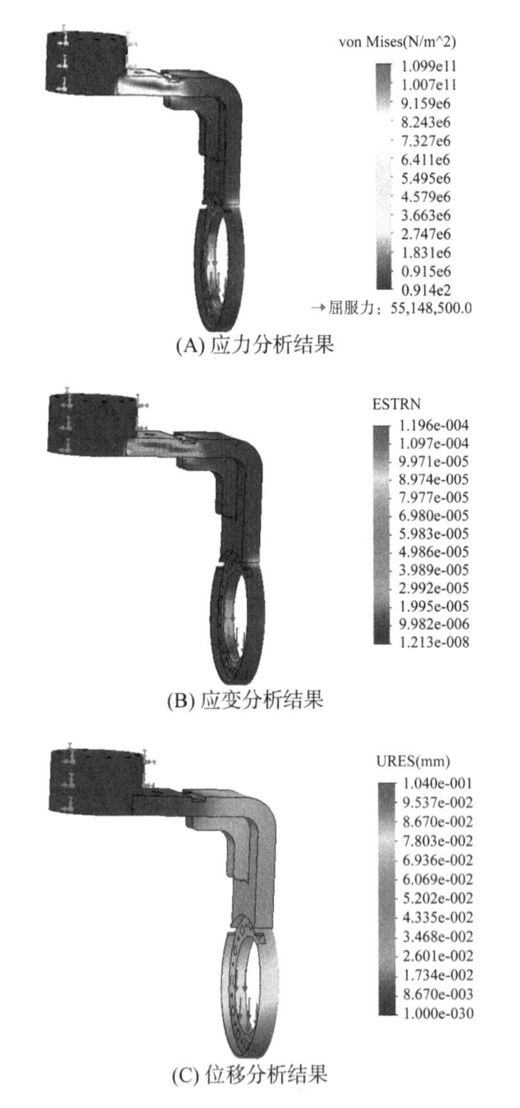

(A) 应力分析结果

(B) 应变分析结果

(C) 位移分析结果

图 5-2-9　肩关节 2 电机连接座的应力、应变以及位移分析结果

由肩关节 2 电机连接座的有限元受力分析结果可知：该连接座工作时的承受最大应力为 10.99 MPa，远小于该零件的屈服力 55.15 MPa，最大应变为 1.196e−004，最大位移为 1.040e−001 mm，变形量较小，在允许的范围，因此可判断该零件强度及选材合理，满足设计要求。

第三节　运动学分析

正逆运动学问题是机器人运动学分析的重要内容。机器人的正运动学问题是已知机器人杆件的几何参数和关节变量，求解末端执行器相对于基座坐标系的位置和姿态；机器人的逆运动学问题是已知末端执行器相对于基座坐标系的位置和姿态，求解机器人的关节变量。本节将以上一节提到的 7 自由度上肢康复机器人为例，示范如何进行运动学分析。

一、基于轮椅的 7 自由度上肢康复机器人正逆运动学方程

（一）正运动学方程

此案例利用 D-H 法建立基于轮椅的 7-DOF 上肢康复机器人的正运动学方程，已知该机器人共有 7 个自由度，且均为旋转关节，根据 7-DOF 上肢康复机器人的机械结构及 D-H 表示法建立该机器人的 D-H 坐标系如图 5-3-1 所示。

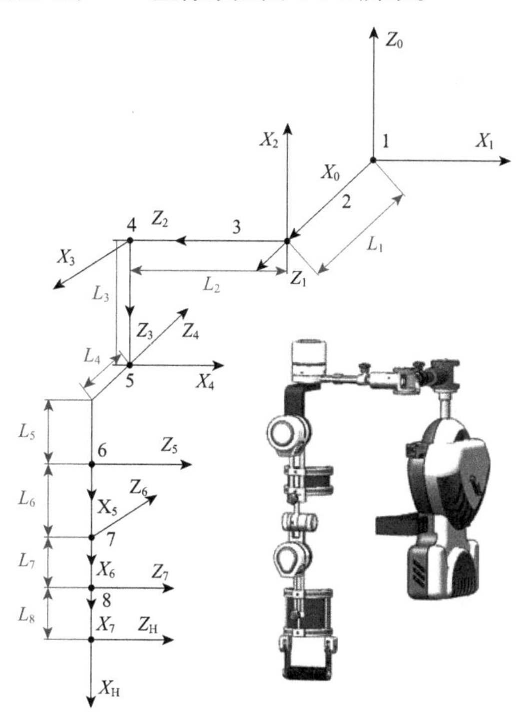

图 5-3-1　基于轮椅的 7-DOF 上肢康复机器人 D-H 坐标系

其中坐标系 Z_0-X_0 为基座坐标系，也叫参考坐标系，将沿着 Z_0 方向上的关节定为关节 1，坐标系 Z_H-X_H 为机械臂末端手柄坐标系。由此列出基于轮椅的 7-DOF 上肢康复机器人的 D-H 参数如表 5-3-1 所示。

表 5-3-1　基于轮椅的 7-DOF 上肢康复机器人的 D-H 参数表

	θ	d	a	α	$C\alpha$	$S\alpha$	关节活动范围
0～1	$90°+\theta_1$	$0°$	0	$90°$	0	1	$0°$
1～2	$90°+\theta_2$	$-L_1$	0	$-90°$	0	-1	$-30°\sim0°$
2～3	$-90°+\theta_3$	L_2	0	$90°$	0	1	$0°\sim30°$
3～4	$-90°+\theta_4$	L_3	0	$90°$	0	1	$-90°\sim0°$
4～5	$90°+\theta_5$	$-L_4$	L_5	$90°$	0	1	$0°\sim120°$
5～6	θ_6	0	L_6	$-90°$	0	-1	$0°\sim30°$
6～7	θ_7	0	L_7	$90°$	0	1	$0°\sim120°$
7～8	θ_8	0	L_8	$0°$	1	0	$0°\sim30°$

注：表中 $C\alpha=\cos\alpha, S\alpha=\sin\alpha$

可求得相邻坐标变换矩阵如下：

$$\boldsymbol{A}_1=\begin{pmatrix} C(90°+\theta_1) & -S(90°+\theta_1)C\alpha_1 & S(90°+\theta_1)S\alpha_1 & a_1C(90°+\theta_1) \\ S(90°+\theta_1) & C(90°+\theta_1)C\alpha_1 & -C(90°+\theta_1)S\alpha_1 & a_1S(90°+\theta_1) \\ 0 & S\alpha_1 & C\alpha_1 & d_1 \\ 0 & 0 & 0 & 1 \end{pmatrix}=\begin{pmatrix} -S\theta_1 & 0 & C\theta_1 & 0 \\ C\theta_1 & 0 & S\theta_1 & 0 \\ 0 & 1 & 0 & 0 \\ 0 & 0 & 0 & 1 \end{pmatrix}$$

$$\boldsymbol{A}_2=\begin{pmatrix} -S\theta_2 & 0 & -C\theta_2 & 0 \\ C\theta_2 & 0 & -S\theta_2 & 0 \\ 0 & -1 & 0 & L_1 \\ 0 & 0 & 0 & 1 \end{pmatrix} \quad \boldsymbol{A}_3==\begin{pmatrix} S\theta_3 & 0 & -C\theta_3 & 0 \\ -C\theta_3 & 0 & -S\theta_3 & 0 \\ 0 & 1 & 0 & L_2 \\ 0 & 0 & 0 & 1 \end{pmatrix} \quad \boldsymbol{A}_4=\begin{pmatrix} S\theta_4 & 0 & -C\theta_4 & 0 \\ -C\theta_4 & 0 & -S\theta_4 & 0 \\ 0 & 1 & 0 & L_3 \\ 0 & 0 & 0 & 1 \end{pmatrix}$$

$$\boldsymbol{A}_5=\begin{pmatrix} -S\theta_5 & 0 & C\theta_5 & -L_5S\theta_5 \\ C\theta_5 & 0 & S\theta_5 & L_5C\theta_5 \\ 0 & 1 & 0 & -L_4 \\ 0 & 0 & 0 & 1 \end{pmatrix} \boldsymbol{A}_6=\begin{pmatrix} -C\theta_6 & 0 & -S\theta_6 & L_6C\theta_6 \\ S\theta_6 & 0 & C\theta_6 & L_6S\theta_6 \\ 0 & -1 & 0 & 0 \\ 0 & 0 & 0 & 1 \end{pmatrix} \boldsymbol{A}_7=\begin{pmatrix} C\theta_7 & 0 & S\theta_7 & L_7C\theta_7 \\ S\theta_7 & 0 & -C\theta_7 & L_7S\theta_7 \\ 0 & 1 & 0 & 0 \\ 0 & 0 & 0 & 1 \end{pmatrix}$$

$$\boldsymbol{A}_8=\begin{pmatrix} C\theta_8 & -S\theta_8 & 0 & L_8C\theta_8 \\ S\theta_8 & C\theta_8 & 0 & L_8S\theta_8 \\ 0 & 0 & 1 & 0 \\ 0 & 0 & 0 & 1 \end{pmatrix}$$

代入公式 ${}^R\boldsymbol{T}_H={}^R\boldsymbol{T}_1{}^1\boldsymbol{T}_2{}^2\boldsymbol{T}_3\cdots{}^{n-1}\boldsymbol{T}_n=\boldsymbol{A}_1\boldsymbol{A}_2\boldsymbol{A}_3\cdots\boldsymbol{A}_n$，可得机器人基座和手柄之间的总变换为：

$${}^0\boldsymbol{T}_H={}^0\boldsymbol{T}_1{}^1\boldsymbol{T}_2{}^2\boldsymbol{T}_3\cdots{}^7\boldsymbol{T}_8=\boldsymbol{A}_1\boldsymbol{A}_2\boldsymbol{A}_3\cdots\boldsymbol{A}_8$$

则 $^{0}\boldsymbol{T}_8=\begin{pmatrix} n_x & o_x & a_x & P_x \\ n_y & o_y & a_y & P_y \\ n_z & o_z & a_z & P_z \\ 0 & 0 & 0 & 1 \end{pmatrix}=\boldsymbol{A}_1\boldsymbol{A}_2\boldsymbol{A}_3\cdots\boldsymbol{A}_8$

将各矩阵代入，得到：

$$n_x=-S_8(C_1C_3C_4C_6+C_2C_6S_1S_4+C_1C_5S_3S_6+C_4C_6S_1S_2S_3-C_3C_5S_1S_2S_6+C_2C_4S_1S_5S_6-C_1C_3S_4S_5S_6-S_1S_2S_3S_4S_5S_6)-C_8(C_1S_3S_5S_7+C_1C_3C_4C_7S_6-C_1C_5C_6C_7S_3-C_2C_4C_5S_1S_7+C_1C_3C_5S_4S_7+C_2C_7S_1S_4S_6-C_3S_1S_2S_5S_7+C_3C_5C_6C_7S_1S_2-C_2C_4C_6C_7S_1S_5+C_1C_3C_6C_7S_4S_5+C_4C_7S_1S_2S_3S_6+C_5S_1S_2S_3S_4S_7+C_6C_7S_1S_2S_3S_4S_5)$$

$$n_y=S_8(C_1C_2C_6S_4-C_3C_4C_6S_1-C_5S_1S_3S_6+C_1C_4C_6S_2S_3-C_1C_3C_5S_2S_6+C_1C_2C_4S_5S_6+C_3S_1S_4S_5S_6-C_1S_2S_3S_4S_5S_6)-C_8(S_1S_3S_5S_7+C_1C_2C_4C_5S_7-{}_1C_2C_7S_4S_6+C_3C_4C_7S_1S_6-C_5C_6C_7S_1S_3+C_1C_3S_2S_5S_7+C_3C_5S_1S_4S_7-C_1C_3C_5C_6C_7S_2+C_1C_2C_4C_6C_7S_5-C_1C_4C_7S_2S_3S_6+C_3C_6C_7S_1S_4S_5-C_1C_5S_2S_3S_4S_7-C_1C_6C_7S_2S_3S_4S_5)$$

$$n_z=C_6S_2S_4S_8-C_2C_4C_6S_3S_8+C_2C_3C_5S_6S_8+C_2C_3C_8S_5S_7-C_4C_5C_8S_2S_7+C_7C_8S_2S_4S_6+C_4S_2S_5S_6S_8-C_2C_4C_7C_8S_3S_6-C_4C_6C_7C_8S_2S_5-C_2C_5C_8S_3S_4S_7+C_2S_3S_4S_5S_6S_8-C_2C_3C_5C_6C_7C_8-C_2C_6C_7C_8S_3S_4S_5$$

$$o_x=S_8(C_1S_3S_5S_7+C_1C_3C_4C_7S_6-C_1C_5C_6C_7S_3-C_2C_4C_5S_1S_7+C_1C_3C_5S_4S_7+C_2C_7S_1S_4S_6-C_3S_1S_2S_5S_7+C_3C_5C_6C_7S_1S_2-C_2C_4C_6C_7S_1S_5+C_1C_3C_6C_7S_4S_5+C_4C_7S_1S_2S_3S_6+C_5S_1S_2S_3S_4S_7+C_6C_7S_1S_2S_3S_4S_5)-C_8(C_1C_3C_4C_6+C_2C_6S_1S_4+C_1C_5S_3S_6+C_4C_6S_1S_2S_3-C_3C_5S_1S_2S_6+C_2C_4S_1S_5S_6-C_1C_3S_4S_5S_6-S_1S_2S_3S_4S_5S_6)$$

$$o_y=C_8(C_1C_2C_6S_4-C_3C_4C_6S_1-C_5S_1S_3S_6+C_1C_4C_6S_2S_3-C_1C_3C_5S_2S_6+C_1C_2C_4S_5S_6+C_3S_1S_4S_5S_6-C_1S_2S_3S_4S_5S_6)+S_8(S_1S_3S_5S_7+C_1C_2C_4C_5S_7-C_1C_2C_7S_4S_6+C_3C_4C_7S_1S_6-C_5C_6C_7S_1S_3+C_1C_3S_2S_5S_7+C_3C_5S_1S_4S_7-C_1C_3C_5C_6C_7S_2+C_1C_2C_4C_6C_7S_5-C_1C_4C_7S_2S_3S_6+C_3C_6C_7S_1S_4S_5-C_1C_5S_2S_3S_4S_7-C_1C_6C_7S_2S_3S_4S_5)$$

$$o_z=C_6C_8S_2S_4-C_2C_4C_6C_8S_3+C_2C_3C_5C_8S_6-C_2C_3S_5S_7S_8+C_4C_8S_2S_5S_6+C_4C_5S_2S_7S_8-C_7S_2S_4S_6S_8+C_2C_3C_5C_6C_7S_8+C_2C_4C_7S_3S_6S_8+C_4C_6C_7S_2S_5S_8+C_2C_8S_3S_4S_5S_6+C_2C_5S_3S_4S_7S_8+C_2C_6C_7S_3S_4S_5S_8$$

$$a_x=C_1C_7S_3S_5-C_2C_4C_5C_7S_1+C_1C_3C_5C_7S_4-C_1C_3C_4S_6S_7+C_1C_5C_6S_3S_7-C_3C_7S_1S_2S_5-C_2S_1S_4S_6S_7-C_3C_5C_6S_1S_2S_7+C_2C_4C_6S_1S_5S_7-C_1C_3C_6S_4S_5S_7+C_5C_7S_1S_2S_3S_4-C_4S_1S_2S_3S_6S_7-C_6S_1S_2S_3S_4S_5S_7$$

$$a_y=C_7S_1S_3S_5+C_1C_2C_4C_5C_7+C_1C_3C_7S_2S_5+C_3C_5C_7S_1S_4+C_1C_2S_4S_6S_7-C_3C_4S_1S_6S_7+C_5C_6S_1S_3S_7+C_1C_3C_5C_6S_2S_7-C_1C_2C_4C_6S_5S_7-C_1C_5C_7S_2S_3S_4+C_1C_4S_2S_3S_6S_7-C_3C_6S_1S_4S_5S_7+C_1C_6S_2S_3S_4S_5S_7$$

$$a_z = C_4C_5C_7S_2 - C_2C_3C_7S_5 + S_2S_4S_6S_7 - C_2C_3C_5C_6S_7 + C_2C_5C_7S_3S_4 - C_2C_4S_3S_6S_7 - C_4C_6S_2S_5S_7 - C_2C_6S_3S_4S_5S_7$$

$$P_x = C_1L_1 + C_2L_2S_1 + C_1L_3S_3 + C_1C_3C_4L_4 + C_1C_5L_5S_3 - C_3L_3S_1S_2 + C_2L_4S_1S_4 - C_1C_3C_4L_6S_6 + C_1C_5C_6L_6S_3 - C_3C_5L_5S_1S_2 + C_2C_4L_5S_1S_5 - C_1C_3L_5S_4S_5 + C_4L_4S_1S_2S_3 - C_2L_6S_1S_4S_6 - C_1L_7S_3S_5S_7 - C_1C_3C_4C_7L_7S_6 + C_1C_5C_6C_7L_7S_3 - C_1C_3C_4C_6L_8S_8 - C_3C_5C_6L_6S_1S_2 + C_2C_4C_6L_6S_1S_5 - C_1C_3C_6L_6S_4S_5 + C_2C_4C_5L_7S_1S_7 - C_1C_3C_5L_7S_4S_7 - C_2C_7L_7S_1S_4S_6 - C_2C_6L_8S_1S_4S_8 - C_1C_5L_8S_3S_6S_8 - C_1C_8L_8S_3S_5S_7 - C_4L_6S_1S_2S_3S_6 + C_3L_7S_1S_2S_5S_7 - L_5S_1S_2S_3S_4S_5 - C_1C_3C_4C_7C_8L_8S_6 + C_1C_5C_6C_7C_8L_8S_3 - C_3C_5C_6C_7L_7S_1S_2 + C_2C_4C_6C_7L_7S_1S_5 - C_1C_3C_6C_7L_7S_4S_5 + C_2C_4C_5C_8L_8S_1S_7 - C_1C_3C_5C_8L_8S_4S_7 - C_2C_7C_8L_8S_1S_4S_6 - C_4C_7L_7S_1S_2S_3S_6 - C_4C_6L_8S_1S_2S_3S_8 + C_3C_5L_8S_1S_2S_6S_8 - C_2C_4L_8S_1S_5S_6S_8 + C_3C_8L_8S_1S_2S_5S_7 + C_1C_3L_8S_4S_5S_6S_8 - C_6L_6S_1S_2S_3S_4S_5 - C_5L_7S_1S_2S_3S_4S_7 - C_3C_5C_6C_7C_8L_8S_1S_2 + C_2C_4C_6C_7C_8L_8S_1S_5 - C_1C_3C_6C_7C_8L_8S_4S_5 - C_4C_7C_8L_8S_1S_2S_3S_6 - C_6C_7L_7S_1S_2S_3S_4S_5 - C_5C_8L_8S_1S_2S_3S_4S_7 + L_8S_1S_2S_3S_4S_5S_6S_8 - C_6C_7C_8L_8S_1S_2S_3S_4S_5$$

$$P_y = L_1S_1 - C_1C_2L_2 + L_3S_1S_3 + C_1C_3L_3S_2 - C_1C_2L_4S_4 + C_3C_4L_4S_1 + C_5L_5S_1S_3 + C_1C_3C_5L_5S_2 - C_1C_2C_4L_5S_5 - C_1C_4L_4S_2S_3 + C_1C_2L_6S_4S_6 - C_3C_4L_6S_1S_6 + C_5C_6L_6S_1S_3 - C_3L_5S_1S_4S_5 - L_7S_1S_3S_5S_7 + C_1C_3C_5C_6L_6S_2 - C_1C_2C_4C_6L_6S_5 - C_1C_2C_4C_5L_7S_7 + C_1C_2C_7L_7S_4S_6 - C_3C_4C_7L_7S_1S_6 + C_1C_2C_6L_8S_4S_8 + C_5C_6C_7L_7S_1S_3 - C_3C_4C_6L_8S_1S_8 + C_1C_4L_6S_2S_3S_6 - C_1C_3L_7S_2S_5S_7 - C_3C_6L_6S_1S_4S_5 - C_3C_5L_7S_1S_4S_7 + C_1L_5S_2S_3S_4S_5 - C_5L_8S_1S_3S_6S_8 - C_8L_8S_1S_3S_5S_7 + C_1C_3C_5C_6C_7L_7S_2 - C_1C_2C_4C_6C_7L_7S_5 - C_1C_2C_4C_5C_8L_8S_7 + C_1C_2C_7C_8L_8S_4S_6 - C_3C_4C_7C_8L_8S_1S_6 + C_5C_6C_7C_8L_8S_1S_3 + C_1C_4C_7L_7S_2S_3S_6 + C_1C_4C_6L_8S_2S_3S_8 - C_1C_3C_5L_8S_2S_6S_8 - C_3C_6C_7L_7S_1S_4S_5 + C_1C_2C_4L_8S_5S_6S_8 - C_1C_3C_8L_8S_2S_5S_7 - C_3C_5C_8L_8S_1S_4S_7 + C_1C_6L_6S_2S_3S_4S_5 + C_1C_5L_7S_2S_3S_4S_7 + C_3L_8S_1S_4S_5S_6S_8 + C_1C_3C_5C_6C_7C_8L_8S_2 - C_1C_2C_4C_6C_7C_8L_8S_5 + C_1C_4C_7C_8L_8S_2S_3S_6 - C_3C_6C_7C_8L_8S_1S_4S_5 + C_1C_6C_7L_7S_2S_3S_4S_5 + C_1C_5C_8L_8S_2S_3S_4S_7 - C_1L_8S_2S_3S_4S_5S_6S_8 + C_1C_6C_7C_8L_8S_2S_3S_4S_5$$

$$P_z = C_2C_4L_4S_3 - C_2C_3L_3 - L_4S_2S_4 - C_2C_3C_5L_5 - L_2S_2 - C_4L_5S_2S_5 + L_6S_2S_4S_6 - C_2C_3C_5C_6L_6 - C_2C_4L_6S_3S_6 - C_4C_6L_6S_2S_5 + C_2C_3L_7S_5S_7 - C_4C_5L_7S_2S_7 - C_2L_5S_3S_4S_5 + C_7L_7S_2S_4S_6 + C_6L_8S_2S_4S_8 - C_2C_4C_7L_7S_3S_6 - C_2C_4C_6L_8S_3S_8 - C_4C_6C_7L_7S_2S_5 + C_2C_3C_5L_8S_6S_8 + C_2C_3C_8L_8S_5S_7 - C_4C_5C_8L_8S_2S_7 - C_2C_6L_6S_3S_4S_5 - C_2C_5L_7S_3S_4S_7 + C_7C_8L_8S_2S_4S_6 +$$

$C_4L_8S_2S_5S_6S_8 - C_2C_3C_5C_6C_7L_7 - C_2C_3C_5C_6C_7C_8L_8 - C_2C_4C_7C_8L_8S_3S_6 - C_4C_6C_7C_8L_8S_2S_5 - C_2C_6C_7L_7S_3S_4S_5 - C_2C_5C_8L_8S_3S_4S_7 + C_2L_8S_3S_4S_5S_6S_8 - C_2C_6C_7C_8L_8S_3S_4S_5$　(5-3-1)

(二) 逆运动学方程

直接求解该机器人每个关节的逆运动学方程非常复杂，且此设计仅对三个驱动电机的运动进行轨迹规划，因此本设计求解逆运动学方程时，不考虑非驱动自由度，即令非驱动关节角度为0。当非驱动关节角为0时，即 $\theta_1 = \theta_2 = \theta_3 = \theta_6 = \theta_8 = 0$，则公式5-3-1可简化为：

$$\begin{cases} n_x = S_{57}S_4 \\ n_y = -S_{57}C_4 \\ n_z = -C_{57} \\ o_x = -C_4 \\ o_y = S_4 \\ o_z = 0 \\ a_x = C_{57}S_4 \\ a_y = C_{57}C_4 \\ a_z = -S_{57} \\ p_x = L_1 + L_4C_4 - (L_5 + L_6)S_4S_5 - (L_7 + L_8)S_4S_{57} \\ p_y = -L_2 - L_4S_4 - (L_5 + L_6)C_4S_5 - (L_7 + L_8)C_4S_{57} \\ p_z = -L_3 - (L_7 + L_8)C_{57} - (L_5 + L_6)C_5 \end{cases} \tag{5-3-2}$$

1. 求解关节角 θ_4

由 $o_x = -C_4, o_y = S_4$ 得

$$\theta_4 = -\arctan(\frac{o_y}{o_x})$$

或者

$$\theta_4 = -\arctan(\frac{o_y}{o_x}) + 180°$$

$\theta_4 \in [0°, 120°]$，经分析，在此区间，θ_4 的解只有一个。

2. 求解关节角 θ_5

由 $n_z = -C_{57}, p_z = -L_3 - (L_7 + L_8)C_{57} - (L_5 + L_6)C_5$ 得：

$$\theta_5 = \arccos[\frac{(L_7 + L_8)n_z - p_z + L_3}{L_5 + L_6}]$$

因为 $\theta_5 = 0° \sim 120°$，根据反余弦在 $0° \sim 120°$ 的单调性可知，θ_5 也只有一个解。

3. 求解关节角 θ_7

由 $n_y=-S_{57}C_4$，$n_z=-C_{57}$，$o_x=-C_4$，得 $\tan(\theta_5+\theta_7)=-n_y/o_x n_z$，则：

$$\theta_7=\arctan\left(-\frac{n_y}{o_x n_z}\right)-\theta_5=-\arctan\left(\frac{n_y}{o_x n_z}\right)-\arccos\left[\frac{(L_7+L_8)n_z-p_z+L_3}{(L_5+L_6)}\right]$$

由以上计算可得基于轮椅的 7-DOF 上肢康复机器人的逆运动学解为：

$$\begin{cases}\theta_4=-\arctan\left(\dfrac{o_y}{o_x}\right)\ 或\ \theta_4=-\arctan\left(\dfrac{o_y}{o_x}\right)+180^\circ \\ \theta_5=\arccos\left[\dfrac{(L_7+L_8)n_z-p_z+L_3}{L_5+L_6}\right] \\ \theta_7=-\arctan\left(\dfrac{n_y}{o_x n_z}\right)-\theta_5\end{cases} \tag{5-3-3}$$

二、基于轮椅的 7 自由度上肢康复机器人正逆运动学验证

(一) 正运动学方程验证

7 自由度上肢康复机器人正运动学方程验证方法与 4 自由度上肢康复机器人类似，此处不再赘述。设定机器人运动为：初始位置关节 1 为 0°，停止位置关节 1 运动 0°，关节 2 运动−5°，关节 3 运动 5°，关节 4 运动−5°，关节 5 运动 10°，关节 6 运动 10°，关节 7 运动 10°，关节 8 运动−10°，机器人初始位置和停止位置如图 5-3-2 所示。

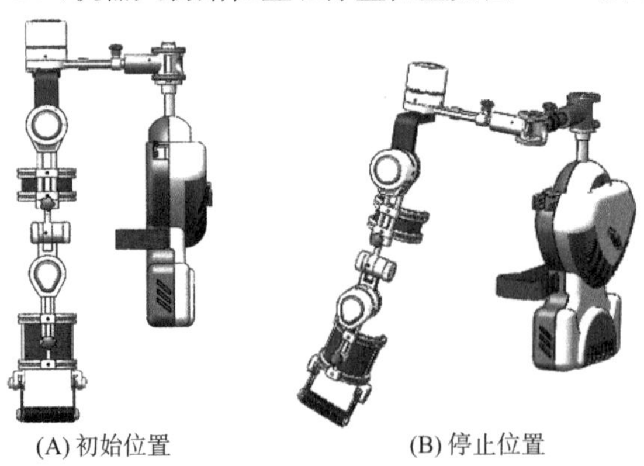

(A) 初始位置　　(B) 停止位置

图 5-3-2　验证轨迹的初始位置和停止位置

其中 $L_1=287$ mm，$L_2=280$ mm，$L_3=133.42$ mm，$L_4=86$ mm，$L_5=237$ mm，$L_6=90$ mm，$L_7=240$ mm，$L_8=70$ mm。首先在 SolidWorks Motion 中按上述运动过程进行仿真，仿真结束后，提取机械臂末端位置 p_x，p_y，p_z 随时间的变化曲线；同时将上述仿真过程用到的关节角度驱动函数方程代入正运动学方程，直接计算便可得到末端位置随时间的变化曲线，将这两条曲线在 MATLAB 中进行比较，得到 x、y、z 轴位移—时间曲线对比图分别如图 5-3-3、图 5-3-4、图 5-3-5 所示，并绘制其三维运动轨迹对比曲线

如图 5-3-6 所示。

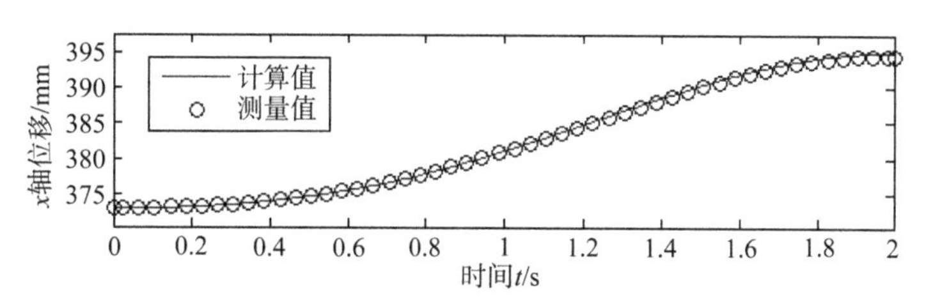

图 5-3-3　x 轴位移—时间曲线对比图

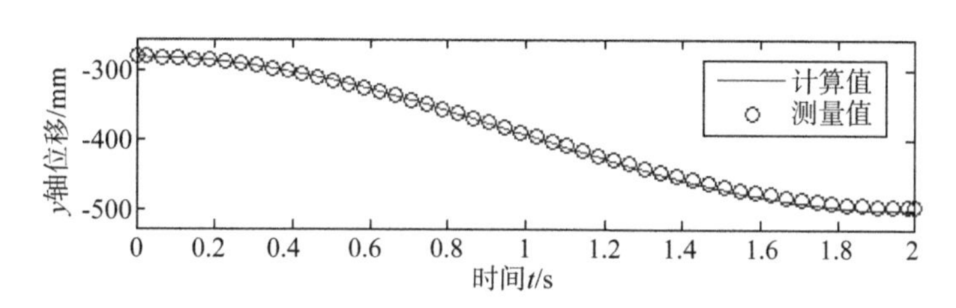

图 5-3-4　y 轴位移—时间曲线对比图

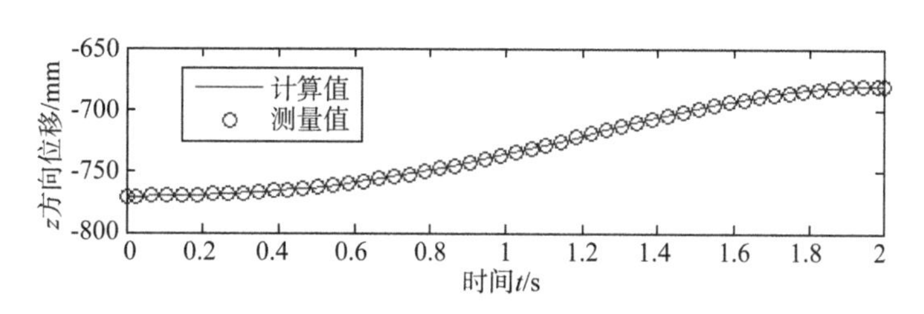

图 5-3-5　z 轴位移—时间曲线对比图

从图 5-3-3、图 5-3-4、图 5-3-5、图 5-3-6 中可以看出，在设定轨迹下，通过正运动学方程计算得到的机器人手臂末端位置与在 SolidWorks 中仿真获得的机器人手臂末端位置基本重合，验证了正运动学方程的正确性，而所产生的误差是来自于 SolidWorks 中的测量误差与 MATLAB 的计算精度误差。

（二）逆运动学方程验证

7 自由度上肢康复机器人逆运动学方程验证方法与 4 自由度上肢康复机器人类似，此处不再赘述。设定机器人运动为：初始位置关节 1 为 0°，在设定驱动条件下，关节 4 运动一5°，关节 5 运动 10°，关节 7 运动 10°，其余关节保持不变。经过仿真，将在软件中测得的角度随时间变化的曲线与通过逆运动学方程求解得到的曲线在 MATLAB 中对比，得到关节 4 的角度一时间曲线对比图（如图 5-3-7 所示），关节 5 的角度—时间曲线对比图（如图 5-3-8 所示），关节 7 的角度—时间曲线对比图（如图 5-3-9 所示）。

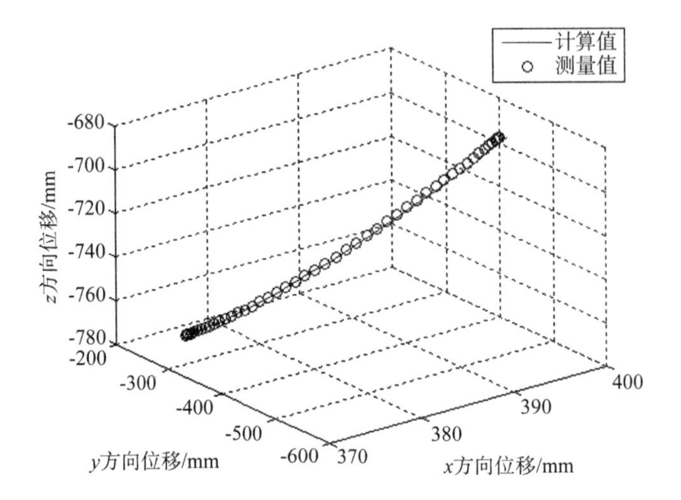

图 5-3-6　三维空间位移—时间曲线对比图

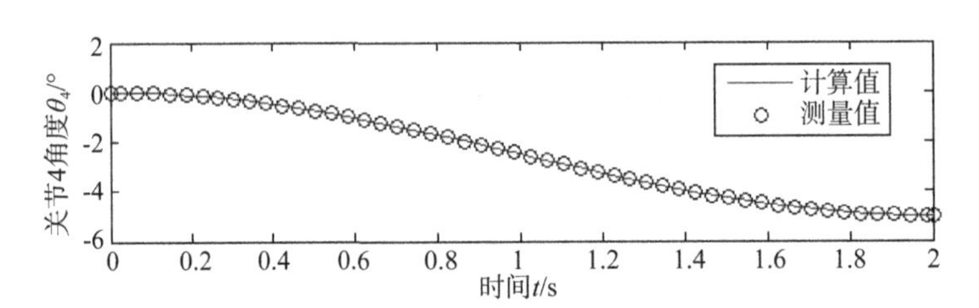

图 5-3-7　关节 4 的角度—时间曲线对比图

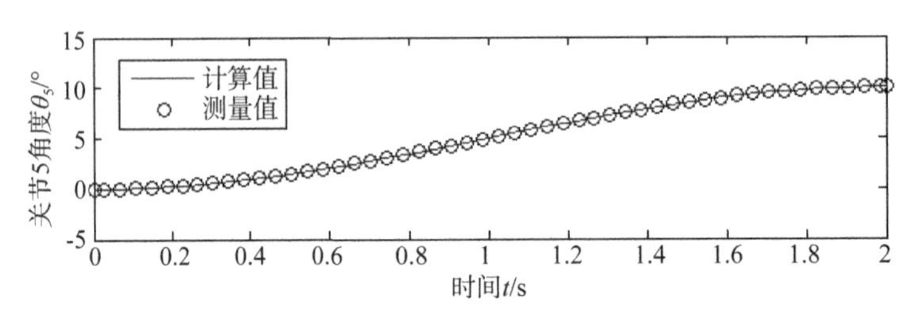

图 5-3-8　关节 5 的角度—时间曲线对比图

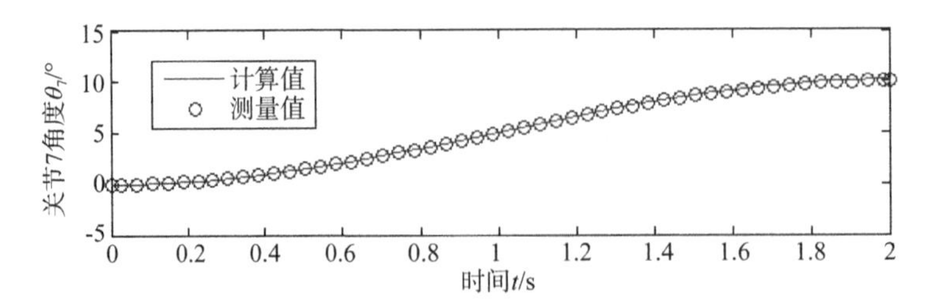

图 5-3-9　关节 7 的角度—时间曲线对比图

第四节　控制系统硬件设计

控制系统硬件平台是决定上肢康复机器人功能能否实现的关键，本节主要介绍整个控制系统的设计。

根据第一节的总体设计方案，本控制系统硬件平台的设计要求是为上肢康复机器人机械臂提供动力、实现末端仿生手抓取功能、实时采集数据、实现控制算法及人机交互等功能，下面将具体介绍硬件系统设计方案及各模块设计过程。

一、控制系统方案论证

（一）主控 MCU 选型及方案论证

康复机械臂控制系统的主控运算单元主要作用包括实现三个电机驱动算法、控制指令传输、采集三个角度传感器数据、采集四路肌电信号、实现力交互算法、实现语音识别及播报、实现无线数据发送和接收以及协同控制三个关节运动速度、位置。鉴于在实现康复训练或在上肢代偿功能的过程中对系统的实时性要求较高，因此需要选择一款外接设备资源丰富，内部中端和定时器资源较多，且支持 CAN 通信协议，时钟频率至少 100 MHz 以上，综合性较强的 MCU 作为整个控制系统的运算控制单元。

1. 方案一：采用 DSP 芯片的主控单元

MS320F28X 数字信号处理芯片是 TI 公司的浮点 DSP 处理器，和其他定点 DSP 芯片不同，该芯片有着精度高、成本低、功耗小、性能高、外设集成度高、数据的存储空间大以及 A/D 速度快的特点。其中 MS320F28335 具有 150 MHz 的时钟频率，支持 32 位浮点运算单元，有 6 个 DMA 通道，可支持 ADC、McBSP 和 EMIF，可输出 18 路 PWM 波，设有 12 位 16 通道的 ADC。由于加入了浮点运算单元，可以直接快速编写控制算法而不需要在处理浮点型操作上耗费片上资源。该芯片与其他运算控制单元芯片相比，效率更高。

MS320F28335 芯片具有 176 个引脚，共有 26 组电源引脚，其中有 13 组 CPU 和逻辑数字电源，8 组数字电源 IO 口，1 组 3.3 V 闪存内核电源，1 组 ADC 模拟 I/O 电源和 3 组 ADC 模拟电源。此外，MS320F28335 的外设也较为丰富，包括 2 路多通道缓冲串行端口 SPI、1 路串行外设 SPI 接口、3 路串行通信 SCI 接口、2 路增强型控制器局域网 ECAN 接口以及 1 路内部集成 IIC 接口。

2. 方案二：采用工控机作为运算主控单元

EIC-1281 工控板卡是由研华科技推出的嵌入式工控机，其采用了 Freescale 公司基于 ARM Cortex-A9 架构的高扩展性多核应用处理器。该工控机的外设资源也较为丰富，包括 5 个 RS232 接口、2 个 CAN 通信接口、5 个 USB 接口和 48 路通用输入输出接口，并且支持 EIM 总线、I2C 总线、SPI 等总线扩展外围设备。

该主控单元的工作频率可达 1.0 GHz，采用 DDR3 1066 MHz 存储容量 1 GB 的静态内存和 8 G 的 EMMC 的 NAND Flash 动态内存，并支持分辨率为 1 080 P 的 HDMI 和 VGA 图像接口。

3. 方案三：采用 Cortex M4 内核芯片作为运算主控单元

STM32F4 是 ST 公司在 2011 年推出的基于 Cortex M4 内核的单片机，自带 FPU 和 DSP 指令集、摄像头接口(DCMI)、加密处理器(CRYP)、USB 高速 OTG、真随机数发生器、OTP 存储器和内部 SRAM 等，适用于接口资源高度集成和低功耗的嵌入式设备应用。STM32F4 拥有强大的外设功能，具有 12 位模数转换，允许更低的 ADC/DAC 工作电压，具有多个 32 位定时器、带日历功能的实时时钟(RTC)、强大的 IO 复用功能、4 KB 的可备份 SRAM 和更快速的 USART 及 SPI 通信。

在性能方面，STM32F4 最高运行频率可达 180 MHz，拥有自适应实时(ART)存储器加速器，可以达到相当于 FLASH 零等待周期的性能，同时其 FSMC 使用了 32 位多重 AHB 总线矩阵，而其功耗仅为 208 μA/MHz。

综上所述，方案一在外设资源和工作频率上都符合本设计要求，但存在研发成本较高和开发周期较长的问题；方案二在外设资源和处理速度上同样满足本设计要求，但工控机成品集成度不高，资源过于浪费，而且体积较大，不适合在移动式轮椅上使用。因此基于轮椅平台的上肢康复训练与辅助机器人的运算控制单元采用方案三，即以 STM32F407ZGT6 作为主控 MCU，该芯片集成 DSP 和 FPU 指令、并具有 192 kB SRAM、1024 KB FLASH、12 个 16 位定时器、2 个 32 位定时器、2 个 16 通道的 DMA 控制器、3 个 SPI、2 个全双工 I2S、3 个 IIC、6 个串口、2 个 USB、2 个 CAN 接口、1 个 10/100 M 以太网 MAC 控制器、1 个摄像头接口、1 个硬件随机数生成器以及 112 个通用 IO 口等。

该芯片集成度高、开发方便，可根据基于轮椅平台的上肢康复训练与辅助机器人的结构设计和控制要求设计整个控制单元的外围电路及外界扩展设备，十分符合此设计的功能要求和项目要求。基于此系统的控制目标、数据采集要求和人机交互方式的设计，采用 STM32F407ZGT6 作为运算主控单元完全可以满足本设计要求。

(二) 电源系统设计方案论证

电源模块设计是多功能康复手控制系统设计的重要内容之一，电源系统的稳定性直接关系到整个控制系统的稳定性和安全性，故电源模块的设计必须严格遵循控制系统的电源要求，包括电压、最大电流、纹波和防护等关键参数的设计要求。

本设计控制系统各模块需要提供不同的电源电压，如电机驱动模块需要 24 V 直流电源，传感器采集模块需要 5 V 直流电源，主控运算单元模块需要 3.3 V 直流电源。因此需要从输入电源设计开始考虑，到各模块电源转换和功率设计。

方案一：电源输入采用家庭常用交流电供电，通过开关电源将 220 V 交流电转换为 24 V 直流电压输入整个控制系统中的电源逻辑板，电源逻辑板则主要负责对 24 V 直流输入电压做安全防护，以及通过 DC/DC 电源芯片转换为 5 V 直流电源，5 V 直流电源将给传感器采集模块供电，并通过降压芯片 AMS1117-3.3 转换为 3.3 V 给主控运算单元供电。

方案二：采用 24 V 铅酸蓄电池作为电源输入，直接给整个系统电源供电，电源模块设计同样需要将 24 V 直流电源转换为 5 V 直流电压和 3.3 V 直流电压，分别为电机驱动、传感器采集系统和主控运算系统提供所需电源，并用配套电源适配器为 24 V 蓄电池充电。

结合以上两个电源模块设计方案分析，方案一是采用 220 V 家用电提供整个系统电源，考虑本设计多功能康复手是基于轮椅移动平台设计的，优势之一就是巧妙利用轮椅的可移动性。如果直接使用家用电提供电源，就导致轮椅移动性能受到电源的约束。而方案二采用 24 V 铅酸蓄电池作为电源输入，如果本设计仅用一个电池供电，会导致轮椅的续航能力受到影响，但额外增加一个蓄电池的话则会使整个轮椅的重量增加，这也会导致轮椅的移动性能受到影响。综合考虑上述所有情况，电源模块设计方案应结合这两种方案共同设计。

即当轮椅移动时，与轮椅上的蓄电池共用一个电源，同时给轮椅式多功能康复手的电源管理模块供电；当轮椅固定或于室内做康复训练时，则直接采用 220 V 家用电给康复手控制系统的电源管理模块供电。该方案综合前两方案的优点，可以很好地保持轮椅的可移动性和便携性能，也可以有效地在轮椅上实现康复训练和上肢代偿功能。

（三）人机交互系统方案论证

无论是多功能康复手的上肢康复训练功能还是上肢代偿功能，科学合理的人机交互才能使患者更加轻松自如地控制多功能康复手去执行上层系统发出的指令。也就是说，良好的人机交互设计是实现多功能康复手功能的基础。

方案一：采用遥控切换和液晶显示界面的交互方式，实现整个多功能康复手的控制操作和信息获取，如实现功能模式、运动速度和关节活动范围的设定，运行轨迹的选择、康复手代偿功能的选择等基本功能操作，以及通过液晶显示多功能康复手的运动状态、各关节的实时运动速度、位置，以及患者的训练时间和力交互状态等信息。

方案二：采用 PC 机或智能终端实现人机交互，用 QT 或 MFC 工具设计上位机客户端，通过无线通信的方式与下位机实现实时数据传输，可在上位机的客户端上完成对多功能康复手的控制和功能选择，并将下位机多功能康复手的状态信息和患者的康复训练效果显示在上位机交互界面上。

方案三：考虑患者在康复训练时操作遥控或人机交互界面并不方便，使患者的体验感不佳。而在控制系统中增加语音识别功能和语音播报功能，患者便可以直接说出想操作的指令，同时控制系统会对语音识别结果以语音播报的形式做出反馈，用户可以在任何时期对控制系统发出语音控制指令，语音播报系统也可以随时播报系统的运行状态和提示信息。

综合分析以上人机交互方案，考虑到控制系统的使用对象主要为患者和护理人员，应实现更加人性化的人机交互方式。故本设计采用上述方案二和方案三结合的人机交互方式，这样既方便护理人员或康复医师根据患者实际情况通过电脑客户端或智能终端设定相应的康复训练计划，也方便患者直接通过语音的方式对多功能康复手进行控制。

二、电源系统

（一）电源系统方案分析

根据电源模块设计方案分析，供电系统主要采用单相 220 V 三线制作为输入电源或直接采用 24 V 铅酸蓄电池作为控制系统电源。当采用单相 220 V 三线制作为输入电源时，采用低压断路器作为第一段隔离切断开关，并起到短路保护的功能，随后通过 AC220 V 转 DC24 V 的开关电源得到 DC24 V 电压，再将 DC24 V 接入电源管理模块，为整个控制系统提供电源。当采用 24 V 铅酸蓄电池为系统供电时，将 24 V 铅酸蓄电池输出的直流电接入同一电源管理模块，从而为整个控制系统供电。

电源管理模块主要负责整个控制系统的电源供应和各模块目标电压的转换和逻辑控制，主要采用一片 DC/DC 电源转换芯片将 24 V 直流电压转换为 5 V 直流电压，5 V 电源通过 2 个 MOS 管结合使用形成开关电路，通过智能控制芯片控制开关电路的通断实现对应模块的电源通断。此外，5 V 直流电压还分别通过 LDO 线性稳压芯片为主控运算单元等模块供电，同样是采用 MOS 形成的开关电路和智能控制芯片控制相应模块的通断。

在该供电系统中，3 个关节驱动电机为主要功率器件，每个电机平均功率为 60 W，此外，三个电机对应制动器的功率大约共有 20 W。其余的低功耗智能控制系统平均功率大约为 5 W，故整个控制系统平均运行功率大约为 205 W，根据传统设计经验值预留 1.5 倍的余量，估算整体功率最大为 310 W。此外，考虑到系统的启停过程产生的尖峰电流和电机的启动电流，故选择低压断路器、干电流回路的保险丝等器件，由于工作电流必须大于 10 A，故电源管理模块设计框图如图 5-4-1 所示。

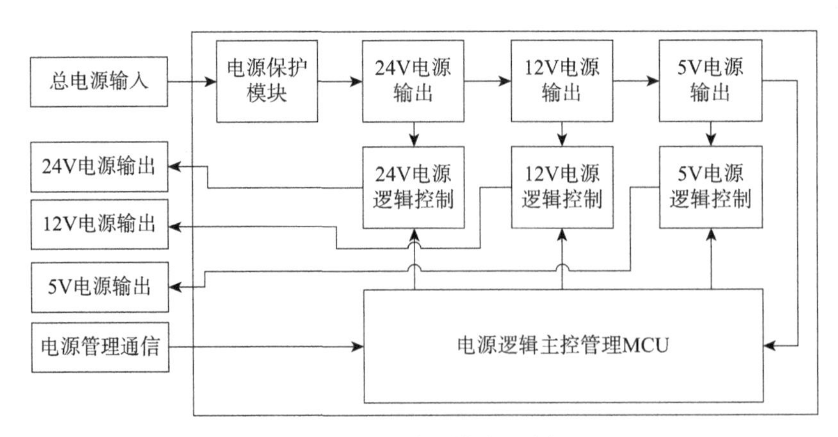

图 5-4-1　电源管理模块设计框图

（二）电源系统电路设计

电源管理模块的主要功能是为各模块提供电源，主要包括动力驱动模块、传感器采集模块、主控运算单元模块等。如图 5-4-2 所示为整个控制模块电源树结构图，其中驱动模块的电源主要用于电机驱动器和伺服电机，该模块的平均工作电流约 5 A 左右，输入电压为直流 24 V，纹波要求低于 240 mA，噪声要求不高于 300 mA。而 3 个康复机械臂关节的平均工作电流约为 3 A，传感器采集模块的电源主要用于关节角度传感器、肌电信号传感器和手部压力传感器，该模块平均工作电流约为 500 mA，输入电压为直流 5 V，纹波要求低于 50 mA，噪声要求不高于 70 mA。主控运动单元模块电源主要用于主控运行单片机、存储芯片、通信电平转换芯片和无线通信芯片等外设芯片，该模块平均工作电流为 440 mA，输入电压为直流 3.3 V，纹波要求低于 33 mA，噪声要求低于 50 mA。此外，电源管理模块自身的电源转换芯片也存在一定的能源消耗，其平均工作电流约为 10 mA。因此，整个控制系统平均工作电流为 5.5 A。

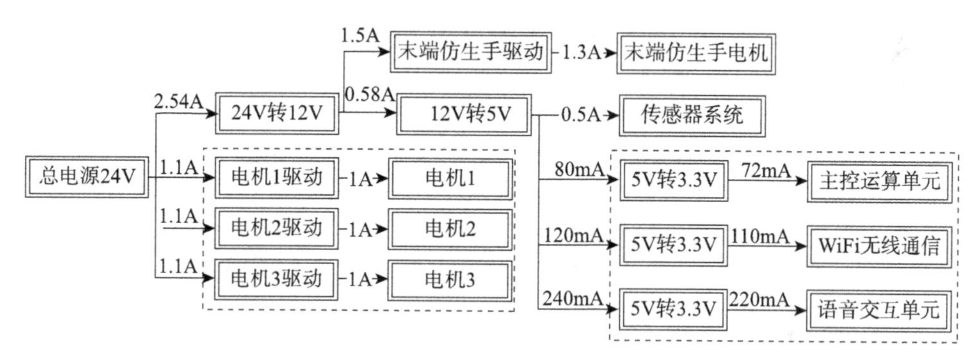

图 5-4-2　电源树结构图

根据上述电源模块的输出电压分析可知，电源模块需要将 24 V 直流电源转换为电压为 5 V、最大电流为 620 mA 的直流电源，再将 5 V 直流电源转换为电压为 3.3 V、最大电流为 120 mA 的直流电源。

在电源转换设计过程中，直流电压转换主要包括两种转换技术，分别为 DC/DC 斩波电压转换技术和 LDO 线性稳压转换技术。这两种方式在电路设计中最常用，但由于这两种电压转换方式在一定条件下都存在各自的优缺点，因此在电路设计中，通常根据设计要求选择最佳的电源转换方式。

DC/DC 变换有两种工作模式，一种为线性调节模式（Linear Regulator），另一种为开关调节模式（Switching Regulator）。其工作原理为利用反馈电压来调节控制开关管通断信号的占空比，而同时达到输出转换电压和保持输出电压稳定的功能，它具有功耗小、效率高、体积小、稳压范围广的优点，但也存在成本高，外围电路复杂、输出纹波过高等问题。

LDO 线性稳压转换的原理是通过反馈电压与基准电压比较，并放大差值后控制串联调整管的压降，从而稳定电源的输出，具有结构简单、静态电流小、纹波小、成本低等优点，但要求输入电压和输出电压差值较小，如果差值过大会影响转换效率，并造成发热甚至损坏芯片。

通过分析这两种方式的优缺点，根据本设计的电压要求指标和负载电路的特点，将两种电压转换方式结合设计，如图 5-4-3 所示，首先通过 DC/DC 电压转换的方式将 24 V 直流电压转换为 5 V，然后分别用 LDO 线性稳压的方式将 5 V 电压转换为 3.3 V，并通过去耦电容和滤波电路的配合，达到满足电源设计要求的电源管理电路。

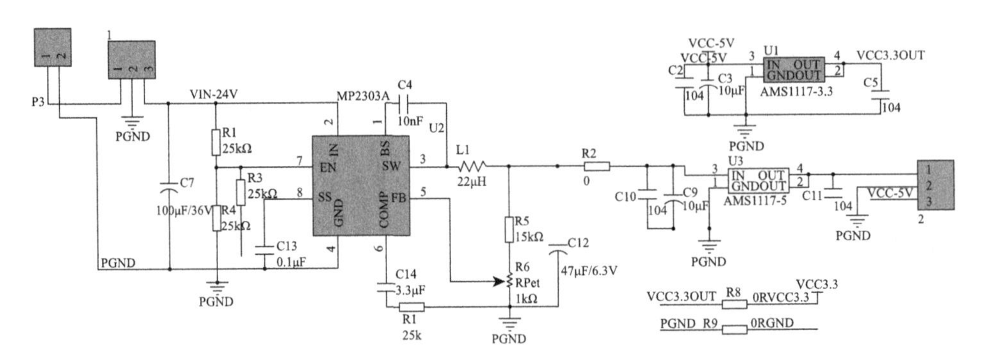

图 5-4-3　电源模块电路原理图设计

设计电源管理模板的 PCB 布线图，应综合考虑电路的波纹、噪声和电磁辐射等因素。在 PCB 布线时，要将地线和电源线做好隔离，对不同地平面分开敷铜并采用单点连接方式，控制信号线也应尽可能短且做包地处理，合理利用导线本身的电阻、电感和寄生电容来达到降低噪声的目的。

三、传感器采集系统

传感器采集系统主要是将各传感器输出的值进行处理和转换形成 MCU 可识别的稳定模拟量，在此设计中，主控运算芯片通过 12 位 ADC 通道对传感器采集系统进行采样处理，并转化为数字信号。

传感器采集系统需要采集的传感器信息主要有：3 路关节角度传感器信息，该角度传感器输出的信号为 0～5 V 的模拟电压，经过简单的滤波处理，MCU 即可直接转换；2 路肌电信号传感器信息，该肌电信号传感器输出的是 20 mV 左右的差分信号，故需要对其进行放大滤波处理后采用通过 MCU 的 A/D 转换。

根据 MCU 手册的提示，MCU 中内置的 ADC 转换接口的衡量指标主要有分辨率、采样率、量化误差、线性度和偏移误差等，其中前四个指标是由主控 MCU 自身硬件条件所决定，而偏移误差可以通过有效的采集方式处理而减小。

为了使传感器采集的数据稳定可靠，本模块设计了一种传感器信号校准电路，主要针对 3 路关节角度传感器采集的模拟量进行处理，由于传感器采集的信号为 0～5 V，而主控 MCU 最高允许电压为 3.3 V，因此需要先对信号进行钳位、限幅处理，电路原理图如图 5-4-4 所示。

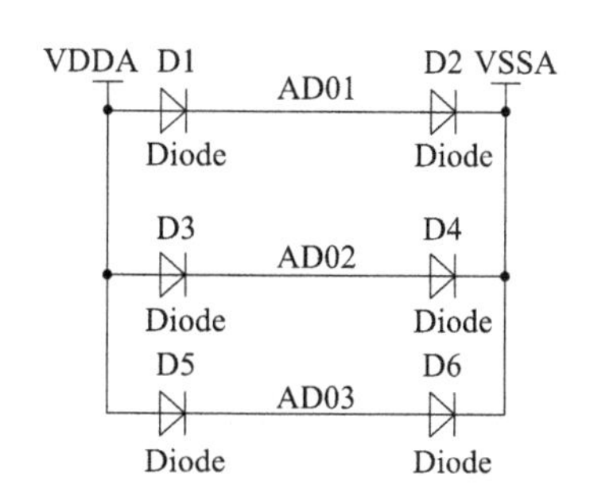

图 5-4-4　钳位、限幅处理电路原理图

校准电路对 3 路关节角度信号量处理的基本思想是，关节角度采集信号量具有一定线性度，通过基准电源芯片产生 3 路准确的电压值，根据线性规律，ADC 内部采集的 3 路校准值和传感器采集的电压成线性规律，并可以计算出 3 路校准值和实际传感器采集值的比例关系式，从而可以提高 ADC 采集的稳定性和准确率，电路原理图如图 5-4-5 所示。

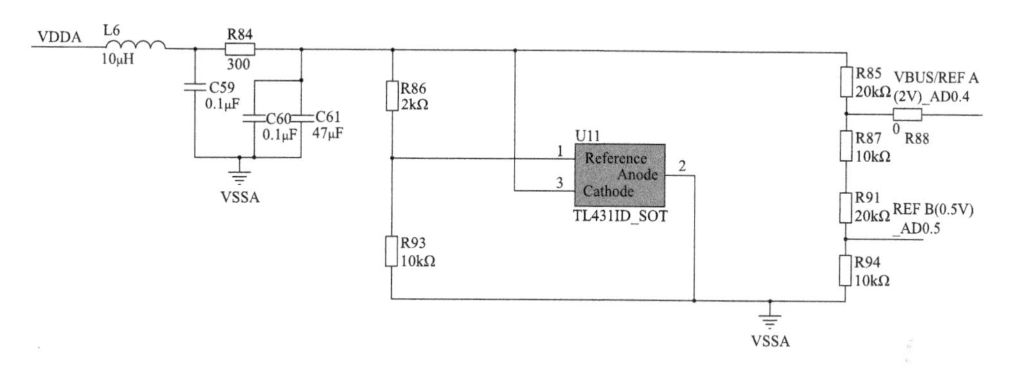

图 5-4-5　ADC 校准电路

其中基准电源芯片采用 TL431，输入电压 VDDA 为 3.3 V，在输入电压后加入隔离和滤波电路，使基准电压稳定到固定值 V_{out}，根据 TL431 的数据手册提供的参考公式，V_{out} 可通过式(5-4-1)计算：

$$V_{out}=(1+R_{86}/R_{93})\cdot V_{ref} \tag{5-4-1}$$

式(5-4-1)中，V_{out} 为 ADC 校准电路的基准电压芯片的输入电压，V_{ref} 为基准电压芯片的参考电压值，根据其数据手册 V_{ref} 的参考值为 2.5 V。在 ADC 校准电路中 V_{out} 电压为 3 V，电阻 R_{86} 和 R_{93} 分压后的电压分别为 2.0 V 和 0.5 V。通过 MCU 的 ADC 通道采集值分别为 2476 和 620，分别将两组值代入线性关系式中计算，可得到校准关系方程如下：

$$V_{adc}=0.81R_{v}+5.94 \tag{5-4-2}$$

式(5-4-2)中，R_{v} 为 MCU 的 ADC 通道采集值，V_{adc} 为 MCU 的 ADC 通道对应的实际电压值，单位为毫伏。同理其他两路关节角度传感器的信号采集也适用于式(5-4-2)，即可计算出准确的传感器角度值。

四、主控制系统

此设计的主控制系统主要用来传感器数据采集、处理、电机控制运算、人机交互数据传输等。主控运算单元采用了 ST 公司的 STM32F4 作为系统 MCU 来控制整个系统，其最小系统原理图如图 5-4-6 所示。

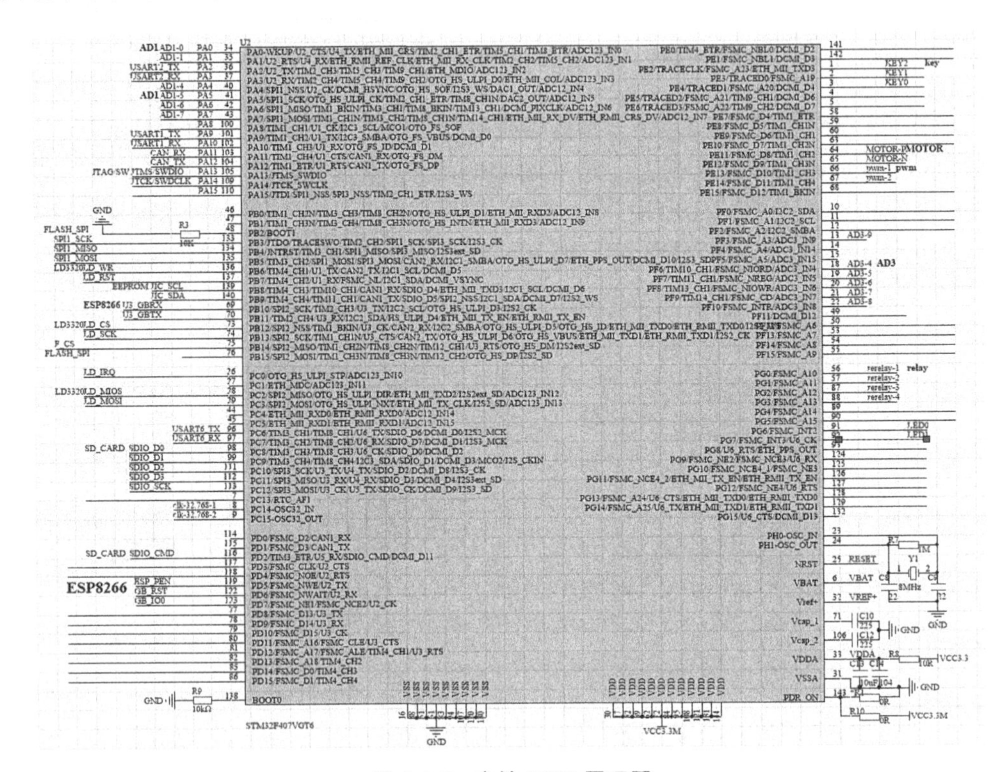

图 5-4-6　主控 MCU 原理图

如图 5-4-6 所示，在设计的控制系统中，主要使用了 MCU 如下资源，8 个 12 位的 ADC 通道用来采集传感器的数据，2 个串口分别用来实现与上位机的无线通信和 WiFi 无线网络的数据通信，1 路 CAN 接口用来实现基于 CANOPNE 协议的通信组网，以实现主控芯片和伺服驱动系统的通信，2 路 SPI 接口分别用来扩展外围 FLASH 存储管理通信和实现与语音识别芯片 LD3320 通信，1 路 IIC 接口用来扩展外围 EEPROM 芯片通信，2 路 PWM 输出用来控制机械臂末端仿生假手的旋转和伸屈动作，其内部自带的 SW 调试下载接口、1 组 SD 卡接口和若干个普通 IO 口用来做调试按键输出信号检测和 LED 状态输出指示。

根据以上对整个控制系统的资源分析，设计了外围元器件的电路原理图，并完成了主控制系统的 PCB 设计如图 5-4-7 所示。

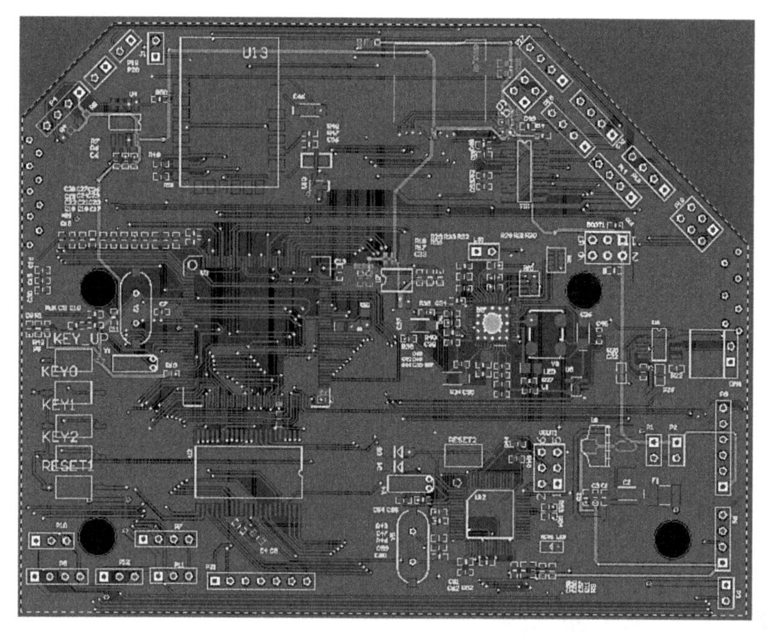

图 5-4-7 主控板 PCB 设计图

五、语音交互系统

考虑到患者在使用基于轮椅平台的上肢康复训练与辅助机器人进行康复训练或者上肢功能代偿时需要实现人性化的人机交互，而轮椅式多功能康复手所面向的对象多为肢体功能障碍患者。若需通过手部操作才能完成康复手的操控则与设计初衷相矛盾，因此为了让患者有更好的人机交互体验，此设计加入了语音交互方式，即患者可以随时语音命令多功能康复手以实现其所需功能。例如，可以命令多功能康复手进行不同的康复训练模式、抓取某个物体、启动或暂停等基本功能。

为了更好地实现不同患者可以轻松命令多功能康复手，此设计采用非特定语音识别技术及语音识别系统，以避免烦琐的语音识别训练和学习。

语音交互系统由语音识别和语音播报组成，此设计采用微雪百科推出的语音识别芯片 LD3320，该芯片集成了高精度的 A/D 和 D/A 接口，不需要外接其他扩展的 Flash 和 RAM 芯片。该芯片既可以实现语音识别和语音播报两种功能，还支持最大 50 条关键词条作为控制目标指令，足以满足整个多功能康复手控制系统使用需求。

语音识别交互系统设计原理图如图 5-4-8 所示，该电路包含语音电源管理芯片，可通过主控 MCU 控制语音芯片电源的通断来控制是否启动语音识别功能，语音识别芯片 LD3320，采用 SPI 通信与主控芯片进行数据交互，mic 信号采集处理电路，喇叭增益调节反馈电路和 mic 增益调节电路，可以通过调节其对应电压来达到最优的语音识别效果和语音播报效果。

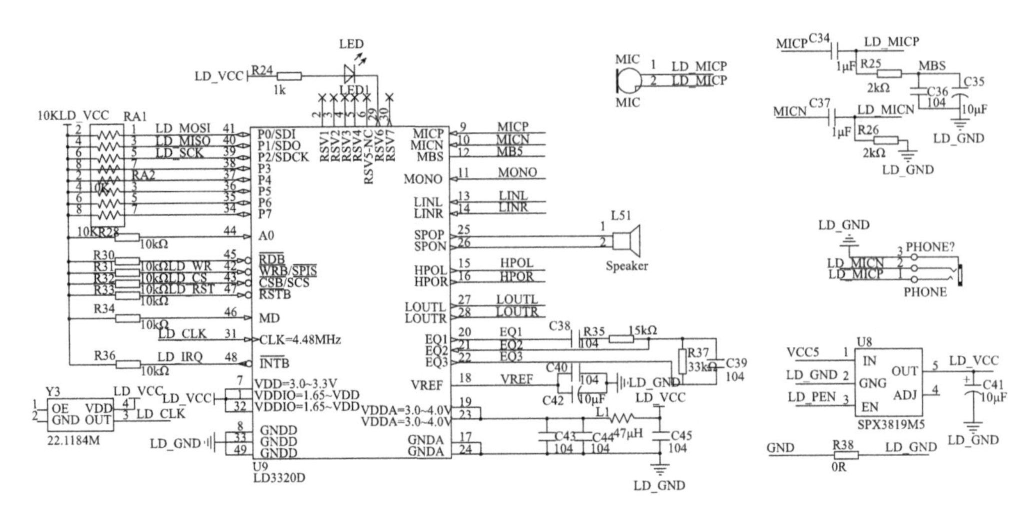

图 5-4-8　语音识别电路原理图设计

六、末端仿生手驱动系统

末端仿生手主要用康复机械臂帮助患者进行取物、进食等动作，考虑到物体所在空间位置以及物体形状的特殊性，末端仿生手设计了 3 个自由度，其中仿生手腕部的旋转和屈伸 2 个自由度采用舵机驱动，手指的抓握功能采用直流有刷电机驱动。仿生手的控制指令主要由主控运算单元发送至仿生手驱动模块，最终由驱动模块按照主控指令驱动仿生手执行相应动作。

仿生手驱动模块主要包括 2 个舵机驱动和 1 个直流有刷电机驱动，本设计所采用的舵机为伺服舵机，通过角度反馈与直流偏置电压进行比较，计算电压差输出，形成角度闭环控制，可以精准控制仿生手需要达到的目标位置。舵机的工作电压为 9 V，控制信号周期为 20 ms，幅值为 5 V 的 PWM 信号，通过调节 PWM 信号的占空比可控制舵机的旋转角度。

控制信号由主控运算 MCU 输出，但由于主控运算 MCU 的工作电压为 3.3 V，故其输出的 PWM 信号幅值最高为 3.3 V，而在末端仿生驱动模块电路设计时需要将控制信号的 PWM 幅值提高到 5 V，又考虑到舵机的输入电源为 9 V，在舵机工作过程中可能产生较大的感应电压，其会通过控制信号流入主控 MCU 中，所以需要对控制信号做隔离。综上分析，舵机驱动电路采用 HCPL0661 高速光耦隔离芯片以实现对控制信号的幅值转换和隔离，如图 5-4-9 所示。

此外，仿生假手驱动电路还需设计驱动直流有刷电机的电路，用来控制手指的抓握功能，直流有刷电机的驱动主要采用 H 桥驱动电路来控制电机的正反转，通过控制 H 桥电路中 MOS 管的，其 PWM 脉冲宽度来实现对直流有刷电机的调速控制。其中，需要通过主控运算 MCU 输出一路方向信号和一路 PWM 信号，并采用光耦隔离芯片将控制信号线与电机电源线隔离。

由于主控运算单元输出的方向控制信号是一个电平信号，高电平表示电机正转，低

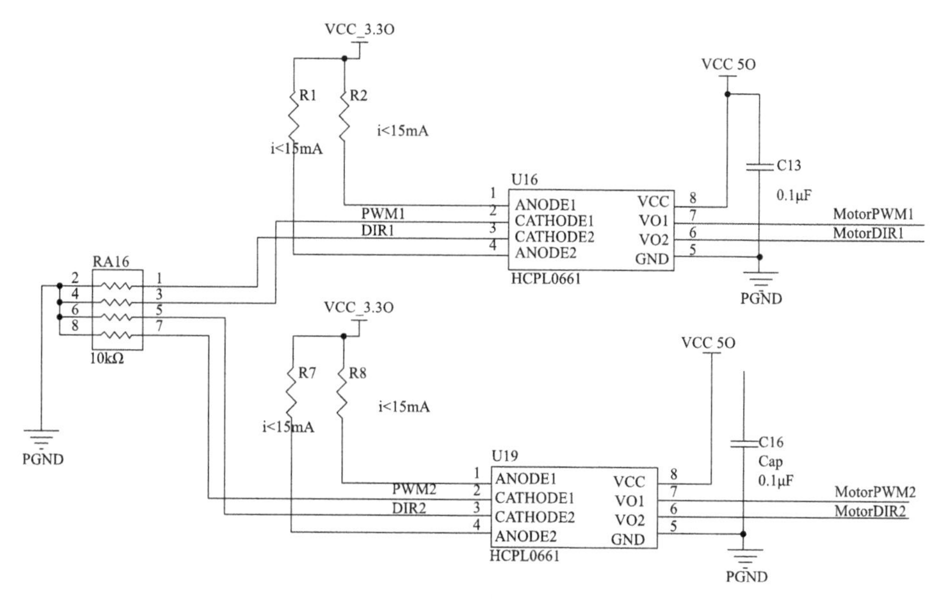

图 5-4-9　隔离电路原理图设计

电平表示反转，PWM 信号的占空比则用来控制手指抓握速度。而 H 桥驱动电路的控制信号为两路，分为上桥臂控制信号和下桥臂控制信号，根据其控制原理需要对方向信号和 PWM 信号进行逻辑转换，电路原理图如图 5-4-10 所示。

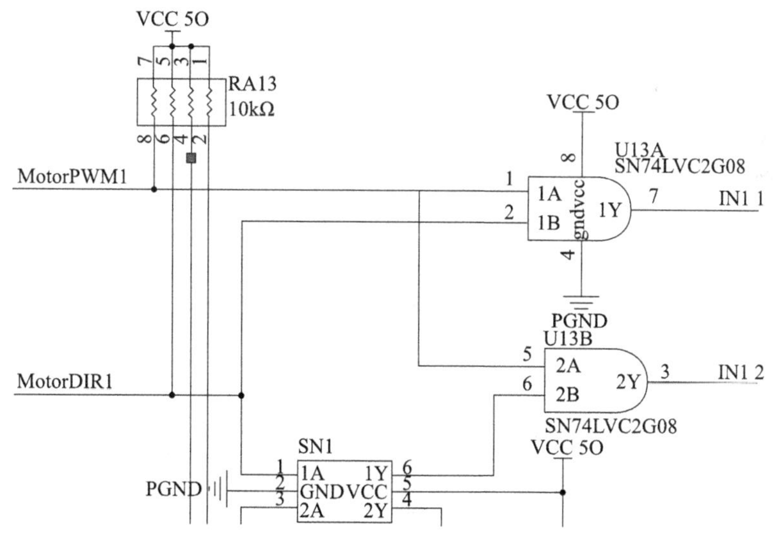

图 5-4-10　速度与方向控制逻辑转换电路

其中 SN1 为逻辑非门芯片，SN74LVC2G08 为逻辑与芯片，当输入方向控制信号 MotorDIR 为高电平时，逻辑与芯片 U13A 输出保持输入 MotorPWM 信号，即 INI_1 信号线，输出方向信号经过逻辑非门芯片后变为低电平，使逻辑与芯片 U13B 输出低电平，即 INI_2 信号线，此时该信号线的状态输入至 H 桥驱动电路后驱动电机正传。同理分析，当输出方向控制信号为低电平时，电机反转。

对于H桥电路设计，本模块由2片专用电机驱动芯片BTS7960B组成，该芯片是NovalithIC公司推出的系列芯片之一，内部由1个P型通道的高电位场效应管和1个N型通道的低电位场效应晶体管共同组成了大电流半桥电路。通过2片BTS7960B芯片即可组成完整H桥驱动电路，如图5-4-11所示。

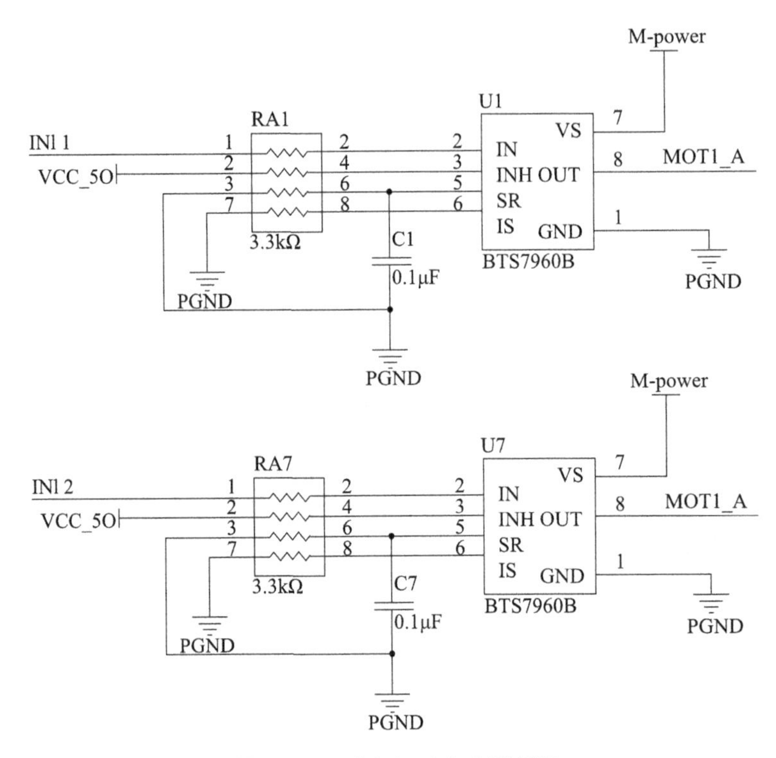

图 5-4-11　电机驱动电路原理图

第五节　控制系统软件设计

基于轮椅平台的上肢康复训练与辅助机器人的控制系统软件设计的实现必须建立在完整的硬件系统基础上。与硬件系统设计相比，控制系统软件设计具有较大的可塑性和灵活性，存在多种算法和方式来实现同一种功能，科学合理的软件设计体现了整个控制系统的思想。同时优秀的软件系统设计必须紧密结合硬件系统，充分利用并发挥硬件系统的全部资源和功能。本节将基于上节中的控制系统硬件平台，介绍控制系统的软件设计。

在此案例中，整个系统任务较多，对主控运算单元的软件设计逻辑性要求极高，因此本设计采用嵌入式实时操作系统来实现整个控制系统的任务管理操作，如电机算法与控制任务、传感器数据采集任务、语音识别任务、数据通信任务等。采用机器人常用的有限状态机来实现整个功能，实现对应的康复训练功能和上肢代偿功能。

一、数据通信方式研究

主控运算单元主要的功能是数据通信，包括与 3 个关节的电机驱动通信，上位机软件的无线通信和各模块间的数据通信。根据各通信方式的优缺点以及控制系统硬件系统的应用情况，在设计主控运算单元的数据通信协议时，底层分别采用 CAN 通信机制和串口通信机制，应用层通信协议解析和打包则结合两种通信方式，并重新定义一种 CANOPEN－USART 通信协议来兼容整个控制系统的数据解析算法和数据打包算法。本小节主要介绍 CANOPEN 软件通信设计实现和 CANOPEN－USART 通信协议软件设计实现。

（一）CANOPEN 通信协议介绍

CANOPEN 是基于 CAN 协议的高级通信协议和设备配置文件规范，CAN 的全称为 Controller Area NetWork，是 ISO 国际标准化的串行通信协议。CAN 通信因具有较高的性能和可靠性被广泛应用于工业自动化、船舶、医疗设备、工业设备等领域。具有多主控制、消息发送、系统的柔软性、通信速度、远程数据请求、错误检测、故障封闭等特点。CAN 通信原理是通过控制器上两根数据线的电位差来判断总线上的电平，分为显性电平和隐性电平，通信过程通过总线上的电平变化方式来传输数据。通信速率支持 125 kb/s～1 Mb/s，在此设计中，为了提高系统的实时性，所有 CANOPEN 通信方式都采用 1 Mb/ps 的通信速度。

此设计所使用的 CANOPEN 通信是基于 CAN 通信协议，并遵循 305 通信协议和 402 伺服驱动系统协议。使用最多的是数据帧，数据帧包括 7 个数据段，分别为起始帧、仲裁段、控制段、数据段、CRC 段、ACK 段、帧结束。数据帧的帧格式如图 5-5-1 所示。

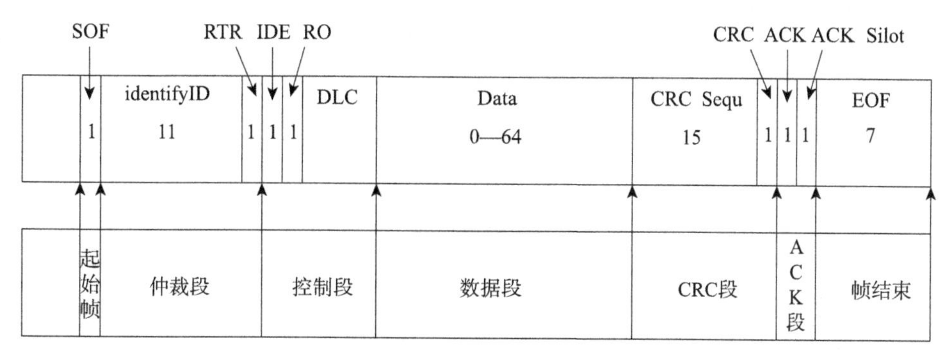

图 5-5-1　CAN 通信数据帧格式示意图

在数据帧格式中起始帧是数据帧的起始段由一个显性电平表示，仲裁段用来区别数据的优先级，标准格式时有 11 位，其中 RTR 位用于标识数据是否为远程帧（0 代表数据帧，1 代表远程帧），控制段由 6 位组成，用来表示数据段的字节数，数据段可包含 0～8 个字节的数据，CRC 段用来检测数据帧的传输错误，ACK 段用来确定接收是否正常，帧结束用来表述数据段结束,由 7 个隐形位组成。

(二) CANOPEN 通信应用

此控制系统的主控运算单元自带 bxCAN,即基本扩展 CAN,可支持 CAN2.0A 和 2.0B 协议,设计目标是以占用最小的 CPU 资源来高效处理大量接收的报文。主控运算单元的 bxCAN 还支持时间触发通信,具有 3 个发送邮箱和 2 个 3 级深度的接收 FIFO 以及可变的过滤器组。

实现 CANOPEN 通信,首先要实现底层 CAN 通信协议,在主控运算单元中 CAN 通信的发送流程为:在程序中选择 1 个空置的邮箱(TME=1)并设置数据标识符(ID)、数据长度和发送数据内容,然后设置 CAN_TIxR 的 TXRQ 为 1 并请求发送,最后设置邮箱挂号(等待成为最高的优先级)并预定发送。整个流程如图 5-5-2 所示.

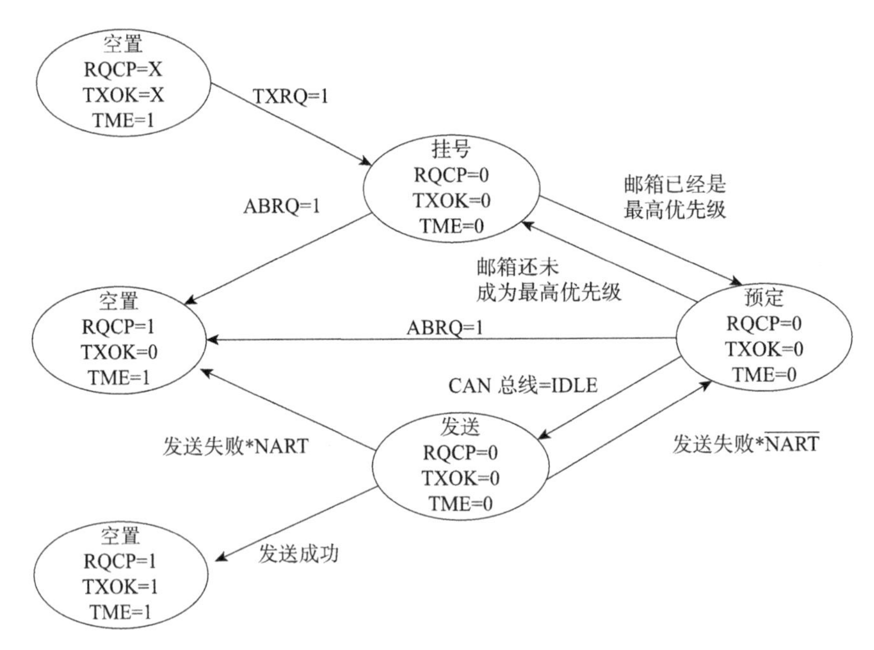

图 5-5-2　CAN 协议数据发送流程图

同时整个通信还需实现数据接收和处理功能,接收流程为:当 FIFO 为空时收到有效的报文并存入 FIFO 的一个邮箱,当数据持续过来时,一次循环接收挂号,具体流程如图 5-5-3 所示。

在程序运行过程中可以通过查询 CAN_RFxR 的 FMP 寄存器查看 FIFO 接收到的报文数,只要 FMP 不为 0,就可以从 FIFO 读出收到的报文。

CANOPEN 通信建立在 CAN 底层通信的基础上,CAN 底层通信机制运行原理如图 5-5-4 所示,其中控制区包括接口管理逻辑、发送和接收, CAN 内核整个部分集成在主控运算单元的 MCU 内,通过控制接口实现与总线数据通信,CAN 收发器为主控运算 MCU 的外围辅助芯片,实现 CAN 信号的电平转换功能。

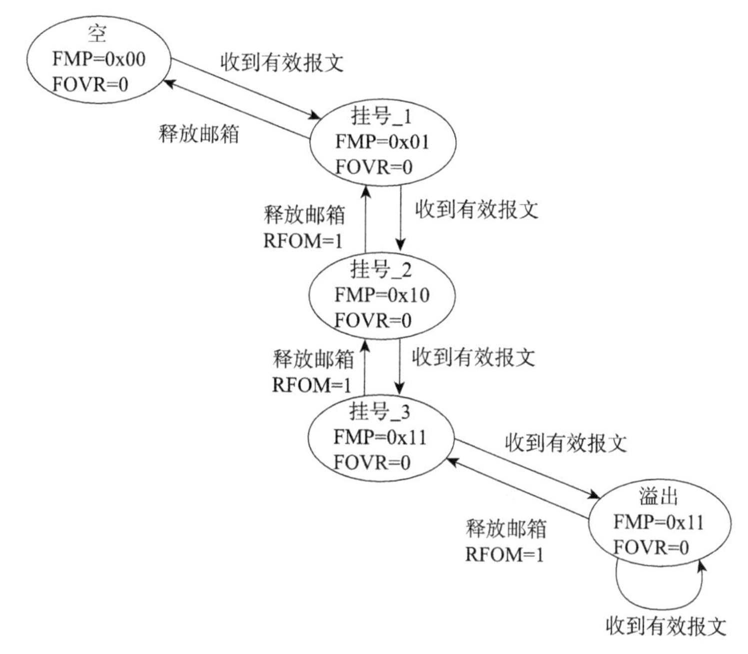

图 5-5-3　CAN 协议数据接收流程图

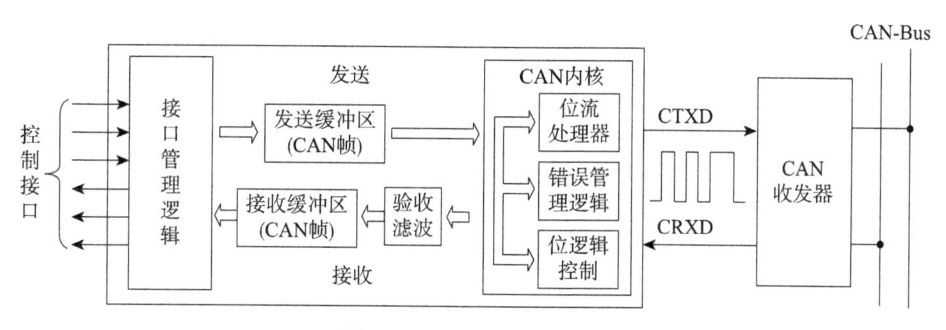

图 5-5-4　CAN 通信原理图

（三）CANOPEN－USART 通信协议设计

通信协议是用于定义整个控制系统通信过程及细节规则的协议，科学合理的约定通信协议是整个数据交互稳定、精确的前提。整个控制系统的通信协议主要包括 CAN 通信和 RS232 串口通信，其主要负责主控运算单元与电机驱动，语音交互系统和上位机无线通信。为了更好地设计软件系统的解析算法和数据包处理，根据 CANOPEN 通信协议和串口通信协议的数据帧特点，科学地设计兼容的 CANOEN-USART 通信协议，该协议主要以 CANOPEN 数据格式的帧格式为基础并结合串口底层物理通信进行设计，包括起始字、命令字、方向字、主索引段、从索引段、数据段、数据长度段以及结束字。具体协议数据包格式如图 5-5-5 所示。

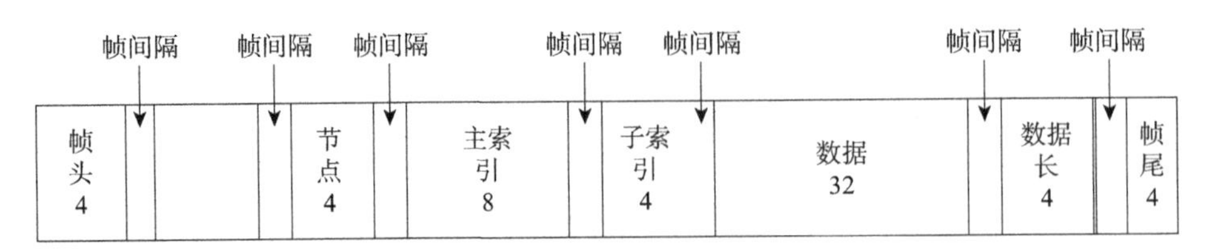

图 5-5-5 CANOPEN-USART 数据包格式图

从图 5-5-5 可以看出，起始字为一个字节，代表 CANOPEN-USART 数据包的起始字，当数据解析包接收到起始字时，主控运算单元才开始将数据包中的数据存入缓存中并等待结束字到来后结束整个数据包的传输。命令字为一个字节，用来表示该数据包的用途，如配置主动康复运动训练参数，读取电机某个参数，管理整个伺服系统状态等功能。主索引段含有 2 个字节，用来表示 CANOPEN 对象字典内部的主索引地址或者功能模式的选择索引号。从索引段为 1 个字节，用来表示 CANOPEN 协议对象字典的从索引地址或者对应功能模式下的参数选择，如被动康复训练模式的运动轨迹选择。数据段可根据控制目标值的大小自动调节，最小为一个字节，最大为 8 个字节，用来为系统对象字典设置具体的参数值。数据长度段用来表示数据段中的数据长度。结束字为一个字节用来表示该数据包传输结束。

CANOPEN-USART 软件解析设计流程图如图 5-5-6 所示。

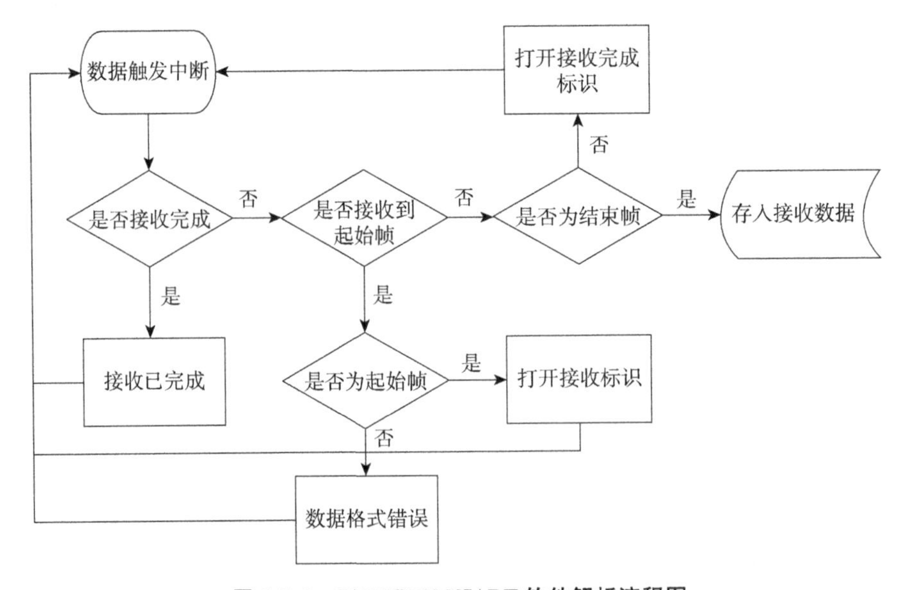

图 5-5-6 CANOPEN-USART 软件解析流程图

二、力交互算法与应用

上肢康复机器人的基本训练模式包括被动训练、主动训练(全主动训练、阻抗训练与助力训练)及主被动混合训练等模式，其中的主动训练是一般上肢康复训练机器人的基本功能，而人机力交互技术是实现这种功能的重要途径之一。另一方面对于上肢功能障碍者的功能辅助，康复机器人也需要适应患者弱运动功能，基于运动意图识别来提供助力。因此，本兼具训练与辅助功能的轮椅式上肢康复机器人的一个关键技术就是力交互功能，即康复机器人既可以准确地感知患者的关节肌肉肌力情况，又可以为患者提供合理的力反馈。此外，力交互功能还包括患者与机械臂的重力平衡设计。重力平衡的软件实现是康复机器人能够正常实现各种康复训练模式的基础。力交互设计主要包括力交互传感器数据采集和主控运算单元算法软件实现，在上一节已经对传感器数据采集的硬件实现过程进行了描述。本小节将对力交互及重力平衡的软件实现展开阐述。

（一）自调节力矩环的重力平衡算法研究

早期的偏瘫患者在使用基于轮椅平台的上肢康复训练与辅助机器人做康复训练时，由于患者的患侧肌力较弱甚至无肌力，同时在机械设计结构上没有采用机械平衡机构来平衡机械臂的重力，因此需要通过电机输出的力矩进行补偿，在对患者上肢与机械臂进行重力补偿后，才能有效地进行康复训练。

设计的康复机械臂主要有 3 个主动自由度，分别为肩关节内收外展、肩关节前屈后伸、肘关节前屈后伸。在采用电机输出扭矩平衡重力时，由于在肩关节内收外展时，整个机械臂仅在水平方向上运动，电机输出的扭矩不需要克服机械臂和患者的重力做功，因此只需要对 2 个电机的输出力矩做相应的重力平衡策略，如图 5-5-7 所示。

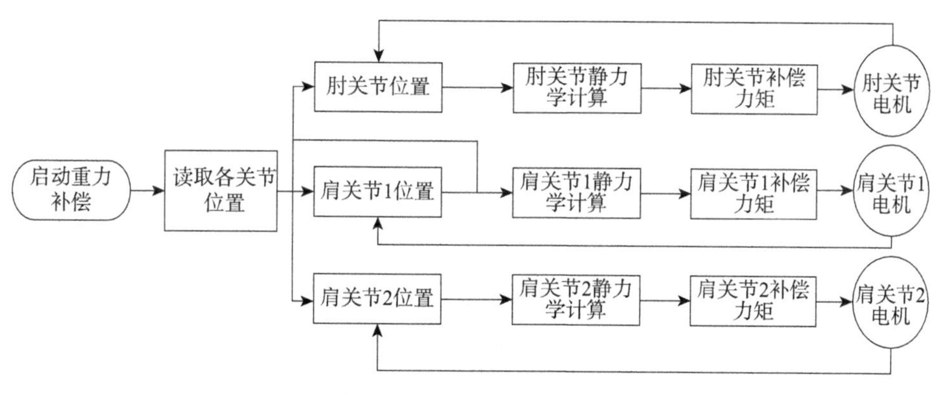

图 5-5-7　重力平衡策略图

首先根据伺服电机采集 2 个自由度的当前位置值，根据机械臂的机械结构参数，通过静力学计算得出每个电机所需要输出补偿力矩大小，再控制对应的伺服电机输出大小相等、方向相反的力矩来补偿患者上肢的重力和机械臂的重力。

（二）重力平衡静力学计算

主要对基于轮椅平台的上肢康复训练与辅助机器人的肩关节内收外展、肩关节前屈后伸和肘关节前屈后伸 3 个自由度进行重力补偿研究。

首先需要建立多功能康复手机械结构模型，如图 5-5-8(A)所示。设肩关节内收外展的位置为 0°，其他两个动力关节为任意位置，J_1、J_2、J_3 分别表示腕关节、肘关节和肩关节，J_1J_2 和 J_2J_3 分别表示前臂和上臂。G_1 和 G_2、θ_1 和 θ_2、O_1 和 O_2、L_1 和 L_2 分别表示前臂和上臂的重量、位置角度、质心以及肘关节到前臂质心的距离和肩关节到上臂质心的距离，L 为上臂的长度。图 5-5-8(B)为基于轮椅平台的上肢康复训练与辅助机器人机械臂的静力学等效模型。

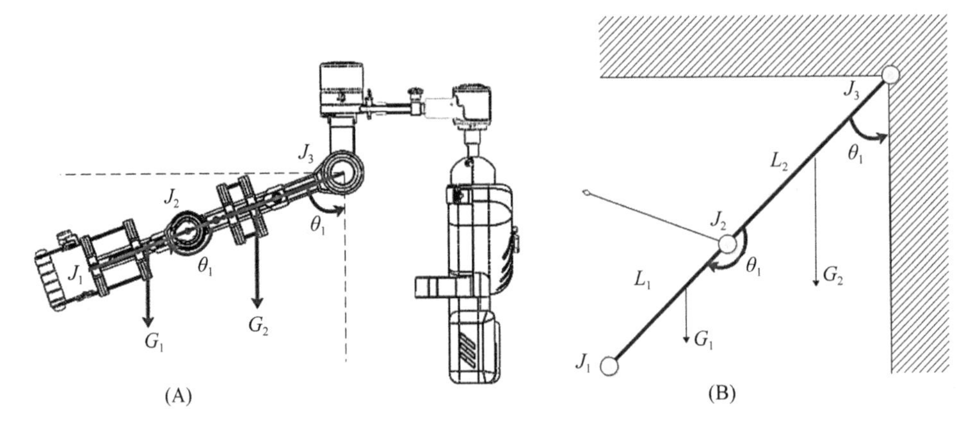

图 5-5-8　功能康复手机械结构模型

根据第三节案例二机械结构设计，基于轮椅平台的上肢康复训练与辅助机器人的机械参数值及 SolidWorks 中机械设计参数测量如表 5-5-1 所示。

表 5-5-1　多功能康复手的机械参数表

参数	L_1/m	L_2/m	L/m	G_1/N	G_2/N
值	0.14	0.16	0.25	33.7	21.3

根据图 5-5-8 所示，肘关节 J_2 输出的转动力矩带动前臂 J_1J_2 转动，其转矩 T_1 计算公式为：

$$T_1 = G_1L_1\sin(\theta_1 + \theta_2) \tag{5-5-1}$$

肩关节 J_3 输出的转矩带动上臂 J_2J_3 和前臂 J_1J_2 转动，其转矩 T_2 计算公式为：

$$T_2 = G_1[L_1\sin(\theta_1 + \theta_2) + L\sin\theta_2] + G_2L_2\sin\theta_2 \tag{5-5-2}$$

根据前一节分析，肘关节处电机输出的平衡力矩 $M_1 = -T_1$，肩关节处电机输出的平衡力矩 $M_2 = -T_2$。

(三) 重力平衡软件实现研究

根据上一节重力平衡计算公式，可以根据每一时刻肩关节前屈后伸和肘关节前屈后伸电机的位置角度计算出对应的电机输出力矩，以平衡患者患侧手臂的重力和机械臂的重力。具体软件实现流程图如图 5-5-9 所示。

当多功能康复手选择康复训练功能时，康复训练线程每执行一个循环周期（10 ms）进行一次重力补偿，其软件实现如下所示：

Motor3_current = G1 * L1 * sin(Current_state_motor2. CurrentPosition + Current_state_motor3. CurrentPosition)；

Motor2_current = G1 * L1 * sin(Current_state_motor2. CurrentPosition + Current_state_motor3. CurrentPosition) + L * sin(Current_state_motor2. CurrentPosition) + G2 * L2 * sin(Current_state_motor2. CurrentPosition)；

其中 G1、L1、G2、L2、L 分别为上述小节中的机械结构参数，在程序中通过宏定义声明，Motor3_current 和 Motor2_current 分别表示肘关节和肩关节输出力矩，Current_state_motor3. CurrentPosition，Current_state_motor2. CurrentPosition 分别表示肘关节和肩关节的实时位置角度值。各电机通过配置力矩模式，将计算出的力矩发送至对应关节的电机伺服驱动器的目标力矩，实现整个康复机械臂的重力平衡。

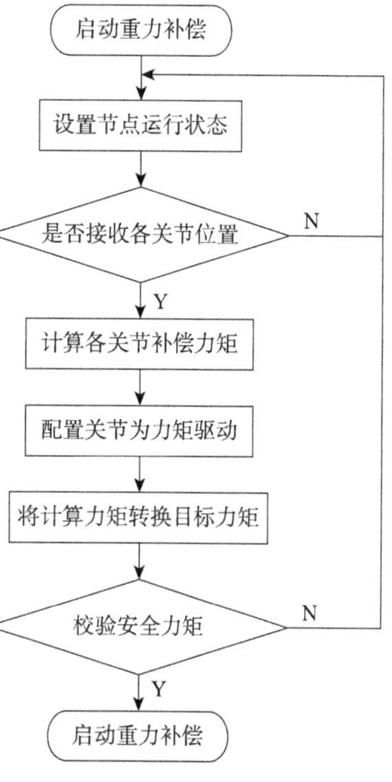

图 5-5-9　重力平衡软件流程图

（四）力交互算法

在偏瘫患者的恢复早期和中期，患者通过主动康复训练可以更好地帮助偏瘫患者的上肢功能康复。使用康复机器人做主动康复训练时，最重要的是机器人可以感知患者的肌力情况，并做出合适的力反馈，以达到最佳的康复治疗效果，因此力交互的实现显得尤为重要。

力交互的要求是患者在做主动康复训练时，机械臂既能通过康复机械臂平衡患者手臂自身抬起的重力，又能感知患者运动方向和力作用的大小，并在对患者发力的关节增加相应的扭矩输出，为患者提供助力，最终帮助患者实现主动康复训练。

因此力交互的关键技术是重力平衡和患者运动意图的感知。获取患者运动意图的方式有多种，如表面肌电信号提取、脑电信号提取、多维力矩传感器等多种传感器信号融合方式等。本案例设计在 3 个主动关节电机输出末端，通过扭矩传感器采集电机输出扭矩与机械臂的作用力，可以通过扭矩传感器识别患者在训练过程中的参与力情况。假设患者在训练过程中的肘关节前屈后伸、肩关节前屈后伸、肩关节内收外展时作用力大小分别表示为 T_{p1}、T_{p2}、T_{p3}，对应关节电机输出扭力大小为 T_{m1}、T_{m2}、T_{m3}，对应关节扭矩传感器采集的值分别表示为 T_{s1}、T_{s2}、T_{s3}，

每个动力关节患者作用力、电机输出扭力以及扭矩平衡之间的关系为：

$$T_{s1} = T_{p1} + T_{m1} + T_1 \tag{5-5-3}$$

其中 T_1 为式(1-6-3)中肘关节重力补偿输出扭矩大小。代入式(5-5-3)可得：

$$T_{s1}=T_{p1}+T_{m1}+G_1L_1\sin(\theta_1+\theta_2) \tag{5-5-4}$$

同理，肩关节前屈后伸的扭矩传感器与电机输出扭矩关系为：

$$T_{s2}=T_{p2}+T_{m2}+G_1[L_1\sin(\theta_1+\theta_2)+L\sin\theta_2]+G_2L_2\sin\theta_2 \tag{5-5-5}$$

肩关节内收外展扭矩传感器值与电机输出扭矩关系为：

$$T_{s3}=T_{p3}+T_{m3} \tag{5-5-6}$$

根据电机给定的目标扭矩、重力补偿扭矩以及传感器采集的对应关节的扭矩值，通过上述公式可以计算出患者与机械臂的作用力 T_p。通过 T_p 反馈到对应伺服驱动器的力矩闭环中，并自动调节力矩环的增益，使输出的力矩可以保持在目标力矩范围内，并形成稳定的助力效果。

三、轨迹规划的软件实现方法研究

基于轮椅平台的康复机械臂的康复训练功能和上肢代偿功能都需要对康复机械臂的运行轨迹进行合理的规划和约束，即对机械臂的末端位置运行规划和对整个机械臂的空间运动进行约束。本小节将对康复机械臂的运动轨迹设计展开阐述。

(一) 应用于康复训练轨迹规划的研究

在偏瘫患者急性期时，患者患侧处于软瘫状态，此时进行适当的被动康复训练有助于患者的上肢功能康复，被动康复训练主要由康复机械臂带动患者来完成。此案例设计的多功能康复手的机械臂是采用外骨骼式结构设计，可以实现独立关节的被动康复训练，也可以实现多关节联动的被动康复训练，无论何种康复训练方式，控制系统都是通过控制康复机械臂的末端轨迹来实现。

运动轨迹基于运动学理论，通过采用 MATLAB 中机器人建模工具对基于轮椅平台的上肢康复训练与辅助机器人建立运动学模型，并通过正运动学计算建立末端位置和 3 个主动关节的关系式，以及通过逆运动计算出末端位置和 3 个主动关节的反解关系，最后采用插值法规划出任意末端位置与关节角度随时间、起始速度等轨迹规划模型，实现整个康复机械臂的运动轨迹带动患者被动康复训练的目标，具体实现框图如图 5-5-10 所示。

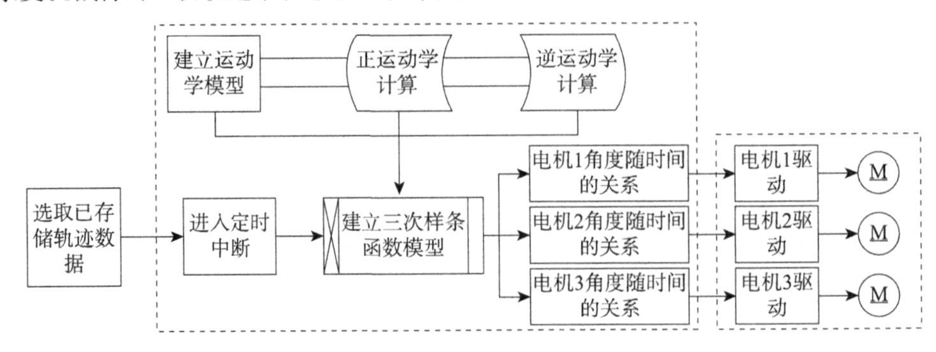

图 5-5-10　被动康复训练实现框图

如图 5-5-11 所示，采用 D-H 坐标描述法，以背部支柱支托位置作为整个运动模型的基准坐标（X_0、Y_0、Z_0），建立多功能康复手各关节坐标模型。

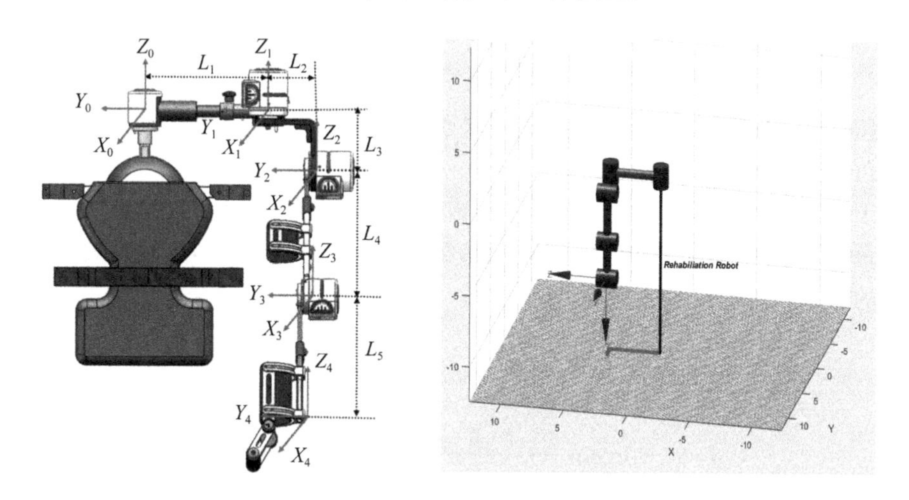

图 5-5-11　多功能康复手坐标模型

通过矩阵表示各关节坐标系关系如下：

$$\boldsymbol{T}_1\boldsymbol{T}_2=\begin{bmatrix}\cos\phi_2\cos\theta_2 & -\sin\phi_2 & \cos\phi_2\sin\theta_2 & 0\\ \sin\phi_2\cos\theta_2 & \cos\phi_2 & \sin\phi_2\sin\theta_2 & -(L_1+L_2)\\ -\sin\theta_2 & 0 & \cos\theta_2 & 0\\ 0 & 0 & 0 & 1\end{bmatrix} \tag{5-5-7}$$

$$\boldsymbol{T}_3=\begin{bmatrix}\cos\theta_3 & 0 & \sin\theta_3 & 0\\ 0 & 1 & 0 & 0\\ -\sin\theta_3 & 0 & \cos\theta_3 & -(L_3+L_4)\\ 0 & 0 & 0 & 1\end{bmatrix} \tag{5-5-8}$$

$$\boldsymbol{T}_4=\begin{bmatrix}\cos\theta_5 & 0 & \sin\theta_5 & 0\\ 0 & 1 & 0 & 0\\ -\sin\theta_5 & 0 & \cos\theta_5 & -L_5\\ 0 & 0 & 0 & 1\end{bmatrix} \tag{5-5-9}$$

$$\boldsymbol{T}_5^0=\boldsymbol{T}_1^0\boldsymbol{T}_2^1\boldsymbol{T}_3^2\boldsymbol{T}_4^3\boldsymbol{T}_5^4=\begin{bmatrix}n_x & o_x & a_x & p_x\\ n_y & o_y & a_y & p_y\\ n_z & o_z & a_z & p_z\\ 0 & 0 & 0 & 1\end{bmatrix} \tag{5-5-10}$$

式(5-5-10)中 p_x、p_y、p_z 表示末端位置的坐标，将各公式代入式(5-5-10)中得到的正运动学计算公式如下：

$$p_x = -3.38\cos\phi_2\sin\theta_2 - 2.58\cos\theta_2\cos\phi_2\sin\theta_3 - 2.58\sin\theta_2\cos\phi_2\cos\theta_3$$
$$p_y = -3.38\sin\phi_2\sin\theta_2 - 2.58\cos\theta_2\sin\phi_2\sin\theta_3 - 2.58\sin\theta_2\sin\phi_2\cos\theta_3 - 2.20$$
$$p_z = 2.58\sin\theta_2\sin\theta_3 - 2.58\cos\theta_2\cos\theta_3 - 3.38\cos\theta_2 \tag{5-5-11}$$

式(5-5-11)中建立了末端位置与各关节位置的关系，即通过控制机械臂末端各动力关节的角度确定末端位置的坐标。

由于在做轨迹规划的时候要规划机械臂的末端各位置信息，对于控制系统来说，末端位置是已知量，各关节角度属于待控制参数，需要通过逆运动学反解各关节角度与末端位置的关系，转换后关系式如下：

$$\begin{aligned} \phi_2 &= \arctan\frac{p_y + 2.2}{p_x} \\ \theta_2 &= -\arccos\frac{p_x^2 + (p_y + 2.2)^2 + p_z^2 - 18.08}{17.44} \\ \theta_3 &= -\left(\arcsin\frac{p_z}{z} + \arccos\frac{k}{z}\right) \end{aligned} \tag{5-5-12}$$

其中：

$$z = \left(\frac{129 \times \left(1 - \left(\frac{25 \times \left(p_y + \frac{11^2}{5}\right)}{436} + \frac{25 \times p_x^2}{436} + \frac{25 \times p_z^2}{436} - \frac{113}{109}\right)^2\right)^{\frac{1}{2}}}{50}\right)^2 + \left(\frac{129 \times (p_z + 2.2)^2}{872} + \frac{129 \times p_x^2}{872} + \frac{129 \times p_z^2}{872} + \frac{1922}{2725}\right)^2,$$

$$k = \frac{129 \times \left(1 - \left(\frac{25 \times \left(p_y + \frac{11}{5}\right)^2}{436} + \frac{25 \times p_x^2}{436} + \frac{25 \times p_z^2}{436} - \frac{113}{109}\right)^2\right)^{\frac{1}{2}}}{50}$$

为了更好地描述整个轨迹规划的过程，以多关节联动轨迹规划为例，先计算出一条理论空间曲线，利用关节角度变量表示机器人末端位置，采用三次多项式方程来描述该特征曲线，通过约束该轨迹的初始速度、加速度和角度位置，终点速度、加速度和角度位置，从而确定该轨迹的全部参数，表达关系式如下：

$$\theta(t) = A_0 + A_1 t + A_2 t^2 + A_3 t^3 \tag{5-5-13}$$

设初始速度和角度位置以及终点速度和角度位置分别为：$\theta_0 = \theta(t_0)$，$V_0 = \dot{\theta}(t_0)$，$\theta_1 = \theta(t_1)$，$V_1 = \dot{\theta}(t_1)$，代入式(5-5-13)中，对其进行求导，可计算出式(5-5-13)中的4个未知系数的表达式如下：

$$A_0=\frac{(t_1-t_0)(\theta_1 t_0^2+\theta_0 t_1^2)+2t_0t_1(\theta_1 t_0-\theta_0 t_1)-t_0t_1(t_1-t_0)(V_1t_1+V_0t_0)}{(t_1-t_0)^3} \tag{5-5-14}$$

$$A_1=\frac{6t_1t_0(\theta_1-\theta_0)-(t_1-t_0)[(t_1+t_0)(V_0t_1+V_1t_0)+t_0t_1(V_1+V_0)]}{(t_1-t_0)^3} \tag{5-5-15}$$

$$A_2=\frac{3(t_1+t_0)(\theta_1-\theta_0)-(t_1-t_0)[(V_0t_1+V_1t_0)+(t_1+t_0)(V_1+V_0)]}{(t_1-t_0)^3} \tag{5-5-16}$$

$$A_3=\frac{(t_1-t_0)(V_1+V_0)-2(\theta_1-\theta_0)}{(t_1-t_0)^3} \tag{5-5-17}$$

从式(5-5-14～5-5-17)可以看出，轨迹方程在约束条件确定的情况下可以确定唯一的三次样条方程。将上式中的每个系数代入式5-5-13中，即可计算出对应关节在该时刻的关节角度值。通过主控运算单元定时器每一时间段给每个驱动关节发出目标角度位置，即可完成某一段轨迹的规划。为了使被动运动轨迹更加平滑，通常需要将一套运动轨迹分为若干段，对每一段的运动轨迹方程进行约束，最后将各段运行轨迹组合，完成整个周期的康复训练轨迹规划。以下公式为康复机械臂做圆弧轨迹时不同时间段的关节角度三次多项式：

$$\theta_3(t)=\begin{cases}-16t^2+3.2t^3 & (0\leqslant t\leqslant 3)\\ -45 & (3<t\leqslant 4)\\ 604.5-400.4t+73.34t^2-4.65t^3 & (4<t\leqslant 7)\\ -812.1+312.1t-36.66t^2+1.48t^3 & (7<t\leqslant 10)\\ -4833.3+1200t-115t^2+3.333t^3 & (10<t\leqslant 13)\end{cases} \tag{5-5-18}$$

由式(5-5-18)可以看出整个轨迹周期为13 s，分为5段进行规划，每一段通过不同的三次方程计算出对应时刻以及该关节的目标角度位置。

(二) 康复训练轨迹软件实现

康复训练轨迹的软件实现主要在主控运算单元中通过定时器产生500 ms中断，在每一次定时器中断中逐次累加时间 t，并判断 t 在上述公式中的取值，具体程序流程图如图5-5-12所示。

从图5-5-12可以看出，当接收到被动康复训练指令时，可获取轨迹数据库中现有的轨迹数据，然后进行逆运动学解算，获取末端位置点约束关系，计算三次样条插值方程，初始化定时器，并启动定时器进行500 ms定时中断，在中断响应后确定此时轨迹可运行的时间，根据对应的约束方程，计算出每一时刻对应的关节角度值，后转化为伺服电机控制指令。当一个轨迹周期执行时间完毕时，对定时器时间参数 t 清零，回到轨迹初始位置，重复运行第二次被动康复训练，直到接收到停止被动康复训练指令时，关闭定时器，

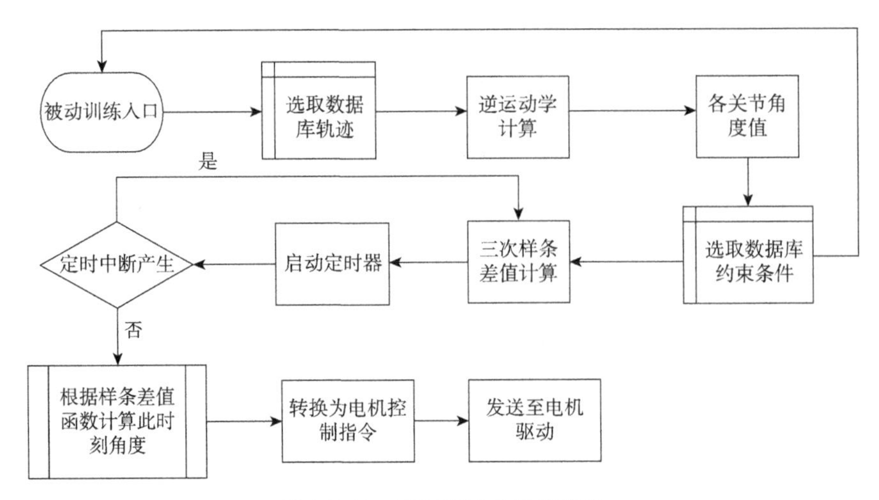

图 5-5-12　康复训练轨迹流程图

停止机械臂运动，控制系统切换为待机状态。

3 个关节的轨迹规划方程可同时通过程序实现，其中 t 表示轨迹运行的时间周期，每个周期为 500 ms。Angle1、Angle2、Angle3 分别为每一时钟周期计算出的对应关节的目标角度位置，Angle1、Angle2、Angle3 为转化后的对应关节的角度位置。

（三）应用于上肢功能代偿轨迹的研究

基于轮椅平台的上肢康复训练与辅助机器人的上肢代偿功能实现主要分为两部分，分别为机械臂的运动轨迹规划和末端仿生手的操作轨迹规划。本小节主要针对机械臂代偿功能轨迹规划进行说明。

机械臂代偿功能轨迹规划建立在康复训练轨迹规划上，主要是控制机械臂末端的位置运动过程，对整个机械臂运动过程中的速度、加速度、力矩等参数不需要约束，只需要机械臂末端的起始位置和终止位置即可。此外，考虑到上肢功能代偿轨迹具有较大的不确定性和灵活性，上肢功能代偿轨迹主要采用示教功能实现，而各关节运动轨迹具体实现如图 5-5-10 所示。

执行上肢功能代偿之前，根据基于轮椅平台的上肢康复训练与辅助机器人的工作环境，由护理人员带动康复机械臂从起始位置沿着目标运动轨迹运动到末端位置，在此期间通过主控运算系统记录末端关节从起始位置到终止位置轨迹中各关节的位置角度，主要记录起始位置、末端位置以及中间 10 个平均段位置，并依次存入轨迹存储单元中，当接收到上肢代偿功能指令后，复现出整个示教轨迹，并结合仿生手操作控制并实现代偿功能。

（四）上肢功能代偿轨迹软件实现

根据上述上肢功能代偿轨迹规划讨论，主控系统的软件实现主要包括轨迹数据采集、轨迹数据存储、轨迹数据处理和轨迹复现四个部分，软件控制流程图如图 5-5-13 所示。

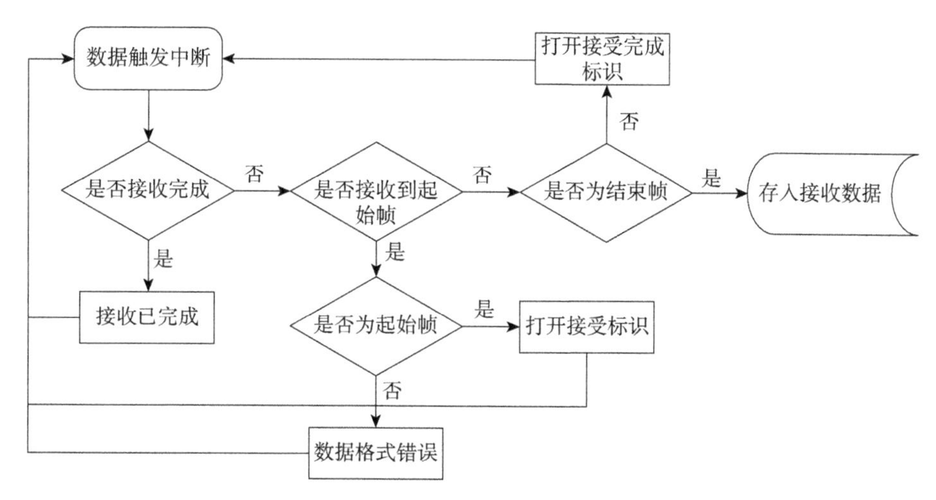

图 5-5-13　软件控制流程图

从图 5-5-13 可以看出，主控系统接收到示教轨迹控制指令后，开始初始化轨迹示教模式，后等待其位置确认信号，确认信号到达后即记录起始位置的三个关节的位置角度，随后等待下一个中间段位置记录指令到来，并记录各关节的位置角度，依次记录 12 个位置角度值，并存入程序的缓存区中。继续等待上肢功能代偿指令，当接收到上肢功能代偿指令后开始，主控运算单元初始化定时器，根据所设置的上肢功能代偿的时间，确定定时器中断时间，每次中断后取出轨迹缓存区的位置，并转化为电机驱动控制指令，发送至对应的关节电机驱动器，则实现了整个上肢功能代偿的轨迹。

Track_record1. Tack_angle1、Track_record1. Tack_angle2、Track_record1. Tack_angle3 分别表示 3 个关节的缓存区，Track_complete_flag 为轨迹存储完成标记，Sdo_maessage. index 为 CANOPEN 指令解析中的主索引数据，此处表示轨迹存储控制指令。当值为 0 时表示启动轨迹示教指令，机械臂启用主动运动模式，以便于护理人员更轻松地带动机械臂进行轨迹示教，随后示教一个记录点到触发按钮，主控运算单元记录此时各关节位置，直到记录终点位置后，轨迹完成标志位置 1，整个轨迹记录完成。当主控运算单元检测到轨迹完成标志位置 1，且开始代偿功能到来时，启动位置发送至定时器，定时器在规定的时间内将缓存区的轨迹位置发送至各关节，实现整个功能代偿运行轨迹。

（五）上肢功能代偿末端仿生手操作轨迹实现

实现多功能康复手的上肢代偿功能的另一关键步骤就是机械臂末端仿生手的操作轨迹实现，通过末端仿生手的机械结构设计和末端仿生手的控制系统硬件设计分析可知，末端仿生手的软件实现需要通过 2 路 PWM 信号控制腕关节内外旋和屈伸动作及 2 路 TTL 信号控制手指抓取动作。

腕关节内外旋转角度和屈伸角度是通过主控运算单元产生的 PWM 信号控制，根据电机内部电路要求，每一路 PWM 的要求是 10 ms 的时基脉冲，该脉冲的高电平部分必须在 0.5～2.5 ms 范围内，总周期为 10 ms，通过调节脉冲宽度可以控制该电机在不同的角度位置。其控制关系如表 5-5-2 所示。

表 5-5-2　电机角度数据表

角度	0°	45°	90°	135°	180°	[90 * (T－0.5)]°
时间	0.5 ms	1.0 ms	1.5 ms	2.0 ms	2.5 ms	T ms

从表 5-5-3 可以看出，若控制电机的旋转角度为 θ_1，一周期内的高脉冲时间设置为 T，则电机目标角度与时间的关系式如下：

$$\theta_1 = 90(T - 0.5) \tag{5-5-19}$$

式(5-5-19)中时间 T 的大小由主控运算单元定时器的 TIM14_CCR1 决定，初始化定时器 1，由于定时器的工作频率为 168 MHz，设定分频系数为 168，重载值为 10 000，则定时器产生的 PWM 工作频率为：

$$f = \frac{1}{10\ 000} = 0.1\ \text{mHz} \tag{5-5-20}$$

$$\text{CCR} = \frac{10\ 000 - (T * 1\ 000)}{10} \tag{5-5-21}$$

将式(5-5-19)代入式(5-5-21)中，可得 CCR 关于 θ_1 的表达关系式为：

$$\text{CCR} = 10\ 000 - (\theta_1 * 11 + 500) \tag{5-5-22}$$

此外，手指抓握的电机方向控制由 2 个通道的 TTL 电平控制，在主控运算单元准确输出 2 路 PWM 脉冲调制信号和 2 路 TTL 电平方向控制信号的基础上，实现对仿生手自由度的控制函数，程序如下：

```
void SetAngle_carpus(u8 note,u8 angle){
    if(note==1)
    TIM_SetCompare4(TIM1,10 000-((angle) * 11+500));
if(note==2)
  TIM_SetCompare3(TIM1,10 000-((angle) * 11+500))}
```

根据仿生手的手指抓握的机械设计与控制设计，手指抓握的软件实现方式主要改变控制信号输出高低电平的时间，从而控制手指张开和闭合的角度，由于手指张开至最大角度时会触发限位开关。因此，手指张开的控制时间为手指闭合后到手指完全张开电机所需要的最大时间，考虑到电压变换对手指张开的影响，最大时间应增加 10%的余量，同时，手指闭合角度通过手指在抓握过程中电机的电流反馈，确定手指抓握角度的大小。

完成仿生手各自由度的控制后，则可根据日常生活中需要抓取物体的形状、放置位置，并结合康复机械臂的规划轨迹，进行仿生手的操作轨迹设计，具体实现流程图如图 5-5-14 所示。

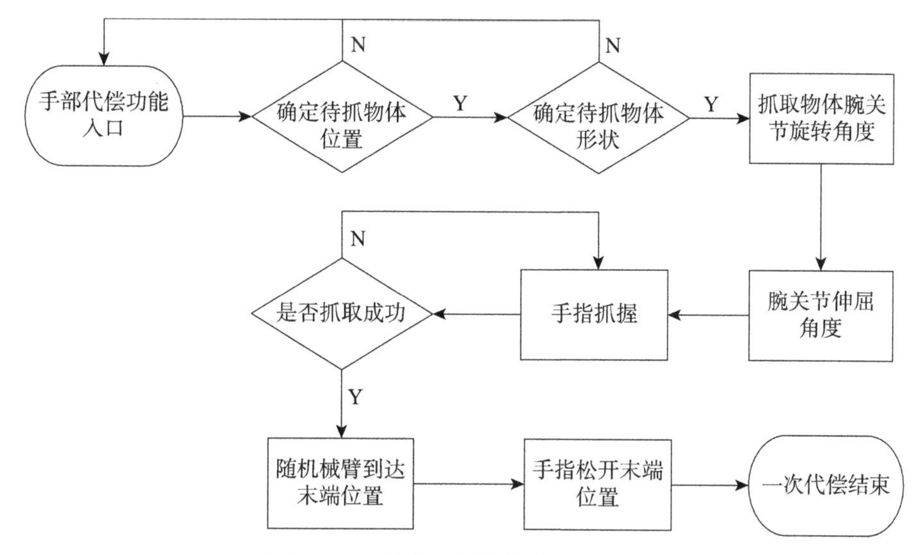

图 5-5-14　仿生手操作轨迹设计流程图

仿生手的操作轨迹需要根据不同的动作建立不同的轨迹数据表，在执行上肢功能代偿时，与机械臂运行轨迹结合，同时将轨迹数据中的标准数据取出，控制机械臂与仿生手协同运动，从而实现完整的上肢代偿功能。

四、FreeRTOS 嵌入式操作系统应用

基于轮椅平台的上肢康复训练与辅助机器人的控制系统的数据采集、数据处理、数据通信、算法实现等任务都在一个 MCU 上完成，软件程序在运行过程中需同时处理多个任务、中断以及定时器。因此，为了提高系统运行的实时性，本控制系统软件实现搭载了 FreeRTOS 实时操作系统。

（一）FreeRTOS 嵌入式操作系统概述

FreeRTOS 的英文全称为 Free Real Time Operating System，是一个免费的开源嵌入式实时操作系统，可以在 Corex-M4 上同时运行多个任务。FreeRTOS 的任务调度器是可以预测的，可以对实施环境中的某一个事件做出实时的响应。该操作系统的内核支持抢占式、合作式和时间片调度，并可以提供用于低功耗设计的 Tickless 模式，并支持实时任务和协程(Co-Routines)，任务和任务、任务与中断之间使用人物通知、消息队列、二值信号量、数值型信号量、递归互斥信号量和互斥信号量进行通信和同步，同时也支持软件定时器、跟踪执行功能、退栈溢出检测功能，且操作系统的任务数量和任务优先级都不受限制。

FreeRTOS 的应用程序可以包含多个任务，由于本控制系统的微控制器只有一个核(Core)，实际在任意时间内只有一个任务被执行，因此对于控制系统中的每个任务都至少需要多种运行状态来管理，即运行状态和非运行状态。任务从非运行状态切换到运行

状态被称为“切换入或切入”或“交换入(Swapped In)”。而任务从运行状态切换到非运行状态则称为“切换出或切出(Switched Out)”或“交换出(Swapped Out)”。FreeRTOS的调度器是实现任务间状态切换的唯一实体，如图 5-5-15 为顶层任务状态转移示意图。

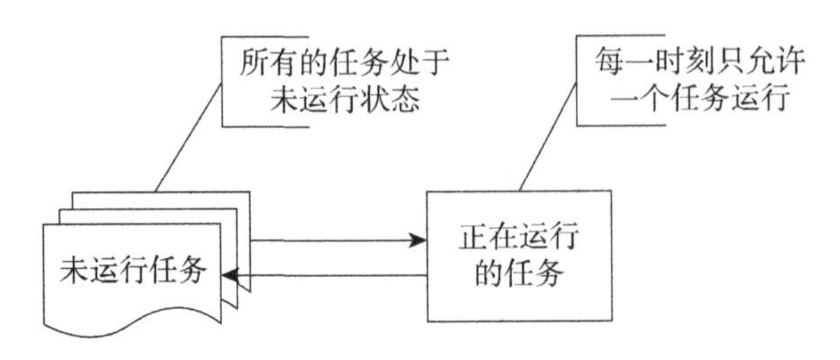

图 5-5-15　顶层任务状态转移示意图

任务在 FreeRTOS 系统中同时运行时，每个任务都会迅速进入与退出运行状态，并且任务会平等共享处理器的时间，处理流程示意图如图 5-5-16 所示。图中底部箭头表示任务从 t_1 时刻开始运行，黑色粗线段表示每个时间点上运行的任务，如 t_1 与 t_2 间运行的任务为 Task1。

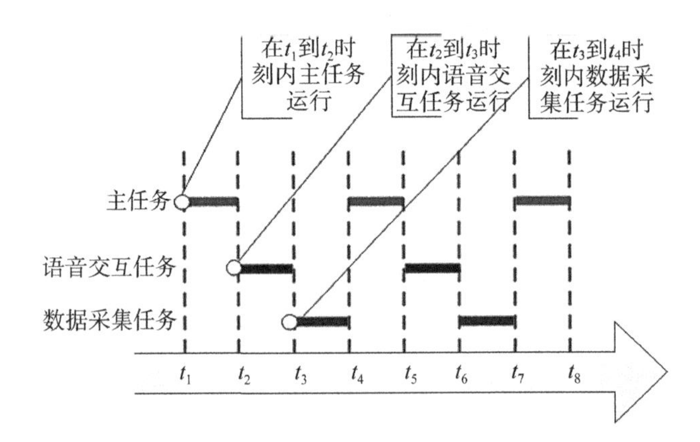

图 5-5-16　FreeRTOS 内部执行流程图

对于如何确定任务优先级，在 FreeRTOS 系统中，没有与其他实时操作系统一样进行限制，任意数量的任务可以共享同一个任务优先级来保证任务的最大设计弹性。FreeRTOS 采用优先级号 0 表示最低优先级，程序中有效的优先级号范围从 0 到 congfigMAX_PRIORITES-1。要选择下一个运行的任务，调度器需要在每个时间片的结束时刻运行自己本身。如图 5-5-17 所示，黑色粗线段表示内核本身在运行，黑色箭头表示任务切换到中断，中断再切换到任务执行。

在 FreeRTOS 系统中，每个任务都有运行状态和非运行状态，其中非运行状态又分为阻塞状态、挂起状态、就绪状态。每个状态之间的转换都需要通过系统对应 API 函数来切换，图 5-5-18 表示了 FreeRTOS 完整的任务状态机。

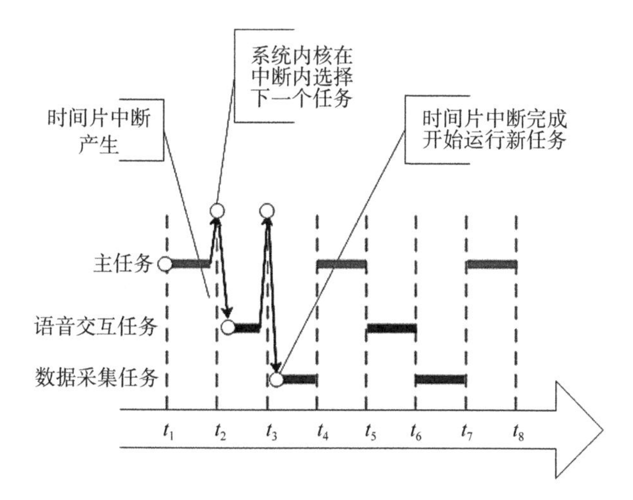

图 5-5-17　任务优先级切换示意图

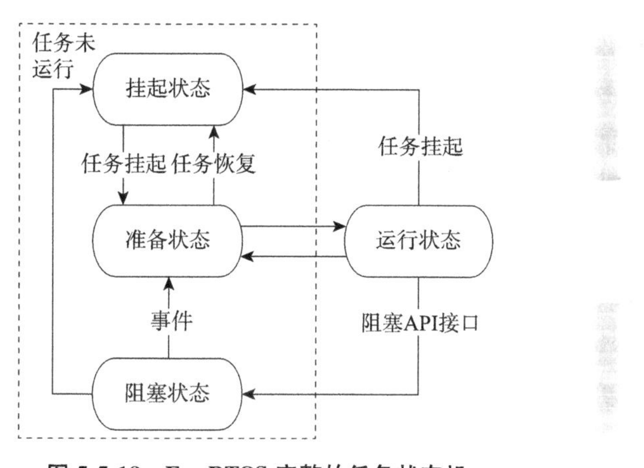

图 5-5-18　FreeRTOS 完整的任务状态机

(二) FreeRTOS 嵌入式操作系统移植

基于轮椅平台的上肢康复训练与辅助机器人的软件架构是基于 FreeRTOS 架构上实现，通过 FreeRTOS 操作系统管理整个软件系统的 3 个线程(任务)、3 个中断处理、4 个硬件定时器。其中 3 个线程分别为主线程、数据采集线程以及语音识别线程。3 个中断处理分别为上位机数据通信中断、语音识别中断、CANOPEN 数据通信中断。4 个硬件定时器分别为轨迹实现定时器，数据发送定时器，以及用于 CANOPEN 通信的时间管理定时器和产生 2 路 PWM 信号的定时器。整个 FreeRTOS 嵌入式操作系统工作示意图如图 5-5-19 所示。

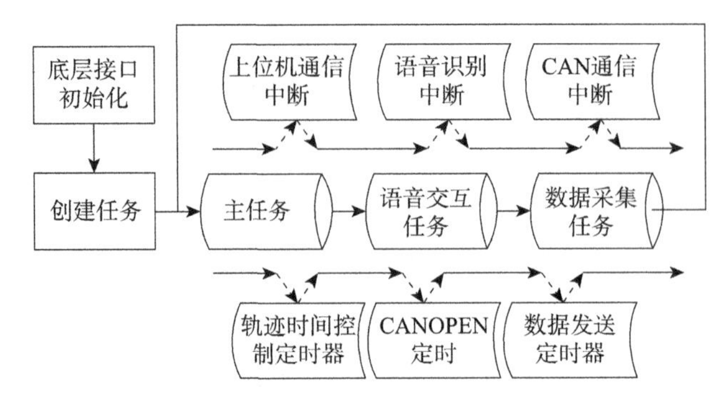

图 5-5-19　系统工作示意图

由于在 FreeRTOS 系统中，各任务和中断的资源是独立，所以当任务和中断需要数据通信的时候就要借助 FreeRTOS 系统中的消息队列功能。在本控制系统中，建立结构体来表示所有多功能康复手的工作状态和传感器数据采集信息，因此队列可以以结构体形式在任务与任务间或任务与中断间传递信息，通过队列的形式，建立了任务与任务或任务与中断间的通信。

此外，由于语音交互功能在进行语音识别或语音交互时，不能被其他任务或中断打断，所以将语音交互功能单独作为一个任务，并在任务执行时放入临界保护区，当任务执行完毕后才退出临界保护区。只要任务进入临界保护区，任务将永远不被其他中断或任务打断，直到退出保护为止。

整个控制系统的软件实现是基于 FreeRTOS 系统开发的，有效提高了控制系统软件的实时性能和稳定性能。

五、康复训练功能软件实现方法研究

(一) 康复训练功能软件流程设计

主控运算单元是整个控制系统软件设计的核心单元，负责整个多功能康复手的功能模式、传感器采集、人机交互等功能。如图 5-5-20 所示，为主控云端单元整体控制流程图。

整个系统程序流程大体如下，系统开机对 LED 灯、系统定时器、串口、蓝牙模块、CANOPEN 等进行初始化，随后通过 CANOPEN 与各电机驱动通信，并命令其各自寻找零位，各关节找到零位后则进入等待用户控制指令状态。如果有一个或一个以上电机没有正确找到零位，此时认为控制系统为故障状态，并再次回到初始化重新找零。当语音指令或上位机控制指令接收完成时，系统分析指令并做出对应的反应，进入相应的工作模式，并等待下一控制指令的接收和分析，下一控制指令若是停止训练则系统切换到待机状态，若控制指令分析后为其他运行模式，则控制系统切换至其他模式工作。

主控运算单元定义的几种控制模式如下：typedef enum

```
{
  ActiveMode = 1,//主动训练模式
```

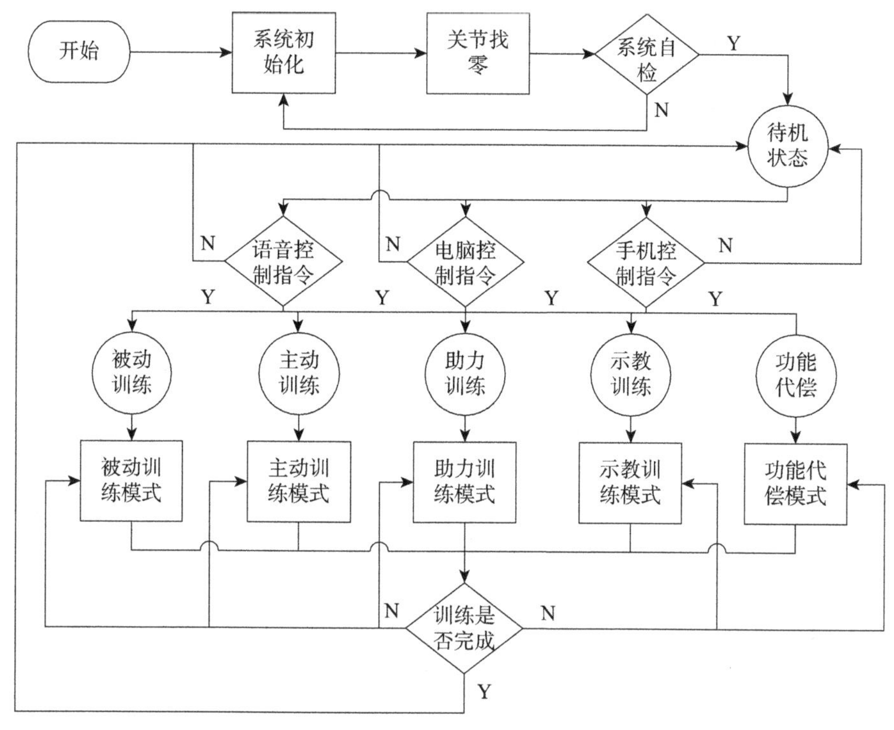

图 5-5-20　主控运算单元整体控制流程图

```
    PassiveMode = 2,//被动训练模式
    StatueSwitchMode=3,//状态切换模式
    HomingMode=4,//机械臂回到初始位置模式
    Teach_IN=5,//示教训练模式
    Erro=6,//错误状态模式
    AddMode=7, //助力训练模式
    Hand=8,//上肢功能代偿模式
}RehabMode;
```

该枚举类型结构是用来定义整个控制系统的所有功能模式，每一种功能模式在执行过程中代表一种状态，通过机器人状态机制管理整个功能模式的互相切换，状态机制的管理依据是分析语音识别结果和上位机控制指令。图 5-5-21 表示整个系统的状态机制示意图。

在系统功能状态机中，等待切换状态为整个系统的中心状态，可由其他任何功能状态切换，该状态可以随时切换到其他任何功能状态上去。此外当系统处于回零状态时，回零状态完毕后，可以切换至其他功能状态。下面简单介绍控制系统在每个功能状态时相应功能的实现方式。

（二）主动训练功能软件实现方法

主动训练模式主要用于偏瘫患者在恢复中期和恢复后期使用，主要实现功能是检测

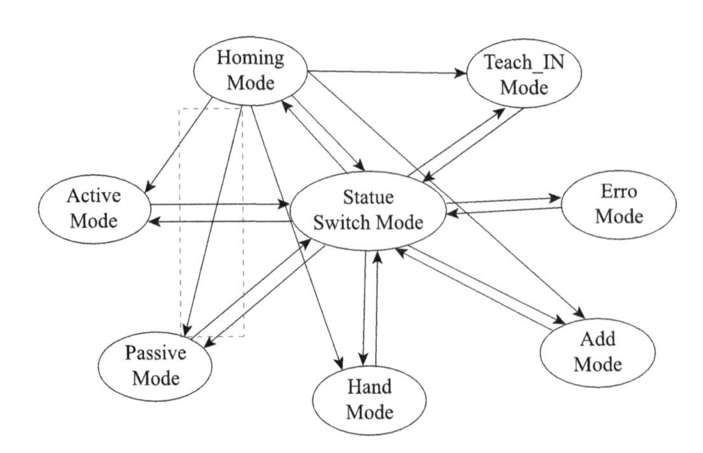

图 5-5-21　系统功能状态机制示意图

患者运动意图和痉挛状况，并克服患者手臂重力和机械臂自重，使患者穿戴多功能康复手可以自主运动，同时多功能康复手时刻检测患者运动轨迹，并运行运动方向纠正和力度控制的功能。

综上所述，在主动训练模式时，软件实现的目标主要有三点。第一，检测患者运动意图和是否痉挛，并做出相应处理措施；第二，克服患者手臂自重和机械臂自重，使患者即使穿上多功能康复手臂也感觉不到机械臂的负重和自身负重，即具有较好的人机跟随性；第三，实时检测患者自主运动的轨迹，并与目标作业轨迹对比，及时纠正患者自主运动时方向和力度的偏差。

设计第一个主动训练目标功能，检测患者运动意图和患者痉挛状况，首先要实现准确实时的采集传感器的数据。主要通过主控运算芯片的 12 位 ADC 通道，对待测数据进行采样，由于需要同时对多路数据进行采集，因此需要采用主控芯片的 DMA 来对各通道的采集数据进行管理。整个数据采集系统对 6 路传感器数据采集的通道分别为 ADC1 的 6 个通道，采用周期都设置为采样时间 480 个时钟周期，ADC 总转换时间的计算公式如下：

$$T_{vec}=\frac{480+12.5}{21} \tag{5-5-23}$$

其中，21MHz 为 ADC 时钟频率，12.5 为 ADC 信号转换时间，计算后可知 ADC 总转换的时间 T_{vec} 为 23.5 μs。

开启 ADC 初始化和 DMA 初始化后，如图 5-5-22 所示，每个通道的数据存储在数组 AdcValue1[6]中，系统需要读取通道的数据时，调用如下函数：

```
u16 Get_Adc_Average(u8 num,u8 times)
{
  u32 temp_val=0;
  u8 t;
  for(t=0;t<times;t++)
  {
```

```
        temp_val+=AdcValue1[num];
        delay_ms(5);
    }
    return ((temp_val/times)*100*3.3/4095);
}
```

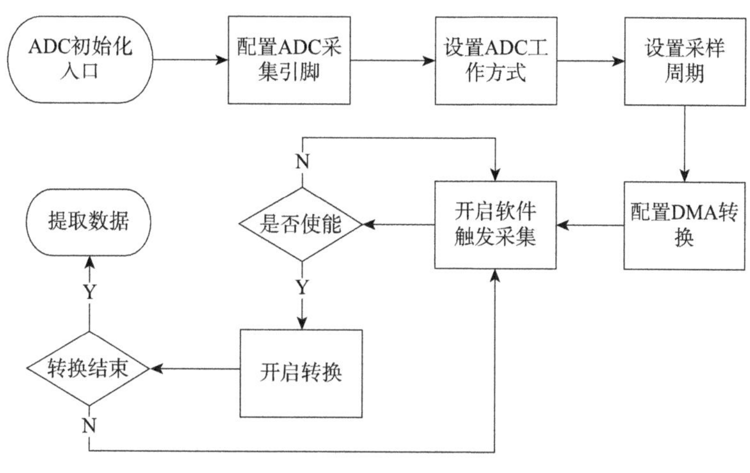

图 5-5-22　数据采集控制流程图

该函数的有两个输入参数，num 表示需要获取数据的通道，times 表示该通道求平均值的次数，其中返回值将该通道的平均值放大 100 倍，3.3 V 为参考电压再除以 4 095，得到该通道的数据值在 0～330 成线性变化。

检测患者的运动意图识别和肌肉痉挛情况，主要是检测患者患侧的三角肌和肱二头肌的信号强弱，同时结合患者上肢和多功能康复手的力交互情况，判断患者是否有自主运动的意图和是否出现痉挛的状态。

另外，主动训练的第二功能目标是克服患者手臂的自重和多功能康复手的自重，软件实现主要通过电机驱动器对比电机输出扭矩和目标扭矩，并结合多功能康复手各关节在不同的空间位置情况，计算多功能康复手的各关节的质心变换，最终通过调节电机的电流克服患者多功能康复手臂的自重影响；对于患者自身手臂的重力，在启动主动康复训练时设定患者体重、身高等信息，系统根据患者手臂的空间位置计算出手臂的各关节质心位置，从而在各关节动力输入时，叠加患者手臂重力参数，最终实现多功能康复手平衡患者手臂自重和自身机械臂重力的效果。

最后，主动训练模式的第三个功能目标是实时检测患者的主动运动轨迹，并适当作出方向、速度、力的纠正，来保持患者在主动运动过程中上肢的正常运动习惯。软件设计实现此功能的主要方式为，设定一个 100 ms 的硬件定时器，并在 100 ms 后采集、检测患者运动的参数并和正常人体数据库参数对比，求出偏差值，并在下一个 100 ms 到来时进行偏差补偿，最终使患者通过主动训练模式，重新恢复正常人体上肢运动习惯。

在主动运动训练模式下，主控运算还需要完成一个重要的功能，即将所有的目标功能转换为电机驱动的控制指令，在主动运动模式下，多功能康复手主要完成的任务是感

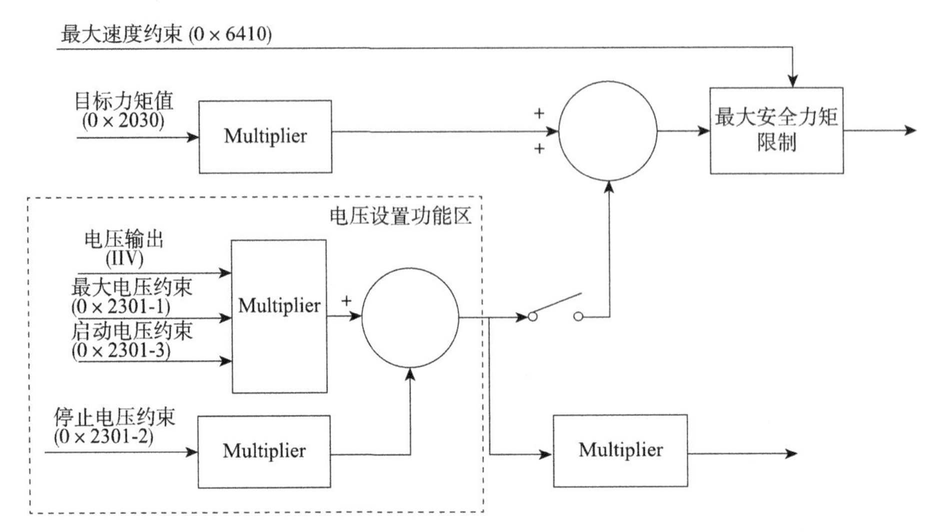

图 5-5-23　电机扭矩模式软件控制逻辑图

知患者的运动意图,平衡患者和机械臂的重力以及纠正患者的运动动作,实现所有功能的关键是各关节最终扭矩的输出。因此,主控运算需要将所有运算后的扭矩输出值叠加成电机最终的扭矩输出,需采用电机驱动的扭矩(电流)模式作为主动运动模式电机控制方式。如图 5-5-23 所示,为电机扭矩模式软件控制逻辑图,需要分别配置驱动器运行的模式,目标电流值、电压值、运行速度等参数并进行规划,程序实现如下:

```
void Current_mode(u8 node,u32 TargCurrent)
{
SDO_sent(CANObject,node,0x6060, 0x00,1, 0,0xfD,0);
SDO_sent(CANObject, node, 0X6410, 0x01, 2, 0, 2000, 0);//Continuous Current Limit
SDO_sent(CANObject,node,0X6410, 0x04,4, 0,8000,0);// Max. Speed in Current Mode
SDO_sent(CANObject,node,0X6410, 0x05,2, 0,40,0);// Thermal Time Constant Winding
SDO_sent(CANObject,node,0x6040, 0x00,2, 0,6,0);//Controlword (Shutdown)
SDO_sent(CANObject,node,0x6040, 0x00,2, 0,15,0); //Controlword (Switch on &Enable)
SDO_sent(CANObject, node, 0X2030, 0x00, 2, 0, TargCurrent, 0);//Setting Current
}
```

该函数有两个输入参数,分别为 node,以表示目标电机号;TargCurrent,以表示目标电流值。启动力矩模式后,控制系统不需要每次都调用该函数来配置电机,而只需在 100 ms 定时中断时将最新计算的电流发送至对应电机的驱动器中,即可实现整个主动运动训练模式的控制。

（三）被动训练功能软件实现方法

多功能康复手的被动训练模式使用在偏瘫患者急性康复期时使用，由于在该时期时，患者患侧处于软瘫状态，所以多功能康复手的主要功能是通过主控运算系统，根据康复医学理论基础和康复医师的意见，设定适合急性康复期偏瘫患者的上肢运动动作，包括单关节运动和多关节联动等。

综上所述，多功能康复手的被动训练模式软件设计主要是将已经规划好的各轨迹方程在每个时刻各关节的具体角度计算出来，然后转换为驱动器所能“明白”的控制指令，最终各电机驱动器接收主控运算指令后，执行相应功能来实现整个多功能康复手的被动运动功能。

因此，在主控运算单元软件设计时，由于主要功能是运动轨迹的复现，即需要在每一时刻都知道各个关节的角度位置，并需要对关节电机的速度和力矩进行约束，因此本功能模式的软件实现首先需要设定一个 100 ms 的定时器，并在没达到 100 ms 时计算该时刻每个关节的角度值，最后通过电机的位置模式，实现整个关节运动轨迹的复现。图 5-5-24 表示电机驱动位置模式配置逻辑图。

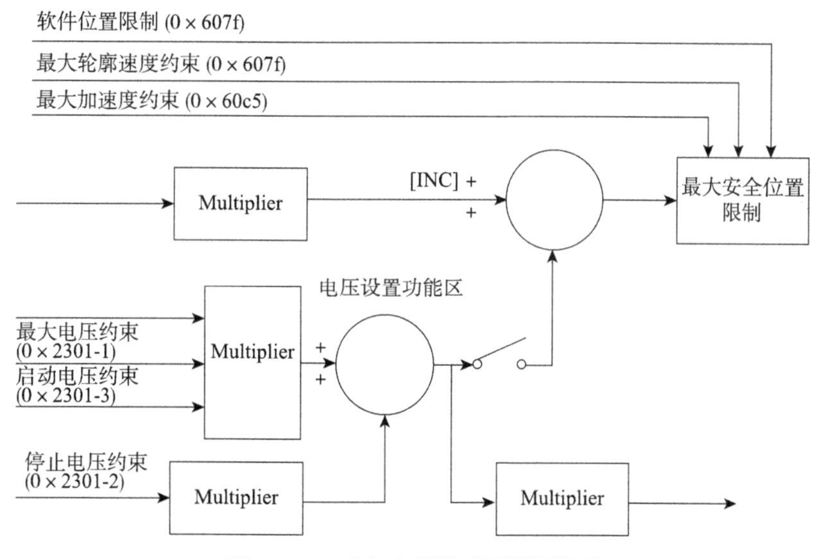

图 5-5-24　电机位置模式配置逻辑图

该函数为电机的位置模式配合函数，主要有两个输入参数，分别为 node，为待配置模式的电机驱动号；TargValue，为待设定的目标位置值。同理启动电机位置模式后，不需要每次都重新配置位置模式，只需要在 100 ms 中断后将各关节最新计算的位置发送至对应关节的目标电机，完成整个被动运动训练模式功能。

(四) 助力训练功能软件实现方法

多功能康复手的助力模式用于偏瘫患者的早期康复,该康复时期,患者有微弱的屈肌和伸肌能力,但多为共同运动。助力模式的主要功能是检测患者的运动意图,并为患者想要运动的方向提供助力,同时由于患者可能存在肌肉痉挛的情况,助力训练模式时也需要检测患者的痉挛情况。

助力模式的软件实现与主动模式软件实现类似,主要采用电机的力矩模式,实时控制目标电机的输出电流。但与主动训练模式的不同之处是,助力训练模式不仅需要控制系统识别患者运动意图,还需要为患者提供一定的助力。

助力的大小和患者运动意图的强弱成线性关系,公式如下:

$$T_v = K_p(T_y + T_b) \tag{5-5-24}$$

其中,K_p 为比例系数,该值需要通过实时调试经验获得,T_y 为患者运动意图力矩输出量,T_b 为系统克服患者手臂和机械臂的重力所需输出的力矩量。软件实现程序如下所示:

```
Motor1_current=(50-reUpRobot_data.Node1_Position) * Kp_1;
Motor3_current=(reUpRobot_data.Node2_Position-Motor3_value_last) * Kp_3;
Motor2_current=(reUpRobot_data.Node3_Position-Motor2_value_last) * Kp_2;
if(Motor2_current>0) Motor2_current=Motor2_current+((reUpRobot_data.Current_state_motor2.CurrentPosition/4500)-80) * 15;
else Motor2_current=Motor2_current * 0.6;
if(((reUpRobot_data.Current_state_motor2.CurrentPosition/4500)-80)<=0)
Motor2_current=0;
Motor3_current=Motor3_current+((reUpRobot_data.Current_state_motor2.CurrentPosition/4500)-80) * 6;
```

在软件实现程序中,Kp_1、Kp_2、Kp_3 分别为三个关节电机助力的比例系数,reUpRobot_data.Node1_Position 为传感器采集的患肢运动意图的实时采集值,Motor1_current 为关节 1 电机的输出电流。3 个电机每 100 ms 更新一次目标电流值,实现整个助力模式下的助力功能。

(五) 示教训练功能软件实现方法

示教训练模式主要用于康复训练过程中,需要对患者某些患侧关节实现一些特殊的康复训练动作,因此需要康复医师根据患者患侧的情况示范一些针对性的动作。此时,多功能康复手首先需要"记住"康复医生的示教动作,然后再将示教动作复现出来。

综上所述,示教功能的软件实现首先需要记录示教轨迹,即记录示教过程中每一时刻各关节电机的角度值,主控运算单元中断触发记录 20 次各关节角度值,并存入数据存储表中。当轨迹示教完成后,主控运算单元通过 200 ms 中断定时,将数据存储表中各关节角度信息取出,并发送至各电机驱动,复现整个运动轨迹。关节 1 电机轨迹记录实现程序如下:

```
for(i=0;i<20;i++)
```

```
{
reUpRobot_. Track_record1. Tack_angle1[i]=Moter1_Current_state. CurrentPosition;
reUpRobot_. Track_record1. Tack_angle2[i]=Moter2_Current_state. CurrentPosition;
reUpRobot_. Track_record1. Tack_angle3[i]=Moter3_Current_state. CurrentPosition;
}
```

程序中 reUpRobot_data. Track_record1. Tack_angle1[i]为关节 1 轨迹位置记录数值。存储在主控运算单元栈区申请的储存空间内。待运行完毕后，栈区申请的空间才会被释放。

六、上位机调试界面研究

基于轮椅平台的上肢康复训练与辅助机器人设计了多种人机交互方式，上位机终端控制就是其中之一。为了更好地设计友好的人机交互界面以及对上位机数据进行处理，本案例设计选择 VS2010 IDE 软件编程环境，如图 5-5-25 所示。利用 MFC 封装的 USART 类和自带的空间类，开发了基于自定义协议 CANOPEN－USART 的上位机控制软件，采用蓝牙协议来传输数据，实现与基于轮椅平台的上肢康复训练与辅助机器人的无线通信，从而达到无线终端人机交互的目的。本小节主要讨论上位机软件设计过程和实现方式。

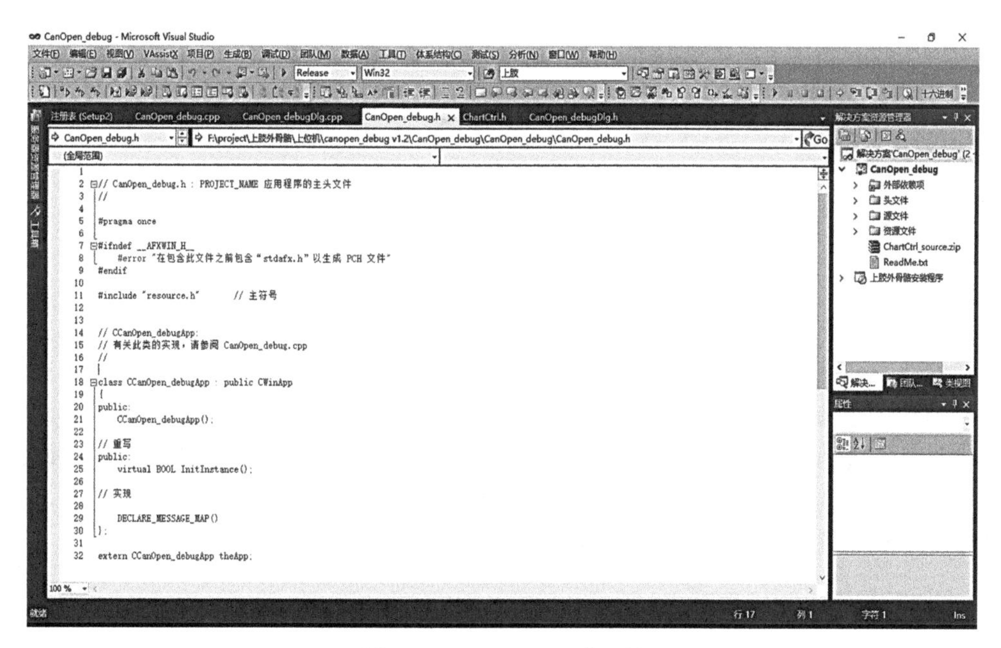

图 5-5-25　VS2010 开发环境

(一) 上位机软件通信组件设计

要实现上位机与多功能康复手(以下用下位机代替)的数据通信，首先就是要建立上位机与下位机的通信通道，上位机最常用的通信通道就是串口，在 Windows 系统中可以利用通信驱动程序(COMM. DRV)调用 API 函数发送和接收数据，在 mfc 中可以直接通过内部通信控件或声明调用 API 函数。本设计采用通用的微软控件 MSComm 实现通信接口，可以通过串行端口(Serial Port)传送和接收数据。此外，该控件支持事件驱动方式处理接收的数据，即每当新的数据到来时，MSComm 控件将触发 OnComm 事件，当应用程序捕获该事件后，可以通过查询 MSComm 控件的 CommEvent 属性来确认所产生的事件或错误，并进行对应的操作，这种方式可以让整个上位机软件响应速度更快，可靠性更高。

建立上位机通信组件的第一步是注册 MSComm 控件，MSComm 控件需要先从官网下载后存放在项目目录下，双击. bat 批处理文件即可注册 MSComm 控件，然后添加 MSComm 控件以及对应空间变量，配置串口信息并打开串口，最后实现串口数据读写，实现界面窗口如图 5-5-26 所示。

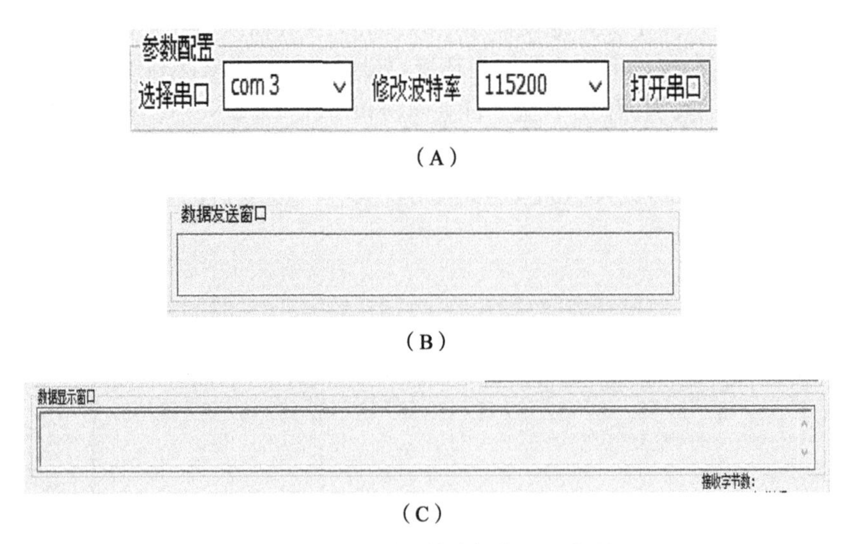

图 5-5-26　通信组件选择窗口示意图

在图 5-5-26(A)中显示了串口选择和传输波特率选择及打开串口按钮交互界面，图 5-5-26(B)是数据发送显示窗口，图 5-5-26(C)是数据接收显示窗口。通过这三个窗口可以选择上位机的串口接口和串口的通信速度，串口通信传输默认设为 8 位，无奇偶校验位，1 位停止位。通过数据发送窗口可以看到上位机发送至下位机的数据帧内容，通过数据显示窗口可以查看上位机接收到下位机发送过来的数据内容。

(二) 上位机软件界面设计

上位机软件界面设计是建立在通信组件基础上完成的。根据基于轮椅平台的上肢康复训练与辅助机器人的功能需求依次增加人机交互按钮控件和数据显示控件，整体界面设计如图 5-5-27 所示。

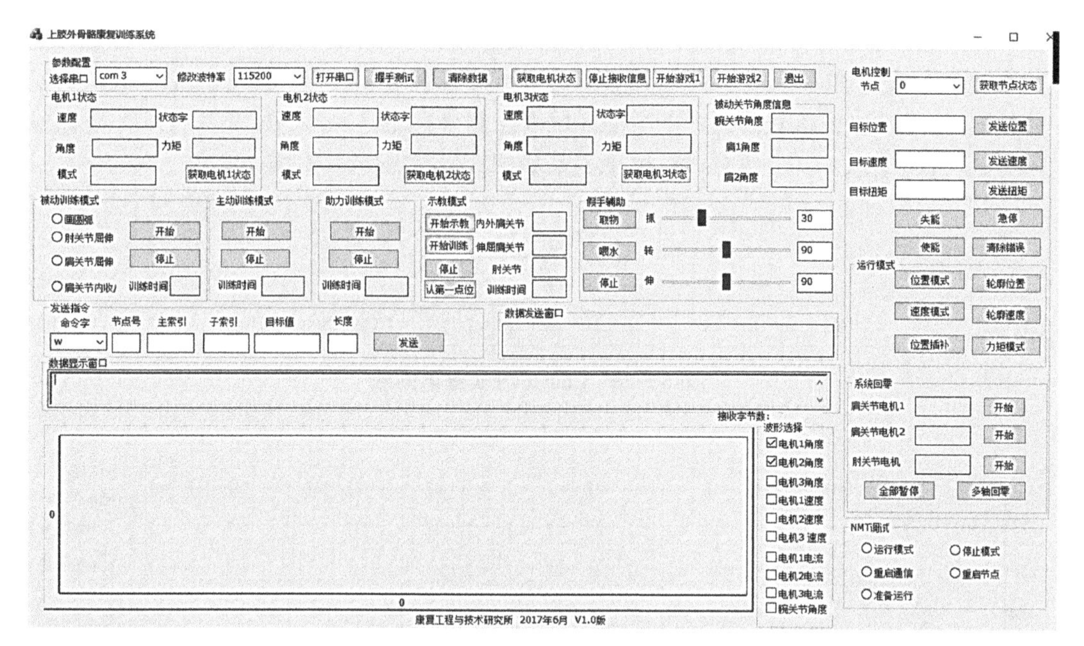

图 5-5-27 上位机人机交互界面

整个人机交互界面由 MFC 对话框、剪辑框、按钮控件、组合框控件、标签控件组成，实现下位机康复训练模式的功能配置、上肢功能代偿配置、训练控制等功能，同时采用剪辑框来显示下位机各关节的角度、速度、力矩等状态参数，以实现显示功能。此外上位机软件根据第一小节中所设计的通信协议，可以通过下位机对每一个关节的驱动器实现单独控制、调试以及参数的读取，同时也可以控制下位机实现每个驱动器的联合管理和调试。

(三) 上位机软件波形显示设计

为了更直观地反映出各关节角度、速度、力矩以及传感器参数的变化，需要在人机交互界面上增加波形显示。查阅相关资料可见，在 MFC 上实现图形绘制的方法有很多种，较为普遍的是 C++ GUI 绘图控件，该控件是由 TeeChart 类封装而成，可以绘制折线图、柱状图以及动态曲线。考虑到基于轮椅平台的上肢康复训练与辅助机器人整个运动控制的实现，上位机软件显示的波形图要有较高的响应速度。本设计采用高速绘图控件(High-SpeedCharting)来替代传统的 TeeChart 绘图控件，该控件与 TeeChart 空间的绘图方式和操作风格类似，其内部所有的控件都封装成类的方式，功能扩展性很强。接下来简单介绍在 MFC 上采用 High-SpeedCharting 空间来实现图形绘制的方法和步骤。

首先在 High-SpeedCharting 官网上下载最新控件类代码，放在上位机软件工程下，后通过 MFC 开发环境导入相关的类文件。考虑波形绘制在上位机软件的显示区域是固定大小，所以不需要改变对话框的大小，因此可采用用户控件(Custom Control)来创建。

由于整个控制系统需要监测的时域内参数情况有多个，每个参数时域图形需要对应一个变量来传递该时刻的参数值。此外，为了更加直观地观察待监测参数在时域内的变化情况，需要在上位机软件的图形绘制区域内绘制坐标轴，ChartCtrl 类共有 3 种坐标显示方式，都是继承 CChartAxis 类，继承关系如图 5-5-28 所示。

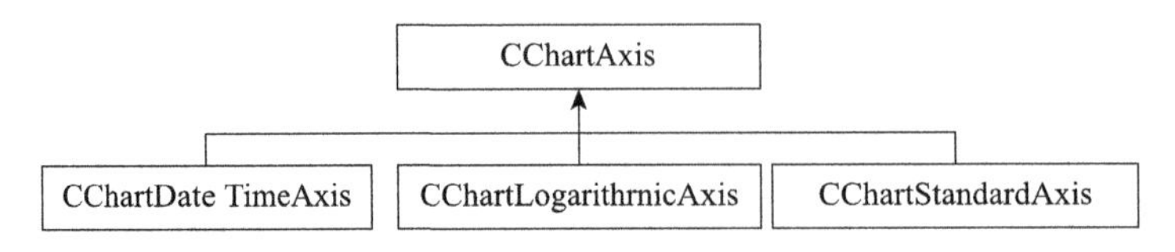

图 5-5-28　ChartCtrl 类继承关系

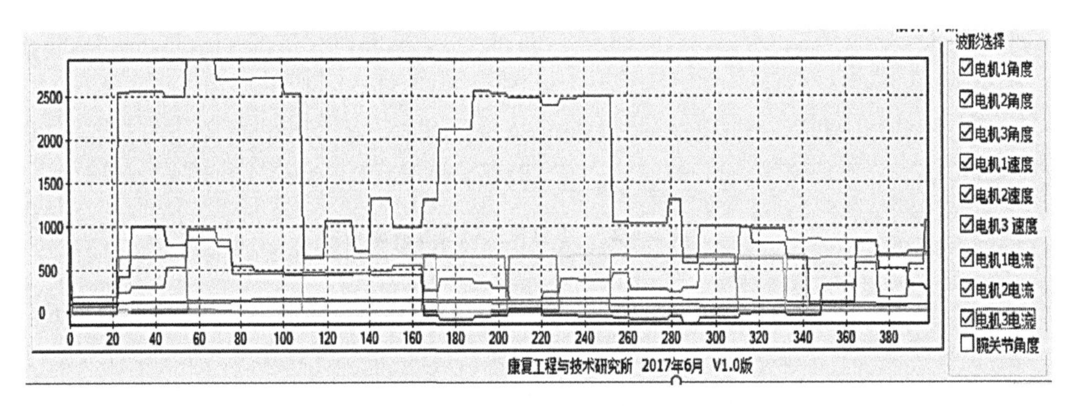

图 5-5-29　实现动态曲线的绘制图

完成坐标的绘制后，在该坐标的基础上绘制线图。通过调用函数 CChartCtrl 的 CreateLineSerie()函数创建一个线图，该函数返回该参数的指针 CChartLineSerie，最后通过调用 AddPoints 函数把 double 数组的数据绘制出来。由于上位机软件检测的是系统在运行过程中的状态变化，因此对于每个参数的图形采用动态绘制。当新的数据到来后，将数据存入对应的 double 数组中，并将之前的数据向前移动一位，即可实现动态曲线的绘制，如图 5-5-29 所示。

第六节　系统集成与测试

本节主要是在对基于轮椅车平台的上肢康复机器人的机械结构与控制系统进行实验室样机集成试制的基础上，对其安全性和可靠性进行实验测试。通过测试，可以对上肢康复机器人的各个功能模块进行验证，同时可以及时发现问题并处理，有利于后续改进。

本节将对机器人的几个基本功能进行实验测试，包括每个主动关节的角度活动范围、力交互功能效果、康复功能的实现效果以及上肢功能代偿效果等功能测试。

一、实验样机试制

本案例根据前面设计的轮椅式上肢康复机器人的机械与控制系统零部件进行加工，并最终进行集成总装成实验样机，实验样机主要包括智能轮椅、康复机械臂、末端仿生手和电气控制系统等模块，图 5-6-1 为基于轮椅平台的上肢康复训练与辅助机器人实验样机实物图。

根据功能需求，该实验样机完成了完整的控制系统测试，实现了多功能康复手的单关节控制、多关节联动控制、轨迹规划、仿生手操作控制以及多种人机交互功能。

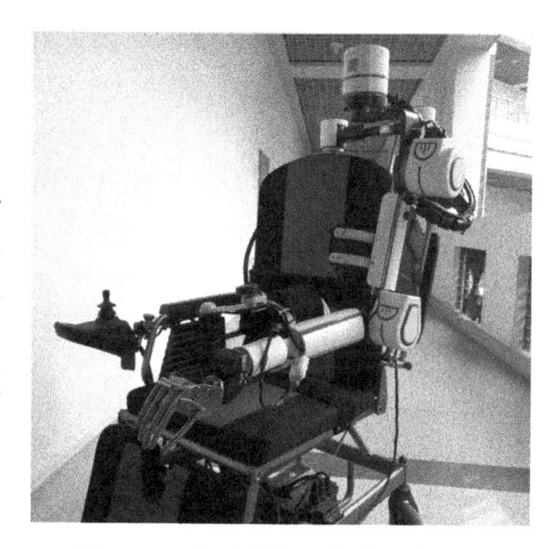

图 5-6-1　基于轮椅平台的上肢康复训练与辅助机器人

二、关节活动度实验

为了更好地验证此康复机器人机械结构设计是否满足要求以及保证患者穿戴多功能康复手臂做康复训练时的安全性，需要对基于轮椅平台的上肢康复训练与辅助机器人的各关节角度运动范围进行实验测试和验证，具体方法如下。

在康复训练时，根据使用者的患侧是左手还是右手，调节上肢康复机器人机械臂到相应的一侧。使用者将患侧穿戴于上肢外骨骼康复机器人机械臂，根据使用者各关节手臂的长短调节机械臂各关节的长度至完全贴合患者手臂。将前臂和上臂通过绑带分别固定患者的前臂和上臂，患者手握机械臂握柄，调节上肢康复机器人背部升降台以适应患者在舒适坐姿下的背后高度，如图 5-6-2 所示。

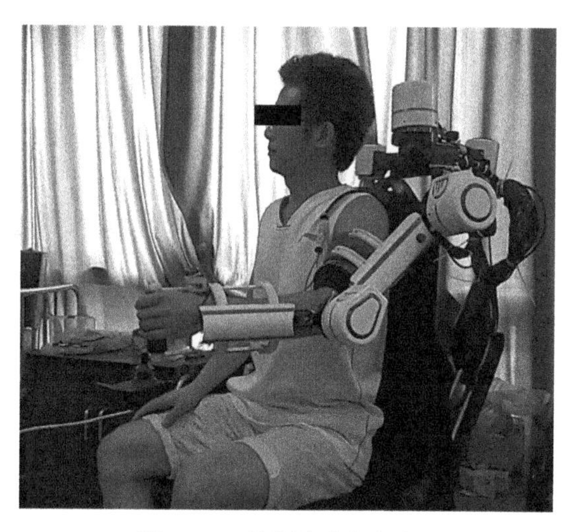

图 5-6-2　关节活动度实验图

实验者穿戴基于轮椅平台的上肢康复训练与辅助机器人，配置成主动康复训练模式，同时佩戴德常人体运动关节角度测量仪，分别进行肩关节屈伸、肩关节内收外展、肘关节屈伸运动，并通过串口通信，将基于轮椅平台的上肢康复训练与辅助机器人的主控运算单元实时生成关节的运动角度信息并制成 Excel 表格，同时与德常人体运动关节角度测量仪的数据对比，对比实验结果如图 5-6-3 所示。

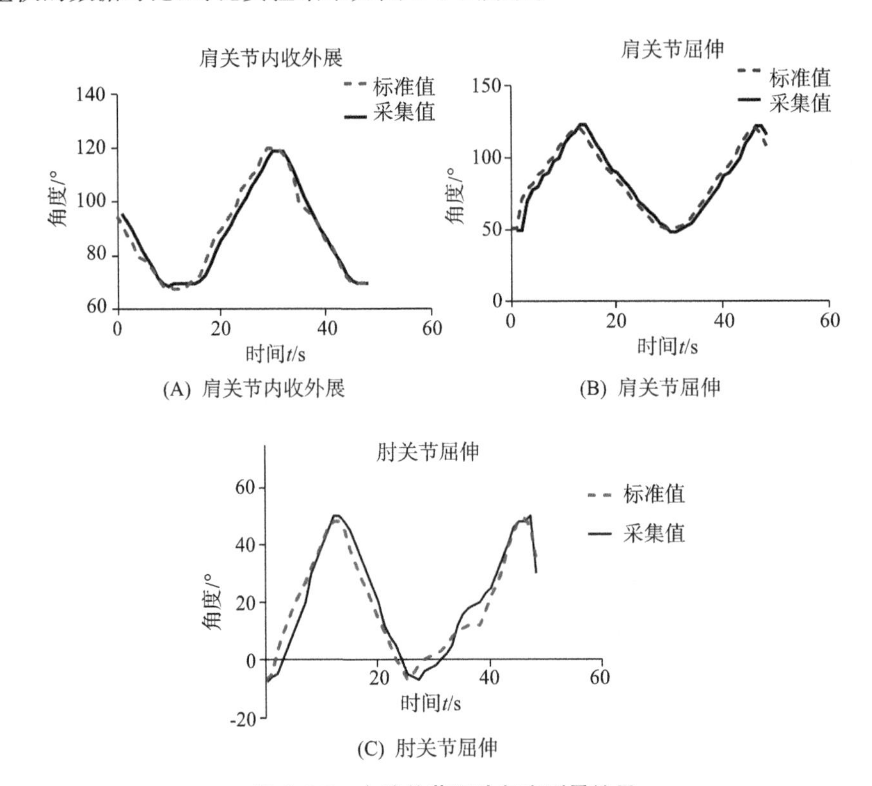

(A) 肩关节内收外展　(B) 肩关节屈伸

(C) 肘关节屈伸

图 5-6-3　主动关节运动角度测量结果

由图 5-6-3 可以看出康复机器人各关节的运动角度与正常人体运动关节角度测量值准确度为 96.43%，且可以很明显地观察出肩关节前屈和后伸最大的角度分别为 130°和 30°，肩关节内收和外展的最大角度分别为 30°和 75°。肘关节前屈和后伸的最大角度分别为 50°和—10°，实验结果统计如表 5-6-1 所示。

表 5-6-1　上肢外骨骼康复机器人驱动关节运动范围

关节	前屈/°	后伸/°	外展/°	内收/°	内旋/°	外旋/°
肩关节	130	30	70	30	*	*
肘关节	120	5	*	*	*	*
腕关节	50	—10	*	*	*	*

将此数据和正常人上肢关节活动方位对比，可知使用此上肢康复机器人的各关节的活动范围都在人体正常范围之内。此外，为防止使用者肌肉挛缩上肢被过度牵张而造成

损伤以及其他意外状况，上肢康复机器人的各关节角度运动方位都设计为正常人的上肢的运动范围的 66.67%～88.13%。

三、力交互性能实验

基于轮椅平台的上肢康复训练与辅助机器人采用了力交互技术，其交互性能关系到机器人的康复训练模式实现的质量。力交互性能主要受到关节电机力矩相应性能、重力平衡性能和力反馈性能的相互影响。本实验以电机力矩响应性能为基础，在最佳的力矩响应下，逐次叠加关节重力平衡控制和力反馈控制，最终通过实验调试，使多功能康复手的力交互性能达到最佳的状态。

（一）力矩响应性能实验

关节的力矩响应性能直接影响到多功能康复手的力交互性能的实时性，力矩响应的实验环境需要用到电机驱动配套的上位机软件，通过 USB 转串口的方式与电机驱动连接。连接成功后可通过数据记录功能(Data Recording)选择需要的电机驱动参数进行频域内数据监测，并配置成触发模式(当输出力矩有响应了即开始记录数据)，如图 5-6-4 所示。通过主控运算单元分别设置待测试电机为电流驱动模式，并分别设置目标力矩为 1 N·m、2 N·m、5 N·m、8 N·m，并同时在上位机软件上直接读取电机驱动的响应电流，整理的测试结果如图 5-6-4 所示。

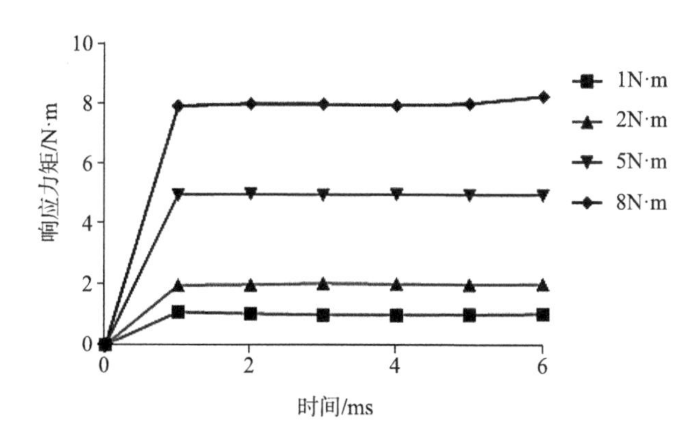

图 5-6-4　力矩响应性能实验结果

由图 5-6-4 可知，当主控运算单元设置目标电流后，输出的力矩在 1 ms 的时间内达到目标输出力矩，并保持稳定，可以确定主控运算单元在力矩模式下的响应时间为 1 ms，响应性能良好，符合康复机器人训练要求。

（二）电机 PID 参数调节实验

多功能康复手的康复训练模式主要有主动、被动和助力训练模式，每种训练模式控制的准确性和稳定性都建立在电流环、速度环和位置环的最佳参数调整上。因此，实现基本功能的前提是每个关节的电机三环系统调试最佳的整定参数，本实验主要介绍肩关节屈伸时电机三环参数调整实验。

在电机工作过程中，电流环是电机内部基础闭环控制，电机的速度、位置以及力矩控制都需要采用电流环来控制，电流环的输入参数与电流环的反馈参数进行比较，并在电流环内做 PID 调节后再重新作为电机电流的目标输出电流，电流环的输出值控制的是电机内部线圈每相的相电流，而反馈电流是驱动器内部对每相电流检测的霍尔元件检测值。电流环的参数调整直接影响到速度环、位置环以及电机力矩的输出响应时间。

电流环的 PID 参数调整实验环境为驱动器配套上位机软件和已组装好的多功能康复机械臂和电机驱动。每个电流环根据不同的机械结构和负载情况有所不同。因此，为了更好地确定电流环参数，应将机械臂于自然状态下调整到最佳的输出响应和输入响应，如图 5-6-5(A)所示。

速度环的参数调试方式与电流环相同，电流环主要做比例增益调整和积分处理，速度环的反馈参数为电机内部增量式编码器通过速度运算调整后得到，图 5-6-5(B)显示了调整后的速度环的阶跃响应效果图。

位置环的参数调试与前两者相同，位置环主要做比例增益调整，输入参数为外部秒冲，位置反馈值也是由电机内部编码器提供，位置控制通常需要与运动速度和电流环同时控制，系统运算量较大，动态响应较慢。图 5-6-5(C)显示了调整后的位置环的阶跃响应效果图。

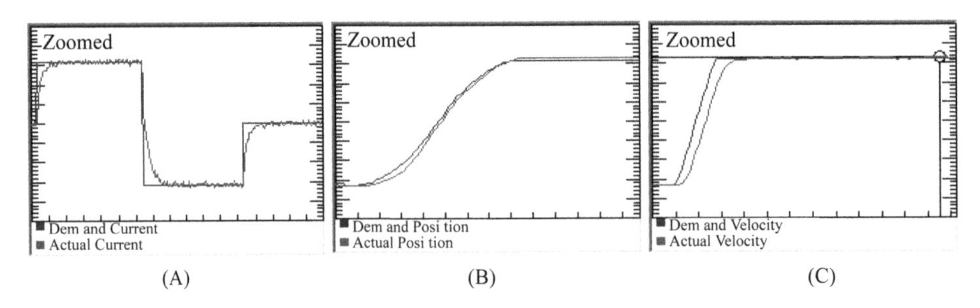

(A) (B) (C)

图 5-6-5 肩关节屈伸电机电流环阶跃响应图

根据三个环的阶跃响应曲线，最终确定电流环、速度环和位置的参数，如表 5-6-2 所示。

表 5-6-2 肩关节屈伸电机 3 环参数表

闭环项	比例增益 P	积分处理 I	微分处理 D
电流环	1 203	562	87
速度环	890	254	*
位置环	476	*	78

(三) 重力补偿性能实验

重力补偿性能是建立在良好的力矩响应和最佳的 3 环参数的基础上，重力补偿性能直接影响到患者做康复训练时的训练效果。因此重力补偿的实验调试与验证是基于轮椅平台的上肢康复训练与辅助机器人的重要研究内容之一。

重力补偿的实验平台为基于轮椅平台的上肢康复训练与辅助机器人和其对应的上位机软件。首先将基于轮椅平台的上肢康复训练与辅助机器人配置成主动运动模式，通过手动助力将康复机械臂的肘关节固定在0°位置，肩关节屈伸电机从初始位置0°逐渐向前调节至前屈130°，再后伸至－30°，实验操作如图5-6-6所示，为肩关节屈伸90°位置时的重力平衡效果图。

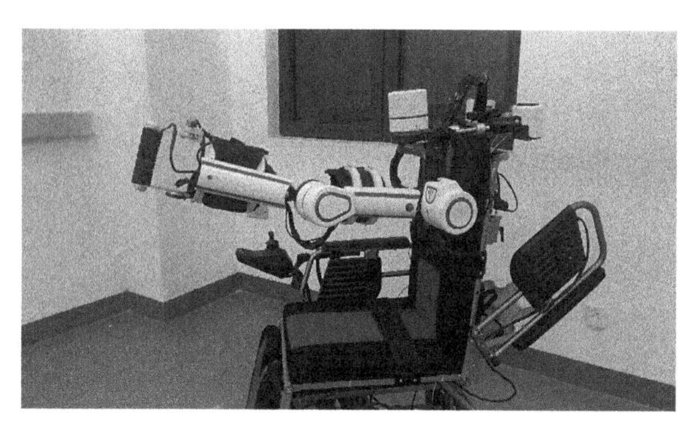

图5-6-6　重力平衡实验

观察机械臂是否在助力消失的情况下保持在相应的角度静止状态，并实时记录电机扭矩输出数据。为了更直观地分析补偿力矩与关节角度的关系，将实验采集的补偿力矩放大10倍，如图5-6-7所示 。

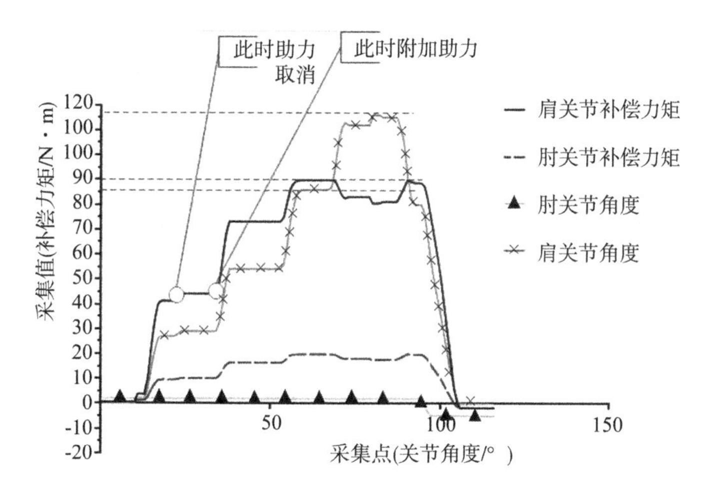

图5-6-7　重力平衡实验数据(一)

分析可知当肘关节固定在0°位置时，随着肩关节前屈的角度增大，重力补偿逐渐增大，当肩关节前屈到85°～90°位置时，肩关节力矩补偿达到最大值，最大补偿力矩为9 N·m。当肩关节继续前屈到115°时，机械臂重心偏移量减小，重力补偿也随之减小。通过数据分析整个过程符合力矩补偿的原理，同时观察在不同位置取消助力时，补偿力矩保持稳定，且各关节角度位置恒定，可以说明重力补偿效果明显。

为了更加合理地测试机械臂重力补偿效果，分别固定肘关节角度在0°、30°、90°、130°，改变不同肩关节前屈后伸的角度，并固定肩关节角度在40°、90°，改变肘关节不同的屈伸角度，分别观察重力补偿力矩输出情况，并整理记录数据如图5-6-8所示。

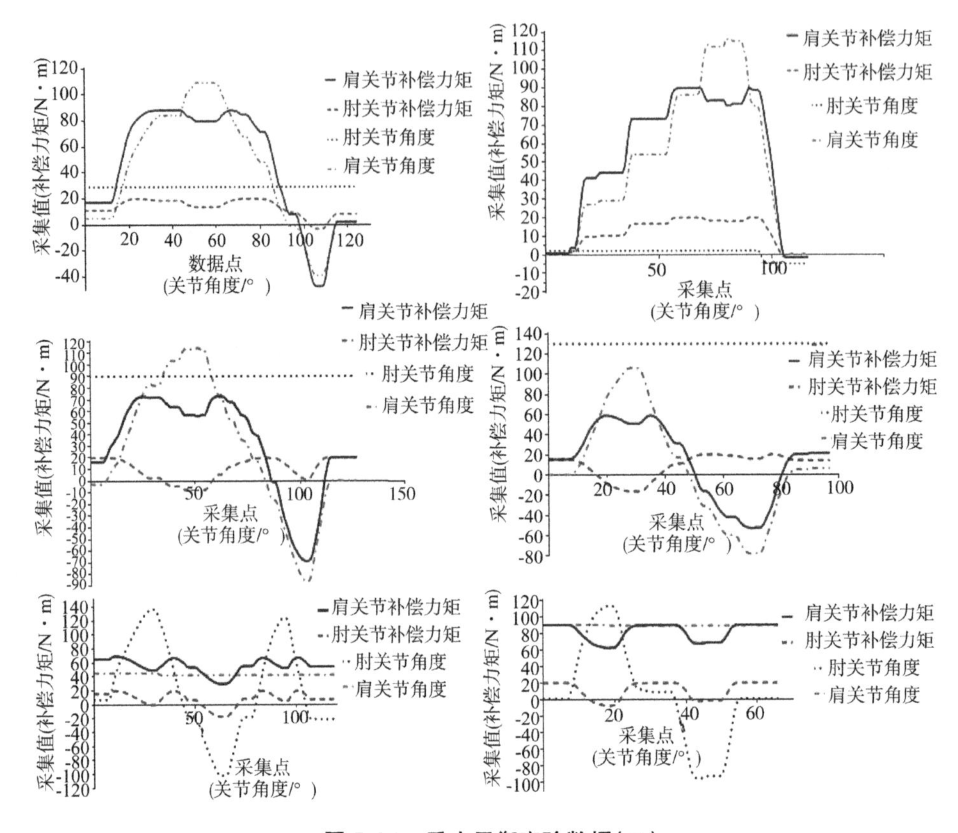

图 5-6-8 重力平衡实验数据(二)

分析实验结果可知，康复机械臂肩关节伸屈可以在不同位置很好地平衡机械臂的自身重力，力矩输出值和理论计算值的误差随前屈的角度增大而增大，总体平均误差约为3.64%，分析其主要原因是，康复机械臂的上臂和前臂在前屈角度增大的状态下，机械臂的重力施加在电机输出轴的影响逐渐最大，产生的噪声和干扰也会逐渐增大。此外，做重力平衡算法时没有考虑到机械臂与电机轴之间摩擦因素的影响，随着重力对电机轴的作用增大，机械臂和电机轴的摩擦力也随着增大。通过多次实验，虽然重力平衡存在误差，但对整个康复训练并没有影响，因此康复机械臂的重力平衡效果满足设计要求。

(四) 力反馈性能实验

力反馈是建立在康复机械臂重力平衡性能良好的基础之上，用于帮助患者做助力康复训练，主要验证的功能指标是当机械臂受到外力作用时能否及时做出响应，且运动方向与外力相同，大小由助力灵敏度参数与作用外力大小共同决定。

实验平台主要为基于轮椅平台的上肢康复训练与辅助机器人和上位机软件，首先将多功能康复手配置成助力模式，分别将肩关节屈伸角度调至 0°、前屈 30°、前屈 60°、前屈 90°、前屈 130°及后伸 15°、后伸 30°，在静止状态下，分别对 2 个方向用拉力测量仪助力，同时记录上位机的输出扭矩，对比分析结果如图 5-6-8 所示，力反馈性能实验示意图如图 5-6-9 所示。

分析在肩关节自然伸屈状态下，对肘关节的力反馈和肘关节为 0°自然屈伸的状态下对肩关节的力反馈的数据做了整理并分析，结果如图 5-6-10 所示。

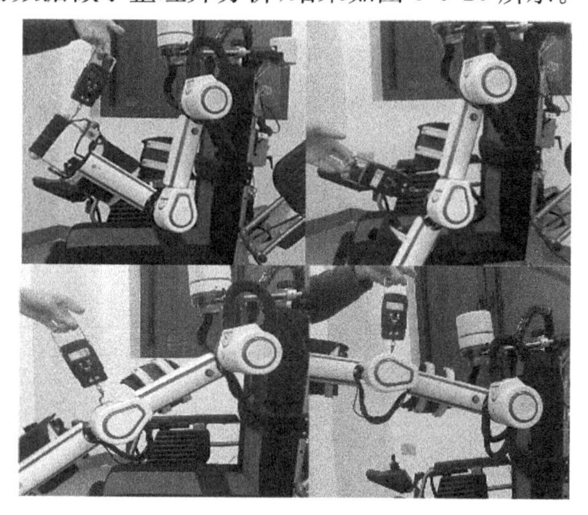

图 5-6-9　力反馈性能实验示意图

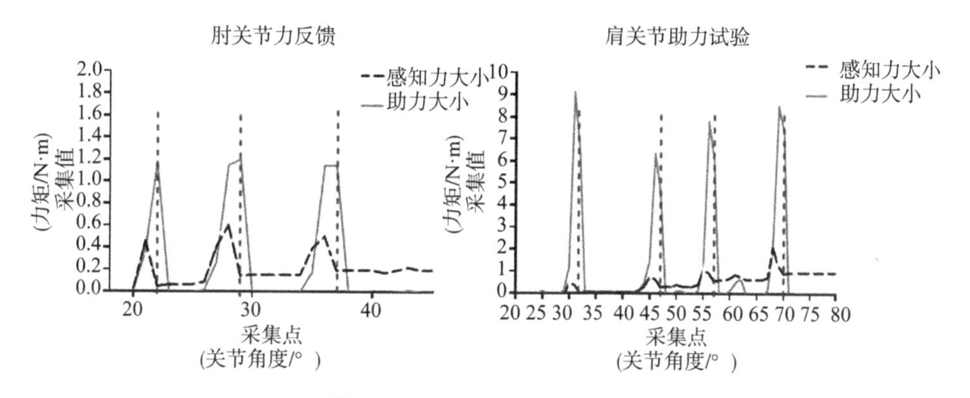

图 5-6-10　力交互实验数据曲线

在图 5-6-10 中左图为肘关节力反馈实验结果图，由分析可知，当肘关节伸屈位置处于 0°时，即机械臂重力补偿为 0，电机输出扭矩为 0，随着正方向助力的增大，电机输出扭矩增大，当助力减小时，电机输出扭矩达到最大值 1.2 N·m，助力减小为零时，电机输出扭矩开始逐渐减小，最后电机扭矩助力减小为零。同理分别分析肩关节在其他的位置的实验数据，整理后如表 5-6-3 所示。

表 5-6-3　力交互实验结果

肩关节伸屈角度	最大触发作用力/N	触发前输出力矩/N·m	最大助力输出力矩/N·m	稳定时输出力矩/N·m
0°	0.45	0	9.87	0
0°	−0.48	0	−9.56	0.4

续表5-6-3

肩关节伸屈角度	最大触发作用力/N	触发前输出力矩/N·m	最大助力输出力矩/N·m	稳定时输出力矩/N·m
前屈 30°	0.55	0.45	10.21	0.56
前屈 30°	−0.46	0.46	−9.87	0.32
前屈 60°	0.59	0.74	10.12	0.86
前屈 60°	−0.54	0.74	−9.40	0.63
前屈 90°	0.48	0.89	10.05	0.75
前屈 90°	−0.44	0.88	−9.87	0.76
前屈 130°	0.41	0.78	10.15	0.72
前屈 130°	−0.48	0.76	−9.90	0.85
后伸 15°	0.39	−0.24	10.00	0.12
后伸 15°	−0.45	−0.23	−9.84	−3.54
后伸 30°	0.37	−0.45	9.87	−1.25
后伸 30°	−0.48	−0.42	−10.24	−0.56

由以上数据分析可知，在做助力康复训练时，正向最大触发作用力的平均值为0.46 N·m，反向触发力矩为0.55 N·m，基本不受肩关节的位置和作用力的方向影响，检测到电机最大输出力矩明显比最大触发作用力要大，且比稳定时触发力力矩在正向作用力时要大，主要原因是当电机检测作用力助力时，肩关节的位置发生改变，此时机械臂的重力对肩关节电机的作用力大。通过分析可知，该多功能康复手的力交互性能符合上肢康复机器人设计要求。

四、上肢代偿功能实验

上肢代偿功能实验平台主要为基于轮椅平台的上肢康复训练与辅助机器人和不同形状的物体，本实验主要测试多功能康复手帮助患者在固定位置取物后，通过机械臂转移到另一位置，并分别对不同形状厚度的物体进行抓握测试，如图 5-6-11 至图 5-6-13 所示。

图 5-6-11　取乒乓球实验

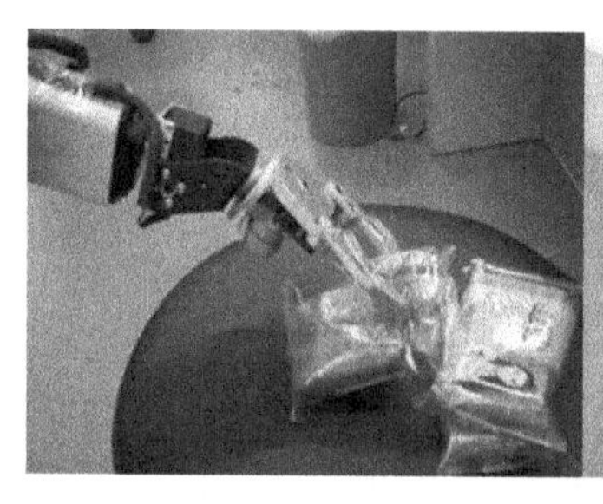
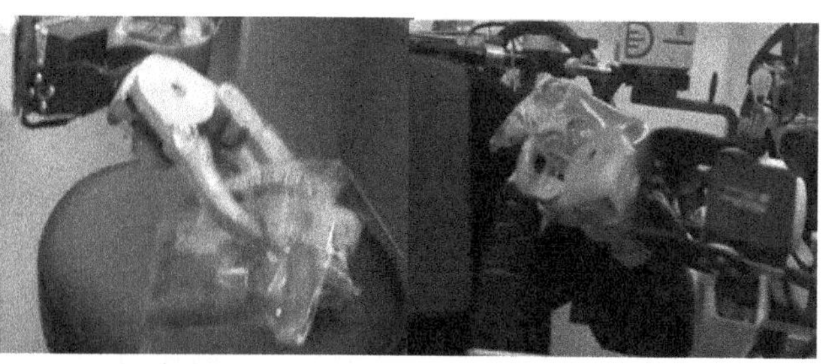

图 5-6-12 取软体面包实验

图 5-6-13 抽纸巾实验

图 5-6-11 至图 5-6-13 分别展示了康复手取球形物体、软体食物、纸巾的实验图，为了更加合理地验证基于轮椅平台的上肢康复训练与辅助机器人的上肢代偿功能稳定性，分别对四组实验重复 50 次，记录每次代偿的完成时间、成功次数、成功率，如表 5-6-4 所示。

表 5-6-4 上肢功能代偿数据

物品	完成时间/s	成功次数	成功率
乒乓球	62	45	90%
软体面包	58	46	92%
水杯	63	46	92%
纸巾	60	48	96%

根据表 5-6-4 数据可知，基于轮椅平台的上肢康复训练与辅助机器人的代偿功能可以准确地完成不同形状和厚度的物体的抓取，准确率均在 90%以上，其中球形物体乒乓球准确率最低，主要原因是放松手指在抓取乒乓球时乒乓球容易滚动，导致抓取失败。同时每次完成动作的时间都非常稳定，误差在 1%左右，符合基于轮椅平台的上肢康复训练与辅助机器人的设计要求。

参考文献

[1] 曹电锋. 一种 7-DOF 外骨骼式上肢康复机器人的设计与研究[D]. 镇江：江苏大学，2014.

[2] 王茜. 二自由度康复训练机器人系统的设计[D]. 南京：东南大学，2014.

[3] Riener R, Nef T, Colombo G. Robot-aided neurorehabilitation of the upper extremities [J]. Medical and Biological Engineering and Computing, 2005, 43(1): 2—10.

[4] Mehrholz J, Platz T, Kugler J, et al. Electromechanical and robot-assisted arm training for improving arm function and activities of daily living after str oke [J]. The Cochrane Database of Systematic Reviews, 2008(4):CD006876.

[5] 杨启志，曹电锋，赵金海. 上肢康复机器人研究现状的分析[J]. 机器人，2013，35(5):630—640.

[6] 王露露. 基于轮椅平台的综合康复训练系统研究[D]. 上海理工大学，2017.

[7]王露露，胡鑫，曹武警，等. 可穿戴上肢康复机器人的设计及其运动仿真和动力学分析[J]. 北京生物医学工程，2017，36(2):177-185.

[8] 王峰. 一种基于轮椅平台的上肢康复训练与辅助机器人研究[D]. 上海:上海理工大学，2019.

[9]王峰，喻洪流，李新伟，等. 一种轮椅平台的上肢外骨骼康复机器人的研究[J]. 中国康复医学杂志，2019，34(7):819—823.

[10] 孙玉锡，钱宝娟，于大旭. 浅谈有限元分析在工装设计中的应用[J]. 科技创新与应用，2016，(19):127.

[11]韩德东，魏占国，邵忠喜. 基于 SolidWorks 与有限元理论一种机械臂设计方法的研究[J]. 机械制造与自动化，2013，42(1):85—88.

[12] 王帅，梅涛，赵江海. 新型六自由度机械臂的运动学分析与仿真验证[J]. 计算机工程与设计，2014，35(9):3213—3218.

[13] Halim S, Budiharto W. The framework of navigation and voice recognition system of robot guidance for supermarket[J]. International Journal of Software Engineering and Its Applications, 2014, 8(10):143—152.

[14] 王露露，胡鑫，胡杰，等. 一种上肢外骨骼康复机器人的控制系统研究[J]. 生物医学工程学杂志. 2016，33(6):1168—1175.

[15] 肖承东，王坤东，葛垚，等. 基于 CAN 总线的直流电机控制系统[J]. 测控技术. 2015，34(4):101—104.

[16] 许祥，侯丽雅，黄新燕，等. 基于外骨骼的可穿戴式上肢康复机器人设计与研究[J]. 机器人. 2014，36(2):147—155.

[17] 吴军. 上肢康复机器人及相关控制问题研究[D]. 武汉:华中科技大学，2012.

[18] 刘忠贺. 面向任务的助老助残智能轮椅机器人运动规划[D]. 哈尔滨:哈尔滨工业大学，2016.

[19] Mistry J, Naylor M, Woodcock J. Adapting FreeRTOS for multicores: An experience report[J]. Software: Practice and Experience, 2014, 44(9):1129—1154.

[20] Ferreira J F, Gherghina C, He G H, et al. Automated verification of the FreeRTOS scheduler in hip/sleek[J]. International Journal on Software Tools for Technology Transfer, 2014, 16(4):381—397.

第六章　外骨骼康复手

第一节　外骨骼手概述

一、手功能康复需求

大量的临床实验研究表明，运动制动和肌肉去负荷都会导致明显的骨骼肌废用性萎缩，如果不及时进行合理有效的康复训练治疗，可能会造成患者永久性的肢体运动功能缺失。当今防治肌肉组织废用性萎缩的主要方法有三种：运动功能训练、物理因子治疗以及药物防治。运动及功能训练作为临床上预防和治疗肌肉萎缩的一种主要方法，包括主动训练、助力训练、抗阻训练、被动训练等运动功能训练。合理的运动及功能训练方案能够明显地改善肌肉的综合性能，从而部分或全部恢复患者的肢体功能。

在手功能障碍的康复治疗中，由于手的关节数量多、动作精细程度高，手功能康复治疗成为一个难点。手功能的临床康复治疗应重点关注训练的力度，早期以轻柔、缓慢且不引起不能忍受的疼痛的被动康复训练为宜。经过合理的康复训练后，可达到防止肌腱粘连、关节僵硬的效果，同时还可以促进血液循环，增加关节活动度、牵伸肌肉。对需要康复训练的手功能障碍患者，其手指本身已存在功能障碍，他们往往不能独立完成康复训练。所以为了让患者自主地进行康复训练，有必要制作一种帮助其恢复手部运动功能的医疗保健器械。

近年来随着康复医学和机器人技术的交叉融合，越来越多的外骨骼康复机械手应运而生。根据机械结构的不同，外骨骼康复机械手主要分为刚性和柔性两大类。

上海理工大学是国内研究外骨骼康复手最早的高校之一，相继研发了国际上最轻便的刚性外骨骼康复手、柔性外骨骼康复手等系列外骨骼康复手技术，后面将对其设计分别进行详细介绍。

二、国内外研究现状

（一）刚性外骨骼手

外骨骼机器人是一种典型的人机结合可穿戴机器人。该种机器人可以给使用者提供额外的动力或助力，从而达到增强人体机能的效果。随着传感器技术、材料技术、控制技术、仿生学技术等相关技术的发展，手指康复外骨骼机器人的研究也取得了很多成果，下面将简要介绍国内外目前比较有代表性的手指康复训练机器人的研究现状。

欧盟 NEUROBOTICS 综合项目支持研究了一种 HANDEXOS 手指康复训练机器人，如图 6-1-1 所示。HANDEXOS 机器人由五根独立的手指训练模块组成，每根手指训练模块的指骨均由调节螺钉调节长度，并各自搭载独立的外设驱动模块。HANDEXOS 采用滑轮绳索传动机构实现各根手指各个关节的同步训练动作，该机器人一套完整训练动作由两个步骤完成，一是由外设电机拉动一根绳索并通过滑轮传动实现手指的伸展动作，二是由弹簧拉动另一根绳索通过滑轮传动实现手指的弯曲动作。HANDEXOS 的设计目标是实现拇指 6 个自由度的训练和食指、中指、无名指和小指每根手指的 4 个自由度训练，目前仅初步实现单根手指的训练。

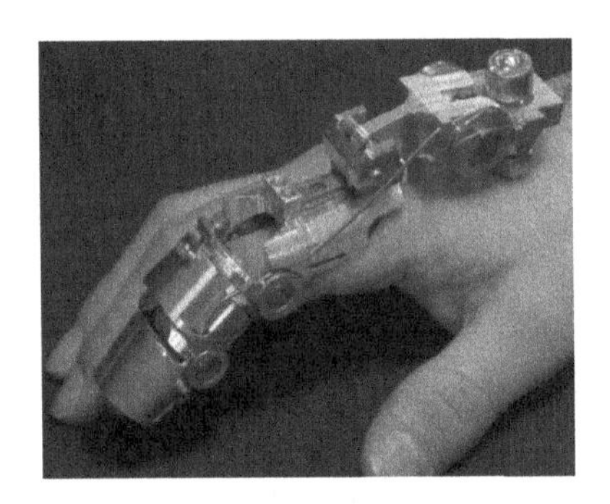

图 6-1-1　HANDEXOS 机器人

图 6-1-2　柏林工业大学手指训练机器人

德国柏林工业大学开发的肌电控制手指外骨骼机器人，如图 6-1-2 所示。该机器人采用的是连杆、齿轮、滑轮、绳索和一个外设驱动电机等机构来实现各根手指的各个关节的同步屈伸训练动作。其具有模块化、轻便、容易贴合变形或重伤的手等特点。该机器人实现了拇指的 2 个自由度训练，包括近端掌指关节（MP）的屈伸和远端指间关节（DIP）的屈伸运动，以及其余四根手指每根手指的 4 个自由度训练，包括掌指关节（MP）的屈伸、近端指间关节（PIP）的屈伸和远端指间（DIP）的屈伸运动、肌电控制系统实现了人机交互的功能，帮助患者自己主动参与康复训练。

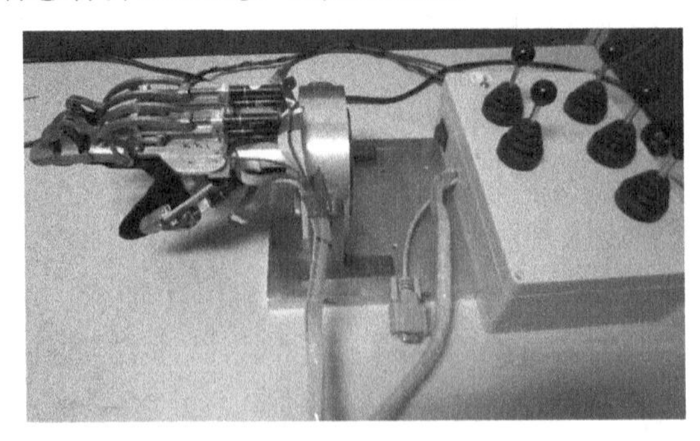

图 6-1-3　浙江大学固定式外骨骼康复训练机械手

国内手功能康复训练设备的研究起步较晚，目前主要有清华大学、香港理工大学、华中科技大学、哈尔滨工业大学、上海理工大学等高校在此领域展开研究。

浙江大学研制的固定式外骨骼康复训练机械手，如图 6-1-3 所示。其动力源固定在手腕支座上，拇指、食指和中指分别与动力源相连，通过电机驱动丝杆螺母获得动力。手部外骨骼通过支撑部分来承担自身重量，因此不会对患者构成负担。该机械手的控制系统通过计算机中的用户界面向硬件 MCU 发送控制电机的工作指令并通过实时创建和更新患者数据库实现了人机交互等功能。硬件中的 MCU 通过执行计算机发出的指令控制机械手中各个电机的电流、速度、位置。该设计分别实现了食指和中指的 3 个自由度屈伸运动，即食指和中指的指掌关节屈曲、近端指间关节屈曲和远端指间关节屈曲，且末端 2 自由度存在耦合关系，以及保留了拇指屈曲运动和内收外展运动。该机械手是一个 8 自由度的三指抓握机械装置。

华中科技大学研制的穿戴式手指康复训练机器人，如图 6-1-4 所示。该机器人采用连杆式外骨骼机械结构，并选用柔顺性好的气动人工肌肉作为驱动器。该机器人系统通过检测患者肢体的肌电信号，并结合角度和力传感器的反馈数据得到患肢状态。机器人在此基础上采用智能控制算法来控制气动人工肌肉的收缩从而辅助患者进行手指康复训练。该机器人还开发了康复评估系统，用于处理康复训练过程中的多传感器数据信息并将结果显示给医师和患者，除此之外还通过增加虚拟现实游戏提高患者参与康复训练的主动性和训练兴趣。

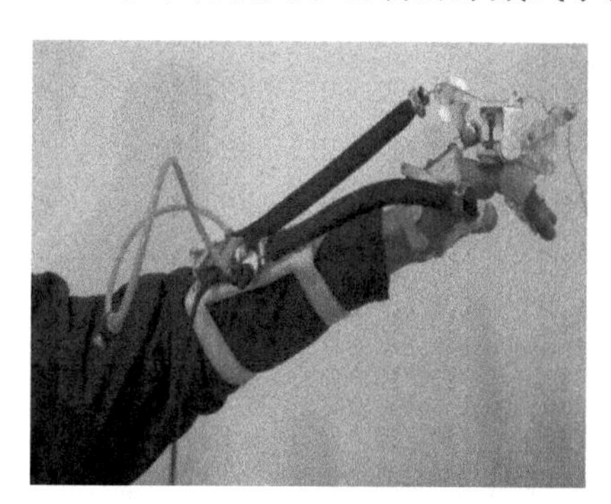

图 6-1-4　华中科技大学穿戴式手功能康复机器人

目前，国内刚性外骨骼手功能训练机器人研究的最早成果是香港理工大学研发的肌动机械手机器人，如图 6-1-5 所示。该机器人采用模块化设计，每根手指均由独立的训练模块控制训练，每个训练模块的机械结构是由连杆、滑槽、杠杆构成，通过微型直线推杆提供动力。该机器人能完成拇指的近端指间关节(PIP)的屈伸训练以及其余四指的掌指关节(MP)和近端指间关节(PIP)的屈伸训练。该机器人有 5 种训练模式：渐进被动训练、连续被动训练、EMG 信号驱动训练、持续 EMG 驱动训练和自主模式训练。作为国内唯一一款已经上市并在部分医院或康复中心得到应用的外骨骼康复训练机械手机器人产品，该机器人显示出该类机器人能够达到很明显的康复效果，表明该类机器人有很好的市场前景。

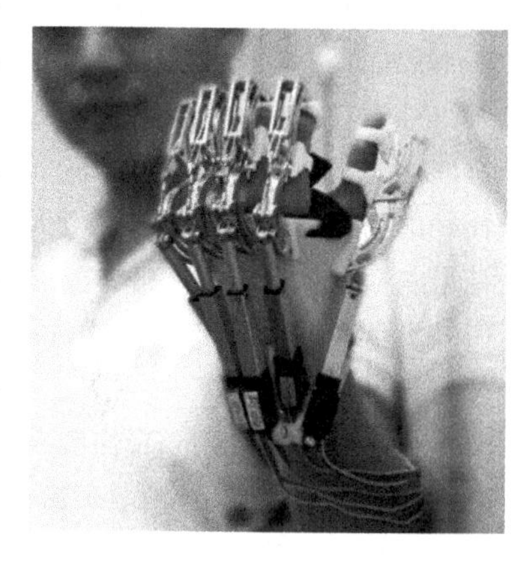

图 6-1-5　香港理工大学研发的肌动机械手机器人

鉴于康复机器人的良好发展前景和社会需求，上海理工大学设计了一种可穿戴式轻质的手外骨骼康复机器人，如图 6-1-6 所示。该外骨骼机械通过欠驱动结构实现手指多自由度运动，使患者可将康复训练设备方便地随身穿戴，在日常生活中穿戴机器人对其日常生活进行一定程度的辅助。此外该外骨骼机器人的控制系统采用肌电信号控制和语音控制两种控制方式相结合，这种多控制模式结合的方式可以更好地适应不同使用者的实际情况。

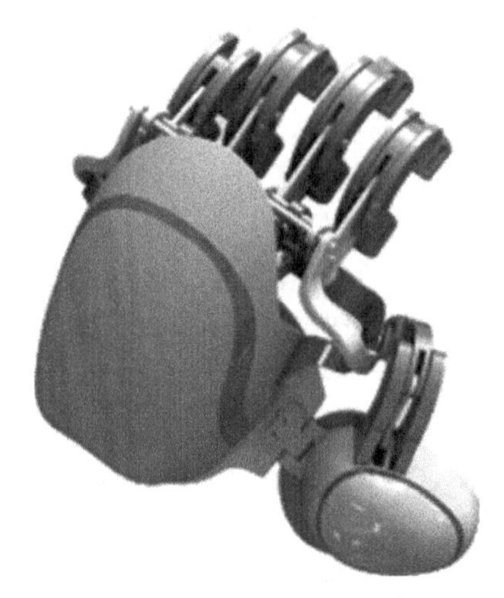

图 6-1-6　上海理工大学研发的可穿戴式的手外骨骼康复机器人

（二）柔性外骨骼手

1. 气动外骨骼康复手

在外骨骼康复手的气动系统中，执行机构一般为硅胶或织物制的气腔。气动制动器放置于手指背侧，然后通过背带（如尼龙搭扣带）将其固定在手背，或将其缝合在以织物为基础的材料上。对于特定形状的气腔或外部结构，制动器在一定气压下会产生指定的变形从而模仿手指的弯曲，以达到辅助手指屈曲伸展或对指运动等功能。

如图 6-1-7(A)所示，哈佛大学 Panagiotis Polygerino 等人利用软体机器人技术研制了一款软硅胶气动外骨骼手套。基于人手手指的运动特性，该外骨骼手利用气动网络技术将弹性材料与通道集成在一起，并利用气泵调节气腔的压力来重建手指所需的弯曲运动。其中，软驱动器的制作最为重要，需要利用几何分析方法和有限元模型对驱动器的弯曲曲率和力响应进行研究，并基于合适的穿戴者参数进行浇注制造。由于采用了高伸长率的软硅材料，外骨骼手与人手的贴合度以及舒适度都有了一定的改善。有限元计算结果与实验数据表明该软气动外骨骼手能辅助人手手指达到康复所需的弯曲角度并提供较大的力进行日常生活中简单物体的抓握。但由于驱动元件较大较重，并不利于随身携带。

如图 6-1-7(B)所示，韩国首尔国立大学 Sung-Sik Yun 等人提出了一种基于可装配的定制软气动辅助手套，名为 Exo-Glove PM。为避免装配连接处产生较大的应力集中，该外骨骼手研发了一种混合执行机构，将软制动器和刚性机构串联，通过将气囊集中放置于人手关节处，使得外骨骼手的变形可以更精确地模拟人手手指的运动特性从而实现外骨骼手与人手关节的对应运动，而指骨处的刚性连接件同时用于人机之间的固定与力的传递，并且使用者可以根据自身手指指骨的长度调节各个模块之间的距离，满足个性化的需求。最后，在一系列日常生活活动中简单物体的抓握实验，该外骨骼手展现了优异的弯曲和抓握性能，且软制动器与关节的对应设计使得外骨骼手与人手有更好的贴合度。但在实现尺寸可调的同时，外骨骼手的穿戴便利性也受到了一定的影响。

(A) 哈佛大学软硅胶手套

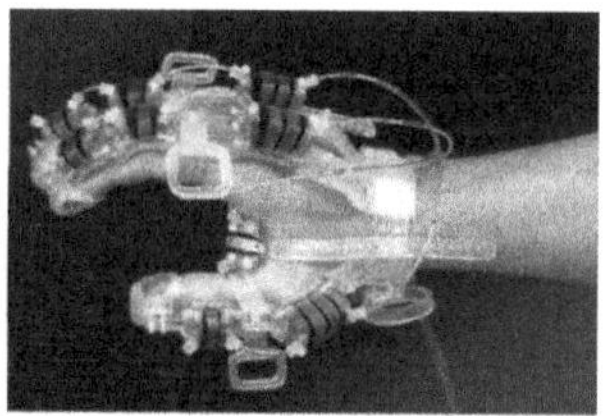
(B) 韩国首尔国立大学Exo-Glove

(C) 新加坡国立大学纤维织物手套

(D) 上海交通大学织物气动手套

图 6-1-7　气动外骨骼康复手

如图 6-1-7(C)所示，新加坡国立大学 Hong Kai Yap 等人研制了一款基于全纤维的双向柔软机器人手套。为保证织物手套的气密性，该制动器由热压和超声波焊接柔性热塑性聚氨酯涂层织物制成。在气压增大时，执行器将会带动人手手指进行弯曲。当执行器外附于手指关节上时，依靠织物柔软的特性，该执行器会进一步接近关节的弯曲半径，实现弯曲半径最小化，从而更好地贴合手指，增加手指关节的运动范围。另一方面，得益于该执行机构高效的弯曲性能，外骨骼手可以在较低的压力下实现更高的力输出，增大了阀门和泵等气动元件的选型范围，因此可以选择在低压范围内运行的泵和阀门，从而减少电力的消耗。然而，相比于硅胶制气腔，该外骨骼手在较大的气压下体积会变大。在实际的实验过程中发现，外骨骼手的抓握性能与物体的大小有着密切的关系，力会随弯曲角度的增大明显减小，因此提升外骨骼手在整个抓握周期中的稳定性非常重要。

如图 6-1-7(D)所示，我国上海交通大学 Lisen Ge 等人基于临床需求，自主研制了一款柔性可穿戴辅助手套。为同时辅助拇指外展和各手指的屈曲伸展功能，研究人员系统地研究了各种织物的力学性能，且利用各种编织物和肋状纬编针织结构设计了可实现拇指外展、手指屈曲和手指伸展的柔性织物气动制动器。基于参数化的数学模型，对该外骨骼手进行了不同气压下的测试与研究，以提高其在输出运动和力方面的驱动性能。通过神经受损患者的实际试验，验证了该外骨骼手能有效辅助患手实现张手闭手和简单的抓握任务。随着气压的增大，由于该外骨骼手是利用各个气腔的变形挤压实现的屈曲伸展运动，位于远端的指尖气腔作为主要受力点会产生较大的变形，使得掌指关节处的气腔变形较小，无法利用增大的体积产生足够的挤压变形，导致人手掌指关节处弯曲角度较小，屈曲伸展时会产生不自然的抓握运动，需要进一步优化气腔的结构或排布以实现更加合理的关节耦合运动。

意大利 IDROGENET 公司的智能手指康复训练系统 Gloreha，如图 6-1-8 所示。Gloreha 由五个电机驱动，在 3D 动画的引导下，借助于独特、轻巧、舒适的手套完成手指不同的精细动作。与此同时，手部的运动与视频、音频等多元素感觉刺激结合，从而促进神经认知功能的恢复。Gloreha 能完成手指精细动作训练，包括所有手指均可精确流畅地完成掌指关节屈伸运动、近端指间关节屈伸运动、远端指间关节的屈伸运动。该系统不但能够精准地驱动单个手指运动，还能精确驱动任意多个手指同步或者异步运动；Gloreha 能完成抓握、对指和自定义的训练动作，能够模仿日常生活中的上肢动作，如取杯喝水、拾取物件等。Gloreha 引入了虚拟现实游戏，使患者与训练机器人互动，达到更好的训练效果。

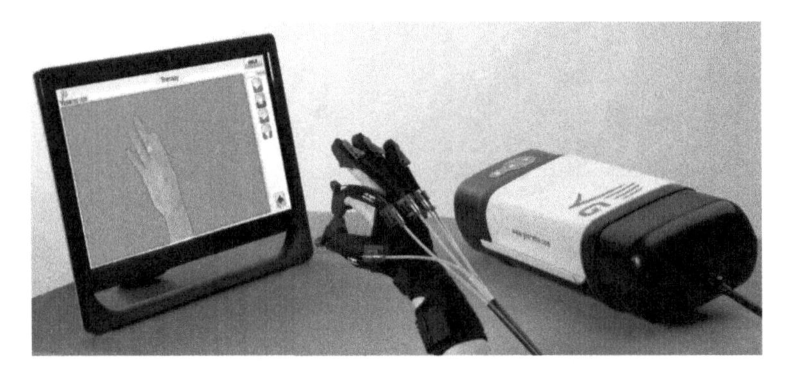

图 6-1-8　Gloreha 智能外骨骼手指康复训练机器人

德国 FESTO 开发的基于脑电信号控制的手部外骨骼机器人 ExoHand，如图 6-1-9 所示。ExoHand 是一款个性化及机电一体化的人机交互式手部外骨骼机器人。它采用脑电信号控制 8 个气动执行器的运行，配合 8 个压电比例阀、8 个位移传感器和 16 个压力传感器。传感器反馈的力度、角度和距离数据，经过伺服气动开合控制算法能控制每个手指进行精准的运动。ExoHand 能像人手那样可以完成各种抓和触摸的动作。它的个性化主要体现在机械结构方面：应用 3D 扫描技术生成一个完美贴合用户手部的外骨骼模型，再通过选择性激光烧结技术（SLS）制作外骨骼手机器人的组件。

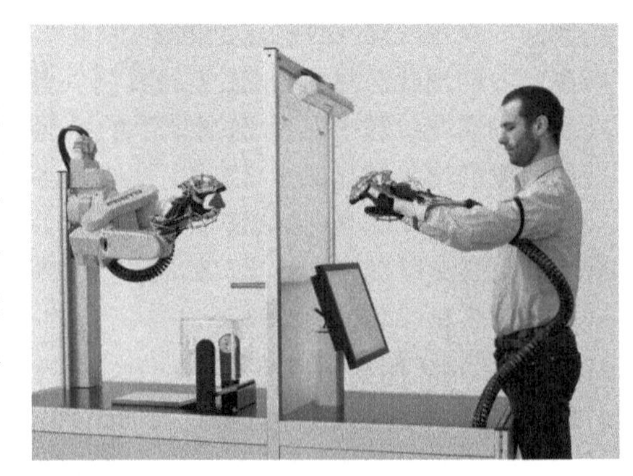

图 6-1-9　ExoHand 外骨骼手机器人

2. 绳驱外骨骼康复手

绳驱外骨骼康复手是最常见的柔性外骨骼康复手之一，这种将绳索（肌腱）嵌入软手套中，通过特定的走线排布将电机的输出力传递到指尖。这种绳索驱动方式的主要优点之一是路径选择,它可以在一个驱动下进行多个运动。为了提高力传递的效率,软手套通常需要利用顶针或肌腱锚将绳索固定或在织物上作为主要受力点提供手指关节弯曲所需的力或扭矩。这种驱动方式极大地减轻了手部外骨骼的重量,降低了外骨骼手的体积,从而增大了患手操作空间,有利于日常生活活动使用。

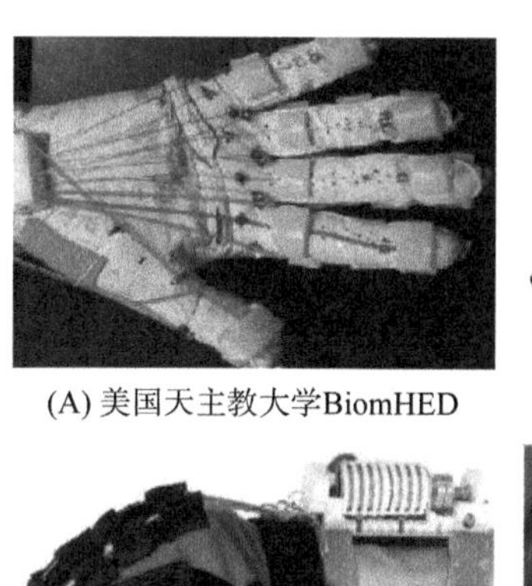

(A) 美国天主教大学BiomHED

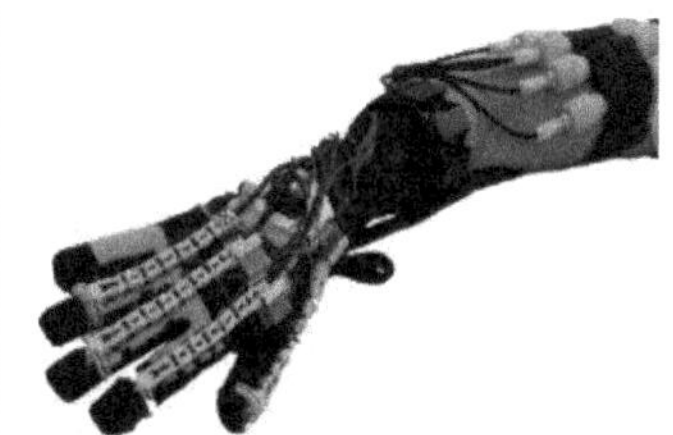

(B) 美国莱斯大学SPAR Glove

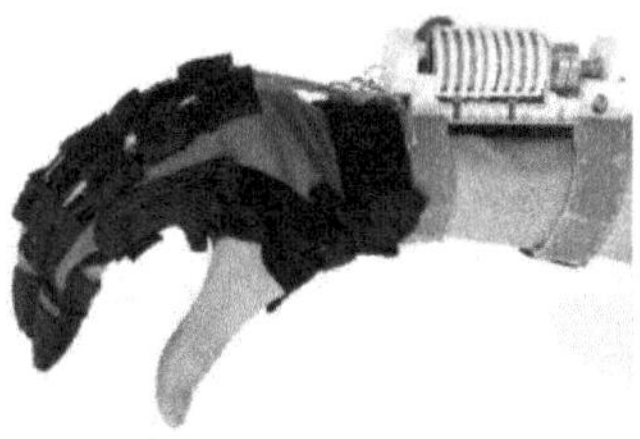

(C) 美国哥伦比亚大学伸展手套

(D) 韩国高丽大学Graspy Glove

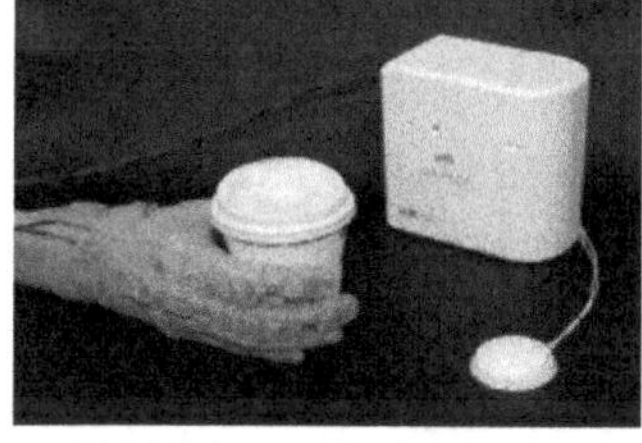

(E) 韩国首尔国立大学Exo-GlovePoly Ⅱ

(F) 韩国首尔国立大学GRIPIT

图 6-1-10 绳驱外骨骼康复手

如图 6-1-10(A)所示,美国天主教大学 Sang Wook Lee 等人基于人手肌腱的分布,利用绳索设计了一款仿肌腱绳驱手套,名为 BiomHED。该外骨骼手由软手套为主要载体,织物材料的弹性能一定程度上满足患者的个性化需求,以改善使用的灵活性。仿生肌腱能够独立地驱动大拇指和其余四指。其中,手指和拇指都由四根肌腱控制,以拇指为例,这四根肌腱分别模拟了拇指的四个肌肉肌腱单元的解剖结构,包括拇指伸肌、屈肌、外展肌和内收肌,用于研究绳驱外骨骼手的仿生性能。手掌的掌侧缝有拉链,便于穿脱。最后通过患者实验,证明 BiomHED 能够显著增加患手的手指运动空间以及改善手指运动功能,可有效提供以任务为导向的手部训练。然而,完全模仿人手肌腱对绳索进行排布导致了过多的绳索数量,对控制提出了较高的要求。

如图 6-1-10(B)所示,美国莱斯大学 Chad G. Rose 等人设计了一款混合康复软外手套,名为 SPAR Glove。由于混合了柔性和刚性构件,该外骨骼手介于传统的刚性设备与最新的软机器人设计频谱之间,这种混合设备充分利用了刚性和柔性设备的优点,有效地改善了绳索力传递的效率，并通过指背处的防过伸展块，降低了外骨骼手对人手造成二次伤害的风险。通过实际的测试，SPAR Glove 满足甚至超过了日常生活活动中外骨骼手所需要辅助人手实现的运动范围和抓握力的功能要求，有效地验证了混合辅助设备设计的可行性。然而，用于限位的刚性结构降低了手套的灵活度，同时在穿戴舒适感上也有所下降。

如图 6-1-10(C)所示，美国哥伦比亚大学 Sangwoo Park 等人提出了一款有效增加手指关节弯矩的伸展手套。相比于传统的绳驱手套，该外骨骼手将驱动原件以及执行机构都放置于手背侧，通过调节固定块之间的距离以及改变驱动绳索距离指背的高度实现多种绳驱方案的对比，用于探寻增大绳索力传递效率的可行性方案。在实验阶段，基于 3D 打印的人工手指作为简易的受试对象，用于找出不同结构方案下绳驱力和关节角变化之间的特征关系来择优选择合理的传动机构，并对脑卒中患者进行临床实验，证明了所设计结构的高效性。然而，该手套只能提供单向伸展运动，无法满足肌无力患者的训练需求。

如图 6-1-10(D)所示，韩国高丽大学 Dmitry Popov 等人设计了一种用于日常生活辅助的便携式外骨骼手套，名为 Graspy Glove。在该外骨骼手套的设计中，拇指和三个手指(小指除外)的屈曲伸展运动分别由一个双向执行机构完成。为了增大绳驱力的传递效率，研究人员将电机直接与外骨骼手组合在一起并放置于手掌背侧，使得整个手套系统结构紧凑，方便携带。该外骨骼手是现有的日常生活辅助便携装置中功率和重量比最高的装置之一，在采用传统的 3 000 mA 电池供电的情况下，能连续有效操作 4 h，完成相应的抓取任务。通过对健康受试者进行包括物体抓取、作用力测量、运动范围估计等实验，验证了手套作为生活辅助装置的有效性，同时对于脊髓损伤患者，还具备肌腱固定的功能。然而，包裹式的手套存在穿戴和不透气问题，并不宜长时间穿戴。

如图 6-1-10(E)所示，韩国首尔大学 Brian Byunghyun Kang 等人研制的基于硅胶材料的外骨骼手套，名为 Exo-Glove Poly Ⅱ。该外骨骼的手套部分没有使用传统的织物作为主要弹性材料，而选择高分子材料作为基本材质，这样既使手套的结构更加紧凑，利于日常生活中手套的清洗，且其透明可视化的特性，也易于患者或康复治疗师了解患手在穿戴外设备时实际的手部情况。被动的拇指结构将人手拇指固定于功能位上，既简化了设备的设计难度，同时便于患者改进抓握姿势，增加了手套的坚固性。Exo-Glove Poly Ⅱ有一个紧凑的手套和一个驱动系统，重量分别为 104 g 和 1.14 kg，分离的执行机构和驱动机构实现外骨骼手的远程驱动，如将驱动系统放置于桌子或轮椅上，有效地减轻了患者手部所需承受的重量，便于日常生活活动使用，但该手套的制作难度较高，且只适合生活辅助。

如图 6-1-10(F)所示，韩国首尔大学 Byungchul Kim 等人研制了一款主要辅助人手拿捏物体的绳驱外骨骼康复手，名为 GRIPIT。相比于一般的外骨骼手辅助人手实现屈曲伸展和抓握运动，该外骨骼手被设计用来帮助手功能障碍患者实现三脚架式抓握，这种姿势在学校或办公时经常使用，如写字或抓取小物件。GRIPIT 克服了传统装置和外骨骼机器人的限制，仅由一只手套、一根金属丝和一个保持肌腱张力和抓握的稳定性的小结构组成。肌腱的路线排布通过精心设计将力传递到拇指、食指和中指，并以适当的张力维持抓握姿势。随着设备的发展，研究人员通过脊髓损伤患者的实验对该辅助器具进行佩戴困难度、抓握困难度、书写感觉、疲劳度以及操作性能等方面进行评估，最后评估写作的有效性。结果显示，与传统的辅助设备相比，GRIPIT 的使用相对复杂，但在书写感觉和疲劳度等方面有明显优势，因为它能在患者书写时以合适的角度提供足够的抓取力，使得无法控制自己手指的患者只需要移动整个手臂就可以写字，能满足手功能障碍患者日常写字需要，但较强的针对性也使得该设备的运用范围较窄。

3. 其他柔性外骨骼康复手

除较为常见的气动和绳驱外骨骼康复手外，为了发现更为有效的外骨骼手设计方案，各研究机构也热衷于研究其他新型的柔性外骨骼康复手。其中，主要的研究方法是基于新兴材料或新型弹性驱动器来设计手功能辅助设备，如形状记忆合金、弹簧片以及液压等。

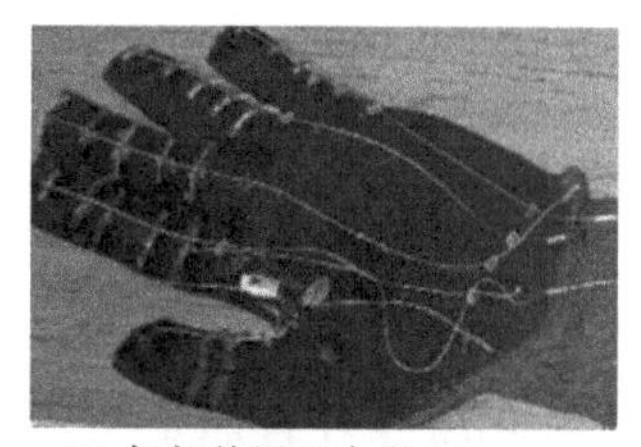

(A) 伊朗德黑兰大学ASR glove

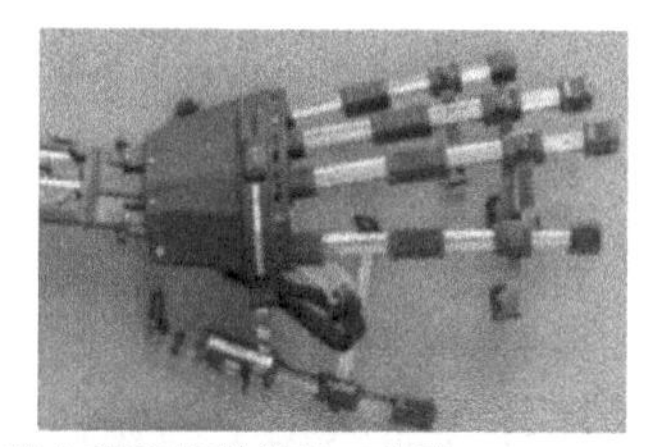

(B) 瑞士苏黎世联邦理工学院RELab tenoexo

(C) 哈佛大学液驱手套

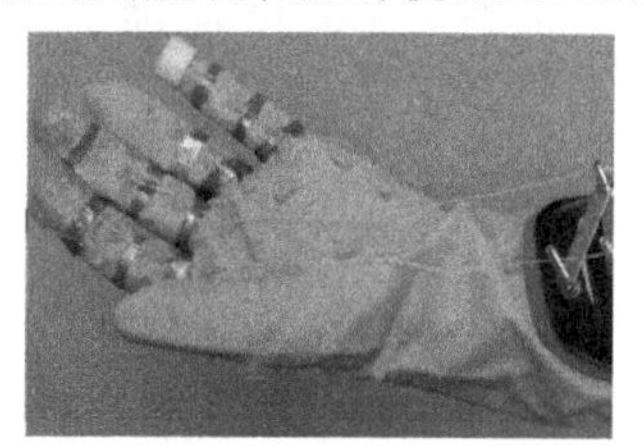

(D) 英国思克莱德大学

图 6-1-11　其他柔性外骨骼康复手

如图 6-1-11(A)所示，伊朗德黑兰大学 Alireza Hadi 等人设计了一款采用形状记合金肌腱驱动的手部外骨骼装置，名为 ASR glove。该手套既可用于手部康复训练，又可用于手功能障碍患者的辅助。为实现预期的目标，研究人员采用了直径为 0.25 mm 的记忆合金线，并对手套进行了运动学和受力分析，在此基础上制作了实验样机进行验证。研究表明，该系统可以辅助手指的掌指、近指和远指关节分别弯曲到 90°、70°和 80°，并提供超过 40 N 的抓握力，满足日常生活辅助所需，但记忆合金丝的响应速度较慢，且合金丝的驱动会产生较高的温度，对人手存在一定的烫伤风险。

如图 6-1-11(B)所示，瑞士苏黎世联邦理工学院 Tobias Butzer 等人设计了一款以弹簧片为执行机构的手部康复辅助设备，名为 RELab tenoexo。该外骨骼手使用远程驱动系统来减少手部的重量，基于弹簧片的柔软手指结构可从手指近端到远端模仿自然手指的弯曲顺序，单独驱动的拇指机构能够实现主动屈曲伸展和被动内收外展功能。将手腕固定在功能位上的腕手连接机构简化了设备的整体复杂性，既保持了功能的完整性，同时降低了重量。RELab tenoexo 采用以用户为中心的方法，以提高整体可用性为目标，包括模块化、可定制性、防水性和吸引人的设计等功能，大量的固定和控制接口可以最大限度地帮助各种用户。但该外骨骼手的输出力较小，且被动的拇指内收外展功能需要健手自行调节，对患者提出了更高的使用要求。

如图 6-1-11(C)所示，哈佛大学 Alireza Hadi 等人设计了一款基于液压驱动的软体机器人手套。与气腔相似，液驱外骨骼康复手的执行机构由各向异性纤维增强的注塑弹性体气囊组成，在流体压力作用下产生特定的弯曲、扭转和扩展运动，可以安全地将力量分布在手指上，并提供主动屈曲和被动伸展运动。临床实验证明，柔软的机器人手套能让手功能较差的受试者在标准化的盒块测试中实现更快更精确的功能抓握。然而，被动的伸展运动更依赖患者自身的手指伸展功能，较大程度上降低了其适用性。

如图 6-1-11(D)所示，英国思克莱德大学 Alireza Hadi 等人提出了一款基于吸力抓握原理的真空手套。这个概念受到自然的影响，研究人员思考章鱼如何能够缠绕物体并与之同步移动。基于患者自身的骨骼作为操作框架，该真空手套可以紧紧贴合患者的手，而不需要庞大的金属框架以匹配手的形状。通过电机旋转拉动绳索，可以实现患手的屈曲伸展运动，其中真空吸附功能是通过小气泵提供动力来实现的，因此，该真空手套是一个混合驱动设备，需要多源的输入，这增大了外骨骼手整体的重量，对控制也提出了更高的要求。

通过对各类柔性外骨骼康复手的调研，可以发现这些外骨骼手主要用于帮助人手手指实现屈曲伸展训练，或提供辅助力帮助患者完成日常生活活动。如图 6-1-12 所示。

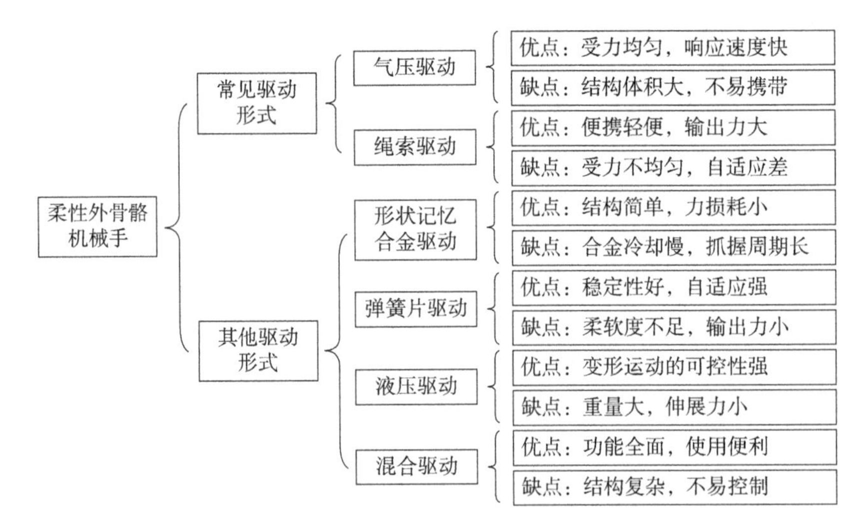

图 6-1-12　柔性外骨骼康复手分类总结

第二节　刚性外骨骼康复手

根据对国内外现有刚性外骨骼手优缺点的分析，上海理工大学康复工程与技术研究所提出并研发了一种新型刚性外骨骼康复手，主要创新点包括：

(1) 外骨骼式的机械结构和穿戴式的控制器的设计，使整套系统在达到很好康复训练效果的前提下，患者也能很方便地进行基于日常生活辅助的手部功能康复训练，同时还可根据患者实际要求随时随地进行手指康复训练，进一步提高外骨骼手的可用性与使用效果。

(2) 外骨骼康复手采用欠驱动多关节联动手指机构，由两个微型直流电机实现拇指的单独训练、四指的联动训练和抓握训练，实现轻便结构下的拇指掌指关节(MP)屈伸运动和四指各手指的掌指关节(MP)和近端指间关节(PIP)的屈伸运动，同时还使患者恢复一定的日常生活自理能力。

(3) 表面肌电信号触发与语音智能控制实现互动式训练。两种控制系统能满足不同程度手功能障碍患者的需求。患者可以通过佩戴肌电比例控制器通过患侧手的微弱肌电信号进行主动康复训练。当患侧手肌电信号强度不足时，患者也可以通过健侧手的肌电信号带动患侧手进行双侧手同步训练。当患者双侧手均有功能障碍且肌电信号强度均不足时，患者可以通过语音控制器完成手指康复训练。

这里以上述刚性外骨骼康复手为案例介绍其设计过程。

一、总体设计方案

本案例是设计一种可穿戴的外骨骼式的手功能康复训练系统，包括机械系统、电气控制系统、信息反馈系统和康复评估系统等模块。该系统是一种典型的机电一体化的智能康复训练系统，依靠机械结构、动力传动、传感反馈和智能电气控制之间的协调运作完成制定的康复训练方案。临床康复医师可通过本系统得到患者手指的各种生理学数据，如手指痉挛力、关节屈曲速度、患侧小臂表面肌电强弱、肌张力等，根据实际症状制定手指康复训练方案，并在康复训练过程中结合康复评估系统反馈的信息阶段性地改进康复训练方案。本系统主要适用的对象是具有手功能障碍的脑卒中患者，该类患者可以穿戴本系统随时随地进行基于日常生活辅助的康复训练，从而达到部分或全部手功能康复的目的。外骨骼康复手系统的整体方案如图 6-2-1 所示。

1. 机械结构设计方案

这里拟设计一种基于患者日常生活辅助的穿戴式康复训练用外骨骼康复手系统。现今，国内外已经得到临床应用的外骨骼式手功能康复训练机器人基本都是中大型设备，比如技术比较成熟的三个产品意大利 IDROGENET 公司的 Gloreha 机器人(如图 6-1-8)、德国 FESTO 的 ExoHand 机器人(如图 6-1-9)和香港理工大学的 EMG 驱动机械手机器人(如图 6-1-5)。现有产品明显增大了患者视野范围内的设备体积，会不同程度地增加患者的心理压力。长时间使用这类设备时，其噪声和电磁辐射会对患者的身体造成不良影响。与此同时，只有医院或康复中心才会购买这类价格较高的中大型设备，这样的设备特性就限制患者必须在规定地点做间断性的几组康复训练动作，训练量达不到患者最佳康复需求。为了克服现有产品体积大及由此导致的缺点，这里设计一种新型穿戴式外骨骼康复手系统。

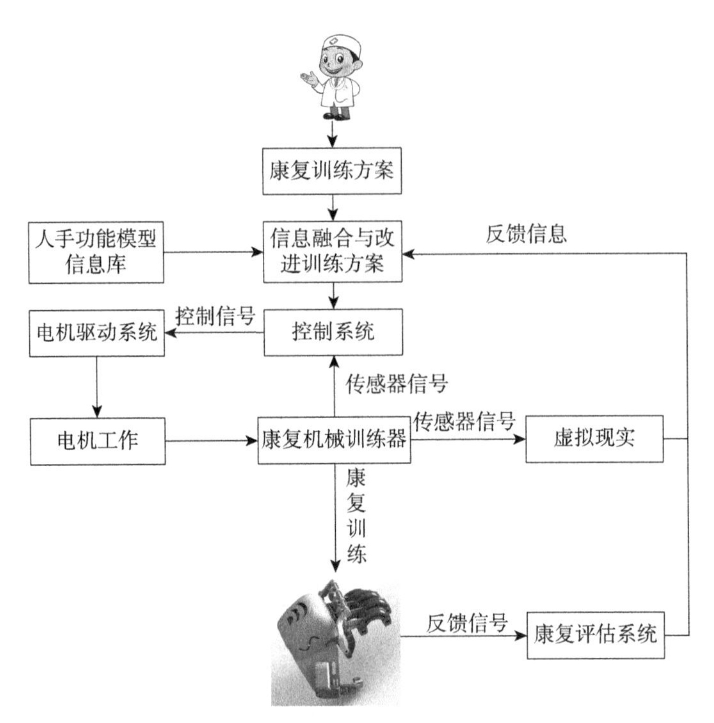

图 6-2-1　系统的整体框图

刚性外骨骼康复手机械结构的特点在于系统外骨骼康复手是基于正常成年人手尺寸设计的,尺寸的选择能覆盖百分之九十国标规定的成年人手尺寸,也就是它能适合绝大多数脑卒中患者穿戴用于手功能康复训练。外骨骼康复手采用能连接并完全贴合于患者手背的手背仿生曲面平台作为整个外骨骼康复手机械系统的安装基准(后文简称为平台)。本系统采用安装在平台上的两个微型直流电机及各自的减速箱机构作为拇指和四指的动力输出装置。拇指动力输出机构通过输出推杆带动拇指近节指骨驱动件在其滑槽轨道里往复运动达到对拇指掌指关节(MP)的屈伸康复训练。四指动力输出机构通过输出推杆带动四指各指的近节指骨驱动件绕同一虚拟转动中心往复转动,同时中节指骨驱动件也同步地在各自的滑槽轨道里往复运动,四指在同一输出推杆的驱动下可以实现四指各手指的掌指关节(MP)和近端指间关节(PIP)的同步屈伸运动。另外,本系统的外骨骼康复手还在手指驱动结构中采用了优化设计,去除了手指各指的远端指间关节(DIP)的训练机构。这样的优化设计既达到很好的手指康复效果,又避免了机械结构的复杂性和不稳定性,同时还减轻了整个机械手的重量。

这种外骨骼康复手是一种基于语音及肌电控制的生物反馈式手功能康复训练系统,患者可以在日常生活中穿戴本系统进行随时随地的手指康复训练。在本系统的设计中,该系统的外骨骼康复手与患者手部接触的部分均以预防摩擦损伤的生物相容性材料作为介质,从而满足佩戴的舒适性并防止二次损伤。整个外骨骼康复手与患者手部接触的部分有手背与平台,拇指近节指骨与拇指近节指骨驱动件,四指各指的近节指骨与近节指骨驱动件和四指各指的中节指骨与中节指骨驱动件。另外,在手指康复训练时,患者手与外骨骼康复手均以柔软性材料进行辅助固定。

外骨骼康复手系统的安全性主要体现在机电一体化的安全控制方面。在系统安全性设计上要保证系统的外骨骼康复手在正常运动范围内工作,不会对患者造成二次损伤且不会出现机械机构卡死现象。本系统在机械结构上使用了改进的行程限位开关,在控制系统硬件电路中增加电流检测模块,程序中增加了定时程序,这样的三重安全保障措施就能使系统的外骨骼康复手在正常运动的两个极限位内进行运动,还能检测并防止两个微型直流电机突发性的堵转。

外骨骼康复手系统机械结构总体设计如图 6-2-2 所示,其中四指动力输出机构包括一个额定电压为 8 V 的微型直流电机和一个三级减速齿轮箱机构,拇指动力输出机构包括一个额定电压为 6 V 的微型直流电机和一个二级减速齿轮箱机构。

根据国标正常成年人手尺寸与实际测量 10 个 20 至 25 岁正常成年人的手尺寸分析得到的最优数据,设计外骨骼康复手系统的各关节的活动范围如表 6-2-1 所示:

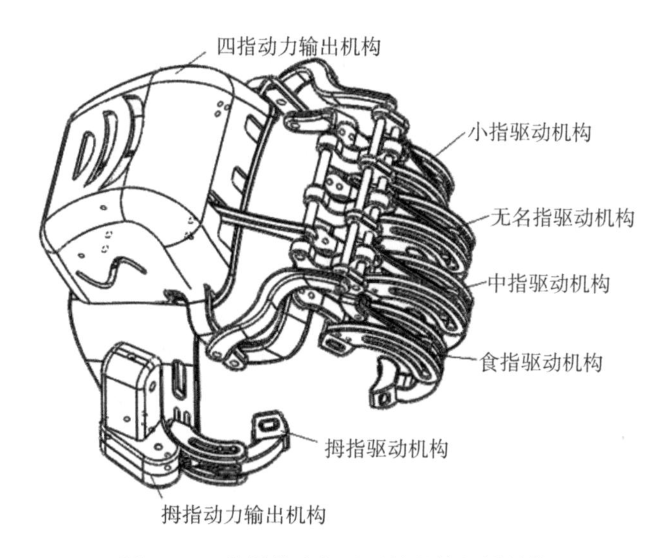

图 6-2-2　外骨骼康复手系统总体机械结构

表 6-2-1　训练器训练各关节活动范围

手指	MP	PIP	DIP
拇指	0°～40°	—	—
食指	0°～62°	0°～60°	—
中指	0°～62°	0°～60°	—
无名指	0°～62°	0°～60°	—
小指	0°～62°	0°～68°	—

2. 控制系统设计方案

外骨骼康复手系统外骨骼康复手中的动力输出机构(包括拇指动力输出机构和四指动力输出机构)决定了控制系统研究的重点是合理协调控制两个微型直流电机的工作而让整个系统做出规定的康复训练动作。这里应用现今两种比较成熟的控制技术,即肌电控制技术和语音控制技术，研制了肌电控制和语音控制的混合控制方式作为控制系统的总体方案。对于有手功能障碍的脑卒中患者在使用此康复训练系统时，根据使用控制方式的不同可将他们分为以下三类：第一类是患侧肢小臂有足够强的肌电信号；第二类是患侧肢小臂没有足够强的肌电信号，而健侧肢小臂有足够强的肌电信号；第三类是两侧手臂均没有足够强的肌电信号。第一类患者可以灵活地使用两种控制方式进行手指康复训练；第二类患者可以使用健侧肢小臂的肌电信号控制训练器的方式进行双侧手同步训练或者使用语音控制方式进行手指康复训练；第三类患者只能选择语音控制方式进行手指康复训练。

3. 语音控制方案

语音控制系统主要有以下两个作用：首先是为整个系统提供语音控制功能，为患者独立使用康复设备进行训练提供方便，促使患者更加主动地参与到康复训练中，有助于康复效果的提升；其次是为系统提供语音交互功能，辅助虚拟现实交互技术，使患者能更好地理解康复训练的目的，建立康复训练与实际生活的联系，帮助患者更快地回归生活、工作。这里的语音控制系统是基于 SENSORY 公司的 RSC4X 系列语音识别处理芯片设计的，该系统具有语音识别、语音控制、语音交互功能。语音控制模块通过麦克风采集用户语音指令，由语音处理芯片进行分析，调取语音模板数据库，与语音模板匹配，从而确定该指令是否正确识别。

这里语音控制系统的语音模块有 4 个语音指令，分别为拇指屈伸训练语音命令、四指屈伸训练语音指令、拇指和四指同步屈伸训练语音指令和停止命令。电机驱动模块则是以 L298P 电机驱动芯片为核心而设计的，选择该电机驱动芯片是因为它在保证正常工作的同时还具有驱动两个微型直流电机的能力。语音控制系统的总体方案如图 6-2-3 所示。

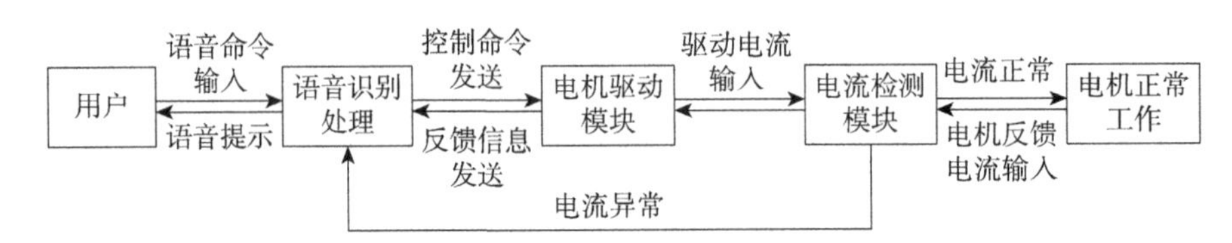

图 6-2-3 语音控制系统的总体方案

4. 肌电控制方案

肌电控制系统是这里的另一种智能控制方式。肌电控制系统有单侧手自主训练和一侧手带动另一侧手同步训练两种训练模式。两种训练模式均包括肌电采集处理模块和电机驱动模块，其中肌电采集处理模块主要作用有三点：第一是实时采集患者上肢运动过程中所研究一对拮抗肌的肌电信号变化；第二是分析实时采集的肌电信号的强弱、频域特征、时域特征等数据，用于实时调节康复训练过程中运动臂的力矩输出，从而达到主动训练模式下的助力或阻力效果；第三是输出肌电信号分析结果以及相应的控制命令。肌电控制系统是根据外骨骼康复手系统穿戴式的机械结构特性，采取如下的控制流程：微弱肌电信号采集、信号多级放大、滤波、射极跟随器、半波整流、两路信号进入主控芯片、电机驱动芯片输出驱动信号、微型直流电机驱动训练器工作。第二种训练模式是在第一种训练模式下的软硬件系统中引入无线通信的功能，将一侧手的肌电信号采集处理后传输到另一侧手的控制器，实现双侧手的同步训练。

二、机械系统设计

本外骨骼康复手系统机械结构最基本的功能是能够完成驱动手指各关节在一定活动范围内进行屈伸运动，同时还要适合患者穿戴进行基于日常生活的康复训练。因此，外骨骼康复手要求设计轻便、安全的手指运动仿生机构和动力输出机构以达到充分、有效地驱动手指进行对应关节的屈伸训练，合理地设计和规划手指运动仿生机构的运动轨迹，使其运动轨迹更好地符合手指正常运动规律从而避免对手指及关节造成二次损伤。本章在深入分析人手的生物学特性的基础上，以实际测定的手部数据为参考对整个外骨骼康复手的尺寸参数进行设计。

1. 穿戴式机械结构设计

（1）手背仿生曲面平台设计

手背仿生曲面平台是连接外骨骼康复手与患者手部的媒介，同时它也是手指驱动机构和动力输出机构的安装基座。平台的设计要特别考虑以下三个要点：一是手指运动仿生机构和动力输出机构的安装位置布局适合人手生物学特性的平台主体尺寸设计；二是其外形要贴合手背不规则曲面轮廓且适合拇指安装位置设计；三是患者穿戴时，手部与外骨骼康复手的生物相容性设计。根据上述对人手生物学特性的研究，以下分别针对这三个要点进行合理的设计。

（2）平台主体尺寸设计

手指运动仿生机构安装侧长为 84 mm，手腕侧长为 65 mm，沿手长方向的长度为 64 mm，整个面是以手指运动仿生机构安装侧长的中垂线对称的平滑弧面，如图 6-2-4 所示。

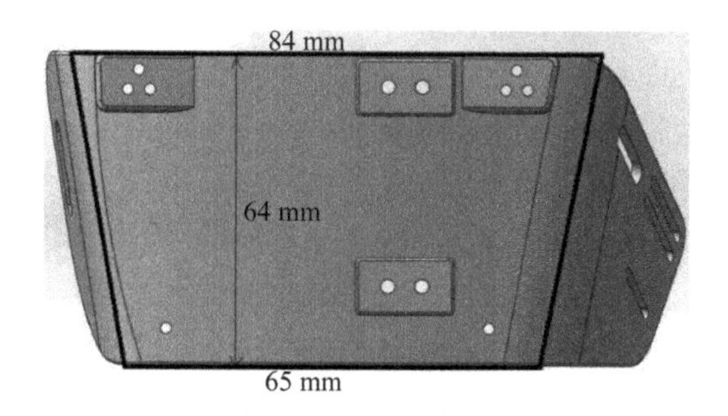

图 6-2-4　平台总体尺寸

（3）拇指安装位置设计

在拇指驱动训练模块的设计中，这里所设计的外骨骼康复手只对拇指的掌指关节进行屈伸康复训练，而对拇指的掌骨进行拇指对掌功能位的维持。这里以人体解剖学姿势为分析基准，在手部对掌功能位时拇指与手背平面在矢状面上的投影夹角约为 30°，人手虎口平面与手背平面约呈 110°。平台设计分别如图 6-2-5、图 6-2-6 所示。

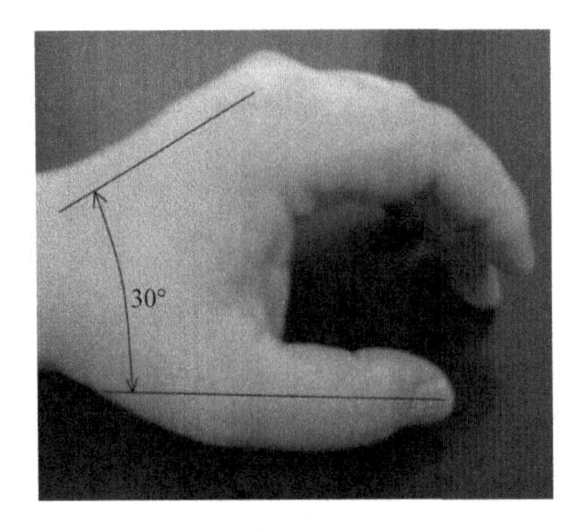

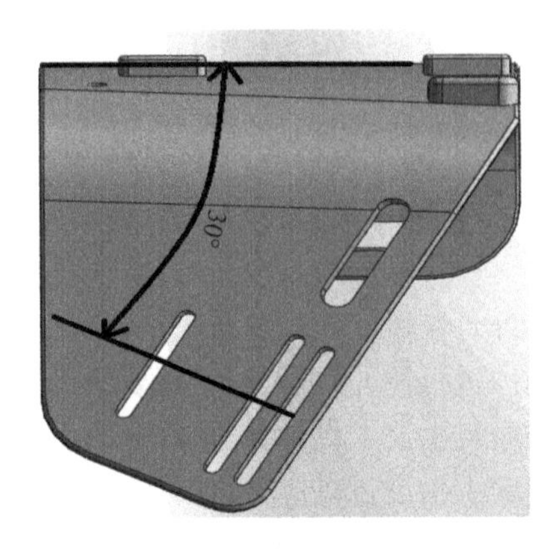

图 6-2-5　拇指位置设计一

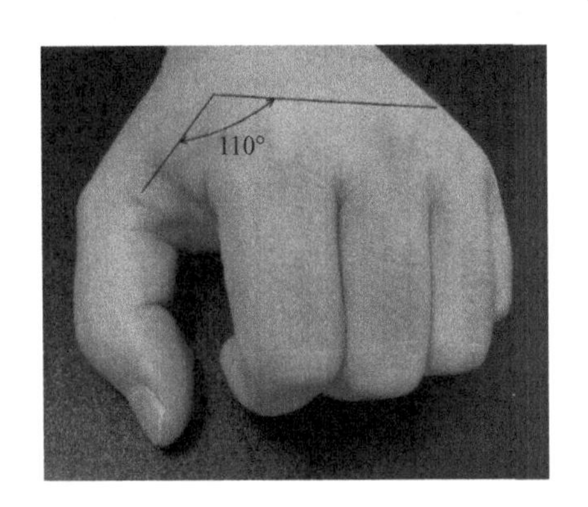

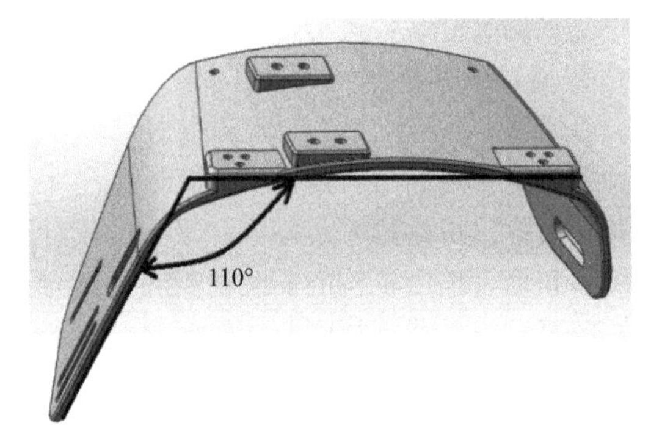

图 6-2-6　拇指位置设计二

(4) 平台生物相容性设计

由于手背仿生曲面平台是连接患者手部和手功能康复训练系统的媒介，为了防止平台对患者手部造成摩擦或者其他因素损伤，这里采用夹层三明治网眼布制作了完全贴合平台内表面的内衬垫，如图 6-2-7 所示。

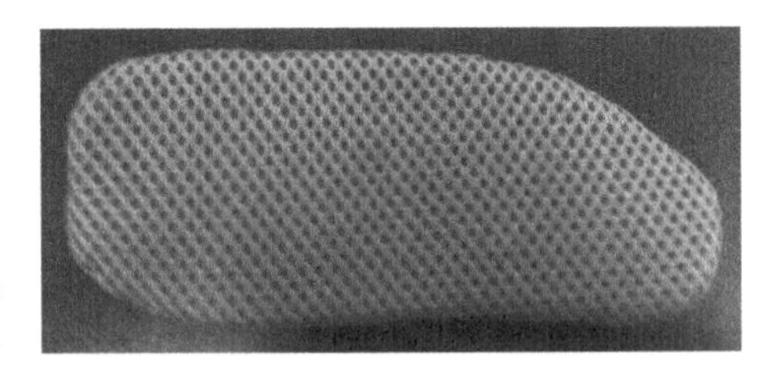

图 6-2-7　平台内衬垫

夹层三明治网眼布是一种合成的面料。它具有良好的透气性和适度调节能力、独特的弹性功能、耐磨适用、永不起球、防霉抗菌、便于清洗与晾干、外观时尚美观等特点。该面料独特的弹性功能既保证了内衬垫与平台的完美贴合，又能适应人手背部的不规则曲面，其良好的透气性还保证了佩戴手的干爽。选用该材料作为内衬垫可以达到适合穿戴的功能和良好生物相容性的效果。

(5) 手指运动仿生机构设计

本案例采用拇指运动仿生机构模块和四指运动仿生机构模块协调进行手指的康复训练，其中拇指运动仿生机构模块单独驱动拇指进行康复训练，四指运动仿生机构模块驱动四指同步进行康复训练。拇指掌骨关节(MP)和四指近端指间关节(PIP)康复训练采用指背式的滑槽仿生机构实现该处关节的屈伸运动，如图 6-2-8 所示。近节指骨驱动件与近节指骨的指背贴合并由柔性带连接，中节指骨驱动件与中指指骨的指背贴合也由柔性带连接，近节指骨滑槽的转动中心轴与近端指间关节转轴同轴。在四指的掌指关节(MP)的运动仿生机构设计中，应用拟合直线的方法取一条近似通过四指各掌指关节转动中心的直线作为四指掌指关节的共同转轴。采用此方法进行机构设计，食指、中指、无名指和小指的掌指关节转动中心可以近似认为在同一直线上，且该直线与四指并拢时的四指指骨呈垂直关系。四指掌指关节(MP)的康复训练机构是采用整体指侧式的运动仿生机构，该机构的转轴与四指掌指关节的拟合转轴同轴，如图 6-2-9 所示。

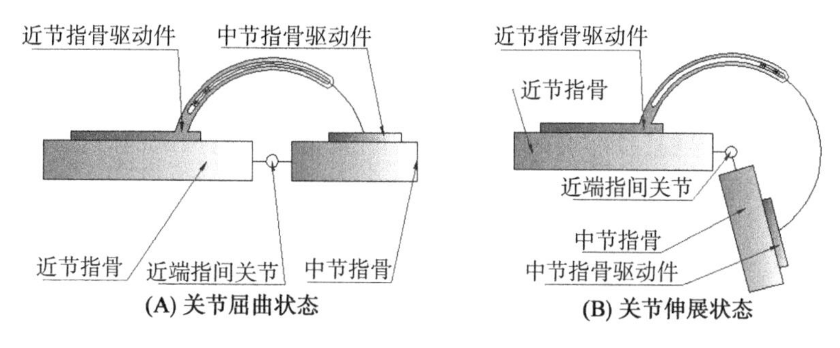

图 6-2-8　关节转轴同轴结构设计

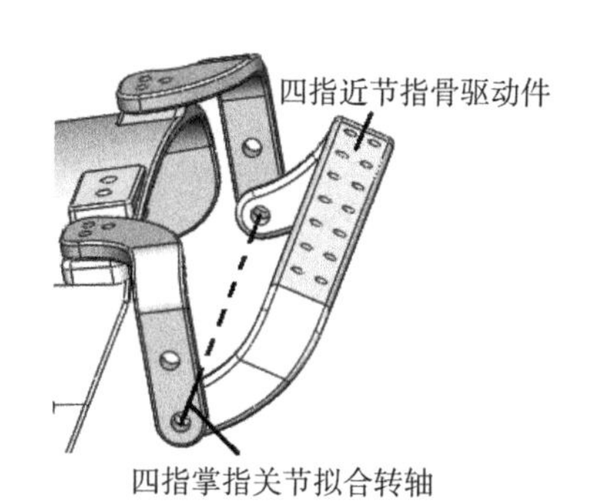

图 6-2-9　四指掌骨关节训练仿生机构

四指运动仿生机构模块包括食指运动仿生机构、中指运动仿生机构、无名指运动仿生机构和小指运动仿生机构，这四根手指的运动仿生机构原理相同。本书以食指运动仿生机构(如图 6-2-10)为例介绍四指运动仿生机构模块的训练原理。佩戴外骨骼康复手时，图 6-2-10 中减速箱输出连接件通过其上的两个通孔与减速箱输出齿轮固定连接，其中下方的大通孔与减速箱输出齿轮的转轴同轴，即减速箱输出连接件绕其下方的通孔与减速箱输出齿轮同步转动。在食指运动仿生机构中，食指近节指骨驱动件连接件、食指侧连接铰链和四指连杆连接件、杠杆、杆构及它们之间的连接件构成了四连杆机构。杠杆的一端与连接轴 1 连接，另一端与食指推杆连接。在连接轴 1 的推动下绕连接轴 2 转动，并带动食指推杆，食指推杆带动食指中节指骨驱动件在食指近节指骨驱动的滑槽中运动。四指近节指骨驱动件连接件分别与食指侧连接铰链和小指侧连接铰链转动连接，且转轴与四指掌指关节的拟合直线同轴。食指近节指骨驱动件的滑槽中心轴与食指近端指间关节的转动轴同轴。四连杆机构、杠杆机构和滑槽机构形成了食指运动仿生机构。食指运动仿生机构保证了机构中两个转轴与食指掌骨关节和近端指间关节的转轴同轴，模拟了这两个关节的屈伸运动。在手指运动仿生机构设计中，这里优化设计了各手指的运动仿生机构，也就是去除各手指远节指骨运动仿生驱动机构。手指运动仿生机构仅对拇指的掌指关节（MP），四指的掌骨关节（MP）和近端指间关节（PIP）进行康复训练。这里做此优化设计主要考虑以下三个因素：第一是患者在穿戴优化设计的外骨骼康复手进行康复训练的过程中，各手指远端指间关节可以进行被动训练；第二是通过去除各手指远节指骨运动仿生驱动机构，外骨骼康复手的整体重量会减轻。在穿戴训练时，患者手部所承受的设备重量就会明显减小，优化设计减轻了患者手部的承重负担；第三是这里所设计的外骨骼康复手是用于人体且是基于日常生活佩戴训练的设备，该特点要求本系统必须具有安全稳定性。外骨骼康复手的优化设计在保证同样训练效果的前提下，增加了外骨骼康复手在工作中的安全性和稳定性。

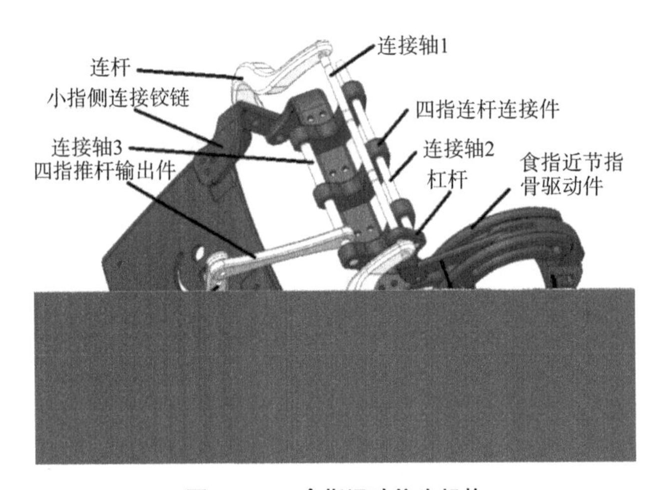

图 6-2-10　食指运动仿生机构

在四指运动仿生机构中，四指的掌指关节训练机构采用的是整体指侧驱动机构，四指的近端指间关节采用的是指背式驱动机构，四指每根手指运动仿生机构的原理相同。在完成四指运动仿生机构的设计后，为了设计四指运动仿生机构的动力提供机构，这里采用逆向求解的方法确定动力提供机构的力学、尺寸等参数。食指运动仿生机构的原理如图 6-2-11 所示。

在食指运动仿生机构的原理图中，CD 构件为驱动件，CD 是四指减速机构的输出件，CD 是绕 C 点在平面内旋转的构件。该机构中活动构件数为 7 个，低副数为 10 个，高副数为 0 个。计算食指运动仿生机构的自由度的表达式为：

$$F = 3n - 2P_{\mathrm{L}} - P_{\mathrm{H}} = 3 \times 7 - 2 \times 10 = 1 \tag{6-2-1}$$

其中，F 为平面机构自由度，n 为平面机构中活动构件的数量，P_{L} 为平面机构中低副的数量，P_{H} 为平面机构中高副的数量，因此食指运动仿生机构具有确定的运动。

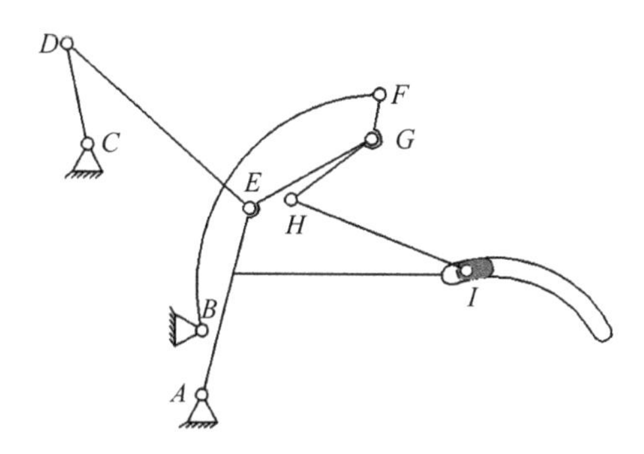

图 6-2-11 食指运动仿生机构原理图

2. 穿戴式设计

经过上述对手指运动仿生机构设计的分析可知,该外骨骼康复手已经满足对手指对应关节进行康复训练的功能。为了满足患者的实际穿戴训练,这里建立并分析了手指运动仿生驱动机构简图,如图 6-2-12 所示,根据简图进行参数计算和调整以适应不同患者手指的长度和指围。

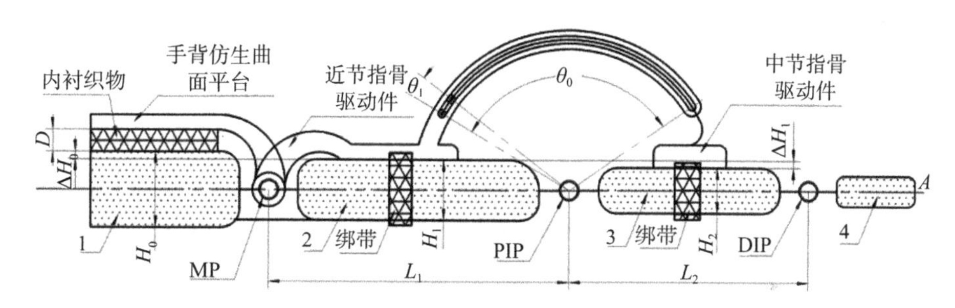

图 6-1-12 柔性外骨骼康复手分类总结

手指运动仿生驱动机构简图包括手指运动仿生机构和手指模型两部分,其中手指运动仿生机构由内衬织物、手背仿生曲面平台、近节指骨驱动件和中节指骨驱动件构成,手指模型包括手掌(1)、近节指骨(2)、中节指骨(3)和远节指骨(4),手指模型的掌指关节(MP)、近端指间关节(PIP)和远端指间关节(DIP),如图 6-2-12 所示。在建立模型简图时,这里近似认为手掌和三节指骨通过同一条轴线 A 并且相对此轴线上下对称分布,而且掌指关节(MP)、近端指间关节(PIP)和远端指间关节(DIP)也通过该轴线。内衬织物覆盖在手背仿生曲面平台的整个曲面上,穿戴时,手掌(1)贴合在内衬织物上并由弹性带固定在手背仿生曲面平台上,而近节指骨(2)和中节指骨(3)则分别由绑带固定在对应的驱动件上。

在此模型中,这里通过测量、选择材料和优化设计等方法可以得到的参数包括手掌(1)厚度为 H_0,近节指骨(2)厚度为 H_1,中节指骨(3)的厚度为 H_2,内衬织物厚度为 D,整个滑槽弧度为 θ_0,整个滑块的弧度为 θ_1,近节指骨(2)的长度为 L_1,中节指骨(3)的长度为 L_2。

根据所建的手指运动仿生驱动机构简图,可以计算得到的参数包括通过三个关节的

轴线 A 距内衬织物的距离为 ΔD_0，距近节指骨驱动件与近节指骨接触面的距离为 ΔD_1，距中节指骨驱动件与中节指骨接触面的距离为 ΔD_2。近节指骨驱动件与近节指骨接触面距内衬织物的距离为 ΔH_0，中节指骨驱动件与中节指骨接触面距近节指骨驱动件与近节指骨接触面的距离为 ΔH_1。近端指间关节(PIP)运动的角度范围为 Δ^{θ}。

$$\Delta D_0 = H_0/2 \tag{6-2-2}$$

$$\Delta D_1 = H_1/2 \tag{6-2-3}$$

$$\Delta D_2 = H_2/2 \tag{6-2-4}$$

$$\Delta H_0 = (H_0 - H_1)/2 \tag{6-2-5}$$

$$\Delta H_1 = (H_1 - H_2)/2 \tag{6-2-6}$$

$$\Delta^{\theta} = (\theta_0 - \theta_1) \tag{6-2-7}$$

经过对人手生物学特性的分析，这里制定了能覆盖华东地区 90% 正常成年人手部尺寸的尺寸设计数据。将尺寸设计数据代入式(6-2-2)～(6-2-7)，得到食指运动仿生机构、中指运动仿生机构、无名指运动仿生机构和小指运动仿生机构的主要设计参数。然后将设计完成的四指各手指的运动仿生机构合理地分布在手背仿生曲面平台的对应位置。

拇指运动仿生机构是采用滑槽机构模拟拇指的掌指关节(MP)的转动，其原理比较容易理解，本书不再详细阐述。在外骨骼康复手中，只需将拇指运动仿生机构装配在手背仿生曲面平台的对应位置就能满足拇指的穿戴训练。

(1) 动力输出机构设计

这里设计的外骨骼康复手系统动力输出机构有两个，一个是提供拇指运动仿生机构动力的拇指变速机构，另一个是提供四指运动仿生机构动力的四指变速机构。在动力输出机构的设计中，这里采用逆向求解的方法计算出动力驱动机构的力学参数。应用 SolidWorks Motion 动力学分析软件分析得到手指运动仿生机构运动整个过程中，拇指变速机构和四指变速机构的输出转矩。在满足有足够驱动力的前提下，这里设计了一种比较轻巧的变速机构。

(2) 拇指变速机构设计

为了使拇指运动仿生机构有足够的驱动力、满足穿戴式设计的尺寸需求和便于控制三个主要因素，这里选用了额定电压为 6 V、空载转速为 60 rad/min、额定转矩为 14.7 mN · m 和额定电流为 0.11 A 的 ZGA12FT 永磁直流齿轮减速电机。

拇指变速机构采用了一级等速传动和两级变速传动的机构，实现的减速比为 4.8，其原理图如图 6-2-13 所示。其中齿轮 2 与齿轮 1 啮合构成一级等速传动机构。3 是一个组合齿轮，3 的大齿轮与齿轮 2 啮合构成二级减速传动机构。齿轮 4 与 3 的小齿轴啮合构成三

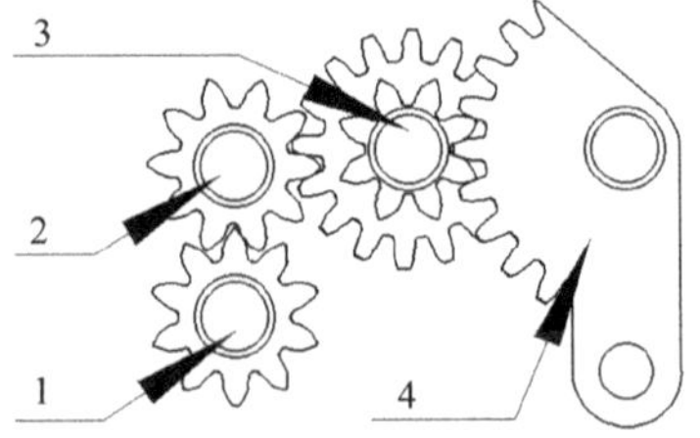

图 6-2-13　拇指变速机构原理图

级减速传动机构。齿轮1、2、3、4均通过各自的转轴在拇指变速箱内自由转动，齿轮1是拇指变速机构的输入齿轮，它与ZGA12FT直流电机连接同步转动，齿轮4是拇指变速机构的输出齿轮。

拇指变速机构的输入齿轮1与输出齿轮4的减速比 i_{14} 可以表示为：

$$i_{14}=Z_2Z_3'Z_4/Z_1Z_2Z_3=1\times1.6\times3=4.8 \tag{6-2-8}$$

其中，Z_1、Z_2、Z_3、Z_3'、Z_4 对应的分别是齿轮1的齿数、齿轮2的齿数、齿轮3的齿轴齿数、齿轮3的大齿轮齿数和齿轮4的齿数。

拇指变速机构的输出齿轮4输出转矩可以表示为：

$$T_4=i_{14}\times T_1=i_{14}\times T_M=70.56\ \mathrm{N\cdot m} \tag{6-2-9}$$

其中 T_1 为齿轮1的转矩，T_M 为ZGA12FT电机的输出转矩。

（3）四指变速机构设计

为了四指变速机构的设计要求，这里选用了额定电压为6 V、空载转速为8 000 rad/min、额定转矩为5 N·m和最大电流为1.2 A的Faulhber型号为2224006SR的直流微电机。

四指变速机构采用了行星减速传动机构、一级锥齿轮等速传动机构和三级减速传动的机构，实现的减速比为1 000。行星减速传动机构是电机自带减速机构减速比为10。这里研制的四指变速机构是行星减速传动机构输出后的传动机构，其原理图如图6-2-14所示，其中1和2为等速传动啮合的两个锥齿轮；2′是与2等角速度转动的圆柱齿轮；3与3′是等角速度转动的两个圆柱齿轮，3与2′啮合传动；4与4′是等角速度转动的两个圆柱齿轮，4与3′啮合传动；5是减速箱的输出齿轮。M代表的是经过10倍减速比行星减速机构的电机单元，它与锥齿轮1连接做同步转动。

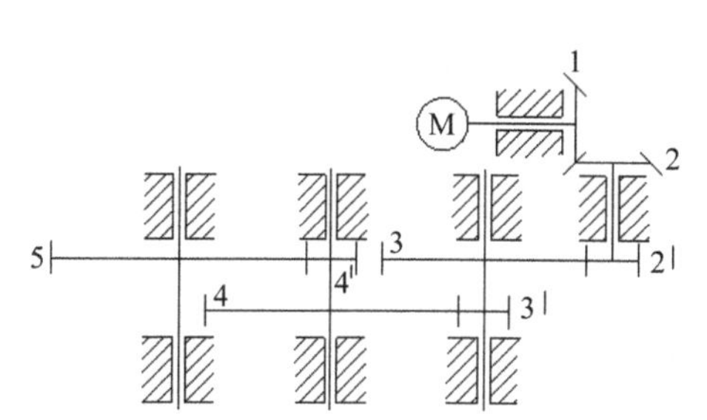

图 6-2-14 四指变速机构原理图

四指变速机构的输入锥齿轮1与输出齿轮5传动比 i_{15} 可以表示为：

$$i_{15}=Z_2Z_3Z_4Z_5/Z_1'Z_2'Z_3'Z_4'=1\times4\times5\times5=100 \tag{6-2-10}$$

其中，$Z_2Z_3Z_4Z_5/Z_1'Z_2'Z_3'Z_4'$ 是对应下标齿轮的齿数。

四指变速机构输出齿5的输出转矩 T_5 可以表示为：

$$T_5=i_{15}\times T_M=6\ \mathrm{N\cdot m} \tag{6-2-11}$$

其中，T_M 为图6-2-14中电机单元M的输出转矩。

三、外骨骼康复手仿真分析

1. 仿真分析方法

外骨骼康复手的仿真分析方法主要包括分析人手的生物学特性、手指运动仿生机构的动力学特性以及校核系统中关键零件的强度，用于设计出适合手功能障碍患者穿戴训练的外骨骼手指运动仿生机构和动力输出机构，并进一步验证手指运动仿生机构的运动轨迹是否符合正常人手的运动规律。以上方法主要应用分析软件进行运动学、动力学和有限元仿真分析。

(1) 运动学及动力学分析方法

运动学是从几何角度描述和研究物体位置随时间变化规律的力学分支，主要是研究力对物体运动的影响。这里使用了 SolidWorks 对外骨骼康复手进行三维虚拟样机建模，并用 SolidWorks Motion 和 ADAMS 联合对模型进行运动学和动力学分析。下面是 SolidWorks、SolidWorks Motion 和 ADAMS 的简要介绍：

三维实体建模是当今产品设计的主流，尤其在机械设计行业表现更为突出。在众多三维 CAD 软件中，SolidWorks 的创新技术、高性价比等特点表现得尤为突出。SolidWorks 是世界上第一套基于 Windows 开发的三维 CAD 系统。从 1995 年第一套 SolidWorks 软件推出至今，该软件已经在技术上愈加成熟，界面上更加人性化，是高效率三维建模和设计工程图的首选软件之一。

ADAMS 是一个在工业动态仿真分析软件领域占主导地位达 25 年之久的虚拟原型机仿真工具。使用了 ADAMS/View 模块的求解器，它是以多刚体系统动力学理论为支撑的运算求解器。将仿真分析模型导入 ADAMS/View，经过合理的模型前处理，求解器运行后会自动为模型系统构建动力学拉格朗日方程。用户还可以使用该软件的求解器分析模型系统的静力学、运动学和动力学特征参数。ADAMS 软件还集成了建立三维实体模型的建模模块，但对于创建较复杂的系统仍存在一定局限性。SolidWorks Motion 是以 ADAMS 为内核的运动学和动力学分析软件。它以约束映射模型处理技术无缝集成于 SolidWorks，是 SolidWorks 的插件。在 SolidWorks 中有 100 多种零件之间的配合或约束可以直接导入 SolidWorks Motion 进行分析，很大程度上节约了分析的前处理时间。

在研究手指运动仿生机构的运动规律和力学特性、动力驱动机构的力学特性时，考虑到外骨骼式手功能训练机械手模型比较复杂，同时为了提高设计仿真的效率，联合使用了 SolidWorks、SolidWorks Motion 和 ADAMS 对手功能训练机械手的建模和运动进行仿真分析。

(2) 有限元分析方法

有限元分析(Finite Element Analysis，FEA)的理念是简化复杂问题后再求解，也就是将无限未知量的真实系统分解为容易求解的有限数量未知量，再累加求解。在应用有限元方法进行分析时，所分析的物体或系统被分解为由多个相互连接的、简单、独立的点组成的几何模型，然后通过分析这些几何模型来近似计算出所分析的复杂模型。有限元分析可以用来分析静态或动态的物理物体或物理系统。目前，有限元分析软件众多，例如 ANSYS、ADINA、ABAQUS 等。这里使用 SolidWorks Simulation 进行关键零部件的强度校核，SolidWorks Simulation 是 SolidWorks 的一个插件，它同样能与 SolidWorks 进行无缝连接，而且它所具有的分析功能能够满足大部分的需求。下面是 SolidWorks Simulation 简要介绍。

SolidWorks Simulation 以有限元法为理论基础，是达索 SolidWorks 公司开发的工程分析软件之一。用户可以根据实际需求选择集成于 SolidWorks Simulation 中的各类程序包和应用软件。本章将使用 SolidWorks Simulation 对外骨骼康复手的关键零件进行静力学分析，进行强度校核。在使用 SolidWorks Simulation 对外骨骼康复手的关键零件进行静力学分析时，需要遵循以下步骤：首先，通过各种模型前处理的方法建立合理的数学模型；其次是离散化过程，即将数学模型分成有限单元，进行网格划分；再次，使用 SolidWorks Simulation 的求解器计算出所需求的数据；最后，在合理配置分析结果的显示参数后，通过观察和比对等方式对仿真校核结果进行分析。

2. 手指运动仿生机构运动学及动力学模型

设计的外骨骼式手功能训练机械手中，四指运动仿生机构各手指运动仿生机构的设计原理相同。为了高效率地进行仿真实验，这里取长短居中的食指运动仿生机构作为研究对象。基本思路是通过仿真实验研究得到食指运动仿生机构的力学参数，再以类比的方法计算出四指运动仿生机构各部分的力学参数。这里使用 SolidWorks 对食指运动仿生机构进行简化和前处理来建立适合仿真的三维虚拟样机模型，在 SolidWorks 中所建的三维模型如图 6-2-15 所示。仿真实验用食指运动仿生机构在动力输出件 3 的驱动下可以完成对食指近节指骨和中节指骨的训练动作。

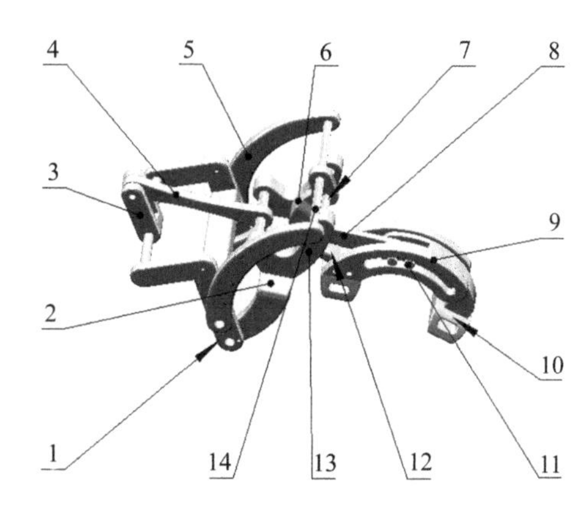

1 为食指运动仿生机构的机架，2 为食指近节指骨驱动件连接件，3 为动力输出件，4 为推杆，5 为连杆，6 为杠杆，7 为短转轴，8 为食指中节指骨驱动件推杆，9 为食指近节指骨驱动件，10 为食指中节指骨驱动件，11 为滑槽转轴，12 为连接件，13 为连杆连接件，14 为长转轴。

图 6-2-15 食指运动仿生机构仿真模型

3. 手指运动仿生机构运动学及动力学仿真分析

(1) 手指运动仿生机构运动学仿真分析

为验证外骨骼式康复手进行功能训练时机械手的运动符合正常人手抓握运动规律，仿真分析以食指运动仿生机构作为研究对象，提取了机构中食指掌指关节和近节指间关节的运动仿真曲线，并同摆线运动规律表示的角位移曲线和多项式运动规律表示的角位移曲线作对比，从而验证外骨骼康复手的高度仿生性设计。由于每个人手指长短不同，研究手指标记点的运动轨迹不能代表大部分人手指的运动规律，仿真分析合理采用了食指的掌骨关节和近端指间关节的角位移作为比较对象。本书设定食指近节指骨长度为 L_1，中节指骨长度为 L_2，远节指骨长度为 L_3，掌指关节的转角为 θ_1、近端指间关节的转角为 θ_2，远端指间关节的转角为 θ_3，并建立了食指运动分析模型，如图 6-2-16 所示。

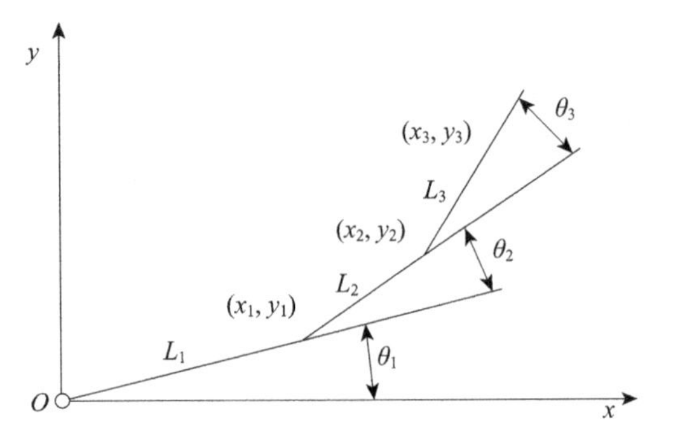

图 6-2-16　食指运动分析模型

摆线运动规律研究角位移方法和多项式运动规律研究角位移方法具有共同的特征，即两者所表示的角位移轨迹均是随时间周期从 0 开始并以 0 结束、无刚性冲击和柔性冲击的一条连续无突变曲线。这两种运动规律与人类手指关节屈伸运动的特征基本一致，是目前研究手指运动规律普遍认可的对照规律。

角位移按摆线运动规律随时间变化分析：

$$\theta=\theta_0\left(\frac{t}{t_0}-\frac{1}{2\pi}\sin\frac{2\pi}{t_0}t\right) \tag{6-2-12}$$

角位移按 3-4-5 次多项式运动规律随时间变化分析：

$$\theta=10\theta_0\left(\frac{t}{t_0}\right)^3-15\theta_0\left(\frac{t}{t_0}\right)^4+6\theta_0\left(\frac{t}{t_0}\right)^5 \tag{6-2-13}$$

其中，θ 为摆线运动角位移，θ_0 为关节运动的最大角度，t 为时间变量，t_0 为角位移完成一次从 0 到最大角位移 θ_0 的时间。

将食指运动仿生机构简化模型在 SolidWorks Motion 中进行分析，得到对应食指仿真分析模型的掌指关节角位移 θ_1 数据，如表 6-2-2 所示，近端指间关节角位移 θ_2 如表 6-2-3 所示。

表 6-2-2　掌指关节角位移 θ_1 数据

时间 t/s	角位移/°	时间 t/s	角位移/°	时间 t/s	角位移/°	时间 t/s	角位移/°
0.00	10.18	0.64	16.08	1.27	34.74	1.91	57.79
0.04	10.21	0.67	16.88	1.31	36.23	1.94	58.96
0.08	10.28	0.71	17.72	1.35	37.74	1.98	60.08
0.12	10.39	0.75	18.62	1.39	39.25	2.02	61.13
0.16	10.55	0.79	19.58	1.43	40.78	2.06	62.12
0.20	10.75	0.83	20.59	1.47	42.30	2.10	63.05
0.24	10.99	0.87	21.65	1.51	43.83	2.14	63.90
0.28	11.29	0.91	22.76	1.55	45.34	2.18	64.69
0.32	11.62	0.95	23.93	1.59	46.84	2.22	65.41

续表6-2-2

时间 t/s	角位移/°	时间 t/s	角位移/°	时间 t/s	角位移/°	时间 t/s	角位移/°
0.36	12.01	0.99	25.14	1.63	48.33	2.26	66.06
0.40	12.44	1.03	26.40	1.67	49.79	2.30	66.64
0.44	12.92	1.07	27.70	1.71	51.22	2.34	67.14
0.48	13.45	1.11	29.04	1.75	52.62	2.38	67.57
0.52	14.03	1.15	30.42	1.79	53.98	2.42	67.92
0.56	14.66	1.19	31.83	1.83	55.30	2.46	68.21
0.60	15.35	1.23	33.27	1.87	56.57	2.50	68.41

表 6-2-3　近端指间关节角位移 θ_2 仿真数据

时间 t/s	角位移/°	时间 t/s	角位移/°	时间 t/s	角位移/°	时间 t/s	角位移/°
0.00	0.12	0.64	8.89	1.27	30.19	1.91	55.42
0.04	0.20	0.67	9.91	1.31	31.83	1.94	56.61
0.08	0.32	0.71	10.97	1.35	33.48	1.98	57.72
0.12	0.51	0.75	12.08	1.39	35.16	2.02	58.75
0.16	0.79	0.79	13.23	1.43	36.84	2.06	59.69
0.20	1.13	0.83	14.42	1.47	38.53	2.10	60.55
0.24	1.54	0.87	15.66	1.51	40.23	2.14	61.32
0.28	2.02	0.91	16.94	1.55	41.91	2.18	62.01
0.32	2.56	0.95	18.26	1.59	43.58	2.22	62.63
0.36	3.16	0.99	19.62	1.63	45.22	2.26	63.17
0.40	3.82	1.03	21.02	1.67	46.84	2.30	63.63
0.44	4.53	1.07	22.46	1.71	48.41	2.34	64.03
0.48	5.30	1.11	23.94	1.75	49.94	2.38	64.36
0.52	6.13	1.15	25.45	1.79	51.41	2.42	64.63
0.56	7.00	1.19	27.00	1.83	52.82	2.46	64.84
0.60	7.92	1.23	28.58	1.87	54.16	2.50	64.99

外骨骼手功能训练机械手模拟了正常人在手掌伸直时存在掌指关节微屈的状态，所以食指运动仿生机构的仿真数据在 $t=0$ s 时，$\theta_1=10.18°$。在做食指运动仿生机构的掌指关节仿生性实验时，需要对式(6-2-12)和(6-2-13)作调整得到适合本实验用的摆线运动规律角位移曲线和 3-4-5 次多项式运动规律角位移曲线，调整后表达式分别为式(6-2-14)和(6-2-15)。

$$\theta=\theta_0\left(\frac{t}{t_0}-\frac{1}{2\pi}\sin\frac{2\pi}{t_0}t\right)+10.18 \tag{6-2-14}$$

$$\theta=10\theta_0\left(\frac{t}{t_0}\right)^3-15\theta_0\left(\frac{t}{t_0}\right)^4+6\theta_0\left(\frac{t}{t_0}\right)^5+10.18 \tag{6-2-15}$$

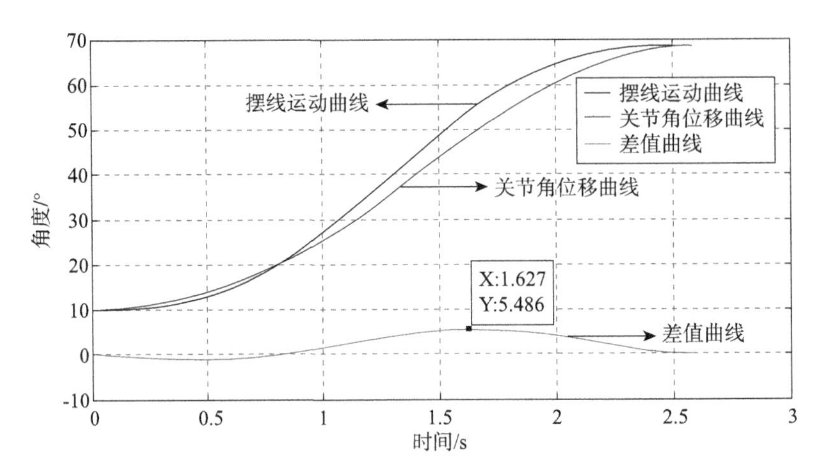

图 6-2-17　食指掌指关节仿真值与摆线运动规律对比图

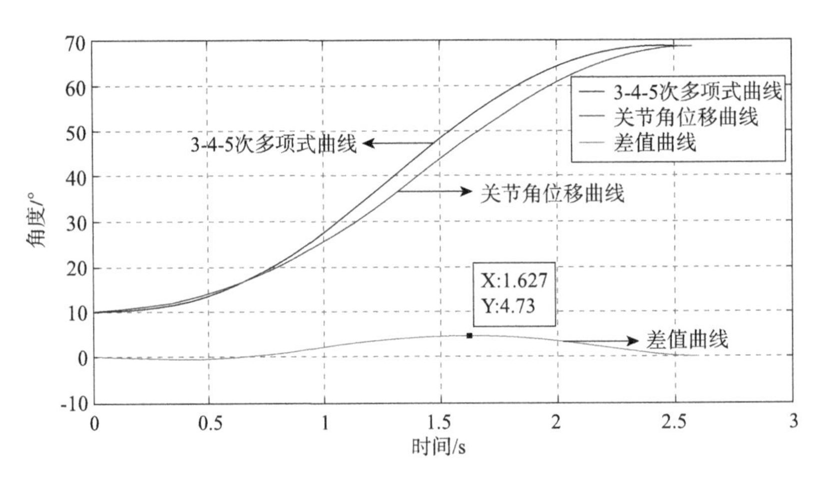

图 6-2-18　食指掌指关节仿真值与运动规律对比图

为了验证食指运动仿生机构的掌指关节和近端指间关节随时间变化的角位移符合人类手指抓握动作，将表 6-2-2 中食指掌指关节的角位移仿真数据与摆线运动规律表示角位移的表达式(6-2-14)和 3-4-5 次多项式运动规律表示角位移的表达式分别导入 MATLAB 中作对比，绘制曲线分别如图 6-2-17 和图 6-2-18。同理，将表 6-2-3 中食指近端指间关节的角位移仿真数据与摆线运动规律表达式(6-2-14)和 3-4-5 次多运动规律表达式分别导入 MATLAB 中作对比，绘制曲线分别如图 6-2-19 和图 6-2-20。

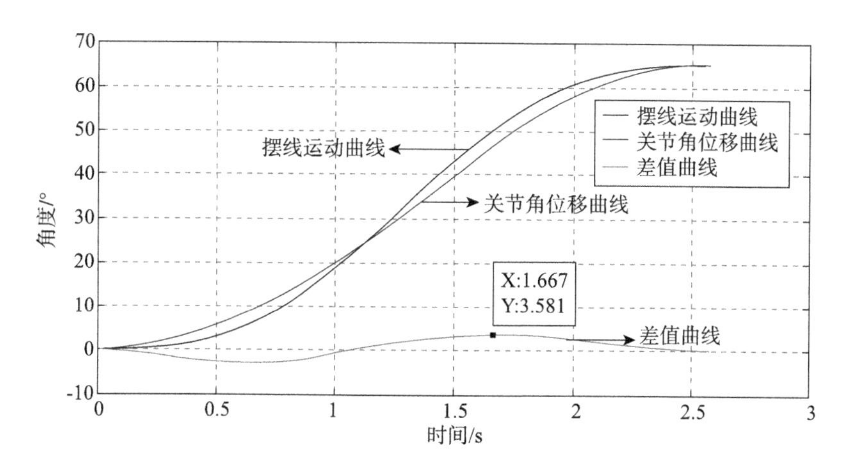

图 6-2-19　食指近端指间关节仿真值与摆线多项式运动规律对比图

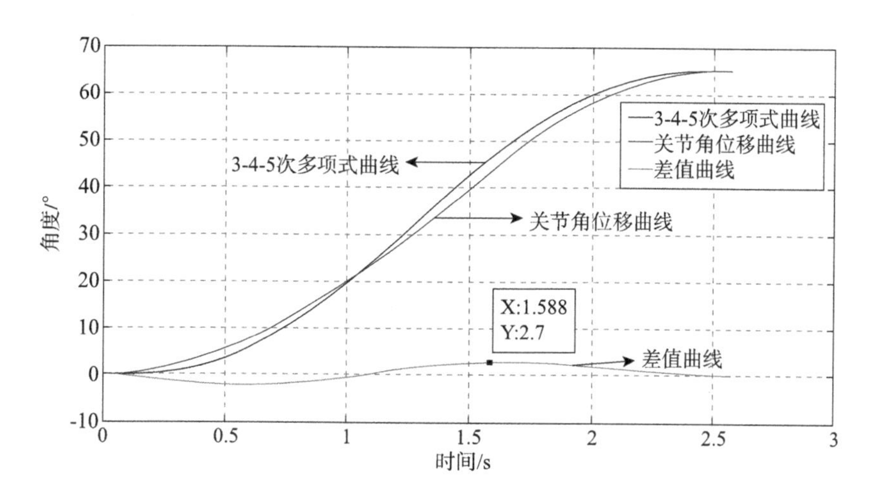

图 6-2-20　食指近端指间关节仿真值与 3-4-5 次多项式运动规律对比图

图 6-2-17 至图 6-2-20 中运动规律曲线与实验测得曲线的走势和两者的差值的实验结果可知，食指运动仿生机构的掌指关节和近端指间关节的角位移曲线与摆线运动规律曲线和 3-4-5 次多项式运动规律曲线基本吻合。因此，运动仿生机构能很好地模拟人类抓握动作过程的关节运动规律，该机构具有很好的穿戴式外骨骼仿生性。

(2) 手指运动仿生机构动力学仿真分析

患者手部在软瘫期的训练以轻柔为主，制定出适合驱动患者手指进行康复训练的近节指骨驱动力不小于 30 N，中节指骨驱动力不小于 20 N。所述的驱动力是指在外骨骼康复手运动的过程中各手指驱动件垂直作用于贴合面的力。为了得到合理的四指运动仿生机构动力输出机构的输出力和四指各手指的指骨驱动件的驱动力，通过设定食指运动仿生机构的近节指骨驱动件和中节指骨驱动件的驱动力的数值，应用 SolidWorks Motion 求解食指运动仿生机构动力驱动机构的力学特性，以食指的力学特性近似地推断出四指运动仿生机构的力学特性。以同样的仿真分析方法，也可以对拇指运动仿生机构进行力学特性分析，本文不再对拇指分析过程详细阐述。

为了得到具有稳定驱动能力的手指运动仿生机构，在 SolidWorks Motion 中对已建立的食指运动仿生机构进行前处理，包括定义零件间的配合关系、设置驱动马达的参数、定义仿真环境的引力、消除冗余等。在模型中设定动力输出马达的转向及参数，食指近节指骨驱动件的驱动力为 F_1，食指中节指骨驱动件的驱动力为 F_2，如图 6-2-21 所示。根据人手运动规律和康复训练强度，本次仿真分析将手功能训练从手指伸直状态到手指握紧状态的时间设定为 2.6 s。在动力学仿真过程中采集完成一次从伸直到握紧和从握紧到伸直的周期为 5.2 s 内的分析曲线。以图 6-2-22 中参数的正方向为仿真分析参数的正方向，根据直流电机换向的机制，仿真实验中设定 0 s 至 2.58 s 的转速为 8 rad/min、$F_1=30$ N、$F_2=20$ N，2.6 s 至 5.2 s 的转速为 -8 rad/min、$F_1=-30$ N、$F_2=-20$ N，中间为电机换向间隔，加载力 F_1 的曲线如图 6-2-22 所示，F_2 的曲线如图 6-2-23 所示。在完成模型前处理后，使用 SolidWorks Motion 中的“结果和图解”功能获得驱动马达的转矩曲线，并以食指力学参数的数据作为四指运动仿生机构的力学参数，得到的食指运动仿生机构马达驱动转矩曲线，也是四指运动仿生机构马达驱动转矩曲线，如图 6-2-24 所示。根据马达转矩曲线图我们可测得最大的马达转矩为 1 176 N·m。外骨骼康复手中，四指推杆是动力驱动机构驱动四指运动仿生机构的唯一零件，图 6-2-25 是四指推杆在食指动力学仿真中的受力曲线，该曲线也是四指推杆在四指康复训练中的受力曲线。

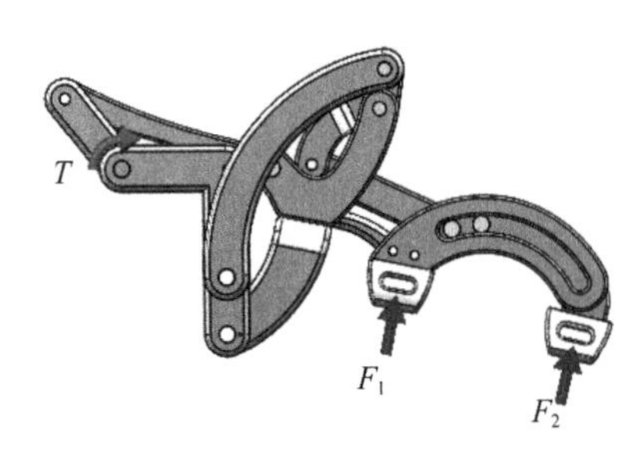

图 6-2-21　食指运动仿生机构分析模型

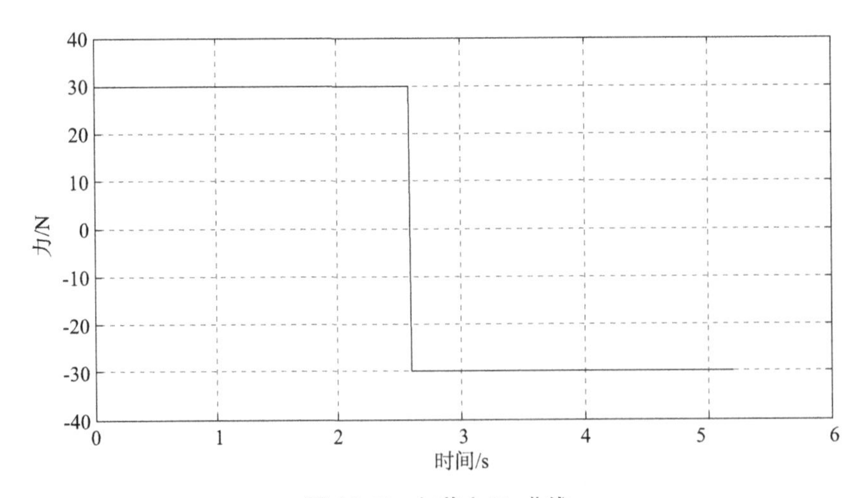

图 6-2-22　加载力 F_1 曲线

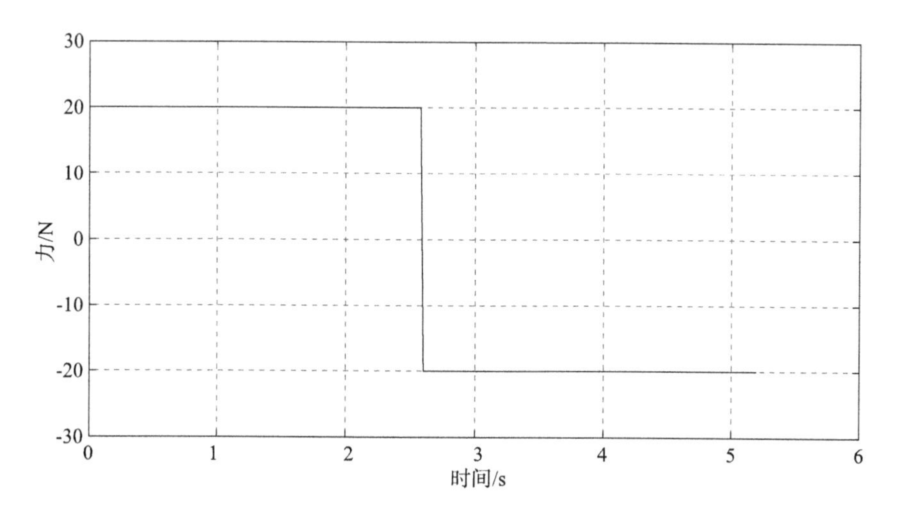

图 6-2-23　加载力 F_2 曲线

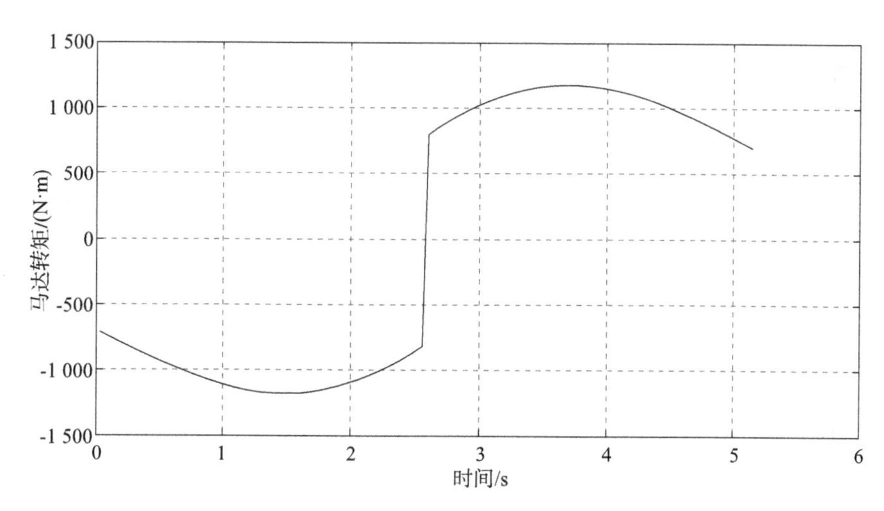

图 6-2-24　马达转矩曲线

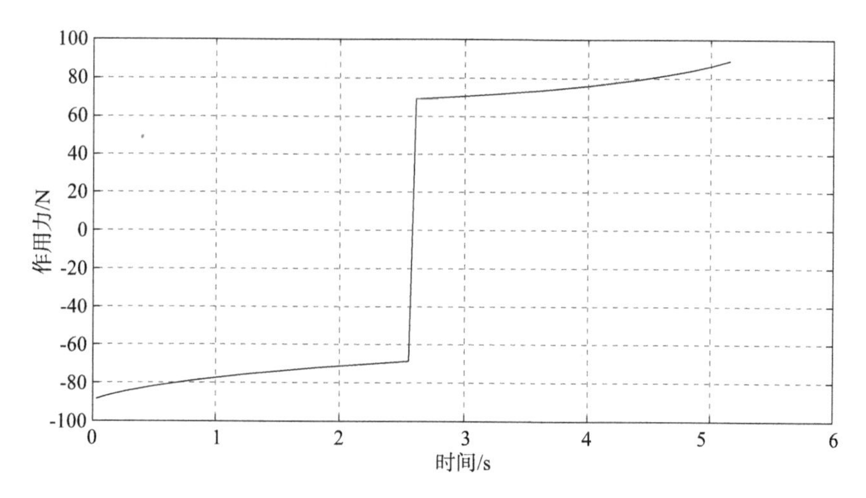

图 6-2-25　四指推杆受力曲线

(3) 动力输出机构运动学与动力学仿真分析

根据动力输出机构的设计要求，选用带 10 倍减速比型号为 Faulhber 的 224006SR 的微型直流电机。自带减速机构直流电机的额定转速为 800 rad/min，额定转矩为 5 N·m。经计算，动力输出机构采用了减速比为 100，能提供输出转矩为 5 000 N·m 的减速机构作为动力输出机构。在考虑各种能量的损失下，该输出转矩约为所需转矩的 4 倍，保证了外骨骼康复手的正常训练功能，同时还可以满足基于日常生活抓握物品的功能。表 6-2-4 为减速箱各级齿轮和齿轴的参数。

表 6-2-4　减速箱各级齿轮和齿轴的参数

零件名	齿数	模数	变位系数	压力角/°
输出锥齿轮	20	0.5	—	20
传动锥齿轮	20	0.5	—	20
一级齿轮轴	8	0.5	0.4	20
二级齿轮	32	0.5	−0.4	20
二级齿轮轴	8	0.5	0.4	20
三级齿轮	40	0.5	−0.4	20
三级齿轮轴	8	0.5	0.4	20
输出齿轮	40	0.5	−0.4	20

在 CAXA 电子图版中，使用表 6-2-4 中的齿轮参数设计出各齿轮的齿廓图并存为 DWG 格式文件。在 SolidWorks 中打开 DWG 文件，使用齿廓线设计出减速箱中每个齿轮，为了满足动力学分析要求，设计了动力输出机构的仿真模型，如图 6-2-26 所示。

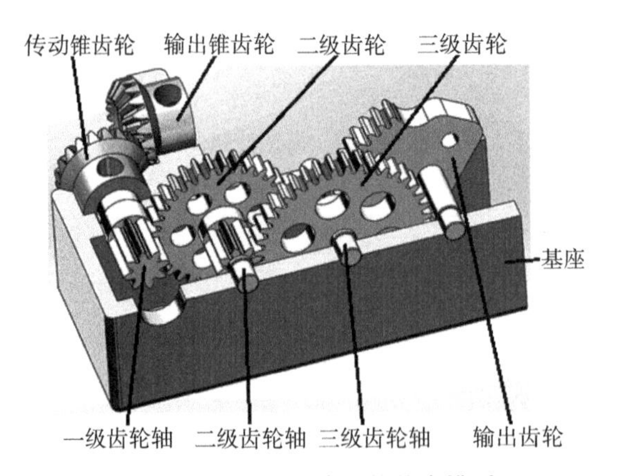

图 6-2-26　动力输出机构仿真模型

在实际的动力输出机械结构中，各齿轴均是通过钢套与齿轮箱成转动连接，因此动力输出机构简化模型中的所有零件均配置为 45＃钢。在装配体中使用同心、重合、距离、齿轮等配合方式将所有零件装配成为可以仿真的模型。在不考虑齿轮间隙和碰撞冲击的情况下，然后将动力输出机构简化模型导入 SolidWorks Motion 仿真环境中，对模型进行动力学仿真前处理，包括消除冗余、配置重力等。在仿真模型的输入锥齿轮上加上马达用于驱动，考虑到实际马达工作的转速是从 0 经过短暂的时间才会达到稳定的转速和马达换向机制，并且为了仿真时转速不出现突变，本实验使用了数据点曲线配置了马达转速的转速。在 SolidWorks Motion 仿真模型中，传动锥齿轮、一级齿轮轴、二级齿轮轴、三级齿轮轴和输出齿轮的轴线均与坐标系的 x 轴平行，为了验证各齿轴的角速度幅值和方向，在仿真结果中设定 x 轴的逆时针方向为正方向。根据上述四指运动仿生机构的结果，本实验在动力驱动机构的输出齿轴上加载 2 352 N・m 的恒定负载转矩，方向与输出齿转速方向相反，该转矩为手指运动仿生机构仿真得到的转矩的 2 倍，这样的负载加载满足设计要求。实验得到的各齿轴的转速和转矩曲线分别如图 6-2-27 和 6-2-28 所示。

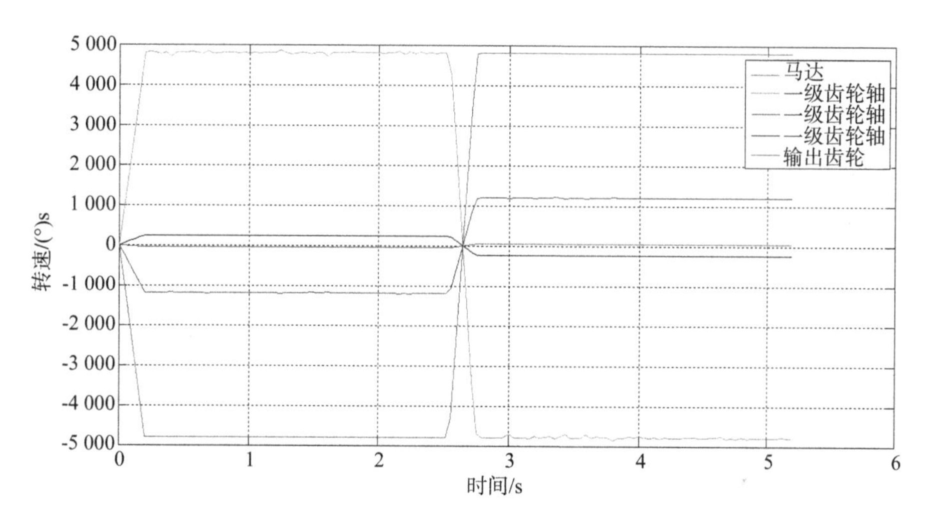

图 6-2-27　转速曲线

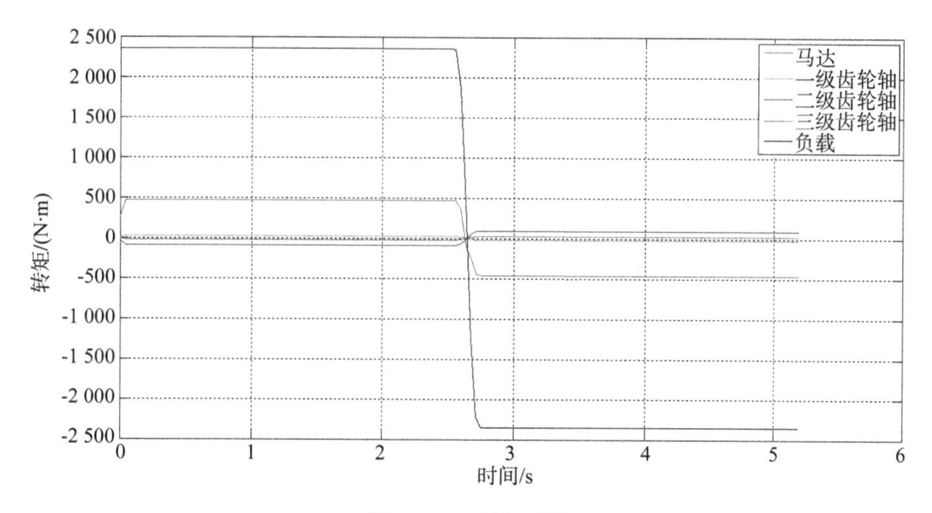

图 6-2-28　转矩曲线

为了更加真实地反应动力驱动机构工作过程中两个啮合齿轮的安全稳定工作性能，模拟齿轮啮合时的碰撞，使用 ADAMS/View 分析了减速箱中一对锥齿轮传动转速和啮合力的变化规律。在 ADAMS/View 中做齿轮动力学分析，通过配置 Contact 的参数计算齿轮冲击和啮合接触力方法是最合理的主流分析方法。根据齿轮啮合传动的特点，可以得到齿轮啮合的接触刚度表达式：

$$K=\frac{4}{3}R^{\frac{1}{2}}E^{*} \tag{6-2-16}$$

其中，$E^{*}=\dfrac{E_1E_2}{(1-\mu_1^2)E_2+(1-\mu_2^2)E_1}$，$R=\dfrac{R_1R_2}{R_1+R_2}$，$R_1$、$R_2$ 分别为两锥齿轮在轮齿接触点的曲率半径；μ_1、μ_2 分别为两锥齿轮材料的泊松比；E_1、E_2 分别为两锥齿轮材料的弹性模量。

本文采用当量齿轮法计算两锥齿轮在节线处啮合的综合曲率半径为：

$$R=\frac{1}{2}mZ_1\sin\alpha\cos\delta_1 \tag{6-2-17}$$

其中，m 为锥齿轮齿宽中点处的模数，Z_1 为啮合齿轮齿数，α 为压力角，δ_1 为对应锥齿轮的分锥角。

在动力输出机构中，两个锥齿轮的参数如表 6-2-5 所示。

表 6-2-5　两个锥齿轮的参数

零件名称	齿数	模数	压力角/°	分锥角/°	材料
等速啮合锥齿轮	20	0.5	20	45	45＃钢

根据设计要求可得到锥齿轮的碰撞参数，$\mu_1=\mu_2=0.27$，$E_1=E_2=2.07\mathrm{e}+11$ Pa，$R_1=R_1\approx1.21$ mm，$E^{*}=1.12\mathrm{e}+11$Pa，$\mathrm{K}=1.64\mathrm{e}+5\mathrm{N/mm}^{3/2}$。另外，取碰撞指数 $e=1.5$，阻尼系数 $c=50$ N·s^{-1}/mm，渗透深度 $d=0.1$ mm，动摩擦系数为 0.05，静摩擦系数为 0.08。在完成动力驱动机构动力学分析模型的前处理后，在 ADAMS/PostProcessor 中可以得到仿真曲线。图 6-2-29 为输入锥齿轮与输出锥齿轮转速随时间变化曲线，图 6-2-30 为两锥齿轮啮合力随时间变化的曲线。

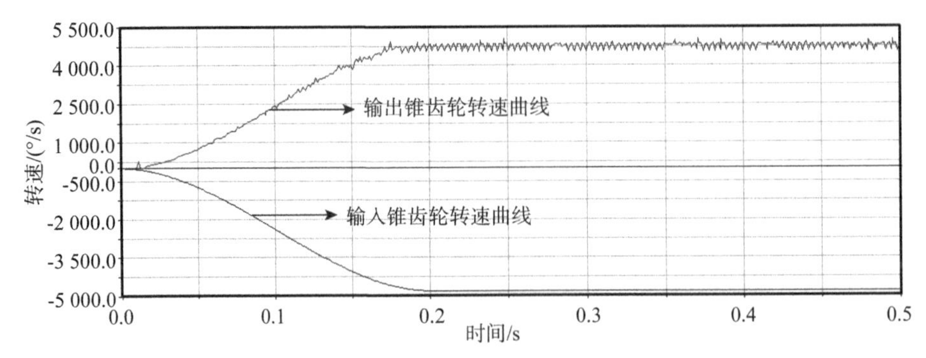

图 6-2-29　转速曲线

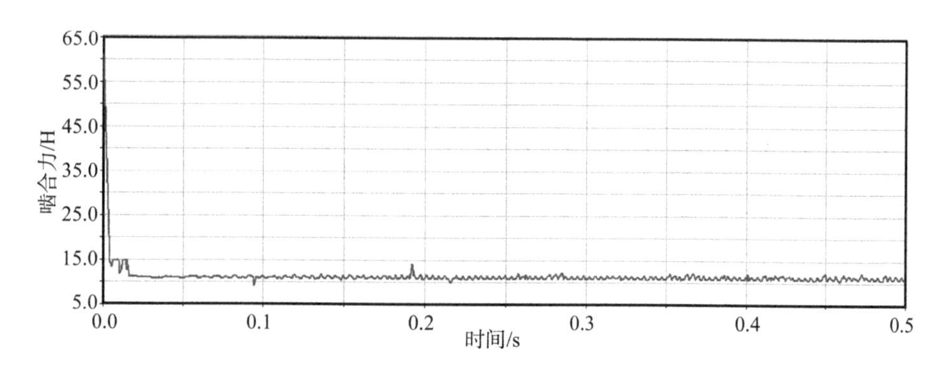

图 6-2-30　锥齿轮啮合力变化曲线

通过对 SolidWorks Motion 仿真结果分析，可知设计的动力输出机构在稳定工作状态时各级齿轮/齿轴转向满足外齿轮啮合转向关系，转速大小满足对应传动比关系。各级齿轮/齿轴转矩方向满足外齿轮啮合转向关系，转矩大小满足对应传动比关系。仿真结果在一定程度上验证了动力输出机构可以提供适合驱动四指运动仿生机构的动力。

ADAMS/View 仿真结果显示，两锥齿轮的转速方向满足外啮合齿轮传动的方向关系。在图 6-2-29 中输出锥齿轮转速曲线在仿真启动时，曲线上有一次突变，随后在 0.2 s 内比较平稳的增长到一个在一定范围内周期性波动的相对稳定的转速。图 6-2-30 中锥齿轮啮合力曲线在仿真启动时，在 0 时刻有一个较大冲击力，然后下降到一个在一定范围内周期性波动的相对稳定的力。根据仿真结果可以作分析，齿轮传动存在一定的齿隙，在齿轮传动启动时，输出锥齿轮转速大小会短暂呈 0 值，随后在输入齿轮的啮合冲击下出现短暂的突变，然后与输入锥齿轮啮合基本呈同步转动。锥齿轮啮合力在仿真启动时，出现的较大的力值也是由输入齿轮的啮合冲击造成的。另外，输出锥齿轮的转速和两锥齿轮的啮合力在达到相对稳定后都在一定范围内周期性的波动，也是有锥齿轮传动中的齿隙引起的冲击和震动造成的。仿真分析的结果与理论计算结果值基本吻合，验证了本系统动力输出机构满足设计要求。

四、控制系统设计

据临床实验研究，手功能障碍患者主动参与训练的康复效果明显优于被动训练。这里研制了语音控制和肌电控制两种智能控制系统，基本可以满足绝大多数手功能障碍的患者对外骨骼康复手进行自主控制完成手指康复训练。语音控制系统可以通过 7 个语音指令控制四指运动仿生机构的驱动电机（四指直流电机）和拇指运动仿生机构的驱动电机（拇指直流电机）对四指和拇指进行同步或异步康复训练。肌电控制系统通过采集并处理患者患侧或者健侧手臂前臂一对拮抗肌的肌电信号控制四指直流电机和拇指直流电机进行手部康复训练。患者可以通过控制拮抗肌的紧张程度，使外骨骼手功能康复训练机械手的位置与自己的意识高度一致。

1. 语音控制系统研究

当患者双侧手都存在比较严重的手功能障碍时，他们上肢的生理信号均不能或不足作为驱动外骨骼手功能康复训练机械手的驱动信号。为了使患者能够主动参与康复训练，语音控制系统给患者提供了一种比较稳定的自主训练方式。

语音控制系统使用 Sensory 公司生产的 RSC4128 语音识别处理芯片作为主控芯片。RSC4128 是一个语言和模拟输入/输出复合信号的高度集成处理器。该芯片含有一个专门为语音识别技术、支持 HMM(隐马尔可夫建模)和神经网络技术优化的 8 位微控制器。该芯片可以通过程序实现特定人语音识别模式和非特定人语音识别模式的切换。

2. 语音控制系统硬件设计

本案例的语音控制系统以 RSC4128 为核心设计的，采用的是特定人语音识别技术。图 6-2-31 是语音控制系统架构图，整个系统包括四个模块。其中，电源模块为整个系统各个子模块正常工作提供合适电源；语音处理及输入模块为基于 RSC4128 的核心模块提供稳定的驱动信号；基于 RSC4128 核心模块是控制整个系统正常运行的核心；电机驱动模块可输出驱动四指微型直流电机和拇指微型直流电机的驱动信号。语音控制系统的电路板实物如图 6-2-32 所示。

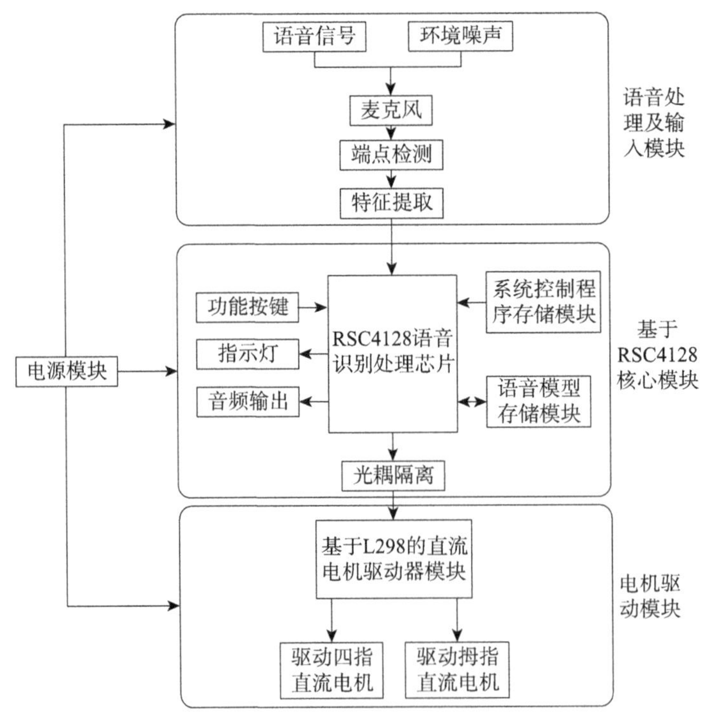

图 6-2-31　语音控制系统架构

稳定的电源输入是整个语音控制系统正常工作最基本的保障。RSC4128 语音识别处理芯片正常工作的电压是 2.4～3.6 V，拇指直流电机和四指直流电机的额定电压为 8 V，

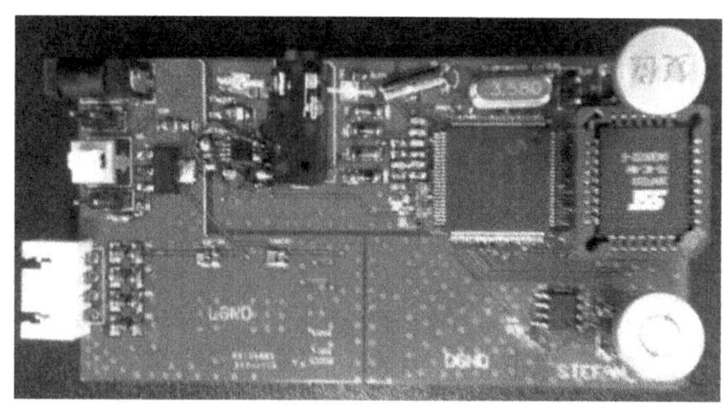

(A) 语音控制系统电路板正面

(B) 语音控制系统电路板反面

图 6-2-32　语音控制系统实物

PS2801-4 和 PS2801-2 光耦隔离元件的工作电压是 5 V。本系统的电源模块以一块 8 V 的可充电电池为电源，并使用 LP2989IMM-3.0 和 AMS1117-5 电源转换芯片，可以提供使系统正常工作的三种电压 8 V、5 V 和 3 V。六角按键开关弹起时，电源模块与语音控制系统断开，充电电池与外部充电接口连接，呈充电状态。六角按键开关按下时，充电电池与外部充电接口断开，电源模块为语音控制系统供电，系统呈工作状态。语音控制系统电源模块的电路如图 6-2-33 所示。

语音处理及输入模块通过麦克风采集声音信号并进行端点检测、特征提取等前处理，经信号输入接口进入主控芯片 RSC4128。语音控制系统的语音信号输入及处理模块电路原理图如图 6-2-34 所示。

基于 RSC4128 核心模块是由 RSC4128 芯片与片外五个外围功能子模块组成。五个外围功能子模块分别为功能按键、指示灯、音频输出、系统控制程序存储模块和语音模型存储模块。该核心模块可以完成以下功能：1. 将第一次由语音处理及输入模块输入的语音信号数据和噪声数据转换为声学模型存入语音模型存储模块中的 EEPROM 中；2. 将语音处理及输入模块输入的语音指令与 EEPROM 中的声学模型和 RSC4128 中的语言模型进行匹配，并输出识别结果；3. RSC4128 通过读取系统控制程序存储模块中 Flash 的程序控制整个系统正常工作；4. 通过光耦给电机驱动模块提供控制信号。

功能按键具有复位整个系统、启动擦除 EEPROM 语音模型的数据和录入新的语音

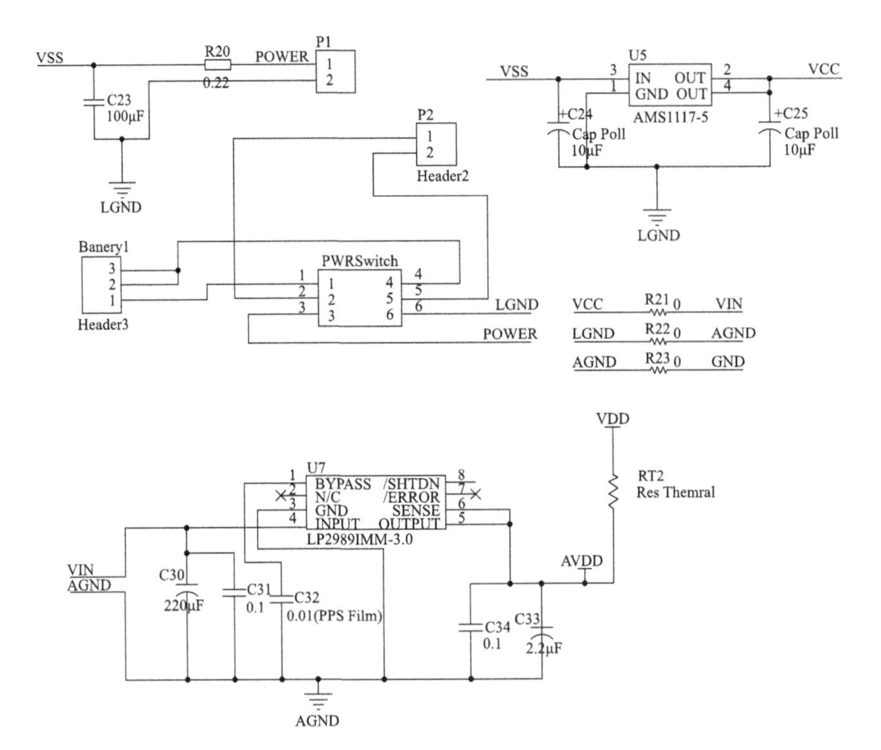

图 6-2-33 语音控制系统电源模块原理图

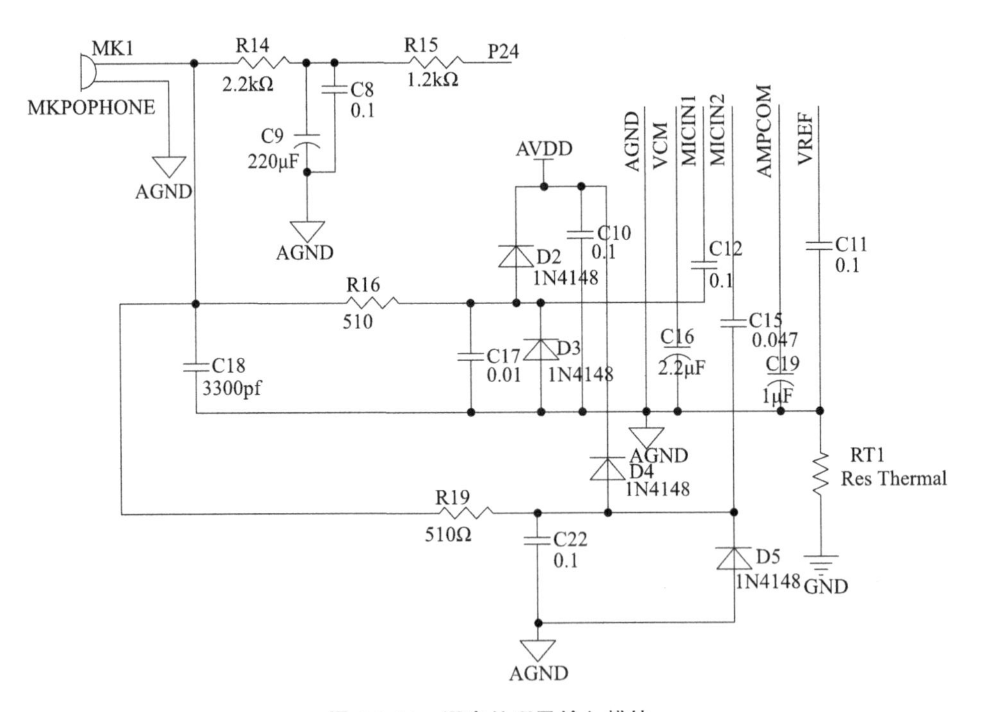

图 6-2-34 语音处理及输入模块

模型程序的功能。指示灯包括电源指示灯和电机工作状态指示灯。系统上电并且正常供电时,电源指示灯亮。电机工作状态指示灯显示两直流电机正反转状态。音频输出是以语音的方式提示用户进行语音模型的录入是否成功和康复训练时语音指令与语音模型匹配的结果。系统控制程序存储模块是以 SST39VF020 芯片和外围电路构成的主控芯片外部 Flash 存储模块,用于存储系统控制程序代码。SST39VF020 以离线的方式通过编程器下载程序代码供主控芯片调用。语音模型存储模块用于存储特定人识别的用户语音模型。其工作机制包括两部分:第一部分是主控芯片 RSC4128 执行程序对第一次输入的声音信号进行录入和编码,使之成为语音模型并存储到 EEPROM 中;第二部分是主控芯片 RSC4128 在康复训练时调用 EEPROM 中的语音模型与语音指令匹配,输出控制电机工作的信号或者提示用户控制失败的匹配结果。

电机驱动模块是采用 L298P 作为两个直流电机的驱动芯片而设计的,其电路原理图如图 6-2-35 所示。L298P 的四个输入脚和两个使能脚分别通过基于 RSC4128 核心模块中的光耦 PS281-4 和 PS281-2 接收主控芯片 RSC4128 的控制信号。L298P 的四个输出脚分别与两个直流电机的引脚连接。为防止直流电机因电源的骤停造成损坏,L298P 的输出脚由 8 个 1N4007 二极管增加了反向续流的功能。反向续流的功能可以使直流电机在突然断电时,电机与二极管间构成回路,不会造成电机骤停。

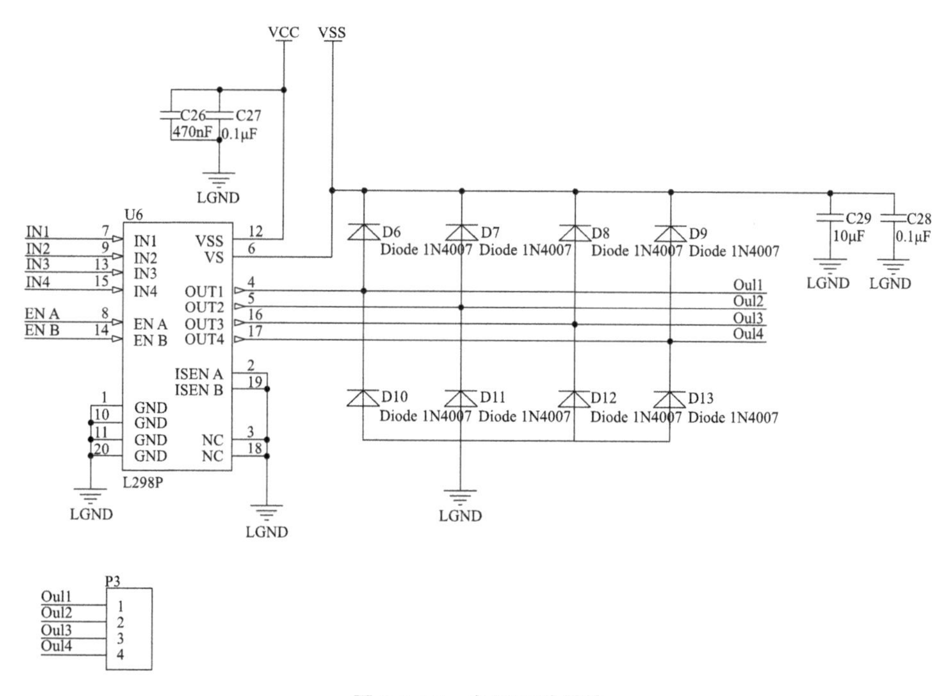

图 6-2-35　电机驱动模块

3. 语音控制系统软件设计

这里的语音控制系统软件采用 C 语言和汇编混合编程方式在平台软件 Phyton Project-SE 实现了用于特定人的康复训练功能。语音系统对两个直流电机的控制共有 7 个指令,分别为用于实现拇指直流电机的正反转、四指直流电机的正反转、拇指直流电机和四指直流电机的同步正反转和电机停止转动。该语音控制系统采用个性化语音识别技术，不同的用户在使用此系统前，需将自己个性化的 7 个语音指令转化为语音模型存入语音模型存储模块。用户在使用时，基于 RSC4128 核心模块会检测用户的语音指令，并将其与语音模型中的 7 个语音指令一一比对，若是匹配成功，程序会根据指令控制配置光耦输出端口控制两直流电机运行。RSC4128 的匹配严格程度可以通过程序进行设置。基于 RSC4128 的核心模块对用户输入的语言种类没有特别要求，但是推荐以三字为主的指令，指令间的语调应尽量有较大区分。用户使用该系统进行康复训练时，指令的发音应尽量接近训练时的语调，音量应根据用户与麦克风的距离作适当调整。这里的语音控制系统软件包括语音模型中的 7 个指令的录入功能和用户使用时语音指令的匹配功能，其软件流程图如图 6-2-36 所示。

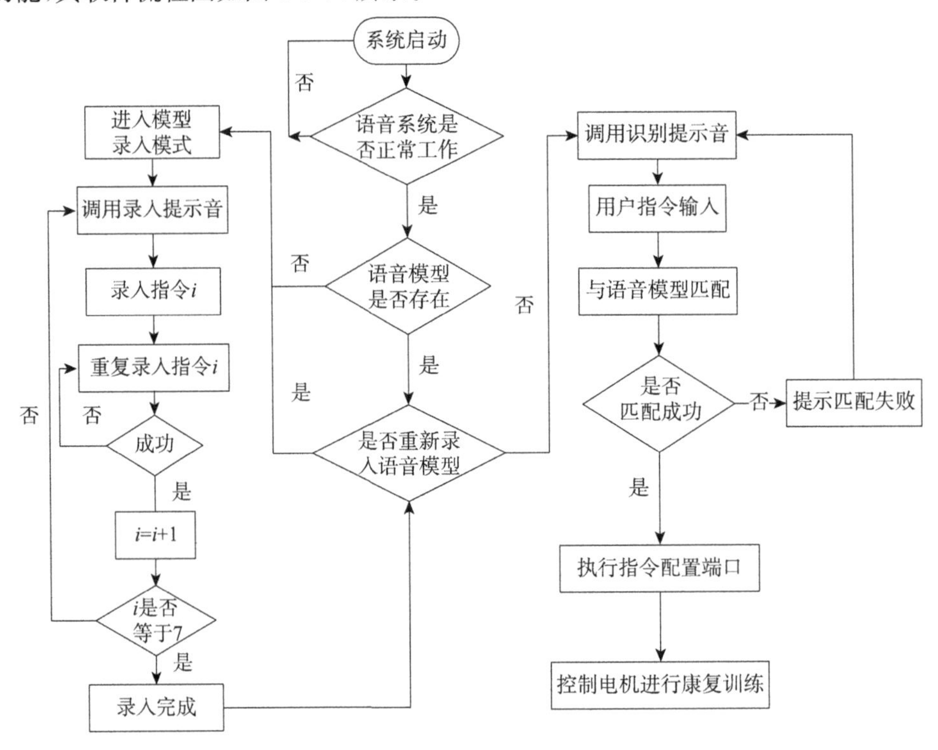

图 6-2-36　语音控制系统软件流程图

4. 肌电控制系统研究

临床研究发现，脑卒中患者上肢有三类病症：第一类为两侧手臂均有功能障碍且肌电信号都不能被现有电极检测；第二类为两侧手臂中的一侧肌电信号不能被现有电极检测，另一侧手臂的肌电信号可以被电极检测利用；第三类为两侧手臂的肌电信号均可以被检测利用。大部分脑卒中患者在软瘫期或恢复期，其中一侧手臂具有不同程度的自主运动功能。这里研究的肌电控制系统面对的适用对象是第二类和第三类患者。

(1) 肌电控制系统硬件设计

表面肌电信号(sEMG)是肌肉收缩产生的复杂生物电信号。尽管 sEMG 的形态具有较大的随机性和不稳定性，但它包含了大量关于肌肉收缩的功能状态的信息。这里就是通过一对电极采集患者一侧手臂上一对拮抗肌自主产生的肌电信号,经过后处理用于触发及控制外骨骼手功能康复训练机械手进行康复训练动作。本控制系统中采用的微弱肌电信号处理技术可以通过电极检测并利用微伏级的肌电信号。

这里肌电控制系统是采用本实验室现有的比较成熟的微弱肌电信号处理技术对手臂的肌电信号进行采集和预处理。系统可以实现两种训练模式:训练模式一可以实现采集手功能障碍患者一侧手臂的肌电信号来控制该侧手部的康复训练动作,训练模式二可以实现采集手功能障碍患者一侧手臂的肌电信号来控制另一侧手部进行康复训练动作。训练模式二是在训练模式一中引入了无线通信模块实现了采集一侧手臂的肌电信号来控制另一侧手部进行康复训练。因此,这里的肌电控制系统研究的重点有三个模块,第一部分是基于 LPC1754 的核心模块,第二部分是无线通信模块,第三部分是拇指直流电机和四指直流电机的电机驱动模块。图 6-2-37 是肌电控制系统的电路板正反面实物图。

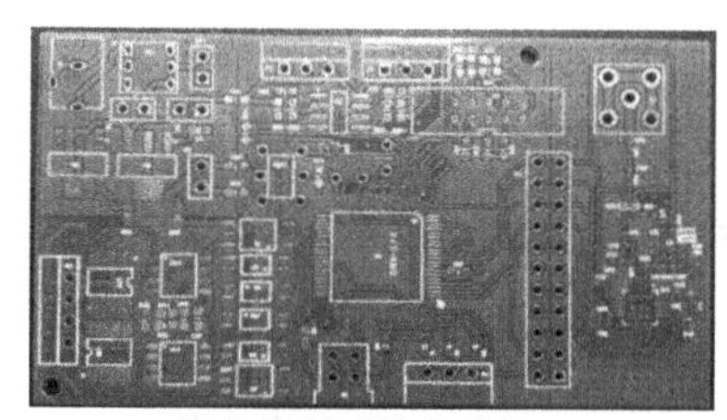

(A) 机电控制系统电路板正面

(B) 机电控制系统电路板反面

图 6-2-37　肌电控制系统的电路板实物

基于 LPC1754 的核心模块具有按键复位功能、开关开启或关闭无线通信功能、JTAG 下载控制程序功能、提示灯功能和由光耦输出电极控制信号功能。用户可通过触动复位电路中的按键复位系统。在训练模式二中,本系统使用了无线传输功能将在一侧手臂上采集的肌电信号传输到另一侧手的接收装置中。模块中使用了两挡开关,拨动开关可开启或关闭无线通信功能。肌电控制系统的控制程序及算法由 JTAG10 下载到 LPC1754 中。LPC1754 对肌电信号进行模数转换、比较、作差等系列算法后,将控制结果信号通过光耦 PS2801－1 和 TLP112A 输入电机驱动模块。系统通过采集两个电极的肌电信号,以两电极表面积电信号幅值的差值调制控制直流电机的 PWM 波,从而控制直流电机的转速,实现拇指和四指的屈伸运动。基于 LPC1754 的核心模块的电路原理图如图 6-2-38 所示。

考虑到训练模式二中,穿越两侧手间两直流电机的控制线比较繁杂且容易受到损坏,本系统使用了无线通信模块将一侧手采集到的肌电信号以无线传输数据的方式输入至另一侧控制器。本系统的无线通信模块采用 Silicon Labs 公司的 Si4432 无线收发芯片实现两侧手肌电信号的传输。该芯片工作无线频段为 240～930 MHz,频率为 0.123～256 kb/s,接收灵敏度为－121 dBm。该芯片在接收和发送数据时均有 64 byte 的先入先出缓冲区,更有利于程序将数据打包接收和发送。本系统选择国家规定免费使用的无线频段 433MHz 作为无线工作频段,其穿透性、传输频率和传输速度都符合本系统的设计要求。图 6-2-39 是无线通信模块的硬件电路原理图。

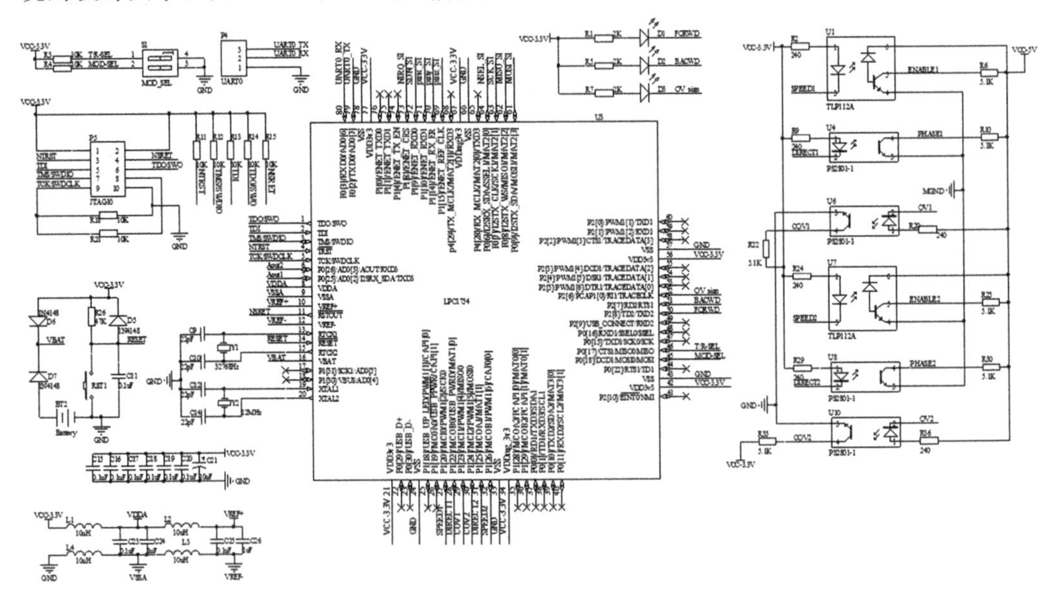

图 6-2-38　基于 LPC1754 的核心模块电路原理图

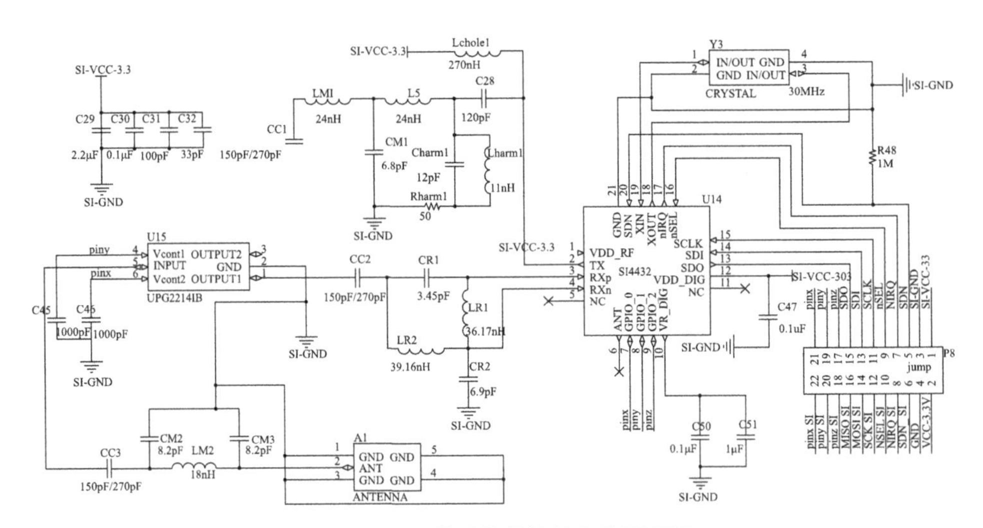

图 6-2-39　无线通信模块的电路原理图

电机驱动模块采用两个电机驱动芯片(A3950S)驱动两个直流电动机。A3950S 控制比较方便,程序中仅控制 A3950S 的一个引脚就能实现电极的正反转。另外,这里设计的是用于患者日常生活佩戴进行康复训练的系统,A3950S 在尺寸规格和重量上也优于其他电机控制芯片。当机械手运动到最大伸展或最大屈曲的两个极限位时,有可能会超出正常人手的关节运动范围,造成患者的二次损伤,同时也会造成机械机构的损坏。为了避免上述缺陷,本系统使用了电机驱动模块中两个 A3950S 的 SENSE 引脚来检测驱动电机回路中的电流值,两个电流值分别经过 ACS712 和 LM393M 输出一个高电平或低电平的比较电平，当比较电平为低电平时为过载。比较电平作为一个反馈进入LPC1754中，LPC1754通过检测比较电平值来确定电机是否可以继续按原转向转动。图6-2-40是电机驱动模块的硬件电路原理图。

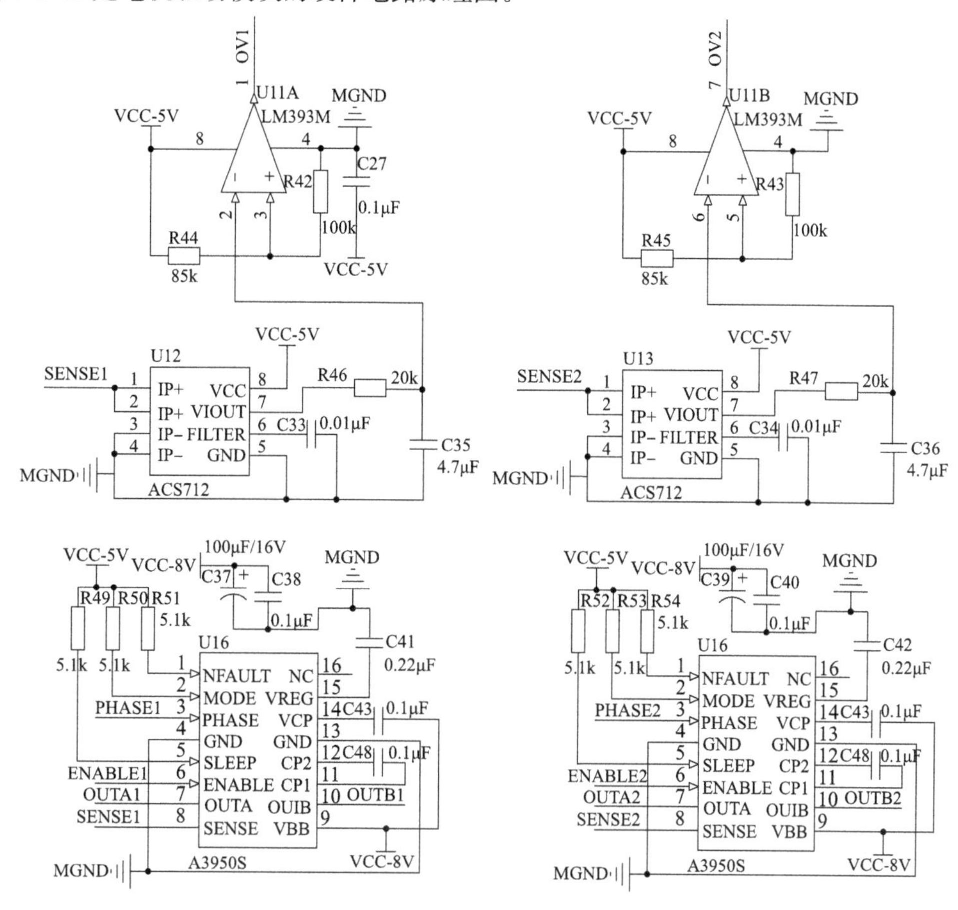

图 6-2-40　电机驱动模块的电路原理图

(2) 肌电控制系统软件设计

这里的肌电控制系统包含两个训练模式。根据用户的使用需求，可通过波动开关挡位开启或关闭无线通信功能。系统使用KEIL作为编程平台，以C语言实现了对两电极采集肌电信号的模数转换、阈值比较、两肌电信号的等值比较、作差、差值驱动能力判定、过载标志位检测、占空比计算等一系列的算法，实现对外骨骼康复手的屈伸方向和训练频率的控制。在训练模式二中，这里设计了无线发送端装置和无线接收端装置。无线发送端装置以LPC1754对采集的肌电信号进行数字滤波、阈值比较、两肌电信号的等值比较、作差和差值驱动能力判定，并将有足够驱动能力的差值信号通过无线通信模块发送到无线接收端装置。无线接收端装置通过检测过载标志位，用于控制电机转向。无线接收端装置接收并检测无线发送端装置的差值信号，根据差值信号幅值调制PWM波用于控制电机转速。无线接收端装置还具有检测电机驱动模块中过载信号的功能，如过载则控制电机停止工作，并将过载标志位置位。图6-2-41是训练模式一的软件运行设计流

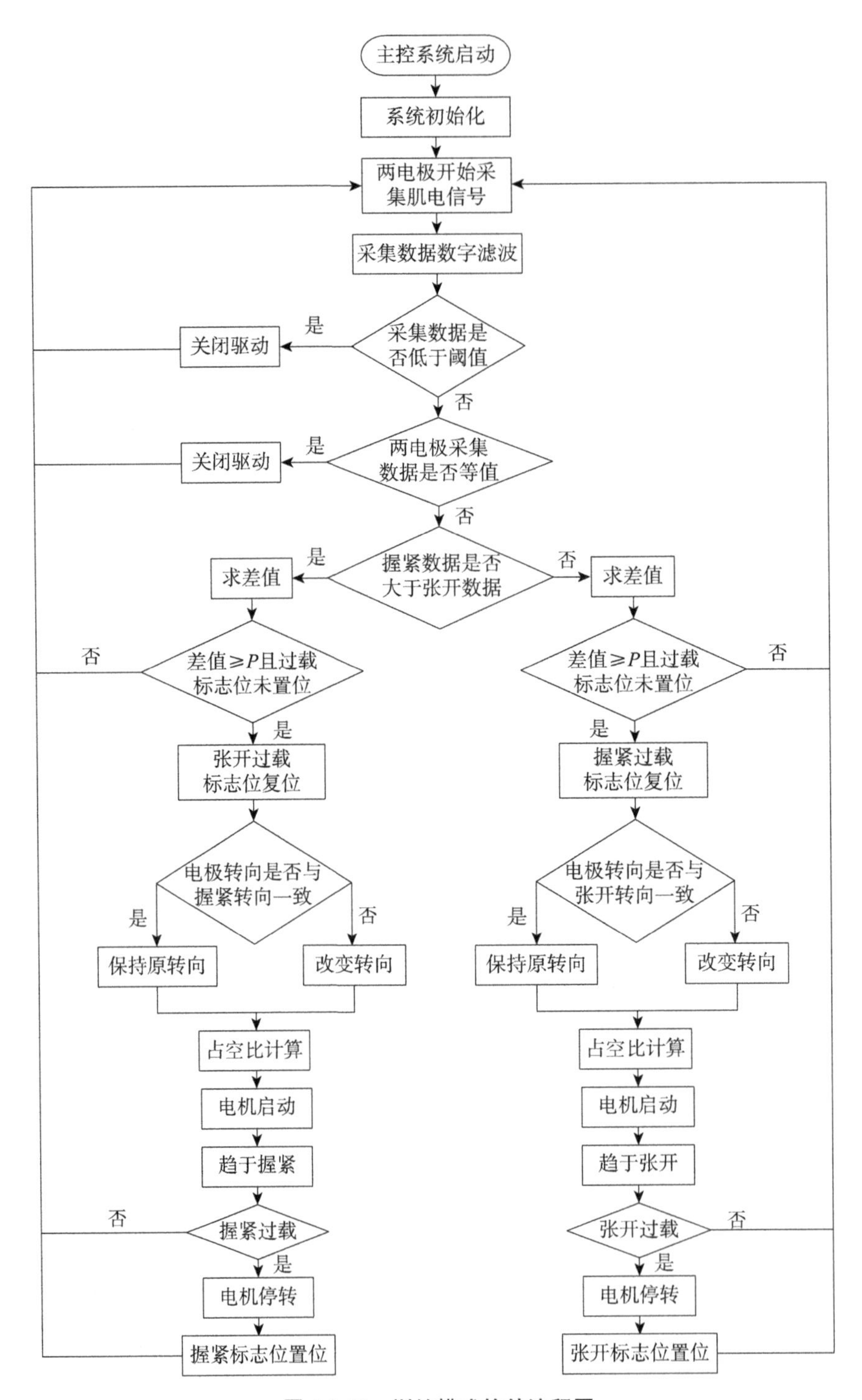

图 6-2-41　训练模式软件流程图

程。训练模式二是在训练模式一中引入无线传输肌电信号数据的功能。本系统中使用了 LPC1754 的 SPI 模块实现对 Si4432 的读写功能。图 6-2-42 是训练模式二在训练模式基础上增加的无线通信软件运行流程设计。

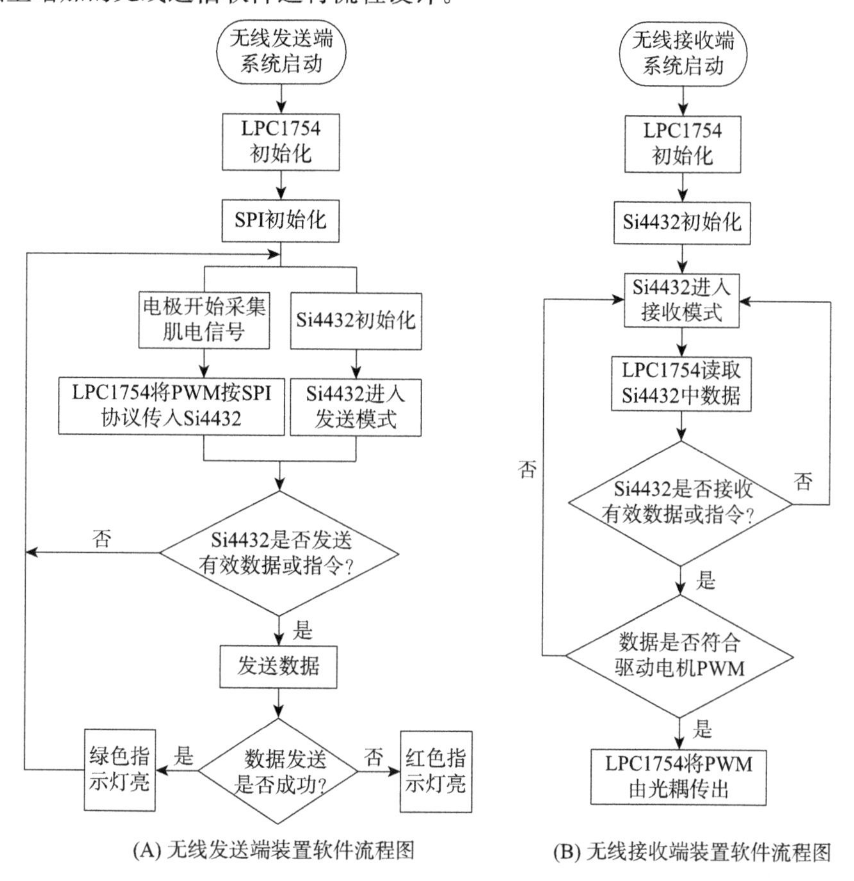

(A) 无线发送端装置软件流程图　　(B) 无线接收端装置软件流程图

图 6-2-42　训练模式二无线通信软件设计

五、系统集成与测试

完成了刚性外骨骼康复手的机械模块、主控制模块、语音控制模块及肌电控制模块的软硬件系统设计后，按照图纸加工制作机械相关零部件及控制系统硬件，最后进行系统软硬件集成组装及调试，组装后的实验样机如图 6-2-43 所示。在将本系统正式投入临床使用之前，先对系统性能进行实验测试。通过外骨骼康复手的穿戴实验、语音控制康复训练实验和肌电控制系统肌电采集和处理实验验证了外骨骼康复手系统的机械结构的仿生性、系统的可穿戴性和控制方案的有效可行性。通过实验测试，总结了系统各个模块中的问题或缺陷，为系统进一步优化提供指导。

如图 6-2-44 为外骨骼式康复手的实验平台，包括外骨骼康复手实验样机、语音控制系统控制器、肌电控制系统控制器的肌电采集和处理模块，以及示波器。其中，外骨骼康

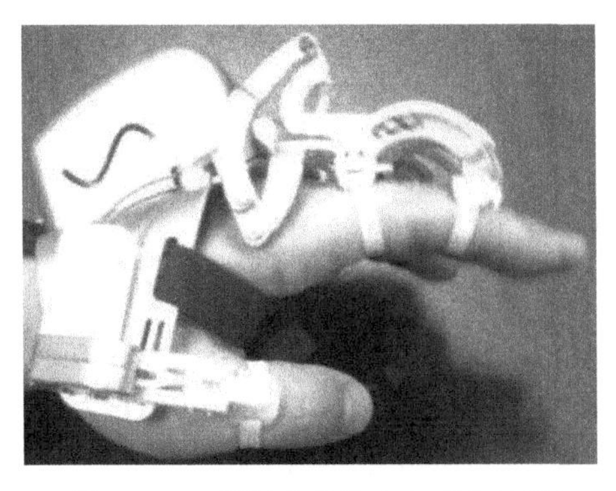

图 6-2-43　刚性外骨骼康复手实验样机

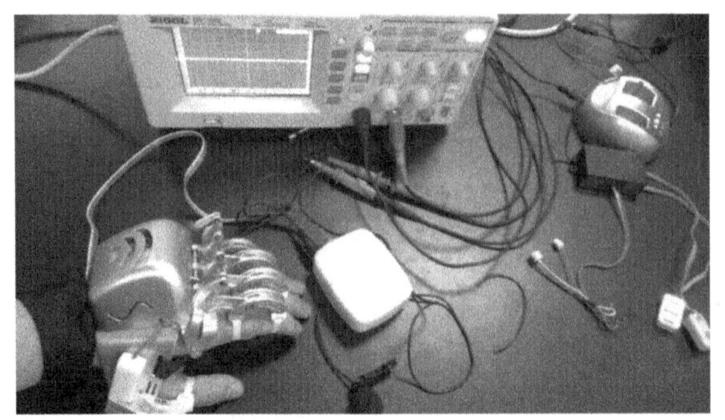

图 6-2-44　外骨骼康复手系统的实验平台

复手实验样机的拇指直流电机和四指直流电机的控制引脚由一个四线电源插头引出；语音控制系统控制器集成了语音控制系统的整个软硬件，内置可充电电池为系统供电，语音信号由外接麦克风输入控制器，电机控制信号由一个四脚插座输出，可以对应连接两直流电机的四线电源插头；肌电控制系统控制器的肌电采集和处理模块的两个电极贴合在小臂的一对拮抗肌上，两根信号输出线分别接入示波器。

1. 手指佩戴实验

手指佩戴实验是研究外骨骼康复手实验样机对人手的适应性。根据对 20～25 岁的正常成年人手指测量实验并结合国际标准正常成年人手部尺寸研制符合大多数患者佩戴进行手部康复训练的机械手。手指佩戴实验研究了外骨骼康复手在伸直位和握紧位两个极限位置时，五根手指对外骨骼康复手的适应性。图 6-2-45 手指伸展和屈曲佩戴实验的过程。

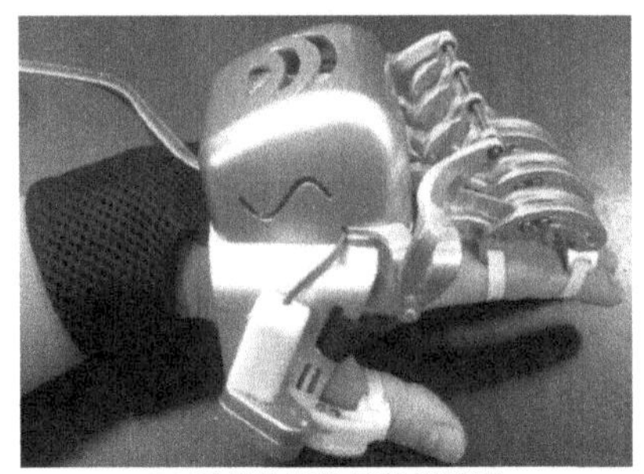

(A) 手指伸展位佩戴侧视图

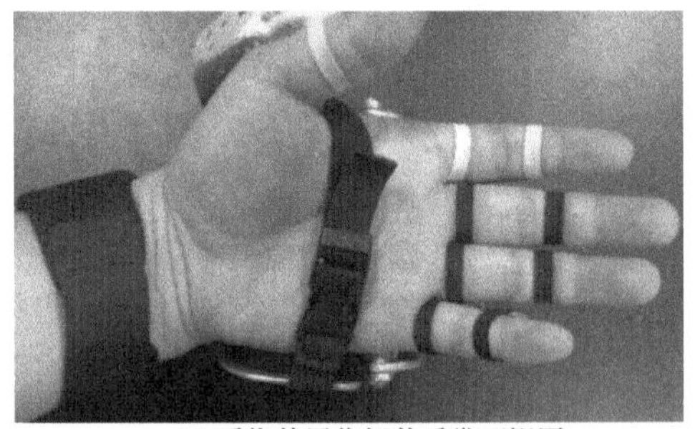

(B) 手指伸展位佩戴手掌面视图

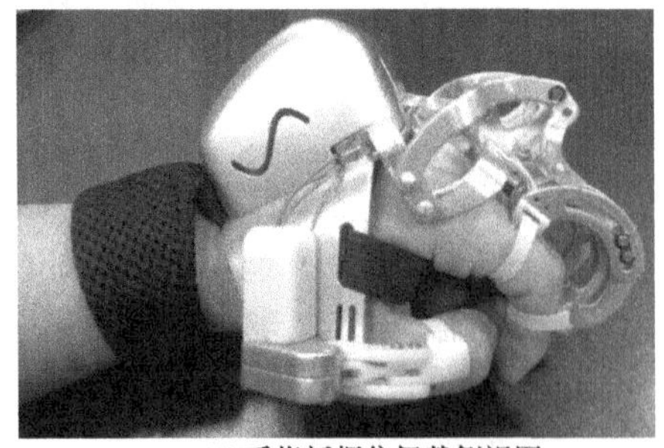

(C) 手指抓握位佩戴侧视图

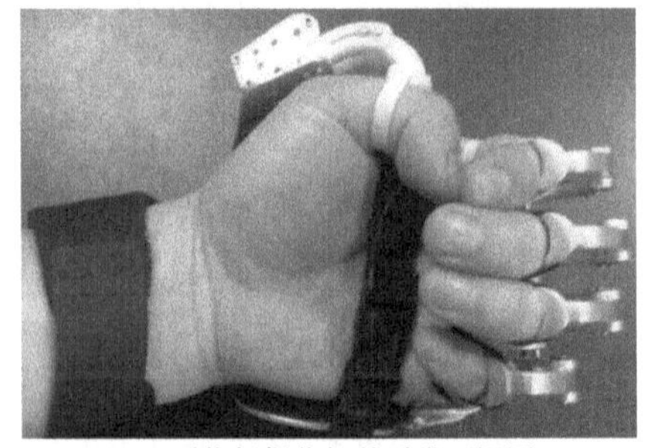

(D) 手指抓握位佩戴手掌面视图

图 6-2-45　手指抓握位佩戴实验

由手指佩戴实验可以看出，外骨骼康复手具有良好的仿生性和可穿戴性，合理选择的尺寸可以在一定范围内适应大多数人手指长度和指围尺寸的差异。可调节松紧程度的辅助佩戴弹性棉质绑带既保证了机械手佩戴方便可靠，又使佩戴更具舒适性。合适宽度、厚度和松紧程度的弹性棉质绑带保证了佩戴的松紧度且对手指康复训练负面影响很小，使得各个手指的 MP 和 PIP 可以灵活转动。手指也不会因为弹性棉质绑带绷紧影响手指血液循环。整个机械手通过弹性棉质材料与人手连接，在佩戴时既可以满足患者对舒适性的要求，也不会因为金属材料与人手皮肤接触造成皮肤损伤，很好地解决了外骨骼康复手与人手的生物相容性。

2. 语音控制系统实验

语音控制系统是以系统中共有 7 个语音指令，分别控制拇指直流电机的正反转、四指直流电机的正反转、拇指直流电机和四指直流电机的同步正反转和停止。本实验将用 1～7 七个数字的语音控制两个直流电机的动作，数字和控制的直流电机动作如表 6-2-6 所示。实验包括四指的连续被动训练实验、拇指的连续被动训练实验和抓握拿捏训练实验。

表 6-2-6　语音指令与训练动作对应表

语音指令	控制的动作
1	四指屈曲
2	四指伸展
3	拇指屈曲
4	拇指伸展
5	抓握动作
6	张开动作
7	电机停转

3. 四指连续被动训练实验

四指的连续被动训练实验是使用语音指令“1”控制四指完成从四指伸展极限位连续运动到四指屈曲极限位的动作实验，以及使用语音指令“2”控制四指完成从四指屈曲极限位连续运动到四指伸展极限位的动作实验。图 6-2-46 为语音指令“1”控制实验的过程。图 6-2-47 为语音指令“2”控制实验的过程。

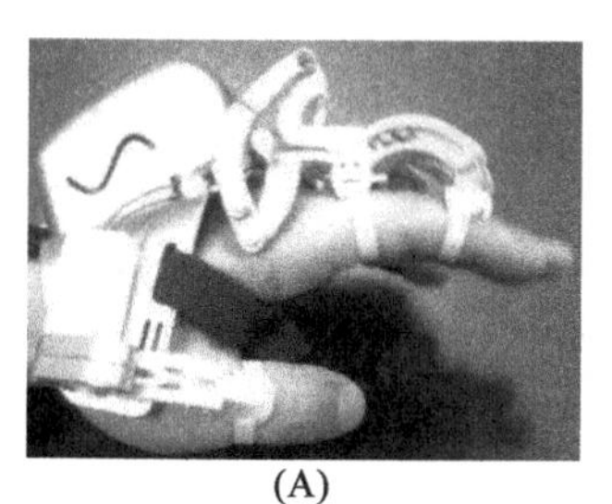
(A)

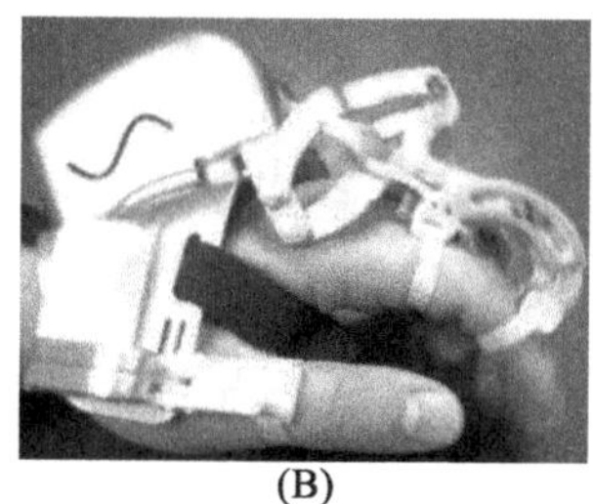
(B)

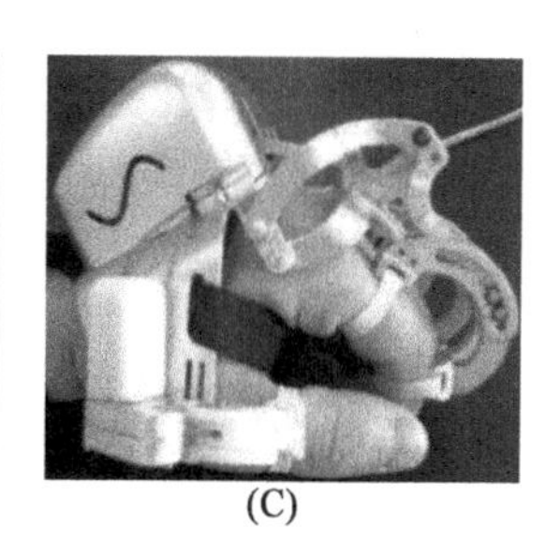
(C)

图 6-2-46　语音控制指令 1 控制实验过程

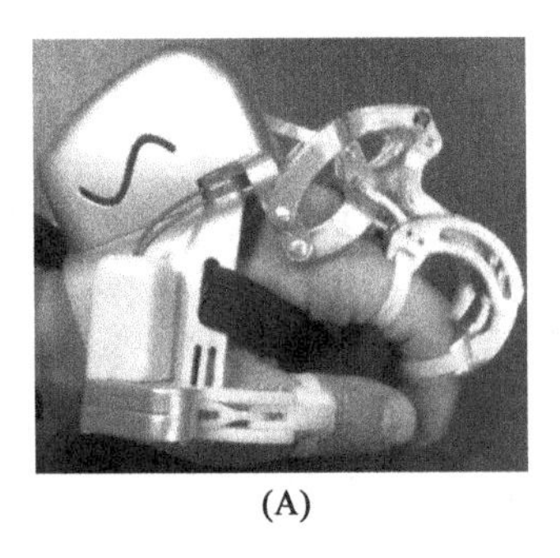
(A)

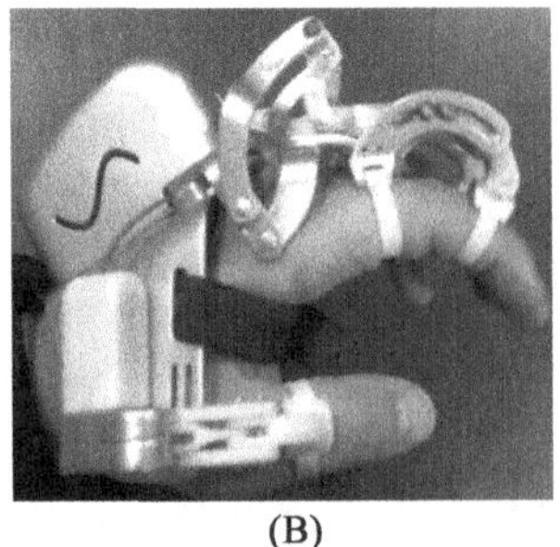
(B)

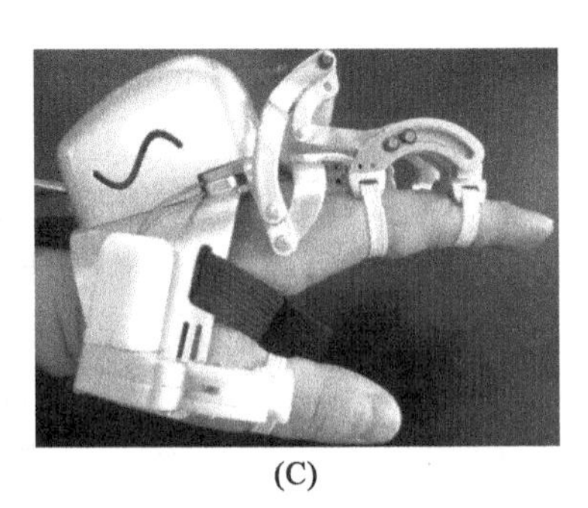
(C)

图 6-2-47　语音控制指令 2 控制实验过程

4. 拇指的连续被动训练实验

拇指的连续被动训练实验是使用语音指令“3”和语音指令“4”控制拇指在伸展极限位和屈曲极限位进行拇指康复训练的实验。图 6-2-48 为拇指连续被动屈曲实验过程。

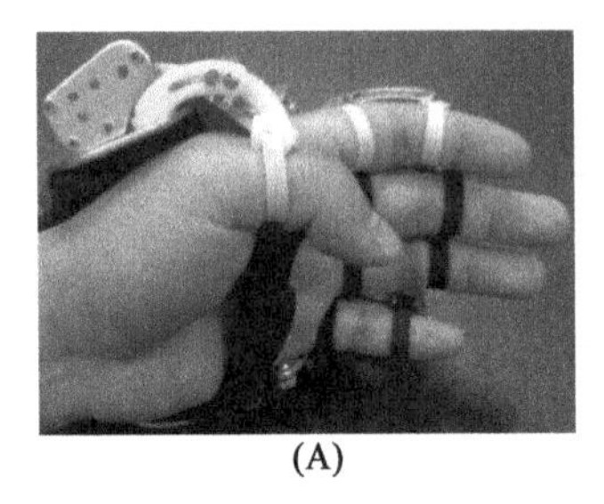
(A)

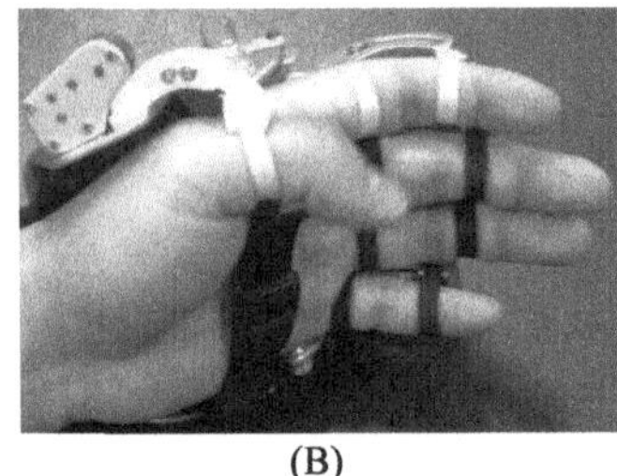
(B)

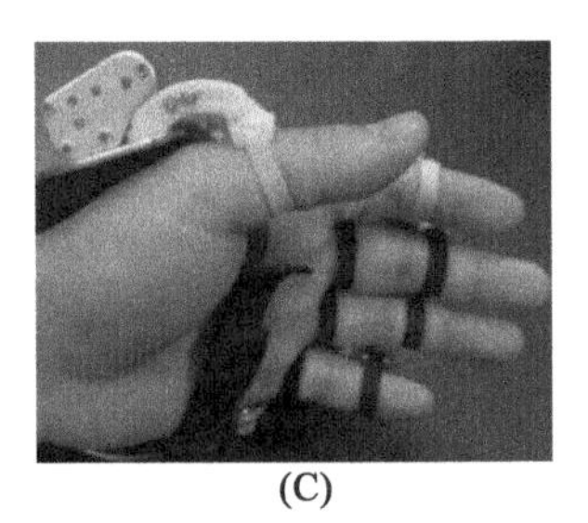
(C)

图 6-2-48　拇指连续被动屈曲实验过程

5. 抓握拿捏训练实验

抓握训练实验是研究使用者穿戴外骨骼康复手的训练系统后抓握物体的能力。拇指和四指在伸展极限位时,手部表现为张开状态。拇指和四指在屈曲极限位时,手部表现为抓握状态。本外骨骼康复手是一种基于患者日常生活辅助佩戴的外骨骼康复训练机械机构。抓握拿捏训练实验通过语音指令“6”—语音指令“5”—语音指令“6”,顺序将杯子从桌面转移到纸面上。本实验说明使用者可以佩戴本康复机械手自主完成喝水动作。图 6-2-49 为杯子移位过程。通过佩戴本康复训练机械手还能完成其他日常生活动作,图 6-2-50 为以松紧适宜的捏力拿起日记本的实验,此捏力既不会使手部在转动时日记本滑落,也不会让手部有较刺激的压迫感。

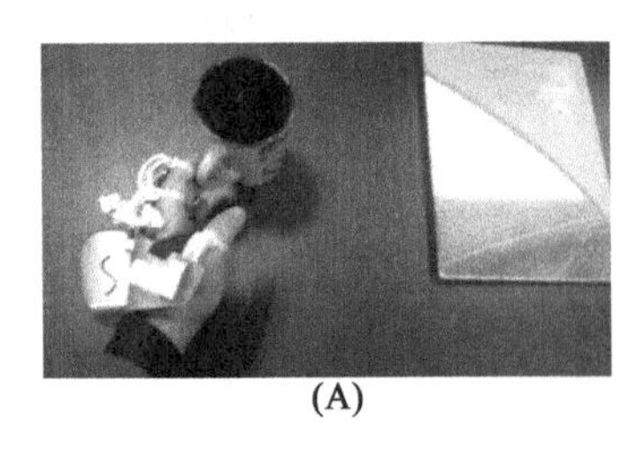
(A)

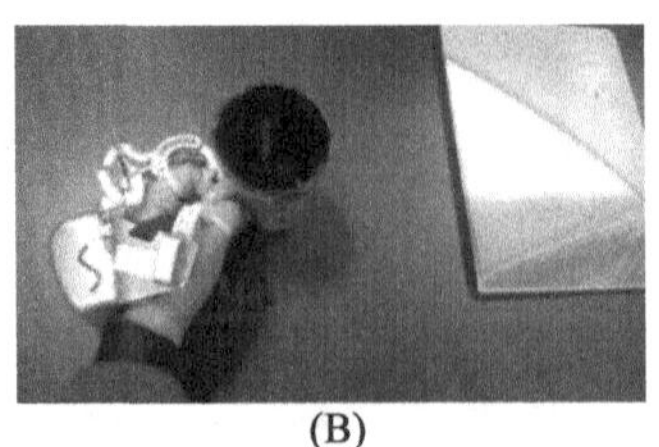
(B)

(C)

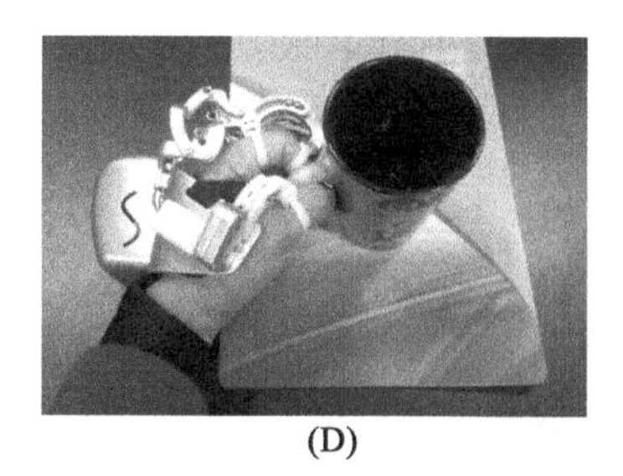
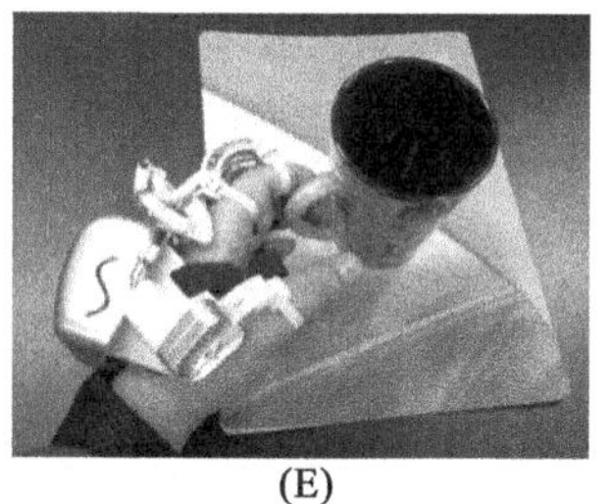

(D)　　　　(E)

图 6-2-49　杯子移位实验过程

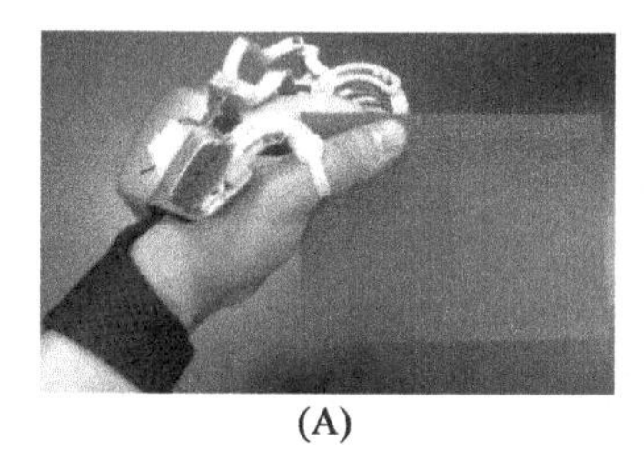
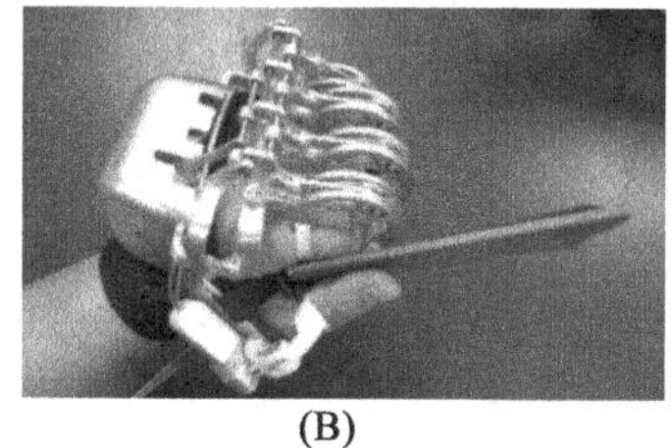
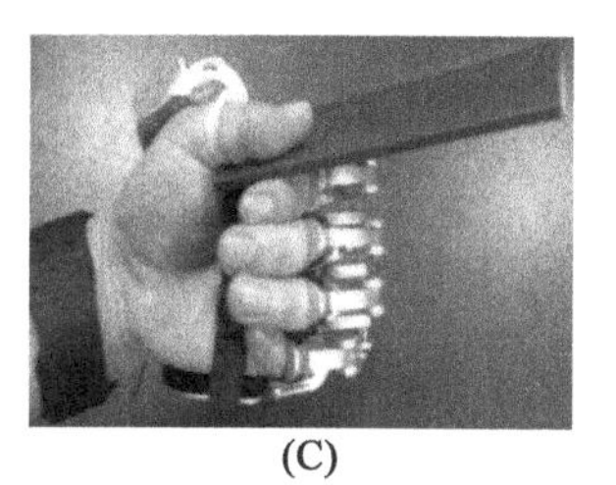

(A)　　　　(B)　　　　(C)

图 6-2-50　拿捏日记本实验

6. 语音正确识别率实验

语音控制系统能否正确响应用户语音指令是考察系统可靠性的一个重要指标。语音正确识别率实验分别以汉语普通话和英语两个语种对语音控制系统的每个语音指令做 50 次识别实验，正确识别画√，未识别画×。对语音正确识别率实验的实验记录整理后，得到如表 6-2-7 所示实验结果。

表 6-2-7　语音正确识别率实验结果

		1	2	3	4	5	6	7
汉语普通话	正确识别次数/次	49	47	47	48	49	49	50
	正确识别率/%	98	94	94	96	98	98	100
英语	正确识别次数/次	49	47	48	48	48	47	47
	正确识别率/%	98	94	96	96	96	94	94

由表 6-2-7 可知，语音控制系统的语音正确识别率为 94%～100%，平均正确识别率为 96.14%，实验数据表明该系统具有较高的可靠性。另外，根据本系统所用的专用语音识别处理芯片的工作特性，该系统的语音正确识别率会随着用户的熟练程度而逐渐提高。

7. 肌电控制系统实验

肌电控制系统的实验重点是对肌电信号的采集和处理，肌电信号采集和处理得到信号的质量对 LPC1754 主控芯片的工作有直接影响。本肌电控制系统中重点研究了上肢小臂肌电信号采集和处理实验。图 6-2-51 为调试肌电采集和处理模块以得到高质量可作为控制信号的肌电信号。图 6-2-52 为经调试后，肌电采集和处理模块输出的最终肌电信号波形图。图中黄色和青色两条波形曲线分别对应两个电极采集处理后的波形，(A)图的波形显示的是单次抓握动作的肌电信号波形，(B)图的波形显示的是单次张开动作的肌电信号波形。由波形图可以看出，这两个肌电控制信号可以很好地被主控芯片处理利用。

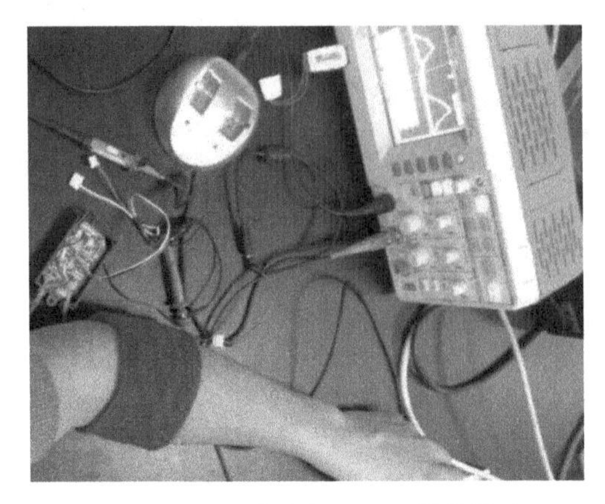

图 6-2-51　肌电采集和处理模块调试

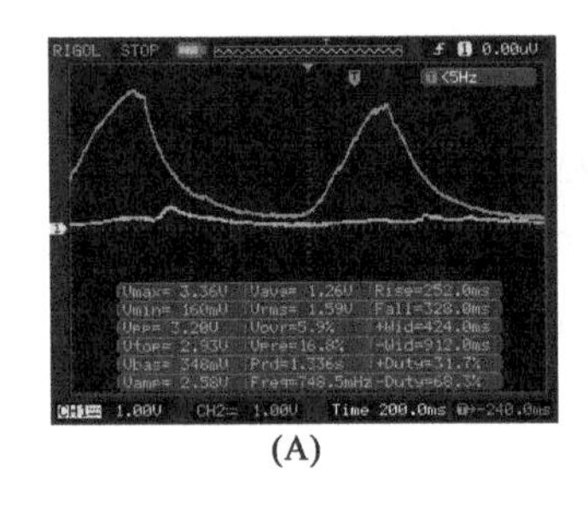

(A)

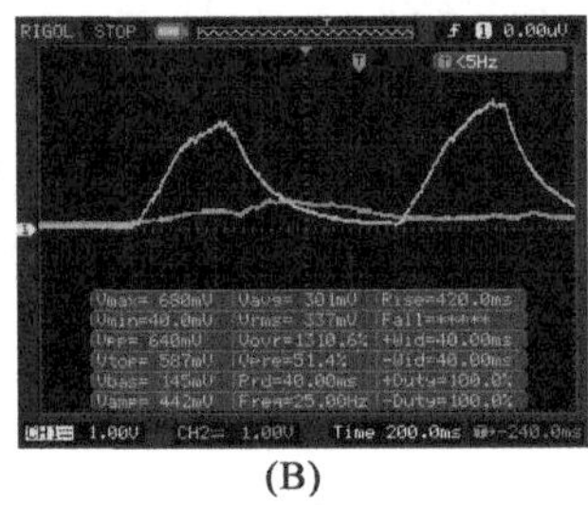

(B)

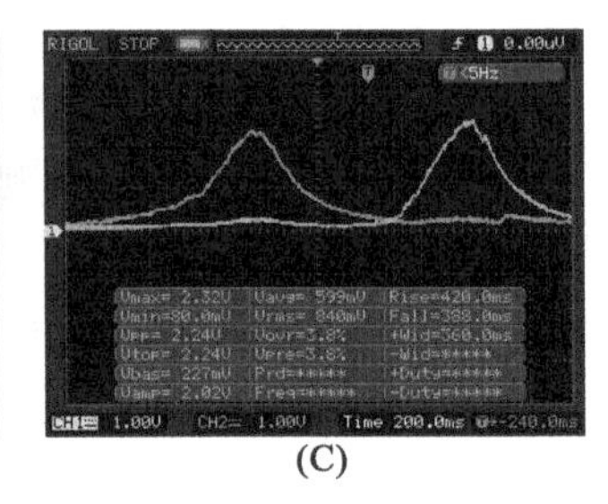

(C)

图 6-2-52　肌电信号最终波形图

8. 关节活动度测量实验

关节活动度测量实验在外骨骼康复手的食指侧连接铰链、四指近节指骨驱动件连接件、食指近节指骨驱动件和食指中节指骨驱动件四个零件的对应位置上做了红色标记线，图 6-2-53 是外骨骼康复手上标记线位置及测量角注视图。

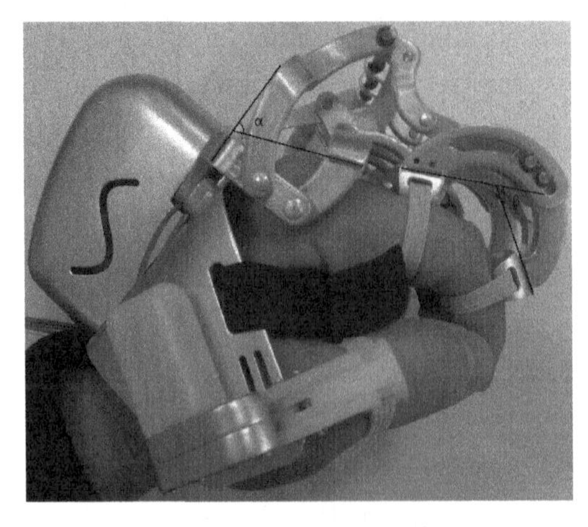

图 6-2-53　标记线及测量角

控制外骨骼康复手进行5次屈伸运动，利用照相机拍取每次运动手指屈曲最大位置的图片。利用图像处理技术分析图6-2-53中，食指掌指关节最大屈曲角度α和食指近端指间关节最大屈曲角β的角度值，得到实验结果如表6-2-8所示。

表6-2-8 关节屈曲最大角度值

名称 角度	1	2	3	4	5	平均值
α/°	67.9	67.4	67.2	68.1	68.2	67.8
β/°	64.9	64.3	64.2	64.5	64.2	64.4

食指掌指关节的最大屈曲角度为68.5°，食指近端指间关节最大屈曲角度为65°。由以上数据可得，食指掌指关节最大屈曲角度与其理论设计的最大屈曲角度的误差约为1.0%，食指近端指间关节最大屈曲角度与其理论设计的最大屈曲角度的误差约为0.9%。

通过上述外骨骼康复手训练系统实验平台，进行了外骨骼康复手的手指佩戴实验、语音控制系统实验、肌电采集处理调试实验和关节活动度测量实验。实验结果表明研制的外骨骼式手具有很强的仿生性，软硬件工作正常，安全可靠，适合手功能障碍患者穿戴进行手部康复训练。

第三节 柔性外骨骼康复手

刚性外骨骼手尽管运动精度高，控制简便，但往往伴随着复杂的机械结构和较大的使用体积等问题，且在人机交互的穿戴感受上存在一定的不适性，易对患者造成不确定的二次伤害。同时，较为笨重的特性和高昂的经济成本，使得这类外骨骼机器人更加适合临床使用，难以走向患者家庭，面向日常生活活动使用。此外，患者对外骨骼康复设备提出了可穿戴性、便携性以及舒适性等更高的康复需求。因此，越来越多的研究机构以及科研院校开始关注柔性外骨骼康复机器人的研究与应用。

相比于刚性外骨骼机器人，柔性外骨骼机器人因其轻量化的材质、良好的安全性能以及舒适的人机交互体验等而广受欢迎，但柔性机构存在非线性变形以及机构模型复杂等问题，所以，要真正设计出满足患者实际所需的康复设备，还需要进行更进一步的研究。

近年来，随着柔顺机构学以及软体机器人的发展并结合康复与生活辅助的需求，柔性外骨骼康复手逐渐成了研究热点。到目前为止，最常见的柔性外骨骼康复手多是基于气压驱动或绳索驱动，进而辅助人手手指的屈曲伸展运动。在本研究中，我们主要根据驱动方式的不同来区分现有柔性外骨骼康复手的类别，分别为气动、绳驱和其他柔性外骨骼康复手三种类别，并总结分析了各类外骨骼康复手的优劣，以探寻更为合理的设计方案。

气压和液压驱动对手指能够产生较为均匀的分布力，有利于长时间的康复训练并提高患者在使用过程中的舒适度。绳索和形状记忆合金驱动能够产生足够的抓握力辅助患者进行日常生活活动，且结构简单的软手套也增加了外骨骼手在使用过程中的便捷性。弹簧片作为柔性结构，鉴于刚性和软体结构之间，其变形特性既能辅助人手实现屈曲伸展运动，一定的刚度又能起到稳定患手的作用，从而降低了二次伤害的可能。双源混合驱动则利用技术叠加的方式，结合多种驱动为患者提供更为全面的辅助功能，扩大了适用人群，提升了患者使用便捷性。鉴于不同驱动方式的特点，要设计更为合适的外骨骼康复手，我们还是需要根据患者实际所需，如面向康复训练功能时，均匀的受力更有利于长时间的训练，面向辅助功能时，便携性以及外骨骼手所能提供的抓握力也同样重要，因此对于不同程度手功能障碍的患者，需要综合考虑外骨骼手的重量、抓握力，弯曲性能以及控制难易程度等多种特性。

这里以上海理工大学研发的三款柔性外骨骼康复手为案例介绍其设计方法。

一、总体设计方案

（一）总体机械设计方案

1. 动力柔顺外骨骼康复手

动力柔顺外骨骼康复手系统包含机械结构设计部分和控制系统设计部分。在机械结构设计方面，对基于外凸圆弧形柔性铰链的动力柔顺外骨骼康复手进行了设计，整体结构如图 6-3-1 所示。该柔性外骨骼康复手的驱动原理主要是通过直线推杆电机推动，经鲍登线传动机构传递推力和位移，然后推动柔性杆向前运动，在柔性手指、手套以及患者手指的共同约束下进行弯曲运动，从而带动用户手指进行康复训练以及辅助日常生活。该柔顺外骨骼康复手机械结构主要包括柔性手指、拇掌指关节固定矫形器、手掌平台、鲍登线传动和电机平台等五个子模块。

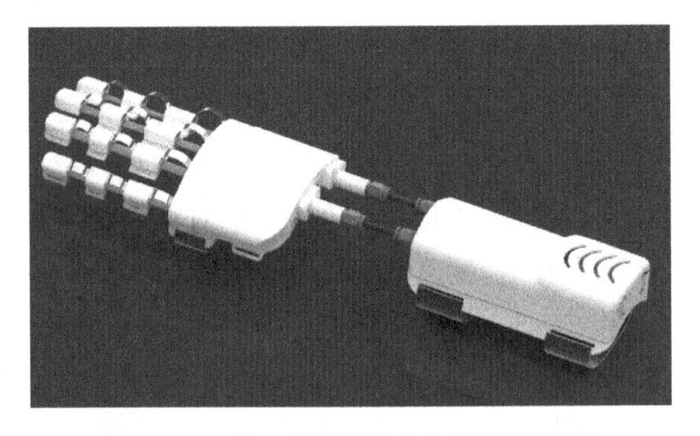

图 6-3-1　柔顺外骨骼康复机械手效果图

控制系统以功能性电刺激为主，电动驱动为辅。如图 6-3-2 所示，通过采集控制手部运动的肌肉表面肌电信号作为输入反馈，实现对患者手功能性电刺激驱动方式和柔顺外骨骼康复手直线推杆电机驱动方式的协同控制，肌力较为健全的患者可以通过功能性电刺激的方式进行自主的康复训练，肌力较差的患者也可以借助直线推杆电机的助力完成康复训练；同时在机械手上安置了柔性角度传感器和压力传感器，分别用于对手指屈曲角度和指尖压力进行实时反馈，实现对机械手的自适应控制，从而为患者提供日常生活辅助。

2. 线驱动柔性外骨骼康复手

线驱动柔性外骨骼康复手的整体结构如图 6-3-3 所示，其基本运动原理为通过线传

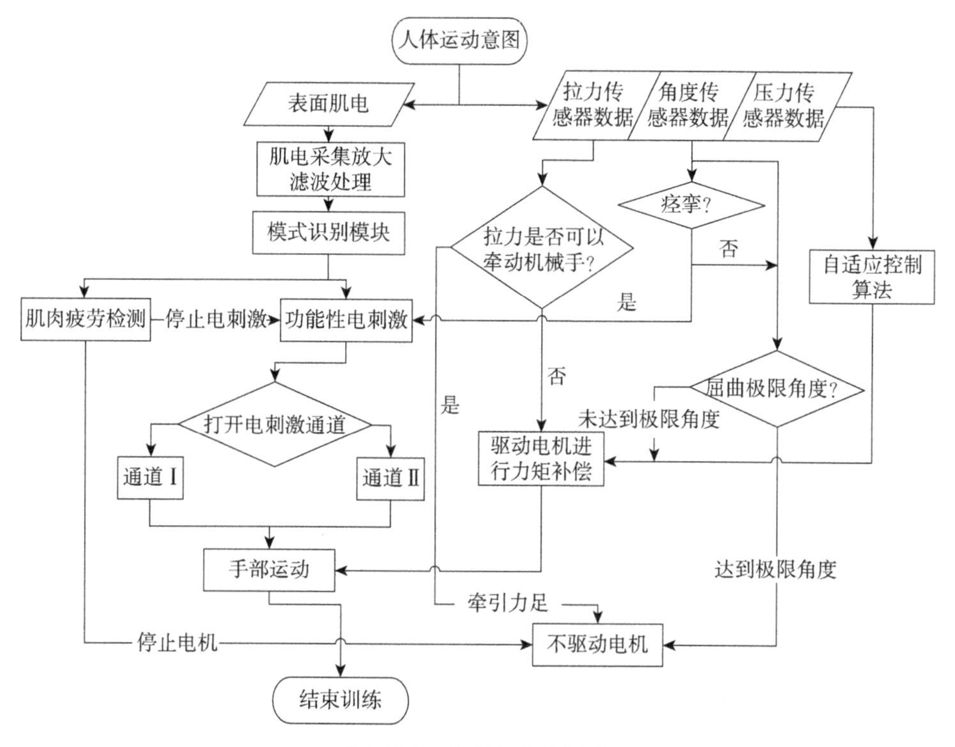

图 6-3-2 控制系统流程图

动机构和柔性铰链的组合驱动，帮助患者进行康复训练和生活辅助，即利用手部下方的线传动结构驱动外骨骼手实现屈曲运动，利用手背上方的柔性铰链良好的储能特性带动手指伸展。这样不仅可以实现对手指的精准控制，还可以提高外骨骼手的适应性，柔性铰链的采用还可以降低绳索驱动对手指带来的压迫感。

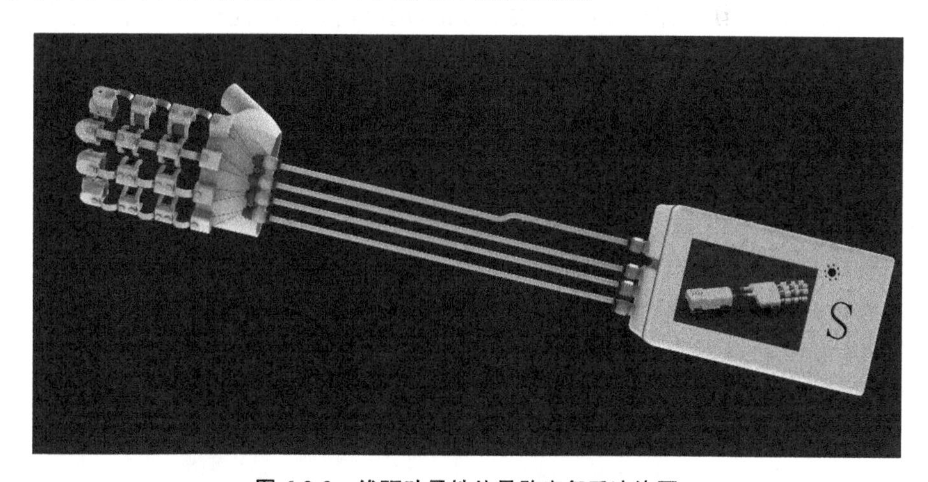

图 6-3-3 线驱动柔性外骨骼康复手渲染图

(1) 柔性手指模块结构设计

柔性手指结构由固定块和用于仿生人体指骨关节的半圆弧形柔性铰链构成。四根手指采用相同的结构设计方案，柔性手指从指尖依次为指尖套、柔性铰链、指间固定块和手掌固定块。固定块设计在各指骨上部，用于连接柔性铰链，固定块下部设有用于绳索定位和传动的定位孔。手指在运动过程中，利用线传动结构带动手指实现屈曲，并完成柔性铰链的弯曲储能；屈曲动作结束后，储能的柔性铰链带动手指实现伸展。

（2）手掌模块结构设计

外骨骼手采用低温热塑板制作的拇指固定矫形器用作手掌平台主体，矫形器将大拇指固定在功能位，可以满足患者日常的抓握需求。个性化的定制加工和低温热塑板半开放式结构设计，可以在较低成本下满足患者不同的穿戴需求，并保证患者在长期穿戴过程中保持手部舒适感和与物体指间的触感。

（3）驱动模块设计

驱动模块主要用于驱动手指下方的线传动系统，带动手指实现屈曲。该模块采用了两个直线推杆电机分别驱动四根手指，一个电机驱动食指完成抓捏等动作，另一个电机驱动其余三指完成辅助抓握，通过优化的驱动和分配方案减少了驱动器的数量，简化了控制系统，降低了驱动组件的重量。

（4）线传动结构设计

线驱动柔性外骨骼手采用远程驱动方案，将直线推杆电机、控制器等驱动组件设计在驱动盒内，驱动盒可以放置在患者腰部，从而降低对手部的压力。驱动盒与外骨骼手之间采用类鲍登线作为传动结构，传递动力和位移。为了降低绳索在移动过程中因摩擦力而造成的能量损失，传动结构外部采用聚四氟乙烯（PTFE）管来降低管内摩擦系数。另外，由于聚四氟乙烯本身具有一定柔性，PTFE 管也保证外骨骼手在运动过程中的自由度。

3. 变刚度柔性外骨骼康复手

变刚度柔性外骨骼康复手采用主被动混合驱动的设计思路，主要包括可提供主动屈曲运动的绳索和提供被动伸展运动的柔性铰链，用以辅助手功能障碍患者进行手部康复训练和日常生活活动。以下为变刚度柔性外骨骼康复手的总体设计方案。

如图 6-3-4，在机械结构方面，变刚度柔性外骨骼康复手采用基于人机耦合模型改良的变刚度柔性铰链，利用无源的被动伸展力实现手指的伸展运动，实现外骨骼手与人手的同步屈曲，这样不仅避免了外骨骼手对人手造成挤压或摩擦，还提高了设备的人机交互性。外骨骼手的主体结构还包含绳驱手套，其中绳索传动提高力的传递效率；作为绳索驱动主要的载体，手套的柔软性使其能实现任意变形，从而很好地贴合手指，不限制手指的运动，这既提高了患者穿戴的舒适感，同时降低了手部结构的重量。除此之外外骨骼手还采用矫形器用于手掌的固定矫形。

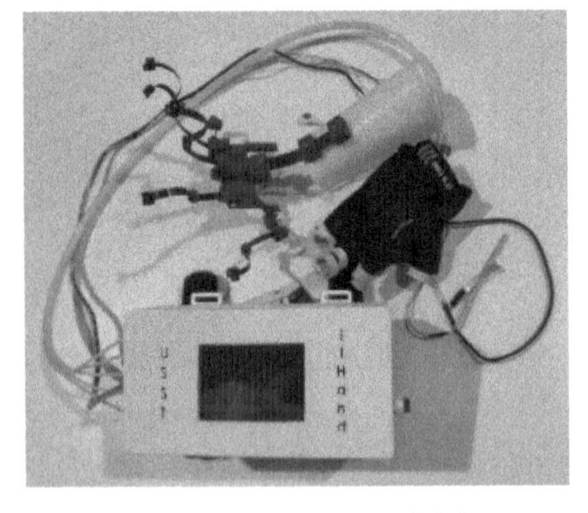

图 6-3-4　变刚度柔性外骨骼康复手

驱动方面，要做到满足驱动力的同时尽量减少电机的数量，以减轻设备整体重量。所以选取线性推杆作为驱动单元。

（二）控制系统整体方案

柔性外骨骼康复手控制策略选择取决于该康复外骨骼手的训练功能模式。传统的运动功能恢复训练，通过康复治疗师或康复设备带动患者肢体进行被动运动，虽然对大脑有一定的反向刺激作用，但患者其实处于被动接收的状态，缺乏直接改善脑神经代谢机制的治疗作用，效果不佳，且易使已恢复的功能倒退，所以需要逐步引导患者由被动训练转化为主动训练，循序渐进，使肌肉在略高于现有能力下训练，使肌肉增大，肌力增强，从而达到肌力康复，才能有利于康复治疗效果的发挥。

柔性外骨骼康复手旨在加强患者主动训练意识，为患者提供被动及主动的康复训练模式，且能为患者提供日常生活活动辅助。本书设计的外骨骼手的总体控制策略，如图6-3-5。在被动康复训练模式中，考虑到患者丧失全部或大部分的手部运动功能，其自身的生理信号微弱，不易采集，更无法实现自主的手部运动，因此控制系统采用预先设定轨迹的方法控制患者手指运动到功能位，并进行训练时长与训练速度的设定，为患者提供定时定量的训练。系统增加了语音交互的方式，患者可通过下达语音指令控制外骨骼手的屈曲伸展运动，增强患者训练过程中的主动参与意识。在主动康复训练模式中，考虑到患者手功能有一定程度的恢复，控制系统通过实时监测手指上弯曲传感器的数据变化，判断患者的主动意图，并控制电机进行跟随，以达到实时手指运动跟随的效果。手作为我们日常生活中使用最频繁的肢体，完成了90%的活动，手功能障碍将直接影响我们的生活质量，而康复训练作为一种方法并不能保证受影响肢体的运动感官功能的完全恢复，因此生活辅助功能对于患者而言是十分必要且重要的需求，对患者重拾康复治疗的信心及提高自理能力皆具有重大意义。生活辅助模式主要是通过弯曲传感器感知手指角度的变化作为手部的运动意图，配合指尖的压力传感器，感知手部抓握力。

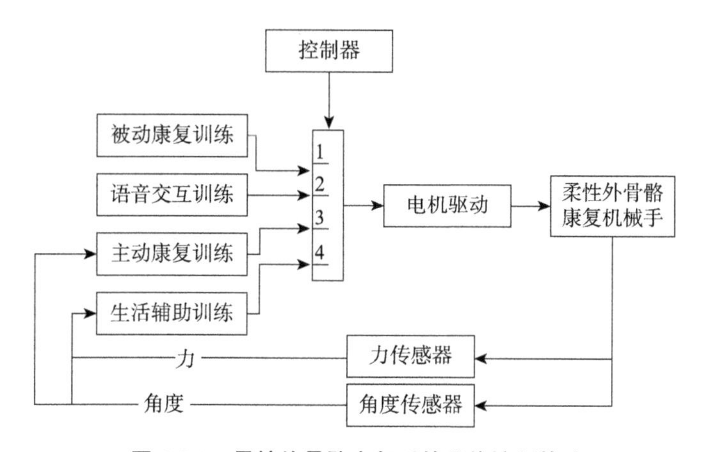

图 6-3-5　柔性外骨骼康复手的总体控制策略

然而，仅在固定的输出力下对物体的抓握行为并不是患者追求的理想手功能目标，也不是一个灵巧、智能手的体现。理想的抓握往往对物体的形状和刚度有一定要求，如完成抓取纸杯而不损坏它的任务。虽然国内外很多研究机构都有针对手部功能丧失的患者设计过生活抓握的需求，然而几乎没有涉及在抓握过程中对抓握力的精准控制，而抓握力的控制决定着物体能被稳定抓握的重要保障。

本控制系统的研究目的是在柔性外骨骼设备中，既保留其柔顺性的特征，也能解决柔性机构因无限自由度、迟滞性等因素带来的建模困难而导致的精确力控制的难题。

因此该模式下控制系统的具体流程如图 6-3-6 所示，其工作原理是使用者选用不同的意图获取模式，可选项有基于有限状态机的意图获取方法、基于语音控制意图传达方法和基于上位机界面的意图传达方案。以上位机方案为例，用户根据上位机选择物体需要施加的抓握尺寸和抓握力大小，将选择信息参数通过上位机发送至主控板，主控板将接收到的参数信息解析成相应的位置和力的数据，进而通过控制器驱动电机完成相应的动作，电机运动的同时带动固定在电机输出端的绳索运动进而带动手指产生期望运动。在整个运动的过程中，串联在套索中的拉力传感器时刻检测绳索张力反馈，弯曲传感器时刻检测位置信息并进行姿态位置反馈。此外，通过阻抗控制方案，实现对期望力的跟踪控制，让输出力保持准确和稳定。

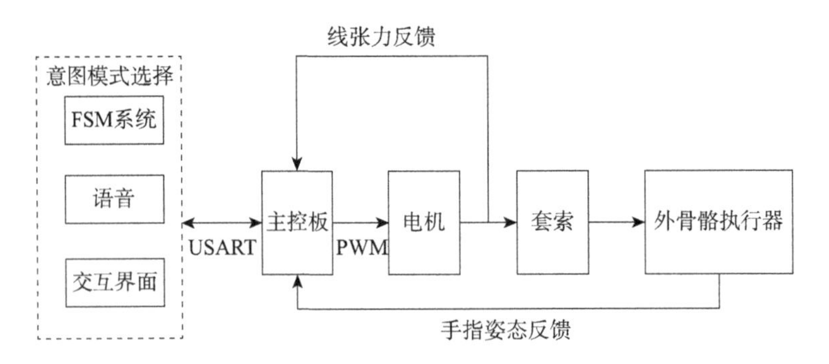

图 6-3-6　控制系统整体框图

在整个控制方案中，需要完成对指尖力的准确输出和跟踪，因此对手部外骨骼康复机器人的控制需求有如下三点。

1. 准确性。手部外骨骼针对手功能障碍的患者是兼顾康复训练和生活辅助功能的，如要参与到生活辅助当中，握力的准确性影响着抓握的质量，因此在接收到期望输出力的指令后，控制系统要输出对应的指尖握力，以保证对物体施加的力在理想范围内。

2. 稳定性。由于整个外骨骼手部的执行机构由大量的柔性材料和弹性元件组成，因此在受到力的作用后相较于刚性机构会发生滞后的力传递效果。尤其是力的重分配使得输出力会在一个范围内进行波动，因此需要对这种波动进行补偿。

3. 柔顺性。作为一种作用于人体的康复设备，力柔顺性是外骨骼手安全性和舒适性的保证，影响着用户的体验。在保证安全的前提下，还需要采用主动柔顺方案解决被动柔顺方案适应性差的问题。

二、机械系统设计

（一）动力柔顺外骨骼康复手

动力柔顺外骨骼康复手手指主要有食指、中指、无名指以及小指，这四指的结构相同，故介绍机械手食指部分的机械结构设计。机械手食指主要包括柔性铰链关节、机械手指节以及柔性推杆部分，其整体结构如图 6-3-7 所示。

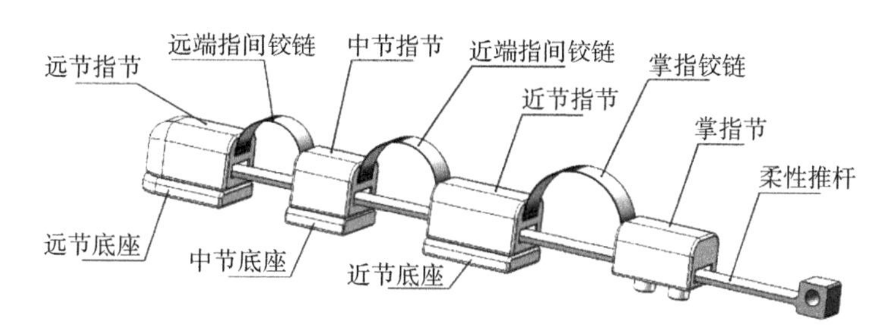

图 6-3-7　机械手食指结构

1. 柔性铰链关节的设计

根据人手的生物力学特性以及拟合的设计方程对机械手的柔性铰链进行设计。参照实际测量的人体手指尺寸以及国际标准，具体设计尺寸见表 6-3-1、6-3-2。

表 6-3-1　柔性外骨骼康复手手指各部分长度

单位：mm

手指名称	MCP	PP	PIP	MP	DIP	DP
食指	20	18	16	12	13	18
中指	20	20	16	14	13	18
无名指	20	18	16	12	13	18
小指	16	16	13	12	13	18

表 6-3-2　柔性外骨骼康复手各手指关节的弯曲角度

机械手指关节	弯曲角度范围/°
掌指关节	45
近端指间关节	45
远端指间关节	45

柔顺铰链的几何结构及尺寸参数如图 6-3-8 所示，包括宽度 w，弧长 l，半径 r，和厚度 t，同时还有材料属性系数 S_y/E。

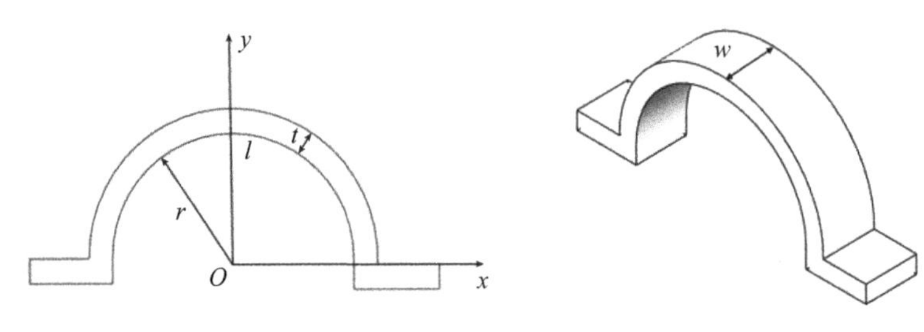

图 6-3-8 柔性铰链结构图

考虑到机械手的穿戴舒适性，柔性铰链驱动关节的宽度应要小于人体手指宽度。根据 GB 10000—1988《中国成年人人体尺寸》，可以得出人体食指宽度范围在 13 mm 至 20 mm 左右，因此柔性铰链宽度应小于 13 mm。同时，在较小的尺寸变化范围内，铰链宽度 w 对柔性铰链的刚度影响较小。结合考虑后续机械手指节宽度的设计约束，将柔性铰链的宽度 w 定为 6 mm。

机械手柔顺铰链关节在工作时，除了产生弯曲运动，还会存在纵向的延展，因此在考虑柔性铰链弯曲刚度时，还要考虑柔性铰链的纵向延展性。由于外凸圆弧形柔性铰链的圆心角越大，其纵向延展性越强，故选择值 l/r（即圆心角）取最大比值 2 时，进行铰链关节的设计。同时，设计的机械手食指掌指关节直径为 20 mm，因此柔性铰链的弦长 d 为 20 mm，由 $l/r=2$ 可得半径 $r=11.88$ mm，以及 l 为 23.77 mm。柔性铰链的几何参数还有厚度 t 未确定，可根据不同 t/l 比值下变形角度与材料的曲线关系进行选择，见图 6-3-9。图 6-3-9 中从上至下曲线分别代表的 t/l 为 0.05、0.1、0.15、0.2、0.25、0.3、0.35、0.4、0.45、0.5，从图 6-3-9 中可以看出，同种材料，t/l 越小其变形角度越大，因此选用 0.05 进行设计制作。

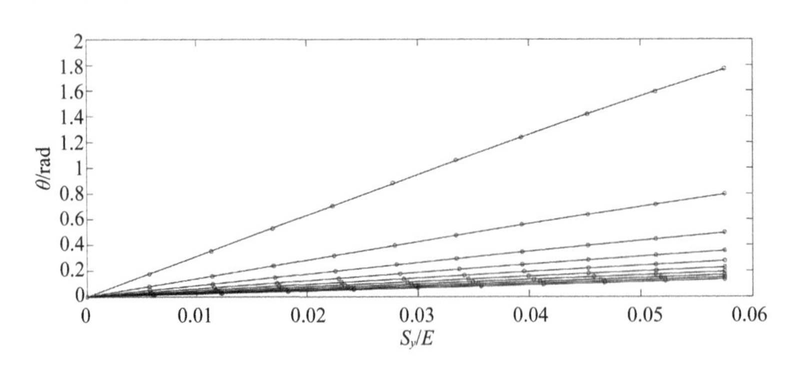

图 6-3-9 变形角度与材料特性的曲线关系

当 t/l 定为 0.05 时，由 l 为 23.77 mm 可得 $t=1.188$ mm。将 $t/l=0.05$ 和变形角度代入拟合方程，可得 $S_y/E=0.024\ 8$，因此 S_y/E 大于或等于 0.024 8 的材料可以选取。备选材料的材料属性如表 6-3-3 所示，故分别选取了聚甲醛(POM)、尼龙(PA6)以及聚丙烯(PP)作为柔性铰链的设计材料。按照柔性铰链的几何参数，分别机加工制成了三种不同材料相同规格的柔性铰链。通过简单的弯曲以及纵向伸展实验验证发现，所设计的柔性铰链刚度过大，柔顺机械手手指弯曲较为困难，需要再次优化设计，降低柔性铰链刚度。

表 6-3-3 所选材料属性

材料	杨氏模量 E/MPa	屈服强度 S_y/MPa	$(S_y/E)\times1\,000$
聚甲醛（POM）	2 068	69	33.4
尼龙（PA6）	2 620	81	30.9
聚丙烯(PP)	1380	49	35.5

根据柔性铰链刚度 K 同 t/l 的曲线关系可知(见图 6-3-10)，t/l 比值越小则柔性铰链的刚度值越小。因此为了使加工制得的柔性铰链刚度更加适合柔顺外骨骼康复手指关节的设计，选取了更小的 t/l。因为 l 同人手手指关节的尺寸直接关联，不好改变，因此较小的 t/l 比值代表着较小的铰链厚度 t。较小的铰链厚度 t 要求选择材料时，还要考虑加工的可行性以及成本。

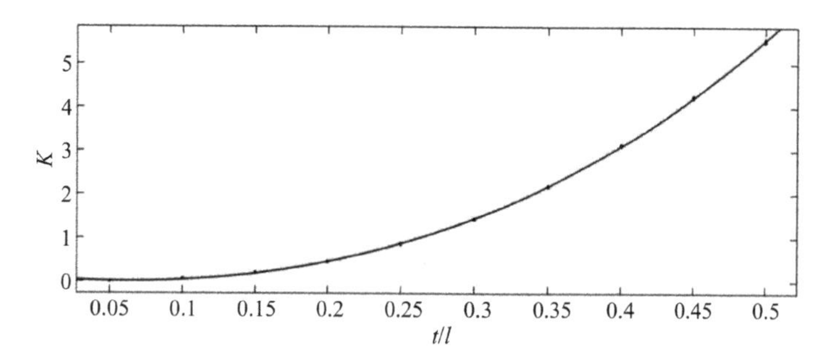

图 6-3-10 刚度 K 与 t/l 的曲线关系

选取 $t=0.15$ mm，可得相关 $t/l=0.006$，将 t/l 以及铰链所需形变角度 θ 代入拟合方程计算出 S_y/E 的值为 0.003 1。根据计算出的 S_y/E，同时考虑铰链厚度带来的加工条件约束以及加工成本，选取了 65 锰钢，该材料 $S_y/E=0.003\,92$，符合。按照所设计柔性铰链的几何参数，用 65 锰钢加工制成样品(如图 6-3-11 所示)。通过弯曲以及纵向伸展实验验证发现，所设计的柔性铰链能够基本满足柔性外骨骼康复手对柔性铰链关节的要求，故选择 65 锰钢作为柔性铰链的制作材料。

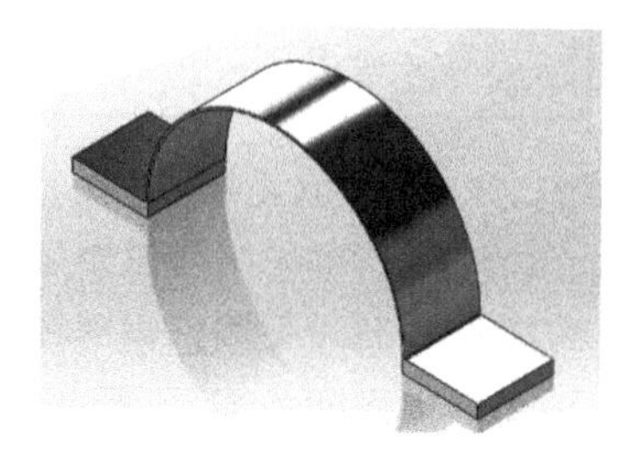

图 6-3-11 柔性铰链关节

2. 手指指节结构及柔性推杆的设计

根据人手指节的长度和宽度，以及铰链的大小，对手指指节进行设计，其长度参照表 6-3-1 进行设计，其高度及宽度分别定为 9 mm 和 12 mm。如图 6-3-12 所示，指节与指节底座通过两个圆柱端过盈配合连接，这两个部件可进行自由拆卸与安装。指节底座通过胶粘的方式与用户佩戴的手套进行固定。用户在进行柔性外骨骼康复手穿戴时，可先穿戴装有指节底座的配套手套，然后将机械手指节相应的圆柱端按压进指节底座，从而完成穿戴。

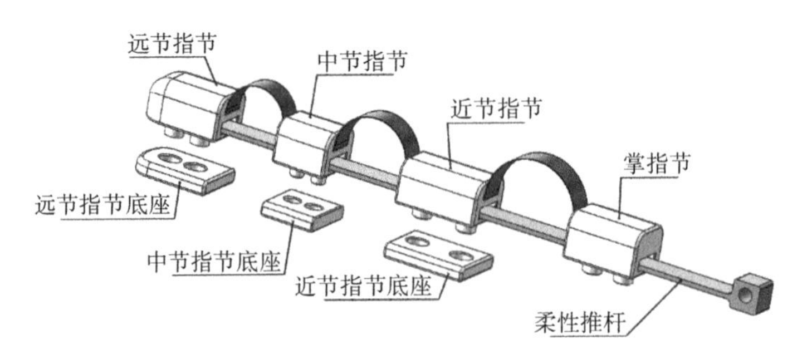

图 6-3-12　食指局部结构分解图

根据柔性指节的宽度约束，柔性推杆本身力学性能以及实现功能的要求，对柔顺推杆的机械结构进行了设计。通过表 6-3-4 中内容可知，手指在关节屈曲过程中其伸指肌腱延长值范围为 3～16 mm，因此在设计柔性推杆长度时，预留 20 mm 的推进行程，使能够完成手指驱动且有余量。综合考虑这些因素，设计了宽 6 mm、长 130 mm 以及厚度分别为 1 mm 与 2 mm 的两种机械手食指柔性推杆，其材料为聚丙烯。按照所设计柔性推杆的几何参数，用聚丙烯机加工制成样品。通过弯曲实验验证发现，厚度 2 mm 的柔性推杆刚度较大，无法满足机械手对柔性推杆的要求，而厚度为 1 mm 的柔性推杆基本能够满足需求。

表 6-3-4　伸指肌腱延长值

手指名称	例数	30°	60°	90°
食指	200	6.02±1.35	10.21±1.15	13.45±1.41
中指	200	6.15±0.83	10.28±1.66	13.88±2.21
无名指	200	5.33±1.19	9.30±1.61	12.45±2.05
小指	200	4.08±1.25	7.88±1.89	11.03±2.56

3. 拇掌指关节固定矫形器设计

外骨骼手采用低温热塑板来制作所需的拇掌指关节固定矫形器。拇掌指关节固定矫形器通过采用低温热塑材料将拇指部位塑为“管”型，向下包绕整个大鱼际，顶端止于拇指指间关节，不影响其关节运动，大鱼际部位下方止于腕关节，不影响腕关节运

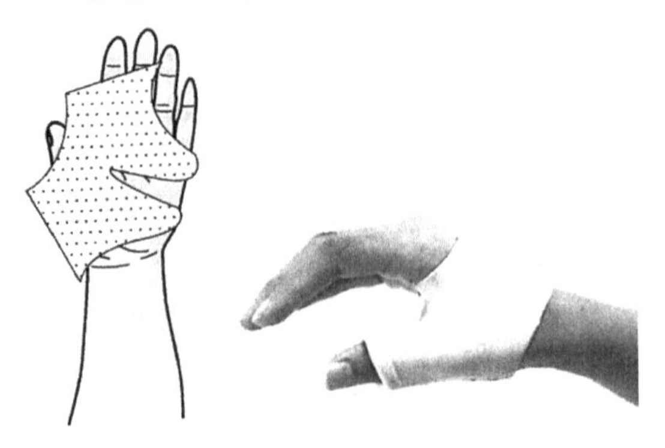

图 6-3-13　拇掌指关节固定矫形器

动，借助手掌部和背部材料分别向尺侧延伸，均止于小鱼际处（如图 6-3-13 所示）。拇掌指关节固定矫形器主要作用是将患者的拇指掌指关节制动，保持拇指处于功能位状态。

4. 手掌平台部分的设计

手掌平台上主要安装柔性机械手指、柔性机械手指固定件、耦合驱动件、柔性推杆以及拉压力传感器等，如图 6-3-14 所示。故其设计内容主要包括手指驱动机构的安装位置布局以及人手生物学特性的平台主体尺寸设计；平台设计要符合人体手背的弧度，同时跟手背直接接触，因此需要进行手部与机械手的生物相容性设计。

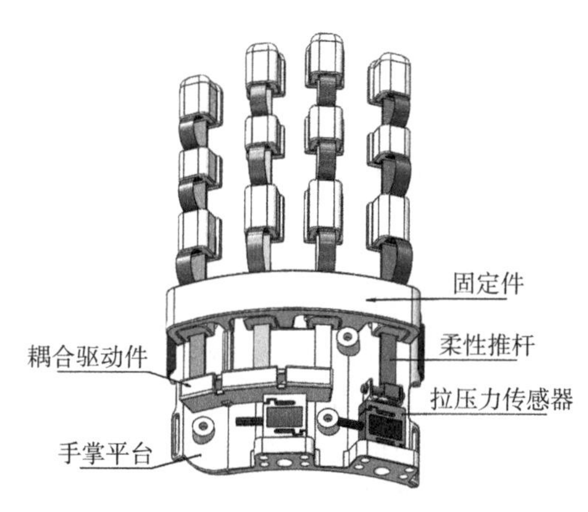

图 6-3-14　手掌平台内部结构

(1) 平台尺寸的设计

根据 GB 10000—1988《中国成年人人体手掌尺寸》以及实验中实际测量数据分析，同时考虑用户穿戴的舒适性，最终得到最优的平台尺寸。柔性机械手指安装侧长为 80 mm，手腕侧长为 67 mm，沿手掌长方向长为 72 mm，如图 6-3-15 所示。手掌平台下侧是平滑弧面，上侧并不是。主要是手指驱动机构需要平滑的平面，因此对上侧面进行了平面的设计。同时安装机械手指的槽口进行了滑动余量设计，机械手指可做 5 mm 以内的左右侧滑，使机械手能够自适应用户手的姿态，提升穿戴舒适性。

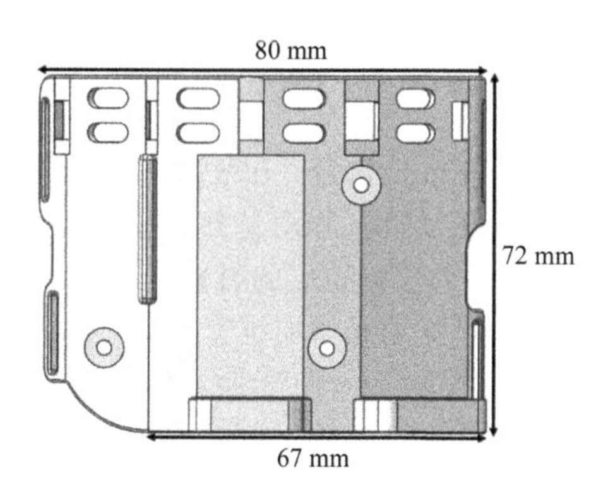

图 6-3-15　手掌平台整体尺寸

(2) 平台生物相容性的设计

为了用户穿戴更加贴合,采用呈弓形的手掌平台,如图 6-3-16 所示。为了防止平台对患者手部造成摩擦或其他因素的损伤,采用生物相容性材料间接使平台与用户的手部相连。材料选用夹层三明治网眼布,该材料具有良好的透气性与弹性。该布的弹性功能使内衬垫完美贴合平台的同时,还能适应人手背不规则曲面,同时良好的透气性保证了用户手部的干爽。

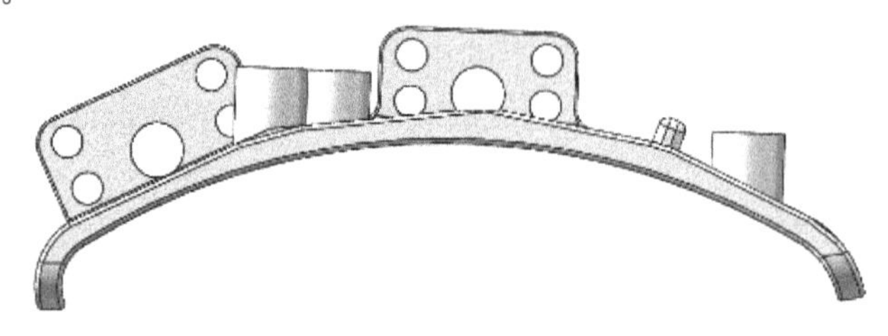

图 6-3-16　手掌平台弧度设计

5. 传动机构的设计

外骨骼手采用了鲍登线传动机构来进行传动,可以将电机动力端与手掌执行端分离,减轻了用户手掌端的负重,提升了用户的穿戴舒适度。

如图 6-3-17 所示,鲍登线管具有一定的柔性,可以允许小角度范围的运动,解放了腕部约束,使用户腕部也能进行小角度的运动。鲍登线传动机构主要有鲍登线管、快速接头、固定接头以及螺柱组成。外骨骼手选用刹车线管充当鲍登线管,钢索充当鲍登线。钢索具有一定的刚性,刹车线管限制其轴向运动,从而使其能够纵向传递力与位移。柔顺推杆与鲍登线机构相连,电机端输出的力和位移通过鲍登线传递至柔性推杆,再由柔性推杆带动柔性手指弯曲。

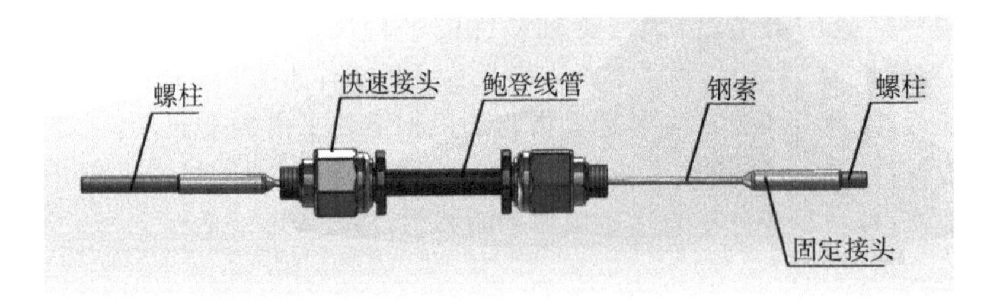

图 6-3-17　鲍登线传动机构

鲍登线管采用的是外径为 4 mm、内径 2 mm 的 Jagwire CGX SL 型号刹车线管(见 6-3-18 所示)。该线管一共有四层结构,分别是外层披覆层、披覆层、直丝钢线和顺滑全注油内管,如图 6-3-19 所示。外层披覆层的材料是橡胶,其作用是防止线管外侧磨损;披覆层软管的材料是塑料,其作用是增加线管直径的同时提升其可弯曲性;直丝钢线的作用则是在保持线管可弯曲情况下,使弯曲线管能在空间上形成固定的钢丝绳通路;顺滑全注油内管的作用则是减少钢丝绳与直丝钢线层之间的磨损,减少动力损失。

鲍登线选用不锈钢研磨刹车内线,线径为 1.5 mm,如图 6-3-20 所示。该刹车内线精选 19 股表面处理过的不锈钢钢丝，以螺旋状弯曲，形成芯线，成型后，使用专用机器进行表面研磨加工，坚固抗拉，韧性强。

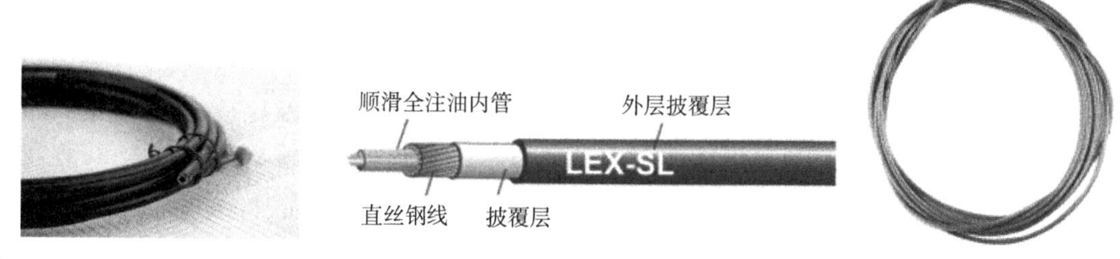

图 6-3-18　Jagwire CGX SL 线管　　图 6-3-19　线管内部结构　　图 6-3-20　刹车内线

6. 电机平台部分设计

电机平台部分设计包括电机平台整体尺寸设计以及直线推杆电机选型。如图 6-3-21 所示，电机平台通过手臂绑带固定在用户的前臂端，两直线推杆电机通过电机固定件直接固定在电机平台上，电机通过钢绳连接件连接鲍登线。电机平台整体尺寸以及电机安装位置需要进行设计；电机平台直接跟用户前臂接触，需要进行人体生物相容性设计；电机型号需要进行选择。

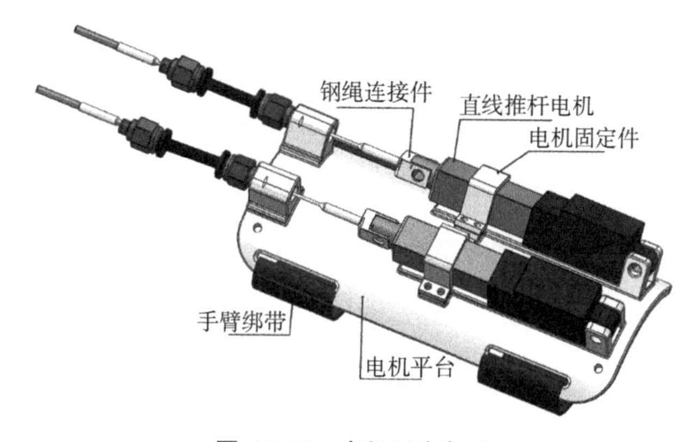

图 6-3-21　电机平台部分

(1) 电机平台整体尺寸设计

通过实际测量以及传动机构对平台尺寸的需求，对电机平台最优化尺寸进行研究。如图 6-3-22 所示，根据直线推杆电机推动行程以及人体前臂尺寸要求设计平台的长为 140 mm，宽为 70 mm，其内侧呈半圆弧形，圆弧半径为 40 mm，圆弧圆心角为 118°。

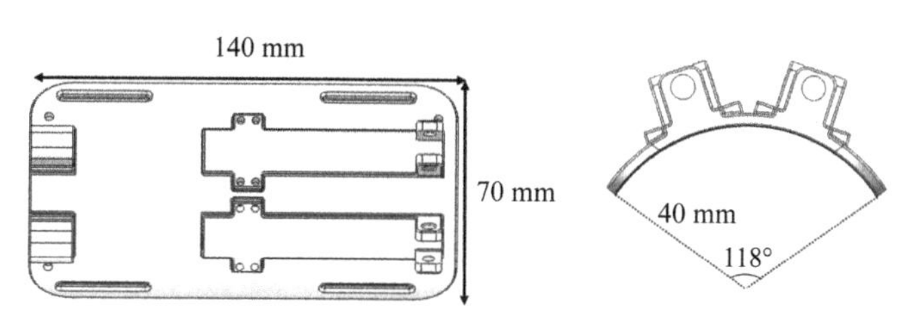

图 6-3-22　电机平台

为了防止平台对患者前臂造成摩擦或者其他因素的损伤，故参照手掌平台的设计方式，采用一层生物相容性材料内衬垫间接使平台与用户的前臂相连。

(2) 电机选型

直线推杆电机是柔性外骨骼康复手的动力源，其为用户康复训练以及日常生活辅助提供位移与力。因此直线推杆电机的行程以及推力大小是重要的选型依据，考虑到用户穿戴的舒适性，要求使用的直线推杆电机足够的轻。通过查找以及比较，选定使用 ACTUONIX L12 系统直线推杆电机如图 6-3-23 所示。该系列电机输出推力较大，行程较长，同时其重量体积轻便，具体型号参数如图 6-3-24 所示。手指在屈曲过程中，其伸肌腱长度会有一定程度的延长。

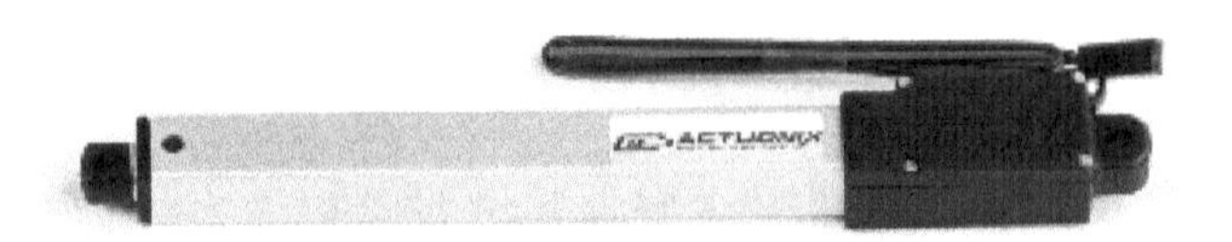

图 6-3-23　ACTUONIX L12 直线推杆电机

L12 Specifications

Gearing Option	50:1		100:1	210:1
Peak Power Point	17N @ 14mm/s		31N @ 7mm/s	62N @ 3.2mm/s
Peak Efficiency Point	10N @ 19mm/s		17N @ 10mm/s	36N @ 4.5mm/s
Max Speed *(no load)*	25mm/s		13mm/s	6.5mm/s
Max Force *(lifted)*	22N		42N	80N
Back Drive Force *(static)*	12N		22N	45N
Stroke Option	10 mm	30mm	50mm	100mm
Mass	28 g	34 g	40 g	56 g
Repeatability *(-I,-R,-P&LAC)*	±0.1 mm	±0.2 mm	±0.3 mm	±0.5 mm
Max Side Load *(extended)*	50N	40N	30N	15N
Closed Length *(hole to hole)*	62mm	82mm	102mm	152mm
Potentiometer *(-I, -R, -P)*	1kΩ±50%	3kΩ±50%	6kΩ±50%	11kΩ±50%
Voltage Option		6VDC		12VDC
Max Input Voltage		7.5V		13.5V
Stall Current		460mA		185mA
Standby Current *(-I/-R)*		7.2mA		3.3mA

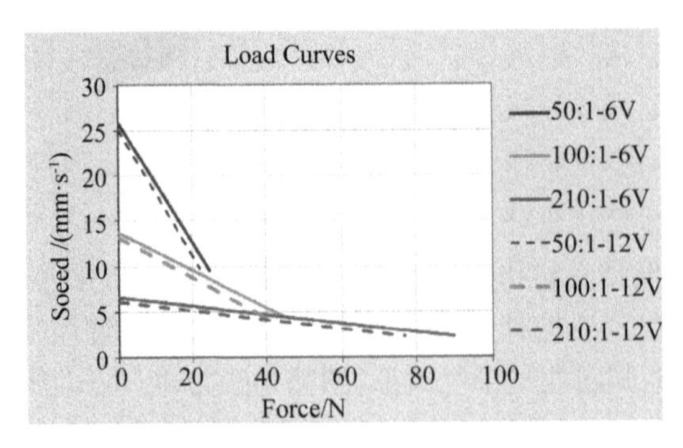

图 6-3-24　ACTUONIX L12 系列电机参数

如表 6-3-4 所示食指、中指、无名指以及小拇指指掌指关节屈曲 90°时，弹力手套延长值平均值分别是(13.45±1.41) mm、(13.88±2.21) mm、(12.45±2.05) mm、(11.03±2.56) mm。直线电机行程的选型可以参照所得数据，同时考虑到机械手驱动过程中的路途中的行程损耗，故选择直线推杆电机行程为 30 mm。

考虑机械手指需要辅助患者进行日常生活活动，因此为使柔性外骨骼康复手机构有足够的驱动力、满足穿戴设计的尺寸重量需求以及便于控制等因素，选用了 L12-30-100-6-I 型号直线推杆电机。如图 6-3-24 所示，该款直线推杆电机减速比为 100∶1，最大输出力达到 42 N，行程 30 mm，额定电压 6 V，质量 34 g，符合对柔性外骨骼康复手动力源的要求。

食指驱动的电机型号同中指、无名指和小拇指三指耦合驱动电机型号相同，主要是因为人体手的取物过程主要靠食指和拇指，而中指、无名指以及小拇指主要起到一个辅助平衡等作用，其所需的力量并不需要很大，因此采用同食指同样型号的电机。

（二）线驱动柔性外骨骼康复手

线驱动柔性外骨骼康复手手指部分主要包括四根柔性铰链手指。由于小拇指、无名指、中指和食指四根手指生理学结构类似，因此外骨骼手四手指也采用了相同结构，通过改变结构参数以适应不同长度的手指。以柔性外骨骼康复手的食指部分结构为例，柔性外骨骼手指由手掌固定块、柔性铰链、指间固定块和指尖套组成，其整体结构如图 6-3-25 所示，采用 3 个结构尺寸不同的半圆弧形铰链用于驱动手指关节伸展。小拇指因为指骨长度较短，DIP 和 PIP 关节采用同一个铰链驱动。

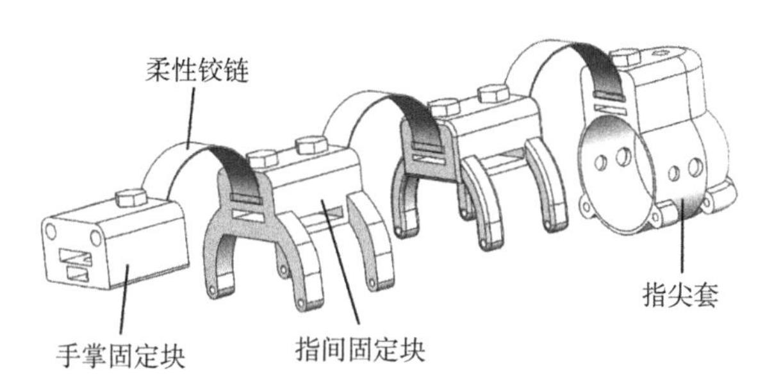

图 6-3-25　柔性外骨骼手食指结构

1. 柔性铰链关节设计

根据人体指骨生理结构长度，确定了指关节各柔性铰链的长度 L，以及各柔性铰链所需满足的最大旋转角度。由于采用模块化设计，可以满足不同穿戴者对柔性铰链尺寸的不同要求。由于手指在运动过程中，掌指关节和近端指间关节的弯曲角度最大。为了保证所设计的柔性铰链满足使用需求，以最大旋转角度下的关节铰链为例进行柔性铰链的设计。

人体手指的宽度一般为 12～20 mm，为了保证柔性外骨骼手指结构的简洁性，同时为了避免因铰链宽度较小容易造成手指扭转且弹性储能不足，因此选用柔性铰链的宽度为 6 mm。设计柔性铰链最大弯曲角度为 1.2 rad，L 的最小值为 12 mm，厚度选择 0.3 mm，柔性铰链的材料参数屈服强度和杨氏模量的比值为 0.018 3。

表 6-3-5 列举了几类常用的材料及其参数，考虑到加工工艺和成本的要求，选择 65Mn 作为柔性铰链的材料。柔性铰链通过两侧的刚性体与柔性手指中的指间固定块和指尖套进行连接。初制了以 65Mn 为材料的柔性铰链实物，通过弯曲和延展测试，发

现所选择的材料和铰链结构满足柔性外骨骼手手指弯曲需求。

表 6-3-5 常见材料参数

材料名称	杨氏模量/MPa	屈服强度/MPa	屈服强度/杨氏模量
聚乙烯	1 380	49	0.035 07
尼龙	2 620	81	0.030 92
PTFE	500	23	0.046
65Mn	196 500	784	0.003 989
TiC4	110 000	832	0.007 563
增强型聚乳酸(PLA)	2 336	58	0.024 83

2. 柔性手指刚性块结构设计

柔性外骨骼手指采用刚性块结构用于仿生手指指骨结构。刚性块包括指尖套、指间固定块和手掌固定块。指尖套和指间固定块的结构如图 6-3-26 所示。刚性块采用模块化设计方案，为了满足不同手指长度患者的穿戴需求，可以直接更换长度大小和直径不同的指间固定块和指尖套。

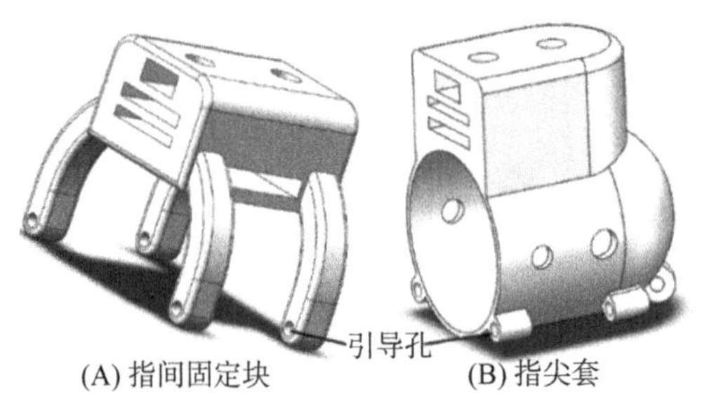

图 6-3-26 指尖套和指间固定块结构

指尖套采用半截式镂空结构，双侧和前端均设有大小不一的圆形开孔，方便患者穿戴，同时可以保证长时间穿戴时患者手部的舒适感和透气性。刚性块厚度均为 12 mm，保证了结构的简洁性。各刚性块上柔性铰链利用螺丝进行压紧固定，可直接放松螺丝抽取柔性铰链进行更换，方便拆卸和更换。指间固定块下方设有线传动结构引导装置，其上布有圆形引导孔。为了避免穿戴和抓握过程中各手指产生干涉，引导装置采用爪式机构，相互位置各不统一。外骨骼手指整体模块化的设计和精简的结构，保证了其高度适应性和柔顺性，可以根据患者不同手指长度更换铰链和固定块，同时便于冲洗。

3. 柔性外骨骼手手掌结构设计

外骨骼手采用低温热塑板加工而成的手部矫形器结构作为柔性外骨骼手的手掌主体，以保证抓握动作的效果和人体对物体的触觉感知。

根据不同患者不同的手部尺寸，可以利用低温热塑板定制加工完全贴合个人手掌的矫形器，加工过程简单方便，具有高度的个性化。矫形器上部设有用于固定柔性手指的手掌固定块。由于该外骨骼手面向于生活辅助，为了尽可能减少驱动的数量，保证结构的简洁性，外骨骼手的大拇指利用矫形器固定在功能位置。拇指在该位置可以基本满足患者对不同形状和大小物体的抓握需求，包括圆柱形、球形和不规则物体等。手掌上部除了手掌固定块之外，还设计有用于绳索布局和引导的线传动机构集线器，集线器另外一边通过快速接头连接鲍登线。四根手指通过手掌固定端按照人体手指分布固定在手部矫形器上。手部矫形器和柔性手指装配后的柔性外骨骼手手部示意图如图 6-3-27 所示。

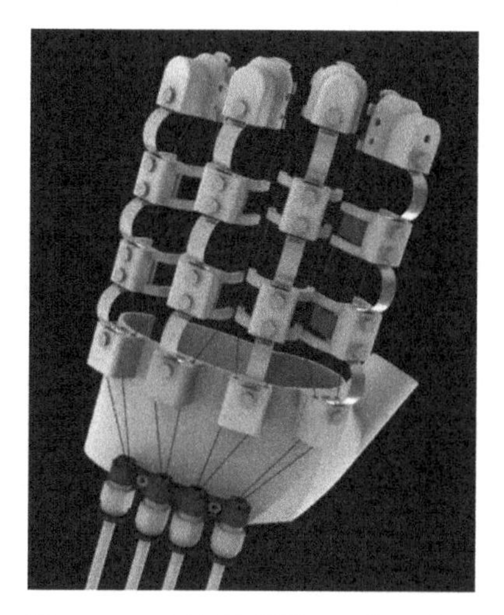

图 6-3-27 柔性外骨骼手手部示意图

4. 柔性外骨骼手线驱动结构设计

(1) 线驱动布局方案

外骨骼手使用了与人手生理类似的肌肉肌腱驱动机制，利用绳索模拟人手肌肉，带动手指实现运动。

线驱动结构在手指下部的布局如图 6-3-28 所示。外骨骼手采用双侧驱动方案，绳索对称布置在手指两侧，为患者手掌和手指下部留出足够的抓握和工作空间。利用刚性块上的引导孔实现绳索的固定引导和转向，防止运动过程中其偏离路线。

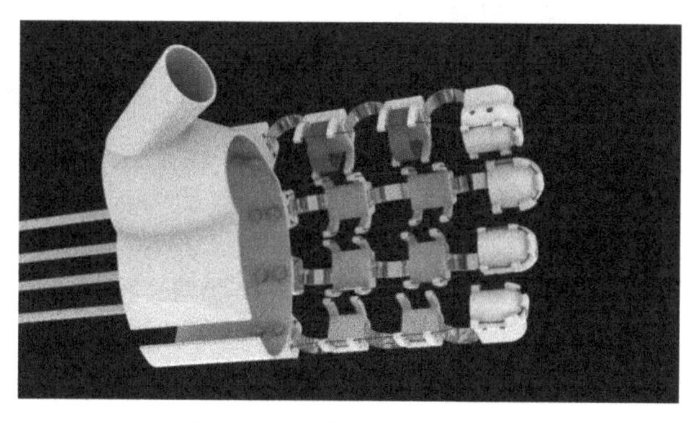

图 6-3-28 线驱动结构布局

以食指为例，所设计的柔性外骨骼手的绳索驱动路线图如图 6-3-29 所示。由图 6-3-28 和图 6-3-29 可知，线驱动结构一端固定在驱动器上，另一端从驱动输出后，依次经过手掌固定块一侧引导孔、指间固定块一侧引导孔、指尖套定位孔进行转向、指间固定块另一侧引导孔，最后通过手掌固定块另一侧引导孔连接至驱动器。绳索在掌指关节部位由手指两侧传递到手掌上方位置，并通过手掌上集线器传递至驱动器。刚性块和引导孔一体化的结构可以保证运动的传递效率和精确度。此外，引导孔的位置应设置在人体手指指骨中心线以下以产生足够的抓握力矩。

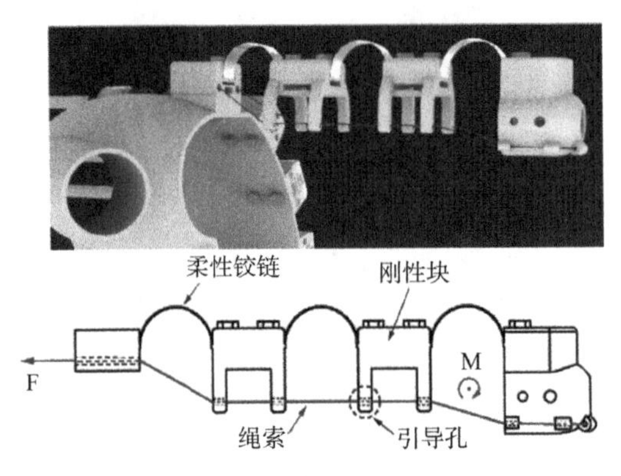

图 6-3-29　线驱动路线示意图

（2）线传动方案

外骨骼手选择远程驱动方案，即将驱动模块放置在身体远端或者其他部位而非手部，采用鲍登线结构作为动力传输结构。鲍登线结构如图 6-3-30 所示，外侧结构为刚度较大的管套，内侧为驱动绳索，绳索可以在管套内自由地来回滑动，传递位移和力。同时，鲍登线结构具有一定的自由度，能够实现一定范围内的弯曲，极大地降低了对柔性外骨骼手的限制。鲍登线结构两端通过快速接头分别与外骨骼手和驱动器连接，方便患者根据个人需求调节鲍登线长度。这种传输方式提高了设备的便携性和舒适性。

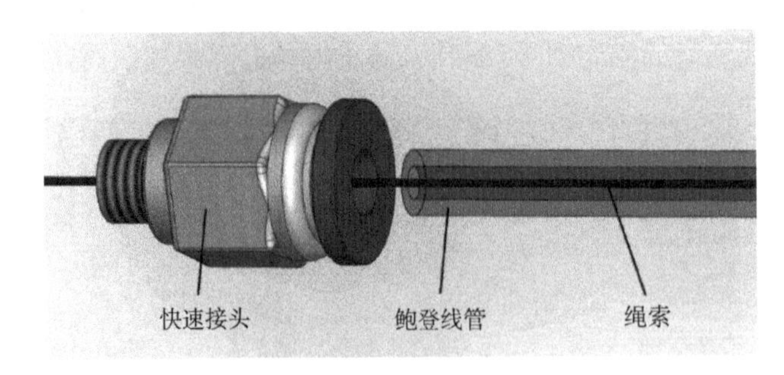

图 6-3-30　鲍登线结构示意图

5. 柔性外骨骼手驱动模块设计

（1）驱动方案

线驱动柔性外骨骼康复手主要用于手功能障碍患者的日常生活辅助，因此对人手的日常抓握动作进行分析。根据抓握姿势可以将人手的抓握动作分为强力抓握、中度抓握和精细抓握，抓握动作的完成主要依靠大拇指、食指和中指三根手指，尤其是精细抓握情况下，大拇指和食指的对指、侧捏可以满足 90%的抓握需要。而无名指和小拇指伴随着中指的运动有一定的耦合性，所以该三指主要完成对物体的辅助抓握。

为了降低驱动部分的驱动器的数量，简化驱动模块结构，提高设备的便携性。大拇指被矫形器固定在功能位置，食指采用一个电机进行单独驱动，可以实现精准的抓握动作。而其余三指(中指、无名指和小拇指)采用一个电机进行组合驱动，完成强力抓握和中度抓握时的辅助。该驱动方案在满足抓握需求提供多种抓握手势的同时，还可以极大地降低驱动部分组件的重量。

(2) 电机选型

为了保证稳定的力输出以及较高的响应速度，选择直线推杆电机作为外骨骼手的驱动电机，该类电机输出力较大，行程较长且体积较小。

$$F = F_j + F_h + F_F \tag{6-3-1}$$

如式(6-3-1)所示，该外骨骼系统中，电机的输出力 F 在带动手指屈曲过程中可以分解为用于克服手指关节的生理力矩的力 F_j，克服铰链刚度并完成储能的力 F_h，指尖抓握力 F_F。预设人手食指可提供的抓握力约为 6 N。实际样机在工作过程中，绳索与固定块引导孔之间的摩擦力、绳索的形变等因素会造成一定的能量损耗。因此，确定实际选用电机输出力为理论所需力的 2 倍以上。通过实验测定了不同性别和年龄的成年人抓握过程中线传动结构的位移，得到当食指、中指、无名指以及小拇指指掌指关节屈曲 90°时，末端绳索的位移平均值如表 6-3-6 所示。

表 6-3-6　各手指绳索位移平均值

手指	位移/mm
食指	13.15±1.27
中指	13.88±2.01
无名指	12.75±2.05
小拇指	11.03±2.16

考虑到各手指的运动行程和位移传递过程中的行程损失，同时为指尖提供足够的抓握力以满足日常生活活动的抓握需要。如图 6-3-31 所示，选择 ACTUONIX 品牌中的 L12-30-100-6-I 型号直线推杆电机作为食指的驱动电机。其最大输出力为 42 N，行程为 30 mm，重量为 34 g，减速比 100∶1，额定工作电压为 6 V，推杆的最大运动速度为 13 mm/s。该电机可满足柔性外骨骼康复手的动力需求。由于其余三指主要进行辅助抓握，所需驱动力不大，因此可选用与食指相同的直线推杆电机。根据所确定的双电机驱动方案和直线推杆电机型号，对驱动盒进行了设计。如图 6-3-32 所示，驱动盒采用三层布局方案。底层为双电机和绳索输出部分，驱动盒外侧采用快速接头连接鲍登线，其结构图及线传动结构分布如图 6-3-33 所示；中间层为控制层，主要包括控制电路和电池等结构；上层为驱动器盒盖，嵌入了可触摸显示屏以用于完成人机交互。底层和其余两

层分开设计，可以保证电机和绳索在运动过程中不会受其他元器件结构的影响，从而保证驱动系统稳定性。

图 6-3-31　ACTUONIX 直线推杆电机

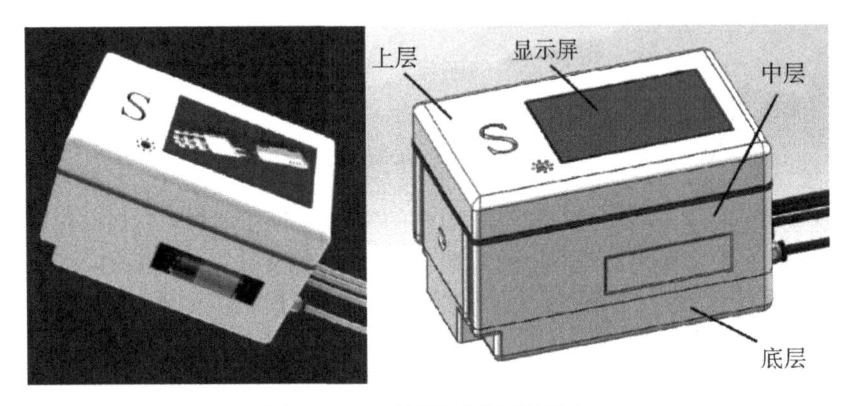

图 6-3-32　柔性外骨骼手驱动盒

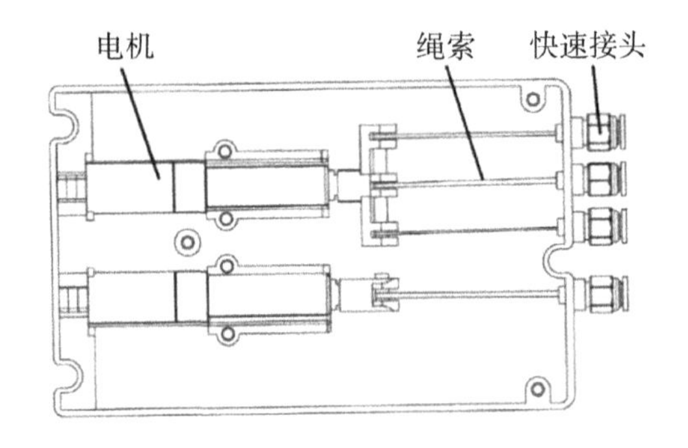

图 6-3-33　柔性外骨骼手驱动盒底层电机设计

(三) 变刚度柔性外骨骼康复手

变刚度柔性外骨骼康复手机械系统主要分为四个部分，矫形器、绳驱手套、手指模块与驱动模块。

1. 矫形器设计

如图 6-3-34 所示，矫形器的结构包括阻尼旋转连接块、手掌固定板、矫形钢片、低温热塑板和魔术贴。手掌与手臂上的固定板和低温热塑板分别通过魔术贴固定，使得手掌面处不再有刚性机构阻碍握持物体，提高了抓握舒适感；矫形钢片将固定板和低温热塑板固接，使手腕保持在功能位（手腕轻微伸展），增大了外骨骼手的使用人群，且矫形钢片可轻微弯曲，给突发性痉挛一定的缓冲保护。柔性铰链可通过阻尼旋转连接块铰接在固定板上，以辅助手指实现分指运动，且连接块可进行阻尼调节，较大的阻尼能辅助拇指保持在功能位（但不限制其弯曲自由度），较小的阻尼可提供其他四指一定的稳定性。

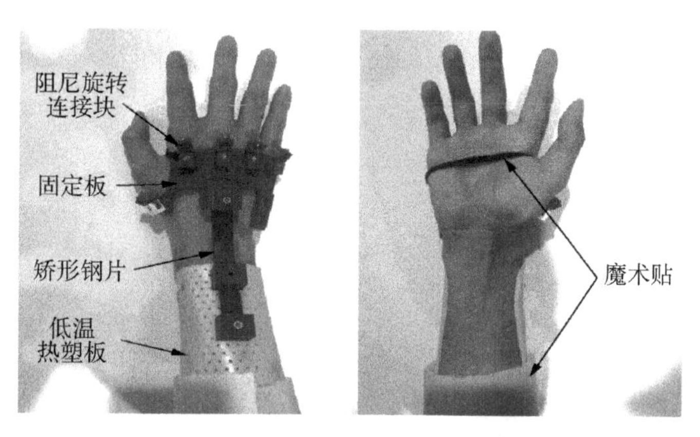

图 6-3-34　矫形器结构（左侧为掌背，右侧为掌面）

2. 手指模块设计

如图 6-3-35 所示，手指模块的结构包括连接端、第一柔性铰链、铰链连接块、第二柔性铰链和固定端。

为提高柔性铰链的使用寿命，选用屈服强度高（$\sigma_s = 784$ MPa）、抗疲劳性好的 65Mn（$E = 196\ 500$ MPa）作为材料。固定端与旋转阻尼连接块通过厚铰链连接，可实现高度的可调；第一与第二柔性铰链通过铰链连接块连接，且各段铰链可在初始时预留额外长度，以实现长度的可调。变刚度柔性铰链在尺寸调节后精度下降，可能需要连接绳索作进一步的调整，但面对不同手指尺寸患者时，其通用性能得到很大的改善。

图 6-3-36 展示了变刚度柔性铰链与矫形器结合后的伸展机构模块。

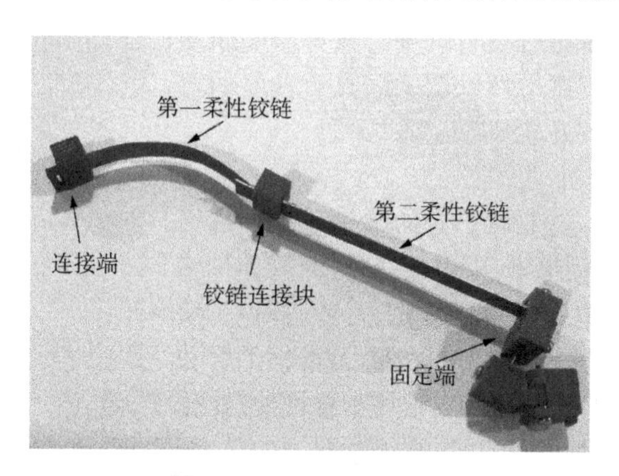

图 6-3-35　手指模块结构

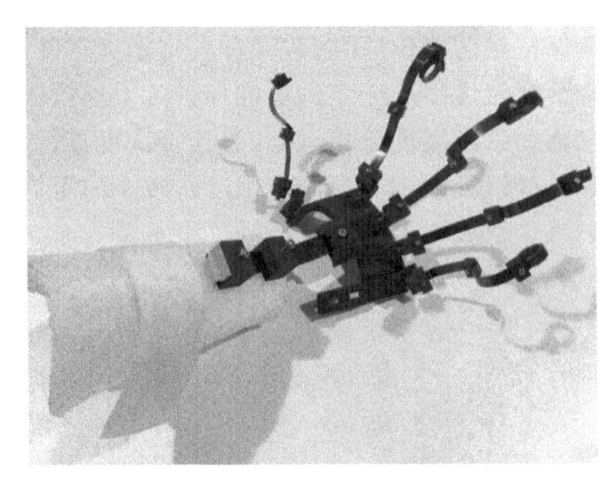

图 6-3-36　伸展机构模块

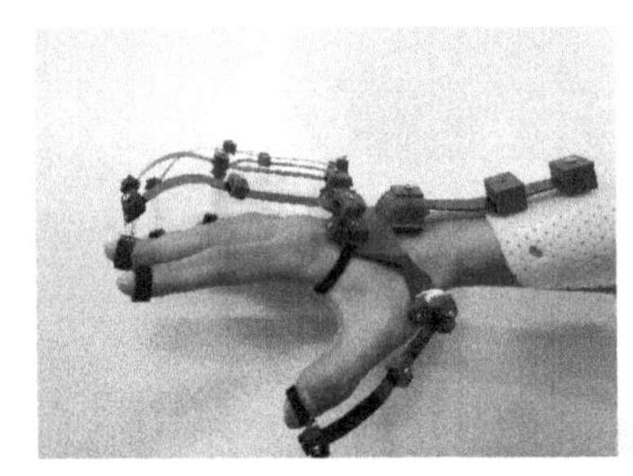

(A) 牵引矫形

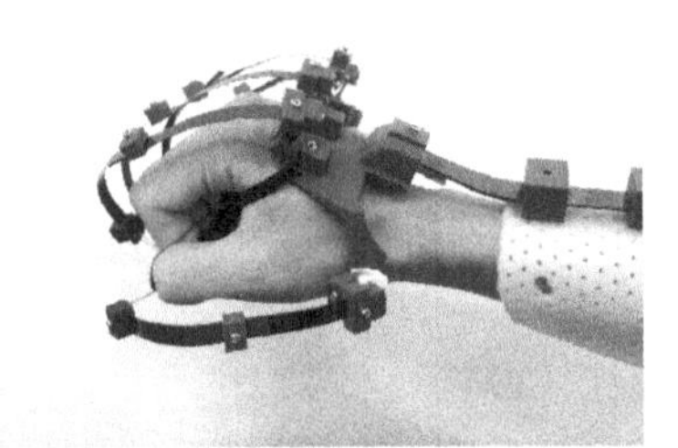

(B) 肌力训练

图 6-3-37　伸展机构模块的独立使用

被动伸展机构可独立使用，故外骨骼手可更方便地辅助需要相应康复训练功能的患者进行单独的手部牵引矫形和肌力训练。如图 6-3-37(A)所示，外骨骼手可采用大刚度的柔性铰链或减短连接绳索的长度以提供痉挛较为严重患者足够的伸展力以辅助手指进行牵引矫形；如图 6-3-37(B)所示，对于有一定肌力的手功能障碍患者，患手需要克服铰链的伸展力实现手指的屈曲，从而对手指肌肉力量进行进一步的康复训练，且锰钢制的变刚度柔性铰链依旧具有良好的弯曲仿生性，能与人手各关节保持运动一致性。

3. 绳驱软手套设计

如图 6-3-38 所示，绳驱软手套的结构包括牛皮指环套、无指软手套、驱动绳索、限位板、特氟龙管和传感器垫片(可按需更换位置，主要放置压力传感器)。由于手指作为绳索的主要受力区域，故将无指软手套和牛皮指环套结合使用。其中，牛皮指环套弹性差，在受力情况下不易产生弹性变形，以提高绳索驱动的效率；且指套可通过绑定绳进行一定尺寸的调节，满足不同手指厚度的需求，且能调节引导孔位置，满足不同手指

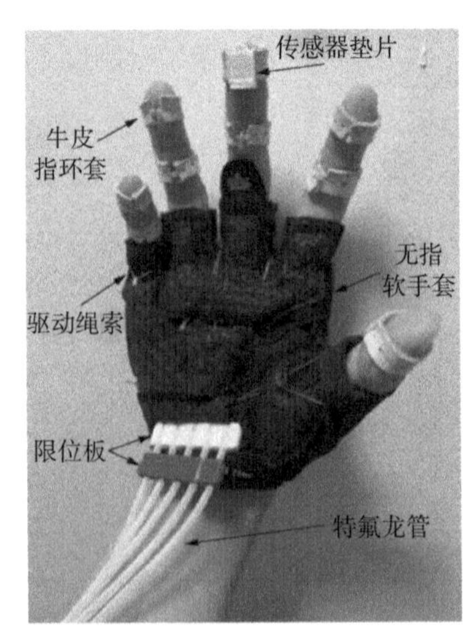

图 6-3-38　绳驱软手套结构

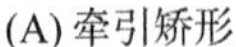

长度的需求，从而改善其通用性。选用双层结构的无指软手套，使得软手套内的驱动绳索不与人手直接接触，改善使用的舒适感。

为进一步降低手部外骨骼的重量，驱动部分将远程放置，因此使用特氟龙管对手掌到电机之间的驱动绳索进行引导走线，且利用限位板将多根特氟龙管有序固定在手腕处，提高外骨骼手的使用便捷性。

4. 驱动模块设计

为加强外骨骼手的康复效果，选择了五指驱动的驱动方式，以实现对患者所有手指的康复训练。由于在日常物体抓握中，大部分抓握力由拇指、食指和中指提供，因此选择独立驱动拇指、食指和中指以增加灵活度，但需要较大行程以提供进一步的抓握力，而无名指和小拇指则使用同一电机且以较小行程驱动，满足康复训练即可。

如图 6-3-39 所示，驱动模块的结构包括大行程直线电机、小行程直线电机和动滑轮。为了减轻手部外骨骼的重量，且降低设备对电机数量和重量的要求，将驱动模块远程放置于轮椅上或用魔术贴固定于穿戴者腰部。

考虑到传动效率以及结构尺寸的限制，选择直线电机驱动绳索。其中，大拇指、食指和中指分别采用三个大行程直线电机(ACTUONIX：L12-50-100-6-I)独立驱动，其最大驱动力为 42 N，最大行程 50 mm，驱动速度 7.5 mm/s；无名指和小指则使用同一个小行程直线电机(ACTUONIX：L12-30-100-6-I)，其最大驱动力为 42 N，最大行程 30 mm，驱动速度 7.5 mm/s；独立驱动的手指能够充分增大手的灵活度，满足多场景使用；每个直线电机的推杆头部装配一个动滑轮，驱动绳索一端固定于电机盒，并绕过动滑轮，另一端用于驱动手指，从而实现绳索伸缩量的放大，以提供充足的绳索行程而提高通用性。

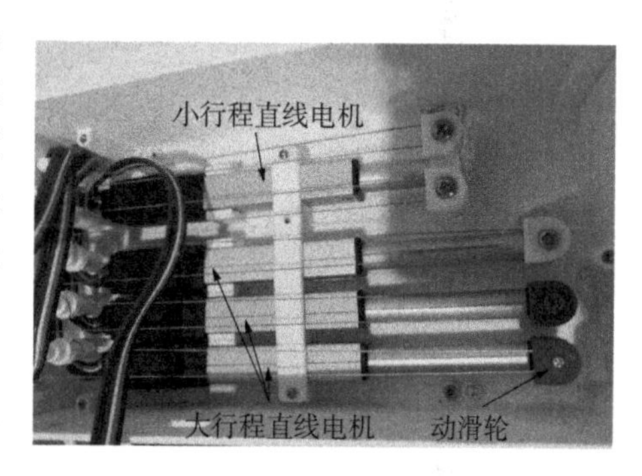

图 6-3-39　驱动模块结构

三、运动学与动力学分析

建立基于变刚度柔性铰链的人机耦合静力学模型用于量化柔性铰链刚度与伸展力之间的关系，并实现柔性铰链在弯曲过程中跟随手指进行同步运动的特性，避免外骨骼手与人手之间发生挤压或摩擦等运动干涉。同时，通过建立基于绳索的人机耦合运动学模型，用于了解绳索伸缩量与指关节弯曲角度的关系，便于电机的选型与控制的简化。

(一) 伸展机构的人机耦合模型

根据总体设计方案，外骨骼手采用柔性铰链作为被动伸展机构，因此需要对柔性铰链的结构进行设计与分析，以改善人手与柔性铰链之间的运动耦合性，避免干涉的产生。

1. 梁型柔性铰链大变形模型

梁型柔性铰链(横截面为矩形)是最为常见的柔性铰链。作为基本的变形单元，梁型柔性铰链的大变形模型如图 6-3-40 所示。梁的一端固定，另一端受力 F_0 和力矩 M_0 共同作用，其长度为 l，末端的倾斜角度和作用力方向分别为 θ_0 和 φ，端部的水平和垂直变形量分别为 a 和 b。

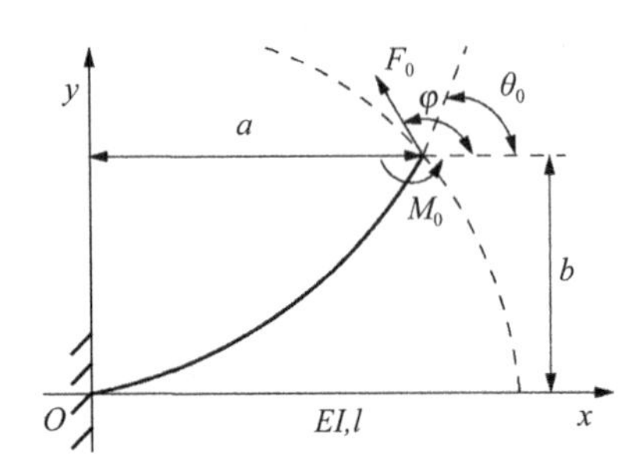

图 6-3-40　末端受力和力矩作用的梁型柔性铰链

施加较大荷载时，梁的形状从原始的平直状态发生明显的变化，需要计算梁的曲率 k 来预测其刚度。在笛卡儿坐标系下，梁的曲率可表示为：

$$k=\frac{1}{\rho}=\frac{\mathrm{d}\theta}{\mathrm{d}s}=\frac{\mathrm{d}^2 y/\mathrm{d}x^2}{[1+(\mathrm{d}y/\mathrm{d}x)^2]^{1/2}} \tag{6-3-2}$$

基于 Bernoulli-Euler 等式，梁在力矩 M 作用下的变形可表示为：

$$\frac{M}{EI}=\frac{\mathrm{d}\theta}{\mathrm{d}s} \tag{6-3-3}$$

其中，E 和 I 分别是杨氏模量和惯性矩。

结合表达式(6-3-2)和(6-3-3)，并将作用力 F_0 对梁所产生的力矩代入得：

$$k=\frac{\mathrm{d}\theta}{\mathrm{d}s}=\frac{M}{EI}=\frac{F_0[-(b-y)\cos\varphi+(a-x)\sin\varphi]+M_0}{EI} \tag{6-3-4}$$

等式两边对 s 进行求导：

$$\frac{\mathrm{d}k}{\mathrm{d}s}=\frac{\mathrm{d}^2\theta}{\mathrm{d}s^2}=\frac{\mathrm{d}}{\mathrm{d}\theta}\left(\frac{k^2}{2}\right)=\frac{F_0}{EI}(\sin\theta\cos\varphi-\cos\theta\sin\varphi) \tag{6-3-5}$$

最后通过临界条件，求得末端受力和力矩作用下梁的曲率为：

$$k=\sqrt{\frac{2F_0}{EI}[\cos(\varphi-\theta_0)-\cos(\varphi-\theta)]+\left(\frac{M_0}{EI}\right)^2} \tag{6-3-6}$$

根据表达式(6-3-6)，通过积分求得铰链的长度和变形量：

$$l=\int_0^{\theta_0}\frac{\mathrm{d}\theta}{k} \tag{6-3-7}$$

$$a=\int_0^{\theta_0}\frac{\cos\theta}{k}\mathrm{d}\theta \tag{6-3-8}$$

$$b=\int_0^{\theta_0}\frac{\sin\theta}{k}\mathrm{d}\theta \tag{6-3-9}$$

2. 变刚度柔性铰链大变形模型

为使柔性铰链的变形更贴合手指的屈曲运动，需要串联不同刚度的铰链以模拟人手各关节之间的弯曲关系。变刚度柔性铰链的大变形模型如图 6-3-41 所示，该模型由 n 个可不同刚度的梁型柔性铰链（模拟关节）和 $n-1$ 个刚性连接块（模拟指骨）组成，铰链的一端固定，受力 F_0 和力矩 M_0 共同作用的柔性铰链为第 n 个柔性铰链，且沿着 θ_i 的方向定义刚性性连接块的长度 w_i（$w_i\geqslant0$）。

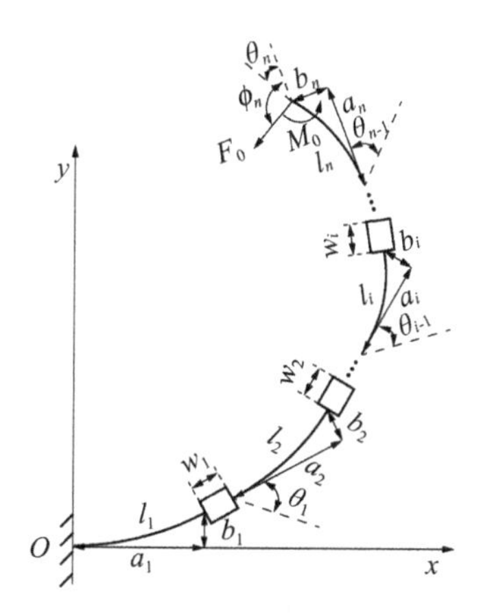

图 6-3-41　末端受力和力矩作用的变刚度柔性铰链

第 i（$i\leqslant n-1$）个柔性铰链所受力矩由表达式(6-3-10)计算得：

$$M_i=\sum_{x=i+1}^{n}\{F_0[(a_x+w_{x-1})\sin\varphi_x-b_x\cos\varphi_x]\}+M_0 \tag{6-3-10}$$

将表达式(6-3-10)代入(6-3-6)并重新排列项，可计算第 i（$i\leqslant n-1$）个柔性铰链的曲率：

$$k_i=\sqrt{\frac{2F_0}{E_iI_i}[\cos(\varphi_i-\theta_i)-\cos(\varphi_i-\theta)]+\left(\frac{M_i}{E_iI_i}\right)^2} \tag{6-3-11}$$

第 n 个柔性铰链的曲率可由表达式(6-3-6)计算得到。

3. 基于变刚度柔性铰链的人机耦合静力学模型

基于变刚度柔性铰链模型，需要建立其与手指的耦合模型以实现两者的同步运动，从而降低外骨骼手在屈曲伸展过程中的高度，避免柔性铰链与人手之间产生干扰。同时，可以利用人机耦合模型精确计算各柔性铰链的刚度并优化关系，在提高运动耦合性能的同时，为穿戴者提供个性化的被动伸展力。

如图 6-3-42 所示，基于变刚度柔性铰链的人机耦合静力学模型主要包含三结构和三状态。其中，三结构包括手指结构、变刚度柔性铰链和连接绳索。三状态包括无作用力状态（此时柔性铰链不受力，处于平直状态）、初始状态（此时柔性铰链通过连接绳索与

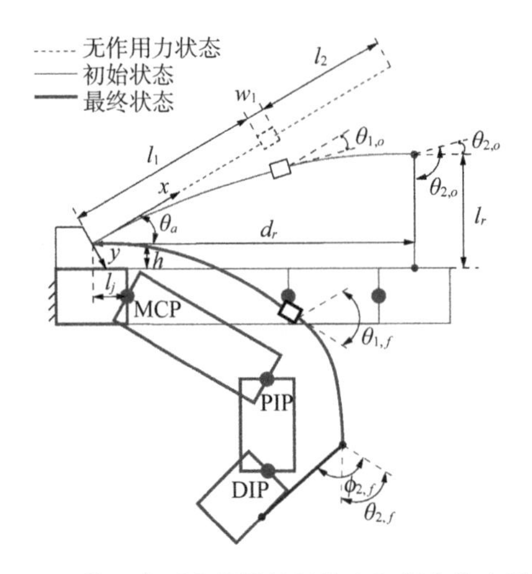

图 6-3-42　基于变刚度柔性铰链的人机耦合静力学模型

手指连接，并利用初始变形提供的伸展力辅助手指达到平直状态）和最终状态（此时手指和柔性铰链屈曲到最大角度状态）。由于连接绳索除连接铰链与手指以提供伸展力外，还用于提供伸长补偿量，其长度为 l_r，因此连接绳索的变形代替了原本用于模拟远指关节的柔性铰链，最终选择两个刚度不同的梁型柔性铰链组成变刚度柔性铰链，且为了降低柔性铰链单位长度内的变形从而提高使用寿命，选择刚性连接块 $w_1=0$。第一柔性铰链与第二柔性铰链分别用于模仿掌指关节与近指关节的屈曲伸展运动。在坐标系中，x 轴沿着无作用力状态下柔性铰链的方向，坐标中心则位于变刚度柔性铰链与人手固定的位置。

在无作用力状态下，变刚度柔性铰链处于平直状态，并以一定的装配角度 θ_a 装配于手掌背部的固定块上（θ_a 为无作用力状态下柔性铰链与水平线的夹角）。根据手指指骨的测量，第一柔性铰链的长度 l_1 和第二柔性铰链的长度 l_2 的表达式分别为：

$$l_1=l_j+L_1 \tag{6-3-12}$$

$$l_2=L_2+L_3 \tag{6-3-13}$$

其中，l_j 是变刚度柔性铰链固定端到掌指关节中心的水平距离。

在最终状态下，每一个手指关节与柔性铰链的弯曲角度都达到了最大值。并且柔性铰链的屈曲角度与手指关节的屈曲角度相对应，使得变刚度柔性铰链与手指的屈曲比例相同，从而实现同步运动。在人机耦合模型中，第一柔性铰链的最终屈曲角度 $\theta_{1,f}$ 和第二柔性铰链的最终屈曲角度 $\theta_{2,f}$ 的表达式分别为：

$$\theta_{1,f}=\theta_a+\varphi_1 \tag{6-3-14}$$

$$\theta_{2,f}=\varphi_2 \tag{6-3-15}$$

在初始状态下，假设手指在柔性铰链初变形所提供的拉伸力作用下是平直的，即 $\varphi_1=\varphi_2=\varphi_3=0$，且定义此状态下柔性铰链所提供的伸展力为手功能障碍患者实际所需的手指伸展力。其次，连接绳索连接于柔性铰链的自由末端与手指，并垂直于指骨。变刚度柔性铰链总的初始弯曲角度与配角度 θ_a 相等，因此柔性铰链的自由末端与手指方向平行，即在水平方向上。在人机耦合模型中，第一柔性铰链的初始屈曲角度 $\theta_{1,0}$ 和第二柔性铰链的初始屈曲角度 $\theta_{2,0}$ 的表达式分别为：

$$\theta_{1,0}=\frac{\theta_{1,f}\theta_{a}}{\theta_{1,f}+\theta_{2,f}} \tag{6-3-16}$$

$$\theta_{2,0}=\frac{\theta_{2,f}\theta_{a}}{\theta_{1,f}+\theta_{1,f}} \tag{6-3-17}$$

由于变刚度柔性铰链本身只能实现屈曲伸展运动，无法满足指关节弯曲所需的伸长补偿量，因此连接绳索的长度 l_r 用于补偿 ΔL_i 起到了至关重要的作用。在人机耦合模型的初始状态中，l_r 即柔性铰链的自由末端到手指指背的垂直距离，基于所建立的坐标系，柔性铰链自由末端的坐标($x_{2,0}$，$y_{2,0}$)的表达式为：

$$\begin{bmatrix}x_{2,0}\\y_{2,0}\\0\end{bmatrix}=\begin{bmatrix}\cos\theta_{1,0} & -\sin\theta_{1,0} & a_{1,0}\\ \sin\theta_{1,0} & \cos\theta_{1,0} & b_{1,0}\\ 0 & 0 & 0\end{bmatrix}\begin{bmatrix}a_{2,0}\\b_{2,0}\\1\end{bmatrix} \tag{6-3-18}$$

在初始状态下，根据坐标($x_{2,0}$，$y_{2,0}$)的具体位置，连接绳索的长度 l_r 和连接绳索与柔性铰链的固定点（坐标中心）之间的水平距离 d_r 的表达式为：

$$l_r=\frac{x_{2,0}\cdot\tan\theta_a-y_{2,0}}{\sqrt{\tan^2\theta_0+1}}+h \tag{6-3-19}$$

$$d_r=\sqrt{x_{2,0}^2+y_{2,0}^2-(l_r-h)^2} \tag{6-3-20}$$

以人机耦合模型为基础，除优化第一柔性铰链和第二柔性铰链之间的刚度关系外，还需要满足两个附加条件，以提高外骨骼手与人手之间的交互性能。

条件 1：连接绳索的长度应当大于伸长补偿量，从而避免不充足的补偿导致外骨骼手与人手之间产生挤压。

$$l_r\geqslant\sum_{i=1}^{3}\Delta L_i \tag{6-3-21}$$

条件 2：连接绳索与手指的连接点需要坐落在远节指骨上，从而为每一个手指关节提供伸展力。

$$l_j+L_1+L_2\leqslant d_r\leqslant l_j+L_1+L_2+L_3 \tag{6-3-22}$$

通过 MATLAB 软件解算基于变刚度柔性铰链的人机耦合静力学模型用于计算装配角度和各柔性铰链的厚度。在解算模型的过程中，首先各个柔性铰链的长度由表达式(6-3-12)～(6-3-13)计算得到；随后，通过经验设定装配角度为一个范围值，从而由表达式(6-3-14)～(6-3-17)计算各个柔性铰链的初始弯曲角度；伸展力作为一个独立变量，通过表达式(6-3-7)～(6-3-11)计算各柔性铰链在不同作用力下达到相同弯曲角度的厚度，以了解变刚度柔性铰链的变形与伸展力之间的关系；最后，柔性铰链的自由末端通过表达式(6-3-18)～(6-3-20)计算获得，并根据限定条件，式(6-3-21)～(6-3-22)选取合适刚度的柔性铰链。

基于人机耦合静力学模型的建立，可根据预定的康复训练需求获取变刚度柔性铰链的设计方程。参照日常生活活动中手指关节的一般运动功能范围，设定了各柔性铰链的预期最大弯曲角度，而人手各指骨长度由 GB10000—88《中国成年人人体尺寸》并结合受试者的实际情况确定，以提高其通用性和适配性，且人手手指的宽度相似，因此选择铰链的宽度 b_h 为常量。如表 6-3-7 所示，列出了外骨骼手的基本设计参数。

表 6-3-7　外骨骼手基本设计参数

参　数	值
$\varphi_1,\varphi_2,\varphi_3$	30°,60°,45°
L_1,L_2,L_3	45 mm,25 mm,20 mm
t	15 mm
l_j	20 mm
h	7 mm
b_h	7 mm
w_i	0

为方便加工铰链，使用 3D 打印技术用于柔性铰链的快速成型与制作，其材料为聚乳酸 PLA(E=2 119 MPa)。各柔性铰链的截面为矩形，其惯性矩 I 可由矩形截面的惯性矩公式计算得到。如图 6-3-43 所示，通过 MATLAB 解算并描绘了变刚度柔性铰链在不同装配角度和不同伸展力下作用下自由末端的位置变化。

从结果来看，随着装配角度的增加，导致柔性铰链的自由末端进一步远离指背，连接绳索也随之增长。为满足条件 1 和条件 2，本研究最终选取装配角度 $\theta_a=35°$，以及与之相应的 $l_r=38.4$ mm，$d_r=103.4$ mm。

其次，将图 6-3-43 中三维坐标系下的曲面投影到水平面的二维坐标系下，发现投影下的曲面是一条曲线而不是一个面，这表明，不同刚度的柔性铰链在相应的作用力下弯曲到同角度时，其自由末端具有同样的位置坐标，即弯曲到相同位置。因此，在实际的使用过程中，即使手功能障碍患者需要不同的伸展力而改变柔性铰链的刚度，变刚度柔性铰链的自由末端依然能够在基本的设计参数下达到相同的位置，从而满足条件 1 和条件 2。

通过在 MATLAB 中应用曲线拟合，各段柔性铰链厚度与所需伸展力的关系如下：

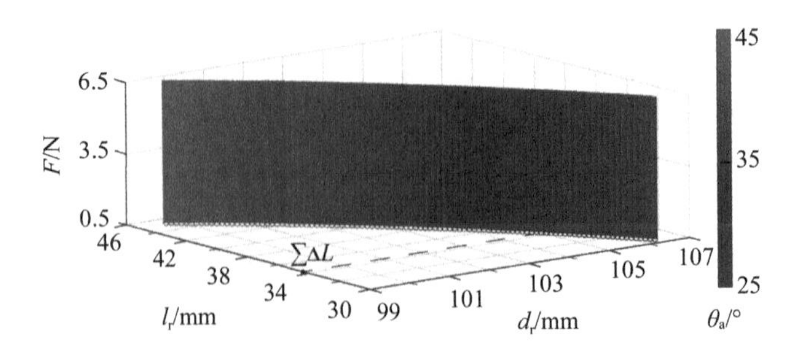

图 6-3-43　柔性铰链自由末端的位置变化

$$h_2 = 0.0003706F^5 - 0.007841F^4 + 0.0661F^3 - 0.293F^2 + 0.8935F + 0.7444 \tag{6-3-23}$$

$$h_1 = 0.0006093F^5 - 0.01289F^4 + 0.1086F^3 - 0.4815F^2 + 1.469F + 1.224 \tag{6-3-24}$$

$$h_1 = 1.644h_2 \tag{6-3-25}$$

由表达式(6-3-25)可知，变刚度柔性铰链中各梁型柔性铰链呈一定比例弯曲时，各柔性铰链的厚度（刚度）也呈线性关系。

（二）屈曲机构的人机耦合模型

根据总体设计方案，外骨骼手采用绳索作为主动屈曲机构，因此需要建立基于绳索的人机耦合模型。

为方便电机的选型、绞盘的设计以及简化控制等，需要了解绳索的伸缩量与手指各关节弯曲角度的关系。当手指在初始状态未弯曲时，绳索的长度最长，人手弯曲到最大角度时，此时绳索的长度最短，因此，两者的差值可用于推断驱动绳索的最大行程。

如图 6-3-44 所示，P_0、P_1、P_2 和 P_3 点分别位于手掌、近节指骨、中节指骨和远节指骨上，也是力的主要作用点；长度 m_0 和 n_0 分别是 P_0 到掌指关节的水平距离和垂直距离；长度 $n_i(i=1,2,3)$分别是 P_i 点到近节指骨、中节指骨和远节指骨水平面的距离；长度 $m_i(i=1,2,3)$分别是 P_i 点到掌指关节、近指关节和远指关节垂直于各指骨水平面的距离；以 P_i 为原点，并沿着手掌以及各指骨的水平面方向为 x 轴建立坐标系，各引导孔之间的距离 W_i 为相应绳索段的长度。其次，假设 P_i 点的位置在手指弯曲过程中始终保持不变。

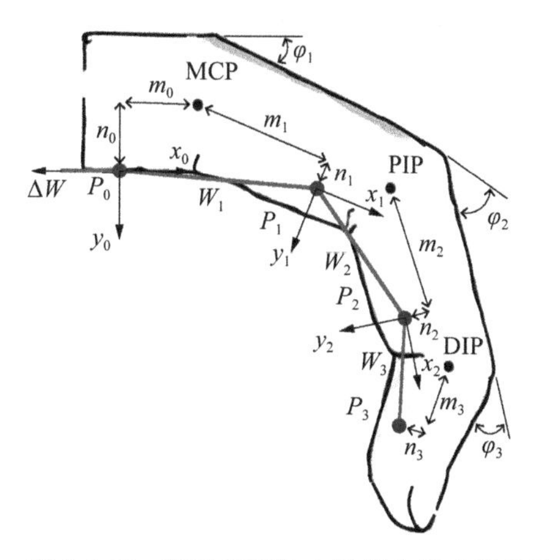

图 6-3-44　基于绳索的人机耦合运动学模型

在以 P_0 为原点的坐标系下，$P_1(x_1, y_1)$的坐标以及近指指骨处绳索段的长度 W_1 的表达式：

$$\begin{bmatrix} x_1 \\ y_1 \end{bmatrix} = \begin{bmatrix} \cos\varphi_1 & -\sin\varphi_1 \\ \sin\varphi_1 & \cos\varphi_1 \end{bmatrix} \begin{bmatrix} m_1 \\ n_1 \end{bmatrix} + \begin{bmatrix} m_0 \\ -n_0 \end{bmatrix} \tag{6-3-26}$$

$$W_1 = \| P_0 - P_1 \| = \sqrt{x_1^2 + y_1^2} \tag{6-3-27}$$

在以 $P_i(i=1,2)$ 为原点的坐标系下，$P_{i+1}(x_{i+1}, y_{i+1})$ 的坐标以及相应指骨处绳索段的长度 W_{i+1} 的表达式：

$$\begin{bmatrix} x_{i+1} \\ y_{i+1} \end{bmatrix} = \begin{bmatrix} \cos\varphi_{i+1} & -\sin\varphi_{i+1} \\ \sin\varphi_{i+1} & \cos\varphi_{i+1} \end{bmatrix} \begin{bmatrix} m_{i+1} \\ n_{i+1} \end{bmatrix} + \begin{bmatrix} L_i - m_i \\ -n_i \end{bmatrix} \tag{6-3-28}$$

$$W_{i+1} = \| P_i - P_{i+1} \| = \sqrt{x_{i+1}^2 + y_{i+1}^2} \tag{6-3-29}$$

手指在初始状态未弯曲时，各绳索段的初始长度 $W_{i,0}$ 的表达式：

$$W_{1,0} = \| P_{0,0} - P_{1,0} \| = \sqrt{(m_0 + m_1)^2 + (n_0 - n_1)^2} \tag{6-3-30}$$

$$W_{2,0} = \| P_{1,0} - P_{2,0} \| = \sqrt{(L_1 - m_1 + m_2)^2 + (n_1 - n_2)^2} \tag{6-3-31}$$

$$W_{3,0} = \| P_{2,0} - P_{3,0} \| = \sqrt{(L_2 - m_2 + m_3)^2 + (n_2 - n_3)^2} \tag{6-3-32}$$

绳索伸缩量 ΔW 可以由表达式(6-2-33)计算得到：

$$\Delta W = \eta_w \cdot \left| \sum_{j=1,2,3} W_{i,0} - \sum_{i=1,2,3} W_i \right| \tag{6-3-33}$$

其中，软手套受力后的变形增大了绳索实际所需的伸缩量，η_w 为误差系数，本研究取 $\eta_w=2.3$。根据式(6-3-26)～式(6-3-33)，在弯曲过程中，绳索伸缩量与关节的旋转角度以及引导孔位置有关，且当手指处于最大弯曲角度时可求 ΔW 的最大值。因此，绳索的排布以及手指弯曲角度对电机的选型等都至关重要。

基于绳索的排布方案，并考虑实际制作和使用过程中软手套需要满足不同人手尺寸的需求，将各引导孔的位置排布在较为合适的位置，其中 $n_0=\dfrac{t}{2}$，$m_0=20$ mm，$n_i=\dfrac{t}{4}$，$m_i=\dfrac{3}{4}L_i$。

由于外骨骼手同时需要提供日常生活辅助功能，外骨骼手只能辅助手指达到预期的位置，但无法进一步提供足够的抓握力，因此按同比例增大预期弯曲角度 $\varphi_1=40°$、$\varphi_2=80°$ 和 $\varphi_3=60°$ 进行计算(软手套的变形性能使得手指在达到最大弯曲角度时，绳索可继续被拉动以提供抓握力，但手指本身不再继续弯曲，因此此处增大的预期弯曲角度不影响柔性铰链的设计)，最后可计算获得 $\Delta W=57$ mm。

四、控制系统设计

（一）硬件系统设计

本研究搭建的硬件控制系统主要是利用运动信息实现手部功能的主/被动康复训练、患者康复运动过程的数据采集、直线电机的驱动和控制、实现良好的语音/触摸人机交互，与手机和电脑进行数据通信、按照康复计划进行康复运动、辅助患者抓取物体等功能。

通过对各功能实现所需资源进行评估，而 STM32 系列处理器采用了工业标准的嵌入式处理器，使用哈佛结构进行设计，具有独立的数据和地址总线，数据的读写更加稳定可靠，同时 ST 公司为开发者提供了一系列的固件库函数，且其具有良好的可视化开发环境，可大大提高开发效率，故本研究采用基于 Cortext-M4 内核的 STM32F407 单片机来搭建控制器系统，进而实现上述整体功能。整个硬件控制系统被安放在 3D 打印的控制盒内，采用一块 12 V 锂电池供电，在器件的选择、尺寸布局和程序运行模式等方面需考虑减小硬件尺寸和低功耗的要求。根据所要实现的功能要求，可将硬件系统分为电源模块、运动信息采集模块、人机交互模块、电机驱动模块、电机运动信息反馈模块、与客户端交互模块等主要部分，硬件系统组成框图如图 6-3-45 所示。

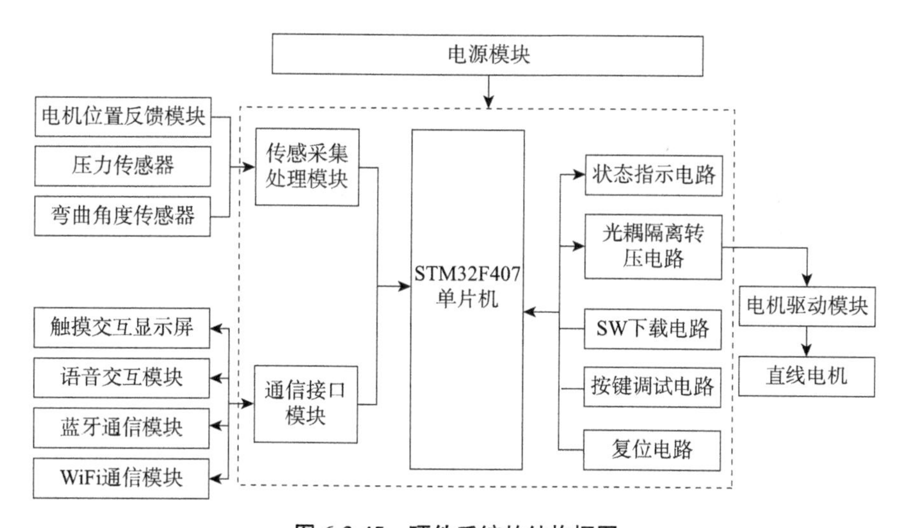

图 6-3-45　硬件系统的结构框图

该硬件系统是课题功能实现的基础，也是控制算法等软件运行的载体。本章将详细介绍柔性外骨骼康复手控制系统中各模块的硬件设计电路。

1. 核心芯片最小系统

本研究采用 STM32F407 VGT6 作为核心控制芯片来设计控制电路，STM32F407 是 ST 公司推出的一款基于 Cortex-M4 内核的高性能 32 位 MCU，主频 168MB，1MB Flash，处理速度快，支持 DSP 指令并具备处理浮点运算的能力，具有多个定时器，ADC，

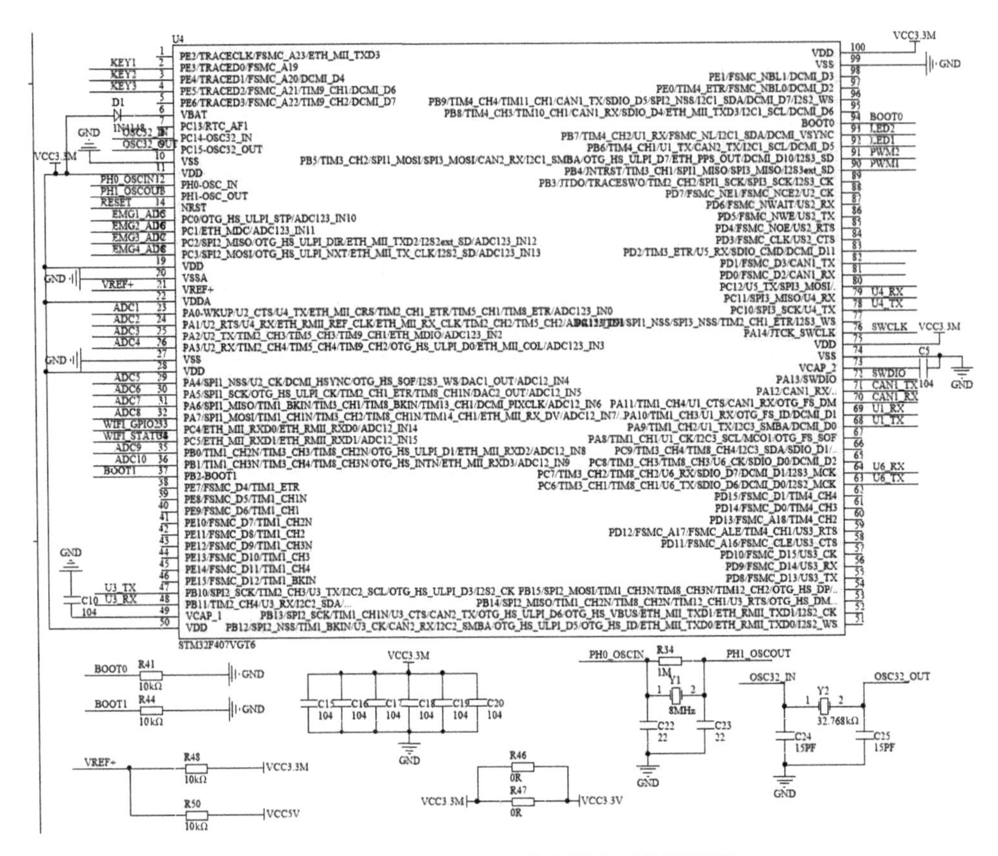

图 6-3-46　STM32F407 芯片最小系统原理图

DAC、SPI、IIC 和 UART 等丰富的外设组件，整个芯片高度集成在 10 mm×10 mm 封装内，其 32 位 RISC 处理器提供了更高的代码效率，常被用于医疗、工业与消费类应用等场景中，其丰富的硬件外设资源可满足控制功能的需求，因此选用该芯片作为本研究的控制芯片。利用该芯片进行设计控制最小系统电路，如图 6-3-46 所示，为保证 ADC 外设采集数据稳定，并设计 LC 滤波电路对 ADC 电源 VDDA 进行滤波以提高 ADC 采集结果的正确度。

2. 电源模块

本硬件系统为一个混合电压系统，其中单片机、弯曲角度传感器采集电路、压力传感器采集电路、LED、蜂鸣器、蓝牙模块等需要 3.3 V 电源，电机驱动电压为 6 V 电源，电机控制电路、触摸屏供电、语音模块供电等部分需要 5 V 电源，该硬件系统采用一块 12 V 的锂电池进行供电，因此需要进行设计降压电路包括 12 V 转 6 V、6 V 转 5 V、5 V 转 3.3 V 电路。在电路设计前期，通过对整个硬件系统所需要的功率进行估算以选择相应转压芯片，本研究采用 DC-DC 转压芯片 MP2303A、LDO 稳压芯片 AMS1117-5、LDO 稳压芯片 AMS1117-3.3 进行设计电路并依次获得 6 V、5 V 和 3.3 V 电压，分别如图 6-3-47、图 6-3-48、图 6-3-49 所示。

其中 MP2303A 是一款在输入电压 4.7～28 V 情况下输出 3 A 的连续负载电流，并

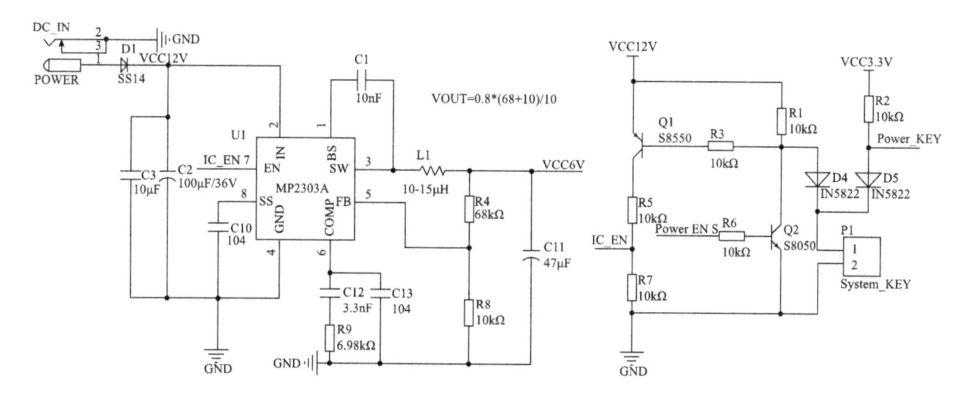

图 6-3-47　12 V 转 6 V 电路设计

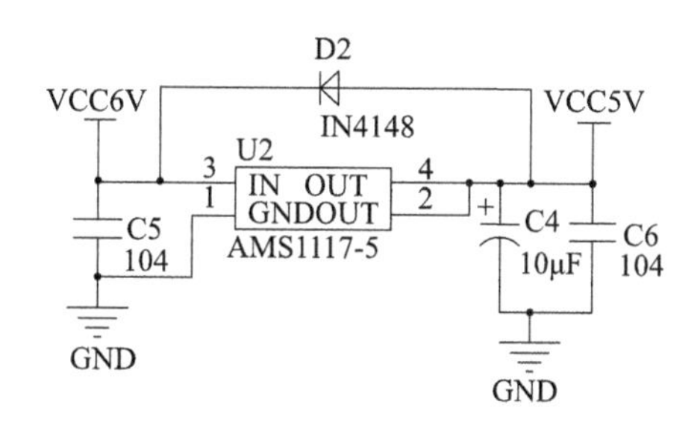

图 6-3-48　6 V 转 5 V 电路设计

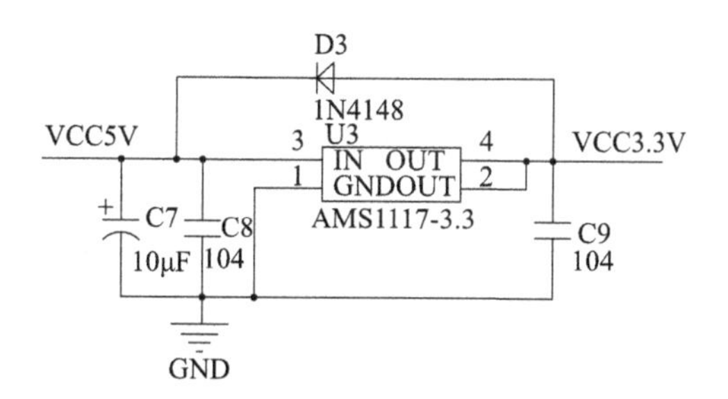

图 6-3-49　5 V 转 3.3 V 电路设计

可通过电阻调节输出电压为 0.8～25 V 的同步整流降压芯片，能源转换效率高达 95%，可满足本硬件系统的功率要求。同时该芯片支持电流过载保护以及可编程软启动，通过在软启动控制输入引脚 SS 和 GND 之间连接一个容值为 0.1 μF 的电容设置本芯片的软启动周期为 15 ms 来避免启动时刻电流浪涌的影响，保证芯片的安全。引脚 IC_EN 为数字使能输入引脚，控制调节器的开启和关闭，当该引脚的电平电压大于 2.7 V 时，则打开调节器从而芯片工作输出后续电路所需的电压 6 V，当该引脚小于 1.1 V 时关闭调节器，则无法获得芯片输出电压，通过该特性，本研究利用 PNP 和 NPN 晶体管作为开关设计了可程控的一键启动电路。当 P_1 位置的按键按下，则 PNP 晶体管 Q_1 开关功能使能，此时 IC_EN 引脚电压大于 2.7 V，该芯片转压工作经后续 LDO 转压电路，单片机获得 3.3 V 电压正常工作，Power_KEY 位置在按键按下后为低电平，单片机捕获到该电平信号后将引脚 Powe_EN_S 置高，NPN 晶体管 Q_2 的开关功能打开，即使 P_1 按键松开，整个硬件系统仍处于供电状态下，通过检测引脚 Power_KEY 高低来控制供电的启动和关闭。芯片的输出电压是通过设置一个在输出电压和反馈输入引脚 FB 之间的电阻分压器来获得，输出电压 V_{OUT} 与反馈电压 V_{FB} 存在以下关系，如式(6-3-34)所示，其中 $V_{FB}=0.8$ V。

$$V_{OUT}=V_{FB}\cdot\frac{R_4+R_8}{R_8} \tag{6-3-34}$$

为保证后续电路供电电压的稳定性，在功率开关输出引脚 SW 和负载之间设计 LC 滤波电路，保证输出电压具有更小的纹波电流和纹波电压。

其中稳压芯片采用的是 AMS1117-5 电源转换芯片，三端可调或固定电压 5 V 输出电流为 1 A，最大静态电流 10 mA，最小纹波抑制 60 dB，满足使用 5 V 电源电路所需功率要求。LDO 输出稳定时，只使用 0.1 μF 的输出电容。其中 D2 为二极管用来防止输入端短路或异常电压，防止稳压器件的损坏。

其中稳压芯片采用的是 AMS1117－3.3 电源转换芯片，三端可调或固定电压 3.3 V 输出电流为 1 A，最大静态电流 10 mA，最小纹波抑制 60 dB，满足 3.3 V 供电电路所需功率要求。LDO 输出稳定时，只使用 0.1 μF 的输出电容。其中 D3 为二极管用来防止输入端短路或异常电压时，防止稳压器件的损坏。

3. 传感器信号采集电路

(1) 弯曲传感器

在外骨骼手进行主动训练功能、实现不同程度的抓握动作以及同时获取柔性外骨骼手的运动状态等都需要获取外骨骼手的弯曲角度信息，故本研究利用 RFP 弯曲角度传感器来监测该角度信息，如图 6-3-50 所示，型号 FSL0095103ST，静态阻值为 10 kΩ。该传感器为电阻式传感器，测量原理为当被测物的弯曲度发生变化时，传感器的电阻也随之发生变化，且变化趋势为弯曲越大电阻越小。其常用于测量物体的弯曲度、手指弯曲和身体运动装置、医疗设备等方面，符合本研究的功能测量需求。本研究共使用 2 个弯曲传感器，分别安装在柔性外骨骼手的食指和中指上，安装位置贴合手指运动趋势，且对手指运动无影响。由于该传感器为阻值变化，而单片机处理的是电压信号，同时单片机采集的模拟电压范围为 0～3.3 V，故需要做信号变换，将阻值变化转换为 0～3.3 V 的电压变化，故利用 3.3 V 电源设计电阻分压电路，从而使输出信号控制在 0～3.3 V 范围内以供单片机 A/D 转换后处理，同时在信号进行 A/D 转换前，并利用电压跟随器电路进行阻抗变化来保证输出电压稳定，设计的电路如图 6-3-51 所示。

图 6-3-50　柔性弯曲角度传感器实物图

其中 P12 为弯曲传感器接入硬件系统的接口，两端分别对应 P12 的 1，2 引脚，利用 3.3 V 电压搭建阻值分压，并利用具有极低的输入偏置电流、低噪声的芯片 AD8607 搭建电压跟随电路，利用电压跟随器输入阻抗大、输出阻抗小的特点来消除阻值分压电路和 A/D 转换电路之间的影响，保证信号的稳定性。

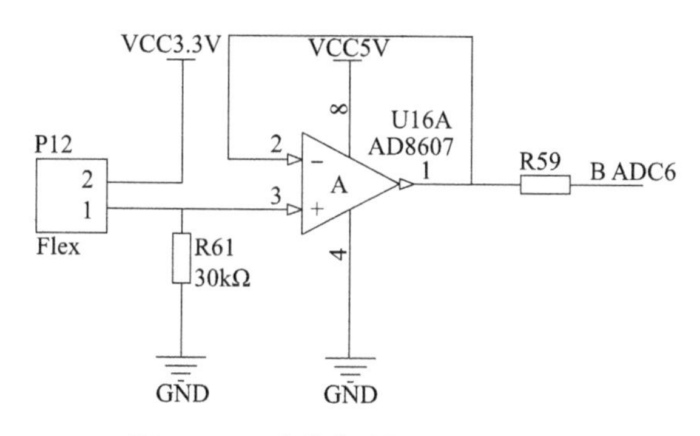

图 6-3-51　弯曲传感器采集电路设计

（2）薄膜压力传感器

在辅助患者进行抓握物体时，柔性外骨骼康复手装置与物体之间的接触力信息对于辅助抓取控制功能尤为重要，本研究采用 RFP 压阻式柔性薄膜压力传感器并安放在外骨骼手指端来获取该接触力信息，该传感器是通过将纳米力敏材料和银浆材料敷在柔性薄膜基材并经过精密印刷制作的，其实质为一个电阻，可对任何接触面的压力进行静态和动态测量。其测量原理为当传感感应区受到压力时，其电阻阻值随着压力的增大而减小，压力为零时，阻值最大。通过在不同位置放置不同密度的该传感器，可实现不同的空间分辨率，以满足不同的测量要求。与传统的测力方式相比，具有良好的测试稳定性、感应区域大、高灵敏、柔软、精确、性价比高、量程可选等优点，符合测量接触力的要求。根据制定测控制策略，本研究选用型号为 RX-D4046，量程分别为 5 kg 和 500 g 的压力传感器组合来测量，如图 6-3-52 所示，尺寸为外径尺寸 46 mm、感应区域为 40 mm，且厚度仅为 0.1～0.2 mm，可更好地测量接触面之间的压力，静态阻值一般在 1 MΩ 以上，其阻值和压力呈现幂函数关系，且电阻的倒数与压力呈现近似线性关系。

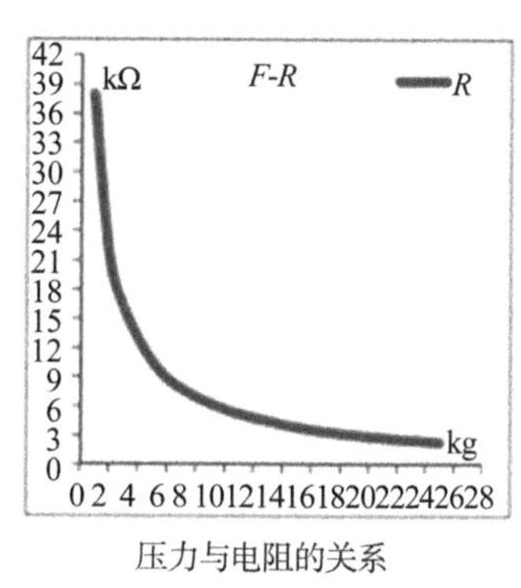

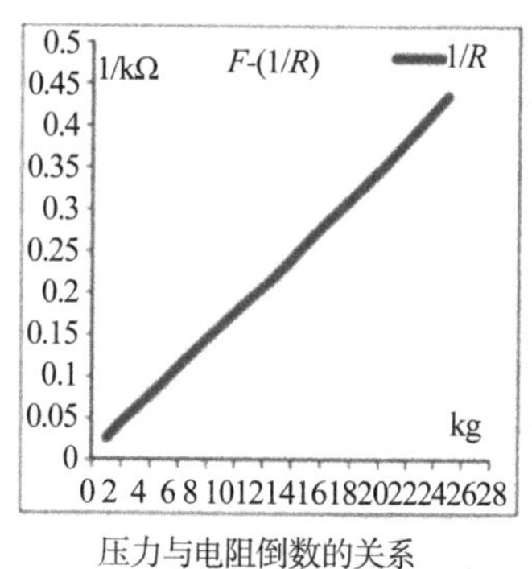

图 6-3-52　RFP 薄膜压力传感器

与弯曲传感器相似，该传感器随着压力变化表现为阻值变化，变化无法直接被控制器采集处理，同样进行设计信号变换电路将阻值变化转变成电压变化且输出电压范围为0～3.3 V，利用电压跟随器电路进行阻抗变化来保证输出电压稳定，设计的指尖接触压力采集电路如图6-3-53所示。其中P15为压力传感器引入硬件系统的接插件接口，两端直接对应P15的1，2引脚，同时R21位置的电阻值根据压力传感器的量程的大小而设定不同的阻值。针对5 kg量程的压力传感器设定的阻值为30 kΩ，其中500 g量程的压力传感器设定的阻值为10 kΩ，并采用低噪声、低功耗的双运放芯片AD8607来搭建电压跟随器电路，该芯片具有单位增益稳定、低失调、低温漂等优点，并且其极低的输入偏置电流的特点，更加保证了输出信号稳定。

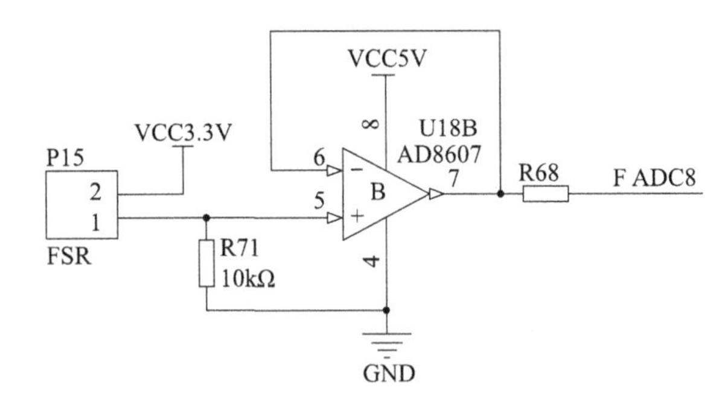

图6-3-53 压力传感器采集电路

3. 人机交互电路设计

(1) 触摸屏

本研究研制的柔性外骨骼手装置属于康复训练器，需要人为地操控控制器来转换设备的运行状态，从而保证患者在使用过程中的安全。因此，需要设计良好的人机交互方式来实现控制，除传统简单的硬件按键启动控制方式外，本研究采用良好的电容式触摸屏的方式来实现人机交互，采用5 V供电，与主芯片通过UART进行通信，触摸屏将相应的控制命令发送给单片机，单片机可将控制状态及相关的数据反馈到屏上进行显示，使用方便。故本研究设计触摸屏的通信接口电路，如图6-3-54所示。

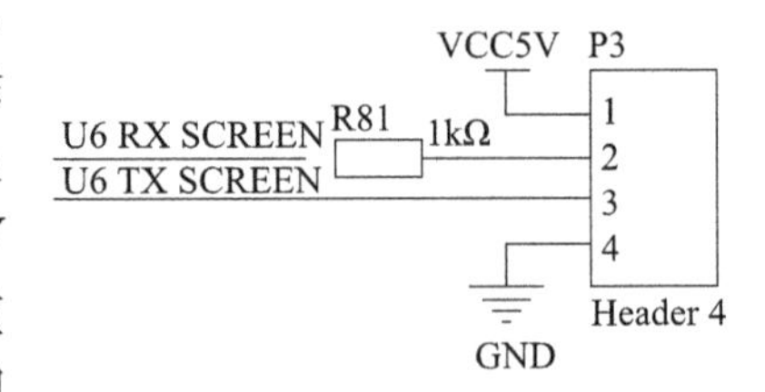

图6-3-54 触摸屏通信接口电路

(2) 语音模块

本书研究的柔性外骨骼康复手，其控制者可为康复医师或者患者本身，除触摸按键发送指令的方式外，增加了其他的控制方式，如语音识别、语音播报等，有利于扩展外骨骼手的使用场景以及方便患者和康复医师的使用。本研究采用百灵智能的SYN7318语音交互模块，来实现外骨骼手与患者及医师良好的语音人机交互功能，包括语音识别和语音播报功能，如图6-3-55所示。该模块采用集成语音识别、语音合成和语音唤醒等功能中文语音芯片SYN7318搭建，采用UART的通信方式与控制器进行数据通信，包括语音合成时的文本数据以及语音识别的结果等。其支持的语音识别词条数可达到10 000条并可进行词条的分类反馈，无需固定语音文本命令，极大地丰富了人机交互的内容。采用TTS语音合成技术实现中英文语音播报，并支持10级音量、语速、音调的调节，使语音播报更加的清晰、自然。支持自定义的唤醒功能，使人机交互更加简单有趣。该模块具有自定义的数据通信格式，主芯片按照规定的数据通信格式进行通信，即可实现对应的语音交互功能，使用方便、有效。本研究选用串口4来进行数据通信以实现语音交互，设计接口电路如图6-3-56所示。

图6-3-55 SYN7318语音交互模块

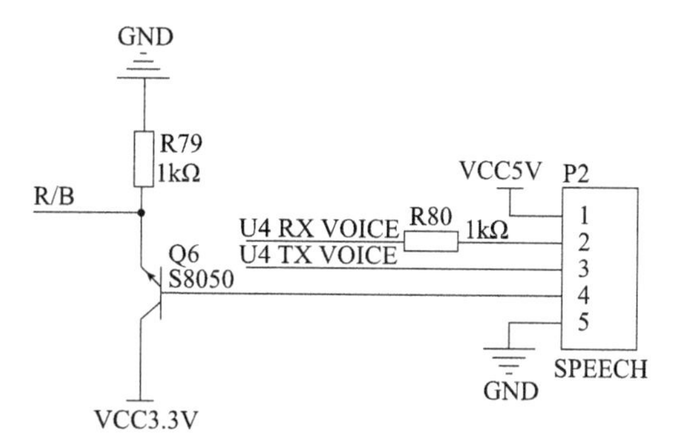

图6-3-56 语音交互通信电路

其中单片机可通过检测R/B引脚的高低状态来判断语音模块是否为空闲状态。同时该语音模块典型供电电压为5 V，为防止语音模块的5 V电平对主芯片造成影响，故放置电阻R80对5 V电压进行限流从而保证单片机芯片的安全以及利用NPN的三极管做5 V和3.3 V的电平转换。

4. 蓝牙通信电路

本研究采用机贴式、主从机一体的HC-06蓝牙模块实现底层控制器与手机客户端的无线数据通信，如图6-3-57所示，该模块可直接采用3.3 V供电，工作频段为2.4 G，且内置PCB天线，其通信电平3.3 V，采用蓝牙2.0协议，通用性高，支持双向通信，可以实现全双工的数据发送和接收，蓝牙模块与控制器之间进行串口通信，使用方便，可用于许多工业应用。其尺寸仅为27 mm * 13 mm，方便该模块嵌入硬件系统中，且采用机贴式可保证连接信号的稳定性，同时其无线传输距离可达到10 m，满足本研究的应用要求。针对该模块的应用电路设计如图6-3-58所示。

图6-3-57 HC-06蓝牙模块实物图

当蓝牙未连接成功时，DS3位置上的LED灯每秒亮5次，当设备连接成功时，每2 s亮1次，并将相关引脚与单片机的引脚相连，以方便软件实现复位、修改蓝牙参数以及监测蓝牙状态信息等功能。

5. WiFi通信电路

基于本研究的研究目的，采用ESP8266 WiFi模块作为本设备与远程物联网通信基础模块为设计的柔性外骨骼康复手提供远程通信的功能，如图6-3-59所示。

该模块高度集成了天线开关、功率放大器、电源管理等模块电路，并内置32位MCU

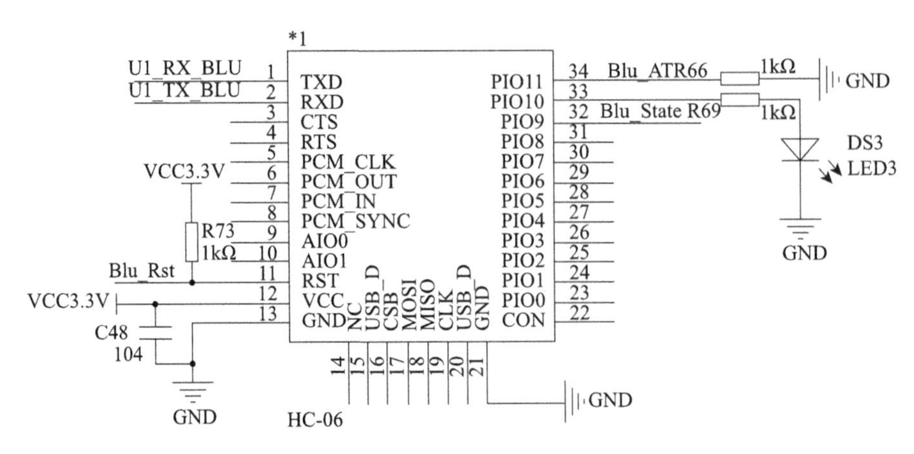

图 6-3-58　蓝牙模块通信电路设计

可处理大量高速数据通信，其工作温度范围为－40℃到＋125℃，供电电压为 3.3～5 V，可根据实际用途提供了 AP 模式、STA 模式以及混合模式三种工作模式，其中 AP 模式下，该模块作为无线热点可实现手机等终端设备的直接连接，可用于构建无线局域网；STA 模式下该模块作为终端设备连接路由、热点以进行广域网通信；混合模式即 AP 模式和 STA 模式共存情形，用于实现局域网和广域网的无缝切换，三种工作模式可通过 AT 指令进行切换，同时并提供激活模式、睡眠模式和深度睡眠模式满足低功耗应用场景，常被用于可穿戴产品、移动设备以及物联网等场景中。该模块与外部 MCU 采用串口通信方式，使用方便。针对该模块的应用电路设计接口电路如图 6-3-60 所示。

图 6-3-59　ESP8266 WiFi 模块

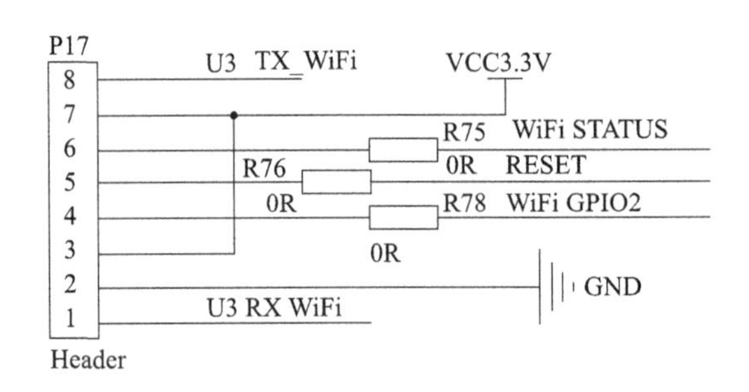

图 6-3-60　WiFi 模块接口电路

6. 电机驱动电路

本研究的执行机构为两个直线电机，通过电机驱动外骨骼手指运动带动患者手指运动从而实现外骨骼手的握拳和展掌的功能。该电机实质为数字式舵机特性，采用 6 V 供电，控制信号为 0～5 V 的 PWM 信号，故根据该执行机构的控制特性设计控制电路如图 6-3-61 所示。

其中采用光耦隔离芯片 HCPL0661 进行信号转压功能，可将主芯片产生的 0～3.3 V 的 PWM 变换到 0～5 V 的 PWM 信号，从而控制直线电机在满量程范围内运行。同时在康复过程中电机的运行位置信息一方面可以监测外骨骼手的运动信息，另一方面

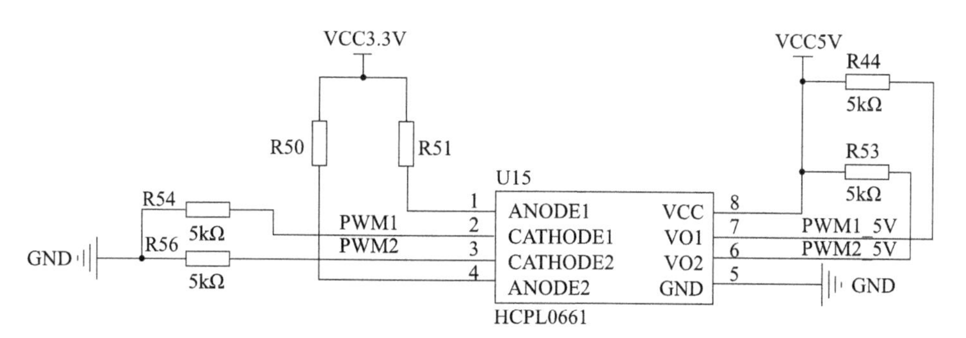

图 6-3-61　电机控制信号电路设计

可利用该信息实现患者不同程度的抓握动作，故需要将电机的位置信息输入到单片机中来获取位置信息，本研究所使用的电机含有位置反馈线，其输出电平范围为 0～3.3 V，可直接被单片机 AD 采集处理，故本研究只设计接口电路，如图 6-3-62 所示。

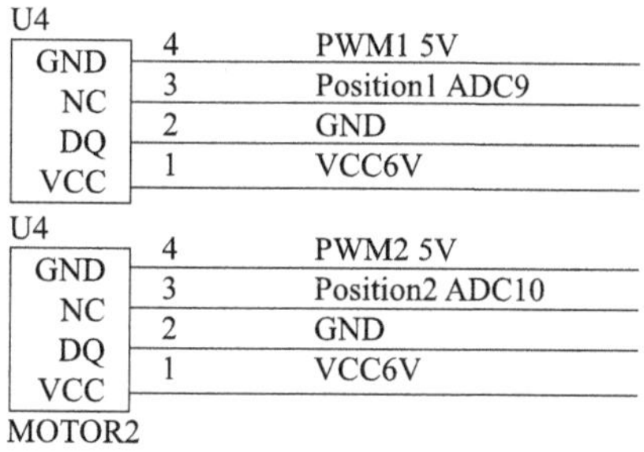

U4
GND
NC
DQ
VCC
4　PWM1 5V
3　Position1 ADC9
2　GND
1　VCC6V
U4
GND
NC
DQ
VCC
4　PWM2 5V
3　Position2 ADC10
2　GND
1　VCC6V
MOTOR2

图 6-3-62　电机位置信息反馈接口电路

7. 状态提示电路设计

（1）电量检测电路设计

当锂电池的输出电压低于一定的电压时，电压转换芯片工作会出现异常，从而影响硬件系统各供电电压，进而影响设备的正常运行状态，为防止设备在运行时，电量降低造成设备运行不正常而对患者造成二次损伤，故需要在控制系统运行时，以一定的周期去检测电量，以及时告知使用者充电。为减少功耗，电量监测电路与系统的 12 V 转 6 V 的电路配合设计，电路如图 6-3-63 所示。

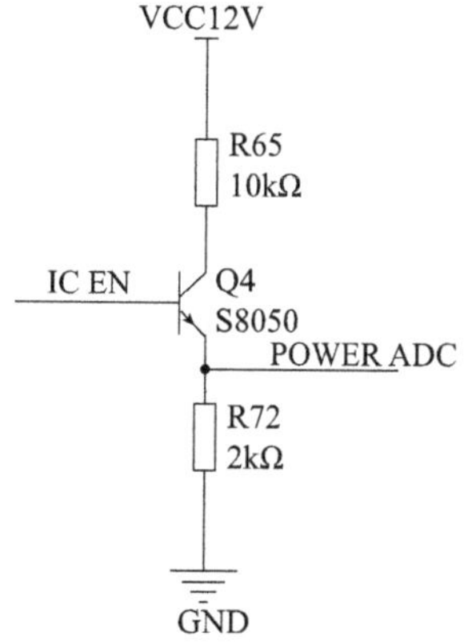

图 6-3-63　系统电量检测电路设计

IC_EN 为整体系统供电转压芯片 MP2303A 的使能输入引脚，只有当一键启动电路将 IC_EN 拉高时即整个系统供电时，才可以进行电量采集，从而避免在关闭状态下，由于电阻直接分压造成能量消耗，同时将电源 12 V 按照 5∶2的比例进行分压，保证 AD 采集的电压范围小于 3.3 V，保证芯片的 AD 模块的安全。

(2) 蜂鸣器提醒电路设计

当锂电池电量低于系统正常运行电压时,当系统运行出现异常情况或系统检测到传感器数据异常时,需要发出提醒信息,以防止产生二次伤害。本研究利用蜂鸣器来实现该功能。本研究采用有源蜂鸣器来实现提醒功能,相比于无源蜂鸣器,有源蜂鸣器器件内部含有震荡源和驱动电路,只需要直接供电就可以发出声音,使用方便,而无源蜂鸣器则需要额外相应频率范围的控制信号进行交流驱动控制。本研究采用一个 NPN 的晶体三极管来驱动有源蜂鸣器,电路设计如图 6-3-64 所示,单片机通过控制引脚 BEEP_EN 来实现蜂鸣器的鸣响,高电平鸣响,低电平关闭。

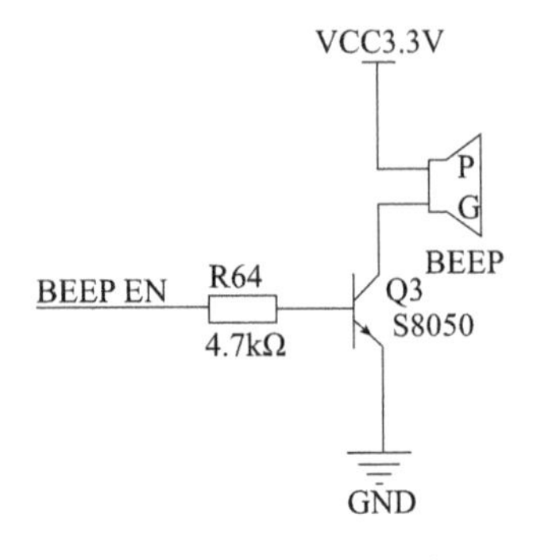

图 6-3-64　蜂鸣器提醒电路

其中将蜂鸣器放置在三极管集电极来设计电路,可避免接在发射极时基极电流太小,导致三极管无法工作在饱和状态,蜂鸣器无法被驱动的问题。

(3) 状态指示电路设计

设备的正常运行是功能实现的基础,直观地显示柔性外骨骼手设备的运行状态可更加保证患者有效安全地进行康复训练以及生活辅助功能。故本研究通过红、绿、蓝三种颜色的 LED 灯来指示设备不同功能部分的运行状态,电路设计如图 6-3-65 所示。

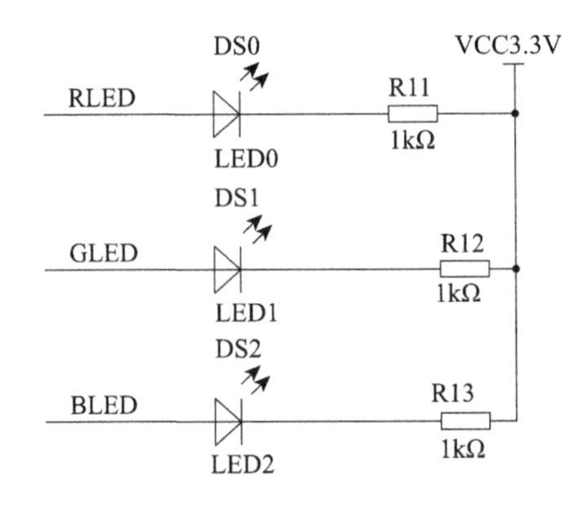

图 6-3-65　系统状态指示电路设计

其中红色 LED 灯用于指示系统出现异常情况,并根据每秒钟闪烁的次数来判断具体的异常情况,绿色 LED 灯用于显示系统运行正常状态,蓝色 LED 灯用于显示数据通信状态。

(二) 系统控制方案设计

1. 基于有限状态机的控制方案设计

(1) 有限状态机

肌电信号和脑电信号作为一种电生理信号,他们可以较真实地代表使用者的意图,但是这些信号都很微弱且带着噪声,对采集环境也有较高的需求。相较于电生理信号的处理难度，力信号和角度信号更容易采集，但是他们本身不直接体现使用者的运动意图，需要人为赋予信号对应的意义。人手在抓握过程中涉及抓握角度和接触力的变化，对于处理多种类的问题而言，有限状态机是一种很好的方案。有限状态机是由有限多个状态组成，每个状态可以根据输入激活条件不同而迁移到零个或者多个状态。这样的机制使得有限状态机可以利用力信号和角度信号完成对一整个抓握行为的描述。

对于一个有限状态机来说拥有三个基本的结构：(1) 用于描述整个系统的有限多个状态的状态集；(2) 用于触发状态之间转换或者位置的输入条件集；(3) 根据需求而设定的状态转换规则。

(2) 抓握过程状态划分

有限状态机的设计决定了整个系统的复杂性。基于手运动的这些特征和控制要求，在图 6-3-66 的框图中描述了以下状态类。首先，屈曲和伸展运动的组合为一个完整的运动周期。伸展运动用于手的张开，屈曲运动用于手的闭合。在手部伸展的过程中，研究者只需要知道它何时开始和结束，力的反馈并不会影响这个动作的执行，即使我们知道打开手指握力是会衰减到零的。外骨骼手的最大张开姿态，即角度传感器测得当前手指角度或者电机反馈显示电机运动到极限位置，这个时刻是区分手指完全张开状态(S1)和打开过程状态(S2)的时刻。在屈曲过程中，是否抓住物体往往会在控制逻辑上产生巨大的差异。当手指在整个抓握过程中没有抓握到物体的时候，此时这个抓握过程不会参与到对物体的抓握中，这更可能是一个主动康复训练的过程，因此在空物抓握的过程中，手弯曲到最大位置而没有抓住物体的瞬间是用来区分手指完全握紧(S4)和手指在握紧过程(S3)的区别点。第三个临界点是手对物体抓紧的过程，表示正在增加合适的握力，当外骨骼手指对物体上施加足够大的压力的瞬间，此时刻点用来区分接触握紧状态(S6)和接触完全握紧状态(S7)。在抓取过程中，手指接触物体的时刻是关于物体形状的重要反馈，我们将此时的状态设置为临界状态(S5)。这种状态也是一个临界点，它特别区分了无实物接触的抓握状态 (S3)和有实物接触的抓握状态(S6)。根据临界点对这七种状态进行分类，形成有限状态集。此外，设计了三个指标(Flx、Ext、Pressure)来描述这些状态姿态和受力情况，并用四个表示程度的词(Null、Low、High、Full)来描述指标。S1 在这三个指数中得到了 Full、Null、Null，但并没有在 Pressure 指数上标出它的情况，因为 S1 状态是不涉及接触对象的过程，类似地，其他状态的相应结果也在图 6-3-66 中描述。如前所述，对于有限状态机的控制策略，除了设计一组清晰的状态之外，输入集和转换规则的设置同样重要。

(3) 触发条件的输入集设计

在控制系统中，反馈是重要的参考量，往往决定着系统下一步运行状态。而对于一个完整的抓握过程来说，如果不能根据视觉或者触觉反馈来调整手势动作和力度，则会面临失败的可能。对于上节划分的手指状态来说，七个离散的状态如何组合成完整的手势动作离不开反馈信息的控制。

力信号和角度信号的采集在现阶段都相对成熟，而且抓握过程中手指的角度和力也会产生变化，因此用角度信号和力信号作为反馈信息可以方便研究者更好地了解手部外骨骼的动态行为。图 6-3-67 展示了触发信号对于有限状态的状态变换作用的机理。

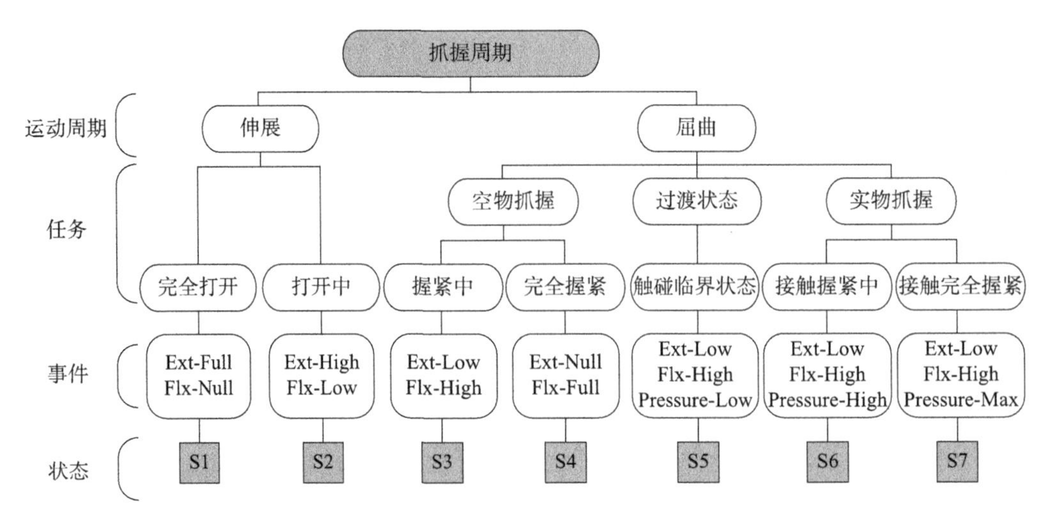

图 6-3-66　抓握过程状态分类

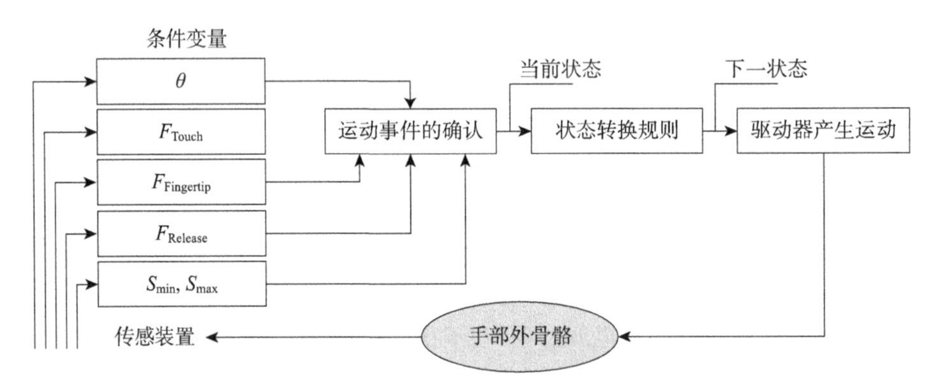

图 6-3-67　条件触发有限状态运行机制

条件变量主要包括 θ 手指角度值，由安装在手指背部的弯曲传感器测量得到；F_{touch} 为外骨骼手指与物体的接触力，由绳索张力经换算得到；$F_{Fingertip}$ 和 $F_{Release}$ 则为外骨骼手指与穿戴者手指之间的接触力及其变化量，由位于穿戴者指尖与外骨骼指尖的小量程薄膜压力传感器测量得到；S_{min} 和 S_{max} 为电机的行程极值反馈值，由电机的行程反馈电压信息采集获得，用以反馈临界状态。针对这些条件，依次设置对应阈值量作为条件是否达到的评判指标，$\Delta\theta$ 为角度变化量，$\Delta\theta'$ 为角度变化量的阈值；$F'_{Release}$ 为手指与外骨骼作用力之间的变化量；F'_{touch} 为外骨骼与物体之间接触力的阈值。

阈值条件的设计一定是根据使用者的实际运动能力而设计的，以避免使用者不能达到相应的触发条件影响操作的效果。很多手功能障碍的患者都伴随着一定程度的痉挛，而角度变化量阈值 $\Delta\theta'$ 的设定过程是：让使用者在放松状态下，穿戴外骨骼 30 s 以检测其外骨骼手指的角度波动量，并以最大的量的绝对值加上能力修正量 $\Delta\theta'_1$ 来更新为最新的角度变化量阈值 $\Delta\theta'$。而力的阈值 F'_{touch} 的设计同理，以正常状态下的极值加上一定的能力修正量成为最新的阈值以满足不同使用者的不同需求。

基于以上的设定，这触发条件集合的设定为：

C1：$S=S_{min}$

C2：$S=S_{max}$

C3：$S_{min}<S<S_{max}$

C4：$\Delta\theta<\Delta\theta'$

C5：$F_{Touch}\geqslant F'_{Touch}$

C6：$\Delta F_{Fingertip}\geqslant\Delta F'_{Squeeze}$

C7：$\Delta F_{Fingertip}\geqslant\Delta F'_{Release}$

C8：$F_{Fingertip}>0\ \&\ \Delta F_{Fingertip}<\Delta F'_{Squeeze}$

C9：$F_{Fingertip}=0$

C10：$\Delta\theta=0$

其中，

S，电机的当前行程；

S_{max}，电机最大行程；

S_{min}，电机最小行程；

$\Delta\theta$，弯曲传感器检测角度变换量；

$\Delta\theta'$，弯曲传感器检测角度变换量的阈值；

F_{Touch}，外骨骼与接触物之间的接触力；

F'_{Touch}，外骨骼与接触物之间的接触力阈值；

$\Delta F_{Fingertip}$，手指与外骨骼之间的接触力变化量；

$\Delta F'_{Squeeze}$，设置的抓握指尖力变化量阈值；

$\Delta F'_{Release}$，设置的伸展状态指尖力变化量阈值；

$F_{Fingertip}$，外骨骼与手指指尖之间传感器力值。

(4) 有限状态机转换规则的设定

状态转移有向图如图 6-3-68 所示，在手部动作逻辑中，$C1$ 和 $C4$ 的条件与没有反馈的抓握过程有关。因此，在这些条件下，$S5$ 和 $S6$ 的状态不会切换和迁移。条件 $C6$、$C7$ 和 $C8$ 与力反馈的抓取过程有关，因此 $S3$ 和 $S4$ 这两个不涉及对物体的抓握的状态在这些条件下不会切换和迁移。$C1$ 是返回 $S1$ 状态的常见条件。$C2$ 是在最大行程状态下触发电机的常见条件。在控制策略中，痉挛检测功能也被认为是保护用户安全的必要手段，因此发生类似于痉挛条件时，及时将设备停止是体现控制策略安全性的一种表现。因此定义条件 $C10$，以检测手在运动过程中的状态以此推断是否发生痉挛现象。在 $S2$ 和 $S3$，电机将在 $C10$ 条件下停止。$S5$ 中电机处于静止状态，$S5$ 状态是外骨骼从无反馈抓取到有反馈抓取的过渡阶段，位于状态 $S3$ 和 $S6$ 之间。因此，当 $C6$ 条件出现时，$S5$ 将转换为 $S6$，系统将进入反馈抓握阶段。$C8$ 和 $C6$ 条件是保持 $S6$ 状态的基础，因为一旦 $C9$ 条件出现，状态将变为 $S7$。

另外，状态迁移过程中需要注意的一些问题是：

(1) 在 $S6$ 状态下，如果出现条件 $C2$，这意味着在电机到达最远行程后还没有达到预期的抓握力，则系统就会停在此状态；

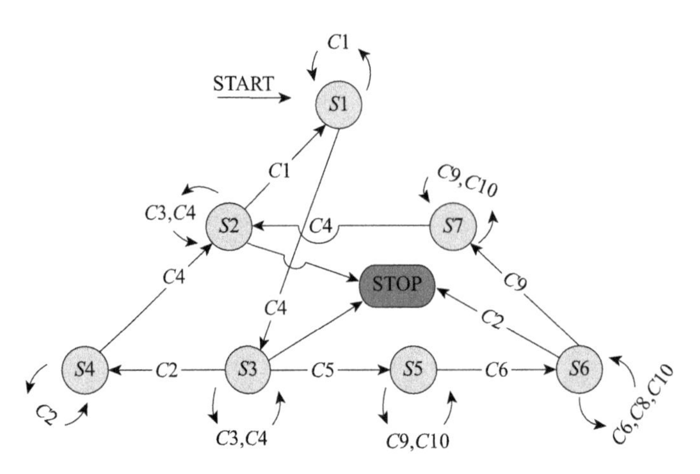

图 6-3-68　有限状态机状态转换规则

(2) $S2$ 和 $S3$ 是连续执行的过程，如果出现 $C10$ 情况，说明已经发生痉挛，处于痉挛保护的效果应立即停止动作；

(3) 在某种状态下，缺少对有些条件触发下的转换规则，也就是说，它们不会被转移到其他状态，因此程序不会检测这些条件，例如，$C2$ 条件不会影响到状态 $S1$ 的变化，因此，程序不会在 $S1$ 状态下检测 $C2$ 条件是否发生；

(4) 在某些状态下，如果发生不同的条件事件，这将导致状态转换到不同的新状态，有必要同时监控这两种条件，例如，在 $S3$ 状态中，$C2$ 条件的出现将使状态转换到 $S4$，$C5$ 条件的出现将使状态转换到 $S5$，因此当前状态在 $S3$ 时，$C2$ 和 $C5$ 条件将被同时监控。

2. 力控制方案

受限于手部空间的限制，手指指尖安装高精度力传感器会造成手指机构的冗杂甚至会对手指运动产生干涉，薄膜压力传感器使用场景限制较大且准确性需要人为标定，因此选用一种新型力反馈控制机制格外重要。利用绳索张力换算指尖作用力是一种较好的思路和方案，本章将结合线驱动的绳索张力与指尖输出力对应关系进行研究。

柔性外骨骼系统的动力机构为电机牵引套索运动机构，相对于其他柔性驱动机构结构更加简单，便于实现动力远置，能避免在狭小的手部空间里堆积冗杂机构的问题。但是，不可否认的是套索传动系统本身存在着摩擦力等非线性问题，使得研究人员在对套索传动系统进行精确的力控制和位置控制上存在着不小的挑战。不同于大型套索传动设备，手部外骨骼是一种体积小、结构紧凑的康复设备，难以实现在指尖安装合适精度的力传感器。本章主要在套索拉力传递系统的输入和输出端进行拉力传递特性分析及建模，并针对此模型设计了拉力补偿控制策略。搭建了基于双拉力多姿态的套管传输实验平台，验证了拉力补偿控制策略的可行性。此后对手部外骨骼可穿戴部分力传递特性的动态过程进行了基于神经网络的建模，通过部分输入输出来训练能代表整个完整动态过程的模型。

(1) 线驱拉力传递特性分析及建模

套索机构能够提供远程动力输出，实现驱动器和执行器分离。套索传动分为单套索传动系统和双套索传动机构，本书研究的柔性手部外骨骼平台采用单向绳驱，是单套索传动机构，因此在设计的过程中不需考虑双套索存在的滑动摩擦。对于柔性外骨骼手，利用套索机构将驱动器与手部外骨骼部分连接，通过驱动电机的运动拉动套索运动进而带动手指屈曲运动，其力传递过程如图 6-3-69 所示。

对于整个系统而言，力的传递路径是沿着电机，途径套索机构，最后作用在手部的。绳索是贯穿了整个系统并全程承担了力的传递，而套管一端固定在控制盒上，另一端固定在手部外骨骼的矫形器上。电机与套索部分是刚性连接，因此输出力将从电机直接传输到绳索上，此过程并无力的损耗现象发生，因此电机的输出力被完整地传递到了绳索的输入端如图 6-3-69(A)所示。

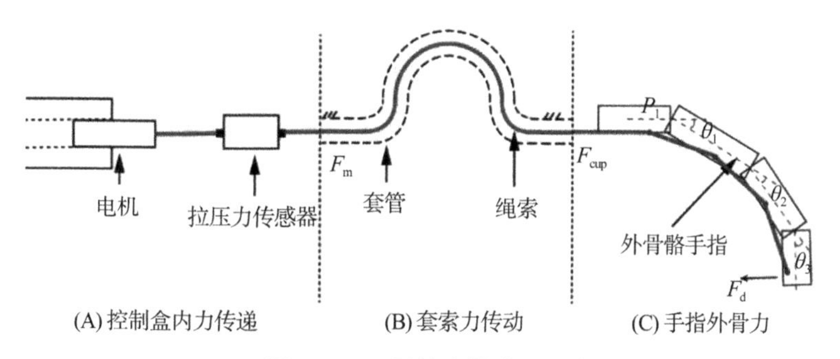

(A) 控制盒内力传递　(B) 套索力传动　(C) 手指外骨力

图 6-3-69　柔性外骨骼手力传递

而矫形器到指尖的绳索走过线孔，接触少、摩擦小也可认为刚性传递，无摩擦损耗线性发生，因此力损失主要发生在套索传动过程中。

为了测量套索传动系统在静态过程中输入端和输出端拉力关系即拉力传递特性，在输入端连接输入电机，其将其运动速度设置为 5 mm/s。实验装置如图 6-3-70 所示。在绳索输入侧和输出侧分别安装两个拉压力传感器用于测量两端的输入力与输出力。在套索传动中，套索的预紧格外重要，在柔性手部外骨骼中柔性铰链的形变储能特性使得套索的张紧更加简单，而对于实验装置而言，为了保证较好的绳索张紧，在输出侧串联一个弹性弹簧，如图 6-3-70(B)所示，一方面保持绳索的张紧，避免运动死区，另一方面尽

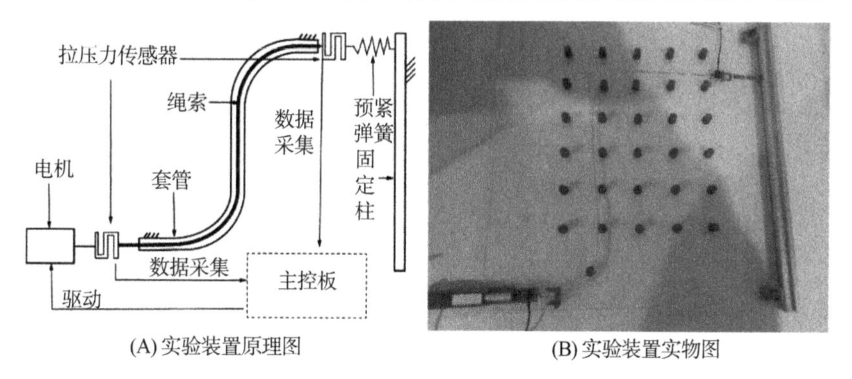

(A) 实验装置原理图　(B) 实验装置实物图

图 6-3-70　实验装置

可能模仿还原柔性外骨骼手机构，用弹簧替代柔性铰链进行形变储能。多个定位柱用于立于操作平台上，使得套索在传动过程中可以弯曲任意总角度。

拉压力传感器选用的是 JLBS-MD-5KG 型号的拉压力传感器，为了获得其输出，本书为其设计了放大电路用以放大其受拉/压力状态下的输出电压值，然而要想通过主控制测量到的电压反馈信号得到拉力值大小还必须要对传感器进行标定，得到拉/压力与 ADC 测量值之间的关系，因此对需要传感器进行标定，其标定过程如图 6-3-71 所示。将拉压力传感器一端固定在刚性柱上避免位移，另一端固定在拉力计上。根据拉力计自身高度调整固定柱上固定点的高度以保持整个绳索处于水平状态，拉力计受力与拉压力传感器形变方向一致。

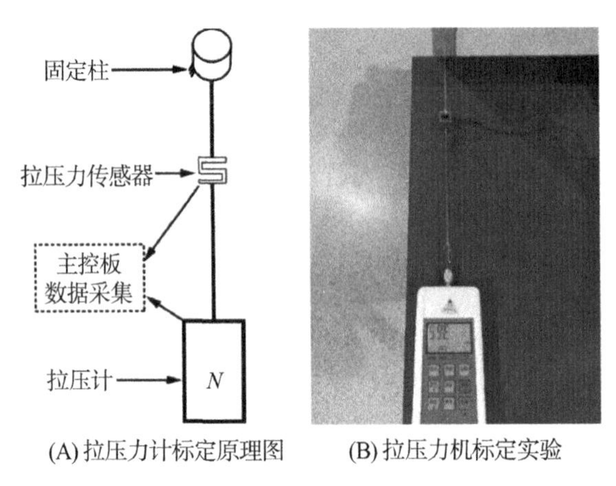

(A) 拉压力计标定原理图　　(B) 拉压力机标定实验

图 6-3-71　拉压力计标定

其实验结果记录如图 6-3-72 所示，从图 6-3-72 中不难看出拉力计与主控板采集模拟量值在趋势上几乎保持了一致，也间接验证了传感器的功能。利用 Polynomial 对两者的关系进行拟合：$y=p_1x+p_2$，其中 p_1 为 0.008 97，p_2 为 −0.146 9，拟合函数的均方根误差(RMSE) 为 0.330 3，残差(R-square)为 0.994 5。

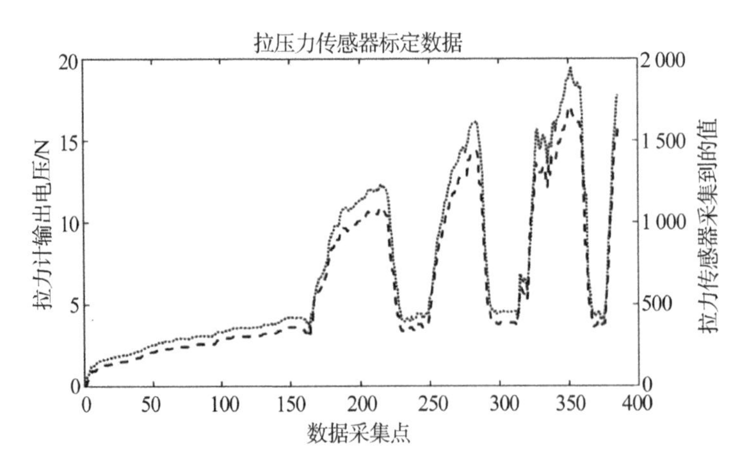

图 6-3-72　拉压力传感器标定

将标定好的关系式写入主控板控制程序中，以便直接将拉压力传感器输出的拉力值打印输出到电脑上位机。在电机的缓慢运动下，同时将输入侧与输出侧拉/压力传感器输出值记录，其结果如图 6-3-73 所示。

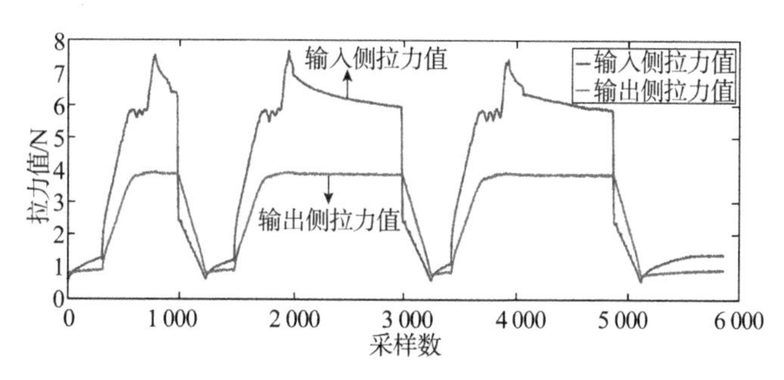

图 6-3-73　套索传动输入端与输出端张力关系

(2) 线驱动输入端与输出端张力关系

在辅助助力模式下，套索的使用简化了机构的设计并降低了手部外骨骼的重量和体积，但是套索的顺应性和绳索与套管之间的摩擦给系统控制带来了许多非线性的问题，因此为了实现精确的力控制效果，必须分析套索传动的力传递模型和进行对应的摩擦力补偿。而在分析单套索传动模型还需要做以下的假设：

a. 电缆中的惯性效应可以忽略；

b. 电缆被限制沿导管移动(无横向运动)；

c. 电缆和导管之间的相互作用是通过法向力和摩擦(Coulomp 摩擦)实现的；

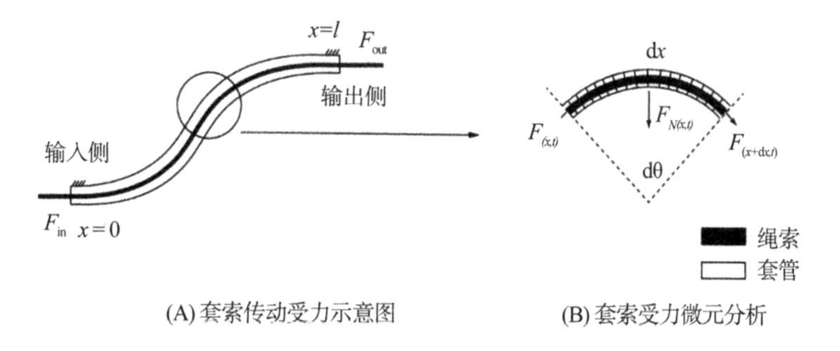

图 6-3-74　套索传动受力分析

d. 绳索是具有弹性的且形变满足标准胡克定律。

如图 6-3-74(B)所示，利用微元分析的方法，分析距离套索输入侧$[x, x+\mathrm{d}x]$处套索受力情况，当绳索与套管处于相对运动的状态下，根据力平衡进行分析可得：

$$\begin{cases} f(x,t)=\mu F_N(x,t) \\ F_N(x,t)=\kappa F(x,t)\mathrm{d}x \\ \lambda(t)=\mathrm{sign}[\dot{v}(x,t)] \\ F(x+\mathrm{d}x,t)=F(x,t)+\lambda(t)f(x,t) \end{cases} \tag{6-3-35}$$

式(6-3-35)中，$f_{(x,t)}$为绳索在此段受到的 Coulomp 摩擦力，$\kappa(x,t)$则为此段绳索的曲率，$F_N(x,t)$为此段绳索收到的法向正压力，$\dot{v}$ 为套管与绳索指尖相对运动速度，$\lambda(t)$表示所受摩擦力方向，当张力方向与摩擦力方向相同时为 1，反之为－1。根据式(6-3-35)进一步可得：

$$F(x,t)\cos\frac{\mathrm{d}\theta}{2}=\lambda(t)f(x,t)+F(x+\mathrm{d}x,t)\cos\frac{\mathrm{d}\theta}{2} \tag{6-3-36}$$

$$F(x,t)\sin\frac{\mathrm{d}\theta}{2}=F_N(x,t)-F(x+\mathrm{d}x,t)\sin\frac{\mathrm{d}\theta}{2} \tag{6-3-37}$$

式中，$F_{(x,t)}$为 t 时刻此微元段套索输入侧所受张力，$F_{(x+\mathrm{d}x,t)}$为输出侧套索受到的张力，式(6-2-36)为两者切向力平衡关系式，式(6-2-37)为两者的法向力平衡关系式。当微元段足够小的时候：

$$\sin\frac{\mathrm{d}\theta}{2}\approx\frac{\mathrm{d}\theta}{2} \tag{6-3-38}$$

$$\cos\frac{\mathrm{d}\theta}{2}\approx 1 \tag{6-3-39}$$

$$\mathrm{d}x=R\,\mathrm{d}\theta \tag{6-3-40}$$

$$\mathrm{d}F(x,t)=F(x+\mathrm{d}x,t)-F(x,t) \tag{6-3-41}$$

根据式(6-3-38～6-3-41)，可将式(6-2-36)和式(6-2-37)化简为：

$$F(x+\mathrm{d}x,t)=F(x,t)\mathrm{e}^{-\lambda(t)\mu\int_0^x\frac{\mathrm{d}x}{R}} \tag{6-3-42}$$

进一步可得输入与输出之间关系为：

$$F(x+\mathrm{d}x,t)=F(x,t)\mathrm{e}^{-\lambda(t)\mu\theta} \tag{6-3-43}$$

在式(6-2-43)中已经得出输入力和输出张力指尖的关系，其中 $\lambda(t)$为套管之间相对运动方向，μ 为绳索与套管之间摩擦系数，θ 则为累计弯曲角度。因此不难得出单套索传动系统其输入端与输出端的张力关系只受累计弯曲角度影响，而与套索的具体弯曲路径无关。

(3) 输出端拉力补偿控制

由于手部空间限制，无法在套索传输的末端安装常用的力传感器，另外特别定制的微型传感器成本高且也解决不了对外骨骼手穿戴舒适性和使用安全性的需求问题。因此，设计和研究合适的控制方案以控制末端无传感的套索输出拉力具有重要意义。

从上节可知摩擦力的大小主要受到套管总弯曲角度、摩擦系数和绳索套管相对运动方向有关，而摩擦系数和套管运动方向不变，因此主要影响因素就是总弯曲角度。根据前面所述的套索传动受力示意图，如图 6-3-74(A)所示。

从图 6-3-74 中不难看出，套索的活动范围为一个三维控制中两个维度的运动，为方便说明，分别采用正视图投影和上视图投影，如图 6-3-75 所示。控制盒安装于使用者的腰背部，而在使用者穿戴外骨骼进行康复训练及对物体抓握的过程中，上肢的运动情况会影响到套索的累计弯曲角度，其活动运动范围在两个 90°范围内运动(黑色坐标系)，因此套索的总弯曲角度为 0°～180°，当然实际上会根据一些极限运动导致运动范围远大于 180°，但考虑到手功能障碍者的上肢运动能力相对较弱的现状，在两个 90°的范围内即可完成绝大部分的日常操作了，因此本书仍以 180°作为极限运动角度范围。

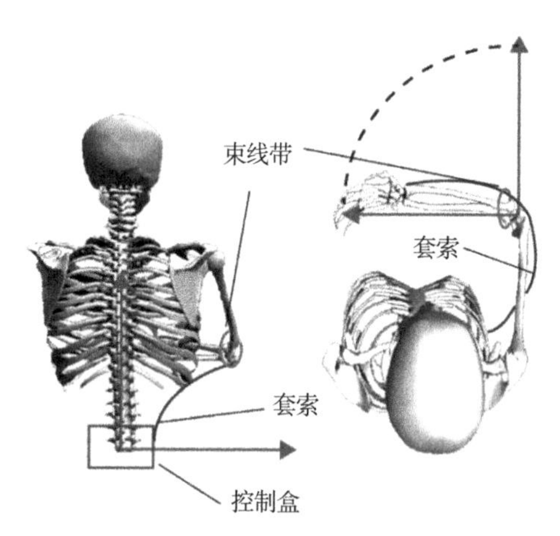

图 6-3-75　柔性外骨骼手运动角度示意图

本书采用中值补偿的方法对套索的输出端拉力进行补偿，此摩擦补偿控制器的目的主要是用来将套索在穿戴过程中损失的张力增加到套索输入端的线张力上，以此来保证套索输出端绳索的张力可以很好地跟随期望输出值。其套索输入端的张力应为：

$$F_{in}=F_{out}+f \tag{6-3-44}$$

其中，F_{in} 为套索输入端拉力值，F_{out} 为输出端拉力值，f 为补偿的摩擦力值即绳索在套管传动中损伤的拉力值。

$$f=\frac{1}{2}F_{out}e^{\pi} \tag{6-3-45}$$

(4) 线传动拉力补偿控制实验及验证

实验中所使用的套索是尼龙绳索绕制而成，直径为 0.2 mm；套管为铁氟龙发，外径为 2.3 mm，内径为 1.8 mm。

输入端和输出端均采用拉力传感器测量绳索张力，本装置输出端的拉力不引入控制系统的反馈之中，仅仅是用来验证输入端拉力补偿后输出端的实时输出力大小。其工作电压为 5～12 V 的直流电，量程为 100 N，输出阻抗为 350 Ω。经放大电路对输出电压进行放大，由 STM32 单片机 ADC 功能模块进行采集和计算，该型号单片机 ADC 通路的分辨率为 12 位。

基于上面的分析，设计的 4 组定量实验，改变套索累计弯曲角度，在 0°～180°范围内选择四组角度，间隔为 45°，设定期望输出力为 6 N，分别验证每一组角度在有摩擦补偿的情况下套索输出端拉力，其结果如图 6-3-76 所示。

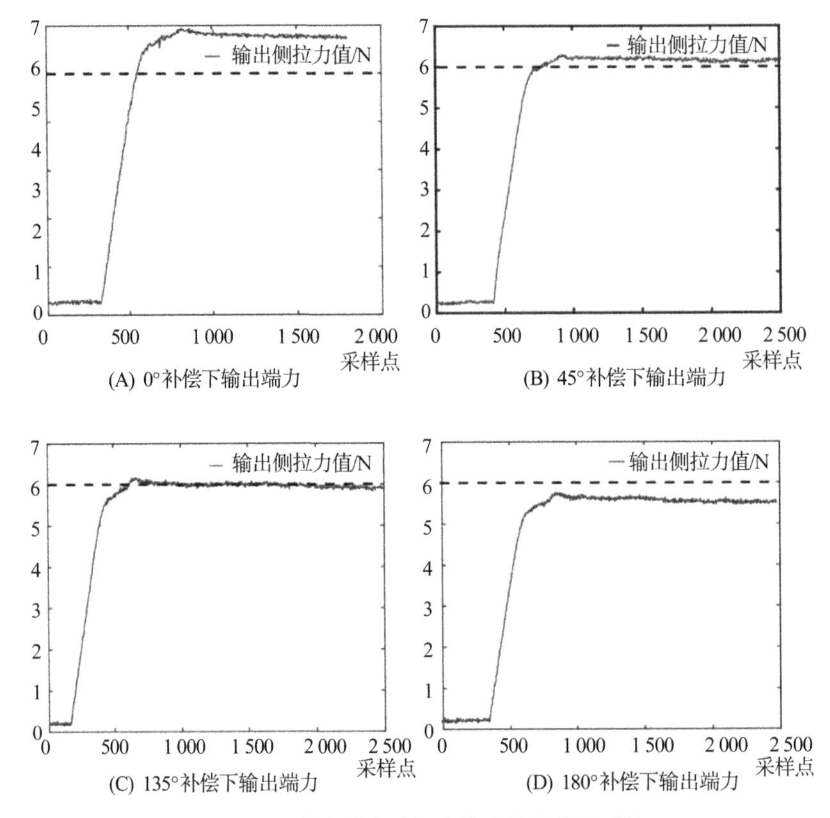

图 6-3-76 套索输出端绳索拉力值误差绝对值

从图 6-7-76 中实验结果可以看出，在 0°、45°、135°、180°的固定摩擦补偿下，输出端四组张力依次降低，一方面证明了本系统线传动在套管弯曲情况下，输入端力经过一定换算可以对输出端力进行表示，另一方面说明经过摩擦力补偿的末端输出力可以很好地跟随期望输出力，且误差值范围在 0.7 N 以内。

3. 阻抗控制策略设计

与工业机器人不同，康复机器人很多都是与人体直接接触，因此对接触过程中的安全性和舒适性有需求。传统的工业机器人使用的位置控制的方案不能满足在与人接触过程中柔顺性的需求，因此要设计和选择更合适的控制方案满足康复机器人控制需求。柔顺控制器比传统控制器具有显著的优点，它本身不追求精准的参考轨迹，在不同外力的作用下其位置将产生移动以便将作用力限定在某个范围内，此外整个系统的机械特性（主要是惯性、刚度和阻尼因素）也会影响到最终的平衡位置。本章主要研究在精确抓握力控制的基础上如何选择和设计合适的柔顺控制策略，通过对基于位置的阻抗控制的研究来实现柔性手部外骨骼康复机器人在抓握过程中的柔顺性需求。

(1) 阻抗控制策略

阻抗控制是主动柔顺控制策略中的一种，其特点在于并不直接对机器人进行位置和力的控制，而是根据末端执行器的位置（或速度）与作用力之间的关系，进而进行误差的反馈。根据这种关系，阻抗控制器分为两类，一种是输出为力，反馈修正量为位置或速度，这类称之为阻抗控制器，也称为基于位置的阻抗控制；另一种是输出为位置或速度，输入为力，这类成为导纳控制器，也称为基于力的阻抗控制。而这类以力为输出的控制不外乎基于位置和速度的两种基本形式。图 6-3-77 为基于位置的阻抗控制系统的结构，其核心为力 F，位置修正量为 X_f。

通过力反馈信息不断和末端执行器与环境之间的力与位置之间的关系，不断修正期望位置，进而使得期望力在期望值。整个系统控制中，力反馈承担着重要的位置修正信息。

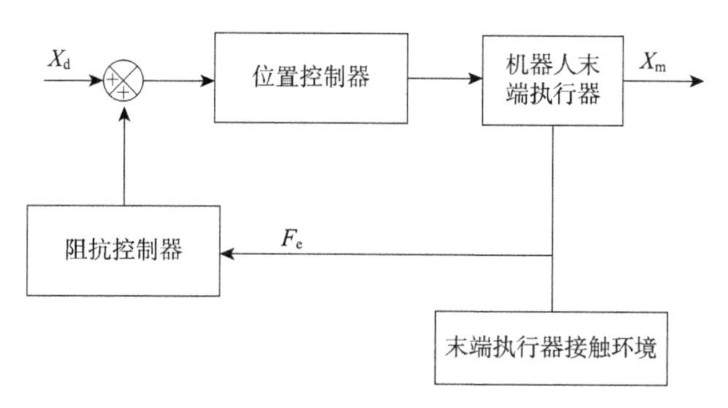

图 6-3-77　基于位置的阻抗控制系统结构图

(2) 基于位置阻抗控制策略

阻抗控制的原理是控制和调整机器人的运动与末端执行器接触力之间动态特性。柔性手部外骨骼作为一个物理系统，其运动的特性可以等效为质量块、阻尼以及弹簧单个基本单元组合而成的系统，此三个单元也分别代表了对系统位移、速度和加速度产生影响的参数，即系统的惯性、阻尼和刚度。阻抗则是为输入与输出的比值，阻抗表达式可以是任意的函数形式：

$$f = Z(x) \tag{6-3-46}$$

而对于手部外骨骼而言，为了控制指尖即末端执行器的输出力，这对应的手指位移与力的动态关系为：

$$F = Z(x_r - x) \tag{6-3-47}$$

因此，机器人运动的参数往往涉及的是二阶函数，以位移、速度和加速度为主要调节参数，设计其与力的关系。本书搭建的柔性手部外骨骼基于位置的阻抗控制器模型如下所示：

$$F = K_d(x_r - x) + B_d(\dot{x}_r - \dot{x}) + M_d(\ddot{x}_r - \ddot{x}) \tag{6-3-48}$$

其中，F 为阻抗控制器的输入力，K_d 为系统刚度，在低速中影响较大，B_d 为系统阻尼，在中速和干扰下影响较大，而 M_d 则为系统惯性，在高速中影响较大。因为 K_d、B_d、M_d 是由系统固有部分和自我设定组成的，以便系统可以实现在较理想的阻抗环境下工作。当设定好目标期望力的数值，作为阻抗控制器的输入则控制器可表示为：

$$F_e = (M_d s^2 + B_d s + K_d)X(s) \tag{6-3-49}$$

其中：

$$F_e = F - F_d \tag{6-3-50}$$

F_e 为末端实际力与输出力之间的差值，F 为经过电机输出端拉力传感器测得拉力 F_{in} 经过套索传递模型和手部外骨骼力传递模型换算后的指尖实际输出力，F_d 则为整个指尖期望输出力的大小。

经过拉氏变换可得：

$$F_e = (M_d s^2 + B_d s + K_d)X(s) \tag{6-3-51}$$

整个系统的基于位置的阻抗控制原理示意图如图 6-3-78 所示。

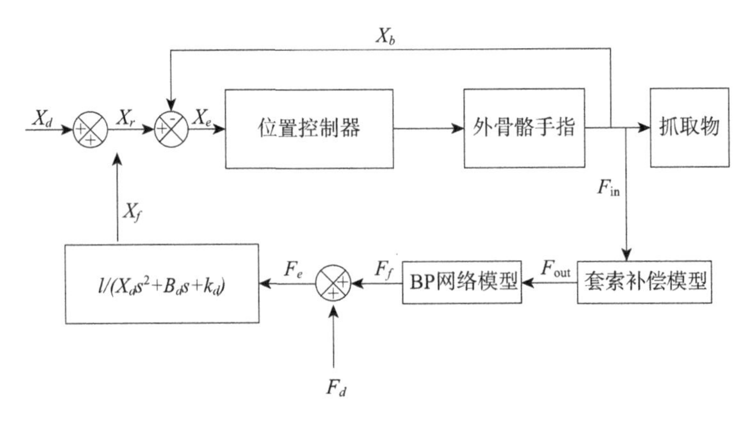

图 6-3-78　抓握力阻抗控制原理图

4. 控制策略实现

(1) 主/被动康复训练设计

在本研究设计的控制系统中根据患者所需实现了触摸屏、语音、移动终端等多种人机交互方式对柔性外骨骼康复手进行控制，患者或康复医师可通过任一交互方式下达康复手的控制指令，依据患者的手部功能康复所需，控制系统设计了被动康复训练、主动康复训练以及生活辅助康复训练等模式供患者选择训练。生活辅助训练模式下，患者可依据实际生活情境，实现多种手势的康复训练和取物训练的目的。被动康复训练模式下，设备根据用户设定的训练时长、训练速度等参数值带动患者手部做循环往复运动，被动康复训练控制策略实现的软件设计如图 6-3-79 所示。

主动康复训练模式下，系统通过采集弯曲角度传感器的数据变化来判断患者运动意图，并将角度变化量引入控制系统中以驱动电机做跟随运动，实现主动康复训练的目的，同时在语音交互的方式中，患者通过下达语音指令来开始康复训练，可下达不同的语音指令，调整康复训练中的训练速度、训练模式等，以此方式来增加患者参与训练的主动意识。主动康复训练控制策略的软件实现如图 6-3-80 所示。

本研究设计的柔性外骨骼康复手为方便患者穿戴该设备将起始位置状态设定为展全掌状态，即电机位置最大，同时依据柔性外骨骼康复手机械特性以及患者实际所需，本研究选取 a1 为 1。

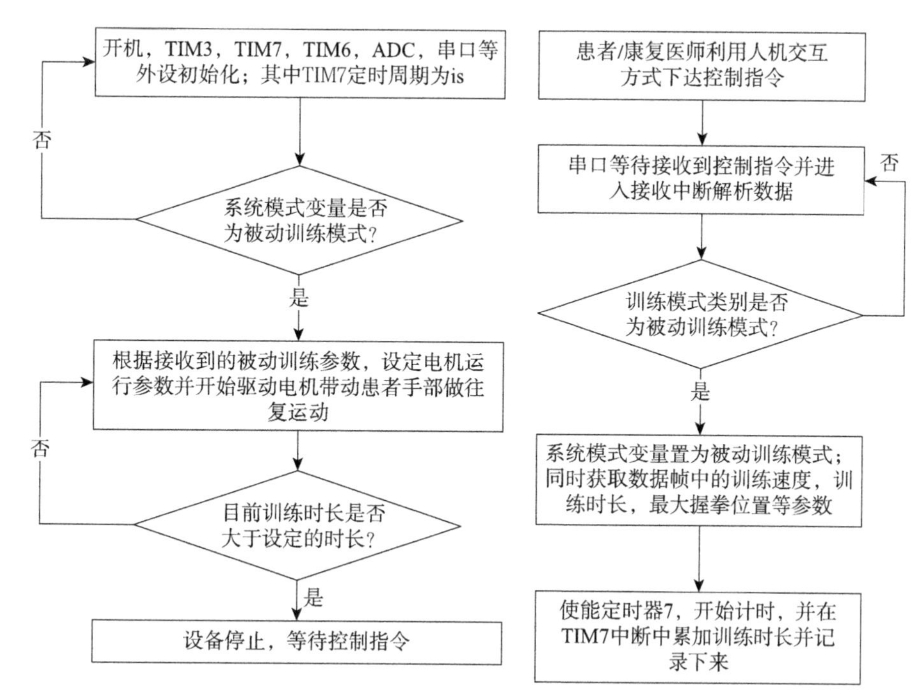

图 6-3-79 被动训练控制策略软件实现流程

(2) 生活辅助设计

根据上节所设计基于有限状态机的生活辅助控制策略，划分了 7 个状态，定义了 10 个状态转换的条件，考虑到在实际的工程应用中，对于传感器数据的采样值往往存在一定的浮动，因此转换条件的阈值也应该做相应的调整，见式(6-3-52)。由于传感器的灵敏度受量程的影响，量程越大，灵敏度会越低，而本书所提出的控制策略需要薄膜压力传感器能较迅速地采到人手与物体接触的瞬间压力的变化，同时又要对指尖压力的变化做出相应的处理。因此，本外骨骼手分别采用了 500 g 量程的薄膜压力传感器用来判断人手是否与物体接触，即与 $C6$、$C7$ 的阈值设定有关，同时，使用 5 kg 量程的薄膜压力传感器判断人手指尖压力的变化趋势，即其与 $C8$、$C9$、$C10$ 的阈值设定相关。

$$\begin{cases} C1: X = X_{\min} \\ C2: X = X_{\max} \\ C3: X_{\min} < x < X_{\max} \\ C4: 0 < \Delta\theta < \theta' \\ C5: \Delta\theta > \theta' \\ C6: 0 < F_{接触} < F'_{接触} \\ C7: F_{接触} > F'_{接触} \\ C8: \Delta F_{接触} < \Delta F'_{握紧} \\ C9: \Delta F'_{握紧} < \Delta F_{握紧} < \Delta F'_{松开} \\ C10: \Delta F_{接触} > \Delta F'_{松开} \end{cases} \tag{6-3-52}$$

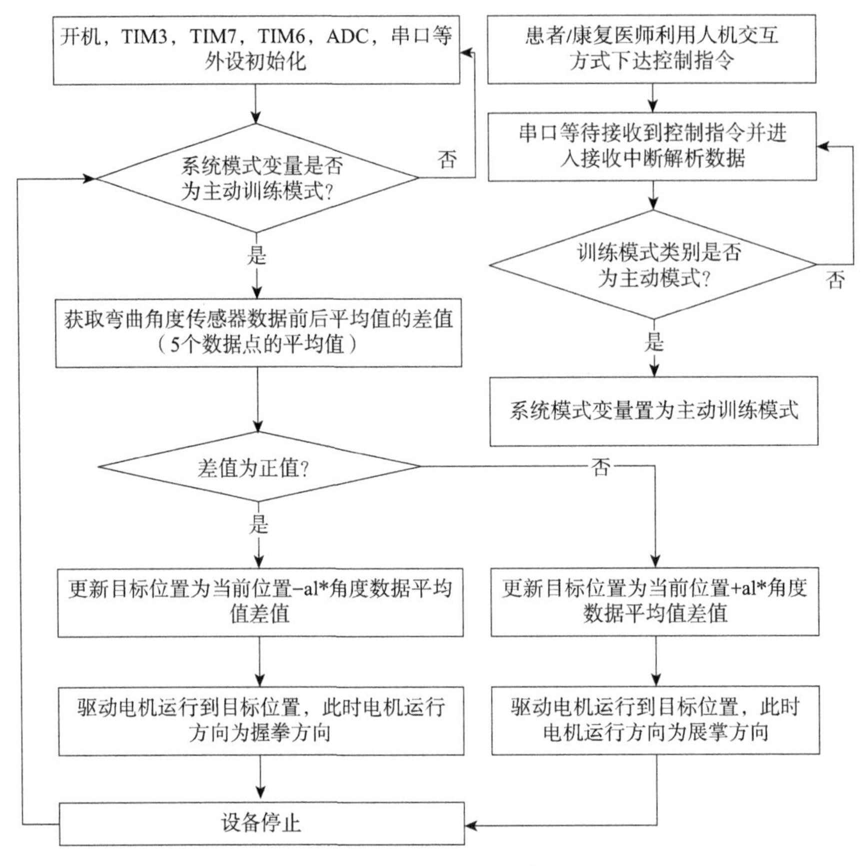

图 6-3-80 主动训练模式控制策略实现流程

外骨骼手要实现辅助抓握的功能，其控制分为两个阶段：第一阶段，佩戴者手部与抓取物未接触阶段，需要调整外骨骼手到合适的抓取姿势，通过弯曲传感器采集患者手指角度的变化，用于控制外骨骼手达到所要实现抓取的目标手势；第二阶段，佩戴者手部与抓取物刚接触阶段。此时，外骨骼手需要提供合适的助力给患手，通过薄膜压力传感器采集佩戴者指尖压力的变化，用于感知患者用力调整的意图，其中，当指尖压力增大时，识别为佩戴者需要继续用力握紧物体的意图，指尖压力变化趋于稳定时，识别为佩戴者可以抓起物体的意图，指尖压力变化变小时，识别为佩戴者要松开抓取物的意图。这两个阶段都需要控制电机的位置以达到理想的抓取位置，其中，第一阶段中目标手势的完成是电机的粗调过程，而第二阶段中用力调整的完成是电机的细调过程，其控制策略如图 6-3-81 所示。

起始时，外骨骼手处于完全伸展状态，即 $S1$，当弯曲传感器检测到弯曲角度超过设定触发阈值时，即条件 $C5$，电机开始运动，外骨骼手带动手指开始屈曲运动，即状态由 $S1$ 转为 $S2$。当指尖的小量程薄膜压力传感器检测到压力值有突然的增大时，表明此时外骨骼手与物体已接触，即触发条件 $C7$，状态由 $S2$ 转为 $S3$。当外骨骼手与物体接触后，外骨骼手的运动控制由指尖的大量程压力传感器进行控制，当指尖的压力值增大时即触发条件 $C8$，外骨骼手会继续带动患手进行屈曲运动，状态由 $S3$ 转换到下一个状态 $S4$，直到指尖压力的变化趋于稳定（在设定的阈值范围内），即条件 $C9$，此时达到状态

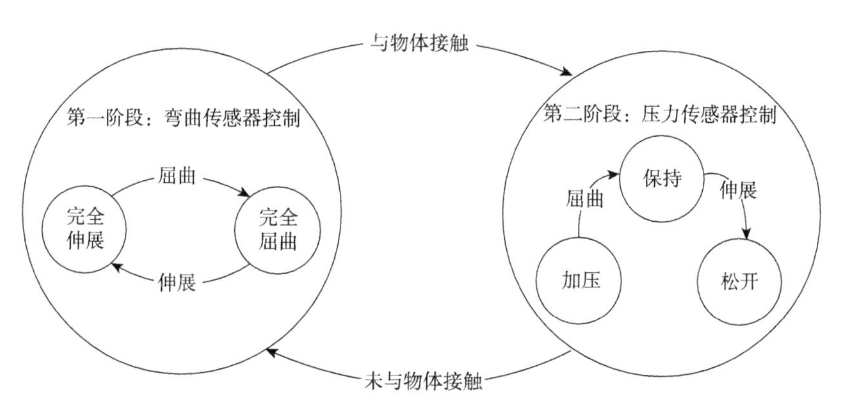

图 6-3-81　辅助抓取控制策略

$S5$，穿戴者可以对物品进行拿起、放下等操作，若要松开物体，穿戴者可以轻抬指尖，使指尖压力减小来触发条件 $C10$，此时状态由 $S5$ 转换为 $S6$，外骨骼手进行伸展运动，带动手指达到初始时的完全伸展状态 $S1$。辅助抓握的控制流程如图 6-3-82 所示。

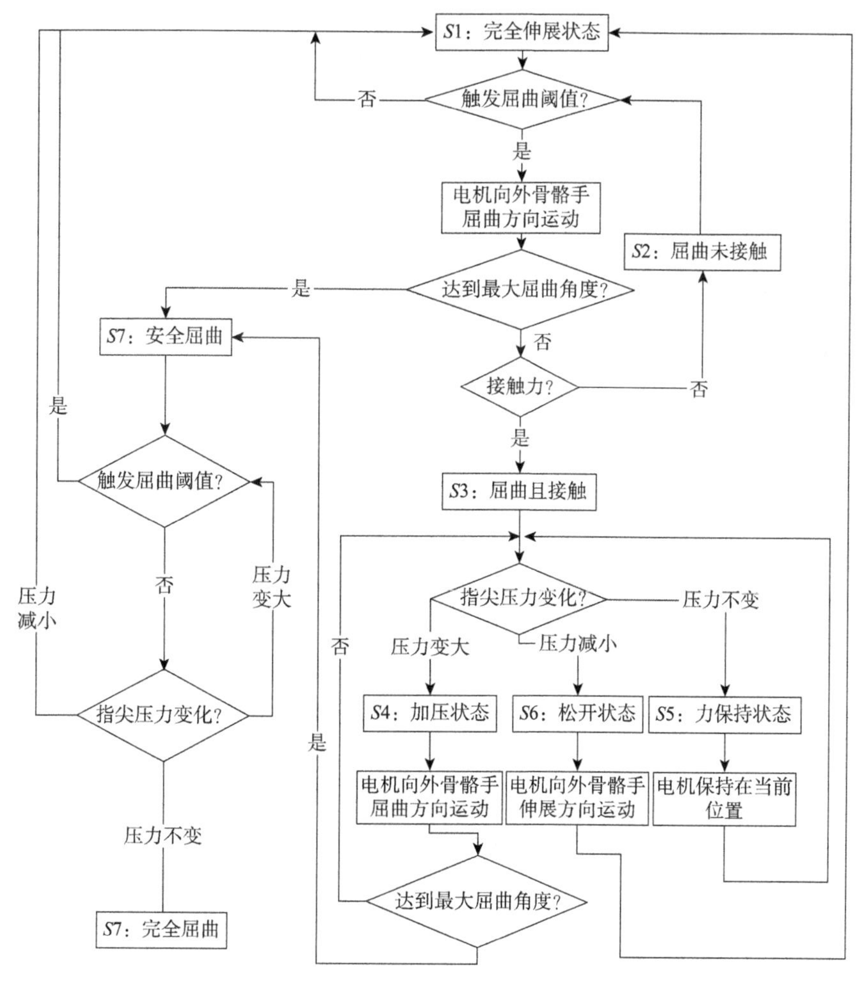

图 6-3-82　基于有限状态机的生活辅助控制流程图

五、系统集成与测试

（一）柔性外骨骼手样机集成

本案例柔性外骨骼康复手样机包括柔性外骨骼康复手机械结构系统及其控制系统组成，如图 6-3-83 所示。其中，控制程序被下载到底层硬件系统中，系统由 12 V 锂电池供电、STM32F407 微处理器主控，除传感器外所需的直线推杆电机、电池、控制电路板、语音模块、触摸显示屏等集中放置在控制盒内。弯曲传感器和薄膜压力传感器分别放置到外骨骼手指的指背和指尖处。系统由控制盒上的一键式启动按键开启，可通过触摸显示屏进行模式选择，也可选择开启语音交互模式，通过语音下达控制指令，还可以在蓝牙或 WiFi 连接成功后，通过手机端应用程序或服务器端 Web 页面进行控制。

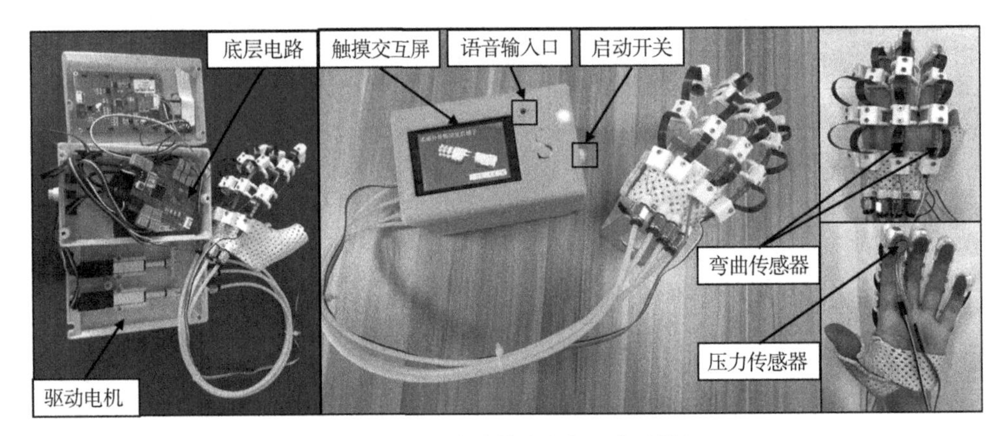

图 6-3-83　柔性外骨骼康复手实验样机

（二）外骨骼手控制策略验证实验

柔性外骨骼康复手的控制策略是外骨骼康复机械手能否正常运作并实现康复训练和生活辅助功能的关键，因此本节分别采集了在不同模式下电机状态与传感器数据的关系，用于验证控制系统是否实现了前面所阐述的外骨骼手控制策略。

1. 被动康复训练实验

本书所设计的康复训练分为被动康复训练和主动康复训练两种，其中被动康复训练包括定时定速的持续被动训练和通过实时下达语音交互指令控制的康复训练。在被动康复训练模式下，使用者可以设定训练时长和训练速度的百分比，本实验分别设定了速度百分比为 10%、50%和 100%的情况进行训练，在训练过程中采集弯曲传感器的角度变化和电机的位置反馈数据，其结果如图 6-3-84 所示，由图 6-3-84 可知，系统运行过程中较为稳定，图中屈曲角度的变化曲线随电机位置的变化而变化且大体一致，在周期性运动过程中重复性较好，验证了本控制系统的被动控制策略的正确性以及该系统可满足患者不同速度下的康复训练需求。

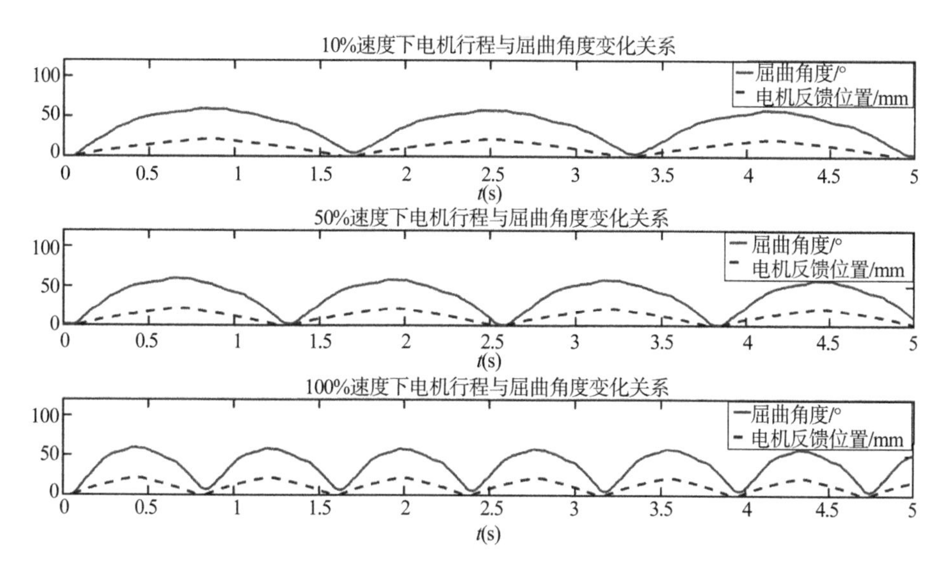

图 6-3-84　被动康复训练模式下不同速度百分比的电机位置和手指屈曲角度关系

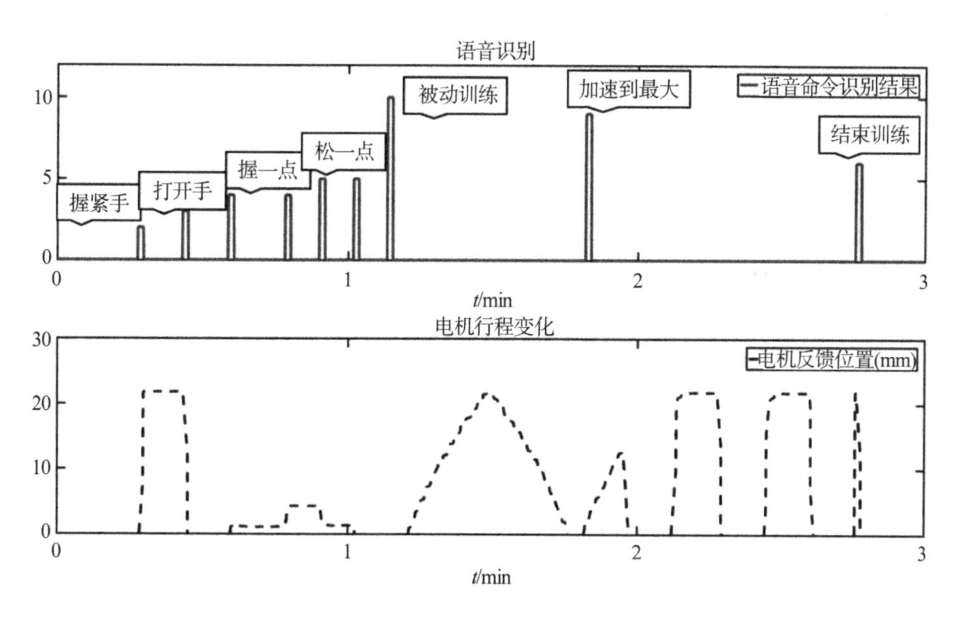

图 6-3-85　语音控制实验数据图

2. 语音交互康复训练实验

本实验在开启语音交互模式下进行，测试者通过说出“小康助手”唤醒语音模块，唤醒后语音模块语音播报“您请说”，测试者听到后，再进行下达语音控制指令，柔性外骨骼手控制器根据对测试者下达的语音控制指令的识别结果控制装置运动，其中语音控制指令的识别结果为命令 ID，不同的语音控制指令识别后的结果可查表。测试者依次下达“握紧手”“打开手”“握一点”“松一点”“被动训练”“加速到最大”“结束训练”等指令，控制系统将下达的语音控制指令识别结果数据以及柔性外骨骼手的电机位置信息数据进行串口打印，如图 6-3-85 所示，为方便查看故将语音识别结果标注在图中。由图 6-3-85 可以发现，柔性外骨骼康复手可根据测试者下达的语音指令做相应的控制功能，验证了该控制系统可实现患者与柔性外骨骼康复手良好的语音交互功能，同时也进一步验证了该控制系统具有较高的语音识别率以及较快的交互响应性。

3. 主动康复训练实验

在主动康复训练模式下，穿戴者通过主动地微小幅度屈曲手指来触发设定阈值，系统通过采集弯曲传感器的角度变化并与设定阈值比较，确定电机运动与否以及运动的行程量。本研究中主动康复训练设定的触发阈值为 3°，当采集到的弯曲传感器角度变化超过 3°时，电机向外骨骼手屈曲方向运动，运动行程大小与屈曲角度变化的大小相关，直至电机走完全部行程，此时再次触发阈值，电机向外骨骼手伸展方向运动，直至回到起始外骨骼手完全伸展处。如图 6-3-86 所示为主动康复训练模式下，屈曲角度变化量与电机位移的关系，图 6-3-86 中屈曲角度的变化先于电机位置的变化，且其变化量的大小与电机位置变化的大小成正比，证明了外骨骼手可以较好地跟随穿戴者手指运动，也证明了主动康复训练策略的可行性。

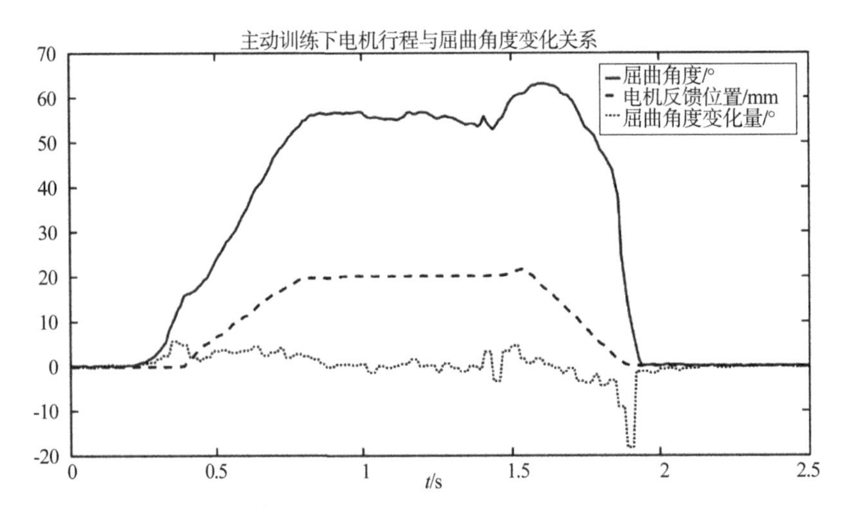

图 6-3-86　主动康复训练模式下电机位置和手指屈曲角度及其变化量的关系

4. 生活辅助实验

生活辅助模式与物体的抓握相关，因此，在生活辅助模式下，穿戴者需要对装有 500 g 水的矿泉水瓶进行抓握，此过程的实现是基于有限状态机的抓握控制策略，整个抓握过程如图 6-3-87 所示。

图 6-3-87 中已表明了各状态转换时需满足的条件。外骨骼手开始时处于完全伸展状态，即 $S1$。当弯曲传感器检测到弯曲角度超过设定触发阈值时，即条件 $C5$，电机开始运动。外骨骼手带动手指开始屈曲运动，即状态由 $S1$ 转为 $S2$。当指尖的小量程薄膜压力传感器检测到压力值有突然的增大时，表明此时外骨骼手与物体已接触，即触发条件 $C7$，状态由 $S2$ 转为 $S3$。当外骨骼手与物体接触后，外骨骼手的运动控制由指尖的大

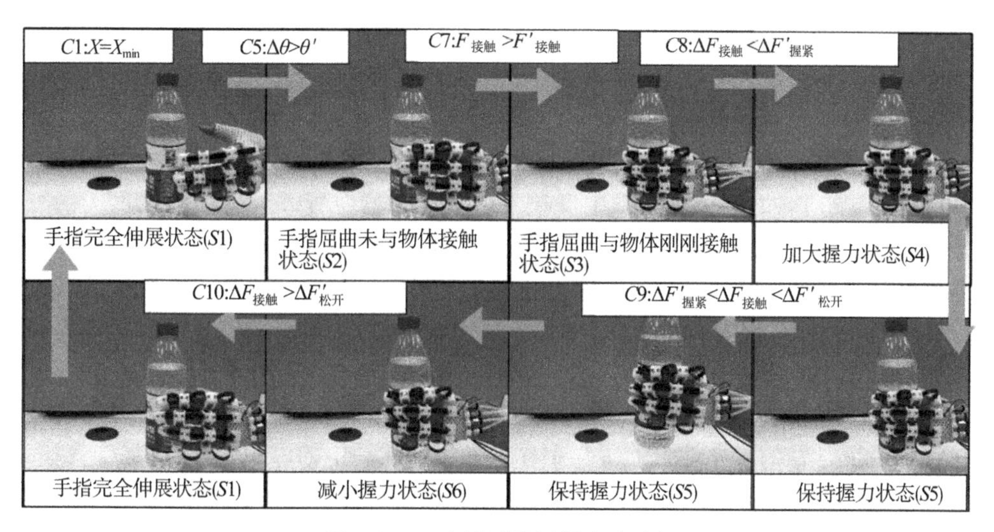

图 6-3-87　生活辅助抓握实验过程

量程压力传感器进行控制，当指尖的压力值增大时，即触发条件 $C8$，外骨骼手会继续带动患手进行屈曲运动，状态由 $S3$ 转换到下一个状态 $S4$，直到指尖压力的变化趋于稳定（在设定的阈值范围内），即条件 $C9$，此时达到状态 $S5$，穿戴者可以对物品进行拿起、放下等操作，若要松开物体，穿戴者可以轻抬指尖，使指尖压力减小来触发条件 $C10$，此时状态由 $S5$ 转换为 $S6$，外骨骼手进行伸展运动，带动手指达到初始时的完全伸展状态 $S1$。采集上述过程中弯曲传感器、薄膜压力传感器、电机反馈位置等数据呈现在图 6-3-88 中。

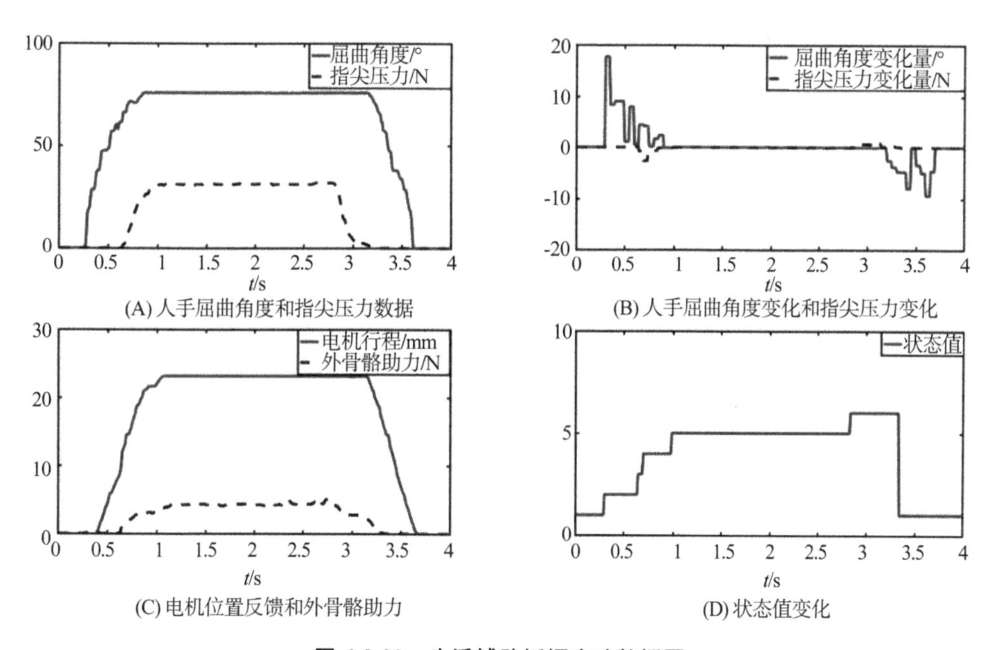

图 6-3-88　生活辅助抓握实验数据图

如图 6-3-88(A)中反映了人手手指的屈曲角度和指尖的压力，起始状态下，手指屈曲角度和指尖压力均为零，通过弯曲传感器感知穿戴者手指的屈曲，由图 6-3-88(B)中显示了弯曲传感器和压力传感器所采集数据的前后差值(差值=前值−后值)，根据差值判断当前传感器数据变化的趋势，当手指屈曲角度变化量或指尖压力变化量超过设定阈值时，电机进行响应，如图 6-3-88(C)中反映了电机反馈的位置和外骨骼提供助力的变化，图 6-3-88(D)中反映了此次抓握过程中状态的切换过程(数值代表状态的编号)，其中状态 3 作为临界状态，所经时间最短，在此抓握过程中，电机未达到最远行程处，因此没有经过状态 7。实验过程中所采集数据的变化与所设计的生活辅助控制策略相吻合，证明了生活辅助控制策略的可行性。

5. 柔性外骨骼康复手物体抓取实验

为了验证开发的柔性外骨骼康复手在日常生活活动中的可用性，在穿戴外骨骼手的情况下，对日常生活活动中常见的物品进行了抓握操作实验，所选的物体分别是水杯、双面胶、网球、乒乓球、智能手机和笔。这六种物体分别代表了日常生活活动中不同材质、不同直径、不同形状及不同质量的物体。如图 6-3-89 所示是穿戴外骨骼手的抓握实验图，其中穿戴者能够成功抓取盛水的水杯(见图 6-3-89A)和双面胶(如图 6-3-89B)，且未使双面胶过度变形，也可以抓取直径分别为 65 mm 的网球(如图 6-3-89C)和 40 mm 的乒乓球(如图 6-3-89D)，此外，还可以抓取智能手机(如图 6-3-89E)和笔(如图 6-3-89F)这些常用的物体。结果表明，柔性外骨骼康复手能够完成抓取动作，且抓取效果良好，可以满足用户一定程度的日常生活活动的辅助需求。

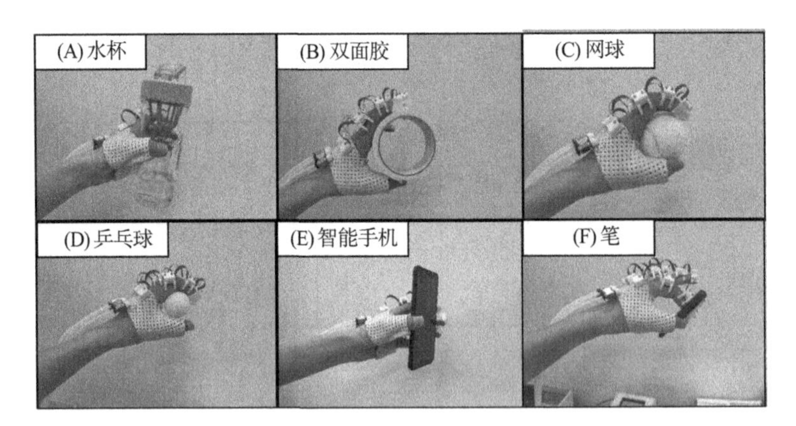

图 6-3-89　多种物体抓取实验

参考文献

[1] 陈学斌，高海鹏，刘文勇，等. 手外骨骼康复技术研究进展[J]. 中国医疗设备，2016，31(2)：86—91.

[2] Shahid T, Gouwanda D, Nurzaman S G, et al. Moving toward soft robotics: A decade review of the design of hand exoskeletons[J]. Biomimetics (Basel Switzerland), 2018, 3(3): E17.

[3] Vanoglio F, Bernocchi P, Mulè C, et al. Feasibility and efficacy of a robotic device for hand rehabilitation in hemiplegic stroke patients: A randomized pilot controlled study[J]. Clin Rehabil, 2017, 31(3): 351—360.

[4] Huang T Y, Pan L L H, Yang W W, et al. Biomechanical evaluation of three-dimensional printed dynamic hand device for patients with chronic stroke[J]. IEEE Transactions on Neural Systems and Rehabilitation Engineering, 2019, 27(6): 1246—1252.

[5] Rus D, Tolley M T. Design, fabrication and control of origami robots[J]. Nature Reviews Materials, 2018, 3(6): 101—112.

[6] Rus D, Tolley M T. Design, fabrication and control of soft robots[J]. Nature, 2015, 521(7553): 467—475.

[7] Chu C Y, Patterson R M. Soft robotic devices for hand rehabilitation and assistance: A narrative review[J]. Journal of Neuroengineeing and Rehabilitation, 2018, 15(1): 9.

[8]Polygerinos P, Wang Z, Galloway K C, et al. Soft robotic glove for combined assistance and at-home rehabilitation[J]. Robotics and Autonomous Systems, 2015, (73): 135—143.

[9] Yun S S, Kang B B, Cho K J. Exoglove PM: An easily customizable modularized pneumatic assistive glove[J]. IEEE Robotics and Automation Letters, 2017, 2(3): 1725—1732.

[10] Yap H K, Khin P M, Koh T H, et al. A fully fabric-based bidirectional soft robotic glove for assistance and rehabilitation of hand impaired patients[J]. IEEE Robotics and Automation Letters, 2017, 2(3): 1383—1390.

[11] Kim D H, Heo S H, Park H S. Biomimetic finger extension mechanism for soft wearable hand rehabilitation devices[C]. //2017 International Conference on Rehabilitation Robotics (ICORR). London, UK: IEEE, 2017: 1326—1330.

[12] Gerez L, Chen J N, Liarokapis M. On the development of adaptive, tendon-driven, wearable Exogloves for grasping capabilities enhancement[J]. IEEE Robotics and Automation Letters, 2019, 4(2): 422—429.

[13] Rose C G, O'Malley M K. Hybrid rigid-soft hand exoskeleton to assist functional dexterity[J]. IEEE Robotics and Automation Letters, 2019, 4(1): 73—80.

[14] Kim B, In H, Lee D Y, et al. Development and assessment of a hand assist device: GRIPIT[J]. J Neuroeng Rehabil, 2017, 14(1): 15.

[15] Bützer T, Dittli J, Lieber J, et al. PEXO-a pediatric whole hand exoskeleton for grasping assistance in task-oriented training[C]//2019 IEEE 16th International Conference on Rehabilitation Robotics. Toronto, ON, Canada: IEEE, 2019: 108—114.

[16] Chen Y L, Tan X Y, Yan D, et al. A composite fabric-based soft rehabilita-

tion glove with soft joint for dementia in Parkinson's disease[J]. IEEE Journal of Translational Engineering in Health and Medicine,2020(8):1—10.

[17] 李继才. 外骨骼康复手系统研究[D]. 上海:上海理工大学,2014.

[18] 胡鑫,张颖,李继才,等. 一种外骨骼式手功能康复训练器的研究[J]. 生物医学工程学杂志,2016,33(1):23—30.

[19] 易金花,李继才,胡鑫,等. 轻型化外骨骼手功能训练器结构设计及实现[J]. 中国生物医学工程学报,2014,33(5):630—634.

[20] 聂志洋. 线驱动柔性外骨骼手辅助力控制与研究[D]. 上海:上海理工大学,2021.

[21] 孟巧玲,陈立宇,姜明鹏,等. 柔性双手康复外骨骼抛接任务的过程协同控制[J]. 机器人,2021,43(6):664—673.

[22] 聂志洋,孟巧玲,喻洪流,等. 上肢康复机器人力交互控制系统设计[J]. 软件导刊,2021,20(7):124—128.

[23] 孟巧玲,沈志家,陈忠哲,等. 基于柔性铰链的仿生外骨骼机械手设计研究[J]. 中国生物医学工程学报,2020,39(5):557—565.

[24] 张慧. 柔性外骨骼康复手控制研究[D]. 上海:上海理工大学,2019.

[25] Meng Q L, Zhang H, Yu H L. The Internet of Things-based rehabilitation equipment monitoring system[J]. IOP Conference Series: Materials Science and Engineering, 2018,435:012015.

[26] 沈志家. 柔性外骨骼康复手人机耦合运动性能分析及优化设计[D]. 上海:上海理工大学,2021.

[27] Meng Q, Chen Z Z, Li Y C, et al. Design and control of a novel pneumatic soft upper limb Lxoskeleton for rehabilitation[C]// Man-Machine-Environment System Engineering, 2020.

附录一　与本书有关的科研项目

1. 上海市重点科技攻关项目“外骨骼式手指功能康复训练器关键技术研究”(2011.11—2014.09)

2. 国家科技惠民计划项目子课题“上海市残障人群康复辅助器具技术集成及应用示范”(2013.01—2014.12)

3. 国家自然科学基金“线驱动柔性外骨骼手功能康复机器人优化及协调控制研究”(2019.01—2021.12)

4. 国家重点研发计划项目课题“虚实融合的多感觉刺激上肢康复机器人系统研发”(2022.12—2025.12)

5. 国家自然科学基金“基于人机协同信息融合的上肢外骨骼康复机器人自适应柔顺控制研究”(2020.01—2022.12)

6. 国家重点研发项计划项目课题“基于多源生物信息的运动模式智能识别”(2020.12—2023.11)

7. 上海市科委项目“中央驱动式智能上肢康复机器人工程化样机研发”(2016.09—2019.09)

8. 上海市科委项目“脑卒中患者用智能交互式上肢康复机器人关键技术研究”(2012.09—2015.09)

9. 上海市科委项目“外骨骼式上肢康复机器人的机械机构及人机工程学设计”(2016.07—2019.09)

10. 上海市科委项目“外骨骼上肢康复机器人工程样机的虚拟现实和远程交互设计研究”(2016.07—2019.09)

11. 上海市科委项目“智能交互式上肢康复机器人工程化样机研制与临床测试”(2016.10—2019.09)

12. 上海市科委项目“新型穿戴式柔性上肢康复治疗系统关键技术及实验样机研发”(2020.10—2023.09)

13. 上海市科委项目“上肢康复机器人通用安全技术要求”(2020.12—2023.10)

14. 上海市科委项目“上肢康复机器人柔顺变刚度关节优化设计及其阻抗自适应控制”(2020.07—2023.06)

15. 上海市自然科学基金项目“基于智能软复合关节的柔性上肢外骨骼仿生驱动机理与控制方法”(2023.04—2026.03)

附录二　参与本书相关项目的研究生

简　卓　易金花　李继才　胡　鑫　张　颖　雷　毅

方又方　王金超　王露露　张　飞　黄小海　余　杰

秦佳城　罗胜利　张　慧　陈忠哲　沈志家　聂志洋